Biosphäre

Gesamtband – Ausgabe B

Cornelsen

Biosphäre

Gesamtband – Ausgabe B

Berater: Tim Kahler

Autorinnen und Autoren: Tina Degering, Ulrike Austenfeld, Joachim Becker, Robert Felch, Christian Gröne, Sabine Hanke, Melanie Jahreis-Weindl, Daniela Jatzwauk, Birgit Krämer, Dr. Karl-Wilhelm Leienbach, Prof. Dr. Anke Meisert, Kristin Menke, Bärbel Delia Nixdorf, Dr. Monika Pohlmann, Martin Post, Monika Scherer

Teile dieses Buches sind anderen Ausgaben der Lehrwerksreihe Biosphäre entnommen.

Autorinnen und Autoren dieser Ausgaben sind: Anke Brennecke, Prof. Dr. Jorge Groß, Michael Jütte, Martin Kamann, Jens Kloppenburg, Prof. Dr. Hansjörg Küster, Raimund Leibold, Michael Linkwitz, Harald Seufert, Volker Wiechern

Redaktion: Franziska Trnka, Aljoscha Metz

Technische Umsetzung der Gefahren- und Gebotszeichen: Atelier G, SOFAROBOTNIK GbR, Augsburg & München
Designberatung: Britta Scharffenberg
Umschlaggestaltung: Klein & Halm Grafikdesign; SOFAROBOTNIK GbR, Augsburg & München
Layoutkonzept und Layout: Klein & Halm Grafikdesign
Technische Umsetzung: zweiband.media GmbH
Titelbild: Toucan bird in a tree branch; stock.adobe.com/xiaoliangge

Begleitmaterialien zum Lehrwerk:

Schulbuch als E-Book	1100034740
Unterrichtsmanager Plus online inkl. E-Book als Zugabe und Begleitmaterialien auf cornelsen.de	1100034745
Kopiervorlagen zu den Themen Zellbiologie und Stoffwechsel	978-3-06-015787-7
Kopiervorlagen zu den Themen Genetik und Ökologie	978-3-06-015780-8
Kopiervorlagen zu den Themen Neurobiologie und Evolution	978-3-06-015788-4

www.cornelsen.de

1. Auflage, 1. Druck 2025

Alle Drucke dieser Auflage sind inhaltlich unverändert und können im Unterricht nebeneinander verwendet werden.

Druck und Bindung: Mohn Media Mohndruck, Gütersloh

ISBN 978-3-06-011510-5

PEFC
PEFC/04-31-1033

PEFC-zertifiziert
Dieses Produkt stammt aus nachhaltig bewirtschafteten Wäldern und kontrollierten Quellen
www.pefc.de

Inhalt

Digitale Anreicherung

Animationen, Videos und ähnliches fördern das Verständnis für komplexe fachliche Inhalte oft mehr, als es das gedruckte Bild allein im Buch vermitteln kann. Über QR-Codes erhalten Sie deshalb zu zentralen Themen zusätzliche digitale Materialien, die Ihren Wissenshorizont erweitern.

Hinter diesem QR-Code finden Sie eine Gesamtübersicht über alle digitalen Materialien zu diesem Buch.

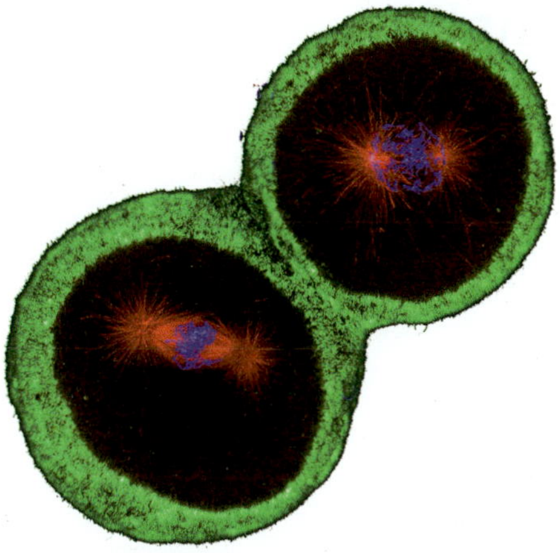

1

Zellbiologie

Inhalt

2

Genetik und Immunbiologie

Grundlagen der Genetik

Angewandte Genetik

Humangenetik

Immunsystem

3

Evolution

Prinzipien der Evolution

Evolution des Menschen

Evolution und Verhalten

4

Neurobiologie

Struktur und Funktion des Nervensystems

Vom Reiz zur Reaktion

Endogene und exogene Einflüsse

Inhalt

5

Ökologie

6

Stoffwechsel

Aufbauender Stoffwechsel

Abbauender Stoffwechsel

Anhang

Die Arbeit mit dem Schulbuch

Kapiteleinstieg

Jedes Kapitel beginnt mit einem großen Bild und einer Übersicht. Die Inhalte des Kapitels werden kurz beschrieben.

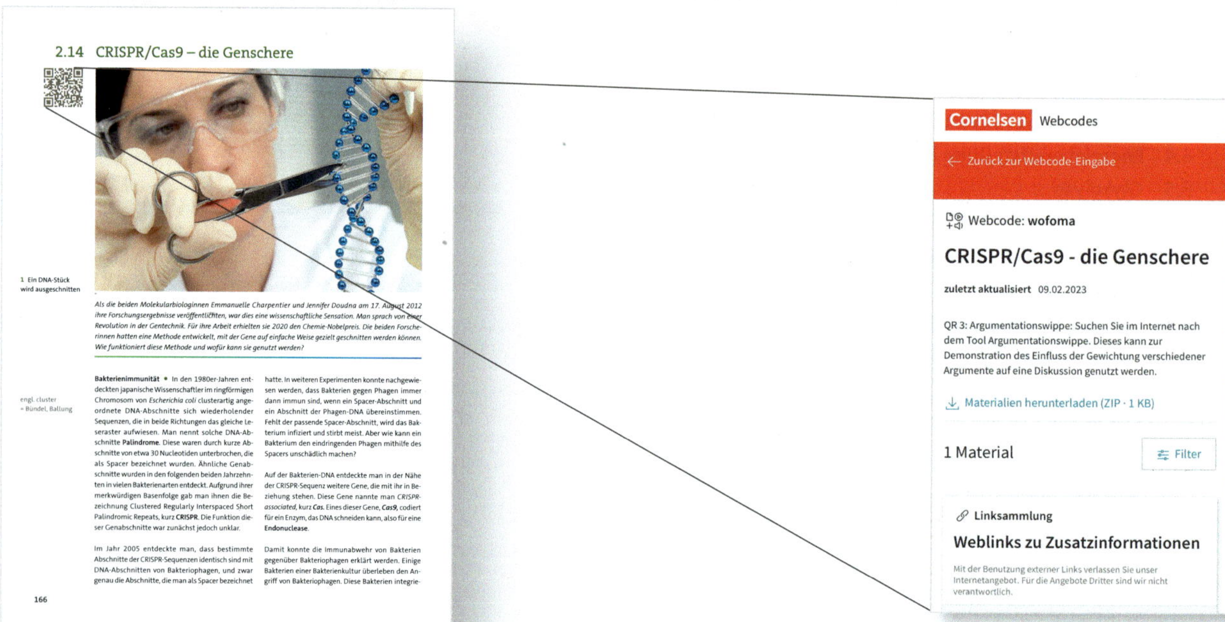

Inhaltsseiten

Ein Bild und eine Frage leiten jedes Unterkapitel ein. Auf den Inhaltsseiten werden die Grundlagen vermittelt und die Eingangsfrage wird beantwortet. Die Aufgaben unterstützen beim Lernen und Üben. Auf der ersten Seite kann sich ein QR-Code befinden. Dieser enthält zusätzliche Materialien. Nach dem Scannen des QR-Codes öffnet sich eine Seite mit den Materialien, die sich dort angesehen werden können.

Hinter dem QR-Code im Inhaltsverzeichnis findet sich eine Gesamtübersicht über alle digitalen Materialien zu diesem Buch.

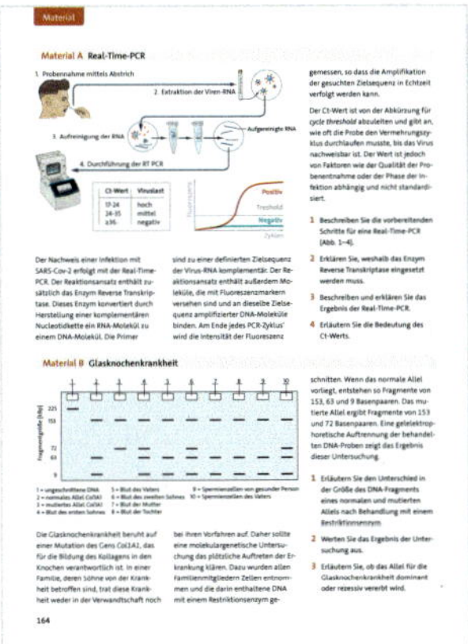

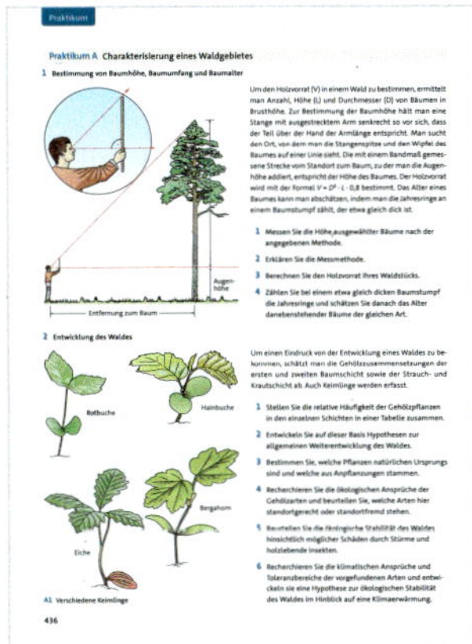

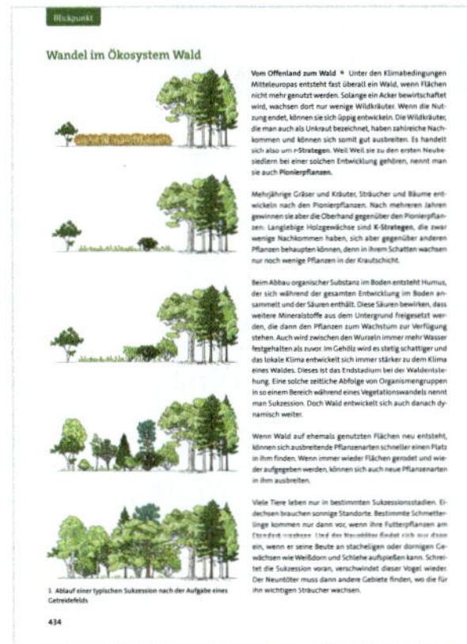

Material Zu jedem Unterkapitel gehört eine Materialseite. Dort sind Aufgaben zu finden, die mithilfe verschiedener Materialien wie Abbildungen, Tabellen und Diagrammen gelöst werden können.

Praktikum Auf den Praktikumsseiten werden experimentelle Fachmethoden vorgestellt. Die Praktika können unterrichtsbegleitend geplant, durchgeführt und ausgewertet werden.

Blickpunkt Auf den Blickpunktseiten werden interessante Informationen aus anderen Fachgebieten vorgestellt oder es wird auf vertiefende Informationen zu einem Thema eingegangen.

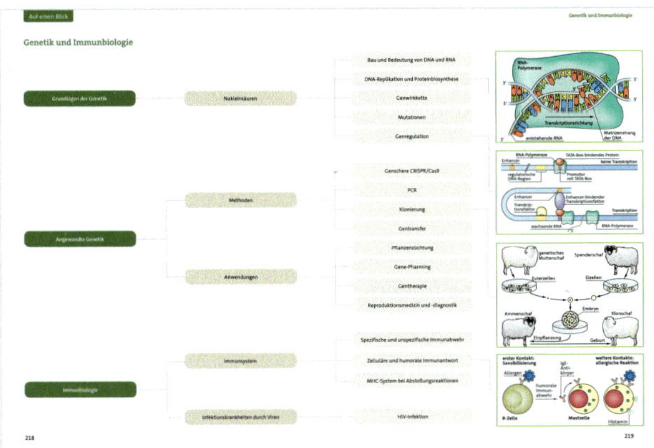

Auf einen Blick
Jedes Kapitel schließt mit einer Übersicht ab, die die wichtigsten Themen und Begriffe enthält. Dieser Überblick über das Gelernte hilft dabei, die Inhalte zu wiederholen.

Check-up Am Ende eines jeden Kapitels finden Sie Aufgaben, mit denen Sie überprüfen können, ob Sie die Inhalte verstanden haben. Im Anhang des Buches finden Sie die Lösungen zu diesen Aufgaben.

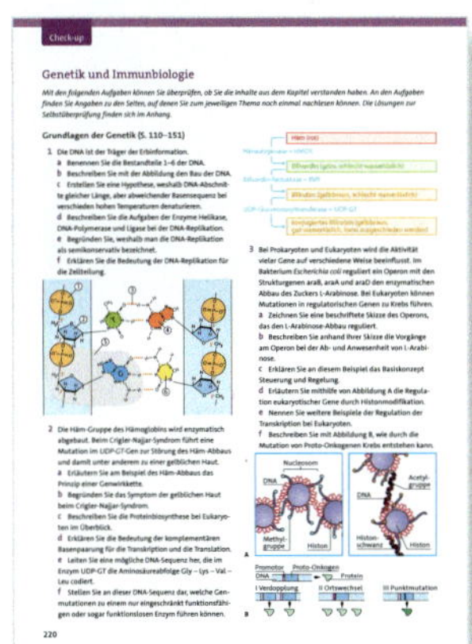

Klausurtraining
Das Klausurtraining unterstützt bei der Vorbereitung auf Klausuren und auf das Abitur. Es sind weitere materialgebundene Aufgaben, die nach prüfungsdidaktischen Vorgaben erstellt wurden.

Basiskonzepte

Die Biologie beschreibt und erklärt Eigenschaften von Lebewesen. Aufgrund der großen Vielfalt und Komplexität von Organismen ist es nicht einfach, ihre wesentlichen Organisationsmerkmale zu erkennen und zu verstehen. So scheinen eine Grünalge und ein Elefant zunächst kaum Gemeinsamkeiten aufzuweisen. Untersucht man diese jedoch genauer, wird deutlich, dass in beiden Organismen Signalstoffe mit spezifischer Passung zu einem Rezeptor existieren und hierdurch gezielt Informationen von Zelle zu Zelle oder auch innerhalb einer Zelle weitergeben werden. Die Spezifität dieser Informationsweitergabe ist durch die räumliche Passung zwischen Signalstoffen wie Adrenalin und ihren Rezeptoren gewährleistet und wird als *Schlüssel-Schloss-Prinzip* bezeichnet. Dieses Prinzip räumlicher Passung findet sich nicht nur bei Signalstoffen, sondern auch zwischen Antigenen und Antikörpern einer Immunreaktion sowie zwischen Enzymen und ihren Substraten bei der Biokatalyse von Reaktionen.

Solche Erklärungen, die ein Verständnis für ähnliche Zusammenhänge ganz unterschiedlicher Merkmale und Lebewesen ermöglichen, bezeichnet man als **biologische Prinzipien**. Auch das *Prinzip der Oberflächenvergrößerung*, das die Funktionalität großer Oberflächen bei relativ geringem Volumen durch die hohe Effizienz für passive Transportprozesse erklärt, lässt sich auf verschiedenste Strukturen wie die menschliche Lunge, die Wurzelhaare von Pflanzen oder den Aufbau von Chloroplasten anwenden.

Vergleicht man die Prinzipien *wie Schlüssel-Schloss* und *Oberflächenvergrößerung*, fällt ein ähnliches Erklärungsmuster auf: Sie interpretieren biologische Strukturen jeweils im Zusammenhang mit ihrer Funktion. Solch übergeordnete Erklärungsmuster wie den Struktur-Funktions-Zusammenhang nennen wir im Biologieunterricht **Basiskonzepte**.

Zusammen mit den Basiskonzepten **Stoff- und Energiewandlung, Steuerung und Regelung, Information und Kommunikation** sowie **individuelle und evolutive Entwicklung** stehen mit dem Basiskonzept **Struktur und Funktion** fünf Basiskonzepte als *übergeordnete Erklärungsansätze* zur Verfügung. Sie ermöglichen ein Wiedererkennen biologietypischer Zusammenhänge und helfen dabei, diese trotz der immensen biologischen Vielfalt besser zu verstehen. Darüber hinaus können Basiskonzepte auch als *Strukturierungsansätze* genutzt werden, um in neuen Phänomenen biologietypische Zusammenhänge systematisch zu identifizieren.

Basiskonzept Struktur und Funktion

Über die Nahrung aufgenommene Stärkemoleküle müssen zu kleinen Zuckermolekülen abgebaut werden, um aus dem Darminneren in die Blutgefäße transportiert zu werden. Diesen Abbau vollzieht unter anderem das Enzym Amylase, das ausschließlich an Stärkemoleküle bindet. Diese Substratspezifität beruht auf der räumlichen Passung zwischen Enzym und Substrat in Verbindung mit den entsprechenden chemischen Eigenschaften der Bindungsstelle des Enzyms. Diese Passung wird auch als Schlüssel-Schloss-Prinzip bezeichnet und ist ein Beispiel für den engen **Zusammenhang zwischen den biologischen Strukturen und ihrer Funktion.**

Basiskonzept Stoff- und Energieumwandlung

Fressen Mäuse Weizenkörner, werden die enthaltenen Kohlenhydrate durch Verdauungsenzyme in Ein- und Zweifachzucker abgebaut. Gelangen diese über den Blutkreislauf zu Körperzellen, können sie dort über den Prozess der Zellatmung abgebaut werden. Mithilfe der hierbei freigesetzten Energie können dann Prozesse wie Muskelarbeit ausgeführt werden. Dies ist ein Beispiel für den engen Zusammenhang zwischen Prozessen der **Stoff- und Energieumwandlung.**

Basiskonzepte

Basiskonzept Steuerung und Regelung

Von der Samenkeimung aus durchlaufen Sonnenblumen über die Phase des Wachstums sowie der späten Blüten- und Samenbildung eine Abfolge festgelegter Entwicklungsschritte. Diese genetisch festgelegte Merkmalsausbildung bezeichnet man als **Steuerung**. Auch Außenfaktoren können die Steuerung einer Merkmalsausprägung wie das Ausrichten aller Sonnenblumenblüten zum Sonnenstand beeinflussen. Die Ausprägung anderer Merkmale ist auf den Erhalt konstanter Bedingungen ausgerichtet. So verengt sich die Pupille in unserem Auge, wenn von außen einfallendes Licht stärker wird, und weitet sich wieder, wenn die Lichtintensität abnimmt. So wird die Menge des einfallenden Lichts auf einem für das Sehen geeigneten Niveau konstant gehalten. Das Erhalten einen solchen Sollwerts erfolgt auch bei der Kohlenstoffkonzentration in Blättern und wird als **Regelung** bezeichnet. Das Basiskonzept **Steuerung und Regelung** unterscheidet zwischen diesen Formen der Merkmalsausprägung.

Basiskonzept Information und Kommunikation

Die Sprossspitzen von Pflanzen richten sich zum Licht aus. Dies wird durch das Hormon Auxin gesteuert. Auxin wird in der Sprossspitze produziert und reichert sich in den Zellen der lichtabgewandten Seite an. Dort löst es ein verstärktes Streckenwachstum aus, der Spross beugt sich zum Licht. Die Auxinkonzentration dient dabei als Information, die in den Zellen das Streckenwachstum auslöst. Der Transport der Auxinmoleküle stellt eine Übertragung von Informationen dar und wird als Kommunikation bezeichnet. Es ist ein Beispiel für das Basiskonzept **Information und Kommunikation**.

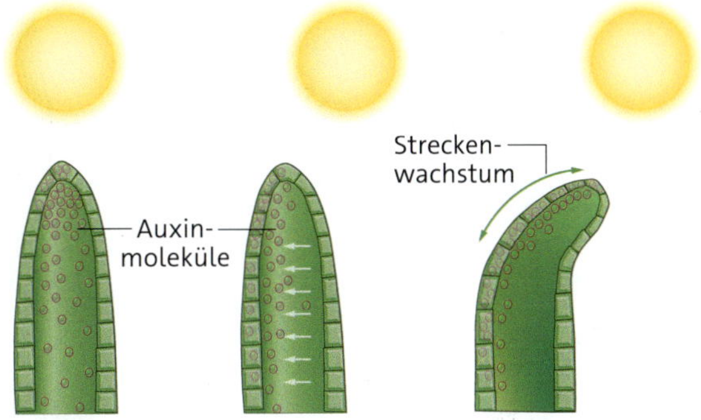

Basiskonzept individuelle und evolutive Entwicklung

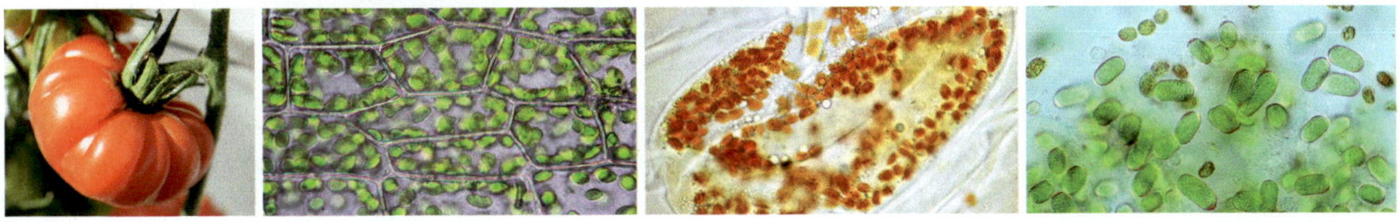

Tomaten verfärben sich im Laufe ihrer Entwicklung von Weiß, über Grün zu Rot. Die grünen Chloroplasten entwickeln sich aus farblosen Vorstufen, den Proplastiden. In der letzten Entwicklungsphase wandeln sich die Chloroplasten in rotfarbige Chromoplasten um. So können die Tomatenfrüchte weiter Fotosynthese betreiben, bevor die Fruchtreife einsetzt und sie von Tieren gefressen werden, die ihre Samen verbreiten. Veränderungen während der individuellen Entwicklung treten in vielen Varianten auf. Auch die Pubertät bei Menschen oder die Metamorphose bei Fröschen verläuft nach einem festgelegten genetisch Programm. Entwicklungen wie die Bräunung der Haut durch Sonnenstrahlung oder der Muskelaufbau durch Beanspruchung sind abhängig von äußeren Einflüssen. Alle Merkmale von Lebewesen lassen sich als Resultat ihrer individuellen Entwicklung erklären. Darüber hinaus können Merkmale auch als Ergebnis einer Evolution verstanden werden. So sind Chloroplasten durch das Aufnehmen früher Blaualgen in ursprüngliche Zellen entstanden. Diese Unterscheidung zwischen individueller und evolutiver Entwicklung wird durch das Basiskonzept **individuelle und evolutive Entwicklung** beschrieben.

Aufgaben verstehen und lösen – Operatoren

Um Aufgaben entsprechend ihren Anforderungen lösen zu können, muss man zunächst verstehen, was die Operatoren – die Verben, die zu Beginn einer Aufgabenstellung stehen – bedeuten und fordern. Dies ist nicht nur für die Arbeit mit dem Schulbuch wichtig, sondern auch für die Klausuren und Abiturprüfungen relevant. Im Folgenden finden Sie eine Übersicht über häufig genutzte Operatoren mit jeweils einer kurzen Erklärung, einer Beispielaufgabe und einer passenden Beispiellösung.

1) Nennen, Angeben • Der Operator „nennen" fordert, dass (Fach-)Begriffe oder auch Sachverhalte ohne Erklärungen oder Erläuterungen aufgezählt werden.

Beispielaufgabe: Nennen Sie die Fachbegriffe zum Bau eines Wirbeltierneurons.

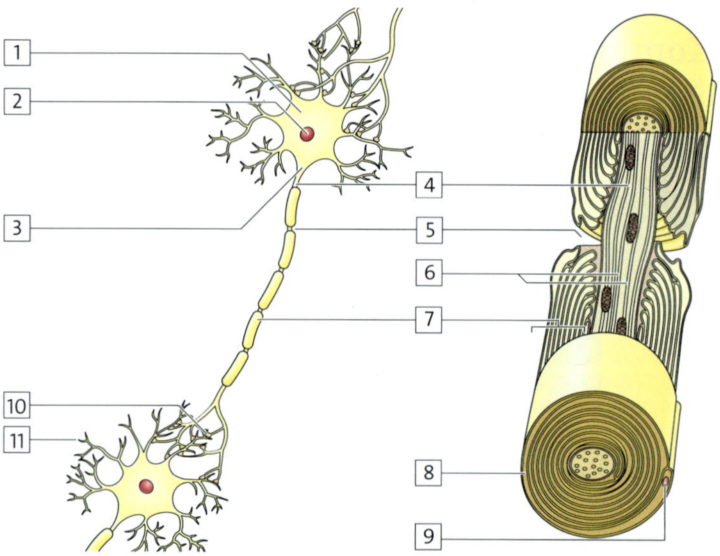

Beispiellösung:

1 – Soma
2 – Zellkern
3 – Axonhügel
4 – Axon
5 – Ranvier-Schnürring
6 – Mikrotubuli
7 – Myelinscheide
8 – Schwann-Zelle
9 – Zellkern (der Schwann-Zelle)
10 – Synapsenendknöpfchen
11 – Dendrit

2) Beschreiben • Der Operator „Beschreiben" fordert, dass man Sachverhalte oder Zusammenhänge hinsichtlich ihrer relevanten Merkmale strukturiert, unter Verwendung der korrekten Fachsprache und in der Regel umfassend wiedergibt.

Beispielaufgabe: Beschreiben Sie den in der Abbildung gezeigten Aufbau eines Skelettmuskels.

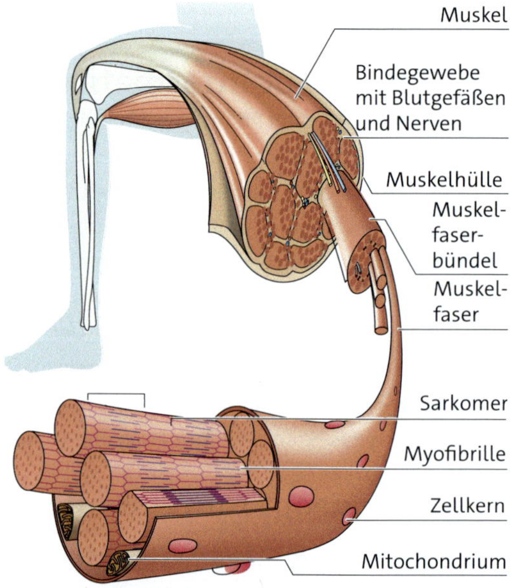

Beispiellösung: Ein Skelettmuskel besteht aus vielen Muskelfaserbündeln. Diese sind von einer Bindegewebshülle umgeben, die Nerven und Blutgefäße umfasst. Die Muskelfaserbündel bestehen aus vielen Muskelfasern, die parallel zueinander liegen. Diese enthalten zudem Mitochondrien und peripher gelegene Zellkerne.
Die Muskelfasern bestehen wiederum aus vielen parallel verlaufenden Myofibrillen, in denen sich hintereinanderliegende Sarkomere befinden.

3) Erklären • Der Operator „Erklären" fordert, dass man einen Sachverhalt in einen Zusammenhang einordnet oder ihn auf Regeln und Gesetzmäßigkeiten zurückführt und dabei verständlich darstellt.

Beispielaufgabe: Erklären Sie die Signalübertragung an einer chemischen Synapse.

Beispiellösung: Am Endknöpfchen eines Neurons findet durch das Eintreffen eines Aktionspotenzials eine kurzzeitige Depolarisierung der Plasmamembran statt, die dazu führt, dass spannungsabhängige Calciumionenkanäle geöffnet werden. Hierdurch strömen Calciumionen gemäß dem Ladungs- und Konzentrationsgefälle in das Neuron. Hierdurch steigt die Ca^{2+}-Ionenkonzentration im Inneren der Zelle, was bewirkt, dass einige Vesikel mit der präsynaptischen Membran verschmelzen. Diese Vesikel enthalten Neurotransmitter, die nach Verschmelzen der Membranen in den synaptischen Spalt freigesetzt werden. Dort diffundieren die Neurotransmitter zum postsynaptischen Neuron, wo sie an Rezeptoren binden, die Bestandteile von transmittergesteuerten Natriumionenkanälen sind, die durch die Bindung geöffnet werden. Anschließend strömen Natriumionen durch die transmittergesteuerten Kanäle an der postsynaptischen Membran ein. Dadurch wird das Neuron in diesem Bereich depolarisiert.

4) Hypothese aufstellen • Das Aufstellen einer Hypothese erfordert, dass man eine begründete Vermutung zur Erklärung eines bisher unbekannten Phänomens formuliert. Diese hypothetischen Erklärungen werden meist durch Abwandlung oder Kombination bekannter Erklärungsansätze bzw. Erfahrungen entwickelt.

Beispielaufgabe: Stellen Sie eine Hypothese auf, weshalb ein sehr leichtes Ausdauertraining bei der Heilung von Muskelkater nach einem intensiven Training helfen könnte, eine tiefe Massage jedoch nicht.

Beispiellösung: Die hohe mechanische Belastung eines intensiven Trainings führt zu Rissbildungen in den Myofibrillen und Z-Scheiben. Wegen der Risse bilden sich Entzündungen, durch die Wasser in den Muskel eintritt und auf das Bindegewebe der Muskelfaser drückt. Rezeptoren innerhalb dieses Bindegewebes lösen den Schmerz aus. Ein sehr leichtes Ausdauertraining könnte helfen, den Muskelkater zu heilen, da der Stoffwechsel durch das Training angeregt wird. Der etwas erhöhte Stoffwechsel könnte dann bewirken, dass Flüssigkeiten schneller abtransportiert werden und Entzündungen schneller abklingen. Dadurch würde der Muskelkater in kurzer Zeit abheilen. Eine tiefe Massage würde hingegen nicht helfen, weil diese die Risse in den Z-Scheiben zusätzlich irritieren und verstärken könnte und wodurch die Entzündung noch verstärkt werden könnte. Dies würde den Heilungsprozess des Muskelkaters eher verlangsamen.

5) Erläutern • Im Vergleich zum Operator „Erklären" fordert der Operator „Erläutern", dass ein Sachverhalt durch zusätzliche Informationen verständlich gemacht wird. Dies kann z. B. durch einen Vergleich mit einem anderen Phänomen oder durch Einordnung in ein übergeordnetes Prinzip bzw. eine Theorie erfolgen.

Beispielaufgabe: Erläutern Sie den Flaschenhalseffekt.

Beispiellösung: Beim Flaschenhalseffekt geht man von einer Ausgangspopulation mit hoher genetischer Variabilität aus. Drastische äußere Einflüsse dezimieren die Ausgangspopulation. Solche Zufallsereignisse können Einwirkungen des Menschen oder Naturkatastrophen sein. Findet eine starke Dezimierung der Population statt, weist diese anschließend eine vergleichsweise geringe genetische Variabilität auf. Die Anzahl der Allele bei den Überlebenden ist verglichen mit der Ausgangspopulation verändert. Manche Allele fehlen vollständig, andere sind über- oder unterrepräsentiert. Durch den erfolgten genetischen Drift kann auch nach mehreren Generationen trotz einer wieder höheren Individuenzahl eine geringe genetische Variabilität in der Population erhalten bleiben.

6) Interpretieren/Deuten • Der Operator „Interpretieren/Deuten" verlangt das Erklären bzw. Erläutern von Ergebnissen bzw. Messdaten vor dem Hintergrund einer Fragestellung oder Hypothese.

Beispielaufgabe: Deuten Sie das Diagramm in Bezug auf eine zugrunde liegende Selektion.

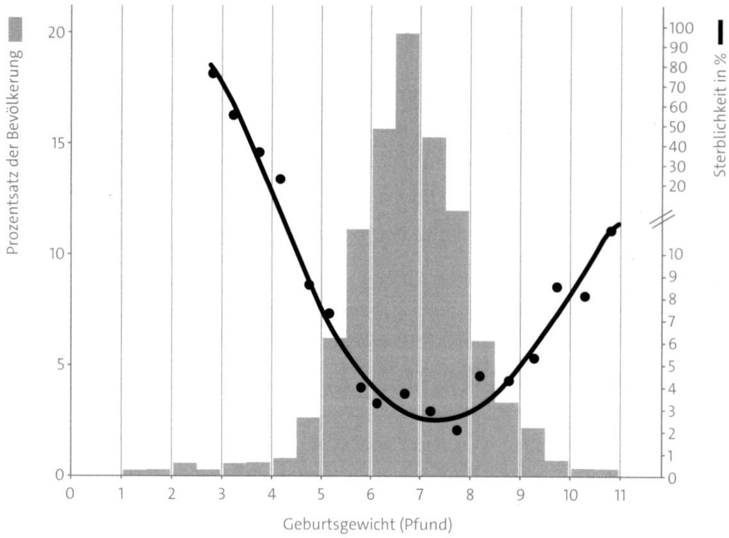

Beispiellösung: Das Diagramm zeigt die prozentuale Verteilung des Geburtsgewichts in der Bevölkerung sowie die Säuglingssterblichkeit in Abhängigkeit vom Geburtsgewicht. Die Sterblichkeit sinkt zunächst mit zunehmendem Geburtsgewicht. Die geringste Säuglingssterblichkeit wird bei einem Geburtsgewicht zwischen 3,5 und 3,75 kg erreicht. Ein schwereres Geburtsgewicht erhöht schließlich die Säuglingssterblichkeit wieder.
Der größte Selektionsdruck wirkt auf jene Säuglinge, die vom optimalen Geburtsgewicht am stärksten abweichen. Da die Überlebensrate der Säuglinge mit optimalem Geburtsgewicht am häufigsten ist, liegen gute Bedingungen für eine hohe Fortpflanzungsrate vor. Die Allele, die ein Geburtsgewicht von rund 3,5 kg bedingen, reichern sich im Genpool der Population an, während das Auftreten eines geringen oder hohen Geburtsgewichts selektiert wird. Das Gewicht, das zu minimaler Sterblichkeit führt und somit das optimale Geburtsgewicht darstellt, stimmt nicht mit dem häufigsten Geburtsgewicht überein, sodass sich die Verhältnisse im Laufe der Zeit voraussichtlich verändern werden, bis das mittlere Geburtsgewicht dem optimalen Geburtsgewicht entspricht. Es handelt sich demnach um eine transformierende Selektion. Zu berücksichtigen ist jedoch, dass das Geburtsgewicht nicht ausschließlich genetisch bedingt ist und zudem der Fortpflanzungserfolg eines Menschen nicht unmittelbar vom Geburtsgewicht bestimmt wird. Umweltbedingungen und andere Selektionsfaktoren müssten also ebenfalls einbezogen werden.

7) Vergleichen • Der Operator „Vergleichen" fordert, dass man sowohl Unterschiede als auch Gemeinsamkeiten oder Ähnlichkeiten in Bezug auf einen oder mehrere zu Aspekte, den Vergleichskriterien, herausstellt.

Beispielaufgabe: Vergleichen Sie die Osmoregulation bei Süßwasser- und Meeresfischen.

Beispiellösung: Sowohl Meeres- als auch Süßwasserfische sind aufgrund ihrer Umgebung auf Osmoregulation angewiesen. Zudem nehmen die Fische in beiden Umgebungen sowohl Wasser als auch Ionen beim Trinken über das Maul auf. Außerdem geben sie beides über den Urin ab. Der Anteil von Wasser und Ionen unterscheidet sich allerdings.

Süßwasserfische leben in einer hypotonischen Umgebung, was zur Folge hat, dass sie über die Haut Wasser osmotisch aufnehmen und Ionen auf dem gleichen Weg abgeben. Den Ionenverlust gleichen die Tiere mit einer aktiven Ionenaufnahme über die Kiemen sowie einen stark verdünnten Urin mit wenigen Ionen aus. Demgegenüber befinden sich Meeresfische in einer für sie hypertonischen Umgebung, woraus ein über die Haut stattfindender osmotischer Wasserverlust sowie eine Ionenaufnahme über jene resultieren. Im Gegensatz zu Süßwasserfischen geben Meeresfische einen ionenreichen Urin sowie Ionen aktiv über die Kiemen ab.

8) Auswerten • Der Operator „Auswerten" verlangt, dass aus Ergebnissen relevante Teildaten ausgewählt und im Zusammenhang interpretiert werden, zum Beispiel bei der Auswertung von Experimenten oder Diagrammen.

Beispielaufgabe: Werten Sie das vorliegende Diagramm im Kontext von Räuber-Beute-Beziehungen aus.

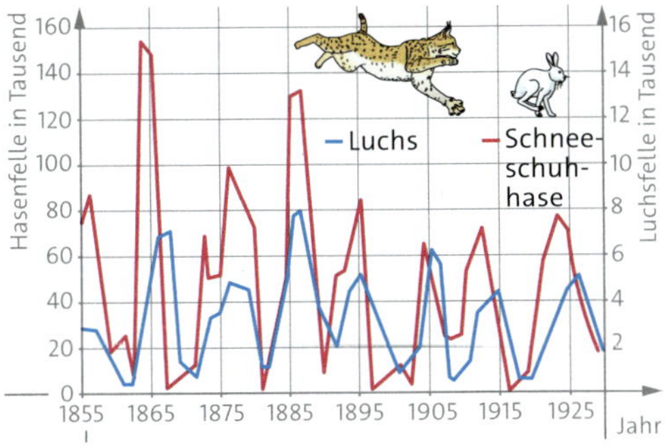

1 Von Trappern abgelieferte Felle

Beispiellösung: Die Ergebnisse machen deutlich, dass zwischen den Luchsen und den Schneeschuhhasen eine Räuber-Beute-Beziehung sowie eine daraus resultierende Abhängigkeit bestehen. Auf einen Abfall oder Anstieg der Schneeschuhhasenpopulation, gemessen an den von Trappern abgelieferten Fellen, folgt ein Abfall oder Anstieg der Luchspopulation. Aus dieser negativen Rückkopplung lässt sich schließen, dass der Schneeschuhhase eine wichtige Nahrungsquelle für den Luchs darstellt. Dennoch ist davon auszugehen, dass sich der Luchs auch von anderen Beutetieren ernährt, da trotz einer sehr geringen Anzahl der von Trappern abgelieferten Hasenfelle keine gleichwertig geringe Anzahl von Luchsfellen erkennbar ist.

9) Begründen • Der Operator „Begründen" fordert, dass Sachverhalte auf Regeln und Gesetzmäßigkeiten hinsichtlich der Ursache und Wirkung zurückgeführt werden.

Beispielaufgabe: Begründen Sie, warum es Licht- und Schattenblätter gibt.

Beispiellösung: Lichtblätter sind an hohe Lichtintensitäten angepasst und haben demzufolge einen hohen Lichtkompensationspunkt. Dadurch können Lichtblätter eine hohe Fotosyntheseleistung erreichen. Demgegenüber sind Schattenblätter an geringe Lichtintensitäten angepasst, haben einen niedrigeren Lichtkompensationspunkt und folglich eine geringere Fotosyntheseleistung. Licht- und Schattenblätter stellen Anpassungen an unterschiedliche Lichtintensitäten verschiedener Lebensräume dar.

10) Bewerten • Bei dem Operator „Bewerten" geht es um Entscheidungsprobleme individueller oder gesellschaftlicher Relevanz, die unter Berücksichtigung von Sachinformationen sowie individuellen Interessen bzw. gesellschaftlich anerkannten Normen und Werten begründet gelöst werden sollen.

Beispielaufgabe: Mit CRISPR/Cas werden zukünftig genetische Veränderungen in der frühen menschlichen Embryonalentwicklung möglich sein. Hierdurch könnten schwere genetische Defekte wie Chorea Huntington möglich werden, aber auch genetische Veränderungen hinsichtlich nicht medizinischer Ziele wie der Hautfarbe. Bewerten Sie, ob auch derartige Eingriffe ohne medizinischen Anlass erlaubt werden sollten.

Beispiellösung: Einem Verbot steht zunächst das Recht auf freie Entfaltung entgegen. Dies trifft aber nur bedingt zu, da ein genetischer Eingriff in der frühen Embryonalentwicklung stets durch die Eltern und nicht die Betroffenen selbst entschieden. Dies könnte sogar zur Folge haben, dass die Eltern gezielte Veränderungen vornehmen lassen, ohne dass diese vom späteren Kind gewünscht sind. Der Eingriff würde damit eher eine potenzielle Einschränkung des Kindes auf freie Entfaltung gemäß seiner ursprünglichen genetischen Disposition bedeuten und stellt somit eher ein Gegenargument gegen genetische Eingriffe in die Keimbahn ohne medizinischen Anlass dar.

Darüber hinaus stellen Eingriffe mit CRISPR/Cas noch immer Risiken dar: Erstens können nicht intendierte Veränderungen der Nucleotidsequenz eintreten und zweitens können die intendierten Veränderungen (durch Interaktion mit anderen Genen) zu anderen Folgen führen als geplant. Diese gesundheitlichen Risiken sind in Relation zu dem potenziellen Mehrwert eines nicht medizinisch motivierten Eingriffs als zu hoch einzuschätzen, sodass das Verfahren für diese Anwendungen nicht erlaubt werden sollte.

1

Zellbiologie

- Der Bau tierischer und pflanzlicher Zellen wird verglichen und die Zellbestandteile werden mithilfe von verschiedenen Mikroskopietechniken betrachtet und identifiziert sowie ihre Funktion erklärt.

- Unterschiede zwischen prokaryotischen und eukaryotischen Zellen werden aufgezeigt und das Zusammenwirken der Zellbestandteile eukaryotischer Zellen sowie die Bedeutung der Kompartimentierung erläutert.

- Einzellige und vielzellige Lebewesen werden verglichen. In einem mehrzelligen Organismus haben verschiedene Zellarten unterschiedliche Aufgaben.

- Biomembranen grenzen Kompartimente in der Zelle ab. Modelle zum Bau von Biomembranen werden vorgestellt sowie passive und aktive Transportvorgange an Biomembranen untersucht.

- Die Abläufe und Bedeutung der Mitose sowie ihre Regulation werden dargestellt und erläutert. Die Entstehung der Geschlechtszellen mithilfe der Meiose wird erklärt.

- Die Ursachen und Auswirkungen von Chromosomenmutationen werden erläutert.

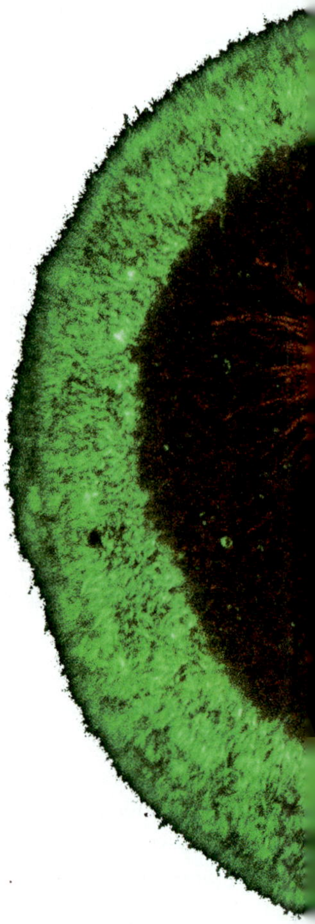

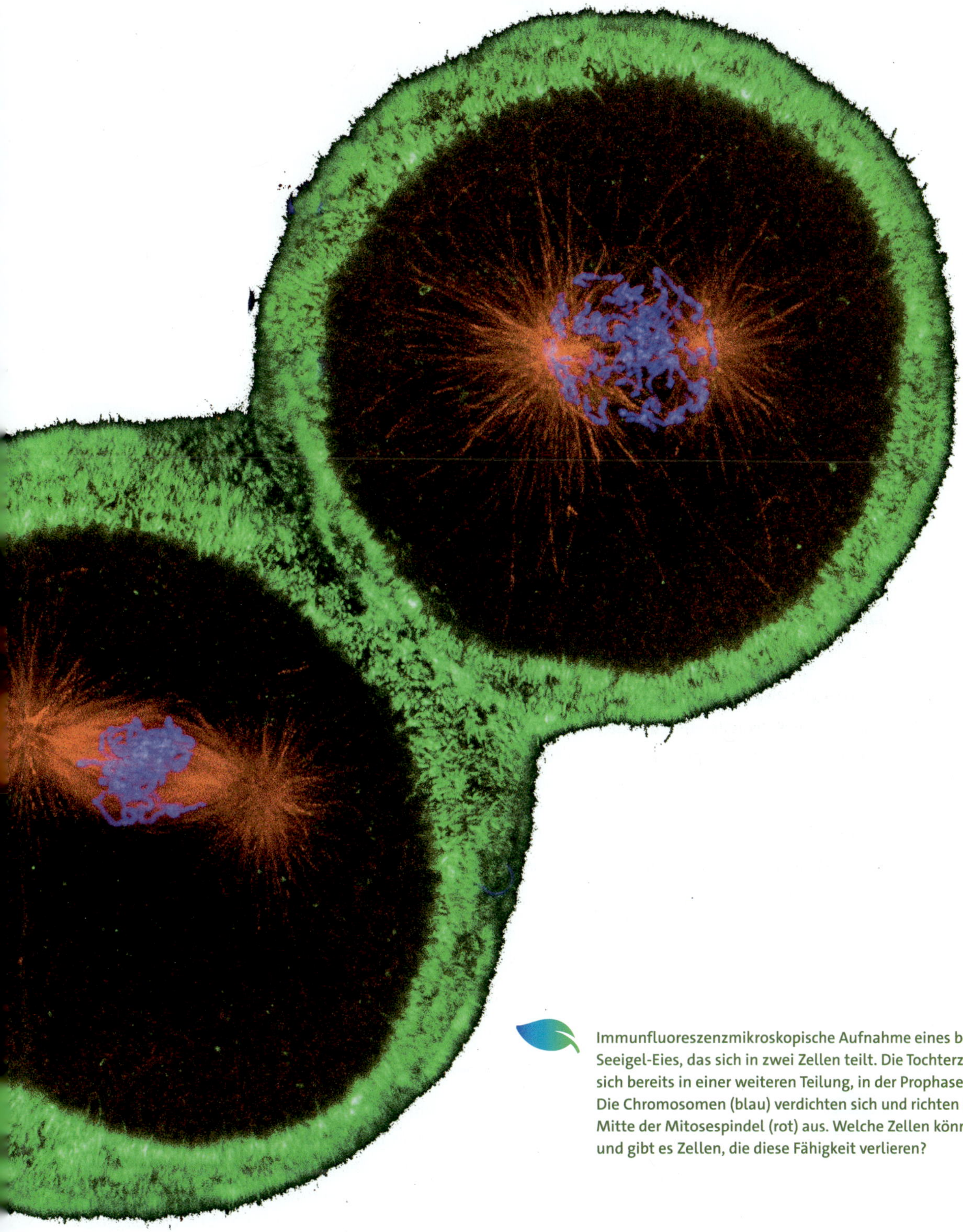

Immunfluoreszenzmikroskopische Aufnahme eines befruchteten Seeigel-Eies, das sich in zwei Zellen teilt. Die Tochterzellen befinden sich bereits in einer weiteren Teilung, in der Prophase der Mitose. Die Chromosomen (blau) verdichten sich und richten sich in der Mitte der Mitosespindel (rot) aus. Welche Zellen können sich teilen und gibt es Zellen, die diese Fähigkeit verlieren?

1.1 Zellulärer Bau der Lebewesen

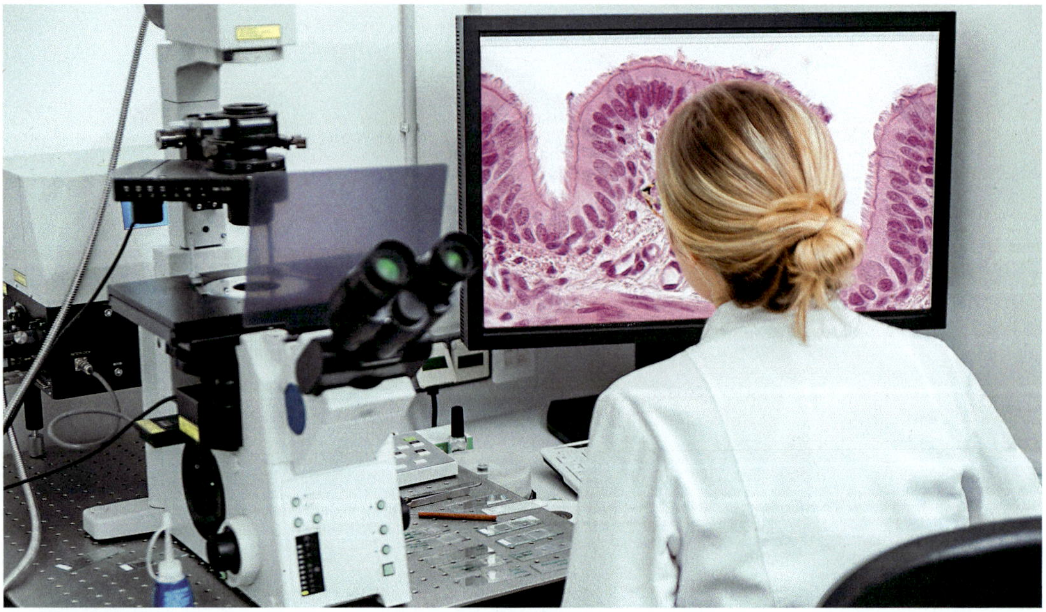

1 Studentin betrachtet mikroskopisches Bild

Eine Medizinstudentin betrachtet am Monitor den mikroskopisch sichtbaren Bau menschlicher Zellen. Wie hilft ihr das beim Verständnis des menschlichen Körpers?

Vielfalt der Zellen • Zu den Kennzeichen des Lebens zählen neben Bewegung, Reizbarkeit, Stoffwechsel, Fortpflanzung, Entwicklung und Wachstum auch der Aufbau eines Lebewesens aus Zellen. Auch menschliche Organe bestehen aus Zellen. Das kann man visualisieren, indem man dünn geschnittene Proben färbt und mikroskopisch betrachtet. Im Laufe jahrzehntelanger Forschung hat man Farbstoffe gefunden, die Zellen und ihre Bestandteile so anfärben, dass charakteristische Strukturen hervorgehoben werden.

In den Zellen der Bronchienwand sind der Zellkern und das Zellplasma durch Färbung hervorgehoben. Die Zellen, die mit dem Luftraum in Berührung kommen, liegen dicht an dicht. Sie bilden ein Deckgewebe, ein Epithel, das das Innere der Bronchien auskleidet. Einige Epithelzellen haben Flimmerhärchen, andere sondern Schleim ab, der mit den Härchen zum Rachen transportiert wird. Gemeinsam erfüllen sie die Aufgabe, kleine Partikel, die beim Atmen bis in die Bronchien gelangt sind, wieder aus der Lunge herauszubefördern. Diese Kenntnis vertieft das Verständnis darüber, wie die Lunge Fremdkörper entfernt, die in sie hineingelangt sind.

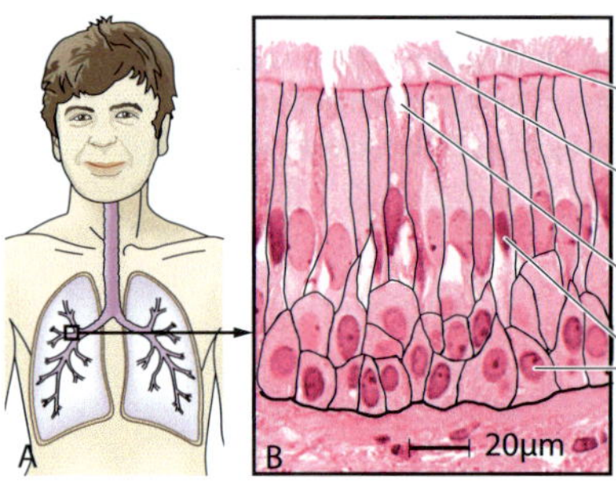

2 Bronchienepithel: **A** Lage, **B** mikroskopisches Bild (gefärbt, Zellmembranen nachgezeichnet)

Bei der mikroskopischen Betrachtung eines Blutausstrichs erkennt man ebenfalls Zellen mit unterschiedlichem Bau. Die roten Blutkörperchen sind rund und relativ klein. Die größeren Zellen mit violett angefärbtem Zellkern sind weiße Blutzellen. Rote Blutkörperchen haben keinen Zellkern. Das deutet darauf hin, dass der Besitz eines Zellkerns mit der jeweiligen Funktion zusammenhängt.

Rote Blutkörperchen transportieren Sauerstoff und werden in den einzelnen Organen in sehr engen Blutgefäßen, den Kapillaren, an Körperzellen vorbeigeführt. Hierbei werden sie verformt, sodass ihre Gestalt der Umgebung angepasst ist. Ohne Zellkern ist eine Zelle relativ klein und leicht. Sie schwimmt daher gut im Blutstrom mit. Rote Blutkörperchen können also ihre Hauptaufgabe, Sauerstoff zu trans-

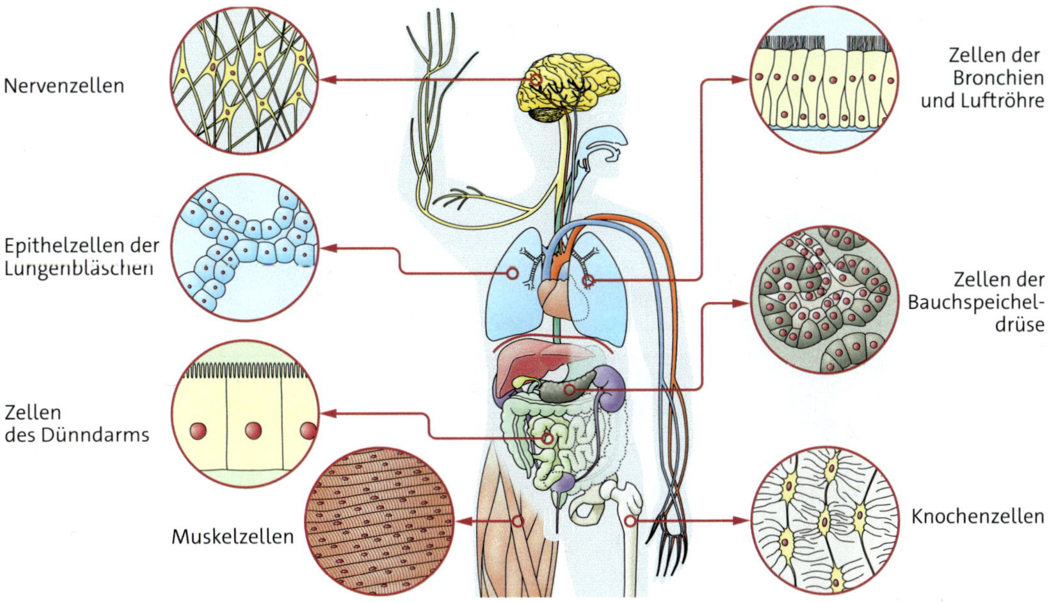

3 Zellen in verschiedenen Organen (Schema)

portieren, ohne Zellkern gut erfüllen. Sie altern allerdings relativ schnell und verlieren dabei ihre Elastizität. Nach etwa 120 Tagen werden sie im Körper abgebaut und durch neue ersetzt.

Weiße Blutzellen sind Bestandteil des Immunsystems und kommen im gesamten Organismus vor. Sie werden im Blut und in der Lymphflüssigkeit transportiert. Einige dringen in das umliegende Gewebe ein. Treffen sie auf Krankheitserreger, körperfremde Stoffe oder Verletzungen im Gewebe, beginnen sie mit ihrer jeweiligen Abwehrreaktion. Dafür ist der Zellkern notwendig.

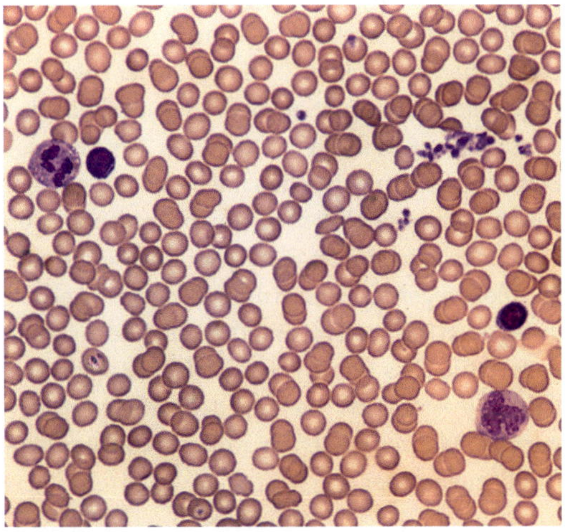

4 Blutausstrich: rote Blutzellen (Ø ≈ 7,5 µm) und vier weiße Blutzellen, Zellkerne blauviolett gefärbt

In allen Organen gibt es jeweils typische Zellen, die zur Gesamtfunktion des Organs beitragen. Muskelzellen zum Beispiel sind meistens länglich und können sich zusammenziehen, Nervenzellen sind verzweigt und leiten elektrische Impulse zu anderen Zellen weiter, und Drüsenzellen geben Sekrete ab.

Organisationsebenen • Die Beispiele zeigen, dass die Gesamtfunktion eines Organismus mithilfe der Funktion verschiedener Zellen verständlich wird. Systematisch betrachtet man Zusammenhänge zwischen Zellen und Organismus mithilfe der Unterscheidung verschiedener Organisationsebenen: Der Organismus Mensch besitzt ein Atmungssystem mit dem Organ Lunge. Die Lunge enthält Bronchien, die mit einem Deckgewebe ausgekleidet sind. Dieses besteht aus Zellen, die bewirken, dass Fremdkörper beseitigt werden. Dadurch, dass die Zellen ihre Aufgabe erfüllen, tragen sie dazu bei, dass die Atemwege frei sind und alle anderen Zellen im menschlichen Körper genügend Sauerstoff bekommen.

1 Beschreiben Sie am Beispiel der Zellen des Atmungssystems den Zusammenhang zwischen Struktur und Funktion.

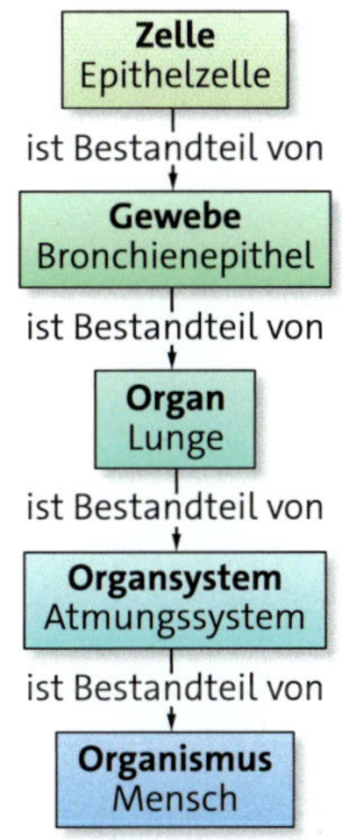

5 Organisationsebenen am Beispiel der Atmung

1 Christrose: **A** Habitus, **B** Laubblattquerschnitt (LM-Aufnahme), **C** Laubblattquerschnitt (Schema), **D** Blattstielquerschnitt (LM-Aufnahme), **E** Blattstielquerschnitt (Schema)

Zellen im Organismus Pflanze • Der Körper einer Samenpflanze wird ebenso wie der Körper des Menschen in Organe unterteilt. Diese sind genau wie die Organe des Menschen aus Geweben, die gemeinsam eine spezifische Aufgabe erfüllen, aufgebaut. Gewebe wiederum bestehen aus Zellen, die die gleiche Funktion haben.

Eine Samenpflanze besteht aus den Hauptorganen Wurzel, Sprossachse und Blatt. Die Wurzeln sind im Boden verankert. Sie nehmen Wasser und Mineralstoffe auf und speichern Reservestoffe. Die Sprossachse verbindet Wurzeln und Blätter. Der Stofftransport erfolgt durch Zellen, die länglich gebaut sind und in langen Bahnen durch die verschiedenen Organe ziehen.

Im Querschnitt durch die Blattspreite sieht man, dass die Zellen zu Geweben angeordnet sind. Die Epidermis bildet ein Abschlussgewebe. Ihre Zellen liegen dicht an dicht und sind außen mit einer Wachsschicht überzogen. Ihre Funktion ist der Schutz gegen Verdunstung von Wasser aus dem Blatt. Darunter liegt das Palisadengewebe. Die dicht beieinanderstehenden Zellen des Palisadengewebes enthalten viele Chloroplasten und sind auf Fotosynthese spezialisiert. In den Zellen des Schwammgewebes findet ebenfalls Fotosynthese statt. Die Hohlräume zwischen ihnen erleichtern den Gasaustausch der Pflanze. Sie sind über Spaltöffnungen mit der Umgebung verbunden. Durch das Öffnen und Schließen der Spaltöffnungen wird die Verdunstung von Wasser geregelt. Gemeinsam bewirken die verschiedenen Zellen und Gewebe die Hauptfunktion des Blattes: die Herstellung von energiereichen Stoffen mithilfe der Fotosynthese. Sie bilden also ein Organ.

Im Blattstielquerschnitt der Christrose fallen die zahlreichen fast runden Zellen auf. In der Epidermis liegen die Zellen dicht an dicht und schließen den Stiel nach außen ab. In der Nähe des Zentrums des Blattstiels lassen sich Zellen mit besonders großem Durchmesser beobachten. Im mikroskopischen Längsschnitt erkennt man, dass sie lange Röhren bilden. Bei einigen lassen sich die Zellwände mit einem geeigneten Farbstoff rot anfärben. Dies ist ein Nachweis dafür, dass sie den Holzstoff, das Lignin, enthalten. In diesen Röhren erfolgt der Wassertransport. Auch bei Pflanzen passen Struktur und Funktion häufig gut zueinander

1 **Erläutern Sie anhand von zwei Beispielen die Begriffe Gewebe und Organ.**

Material A Stärkenachweis in speziellen Zellen

Stärkenachweis mit Iod-Kalium-iodid-Lösung

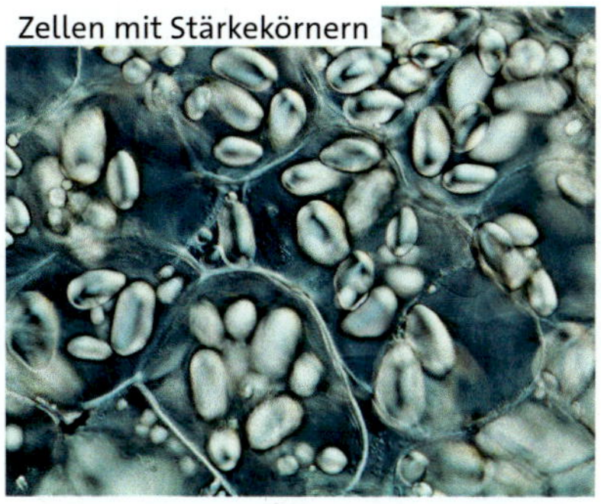
Zellen mit Stärkekörnern

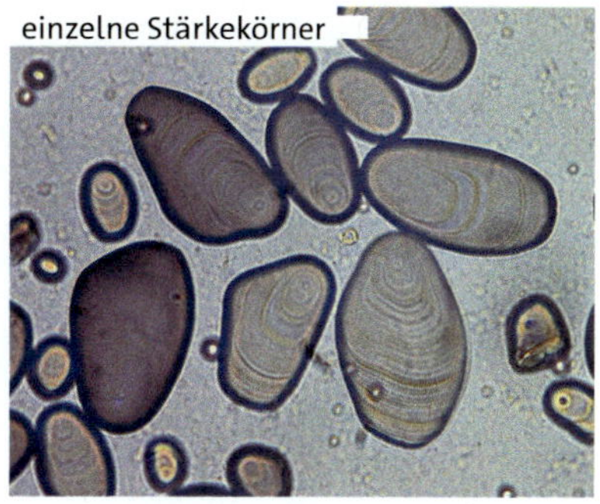
einzelne Stärkekörner

Die Knollen der Kartoffelpflanze sind verdickte, unterirdische Sprosse. Mithilfe einiger Tropfen Iod-Kaliumiodid-Lösung, die auf die angeschnittene Oberfläche einer Kartoffel geträufelt werden, kann die Stärke nachgewiesen werden. Wenn man mit einer Rasierklinge von der Schnittfläche einer durchgeschnittenen Kartoffelknolle etwas Material abschabt und dies mikroskopiert, sieht man Zellen, die dicht mit Stärkekörnern gefüllt sind. Einige Zellen werden beim Schaben zerstört. Daher können einzelne Stärkekörner außerhalb von Zellen beobachtet werden. Die Stärkenachweisreaktion ist unter dem Mikroskop sichtbar.

1 Beschreiben Sie die Zellen in der Kartoffelknolle. Gehen Sie dabei darauf ein, wie diese Zellen zur Gesamtfunktion der Kartoffelpflanze beitragen.

2 Beschreiben Sie mithilfe des linken Bildes den Stärkenachweis mit Iod-Kaliumiodid-Lösung.

3 Begründen Sie, wie die Stärkekörner beim Stärkenachweis vermutlich aussehen.

Material B Nervenzellen

Nervensystem

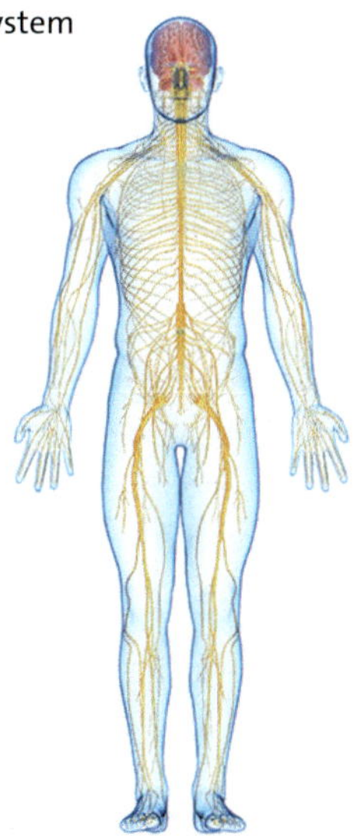

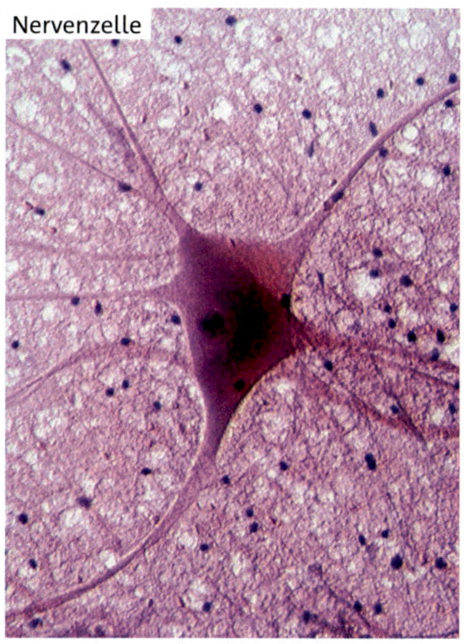
Nervenzelle

Der menschliche Körper ist von Nerven durchzogen. Diese bestehen aus Nervenzellen. Viele Nervenzellen sind sehr lang. Sie reichen vom Gehirn oder vom Rückenmark bis in die verschiedenen Organe des Menschen. Wenn man von den Nerven außerhalb des Rückenmarks ein mikroskopisches Präparat erstellt, findet man nur sehr selten Zellkerne. Wenn man aber das Rückenmark geeignet präpariert, sind im mikroskopischen Bild große Nervenzellen und weitere kleine Zellen zu sehen. Die dunklen Punkte sind Kernkörperchen, Bestandteile der Zellkerne. Die größeren Zellen sind motorische Nervenzellen, von denen jeweils ein hier nicht sichtbarer Fortsatz aus dem Rückenmark bis zu den Skelettmuskeln führt. Die Zellen sind jeweils komplett von einer Zellmembran umhüllt. Diese ist sowohl mit als auch ohne Färbung nicht sichtbar.

1 Beschreiben Sie den Bau der Nervenzelle.

2 Recherchieren Sie den typischen Bau einer motorischen Nervenzelle.

3 Begründen Sie, warum der Bau dieser Nervenzellen gut dazu geeignet ist, dass Nervenzellen Informationen im Körper verarbeiten und weitergeben.

1.2 Mikroskopieren und Dokumentieren

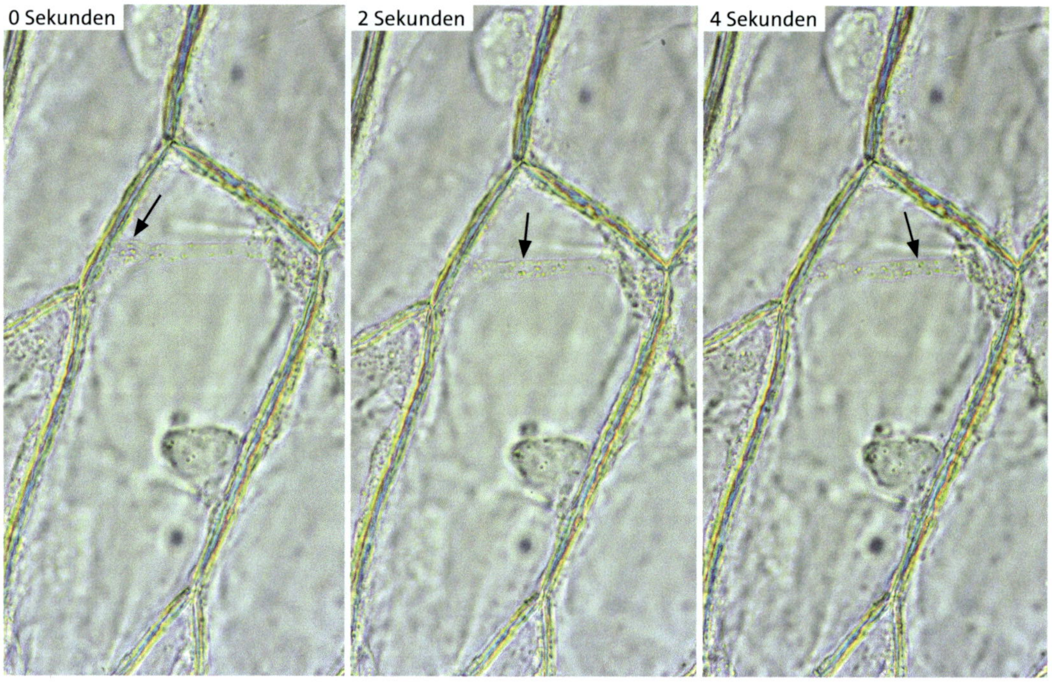

1 Lichtmikroskopische Aufnahmen der Strömung des Zellplasmas in einer Zwiebelzelle (Ausschnitt)

In einer Zelle aus der oberen Epidermis einer Zwiebelschuppe lassen sich Bewegungen des Zellplasmas erkennen. Besonders gut sieht man sie in Plasmasträngen. Wie kann man solche Beobachtungen machen?

Hinweis: Im Unterricht darf menschliches Blut nicht mikroskopiert werden.

Herstellen von Präparaten • Zunächst wird eine Küchenzwiebel längs halbiert. Dann trennt man mit den Fingern eine Zwiebelschuppe heraus. Man ritzt mit einer scharfen Rasierklinge oder einem Skalpell Felder mit 0,5 Zentimetern Seitenlänge in die obere Epidermis und nimmt eines davon mit einer spitzen Pinzette ab. Anschließend gibt man es sofort in einen kleinen Wassertropfen auf einen Objektträger, den man mit einer Pipette dort aufgetragen hat. Dann wird ein Deckglas aufgelegt. Dazu wird es zunächst an zwei nebeneinanderliegenden Ecken mit Daumen und Zeigefinger einer Hand festgehalten und schräg an den Wassertropfen gestellt, sodass das Wasser am Deckglas aufsteigt. Dann senkt man das Deckglas langsam, wobei eine Präpariernadel hilfreich ist.

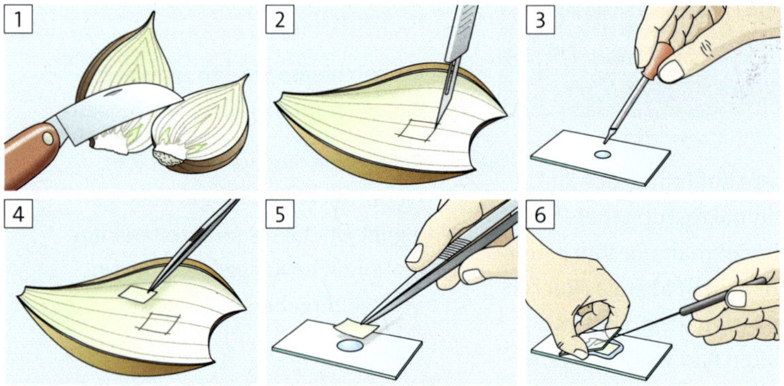

2 Herstellen eines mikroskopischen Präparats

Ein solches **Abziehpräparat** ist fertig für das Mikroskopieren. Es erfüllt die Voraussetzungen für gute Beobachtungsergebnisse: Es ist dünn, sodass es von Licht durchstrahlt werden kann. Zudem ist es eben, sodass wenige störende Lichtbrechungen auftreten. Es enthält lebende Zellen, sodass Bewegungen in diesen Zellen sichtbar werden.

Andere Objekte werden auf andere Weise präpariert. Vom Fruchtfleisch einer Banane verrührt man eine stecknadelkopfgroße Menge auf einem Objektträger in einem Wassertropfen. Das aufgelegte Deckglas drückt man sehr vorsichtig an, sodass ein dünnes **Quetschpräparat** entsteht.

Ein Bluttropfen wird auf einen Objektträger mit der Kante eines zweiten Objektträgers verstrichen. Man spricht von einem **Ausstrichpräparat**.

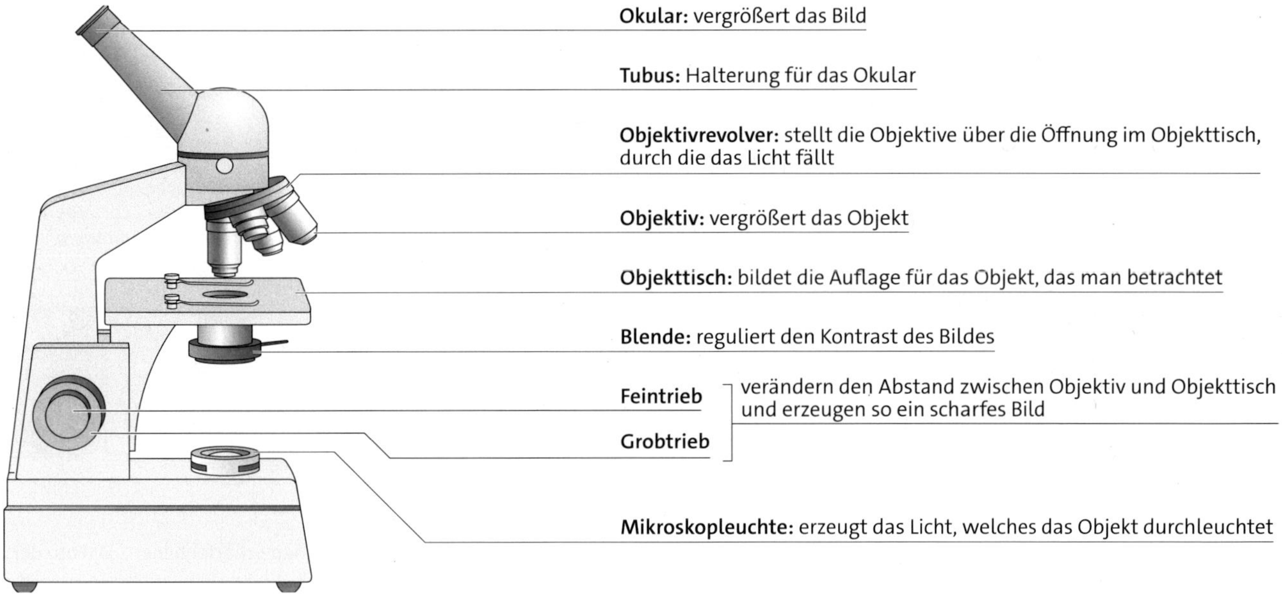

3 Bau und Bedienung eines Lichtmikroskops

Bedienung des Mikroskops • Das Mikroskop wird sicher auf einen Tisch gestellt. Der Objekttisch wird etwas nach unten gedreht. Am Objektivrevolver wird das Objektiv mit der geringsten Vergrößerung über die Öffnung im Objekttisch gedreht. Der Objektträger mit dem Präparat wird auf den Objekttisch gelegt und so verschoben, dass das Präparat mittig über der Öffnung im Objekttisch liegt. Nun wird das Licht eingeschaltet und die Blende fast geschlossen.

Mithilfe des Grobtriebs wird der Objekttisch nach oben gedreht. Während man durch das Okular sieht, wird der Objekttisch langsam so weit nach unten gedreht, bis ein scharfes Bild des Präparats sichtbar wird. Nun stellt man die Blendenöffnung so ein, dass das Bild kontrastreich und dabei nicht zu hell und nicht zu dunkel ist.

Anschließend schiebt man den Teil des Präparats in die Mitte des Bildes, der betrachtet werden soll, zum Beispiel eine Zelle, auf der weder Luftblasen noch Schmutzpartikel zu sehen sind. Nun wechselt man vorsichtig zum Objektiv mit der nächsten Vergrößerung, indem man am Objektivrevolver dreht. Schon leichtes Drehen am Grobtrieb oder Feintrieb ergibt wieder ein scharfes Bild. Die Blende muss allerdings neu eingestellt werden. Für jede weitere Vergrößerung, wiederholt man die Arbeitsschritte.

Mikroskopische Beobachtung • Bei der Suche nach einer für das Zeichnen oder Fotografieren geeigneten Zwiebelzelle sieht man vielleicht zufällig, dass das Zellplasma in Bahnen durch eine Zelle strömt. Diese Zufallsbeobachtung kommt wahrscheinlich deshalb zustande, weil die Wahrnehmung eine Erwartung stört – hier die Erwartung eines unbewegten Objekts, das ein gutes Bild abgibt. Für gezielte Beobachtungen wird dagegen vorab eine Frage gestellt oder eine Hypothese formuliert.

Wenn man zum Beispiel wissen möchte, wie schnell die Bestandteile des Zellplasmas in der Zelle transportiert werden, misst man die pro Zeit zurückgelegte Strecke. In Zwiebelzellen sind 19 Mikrometer pro Sekunde ein typischer Wert. Die Plasmaströmung transportiert also Zellbestandteile in relativ kurzer Zeit quer durch eine Zwiebelzelle.

Aus Beobachtungen können genauso wie aus Experimenten neue Hypothesen abgeleitet werden. Zum Beispiel kann hier eine Hypothese sein, dass wichtige Stoffe mithilfe der Plasmaströmung in der Zelle ihren Bestimmungsort erreichen. Um diese Hypothese zu überprüfen, benötigt man verschiedene Färbe- und Markierungsmethoden, weil man die Moleküle von Stoffen im Lichtmikroskop nicht sehen kann.

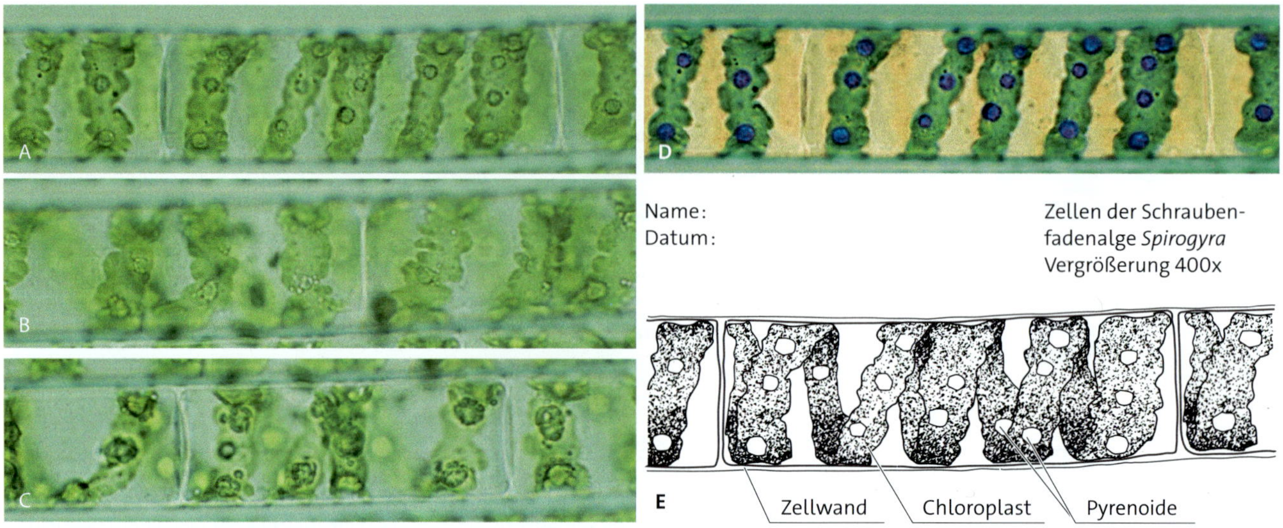

1 Zellen der Schraubenfadenalge *Spirogyra* unter dem Lichtmikroskop: **A–C** Fotos der Zelle in verschiedenen Schärfeebenen, **D** Foto der mit Iod-Kaliumiodid-Lösung gefärbten Zelle, **E** mikroskopische Zeichnung

Dokumentieren und Färben • Das beim Mikroskopieren Beobachtete kann auf verschiedene Weise festgehalten werden. Dabei können mit unterschiedlichen Dokumentationsmethoden verschiedene Erkenntnisinteressen verbunden sein. Die drei Fotos der Zelle der Schraubenfadenalge *Spirogyra* belegen, dass ein Lichtmikroskop bei stärkerer Vergrößerung immer nur eine Ebene geringer Dicke scharf abbildet. Das lichtmikroskopische Bild hat eine geringe Schärfentiefe. Nur in dieser Schärfeebene sieht man interessierende Details wie die Ränder des Chloroplasten. In einer **mikroskopischen Zeichnung** kann man dagegen die Bilder der unterschiedlichen Schärfeebenen eines mikroskopischen Objekts zu einem räumlichen Gesamtbild zusammenfassen, sodass der gesamte Chloroplast scharf abgebildet ist.

Dass genau die fotografierte Zelle gezeichnet wurde, kann man zum Beispiel am Verlauf des schraubigen Chloroplasten und der beibehaltenen Proportionen kontrollieren.

Wenn man im mikroskopischen Bild weitere Details hervorheben möchte, kann man Farbstoffe und Reagenzien benutzen, deren Eigenschaften und Reaktionsmöglichkeiten man kennt. Iod-Kaliumiodid-Lösung färbt Proteine braun und lässt sie verklumpen. Die Zelle stirbt, weil die Proteine ihre Funktion verlieren. Stärke wird blauviolett bis schwarz gefärbt. Färbt man ein *Spirogyra*-Präparat mit Iod-Kaliumiodid-Lösung, wird das Zellplasma körnig und braun. Es enthält also Protein. Die stärkespeichernden Bereiche im Chloroplasten, die Pyrenoide, werden deutlich sichtbar.

Für die Anfertigung einer mikroskopischen Zeichnung ist es wichtig, dass die Proportionen stimmen. Man erreicht dies durch Nachmessen und Abzählen beobachteter Strukturen. Zudem sollen mit einem spitzen Bleistift klare, durchgängige Linien zur Begrenzung der Strukturen gezeichnet werden. Es wird nur das gezeichnet, was man wirklich sieht und was wichtig erscheint. In der Zeichnung des *Spirogyra*-Präparats ist kein Zellplasma abgebildet. Daran erkennt man, dass dieses Detail für die Zeichnung nicht interessant war.

Mit Methylenblau und Karminessigsäure erhält man jeweils kontrastreiche mikroskopische Bilder, in denen die Zellkerne deutlich zu erkennen sind. Bei der Behandlung mit Karminessigsäure sterben die Zellen, ihr Zustand wird fixiert. Methylenblau kann dagegen zur Lebendfärbung eingesetzt werden. Nur durch sorgfältigen Vergleich von unbehandelten lebenden Zellen mit gefärbten Zellen erkennt man, dass die Färbung nichts Wesentliches in einer Zelle verändert. Mit diesem durch langjährige Forschung erhaltenen Wissen lassen sich die Bilder korrekt auswerten.

1 **Vergleichen Sie zwei Färbetechniken mit ihren Vor- und Nachteilen.**

Versuch A Herstellen und Mikroskopieren von einfachen Präparaten

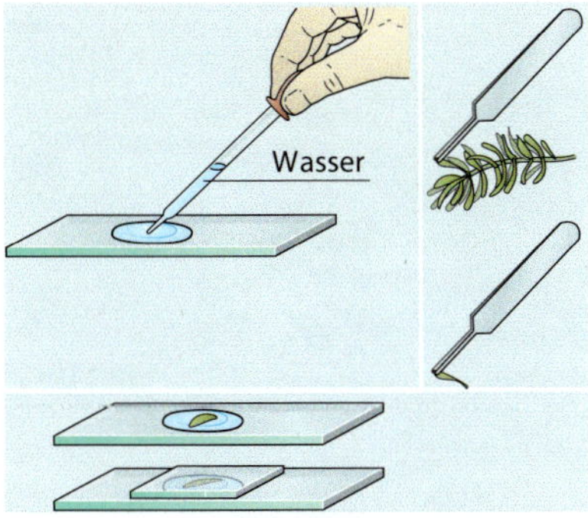

A1 Präparieren eines Wasserpestblattes

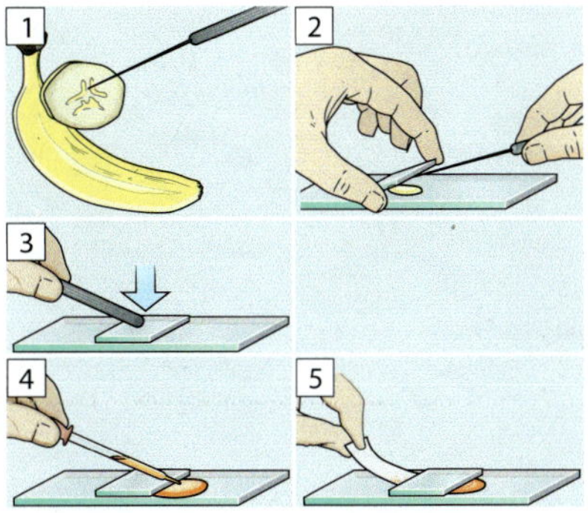

A2 Präparieren von Bananenfruchtfleisch

1 Stellen Sie anhand der abgebildeten Anleitung die Präparate vom Blatt der Wasserpest und das Quetschpräparat vom Fruchtfleisch der Banane her und mikroskopieren Sie diese.

2 Zeichnen Sie bei stärkster Vergrößerung zwei verschiedene Zellen des Blattes der Wasserpest. Beschriften Sie die Strukturen.

3 Beobachten Sie die Plasmaströmung bei der Wasserpest und dokumentieren Sie diese fotografisch.

4 Zeichnen Sie gefärbte und ungefärbte Stärkekörner des Bananenpräparats und vergleichen Sie die sichtbaren Strukturen.

Material B Färbung betont Zelleigenschaften – Leitbündel

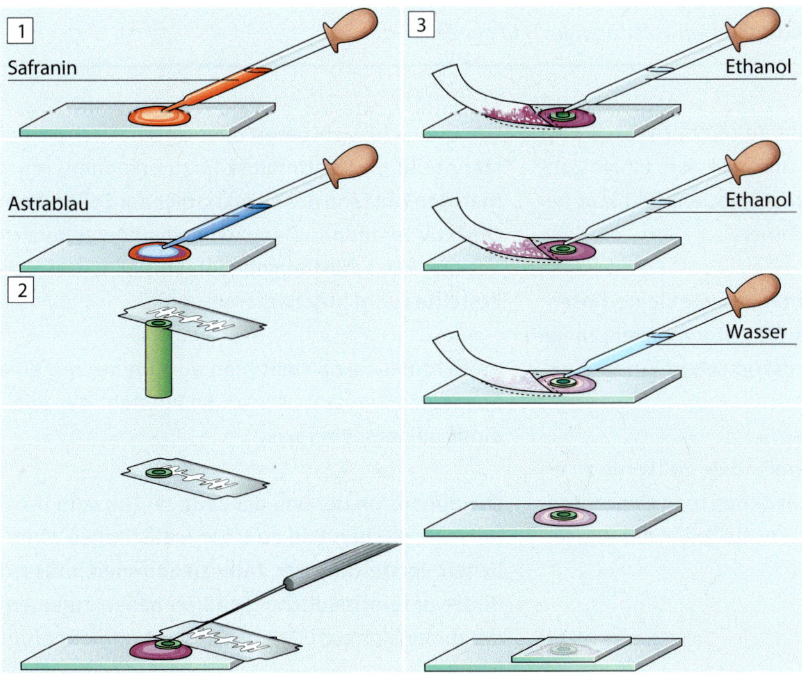

B1 Färbung eines Präparates

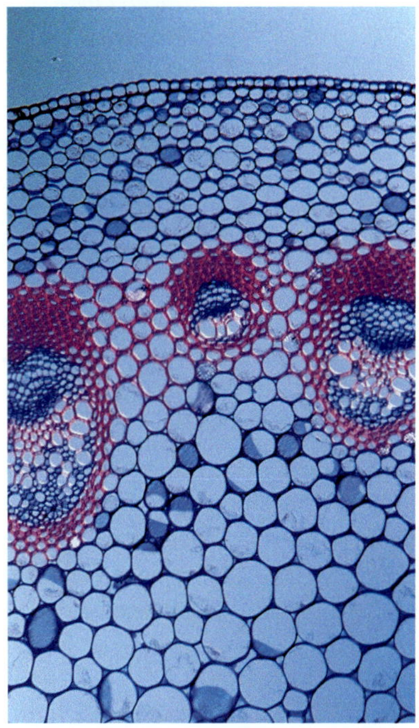

B2 Querschnitt vom Hahnenfußstängel

Vom Stängel des Hahnenfußes fertigt man einen Querschnitt an. Zur Färbung rührt man Safranin, das Holz rot färbt, und Astrablau, das unverholzte Zellwände blau färbt, ineinander und legt den Schnitt hinein. Wenn dieser gut Farbe angenommen hat, wird die Färbelösung mit Ethanol ausgewaschen und durch Wasser ersetzt. Die Zellwände sind nun kräftig gefärbt.

Die kräftig gefärbten Bereiche im Stängel sind die quer geschnittenen Leitungsbahnen. Sie werden von verholzten Zellen umgeben.

1 Beschreiben Sie den Bau verschiedener Zellen. Beachten Sie dabei die Zelldurchmesser, die Dicke der Zellwände und die Färbung der Wände.

2 Deuten Sie das Ergebnis so weit wie möglich.

1.3 Mikroskopische Verfahren

1 Lichtmikroskopische Aufnahme von Zellen der Wasserpest

Betrachtet man ein Blatt der Wasserpest mit dem Lichtmikroskop, sind immer nur einige Bereiche der Zellen scharf abgebildet. Wie erhält man ein vollständiges Bild der Zellen?

Bildeigenschaften • Alle Zellen der Wasserpest sind von einer Zellwand umschlossen. Einige Zellwände sind im lichtmikroskopischen Bild klar begrenzt, andere verschwommen.

Im Inneren der Zellen sieht man viele kleine, linsenförmige, kräftig grün gefärbte Chloroplasten. Einige erscheinen im Lichtmikroskop scharf, andere unscharf.

Es gibt Zellen, in denen kreisrunde Zellkerne zu erkennen sind, und Zellen, in denen man keinen Zellkern sieht. Dennoch besitzen alle Zellen des Wasserpestblattes einen Zellkern.

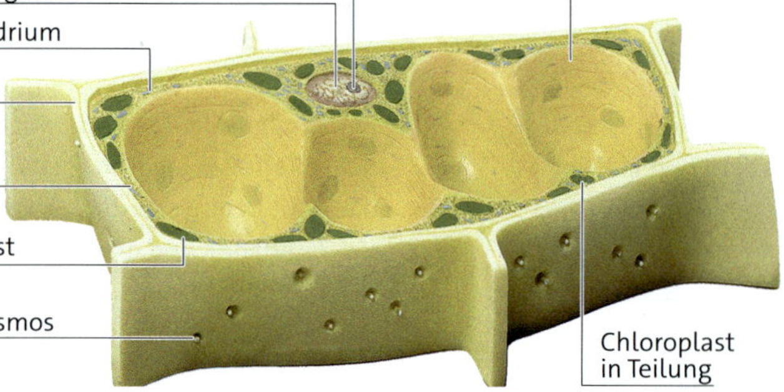

2 Dreidimensionales Modell der Zelle

Um die nicht sichtbaren oder unscharfen Zellbestandteile im Lichtmikroskop zu erkennen, muss man den Abstand des Objekts, hier der Zellen, vom Objektiv verändern. Dann wird ein anderer Bereich des Objekts scharf abgebildet. Vorher scharf Dargestelltes wird unscharf.

Im Lichtmikroskop sieht man also immer nur eine Ebene des Präparats scharf. So entsteht ein zweidimensionaler Eindruck.

Dreidimensionaler Bau der Zelle • Um vom lichtmikroskopischen Bild zu einer realistischen räumlichen Vorstellung der Zelle zu kommen, müssen Bilder unterschiedlicher Schärfeebenen zu einem dreidimensionalen Gesamtbild zusammengefügt werden.

Man kann diese Bilder auf jeweils eine Folie drucken und mit geringem Abstand übereinanderlegen. Das dreidimensionale Ergebnis wird schließlich in ein Modell übertragen.

Das Modell zeigt besonders anschaulich den Bau und die Ausmaße der Vakuole. Die Löcher in der Zellwand sind Verbindungsstellen des Zellplasmas benachbarter Zellen, die Plasmodesmen.

Zellschemata • Durch den Vergleich vieler pflanzlicher Zellen stellt man fest, dass alle eine feste Zellwand, einen Zellkern und auch eine Vakuole haben. Die meisten pflanzlichen Zellen besitzen Chloroplasten.

Um das Typische an pflanzlichen Zellen zu beschreiben, kann man von einer Wasserpestzelle ausgehen, weil sie alle genannten Bestandteile hat.

Die davon abgeleitete Schemazeichnung ist ein vereinfachtes Bild. Chloroplasten, Vakuole und Zellkern sind möglichst übersichtlich angeordnet.
Die Form der Zelle, die Anzahl der Chloroplasten und die Größe der Vakuole sind nicht originalgetreu übernommen. Mitochondrien sieht man im Lichtmikroskop nur bei stärkster Vergrößerung.

Pflanzen- und Tierzelle im Vergleich • Auch das Bild einer typischen tierischen Zelle kann in einer Schemazeichnung dargestellt werden.
Zellen, die diesem Typus gut entsprechen, sind Mundschleimhautzellen des Menschen.

Die Schemata zeigen übersichtlich Gemeinsamkeiten und Unterschiede pflanzlicher und tierischer Zellen.
Beide haben Zellkern, Mitochondrien und Zellmembran gemeinsam. Im Unterschied zu tierischen Zellen findet man in pflanzlichen Zellen zusätzlich Chloroplasten und eine Vakuole.

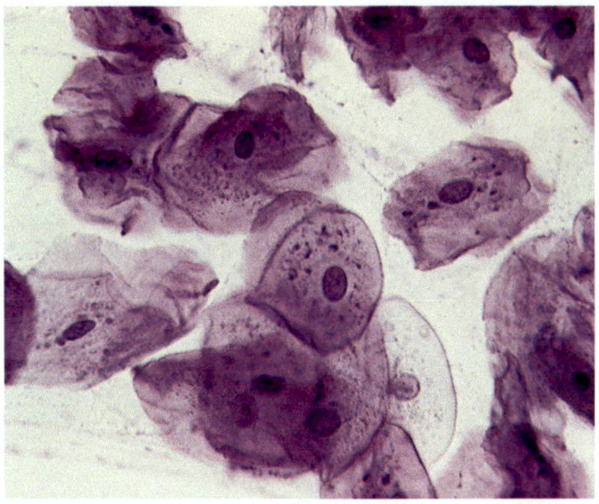

3 Zellen der menschlichen Mundschleimhaut, gefärbt

1 Nennen Sie die Zwecke, die ein dreidimensionales Modell einer Zelle und die Schemazeichnungen einer Tier- und einer Pflanzenzelle erfüllen sollen.

2 Vergleichen Sie die Schemata der verschiedenen Zelltypen aus den Abbildungen 3 auf Seite 19 und 1C auf Seite 20 mit den beiden Schemata von dieser Seite. Erklären Sie, welche Zelleigenschaften bei der Verallgemeinerung zum Schema einer Pflanzen- oder Tierzelle nicht berücksichtigt wurden.

3 Beschreiben Sie den Erkenntnisweg von der lichtmikroskopischen Untersuchung von Zellen bis zu einer Schemazeichnung.

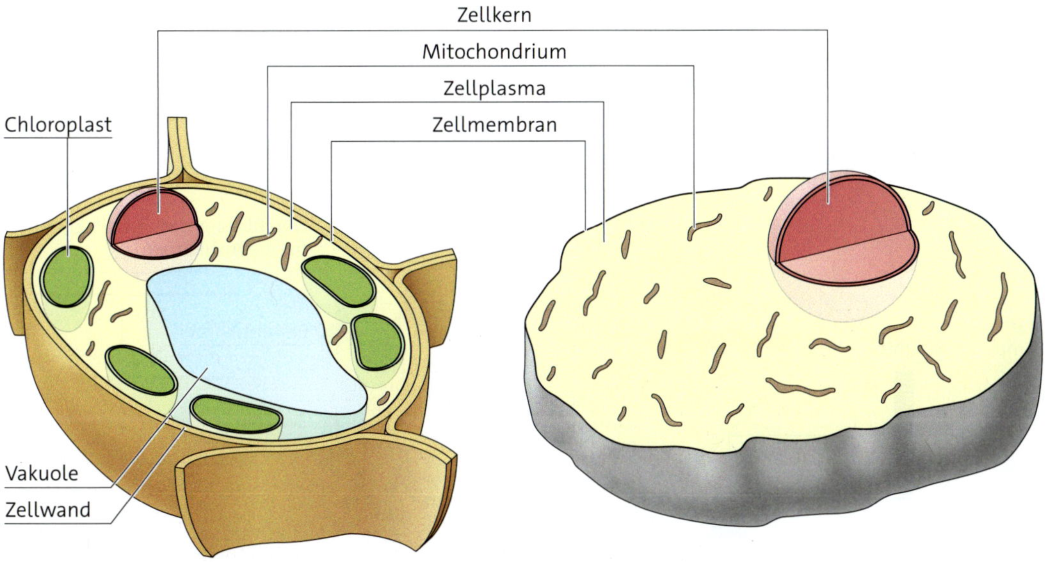

4 Schemazeichnungen zum lichtmikroskopischen Bild einer Pflanzenzelle und einer Tierzelle

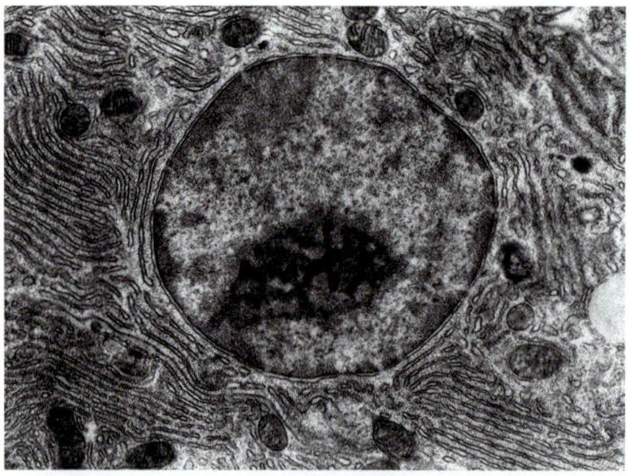

1 Elektronenmikroskopisches Bild (TEM) eines Zellkerns

Elektronenmikroskopie • Im Lichtmikroskop können Objekte nur scharf dargestellt werden, wenn sie mindestens 0,2 µm auseinanderliegen. Feinere Strukturen lassen sich mithilfe von **Elektronenmikroskopen**, kurz **EM**, erkennen. Anstelle einer Lichtquelle benutzt man eine Elektronenquelle. Mit hoher elektrischer Spannung bringt man Elektronen dazu, aus einer negativen Elektrode, einer Kathode, auszutreten und zur Anode zu fliegen. Da diese ein Loch hat, fliegen sie hindurch. Sie werden bei einem **Transmissionselektronenmikroskop**, kurz **TEM**, durch das Objekt geleitet. Auf dem Bildschirm entstehen je nach Durchlässigkeit unterschiedlich starke Schattierungen.

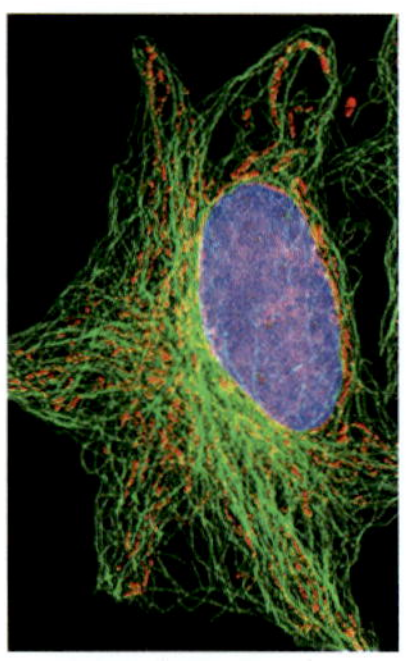

2 Menschliche Zelle, mit drei Fluoreszenzfarbstoffen gefärbt

Fluoreszenzmikroskopie • Es gibt verschiedene Stoffe, die Licht einer bestimmten Farbe aussenden, wenn sie mit einer anderen Lichtfarbe beleuchtet werden. Dieses Aufleuchten heißt Fluoreszenz.

Mithilfe eines **Fluoreszenzmikroskops** kann man in einer Zelle zum Beispiel Stoffe lokalisieren, die rot fluoreszieren, wenn man sie mit blauem Licht beleuchtet. Ein Rotfilter stellt sicher, dass nur das rote Fluoreszenzlicht durchgelassen wird. So gelingt es auch im Lichtmikroskop, feinere Zellbestandteile sichtbar zu machen. Während in Elektronenmikroskopen nur tote Zellen betrachtet werden können, lassen sich im Fluoreszenzmikroskop lebende Zellen untersuchen.

Nicht alle Stoffe fluoreszieren. Man kann aber die Moleküle vieler Stoffe mit fluoreszierenden Molekülen verbinden. Dazu benutzt man zum Beispiel Moleküle, die sich spezifisch fest an andere Moleküle binden, die Antikörper, so wie man sie aus dem Immunsystem kennt. Für das Mikroskopieren werden zum Beispiel Antikörper gegen ein bestimmtes Protein in eine Zelle eingeschleust. Diese binden an die Proteinmoleküle. An diese Erstantikörper binden weitere Antikörper, die Zweitantikörper, die mit einem Fluoreszenzfarbstoffmolekül verknüpft sind. So fluoresziert das Protein indirekt.

In einer mit Fluoreszenzfarbstoffen gefärbten Zelle sieht man einen Zellkern, in dem Stoffe blau fluoreszieren, sodass er sich deutlich von Fäden im Zellplasma abhebt, die grün, und von Mitochondrien, die rot fluoreszieren (▶ **2**).

In einem gewöhnlichen Fluoreszenzmikroskop sieht man zwar, wo in einer lebenden Zelle bestimmte Stoffe sind, aber das Bild kann nicht beliebig genau sein. Erst mit moderneren Techniken ist es gelungen, einzelne Moleküle in der Zelle im Lichtmikroskop zu verfolgen. Eines dieser Verfahren ist die **STED-Mikroskopie.**

1 Erläutern Sie die Vorteile der Fluoreszenzmikroskopie.

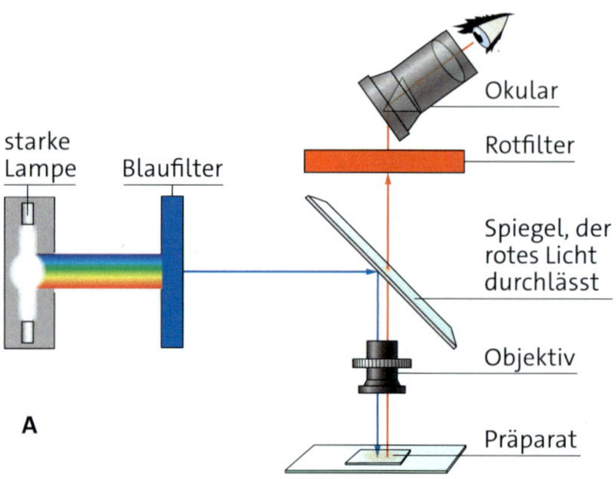

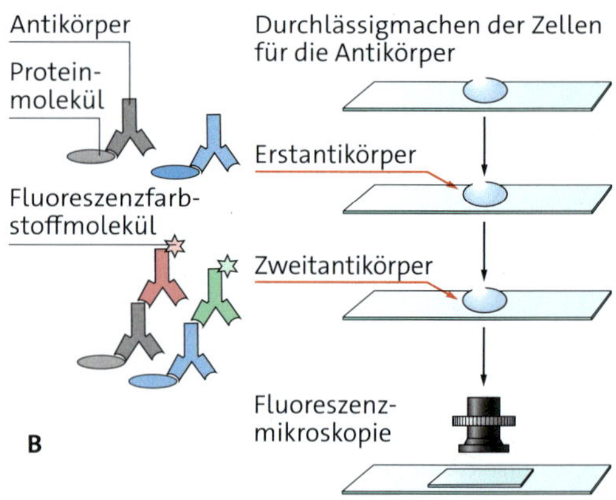

3 Fluoreszenzmikroskopie: **A** Strahlengang im Auflichtfluoreszenzmikroskop, **B** Markierung von Zellinhaltsstoffen mit zwei verschiedenen Fluoreszenzfarbstoffen

Material A Mitochondrien bei verschiedenen mikroskopischen Verfahren

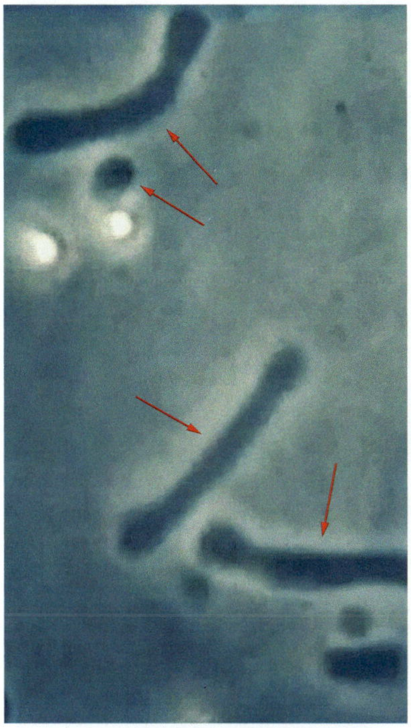
A1 Lichtmikroskopische Aufnahme von Mitochondrien

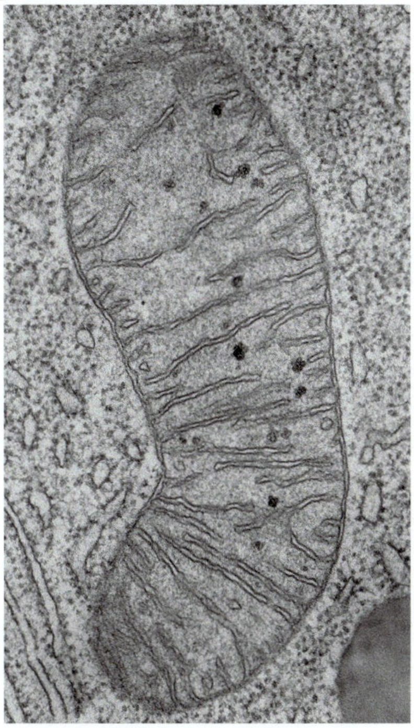
A2 TEM Aufnahme eines Mitochondriums

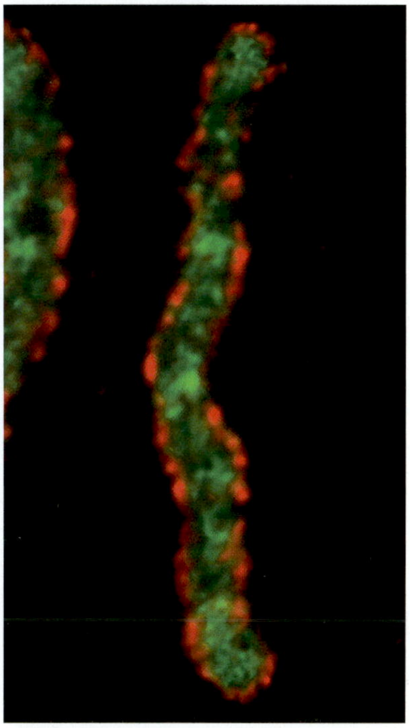
A3 Fluoreszenzmikroskopische Aufnahme eines Mitochondriums

Mitochondrien kommen in großer Anzahl in der Zelle vor. Sie sind unterschiedlich breit und lang und ändern ihre Form zwischen länglich und körnchenförmig. Mitochondrien können sich teilen und auch fusionieren. Mithilfe verschiedener mikroskopischer Verfahren lassen sich unterschiedliche Bilder der Mitochondrien erzeugen.

Abbildung A1 zeigt eine lichtmikroskopische Aufnahme von Mitochondrien bei stärkster Vergrößerung.

In Abbildung A2 ist eine Aufnahme mit einem Transmissionselektronenmikroskop dargestellt. Das Mitochondrium ist pantoffelförmig und von weiteren feinen Strukturen des Zellplasmas umgeben. Das Präparat wurde kontrastiert.

Abbildung A3 zeigt eine Aufnahme mit einem besonderen Fluoreszenzmikroskop. Ein Protein in der äußeren Hülle des Mitochondriums wurde mit einem roten Fluoreszenzfarbstoff markiert, ein anderes Protein innerhalb des Mitochondriums wurde grün fluoreszierend markiert. Das mikroskopische Bild zeigt ausschließlich das Licht der fluoreszierenden Moleküle. Der Rest der Zelle erscheint schwarz.

Bei diesem Fluoreszenzmikroskop benutzt man für jeden Fluoreszenzfarbstoff zwei Laser mit unterschiedlicher Farbe. Der erste regt die Moleküle an, der zweite, ringförmige Laserstrahl zwingt die angeregten Moleküle, ihre Energie anders abzugeben als durch die Fluoreszenzstrahlung. Man spricht von stimulierter Emission. Nur die Moleküle im Zentrum des Ringes fluoreszieren. Die Technik erlaubt es, den Ring so eng zu ziehen, dass einzelne Moleküle getrennt abgebildet werden. Dadurch wird ein hochaufgelöstes lichtmikroskopisches Bild erzeugt. Dieses Mikroskop bezeichnet man daher als **STED-Mikroskop**, abgeleitet aus dem Englischen für Stimulated Emission Depletion.

Der Erfinder des STED-Mikroskops, der deutsch-rumänische Physiker Stefan Hell, erhielt im Jahr 2014 den Nobelpreis für Chemie.

1 Beschreiben Sie den in den Abbildungen A1 bis A3 sichtbaren Bau der Mitochondrien.

2 Erläutern Sie die besonderen Beiträge der jeweils eingesetzten mikroskopischen Verfahren zur Kenntnis über den Bau der Mitochondrien.

3 Nennen Sie die wesentlichen Neuerungen, die das STED-Mikroskop auszeichnen.

4 Vergleichen Sie am Beispiel der Mitochondrien die Erkenntnismöglichkeiten der beschriebenen Mikroskopietechniken.

1.4 Feinbau der Zelle

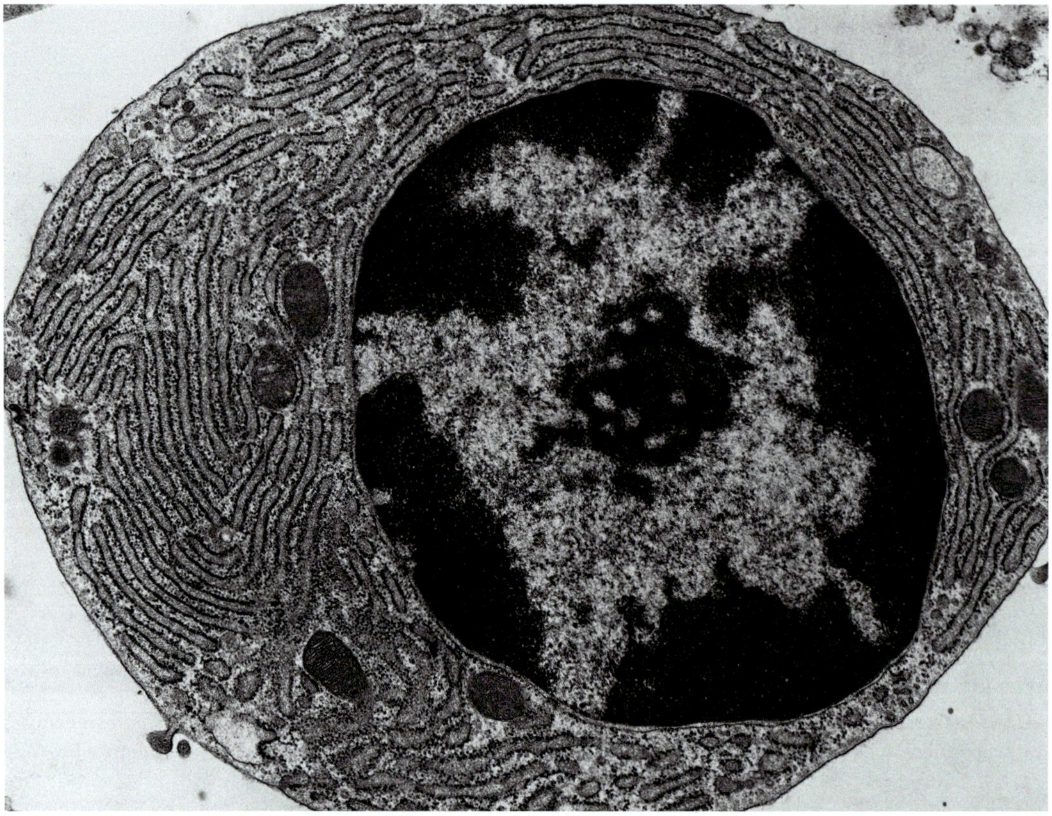

1 Plasmazelle aus dem Knochenmark eines Meerschweinchens (elektronenmikroskopische Aufnahme, bei 18 000-facher Vergrößerung)

Plasmazellen produzieren Antikörper gegen Krankheitserreger. Vergleicht man ein elektronenmikroskopisches mit einem lichtmikroskopischen Bild, kann man vermuten, dass der große Bereich im Inneren der Zellkern ist. Was aber sind die anderen Strukturen?

Orientierung im Bild • In einem Frischpräparat von Plasmazellen sind die Zellbestandteile im Lichtmikroskop schwer zu erkennen. Mit geeigneten Färbemitteln lässt sich das Cytoplasma blau einfärben. Einige helle Punkte werden darin sichtbar.

Auch im gleichzeitig deutlich violett erscheinenden **Zellkern** ist die Farbe nicht gleichmäßig verteilt. Untersuchungen an unterschiedlich aktiven Zellen haben ergeben, dass schwächer gefärbte Bereiche zum Chromosomenmaterial gehören, das locker angeordnet ist und dessen Erbinformation gerade verwendet wird, dem Euchromatin. Die stärker gefärbten Bereiche entsprechen verdichtetem Chromosomenmaterial, das gerade nicht verwendet wird, dem Heterochromatin. Mit diesem Vorwissen kann man das elektronenmikroskopische Bild deuten: Der Zellkern enthält in der Mitte und am Rand Heterochromatin, dazwischen Euchromatin. Das elektronenmikroskopische Bild wird nur dann deutlich, wenn geeignete Kontrastierungsmittel das Chromatin sichtbar machen, zum Beispiel Uranylacetat, das Uranatome enthält.

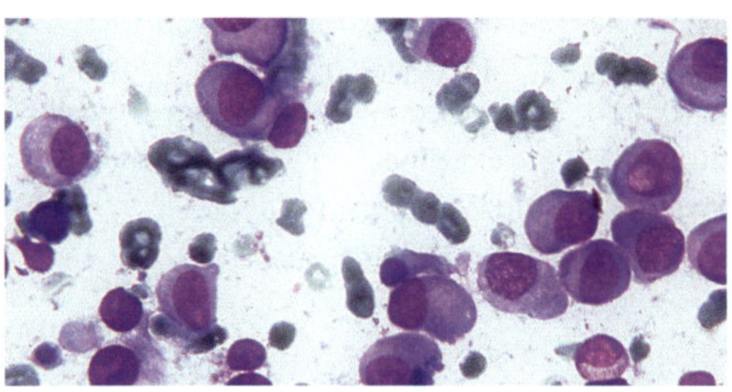

2 Plasmazelle (lichtmikroskopische Aufnahme, gefärbt, bei 600-facher Vergrößerung)

Die vielen parallelen Linien außerhalb des Zellkerns, die größtenteils mit kleinen schwarzen Punkten besetzt sind, gehören zu einem Zellbestandteil, der erst im Elektronenmikroskop und mit besonderen Methoden auch im Lichtmikroskop identifiziert wurde. In diesem zeigt er sich netzförmig und durchzieht große Teile des Zellplasmas. Man nennt ihn daher **Endoplasmatisches Reticulum,** kurz **ER.** Die schwarzen Körnchen sind **Ribosomen.** Schneidet man aus einer einzigen Zelle eine Serie von etwa 50 Präparaten und fotografiert sie unter dem Elektronenmikroskop, kann man aus der entstehenden Bilderserie ein dreidimensionales Modell rekonstruieren. Dieses zeigt, dass das ER aus taschenförmigen Kammern besteht, deren äußere Begrenzung eine dünne Haut, eine Membran, ist. Nahe dem Zellkern ist sie häufig mit Ribosomen besetzt, man spricht vom rauen ER. Bereiche ohne Ribosomen nennt man glattes ER.

Weitere Zellbestandteile • Im elektronenmikroskopischen Bild der Plasmazelle liegen zwischen dem Endoplasmatischen Reticulum acht eiförmige Gebilde, die mit einer Breite von 0,6 µm zu den großen Zellbestandteilen gehören. Das benachbarte ER ist 0,06 µm breit.

Unter dem Lichtmikroskop kann man beobachten, dass diese Zellbestandteile ständig ihre Gestalt ändern. Sie können sich teilen und miteinander fusionieren. Ihre Form wandelt sich von fädig zu körnig und umgekehrt. Diesen Zellbestandteil nennt man daher **Mitochondrium,** abgeleitet von den altgriechischen Wörtern *mitos* für Faden und *chondrion* für Körnchen.

Im elektronenmikroskopischen Bild fällt auf, dass das Mitochondrium eine doppelte Membran hat. Die innere Membran ist an vielen Stellen in den Innenbereich des Mitochondriums eingebuchtet. Die Mitochondrien sind also stark untergliedert.

In der Zelle gibt es Stapel paralleler Membranen, die **Dictyosomen.** Die Gesamtheit aller Dictyosomen einer Zelle nennt man **Golgi-Apparat,** abgeleitet aus dem Namen seines Entdeckers Camillo Golgi. Im oberen Teil der abgebildeten Dictyosomen ist der Zwischenraum der Membranen mit einer körnigen Struktur ausgefüllt, die auch in den Sekretbläschen zu finden ist. Daher hat der Golgi-Apparat wahrscheinlich etwas mit der Sekretbildung zu tun.

1 Erläutern Sie, wie verschiedene Vorgehensweisen und Techniken dazu beitragen, den Feinbau der Zelle zu erkennen.

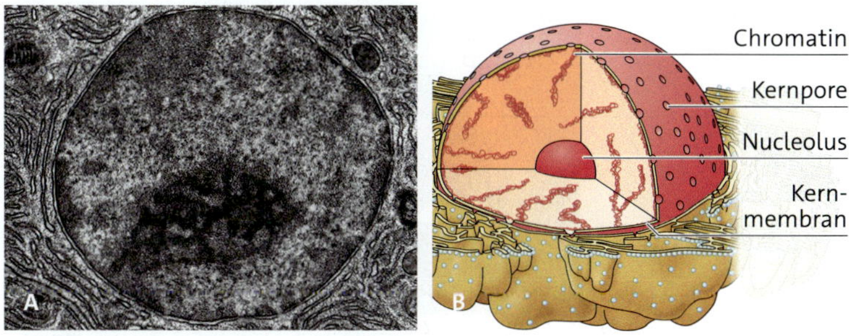

3 Zellkern: **A** elektronenmikroskopisches Bild, **B** dreidimensionales Schema

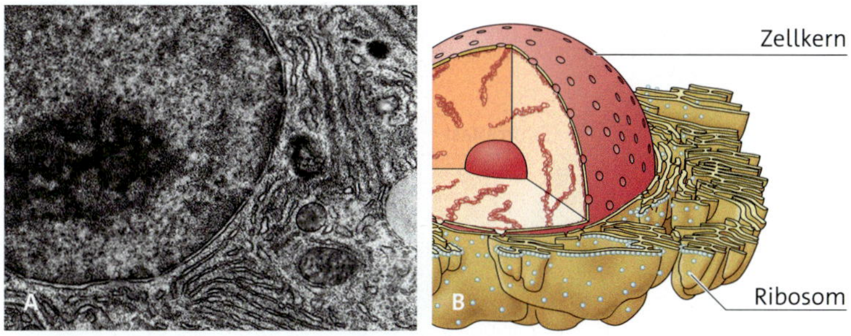

4 Endoplasmatisches Reticulum: **A** elektronenmikroskopisches Bild, **B** dreidimensionales Schema

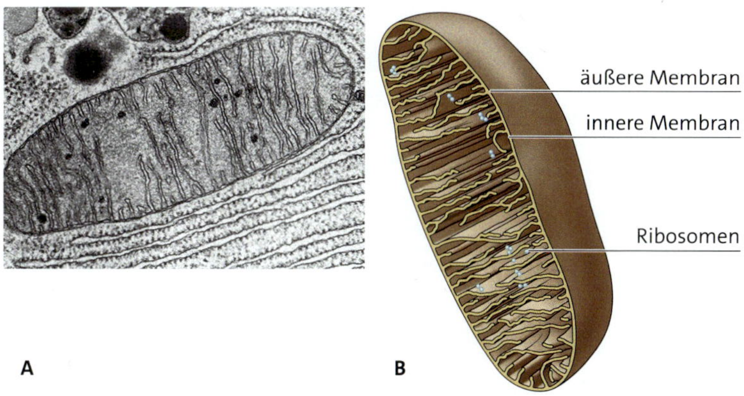

5 Mitochondrium: **A** elektronenmikroskopisches Bild, neben Endoplasmatischem Reticulum, **B** dreidimensionales Schema

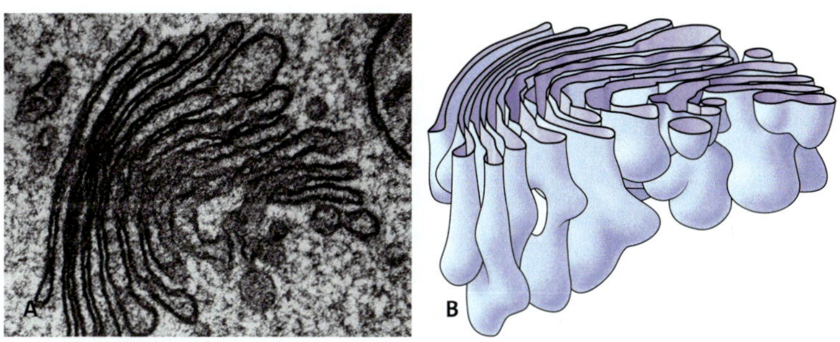

6 Dictyosom mit Vesikeln und Sekretbläschen: **A** elektronenmikroskopisches Bild bei 54 000-facher Vergrößerung, **B** dreidimensionales Schema

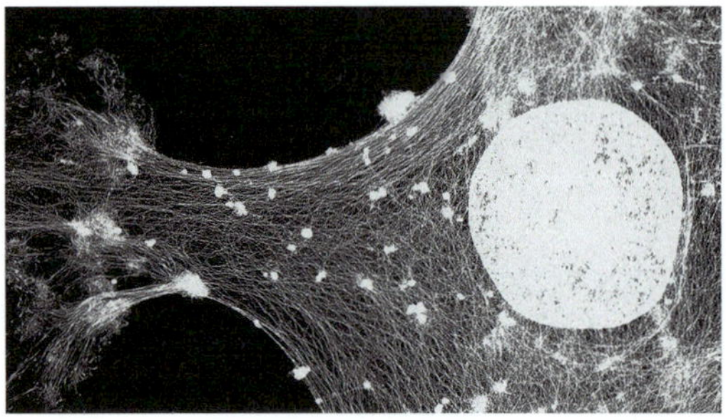

1 Proteinfilamente des Cytoskeletts im hochauflösenden Elektronenmikroskop

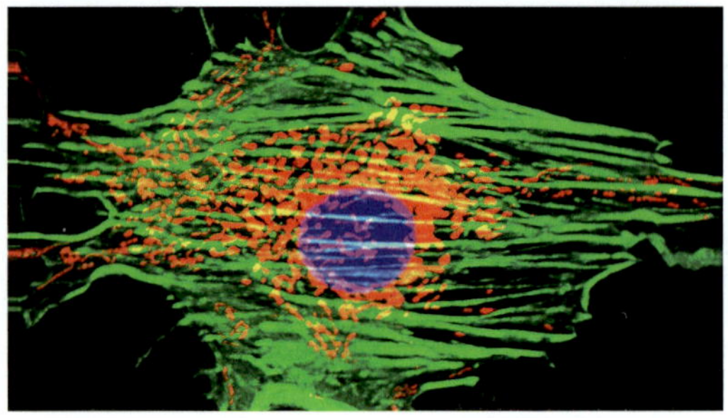

2 Aktinfilamente in Grün im Fluoreszenzmikroskop, Gesamtansicht einer Tierzelle

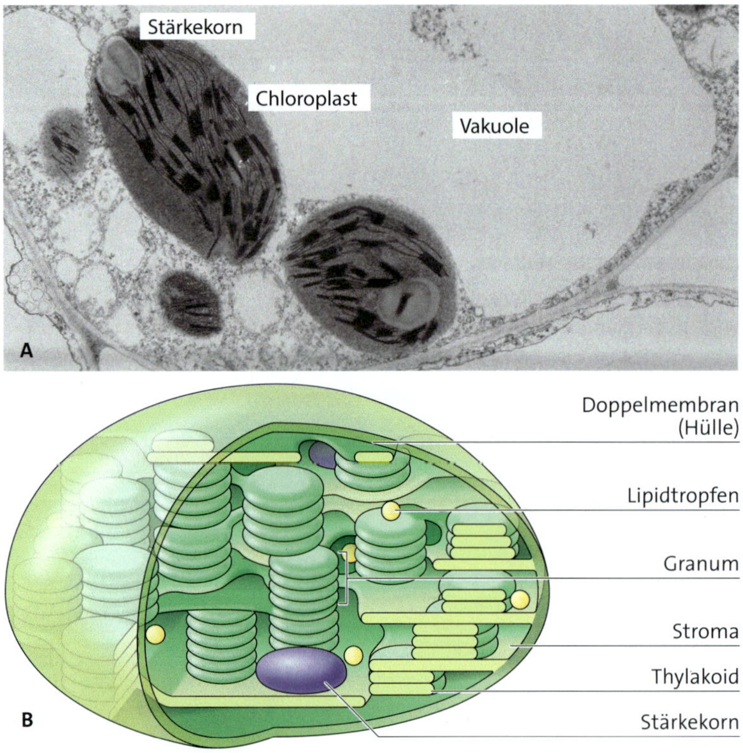

3 Chloroplast: A TEM-Bild einer Pflanzenzelle mit vier Chloroplasten, B dreidimensionales Schema

Zellplasma • Alle Zellbestandteile sind in eine Grundsubstanz eingebettet, das **Zellplasma** oder Cytoplasma. Es besteht zu etwa 10 bis 30 % aus Protein. Mit besonderen Präparationsmethoden ist es gelungen, vier Varianten von fädigen Proteinmolekülen zu entdecken, die das Zellplasma durchziehen. Weil diese Proteinfilamente eine stützende Funktion für die Zelle haben, heißen sie in ihrer Gesamtheit **Cytoskelett.** Man unterscheidet fadenförmige Aktinfilamente und röhrenförmige Mikrotubuli. Sie dienen zum Beispiel der Bewegung des Zellplasmas, die im Lichtmikroskop als Plasmaströmung zu sehen ist. Alle Filamente verändern sich ständig, das Cytoskelett ist also nicht starr. Die Mikrotubuli durchziehen das Zellplasma und können so in der gesamten Zelle zur Plasmaströmung beitragen.

Pflanzenzellen • Im elektronenmikroskopischen Bild von Pflanzenzellen erkennt man linsenförmige **Chloroplasten.** Sie sind von einer Doppelmembran umgeben. Die innere Membran ist vielfach eingestülpt und bildet enge Hohlräume, die Thylakoide. Im Querschnitt durch den Chloroplasten erkennt man verdichtete Membranstapel, die Granathylakoide, und Thylakoide zwischen den Stapeln, die Stromathylakoide. Die Chloroplasten sind der Ort der Fotosynthese. Ein Produkt der Fotosynthese ist Stärke, die in vielen Chloroplasten gespeichert wird.

Den größten Raum in der Pflanzenzelle nehmen meistens die **Vakuolen** ein. Sie sind von einer Membran umgeben, dem Tonoplasten, und enthalten häufig eine wässrige Lösung. Von außen ist die Pflanzenzelle von einer **Zellwand** umgeben.

Kompartimentierung • Zellbestandteile mit einer bestimmten Funktion heißen **Zellorganellen.** Es gibt Organellen ohne Membranen, wie Ribosomen, und Organellen mit Membranen, wie Zellkern, ER, Dictyosomen, Vesikel, Mitochondrien, Chloroplasten und Vakuolen. Sie bilden unterschiedlich abgegrenzte Räume, die bestimmte Funktionen erfüllen, die **Kompartimente.**

1 Beschreiben Sie den Feinbau von Zellen. Gehen Sie dabei von Abb. 1 Seite 30 aus.

Material A Zellkernhülle und Endoplasmatisches Reticulum

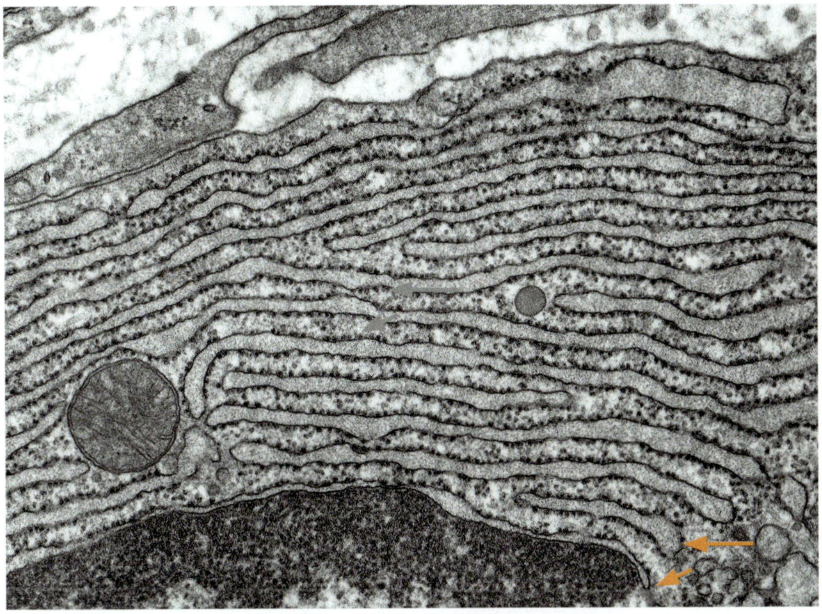

Das EM-Bild zeigt einen stark vergrößerten Ausschnitt aus einer Zelle. Im unteren Teil des Bildes verläuft die Grenze zwischen dem Zellkern und dem Zellplasma. Während das Zellplasma von vielen Membranen des Endoplasmatischen Reticulums durchzogen ist, erscheint der Zellkerninhalt unregelmäßig körnig. Der kleine Pfeil zeigt auf eine Lücke in der Membran des Zellkerns, der große Pfeil auf eine Membran des ER. Die an der Membran des Endoplasmatischen Reticulums sichtbaren schwarzen Punkte sind Ribosomen, Zellbestandteile, die aus Aminosäuremolekülen Proteinmoleküle herstellen. Sie liegen auch frei im Zellplasma sowie an einem Teil der Hülle des Zellkerns.

1 Beschreiben Sie den Bau der Hülle um den Zellkern.

2 Beschreiben Sie den Bau des Endoplasmatischen Reticulums. Nehmen Sie die Abbildung 4 auf Seite 31 zu Hilfe.

3 Beschreiben Sie, wie die Hülle um den Zellkern und das Endoplasmatische Reticulum zusammenhängen.

4 Stellen Sie eine Hypothese darüber auf, inwieweit der Inhalt des Zellkerns an der Bildung von Protein in der Zelle beteiligt ist.

Material B Endoplasmatisches Reticulum, Golgi-Apparat und Vesikel

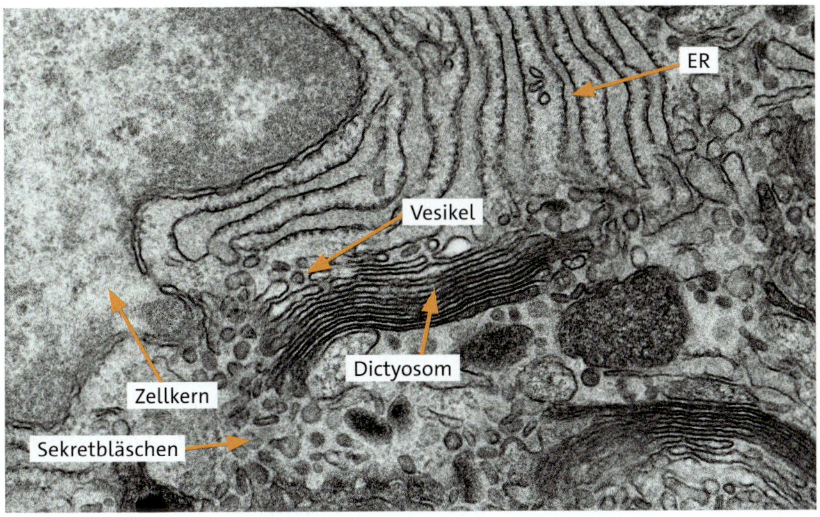

Die Abbildung zeigt eine typische Anordnung des Endoplasmatischen Reticulums, von kleinen Bläschen oder Vesikeln und dem Dictyosom in aktiven Drüsenzellen. Dictyosomen produzieren Sekretbläschen.

1 Beschreiben Sie die Lage von ER, Vesikeln und Dictyosom zueinander.

2 Begründen Sie die Hypothese, dass die Zellbestandteile in der Reihenfolge Zellkern, ER, Vesikel, Dictyosom zur Bildung von Sekretbläschen beitragen.

1.5 Überblick: Struktur und Funktion der Zellbestandteile

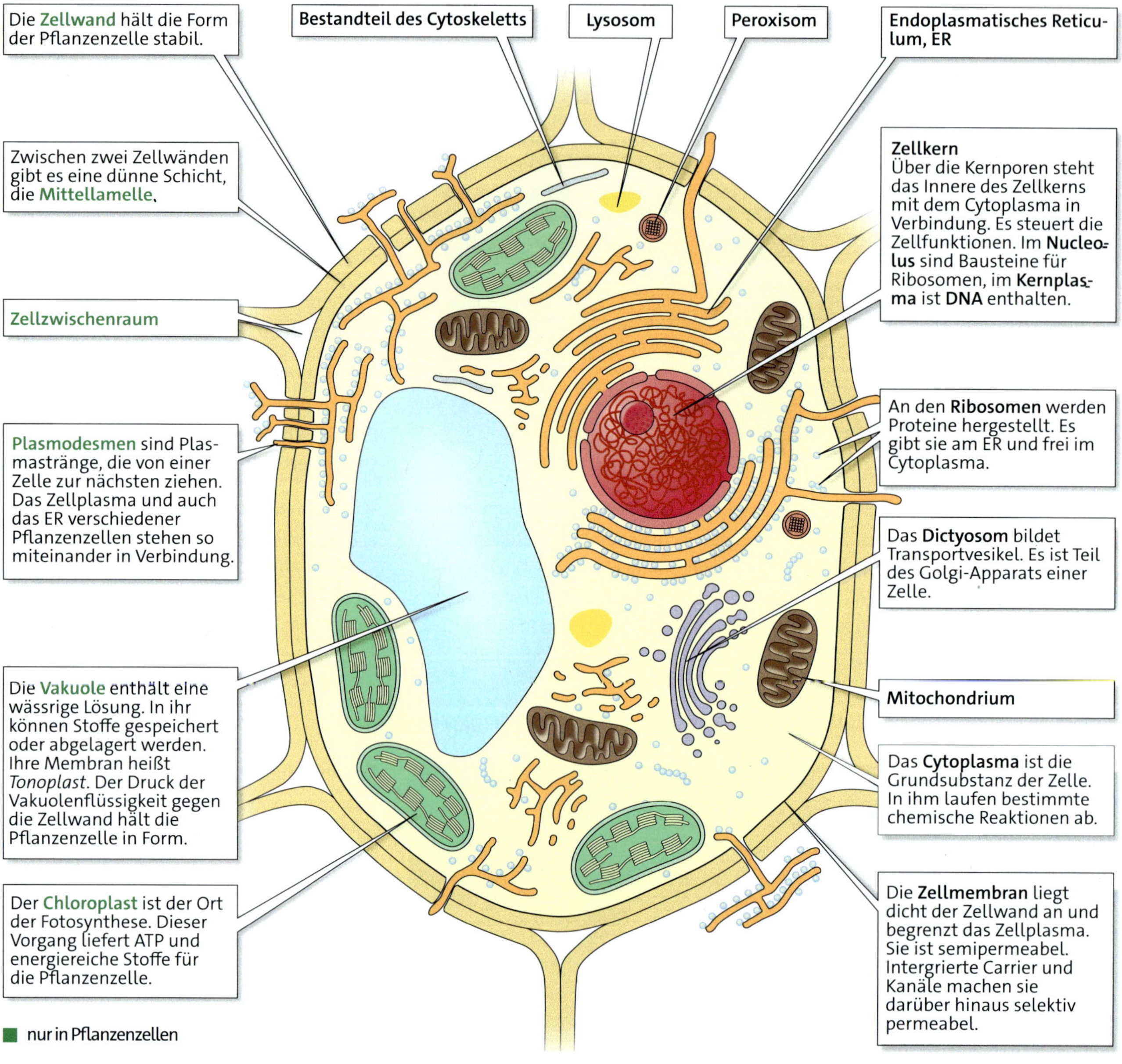

1 Pflanzenzelle (idealisiertes Schema)

Zusammenwirken der Zellbestandteile • Der Zellkern ist an der Steuerung vieler Abläufe beteiligt. In ihm, im Zellplasma und in weiteren Zellbestandteilen finden jeweils andere chemische Reaktionen statt. Dabei werden Stoffe entweder aufgebaut, wie an den Ribosomen, am ER und in den Chloroplasten, oder sie werden abgebaut, wie in den Mitochondrien und den Peroxisomen sowie mithilfe von Lysosomen.

Das Cytoskelett, das Endoplasmatische Reticulum, die Dictyosomen und die Vesikel sorgen für den zel-

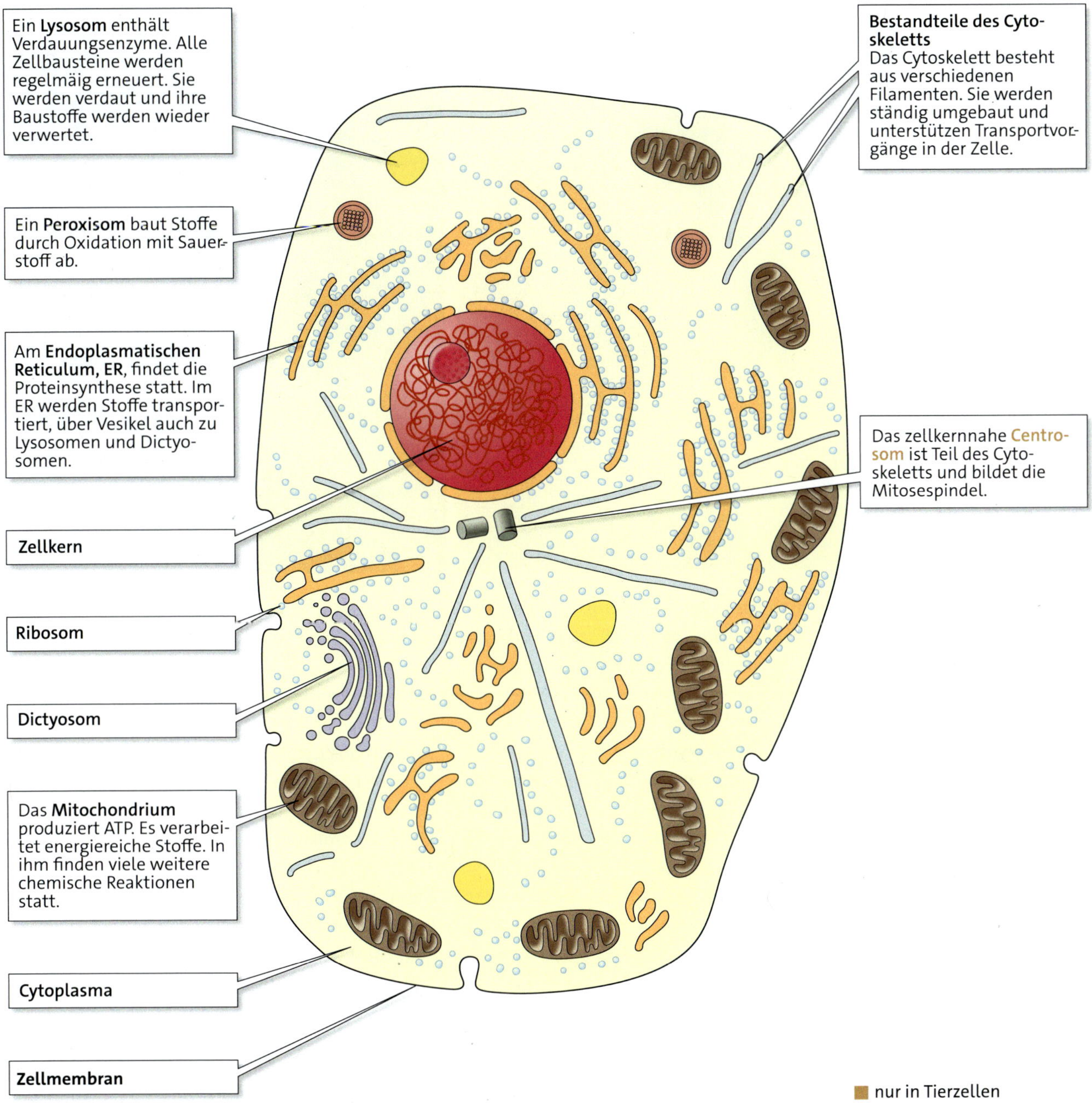

2 Tierzelle (idealisiertes Schema)

lulären Transport. Energie wird mithilfe von ATP an verschiedene Stellen der Zelle transportiert.

Zellen haben Kontakt zu Nachbarzellen, entweder über Plasmodesmen oder über Moleküle zur Kommunikation. Die Steuerung, der Transport, der Auf- und Abbau sowie die Bereitstellung von Energie sind die Grundfunktionen des Systems Zelle, das Kontakt zur Außenwelt hält.

1 Vergleichen Sie die Struktur von Tier- und Pflanzenzelle.

1.6 Zellen mit und ohne Zellkern

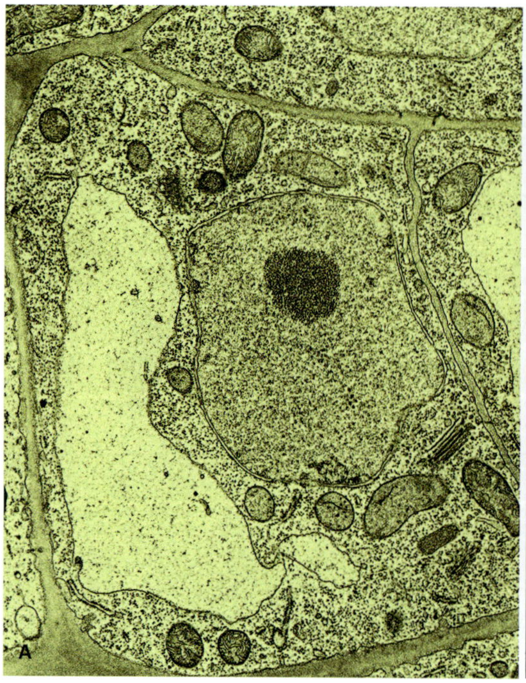

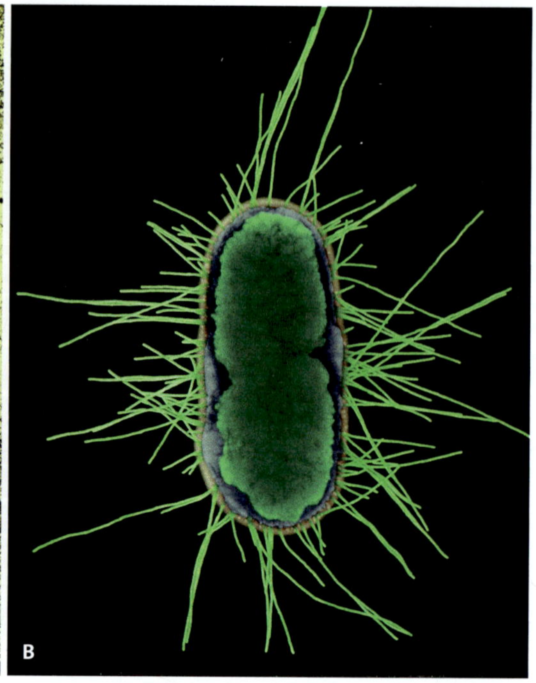

1 TEM-Aufnahmen (gefärbt): **A** Pflanzenzelle aus der Acker-Schmalwand *Arabidopsis thaliana*, **B** Darmbakterium *Escherichia coli*

Vergleicht man das elektronenmikroskopische Bild einer Pflanzenzelle mit dem elektronenmikroskopischen Bild einer Bakterienzelle, lassen sich schon auf den ersten Blick deutliche Unterschiede erkennen. Welche besonderen Baumerkmale weisen diese Zelltypen auf?

altgr. eu = wohl-, gut
altgr. karyon = Kern
altgr. kytos = Gefäß

Eukaryoten und Prokaryoten • Die Zellen von Pflanzen sowie von Tieren und Pilzen besitzen einen vom Cytoplasma abgegrenzten Zellkern. Lebewesen mit solchen Zellen nennt man **Eukaryoten.** Dazu gehören auch einzellige Organismen wie Amöben, Pantoffeltierchen oder Augentierchen. Die Zellen der Eukaryoten heißen **Eucyten.** Die meisten Eucyten haben einen Durchmesser von etwa 10 bis 50 µm.

Demgegenüber haben die Zellen von Bakterien und Cyanobakterien keinen durch eine Membran vom Cytoplasma abgegrenzten Zellkern. Man nennt solche Organismen **Prokaryoten** und ihre Zellen Protocyten oder **Procyten.** Da die meisten Prokaryoten nur aus einer einzigen Zelle bestehen, verwendet man die Begriffe Prokaryot und Procyte oft synonym. Procyten sind meistens nur 1 bis 5 µm groß und damit erheblich kleiner als Eucyten. Ihr Volumen beträgt gerade einmal höchstens ein Hundertstel bis weniger als ein Tausendstel einer Eucyte.

Vergleich von Eucyte und Procyte • Procyte und Eucyte haben gemeinsam, dass ihr Zellkörper hauptsächlich aus Cytoplasma besteht und dass sie von einer Zellmembran umgeben sind.

Elektronenmikroskopische Bilder zeigen, dass die Eucyte erheblich komplexer gebaut ist. Dabei spielen Membranabtrennungen eine besondere Rolle. Eucyten werden dadurch besonders stark räumlich gegliedert. Durch diese **Kompartimentierung** entstehen abgetrennte Reaktionsräume, die **Organellen.**

Der Zellkern von Eucyten ist oft bereits im Lichtmikroskop zu erkennen. Er ist von einer doppelten Zellmembran, der Kernhülle, umgeben. Im Zellkern befindet sich das Erbmaterial in Form von Chromosomen, Komplexen aus DNA und Protein. Auch die Mitochondrien – und bei Pflanzen die Chloroplasten – verfügen über eine Hülle aus zwei Membranen. Die Mitochondrien enthalten alle Enzyme für die Zellatmung und den Fettabbau.

Die Chloroplasten sind die Orte der Fotosynthese. Sie enthalten das Pigment Chlorophyll. In Mitochon-

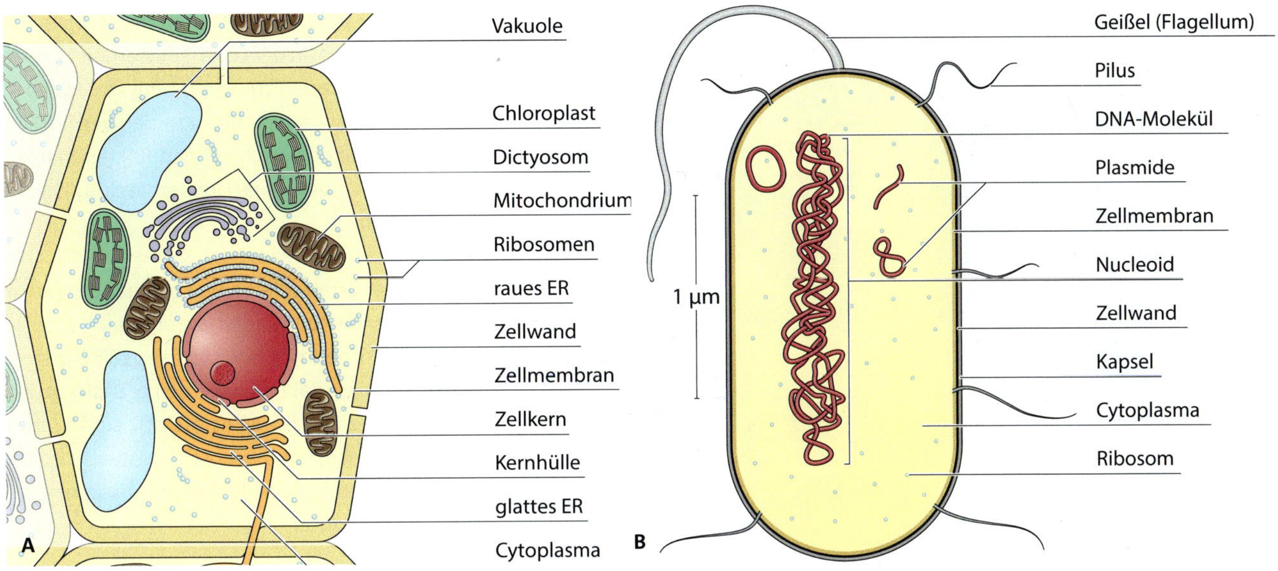

2 Pflanzenzelle **A** und Bakterienzelle **B** im Vergleich (Schema)

drien und Chloroplasten gibt es zusätzlich ringförmige DNA, die aber nicht in Form von Chromosomen auftritt.

Intrazelluäre Membranen und Membransysteme teilen das Cytoplasma von Eucyten auf: Durchgängig enthalten ist das Endoplasmatische Reticulum. Je nachdem, ob es von Ribosomen besetzt ist oder nicht, heißt es raues ER oder glattes ER. Das ER dient als intrazelluläres Transportsystem. Ein weiteres Membransystem ist der Golgi-Apparat mit seinen Dictyosomen. Dieser kann Proteine und Enzyme an ihren Bestimmungsort bringen. In älteren Pflanzenzellen trennt eine Membran die Vakuole vom Cytoplasma ab. In der Vakuole werden Reserve- oder Abfallstoffe eingelagert. In tierischen und pflanzlichen Zellen gibt es von einer Membran umgebene Lysosomen mit eiweißspaltenden Enzymen. Sie sind beim Zellumbau und Zellabbau wirksam.

Die in Eucyten enthaltenen Ribosomen sind nicht von einer Membran umgeben. An ihnen läuft die Proteinbiosynthese ab. Schließlich wird die Eucyte von innen durch ein Cytoskelett aus Mikrotubuli und Mikrofilamenten stabilisiert.

Viele Zellbestandteile der Eucyten kommen in Procyten nicht vor. So gibt es in Procyten zum Beispiel keinen Zellkern. Die Erbinformation ist in einem ringförmigen DNA-Molekül gespeichert, das frei im Cytoplasma liegt. Der Bereich, in dem sich die DNA befindet, wird auch Kernäquivalent oder **Nucleoid** genannt. Daneben gibt es kleine ringförmige oder fadenförmige DNA-Stücke, die **Plasmide.** Die Ribosomen sind kleiner als die Ribosomen der Eucyten.

Das Cytoplasma enthält weder Mitochondrien und Chloroplasten noch Endoplasmatisches Reticulum und Golgi-Apparat. Oft ist das Plasmalemma nach innen eingefaltet. Das führt zu einer Gliederung des Cytoplasmas. Die eingefaltete Membran trägt Enzyme, die Stoffwechselreaktionen katalysieren. Besonders bei Cyanobakterien sind diese Einfaltungen sehr ausgeprägt und ähneln den Membraneinfaltungen der Thylakoide von Chloroplasten. Sie enthalten neben Chlorophyll a und b auch blaue und rote Farbpigmente.

Viele Bakterien besitzen eine Geißel, auch Flagellum genannt, die der Fortbewegung dient. Manche Bakterien tragen außen auf der Kapsel mehrere sehr dünne Fäden aus Protein. Mit diesen Pili kann sich ein Bakterium an der Oberfläche anderer Zellen anheften.

Singular von Pili = Pilus

Die bei Bakterien vorhandene Zellwand besteht meistens aus Murein. Murein ist ein kapselartiges, aus Polysaccharidketten und quer vernetzenden Polypeptidketten aufgebautes Makromolekül. Oft ist außen noch eine Schleimschicht aufgelagert.

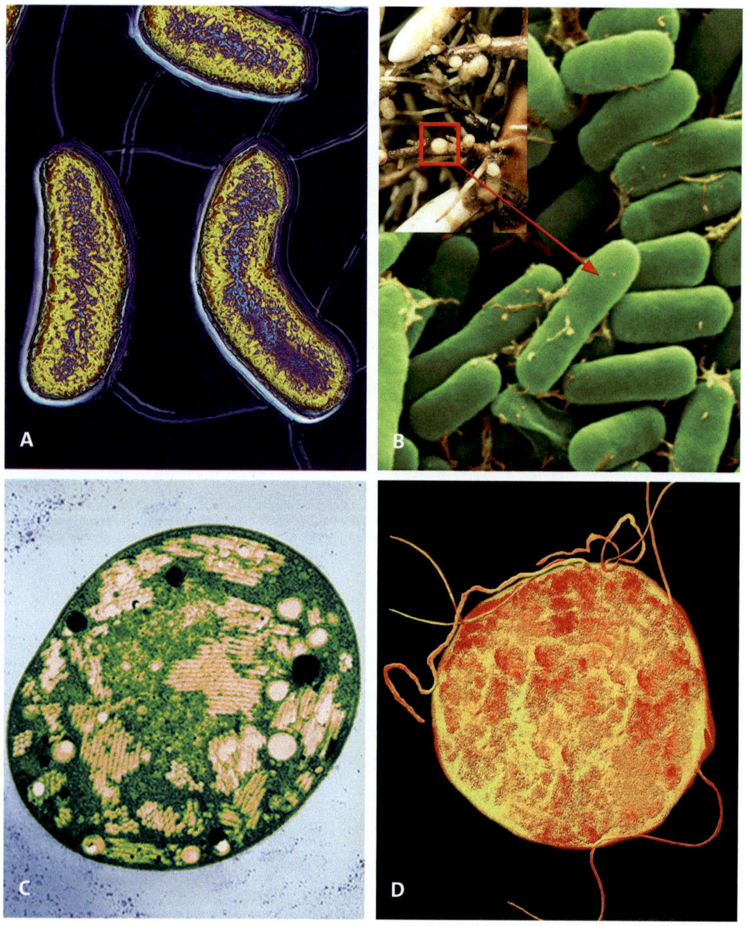

1 Procyten: A Bakterien mit Kapsel und Schleimschicht, B Knöllchenbakterien bilden Wurzelknöllchen, C Cyanobakterium *Microcystis*, D Archaebakterium *Sulfolobus*

Bedeutung der Procyten • Trotz ihres vergleichsweise einfachen Baues verfügen Procyten über sehr vielfältige Stoffwechselfähigkeiten: Bestimmte Bakterienarten sind zwar sehr spezialisiert und haben dementsprechend einen engen Wirkungsspielraum, in ihrer Gesamtheit jedoch zeigen sie eine enorme Vielfalt an Fähigkeiten und Leistungen, die von Eucyten in vielen Fällen nicht erreicht wird.

Procyten kommen im Boden, im Wasser und in der Luft vor. Sie leben in der Tiefsee, in heißen Quellen und im Gletschereis. Eine Vielzahl besiedelt Pflanzen, Tiere und Menschen. Allein im Darm des Menschen gibt es über tausend verschiedene Bakterienarten. Einige davon sind für die Verdauung, den Wasserentzug im Dickdarm oder die Produktion von verschiedenen Vitaminen unerlässlich. Auf der Haut des Menschen schützen Bakterien den Körper vor Krankheitserregern. In der Lebensmittelherstellung benutzt man Bakterien zur Erzeugung von Joghurt, Käse, Salami oder Sauerkraut. Von den vermutlich mehreren Millionen verschiedenen Bakterienarten auf der Erde sind nur wenige Hundert als Krankheitserreger bekannt.

Viele Bakterienarten spielen im Kreislauf der Natur eine überragende Rolle, indem sie organische Stoffe als Nahrung aufnehmen und sie bis zu Mineralstoffen abbauen. Diese Bakterien werden deshalb zu den Destruenten gezählt. Die Mineralstoffe sind Grundlage für aufbauende Stoffwechselvorgänge. Sie werden von Produzenten für die Synthese von organischen Stoffen genutzt.

Eine besondere Rolle spielen Knöllchenbakterien, auch Rhizobien genannt. Diese Procyten können entweder als stäbchenförmige Bakterien frei im Boden leben oder mit den Wurzeln von Schmetterlingsblütlern eine Symbiose eingehen. In dieser Symbiose sind sie in der Lage, Luftstickstoff zu Ammonium zu reduzieren. Der hohe Energiebedarf für die Stickstoffreduktion wird durch Kohlenhydrate aus den Wurzeln der Schmetterlingsblütler gedeckt. Im Gegenzug profitieren die Pflanzen vom Angebot an Ammonium, das sie für die Synthese von Aminosäuren und Nukleinsäuren benötigen. Aufgrund der Leistung der Knöllchenbakterien können Schmetterlingsblütler stickstoffarme Böden besiedeln.

Neben der Gruppe der Bakterien und Cyanobakterien gibt es noch eine weitere eigenständige Gruppe von Prokaryoten, die Archaeen. Unter diesen Archaeen gibt es sehr viele Arten, die unter extremen Bedingungen existieren. So hat zum Beispiel das in heißen Quellen lebende Archaebakterium *Sulfolobus* ein Wachstumsoptimum bei 75 °C. Solche Archaeen können Schwefelwasserstoff oxidieren und daraus Stoffe und Energie für ihren Stoffwechsel gewinnen.

1 **Erläutern Sie die Begriffe Procyte, Eucyte, Prokaryot und Eukaryot.**

2 **Beschreiben Sie, worin die Komplexität der Eucyten besteht.**

3 **Erläutern Sie die Bedeutung der Procyten anhand von zwei Beispielen.**

Material A Bakterien und Cyanobakterien

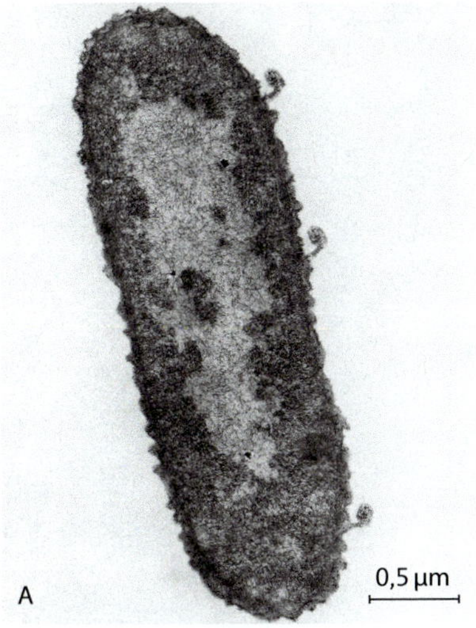

A1 EM Aufnahme von *E. coli*

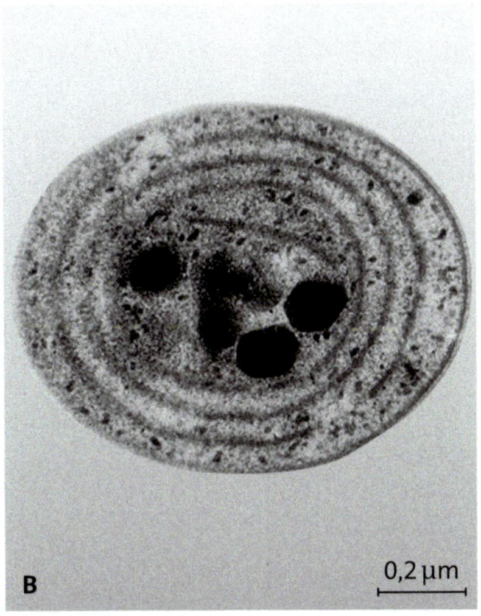

A2 EM Aufnahme von *Synechocytsis spec.*

Die Abbildungen zeigen elektronenmikroskopische Aufnahmen des Darmbakteriums *Escherichia coli* **(A)** und des Cyanobakteriums *Synechocystis spec.* **(B)**. In den helleren, faserig erscheinenden Zonen befindet sich die DNA.

Die Fortpflanzung aller Bakterien erfolgt meistens ungeschlechtlich durch einfache Teilung. *E.-coli*-Bakterien teilen sich beispielsweise unter optimalen Bedingungen alle 20 min. Allerdings kann die DNA auch von Bakterium zu Bakterium übertragen werden. Dieser als Konjugation bezeichnete Vorgang kommt selten vor.

Cyanobakterien sind sehr anspruchslose Organismen. Sie benötigen nur wenige Mineralstoffe, da sie neben der Fotosynthese auch die Dreifachbindung der Stickstoffmoleküle der Luft spalten können. Dabei entsteht Ammonium, das im Stoffwechsel verwendet wird. Eukaryotische Zellen sind dazu nicht in der Lage.

1 Beschreiben und benennen Sie die in den beiden Procyten erkennbaren Strukturen. Vergleichen Sie diese hinsichtlich ihrer Verteilung, Häufigkeit und relativen Größe. Nehmen Sie hierzu die Schemazeichnung 2 auf Seite 37 zu Hilfe.

2 Begründen Sie, dass die parallelen Linien bei *Synechocystis spec.* zu Strukturen gehören können, die mit der Fotosynthese zu tun haben.

3 Berechnen Sie das Volumen einer *E.-coli*-Zelle mithilfe der Längenangabe und unter der Annahme, dass die Zelle zylindrisch ist.

4 Berechnen Sie das Volumen aller *E.-coli*-Zellen, die theoretisch nach einem Tag aus einer Zelle entstehen können. Diskutieren Sie, weshalb dieses Szenario nicht eintritt.

Material B *Nostoc* – ein besonderes Cyanobakterium

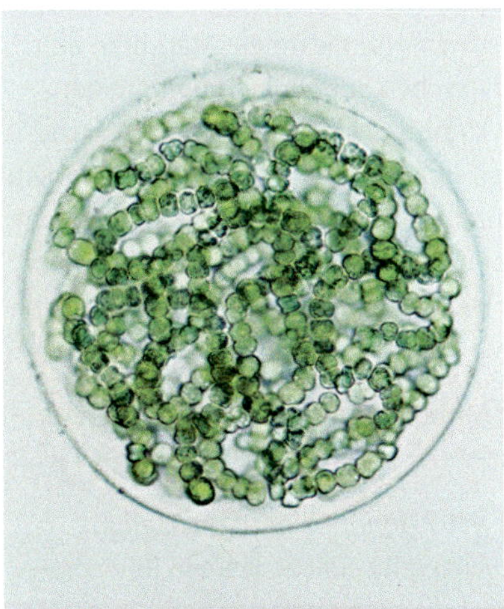

B1 Lichtmikroskopische Aufnahme von *Nostoc commune*

Nostoc ist eine Gattung von Cyanobakterien, die Kolonien aus langen Zellfäden in einer gelatineartigen Masse bilden kann. Die Zellen besitzen im Zellplasma grüne Farbstoffe und betreiben Fotosynthese. In einzelnen größeren Zellen der Kolonie, den Heterozysten, findet ausschließlich die Umsetzung von Luftstickstoff in Ammonium statt.

Viele *Nostoc*-Arten leben in Symbiose mit Pflanzen und Pilzen. Im Spätsommer vermehrt sich *Nostoc* oft so stark, dass sie der Hauptbestandteil der Algenblüte in nährstoffreichen Gewässern ist.

1 Vergleichen Sie den Bau von *Nostoc commune* mit dem Cyanobakterium *Synechocystis spec.* aus Material A.

2 Stellen Sie Vermutungen an, weshalb *Nostoc* häufig Symbiosepartner ist.

3 Recherchieren Sie den Begriff Algenblüte und stellen Sie eine Vermutung auf, warum *Nostoc* häufig an deren Bildung beteiligt ist.

Endosymbiontentheorie

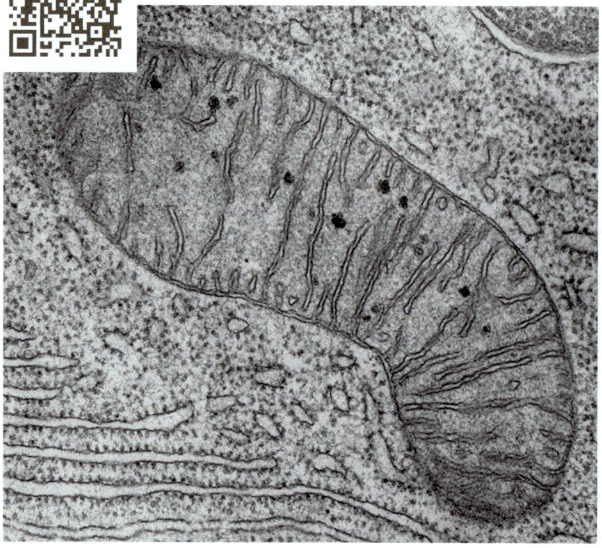

1 Elektronenmikroskopische Aufnahme eines Mitochondriums mit Doppelmembran

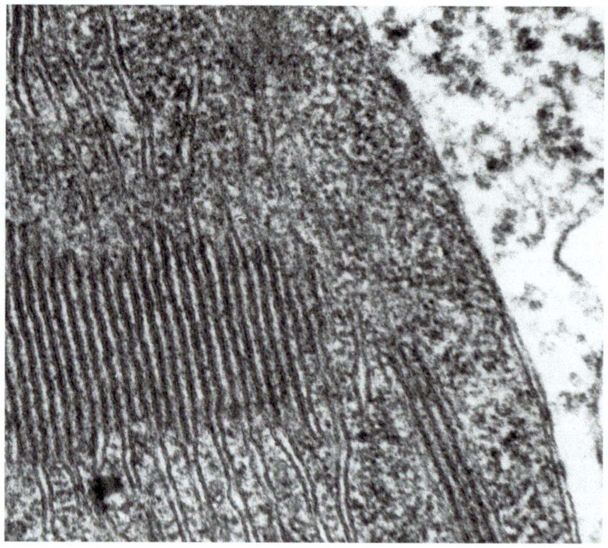

2 Elektronenmikroskopische Aufnahme eines Chloroplasten; Ausschnitt mit umhüllender Doppelmembran.

Endosymbiose • Im 19. Jahrhundert konnte man im Lichtmikroskop erstmalig in Pflanzenzellen Chloroplasten und wenige Jahre später die etwas kleineren Mitochondrien beobachten. Beide sind ungefähr so groß wie Bakterien. Außerdem konnte man feststellen, dass sich die beiden Zellorganellen bei der Zellteilung nicht neu bilden, sondern wie Bakterien teilen.

Damit stellte sich für die Forschenden die Frage, wie Chloroplasten und Mitochondrien entstanden sein könnten. Im Jahr 1883 führten die beschriebenen Beobachtungen zu der Hypothese, dass Vorläuferzellen der heutigen Eukaryoten im Verlauf der Evolution ursprünglich frei lebende prokaryotische Zellen, zum Beispiel Bakterienzellen, umflossen und in ihr Zellinneres aufgenommen haben. Eine durch diese Phagocytose aufgenommene Zelle wäre dann nicht verdaut worden. Stattdessen wäre es zu einer wechselseitigen Beziehung zwischen der aufnehmenden und der aufgenommenen Zelle gekommen, wovon beide profitiert hätten. Eine solche Wechselbeziehung nennt man Symbiose. Dabei bezeichnet man die aufnehmende Zelle als Wirt und die aufgenommene als Symbiont. Da der Symbiont innerhalb der Wirtszelle lebt, spricht man von Endosymbiose. Die Endosymbiose liefert eine Erklärung dafür, dass sich die Zellorganellen nur durch Teilung vermehren.

Untersuchungsergebnisse • Wenn Chloroplasten und Mitochondrien Endosymbionten sind, müsste es weitere Befunde geben, die diese Annahme unterstützen.

In den 1920er-Jahren beobachtete ein amerikanischer Biologe, dass sich Mitochondrien mit den gleichen Färbetechniken anfärben lassen wie bestimmte Bakterien. Daraus schloss er, dass sie die gleiche biochemische Zusammensetzung haben. Mit der Erfindung des Elektronenmikroskops und der Entwicklung biochemischer Analysemethoden konnten in der zweiten Hälfte des 20. Jahrhunderts strukturelle, genetische und biochemische Untersuchungen an Chloroplasten und Mitochondrien vorgenommen werden, die weitere Belege zur Bestätigung der im 19. Jahrhundert aufgestellten Vermutung lieferten:

- Chloroplasten und Mitochondrien besitzen eine Hülle aus zwei Biomembranen. Nur die innere Membran enthält das bakterientypische Kardiolipin und nur in der äußeren Membran kommt das für Eukaryoten typische Cholesterol vor. Dies erklärt sich dadurch, dass die innere Membran vom Symbionten stammt und die äußere vom Wirt, der den Symbionten eingeschlossen hat. Das kann als Beleg für einen möglichen Phagocytosevorgang ohne anschließende Verdauung angesehen werden.
- Chloroplasten und Mitochondrien besitzen eigene DNA, die wie die der Bakterien ringförmig ist.
- Chloroplasten und Mitochondrien besitzen kleinere Ribosomen als die Wirtszelle. Solche kleinen Ribosomen kommen auch in frei lebenden Bakterien vor.
- Die Proteinbiosynthese verläuft in den Mitochondrien und Chloroplasten auf ähnliche Weise wie in Bakterien.

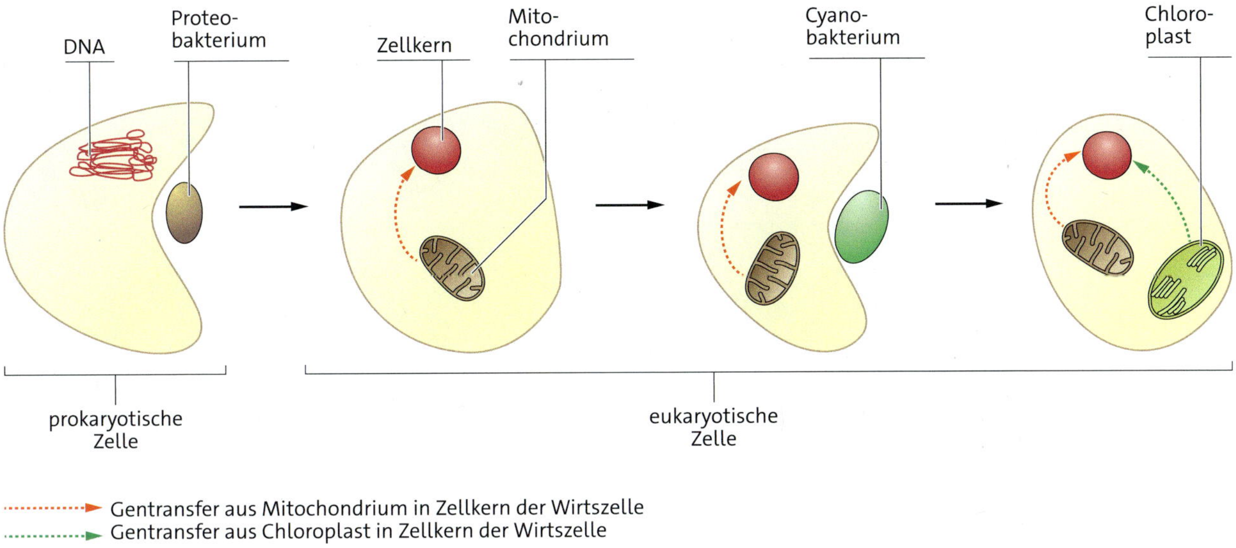

3 Endosymbiontentheorie (Schema)

Demgegenüber ist die Proteinbiosynthese in der Wirtszelle komplizierter.

- Die in den Ribosomen von Mitochondrien enthaltene RNA, die mitochondriale rRNA, zeigt erstaunliche Übereinstimmungen mit der rRNA aus dem Bakterium *Rhizobium*. Bakterien aus der Verwandtschaft von *Rhizobium* sind daher wahrscheinlich procytische Vorläufer der Mitochondrien.
- Die rRNA aus Chloroplasten ist der rRNA aus bestimmten Cyanobakterien sehr ähnlich. Diese Prokaryoten gelten als Vorläufer der Chloroplasten. Aufgrund dieser Untersuchungsergebnisse wurde aus der ursprünglichen Endosymbiontenhypothese die inzwischen allgemein anerkannte Endosymbiontentheorie.

Modellorganismus • Es gibt viele heute lebende Organismen, die ohne endosymbiontische Einzeller, vorwiegend Algen, nicht leben könnten. Dazu gehören Steinkorallen, verschiedene Einzeller, Hohltiere, Muscheln und Schwämme. Man kann sie jeweils als Modellorganismen für Abläufe heranziehen, die in der Frühzeit der Zellentwicklung stattgefunden haben können.

In einigen Amöben und farblosen eukaryotischen Algen kommen Zellbestandteile vor, die ebenfalls von Cyanobakterien abstammen. Diese Cyanellen besitzen aber noch eine dünne Bakterienzellwand aus Murein. Ihr Erbmaterial hat etwa den Umfang wie das der Chloroplasten. Cyanellen können daher als eine noch lebende Zwischenstufe auf dem Weg von Cyanobakterien zu Chloroplasten aufgefasst werden.

Entstehung der Eucyte • Nach heutigen Vorstellungen könnte die Eucyte etwa so entstanden sein: Zunächst bildete eine Vorstufe einer Eucyte ein inneres Membransystem aus. Dann entstand die Umhüllung des Chromosomenmaterials, das Endoplasmatische Reticulum und der Golgi-Apparat. Dies war der Anfang des Ur-Eukaryoten mit einem Zellkern. Diese Zelle konnte Stoffe aus der Umgebung durch Phagocytose aufnehmen.
In einem nächsten Schritt nahm der Ur-Eukaryot ein α-Proteobakterium auf, ohne es zu verdauen. Stattdessen gingen die beiden Zellen eine Symbiose ein, wobei der Symbiont seine Fähigkeit zur Synthese der eigenen Zellbestandteile allmählich verlor. Stattdessen wurden viele der eigenen Gene in das Erbgut der Wirtszelle integriert. So entstand das Mitochondrium, das allein nicht lebensfähig ist, sondern vollständig von der Wirtszelle abhängt. Gentechnische Untersuchungen belegen die Verwandtschaft von Mitochondrien mit der Gruppe der α-Proteobakterien.

In einem weiteren Schritt nahm die Eucyte, die bereits Mitochondrien enthielt, ein Cyanobakterium durch Phagocytose auf. Auch das Cyanobakterium wurde nicht verdaut. Es entwickelte sich in gleicher Weise zu einem Chloroplasten, der ebenfalls allein nicht mehr ohne die Wirtszelle überleben konnte und dessen Gene zum großen Teil in den Zellkern übertragen wurden.

Die so entstandene Zelle ist die Urzelle aller Pflanzen. Aus den so geformten Eucyten ohne Chloroplasten entwickelten sich schließlich Tiere und Pilze.

1.7 Vom Einzeller zum Vielzeller

1 *Scenedesmus acutus* (lichtmikroskopische Aufnahme)

Die Gürtelalge Scenedesmus *gehört zu einer Gattung von Grünalgen, die im Uferbereich von Teichen und Seen vorkommt. Sie tritt meistens in Form von Verbänden mit vier, acht oder mehr Zellen auf. Züchtet man diese Algen hingegen im Labor, finden sich fast ausschließlich Einzelzellen im Zuchtmedium. In welcher Weise beeinflusst die Umwelt den Zusammenschluss der* Scenedesmus*-Zellen?*

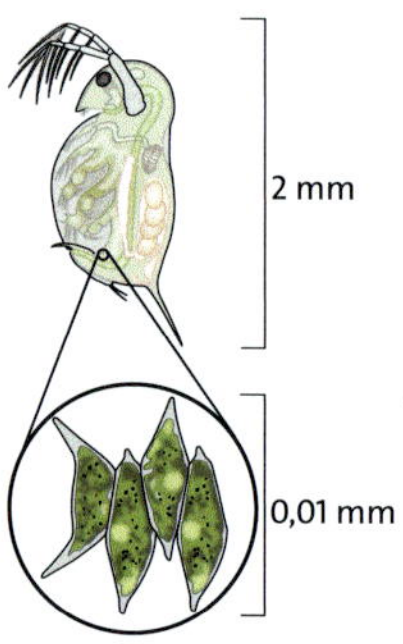

2 *Daphnia pulex* mit Grünalgen im Darmtrakt

Kolonienbildung • In der Freiwasserzone stehender Gewässer leben im Wasser schwebende Organismen, die man als Plankton bezeichnet. Dazu gehören das pflanzliche Plankton, das Phytoplankton, mit Goldalgen, Kieselalgen und Grünalgen, sowie das tierische Plankton, das Zooplankton, mit Rädertierchen, Ruderfuß- und Blattfußkrebsen, wie zum Beispiel Daphnien. Das Phytoplankton ist Nahrung des Zooplanktons. Daphnien fressen vorwiegend planktische Algen, auch *Scenedesmus.*

Unter Zuchtbedingungen tritt *Scenedesmus* fast ausschließlich in Form von Einzelzellen auf. Im Freiland jedoch leben überwiegend mehrere Zellen in einem Verband zusammen. Einen solchen Zellverband nennt man **Kolonie.** Fügt man in die Zuchtgefäße Daphnien zu den Algen hinzu, bilden sich aus den Einzelzellen Kolonien. Aus evolutionsbiologischer Sicht stellt sich die Frage, welche Vorteile die Koloniebildung im Freiland mit sich bringt. Untersucht man den Verdauungstrakt von Daphnien, finden sich dort vorwiegend einzellige Algen und deutlich weniger mehrzellige Kolonien. Offenbar sind also mehrzellige und somit größere Algen besser vor dem Gefressenwerden geschützt als Einzelzellen. Demzufolge überleben *Scenedesmus*-Kolonien eher als *Scenedesmus*-Einzeller. Dadurch gelangen ihre Erbanlagen mit größerer Wahrscheinlichkeit in die nächste Generation. Ob sich Koloniebildung als Evolutionsvorteil verallgemeinern lässt, bleibt zunächst unklar.

Aus verschiedenen Untersuchungen geht des Weiteren hervor, dass mehrzellige Algen Nährstoffe und Phosphat besser speichern können als einzellige. Dies wäre in einer phosphatarmen sowie einer für die Fotosynthese ungünstigen Umgebung förderlich. Auch dieser Befund lässt den Schluss zu, dass Mehrzelligkeit für Lebewesen einen Evolutionsvorteil haben kann.

Modellorganismen • Es ist unumstritten, dass im Verlauf der Evolution mehrzellige Organismen aus Einzellern entstanden sind. Allerdings kann man aus der Organisation heutiger Lebewesen nicht auf Vorgänge schließen, die vor mehr als einer Milliarde Jahren stattgefunden haben. Da keine direkten Übergangsformen zwischen Einzellern und Vielzellern vorliegen, versucht man, heute lebende Organismen in eine mögliche Entwicklungsreihe zu bringen.

Eine solche aufsteigende Reihe bilden zum Beispiel die Grünalgen *Chlamydomonas, Gonium* und *Volvox*. *Chlamydomonas* ist einzellig und hat einen Zellkern, einen becherförmigen Chloroplasten, einen Pigmentfleck und zwei Geißeln, mit denen sie sich fortbewegt. *Gonium* besteht aus 4 bis 16 Zellen, die *Chlamydomonas* gleichen. Sie werden von einer zähelastischen Schicht, der Gallertschicht, zusammengehalten. Zerstört man diese Schicht, können trotzdem alle Zellen als Einzeller weiterleben. *Volvox* bildet eine Hohlkugel aus mehreren Tausend Zellen, die denjenigen von *Chlamydomonas* ähneln. Die Zellen lagern in einer Gallertschicht und sind durch Plasmastränge miteinander verbunden. Durch diese Verbindungen ist ein Austausch von Informationen und Stoffen möglich. Die meisten Zellen dienen der Fortbewegung, betreiben Fotosynthese und produzieren die Gallerte. Einige wenige Zellen sind deutlich größer als die anderen. Nur sie können sich teilen, wandern dann in die Hohlkugel hinein und bilden neue Hohlkugeln. Diese werden freigesetzt, sobald die Mutterkugel abstirbt.

Dieses Beispiel veranschaulicht ein heute wissenschaftlich akzeptiertes Modell für den Übergang zur Vielzelligkeit bei Pflanzen. Das Modell eignet sich darüber hinaus, die Ausbildung spezialisierter Zellen zu erklären.

Spezialisierung • Bei Einzellern wie *Chlamydomonas* können sich alle Zellen teilen und damit auch fortpflanzen. Beim Vielzeller *Volvox* hingegen sind die meisten Zellen nicht teilungsfähig. Diese somatischen Zellen sind für die Fotosynthese und die Fortbewegung zuständig. Sie sterben ab, wenn sich die Tochterkugeln gebildet haben. Die Spezialisierung und die damit verbundene Arbeitsteilung haben also den Tod der somatischen Zellen zur Folge.

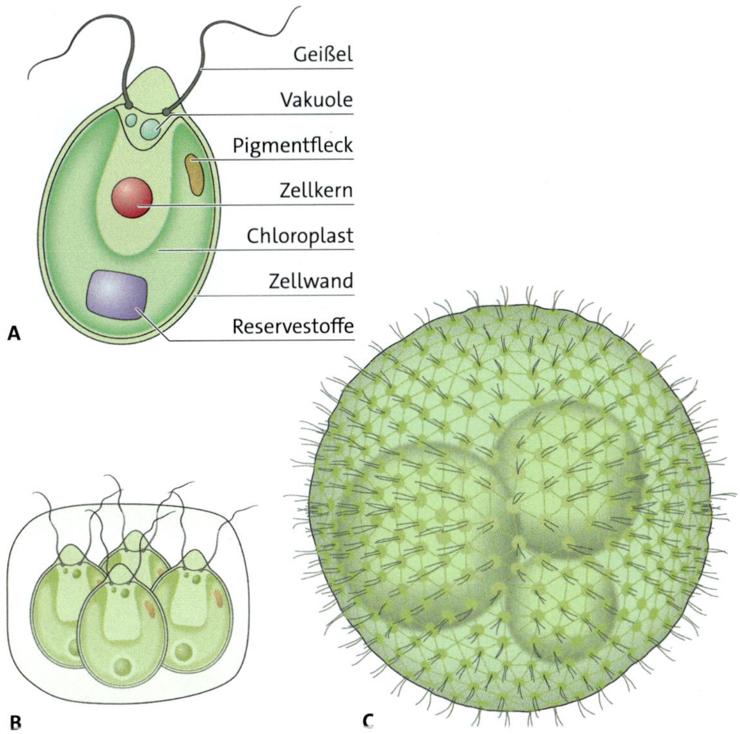

3 Modell einer Entwicklungsreihe (Schema): **A** *Chlamydomonas,* **B** *Gonium,* **C** *Volvox*

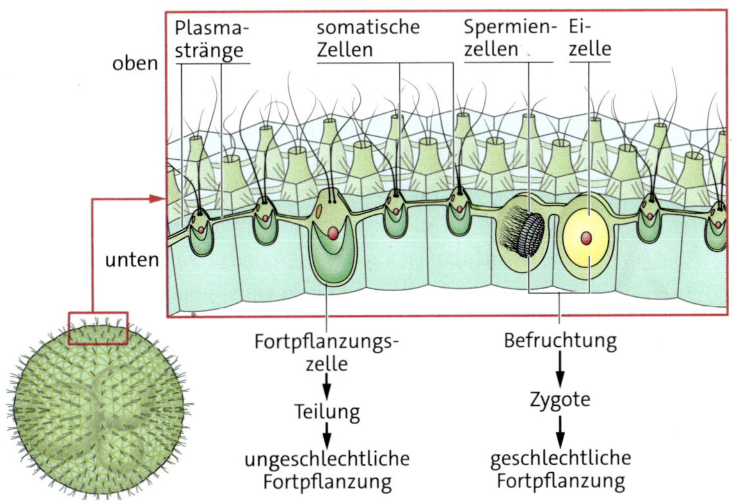

4 Fortpflanzung bei *Volvox* (Schema)

Die Bildung der neuen Tochterkugeln aus den teilungsfähigen Zellen kann sowohl ungeschlechtlich durch Zellteilung als auch geschlechtlich nach der Befruchtung erfolgen. In diesem Fall entstehen aus teilungsfähigen Zellen einerseits größere, unbewegliche Eizellen und andererseits kleine, bewegliche Spermienzellen.

1 Eier vom Teichmolch, links nach mehreren Zellteilungen

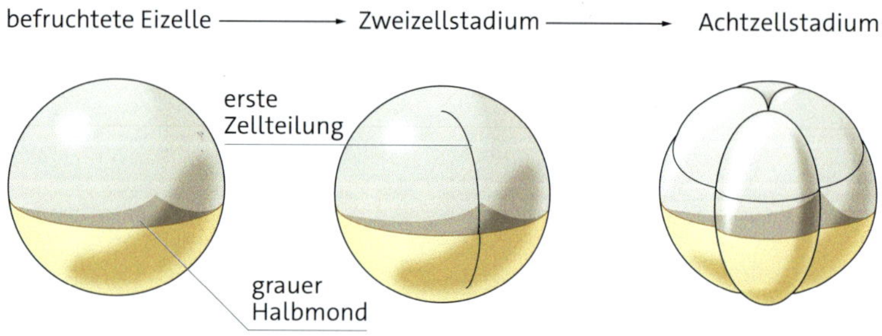

2 Molchei, Lage des grauen Halbmonds

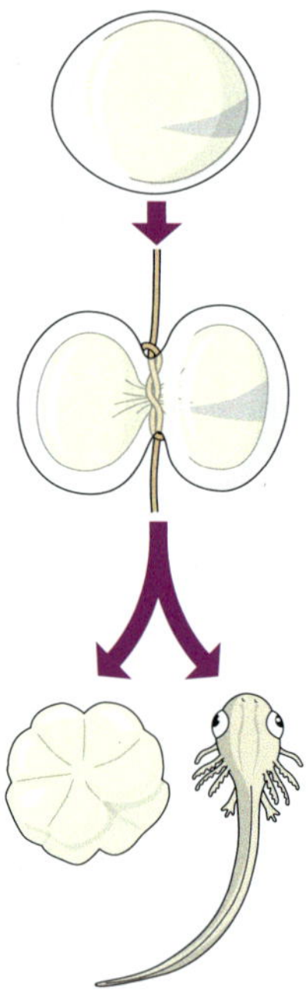

3 Trennung rechtwinklig zum grauen Halbmond

Zelldifferenzierung • Wie und wann die Zelldifferenzierung abläuft und welche Ursachen einzelne Differenzierungsschritte haben, wurde schon zu Beginn des zwanzigsten Jahrhunderts untersucht. Wichtige Untersuchungsobjekte waren die Zygoten und frühen Embryonen von Molchen und anderen Amphibien. Schon vor der Befruchtung ist das Zellplasma in den Amphibieneiern nicht gleichmäßig verteilt. Die Nahrungsvorräte des Eies, der Dotter, sind unter Einfluss der Schwerkraft in der unten liegenden Hälfte konzentrierter als in der oberen. Äußerlich sichtbar ist auch eine ungleiche Färbung. Ein besonderer Bereich, der direkt gegenüber der Eintrittsstelle des Spermiums liegt, färbt sich nach dessen Eintreten in das Ei durch Plasmawanderung hellgrau, der graue Halbmond. Das dann erreichte Farbmuster und die Dotterverteilung bleiben über viele Zellteilungen hin bestehen. Wenn die erste Zellteilung genau durch die Mitte des grauen Halbmonds erfolgt und wenn man in einem Experiment die beiden entstandenen Zellen voneinander trennt, entstehen zwei vollständige, etwas kleinere Molchlarven. Die beiden ersten Zellen sind dann gleichwertig. Wenn man nach weiteren Teilungen die Zellen des Embryos im rechten Winkel zu der ersten Teilung trennt, entwickelt nur die Hälfte mit dem grauen Halbmond eine intakte Molchlarve. Zum Zeitpunkt dieser Trennung sind einige Zellen schon differenziert.

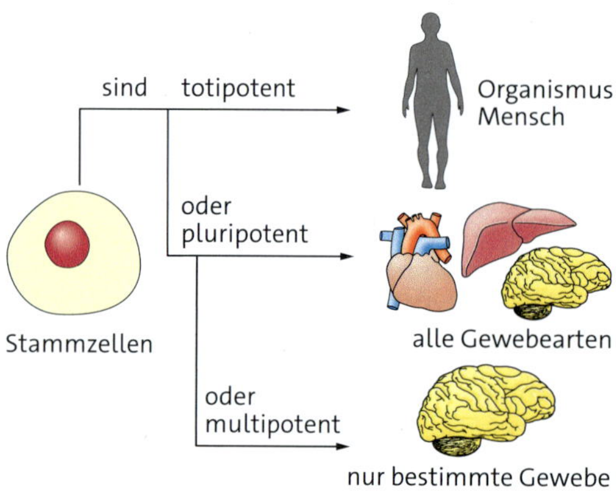

4 Verschiedene Stammzelltypen beim Menschen

lat. totus = ganz, völlig
lat. plus = mehr
lat. multus = viel

Während der Entwicklung verändert sich die Größe des Embryos gegenüber der Eizelle nicht. Das bedeutet, dass das Zellplasma der Eizelle auf viele Tochterzellen verteilt wird. Die ungleiche Verteilung des Zellplasmas in der Eizelle hat damit Anteil an der späteren Differenzierung der Zellen. Mit modernen Untersuchungsverfahren wurden Stoffe gefunden, die schon in der Zygote und auch in den danach entstandenen Zellen ungleich verteilt sind. Sie fördern oder hemmen die Möglichkeiten bestimmter Zellen, sich zu Zellen eines bestimmten Typs zu differenzieren. Tiefergehende Analysen zeigen, dass zugehörige Gene abgelesen werden oder ihr Ablesen blockiert wird. Wie dies gesteuert wird, wird weiterhin erforscht. Umwelteinflüsse können die normale Entwicklung stören.

Stammzellen • Nicht alle Zellen verändern sich zu vollständig differenzierten Zellen eines Zelltyps. Die Eizelle und Zellen früher Embryonen können sich noch derart differenzieren, dass ein gesamter Mensch aus ihnen entstehen kann. Sie werden totipotente Stammzellen genannt. Sie bleiben nicht zeitlebens erhalten. Bei der weiteren Entwicklung bilden sich Zellen, aus denen alle Gewebe entstehen können, aber kein ganzer Mensch. Sie werden pluripotent genannt. Anschließend entstehen Stammzellen, die lediglich einen Gewebetyp herstellen können. Sie sind multipotent und bleiben ein Leben lang erhalten. Auch bei den Stammzellen findet eine Differenzierung statt.

1 Beschreiben Sie, wie Zelldifferenzierung verursacht wird.

Material A Mikroskopische Abbildungen von Zellen

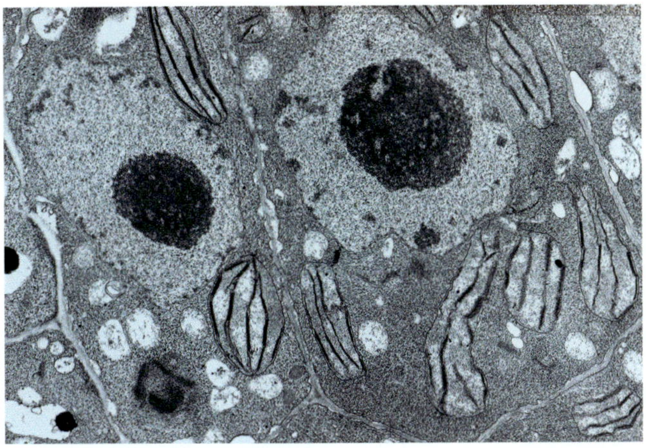

A1 Ausschnitte von zwei Zellen

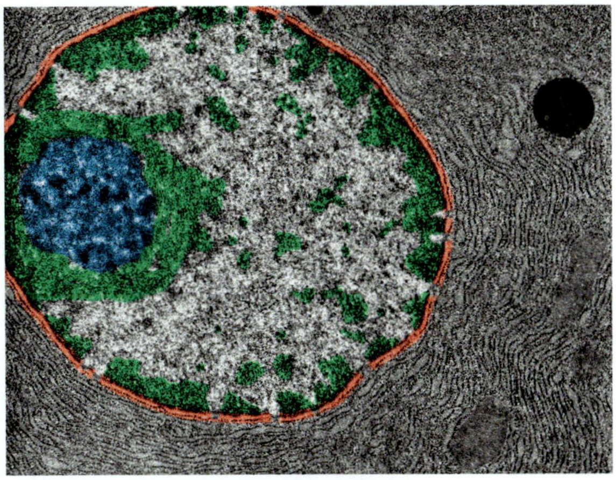

A2 Gefärbter Ausschnitt einer Zelle

Bild A1 ist weniger vergrößert als Bild A2. Es enthält die Ausschnitte von zwei Zellen. In Bild A2 ist lediglich ein kleiner Ausschnitt einer Zelle zu sehen. Nach der Anfertigung des Fotos wurden einige Zellbestandteile farbig hervorgehoben. Die Farben wurden willkürlich gewählt.

1 Benennen Sie die Zellbestandteile, die man eindeutig zuordnen kann, und begründen Sie, dass im linken Bild pflanzliche Zellen abgebildet sind.

2 Vergleichen Sie Bild A2 mit Abbildung 1 von Seite 28 und bewerten Sie, ob die farbige Hervorhebung bei der Orientierung im Bild hilfreich ist.

3 Benennen Sie mit Bezug auf die Zellbestandteile je eine wichtige Funktion der abgebildeten Pflanzenzellen und der Tierzelle.

Material B Differenzierung bei der Zygote des Blasentangs

B1 Blasentang

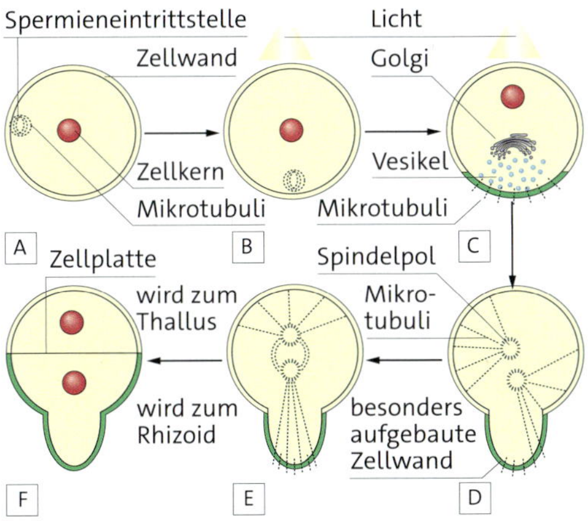

B2 Differenzierung einer Blasentang-Zygote

Der Blasentang ist eine Meeresalge, die an festem Untergrund anwächst und daher häufig an Felsküsten vorkommt. Ihr Körper hat keine echten Leitgewebe, wie die Landpflanzen. Er wird deshalb nicht in Spross und Wurzel, sondern in Thallus und Rhizoid unterteilt. Mit dem Rhizoid hält sich die Alge fest. Durch Beobachtungen und Experimente an Zygoten des Blasentangs wurde eine Abfolge von Veränderungen vom Eintritt des Spermiums bis zur ersten Zellteilung erkannt. Die Lage der Eizelle sowie die Bildung und die Verteilung von Zellbestandteilen ändern sich. Die Ausrichtung der Zellplatte wird ebenfalls festgelegt. Die Zellplatte ist eine Ansammlung von Stoffen zum Aufbau der neuen Zellwand zwischen den ersten beiden Tochterzellen.

1 Beschreiben Sie den Ablauf der Differenzierung der Zygote zu einer Zelle mit zwei unterschiedlichen Bereichen.

2 Erstellen Sie Hypothesen, die einzelne Schritte der Differenzierung erklären.

3 Entwerfen Sie ein Experiment, mit dem der Einfluss des Lichts auf die Differenzierung untersucht wird.

1.8 Biomembranen – verformbare Grenzen

1 Amöbe im lichtmikroskopischen Bild

Amöben sind Einzeller, die zur Fortbewegung ihren Zellkörper an einer Seite ausstülpen und an der anderen Seite zusammenziehen. Durch diese Bewegungen verändert ihr Zellkörper ständig seine Gestalt. Damit muss auch ihre äußere Begrenzung sehr flexibel und verformbar sein. Wie ist die Zellmembran gebaut, sodass sie eine verformbare und zugleich stabile Grenze bildet?

Bau der Membran • Zellmembranen sind so dünn, dass man sie im Lichtmikroskop nicht sehen kann. Man erkennt lediglich eine Grenzlinie zwischen dem Zellinneren und Zelläußeren. Im Elektronenmikroskop zeigt sich hingegen die Zellmembran als dreischichtiges Band. Dieses Schichtmuster findet man nicht nur bei Zellmembranen, sondern bei allen Membranen einer Zelle, zum Beispiel der Membran der Vakuole oder des Endoplasmatischen Reticulums. Daher bezeichnet man alle zellulären Membranen einheitlich als **Biomembranen.**

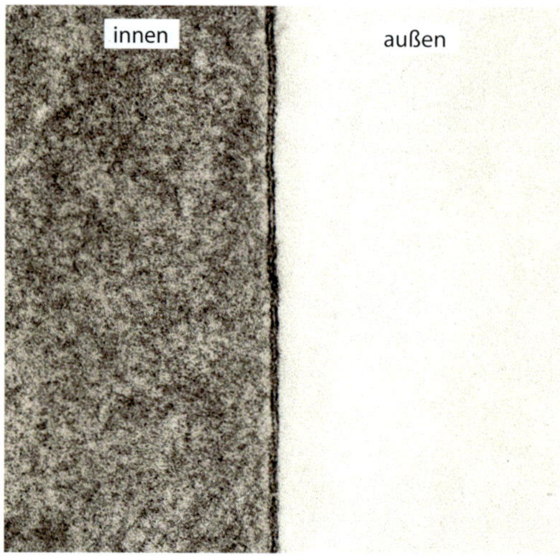

2 Elektronenmikroskopisches Bild der dreischichtigen Struktur der Zellmembran

Bei der Interpretation des dreischichtigen Musters von Biomembranen muss bedacht werden, dass ein Elektronenmikroskop nur künstlich kontrastierte Strukturen zeigt. Während die Kontrastmittel an die beiden äußeren Schichten binden und sie dunkel erscheinen lassen, bleibt die mittlere Schicht unkontrastiert. Diese Struktur belegt somit, dass innerhalb einer Biomembran parallel verlaufende Schichten existieren, die sich in ihren chemischen Eigenschaften voneinander unterscheiden.

Membranlipide • Der dreischichtige Bau von Biomembranen beruht vor allem auf den chemischen Eigenschaften seiner Grundbausteine, den **Membranlipiden.** Modelle der Membranlipidmoleküle, die die chemischen Eigenschaften zeigen, helfen dabei, den Membranbau zu verstehen.

Obwohl es verschiedene Typen von Membranlipiden gibt, kann man den Bau ihrer Moleküle in einem einheitlichen Modell aus langer **Schwanzregion** und kugelförmiger **Kopfregion** darstellen. Die Schwanzregion setzt sich aus zwei lang gestreckten, ungeladenen Kohlenwasserstoffketten zusammen, den zwei Fettsäureresten in der Strukturformel. Daher wird die Schwanzregion des Modells als **unpolar** charakterisiert. Die Kopfregion setzt sich je nach Lipidtyp aus verschiedenen Bausteinen wie Glycerin und Cholin sowie einem Phosphatrest zusammen. Wegen der negativen Ladung des Phosphatrests und der negativen Ladung des Cholins ist die Kopfregion des Modells polar. Membranlipide mit Phosphatrest als Molekülbaustein werden als **Phospholipide** bezeichnet. Sie sind der häufigste Typ der Membranlipide.

Anordnung der Membranlipide • Aufgrund ihrer Polarität sind die Kopfregionen wasserliebend oder **hydrophil.** Deshalb wenden sie sich stets den Wassermolekülen zu. Die unpolaren Schwanzregionen sind hingegen wasserabweisend oder **hydrophob.** Daher ordnen sich die Membranlipide in einem wässrigen Medium selbstständig an, zum Beispiel als kugelförmige Mizelle oder zweischichtige Membran, einer Lipiddoppelschicht.

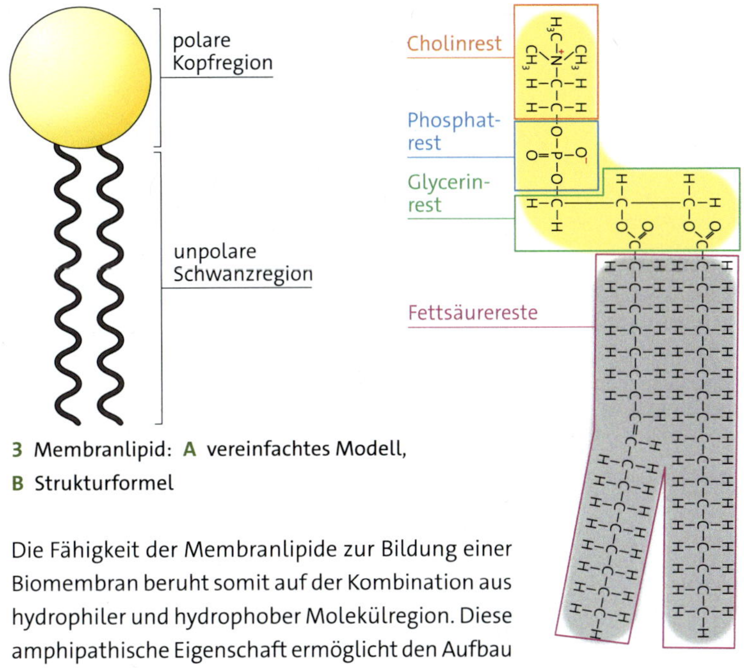

3 Membranlipid: A vereinfachtes Modell, B Strukturformel

Die Fähigkeit der Membranlipide zur Bildung einer Biomembran beruht somit auf der Kombination aus hydrophiler und hydrophober Molekülregion. Diese amphipathische Eigenschaft ermöglicht den Aufbau aus zwei Lipidschichten, bei dem die hydrophilen Kopfregionen nach außen an das Wasser grenzen und die hydrophoben Schwanzregionen nach innen gerichtet sind. Hierdurch entsteht eine mittlere hydrophobe Schicht, die eine undurchlässige Barriere für Wasser und darin gelöste Teilchen bildet.
Zwischen den Membranlipidmolekülen bestehen jedoch nur schwache Wechselwirkungen. Insbesondere der Zusammenhalt der Wassermoleküle in der Umgebung stabilisiert die Struktur der Biomembran so, dass die hydrophoben Schwanzregionen der Lipidmoleküle in das Innere der Membran ragen. Die einzelnen Membranlipide können sich hierdurch innerhalb der Membran seitlich bewegen.

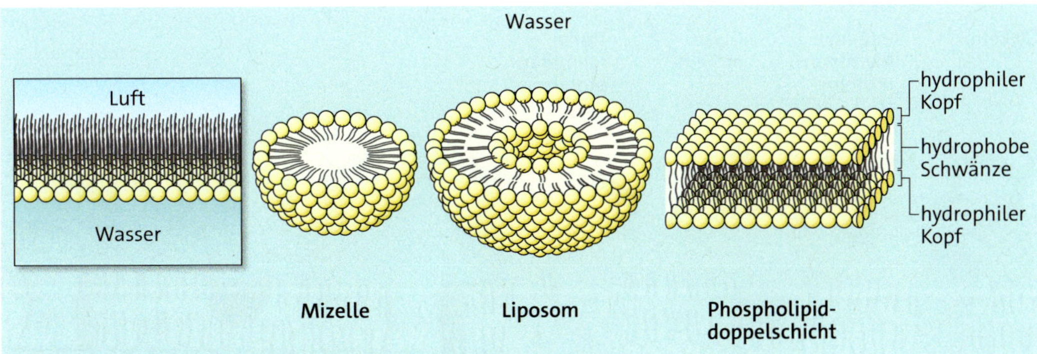

4 Anordnungen von Membranlipiden in Wasser und zwischen Wasser und Luft

1 Rasterelektronenmikroskopisches Bild der durch Gefrierbruchtechnik flächig aufgebrochenen Biomembran

Aron Moscona (1921–2009)

Membranproteine • Präparate von Zellen oder Zellmembranen, die mit der Gefrierbruchtechnik hergestellt wurden, lassen im Rasterelektronenmikroskop kleine Erhebungen erkennen, die aus den voneinander getrennten Lipidschichten herausragen. Diese mosaikartig verteilten Erhebungen sind Membranproteine. Membranproteine, die durch die gesamte Membran reichen, werden als **Transmembranproteine** bezeichnet. Darüber hinaus gibt es auch Proteine, die nur in eine der beiden Lipidschichten hineinreichen. Beide Formen werden als **integrale Membranproteine** zusammengefasst. Membranproteinmoleküle, die der Membran nur aufliegen, werden hingegen als **periphere Membranproteine** bezeichnet.

Die Funktion der Membranproteine ist sehr vielfältig: Transmembranproteine bilden häufig Transporttunnel, die einen Stoffaustausch zwischen den Kompartimenten ermöglichen. Aufliegende Proteine können beispielsweise für Kontakte zu anderen Zellen zuständig sein. In einem Experiment der Universität Chicago wurden die Zellen eines Hühnerembryos voneinander getrennt. Dabei beobachtete Aron Moscona, dass sich die Zellen nach kurzer Zeit wieder in ihrem richtigen Verband zusammenfügten. Dies war ein wichtiger Beleg für die Fähigkeit der Zell-Zell-Erkennung. Zudem können Zellen zwischen körpereigenen und fremden Zellen unterscheiden. Hierfür sind Kohlenhydrate, die sowohl mit Membranproteinen als auch mit Membranlipiden verbunden sein können, verantwortlich. Die Verbindungen werden als **Glykoproteine** beziehungsweise **Glykolipide** bezeichnet.

Zellen können außerdem äußere Reize wahrnehmen, diese umwandeln und über die Zellmembran ins Zellinnere leiten. Hierbei wird das ursprüngliche Signal häufig verstärkt. Diese Eigenschaft wird als Signaltransduktion bezeichnet.

Membranproteine sind wie die Membranlipide nicht fest mit ihren Nachbarmolekülen verbunden und somit seitlich beweglich. Durch die ständige Bewegung erscheint die Biomembran zähflüssig und ist wie die Zellmembran der Amöben verformbar. Diese Vorstellung eines fluiden und mosaikartigen Nebeneinanders von Lipiden und Proteinen in der Biomembran wird als **Fluid-Mosaik-Modell** bezeichnet. Es wurde 1972 von Singer und Nicolson entwickelt.

1 Erläutern Sie die Bedeutung der amphipathischen Eigenschaften der Membranlipide für den Aufbau der Biomembran.

2 Beschreiben Sie den Aufbau der Biomembran nach dem Fluid-Mosaik-Modell.

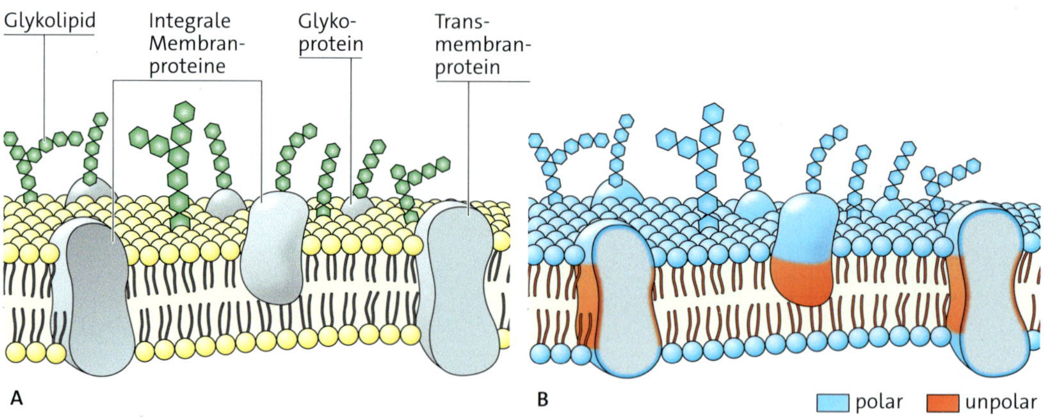

2 Modelle der Biomembran: A Fluid-Mosaik-Modell, B Modell der Ladungsverhältnisse

Neuere Modellvorstellungen • Mithilfe des Fluid-Mosaik-Modells von Singer und Nicolson lassen sich die meisten Funktionen der Biomembran gut erklären. In den 1990er-Jahren durchgeführte Untersuchungen zeigten jedoch, dass sich die Proteine und Lipide nicht gleichmäßig in der Membran verteilen. Man konnte nachweisen, dass es Gebiete mit einer hohen Anzahl an Proteinen gibt. Diese Gebiete werden als Rezeptor-Inseln bezeichnet. Außerdem gibt es Gebiete, in denen bestimmte Lipidtypen besonders häufig sind. Diese Gebiete gleichen Flößen, die sich umgruppieren, auflösen und wieder neu zusammenfinden können. Dies führte zur englischen Bezeichnung **Lipid-Raft-Modell**.

Im Fluid-Mosaik-Modell wird davon ausgegangen, dass sich Lipide und Proteine in der Membran und durch sie hindurch frei bewegen können. Genauere Beobachtungen an Zellmembranen führten jedoch zu der Feststellung, dass diese freie Beweglichkeit nicht überall im gleichen Ausmaß möglich ist. Es konnte nachgewiesen werden, dass es Bereiche gibt, in denen das Cytoskelett wie ein Zaun an der Innenseite der Zellmembran anliegt und dort die Beweglichkeit der Proteine und Lipide einschränkt. Dieser Zaun wird durch Transmembranproteine festgehalten, die wie Pfähle in der Membran verankert sind. Daraus leitet sich die englische Bezeichnung **Picket-Fence-Modell** ab.

Im 21. Jahrhundert konnte diese Modellvorstellung aufgrund elektronenmikroskopischer Befunde verfeinert werden. Demnach sind die Membranproteine in Protein-Inseln angeordnet. Nach diesem **Protein-Island-Modell** sind die Protein-Inseln durch proteinfreie Bereiche voneinander getrennt.

Steckbrief

Seymour Jonathan Singer (1924–2017)

Seymour Jonathan Singer wurde in New York geboren. Er studierte dort an der Columbia University und promovierte 1943 am Polytechnic Institute of Brooklyn. 1965 kam er nach San Diego und erforschte dort die Struktur von Proteinen der Biomembran. Diese Forschungen führten zur Entwicklung des Fluid-Mosaik-Modells, das er im Jahr 1972 gemeinsam mit Garth L. Nicolson in der Fachzeitschrift Nature veröffentlichte. In seinen späteren Forschungen entdeckte er den Zusammenhang zwischen Zellmembran und Cytoskelett.

Steckbrief

Garth L. Nicolson (*1943)

Garth L. Nicolson wurde 1943 in Los Angeles geboren. Dort studierte er Chemie an der University of California. 1965 wechselte er nach San Diego, wo er der Forschungsgruppe von Seymour Jonathan Singer beitrat und dort 1970 promovierte. Später arbeitete er an verschiedenen Universitäten in den USA und in Australien in der Krebsforschung und in der zellbiologischen Altersforschung. Weiterhin untersuchte er posttraumatische Belastungsstörungen von Soldaten des Golfkriegs. 1996 gründete er das Institute for Molecular Medicine in Huntington Beach in Kalifornien.

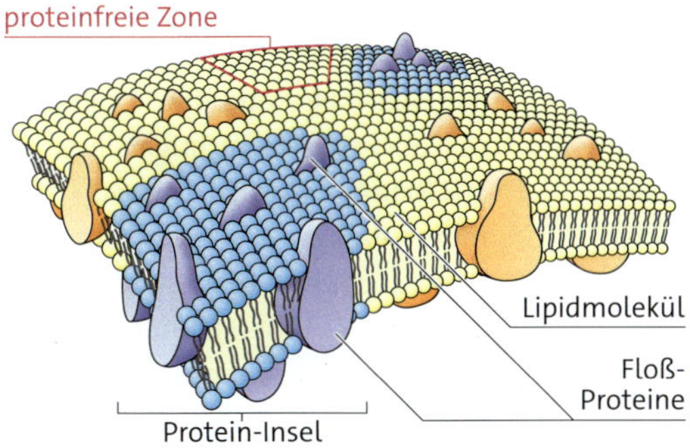

3 Lipid-Raft-Modell

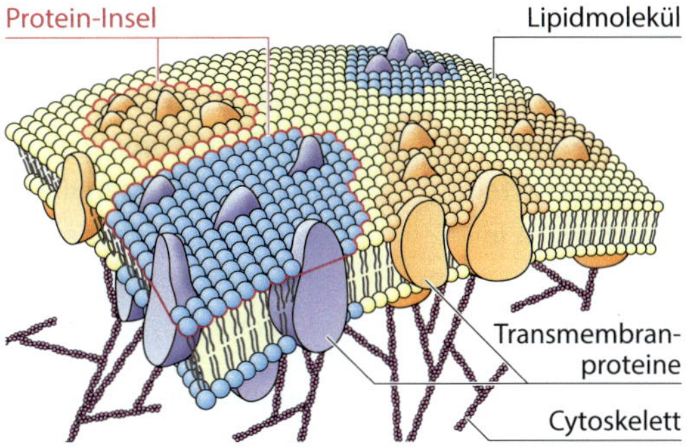

4 Protein-Island-Modell

Material A Indirekter Nachweis der Membranbestandteile

Schritt	Durchführung
1	Rotkohl in schmale Streifen schneiden
2	geschnittenen Rotkohl mehrfach wässern
3	Rotkohlstreifen getrennt legen in: – Spülmittel, mit Wasser verdünnt (Ansatz A) – Essigsäure in Wasser (Ansatz B) – reines Wasser (Ansatz C)
4	Färbung in den Ansätzen A bis C feststellen

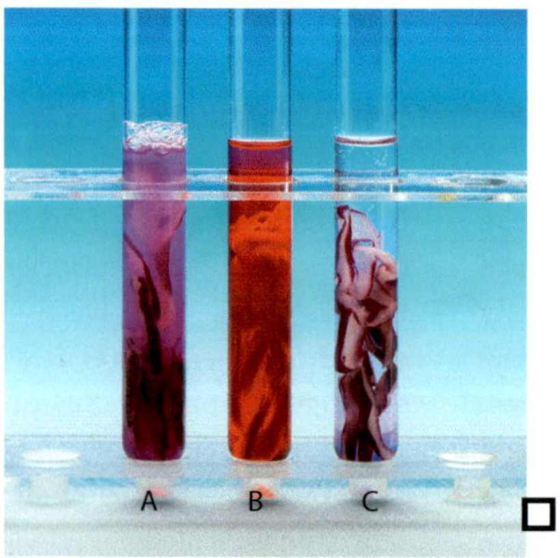

Ansatz	Beobachtung
A	Rotfärbung
B	(helle) Rotfärbung
C	kaum Rotfärbung

Mit dem Rotkohlversuch lassen sich Fette und Proteine als Membranbestandteile nachweisen.

Essigsäure verändert die dreidimensionale Struktur von Proteinmolekülen. In Spülmitteln sind amphipathische Moleküle enthalten, die mit Membranlipiden in Wechselwirkung treten können. Der rote Farbstoff des Rotkohls befindet sich in den Vakuolen der Zellen.

1 Erläutern Sie die Funktion der aufgeführten Durchführungsschritte. Erstellen Sie dazu eine Tabelle.

2 Deuten Sie die Ergebnisse zu den drei Versuchsansätzen. Formulieren Sie eine zusammenfassende Schlussfolgerung.

3 Erklären Sie, weshalb dieser Versuch als ein indirekter Nachweis bezeichnet wird.

Material B Anordnung von Membranproteinen in Biomembranen

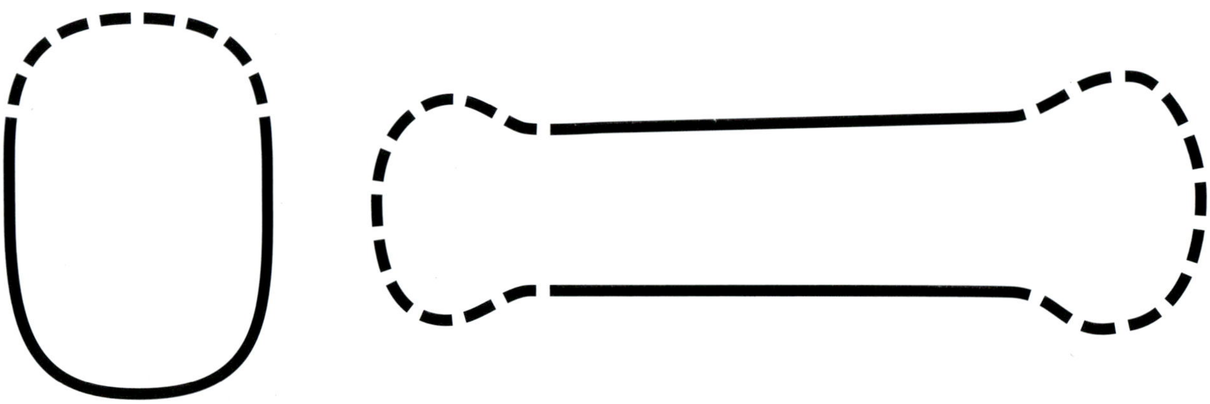

1 Die Skizzen zeigen einfache Schemata von Membranproteinen und ihren Oberflächeneigenschaften. Übertragen Sie beide Skizzen in Ihre Mappe und ergänzen Sie passend angeordnete Membranlipide in Form einfacher Kopf-Schwanz-Symbole (=●). Beachten Sie hierbei, dass die Membranproteine in unterschiedlichen Maßstäben dargestellt sind, sodass die Größe der Membranlipidmoleküle jeweils angepasst werden muss.

2 Löst man die Lipide aus einer Biomembran heraus und überführt sie auf eine Wasseroberfläche, bildet sich dort ein einschichtiger Film aus Membranlipiden. Man vermutet, dass die Fläche des Films exakt doppelt so groß ist wie die ursprüngliche Membranfläche. Nehmen Sie Stellung zu dieser Vermutung.

Material C Hybridzellenversuch

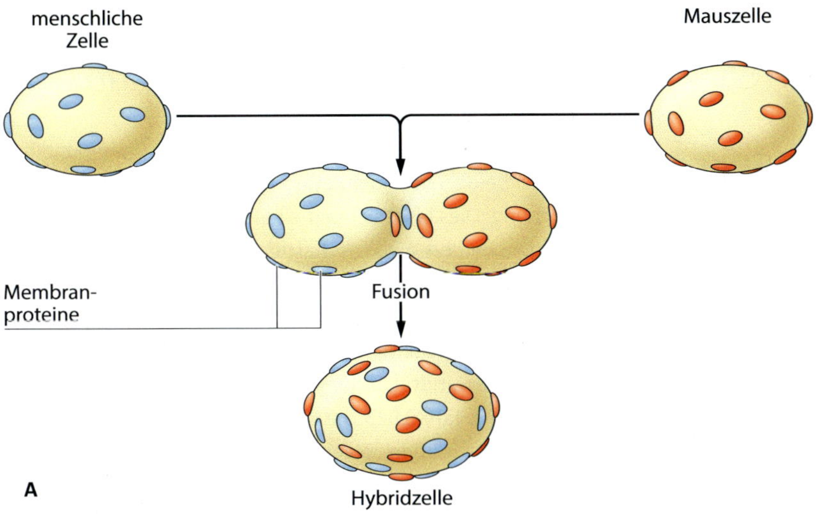

In einem Versuch wurden Membranproteine auf der Oberfläche von Mauszellen und von menschlichen Zellen mit einem jeweils unterschiedlichen Farbstoff markiert. Anschließend wurden eine Mauszelle und eine Menschenzelle fusioniert, sodass sich ihre Zellmembranen verbanden. So entstand eine Hybridzelle.

Nach der Fusion wurden diese Hybridzellen mithilfe eines Fluoreszenzmikroskops in Bezug auf die Verteilung der Farbmarkierungen untersucht.

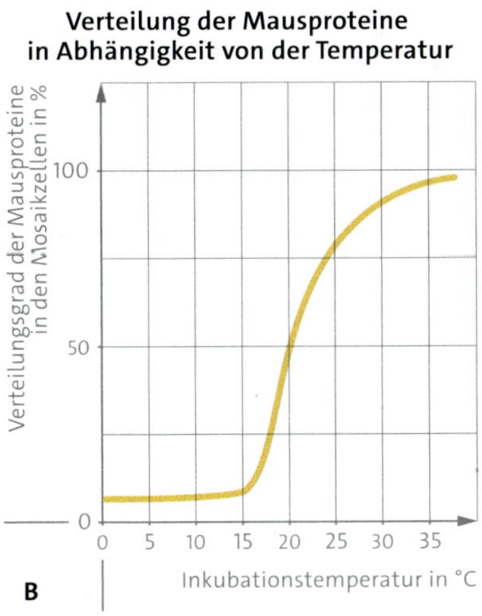

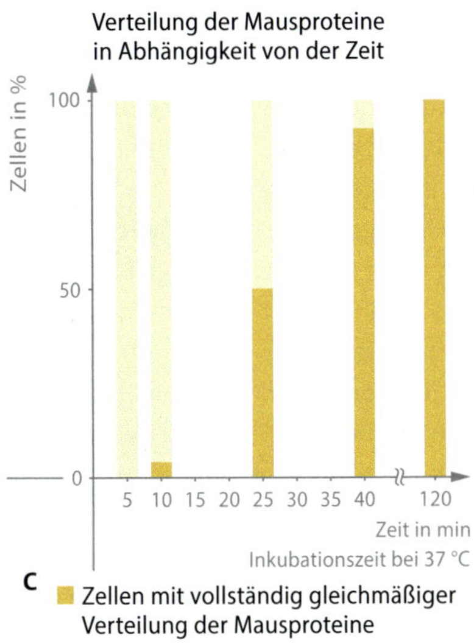

1 Stellen Sie eine Hypothese auf, die mit dem beschriebenen Versuch überprüft werden kann.

2 Beschreiben Sie das in der Abbildung A dargestellte Versuchsergebnis und überprüfen Sie Ihre Vermutung aus Aufgabe C1.

3 Werten Sie die in den Abbildungen B und C dargestellten Versuchsergebnisse aus.

Material D Positionswechsel von Membranlipiden

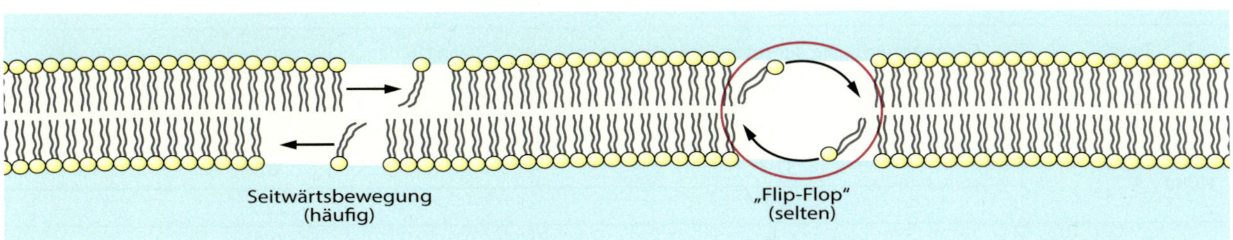

1 Beschreiben Sie die in der Abbildung gezeigten Positionswechsel.

2 Erklären Sie die unterschiedliche Häufigkeit der beiden Positionswechsel.

Membranmodelle

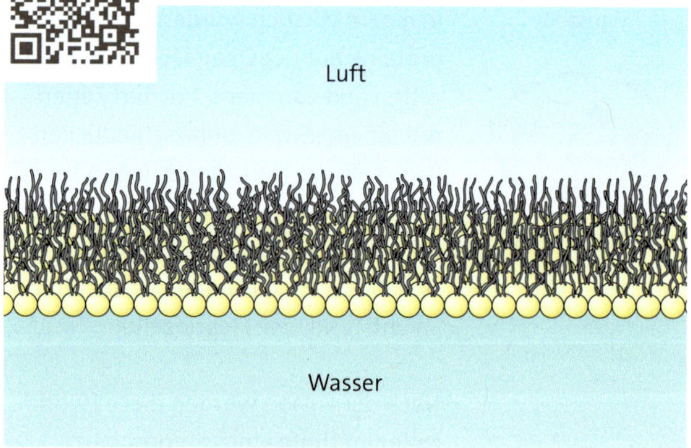

1 Membranmodell von Langmuir

Lipidhypothese • In den Jahren zwischen 1890 und 1895 experimentierte der englische Biologe Charles Ernest Overton mit tierischen und pflanzlichen Zellen. Er wollte herausfinden, welche chemischen Stoffe leichter und welche weniger leicht in die Zellen hineingelangen. Dabei fiel ihm auf, dass alle fettlöslichen Substanzen „mit größter Schnelligkeit eindringen". Verbindungen, die leicht in Wasser löslich sind, gelangen kaum oder gar nicht in die Zellen. Seine Beobachtungen führten ihn zu der Hypothese, dass die Zellen von einer dünnen Zellmembran umschlossen sein müssen, die aus fettähnlichen Stoffen, aus Lipiden, besteht. Die Fähigkeit eines Stoffes, in die Zelle zu gelangen, hängt somit nicht in erster Linie von seiner Größe ab, sondern von der Löslichkeit in der Zellmembran. Auf Basis dieser Erkenntnisse entwickelte Overton die Narkosetheorie: Die hohe Löslichkeit in der Zellmembran ist die Eigenschaft aller guten, schnell wirkenden Narkotika.

Bilayer-Modell • Dem Chemiker Irving Langmuir gelang es im Jahr 1917, experimentell nachzuweisen, dass Lipide sich auf der Wasseroberfläche in einer nur ein Molekül dünnen Schicht als Monolayer ausbreiten. Die hydrophilen Köpfe der Moleküle liegen dabei im Wasser, während die hydrophoben Schwänze, die Kohlenwasserstoffketten, in die Luft ragen.

Innerhalb eines Lebewesens befinden sich die Zellen und damit auch beide Seiten der Zellmembranen in einer wässrigen Umgebung. Dies lässt sich mit einem Monolayer nicht vereinbaren. Die beiden Wissenschaftler Evert Gorter und François Grendel stellten deshalb die Hypothese auf, dass Zellmembranen aus zwei Lipidschichten bestehen müssen. Die Köpfe der beiden Lipidschichten sind dabei nach außen dem Wasser zugewandt. Um diese Annahme zu überprüfen, isolierten sie im Jahr 1925 die Lipide von roten Blutzellen verschiedener Säugetiere. Nach der von Langmuir entwickelten Methode breiteten sie die Lipide anschließend auf einer Wasseroberfläche aus und berechneten die Größe der entstandenen Fläche. Ihre Experimente zeigten, dass die von den Lipiden bedeckte Wasserfläche etwa doppelt so groß ist wie die Oberfläche der roten Blutzellen. Ihre Hypothese wurde bestätigt und führte zum **Bilayer-Modell** der Biomembran.

Sandwich-Modell • In den folgenden Jahren wurden vielfältige Experimente durchgeführt, um die Eigenschaften der Biomembran aufzuklären. Messergebnisse zur Oberflächenspannung, der Durchlässigkeit für verschiedene Stoffe und des elektrischen Widerstands konnten mit dem Bilayer-Modell nicht gedeutet werden.

Auf Grundlage dieser Befunde entwickelten Hugh Davson und James Danielli im Jahr 1935 eine neue Hypothese. Ihrer Auffassung nach ließen sich die Eigenschaften der Biomembranen nur erklären, wenn Proteine am Bau der Biomembran beteiligt sind. Die beiden Forscher erweiterten daraufhin das Modell des Bilayers: Beide Seiten der Lipiddoppelschicht werden von

Tierart	Gesamtoberfläche der roten Blutzellen in m²	Von Lipiden insgesamt bedeckte Fläche in m²
Mensch	0,47	0,92
	0,47	0,89
Hund	31,3	62
	6,2	12,2
Hase	5,46	9,9
	0,27	0,54
Meerschweinchen	0,52	1,02
	0,52	0,97
Ziege	0,33	0,66
	0,33	0,69

2 Forschungsergebnisse von Gorter und Grendel

einer dünnen Schicht aus Proteinen bedeckt. Die Membran besteht demnach aus einem Sandwich mit der Lipiddoppelschicht innen und jeweils einer Proteinschicht außen.

Als man in den 1950er-Jahren erstmalig Biomembranen mithilfe des Transmissionselektronenmikroskops sichtbar machen konnte, zeigten alle Aufnahmen einen dreischichtigen Aufbau aus einer hellen Linie, flankiert von zwei dunklen Linien. Aufgrund dieser Erkenntnisse nahm J. David Robertson an, dass alle Biomembranen gleich aufgebaut sind. Dieses Konzept bestätigte das Sandwich-Modell.

Weg zum Fluid-Mosaik-Modell • Larry Frye und Michael Edidin gelang es 1970 mithilfe der Fluoreszenzmikroskopie, die fluiden Eigenschaften der Plasmamembran nachzuweisen, indem sie Proteine der Zellmembranen von Mauszellen und von menschlichen Zellen verschieden farblich markierten. Anschließend brachten sie die Zellen zur Fusion. Dabei konnte man in der fusionierten Zellmembran beobachten, dass sich die verschiedenfarbigen Membranproteine langsam aufgrund von Diffusion vermischten.

Durch Fortschritte in der Elektronenmikroskopie und exaktere Messverfahren ließen sich zudem uneinheitliche Membrandicken nachweisen. Anhand rasterelektronenmikroskopischer Aufnahmen konnte man Proteinmoleküle erkennen, die in die Membran hineinreichen. Diese Erkenntnisse führten zur Entwicklung des Fluid-Mosaik-Modells.

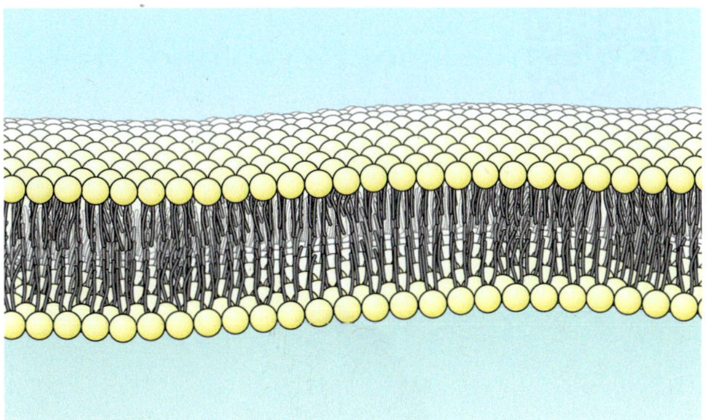

3 Bilayer-Modell

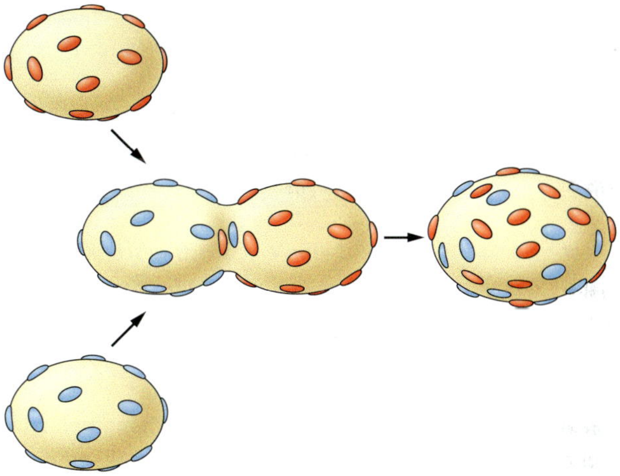

4 Schematische Darstellung des Frye-Eididin-Versuchs

1 Beschreiben Sie, ausgehend von den Abbildungen, die historischen Modellvorstellungen zum Aufbau der Biomembranen.

2 Erläutern Sie, welche Hypothesen den jeweiligen Modellen zugrunde liegen.

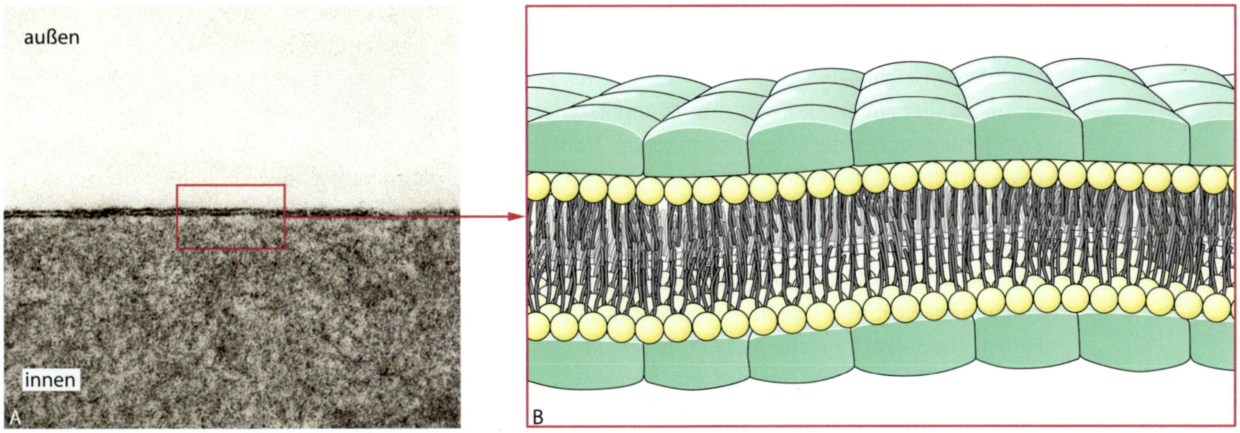

5 Biomembran: **A** EM-Aufnahme, **B** Sandwich-Modell

1.9 Diffusion und Osmose

1 Gurkenscheiben mit Kochsalz

Bestreut man eine frisch geschnittene Gurkenscheibe mit Kochsalz, lässt sich beobachten, dass innerhalb kurzer Zeit die Salzkristalle immer feuchter werden und bald mit Flüssigkeit getränkt sind. Wie lässt sich dieses Phänomen erklären?

Diffusion • Um dieses Phänomen zu verstehen, hilft ein kleiner Vorversuch: Wenn man mit einer Pipette wenige Tropfen eines roten Farbstoffs in ein mit Wasser gefülltes Becherglas gibt, kann man beobachten, wie sich der Farbstoff ausbreitet. Nach einiger Zeit ist die Lösung im Becherglas einheitlich rot gefärbt.

Auf Teilchenebene bedeutet dies, dass sich die Farbstoffmoleküle zunächst konzentriert in einem eng begrenzten Raum befinden. Sowohl die Farbstoffmoleküle als auch die Wassermoleküle haben eine ungerichtete Eigenbewegung. Treffen zwei Moleküle aufeinander, ändern sie ihre Richtung, ähnlich wie zwei Billardkugeln, die aufeinanderstoßen. Dabei bewegen sich mehr Teilchen in Richtung geringerer Konzentration als in umgekehrter Richtung. Die Eigenbewegung der Farbstoffmoleküle führt zur Ausbreitung der Farbstofflösung im Becherglas. Dieser Vorgang heißt Diffusion. Sie führt dazu, dass sich die Farbstoffmoleküle in einem begrenzten Raum gleichmäßig verteilen. Es wird ein Konzentrationsausgleich erreicht. Die Teilchen sind aber nach wie vor in Bewegung.

Die Diffusionsgeschwindigkeit ist von verschiedenen Bedingungen abhängig: Mit steigender Temperatur nimmt die Bewegungsenergie und damit die ungerichtete Eigenbewegung der Teilchen zu. Dadurch verteilen sich die Teilchen rascher im Raum, die Diffusionsgeschwindigkeit nimmt zu. Je größer die Teilchen sind, umso geringer ist die Geschwindigkeit ihrer Eigenbewegung. Die Diffusionsgeschwindigkeit nimmt ab.

Wichtig ist auch, wie groß die Konzentrationsunterschiede eines Stoffes sind und wie weit sie voneinander entfernt sind. Je höher die Konzentrationsunterschiede eines Stoffes und je geringer ihre Entfernung, umso steiler ist der daraus resultierende Konzentrationsgradient und umso höher die Diffusionsgeschwindigkeit.

Innerhalb von Zellen und in ihrer direkten Umgebung sind nur kurze Entfernungen zu überwinden. Dort können gelöste Stoffe sehr rasch diffundieren. Für den Transport von Stoffen über größere Entfernungen in einem Organismus ist die Diffusion zu langsam.

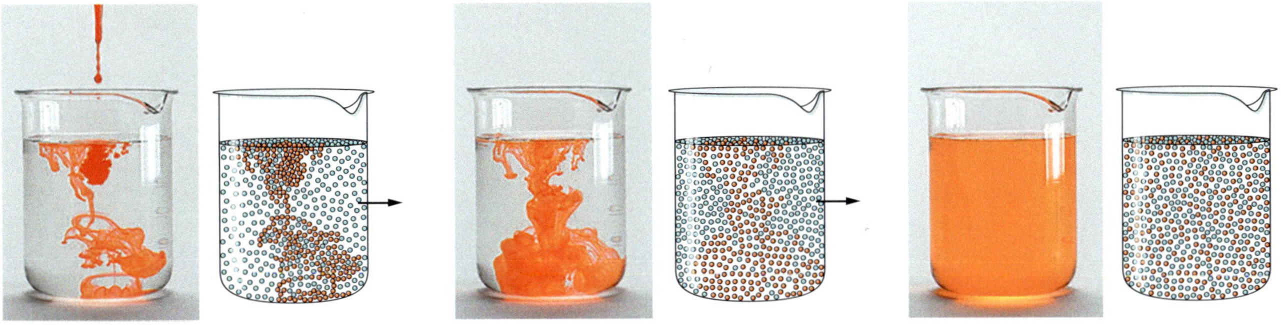

2 Diffusion eines roten Farbstoffs in Wasser

Plasmolyse und Deplasmolyse • Auf der Gurkenscheibe befindet sich ein dünner Wasserfilm, da viele Zellen durch den Schnitt verletzt worden sind. Nach kurzer Zeit sammelt sich jedoch erheblich mehr Wasser, die Gurkenscheibe wird dünner und weich. Man muss annehmen, dass Wasser aus tiefer liegenden, unverletzten Zellen aus der Gurkenscheibe ausgetreten ist.

Mithilfe des Mikroskops kann man den Vorgang, der diesem Phänomen zugrunde liegt, genauer untersuchen. Gut geeignet sind hierfür die verhältnismäßig großen Epidermiszellen der roten Küchenzwiebel mit ihren rot gefärbten Vakuolen. Gibt man zu diesen Zellen eine konzentrierte Salzlösung auf den Objektträger, beobachtet man, dass das Volumen der Vakuolen abnimmt und sich das Zellplasma von der Zellwand ablöst. Gleichzeitig erscheint die Färbung der Vakuolen intensiver rot.

Die umgebende Lösung hat eine höhere Salzkonzentration als das Zellinnere. Man bezeichnet sie als **hypertonisch**. Die gelösten Salzteilchen können die Zellwände von außen nach innen passieren, nicht aber die Zellmembranen. Innerhalb der Zellen ist nun die Wasserkonzentration höher als in der direkten Umgebung. Die Wasserteilchen aus der Vakuole und dem Zellplasma diffundieren durch die Membranen nach außen und bewirken, dass das Volumen des Zellinneren abnimmt. Dieser Vorgang wird als **Plasmolyse** bezeichnet.

Überführt man die Zwiebelepidermis anschließend in eine Lösung mit einer geringeren Salzkonzentration als im Zellinneren, also in eine **hypotonische** Lösung, findet der umgekehrte Prozess statt: Die Wasserteilchen diffundieren in das Zellinnere.

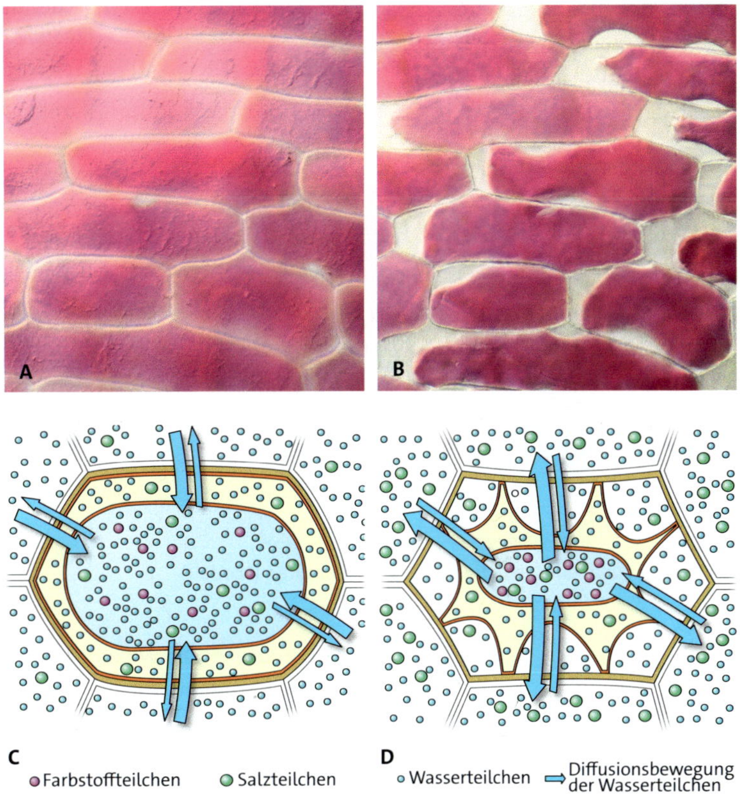

3 Deplasmolyse (A und C) und Plasmolyse (B und D)

Das Zellplasma und die Vakuole dehnen sich wieder aus und nehmen ihre ursprüngliche Form an. Diesen Vorgang nennt man **Deplasmolyse.**

Eine wesentliche Ursache für die Plasmolyse und die Deplasmolyse ist, dass die Zellmembran und der Tonoplast für das Lösungsmittel wasserdurchlässig sind, nicht aber für den darin gelösten Stoff. Man nennt die Membranen deshalb **selektiv permeabel.** Der Durchtritt des Lösungsmittels durch eine solche Membran wird als **Osmose** bezeichnet.

griech. hyperton = höheren Druck habend

griech. hypoton = geringeren Druck habend

griech. isoton = gleichen Druck habend

lat. permeabel = durchlässig

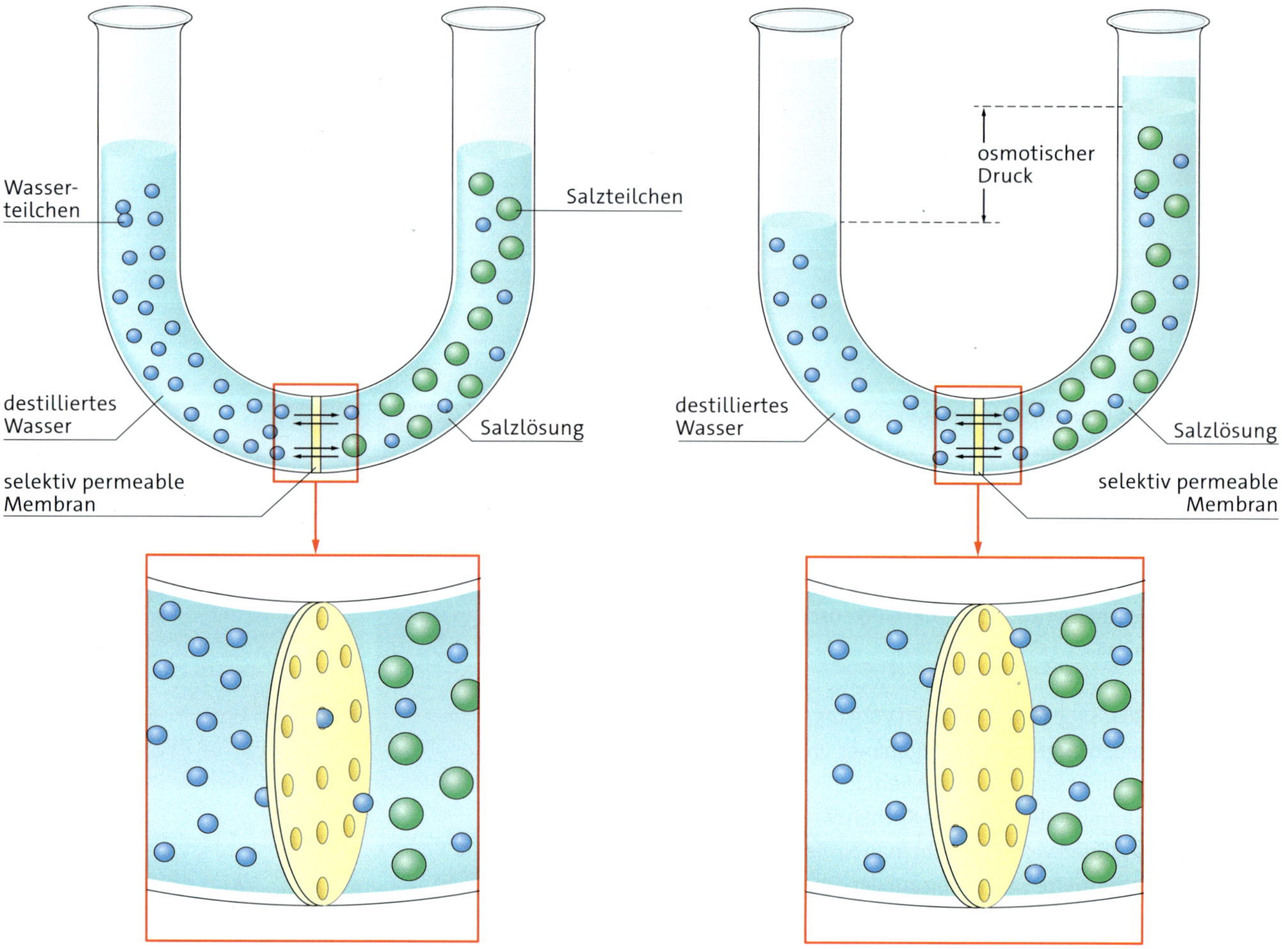

1 Osmose durch eine selektiv permeable Membran (Modell)

Modellversuch zur Osmose • Die Wirkung der selektiven Permeabilität der Membranen lässt sich mit einem Modellversuch verdeutlichen. In einem U-Rohr befinden sich zwei Kammern, die durch eine selektiv permeable Membran voneinander getrennt sind. In der linken Kammer befindet sich destilliertes Wasser, in der rechten Kammer eine Salzlösung. Je höher die Salzkonzentration der Salzlösung ist, umso höher ist ihr **osmotischer Wert**. Sowohl für das gelöste Salz als auch für das Lösungsmittel Wasser liegt ein Konzentrationsgradient vor. Nur die Wassermoleküle können die Membran passieren. Sie strömen durch die selektiv permeable Membran in die rechte Kammer. Dies führt zu einem erhöhten Druck in der Kammer mit der Salzlösung und zum Anstieg des Pegels. Aufgrund der zugrunde liegenden Osmose wird dieser Druck als osmotischer Druck bezeichnet. Er steigt mit zunehmender Konzentration der Salzlösung, also ihrem osmotischen Wert. Die selektiv permeable Membran verhindert, dass es zu einem Konzentrationsausgleich zwischen den beiden Kammern kommt.

Der osmotische Druck bewirkt bei einer frischen Gurkenscheibe, dass die Zellmembranen von innen Druck auf die elastischen Zellwände ausüben. Aufgrund der durch die Salzkristalle hervorgerufenen Plasmolyse verringert sich dieser Druck und die Zellwände stehen nicht mehr unter Spannung. Deshalb wird die Gurkenscheibe weich.

1 Beschreiben Sie den Unterschied zwischen Diffusion und Osmose.

2 Erläutern Sie am Beispiel der mit Kochsalz bestreuten Gurkenscheibe den Vorgang der Plasmolyse.

Wasserverlust (in Prozent des Körpergewichts)	Symptome	Wasserverlust Kinder 10 J., 30 kg	Wasserverlust Kinder 15 J., 60 kg	Wasserverlust Erwachsene, 70 kg
1 %	– leichter Durst	0,3 Liter	0,6 Liter	0,7 Liter
2 %	– Verminderung der Ausdauerleistung – Neigung zu Muskelkrämpfen	0,6 Liter	1,2 Liter	1,4 Liter
3–5 %	– trockene Haut und Schleimhäute – verminderter Speichel- und Harnfluss – Verminderung der Kraftleistung – Hautröte	0,9–1,5 Liter	1,8–3,0 Liter	2,1–3,5 Liter
5–10 %	– erhöhter Puls – Schwindelgefühl – Kopfschmerzen – vermindertes Blutvolumen	1,5–3,0 Liter	1,0–6,0 Liter	1 ,5–7,0 Liter
10–ca. 15 %	– Verwirrtheit – geschwollene Zunge – runzlige, empfindungslose Haut – Krämpfe	3,0–4,5 Liter	ca. 6,0–9,0 Liter	7,0–10,5 Liter
ca. 15 %	– Tod	über 4,5 Liter	über 9,0 Liter	über 10,5 Liter

2 Symptome des Wassermangels beim Menschen

Wasserhaushalt • Paramecien sind freilebende, einzellige Wimpertierchen, die vorwiegend im Süßwasser vorkommen. Betrachtet man ein Paramecium unter dem Mikroskop, kann man zwei kleine Bläschen beobachten, die sich rhythmisch vergrößern und verkleinern. Es handelt sich um *kontraktile Vakuolen*.

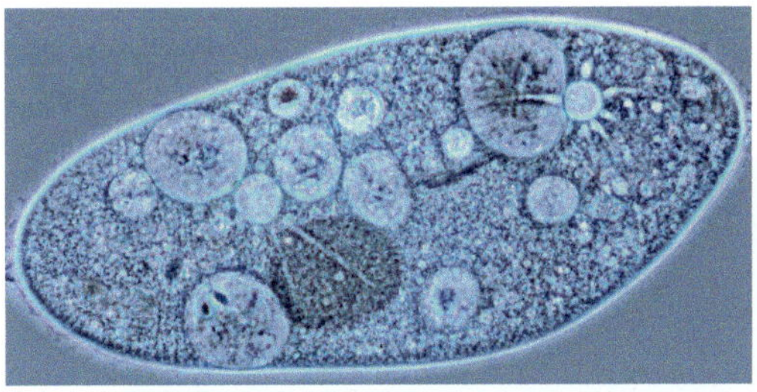

3 Paramecium mit kontraktilen Vakuolen

Wenn man in einem Experiment die Salzkonzentration der umgebenden Flüssigkeit ein wenig erhöht, verlangsamt sich der Rhythmus der kontraktilen Vakuolen. Wie lässt sich dieses Verhalten erklären?

Die Konzentration gelöster Stoffe in den Einzellern, ihr osmotischer Wert, ist höher als die der Umgebungsflüssigkeit. Da die Zellmembran der Paramecien wasserdurchlässig ist, strömt Wasser aus der Umgebung in die Paramecien ein. Da sie keine Zellwand besitzen, würden sie durch den Wassereinstrom platzen. Die kontraktilen Vakuolen pumpen das einströmende Wasser wieder aus den Einzellern heraus. Auf diese Weise können die Paramecien den osmotischen Wert und somit den Wassergehalt ihres Cytoplasmas im Gleichgewicht halten. Sie betreiben **Osmoregulation**. Die Aufrechterhaltung des Gleichgewichtszustands des inneren Milieus der Zelle wird als **Homöostase** bezeichnet.

Durch eine Erhöhung der Salzkonzentration in der Umgebungsflüssigkeit des Parameciums sinkt der Konzentrationsunterschied zwischen dem Zellinneren und dem Außenmedium. Es strömt weniger Wasser in die Zelle ein und die kontraktilen Vakuolen verlangsamen ihren Rhythmus.

Da die Zellen des Menschen den gleichen osmotischen Prinzipien unterliegen wie Einzeller, ist die Homöostase des Wasserhaushalts überlebenswichtig. Der Wasseranteil des Menschen liegt etwa zwischen 50 und 75 % der Körpermasse. Steigt der osmotische Wert unserer Körperflüssigkeit aufgrund von Wassermangel, diffundiert Wasser aus den Zellen in die Umgebungsflüssigkeit. Das Volumen der Zellen nimmt ab, viele physiologische Prozesse können nur noch eingeschränkt oder gar nicht mehr ablaufen.

3 Beschreiben Sie den Vorgang der Osmoregulation bei Paramecien.

Material A Simulationsspiel zur Diffusion

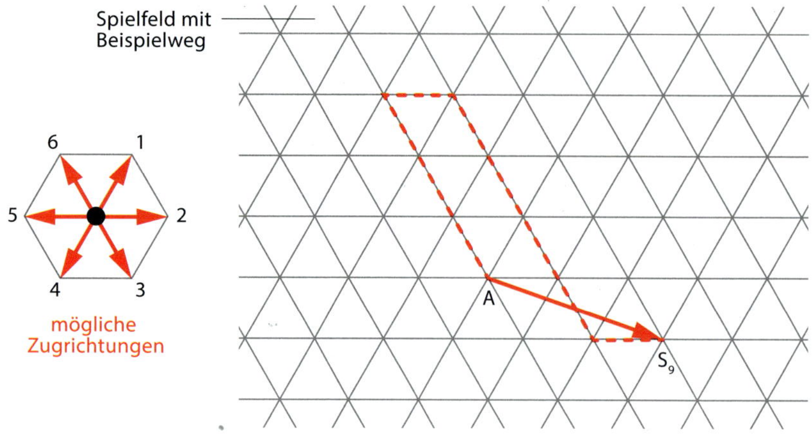

Die ungerichtete Teilchenbewegung bei der Diffusion lässt sich auf einem Spielfeld aus gleichseitigen Dreiecken simulieren, zum Beispiel einem Halmaspielfeld. Man benötigt hierzu einen Würfel und einen Spielstein.

Zunächst wird ein Startpunkt A bestimmt. Die Richtung der Bewegung wird durch die gewürfelte Augenzahl nach der in der Abbildung gezeigten Zugrichtung festgelegt. Gewandert wird ausschließlich entlang der Linien und immer um einen Schritt. Die Abbildung zeigt ein Beispiel eines Weges mit der Würfelfolge 6, 6, 6, 2, 3, 3, 3, 3, 2.

1 Führen Sie das Simulationsspiel durch und zeichnen Sie den Weg Ihres Spielsteins auf. Markieren Sie die nach 9, 16, 25 und 36 Schritten erhaltenen Endpunkte S_9, S_{16}, S_{25} und S_{36}. Messen Sie die jeweiligen Abstände zum Startpunkt A.

2 Vergleichen Sie Ihre Zufallswege mit denen Ihrer Mitschülerinnen und Mitschüler.

3 Erläutern Sie, welche Eigenschaften des Teilchenmodells der Diffusion im Simulationsspiel erfasst werden und welche nicht.

Material B Hühnereier

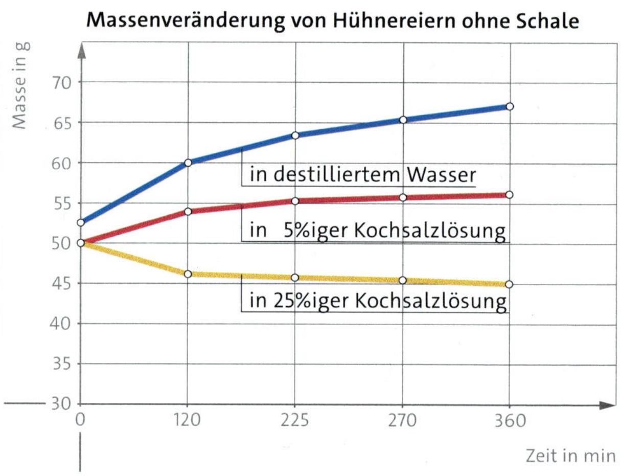

Drei rohe Hühnereier werden je in ein mit Haushaltsessig gefülltes Becherglas gelegt und zwei Tage lang aufbewahrt.

Aufgrund der Einwirkung der Essigsäure löst sich die Kalkschale der Eier langsam auf. Die Eihaut bleibt erhalten.

Die so vorbereiteten Eier werden vorsichtig mit klarem Wasser abgespült und anschließend in drei verschiedene Lösungen überführt: ein Ei in destilliertes Wasser **(A)**, ein Ei in 5 %ige Kochsalzlösung **(B)** und ein Ei in 25 %ige Kochsalzlösung **(C)**. Innerhalb der folgenden 6 h werden die Massenveränderungen der Hühnereier ohne Schale festgehalten.

1 Beschreiben Sie die dargestellten Veränderungen der Massen der drei Hühnereier.

2 Erklären Sie die beobachteten Massenveränderungen.

3 Entwickeln Sie ein Folgeexperiment zur Bestimmung der Salzkonzentration im Hühnerei.

Material C Rote Blutzellen

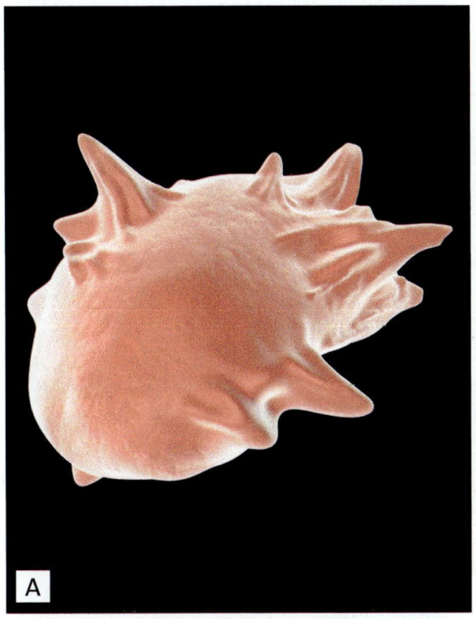

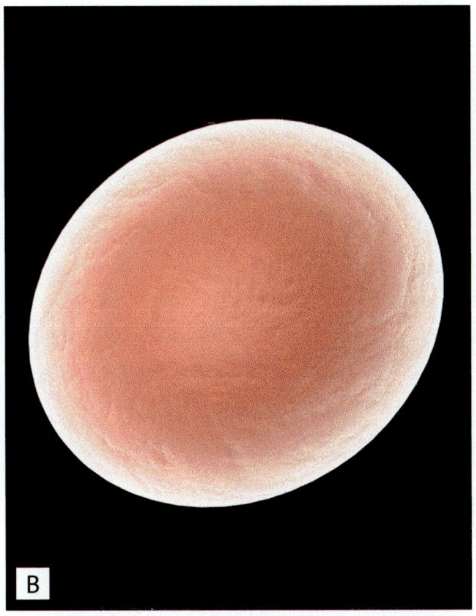

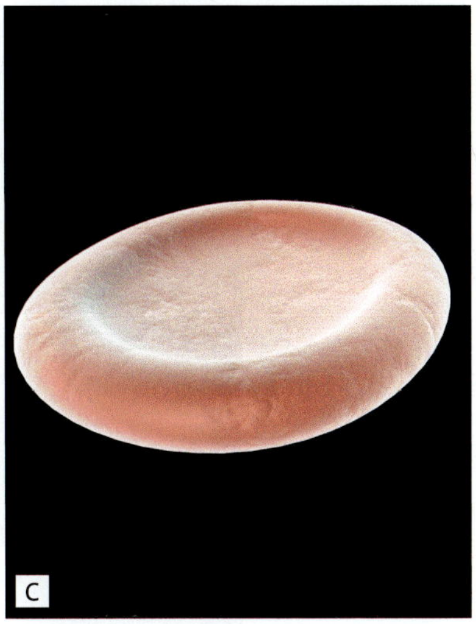

In einem Experiment werden rote Blutzellen jeweils zu einem isotonischen, zu einem hypotonischen und zu einem hypertonischen Lösungsmittel gegeben.

1 Ordnen Sie die Abbildungen den jeweiligen Lösungen zu. Begründen Sie Ihre Entscheidungen.

2 Stellen Sie eine Hypothese auf, wie sich das Erscheinungsbild der roten Blutkörperchen in destilliertem Wasser verändern würde.

Material D Honig schimmelt nicht

Schon nach wenigen Tagen Lagerung bildet sich auf reifem Obst häufig ein Belag aus Schimmel. Dieser Belag besteht aus Sporenträgern. Ein leichter Windzug reicht aus, um die mikroskopisch kleinen Sporen im Raum zu verteilen und andere Lebensmittel zu befallen.

Wenn die Sporen auskeimen, bilden sich feine, mit dem bloßen Auge nicht sichtbare Fäden, die Hyphen. Sie durchziehen die befallenen Lebensmittel und bilden ein Netzwerk, das Pilzmyzel.

1 Erklären Sie anhand Ihrer Kenntnisse zu Diffusion und Osmose, weshalb der hohe Zuckeranteil und der geringe Wassergehalt des Honigs die Entwicklung des Schimmelpilzes verhindern können.

1.10 Transportvorgänge an Biomembranen

1 Erschöpfte Sportlerin

Sportlerinnen und Sportler, die sich über ihre Leistungsgrenzen hinaus fordern, nehmen glucosehaltige Nährstoffe ein. Die energiereiche Glucose wird sehr rasch vom Darm ins Blut aufgenommen und ist daher ein schneller Energielieferant für einen kurzen Zeitraum. Wie gelangen die Glucosemoleküle durch die Zellmembran der Darmwand in die Blutgefäße?

Charles Ernest Overton (1865–1933) siehe Seite 52.

Erleichterte Diffusion • Als Charles Ernest Overton in den 1890er-Jahren die Durchlässigkeit von Biomembranen untersuchte, stellte er fest, dass fettlösliche Stoffe durch Membranen leicht diffundieren können, wasserlösliche Stoffe jedoch nicht. Da Glucosemoleküle sehr gut wasserlöslich sind, können sie also Biomembranen nicht passieren.

Lipidlösliche Stoffe und Gase wie Sauerstoff können die Lipiddoppelschicht der Biomembran durch einfache Diffusion passieren.
Lipidunlösliche, polare Moleküle, zum Beispiel Glucosemoleküle, und Ionen gelangen über integrale Membranproteine, die **Kanalproteine**, durch die Membran. Kanalproteine bilden Poren und erlauben

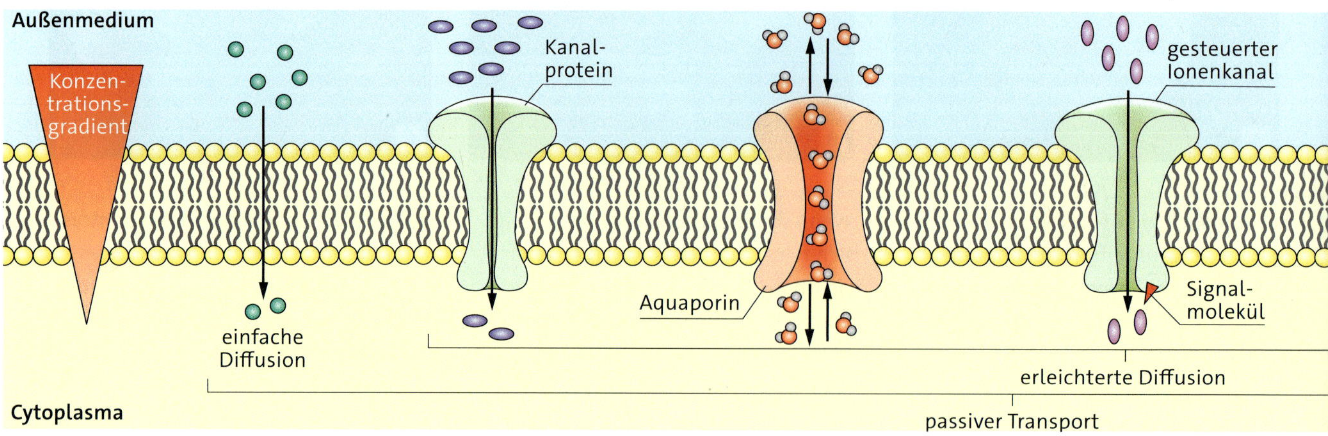

2 Transportvorgänge durch Biomembranen

eine erleichterte Diffusion in Richtung des Konzentrationsgradienten. Die am besten untersuchten Membrankanäle sind die **Ionenkanäle**. Sie sind jeweils für eine Ionenart spezifisch. Die meisten Ionenkanäle können wie ein Tor geöffnet und geschlossen werden. Dies geschieht entweder durch ein chemisches Signalmolekül oder durch elektrische Erregung. Ionenkanäle sind wichtig für die Erregungsleitung im Nervensystem sowie die Regelung des Gasaustauschs bei Pflanzen.

Lange Zeit konnte man sich die schnelle Diffusion polarer Wassermoleküle durch Biomembranen nicht erklären. Erst in den 1980er-Jahren gelang es, spezifische Kanalproteine, die **Aquaporine**, nachzuweisen. Sie erlauben einen schnellen Wassertransport in tierischen und pflanzlichen Zellen, da ein einzelnes Aquaporin bis zu drei Milliarden Wassermoleküle pro Sekunde durchlassen kann. In der Zellmembran treten Aquaporine als Tetramer auf. Das bedeutet, dass vier Aquaporinkanäle eine Einheit bilden.

Aminosäure- und Zuckermoleküle werden von speziellen Carrierproteinen transportiert, an die das zu transportierende Molekül bindet. Die Carrier ändern ihre Struktur und entlassen das Molekül auf der anderen Seite der Membran. Aufgrund dieser Funktionsweise wird der Transport als **Carriertransport** bezeichnet. Einfache Carriertransporte erfolgen in Richtung des Konzentrationsgradienten.

Da die verschiedenen Prozesse der Diffusion und der erleichterten Diffusion durch Biomembranen keine zusätzliche Energie benötigen, handelt es sich bei den genannten Beispielen um einen **passiven Transport.**

Glucosetransport • Bevor die mit der Nahrung aufgenommene Glucose aus dem Dünndarm ins Blut gelangt, muss sie zuerst die Dünndarmzellen passieren. Zunächst gelangt die Glucose mithilfe eines Carriers in die Zellen. Gleichzeitig werden Natriumionen, kurz Na^+, transportiert. Diesen Cotransport von zwei Stoffen nennt man Symport.

Der Antrieb für den Symport erfolgt über den hohen Konzentrationsgradienten für Natriumionen zwischen Darminnenraum und Zellplasma der Dünndarmzellen. Durch den Symport gelangt die Glucose gegen ihren eigenen Konzentrationsgradienten in die Dünndarmzellen. Selbst geringe Glucosekonzentrationen im Darm können so optimal genutzt werden. Mithilfe eines weiteren Carriers gelangt die Glucose aus der Dünndarmzelle ins Blutgefäß.

Der Glucosetransport ist von einer niedrigen Natriumionenkonzentration in den Dünndarmzellen abhängig. Deshalb befinden sich in ihren Membranen Natrium-Kalium-Pumpen, die die Natriumionen aus den Zellen heraus- und gleichzeitig Kaliumionen hineinbefördern. Da die Pumpen Energie in Form von ATP benötigen und die Ionen gegen den Konzentrationsgradienten transportieren können, spricht man von einem **aktiven Transport**. Trotz der Effektivität des aktiven Transports muss im medizinischen Notfall, wie bei der abgebildeten Sportlerin, die Infusion der Glucose direkt ins Blut erfolgen.

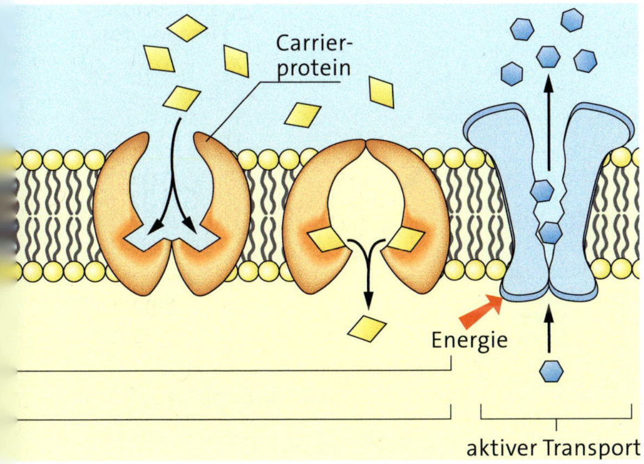

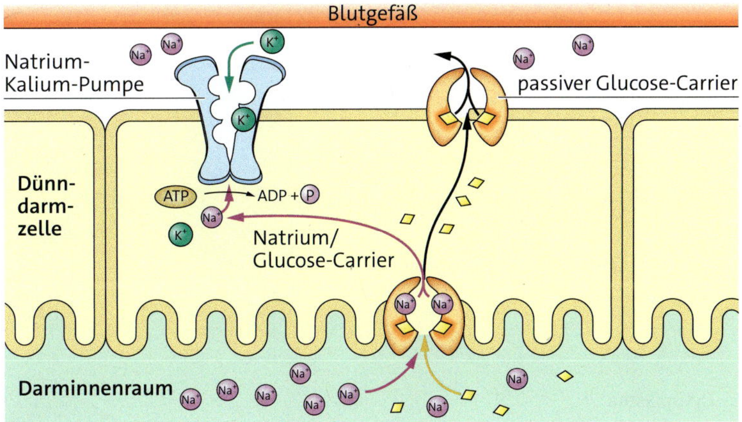

3 Glucosetransport durch eine Dünndarmzelle

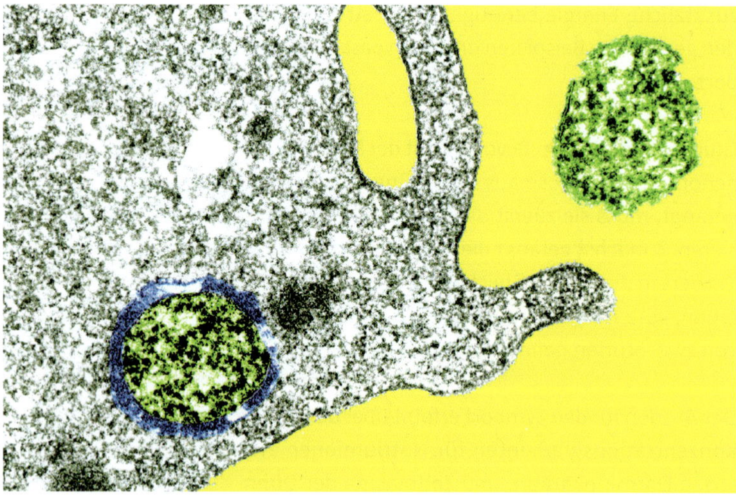

1 Phagocytose eines Makrophagen

Cytosen • Kleine Moleküle können über Kanalproteine oder Carrierproteine in das Innere der Zelle diffundieren. Größere Moleküle wie Cholesterin oder Nahrungspartikel gelangen auf einem anderen Weg in die Zelle. Die Zellmembran umfließt das Nahrungspartikel und bildet ein von der Membran umschlossenes Vesikel. Das Nahrungspartikel wird von der Zelle aufgenommen. Diesen Vorgang nennt man **Endocytose.** Anschließend verschmilzt das Vesikel mit einem Lysosom. Dessen Verdauungsenzyme lösen den Inhalt des Vesikels auf. Eine besondere Form der Endocytose ist der Angriff eines Makrophagen auf ein Bakterium. Makrophagen gehören zu den weißen Blutzellen und sind als Abwehrzellen aktiv. Sie schließen Bakterien in Vesikel ein, die sie dort verdauen. Die Aufnahme eines festen Partikels nennt man **Phagocytose**.

Viele Zellen produzieren Sekretstoffe wie Verdauungsenzyme oder Hormone. Die in der Zelle produzierten Sekrete werden in Vesikel eingeschlossen. Auf diese Weise erfolgt der Transport von Proteinen durch Transportvesikel vom Endoplasmatischen Reticulum zum Dictyosom. Dort verschmelzen die Membranen des Vesikels und des Dictyosoms, der Inhalt wird weiterverarbeitet. Am Dictyosom schnüren sich seitlich Vesikel ab, die zur Zellmembran transportiert werden. Die Vesikelmembran verschmilzt mit der Zellmembran und der Inhalt der Vesikel wird nach außen abgegeben. Diesen Vorgang bezeichnet man als **Exocytose.** Während des Vesikeltransports innerhalb der Zelle werden Membranstücke von einem Organell zum anderen transportiert. Die damit einhergehende Erneuerung der Membranen heißt Membranfluss.

1 **Beschreiben Sie die Beispiele für die erleichterte Diffusion.**

2 **Erläutern Sie den Unterschied zwischen passivem und aktivem Transport.**

3 **Beschreiben Sie den Ablauf der Endocytose.**

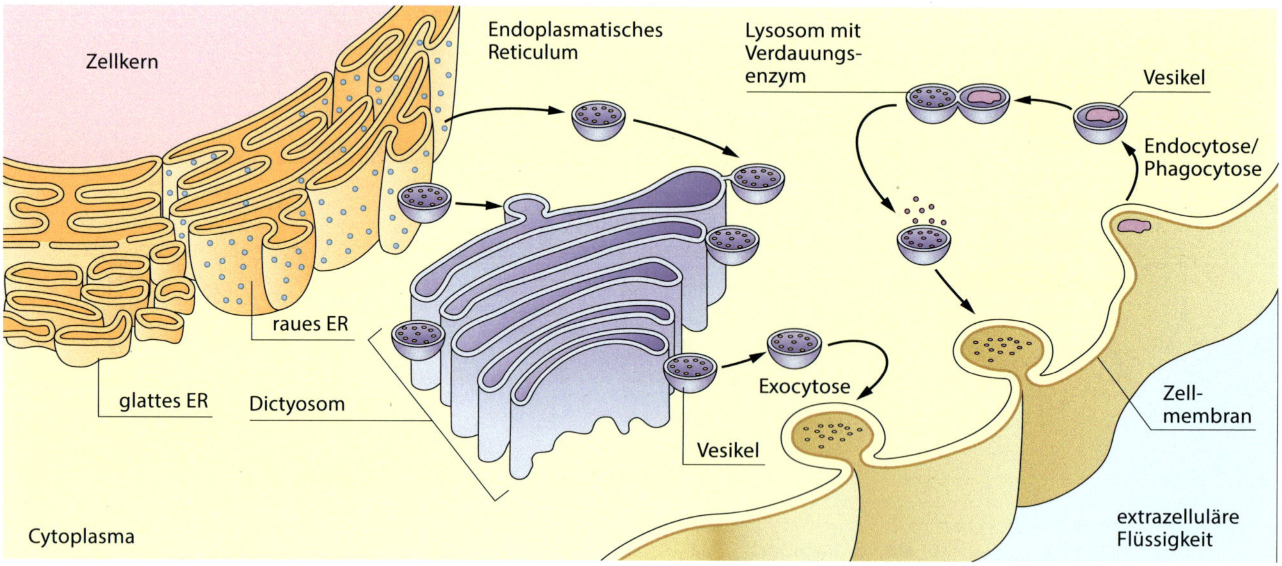

2 Membranfluss in der Zelle

Material A Plasmolyse bei der Ligusterbeere

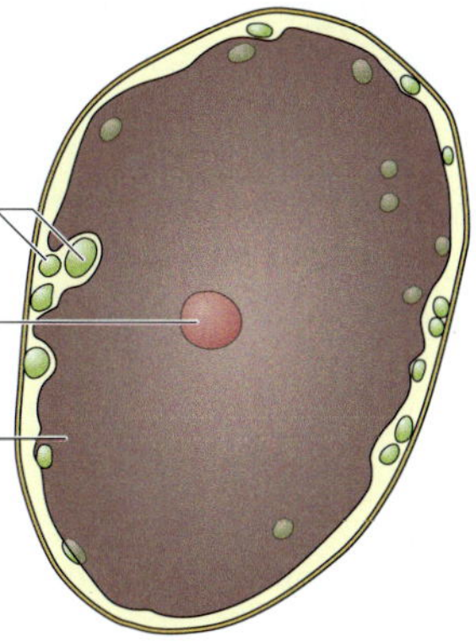

Der Gemeine Liguster ist häufig an Waldrändern anzutreffen. Im September entwickelt er schwarze, etwa erbsengroße, giftige Beeren.

Im lichtmikroskopischen Bild des Fruchtfleischs der Ligusterbeere erkennt man in den Zellen eine zentrale, blaurot gefärbte Vakuole, die fast den gesamten Zellinhalt ausfüllt. Sie ist von einem schmalen Zyotoplasmasaum mit Chloroplasten umgeben. Legt man das Präparat in eine konzentrierte Zuckerlösung, beobachtet man, dass Zellen und Vakuolen schrumpfen. Legt man die Zellen zurück in Wasser, nimmt das Volumen des Zellinhalts wieder zu.

Für einen zweiten Versuch wird das Präparat zunächst mit einer Quecksilbersalzlösung behandelt. Anschließend wird das Präparat in die Zuckerlösung und dann in Wasser gelegt.

Die Quecksilberionen der Quecksilbersalzlösung blockieren Aquaporine.

1 Erläutern Sie die Veränderungen des Zellvolumens nach der Überführung in konzentrierte Zuckerlösung und in Wasser.

2 Erklären Sie die Funktion der Aquaporine in der Zellmembran. Nehmen Sie hierzu die Abbildung 2 auf Seite 60 zu Hilfe.

3 Stellen Sie eine Hypothese auf, welche Beobachtungen im zweiten Versuch zu erwarten sind.

Material B Vakuole als Ionenfalle

Versuchsbeginn

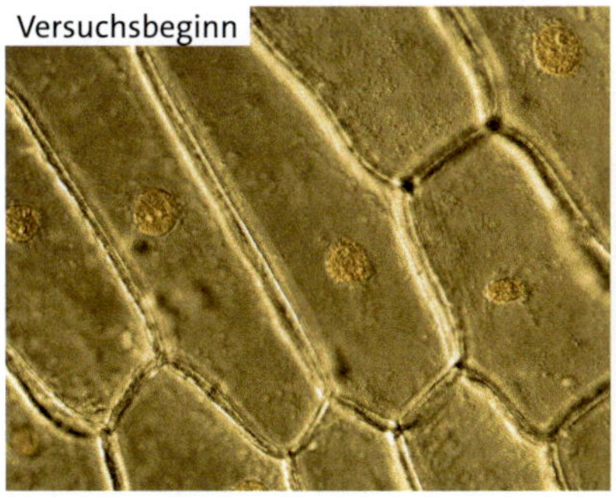

nach einigen Minuten

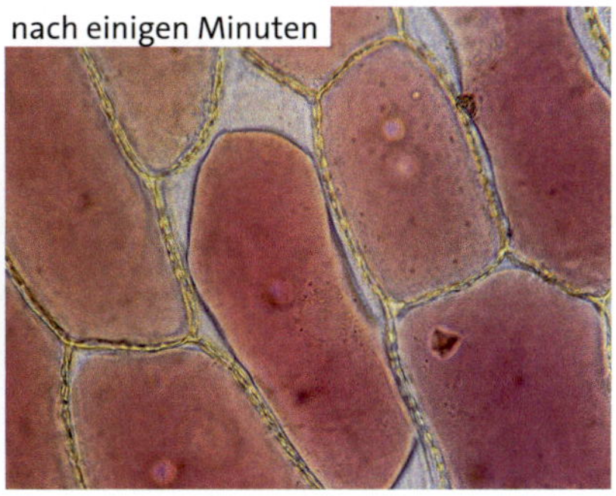

Neutralrot ist ein Farbstoff, der in einer neutralen bis basischen Lösung lipophil, also fettlöslich ist und eine braunrote Farbe hat. In saurer Lösung nehmen die lipophilen Neutralrotmoleküle Protonen auf und wandeln sich so in positiv geladene hydrophile, also wasserlösliche Neutralrotionen um. Die Lösung färbt sich kirschrot.

Für ein Experiment wird die Epidermis einer Küchenzwiebel in eine Neutralrotlösung gelegt. Nach einigen Minuten beobachtet man die in der rechten Abbildung dargestellten Veränderungen.

In einem Folgeexperiment wird die Zwiebelepidermis von der Neutralrotlösung in Leitungswasser überführt. Der Vakuoleninhalt der Zwiebelzellen ist schwach sauer.

1 Beschreiben Sie die in der rechten Abbildung dargestellten Veränderungen in der Zwiebelepidermis.

2 Erklären Sie die Beobachtungen.

3 Entwickeln Sie eine Hypothese, welche Beobachtungen im Folgeexperiment zu erwarten sind, und begründen Sie den Begriff „Ionenfalle“ für die Vakuole.

Proteine

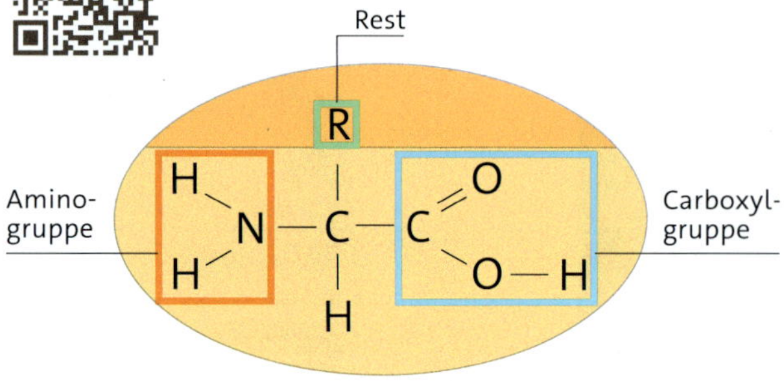

1 Allgemeine Strukturformel der Aminosäuren

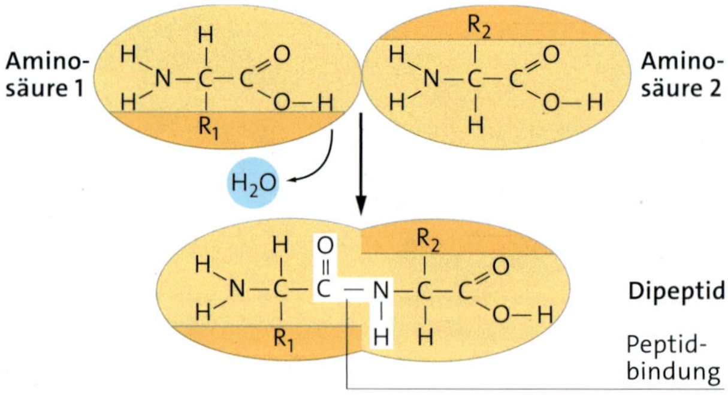

2 Peptidbindung

Bausteine der Proteine • Proteine sind Bestandteile aller Zellen und auf vielfältige Weise für die Funktion von Zelle und Organismus von Bedeutung. Sie regeln zum Beispiel Transportprozesse in Membranen oder sind Grundlage für die Struktur von Muskeln und Haut. Auch das Immunsystem ist auf die Wirkungsweise von Proteinen angewiesen. Zudem bestehen die meisten Enzyme ebenfalls aus Proteinen.

Man schätzt, dass es allein im menschlichen Organismus mehr als 80 000 unterschiedliche Proteine gibt. Trotz dieser Vielfalt sind alle nach dem gleichen Grundprinzip aufgebaut. Als Bausteine dienen 20 verschiedene Aminosäuren, deren Anzahl und Anordnung den Bau und damit die Funktion der Proteine bestimmen.

Aminosäuremoleküle haben eine einheitliche Grundstruktur mit zwei funktionellen Gruppen, einer Aminogruppe, $-NH_2$, und einer Carboxylgruppe, $-COOH$. Beide sind an ein zentrales Kohlenstoffatom gebunden. An diesem Kohlenstoffatom ist außerdem jeweils eine unterschiedliche Seitenkette, der Rest *R*, gebunden.

Primärstruktur • Wenn die Aminogruppe eines Aminosäuremoleküls mit der Carboxylgruppe eines anderen Aminosäuremoleküls reagiert, entsteht ein Dipeptid. Die entstandene Bindung heißt **Peptidbindung**. Bei dieser Reaktion wird ein Wassermolekül abgespalten. Auf diese Weise werden in der Zelle Aminosäuremoleküle zu langen Polypeptidketten verknüpft. Durch die unterschiedliche Zusammensetzung der Aminosäuresequenz erhält jedes Protein

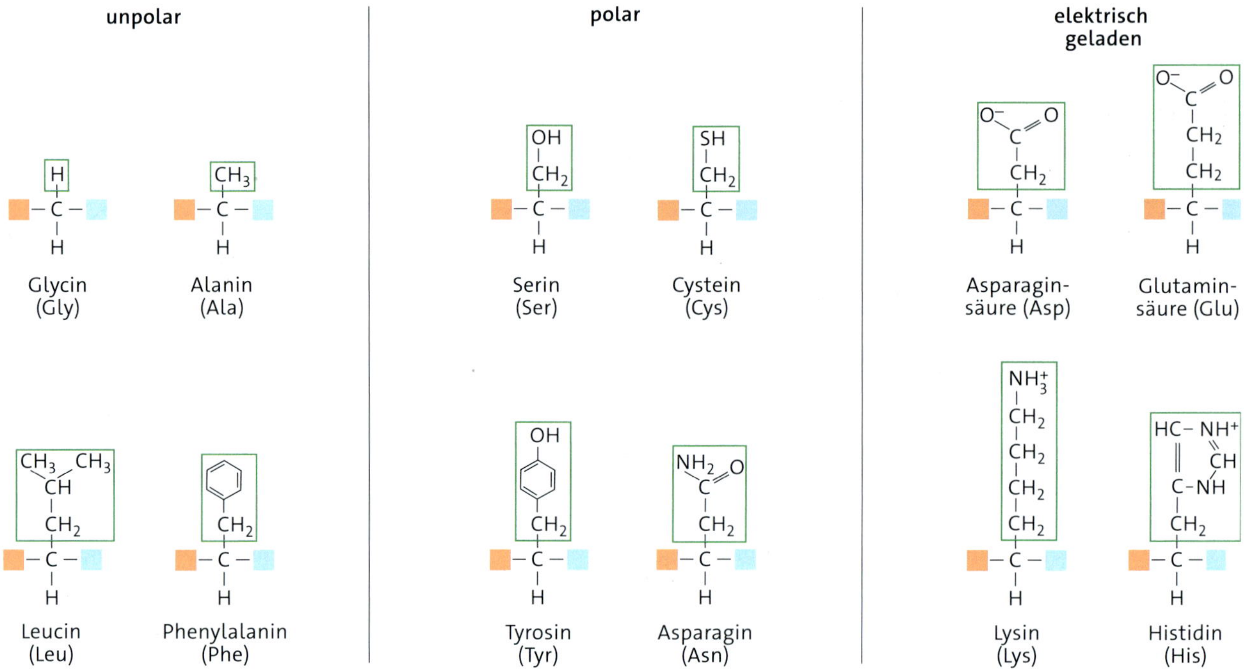

3 Beispiele für Aminosäuren

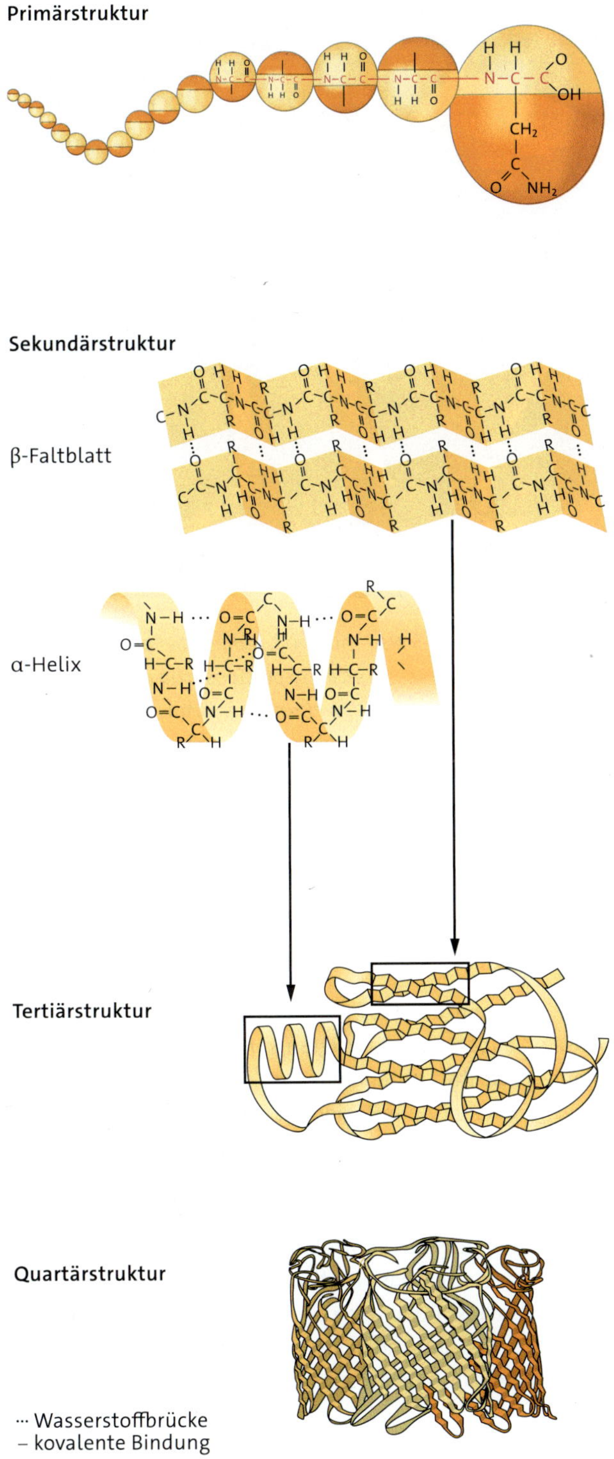

4 Strukturebenen der Proteine

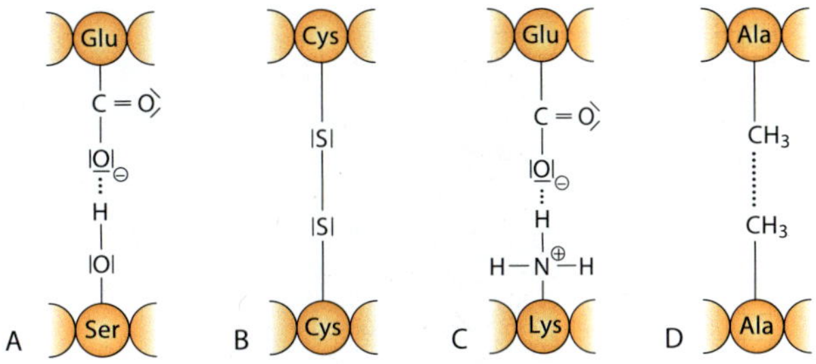

5 Wechselwirkungen zwischen Aminosäuren: **A** Wasserstoffbrücke, **B** Disulfidbrücke, **C** Ionenbindung, **D** Van-der-Waals-Kraft

seinen charakteristischen Aufbau, seine Primärstruktur. Die Reihenfolge der Aminosäuremoleküle wird dabei durch die Basenfolge der DNA bestimmt.

Sekundärstruktur • Die Aminosäuremoleküle haben unterschiedliche chemische Eigenschaften und ziehen sich je nach Ladung gegenseitig an oder stoßen sich ab. Dabei kommt es zu Wasserstoffbrücken, die stellenweise zu sich wiederholenden Mustern führen. Häufig ordnen sich die Aminosäuren zu einer schraubigen Struktur an, der **α-Helix**. In einer anderen Anordnung liegen zwei Aminosäureketten in faltenähnlichen Abschnitten als **β-Faltblatt** vor. Diese beiden Muster bezeichnet man als Sekundärstruktur.

Tertiärstruktur • Über die Helix- und die Faltblattstruktur hinaus sind Polypeptidketten durch weitere intramolekulare Wechselwirkungen wie Ionenbindungen und Van-der-Waals-Kräfte zu räumlichen Gebilden geformt. Zwischen positiv und negativ geladenen Resten entstehen Ionenbindungen, zwischen polaren Resten Wasserstoffbrücken und zwischen den Seitenketten unpolarer Aminosäuren Van-der-Waals-Kräfte. Die endständigen Schwefelwasserstoffgruppen, SH, von zwei Aminosäuren Cystein können innerhalb der Polypeptidkette kovalent miteinander zu einer Disulfidbrücke verknüpft sein. Intramolekulare Wechselwirkungen haben somit eine Auswirkung auf die Raumstruktur der Polypeptidkette, die Tertiärstruktur.

Quartärstruktur • In der Zellmembran vieler Bakterien befinden sich Kanäle für den Stofftransport. Sie sind aus drei Polypeptidketten aufgebaut und werden als Porine bezeichnet. Die räumliche Anordnung von Proteinen aus mehreren Polypeptidketten nennt man Quartärstruktur.

1.11 Struktur und Funktion von Enzymen

1 Bombardierkäfer

Die mitteleuropäischen Arten des Bombardierkäfers sind nur etwa 5 bis 7 mm groß, haben aber eine eindrucksvolle Verteidigungsstrategie. Wenn die Käfer angegriffen werden, schießen sie explosionsartig eine giftige, bis zu 100 °C heiße Gaswolke aus ihrem Hinterleib. Wie funktioniert dieser Abwehrmechanismus?

Enzym und Substrat • Der Bombardierkäfer produziert in Drüsen in seinem Hinterleib die Stoffe Wasserstoffperoxid und Hydrochinon, die dann in einer Sammelblase gespeichert werden. Bei Gefahr für den Käfer gelangen die beiden Stoffe in eine Explosionskammer. Gleichzeitig werden aus Enzymdrüsen die Enzyme Katalase und Peroxidase in die Kammer abgegeben. In dieser Kammer katalysiert die Katalase die Zersetzung des Wasserstoffperoxids zu einem Gemisch aus Sauerstoff und Wasser. Die Peroxidase oxidiert mithilfe des frei werdenden Sauerstoffs das Hydrochinon zu dem Giftstoff 1,4-Benzochinon. Die Ausgangsstoffe der Reaktionen, die von den Enzymen katalysiert werden, heißen Substrate.

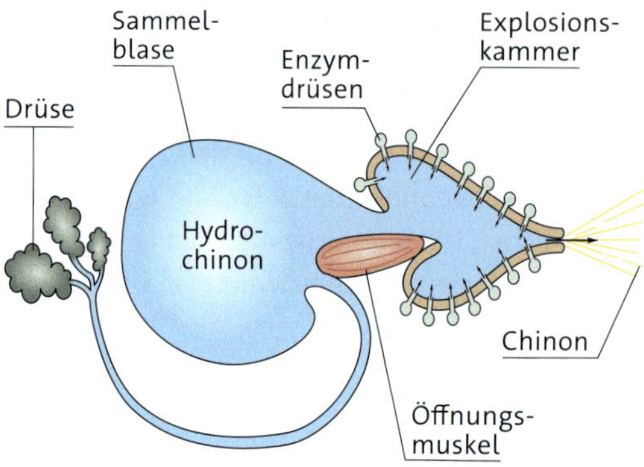

2 Abwehrmechanismus des Bombardierkäfers (Schema)

Bei diesen Reaktionen wird so viel Wärme frei, dass die Reaktionsprodukte bis zu 100 °C heiß werden und Wasserdampf gebildet wird. Es entsteht ein hoher Druck, durch den das Gemisch aus Dampf und Gift mit einem Knall aus dem Körper schießt.

Damit ein Enzym die Reaktion eines bestimmten Substrats katalysieren kann, müssen Enzym und Substrat miteinander in Kontakt treten. Hierzu ist eine spezielle Region des Enzyms ausgeprägt, an die das Substrat binden kann. Es handelt sich meistens um eine taschenartige Vertiefung der Enzymoberfläche. Sie wird als das **aktive Zentrum** des Enzyms bezeichnet. Die Struktur des aktiven Zentrums ist so gestaltet, dass dort nur ein spezifisches Substratmolekül oder eine bestimmte Auswahl an spezifischen Substratmolekülen hineinpasst. Enzyme werden deshalb als **substratspezifisch** bezeichnet.

Obwohl die Struktur der Proteine damals noch nicht bekannt war, entwickelte der Chemiker Emil Fischer bereits im Jahr 1894 eine Modellvorstellung für enzymatische Reaktionen. Demnach passt das Substrat in das aktive Zentrum wie ein Schlüssel ins Schloss. Diese Modellvorstellung nennt man daher **Schlüssel-Schloss-Modell.**

Prozesse im aktiven Zentrum • Sobald sich ein Substratmolekül an das aktive Zentrum des Enzyms anlagert, tritt es mit diesem in Wechselwirkung, zum Beispiel über Wasserstoffbrücken oder Ionenbindungen. Es bildet sich ein Enzym-Substrat-Komplex. So bewirkt beispielsweise das Enzym Katalase, dass aus Wasserstoffperoxidmolekülen Wasser- und Sauerstoffmoleküle entstehen. Aus dem Substrat entstehen Produkte. Das Enzym bleibt dabei unverändert und steht für weitere Reaktionen zur Verfügung. Meistens katalysieren Enzyme nur eine bestimmte chemische Reaktion, sie sind **wirkungsspezifisch.**

Im aktiven Zentrum sind bei der Bildung des Enzym-Substrat-Komplexes verschiedene Abläufe möglich:

- Die Substratmoleküle werden passgenau für die katalytische Reaktion ausgerichtet.
- Das Substratmolekül wird unter Spannung gesetzt, wodurch sich Bindungen leichter lösen.
- Auf das Substrat werden Ladungen übertragen, wodurch instabile Bindungen entstehen.

Diese Abläufe tragen zu einem veränderten Reaktionsweg vom Substrat zum Produkt bei. Hierdurch wird die Aktivierungsenergie für die Reaktion herabgesetzt und damit beschleunigt.

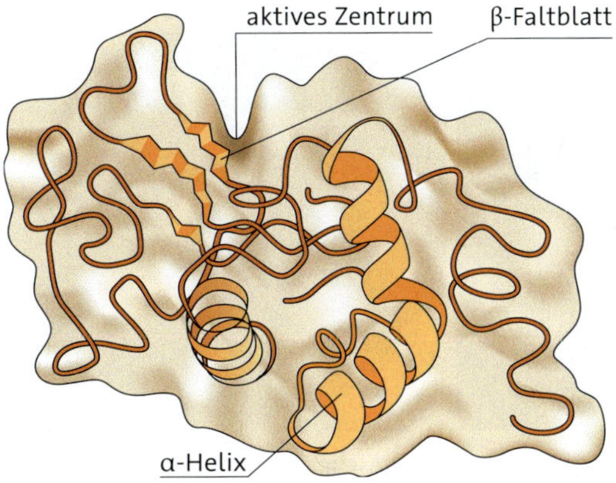

3 Enzym Lysozym

Das Schlüssel-Schloss-Prinzip ist die grundlegende Modellvorstellung des Ablaufs enzymatischer Reaktionen. Erst im Jahr 1965 wurde sie mithilfe der Röntgenstrukturanalyse bestätigt. Bei der Aufklärung der Tertiärstruktur des Enzyms Lysozym entdeckte man eine Vertiefung, in die das Substrat genau hineinpasst.

Im gleichen Zeitraum entdeckte man, dass sich die Struktur von Enzymen verändern kann. Dies gilt insbesondere für das aktive Zentrum. Die Wechselwirkungen mit dem Substrat führen dazu, dass sich seine Gestalt an das Substrat anpasst. Da die Passform durch das Substrat induziert wird, bezeichnet man diese Vorstellung als **Induced-fit-Modell.**

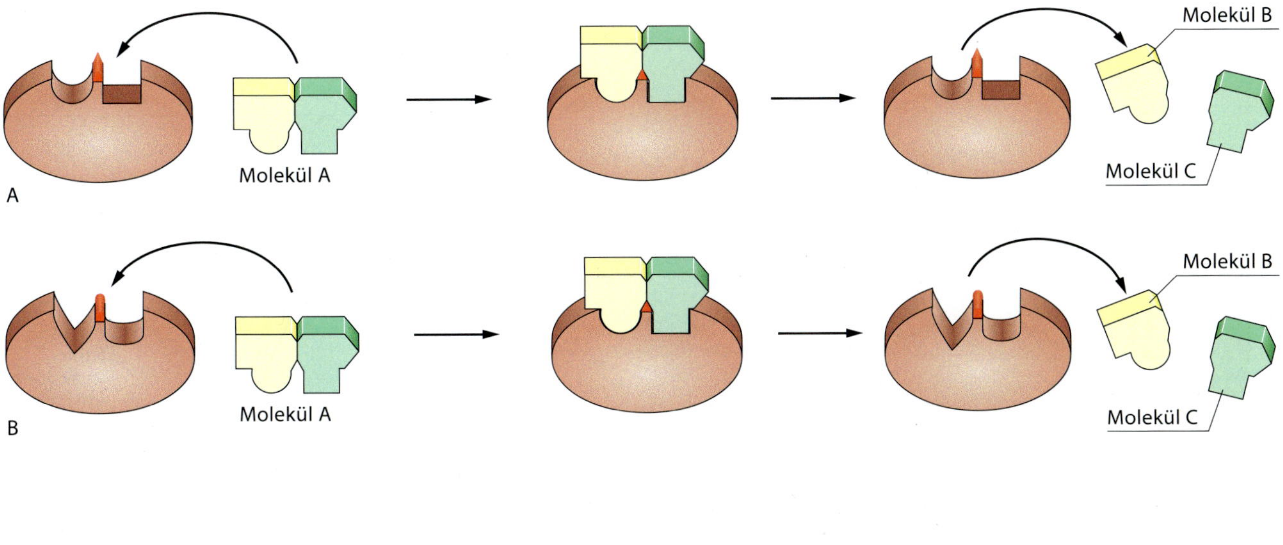

C Enzym + Substrat ⟶ Enzym-Substrat-Komplex ⟶ Enzym + Produkte

4 Ablauf einer enzymatischen Reaktion: A Schlüssel-Schloss-Modell, B Induced-fit-Modell, C allgemeine Wortgleichung

1 Verbrennung eines Zuckerwürfels: **A** ohne Asche, **B** mit Asche

Katalysatoren • Bei der Verbrennung eines Zuckerwürfels entsteht eine Flamme. Es handelt sich um einen exergonischen Prozess. Da die freie Enthalpie dieser Reaktion negativ ist, sind die Voraussetzungen für den freiwilligen Ablauf der Reaktion erfüllt. Dennoch brennt der Zuckerwürfel nicht von selbst. Auch der Versuch, einen Zuckerwürfel mit dem Feuerzeug zu entzünden, gelingt nicht. Das heißt, die zugeführte Wärmeenergie reicht nicht aus. Der Ablauf der chemischen Reaktion ist gehemmt. Gibt man ein wenig Asche auf den Zuckerwürfel, lässt er sich sofort entzünden. Die Energie, die notwendig ist, um eine Reaktion in Gang zu setzen, wird als **Aktivierungsenergie** bezeichnet. Beim Zuckerwürfel wird diese Energie durch die Asche gesenkt. Stoffe, die die Aktivierungsenergie herabsetzen, nennt man **Katalysatoren.**

Enzyme als Biokatalysatoren • In den Zellen der Lebewesen laufen vielfältige chemische Reaktionen ab. Dazu gehört auch die Bereitstellung der chemischen Energie bei der Reaktion von Glucose mit Sauerstoff. Die hierfür notwendige Aktivierungsenergie wird so weit abgesenkt, dass dies bei den verhältnismäßig geringen Temperaturen in den Zellen der Lebewesen möglich ist. Die Zellen verfügen über sehr viele spezielle Proteine, die als Biokatalysatoren die unterschiedlichen Reaktionen katalysieren, die **Enzyme.** Die Herabsetzung der Aktivierungsenergie durch ein Enzym beschleunigt die Reaktionsgeschwindigkeit, das Enzym wird bei der Reaktion aber nicht verbraucht. Allerdings ist der Reaktionsweg ein anderer als bei der nicht katalysierten Reaktion. Das Enzym bildet mit dem umzusetzenden Molekül, dem Substrat, während der Reaktion einen Übergangszustand, der als **Enzym-Substrat-Komplex** bezeichnet wird. Erst im Folgeschritt kommt es zur Bildung der Produkte. Da viele enzymatische Reaktionen in Lebewesen Energie benötigen, sind sie mit exergonischen Reaktionen verknüpft, beispielsweise der Hydrolyse von ATP.

1 Beschreiben Sie, weshalb man Lebewesen als offene Systeme bezeichnet.

2 Erläutern Sie die Unterschiede zwischen einer chemischen Reaktion ohne Katalysator und einer mit Katalysator.

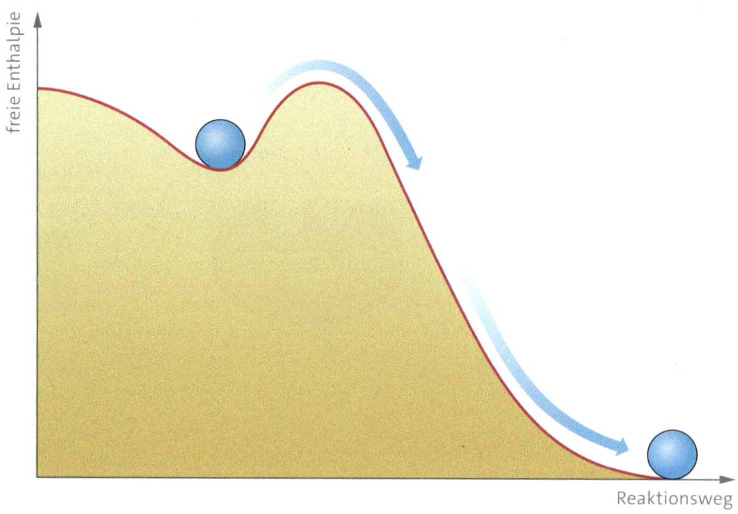

2 Modellvorstellung einer gehemmten Reaktion

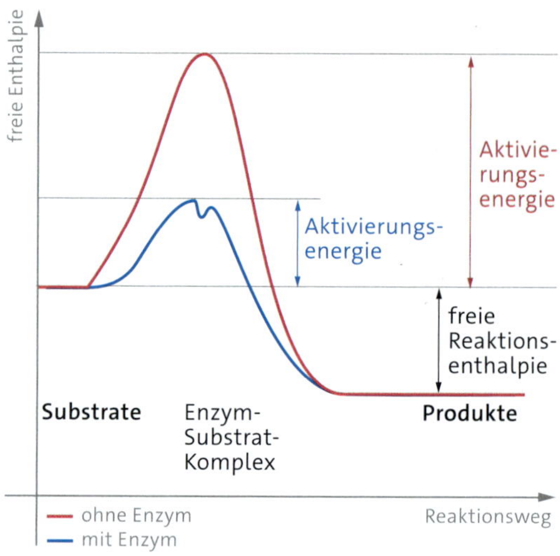

3 Energiediagramm einer katalysierten und unkatalysierten Reaktion

Versuch A Zersetzung von Wasserstoffperoxid

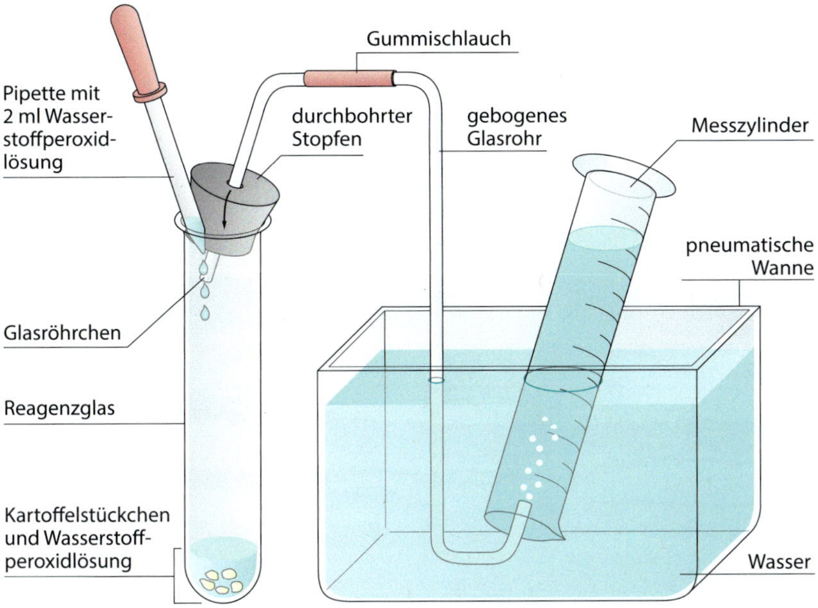

Im Stoffwechsel entsteht zum Beispiel beim Fettsäureabbau als Nebenprodukt Wasserstoffperoxid, H_2O_2. Da Wasserstoffperoxid giftig ist, verfügen sowohl tierische als auch pflanzliche Zellen über ein Enzym, das Wasserstoffperoxid abbaut, die Katalase.

Besonders hohe Konzentrationen der Katalase finden sich in Leber- und in Nierenzellen sowie in Kartoffeln.

Wasserstoffperoxid zersetzt sich sehr langsam in Wasser und Sauerstoff:
$2\,H_2O_2 \rightarrow 2\,H_2O + O_2$.
Das Enzym Katalase beschleunigt die Zersetzung enorm. Ein einziges Enzym setzt pro Sekunde bis zu 40 Millionen Wasserstoffperoxidmoleküle um.

Die Wirkung der Katalase lässt sich beobachten, wenn man zu rohen Kartoffelstückchen 2 ml einer 3%igen Wasserstoffperoxidlösung (GHS07) gibt. Der entstandene Sauerstoff lässt sich mit der Glimmspanprobe nachweisen.

1 Führen Sie das Experiment entsprechend der Abbildung durch und erstellen Sie ein Versuchsprotokoll.

2 Stellen Sie eine Hypothese auf, in welcher Weise sich die Gasentwicklung steigern ließe.

Material B Energiediagramme der Zersetzung von Wasserstoffperoxid

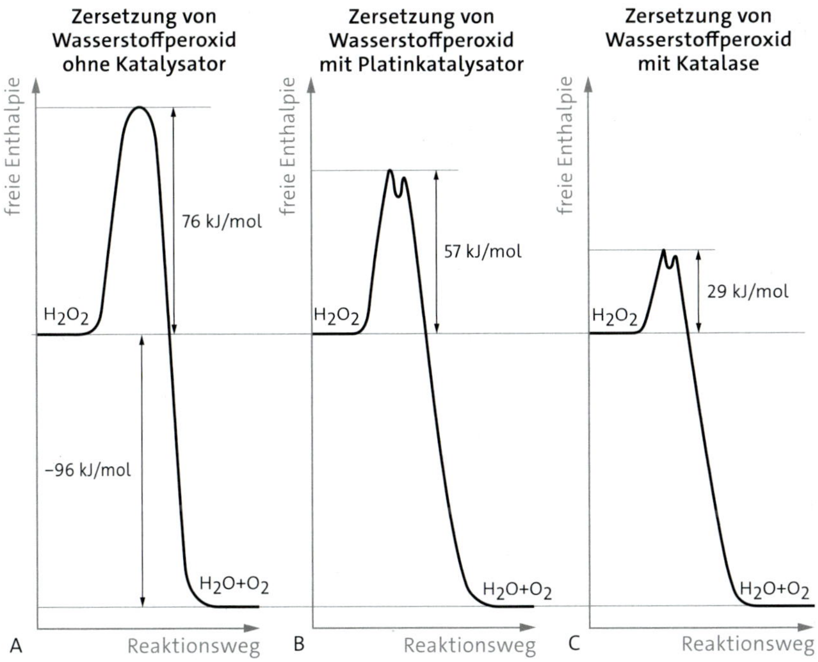

Die abgebildeten Energiediagramme stellen den Reaktionsverlauf für die Zersetzung von Wasserstoffperoxid dar. Die Enthalpie wird in Joule, J, angegeben. Die Stoffmenge wird in Mol, mol, angegeben.

1 Erläutern und vergleichen Sie die Energiediagramme.

2 Begründen Sie, welche Bedeutung die geringe Aktivierungsenergie der Reaktion in Gegenwart der Katalase für die Zelle hat.

1.12 Einflüsse auf die Enzymaktivität

1 Great-Fountain-Geysir

Der Great-Fountain-Geysir im Yellowstone-Nationalpark bricht etwa alle 9 bis 15 h aus. Seine Fontäne kann bis zu 50 m hoch werden. Als Forscher der Indiana University im Jahr 1969 den Geysir untersuchten, stellten sie überrascht fest, dass in den 80 °C heißen Quellen Bakterien leben. Sie nannten die Bakterienart Thermus aquaticus. *Worauf ist die Besonderheit dieser Bakterien zurückzuführen?*

Enzymaktivität und Temperatur • Bei einer Infektion erhöht sich die Temperatur des Menschen, er bekommt Fieber. Das Fieber hat zur Folge, dass die für die Abwehr der Krankheitserreger notwendigen Stoffwechselprozesse schneller ablaufen. Das lässt sich damit erklären, dass die Reaktionsgeschwindigkeit chemischer Reaktionen mit steigender Temperatur zunimmt. Da sich die miteinander reagierenden Teilchen schneller bewegen, kommt es zu mehr Kollisionen der beteiligten Reaktionspartner. Erhöht sich die Temperatur bei Fieber jedoch auf mehr als 40 °C, besteht akute Lebensgefahr. Die Temperaturveränderung führt dazu, dass sich Wasserstoffbrücken in den aus Proteinen bestehenden Enzymen lösen. Die Sekundär-, Tertiär- und Quartärstrukturen verändern sich und damit die räumliche Gestalt, die Enzyme denaturieren. Ihre Funktion ist deshalb beeinträchtigt. Eine weitere Temperaturerhöhung hat eine tiefer greifende Änderung der Molekülstruktur zur Folge, die Denaturierung ist nicht mehr reversibel. Dies wird zum Beispiel daran deutlich, dass das Eiklar des Hühnereies bei ungefähr 60 °C fest wird.

Der starke Anstieg der Enzymaktivität bei steigenden Temperaturen entspricht einer Faustregel, die besagt, dass eine Temperaturerhöhung um 10 °C etwa eine Verdopplung der Reaktionsgeschwindigkeit zur Folge hat. Man bezeichnet sie als **Reaktionsgeschwindigkeit-Temperatur-Regel**, kurz **RGT-Regel**. Für die meisten Lebewesen ist die RGT-Regel auf einen physiologischen Temperaturbereich beschränkt, dessen Untergrenze durch den Gefrierpunkt des Wassers bestimmt ist und dessen Obergrenze bei etwa 40 °C liegt.

Aufgrund der Temperaturempfindlichkeit von Enzymen hatte man im Great-Fountain-Geysir keine Lebewesen erwartet. Deshalb war es eine wissenschaftliche Sensation, dort Bakterien anzutreffen.

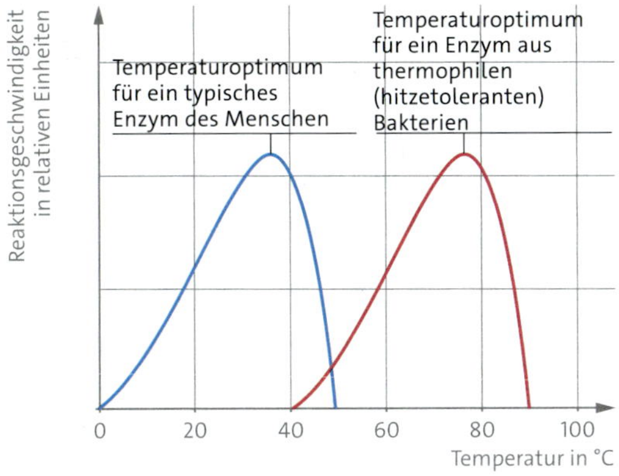

2 Temperaturoptima menschlicher Enzyme und der von *Thermus aquaticus*

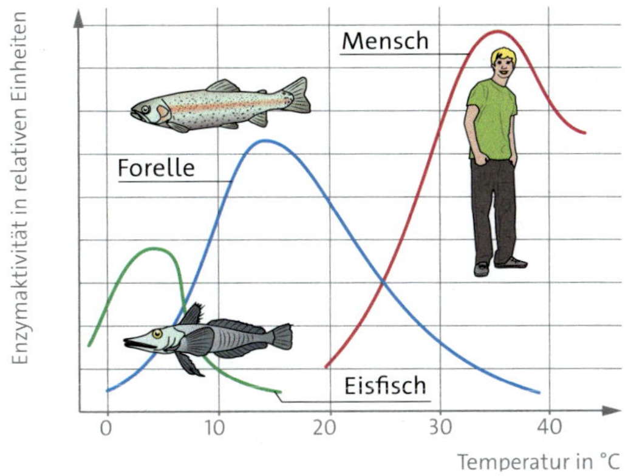

3 Temperaturabhängigkeit des Enzyms Pyruvatkinase, einem wichtigen Enzym beim Glucoseabbau

Diese besitzen offensichtlich hitzestabile Enzyme. Die Bedeutung dieser Entdeckung offenbarte sich in den 1980er-Jahren, als es gelang, selbst geringe Mengen DNA mithilfe eines Enzyms aus dem Bakterium *Thermus aquaticus* zu vervielfältigen. Man nennt das Enzym deshalb Taq-Polymerase. Heutzutage ist diese Vervielfältigungsmethode der DNA ein wichtiges Laborverfahren der molekularen Genetik.

Wenn man die Aktivität des Enzyms Pyruvatkinase bei unterschiedlichen Temperaturen in ein Diagramm einträgt, erkennt man den Verlauf einer Optimumkurve. Das Optimum der Enzymaktivität ist beim Eisfisch, der in den Gewässern um die Antarktis lebt, jedoch erheblich niedriger als bei der Forelle. Der Vergleich der Temperaturoptima verschiedener wechselwarmer, poikilothermer Lebewesen zeigt die evolutionäre Angepasstheit an die jeweiligen Lebensräume.

Wenn die Außentemperaturen unterhalb oder oberhalb des Temperaturoptimums liegen, ist die Leistungsfähigkeit poikilothermer Tiere eingeschränkt. Bei gleichwarmen, homoiothermen Lebewesen wie Säugetieren und Vögeln liegt das Temperaturoptimum der Enzymaktivität im Bereich der Körpertemperatur. Dies bietet den Vorteil einer dauerhaft hohen Enzymaktivität und hat damit eine hohe Leistungsfähigkeit unabhängig von der Umgebungstemperatur zur Folge. Dazu muss das biologische System des Organismus in der Lage sein, die Körpertemperatur bei sich ändernden Außentemperaturen konstant zu halten. Die Regulation des physiologischen Gleichgewichts der Körpertemperatur ist ein Beispiel für **Homöostase**.

Enzymaktivität und pH-Wert • Bei der menschlichen Verdauung wird die Bedeutung des pH-Werts für die Enzymaktivität deutlich. Die pH-Werte in Magen und Dünndarm unterscheiden sich beispielweise erheblich. Dieser Befund legt nahe, dass die in den jeweiligen Organen aktiven Enzyme durch den pH-Wert beeinflusst werden. Der pH-Wert des Magensafts liegt zwischen 1,5 und 2 und entspricht etwa dem Optimum des im Magen aktiven Pepsins. Das alkalische Sekret der Bauchspeicheldrüse neutralisiert den Nahrungsbrei, der aus dem Magen in den Dünndarm gelangt. Der pH-Wert steigt bis auf 8. Die hier vorhandenen Enzyme Amylase und Trypsin weisen entsprechend höhere pH-Optima auf als das Pepsin.

Bei unterschiedlichen pH-Werten liegen unterschiedliche H^+-Ionen-Konzentrationen vor, welche die Ladungen von Carboxyl- und Aminogruppen innerhalb des Enzyms verändern. Dadurch werden die Wechselwirkungen mit anderen geladenen Gruppen im Enzym so beeinflusst, dass sich dessen Struktur und damit die Aktivität des Enzyms verändert.

1 **Erläutern Sie den Vorteil der Homöostase bei der Körpertemperatur der Tiere.**

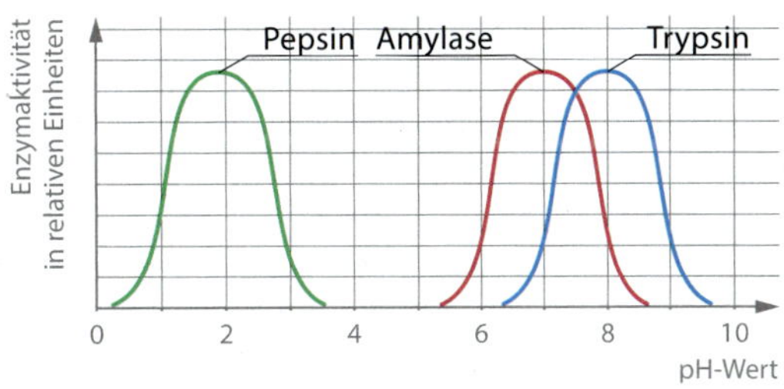

4 pH-Abhängigkeit menschlicher Verdauungsenzyme

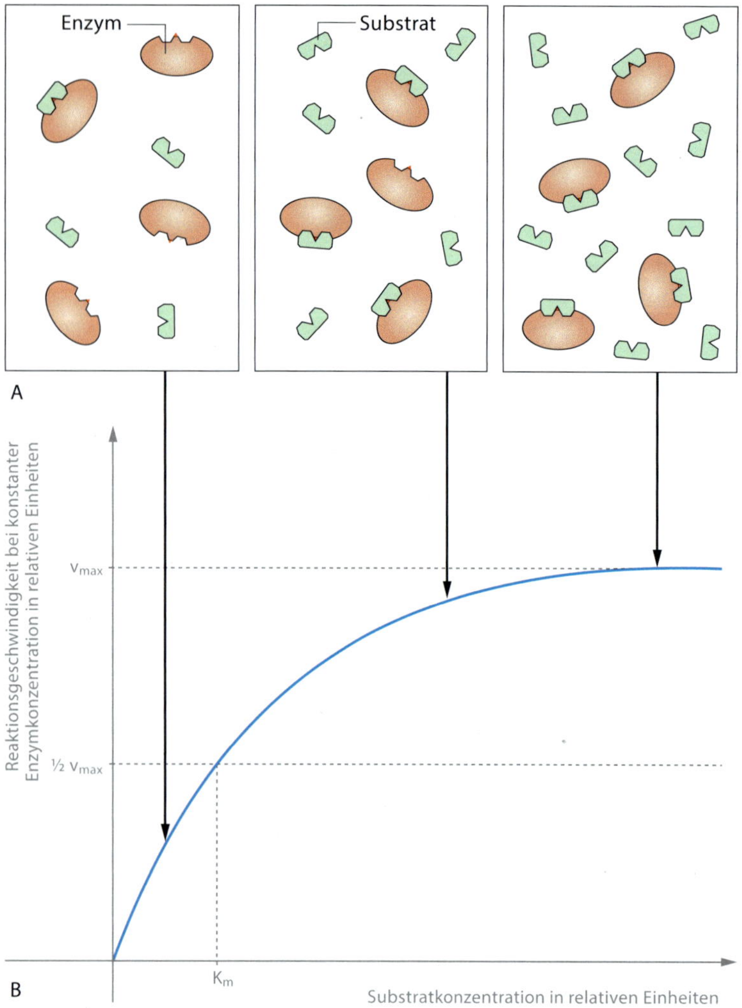

1 Abhängigkeit der Reaktionsgeschwindigkeit von der Substratkonzentration bei konstanter Enzymkonzentration: **A** Modellvorstellung, **B** Diagramm

Enzym	Umgesetzte Substratmoleküle pro Sekunde	Funktion des Enzyms
Lysozym	0,5	Bestandteil des Immunsystems, hydrolisiert aus Zuckern und Peptiden bestehende Makromoleküle
DNA-Polymerase	15–10 000	Synthese von DNA
Chymotrypsin	100	Enzym zur Eiweißverdauung
Lactat-dehydrogenase	1000	katalysiert reversibel die Reaktion von Pyruvat zu Lactat bei der Milchsäuregärung
Urease	3000	setzt Harnstoff in Ammoniak und Kohlenstoffdioxid um
Katalase	40 000 000	setzt Wasserstoffperoxid in Wasser und Sauerstoff um

2 Maximale Wechselzahlen von Enzymen

Substratkonzentration und Reaktionsgeschwindigkeit • Eine enzymatische Reaktion kann nur stattfinden, wenn ein Substratmolekül auf ein Enzymmolekül trifft. Je höher die Konzentration der Substratmoleküle, umso größer ist die Wahrscheinlichkeit, dass sie mit einem Enzymmolekül reagieren, die Reaktionsgeschwindigkeit steigt. Wenn nach dieser Modellvorstellung die aktiven Zentren aller vorhandenen Enzymmoleküle besetzt sind, führt eine weitere Erhöhung der Substratkonzentration zu keinem weiteren Anstieg der Reaktionsgeschwindigkeit. Trägt man die experimentell ermittelten Reaktionsgeschwindigkeiten bei steigenden Substratkonzentrationen in einem Diagramm auf, erhält man eine Sättigungskurve. Erhöht man in einem weiteren Ansatz die Enzymmenge, können mehr Substratmoleküle umgesetzt werden. Die Sättigung aller Enzymmoleküle erfolgt dann erst bei einer höheren Substratkonzentration. Der Verlauf der Sättigungskurve wird auch durch die Enzymkonzentration beeinflusst.

Die Abhängigkeit der Geschwindigkeit einer enzymatischen Reaktion von der Substratkonzentration wurde von der Medizinerin Maud Menten und dem Biochemiker Leonor Michaelis im Jahr 1912 untersucht. Dabei bestimmten sie, bei welcher Substratkonzentration die halbe Maximalgeschwindigkeit der Reaktion erreicht ist. Diese Konzentration wird deshalb als **Michaelis-Menten-Konstante, K_M,** bezeichnet. Je kleiner dieser Wert ist, umso stärker erhöht sich die Reaktionsgeschwindigkeit mit zunehmender Substratkonzentration.

Die maximale Reaktionsgeschwindigkeit eines einzelnen Enzymmoleküls hängt davon ab, wie schnell es die Reaktion mit einem Substratmolekül katalysiert, also wie viele Substratmoleküle ein Enzymmolekül bei einer hohen Substratkonzentration maximal pro Sekunde umsetzen kann. Diesen Wert bezeichnet man als Wechselzahl.

Hemmung von Enzymen • Damit eine enzymatische Reaktion ablaufen kann, muss ein Substratmolekül mit dem aktiven Zentrum des Enzymmoleküls in Wechselwirkung treten. Substanzen, deren Molekülstrukturen denen der Substratmoleküle ähneln, können ebenfalls an das aktive Zentrum des Enzyms binden und so die Reaktion mit dem Substratmolekül verhindern. Sie wirken als Hemmstoff, auch Inhibitor genannt. Wenn Substrat- und Hemmstoffmoleküle um das aktive Zentrum des Enzymmoleküls konkurrieren, bezeichnet man diesen Vorgang als **kompetitive Hemmung.** Die Hemmwirkung steigt mit zunehmender Konzentration des Hemmstoffs. Manche Hemmstoffe treten nur sehr kurz mit dem aktiven Zentrum in Kontakt und geben es danach wieder frei, andere binden dort stärker. Somit ist die Hemmwirkung auch von der Affinität des Hemmstoffs zum aktiven Zentrum abhängig. Mit zunehmender Substratkonzentration nimmt die Konkurrenz durch den Hemmstoff und damit die Hemmwirkung ab. Die maximale Reaktionsgeschwindigkeit bleibt erhalten, wird aber erst bei einer höheren Substratkonzentration erreicht als ohne Hemmstoff.

Einige Enzyme haben neben dem aktiven Zentrum eine zweite Bindungsstelle. Bindet dort ein Hemmstoff, ändert sich die Struktur des aktiven Zentrums. Es kann dann nicht mehr mit dem Substrat reagieren. Eine Erhöhung der Substratkonzentration beeinflusst die Wirkung des Hemmstoffs nicht. Deshalb reduziert sich die Maximalgeschwindigkeit der enzymatischen Reaktion. Dieser Vorgang heißt **nichtkompetitive Hemmung** oder allosterische Hemmung.

In Lebewesen werden enzymatische Reaktionen durch körpereigene, endogene Hemmstoffe reguliert. Zudem können Medikamente gezielt als Hemmstoffe eingesetzt werden. Substanzen, die die Struktur von Enzymen irreversibel verändern, bezeichnet man als Enzymgifte. Sie können für den Organismus tödlich sein. Chemische Kampfstoffe blockieren bestimmte, für die Signalleitung wichtige Enzyme des Nervensystems. Cyanide greifen das Enzym Cytochromoxidase in der Atmungskette an. Auch Schwermetalle wie Blei, Cadmium und Quecksilber verändern die Struktur von Enzymen irreversibel.

1 Erläutern Sie den Einfluss von Temperatur und pH-Wert auf die Enzymaktivität.

2 Begründen Sie den Verlauf der Sättigungskurven enzymatischer Reaktionen mit und ohne Hemmstoffe.

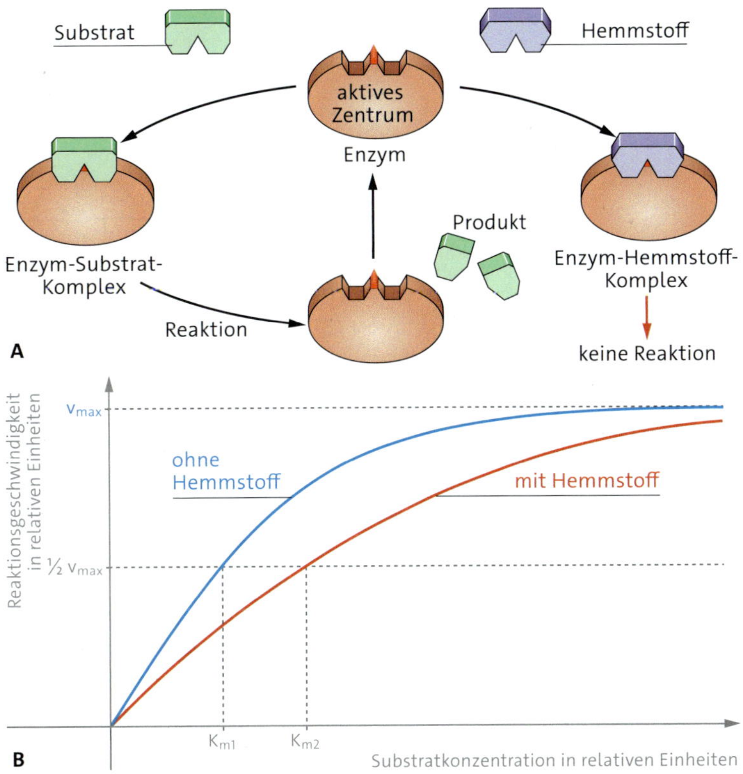

3 Kompetitive Hemmung: **A** Modell, **B** Diagramm

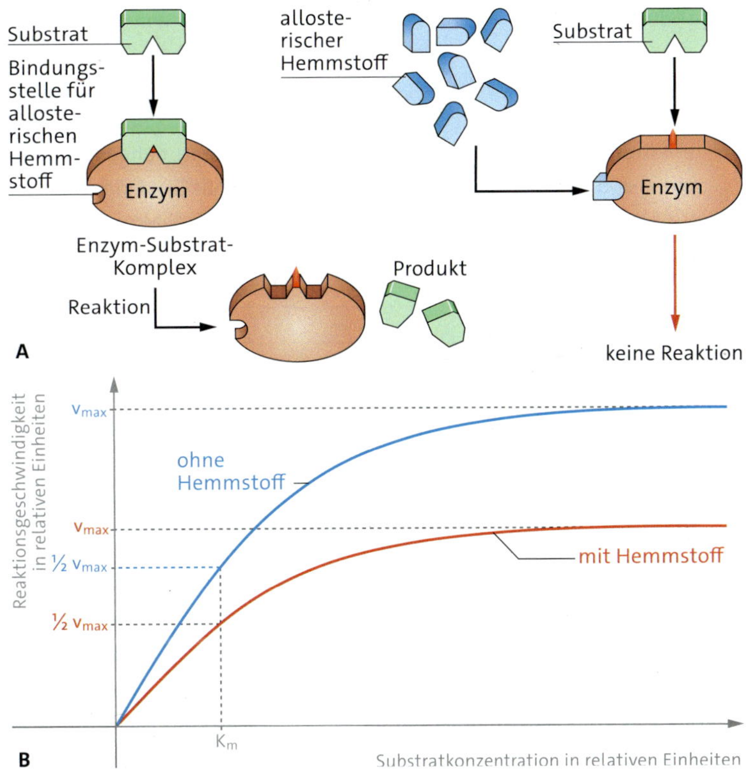

4 Nichtkompetitive Hemmung: **A** Modell, **B** Diagramm

Versuch A Enzymaktivität der Katalase in Abhängigkeit von der Temperatur

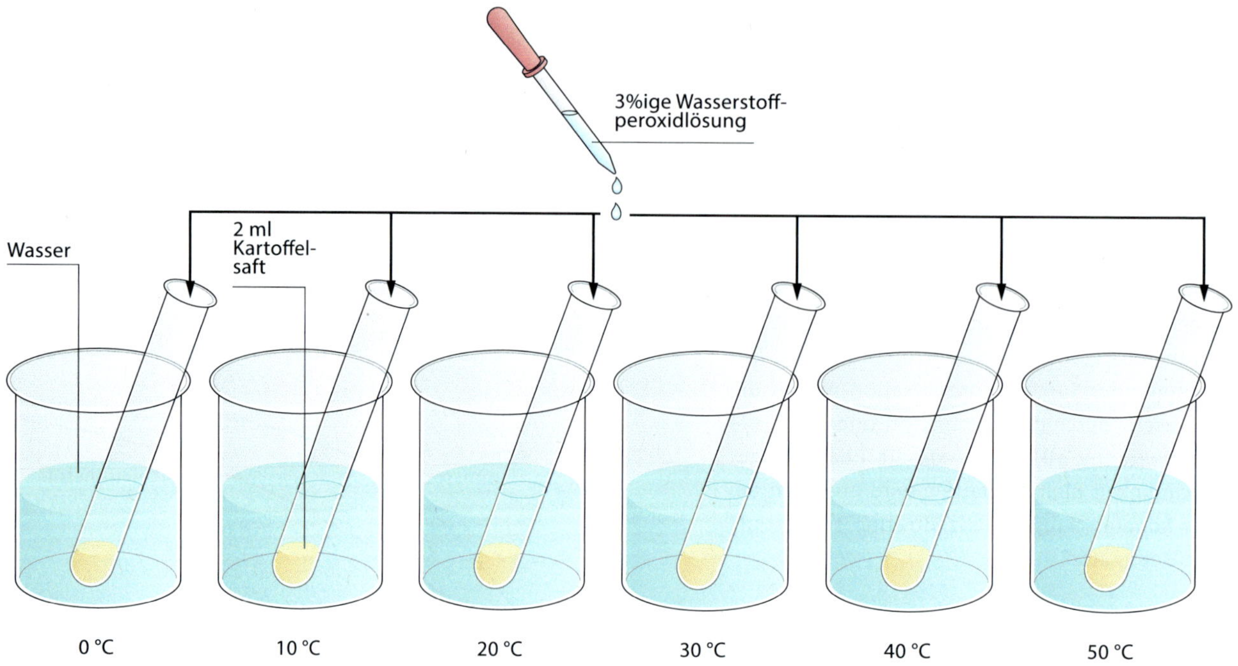

Vorbereitung:
Zunächst wird eine geschälte und zerkleinerte Kartoffel im Mörser mit ein wenig Sand und Wasser zerrieben, sodass eine wässrige Kartoffelsuspension entsteht, die anschließend filtriert wird. Da Kartoffelzellen das Enzym Katalase enthalten, kann der erhaltene Kartoffelsaft für die Versuche A und B verwendet werden.

Durchführung:
Es werden sechs verschieden temperierte Wasserbäder in 10-Grad-Schritten von 0 °C bis 50 °C vorbereitet. In die Wasserbäder wird jeweils ein Reagenzglas mit 2 ml Kartoffelsaft pipettiert und einige Minuten abgewartet, bis die Reagenzgläser die Umgebungstemperatur angenommen haben. Anschließend pipettiert man in jedes Reagenzglas 5 ml einer 3%igen Wasserstoffperoxidlösung und misst nach jeweils 1 min die Höhe der sich bildenden Schaumkrone.

1 Stellen Sie Ihre Messwerte in einem Diagramm dar.

2 Deuten Sie das Versuchsergebnis.

3 Bewerten Sie die Messmethode.

Versuch B Enzymaktivität der Katalase im sauren und im alkalischen Milieu

	Reagenzglas		
	1	2	3
Kartoffelsaft	2 ml	2 ml	2 ml
HCl-Lösung	2 ml	–	–
NaOH-Lösung	–	2 ml	–
H_2O	–	–	2 ml
H_2O_2-Lösung	5 ml	5 ml	5 ml

Durchführung:
In drei Reagenzgläser pipettiert man zunächst jeweils 2 ml Kartoffelsaft.

Danach pipettiert man in das erste Reagenzglas 2 ml verdünnte Salzsäure (GHS05, 07), in das zweite Reagenzglas 2 ml Natronlauge (GHS05) und in das dritte Reagenzglas 2 ml destilliertes Wasser. Alle drei Reagenzgläser werden kurz geschüttelt.

Danach pipettiert man in jedes Reagenzglas 5 ml einer 3%igen Wasserstoffperoxidlösung.

1 Erstellen Sie eine Materialliste, führen Sie den Versuch durch und fertigen Sie ein Versuchsprotokoll an.

2 Planen Sie einen weiteren Versuch, mit dem Sie überprüfen können, bei welchem pH-Wert die Enzymaktivität ihr Optimum hat.

Material C Katalasewirkung und Substratkonzentration

Reagenzglas	Wasserstoffperoxidlösung	Destilliertes Wasser	Konzentration der Wasserstoffperoxidlösung in Wasser	Höhe der Schaumkrone
1	6 ml	0 ml	3 %	2,3 cm
2	5 ml	1 ml	2,5 %	2,2 cm
3	4 ml	2 ml	2 %	1,8 cm
4	3 ml	3 ml	1 %	1,2 cm
5	2 ml	4 ml	0,5 %	0,6 cm
6	1 ml	5 ml	0,2 %	0,1 cm

In sechs Reagenzgläser werden jeweils 2 ml Kartoffelsaft und anschließend entsprechend der Tabelle 3%ige Wasserstoffperoxidlösung und destilliertes Wasser gegeben. Die Höhe der entstehenden Schaumkronen wird gemessen.

1 Erstellen Sie ein Diagramm, indem Sie auf der *x*-Achse die Konzentrationen der Wasserstoffperoxidlösung auftragen und auf der *y*-Achse die Höhe der jeweiligen Schaumkrone.

2 Erklären Sie den Kurvenverlauf.

3 Stellen Sie eine Hypothese auf, wie sich eine weitere Erhöhung der Substratkonzentration auf die Schaumhöhe auswirkt.

Versuch D Die Reaktion von Urease mit Harnstoff und mit N-Methylharnstoff

	Reagenzglas				
	1	2	3	4	5
Harnstofflösung (1%ig)	2 ml	2 ml	2 ml	–	–
N-Methylharnstofflösung	–	–	2 ml	–	–
Wasser	–	2 ml	–	–	–
Ureasesuspension	–	–	–	1 ml	1 ml
Phenolphthaleinlösung (GHS02, 07, 08)	3 Tr.	–	–	3 Tr.	3 Tr.

Harnstoff

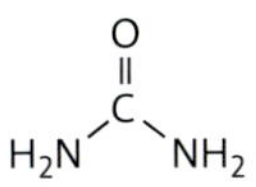

N-Methylharnstoff

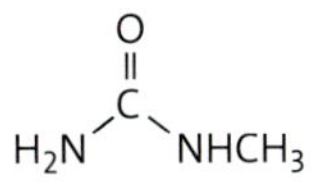

Durchführung:
In die Reagenzgläser 1 bis 3 werden die in der Tabelle aufgeführten Reagenzien pipettiert.

In die Reagenzgläser 4 und 5 pipettiert man jeweils 1 ml 1%ige Ureasesuspension und einige Tropfen Phenolphthaleinlösung (GHS02, 07). Anschließend gießt man gleichzeitig den Inhalt der Reagenzgläser 4 und 5 in die Reagenzgläser 2 und 3.

Die Reaktionen lassen sich am besten vor einem weißen Hintergrund beobachten.

1 Erstellen Sie eine Materialliste, führen Sie den Versuch durch und fertigen Sie ein Versuchsprotokoll an.

Material E Wirkung von Salzen auf Urease

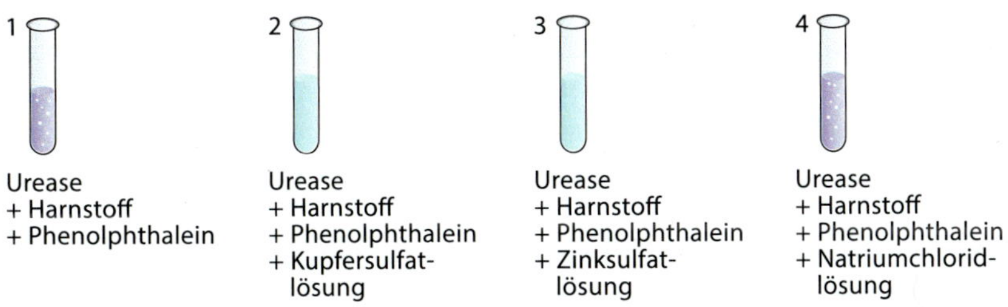

In einem Versuch wird der Einfluss von Kupfersulfat-, Zinksulfat- und Natriumchloridlösung auf die Reaktion von Urease mit Harnstoff untersucht.

Hierzu werden vier Reagenzgläser entsprechend der Abbildung vorbereitet. Abschließend pipettiert man 2 Tropfen Phenolphthaleinlösung in die vier Reagenzgläser und schüttelt kurz.

1 Beschreiben Sie die Versuchsbeobachtungen.

2 Deuten Sie die unterschiedlichen Reaktionen.

1.13 Ezyme in der Anwendung

1 Jeans mit enzymatisch erzeugtem Stone-washed-Effekt

Wer denkt beim Kauf einer Blue Jeans an den Einsatz von Enzymen? Die hellen Flecken wurden früher mithilfe von Bimssteinen hervorgerufen, die die dunkelblaue Farbe regelrecht vom Gewebe abrieben. Heute setzt die Industrie Enzyme ein, um den Stonewashed-Effekt hervorzurufen. Welche Vor- und Nachteile hat der Einsatz von Enzymen? In welchen Bereichen werden Enzyme eingesetzt?

Industrielle Nutzung von Enzymen • Bei der Betrachtung von Stoffwechselvorgängen in Organismen wurde bereits deutlich, dass Enzyme Reaktionen sehr spezifisch und mit geringem Energieeinsatz katalysieren können und bereits in kleinen Mengen wirken. Die Entdeckung, dass Enzyme auch außerhalb von lebenden Zellen wirken, macht sie für die Nutzung in Handwerk und Industrie sehr interessant. Behandelt man zum Beispiel eine Jeans mit Bimssteinen, um den Stonewashed-Effekt zu erzeugen, fallen pro Hose etwa 600 g giftiger, gewebe- und maschinenschädigender Steinabrieb an. Werden statt Bimssteinen Enzyme eingesetzt, welche die Fasern zunächst aufrauen, und dann solche, die den blauen Farbstoff durch Oxidation entfärben, lässt sich eine identische Optik bei deutlich reduzierter Belastung der Erdatmosphäre durch CO_2, geringerem Verbrauch von Wasser und Energie sowie Reduktion der Abfallmenge und Stäube erzeugen.

Mithilfe von Enzymen werden in der Industrie viele weitere Verfahren entwickelt, um Produkte kostengünstiger, schonender und auch umweltverträglicher herzustellen. Manche wertvollen Rohstoffe können überhaupt erst mithilfe von Enzymen genutzt werden wie zum Beispiel faserreiches Gras. Die geringeren Produktionskosten, die größeren Gewinnchancen, Umweltschutzgründe und die Erschließung neuer Ressourcen sind deshalb wesentliche Argumente der Industrie für den Einsatz von Enzymen.

So ist es kein Wunder, dass sich der Markt für Anwendungen von Enzymen sehr rasch entwickelt. Allein die Textil-, Wasch- und Reinigungsmittelindustrie setzt heute bereits über 250 bis 300 Enzympräparate bei der Fertigung ein. Aber auch in der Lebensmittelindustrie dienen Enzyme zur Herstellung vieler Produkte. Die Energiewirtschaft verwendet Enzyme, um zum Beispiel Mais und Gülle zur Produktion von Biogas zu nutzen, in der Pharmaindustrie und in der Medizin werden Enzyme sowohl als Medikamente und auch bei der Herstellung von Wirkstoffen eingesetzt (▶ ▣).

Zur Erforschung, Entdeckung und Nutzung von Organismen, ihrer Enzyme und Produkte für den Menschen arbeiten verschiedene Wissenschaften, Wirtschaft und Technik in dem fächerübergreifenden Arbeitsgebiet der **Biotechnologie** eng zusammen.

Enzyme in Waschmitteln • Der Fleck auf der Jeans, der verschüttete Kaffee auf der Tischdecke, die Salatsoße auf dem Hemd, dies sind nur einige Beispiele für Verschmutzungen auf Textilien, die eine Herausforderung beim Waschen darstellen. Besonders eiweißhaltige Flecken haften hartnäckig an Textilfasern und lassen sich mit Wasser und Seife kaum entfernen. Anfang des 20. Jahrhunderts gelang es, proteinspaltende Verdauungsenzyme aus der Bauchspeicheldrüse von Tieren zu gewinnen. Mit diesen Proteasen können schwer zu beseitigende Eiweißflecken aus Wäsche entfernt werden, indem sie die Eiweißverschmutzung enzymatisch in Aminosäuren und kurzkettige Peptide zerlegen, sodass sich beim Waschen der Schmutz von der Faser löst und mit der Waschlauge ausgewaschen wird (▶ 2).

Waschenzyme aus Mikroorganismen • Die Gewinnung der Enzyme aus den Bauchspeicheldrüsen von Schlachttieren ist teuer und aufwendig. In den 1950er-Jahren wurde ein bodenlebendes Bakterium, ***Bacillus licheniformis***, entdeckt, welches das proteinspaltende Enzym Subtilisin produziert. Diese Protease arbeitet auch bei niedrigeren Waschtemperaturen und einem höheren pH-Wert von 9 oder 10, wie er in Waschlauge vorliegt. Daher ist es für den technischen Einsatz gut geeignet. Die Entdeckung von bakteriellen Enzymen veränderte die industrielle Gewinnung grundlegend. Da sich Mikroorganismen ohne hohen Aufwand in großen Kulturgefäßen, den Fermentern oder **Bioreaktoren,** kultivieren lassen, können Enzyme kostengünstig in großen Mengen produziert werden. Heute setzt man neben Proteasen in vielen Waschmitteln auch mikrobiell hergestellte fettspaltende Lipasen und stärkespaltende Amylasen zu, um fett- und stärkehaltige Flecken schonend und bei niedrigen Waschtemperaturen zu entfernen.

Bei der Produktion und dem Einsatz von großen Mengen der mikrobiologisch erzeugten Enzyme in Wasch- und Reinigungsmitteln müssen auch Risiken für Umwelt und Gesundheit betrachtet werden. Enzyme sind Proteine. Durch Kontakt mit Fremdeiweißen besteht bei den Mitarbeitenden in der Produktion die Gefahr, allergische Reaktionen auszulösen. Waschmittelenzyme gelangen zudem mit der Waschlauge in die Gewässer. Auch hygienische Gesichtspunkte müssen beim Waschen mit niedrigen

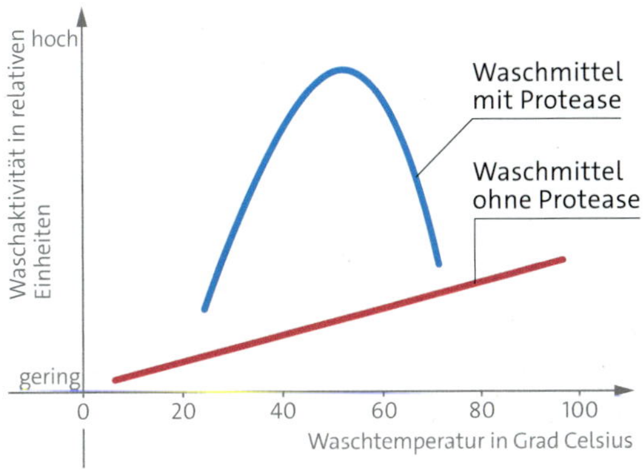

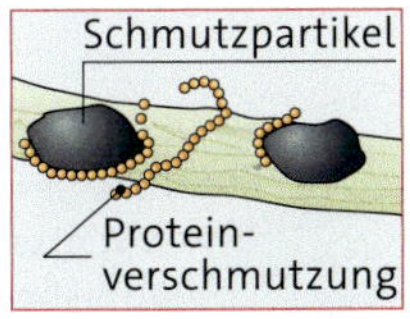

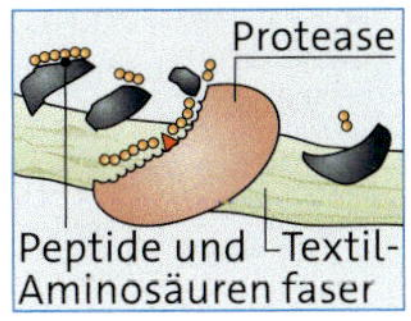

2 Waschaktivität von enzymhaltigen Waschmitteln mit und ohne Proteasen bei verschiedenen Waschtemperaturen

Temperaturen betrachtet werden, ob zum Beispiel krankmachende Mikroorganismen in verschmutzter Wäsche zuverlässig abgetötet werden.

Maßgeschneiderte Enzyme • Forschende suchen nach Wegen, Enzyme zu optimieren. Sie fahnden zum Beispiel gezielt nach Bakterienstämmen, die ein Enzym produzieren, das zum Beispiel unempfindlicher gegenüber Bleichmitteln ist. Viele Waschmittel enthalten Bleichmittel, um Mikroorganismen abzutöten. Bleichmittel verändern jedoch auch das aktive Zentrum von Waschmittelenzymen durch Oxidation, sodass die Enzyme ihre Wirkung verlieren. Heute ist es möglich, die Proteinstruktur eines gewünschten Enzyms, das zum Beispiel gegenüber der Oxidation unempfindlicher ist, zu entschlüsseln und Bakterienzellen mithilfe von im Labor hergestellter Erbinformation umzuprogrammieren. Die auf diese Weise **gentechnisch veränderten Mikroorganismen** produzieren das modifizierte Enzym. Diese Verfahren zur Herstellung von maßgeschneiderten, am Computer entworfenen Proteinen, die dann durch gentechnisch veränderte Zellen synthetisiert werden können, nennt man **Protein-Engineering**.

1 Untersuchen Sie die Wirkung von Waschmitteln auf Proteine im Experiment (▶ [▣]).

2 Stellen Sie Chancen und Risiken der Anwendung von Enzymen beim Waschen und Reinigen kriterienbezogen dar. Nutzen Sie dazu auch die Grafik 2 und weitere Grafiken ([▣]).

1 Mais-Sirup in der Zutatenliste von Fruchtgummi

Enzyme in der Lebensmittelindustrie • Ohne die Zusammenhänge zu kennen, spielten Enzyme bei der Herstellung von Lebensmitteln bereits vor Tausenden von Jahren eine wichtige Rolle. Amylasen, die beim Quellen und Keimen von Getreide ganz natürlich aktiv werden, nutzt man seit dem Altertum zum Bierbrauen und Brotbacken. Dabei macht man sich die Stoffwechselenzyme von Hefen zunutze. Lactase, ein Milchzucker spaltendes Enzym der Milchsäurebakterien, ist für die Joghurtherstellung notwendig. Seit 8000 Jahren, mit Beginn von Ackerbau und Viehzucht, verwenden Menschen Chymosin oder Labferment, ein eiweißspaltendes Enzym aus dem Magen von Kälbern, um Käse herzustellen. Es spaltet Milcheiweiß, die Milch wird dickflüssig und kann zu Käse verarbeitet werden. Wenige Tropfen Chymosin reichen aus, um aus 10 000 l Milch 1 000 kg Käse herzustellen. Dazu benötigte man jedes Jahr über 70 Millionen Kälbermägen, um genügend Enzym zu produzieren. Heute gewinnt man Proteasen, die ähnlich wie Chymosin wirken, aus Pflanzen, wie zum Beispiel Ananasfrüchten. 1987 ist es gelungen, das Gen für die Synthese von Kälberchymosin zu entschlüsseln. Seitdem kann das Enzym mithilfe gentechnisch veränderter Mikroorganismen in großen Mengen hergestellt werden, indem ein zusätzlicher Genabschnitt in die Erbsubstanz der Bakterien oder Hefen eingeschleust wird. Diese gentechnisch veränderten Mikroorganismen werden unter optimalen Bedingungen kultiviert. Die Mikroorganismen produzieren das gewünschte Protein. Es wird abgeschöpft, um es bei der Herstellung der 18 Millionen Tonnen Käse weltweit einzusetzen.

Auch in der Zuckerindustrie kommen Enzyme zum Einsatz. Das amerikanische Agrarministerium meldete bereits vor Jahren, dass weltweit 159 Milliarden kg Zucker pro Jahr hergestellt werden – und der Bedarf steigt. Die Gewinnung von Zucker aus Zuckerrohr und Zuckerrübe deckt nur einen Teil der wachsenden Nachfrage. Um aus dem viel günstiger anzubauenden Mais und aus Kartoffeln Zucker zu gewinnen, setzt man stärkeabbauende Enzyme ein. Diese Amylasen zerlegen die Stärkemoleküle des Mais und der Kartoffel in Glucose. Ein Teil der Glucose kann durch ein weiteres Enzym, die Glucose-isomerase, in die noch stärker süßende Fructose umgewandelt werden. Der sehr kostengünstig produzierte Glucose-Fructose-Sirup kommt als Süßungsmittel besonders in den USA, aber inzwischen auch in Europa in vielen Softdrinks und Süßigkeiten zum Einsatz (▶).

Enzyme in Medizin und Diagnostik • Vielen erwachsenen Menschen fehlt im Darm das Enzym Lactase, das den Milchzucker, die Lactose, abbaut. Sie sind lactoseintolerant und reagieren mit Durchfall, Blähungen und Bauchkrämpfen auf Milchkonsum. Mithilfe von Tabletten, die das fehlende Enzym Lactase enthalten, können die Betroffenen die Milchprodukte leichter verdauen. Enzyme werden auch zur Behandlung von Blutgerinnseln in Blutgefäßen eingesetzt, die zu Schlaganfall und Herzinfarkt führen können. Die Enzyme können den gefährlichen Blutpfropf in den Kapillaren abbauen. Enzyme kommen neben der direkten Therapie auch zur Produktion von Medikamenten und in der Diagnostik zum Einsatz. Ein bekanntes Beispiel ist die Nutzung von Teststäbchen bei der Bestimmung von Glucose in Blut oder Urin. Ist in einer Flüssigkeit Glucose enthalten, kommt es zu einem Farbumschlag des Indikators auf dem Teststäbchen. Ein Enzym katalysiert die Oxidation von Glucose zu Gluconsäure und die Reduktion von Wasser zu Wasserstoffperoxid. Wasserstoffperoxid oxidiert den gelblichen Farbstoff Toluidin, er erscheint nun grünlich.

1 Erörtern Sie kurz- und langfristige Chancen und Risiken des Enzymeinsatzes in der Lebensmittelindustrie.

2 Recherchieren Sie weitere Einsatzmöglichkeiten von Enzymen in Industrie, Umwelt, Haushalt und dokumentieren Sie diese übersichtlich.

3 Erstellen Sie einen Erklärfilm zur Durchführung des Glucosenachweises mit Teststäbchen.

Material A Fleischklebeenzyme zur Fleischproduktion – eine Risikobewertung

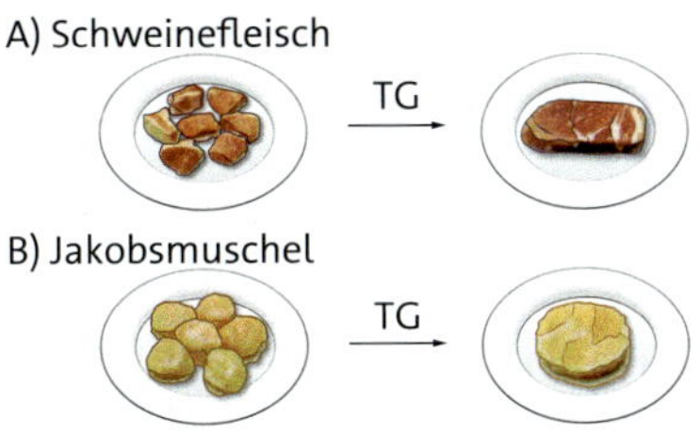

Transglutaminasen (TG) sind Enzyme, die in der Lebensmittelindustrie eingesetzt werden, um zum Beispiel Fleischstücke und -reste enzymatisch zu großen Fleischstücken zusammenzukleben. Auf diese Weise wird auch Formfleisch hergestellt, das natürlichem Fleisch zum Verwechseln ähnelt. TG kommen in der Natur in vielen Lebewesen und auch beim Menschen vor. Sie vernetzen zum Beispiel Proteine im Blut bei der Blutgerinnung. Diese strukturgebenden Enzyme lassen sich für unterschiedliche Fleisch-, Fisch- und Milchprodukte nutzen. Die industriell eingesetzten Transglutaminasen werden mikrobiell – meist von gentechnisch veränderten Organismen – hergestellt (mTG). Ihr Einsatz ist in Deutschland bislang nicht auf den Produkten zu deklarieren, da es sich um ein Verarbeitungsmittel handelt, das bei der Herstellung von Lebensmitteln genutzt wird, im Produkt aber nicht mehr aktiv ist. 2020 lag dem Bundesinstitut für Risikobewertung (BfR) eine Anfrage vor, inwieweit der Einsatz von mTG gesundheitliche Risiken für bestimmte Personengruppen darstellen könnte und deshalb, ähnlich wie in der Schweiz vorgeschrieben, eine Kennzeichnungspflicht sinnvoll ist. Die Ergebnisse stellt das BfR visualisiert in einem Risikoprofil dar, um auf einen Blick eine erste Übersicht zu bekommen.

1 Recherchieren Sie im Internet verschiedene Anwendungsmöglichkeiten der Transglutaminasen in Lebensmitteln. Sammeln Sie Aspekte, die Ihnen persönlich bei einer Risikoeinschätzung eines Einsatzes von Transglutaminasen wichtig sind.

2 Tragen Sie Pro- und Kontra-Argumente zum Einsatz von Transglutaminasen zusammen und gewichten Sie Ihre Argumente.

3 Informieren Sie sich mithilfe der Materialien im QR-Code, wie das BfR bei einer Risikobewertung vorgeht. Fassen Sie die Vorgehensweise zusammen.

4 Werten Sie die Ergebnisse des Risikoprofils für den dargestellten Fall durch das BfR aus. Erläutern Sie einzelne Felder des Risikoprofils mithilfe der Stellungnahme des BfR.

5 Vergleichen Sie die Aussagen von Herstellerfirmen auf Übereinstimmung mit wissenschaftlichen Studien und den Aussagen des Bundesinstituts für Risikobewertung. Begründen Sie die Bedeutung der Quellenauswahl für den Bewertungsprozess.

6 Erörtern Sie die Schlussfolgerung des BfR bezüglich der Kennzeichnung des Einsatzes von Transglutaminasen. Reflektieren Sie die Chancen und Grenzen einer Risikobewertung und Überprüfen Sie ggf. Ihr Verständnis der Vorgehensweise anhand der Risikoanalyse der gentechnischen Herstellung der mTG (▸).

Material B Waschtemperaturen und Textilhygiene

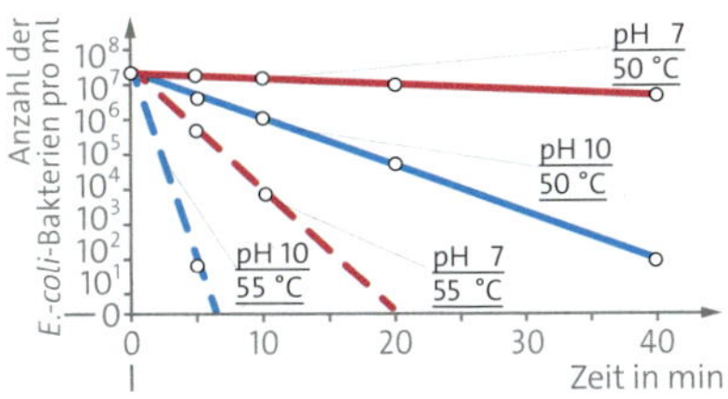

B1 Antibakterielle Wirkung eines Waschmittels

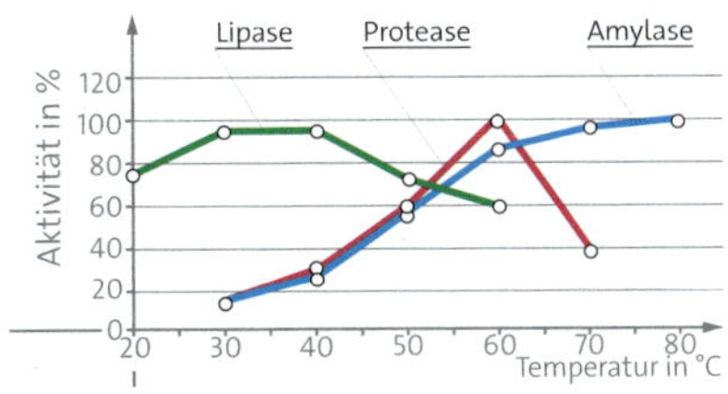

B2 Aktivität verschiedener Waschenzyme bei pH-Wert 10

Enzymhaltige Waschmittel können stark verschmutzte Wäsche bereits bei niedrigen Temperaturen ressourcenschonend säubern. Wäschestücke wie Spültücher, Handtücher und Unterwäsche können aber auch mit Mikroorganismen belastet sein. Forschende führten Versuche mit *E.-coli*-Bakterien durch, um zu bestätigen, ob möglicherweise krankmachende Mikroorganismen bei niedrigen Waschtemperaturen sicher abgetötet werden.

In **B1** untersuchte man die Empfindlichkeit von *E. coli* gegenüber verschiedenen Temperaturen und pH-Werten.

1 Beschreiben Sie die Untersuchungsergebnisse.

2 Leiten Sie aus den Ergebnissen eine Empfehlung für Waschtemperaturen ab.

3 Reflektieren und diskutieren Sie Ihre Empfehlungen für Waschtemperaturen unter verschiedenen Bewertungsaspekten.

Kohlenhydrate

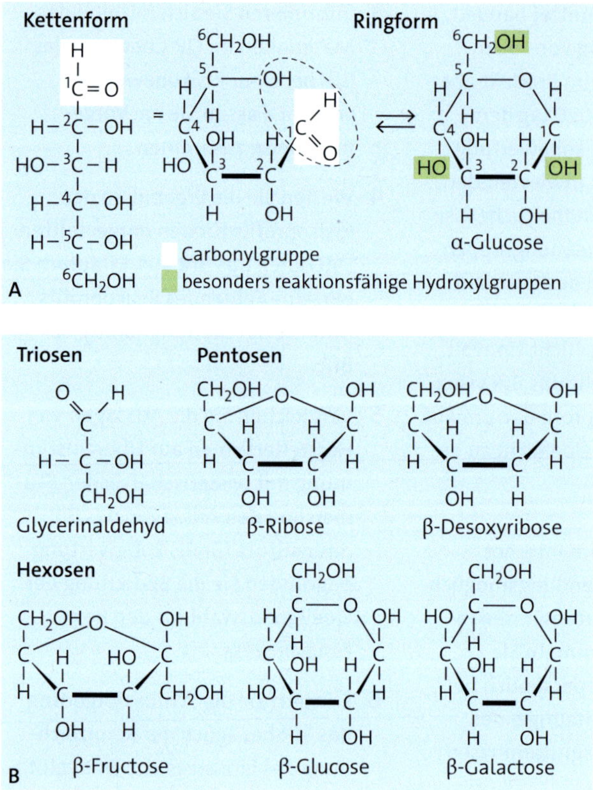

1 Monosaccharide: **A** Glucose in unterschiedlichen Darstellungsformen, **B** Beispiele

Kohlenhydrate sind für alle Lebewesen als Bau- und Gerüstsubstanzen, als Reservestoffe und als Grundlage des Energiestoffwechsels sehr bedeutsam. Sie sind Verbindungen aus Kohlenstoff, Wasserstoff und Sauerstoff und lassen sich anhand ihrer Molekülstruktur in verschiedene Gruppen einteilen.

Bau der Kohlenhydrate • Die einfachsten Kohlenhydrate sind die Einfachzucker oder **Monosaccharide**. Viele von ihnen, beispielsweise solche in Honig oder Obst, schmecken süß, weshalb man sie auch „Zucker“ nennt. Ihre Moleküle bestehen aus drei bis sieben Kohlenstoffatomen sowie einer Carbonylgruppe (–C=O) und einer Hydroxylgruppe (–OH). Aufgrund der Polarität der Hydroxylgruppe sind Monosaccharide wasserlöslich. Nach der Anzahl der Kohlenstoffatome unterscheidet man zum Beispiel Triosen, Pentosen und Hexosen.

Zu den Hexosen gehört die **Glucose**, auch Traubenzucker genannt. Sie hat die Summenformel $C_6H_{12}O_6$. Die Moleküle liegen entweder als Kettenform oder Ringform vor, wobei das Kohlenstoffgerüst jeweils als durchnummerierte Kette dargestellt wird, die fünf Hydroxylgruppen und eine Carbonylgruppe trägt. Der Ringschluss erfolgt, indem die Carbonylgruppe mit einer Hydroxylgruppe eines anderen Kohlenstoffatoms der Kette reagiert. Im Fall von Glucose reagieren die Gruppen des ersten und des fünften Kohlenstoffatoms miteinander. Bei der räumlichen Ringdarstellung kennzeichnet die dickere Linie die Ansicht von vorne. Je nachdem, ob die Hydroxylgruppe unterhalb oder oberhalb der gedachten Ringebene liegt, unterscheidet man zwischen α- und β-Glucose.

Wenn sich zwei Monosaccharide verbinden, entstehen Zweifachzucker oder **Disaccharide**. Bei dieser Kondensationsreaktion wird ein Wassermolekül abgespalten und es entsteht eine Bindung über ein Sauerstoffatom, eine glykosidische Bindung. **Maltose** zum Beispiel entsteht aus zwei α-Glucosemolekülen, deren Hydroxylgruppen an den ersten und vierten Kohlenstoffatomen α-1,4-glykosidisch verknüpft sind.

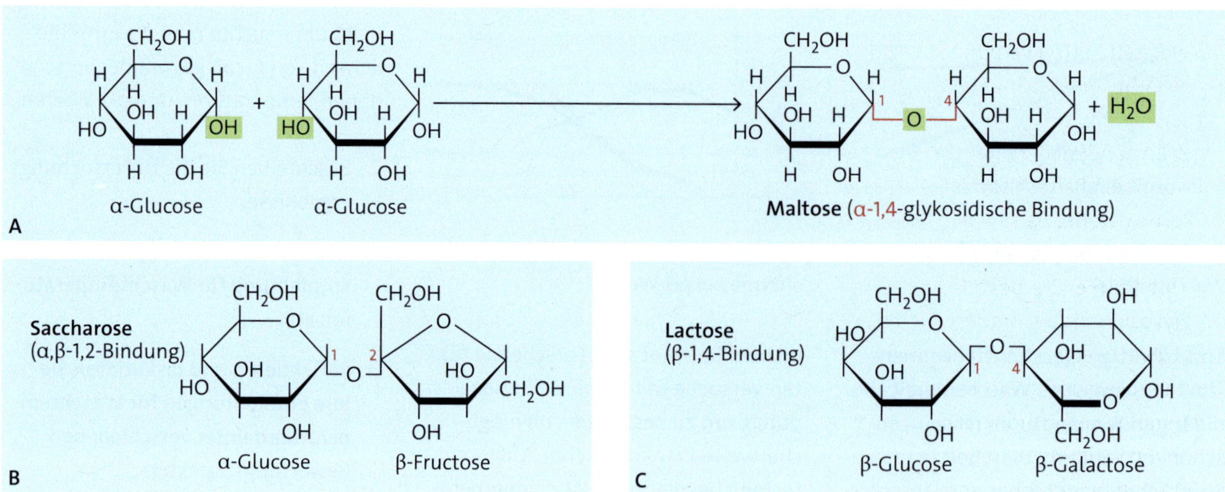

2 Disaccharide: **A** Kondensationsreaktion, **B-C** Beispiele

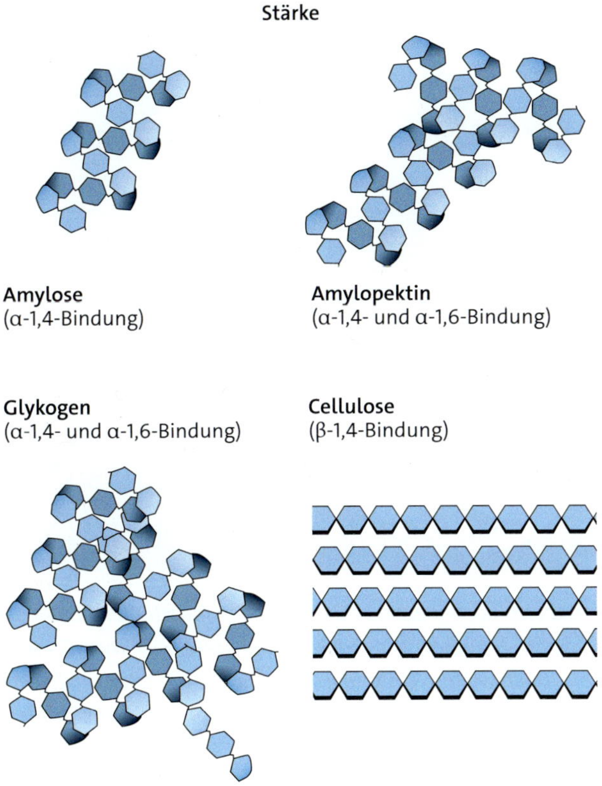

3 Polysaccharide

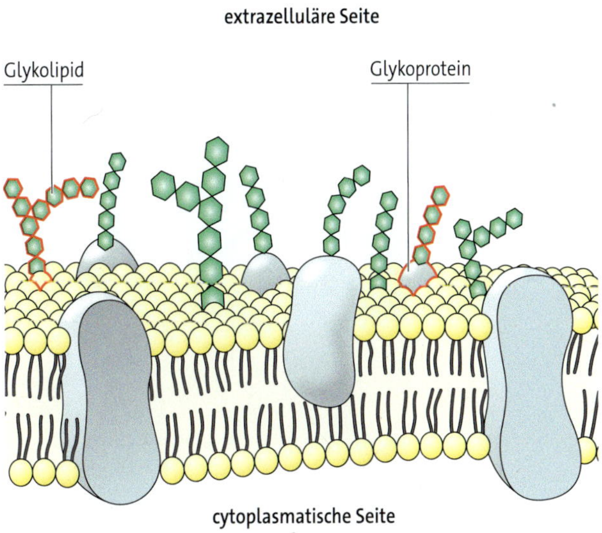

4 Schema einer Biomembran

Biomembran siehe Seite 46–48.

Mehrere Monosaccharide können zu sehr langkettigen, großen Molekülen verknüpft sein. Diese Verbindungen heißen Vielfachzucker oder **Polysaccharide**.

Die meisten Polysaccharide dienen der Zelle als Baustoffe. Der wichtigste pflanzliche Baustoff ist die **Cellulose**. Sie ist Hauptbestandteil der Zellwände. Cellulosemoleküle bestehen aus β-Glucosemolekülen, die über 1,4-Bindungen zu langen, unverzweigten Ketten verbunden sind. Sie bilden lange Fasern, die zur Zellwandstabilität beitragen. Viele Säugetiere besitzen keine Enzyme zur Spaltung der Cellulosemoleküle, sodass dieser Bestandteil der pflanzlichen Nahrung unverdaut bleibt und somit ein Ballaststoff ist. Andere Polysaccharide dienen als Reservestoffe, da sich aus ihnen leicht wieder Monosaccharide gewinnen lassen. Der wichtigste pflanzliche Reservestoff ist **Stärke**. Sie besteht aus α-Glucosemolekülen, die 1,4-glykosidisch zu schraubig gewundenen Ketten verbunden sind. Unverzweigte, schraubig gewundene Glucoseketten aus mehreren Hundert Glucosemolekülen nennt man Amylose. Stärkemoleküle mit größerer Kettenlänge und mit zusätzlichen Seitenverzweigungen, die durch 1,6-Bindungen entstehen, heißen Amylopektin.

Der Reservestoff in Tierzellen, zum Beispiel in Muskel- und Leberzellen, und in Pilzzellen heißt **Glykogen**. Glykogen ist ähnlich gebaut wie Stärke, jedoch stärker verzweigt als Amylopektin.

Polysaccharide erfüllen im Stoffwechsel von Organismen wichtige Funktionen. Sie dienen zum einen als Energiespeicher, beispielhaft sind hier die Stärkeformen Amylose und Amylopektin sowie Glykogen zu nennen. Ferner geben Polysaccharide auch Struktur und Festigkeit wie beispielsweise die bei Pflanzen in Zellwänden vorkommende Cellulose, das Chitin bei Insekten und Pilzzellen und die Hyaluronsäure als Bestandteil des tierischen Bindegewebes. Erwiesen ist auch, dass bestimmte Polysaccharide positiven Einfluss auf das Immunsystem haben. Dies ist für die β-Glucane nachgewiesen.

Zellerkennung • Die Lipide und Proteine einer Biomembran sind mit Kohlenhydratketten verbunden, die man daher als Glykolipide oder Glykoproteine bezeichnet. Die Kohlenhydratketten ragen wie kleine Äste aus der Membran ins Zelläußere. Ihre Zusammensetzung ist für jedes Lebewesen spezifisch, sodass jede Zelle ihren individuellen „Zellausweis" besitzt. Dies ist bedeutsam für die Kommunikation zwischen Zellen mittels Hormonen und anderen Botenstoffe oder auch für die Erkennung durch Zellen des Immunsystems, die dadurch körpereigene von körperfremden Zellen unterscheiden können.

1 Vergleichen Sie die drei Gruppen der Kohlenhydrate in tabellarischer Form.

1.14 Teilung von Zellkern und Zelle

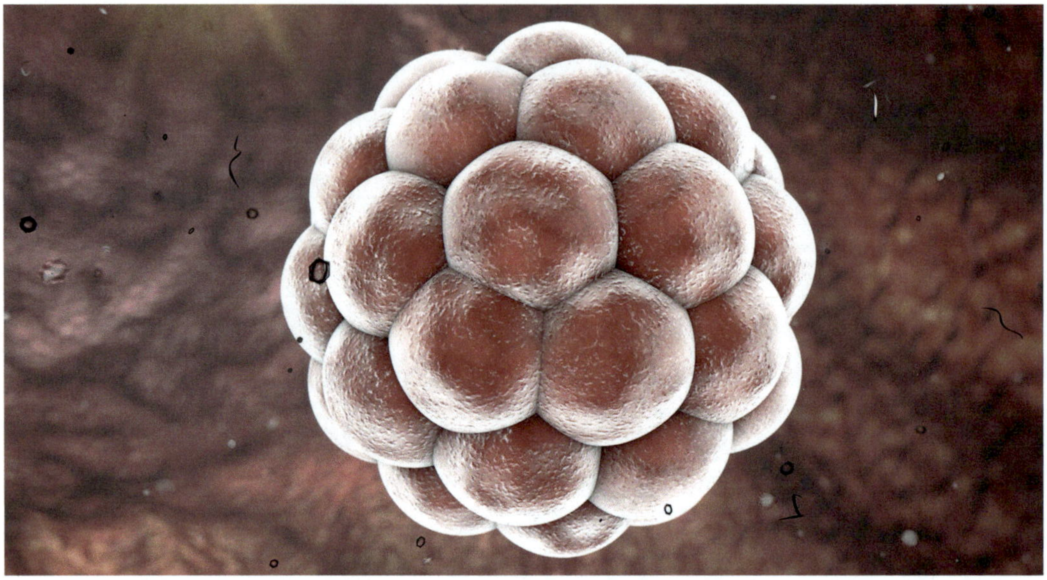

1 Morula des Menschen

Aus der befruchteten Eizelle, der Zygote, entwickelt sich nach mehreren Zellteilungen innerhalb von drei bis vier Tagen im Eileiter der Mutter ein Zellhaufen, der als Maulbeerkeim oder Morula bezeichnet wird. Bis zum erwachsenen Menschen wird die Anzahl der Zellen durch weitere Teilungen auf etwa 100 Billionen ansteigen. Sie alle enthalten im Zellkern dieselbe komplette genetische Information. Wie ist es möglich, dass alle Tochterzellen nach der Zellteilung dieselbe genetische Ausstattung haben?

Teilungsfähigkeit von Zellen • In der frühen Embryonalentwicklung verdoppelt sich die Zellanzahl ungefähr alle 8 min. Dabei vergrößert sich der Embryo nicht. Erst nach Einnistung in die Gebärmutterschleimhaut wird der Embryo mit Nährstoffen versorgt und beginnt zu wachsen.

G = Abkürzung für gap
engl. gap = Lücke

Im erwachsenen Organismus ist die Zellteilungsaktivität sehr verschieden. Die für die Bildung der Blutzellen verantwortlichen Zellen im Knochenmark teilen sich etwa alle 13 h. Die Zellen des Gehirns und des Nervensystems sowie die des Herzmuskels und die der Augenlinse teilen sich im Gegensatz dazu nicht mehr.

Zellzyklus • Bei der lichtmikroskopischen Betrachtung der Spitze einer Zwiebelwurzel fällt sofort das unterschiedliche Aussehen der Zellkerne auf. In den meisten Zellen liegt im Zellkern eine einheitliche Struktur vor, die leicht anzufärben ist und deshalb als Chromatin bezeichnet wird.

griech. chróma = Farbe

Obwohl man auch bei längerer Betrachtung den Eindruck hat, die Zellen befänden sich in Ruhe, haben diese Zellen eine hohe Stoffwechselaktivität und wachsen. Sie befinden sich in der **Interphase**. Die Interphase gliedert man in drei Unterphasen, die nacheinander durchlaufen werden:

In der **G_1-Phase** werden Proteine und RNA hergestellt sowie neue Zellbestandteile und mehr Zellplasma gebildet, sodass die Zelle wächst. Für diese Prozesse ist es notwendig, dass das genetische Material, die DNA, abgelesen werden kann. Die DNA liegt als fadenförmige Struktur vor, sie befindet sich in ihrer Arbeitsform. Temperaturabweichungen oder Nährstoffmangel beeinträchtigen das Zellwachstum in dieser Phase.

Während der nachfolgenden Phase wird die DNA verdoppelt. Aus dieser DNA-Synthese leitet sich die Abkürzung **S-Phase** ab.

Auf die S-Phase folgt die **G_2-Phase** der Zelle. Auch in dieser Phase setzt sich das Wachstum fort. Es werden Proteine synthetisiert, die für die Zellteilung wichtig sind. Gleichzeitig lösen sich die Zellkontakte zu den Nachbarzellen.

In einigen Zellen erkennt man schleifenförmige Strukturen, die **Chromosomen**. Die DNA ist dicht gepackt oder auch kondensiert und kann nicht abgelesen werden. Sie befindet sich in ihrer Transportform. Dieser Zustand der DNA deutet darauf hin, dass die Teilung des Zellkerns kurz bevorsteht. Die anschließende Phase der Teilung des Zellkerns bezeichnet man als **Mitose**.

Im Anschluss an die Mitose erfolgt die eigentliche Teilung der Zelle, die **Cytokinese**. In tierischen Zellen entsteht eine Teilungsfurche, die die beiden entstandenen Tochterzellen voneinander abschnürt. In Pflanzenzellen findet keine Furchung statt. Bei ihnen wandern am Ende der Mitose Vesikel des Golgi-Apparats zur Zellmitte, der Äquatorialebene. Durch Verschmelzen der Vesikel entstehen neue Doppelmembranen, die sich mit den alten Zellmembranen verbinden und zur Ausbildung von zwei Tochterzellen führen. Erst danach setzt die Synthese der neuen Zellwand ein.

Wachstum und Teilung wechseln sich im Zellzyklus ab. Dabei befinden sich die Zellen die meiste Zeit in der G_1-Phase. Bei den sich sehr schnell teilenden Zellen der frühen Embryonalentwicklung wechseln die Zellen nur zwischen Mitose- und S-Phase und überspringen die beiden G-Phasen.

Manche Zellen, beispielsweise Lymphocyten oder Stammzellen, durchlaufen keinen Zellzyklus. Sie ruhen und befinden sich deshalb in einer verlängerten G_1-Phase, die auch als G_0-Phase bezeichnet wird. Durch Stimulation mit Wachstumsfaktoren können sie wieder in den Zellzyklus eintreten.

Steuerung des Zellzyklus • Zellwachstum und Zellteilung sind lebenswichtige Prozesse für das Wachstum und die Entwicklung eines Organismus. Untersuchungen verschiedener Forschergruppen zeigten, dass die Übergänge zwischen den Phasen des Zellzyklus von bestimmten Proteinen gesteuert werden. An speziellen Kontrollpunkten überprüfen diese Proteine den Fortschritt des Zellzyklus, ehe die Zelle in die nächste Phase eintritt. Bevor eine Zelle von der G_1-Phase in die S-Phase übergeht, wird an einem Kontrollpunkt das Wachstum der Zelle überprüft. Am Ende der G_2-Phase erfolgt die Kontrolle, ob die DNA-Synthese vollständig abgelaufen und die DNA intakt ist. Sollte die DNA fehlerhaft sein, wird der Zellzyklus angehalten und die DNA repariert. Falls dies nicht möglich ist, wird der Zelltod, die Apoptose eingeleitet. Ein wichtiges Protein dieses Kontrollpunkts ist p53. Wenn dieses Protein nicht richtig funktioniert, teilt sich die Zelle unkontrolliert. Der Funktionsverlust von p53 ist häufig die Ursache für die Entstehung von Krebs.
Ein dritter Kontrollpunkt befindet sich am Ende der Metaphase der Mitose. Hier wird überprüft, ob alle Chromosomen korrekt an die Spindelfasern angeknüpft sind.

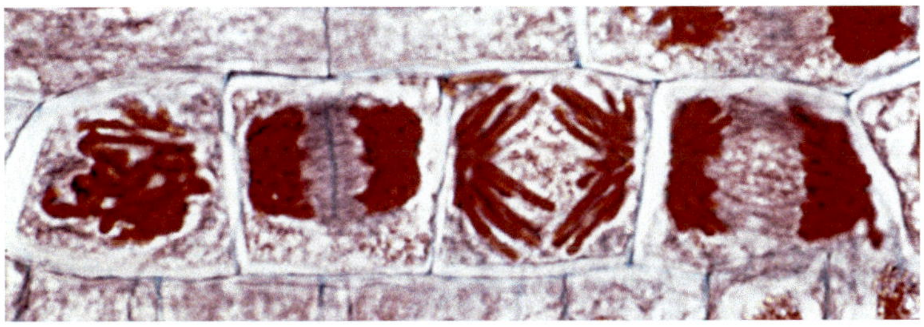

2 Zellen der Zwiebelwurzel im Lichtmikroskop

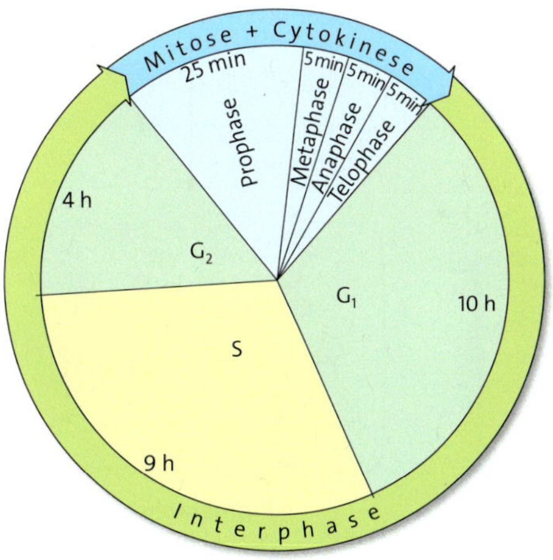

3 Phasen des Zellzyklus

Zelltyp	Gesamtzyklus	G_1-Phase	S-Phase	G_2-Phase	Mitose
Knochenmarkzellen (Bildung der Blutzellen)	13	2	8	2	1
Dünndarmzellen	17	6	8	2	1
Dickdarmzellen	33	22	8	2	1
Hautzellen	1000	989	8	2	1
Leberzellen	10 000	9 989	8	2	1

4 Ungefähre Dauer der Phasen des Zellzyklus menschlicher Zellen in Stunden

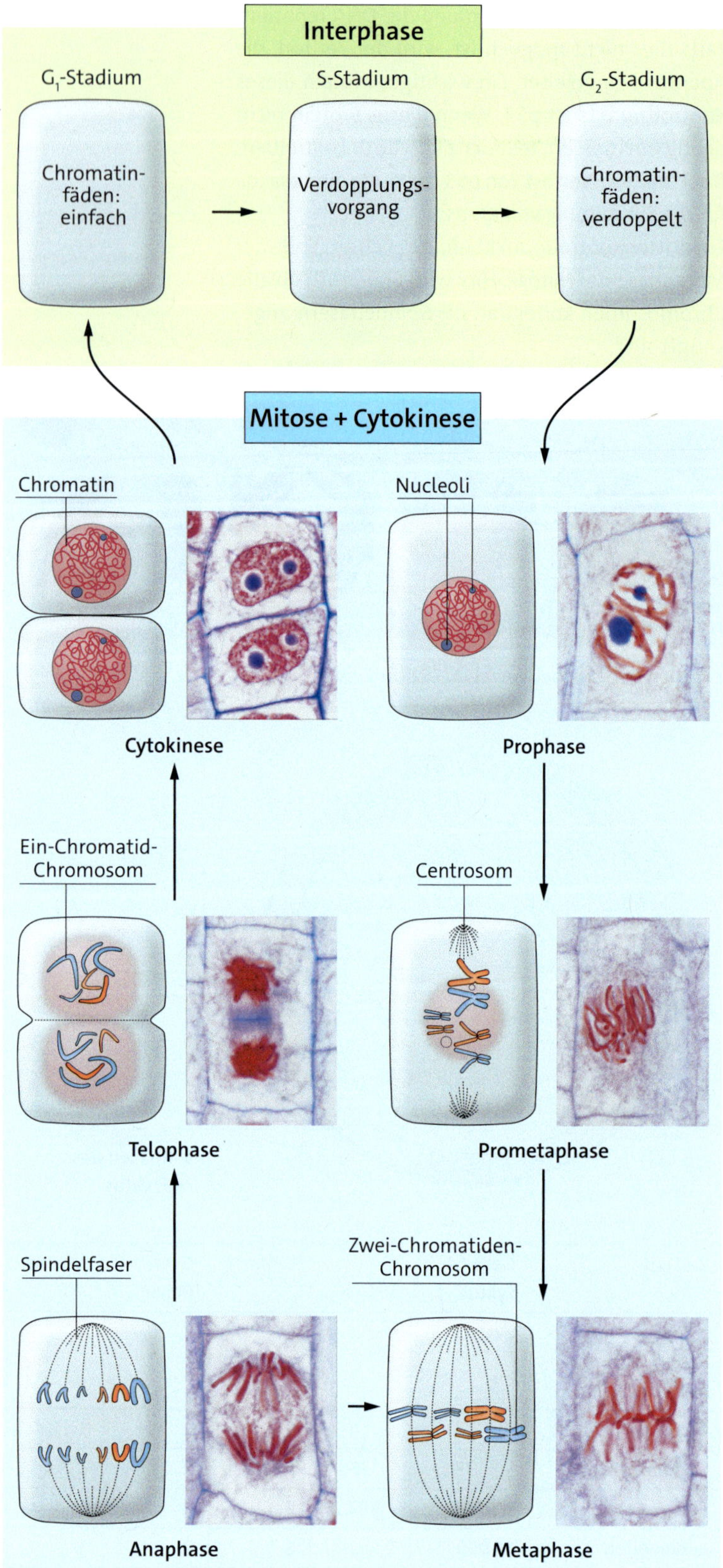

1 Phasen der Mitose im Zellzyklus der Küchenzwiebel

Ablauf der Mitose • Die Phase im Zellzyklus der Eukaryoten, in der aus einem Zellkern zwei genetisch identische Zellkerne hervorgehen, heißt Mitose. Dieser kontinuierlich ablaufende Prozess lässt sich einfacher beschreiben, wenn man ihn in Phasen unterteilt:

Prophase: In der Prophase lösen sich die Nucleoli auf. Gleichzeitig winden sich die Chromatinfäden schraubenförmig auf, werden immer kompakter und verdichten sich zu den im Lichtmikroskop sichtbaren Zwei-Chromatiden-Chromosomen, die auch als Doppelchromosomen bezeichnet werden. Die Zwei-Chromatiden-Chromosomen werden an einer Verbindungsstelle, dem Centromer, zusammengehalten. Im Lichtmikroskop nicht sichtbar ist ein kleines Organell in der Nähe des Zellkerns, aus dem durch Teilung das Centrosomenpaar hervorgeht. Die Centrosomen wandern zu den Zellpolen und organisieren von dort den Spindelfaserapparat aus Bündeln von röhrenförmigen Eiweißmolekülen, den Mikrotubuli.

Prometaphase: Die Chromosomen verdichten sich weiter und treten deutlicher hervor. Die Kernmembran löst sich auf. Im Bereich des Centromers befindet sich eine Stelle, an der die Spindelfasern anheften, das Kinetochor.

Metaphase: Die Chromosomen ordnen sich in einer Ebene in der Mitte der Zelle an, der Äquatorialebene. Die Zwei-Chromatiden-Chromosomen sind mit den Spindelfasern verbunden, werden aber noch am Centromer zusammengehalten.

Anaphase: Sobald sich die Zwei-Chromatiden-Chromosomen voneinander trennen, beginnt die Anaphase. Durch Bewegungsvorgänge an den Spindelfasern werden die Chromatiden zu den Zellpolen gezogen. Sie bewegen sich mit einer Geschwindigkeit von etwa 1 µm pro min. Am Ende der Anaphase befindet sich an beiden Zellpolen ein vollständiger Chromosomensatz aus Ein-Chromatid-Chromosomen.

Telophase: Die Spindelfasern werden abgebaut. Gleichzeitig beginnt die Neubildung der Kernmembranen und Nucleoli. Die Ein-Chromatid-Chromosomen entwinden sich zu Chromatinfäden. Beide neu entstandenen Zellkerne enthalten jetzt die gleiche Erbinformation. Erst am Ende der Mitose beginnt die Cytokinese. Die beiden Tochterzellen werden gebildet.

Spindelfaserapparat • Während der Mitose werden die Chromatiden auf die beiden Tochterzellen aufgeteilt. Diesen Vorgang ermöglicht ein Gerüst, an dem die Chromatiden zu den Zellpolen gezogen werden, der Spindelfaserapparat. Er ist aus dünnen, hohlen Röhren aufgebaut, den Mikrotubuli.

Es gibt drei Mikrotubilitypen, die jeweils aus einzelnen Tubulinmolekülen bestehen. Die sternförmig von den Centrosomen ausstrahlenden Mikrotubuli, die Astral-Mikrotubuli, verankern den Spindelfaserapparat in der Zelle. Die Verbindung der Centrosomen mit den Kinetochoren der Chromatiden erfolgt über die Kinetochor-Mikrotubuli. Andere Mikrotubuli reichen von den Centrosomen über die Äquatorialebene hinaus. Sie überlappen in der Zellmitte und werden als Pol-Mikrotubuli bezeichnet.

Während der Anaphase verkürzen sich die Kinetochor-Mikrotubuli. Dies geschieht durch den Abbau der Tubulinmoleküle an den Kinetochoren. Dadurch werden die Chromatiden in Richtung der Centrosomen gezogen.

Die Bewegung der Chromatiden zu den Centrosomen wird verstärkt, indem die Pol-Mikrotubuli in der Überlappungszone durch Anbau von Tubulinmolekülen ständig verlängert werden. Gleichzeitig veranlassen spezifische Proteine, die Motorproteine, in der Überlappungszone der Pol-Mikrotubuli, dass diese aneinander vorbei auseinandergleiten. Dadurch werden die Centrosomen zu den Zellpolen geschoben.

Der Spindelfaserapparat und die Motorproteine sind Bestandteile eines Netzwerks im Cytoplasma der Zelle, des **Cytoskeletts**. Es ermöglicht Bewegungen und Transportvorgänge sowie die Stabilisierung der Zelle. Die für die Bewegungen und die Transportvorgänge benötigte Energie wird durch die Hydrolyse von ATP gewonnen.

1 Vergleichen Sie die unterschiedlichen Teilungsraten der verschiedenen Zelltypen.

2 Erläutern Sie den Ablauf des Zellzyklus und die jeweils stattfindenden Prozesse.

3 Erklären Sie anhand der Funktion der unterschiedlichen Spindelfasern die Bedeutung des Cytoskeletts für die Mitose.

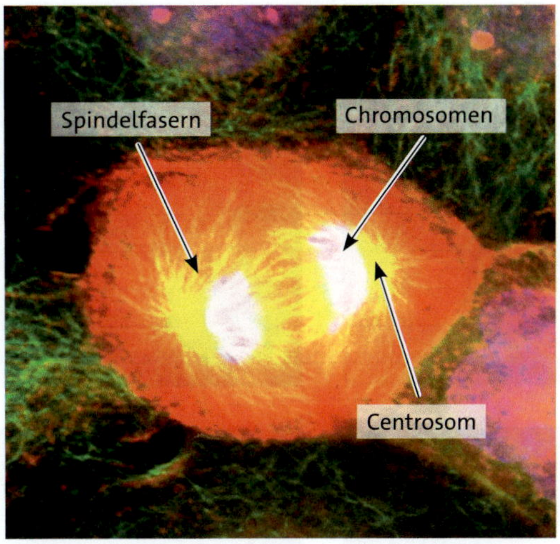

2 Fluoreszenzaufnahme des Spindelfaserapparats einer menschlichen Zelle während der Anaphase

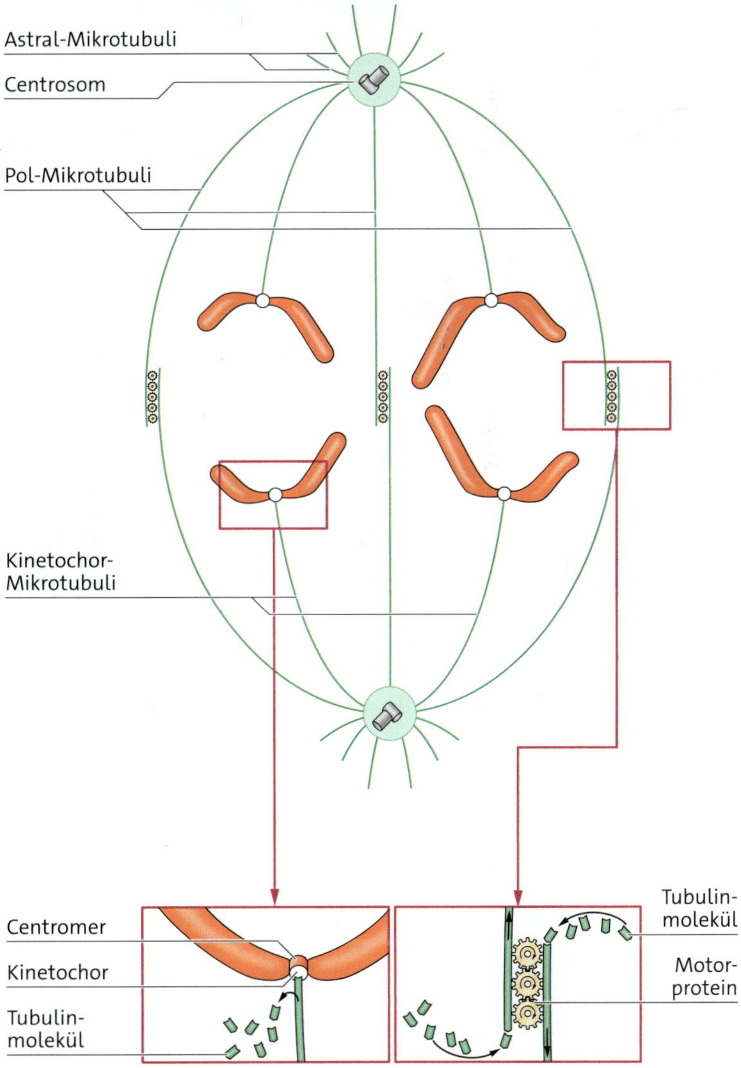

3 Funktion des Spindelfaserapparats während der Anaphase

Material A Mitosestadien

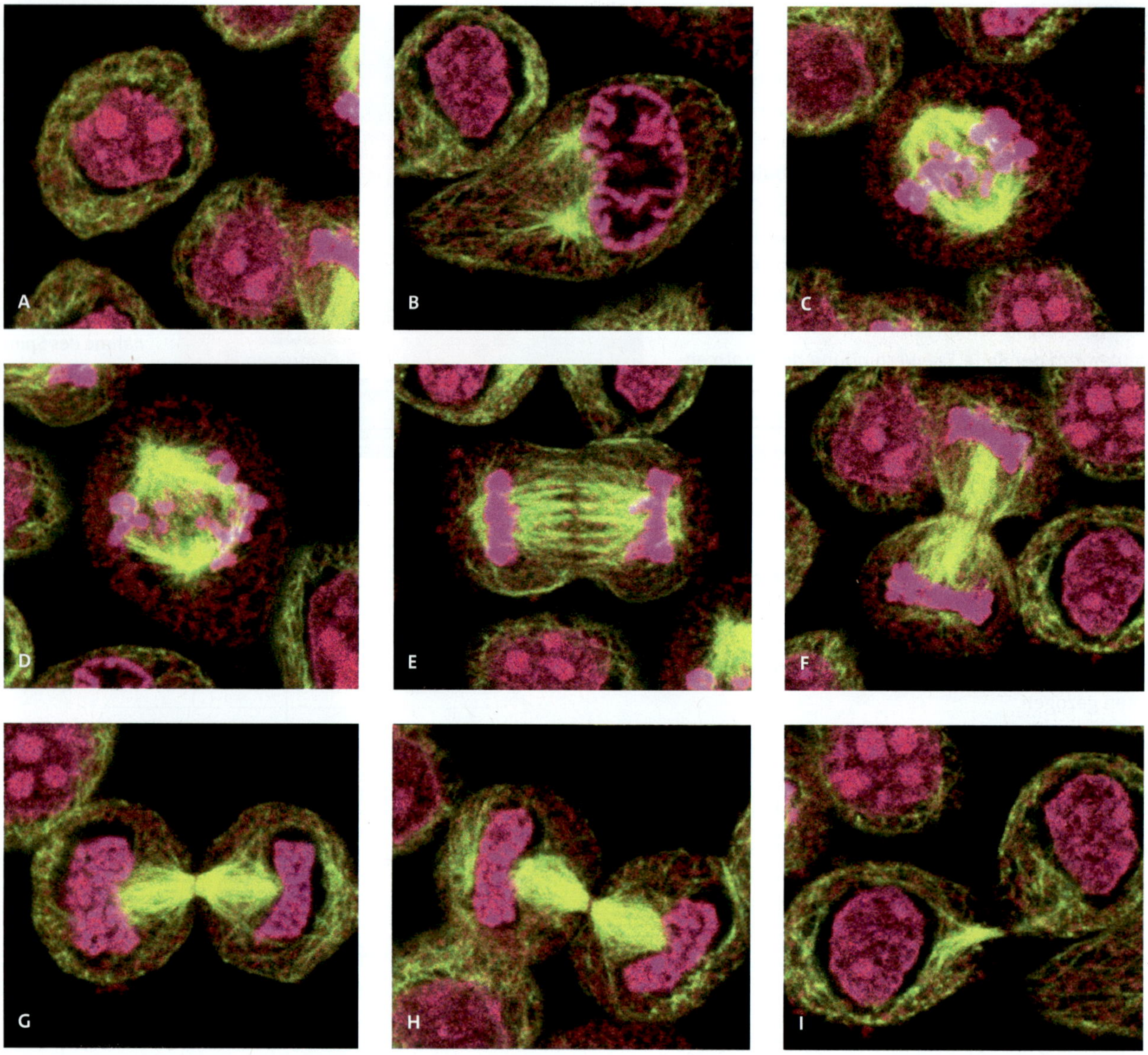

Veränderung des DNA-Gehalts im Laufe des Zellzyklus

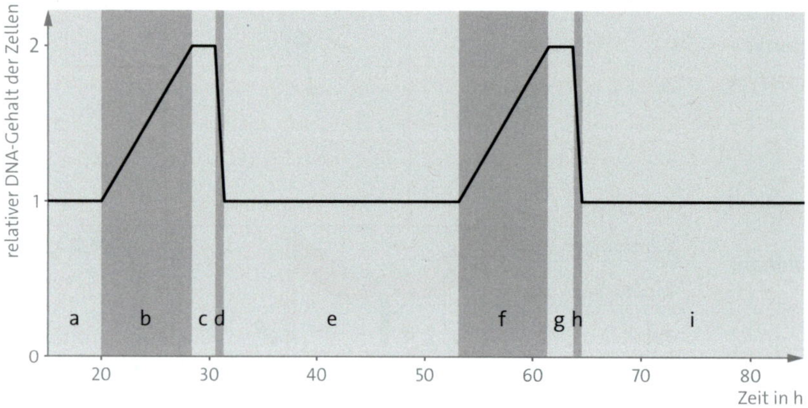

1 Begründen Sie, welche Phasen der Mitose in den mikroskopischen Aufnahmen dargestellt sind.

2 Benennen Sie die im Diagramm mit Buchstaben versehenen Abschnitte des Zellzyklus und erläutern Sie, was in den einzelnen Abschnitten in der Zelle geschieht.

3 Stellen Sie eine Hypothese auf, um welchen Zelltyp es sich bei den Zellen im Diagramm jeweils handeln könnte. Nehmen Sie Ihre Kenntnisse zum Zellzyklus zu Hilfe.

Material B Wirkungen der Zytostatika

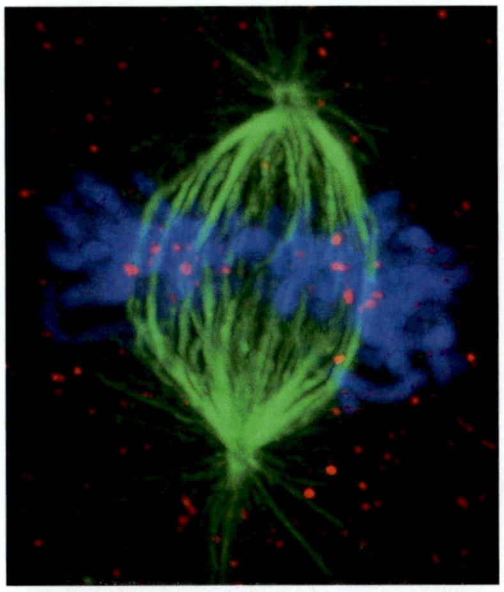

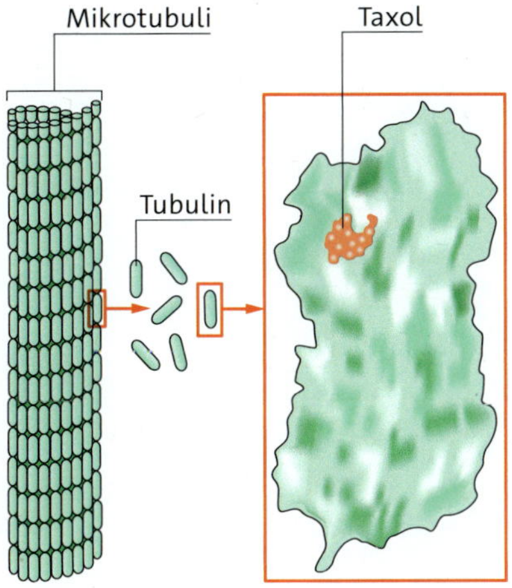

Zelltyp	Häufigkeit der Zellteilung bzw. der Neubildung
Dünndarmzellen	alle 1 bis 2 Tage
Magenschleimhautzellen	alle 7 Tage
Schleimhautzellen der Lunge	alle 8 Tage
rote Blutzellen	alle 120 Tage
weiße Blutzellen	sehr unterschiedlich, häufig alle 1 bis 2 Tage
Blutplättchen	alle 8 Tage
Haarwurzelzellen	zweimal pro Tag

Nebenwirkungen der Chemotherapie
Übelkeit, Erbrechen und Durchfall
Haarausfall
Müdigkeit und körperliche Schwäche aufgrund der Verminderung der Anzahl der roten Blutzellen
stärkere Nasen- und Schleimhautblutungen sowie Blut im Stuhl oder Urin aufgrund der Verminderung der roten Blutplättchen
erhöhte Anfälligkeit für Infektionen aufgrund der Verminderung der weißen Blutzellen

In jedem Zellzyklus werden während der Mitose Spindelfasern aus Mikrotubuli auf- und wieder abgebaut. In der Synthesephase wird die DNA verdoppelt. Bei Krebszellen ist die Steuerung des Zellzyklus ausgefallen. Sie teilen sich deshalb sehr häufig und bewirken damit das schnelle Wachstum eines Tumors.

In den 1950er- und 1960er-Jahren hat das National Cancer Institute in den USA etwa 35 000 Pflanzenarten untersuchen lassen, um neue Medikamente für die Krebstherapie zu finden.

Bei der Pazifischen Eibe wurde man fündig. Der hochgiftige Eibenextrakt Taxol hemmt die Teilung der sich schnell teilenden Krebszellen. Taxol bindet an die Bausteine der Mikrotubuli, die Tubulinmoleküle. Die dadurch veränderten Tubulinmoleküle stabilisieren die Mikrotubuli des Cytoskeletts, sodass es nicht mehr abgebaut wird. Daher kann der Teilungszyklus der Mitose nicht beendet werden. Die Zelle leitet den Zelltod, die Apoptose, ein.

Viele in der chemischen Krebstherapie eingesetzte Medikamente haben ähnliche Wirkungen. Sie verhindern auf verschiedenen Wegen die Zellteilung und werden deshalb als Zytostatika bezeichnet. Einige Medikamente binden an die DNA und verhindern deren Verdoppelung in der Synthesephase des Zellzyklus, andere bewirken in dieser Phase irreversible DNA-Brüche. Bei einer Chemotherapie werden häufig mehrere Medikamente miteinander kombiniert, die in verschiedenen Phasen des Zellzyklus wirken.

Zytostatika können jedoch nicht zwischen Tumorzellen und gesunden Zellen unterscheiden. Durch die Chemotherapie werden deshalb auch andere sich teilende Zellen gesunder Gewebe angegriffen.

1 Beschreiben Sie die Bedeutung des Spindelfaserapparats für die Mitose.

2 Begründen Sie die medizinische Anwendung von Zytostatika bei der Chemotherapie.

3 Erklären Sie die Nebenwirkungen der Chemotherapie anhand der Lebensdauer der verschiedenen Zellen.

4 Nehmen Sie Stellung zum Einsatz von Chemotherapeutika vor dem Hintergrund der damit verbundenen Risiken.

5 Stellen Sie anhand des Zellzyklus eine Hypothese auf, weshalb bei einer Chemotherapie nicht alle Tumorzellen erreicht werden.

1.15 Geschlechtszellen

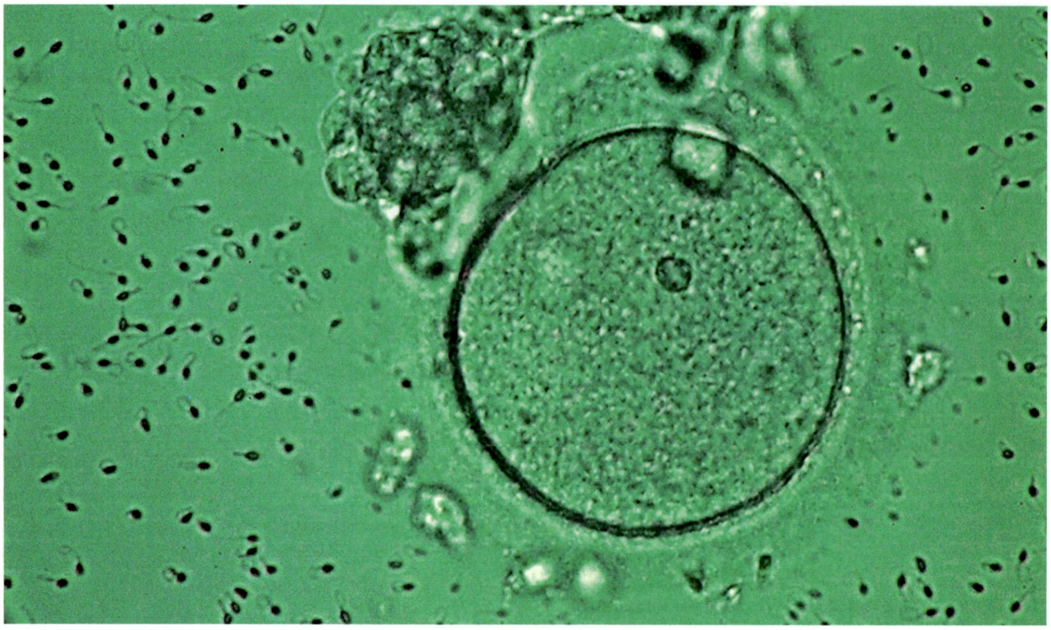

1 Zusammentreffen von Spermienzellen und Eizelle (lichtmikroskopische Aufnahme)

Winzige Spermienzellen schwimmen um eine Eizelle und bewegen sich auf sie zu. Mithilfe chemischer Signale haben sich die Geschlechtszellen gefunden. Nach dem Eindringen einer der Spermienzellen wird die Eizelle befruchtet. Die Entwicklung eines neuen Menschen kann beginnen. Wie sind diese besonderen Zellen, welche die sexuelle Fortpflanzung ermöglichen, gebaut und wie werden sie gebildet?

Eizelle und Spermienzelle • Die Geschlechtszellen, auch Gameten genannt, sind spezialisierte Zellen, die ganz besondere Merkmale aufweisen. Sie entwickeln sich in speziellen Teilen der Geschlechtsorgane, den Geschlechtsdrüsen. Die Frau bildet in den Eierstöcken Eizellen, der Mann in den Hoden Spermienzellen.

Unter dem Lichtmikroskop fallen reife menschliche Eizellen besonders durch ihre Größe von etwa 120 bis 200 µm auf. Die Eizelle wird so groß, weil sie im Laufe ihrer Entwicklung viele Nährstoffe aus den umgebenden Hilfszellen, den Follikelzellen, aufnimmt. Diese Nährstoffe dienen als Reservestoffe für die ersten Entwicklungsschritte des Embryos. Sie werden als Dotter bezeichnet.

Die Spermienzellen sind mit einer Gesamtlänge von 60 µm deutlich kleiner. Sie haben einen zu ihrer Funktion passenden Bau: Der nur 5 µm große Kopfteil enthält den Zellkern, wenig Zellplasma und das Akrosom, das dem Zellkern wie eine Kappe aufliegt und Enzyme enthält. Im Mittelteil befinden sich viele Mitochondrien. Sie stellen die Energie für die Fortbewegung bereit. Die Fortbewegung ermöglicht der Schwanzfaden, auch Geißel genannt. Der Bau der Spermienzellen ermöglicht es ihnen, aktiv auf die Eizelle zuzuschwimmen.

Befruchtung • Die menschliche Eizelle ist von einer durchsichtigen, schützenden Schicht, der Eihülle, umgeben. An ihr befinden sich Spermienzellrezeptoren. Die Spermienzellen binden dort und das Akrosom setzt eiweißspaltende Enzyme frei, sodass die Eihülle durchdrungen werden kann. Gelangt eine Spermienzelle bis zur Eizellmembran, fusionieren die beiden Zellmembranen zu einer Befruchtungsmembran. Dadurch können keine weiteren Spermienzellen die Eizellmembran durchdringen. So wird gewährleistet, dass immer nur eine Spermienzelle mit der Eizelle verschmilzt. Der Zellkern der Spermienzelle, in dieser Phase als männlicher Vorkern bezeichnet, gelangt in das Cytoplasma der weiblichen Eizelle und wandert auf den Zellkern der Eizelle, den weiblichen Vorkern, zu. Die Chromosomen der beiden Vorkerne vermischen sich. Die Eizelle ist befruchtet.

Bei der **sexuellen Fortpflanzung** wird somit mütterliches und väterliches genetisches Material neu kombiniert.

Chromosomensatz der Geschlechtszellen • Mitte des 19. Jahrhunderts konnten Biologen erstmalig bei der Befruchtung von Ei- und Spermienzelle eine Verschmelzung der beiden Zellkerne im Lichtmikroskop beobachten. Diese Beobachtung führte zu der Annahme, dass sich die Zellkerne der Geschlechtszellen von denen der Körperzellen unterscheiden müssten. Ende des 19. Jahrhunderts wurde dann tatsächlich nachgewiesen, dass Körperzellen 46 Chromosomen enthalten, Geschlechtszellen nur 23. Man spricht bei den Geschlechtszellen von einem einfachen, einem **haploiden** Chromosomensatz, bei den Körperzellen von einem doppelten, einem **diploiden** Chromosomensatz. Von den 23 Chromosomen einer Geschlechtszelle ist eines das Geschlecht bestimmende Chromosom oder **Gonosom**, die anderen nennt man **Autosomen**. Beim Menschen gibt es zwei verschiedene Gonosomen, das X-Chromosom und das Y-Chromosom. Eizellen enthalten immer ein X-Chromosom, Spermienzellen können ein X- oder ein Y-Chromosom enthalten.

Bei der Befruchtung verschmelzen die haploiden Zellkerne von Ei- und Spermienzellen. Die 22 Autosomen von Mutter und Vater sind sich jeweils strukturell ähnlich, man nennt sie **homolog**. Trifft eine Spermienzelle, die neben den 22 Autosomen ein Y-Chromosom enthält, auf die Eizelle mit 22 Autosomen und einem X-Chromosom, so entsteht genetisch gesehen ein Junge. Enthalten sowohl Eizelle als auch Spermienzelle ein X-Chromosom, entsteht ein Mädchen. Die Kombination der Erbinformation von Vater und Mutter bei der Befruchtung führt somit zu einer befruchteten Eizelle, einer **Zygote**, mit einem diploiden Chromosomensatz. Aus ihr gehen dann durch mitotische Zellteilungen alle diploiden Körperzellen des heranwachsenden Menschen hervor.

Auch die Geschlechtszellen in den Geschlechtsdrüsen sind zunächst diploid. Im Laufe der Entwicklung eines Menschen wird der Chromosomensatz in den Geschlechtszellen auf einen haploiden reduziert, da sich sonst von Generation zu Generation der Chromosomensatz verdoppeln würde. Die haploiden

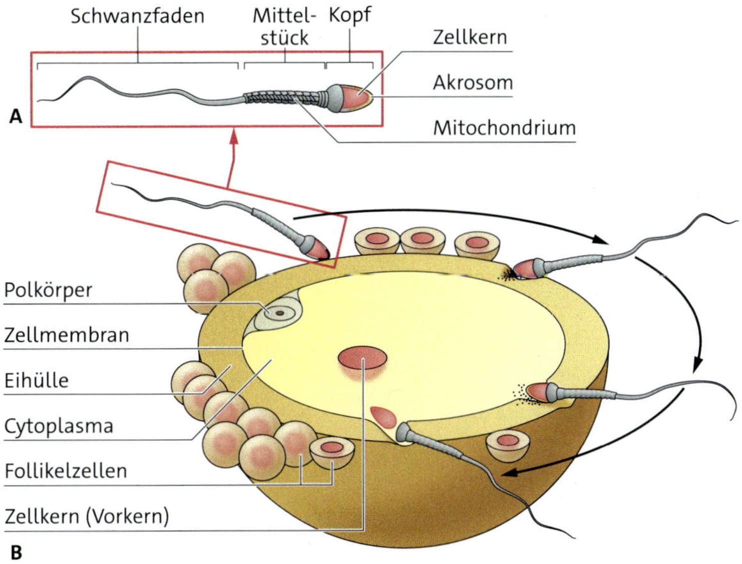

2 Geschlechtszellen und Befruchtung (Schema): **A** Spermienzelle, **B** Eizelle

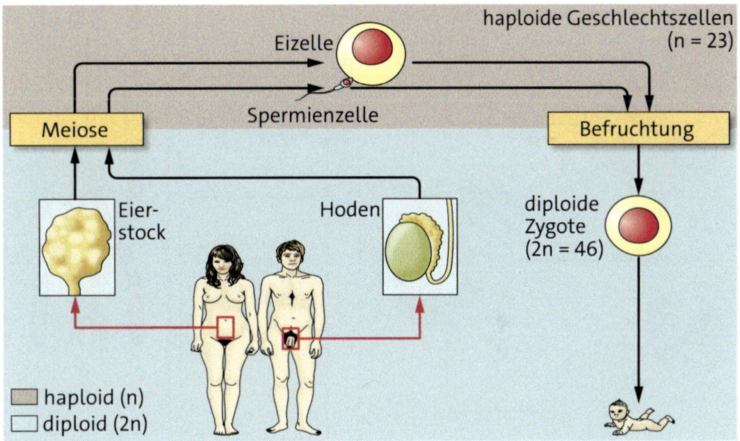

3 Schema der Geschlechtszellenbildung im Lebenszyklus

Geschlechtszellen entstehen folglich aus diploiden Urgeschlechtszellen. Der Vorgang der Geschlechtszellenreifung heißt **Meiose**. Sie lässt sich sowohl bei der Eizellreifung, der Oogenese, als auch bei der Spermienzellenreifung, der Spermatogenese, in zwei Teilschritte gliedern, die erste und die zweite Reifeteilung.

1 Vergleichen Sie den Bau und die Eigenschaften von Eizelle und Spermienzelle in Form einer Tabelle.

2 Erläutern Sie die Bedeutung der genetischen Besonderheiten der Geschlechtszellen für die sexuelle Fortpflanzung.

Erste Reifeteilung der Meiose • Die Chromosomen der Urgeschlechtszellen liegen zu Beginn der Meiose als dünne, fädige Zwei-Chromatiden-Chromosomen vor, da die DNA vor der Reifeteilung verdoppelt wurde.

In der Prophase I legen sich die jeweils homologen väterlichen und mütterlichen Zwei-Chromatiden-Chromosomen dicht aneinander. Sie werden nach und nach reißverschlussartig durch Proteine in Längsrichtung zusammengehalten.

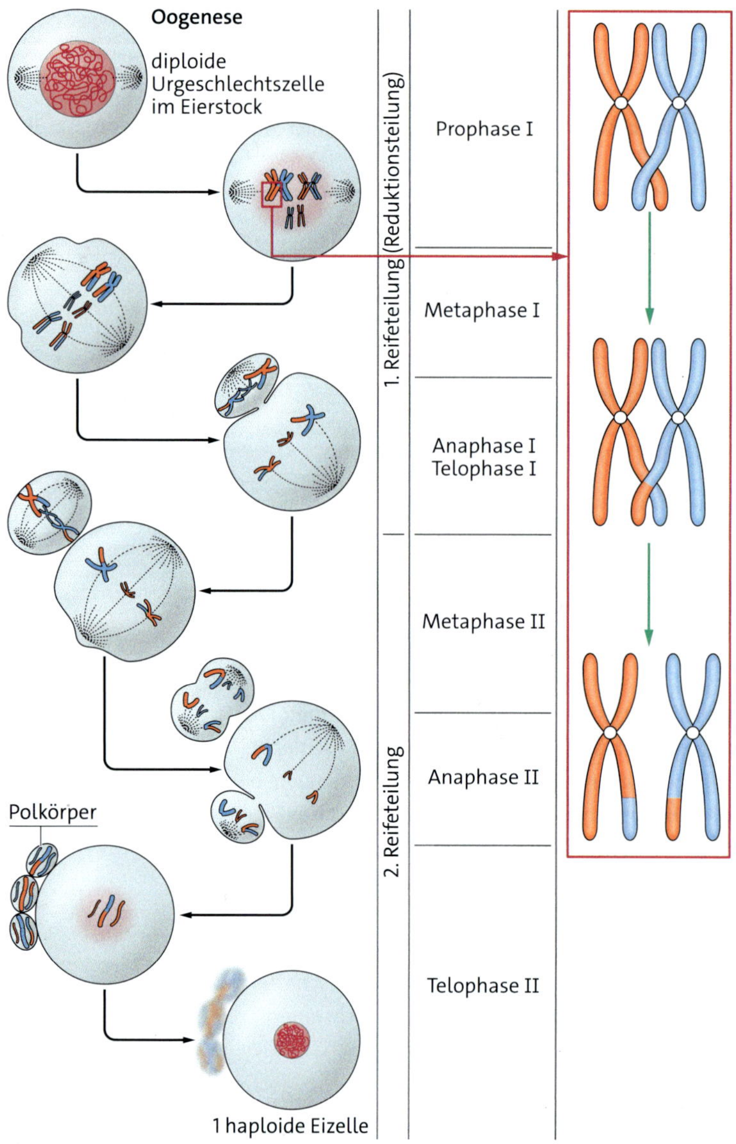

1 Bildung der Eizelle beim Menschen am Beispiel von drei Chromosomenpaaren

Sind die beiden homologen Chromosomen vollständig gepaart, bilden sie jeweils ein lichtmikroskopisch gut erkennbares Gefüge aus vier nebeneinanderliegenden Chromatidenfäden, eine **Tetrade**. Bei der Geschlechtszellenbildung beim Menschen erkennt man also 23 Tetraden. In diesem Stadium kann es zu Brüchen in Chromatiden kommen sowie zu einem überkreuzweisen Austausch von Chromosomenabschnitten zwischen mütterlichen und väterlichen Chromatiden. Im Lichtmikroskop werden diese **Crossing-over**-Ereignisse später als Überkreuzungsstellen sichtbar, die **Chiasmata**.

In der Metaphase I ordnen sich die homologen Chromosomenpaare in der Äquatorialebene der Zelle an. Spindelfasern, die sich bereits in der Prophase gebildet haben, treten in Kontakt mit den Centromeren der Chromosomen.

In der Anaphase I werden die homologen Chromosomen voneinander getrennt und zu den entgegengesetzten Zellpolen gezogen. An jedem Zellpol ist nun von jedem homologen Chromosomenpaar nur noch eines vorhanden. Danach wird das Cytoplasma geteilt. Bei der Eizellenbildung wird das Cytoplasma ungleich auf die beiden Tochterzellen verteilt, die spätere Eizelle enthält viel Cytoplasma, die kleinere Zelle wenig, sie wird als Polkörper bezeichnet.
Die erste Reifeteilung führt also zur Halbierung des Chromosomensatzes, es sind zwei haploide Tochterzellen entstanden.

Zweite Reifeteilung der Meiose • In der Prophase II wird in jeder haploiden Tochterzelle ein neuer Spindelfaserapparat gebildet. Die folgenden Schritte verlaufen ähnlich wie bei der Mitose. Die Zwei-Chromatiden-Chromosomen ordnen sich in der Metaphase II in der Äquatorialebene an. In der Anaphase II werden die Chromatiden der Zwei-Chromatiden-Chromosomen am Centromer getrennt und jeweils zu den Zellpolen transportiert. In der nachfolgenden Telophase II bildet sich eine Zellkernmembran, es folgt die Teilung des Zellplasmas, die Cytokinese. Es sind vier haploide Tochterzellen entstanden: bei der Eizellenbildung die große Eizelle und die drei Polkörper mit jeweils 23 Ein-Chromatid-Chromosomen. Die haploiden Tochterzellen sind durch die zufällige Verteilung der Chromosomen und das Crossing-over in der Metaphase I genetisch unterschiedlich.

Material A Spermatogenese – Reifung von Spermienzellen beim Menschen

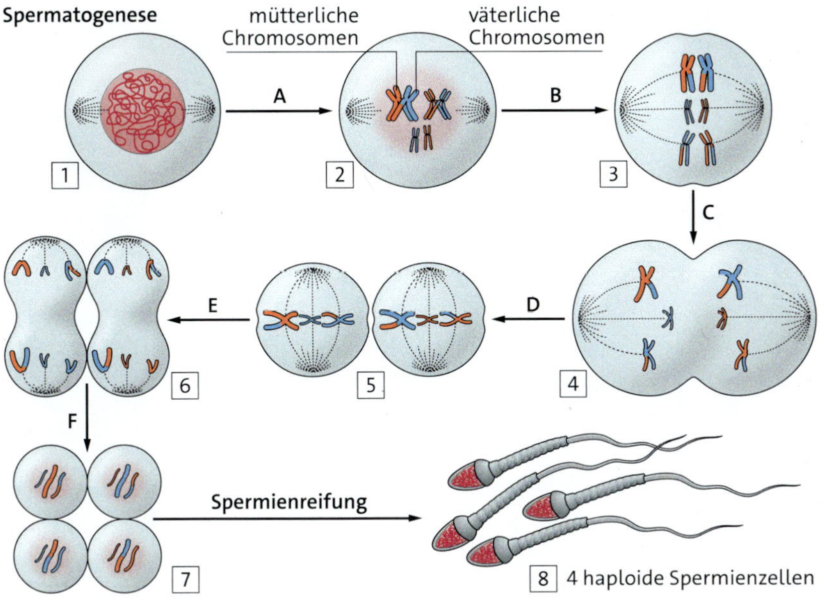

Die Oogenese und die Spermatogenese führen zu sehr unterschiedlich aussehenden Geschlechtszellen. Trotzdem lassen sich beide Vorgänge gut vergleichen.

1 Ordnen Sie die Phasen der Meiose den Zahlen in der Abbildung der Spermatogenese zu. Beschreiben Sie die Abläufe von A bis F.

2 Erläutern Sie Gemeinsamkeiten und Unterschiede der Oogenese und der Spermatogenese.

3 Begründen Sie, dass die Meiose die Voraussetzung für sexuelle Fortpflanzung ist.

4 Vergleichen Sie Mitose und Meiose und stellen Sie die Unterschiede übersichtlich tabellarisch dar. Skizzieren Sie dazu wesentliche Phasen, die die Unterschiede bedingen.

5 Erklären Sie anhand der Abbildung zur Spermatogenese, weshalb Geschlechtszellen genetisch unterschiedlich sind.

Material B Behandlung von Unfruchtbarkeit beim Mann

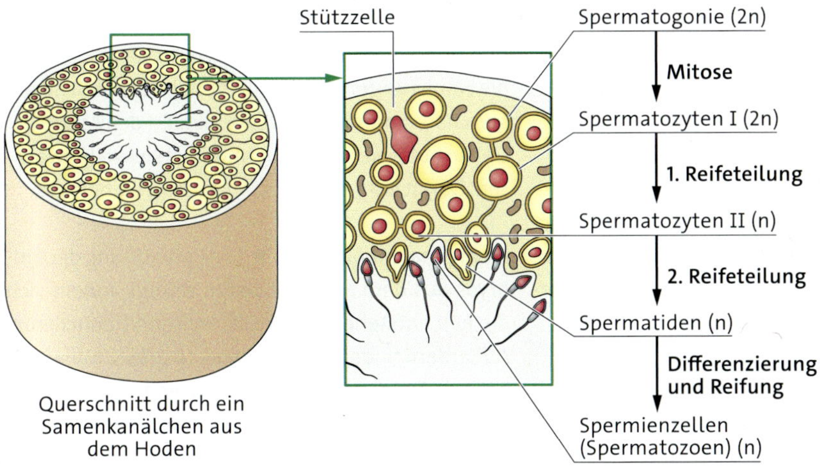

Querschnitt durch ein Samenkanälchen aus dem Hoden

Bei etwa 1 % der Männer enthält die Spermienflüssigkeit keine Spermienzellen. Diese Männer können keine Kinder zeugen, sie sind unfruchtbar. Japanischen Forschern gelang es, Zellen aus dem Hodengewebe der betroffenen Männer zu entnehmen. Sie nutzten diese zur künstlichen Befruchtung einer reifen Eizelle. Auf diese Weise konnten 14 Kinder gezeugt und geboren werden, darunter vier Mädchen und zehn Jungen.

1 Beschreiben Sie die Veränderungen, die die Zellen von der Urspermienzelle bis zur fertigen Spermienzelle durchmachen.

2 Entwickeln Sie eine begründete Vermutung, welche Zellen die Wissenschaftler aus dem Hoden für die künstliche Befruchtung entnommen haben.

3 Zeigen Sie anhand von Skizzen zur Metaphase I und II, wie viele X- und Y-haltige Spermienzellen aus jeder Urgeschlechtszelle entstehen können.

4 Zeichnen Sie schematisch die Befruchtung einer Eizelle, die zu einem Jungen beziehungsweise zu einem Mädchen führt. Entwickeln Sie eine begründete Vermutung, wie viele Jungen und Mädchen bei natürlicher Befruchtung zu erwarten wären.

5 Recherchieren Sie Erklärungen für Abweichungen vom zu erwartenden Verhältnis auch bei einer natürlichen Befruchtung.

1.16 Embryonalentwicklung des Menschen

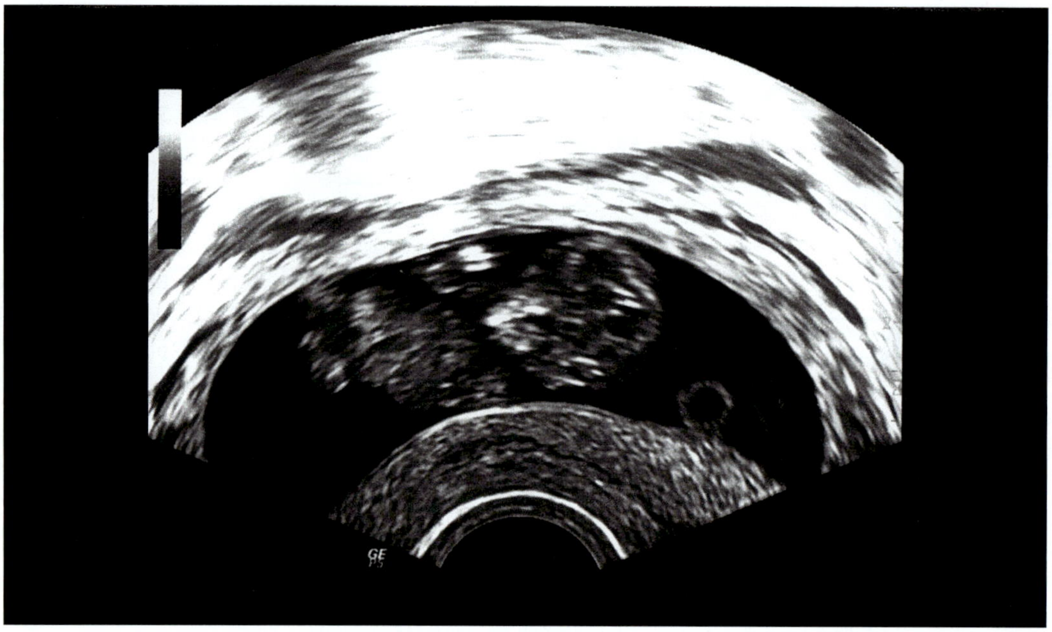

1 Ultraschallbild eines Ungeborenen in der 10. Schwangerschaftswoche

Gut geschützt liegt der Embryo in der Gebärmutter. Mithilfe einer Ultraschalluntersuchung lässt sich in der 10. Schwangerschaftswoche bereits erkennen, dass der Embryo eine menschliche Gestalt hat. Deutlich sichtbar sind der Kopf und der Rumpf sowie die Anlagen für die Arme und Beine. Innerhalb von wenigen Wochen ist aus der befruchteten Eizelle dieser Embryo herangewachsen. Wie hat er sich entwickelt und wodurch ist seine Entwicklung gefährdet?

2 Entwicklung der Zygote vor der Einnistung

Zelluläre Entwicklung • Nach dem Eisprung gelangt die Eizelle in den Eileiter. Dort kann sie von einer Spermienzelle befruchtet werden. Die aus der **Befruchtung** entstehende befruchtete Eizelle teilt sich bereits auf dem Weg durch den Eileiter zur Gebärmutter. Die ersten Zellteilungen nach der Befruchtung werden Furchung genannt. Sie führen zu einem Zellhaufen aus gleichartigen Zellen. Etwa am vierten Tag kommt es zu einer Ausbildung unterschiedlicher Zellen, zu einer Differenzierung der Zellen. Dabei entsteht ein kugelförmiger Körper, das Keimbläschen oder die **Blastozyste**. Sie besteht aus einer äußeren Zellschicht, dem Trophoblasten, und einer inneren Zellschicht, dem Embryoblasten. Nur aus dieser Schicht entwickelt sich schließlich der **Embryo**. Ungefähr sechs Tage nach der Befruchtung heftet sich die Blastozyste an die Gebärmutterschleimhaut an. Danach dringen Zellen des Trophoblasten in die Gebärmutterschleimhaut ein und verwachsen mit ihr. Diesen Vorgang bezeichnet man als **Einnistung**. Aus Zellen von Trophoblast und der Gebärmutterschleimhaut bildet sich die **Plazenta**. Dieses Organ versorgt den Embryo mit Nährstoffen, beseitigt Abfallstoffe und ermöglicht den Gasaustausch. Gleichzeitig ist die Einnistung ein Signal zur Produktion des Schwangerschaftshormons hCG. Es verhindert den Abbau der Gebärmutterschleimhaut und lässt sie weiter wachsen. Damit wird die Schwangerschaft stabilisiert.

Embryonalentwicklung • Die Entwicklung des Embryos aus dem Embryoblasten erfolgt, indem sich die neu entstehenden Zellen weiter differenzieren. Außerdem finden Verschiebungen und Umlagerungen von Zellgruppen statt, die zu einer Veränderung der äußeren und inneren Gestalt führen. Alle diese Vorgänge laufen nach einem bestimmten zeitlichen Muster ab. Aus den differenzierten Zellen entstehen unterschiedliche Gewebe, aus denen sich nach und nach Organe entwickeln. Auf diese Weise werden Wirbelsäule, Herz, Leber, Lungen und Niere oder Arme und Beine sowie Nervensystem oder Magen-Darm-Trakt angelegt. Nach 21 Tagen misst der Embryo in Scheitel-Steiß-Länge etwa zwei Millimeter. Am 40. Tag ist er ungefähr 25 Millimeter lang. Dann werden auch Ohrmuscheln und Augenlider erkennbar. Um den 50. Tag bilden sich die Extremitäten aus.

Nun erkennt man auf Ultraschallbildern Kopf und Hals getrennt voneinander und Bewegungen können sichtbar gemacht werden. Nach zwölf Wochen hat der Embryo eine Länge von neun Zentimetern und füllt die Gebärmutterhöhle vollständig aus. Während der Embryonalphase können Infektionen, zum Beispiel Röteln, bestimmte Medikamente, Alkohol, Nikotin oder Drogen, zu Schädigungen des Embryos führen. Dadurch kann es zu Fehlbildungen des Kindes kommen.

Fetalentwicklung • Nach zwölf Wochen sind alle Organe und Organsysteme angelegt. Damit ist die Embryonalentwicklung abgeschlossen. Ab jetzt spricht man vom Fetus. Die Fetalentwicklung endet in der 40. Woche mit der Geburt des Kindes. Während dieser Zeit wachsen die Anlagen der Organe und Organsysteme und das Zentralnervensystem heran und bilden sich vollständig aus. Da alle Organe bereits angelegt sind, führen äußere Einflüsse während der Fetalphase nicht zu Fehlbildungen. Jedoch kann es durch Alkohol, Nikotin oder Drogen weiterhin zu Reifungs- und Wachstumsstörungen kommen.

Karyogramm • Während der Zellteilung lassen sich Chromosomen anfärben, abfotografieren und nach Größe und Gestalt in homologen Paaren anordnen. So erhält man ein Karyogramm. Im **Karyogramm** erkennt man zwei Typen von Chromosomenpaaren. 22 Chromosomenpaare sind bei allen Menschen gleich, die **Autosomen**. Das 23. Chromosomenpaar besteht bei Frauen aus zwei gleich großen, homologen X-Chromosomen. Männer haben ein ungleiches Chromosomenpaar. Es besteht aus einem X- und aus einem sehr kleinen Y-Chromosom. X- und Y-Chromosomen sind die Geschlechtschromosomen oder **Gonosomen**.

Bestimmung des Geschlechts • Eizellen enthalten als Gonosom immer ein X-Chromosom. Spermienzellen können entweder ein X- oder ein Y-Chromosom besitzen. Nach der Befruchtung enthält die Zygote also entweder ein X- und ein Y-Chromosom oder zwei X-Chromosomen. Im ersten Fall entsteht aus der Zygote ein Junge, im zweiten ein Mädchen.

Geschlecht und Geschlechtsidentität • Manche Menschen haben Geschlechtsmerkmale, die keine eindeutige Zuordnung in männlich oder weiblich erlauben. So zeigen manche Säuglinge eine stark vergrößerte Klitoris, die man Mikropenis nennt. Diese Menschen sind **intergeschlechtlich**.
Aufgrund bestimmter biologischer Merkmale werden Menschen einem Geschlecht zugeordnet. Das Geschlecht ist aber mehr als das Vorhandensein von Geschlechtsmerkmalen. Vielmehr spielt auch das persönliche Empfinden eine große Rolle. Einige Personen identifizieren sich nicht mit dem Ge-schlecht, das ihnen bei der Geburt zugeschrieben wird: Sie sind **transgeschlechtlich**. Manche von ihnen möchten sich nicht eindeutig einem Ge-schlecht zuordnen. Diese nicht ausschließliche Zugehörigkeit zum weiblichen oder männlichen Geschlecht nennt man **nicht-binär**.
Entscheidend für alle Formen der Geschlechtsidentität und sexuellen Orientierung ist, dass wir allen Menschen verständnisvoll und vorurteilsfrei entgegentreten, ihnen also mit Toleranz und Akzeptanz begegnen.

1 Beschreiben Sie die Vorgänge, die in den ersten sechs Tagen nach der Befruchtung ablaufen.

2 Vergleichen Sie die Embryonal- und Fetalentwicklung und geben Sie an, welche Schädigungen jeweils auftreten können.

3 Erläutern Sie die Unterschiede der Erbinformation in Körper- und Geschlechtszellen.

4 Erklären Sie die Unterschiede zwischen dem somatischen und dem psychischen Geschlecht.

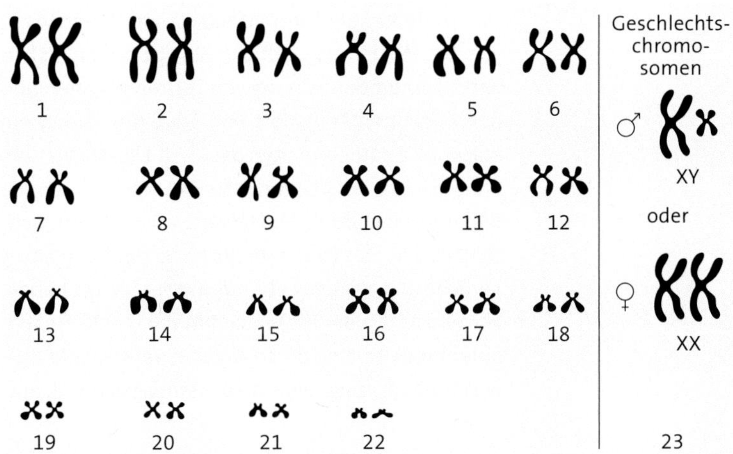

3 Karyogramm des Menschen

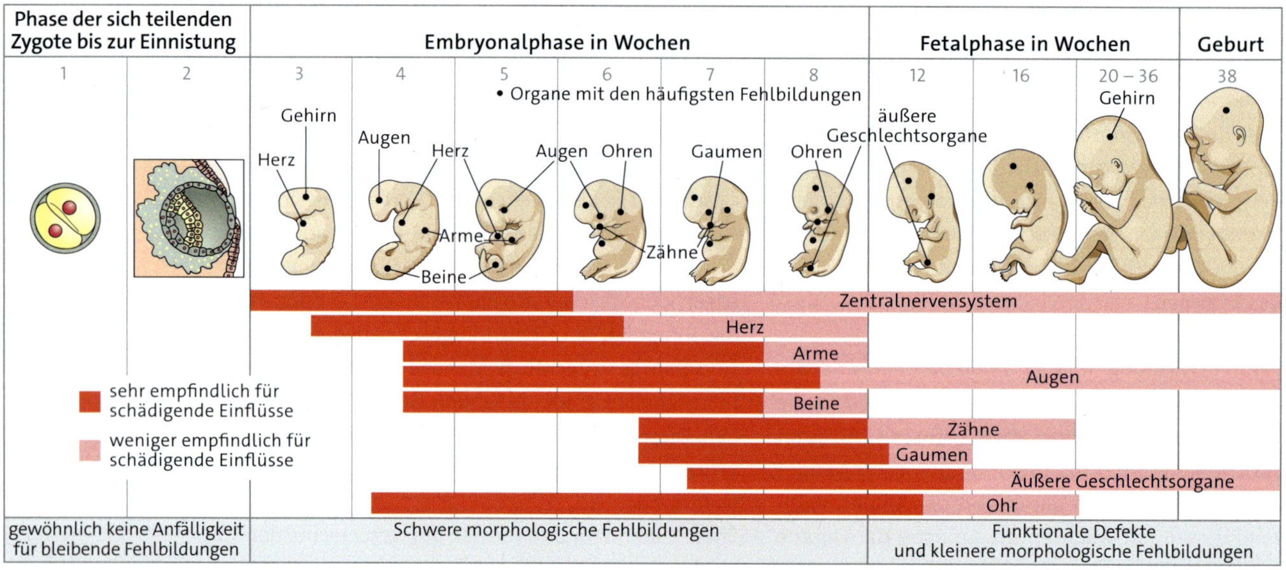

1 Auswirkungen schädigender Einflüsse auf die Entwicklung von Embryo und Fetus

Schädigende Einflüsse auf die Embryonalentwicklung • Das Ungeborene ist in der mit Flüssigkeit gefüllten Fruchtblase gut vor Stößen und Erschütterungen von außen geschützt. Chemische Substanzen, wie zum Beispiel Nikotin, Alkohol oder Medikamente, können jedoch aufgrund des engen Kontaktes mit dem mütterlichen Kreislauf in das Blut des Ungeborenen gelangen. Führen diese Stoffe zu Entwicklungsstörungen, auch **Embryopathien** genannt, oder angeborenen Krankheiten, bezeichnet man sie als *fruchtschädigende Substanzen*.

Weltweit bekannt wurde das Schlafmittel *Contergan*, das den Wirkstoff Thalidomid enthält. Diese Substanz führt zu schweren embryonalen Fehlbildungen der Gliedmaßen und inneren Organe.

Das im Trinkalkohol enthaltende *Ethanol* kann leicht von der Mutter ins kindliche Blut gelangen. Es bewirkt dort die Schädigung von Zellmembranen und behindert den Transport von Eiweißen durch die Plazenta. Dadurch können das kindliche Wachstum, die Gesichts- und Organentwicklung als auch die Bildung und Reifung des Nervensystems beeinträchtigt werden. Das kann erhebliche Folgen für die körperliche und geistige Entwicklung des Kindes haben. Man schätzt, dass in Deutschland von 300 Neugeborenen eines eine durch Alkohol verursachte Entwicklungsstörung, eine *Alkoholembryopathie*, aufweist.

Auch eine Infektion der Mutter mit *Krankheitserregern*, wie Viren, Bakterien oder Parasiten, kann die Entwicklung des Embryos bedrohen. Die hoch ansteckenden Rötelviren zum Beispiel schädigen vor allem die Augen und die Ohren des Ungeborenen. In manchen Fällen kann der Embryo sogar absterben, es kommt zu einer Fehlgeburt.

Auch *Röntgenstrahlung und radioaktive Strahlung* können das Ungeborene schädigen. Sie können Veränderungen in der DNA, also Mutationen, sowohl beim Kind als auch der Mutter auslösen. Betreffen diese Mutationen Körperzellen von Mutter oder Kind, so wächst die Gefahr, dass sich Krebs entwickelt. Besonders folgenschwer für die nächsten Generationen sind allerdings Schäden an der Zygote, den Urgeschlechtszellen oder den Geschlechtszellen. Diese Abfolge von Zellen nennt man *Keimbahnzellen*. Die Anlagen für Mutationen in diesen Keimbahnzellen können an die nächste Generation weitervererbt werden. Deshalb müssen nicht nur Schwangere, sondern alle Menschen im zeugungs- beziehungsweise gebärfähigen Alter vor Strahlung geschützt werden.

1 **Erklären Sie mithilfe der Abbildung 1 die unterschiedliche Sensibilität des Ungeborenen gegenüber schädigenden Einflüssen!**

Material A Contergan – ein fruchtschädigendes Medikament

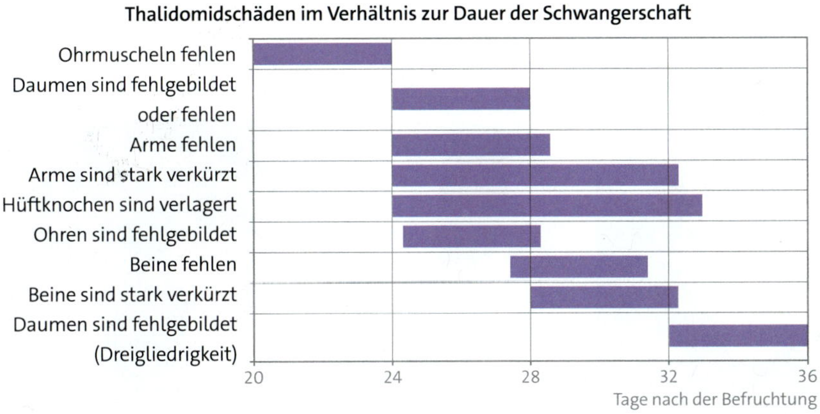

In den 1950er- und 1960er-Jahren wurde das Medikament Contergan gegen Schwangerschaftsübelkeit und Schlafprobleme verschrieben. Contergan enthält unter anderem den Wirkstoff Thalidomid. Obwohl es bereits im Jahr 1961 erste Hinweise auf Fehlbildungen von Organen und Gliedmaßen durch Contergan gab, wurde das Medikament weiter verkauft.

Heute weiß man, dass Thalidomid körpereigene Proteine blockiert, die an der Bildung von Blutgefäßen beteiligt sind und den Stoffwechsel beeinflussen. Sind diese Proteine in der ausgewachsenen Zelle ungehemmt aktiv, entwickeln sich Krebszellen, die sogar ihre eigene Blutversorgung durch die Bildung von Blutgefäßen aktivieren. Thalidomid kann an diese Proteine binden und so ihre Aktivität regulieren. Beim Ungeborenen kommt es dadurch zur Fehlentwicklung von Blutgefäßen und damit zu schweren Fehlentwicklungen und Organen.

1 Werten Sie die Grafik aus.

2 Erklären Sie, weshalb es zu Schädigungen des Neugeborenen kommt. Stellen Sie dabei Zusammenhänge zwischen dem Einnahmezeitpunkt von Contergan und den Phasen der Embryonal- und Fetalentwicklung her.

3 Diskutieren Sie Überlegungen, Thalidomid bei bestimmten Krebsarten als Medikament zuzulassen.

Material B Invasive pränatale Diagnostik bei einer Rötelinfektion?

Zeitpunkt der mütterlichen Infektion	Infektionsrate des Ungeborenen	Embryopathierate	Auswirkungen auf das Ungeborene
bis zur Einnistung	< 3 %	~ 3,5 %	–
bis 11. SSW	70 – 90 %	65 – 25 %	Gehörschäden und Gehörlosigkeit, Strukturelle Defekte des Sinnes-Nervensystems; Augendefekte; Herzmissbildungen
11. – 17. SSW	55 %	8 – 20 %	Einzelne Symptome von Entwicklungsstörungen und vereinzelt Gehörschäden
ab 20. SSW	Vorhanden	–	–

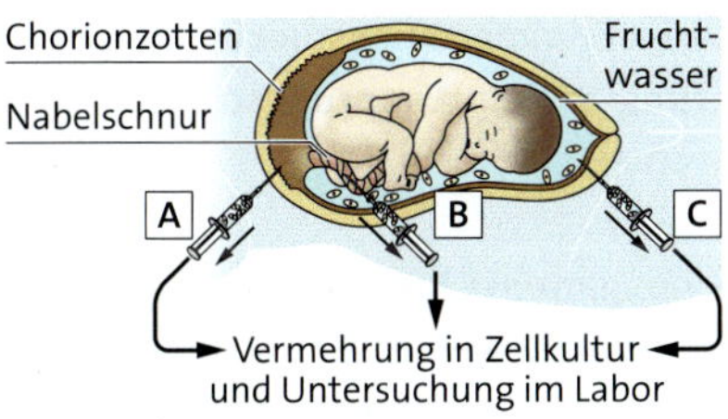

A 9. – 12. SSW, Fehlgeburtsrate ≈ 2%
B ab 19. SSW, Fehlgeburtsrate ≈ 1%
C ab 14. SSW, Fehlgeburtsrate ≈ 1%

Eine Rötelinfektion in der Schwangerschaft ist gefährlich. Rötelviren können über die Plazenta in den Körper des Ungeborenen gelangen und zu Organfehlbildungen führen. Rötelviren lassen sich im Blut, in der Gewebeflüssigkeit und im Fruchtwasser nachweisen. Bei einer akuten Rötelinfektion der Schwangeren kann mithilfe der *pränatalen Diagnostik* eine Infektion des Ungeborenen anhand von Antikörpern im Blut oder Fruchtwasser des Kindes erkannt werden. Diese *invasiven Methoden* bergen jedoch das Risiko einer Fehlgeburt. Um eine Rötelinfektion in der Schwangerschaft zu vermeiden, wird eine zweifache Rötelimpfung im Kindesalter empfohlen.

1 Werten Sie die Tabelle aus und erläutern Sie die Ergebnisse.

2 Beschreiben Sie die invasiven pränatalen Untersuchungsmethoden.

3 Begründen Sie, welche Untersuchungsmethode der sicherste Nachweis einer Rötelinfektion des Ungeborenen wäre.

4 Wägen Sie die Bedeutung der Impfempfehlung als Vorbeugung gegen Röteln gegenüber den Möglichkeiten der pränatalen Untersuchung ab.

1.17 Chromosomenmutationen

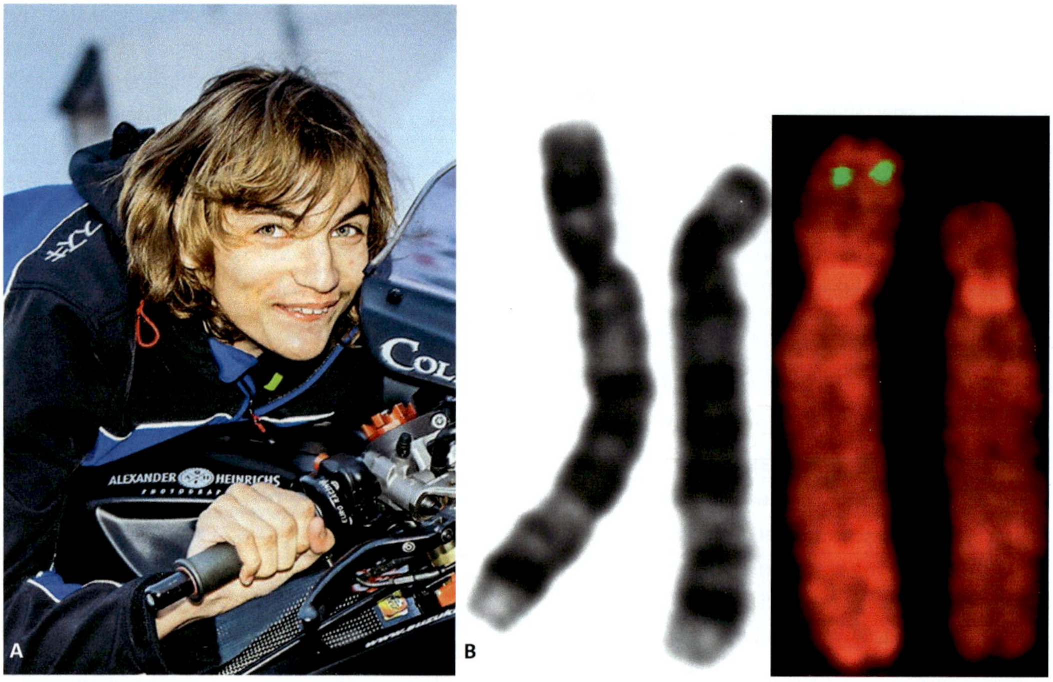

1 5p-minus-Syndrom: **A** betroffener Junge, **B** Deletion am kurzen Arm von Chromosom 5

Jérôme Lejeune, ein französischer Kinderarzt und Genetiker, berichtete 1963 erstmals von einem Kleinkind mit einem kleinen Kopf und ungewöhnlichen Gesichtszügen. Das Schreien des Kindes klang wie ein Katzenschrei, was der Krankheit den Namen Katzenschreisyndrom gab. Heutzutage wird es 5p-minus-Syndrom nach seiner Ursache genannt, dem Verlust eines kleinen Teils von Chromosom 5. Welche Erklärung gibt es für den Stückverlust eines Chromosoms?

Strukturelle Chromosomenanomalien • Typische Symptome des 5p-minus-Syndroms sind Fehlbildungen der Stimmritze und des Kehlkopfs. Betroffene Menschen sind mental unterentwickelt, können aber durch weitreichendes therapeutisches Training am sozialen Leben teilhaben. Man schätzt, dass das Syndrom einmal bei 50 000 Neugeborenen auftritt.

Die Ursache für diese Krankheitszeichen ist ein Bruch des Chromosoms 5 während der Meiose. Bricht ein Chromosom an einer oder an mehreren Stellen auf und geht ein Chromosomenstück dabei verloren, bezeichnet man dies als **Deletion**. Dem betroffenen Chromosom fehlen daraufhin bestimmte Gene.

Menschen mit 5p-minus-Syndrom gehören zu den wenigen Fällen, bei denen ein Überleben trotz Deletion eines Chromosomenstücks möglich ist. Da nur ein Teil des Chromosoms fehlt, spricht man von einer **Chromosomenmutation**.

Es gibt weitere Formen der Chromosomenmutation. Ein durch Deletion abgetrennter Chromosomenabschnitt kann an ein Chromatid desselben oder des homologen Chromosoms angefügt werden. Dies führt dort zu einer Verdopplung des Chromosomenstücks, zu einer **Duplikation**. Wird ein solches Fragment auf ein nicht homologes Chromosom übertragen, liegt eine **Translokation** vor. Die Translokation wird reziprok genannt, wenn nicht homologe Chromosomen wechselseitig Stücke austauschen.

Integriert sich ein Chromosomenstück in umgekehrter Orientierung in sein Ursprungschromosom, spricht man von einer **Inversion**.

Das Fehlen eines ganzen Chromosoms, eine Monosomie, ist bei Menschen nur für Gonosomen bekannt. Autosomale Monosomien werden ohne Zweifel gezeugt, sind aber schon im embryonalen Entwicklungsstadium nicht überlebensfähig. Da die

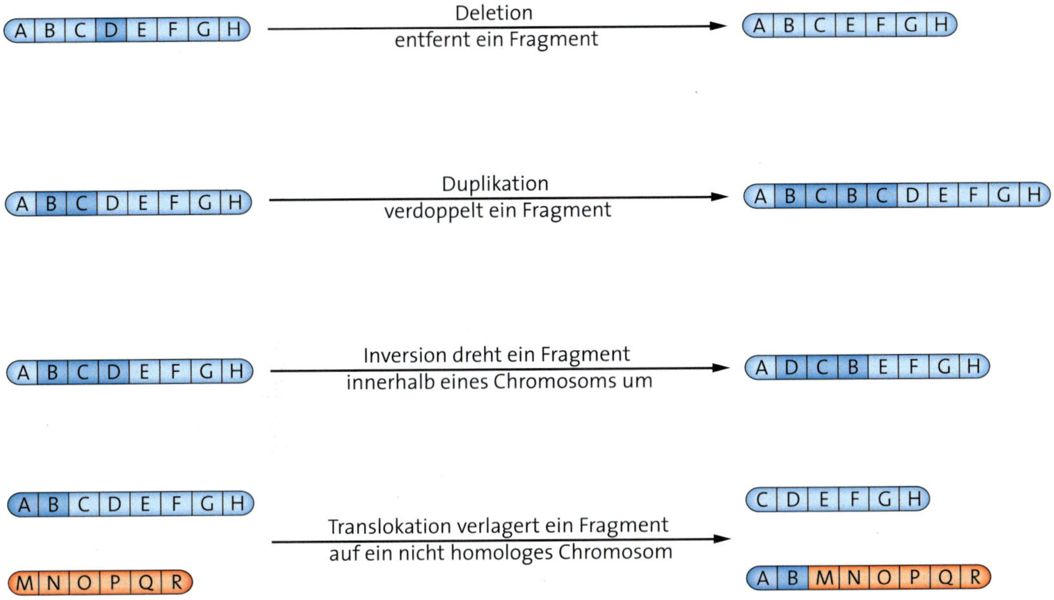

2 Veränderungen der Chromosomenstruktur

Anzahl der Chromosomen verändert wird, zählen Monosomien zu den Genommutationen.

Duplikation • Durch Fehlpaarung zweier homologer Chromosomen im Tetradenstadium der Meiose wird zwischen diesen ein Abschnitt nicht vollständig ausgetauscht, sodass ein Chromatid einige Gene doppelt enthält, während sie auf dem anderen fehlen. Dies wird als **ungleiches Crossing-over** bezeichnet. Somit führt ein einziges Crossing-over zu einer Duplikation und zu einer Deletion. Die Duplikation verursacht einen Genüberschuss und kann in einer Zygote das Gleichgewicht der Genprodukte, die **Genbalance**, empfindlich stören. Weitere Duplikationsereignisse können zu vervielfachten Chromosomenabschnitten führen. Solche Lebewesen zeigen oft veränderte Phänotypen. Die neue Position eines Gens innerhalb des Genoms kann nämlich eine ungewöhnliche Genexpression zur Folge haben, da mit der Lage auch die Regulation des Gens verändert sein kann. Dabei ist bei der gleichen Anzahl identischer Gene oft von Bedeutung, ob die wiederholten Abschnitte auf demselben homologen Chromosom vorliegen oder auf zwei verschiedenen. Dieses Phänomen wird als **Positionseffekt** bezeichnet.

Duplikationen sind eine wichtige Quelle für genetische Variationen. Gene in Einzelkopie würden nach einer Mutation ihre Funktion einbüßen und damit

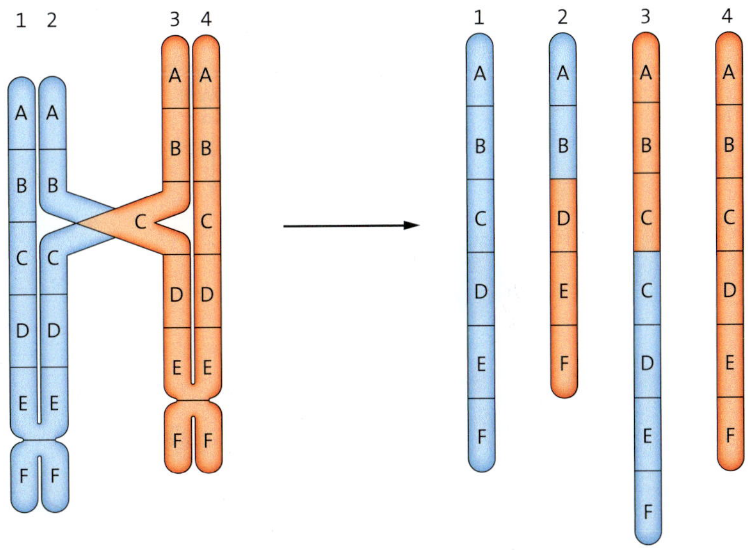

3 Ungleiches Crossing-over

Veränderungen nicht erlauben. Zusätzliche Kopien eines Gens machen ein Ansammeln von Mutationen in Lebewesen tolerierbar.

1 Vergleichen Sie die Chromosomenmutation mit der Genommutation.

2 Erläutern Sie, inwiefern es ungewöhnlich ist, dass Menschen mit 5p-minus-Syndrom lebensfähig sind.

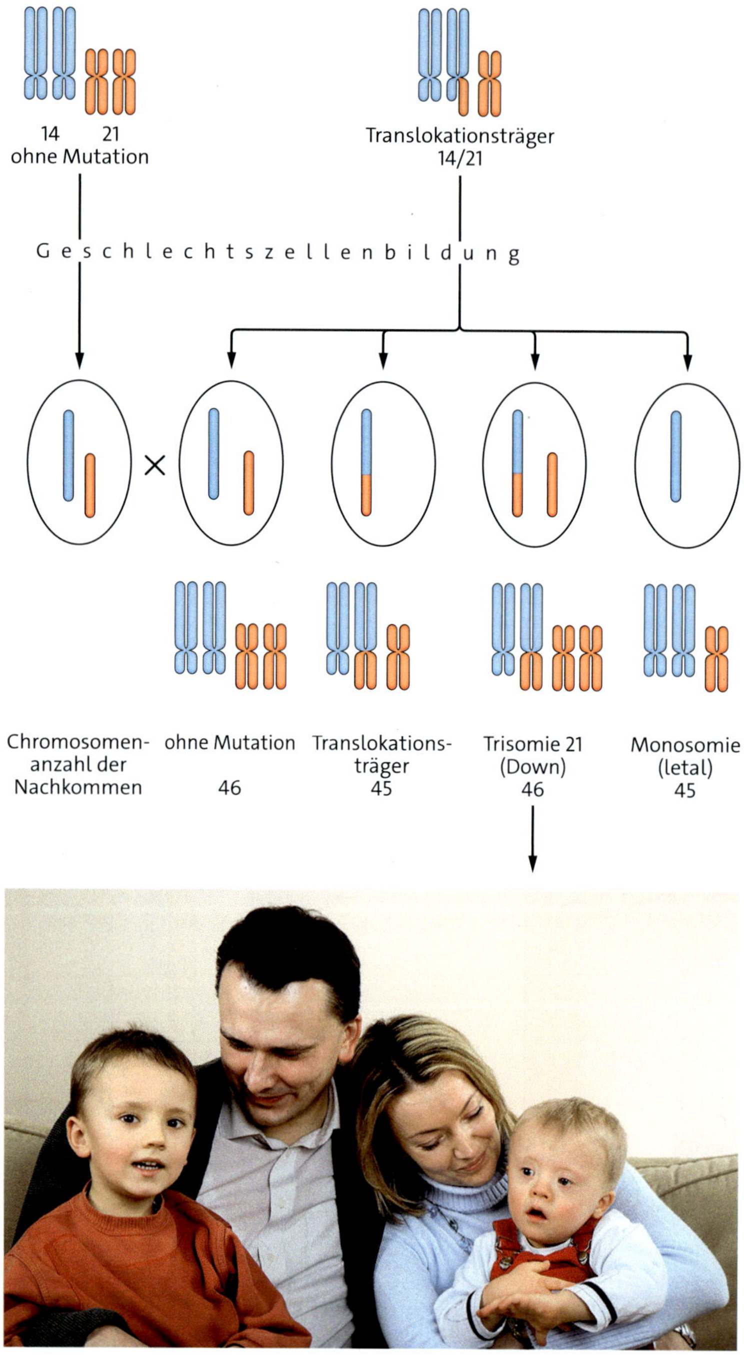

1 Familiäres Down-Syndrom

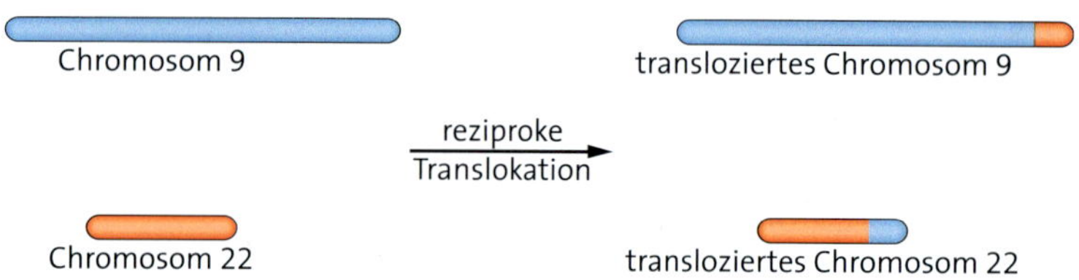

2 Translokation verursacht Leukämie

Translokationen beim Menschen • Trisomie 21 ist die Folge einer fehlenden Trennung der Chromosomen während der ersten Reifeteilung der Meiose. Diese Genommutation ist für 95 % der Fälle des **Down-Syndroms** verantwortlich. In 5 % der Fälle hat die Ausprägung des Down-Syndroms eine andere Ursache. In diesen seltenen Fällen zeigt das Karyogramm eines Elternteils eine besondere Translokation zwischen den Chromosomen 21 und 14. Dabei fusionieren die längeren Arme beider Chromosomen, während die kurzen, fast genleeren Arme deletiert werden. Der betroffene Elternteil ist phänotypisch unauffällig, obwohl er nur 45 Chromosomen besitzt. Dieses Phänomen wird als balancierte Translokation bezeichnet.

Ein Viertel der Geschlechtszellen dieses Elternteils besitzt zwei Kopien von Chromosom 21: ein gewöhnliches Chromosom und den größten Teil der zweiten Kopie am translozierten Chromosom 14. Kommt eine dieser Geschlechtszellen zur Befruchtung, entsteht eine Zygote mit 46 Chromosomen, die drei Kopien von Chromosom 21 besitzt. Der aus einer solchen Zygote hervorgehende Mensch zeigt das familiäre Down-Syndrom.

Krebs durch Translokation • Translokationen sind als Ursache verschiedener Krebsarten bekannt. Menschen, die an der **chronischen Myelose**, einer besonderen Form der Leukämie, erkrankt sind, zeigen ein deutlich verkürztes Chromosom 22 und ein verlängertes Chromosom 9. Beide Chromosomen tauschen während der Mitose in Vorläuferzellen der weißen Blutzellen, der Leukocyten, gegenseitig unterschiedlich lange Chromosomenabschnitte aus. Trotz der unveränderten Anzahl gleicher Gene, der gleichen Gendosis, führt der Positionswechsel eines Genlocus im Genom zu einer Dysfunktion des Zellstoffwechsels mit fatalen Folgen für den Organismus.

1 Werten Sie das Vererbungsschema in Abbildung 1 aus.

2 Erklären Sie anhand des familiären Down-Syndroms das scheinbare Paradoxon von genetischer Trisomie und diploidem Chromosomensatz.

Material A Charcot-Marie-Tooth-Syndrom

Der Fall

Eine gesunde 26-jährige Patientin lässt während der Schwangerschaft eine genetische Untersuchung vornehmen. In ihrer Familie kommt das CMT-Syndrom vor. Dies äußert sich in Form von Sensibilitätsstörungen und Muskelabbau in den Beinen.

Die Patientin berichtet über einen Bruder und eine Schwester mit dieser Symptomatik. Die Eltern haben keine Beeinträchtigung. Die Mutter hat eine Schwester, die krankheitsbedingt seit dem 25. Lebensjahr auf den Rollstuhl angewiesen ist. Sie hat eine gesunde Tochter. Die vier Brüder der Mutter sind ebenfalls gesund. Die Großeltern der Patientin mütterlicherseits waren auch gesund und zeigten zu Lebzeiten keine Symptome.

Infobox – Mit Rechten oder Folgen argumentieren?

Bioethische Argumente können auf unterschiedliche Weise eine Position begründen. Manche Argumente behaupten, dass ein Recht oder eine Pflicht von Beteiligten bestehe, die Rechte-Pflichten-Argumente. Andere Argumente beziehen sich auf die Folgen einer Handlung und begründen, dass eine Handlung zu wünschenswerten Folgen führe, die Folgen-Argumente.

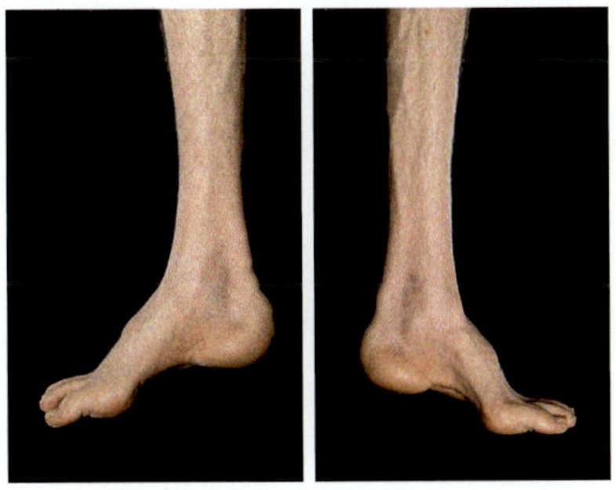

Das Charcot-Marie-Tooth-Syndrom, kurz CMT-Syndrom, ist eine Erkrankung peripherer Nerven, die Muskeln kontrollieren. Diese genetisch bedingte Krankheit wurde 1886 erstmals beschrieben.
Weltweit sind etwa 2,8 Millionen Menschen betroffen. Der Beginn der Krankheit kann in jedem Alter einsetzen, relativ häufig aber in den ersten beiden Lebensjahren.
Aufgrund von Schädigungen der Axone oder Myelinscheiden wird die Erregungsleitung in den peripheren Nerven erschwert oder unterbrochen. Es kommt zunächst zu einer Schwächung und schließlich zum Abbau der Muskulatur in den Beinen. Es handelt sich hierbei um eine neuronale Muskelatrophie. Mit Fortschreiten der Erkrankung ist oftmals eine Fortbewegung ohne Rollstuhl nicht mehr möglich. In den Armen treten ebenso häufig Sensibilitätsstörungen auf; auch hier kann es zum Muskelabbau kommen.

Forschungen haben gezeigt, dass an der Entstehung des Krankheitsbildes bis zu 28 verschiedene Gene beteiligt sein können. Als Ursache werden Punktmutationen, Duplikationen und auch Deletionen der verschiedenen Gene beziehungsweise Genabschnitte beschrieben. In mehr als 50 % der Fälle ist die Erkrankung auf Duplikationen des *PMP22*-Gens auf Chromosom 17 als Hauptursache zurückzuführen.

Aufgrund dieser komplexen Genetik des CMT-Syndroms werden verschiedene Typen und Schweregrade der Erkrankung unterschieden, die in klinischen Studien analysiert und beschrieben wurden. Mittels pränataler Diagnostik kann eine Untersuchung des ungeborenen Kindes bezüglich des CMT-Syndroms erfolgen.

1 Erstellen Sie mithilfe des Materialtextes einen Stammbaum der betroffenen Familie.

2 Begründen Sie mithilfe des von Ihnen erstellten Stammbaums und durch Ausschluss anderer Erbgänge, welcher Erbgang der Vererbung des Charcot-Marie-Tooth-Syndroms zugrunde liegt.

3 Erstellen Sie Kreuzungsschemata und leiten Sie ab, mit welcher Wahrscheinlichkeit ein Kind der Patientin am CMT-Syndrom erkrankt sein könnte. Gehen Sie dabei von zwei verschiedenen Voraussetzungen aus:
a In der Familie des Kindsvaters sind keinerlei CMT-Erkrankungen aufgetreten oder bekannt.
b In der Familie des Kindsvaters wurde CMT bei der Schwester diagnostiziert.

4 Nennen Sie Möglichkeiten, erblich bedingte Erkrankungen ungeborener Kinder festzustellen.

5 Formulieren Sie Pro- und Kontra-Argumente zur Durchführung pränataler und postnataler Tests bei Verdacht auf Bestehen erblich bedingter Beeinträchtigungen.

6 Diskutieren Sie partnerweise oder in Gruppen Ihre Argumente und ziehen Sie eine Schlussfolgerung für sich.

7 Begründen Sie, welche Argumentation Ihres Diskussionspartners Sie am meisten überzeugen konnte.

Zellbiologie

Mit dieser Übersicht können Sie die wichtigsten Inhalte des Kapitels wiederholen. Ergänzen Sie das Schema um weitere Begriffe und finden Sie Querbeziehungen zwischen den Themen.

Zellulärer Bau der Lebewesen — Zellen

Eukaryoten und Prokaryoten — Zellen mit und ohne Zellkern

Biomembranen
- Struktur
- Funktion

Enzymatik
- Struktur und Funktion von Enzymen
- Einflüsse auf die Enzymaktivität

Zellteilung
- Mitose
- Meiose

Zelltypen

Zellen – Gewebe – Organe

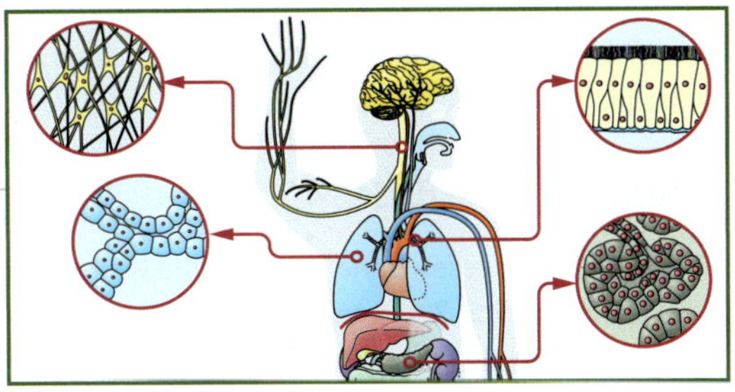

Gewebetypen

Tierzelle

Pflanzenzelle

Prokaryotische Zelle

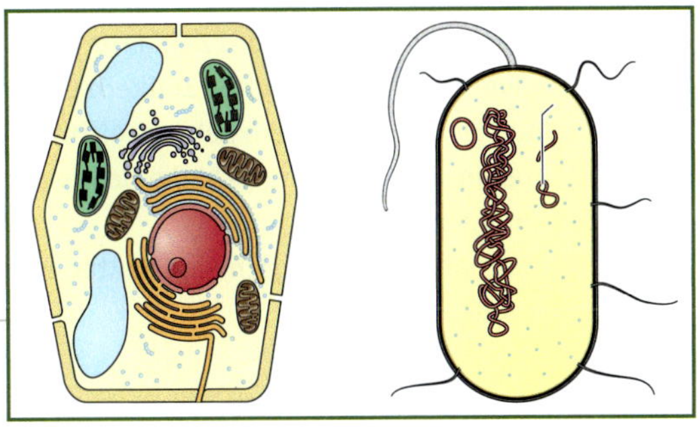

Eukaryotische Zelle

Aufbau der Biomembran

Diffusion und Osmose

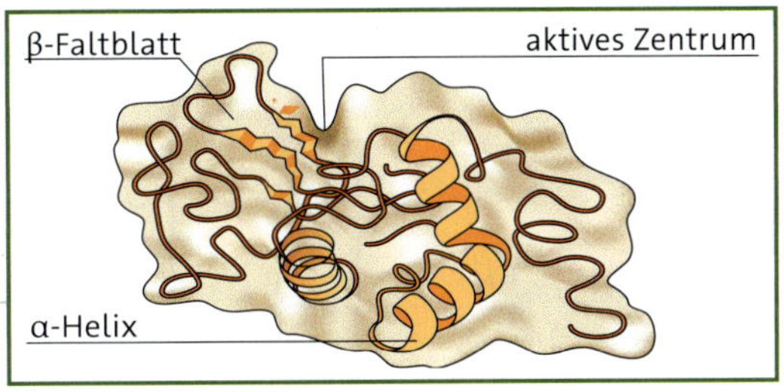

Substrate, molekulare Partner, Reaktionstypen

Temperatur, pH-Wert, Substratkonzentration

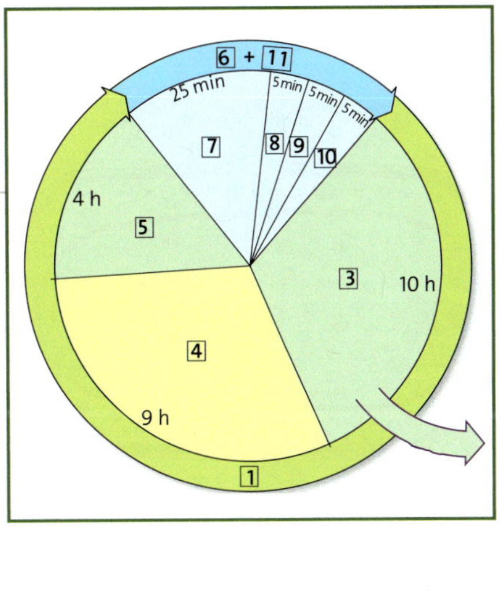

Zellzyklus

Abläufe der Mitose

Sexuelle Fortpflanzung

Abläufe der Meiose

Zellbiologie

Mit den folgenden Aufgaben können Sie überprüfen, ob Sie die Inhalte aus dem Kapitel verstanden haben. An den Aufgaben finden Sie Angaben zu den Seiten, auf denen Sie zum jeweiligen Thema noch einmal nachlesen können. Die Lösungen zur Selbstüberprüfung finden sich im Anhang.

Aufbau der Zelle (S. 18–45)

1 Es gibt Lebewesen ohne Zellkern, die Prokaryoten und Lebewesen mit Zellkern, die Eukaryoten.

a Nennen Sie je zwei Beispiele für Prokaryoten und Eukaryoten.

b Ordnen Sie die abgebildeten Zellen begründet Pro- und Eukaryoten zu.

c Nennen Sie die Funktion des Zellkerns und beschreiben Sie, wie diese in Zellen ohne Zellkern erfüllt wird.

d Ordnen Sie den mit Ziffern gekennzeichneten Strukturen in der Abbildung (▶A) die richtigen Bezeichnungen zu.

e Vergleichen Sie tabellarisch eine Bakterienzelle und eine Tierzelle.

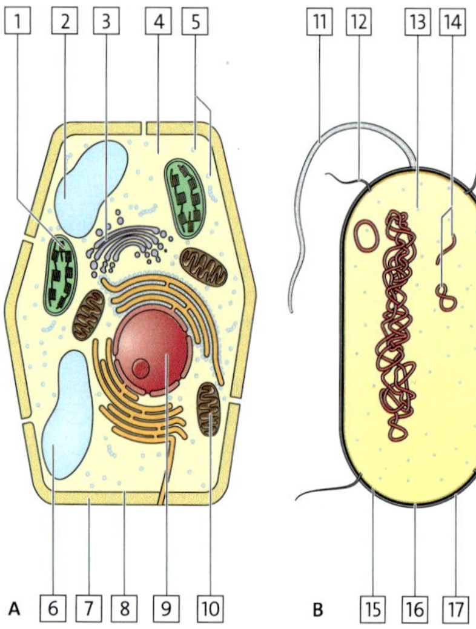

Biomembranen (S. 46–65)

2 Biomembranen bestehen aus Phospholipiden und Membranproteinen.

a Benennen Sie die Bestandteile 1–9 der Biomembran mit den folgenden Begriffen: *Glykolipid, integrales Membranprotein / Transmembranprotein, Kohlenhydrat, Kopfregion, peripheres Glykoprotein, peripheres Membranprotein, Phospholipid/Membranlipid, Phospholipiddoppelschicht, Schwanzregion.*

b Erläutern Sie das Fluid-Mosaik-Modell.

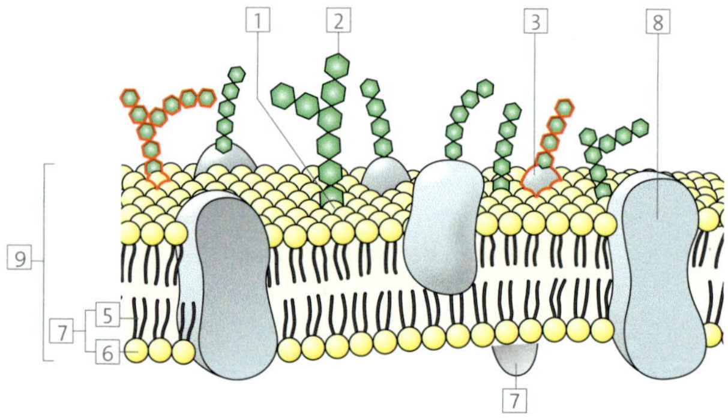

3 In der Abbildung unten (A und B) sind Vorgänge in einer Pflanzenzelle vereinfacht dargestellt.

a Beschreiben Sie den jeweiligen Zustand der Zellen.

b Beschreiben Sie die Vorgänge, die zu den jeweiligen Zuständen geführt haben, und verwenden Sie dabei passende Fachbegriffe.

c Erklären Sie die Vorgänge auf der Teilchenebene unter Verwendung geeigneter Fachbegriffe.

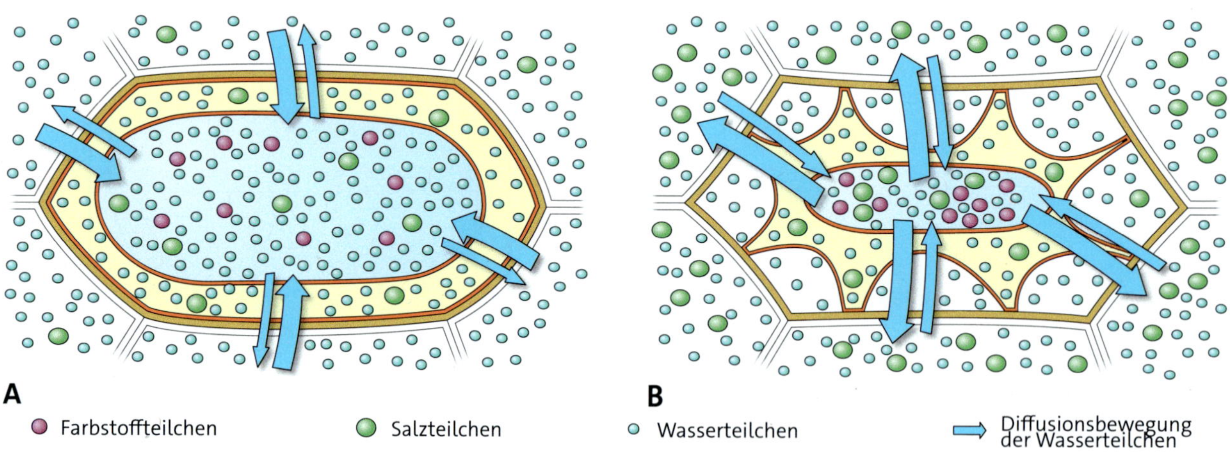

Zellteilung und Mutation (S. 82–99)

4 Der Zellzyklus besteht aus mehreren Phasen.

a Ordnen Sie den Zahlen die entsprechenden Fachbegriffe zu. Erläutern Sie knapp die Vorgänge in den einzelnen Phasen.

b Erläutern Sie den Zusammenhang zwischen Mitose und Wachstum der Zelle.

c Geben Sie an, zu welchen Zeitpunkten im Zellzyklus Kontrollpunkte vorhanden sind und was zu diesen Zeitpunkten überprüft wird.

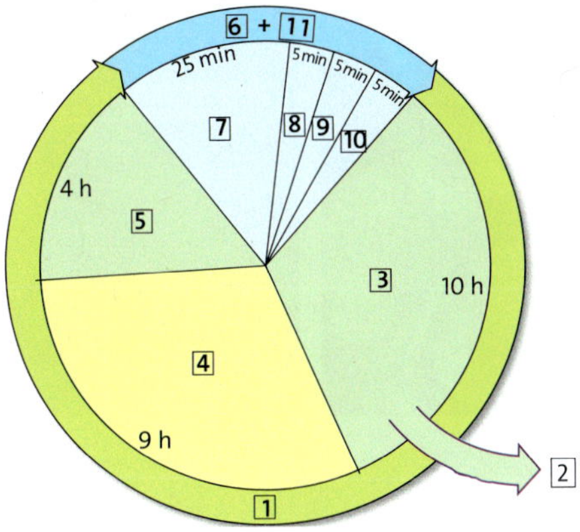

5 Beim Wachstum eines Organismus entstehen Zellen mit jeweils gleicher Erbinformation.

a Erklären Sie, wie die Begriffe Zellteilung, Mitose und Zellzyklus zusammenhängen.

b Beschreiben Sie, wie in der Mitose Tochterzellen mit identischem Chromosomensatz entstehen.

c Beschreiben Sie, was in den Phasen geschieht, und ordnen Sie die Abbildungen A–D in richtiger Reihenfolge.

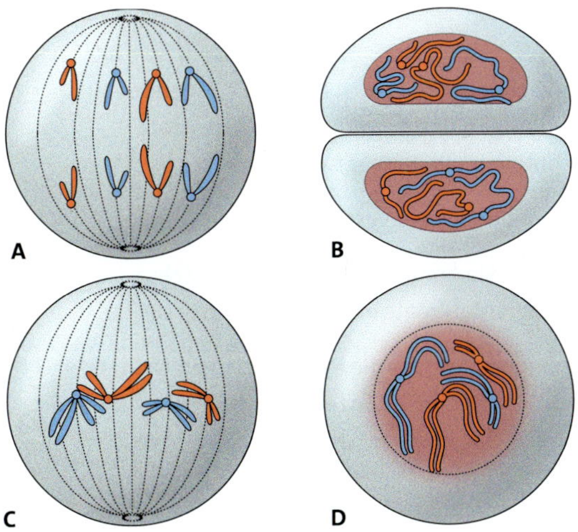

6 Die Zellteilung findet sowohl in Tier- als auch in Pflanzenzellen statt.

a Beschriften Sie die Abbildung 3.

b Erklären Sie die Unterschiede in der Cytokinese bei Tierzellen und Pflanzenzellen.

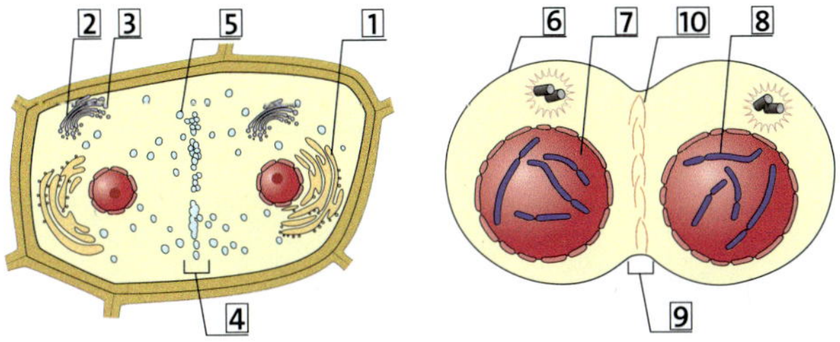

7 Die Prozesse der Zellteilung sind die Grundlage für Wachstum und Entwicklung eukaryotischer Zellen.

a Ordnen Sie begründet mitotische und meiotische Zellteilungen den Prozessen des Wachstums eines Organismus, der Reparatur von Gewebe nach Verletzungen und der Bildung von Keimzellen zu.

b Erläutern Sie, wie die mehr oder weniger unveränderte Weitergabe von Erbinformationen von einer Generation zur nächsten Generation erfolgt.

c Erklären Sie, wieso Kinder ihren Eltern und Geschwistern zwar ähnlich sehen, aber nicht identisch mit ihnen sind.

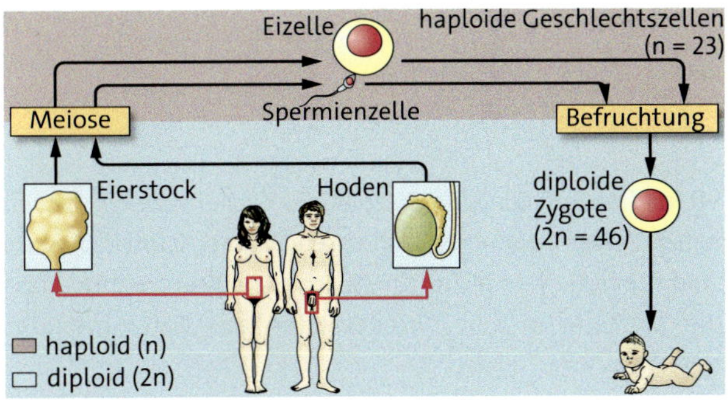

8 Die Veränderung der Erbinformation beim Menschen kann schwerwiegende Folgen haben.

a Beschreiben Sie, was man unter einer Trisomie versteht.

b Skizzieren Sie eine Möglichkeit, wie eine Trisomie zustande kommt.

Training A Einschlüsse in Zellen der Küchenzwiebel

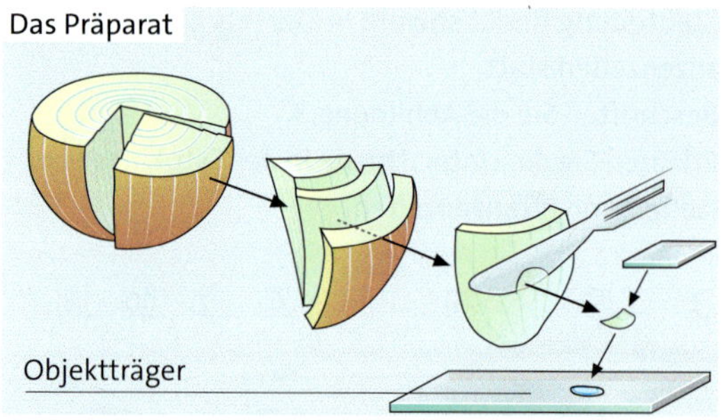

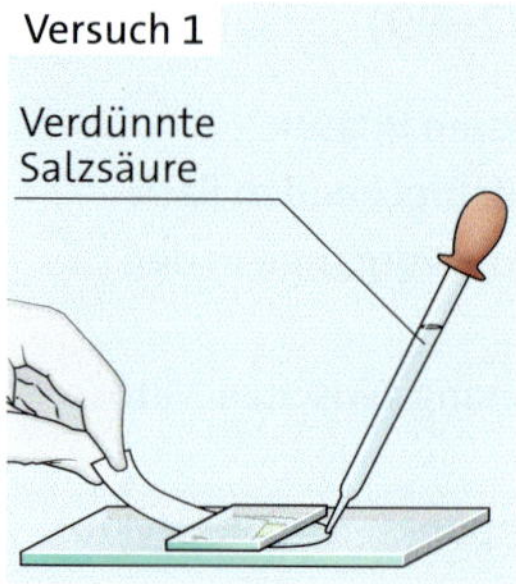

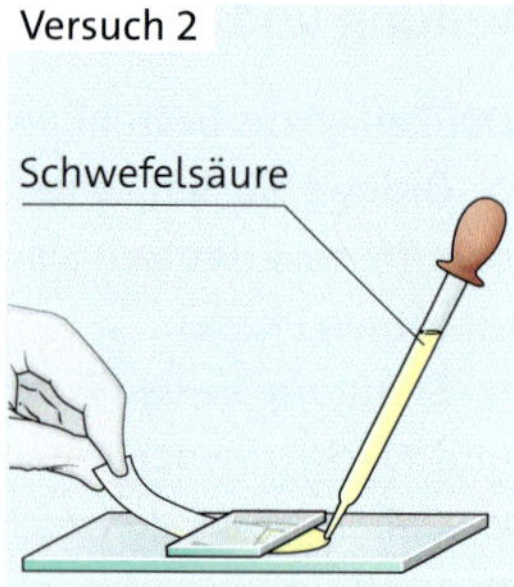

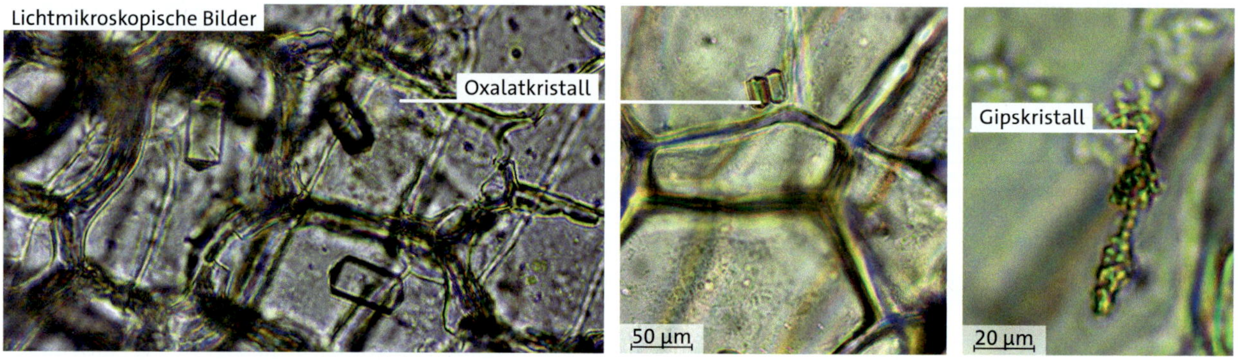

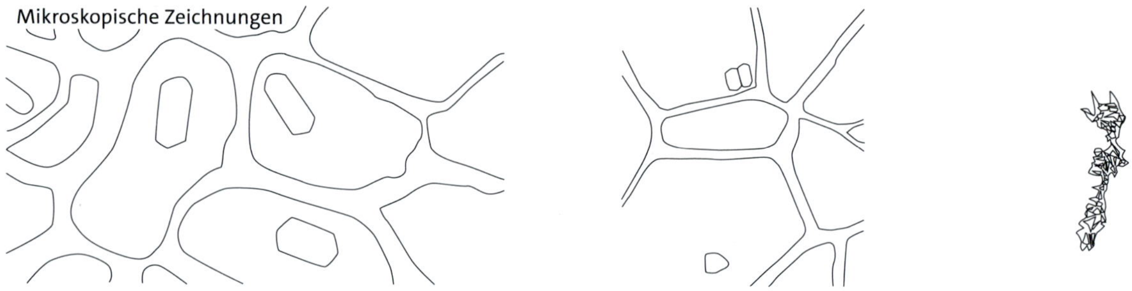

Viele Pflanzen, wie zum Beispiel die Küchenzwiebel, bilden in den Zellen äußerer Zellschichten Oxalatkristalle. Oxalate sind für viele Tiere giftig. Chemische Analysen zeigten, dass die Kristalle in den Zwiebelzellen aus Calciumoxalat bestehen.

Um die Oxalatkristalle in den Zwiebelzellen zu untersuchen, präpariert man eine Küchenzwiebel so, dass man die Zellen direkt unter der äußersten Zellschicht mikroskopieren kann. Es werden zwei Versuche mit jeweils einem neuen Zwiebelzellenpräparat durchgeführt. Wenn man zum Präparat Salzsäure gibt, verändern sich die Oxalatkristalle. Gibt man Schwefelsäure hinzu, verschwinden die Oxalatkristalle und es bilden sich Gipskristalle. Diese in den Versuchen zu beobachtenden Reaktionen nutzt man daher als Oxalatnachweis.

1 Beschreiben Sie die Anfertigung des lichtmikroskopischen Präparats, bis es auf dem Objekttisch liegt, sowie die anschließende mikroskopische Beobachtung.

2 Vergleichen Sie die Fotos mit ihren zugehörigen Zeichnungen und begründen Sie, dass gute Zeichnungen angefertigt wurden.

3 Beschreiben Sie die Versuchsergebnisse.

4 Erläutern Sie am Beispiel des Oxalatnachweises die typischen Merkmale eines Nachweisversuchs.

5 Begründen Sie, dass die Produktion von Oxalatkristallen für eine Pflanze von Vorteil sein kann, und erläutern Sie, wie Sie dies im Experiment testen würden.

Training B Das zentrale Dogma der Molekularbiologie

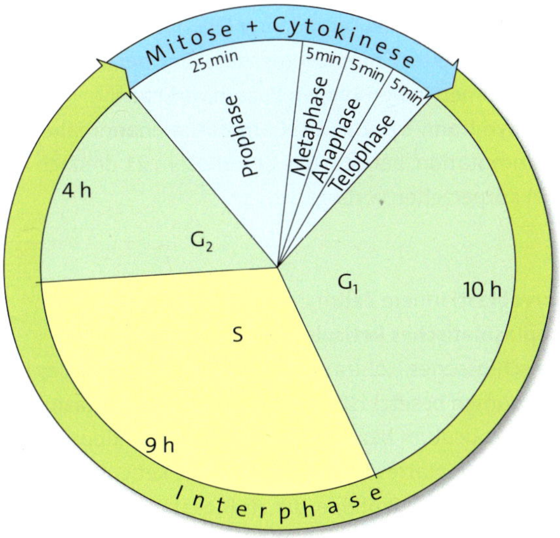

A1 Schema des Zellzyklus

A2 Veränderung des DNA-Gehalts im Lauf des Zellzyklus

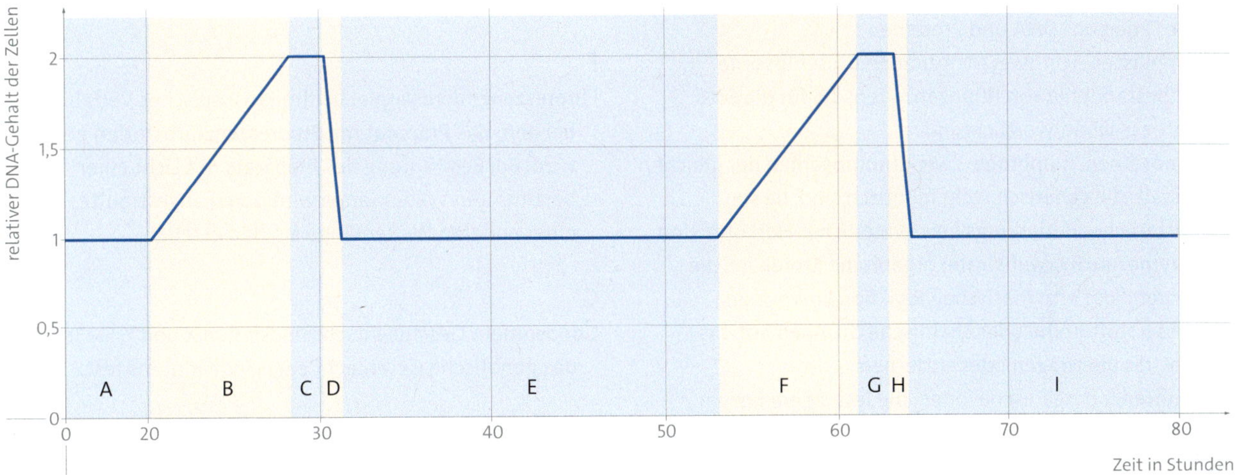

Colchicin ist ein Zellgift. Es wurde erstmalig im Jahr 1833 aus dem Samen der Herbstzeitlosen hergestellt. Die Samen enthalten 0,5 % Colchicin, die Blüten bis zu 1,8 %.

Colchicin bindet an Tubulinmoleküle und verhindert während der Mitose die Ausbildung des Spindelfaserapparats. Die anschließende Zellteilung findet jedoch statt.

1 Erklären Sie das Schema des Zellzyklus, indem Sie angeben, was in den einzelnen Phasen des Zyklus passiert.

2 Beschreiben Sie die Veränderung des DNA-Gehalts im Lauf des Zellzyklus.

3 Erklären Sie die Veränderung des DNA-Gehalts unter Berücksichtigung der Phasen des Zellzyklus. Ordnen Sie hierzu die Buchstaben A–I den jeweiligen Phasen des Zellzyklus zu.

4 Stellen Sie eine Hypothese auf, welche Auswirkungen eine Colchicinbehandlung auf den DNA-Gehalt der beiden Tochterzellen haben könnte. Erklären Sie, weshalb die Tochterzellen nicht lebensfähig sind.

Glossar

A

Adenosintriphosphat (ATP): organisches Molekül, das der Enegieübertragung in der Zelle dient.

Aktivierungsenergie: Energie, die benötigt wird, um eine Reaktion in Gang zu setzen

amphipathisch: Bezeichnung für Moleküle, die aus einer hydrophilen und einer hydrophoben Region bestehen

B

Biomembran: einheitliche Bezeichnung für alle Membranen in der Zelle

Blastocyste: Stadium der Embryonalentwicklung ungefähr am 4. bis 7. Tag

C

Centromer: Bereich eines Chromosoms in der Metaphase, der die zwei Chromatiden miteinander verbindet

Chromatid: Teil der Chromosomen, besteht aus Chromatin

Chromatin: Form der Erbinformation im Zellkern; lange und dünne Fäden aus DNA und Proteinen

Chloroplasten: von zwei Membranen umschlossene Zellbestandteile von Pflanzenzellen, die für die Foto synthese verantwortlich sind

Chromosomen, homologe: zwei Chromosomen der gleichen Gestalt, die genetisch nicht identisch sind, da sie mütterlicher beziehungsweise väterlicher Herkunft sind

Coenzyme, auch Cosubstrate: organische Moleküle, die während der enzymatischen Reaktion Elektronen, Wasserstoffatome oder chemische Gruppen auf das Substrat übertragen oder entfernen

Cofaktoren: anorganische Ionen, die fest an ein Enzym gebunden sind

Crossing-over: Stückaustausch zwischen Chromatiden homologer Chromosomen im Tetradenstadium der Meiose

Cytokinese: Prozess der Teilung des Cytoplasmas nach vorangegangener Teilung des Zellkerns während der Mitose

Cytoskelett: Proteinstrukturen, die die Zelle durchziehen. Es hat eine stützende Funktion und ermöglicht Bewegungen und Transportvorgänge.

D

Deplasmolyse: Zunahme des Zellvolumens einer plasmoly sierten Zelle in einer hypotonischen Lösung

Differenzierung: Zelldifferenzierung; Vorgang, bei dem sich Zellen unterschiedlich entwickeln; geht meist mit einer Spezialisierung der Zellen einher

Diffusion: Ausbreitung von Teilchen im zur Verfügung stehenden Raum aufgrund ihrer Eigenbewegung.

diploid: doppelter Chromosomensatz (2n), bei dem die Chromosomen in homologen Paaren vorliegen

Down-Syndrom: Trisomie 21; Chromosomenanomalie; Genommutation, bei dem das Chromosom 21 dreifach in den Körperzellen vorliegt

E

Embryoblast: innere Zellmasse der Blastocysten

Endoplasmatisches Reticulum (ER): von Membranen umschlossenes Hohlraumsystem der Zelle. Wenn es mit Ribosomen besetzt ist, wird es als raues Endoplasmati sches Reticulum bezeichnet, Bereiche ohne Ribosomen nennt man glattes Endoplasmatisches Reticulum.

Enzyme: spezielle Proteine, die als Biokatalysatoren die Aktivierungsenergie herabsetzen

Enzym-Substrat-Komplex: Übergangszustand, den ein Enzym mit dem umzusetzenden Molekül, dem Substrat, vorübergehend bildet

F

Fluoreszenzmikroskopie: lichtmikroskopisches Verfahren, bei dem das Präparat mit Fluoreszenzfarbstoffen gefärbt wird. Bei Bestrahlung des Präparats mit Licht einer bestimmten Wellenlänge wird durch abgestrahltes Licht einer anderen Wellenlänge ein Bild erzeugt.

G

Gonosomen: Geschlechtschromosomen X und Y. Sie legen das genetische Geschlecht eines Individuums fest.

H

haploid: einfacher Chromosomensatz (n), bei dem jedes ► Chromosom nur einmal vorhanden ist

hydrophil: Fachbegriff für polare, wasserliebende Moleküle oder Molekülregionen

hydrophob: Fachbegriff für unpolare, wasserabweisende Moleküle oder Molekülregionen

K

Katalysatoren: Stoffe, die die Aktivierungsenergie herab setzen

Kompartimente: abgegrenzte Räume innerhalb der Zelle, die bestimmte Funktionen erfüllen

kompetitive Hemmung: Vorgang, bei dem das Substrat und das Hemmstoffmolekül um das aktive Zentrum des Enzymmoleküls konkurrieren

M

Meiose: besondere Form der Zellkernteilung, bei der die Anzahl der Chromosomen halbiert wird, sodass haploide Gonosomen gebildet werden. Während der Meiose findet eine Rekombination der elterlichen Chromosomen statt.

Membranlipide: Grundbausteine der Biomembran. Sie bestehen aus einer unpolaren Schwanzregion und einer polaren Kopfregion.

Membranproteine: In die Biomembran eingelassene Proteine

Michaelis-Menten-Konstante (KM): Substratkonzentration, bei der die halbe Maximalgeschwindigkeit einer Reaktion erreicht ist

Mitochondrium: von zwei Membranen umhüllter Zellbe standteil, der für die Energiebereitstellung in der Zelle verantwortlich ist

Mitose: Zellkernteilung. Im Anschluss an die Kernteilung erfolgt meistens die Teilung des Zellkörpers, sodass aus einer Zelle zwei Tochterzellen entstehen.

Mutation: spontane Veränderung des genetischen Materials. Durch Mutation erhöht sich die genetische Variabilität. Dadurch können auch im Phänotyp zusätzliche Variationen auftreten.

Mutation, Chromosomen-: Form der Mutation, bei der die Anordnung der Gene auf dem ► Chromosom verändert wird. Dies kann durch Deletion, Duplikation, Inversion und Translokation geschehen.

N

nichtkompetitive Hemmung, auch allosterische Hemmung: Vorgang, bei dem ein Hemmstoff an einer zweiten Bindungsstelle des Enzyms bindet. Dadurch ändert sich die Struktur des aktiven Zentrums. Dies reduziert die maximale Geschwindigkeit der Reaktion.

O

Osmose: Diffusion eines Lösungsmittels durch eine selektiv permeable Membran

osmotischer Druck: Druck, der durch die im Lösungmittel gelösten Stoffe auf die umgebende Membran ausgeübt wird

P

Phänotyp: Summe aller Merkmale eines Organismus oder sichtbare Ausprägung eines Merkmals; äußeres Erscheinungsbild

Phospholipide: häufigste Form der Membranlipide. Ihre Kopfregion enthält einen Phosphorsäurerest.

Plasmolyse: Abnahme des Zellvolumens durch Wasseraus tritt aus der Zelle in einer hypertonischen Lösung

S

Schlüssel-Schloss-Modell: Modellvorstellung für enzyma tische Reaktionen, nach der das Substrat in das aktive Zentrum des Enzyms passt wie ein Schlüssel ins Schlüs selloch

selektiv permeabel: Bezeichnung für Membranen, die das Lösungsmittel passieren lassen, nicht aber bestimmte darin gelöste Stoffe

Stammzellen, adulte: Zellen, die sich ständig teilen und für die Erneuerung abgestorbener Zellen wie Haut-, Schleimhaut- und Blutzellen zuständig sind. Man bezeichnet sie als multipotent, weil sie nur bestimmte Gewebetypen bilden können.

Stammzellen, embryonale: Sie befinden sich im Inneren der Blastozyste. Man bezeichnet sie als pluripotent, da sie sich zu jedem Zelltyp des Organismus entwickeln können.

Substrate: Stoff mit Affinität zum aktiven Zentrum eines Enzyms, das von diesem in einer katalysierten Reaktion umgesetzt werden kann

Substratspezifität: Ein Enzym kann nur ein Substrat oder eine bestimmte Anzahl an spezifischen Substraten in seinem aktiven Zentrum aufnehmen.

T

Trisomie: dreifaches Vorkommen eines ► Chromosoms im Chromosomensatz

Z

Zellbestandteile: von Membranen umschlossene Zellberei che mit bestimmten Funktionen

Zelle: die kleinste lebensfähige Einheit

Zellkern, Nucleus: Zellbestandteil, der die Erbinformation enthält und deren Funktion steuert

Zellplasma: gelartige oder flüssige Substanz, in die die Zellbestandteile eingebettet sind. Es wird auch als Cytoplasma bezeichnet.

Zellwand: äußere stabile Hülle der Pflanzenzellen. Auch Bakterienzellen sind von einer Zellwand umgeben.

Zygote: befruchtete Eizelle mit diploidem Chromosomensatz

2

Genetik und Immunbiologie

- Der Bau von Nukleinsäuren, ihre Replikation und der Weg vom Gen zum Merkmal werden erläutert und Auswirkungen von Mutationen in den Genen beschrieben.
- Die Aktivität und Regulation von Genen wird beschrieben und die Entstehung von Krebs durch Fehler in der Genaktivität aufgezeigt.
- Verfahren zur Untersuchung und gezielten Veränderung der DNA zur Herstellung transgener Organismen werden erläutert und ihr Einsatz diskutiert.
- Verfahren der Reproduktionsmedizin und -diagnostik werden verglichen und bewertet.
- Die spezifische Immunantwort wird erklärt und Überreaktionen des Immunsystems sowie Ablauf und Nachweis einer HIV-Infektion erläutert.

Zwei Eselspinguine (***Pygoscelis papua***), einer davon mit Albinismus, betrachten einander. Obwohl sie derselben Art angehören, unterscheiden sie sich deutlich in der Färbung ihrer Federn. Wie entstehen die dunklen Pigmente in den Federn und weshalb fehlen sie bei Albinos?

2.1 DNA – Träger der Erbinformation

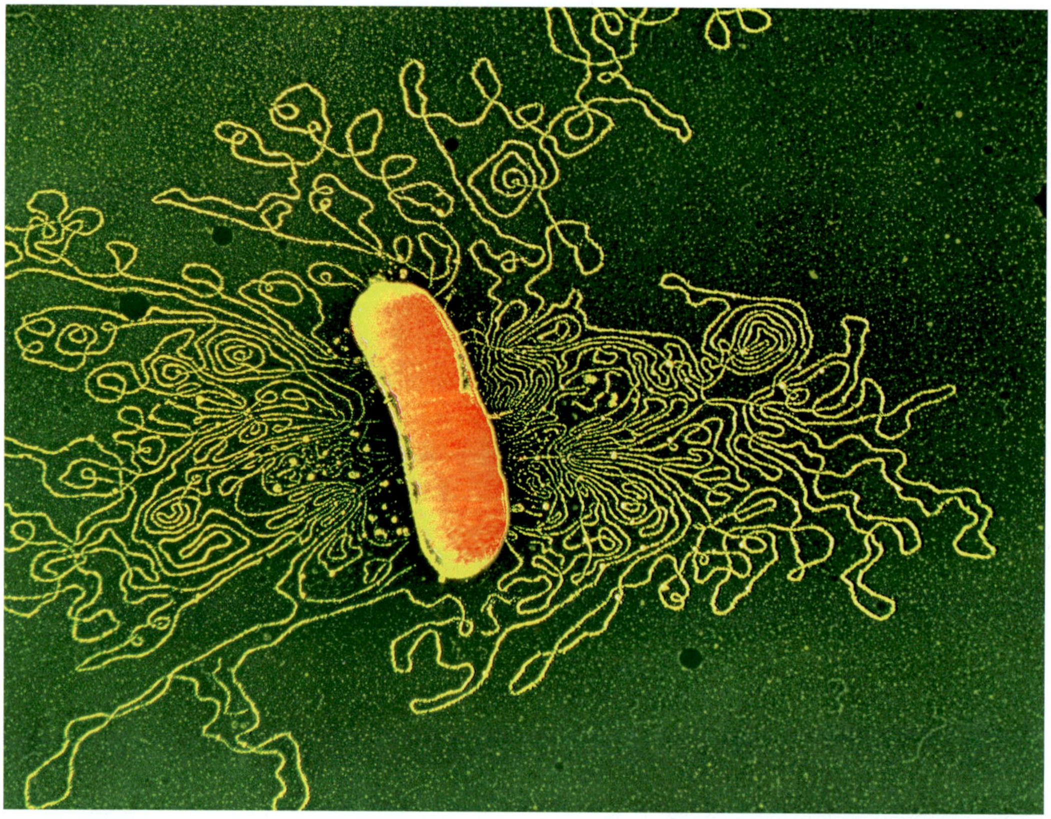

1 DNA von *E. coli* (Explosionsbild)

engl. DNA = deoxyribonucleic acid
dt. DNS = Desoxyribonukleinsäure

Zerplatzt das Bakterium Escherichia coli *aufgrund eines osmotischen Schocks, gibt es seinen Inhalt vollständig in die Umgebung frei. Mithilfe eines Elektronenmikroskops wird ein solches Explosionsbild sichtbar. Zu erkennen ist ein großes, ringförmiges Molekül, seine DNA. Es kommt nur einmal in einer* E.-coli-*Zelle vor und besitzt eine Länge von etwa 1,2 mm. Damit ist es etwa 500-mal länger als die gesamte Zelle. Wie konnte man nachweisen, dass dieses Molekül die Erbinformationen einer Zelle speichert?*

Entdeckung der Nukleinsäuren • Im Jahre 1868 gelang es dem Chemiker Friedrich Miescher zum ersten Mal, DNA zu isolieren und zu untersuchen. Er trennte Zellkerne vom Zellplasma und gewann daraus einen sauren Stoff, die er „Nuclein" nannte. Sie enthielt große Mengen an Phosphat und unterschied sich dadurch deutlich von Proteinen.

lat. virulentus = giftig

Bereits zu Beginn des letzten Jahrhunderts war bekannt, dass DNA aus vier Bausteinen, den Nucleotiden, besteht. Diese scheinbare Einfachheit schloss für die damaligen Forscher die Nukleinsäuren als möglichen Träger der genetischen Information aus. Deshalb war die Mehrheit der Wissenschaftler bis in die Mitte der 1940er-Jahre überzeugt, dass die wesentlich komplexeren, aus 20 verschiedenen Aminosäuren aufgebauten Proteine die Rolle als Träger der genetischen Information übernähmen.

Transformationsexperimente • Die Untersuchungen des britischen Mediziners Frederick Griffith aus dem Jahr 1928 mit dem Erreger der Lungenentzündung, der heute als *Streptococcus* bezeichnet wird, trugen entscheidend dazu bei, den Träger der Erbinformationen zu identifizieren. Griffith arbeitete mit verschiedenen Stämmen dieses Bakteriums. Einige waren virulent, sie konnten Lungenentzündung hervorrufen. Andere Stämme waren avirulent, sie waren harmlos und verursachten keine Krankheit. Beide Stämme lassen sich bereits äußerlich unterscheiden. Der virulente Stamm besitzt eine Polysaccharidkapsel, wodurch die Oberfläche der Kolonien glatt und glänzend erscheint. Dies wird im Englischen als „smooth" oder „shiny" bezeichnet. Der Stamm heißt deshalb S-Stamm. Der avirulente Stamm bildet keine Kapsel aus und formt deshalb

raue Kolonien. Er wird nach dem englischen Begriff „rough“ als R-Stamm bezeichnet.
In seinen Versuchen infizierte Griffith Mäuse mit Bakterien der beiden Stämme. Mäuse, die eine Injektion mit lebenden S-Zellen erhielten, starben an einer Lungenentzündung. Die lebenden Bakterien waren nach dem Tod der Maus in ihrem Blut nachweisbar. Die Mäuse, denen lebende R-Zellen oder hitzegetötete S-Zellen injiziert wurden, überlebten. In ihrem Blut waren die Bakterien nicht nachweisbar, da die Immunzellen der Mäuse sie beseitigt hatten. Griffith mischte in einem weiteren Versuch lebende R-Zellen mit hitzegetöteten S-Zellen und injizierte Mäusen diese Mischung. Nach fünf Tagen waren alle Mäuse gestorben. Griffith konnte lebende Bakterien des S-Stammes im Blut der toten Mäuse nachweisen. Er zog daraus den Schluss, dass die hitzegetöteten Zellen des S-Stammes für die Umwandlung der harmlosen R-Zellen in virulente S-Zellen verantwortlich waren. Diesen Vorgang bezeichnete er als **Transformation**. Die Ursache für die Umwandlung sah Griffith in der Polysaccharidkapsel. Sie war für ihn das Transformationsprinzip.

Im Jahr 1944 veröffentlichte der kanadische Mediziner Oswald Avery die Ergebnisse seiner Versuche, in denen er das transformierende Prinzip eindeutig identifizierte. Zellen des virulenten S-Stammes wurden durch Hitze abgetötet. Nachdem die Zellwände aufgebrochen worden waren, erwies sich der durch Filtration gewonnene Zellextrakt als transformierend. Auch nach dem Entfernen der Kohlenhydrate, Lipide und Proteine aus dem Zellplasma mithilfe von Enzymen war das transformierende Prinzip immer noch vorhanden. Die Zugabe von RNasen, RNA-spaltenden Enzymen, oder Proteasen, proteinspaltenden Enzymen, verhinderte nicht die Umwandlung von R-Zellen in S-Zellen. Erst durch die Behandlung mit DNasen ging die Transformationsaktivität dieses Stoffes verloren. Damit war die DNA als transformierendes Prinzip eindeutig nachgewiesen.

Spätere Versuche zeigten, dass die abgetöteten Bakterien des S-Stammes ihre DNA in das Kulturmedium abgegeben hatten. Die lebenden R-Zellen hatten diese DNA aus ihrer Umgebung aufgenommen und in ihre eigene DNA eingebaut. Dadurch waren sie zu virulenten S-Zellen transformiert worden.

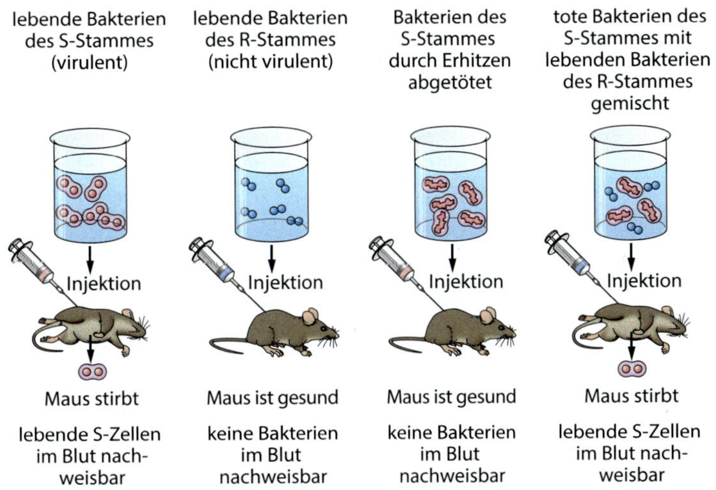

2 Griffiths Transformationsexperiment von 1928

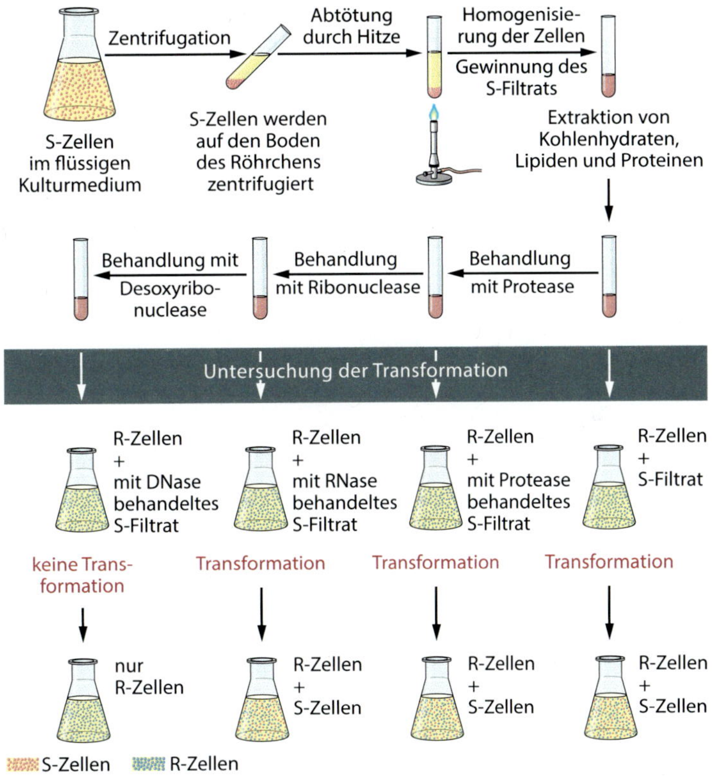

3 Averys Transformationsexperiment von 1944

1 Beschreiben Sie, weshalb das Ergebnis von Griffiths letztem Versuch unerwartet war.

2 Begründen Sie, welche Schlussfolgerungen Avery aus den vier einzelnen Versuchen der Transformation ziehen konnte.

Bau des Zellkerns • Bei Bakterien wie *E. coli* liegt das genetische Material als ringförmiges DNA-Molekül im Zellplasma vor. Bei den anderen Lebewesen befindet es sich dagegen im Zellkern, dem **Nucleus**. Lebewesen, die einen Zellkern besitzen, werden als **Eukaryoten** bezeichnet. Alle Lebewesen ohne Zellkern gehören zu den **Prokaryoten**.

griech. eu = gut, selbst
griech. pro = vorher
griech. karyon = Kern

Der Zellkern wird von einer Doppelmembran, der Kernhülle, nach außen abgegrenzt. Sie ist von Kernporen durchbrochen, die einen Transport von Molekülen von innen nach außen und umgekehrt ermöglichen. Die Anzahl der Poren kann zwischen einigen Hundert bis zu mehr als einer Million pro Zellkern variieren. Sie ist abhängig vom Zelltyp und vom Funktionszustand der Zelle. Im Inneren des Zellkerns lässt sich während eines Teils der Interphase ein besonderer Bereich erkennen, der **Nucleolus**. Hier erfolgt die Synthese der beiden ribosomalen Untereinheiten, die aus ribosomalen RNA-Molekülen und ribosomalen Proteinen bestehen. Der größte Teil des Nucleus wird von Chromatin, einem Komplex aus DNA und basischen Proteinen, den Histonen, in Form von langen, dünnen Fäden ausgefüllt.

lat. nucleolus = kleiner Kern, Kernkörperchen

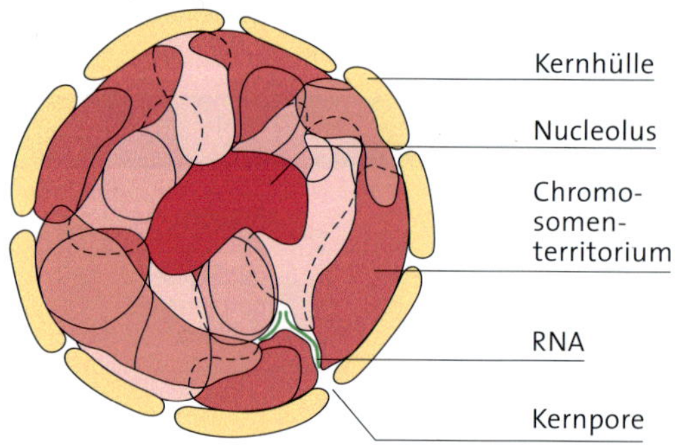

1 Organisation des Zellkerns während der Interphase

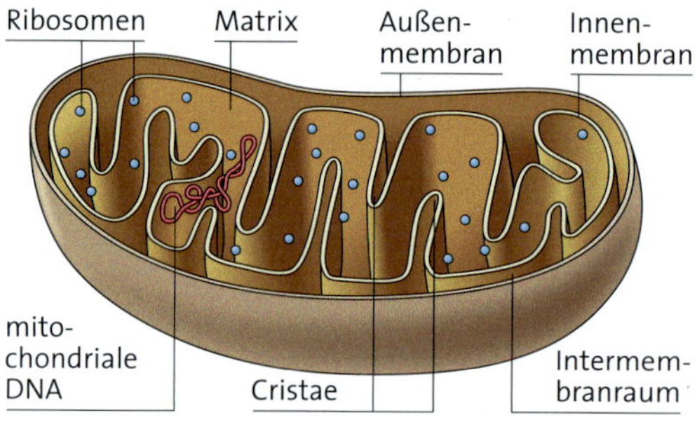

2 Mitochondrium mit DNA

Dichte, spiralisierte Bereiche des Chromatins, das Heterochromatin, sind genetisch inaktiv. Diese Regionen lassen sich gut anfärben. Die entspiralisierten Bereiche, das Euchromatin, können dagegen abgelesen werden.
Chromosomen sind nur während der Zellteilung deutlich zu erkennen und bilden sich durch Spiralisierungsvorgänge aus dem Chromatin. Die Chromatinfäden liegen aber nicht ungeordnet und wahllos im Zellkern, sondern sind in Bereiche gegliedert. In jedem Territorium befindet sich ein Chromatinfaden mit der DNA eines einzelnen Chromosoms. Diese Territorien können sich berühren und überlappen, sodass es zu Kontakten zwischen den Chromosomen kommen kann.

Extranucleäre DNA • Auch außerhalb des Zellkerns befinden sich in den eukaryotischen Zellen DNA-Moleküle. Jedes Mitochondrium tierischer und pflanzlicher Zellen enthält zwei bis zehn ringförmige DNA-Moleküle. In den Chloroplasten pflanzlicher Zellen gibt es eigene DNA-Moleküle. Deren Anzahl kann je nach Pflanzenart bis zu 1000 pro Chloroplast betragen. Diese extranucleäre DNA enthält Informationen für die Synthese spezifischer Mitochondrien- und Chloroplastenproteine für die Atmungskette beziehungsweise für die Fotosynthese. Allerdings ist ein größerer Anteil der Informationen für diese Proteine auf den Chromosomen im Zellkern gespeichert. Pflanzliche und tierische Zellen besitzen damit drei beziehungsweise zwei unterschiedliche genetische Informationsspeicher.
Viele Bakterien weisen ebenfalls kleine, ringförmige DNA-Moleküle außerhalb der eigentlichen bakteriellen DNA auf. Diese Moleküle werden als **Plasmide** bezeichnet. Sie tragen zusätzliche, für das Bakterium nicht unbedingt lebensnotwendige Informationen. Bei *E. coli* ist hierauf auch die Information für die Ausbildung des Sexpilus gespeichert, ohne den eine Konjugation, also die Übertragung von genetischem Material zwischen den Bakterienzellen, nicht möglich ist.

1 Vergleichen Sie die Lokalisation des genetischen Materials in prokaryotischen und eukaryotischen Zellen.

2 Nennen Sie die genetischen Informationsspeicher in pflanzlichen und tierischen Zellen.

Material A Transformationsexperiment

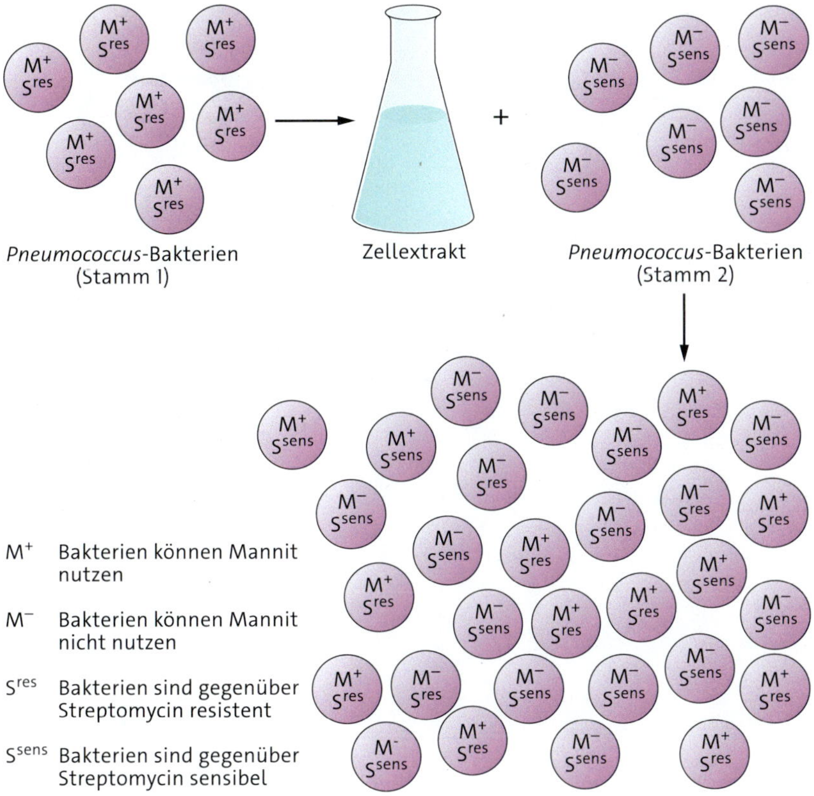

Hotchkiss und Marmur experimentierten 1954 mit zwei *Pneumococcus*-Stämmen. Ein Stamm war gegen das Antibiotikum Streptomycin resistent und nutzte den Zucker Mannit als Kohlenstoffquelle.

Aus diesen Zellen wurde ein Zellextrakt gewonnen und in eine Zellkultur des anderen Stammes gemischt, der gegenüber Streptomycin sensibel war und Mannit nicht verarbeiten konnte.

1 Beschreiben Sie das Versuchsergebnis.

2 Erläutern Sie das Versuchsergebnis.

3 Begründen Sie, welchen Schluss man aus der Tatsache ziehen kann, dass viele Zellen sich in Bezug auf beide Eigenschaften verändert haben.

Material B Die Hershey-Chase-Experimente

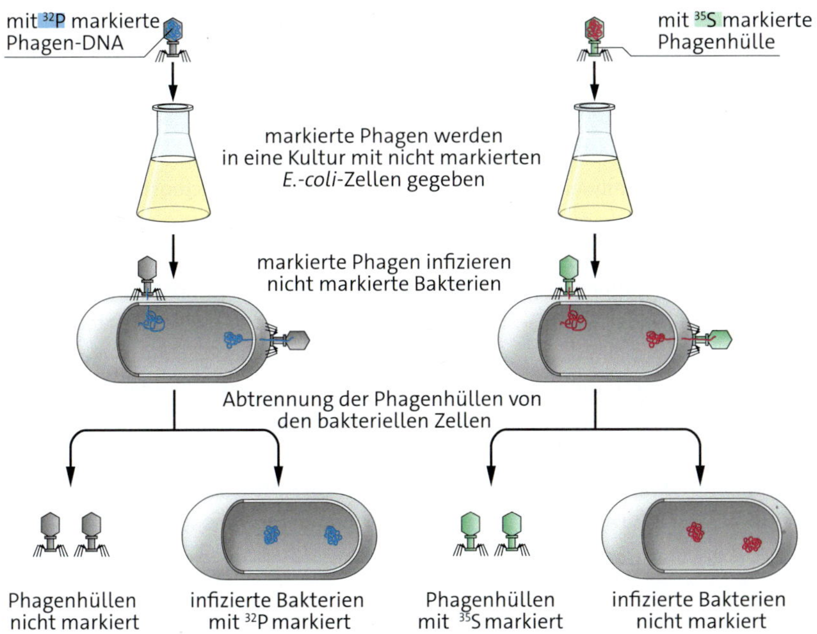

Bakteriophagen oder kurz Phagen sind Viren, die Bakterienzellen infizieren und sich in ihnen vermehren. Die Zellen platzen auf und die neuen Phagen werden freigesetzt. T2, ein typischer *E.-coli*-Phage, besteht aus einer Proteinhülle, die seine DNA umschließt. Hershey und Chase markierten spezifisch die Proteinhülle mit dem radioaktiven Schwefel-Isotop ^{35}S und die DNA spezifisch mit dem radioaktiven Phosphor-Isotop ^{32}P. Mithilfe eines Mixers trennten sie kurz nach der Infektion die Phagenhüllen von den Zellwänden der Bakterien ab. Anschließend untersuchten sie die Phagenhüllen und die infizierten Bakterien auf Radioaktivität.

1 Beschreiben und begründen Sie die Versuchsdurchführung.

2 Formulieren Sie das Versuchsergebnis.

3 Deuten Sie das Versuchsergebnis.

2.2 Bau der Nukleinsäuren

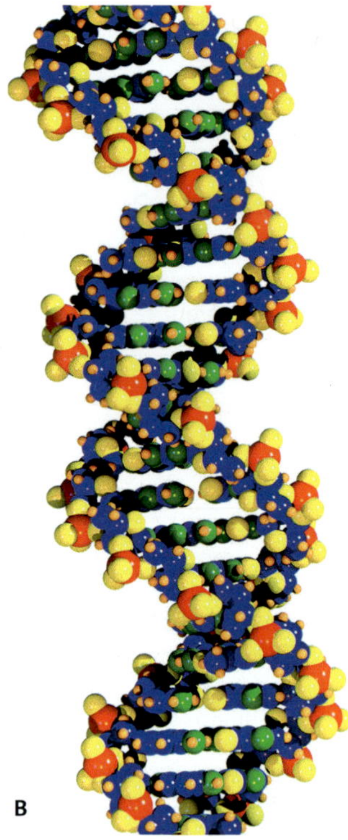

1 Raumstruktur der DNA:
A James D. Watson und Francis Crick 1953 vor einem DNA-Modell,
B DNA-Kalottenmodell

Der britische Physiker Francis Crick und der US-amerikanische Genetiker James D. Watson arbeiteten zu Beginn der 1950er-Jahre gemeinsam an der Universität Cambridge in England. Ihr Ziel war es, ein dreidimensionales Modell des DNA-Moleküls zu entwickeln. Dafür nutzten sie alle bis dahin bekannten Forschungsdaten anderer Wissenschaftler und stellten mit Molekül-Modellen die mögliche Anordnung der Einzelbestandteile der DNA nach. Im Jahr 1953 gelang ihnen die Sensation und sie stellten ihr Ergebnis der Öffentlichkeit vor. Wie sah das von Watson und Crick entwickelte Modell aus?

Pentose
= Zuckermolekül mit fünf Kohlenstoffatomen

ATP
= wichtiges Energiespeichermolekül

Ribose siehe Seite 118.

Bausteine der DNA • Alle Nukleinsäuren sind aus sehr ähnlichen Bausteinen aufgebaut, die teilweise schon seit dem 19. Jahrhundert bekannt waren. Jeder Baustein besteht aus einer stickstoffhaltigen Base, einer Pentose und einer Phosphatgruppe. Die stickstoffhaltigen Basen haben als Grundstruktur entweder ein Doppelringsystem oder ein Einfachringsystem und gehören demnach zu den Purinen beziehungsweise zu den Pyrimidinen. In der DNA kommen zwei verschiedene Purine, Adenin und Guanin, sowie zwei verschiedene Pyrimidine, Cytosin und Thymin, vor. Die Basen werden mit ihrem Anfangsbuchstaben A, G, C oder T abgekürzt. Der Name DNA enthält einen Hinweis auf das Zuckermolekül, das in ihr vorkommt: Sie enthält die Pentose Desoxyribose. Diese leitet sich von der Ribose ab, ihr fehlt jedoch am zweiten Kohlenstoffatom, kurz 2'-C-Atom, ein Sauerstoffatom.

Wird der Zucker über das 1'-C-Atom mit einer Base verknüpft, so entsteht ein **Nucleosid**. Dessen Bezeichnung orientiert sich am Namen der entsprechenden Base: Adenosin, Guanosin, Thymidin und Cytidin. Wird zusätzlich eine Phosphatgruppe am 5'-C-Atom des Zuckers gebunden, so entsteht ein **Nucleotid**. Grundsätzlich können eine, zwei oder drei Phosphatgruppen am Zucker gebunden sein. Diese Moleküle werden entsprechend der Bezeichnung der Nucleoside zum Beispiel als Adenosinmonophosphat, kurz AMP, Adenosindiphosphat, kurz ADP, oder Adenosintriphosphat, kurz ATP, benannt.

Zwei Nucleotide können über eine Phosphodiesterbindung miteinander verbunden werden. Diese Verknüpfung erfolgt über das 5'-C-Atom des einen Zuckers mit dem 3'-C-Atom des zweiten Zuckers. Das neu gebildete Dinucleotid besitzt zwei unterschiedliche Enden. Auf der einen Seite befindet sich das 3'-Ende, das durch die Hydroxylgruppe am Zucker gekennzeichnet ist. Auf der anderen Seite, am 5'-C-Atom des Zuckers, befindet sich die Phosphatgruppe. Wenn ein weiteres Nucleotid an die Hydroxylgruppe des 3'-C-Atoms gebunden wird, entsteht ein Trinucleotid. Ketten mit 4 bis zu etwa 20 Nucleotiden werden als Oligonucleotide bezeichnet, noch längere Ketten heißen **Polynucleotide**. Dabei behält die Kette immer ihre definierte Orientierung bei: Auf der einen Seite befindet sich immer ein freies 3'-Ende, auf der anderen Seite immer ein freies 5'-Ende.

Chargaffs Ergebnisse • 1950 veröffentlichte Erwin Chargaff die Ergebnisse seiner chemischen Untersuchungen von DNA-Proben verschiedener Arten von Lebewesen. Er bestimmte die Mengen der vier verschiedenen Basen und fand heraus, dass bei jeder Art die Menge an Adenin immer gleich der Menge an Thymin ist und die Menge an Cytosin gleich der Menge an Guanin. Das Verhältnis von Adenin und Thymin zu Cytosin und Guanin erwies sich als artspezifisch. Die Summe der Purine, Adenin und Guanin, ist immer gleich der Summe der Pyrimidine, Cytosin und Thymin. Die Zusammensetzung der DNA ist in unterschiedlichen Zellen eines Lebewesens gleich, unabhängig von Alter, Ernährungszustand und Lebensraum. Diese Chargaff-Regeln wiesen auf eine paarweise Anordnung der Basen hin. Sie waren eine wesentliche Voraussetzung dafür, dass Watson und Crick ihr Modell der DNA entwickeln konnten.

Röntgenstrukturanalyse • Richtet man Röntgenstrahlen auf Kristalle hochgereinigter DNA-Moleküle, so werden die Strahlen in charakteristischer Weise abgelenkt. Rosalind Franklin, die im Labor des Biophysikers Maurice Wilkins in London arbeitete, erzielte zu Beginn der 1950er-Jahre als Erste aussagekräftige Aufnahmen dieser Röntgenbeugung. Franklin bestätigte damit, dass innerhalb des Moleküls eine Periodizität von 0,34 nm existiert, die auf eine regelmäßige Wiederholung gleicher Strukturelemente in diesem Abstand hinwies. Den Durchmesser des Moleküls konnte sie auf annähernd 2 nm bestimmen. Franklin vermutete bereits eine helixartige Struktur aus zwei Strängen. Sie konnte jedoch noch kein überzeugendes Modell für die DNA vorschlagen.

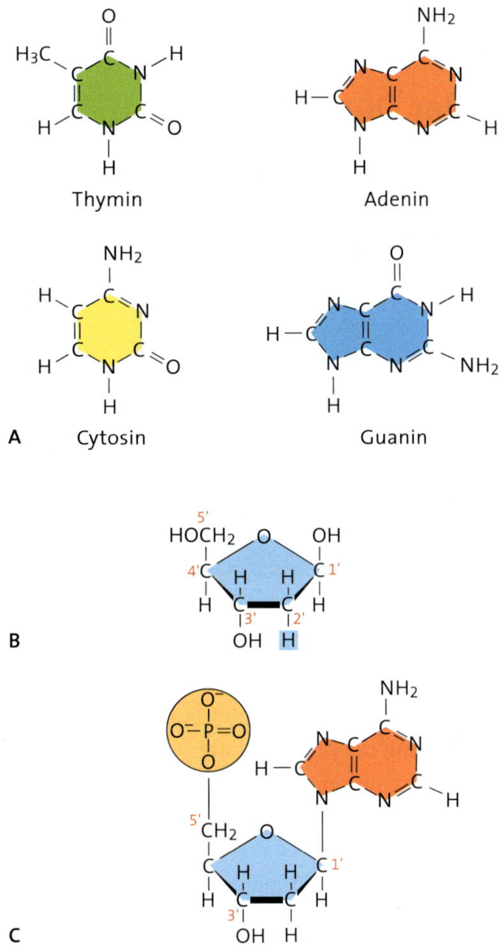

griech. oligo = wenig
griech. poly = viel

Erwin Chargaff (1905–2002)

2 Bestandteile der DNA:
A stickstoffhaltige Basen,
B Desoxyribose,
C Nucleotid (AMP)

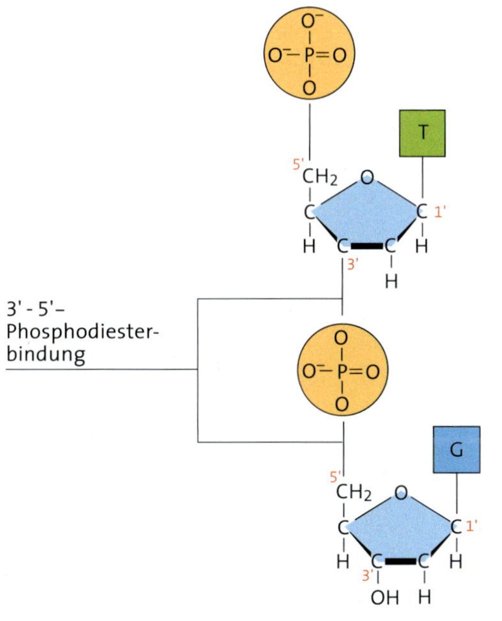

lat. helix = Schraube, Wendel

3 Phosphodiesterbindung in einem Dinucleotid

Blickpunkt

Entdeckung der Doppelhelix

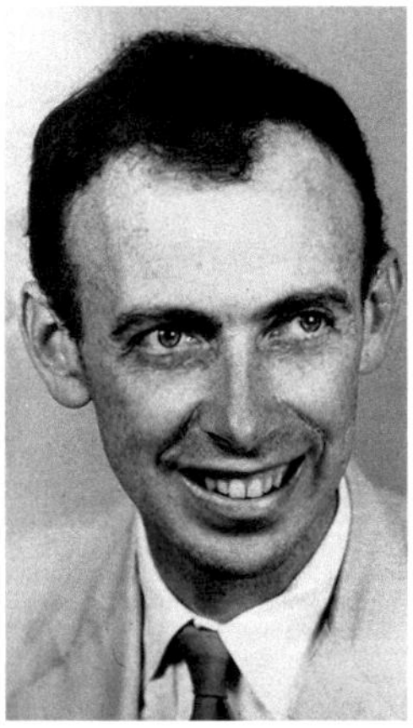

James D. Watson wurde 1928 in Chicago geboren. Nach ersten wissenschaftlichen Arbeiten in den USA kam er 1950 nach Cambridge, England, wo er gemeinsam mit Francis Crick die Doppelhelixstruktur der DNA aufklärte.
Crick wurde 1916 in Northampton, England geboren. Er forschte als Biochemiker und Physiker in Cambridge. 2004 starb Crick in San Diego.
Rosalind Franklin wurde 1920 in London geboren. Ihre bahnbrechenden Arbeiten entstanden am dortigen King's College. Sie starb 1958 in London an Krebs. Ihre Röntgenstrukturanalysen mit hochgereinigten DNA-Proben ergaben charakteristische Beugungsmuster, aus denen die Doppelhelixstruktur abgeleitet werden konnte. Berühmt ist ihr Foto 51, das die Regelmäßigkeit im Aufbau der DNA besonders deutlich erkennen lässt.

Maurice Wilkins wurde 1916 in Neuseeland geboren. Er arbeitete als Physiker unter anderem am Manhattan-Projekt, das zur Entwicklung der Atombombe führte. Nach dem Zweiten Weltkrieg wechselte er an das King's College und forschte im Bereich der Röntgenbeugungsspektroskopie auch an DNA-Molekülen. Mit Rosalind Franklin arbeitete er im gleichen Institut. Wilkins starb 2004 in London.
Die Ergebnisse der vier Wissenschaftler wurden am 25. April 1953 in mehreren aufeinanderfolgenden Artikeln in derselben Ausgabe der Fachzeitschrift Nature veröffentlicht. 1962 erhielten Watson, Crick und Wilkins für ihre Arbeiten den Nobelpreis für Medizin. Franklin konnte für ihre entscheidenden Untersuchungen nicht mehr ausgezeichnet werden, da der Nobelpreis nur an lebende Personen verliehen wird.

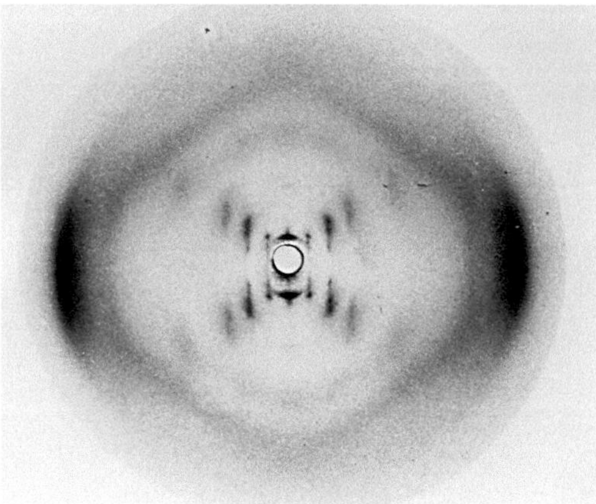

1 Röntgenbeugung an DNA (1952)

Watson-Crick-Modell • Aufgrund der Ergebnisse von Chargaff und auf Basis der Röntgenstrukturanalyse von Franklin und Wilkins entwickelten Crick und Watson ein Modell der DNA, das alle bekannten Tatsachen miteinander vereinigt. Das DNA-Molekül besteht aus zwei Strängen, in denen die Zuckermoleküle und Phosphatgruppen alternierend miteinander verbunden sind. Aus Franklins Ergebnissen ging bereits hervor, dass die beiden Stränge gegenläufig orientiert sind. Ein Strang hat eine Orientierung vom 5'- zum 3'-Ende, während der gegenüberliegende Strang eine Orientierung vom 3'- zum 5'-Ende besitzt. Sie sind also **antiparallel** zueinander angeordnet.

Diese beiden Stränge sind um eine zentrale Achse nach rechts gedreht und bilden eine **Doppelhelix**. Dadurch liegen die Basen im Inneren des Doppelstrangs einander gegenüber. Nur diese Ausrichtung macht es möglich, dass zwei Basen **Wasserstoffbrücken** zwischen zwei polaren Atomen ausbilden. Diese Bindung entsteht zwischen einem positiven Wasserstoffatom und einem stark elektronegativen Atom, also Sauerstoff oder Stickstoff im Fall der DNA. Adenin und Thymin bilden zwei, Guanin und Cytosin dagegen drei Wasserstoffbrücken aus. Durch diese unterschiedliche Anzahl der Wasserstoffbrücken ist gewährleistet, dass immer die gleichen Basen miteinander gepaart sind. Man bezeichnet sie deshalb auch als **Basenpaar** oder als **komplementäre Basen**. Watson und Crick wiesen in ihrer Veröffentlichung darauf hin, dass die komplementäre Basenpaarung einen Hinweis darauf gibt, wie ein DNA-Molekül vervielfältigt werden könnte.

Die Wasserstoffbrücken eines jeden Basenpaars halten die beiden Stränge zusammen. Dadurch, dass immer eine Purinbase und eine Pyrimidinbase komplementär zueinander sind, ist ein DNA-Doppelstrang an allen Stellen gleich breit. Durch die Windungen der Doppelhelix um die zentrale Achse entstehen abwechselnd kleine und große Furchen entlang der Längsachse der DNA.

Die Basen der beiden Stränge sind flach und senkrecht zur Längsachse ausgerichtet. Deshalb erscheinen sie wie übereinanderliegende Stapel, die durch einen Zwischenraum von 0,34 nm getrennt sind. Insgesamt bilden zehn Basenpaare eine vollständige Windung der Doppelhelix. Jede Windung besitzt damit eine Länge von 3,4 nm. Der Durchmesser der DNA-Doppelhelix beträgt 2 nm. Diese Raumstruktur der DNA wird als Watson-Crick-Modell bezeichnet.

1 Beschreiben Sie den Aufbau eines Nucleotids der DNA.

2 Erklären Sie, weshalb Forscher Gewebeproben durch chemische DNA-Analysen einer Art zuordnen können.

3 Beschreiben Sie die wesentlichen Kennzeichen des Watson-Crick-Modells.

4 Begründen Sie, weshalb die paarweise Anordnung der Basen auf einen möglichen Mechanismus zur Vervielfältigung der DNA hindeutet.

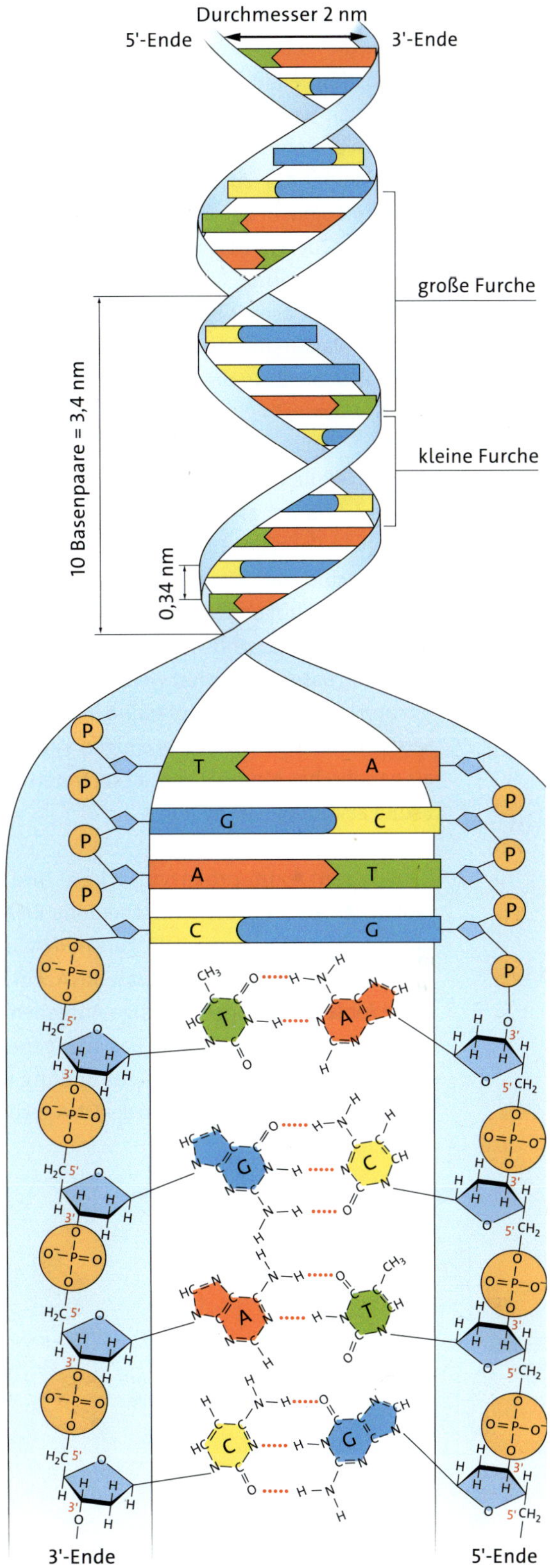

2 Raumstruktur der DNA

engl. RNA
= ribonucleic acid
dt. RNS
= Ribonukleinsäure

RNA • Neben der DNA gibt es weitere Nukleinsäuren, die Ribonukleinsäuren, kurz RNA. Diese Moleküle stimmen in vielen Merkmalen mit der DNA überein. Sie weisen aber auch Unterschiede zur DNA auf. RNA besteht wie DNA aus Nucleotidbausteinen, die miteinander zu einem Polynucleotidstrang verknüpft sind. In der RNA befindet sich jedoch anstelle des Zuckers Desoxyribose der Zucker Ribose. Dieser besitzt am 2'-C-Atom eine Hydroxylgruppe, während die Desoxyribose an diesem C-Atom lediglich ein Wasserstoffatom trägt. Außerdem kommt in der RNA die Base Uracil statt der Base Thymin in der DNA vor.

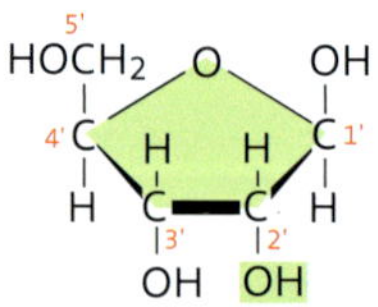

1 Ribose

RNA-Moleküle liegen im Gegensatz zu DNA-Molekülen nicht durchgängig als Doppelstränge vor. Sie können die Form linearer Einzelstränge haben, aber auch Mischformen annehmen. Dabei falten sich die Einzelstränge auf und bilden Doppelstrangregionen, die durch Wasserstoffbrücken zwischen komplementären Basen stabilisiert werden. Dabei sind Adenin und Uracil komplementär und bilden zwei Wasserstoffbrücken aus. Auch in einigen Viren, die RNA als genetisches Material enthalten, treten RNA-Moleküle als Doppelstrang auf.

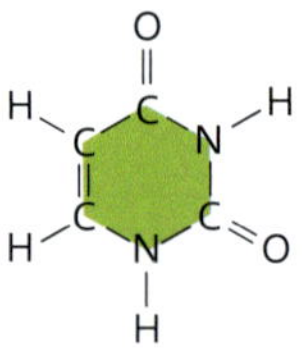

2 Uracil

RNA-Typen • In prokaryotischen und eukaryotischen Zellen treten verschiedene RNA-Typen auf, vor allem Messenger-RNA, kurz mRNA, Transfer-RNA, kurz tRNA, und ribosomale RNA, kurz rRNA. Diese Moleküle erfüllen wichtige Aufgaben bei der Herstellung von Proteinen auf Basis der genetischen Information. Die Information zur Bildung der verschiedenen RNA-Moleküle ist in der DNA gespeichert.

mRNA siehe
Seite 129 und 130.

Die mRNA wird als Kopie bestimmter DNA-Abschnitte hergestellt. So kann deren Information an die Ribosomen übermittelt werden. Die mRNA-Moleküle werden von der Zelle regelmäßig abgebaut und bei Bedarf wieder neu gebildet.
Die tRNA besteht aus 75 bis 90 Nucleotiden und ist damit das kleinste der drei RNA-Moleküle. Durch die Ausbildung von Wasserstoffbrücken ergibt sich die charakteristische Kleeblattstruktur des tRNA-Moleküls. Es entstehen dabei Bereiche mit komplementären Basenpaarungen, die Stämme, und nicht gepaarte Abschnitte, die Schleifen. Diese Schleifen enthalten seltene Basen, die keine Basenpaarungen eingehen und in anderen RNA-Molekülen nicht vorkommen. Diese seltenen Basen entstehen in der Zelle durch enzymatische Umwandlungen der vier üblichen Basen, nachdem sie bereits in die tRNA-Moleküle eingebaut wurden.
rRNA und Proteine bilden gemeinsam die beiden Untereinheiten der Ribosomen. Bei Eukaryoten wird die rRNA im Nucleolus des Zellkerns gebildet, in dem die codierenden Abschnitte bestimmter Chromosomen liegen.

Ribozyme • RNA-Moleküle können sehr komplexe dreidimensionale Strukturen genau wie Proteine ausbilden. Einige übernehmen enzymatische Funktionen. Solche RNA-Enzyme werden als Ribozyme bezeichnet. Sie besitzen viele Eigenschaften eines Enzyms wie zum Beispiel ein aktives Zentrum. Ribozyme haben eine wichtige Funktion bei der Spaltung von RNA-Molekülen. Dabei entstehen freie 3'- und 5'-Enden, sodass die Spaltprodukte weiter abgebaut werden können. Diese überraschenden Eigenschaften von RNA führten zu der Annahme, dass erste primitive Lebensformen auf der Erde vollständig auf RNA-Molekülen basierten. Die Entdeckung, dass das katalytische Zentrum der Ribosomen aus RNA besteht, untermauerte diese Hypothese. Das genetische Material und auch alle Enzyme könnten ursprünglich aus RNA bestanden haben, bevor sich im Verlauf der Evolution DNA und Proteine entwickelten und eine immer größere Rolle in den Zellabläufen übernahmen.

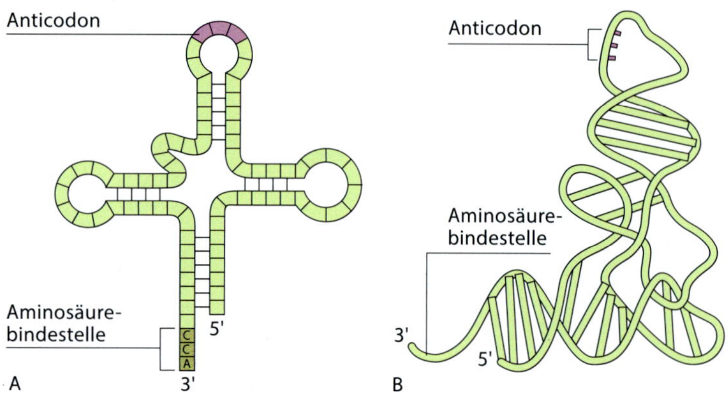

3 tRNA-Molekül: **A** zweidimensionale Struktur (Kleeblattstruktur), **B** dreidimensionale Struktur

1 Vergleichen Sie den Aufbau von DNA und RNA.

2 Beschreiben Sie den Aufbau der tRNA.

3 Erläutern Sie die Bedeutung der Ribozyme.

Versuch A Isolation von DNA aus Zwiebeln

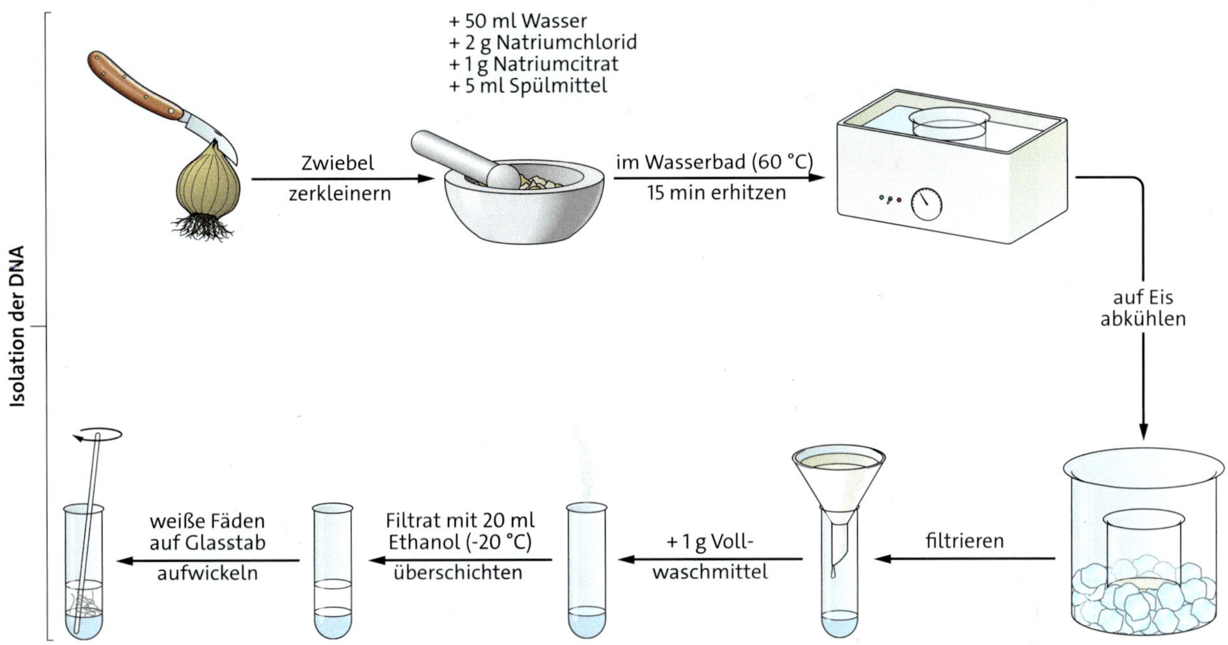

1 Führen Sie das Experiment vollständig durch und erstellen Sie mithilfe der Abbildung ein Versuchsprotokoll bis zur Beobachtung.

2 Geben Sie die Funktion der eingesetzten Chemikalien für die Deutung der Beobachtung an. Recherchieren Sie dafür im Internet oder in Büchern.

Material B Schmelzkurven von DNA

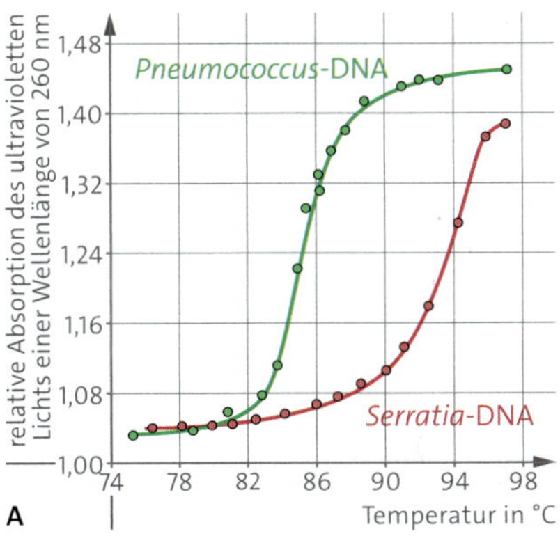

A

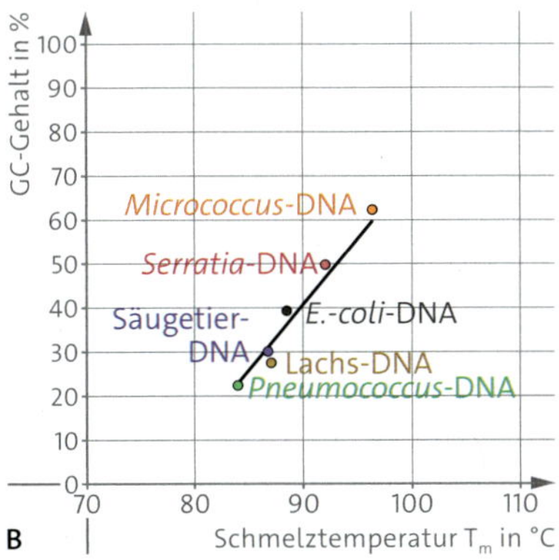

B

Durch Erhitzen von DNA-Molekülen werden die Wasserstoffbrücken der Doppelhelixstruktur gelöst, was dazu führt, dass die Stränge sich entspiralisieren und trennen. Dieser Vorgang wird als Denaturieren oder Schmelzen bezeichnet.

Während dieses Prozesses nimmt die UV-Absorption der DNA-Lösung stark zu. Diese Zunahme kann gemessen werden.
Beim langsamen Abkühlen verbinden sich die Einzelstränge wieder zu einer Doppelhelix, sie renaturieren.

Trägt man die Zunahme der Absorption gegen die Temperatur auf, erhält man ein Denaturierungsprofil der DNA. Anhand des Mittelwerts von minimaler und maximaler Absorption kann die Schmelztemperatur T_m abgelesen werden.

1 Beschreiben Sie jeweils die Kurvenverläufe in den Abbildungen A und B.

2 Begründen Sie den unterschiedlichen Verlauf der beiden Kurven in Abbildung A. Ermitteln Sie T_m.

3 Entwickeln Sie eine Hypothese zur Erklärung der unterschiedlichen Schmelztemperatur bei verschiedenen Lebewesen.

2.3 Chromosomen und DNA-Replikation

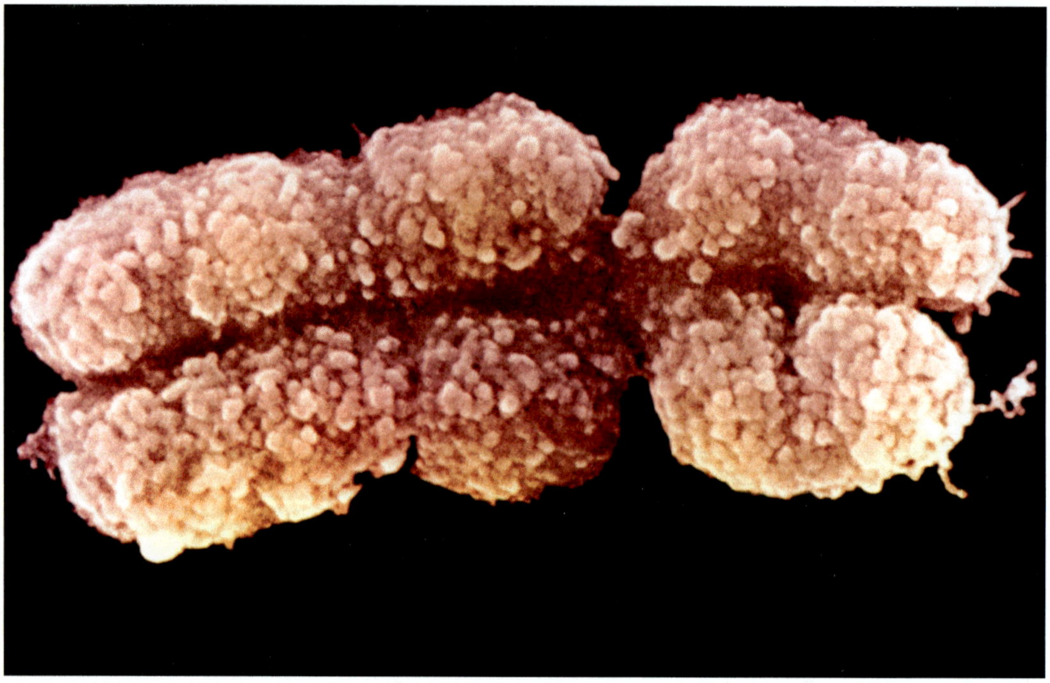

1 Metaphase-chromosom

Die DNA-Moleküle aller 46 Chromosomen einer menschlichen Zelle erreichen hintereinander aufgereiht eine Länge von annähernd 2 m. Der Zellkern dieser Zelle besitzt aber lediglich einen Durchmesser von etwa 5 µm. Wie passt diese Menge an DNA in den Zellkern?

Nucleosomen und Chromatinstruktur • Jedes Zwei-Chromatiden-Chromosom der Eukaryoten, das vor den mitotischen und meiotischen Teilungen gebildet wird, enthält neben zwei identischen DNA-Molekülen auch eine große Menge an Proteinen. Unter zellulären Bedingungen sind die meisten dieser Proteine überwiegend positiv geladen, da sie einen hohen Anteil an den basischen Aminosäuren Arginin und Lysin enthalten. Diese basischen Proteine werden als **Histone** bezeichnet. Aufgrund ihrer positiven Ladungen ziehen sie die negativ geladenen Phosphatreste eines DNA-Moleküls an. Durch die Wechselwirkungen der Histone untereinander und die Bindung an die DNA entstehen perlenförmige Einheiten. Diese werden als **Nucleosomen** bezeichnet. Sie bestehen aus vier verschiedenen Histonen, von denen jedes zweimal vorkommt. Um diesen Histonkern herum ist ein DNA-Abschnitt von genau 147 Basenpaaren gewunden. Diese Anzahl ist bei allen bisher untersuchten Eukaryoten gleich. Zwei Nucleosomen sind durch ein kurzes Stück der DNA, die Linker-DNA, miteinander verknüpft, die mit dem Linker-Histon H1 assoziiert ist. Jedes Nucleosom hat einen Durchmesser von 11 nm bei einer Höhe von 6 nm. Teile der Aminosäurekette der Histone ragen aus dem Nucleosom heraus und bilden Histonschwänze. Durch diese erste Stufe der Verdichtung wird ein DNA-Molekül auf ein Drittel seiner ursprünglichen Länge reduziert.

In einem zweiten Schritt verdrillt sich die 11 nm dicke Struktur zu einem 30 nm dicken Filament. Durch die Bildung von Schleifen entsteht im dritten Schritt ein 300 nm starker **Chromatinfaden** aus spiralig gewundenen Rosetten. Diese Rosetten spiralisieren sich im folgenden Schritt noch stärker. Es entsteht das **Chromatid** eines Metaphasechromosoms. Ein Chromatid besitzt einen Durchmesser von etwa 700 nm. Ein maximal kondensiertes Metaphasechromosom, das aus zwei Chromatiden besteht, hat somit einen Durchmesser von annähernd 1 400 nm. In der Interphase des Zellzyklus ist das Chromatin weniger stark verdichtet. So kann die genetische Information besser abgelesen werden. Eine Gruppe saurer Nicht-Histon-Proteine übernimmt dabei Regulationsaufgaben.

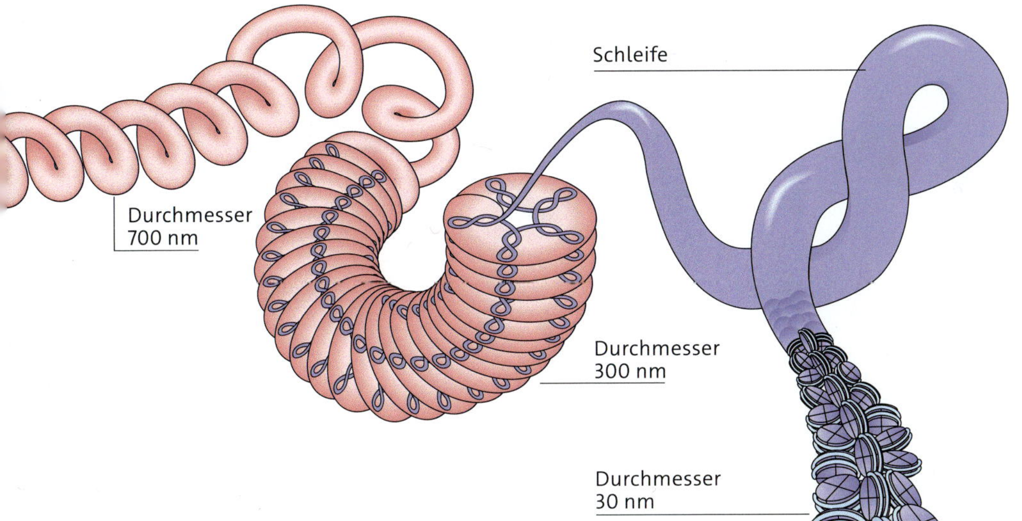

Heterochromatin und Euchromatin • Obwohl ein Chromosom aus einer regelmäßigen Abfolge von Nucleosomen aufgebaut zu sein scheint, lassen sich während der Interphase unterschiedlich stark gefärbte Bereiche im Zellkern erkennen. Die dunkleren Bereiche sind stärker spiralisierte DNA und werden als Heterochromatin bezeichnet. Die helleren Bereiche heißen Euchromatin. Nur dieses ist genetisch aktiv, das heißt, in diesem Abschnitt können die Gene abgelesen werden, während das Heterochromatin inaktiv ist und die Gene nicht genutzt werden können.

Prokaryotische DNA • Im Gegensatz zu den Eukaryoten ist die DNA der Prokaryoten mit sehr viel weniger Proteinen dauerhaft assoziiert und liegt dicht gefaltet in einem engen Bereich des Cytoplasmas. Die Faltung wird durch Wechselwirkungen zwischen basischen Proteinen und der negativ geladenen DNA stabilisiert. Ohne diese dichte Packung würde die Größe des DNA-Moleküls die Grenzen der Bakterienzelle sprengen. Die DNA der meisten Bakterienarten bildet einen geschlossenen Ring. Er wird als Bakterienchromosom bezeichnet.

1 Beschreiben Sie die unterschiedlichen Stufen der Verdichtung eukaryotischer DNA.

2 Berechnen Sie die Gesamtlänge aller DNA-Moleküle des menschlichen Körpers hintereinandergereiht. Beachten Sie dabei, dass das menschliche Genom aus $3{,}2 \cdot 10^9$ Nucleotiden und der menschliche Körper ohne Erythrocyten aus etwa $7{,}5 \cdot 10^{13}$ Zellen besteht.

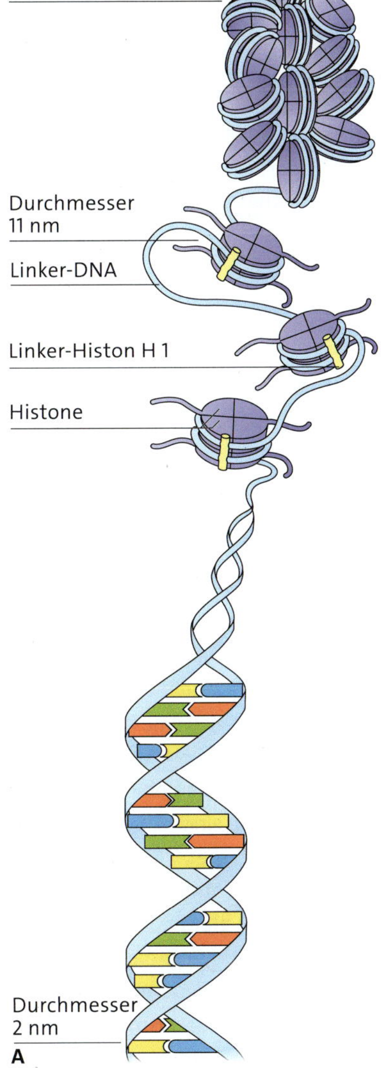

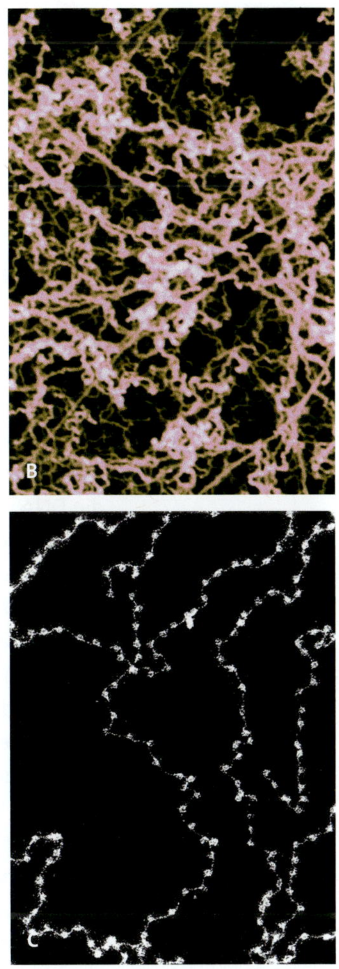

2 Verdichtungsstufen eukaryotischer DNA: **A** Schema, **B** Chromatinfaden aus Rosetten, **C** Nucleosomen

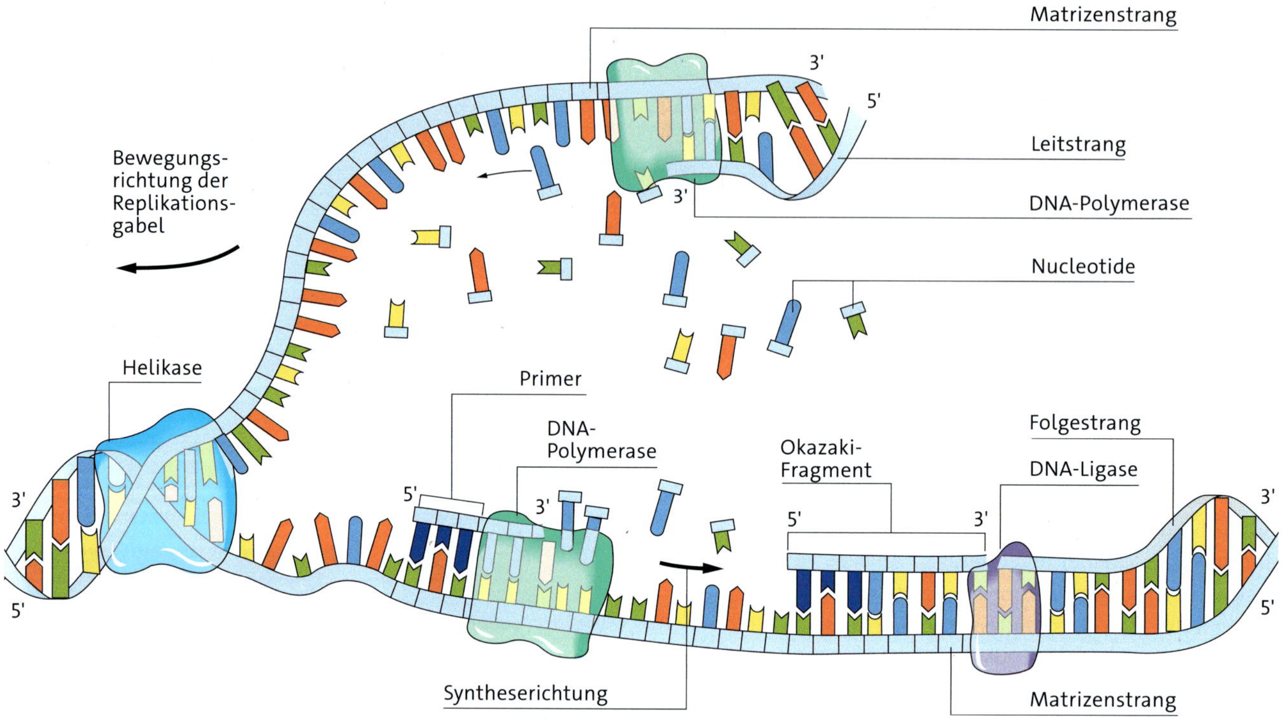

1 Verdopplung der DNA durch Replikation

DNA-Replikation • Bevor sich eine Zelle teilt, wird ihre gesamte DNA verdoppelt, sie wird repliziert. Watson und Crick erkannten bereits, dass die komplementäre Basenpaarung das Grundprinzip der DNA-Replikation nahelegt. Sie nahmen an, dass sich die DNA wie ein Reißverschluss öffnen könne und die frei liegenden DNA-Einzelstränge jeweils zu einem neuen Doppelstrang ergänzt würden.
Die Replikation beginnt damit, dass die Wasserstoffbrücken der DNA-Doppelhelix durch das Enzym Helikase gelöst werden. Es bildet sich eine Replikationsgabel. An den nun frei liegenden DNA-Einzelsträngen werden neue DNA-Einzelstränge gebildet. Hierfür erzeugt zunächst die Primase einen kurzen komplementären RNA-Strang, den Primer. Die DNA-Polymerase benötigt ihn, da sie Nucleotide nur an ein freies 3'-Ende anknüpfen kann. Sie gleitet am alten DNA-Einzelstrang entlang und verknüpft passende Nucleotide aus der Zelle zu einem neuen DNA-Tochterstrang. Die RNA-Nucleotide des Primers werden später durch DNA-Nucleotide ersetzt.
Die Abfolge der neu zusammengesetzten Nucleotide wird durch die Reihenfolge der Basen auf dem alten Strang bestimmt. So dient der alte DNA-Strang als Matrize für den neu gebildeten. Dieser Mechanismus heißt deshalb **semikonservative Replikation**.

Okazaki-Fragmente • Nur ein DNA-Strang wird fortlaufend, also kontinuierlich, synthetisiert. Man nennt ihn Leitstrang. Seine Synthese folgt der sich öffnenden Replikationsgabel.
Am anderen Strang, dem Folgestrang, wird die neue DNA in Gegenrichtung zu der sich öffnenden Replikationsgabel synthetisiert. Ursache hierfür ist die DNA-Polymerase. Sie kann den neuen Nucleotidstrang nur in 5'→3'-Richtung verlängern. Deshalb entstehen nur kürzere DNA-Stücke, die nach ihrem Entdecker als Okazaki-Fragmente bezeichnet werden. Auch sie starten jeweils mit einem RNA-Primer, der nachträglich durch DNA-Nucleotide ersetzt wird. Anschließend werden die Okazaki-Fragmente durch das Enzym Ligase miteinander verbunden. Die Synthese des Folgestrangs erfolgt diskontinuierlich.

1 **Beschreiben Sie den Ablauf der DNA-Replikation.**

Material A Experiment von Meselson und Stahl

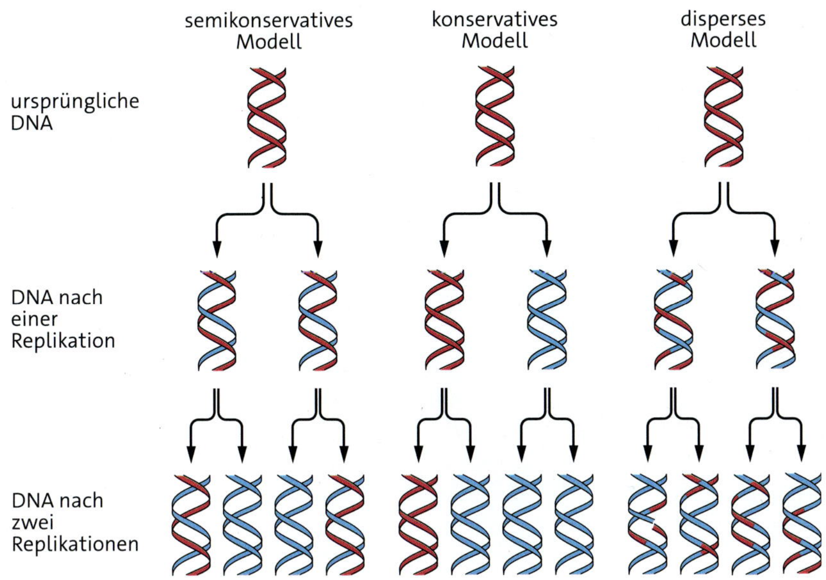

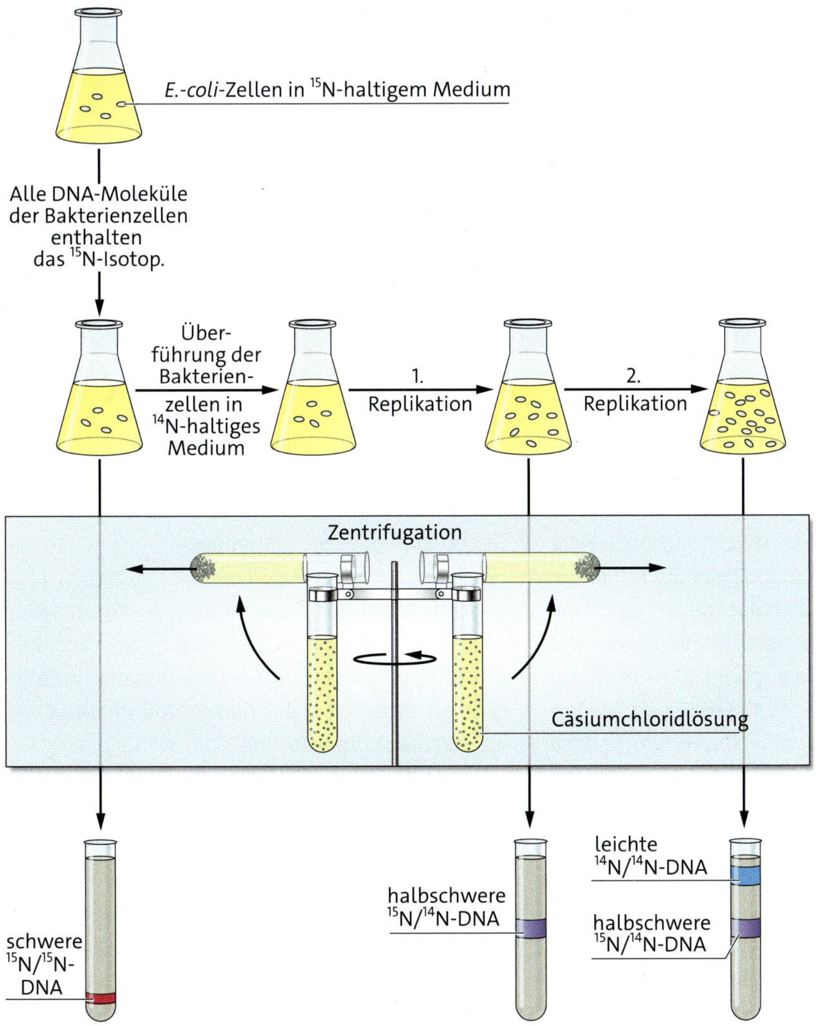

Nach der Entdeckung der Struktur der DNA war das Prinzip der DNA-Replikation zunächst nicht bekannt. Es wurden drei Modelle diskutiert:

1. Die DNA-Doppelhelix besteht nach der Replikation aus einem alten und einem neuen Strang, die Replikation verläuft semikonservativ.
2. Eine DNA-Doppelhelix bleibt erhalten und eine neue wird synthetisiert, die Replikation verläuft konservativ.
3. Beide neuen DNA-Doppelhelices bestehen stückweise aus alter und neu synthetisierter DNA, die Replikation verläuft dispers.

Um zu überprüfen, welches Modell zutrifft, züchteten die beiden Forscher Matthew Meselson und Franklin Stahl *E.-coli*-Bakterien in einem Nährmedium mit dem schweren Stickstoffisotop ^{15}N. Die Bakterien bauten das ^{15}N in ihre DNA ein und enthielten schließlich nur schwere DNA mit hoher Dichte. Anschließend überführten die Forscher die Bakterien in ein Medium mit dem leichten Stickstoffisotop ^{14}N. Neu gebildete DNA hatte eine geringere Dichte, sie war leichter. Jeweils vor der Überführung, nach einer und nach zwei Zellteilungen wurde die DNA eines Teils der Bakterien isoliert und ihre Dichte bestimmt. Hierzu zentrifugierte man die DNA in einer Cäsiumchloridlösung, deren Dichte zum Boden des Zentrifugengläschens zunimmt. Bei dieser Dichtegradientenzentrifugation sammelt sich die DNA im Gläschen genau in der Höhe, die der eigenen Dichte entspricht.

1 Beschreiben Sie die Durchführung des Experiments und begründen Sie, welches Modell bestätigt wurde.

2 Erklären Sie, wie die Ergebnisse der Zentrifugation bei den anderen Modellen ausgesehen hätten.

2.4 Die Funktion von Genen

1 Salomoninsulaner mit braunen und blonden Haaren

Auf den südpazifischen Salomoninseln haben die meisten Menschen eine dunkle Hautfarbe und schwarze Haare. Die dunkle Färbung wird durch einen schwarzbraunen Farbstoff hervorgerufen, das Melanin. 10 % der Bevölkerung besitzen jedoch blonde Haare. Die Kombination von dunkler Haut und blonden Haaren ist weltweit sehr selten. Außerhalb von Ozeanien kommt sie gar nicht vor. Diese blonde Färbung der Haare beruht auf der Mutation eines Gens. Welche Funktion hat ein Gen?

George W. Beadle 1903 –1989

Edward L. Tatum 1909 –1975

Mangelmutanten • Um diese Frage zu untersuchen, experimentierten George Beadle und Edward Tatum in den 1940er-Jahren mit dem Schimmelpilz *Neurospora crassa*. Viele Stoffwechselprozesse dieses Pilzes waren damals schon bekannt. Außerdem können bei ihm sehr leicht Mutationen durch UV- oder Röntgenstrahlung ausgelöst werden, die phänotypisch sichtbar werden, weil die Pilzsporen haploid sind. Deshalb dient dieser Pilz als Modellorganismus. Die Mutationen führen häufig dazu, dass die Mutanten nicht mehr alle chemischen Verbindungen, zum Beispiel Aminosäuren, selbst synthetisieren können. Beadle und Tatum bestrahlten Sporen des Wildtyps mit Röntgenstrahlung, um Mutationen hervorzurufen. Diese Sporen kultivierten sie einzeln auf einem Medium, das alle für das Wachstum des Pilzes notwendigen Stoffe enthielt. Auf diesem Vollmedium entwickelten sich aus allen Sporen Pilzzellen. Auch Mutanten, die bestimmte für das Wachstum notwendige Stoffe wie Aminosäuren nicht mehr selbst herstellen konnten, überlebten unter diesen Bedingungen.

Anschließend übertrugen sie aus jeder Kultur Zellen auf ein Medium, das neben einer organischen Kohlenstoffquelle wie Glucose nur anorganische Stoffe enthielt. Zellen, die auf diesem Minimalmedium wuchsen, konnten alle lebensnotwendigen organischen Stoffe selbst synthetisieren. Diese Zellen wiesen also keine Mutation auf und gehörten somit zum Wildtyp. Konnten einzelne Zellen auf dem Minimalmedium nicht wachsen, trugen sie eine Mutation. Da diesen Mutanten die Fähigkeit zur Synthese eines organischen Stoffes, zum Beispiel einer Aminosäure, fehlt und es ihnen an diesem Stoff mangelt, werden sie als Mangelmutanten bezeichnet.

In einem nächsten Schritt identifizierten Beadle und Tatum die Aminosäure, die von den Pilzen nicht synthetisiert werden konnte. Dazu fügten sie dem Minimalmedium jeweils nur eine bestimmte Aminosäure hinzu. Wuchsen auf diesem Medium Mangelmutanten von *Neurospora*, dann konnten sie diese besondere Aminosäure zwar nicht selbst herstellen, sie nahmen sie jedoch aus dem Medium auf. Auf diese Weise konnten Mutanten für alle Aminosäuren und viele andere Stoffe isoliert werden.

Ein-Gen-ein-Enzym-Hypothese • Die Biosynthese von Aminosäuren ist ein komplexer biochemischer Prozess. Die Synthese von beispielsweise Arginin beginnt mit einer Vorstufe und verläuft über die Zwischenstufen Ornithin und Citrullin. Jeder Zwischenschritt wird von jeweils einem Enzym katalysiert.

Beadle und Tatum teilten die gewonnenen Arginin-Mangelmutanten in drei Typen ein, die unter jeweils verschiedenen Bedingungen wachsen und überleben konnten. Mutanten des Typs 1 wuchsen bei Zugabe von Ornithin, Citrullin oder Arginin zum Minimalmedium. Mutanten des Typs 2 benötigten Citrullin oder Arginin zum Wachsen, während Mutanten des Typs 3 lediglich bei Zugabe von Arginin überlebten.

Aus diesem unterschiedlichen Bedarf der Mutanten zogen die beiden Wissenschaftler die Schlussfolgerung, dass die Pilze aufgrund der stattgefundenen Mutationen jeweils einen anderen Schritt in der Synthese der Aminosäure nicht mehr realisieren konnten. Durch die Mutation ist das für das jeweilige Enzym codierende Gen defekt. Somit kann das Enzym nicht mehr hergestellt werden und die Synthese von Arginin unterbleibt. Beadle und Tatum formulierten auf der Grundlage dieser Ergebnisse die Ein-Gen-ein-Enzym-Hypothese.

Genwirkketten • Als Abfolge voneinander abhängiger, gengesteuerter, enzymatisch katalysierter Stoffwechselschritte ist die Genwirkkette definiert.

1 Erläutern Sie das Prinzip einer Genwirkkette am Beispiel der Arginin-Mangelmutanten vom Typ 1–3.

2 Erläutern Sie die Ein-Gen-ein-Enzym-Hypothese.

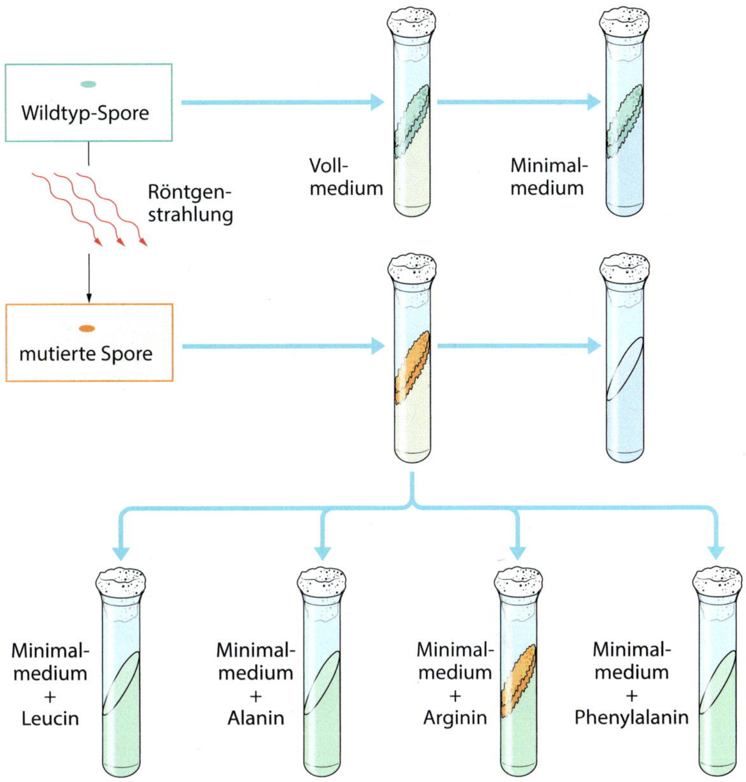

2 Identifizierung verschiedener Aminosäure-Mangelmutanten

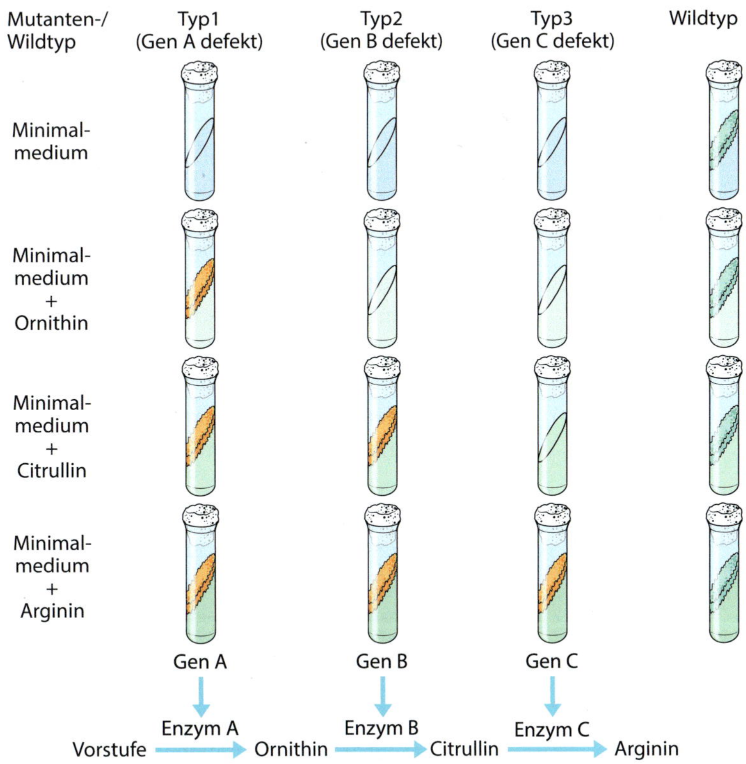

3 Versuche mit den Arginin-Mangelmutanten

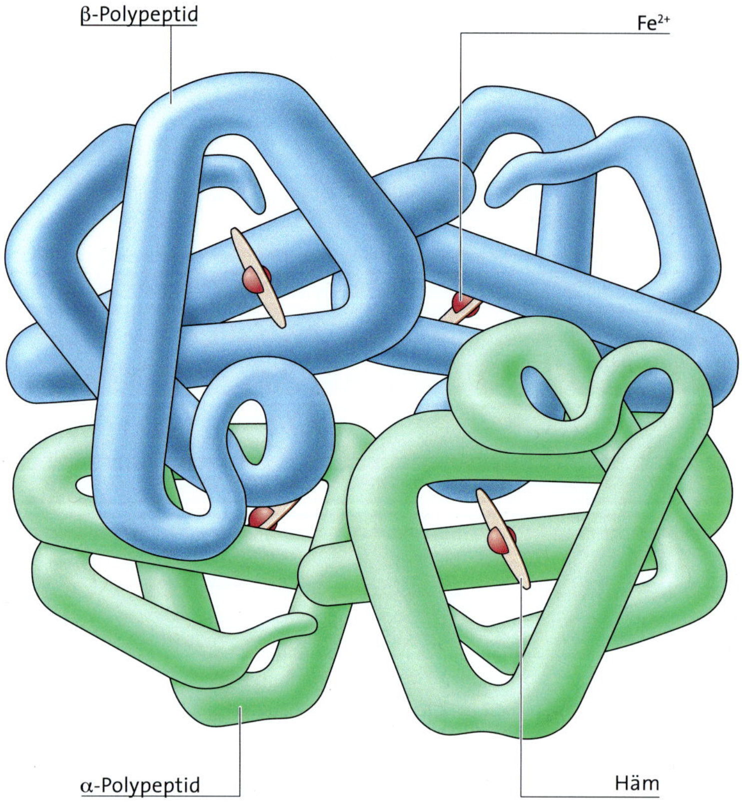

1 Hämoglobinmolekül

Der ursprüngliche Genbegriff • In vielen Fällen gilt: Ein Gen codiert für ein Merkmal. Als Mendel 1854 mit seinen Kreuzungsversuchen an Erbsen begann, kannte er den Begriff Gen jedoch noch nicht. Er verwendete stattdessen den Begriff „Erbfaktor", der für die Ausbildung eines bestimmten Merkmals verantwortlich sei. Die Ausbildung der Merkmalsausprägung „runzelige Samenschale" bei Erbsen ist, wie man heute weiß, auf eine Mutation in einem Gen zurückzuführen, das für die Ausbildung eines bestimmten Enzyms verantwortlich ist. Hier sind also beide Definitionen des Genbegriffs über „ein Merkmal" und auch „ein Enzym" zutreffend.

engl. TYRP 1 = tyrosinase related protein 1

Dieses Genprodukt ist ein für Melanocyten spezifisches Protein, das an der Synthese von Melanin beteiligt ist.

Bei den blonden Einwohnern der Salomoninseln konnte eine Mutation in dem Gen nachgewiesen werden, das für das Enzym TYRP 1 codiert. Das veränderte Genprodukt ist dafür verantwortlich, dass weniger Melanin in menschliche Haarzellen eingelagert wird. Deshalb sind die homozygoten Träger dieser Mutation blond. Bei Europäern wird die blonde Färbung durch andere Mutationen in diesem Gen verursacht.

Ein-Gen-ein-Polypeptid-Hypothese • Im Laufe der weiteren Forschung wurde deutlich, dass die Ein-Gen-ein-Enzym-Hypothese nicht länger Bestand haben konnte. Viele Proteine besitzen keine Enzymfunktion. Die Muskelproteine Aktin und Myosin zum Beispiel sind verantwortlich für die Muskelkontraktion. Insulin ist ein Protein, das als Hormon an der Regulation des Blutzuckerspiegels beteiligt ist. Aus diesem Grund wurde die ursprüngliche Hypothese zur Beschreibung des Genbegriffs zur Ein-Gen-ein-Protein-Hypothese modifiziert.

Durch Untersuchungen in den folgenden Jahren stellte sich heraus, dass viele Proteine im aktiven Zustand aus mehreren Untereinheiten bestehen. Der rote Blutfarbstoff Hämoglobin, der verantwortlich für den Sauerstofftransport ist, besteht aus vier Polypeptiden, zwei identischen α-Polypeptiden und zwei identischen β-Polypeptiden. Die Raumgestalt dieses komplexen Moleküls wird als Quartärstruktur bezeichnet. Jedes der Polypeptide α und β wird von einem eigenen Gen codiert. Antikörper sind ebenfalls aus mehreren Polypeptiden zusammengesetzt. Deshalb musste die Ein-Gen-ein-Protein-Hypothese zur Ein-Gen-ein-Polypeptid-Hypothese erweitert werden.

Ein-Gen-ein-Transkriptionsprodukt-Hypothese • Nicht alle Produkte von Genen führen zwingend zur Herstellung von Polypeptiden. Zum Beispiel werden bei der Proteinbiosynthese drei verschiedene Typen RNA-Moleküle benötigt: rRNA, tRNA und mRNA. Darüber hinaus wurden in letzter Zeit viele RNA-Moleküle mit Regulationsfunktion entdeckt. Die Basensequenz der RNA-Moleküle ist in der DNA festgelegt. Durch einen Abschreibeprozess, die Transkription, werden diese RNA-Moleküle an der DNA produziert. Sie sind daher genauso wie Polypeptide Transkriptionsprodukte.

Diese Erkenntnisse führten dazu, dass die Genhypothese ein weiteres Mal modifiziert werden musste. Zurzeit wird die Ein-Gen-ein-Transkriptionsprodukt-Hypothese als die am besten zutreffende für den Genbegriff akzeptiert.

1 **Stellen Sie die historische Entwicklung des Genbegriffs in einem Flussdiagramm dar und erläutern Sie diese.**

Material A Augenfarbe von *Drosophila melanogaster*

A1 *Drosophila melanogaster*: Mutanten brown (1), sepia (2), white (3) und Wildtyp (4)

Drosophila melanogaster besitzt als Wildtyp eine Rotfärbung der Augen. Es sind viele Mutationen bekannt, die zu Veränderungen dieser Augenfarbe führen. Die Fotos 1 bis 4 zeigen beispielhaft die Mutanten brown, sepia, white und die Farbe des Wildtyps. Die Augenfarbe von *Drosophila* wird durch zwei Pigmente bewirkt, die in die Ommatidien der Komplexaugen eingelagert werden. Diese sind das rote Pigment Pteridin sowie das braune Pigment Ommochrom. Beide Pigmente werden auf unterschiedlichen Synthesewegen hergestellt, die jeweils aus mehreren Schritten bestehen. Je nachdem, welcher Syntheseweg unterbrochen ist, bildet sich eine bestimmte Augenfarbe aus.

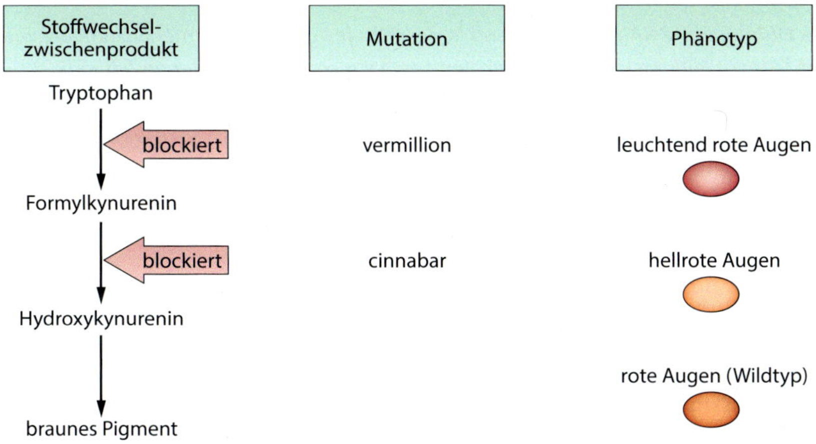

A2 Übersicht zu Syntheseweg, Mutation und Phänotyp bei *Drosophila melanogaster*

1 Erläutern Sie, weshalb die Mutanten vermillion und cinnabar in Abbildung **A2** rote Augen besitzen.

2 Begründen Sie die unterschiedlich starke Ausprägung der roten Augenfarbe.

3 Überprüfen Sie die unterschiedlichen Hypothesen zum Genbegriff und begründen Sie, welche Definition hier zutrifft.

Material B Analyse eines Synthesewegs

	Zusatz zum Medium					
mutierter Stamm / defektes Enzym	C	D	E	F	G	T
1	0	0	0	0	+	+
2	0	+	+	0	+	+
3	0	+	0	0	+	+
4	0	+	+	+	+	+
5	0	0	0	0	0	+

Bei Bakterien erfolgt die Synthese der Aminosäure Tryptophan, T, aus der Vorstufe Chorismat, C. Über die vier Zwischenstufen D, E, F und G wird das Endprodukt gebildet. Die Enzyme 1 bis 5 katalysieren die Synthese der einzelnen Zwischenstufen. Verschiedene Mutantenstämme können nicht auf einem Minimalmedium wachsen. Sie zeigen aber unterschiedliche Phänotypen. Sie tragen jeweils eine Mutation in einem bestimmten Gen, das für ein bestimmtes Enzym codiert. Sie benötigen unterschiedliche Zwischenstufen, um auf einem Minimalmedium wachsen zu können.

1 Ermitteln und begründen Sie die Reihenfolge der einzelnen Zwischenprodukte und ordnen Sie die entsprechenden Enzyme den fünf Reaktionen zu.

2.5 Transkription und der genetische Code

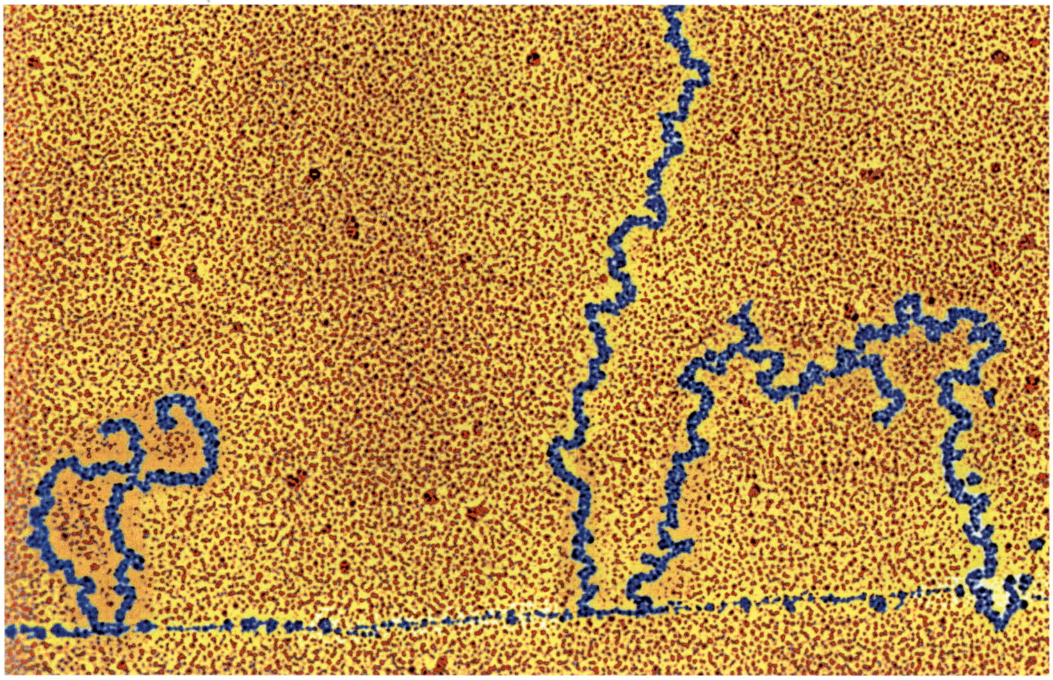

1 Transkription bei Prokaryoten

Die Informationen für die Bildung von RNA-Molekülen sind in der DNA festgelegt. Bei Untersuchungen, wie diese Informationen in der Zelle zur Bildung von RNA-Molekülen genutzt werden, wurden lange Zeit radioaktiv markierte Ribonucleotide eingesetzt. Werden diese Nucleotide von der Zelle in die neu synthetisierten Moleküle eingebaut, kann ihre Position durch eine Autoradiografie sichtbar gemacht werden. Hierzu wird geeignetes Fotopapier benutzt, das durch die emittierte Strahlung der radioaktiven Nucleotide geschwärzt wird. Was genau zeigt das Bild?

lat. transcribere = umschreiben, überschreiben

Transkription bei Prokaryoten • Die Nucleotidsequenz der DNA wird in die Nucleotidsequenz eines RNA-Moleküls überschrieben. Für diesen Prozess der RNA-Synthese, die Transkription, benötigt eine prokaryotische Zelle:

- einen DNA-Strang als Matrize, der kopiert wird;
- die Nucleosidtriphosphate ATP, CTP, GTP und UTP als Bausteine der RNA-Synthese;
- eine RNA-Polymerase als katalysierendes Enzym.

Initiation • Die Transkription der DNA lässt sich in drei Schritte gliedern. Im ersten Schritt, der Initiation, erfolgt die Bindung der RNA-Polymerase an die DNA. Dabei bindet dieses Enzym an eine spezifische Region der DNA, den **Promotor**, der die typische 5'-TATAAT-3'-Sequenz beinhaltet. Diese Sequenz wird von einer der fünf Untereinheiten der RNA-Polymerase, dem σ-Faktor, erkannt. Sie kommt in vielen Genen und bei unterschiedlichen Lebewesen vor. Ihre besondere Bedeutung für die Transkription ist daran erkennbar, dass sie sich im Laufe der Evolution kaum verändert hat. Denn eine Veränderung innerhalb dieser Sequenz würde sich für ein Lebewesen nachteilig auf die Initiation der Transkription auswirken.

Elongation • Im zweiten Schritt, der **Elongation**, wird die RNA synthetisiert. Die RNA-Polymerase entspiralisiert die DNA-Doppelhelix Stück für Stück um etwa 15 Basenpaare und trennt die Wasserstoffbrücken zwischen den Einzelsträngen. Die Basensequenz des Matrizenstrangs, der auch als codogener Strang bezeichnet wird, dient als Vorlage für das RNA-Transkript. An seine nun frei liegenden Basen lagern sich über Wasserstoffbrücken komplementäre Ribonucleosidtriphosphate an. Die RNA-Polymerase verknüpft diese untereinander in 5'→ 3'-

Richtung. Dafür bewegt sich die DNA-Polymerase in 3'→5'-Richtung am Matrizenstrang entlang. Die entstehende RNA ist damit antiparallel zum gelesenen DNA-Matrizenstrang orientiert. Nach dem Abschreiben eines DNA-Abschnitts bildet sich wieder die DNA-Doppelhelix. An dieser Stelle wird die RNA von der DNA abgelöst. Beide Stränge der Doppelhelix können abhängig von der Lage des Promotors als Matrizenstrang dienen; es wird nicht immer derselbe Strang verwendet. Bei *E. coli* verläuft der Prozess der RNA-Synthese mit einer Geschwindigkeit von etwa 50 Nucleotiden pro Sekunde. Fehler treten dabei mit einer Häufigkeit von $1:10^4$ bis $1:10^5$ eingebauten Nucleotiden auf. Da von einem Gen jedoch viele RNA-Kopien gebildet werden, sind diese Fehler nicht von großer Bedeutung.

Termination • Am Ende eines Gens gelangt die RNA-Polymerase an eine besondere Basensequenz, den **Terminator**. Dadurch wird die Bindung der RNA-Polymerase an die DNA gelöst. Die DNA-Doppelstränge schließen und spiralisieren sich wieder. Die Transkription ist damit beendet. Diesen Schritt bezeichnet man als **Termination**. Die gebildete RNA entspricht einer exakten komplementären Kopie des transkribierten Gens.

Transkriptionsprodukte • Die RNA-Transkripte verschiedener Gene haben unterschiedliche Funktionen. Die mRNA dient später als Vorlage für die Synthese von Polypeptiden. Sie macht aber lediglich einen Anteil von 5 bis 10 % der gesamten RNA-Menge innerhalb einer Bakterienzelle aus. Zudem haben die mRNA-Moleküle eine Halbwertszeit von nur 30 bis 120 s. Die beiden anderen RNA-Typen sind dagegen für längere Zeit stabil.
Im autoradiografischen Bild sind markierte RNA-Moleküle zu erkennen, die unterschiedlich lang sind. Hierdurch wird sichtbar, dass ein Gen als Matrize für viele fast zeitgleich ablaufende Transkriptionsvorgänge genutzt wird. Da die Synthese der RNA immer an der identischen Promotorsequenz beginnt, sind in diesem Bild die zuerst gebildeten RNA-Moleküle länger als später synthetisierte.

1 Stellen Sie den Ablauf der Transkription in einem Flussdiagramm dar.

2 Erläutern Sie Ihre grafische Darstellung.

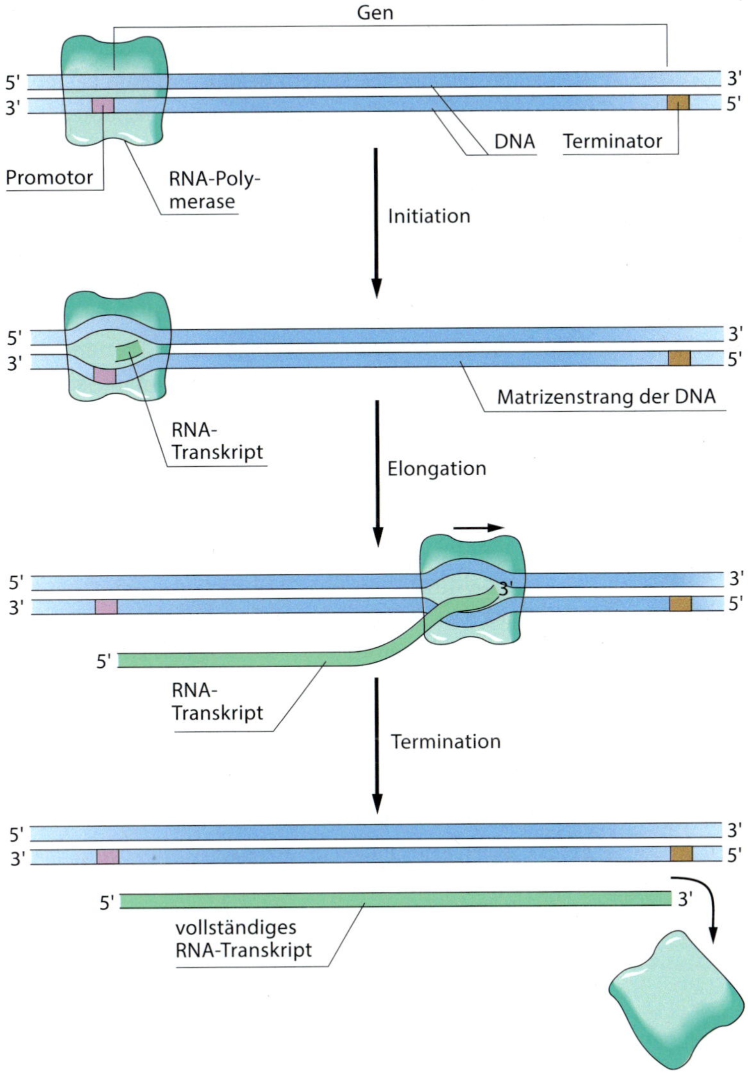

2 Ablauf der Transkription

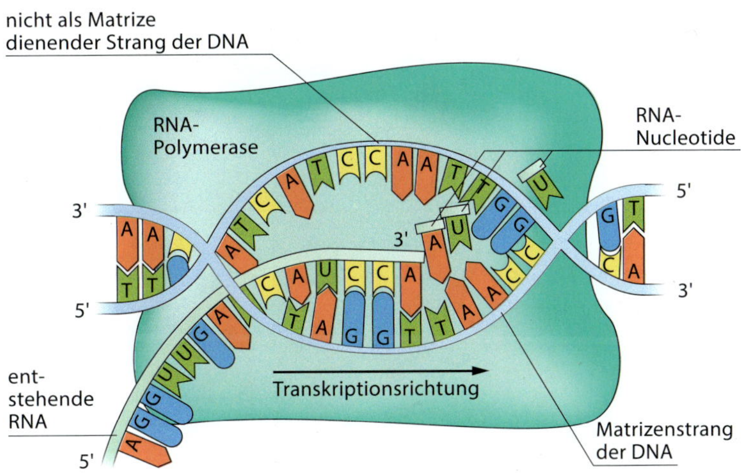

3 Elongationsprozess

Genetischer Code • DNA-Moleküle bestehen aus vier verschiedenen Nucleotiden, die sich in ihrer jeweiligen Base unterscheiden. Proteine bestehen dagegen aus 20 verschiedenen Aminosäuren. Forscher untersuchten Anfang der 1960er-Jahre die Fragestellung, wie die Information für die Position einer bestimmten Aminosäure innerhalb eines Proteins in der Basensequenz der DNA codiert sein kann. Aufgrund theoretischer Überlegungen, die durch experimentelle Befunde unterstützt wurden, vermutete der britische Biologe Sidney Brenner, dass eine Einheit aus drei Basen für eine Aminosäure codieren müsse: Eine Base allein kann nur eine Aminosäure eindeutig definieren, damit könnten lediglich $4^1 = 4$ Aminosäuren codiert werden. Eine Informationseinheit aus zwei Basen für eine Aminosäure könnte bereits $4^2 = 16$ eindeutige Zuordnungen ermöglichen. Diese Anzahl ist aber für 20 Aminosäuren noch nicht ausreichend. Eine Informationseinheit aus drei Basen ergibt $4^3 = 64$ mögliche Zuordnungen. Dieser Wert übersteigt die notwendige Anzahl an Informationseinheiten.

Sidney Brenner (1927–2019), Nobelpreis 2002

Tatsächlich zeigten Experimente mit künstlich hergestellten mRNA-Molekülen, dass jede Aminosäure durch eine Einheit aus drei Basen codiert wird. Diese Einheit wird deshalb als **Triplett** oder als **Codon** bezeichnet. Weiterhin ergaben die Versuche, dass der genetische Code, die Zuordnung der Aminosäuren zu den Codons, bestimmte Eigenschaften aufweist, die für seine Funktionsweise von grundlegender Bedeutung sind.

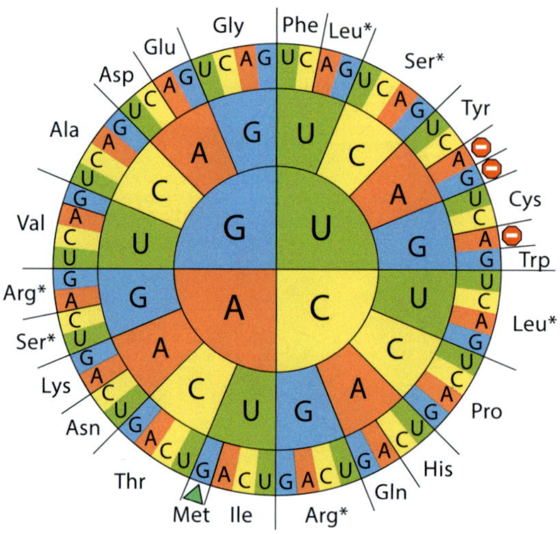

Start
Stopp
* mehrfach codiert

1 Codesonne

Eigenschaften des genetischen Codes • Eine Base gehört immer nur zu einem Triplett, nicht gleichzeitig zu zwei benachbarten. Die Tripletts sind also überlappungsfrei nebeneinander angeordnet. Innerhalb der Basensequenz gibt es keine bedeutungsfreien Basen, sodass die Tripletts lückenlos abgelesen werden; die Basensequenz ist kommafrei. Jeweils ein bestimmtes Triplett codiert eine bestimmte Aminosäure. Die Tripletts sind somit eindeutig.
Es existieren jedoch 44 Tripletts mehr, als es Aminosäuren gibt. Experimente zeigten, dass verschiedene Tripletts auch für die gleiche Aminosäure codieren können. Der genetische Code wird deshalb als degeneriert bezeichnet. Sehr häufig variieren die redundanten Tripletts nur in der dritten Position. Alle Lebewesen besitzen mit ganz wenigen Ausnahmen und Abweichungen den gleichen genetischen Code. Der Code ist damit nahezu universell.
Der genetische Code ist zwar kommafrei, er besitzt aber ein besonderes Start- und drei Stoppsignale. An diesen Codons erfolgt die Initiation beziehungsweise die Termination der Übersetzung der Nucleotidsequenz der mRNA in die Aminosäuresequenz der Polypeptide.

Dechiffrierung des Codes • Mithilfe synthetischer mRNA-Moleküle konnte die Bedeutung der einzelnen Tripletts eindeutig bestimmt werden. Zunächst wurden mRNA-Moleküle eingesetzt, die nur aus Nucleotiden mit einem Basentyp bestanden. Zum Beispiel ergab die mRNA Poly-U ein Peptid, das lediglich die Aminosäure Phenylalanin enthielt. Damit konnte dem Triplett UUU eindeutig die Aminosäure Phenylalanin zugeordnet werden.
Durch den Einsatz weiterer synthetischer mRNA-Moleküle wurde der gesamte Code dechiffriert. Die Bedeutung aller Tripletts wird in einer **Codesonne** dargestellt. Sie wird von innen nach außen gelesen, dies entspricht einer Leserichtung von 5' nach 3' auf der mRNA.

1 Erläutern Sie die Eigenschaften des genetischen Codes.

2 Bestimmen Sie die Aminosäuresequenz passend zum folgenden Ausschnitt aus dem codogenen Strang eines Gens:
3' ... GGGAGCTATCGACGGTTCGTA ... 5'.

Material A Dechiffrierung des genetischen Codes

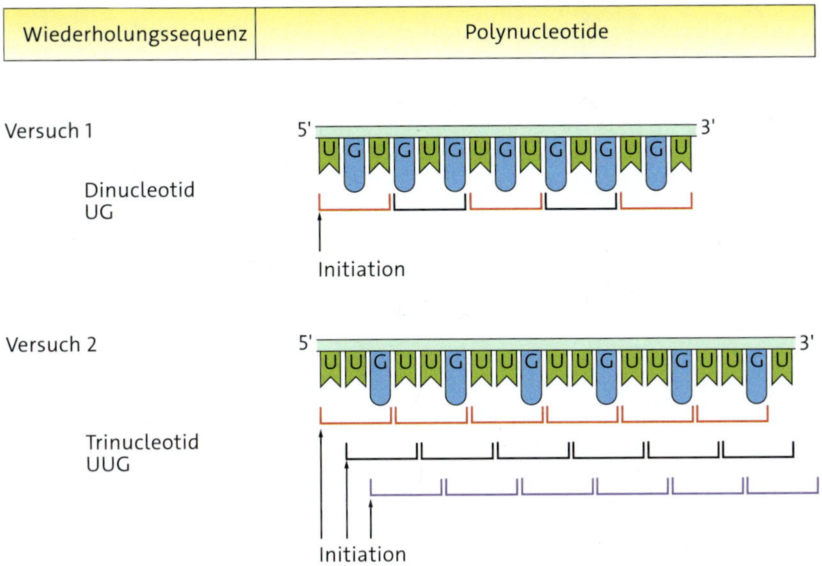

Der Molekularbiologe Gobind Khorana synthetisierte in den frühen 1960er-Jahren künstliche RNA-Moleküle, die aus Di- oder Trinucleotiden bestanden, welche sich immer wiederholten. Diese RNA-Moleküle wurden in einem zellfreien System in Peptide übersetzt. Ein zellfreies System enthält alle zur Proteinbiosynthese notwendigen Enzyme, Aminosäuren und weiteren Komponenten, aber keine zusätzlichen Nukleinsäuren. Aus der Aminosäuresequenz der gebildeten Peptide konnte Khorana auf die Bedeutung der Tripletts für die Codierung schließen.

1 Geben Sie für die Versuche 1 und 2 die möglichen Tripletts an.

2 Bestimmen Sie die entsprechende Aminosäuresequenz der Peptide in den Versuchen 1 und 2.

3 Erläutern Sie, welche Ergebnisse zu erwarten wären, wenn Sie diesen Versuch mit dem Tetranucleotid UAUC durchführen würden.

4 Begründen Sie die Zusammensetzung des zellfreien Systems für diesen Versuchsansatz.

Material B Konzept der überlappenden Gene

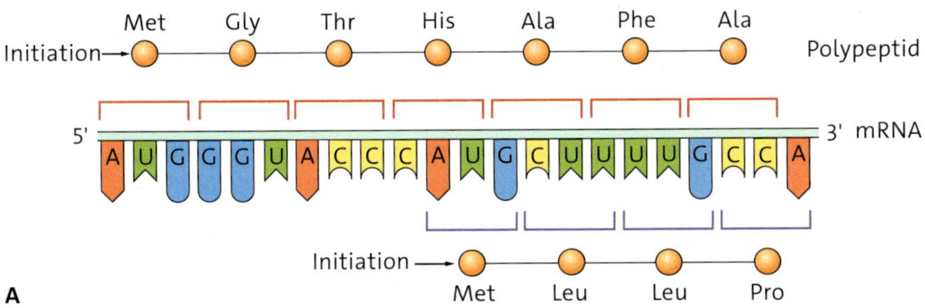

A

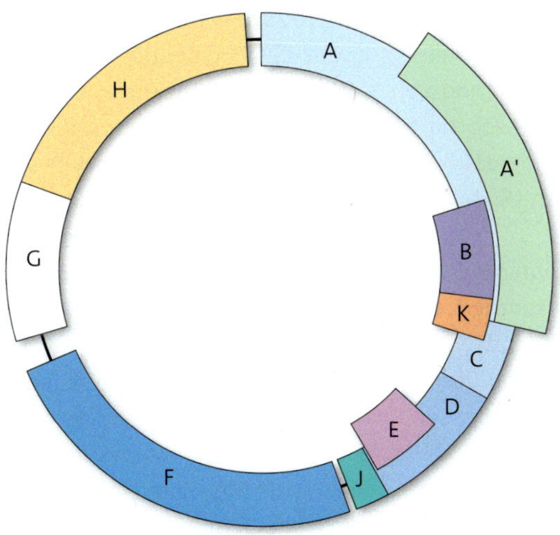

B

Der Phage φX174 besitzt ein ringförmiges, einzelsträngiges DNA-Molekül, das aus 5368 Nucleotiden besteht. Seine DNA sollte deshalb für maximal 1795 Aminosäuren codieren, aus denen fünf bis sechs Polypeptide gebildet werden können. Die DNA des Virus codiert aber für elf Proteine, die aus mehr als 2300 Aminosäuren bestehen.

1 Erläutern Sie die Abbildung A.

2 Erklären Sie das Konzept der überlappenden Gene aus Abbildung B.

3 Vergleichen Sie dieses Konzept mit dem Konzept des überlappungsfreien genetischen Codes.

4 Stellen Sie eine Hypothese zu einer zusätzlichen Möglichkeit der Überlappung von Genen auf doppelsträngiger DNA auf.

2.6 Translation bei Prokaryoten

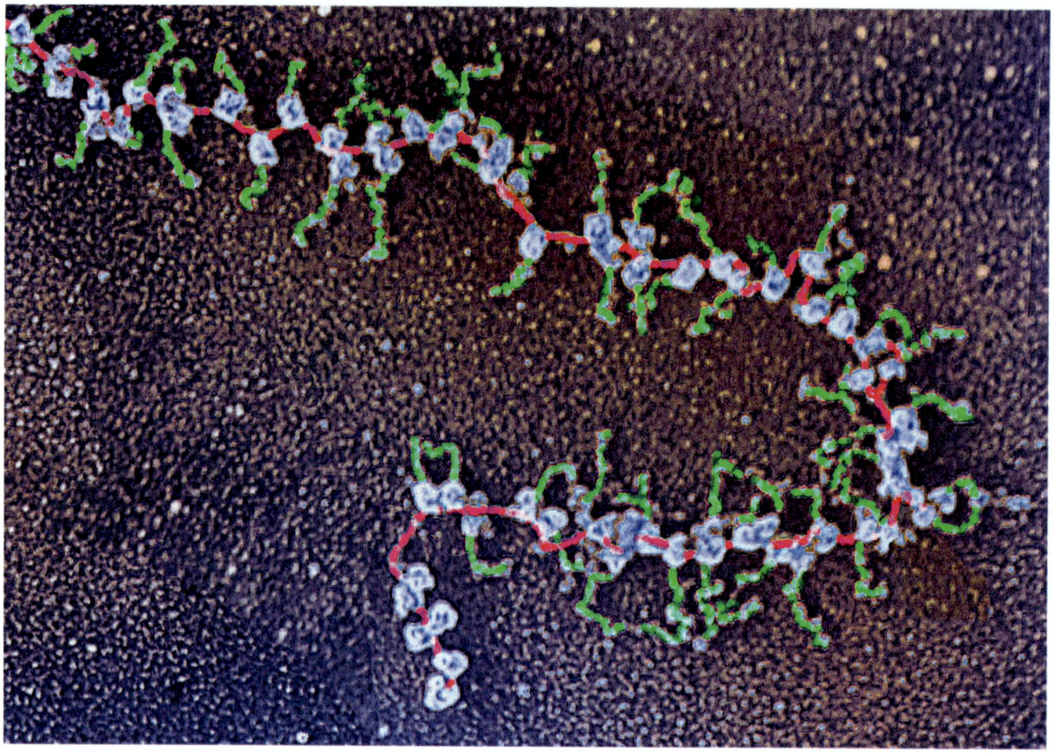

1 Translation bei Prokaryoten: Polysom

Nach der Synthese der Messenger-RNA als erstem Schritt der Proteinbiosynthese heften sich Ribosomen an dieses Molekül. Sie synthetisieren Polypeptide, die im elektronenmikroskopischen Bild als unterschiedlich lange Ketten erkennbar werden. Wie verläuft dieser zweite Schritt der Proteinbiosynthese?

engl. translation = Übersetzung

S = Svedberg-Einheit: Sie bezeichnet den Sedimentationskoeffizienten bei einer Dichtegradientenzentrifugation. Diese Einheiten sind nicht additiv.

Transfer-RNA • Für die Bildung eines Polypeptids benötigt die Bakterienzelle neben den Ribosomen und der mRNA, die durch den Prozess der Transkription hergestellt wird, Aminosäuren als Bausteine der Proteine. Diese können nicht einfach zusammengefügt werden, um ein bestimmtes Polypeptid zu bilden. Zum einen müssen sie vor der Ausbildung einer Bindung aktiviert werden, zum anderen müssen sie in einem zweiten Schritt ausgewählt und an die zutreffende Position der mRNA transportiert werden. Diese Aufgaben erfüllen besondere Nukleinsäuremoleküle, die Transfer-RNA, kurz tRNA.

Ribosomen • Die passenden Aminosäuren werden durch die tRNA zu den Ribosomen transportiert, wo sie miteinander verknüpft werden. Eine Bakterienzelle enthält etwa 10 000 dieser Zellbestandteile. Ribosomen sind aus zwei unterschiedlich großen Untereinheiten zusammengesetzt: der kleinen 30S-Untereinheit und der größeren 50S-Untereinheit. Gemeinsam bilden die beiden Untereinheiten ein vollständiges 70S-Ribosom. Ribosomen bestehen aus ribosomaler RNA, kurz rRNA, und Proteinen. Sind Ribosomen gerade nicht in die Proteinbiosynthese eingebunden, zerfallen sie in die beiden Untereinheiten.

Bei Prokaryoten beginnt die Übersetzung der Nucleotidsequenz der mRNA in die Aminosäuesequenz des Polypeptids, die **Translation**, oft schon während der Transkription. Noch bevor die mRNA fertiggestellt ist, binden die ersten Ribosomen daran. Während das erste Ribosom die Translation in 5'→3'-Richtung durchführt, bindet bereits ein weiteres Ribosom, sodass nach einiger Zeit viele Ribosomen dasselbe mRNA-Molekül in Polypeptidketten übersetzen. Diese Strukturen nennt man **Polysomen**.

Die rRNA-Moleküle katalysieren die unterschiedlichen Reaktionen im Laufe der Translation, während die ribosomalen Proteine diese Prozesse unterstützen. An der 50S-Untereinheit befinden sich drei verschiedene Bindungsstellen für tRNA-Moleküle: die

A-Stelle, die P-Stelle und die E-Stelle. In diesen Stellen ist die tRNA entsprechend dem Fortschritt der Translation gebunden.

Translation • Im ersten Schritt, der **Initiation**, bindet die 30S-Untereinheit an eine Basensequenz der mRNA, die sich nahe des Startcodons AUG befindet. Unterstützt wird dieser Vorgang durch drei Proteine, die **Initiationsfaktoren**. An das Startcodon bindet eine tRNA mit dem komplementären **Anticodon** UAC.
An diese tRNA hat das Enzym Aminoacyl-tRNA-Synthetase zuvor die Aminosäure Methionin geknüpft. Das Methionin wird nach seiner Bindung an die tRNA durch einen Formylrest, der an die Aminogruppe gebunden wird, modifiziert. Dies erfolgt nur an dem Methionin, das als Start der Proteinbiosynthese eingebaut wird. Das modifizierte Methionin bezeichnet man als Formylmethionin, kurz fMet. Nicht alle reifen Proteine tragen am Amino-Ende ein Methionin, da dieses häufig nach Beendigung der Translation wieder entfernt wird.
Nachdem die fMet-tRNA gebunden hat, vervollständigt die 50S-Untereinheit den Startkomplex. In der A-Stelle liegt jetzt das nächste Codon der mRNA.

Im zweiten Schritt, der **Elongation**, bindet eine mit einer Aminosäure beladene tRNA mit ihrem komplementären Anticodon an das folgende Codon der mRNA in der A-Stelle. Das Ribosom katalysiert jetzt zwei Reaktionen. Es löst die Bindung zwischen der Aminosäure und ihrer tRNA an der P-Stelle. Anschließend knüpft es zwischen dieser Aminosäure und der folgenden an der A-Stelle eine Peptidbindung. Es entsteht ein **Dipeptid**, das mit der zweiten tRNA verbunden ist. Das Ribosom bewegt sich nun um ein Codon in 5'→3'-Richtung weiter. Die unbeladene tRNA wandert dadurch an die E-Stelle, ihre Bindung an die mRNA wird gelöst und sie steht für eine neue Beladung mit der passenden Aminosäure zur Verfügung. Die tRNA mit dem Dipeptid wird an die P-Stelle verlagert.
Bei jedem Elongationsvorgang werden insgesamt zwei Moleküle GTP verbraucht. Unterstützt wird dieser Prozess durch Proteine, die **Elongationsfaktoren**, die nicht zum Ribosom gehören.

Anticodon siehe Seite 118.

Gelangt ein Stoppcodon an die A-Stelle, kann keine tRNA binden, da kein tRNA-Molekül ein komplementäres Anticodon trägt. Die Translation bricht an dieser Stelle ab, das Ribosom zerfällt in seine Untereinheiten. Dieser dritte Schritt, die **Termination**, wird durch Proteine, die **Terminationsfaktoren**, unterstützt. Sie katalysieren auch die Ablösung des neu synthetisierten Polypeptids von der tRNA. Bereits während der Synthese des Polypeptids beginnt dieses sich aufgrund der Wechselwirkungen zwischen den einzelnen Aminosäuren in die charakteristische Sekundär- und Tertiärstruktur zu falten.

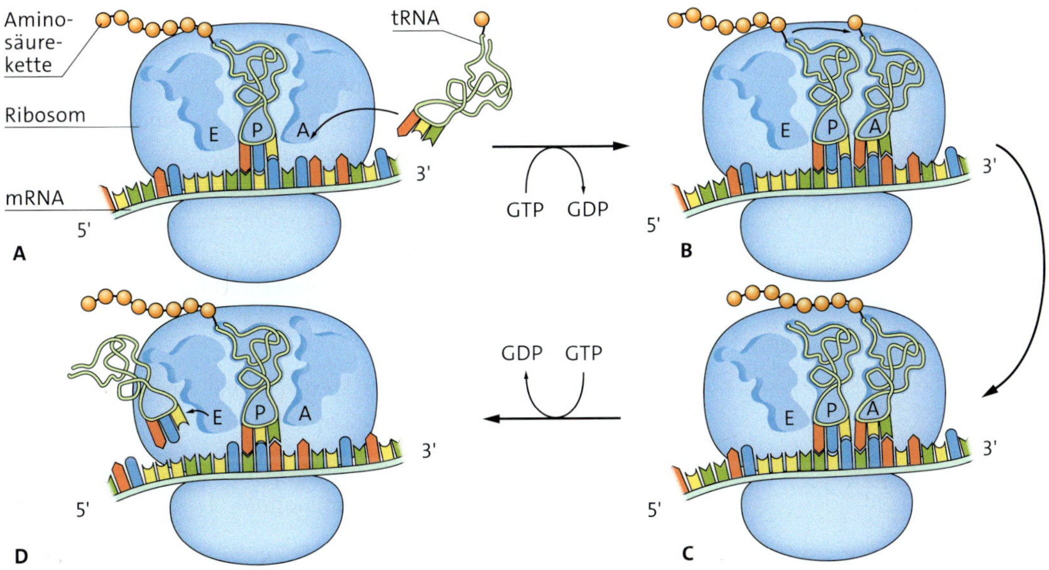

2 Ablauf der Elongation: **A** Bindung der tRNA an der A-Stelle, **B** Lösen der Aminosäurekette von der tRNA an der P-Stelle, **C** Bildung der Peptidbindung, **D** Weiterbewegung des Ribosoms und Lösen der tRNA der E-Stelle

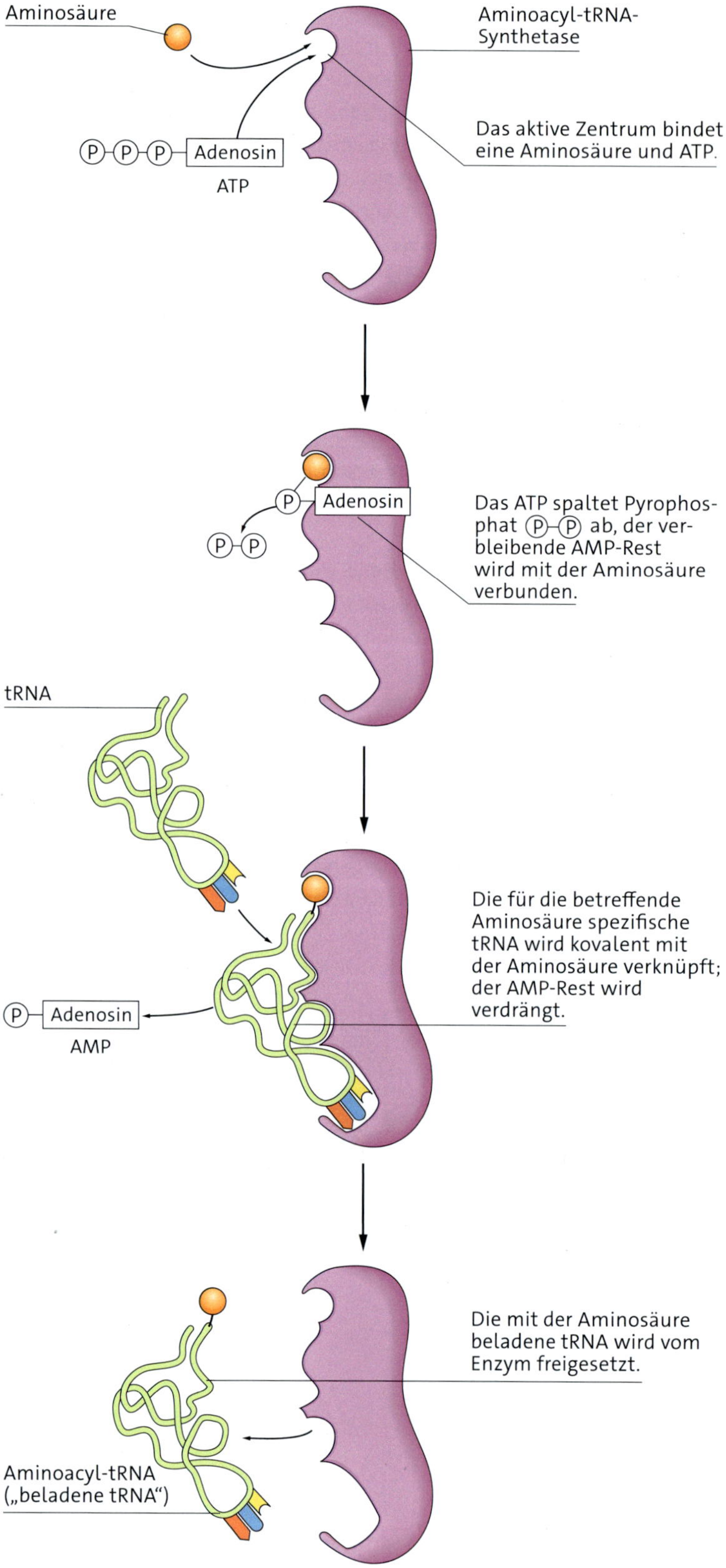

1 Beladung der tRNA

Beladung der Transfer-RNA • Für jede der 20 verschiedenen Aminosäuren gibt es ein spezifisches tRNA-Molekül, das nur diese eine Aminosäure binden kann. Diese hohe Spezifität wird durch das Enzym Aminoacyl-tRNA-Synthetase gewährleistet. Für die insgesamt 20 verschiedenen Aminosäuren müssen mindestens 20 verschiedene Synthetasen in einer Zelle vorkommen. Da es aber 61 Tripletts gibt, die für die Aminosäuren codieren, könnte man auch jeweils 61 verschiedene tRNA-Moleküle und Synthetasen in einer Zelle vermuten. Es sind aber nur 32 unterschiedliche tRNA-Moleküle nachgewiesen worden. Dies lässt sich so erklären, dass die dritte Base eines Codons häufig nicht von entscheidender Bedeutung für die Festlegung einer bestimmten Aminosäure ist. Die Anzahl der Synthetasen entspricht der Anzahl der verschiedenen Aminosäuren, es gibt also 20 unterschiedliche.

Die Spezifität dieser Enzyme liegt vor allem im Erkennen der dazugehörigen Aminosäure, die dann an das letzte Adeninnucleotid am 3'-Ende der entsprechenden tRNA gebunden wird. Die Synthetasen besitzen ein aktives Zentrum, das drei verschiedene Moleküle erkennen kann: die spezifische tRNA, die spezifische Aminosäure und ATP, dessen Spaltung die notwendige Energie für das Binden der Aminosäure an die tRNA liefert. Die hohe Spezifität der Synthetasen ist ein entscheidender Faktor für die Genauigkeit der Proteinbiosynthese. Die Fehlerrate liegt etwa bei 1 : 1000.

Universeller Code? • In Mitochondrien, die eine eigene DNA enthalten, besitzen einige Codons bei manchen Lebewesen eine andere Bedeutung als im chromosomalen Genom. Sie codieren also eine andere Aminosäure. Insgesamt sind solche Abweichungen selten. Demnach entstand der fast universelle genetische Code schon sehr früh in der Evolution der Lebewesen.

1 Beschreiben Sie den Aufbau eines prokaryotischen Ribosoms.

2 Erläutern Sie die Beladung einer tRNA mit ihrer spezifischen Aminosäure.

3 Stellen Sie den Ablauf der Translation in einem Flussdiagramm dar und erläutern Sie Ihre Darstellung.

Material A Proteinbiosynthese bei Prokaryoten

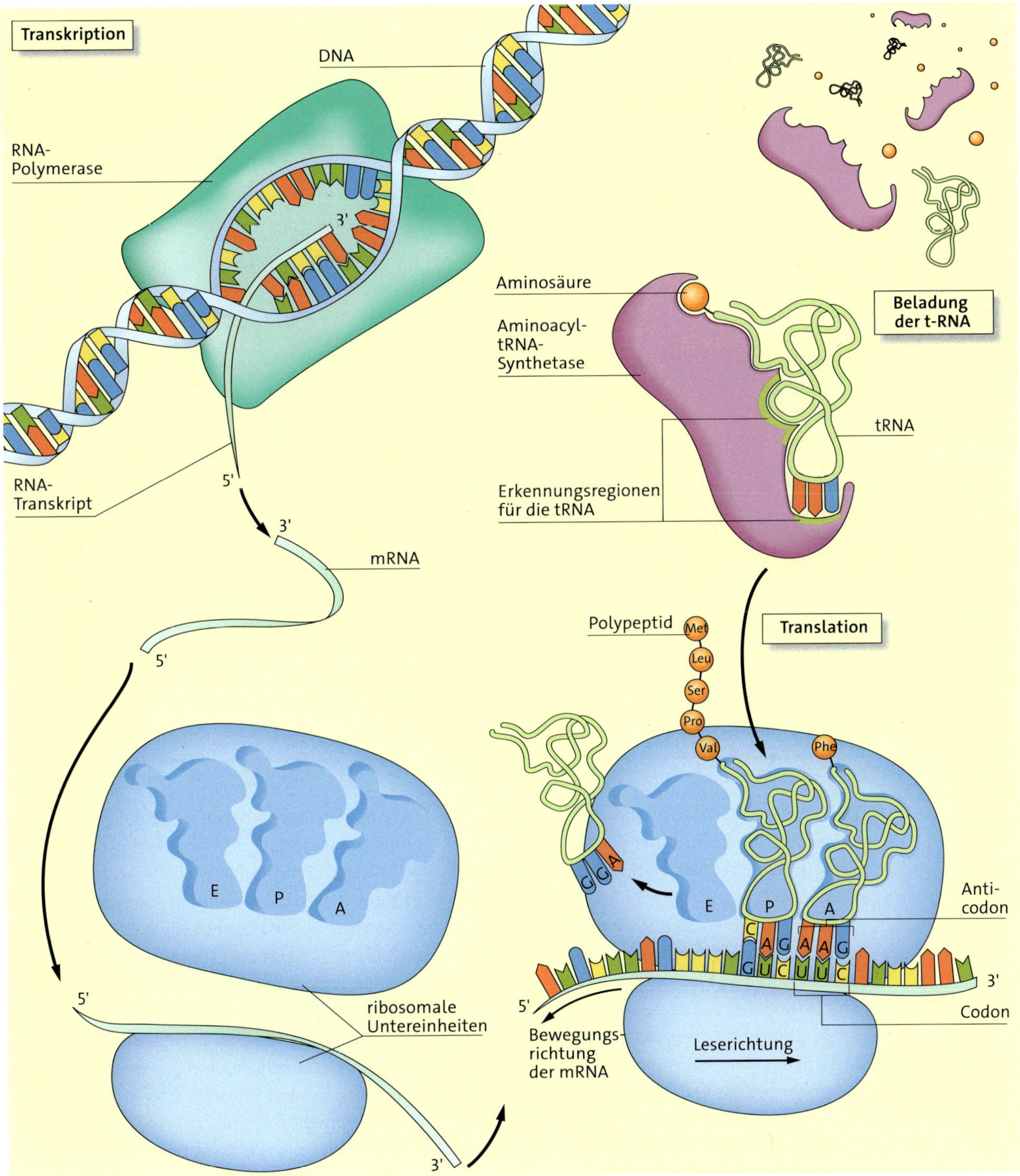

1 Beschreiben Sie die beiden Schritte der Proteinbiosynthese: Transkription und Translation.

2 Erläutern Sie die Funktionsweise der Aminoacyl-tRNA-Synthetase.

3 Begründen Sie die Bedeutung der Synthetasen für einen fehlerfreien Ablauf der Translation.

2.7 Proteinbiosynthese bei Eukaryoten

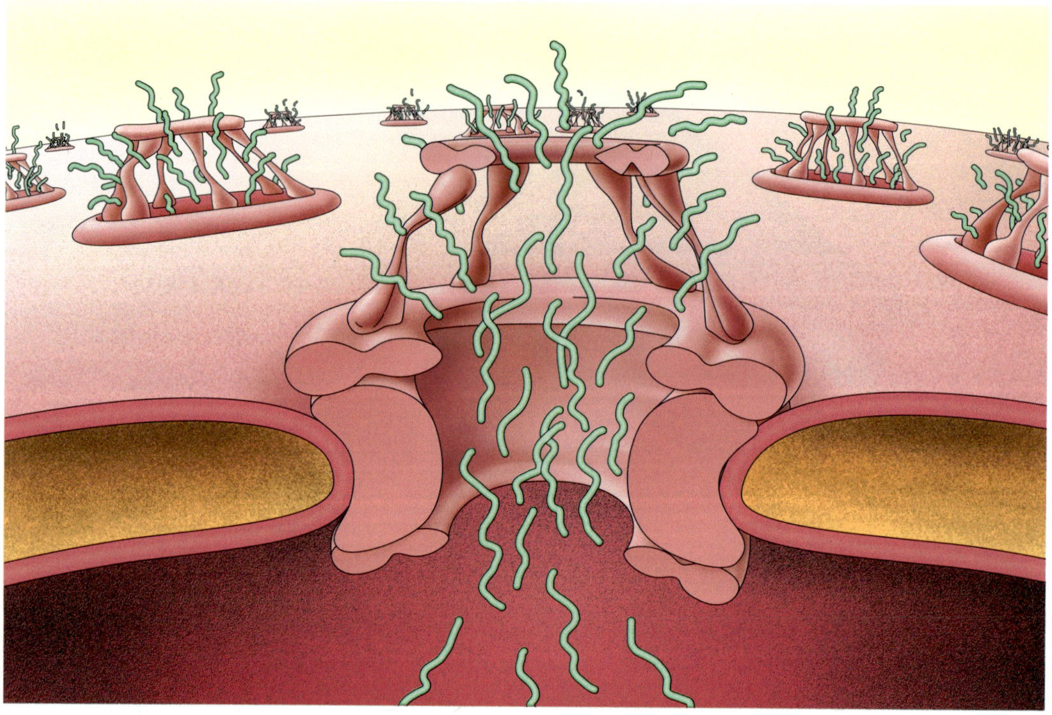

1 Export von mRNA-Molekülen durch den Kernporenkomplex

Bei Eukaryoten ist die genetische Information in der DNA in Chromosomen verpackt, die sich im Zellkern befinden. Dieser ist durch eine Doppelmembran vom Cytoplasma abgetrennt. Im Cytoplasma findet die Translation der Proteinbiosynthese an den Ribosomen statt. Es müssen daher informationstragende Moleküle durch die Kernporen den Zellkern verlassen und ins Cytoplasma gelangen. Wie bewerkstelligt eine eukaryotische Zelle die Proteinbiosynthese?

Transkription • Das Chromatin im Zellkern ist unterschiedlich stark kondensiert. In den dicht gepackten Bereichen des Heterochromatins findet keine Transkription statt. Lediglich im locker gepackten Euchromatin ist eine Synthese von RNA-Transkripten zu beobachten. Dieser Vorgang wird auch bei Eukaryoten von einer RNA-Polymerase durchgeführt, wobei es drei verschiedene Typen gibt. Die Transkription von Genen, die für Proteine codieren, wird von der RNA-Polymerase II durchgeführt. Die RNA-Polymerasen I und III synthetisieren rRNA- und tRNA-Moleküle. Bevor die RNA-Polymerase II an die Promotorregion binden kann, müssen sich zunächst zusätzliche Proteine, die **Transkriptionsfaktoren**, an den Promotor heften. Ein Abschnitt dieser Promotorregion ist reich an alternierenden Thymin- und Adeninnucleotiden. Er wird deshalb als TATA-Box bezeichnet.

Vor dem Promotor in 5'-Richtung liegt eine regulatorische Region, der **Enhancer**, an den Aktivatorproteine binden. Dadurch wird eine zell-, gewebe- oder entwicklungsspezifische Transkription der Gene gewährleistet. Wenn die RNA-Polymerase II an die DNA gebunden hat, ist die **Initiation** abgeschlossen. Das Enzym liest den Matrizenstrang in 3'→5'-Richtung ab. Die mRNA-Synthese erfolgt durch Verknüpfung der komplementären Ribonucleotide in 5'→3'-Richtung. Diese **Elongation** findet mit einer Geschwindigkeit von etwa 40 bis 50 Nucleotiden pro Sekunde statt. Ein einzelnes Gen kann gleichzeitig von mehreren Polymerasen transkribiert werden, wodurch die Anzahl gebildeter mRNA-Moleküle und damit entsprechend auch die Menge des Polypeptids nach erfolgter Translation ansteigt. Die RNA-Polymerase II transkribiert über den codierenden Bereich hinaus eine Erkennungssequenz für die weitere enzymatische Modifizierung der mRNA. Assoziierte Proteine trennen jetzt das Transkriptionsprodukt von der RNA-Polymerase ab. So erfolgt die **Termination**. Die gebildete RNA wird als **Prä-mRNA** bezeichnet.

engl. to enhance = verstärken

RNA-Processing • Bevor die mRNA aus dem Zellkern ausgeschleust werden kann, wird sie auf verschiedene Weise modifiziert. An das 5'-Ende wird kurz nach Transkriptionsbeginn ein methylierter Guanosylrest angehängt, die **5'-Cap-Struktur**. Das 3'-Ende wird ebenfalls verändert. Hier knüpft ein Enzym 50 bis 250 Adeninnucleotide an die transkribierte Basensequenz an, den **Poly-A-Schwanz**. Diese beiden Strukturen zeigen an, dass die mRNA nach erfolgtem **Processing** in das Cytoplasma ausgeschleust werden kann. Außerdem verhindern sie, dass die mRNA vorzeitig durch Nucleasen abgebaut wird, und sie ermöglichen die korrekte Anlagerung der Ribosomen an die mRNA im Cytoplasma.

Die transkribierten mRNA-Moleküle sind sehr viel länger, als für die Synthese durchschnittlich langer Polypeptide nötig wäre. Forscher stellten fest, dass jede mRNA viele Abschnitte enthält, die nicht codierend sind. Diese Bereiche liegen zwischen den Abschnitten der mRNA, die für Polypeptide codieren. Die Abschnitte mit Information werden als **Exons** bezeichnet, da ihre Informationen exprimiert, also für die Herstellung der Polypeptide verwendet werden. Die nicht codierenden Abschnitte heißen **Introns**. Die DNA-Moleküle und somit auch die RNA-Moleküle aller Eukaryoten weisen Introns und Exons auf. Die Introns werden aus dem Primärtranskript herausgeschnitten und die Exons an den richtigen Stellen miteinander verknüpft. Dieser Prozess, das **Spleißen** der Prä-mRNA, wird durch einen Enzymkomplex, das **Spleißosom**, durchgeführt. Es bindet an die Erkennungssequenz, eine spezifische Basensequenz auf der mRNA, und trennt diese auf. Die Introns werden entfernt und die Exons aneinandergebunden.

Die so entstandene **reife mRNA** ist das Transkriptionsprodukt eines einzigen Gens und codiert damit auch nur für ein Polypeptid. Die eukaryotische RNA wird daher als **monocistronisch** bezeichnet.
Im Gegensatz dazu beinhaltet die mRNA der Prokaryoten häufig mehrere Gene, deren Genprodukte meist funktionell zusammen gehören. Jedes Gen hat dann auf der mRNA ein Startcodon und ein Stoppcodon und codiert für ein anderes Polypeptid. Die Ribosomen binden also an verschiedenen Stellen der mRNA und lösen sich jeweils am nächsten Stoppcodon wieder. Eine mRNA mit mehreren Genen wird als **polycistronisch** bezeichnet.

Cistron ist ein Synonym für Gen.

Die reife mRNA wird mit einer Proteinhülle umgeben und wandert zu den Poren in der Zellkernmembran. Vor dem Austritt durch die Kernporen ins Cytoplasma verweilen die mRNA-Moleküle an der Kernmembran, werden einer Art Qualitätskontrolle unterzogen und richten sich passend an den Kernporen aus. Nur jedes vierte mRNA-Molekül verlässt tatsächlich den Zellkern.

1 **Beschreiben Sie den Vorgang der Transkription bis zur Bildung der reifen mRNA.**

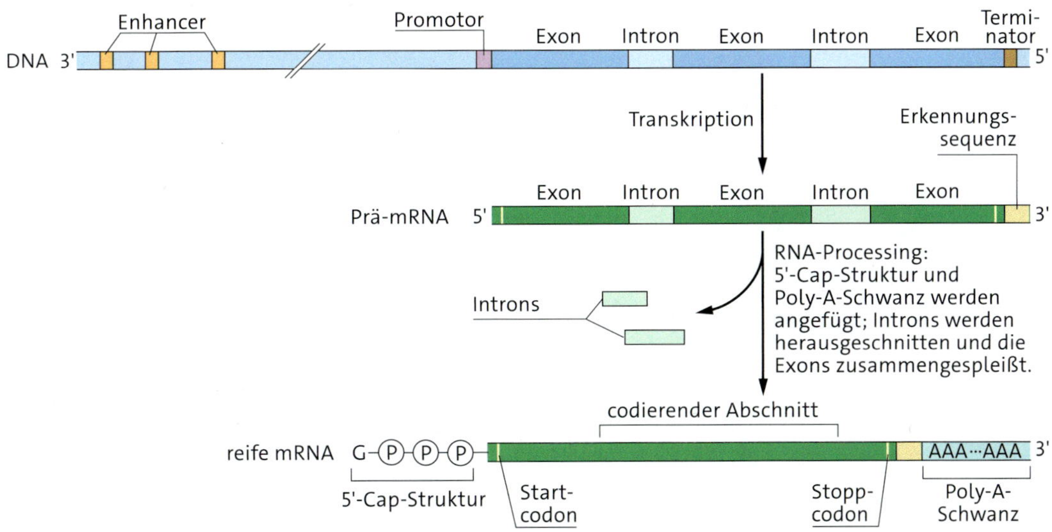

2 Organisation des eukaryotischen Gens und seine Transkription

Translation • Die 80S-Ribosomen der Eukaryoten bestehen aus zwei unterschiedlich großen Untereinheiten, der kleineren 40S- und der größeren 60S-Untereinheit. Sie enthalten jeweils eine größere Anzahl von Proteinen und rRNA-Molekülen als die Ribosomen in Bakterienzellen.

Für die **Initiation** der Translation ist die 5'-Cap-Struktur der reifen mRNA notwendig. Das Startcodon AUG ist in die Initiationssequenz 5'-ACCAUGG eingebettet. Ohne diese Sequenz können die Start-tRNA sowie die kleine ribosomale Untereinheit nicht an die mRNA binden. Erst dann wird die große ribosomale Untereinheit an den Initiationskomplex gebunden.

Wenn die Translation am Startcodon AUG beginnt, wird als erste Aminosäure unmodifiziertes Methionin eingebaut. Die Start-tRNA besitzt eine andere Struktur als die mit Methionin beladene tRNA während der Elongation.

Die **Elongation** erfolgt durch die Bewegung der mRNA mit dem 5'-Ende voran, sodass die Translation in 5'→3'-Richtung verläuft. Die dafür nötige Energie stammt aus der Spaltung eines GTP-Moleküls.

Die **Termination** erfolgt bei Erreichen eines der drei Stoppcodons. Das Ribosom dissoziiert in seine beiden Untereinheiten. Es löst sich von der mRNA und das Polypeptid wird freigesetzt. Bereits während des Translationsvorgangs faltet sich die Primärstruktur des Polypeptids aufgrund chemischer Wechselwirkungen zwischen den verschiedenen Aminosäuren in die Sekundär- und Tertiärstruktur.

In eukaryotischen Zellen lassen sich Ribosomen an unterschiedlichen Orten beobachten. Eine Gruppe befindet sich frei im Cytoplasma und synthetisiert Polypeptide, die hier verbleiben und ihre Funktion ausüben. Die andere Gruppe ist an die äußere Membran des Endoplasmatischen Reticulums gebunden. Die Ribosomen dieses rauen Endoplasmatischen Reticulums stellen die Proteine des zelleigenen Membransystems her sowie solche, die von der Zelle mithilfe des Golgi-Apparats nach außen abgegeben werden. Ribosomen können zeitweise der einen oder der anderen Gruppe angehören.

Die Translation beginnt immer an freien Ribosomenuntereinheiten im Cytoplasma. Proteine, die Bestandteil von Membranen sind oder später durch die Zellmembran nach außen geschleust werden, besitzen an dem Ende, an dem sich die freie Aminogruppe der ersten Aminosäure befindet, eine Signalsequenz. Diese veranlasst das translatierende Ribosom, sich an die Membran des Endoplasmatischen Reticulums anzuheften.

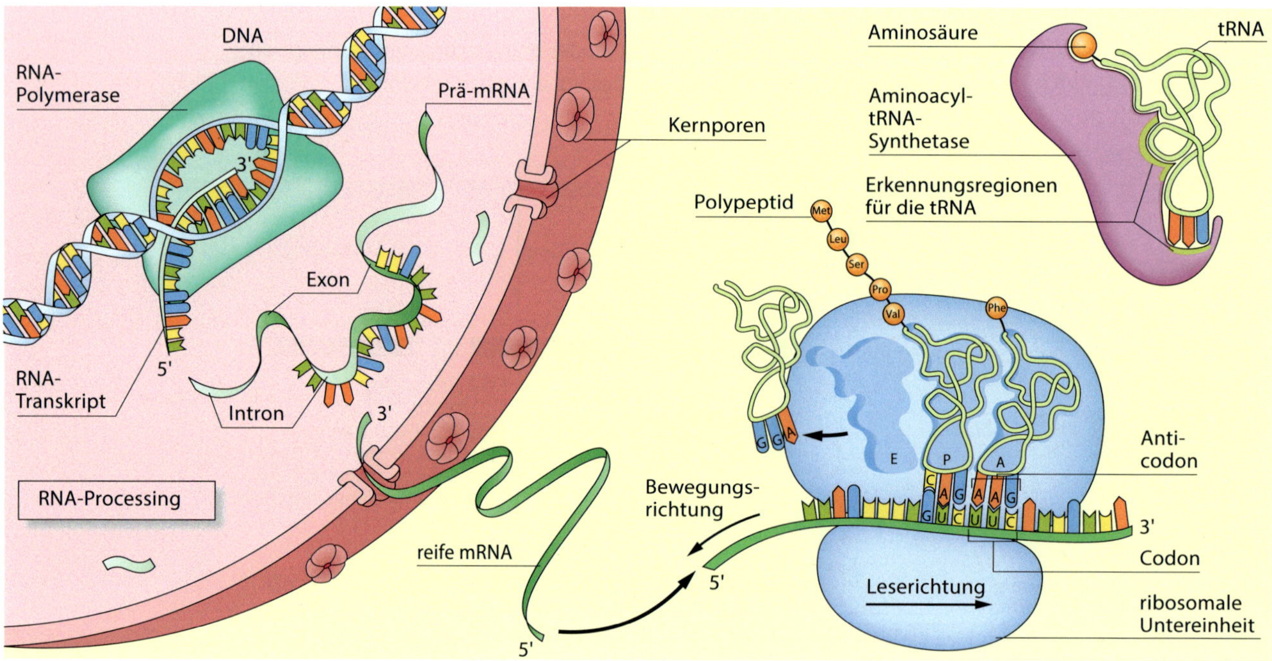

1 Genexpression bei Eukaryoten

Material A Vergleich der Proteinbiosynthese bei Pro- und Eukaryoten

	Prokaryoten
Aufbau der DNA	Die DNA ist ringförmig und enthält keine Histone.
räumliche Organisation (Kompartimentierung)	Transkription und Translation finden im Cytoplasma statt.
zeitliche Organisation	Die Translation beginnt, bevor die Transkription beendet ist.
Aufbau der Gene	Die Gene enthalten fast nur codierende Sequenzen.
Reifung der mRNA	Die mRNA wird ohne Processing translatiert.
Aufbau der Ribosomen	Die 70S-Ribosomen bestehen aus jeweils einer 30S- und einer 50S-Untereinheit.

In der Tabelle sind verschiedene Aspekte der Proteinbiosynthese bei Prokaryoten aufgeführt. Die entsprechenden Aussagen zur Proteinbiosynthese bei Eukaryoten fehlen.

1 Erstellen Sie eine Tabelle, in der Sie die Aussagen für Prokaryoten und Eukaryoten nebeneinanderstellen.

Material B Bestimmungsorte der Polypeptide in einer eukaryotischen Zelle

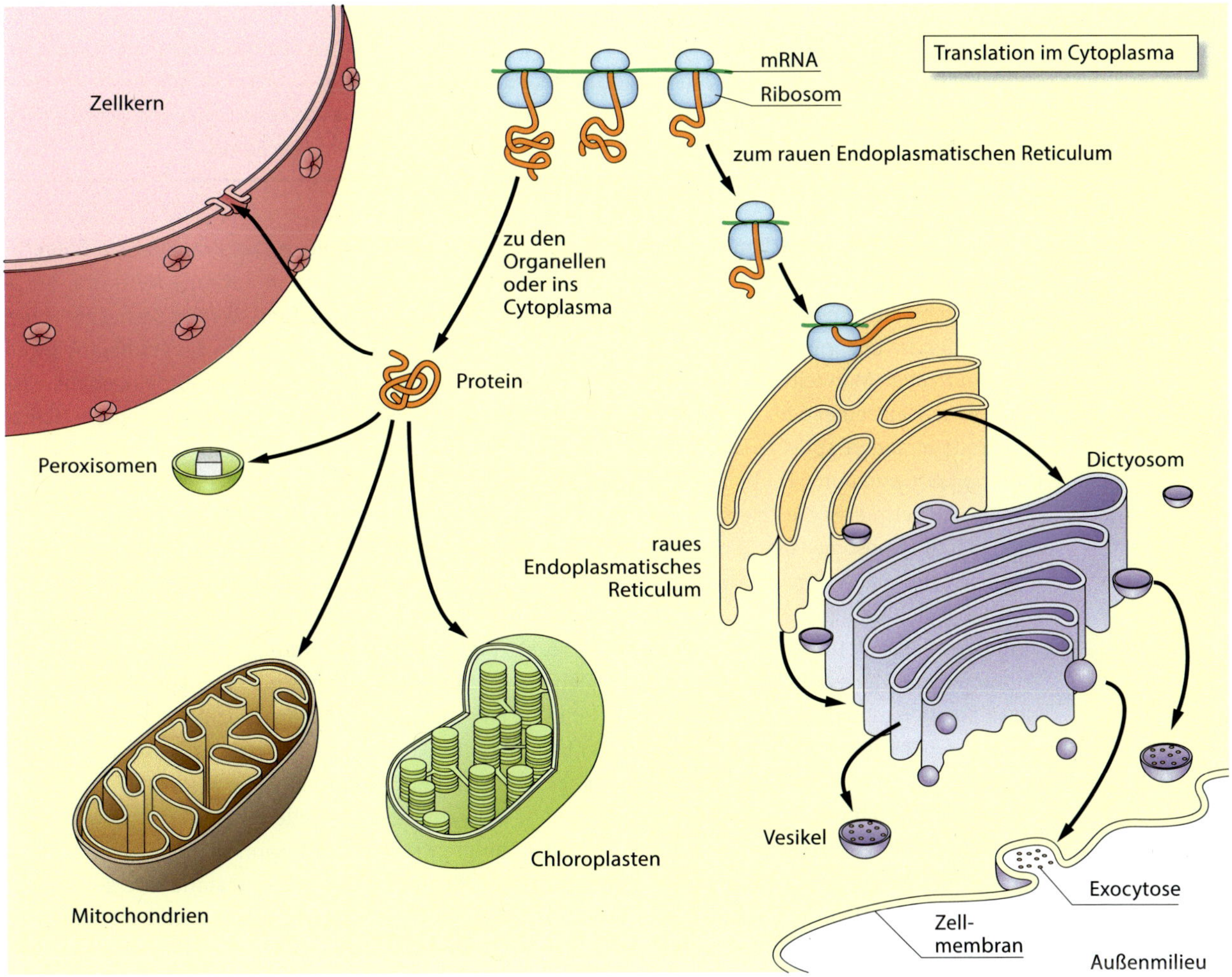

1 Beschreiben Sie die Abbildung.

2 Erläutern Sie, auf welche Weise Proteine in die entsprechenden Zellorganellen gelangen.

2.8 Veränderungen der DNA

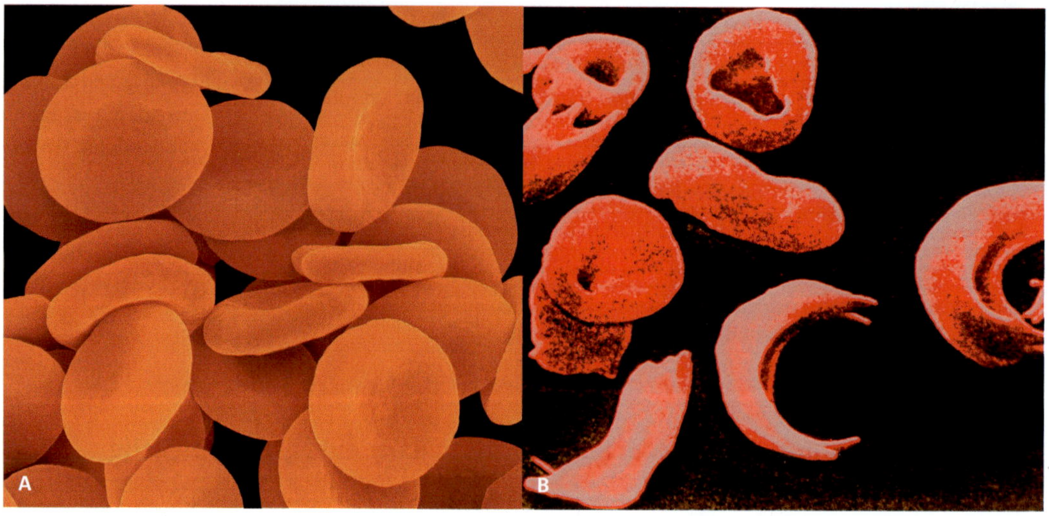

1 Sichelzellenanämie: **A** normale Erythrocten, **B** Sichelzellen

Die Sichelzellenanämie ist die in Afrika am häufigsten auftretende genetisch bedingte Krankheit. Bei den Betroffenen bildet das Hämoglobin unter Sauerstoffmangel stäbchenförmige Aggregate, sodass sich die Form der Erythrocyten verändert und Sichelzellen entstehen. Sie rufen eine Reihe von Krankheitssymptomen hervor. Welche Ursache hat diese Erkrankung und warum ist sie in Afrika häufiger als in Europa?

Mutationen und ihre Ursachen • Veränderungen des Erbguts werden als Mutationen bezeichnet. Sie sind in allen Zellen möglich, an Nachkommen vererbt werden sie aber nur, wenn sie in Geschlechtszellen auftreten. Man teilt sie in drei Gruppen ein.
Ist die Anzahl einzelner oder aller Chromosomen in einer Zelle verändert, spricht man von einer Genommutation. Sie wird durch Fehler bei der Meiose verursacht. Ein Beispiel ist die Polyploidie, ein mehr als doppelter Chromosomensatz. Dieser entsteht durch eine Verdopplung der Chromosomen ohne vorangegangene Zellteilung.
Chromosomenmutationen sind Veränderungen der Anordnung der Gene auf Chromosomen, beispielsweise durch Verdopplung oder Umlagerung eines Chromosomenstücks. Ihnen liegen meist Fehler bei der Meiose zugrunde, sie können aber auch durch energiereiche Strahlung ausgelöst werden.
Änderungen der Basensequenz eines Gens nennt man Genmutationen. Auch sie können durch Strahlung entstehen. Aber auch chemische Stoffe wie Asbest oder Nitrosamine können die DNA verändern. Physikalische und chemische Einflussfaktoren, die Mutationen auslösen, werden Mutagene genannt. Mutationen können jedoch auch spontan, also zufällig und ohne äußere Einflüsse auftreten, beispielsweise durch Fehler bei der Replikation.

Sichelzellenanämie • Das Krankheitsbild der Sichelzellenanämie kann auf eine Mutation im β-Globin-Gen zurückgeführt werden. Sie hat zur Folge, dass in der β-Polypeptidkette des Hämoglobins an einer Stelle eine andere Aminosäure eingebaut wird, Valin statt Glutaminsäure. Das so veränderte Hämoglobin bedingt die Bildung der Sichelzellen. Diese transportieren kaum noch Sauerstoff. Sie können sich im Blutstrom miteinander verhaken und Kapillaren unpassierbar machen. Da dies überall im Körper geschehen kann, lässt sich eine Vielzahl von Symptomen bei den Betroffenen beobachten: Anämie, also eine unterdurchschnittliche Anzahl von Erythrocyten im Blut, allgemeine körperliche Schwäche und geringe Belastbarkeit, Beeinträchtigung der Hirnfunktionen, Steigerung des Risikos für Schlaganfall und Herzinfarkt.
Obwohl die Sichelzellenanämie als genetisch bedingte Krankheit gilt, kann sie für die Betroffenen auch vorteilhaft sein. Der Malaria-Erreger *Plasmodium*, ein einzelliger Parasit, vermehrt sich in Erythrocyten, jedoch nicht in Sichelzellen. So stellt die Sichelzellenanämie einen Schutz vor Malaria dar. In Malariagebieten überwiegt bei heterozygoten Trägern des Sichelzellallels dieser Vorteil über die Nachteile der Anämie, in anderen Gegenden der Erde nicht.

Genmutationen • Innerhalb der Genmutationen gehört die Ursache der Sichelzellenanämie zu den Punktmutationen. Ihnen ist gemeinsam, dass ein Nucleotid durch ein anderes ausgetauscht wird, sich die Basensequenz also an einer Stelle ändert, in diesem Fall von Adenin zu Thymin.

Der Austausch eines einzelnen Nucleotids in einem Genabschnitt muss nicht unbedingt zum Einbau einer falschen Aminosäure führen. Aufgrund der Redundanz des genetischen Codes kann dieser Austausch auch ohne Wirkung bleiben. Man spricht dann von einer stummen Mutation. In dem Fall entsteht ein synonymes Codon, das für die gleiche Aminosäure codiert wie das ursprüngliche Triplett. Auch Veränderungen in den Introns eukaryotischer Gene sind meistens stumme Mutationen.

Punktmutationen, die zum Austausch einer Aminosäure und folglich zu Proteinen mit veränderter Aktivität führen, werden Missense-Mutationen genannt. Ein Beispiel dafür ist die Sichelzellenanämie. Der Austausch einer hydrophilen gegen eine hydrophobe Aminosäure verursacht eine Strukturveränderung der Hämoglobinmoleküle.

Eine Punktmutation kann auch dazu führen, dass sich ein Stoppcodon bildet. Bei der Translation entstehen durch den vorzeitigen Kettenabbruch unvollständige Proteinfragmente, die im Stoffwechsel keinerlei Funktion erfüllen können. Diese Mutationen werden daher Nonsense-Mutationen genannt.

Neben den Punktmutationen gibt es auch Genmutationen, bei denen Nucleotidpaare zusätzlich in die DNA eingefügt werden, eine Insertion, oder verloren gehen, eine Deletion. Beide haben erhebliche Auswirkungen auf den Informationsgehalt der DNA des betroffenen Gens, weil der Triplett-Takt bei der Translation verschoben wird. Man spricht deshalb auch von einer Leseraster-Mutation. Ab der veränderten Stelle auf der mRNA werden andere Aminosäuren codiert, es entsteht ein verändertes Polypeptid.

Etwa drei Viertel aller Genmutationen können den Punktmutationen zugeordnet werden, das restliche Viertel sind Leseraster-Mutationen. Genmutationen sind selten, ihre Häufigkeit kann jedoch nicht allgemein angegeben werden, weil sie für jedes Gen verschieden ist. Die Häufigkeit von Mutationen bei einem Gen wird als Mutationsrate bezeichnet. Sie liegt durchschnittlich bei einem Nucleotidaustausch pro 10^9 Basenpaaren während einer Replikation.

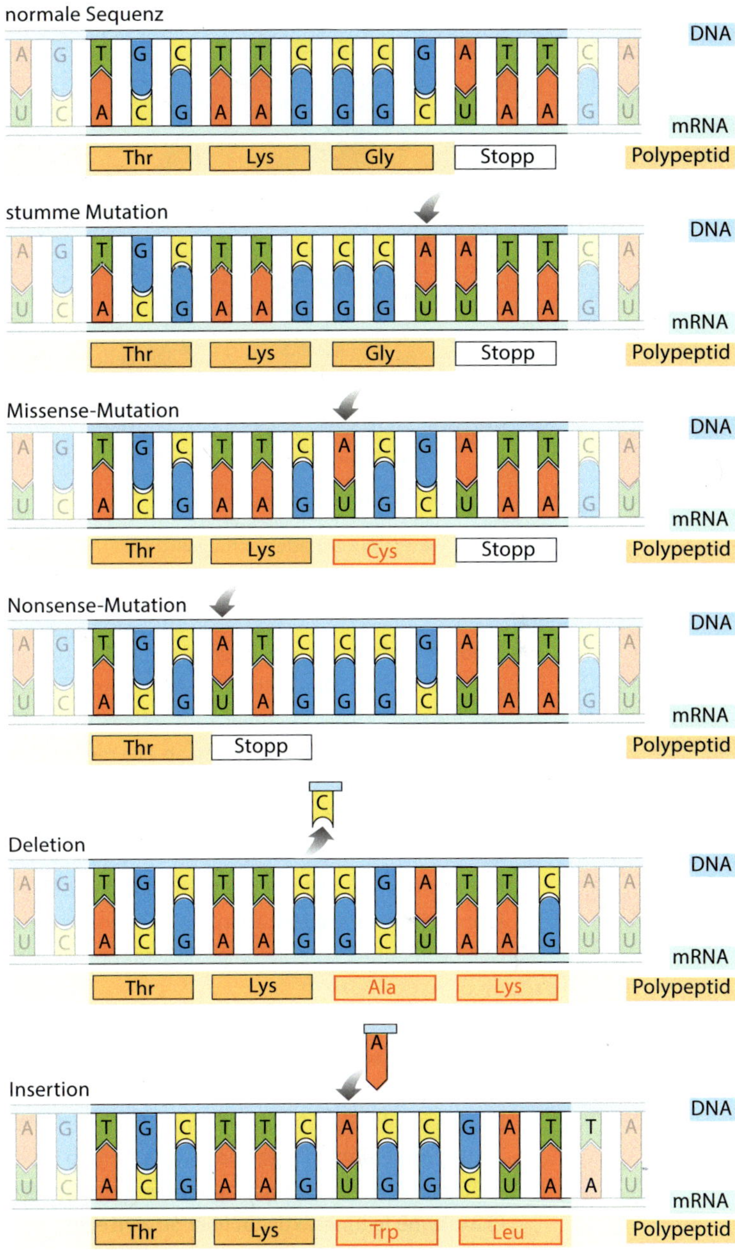

2 Genmutationen

1 Stellen Sie in einem Flussdiagramm die Entstehung des Krankheitsbildes der Sichelzellenanämie dar. Gehen Sie von einem intakten β-Globin-Gen aus.

2 Gegeben sei folgende DNA-Basensequenz: GCTTTATTCGAC. Fügen Sie willkürlich jeweils eine Punktmutation, eine Insertion sowie eine Deletion ein und erläutern Sie die Auswirkungen auf die Aminosäuresequenz.

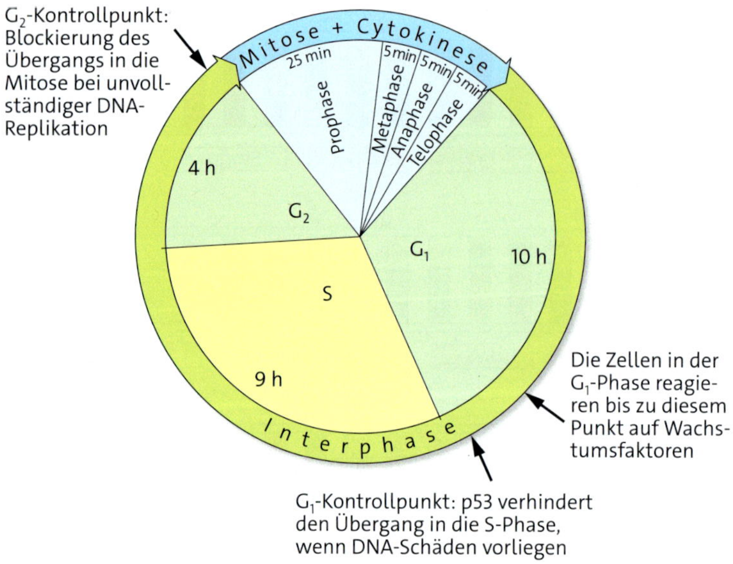

1 Kontrolle des Zellzyklus

Krebs • In besonderen Fällen können Mutationen zu Krebs führen. Das geschieht, wenn Gene mutieren, die den Zellzyklus steuern. Im Zellzyklus wechseln sich Wachstum und Teilung ab. Die meiste Zeit nimmt die Interphase ein, in der die Zelle Proteine herstellt, ihre DNA verdoppelt und wächst. Vor der Zellteilung findet die Kernteilung, die Mitose, statt. Zellwachstum und Zellteilung sind lebenswichtige Prozesse, die kontrolliert ablaufen müssen. Deshalb ist eine Regulation der Teilungsaktivität notwendig.

An bestimmten Kontrollpunkten im Zellzyklus wird der Zustand einer Zelle von speziellen Proteinen in ihrem Inneren überprüft, bevor sie in die nächste Phase eintritt. Signale sorgen dann dafür, dass der Zyklus fortgeführt oder gestoppt wird. Werden keine weiteren Zellen gebraucht, geht die Zelle in eine Phase ohne Teilungsaktivität über. So wird eine Überproduktion von Zellen verhindert. Bei einer Schädigung wird der Zellzyklus für Reparaturen angehalten. Ist der Schaden damit nicht zu beheben, wird der programmierte Zelltod, die Apoptose, eingeleitet.

Normalerweise wird der Zellzyklus durch zwei Gruppen von Genen kontrolliert: Gene für Wachstumsfaktoren, sogenannte Proto-Onkogene, lösen durch ihre Genprodukte Zellteilungen aus, wenn neue Zellen benötigt werden. Tumor-Suppressorgene hingegen hemmen über ihre Genprodukte die Zellteilung und erwirken die Apoptose entarteter Zellen.

Durch Chromosomenmutationen, beispielsweise die Verdopplung von Proto-Onkogenen oder ihren Ortswechsel hinter einen außergewöhnlich aktiven Promotor, kann eine größere Menge an Wachstumsfaktoren entstehen. Punktmutationen in den Genen können zur Folge haben, dass die gebildeten Wachstumsfaktoren stärker wirken als normal. So werden **Proto-Onkogene** zu **Onkogenen**, also krebsauslösenden Genen.

Solange die **Tumor-Suppressorgene** intakt sind, steuern sie der Wirkung der Onkogene entgegen. Sind sie aber beispielsweise durch eine Punktmutation defekt, können sie die übermäßige Zellteilung nicht mehr hemmen. Daraus kann man schließen, dass eine Mutation allein nicht ausreicht, um Krebs entstehen zu lassen. Beide Gruppen von Kontrollgenen müssen in derselben Zelle verändert sein, damit diese sich unkontrolliert teilt.

Durch die übermäßigen Zellteilungen nimmt das betroffene Gewebe mehr Platz ein, es entsteht ein Tumor. Bleibt er von den umliegenden Geweben abgegrenzt, bezeichnet man ihn als gutartig. Er kann dann einfach chirurgisch entfernt werden. Bösartige Tumoren wachsen in die umliegenden Gewebe ein, man spricht dann von Krebs. Einzelne Zellen können sich zudem aus dem bösartigen Tumor lösen und an anderer Stelle im Körper Metastasen bilden, neue Ansammlungen von Krebszellen.

DNA-Reparatur • Mehr als 99 % der in einer Zelle entstandenen Mutationen werden jedoch von speziellen DNA-Reparatursystemen beseitigt, bevor sie negative Folgen haben. Falsche Basenpaarungen bei der Replikation werden häufig schon durch die Korrekturlesefunktion der DNA-Polymerase ausgebessert. Dabei erkennt das Enzym den Fehler und ersetzt das falsche Nucleotid durch ein passendes. Den alten Strang mit der korrekten Basensequenz identifiziert die DNA-Polymerase dabei anhand von Methylgruppen, die an bestimmten Stellen an den DNA-Strang angeheftet sind. Für andere DNA-Schäden existieren weitere Reparaturmechanismen.

1 Begründen Sie, weshalb die Wahrscheinlichkeit, an Krebs zu erkranken, mit zunehmendem Alter steigt.

2 Erläutern Sie die Bedeutung der DNA-Reparaturmechanismen für die Lebewesen.

Material A Spontane Mutationen

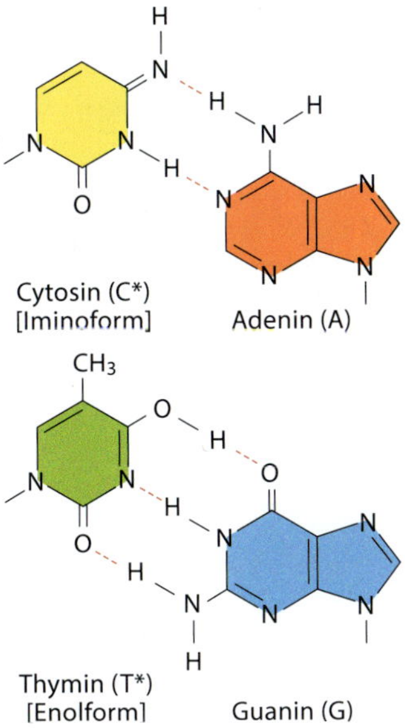

5' GC*TAAC*CT*G 3'

Aufgrund chemischer Umlagerungen können Basen in veränderten Formen vorkommen. Diese veränderten Formen besitzen andere Bindungseigenschaften. Die veränderte Form des Cytosins wird mit C* symbolisiert. Die veränderte Form des Thymins wird mit T* bezeichnet.

1 Erläutern Sie, weshalb die veränderten Formen des Cytosins und des Thymins Mutationen auslösen.

2 Ermitteln Sie die RNA-Basensequenz für die mutierte und für die nicht mutierte Form der abgebildeten DNA-Sequenz.

3 Bestimmen Sie die Abfolge der Aminosäuren für die drei Tripletts der beiden RNA-Stränge. Benutzen Sie dazu die Codesonne auf Seite 130.

4 Erläutern Sie die Folgen der mutierten DNA-Sequenz für die gebildeten Aminosäuresequenzen.

Material B Ablauf der Exzisionsreparatur

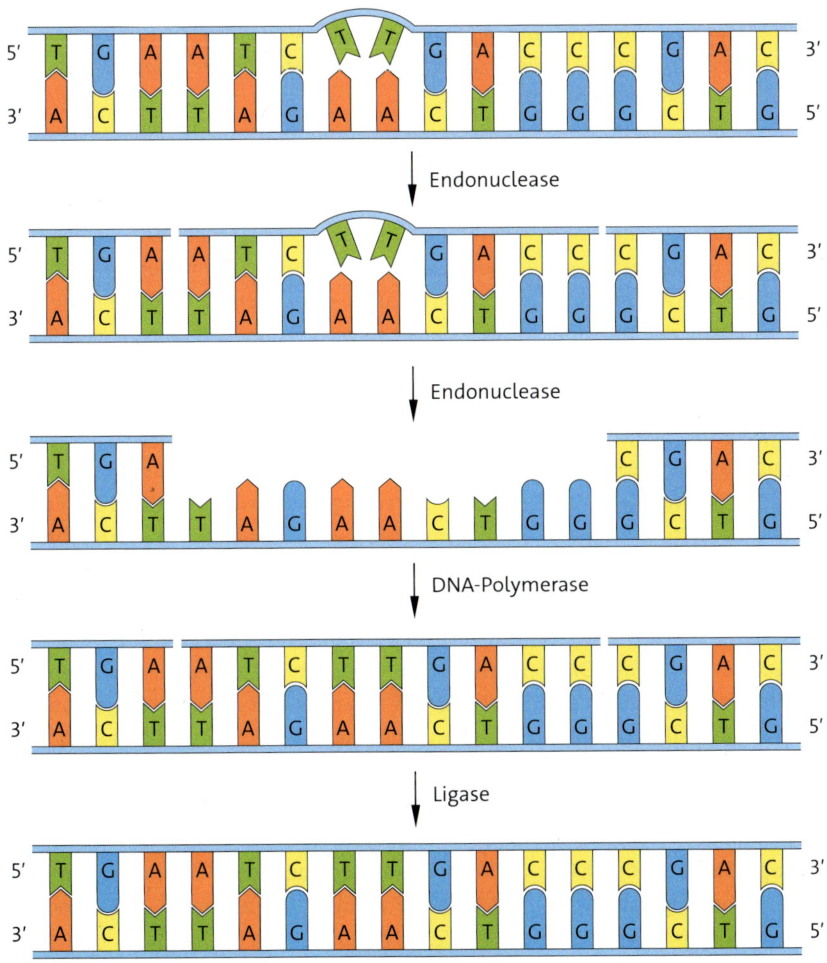

Thymindimere entstehen, wenn durch UV-Strahlung zwei benachbarte Thymin-Basen fest miteinander verbunden werden. Das betroffene Gen kann so nicht mehr korrekt transkribiert werden und auch die Replikation des betroffenen Chromosoms wird behindert.
Durch eine Exzisionsreparatur können Thymindimere entfernt werden.

1 Formulieren Sie eine Hypothese zu den Problemen, die durch Thymindimere bei Transkription und Replikation entstehen.

2 Begründen Sie, weshalb man durch den Einsatz von UV-Licht Flächen und Geräte sterilisieren, also die Vermehrung von Bakterien auf ihnen verhindern kann.

3 Beschreiben Sie den Ablauf der Exzisionsreparatur.

4 Erklären Sie, welche Bedeutung die Doppelsträngigkeit der DNA im Hinblick auf diesen Reparaturmechanismus hat.

2.9 Genregulation bei Eukaryoten

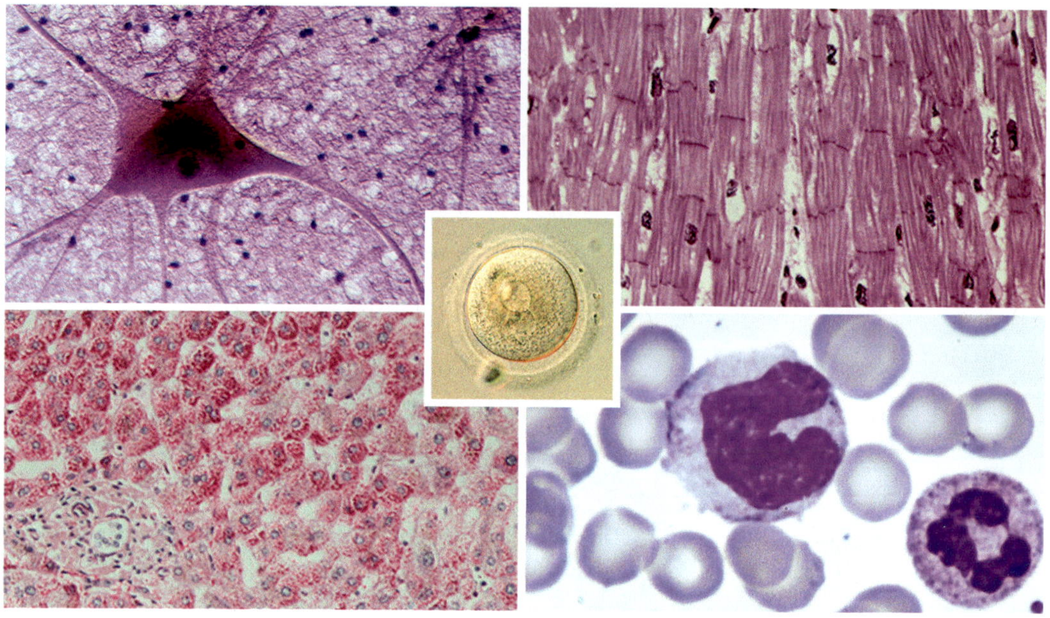

1 Zelldifferenzierung

Aus einer befruchteten Eizelle entwickelt sich ein Lebewesen mit vielen differenzierten Zelltypen. Nervenzellen, Muskelzellen, Leberzellen oder Blutzellen unterscheiden sich in ihrem Aufbau und ihren Funktionen, obwohl alle Zellen dieselbe genetische Information besitzen. Die Differenzierung zu unterschiedlichen Zelltypen wird dadurch realisiert, dass jeweils unterschiedliche Anteile der DNA genutzt werden. Welche Möglichkeiten gibt es, die Aktivierung der genetischen Information zu regulieren?

Regulation der Transkription • Auf die erste Ebene der Genexpression kann bereits auf vielfache Weise regulatorisch Einfluss genommen werden. Schon die Lage und der Zustand des genetischen Materials im Zellkern sind nicht zufällig. Am Rand des Zellkerns liegt es als dicht gepacktes und inaktives Heterochromatin vor. Im Zentrum hingegen befindet sich das weniger spiralisierte und potenziell aktive Euchromatin. Hier können die Chromosomenabschnitte mithilfe der für die Transkription notwendigen Proteine abgelesen werden. Die Umstrukturierung des Chromatins vom Euchromatin zum Heterochromatin und umgekehrt erfolgt auf unterschiedliche Weise.

Ansatzpunkt hierfür ist die Verdichtung der DNA durch die Nucleosome. Denn diese kann durch die chemische Veränderung der DNA wie durch Hinzufügen oder Entfernen von Methylgruppen verändert werden. Methylierte Bereiche der DNA sind kompakter. Eine **Methylierung** erfolgt an der Base Cytosin. Die Methylgruppe ragt in die große Furche der DNA-Helix und verhindert so, dass sich dort regulatorische Proteine für die Transkription anlagern können. An der regulatorischen Methylierung von Cytosinresten in Promotorregionen sind spezialisierte kleine RNA-Moleküle beteiligt, die die Enzyme für die DNA-Methylierung aktivieren. Auch die Methylierung der freien, aus den Nucleosomen herausragenden Histonschwänze führt dazu, dass die DNA dichter verpackt wird.

Durch eine enzymatische **Demethylierung** geht die DNA in den weniger kompakten Zustand des Euchromatins über, sodass sich die für Transkription erforderlichen Proteine wie die RNA-Polymerase anlagern können. Darüber hinaus führen auch weitere chemische Veränderungen wie **Acetylierungen** an den Histonschwänzen dazu, dass die DNA weniger kompakt ist. Eine Anlagerung von Acetylgruppen führt zu einer verringerten Anziehungskraft zwischen dem basischen Histonprotein und der sauren DNA und aktiviert spezialisierte Proteine, durch welche der Kontakt zwischen den Histonen gelockert wird. Umkehrbare chemische Veränderungen der Histone führen also auch zu einer Genaktivierung oder -deaktivierung.

Transkriptionsfaktoren • Nach der Umstrukturierung zum Euchromatin ist die Transkription eines Genabschnitts der DNA möglich. Die Initiation der Transkription erfolgt dann durch eine komplexe Wechselwirkung zwischen regulatorischen DNA-Sequenzen, den Promotor- und Enhancerregionen, und regulatorischen Proteinen, den Transkriptionsfaktoren. Es gibt sowohl essenzielle DNA-Sequenzen und Transkriptionsfaktoren als auch solche, die die Effizienz und Geschwindigkeit der Transkription beeinflussen.

Die Promotorregion ist dem codierenden Gen vorgeschaltet und weist in einem kleinen Bereich die sich wiederholenden Basen Thymin und Adenin in großer Anzahl auf. Dieser charakteristische Bereich wird daher als TATA-Box bezeichnet. Ein essenzieller Transkriptionsfaktor bindet direkt an die TATA-Box. Weitere Transkriptionsfaktoren binden in der Promotorregion und bilden den Initiationskomplex, sodass die RNA-Polymerase mit der Transkription beginnen kann.

Zusätzliche regulatorische DNA-Sequenzen liegen häufig weit entfernt von dem Gen, das sie regulieren. Solche Enhancer sind Bindungsstellen für weitere Transkriptionsfaktoren. Diese Transkriptionsfaktoren verfügen sowohl über eine DNA-Bindungsstelle als auch über einen Molekülabschnitt für eine Wechselwirkung mit einem Protein. Durch eine Schleifenbildung der DNA können sie mit dem Transkriptionskomplex in Verbindung treten. Auf diese Weise kann die Transkriptionsrate um das Hundertfache gesteigert werden.

Weiterhin gibt es auch Hormonrezeptoren, die zusammen mit dem spezifisch gebundenen Hormon als Transkriptionsfaktor wirken können. Bei einem niedrigen Blutglucosespiegel und Nahrungsmangel schütten die Nebennieren verschiedene Hormone aus der Gruppe der Glucocorticoide aus, welche über das Blut zur Leber gelangen. Dort verbinden sie sich nach dem Schlüssel-Schloss-Prinzip mit dem zu ihnen spezifischen Rezeptorprotein und gelangen als Hormon-Rezeptor-Komplex in den Zellkern. An der DNA wirkt dieser Glucocorticoidrezeptor als aktivierender Transkriptionsfaktor zur Expression von Genen, die die Freisetzung von Glucose aus der Leber steuern.

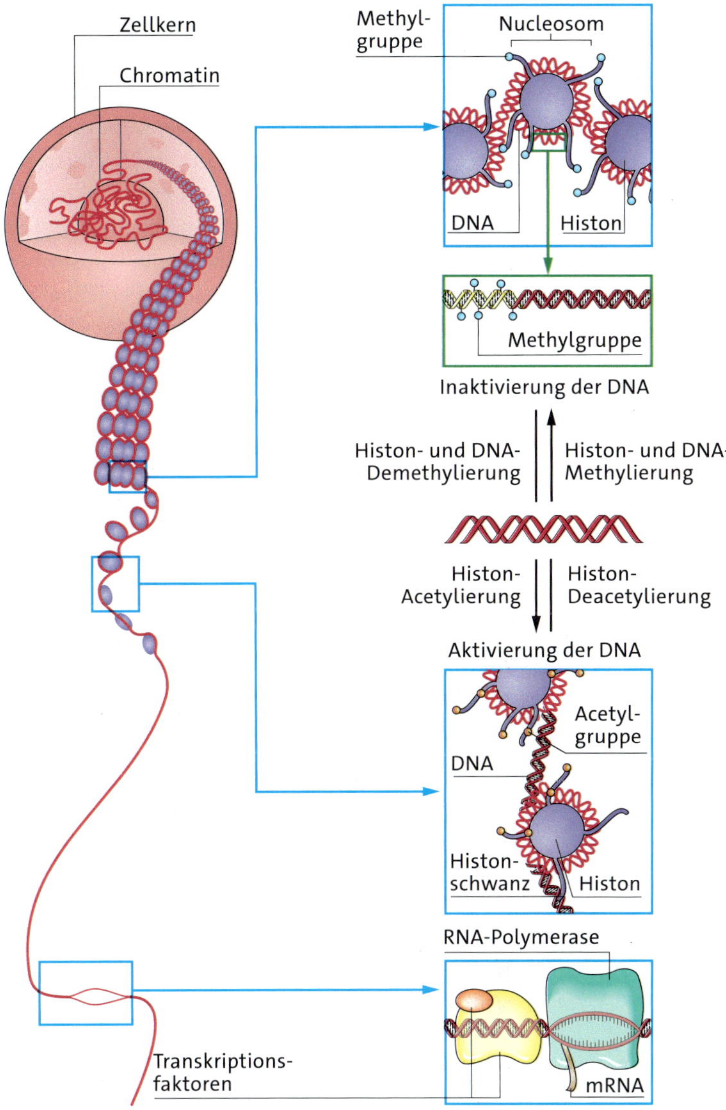

2 Umstrukturierung der Chromatinstruktur

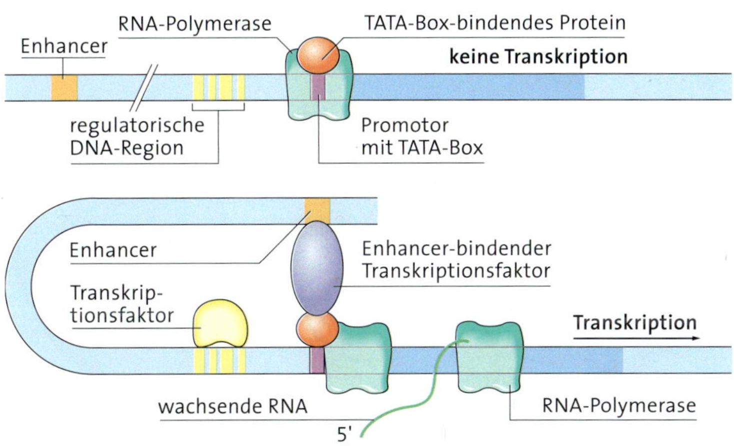

3 Regulation durch Transkriptionsfaktoren

Regulation der Translation • Eine zweite Ebene der Regulation betrifft die durch die Transkription gebildeten RNA-Moleküle, deren Menge und Lebensdauer die Menge der Produkte der Genexpression beeinflusst. Darüber hinaus kann die RNA beispielsweise beim RNA-Processing verändert und modifiziert werden. Beim **alternativen Spleißen** können außer Introns auch Exons oder Teile von solchen herausgeschnitten werden. Dadurch ergeben sich zum Beispiel beim Glucocorticoidrezeptor verschiedene Varianten dieses Transkriptionsfaktors, die die Transkription unterschiedlicher Gene unterschiedlich stark aktivieren können.

Auch durch das zusätzliche Einfügen von Basen in die vorliegende mRNA kann die RNA-Sequenz verändert werden. Dieser Vorgang wird **RNA-Editing** genannt. Ein Beispiel hierfür ist das Uracil-Editing. Hierbei wird das RNA-Transkript mit einer Leit-RNA, die an anderer Stelle der DNA transkribiert wurde, gepaart. Die Leit-RNA weist nicht komplementäre Bereiche zu der zu verändernden mRNA auf. Die mRNA wird in diesen Bereichen geschnitten und anhand der Leit-RNA verändert.

Durch die Einwirkung kurzer regulatorischer RNA-Moleküle kann die mRNA zerstört oder deren Translation verhindert werden. Man bezeichnet diesen Mechanismus als **RNA-Interferenz** oder **RNA-Silencing**. Ein ursprünglich doppelsträngig vorliegendes RNA-Molekül wird von einem Enzym, dem Dicer, in kurze Stücke zerlegt, welche man *short interfering RNA*, kurz siRNA, nennt. Diese binden an einen Enzymkomplex, den *RNA-induced silencing complex*, kurz RISC. Dort wird die siRNA in ihre Einzelstränge zerlegt. Der RISC erkennt, bindet und spaltet nun mRNA-Moleküle, die Sequenzen enthalten, die zur siRNA komplementär sind. Die mRNA-Fragmente werden dann abgebaut. Eine andere Gruppe kleiner RNA-Moleküle, die Mikro-RNA, kurz miRNA, bindet ebenfalls an RISC. Daraufhin wird die Initiation der Translation beispielsweise durch den Abbau des Poly-A-Schwanzes der mRNA verhindert.

Regulation der Proteinaktivität • Auch die nach der Translation gebildeten Polypeptide können beispielsweise durch das Einfügen zusätzlicher Aminosäuren spezifisch verändert werden. Dies stellt eine weitere Ebene der Genregulation dar. Aus der Kombination verschiedener Polypeptide ergeben sich Proteine unterschiedlicher räumlicher Struktur und damit auch unterschiedlicher Funktion. Auch eine Aktivierung oder Inaktivierung kann so erreicht werden. Erst durch diese Modifikationen entstehen biologisch aktive Proteine.

1 **Erläutern Sie, inwiefern die Zelldifferenzierung durch eine Regulation der Genexpression umgesetzt werden kann.**

2 **Erstellen Sie ein Schaubild, das die Ebenen und Formen der Regulation der Genaktivität übersichtlich darstellt.**

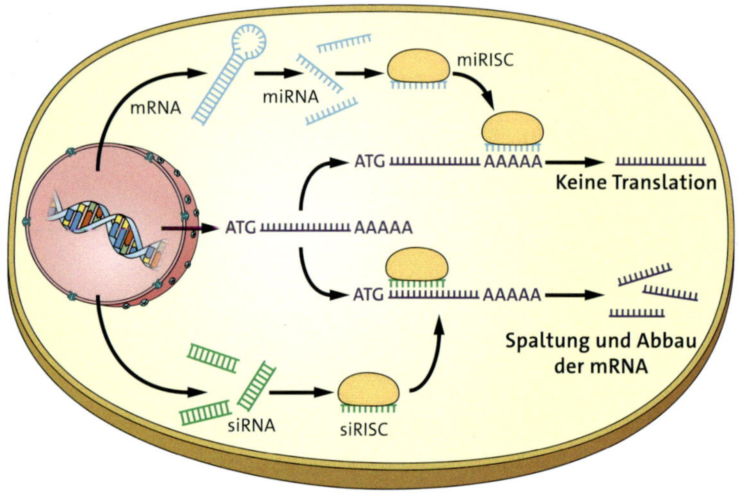

1 RNA-Interferenz

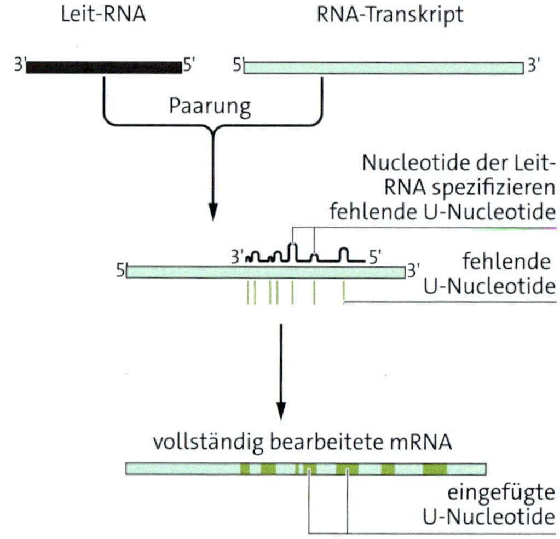

2 RNA-Editing

Material A Regulation der Tryptophansynthese

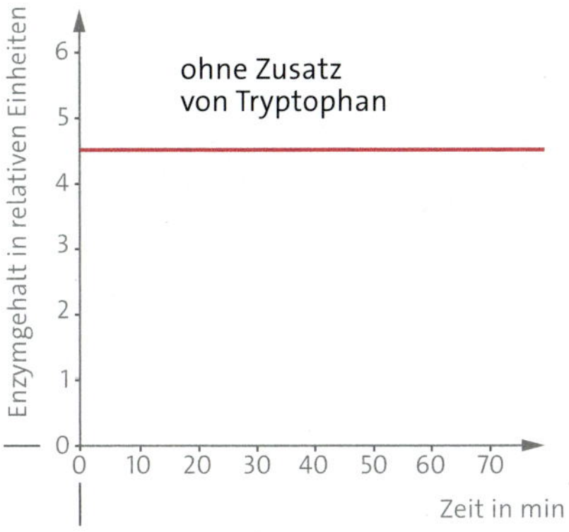

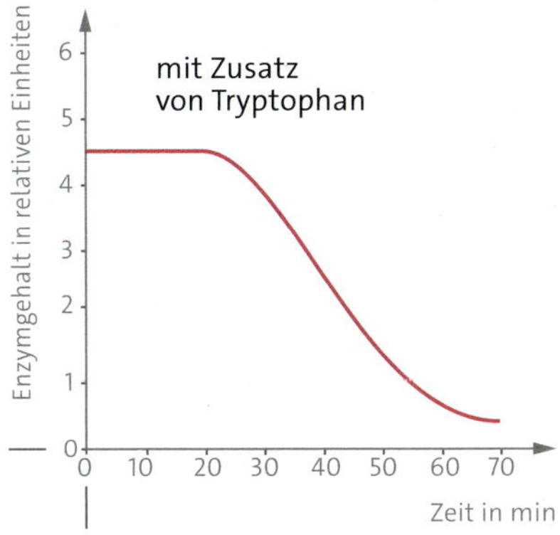

Bei *E. coli* wurde der Gehalt an Enzymen für die Synthese der Aminosäure Tryptophan bestimmt.

1 **Beschreiben Sie das Ergebnis der beiden Versuchsreihen.**

2 **Erklären Sie die Ergebnisse auf der Grundlage des Operon-Modells.**

Material B Cortisol

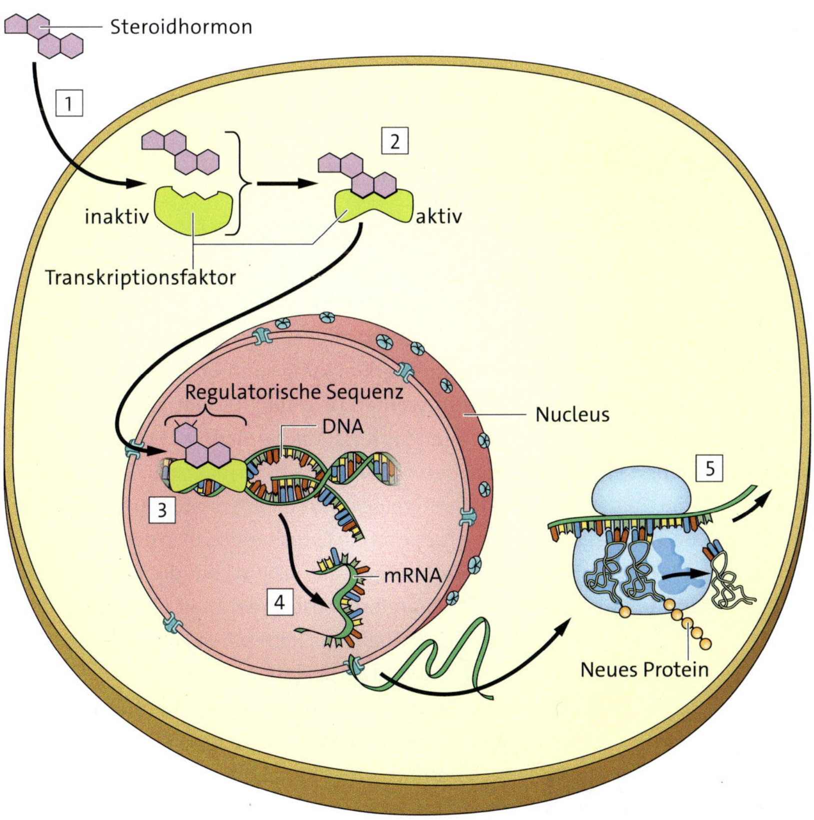

Cortisol ist ein Steroidhormon aus der Gruppe der Glucocorticoide, die in der Nebenniere produziert werden. Bei einem niedrigen Blutzuckerspiegel und Nahrungsmangel geben die Nebennieren Cortisol ins Blut. Cortisol gelangt über die Blutbahn zur Leber und in die Leberzellen. Die Leber ist ein wichtiges Organ im Glucose- und Fettstoffwechsel. Glucose wird in Form von Kohlenhydraten gespeichert und kann auf verschiedenen Stoffwechselwegen wieder bereitgestellt werden. Die dafür notwendigen Enzyme werden durch Genexpression bereitgestellt.

Die synthetische Form des Cortisols wird in der Pharmakologie als Hydrocortison bezeichnet. Es wirkt in höheren Dosen entzündungshemmend und immunsuppressiv und wird daher bei Asthma, rheumatischen Erkrankungen und nach Transplantationen verabreicht. Eine langfristige Therapie kann allerdings zu einer Vielzahl von Nebenwirkungen führen. Dazu gehören auch unerwünschte Einflüsse auf den Glucosestoffwechsel wie den sog. Steroid-Diabetes. Experimente mit genetisch veränderten Mäusen zeigen folgendes:

- Mäuse, die über den Transkriptionsfaktor E47 verfügen, werden nach Cortisolgabe krank. Sie entwickeln Überzucker und eine Fettleber.
- Bei Mäusen, denen dieser Transkriptionsfaktor fehlt, sind trotz Cortisolgabe keine negativen Effekte nachzuweisen.

1 **Beschreiben Sie anhand der Schritte 1 bis 5 den Wirkmechanismus des Cortisols.**

2 **Erläutern Sie die regulatorische Funktion des Cortisols.**

3 **Stellen Sie Vermutungen auf, wie es zum Steroid-Diabetes kommen kann.**

4 **Deuten Sie die Ergebnisse des Experiments.**

2.10 Epigenetik

1 Eineiige Zwillinge

Eineiige Zwillinge sehen sich zum Verwechseln ähnlich. Das ist auf ihre genetische Ähnlichkeit zurückzuführen. Trotzdem kann es sein, dass im Verlaufe des Lebens der eine Zwilling erkrankt und der andere nicht, Das ist ein wichtiger Hinweis darauf, dass nicht die Gene allein die Ausprägung von Merkmalen bestimmen. Studien haben gezeigt, dass Gene in ihrer Aktivität durch Außenfaktoren beeinflusst werden. Wie kommt es zu solchen Änderungen der Genaktivität?

epi: auf, an, hinzu
Epigenetik: zusätzlich zur Genetik

Zwillinge • Da eineiige Zwillinge aus einer einzigen befruchteten Eizelle entstanden sind, die sich in einer sehr frühen Phase der Individualentwicklung in zwei Teile geteilt hat, verfügen sie weitgehend über die gleichen Gene und stimmen auch in den meisten Merkmalen überein, so haben sie unter anderem immer die gleiche Augenfarbe. Zeigen eineiige Zwillinge eine unterschiedliche Ausprägung eines Merkmals, wie Krebs, Diabetes, Bluthochdruck, Altersdemenz oder Fettleibigkeit kann man untersuchen, ob genetische Ursachen oder Umwelteinflüsse zugrunde liegen. Die Anlage zur Ausbildung einer Krebserkrankung kann über bestimmte Gene vererbt werden (▶ **S. 190**). Es gibt aber noch einen weiteren Einfluss auf die Genfunktion. Eine häufig in Zellen beobachtete Form, nach der Gene aktiviert oder stillgelegt werden, ist die Bindung einer Methylgruppe an ein Cytosinmolekül in der DNA. Solche Veränderungen am Erbgut, die die DNA-Sequenz nicht verändern, bezeichnet man als epigenetisch. Die Gesamtheit der chemischen Veränderungen des Erbgutes wird als Epigenom bezeichnet. Diese Modifikationen können durch Umwelteinflüsse hervorgerufen werden. Was ein Mensch erlebt und wie er sich verhält, ob er zum Beispiel Sport treibt, kann epigenetische Veränderungen hervorrufen. Bei Untersuchungen an Zwillingspaaren zeigte sich, dass die epigenetischen Unterschiede zunahmen, je älter die Zwillinge wurden und je unterschiedlicher ihr Leben verlaufen war (▶ **2**). Das kann die Ursache für die Entstehung von Krankheiten bei nur einem der beiden Zwillinge sein.

Aus einer befruchteten Eizelle entstehen durch Differenzierung 200 unterschiedliche Zelltypen, wie Leberzellen, Hautzellen oder Knochenzellen. Die Ursache für die Differenzierung der Zellen liegt da-

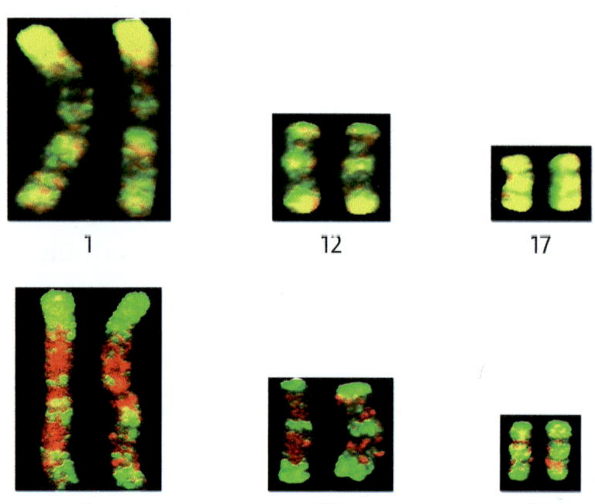

2 Vergleich der Methylierungsmuster an Chromosomen von eineiigen Zwillingen.

rin, dass einzelne Gene abgeschaltet oder seltener transkribiert werden. Differenzierte Zellen zeigen dadurch ein bestimmtes Methylierungsmuster der Gene. Dieses Methylierungsmuster bleibt bei den folgenden Zellteilungen erhalten. Veränderte Methylierungsmuster werden auch mit zahlreichen Krankheiten, wie zum Beispiel Autoimmunerkrankungen und Krebs in Verbindung gebracht.

Epigenetische Regulation • Neben der DNA-Methylierung gibt es zwei weitere wichtige epigenetische Einflüsse, die Histonmodifikation sowie die RNA-Interferenz. Die wichtigste epigenetische Modifikation der DNA ist jedoch die DNA-Methylierung. Mithilfe des Enzyms DNA-Methyltransferase, kurz DNMT, werden Methylgruppen an das C5-Atom der Base Cytosin angehängt (▸3). Das geschieht an Stellen, an den Cytosinbasen hinter einem Guanin angeordnet sind. Das wird **CpG-Stelle** genannt. Die Bezeichnung CpG weist auf die lineare Anordnung auf dem codierenden Strang der DNA hin (▸4). Im Gegensatz dazu wird die komplementäre Basenpaarung mit CG bezeichnet. Nach einer Replikation ist nur jeweils ein Strang der beiden Doppelstränge methyliert(▸5). Mithilfe der DNMT wird am neu synthetisierten Tochterstrang die Methylierung ergänzt. Ohne die Aktivität der DNMT würden die Methylierungsmuster in nachfolgenden Replikationsrunden verloren gehen. Abschnitte, in denen sich die Nucleotidfolge Cytosin und Guanin häufig wiederholen, bezeichnet man als **CpG-Inseln** (▸6). Solche CpG-Inseln findet man gehäuft im Promotorbereich von Genen. Der Promotor hat eine regulatorische Funktion für das Gen, da hier Transkriptionsfaktoren ansetzen. Ist der Promotorbereich methyliert, können die Transkriptionsfaktoren nicht ansetzen und das Gen ist stummgeschaltet. 40–50 % aller menschlichen Gene haben CpG-Inseln in ihrem Promotorbereich. Bei der **Histonmodifikation** wird nicht

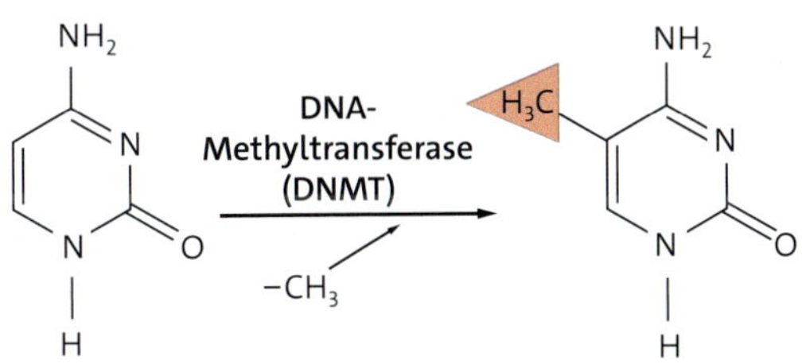

Cytosin **Methyl-Cytosin**

3 Methylierung von Cytosin

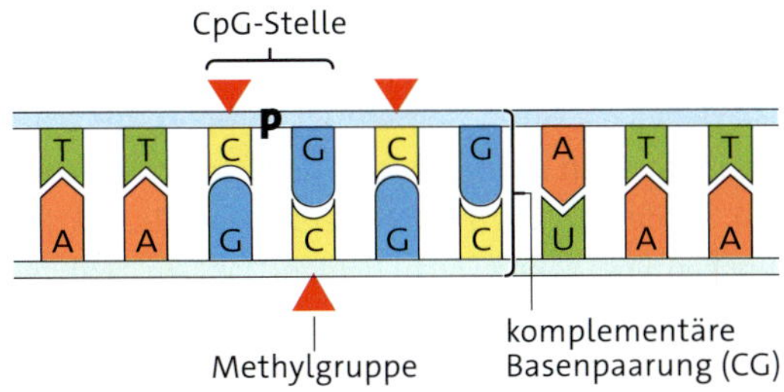

4 DNA-Abschnitt mit Methylgruppen

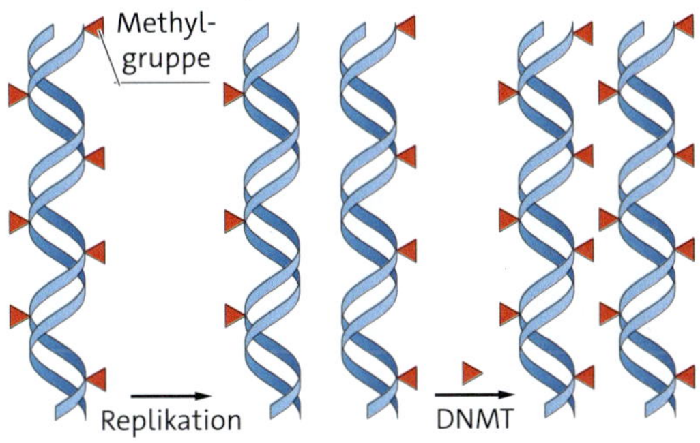

5 DNA-Methylierung im Anschluss an die Replikation

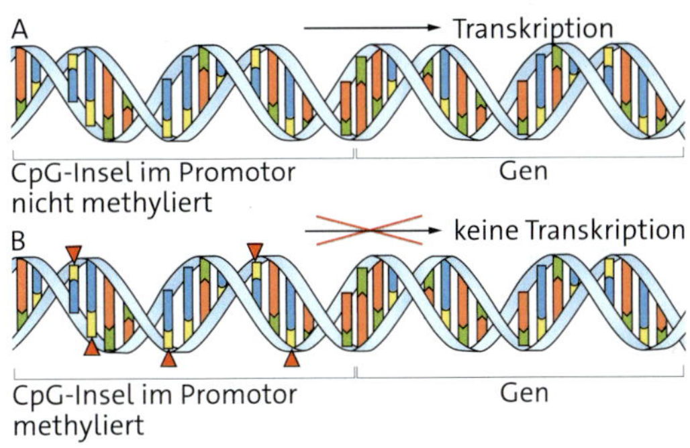

6 CpG-Insel im Promotorbereich eines Gens

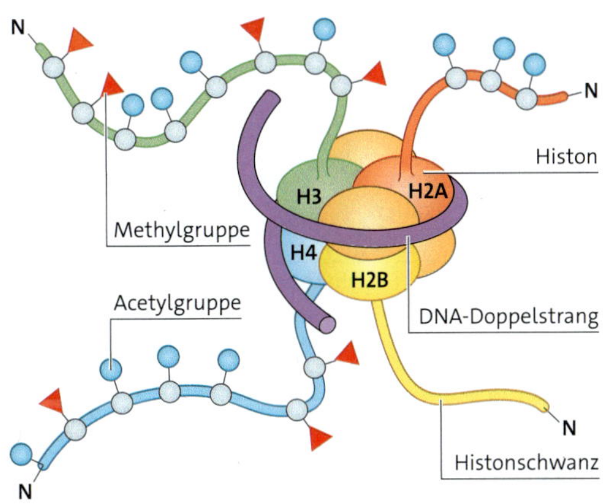

7 Epigenetische Modifikationen der Histone

die DNA chemisch verändert, sondern die Histone, um die die DNA in menschlichen Zellen aufgewickelt ist. Liegen die Nucleosomen, der Komplex aus DNA und Proteinen dicht gepackt, als Heterochromatin vor, ist der Zugang zur DNA erschwert. Transkriptionsenzyme können nicht binden. Das Gen ist abgeschaltet. Liegt die DNA locker gepackt als Euchromatin vor, ist das Gen angeschaltet. Die Transkription kann stattfinden. Die Veränderung der Kondensation des Chromatins erfolgt durch Anhängen oder Entfernen verschiedener funktioneller Gruppen an die Proteinketten der Histone, den Histonschwänzen. Eine Acetylierung lockert die Kondensation der DNA auf, eine Methylierung führt oft zu einer dichteren Kondensation und verlangsamt oder verhindert dadurch die Transkription. Die Transkription bestimmter Gene wird also unter anderem durch chemische Veränderung der Histone, die **Histonmodifikation**, reguliert. Die genauen Mechanismen der Wechselwirkungen zwischen DNA und Histonen sind Gegenstand der aktuellen Forschung. Die Histonmodifikation ist durch Umwelteinflüsse wie Nahrung und Lebensweise beeinflussbar (▶ 8). Ein weiterer epigenetischer Regulationsmechanismus ist die RNA-Interferenz, kurz RNAi. RNA-Interferenz beruht auf doppelsträngiger RNA, kurz dsRNA, die entweder über eine virale Infektion in die Zelle gelangt oder durch eigene Gene codiert wird. Stammt die RNA aus dem Kern der Zelle, handelt es sich um microRNA, kurz miRNA. Bei Herkunft der RNA aus Viren handelt es sich um small interfering RNA, kurz siRNA. Gelangt die dsRNA ins Cytoplasma der Zelle, wird sie von einem RNAse-Komplex, dem DICER erkannt. Der DICER schneidet aus der RNA kleine doppelsträngige Fragmente heraus. Die dsRNA wird vom DICER an einen weiteren Enzymkomplex, den RISC übergeben. RISC entfernt einen der beiden Doppelstränge und sucht mit dem anderen, dem Leitstrang, nach komplementären mRNA-Sequenzen in der Zelle. RISC spaltet dann den mRNA-Strang oder verhindert die Bindung der mRNA an die Ribosomen, sodass keine Translation stattfinden kann. RNA-Interferenz ist wahrscheinlich als Schutzmechanismus gegen virale mRNA entstanden. Die Zelle kann damit aber auch gezielt eigene Gene abschalten.

1 **Beschreiben Sie die Mechanismen der epigenetischen Veränderungen.**

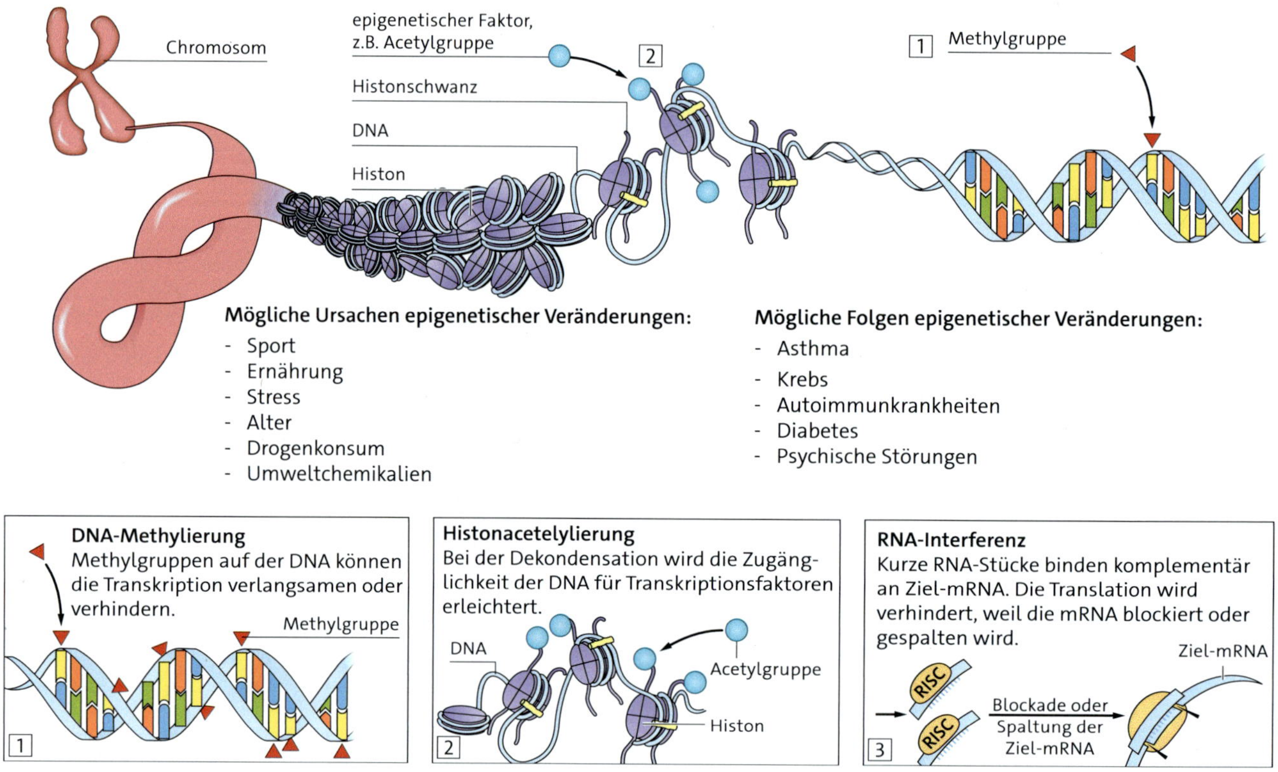

1 Regulation der Chromatinstruktur durch Epigenetische Modifikationen

Material A Glückskatzen und Glückskater

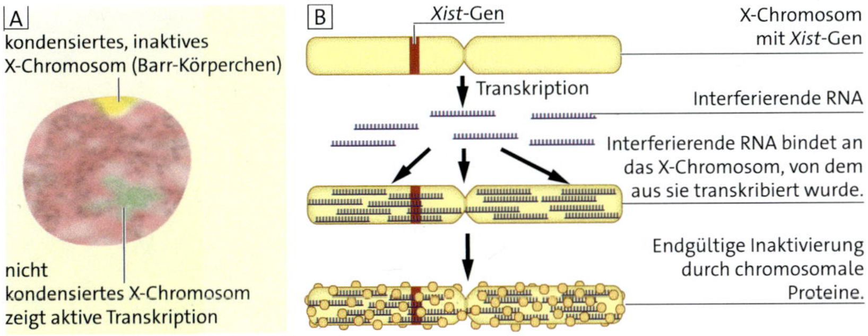

Glückskatzen sind Katzen, die dreifarbig gefleckt sind. Sie sind fast immer weiblich. Auf den X-Chromosomen gibt es zwei Allele für die Farben Schwarz X_S bzw. Braun X_B. Das Gen für die weiße Fellfarbe liegt auf den Autosomen. Weibliche Säugetiere besitzen immer zwei X-Chromosomen. Im 16-Zell-Stadium der Embryonalentwicklung wird das väterliche oder mütterliche X-Chromosom zufällig inaktiviert. Dadurch bildet sich ein Mosaik aus Zellen mit inaktiven väterlichen oder mütterlichen X-Chromosomen. Eine heterozygote Katze hat also ein schwarz-braun geflecktes Fell. Die Inaktivierung eines X-Chromosoms erfolgt durch Binden von *Xist*-RNA (X **i**nactive **s**pecific **t**ranscript) an das X-Chromosom. Hierdurch werden viele Gene auf diesem Chromosom durch Methylierung und Deacetylierung inaktiviert, allerdings nicht das *Xist*-Gen. Auf dem unveränderten aktiven X-Chromosom wird keine *Xist*-RNA gebildet. Im Allgemeinen sind nur weibliche Katzen schwarz-braun gefleckt. In seltenen Fällen kann man das Phänomen aber auch bei Katern beobachten, die den Chromosomensatz 36 + XXY haben.

1 Beschreiben Sie, auf welchen Chromosomen die Allele für die Fellfarbe bei Glückskatzen lokalisiert sind.

2 Begründen Sie, wieso Kater im Normalfall eine braune oder die schwarze Fellfarbe zeigen.

3 Erklären Sie, wieso heterozygote weibliche Katzen ein braun-schwarz geflecktes Fell haben.

4 Erklären Sie, unter welchen Bedingungen das *Xist*-Gen bei Glückskatzen abgelesen wird.

5 Beschreiben Sie, welche Fellfarbe Katzen mit der Allelkombination X_SY, X_BY, X_SX_S, X_BX_B und X_SX_B haben. Berücksichtigen Sie dabei die Rolle der X-Inaktivierung.

Material B Wilde Meerschweinchen

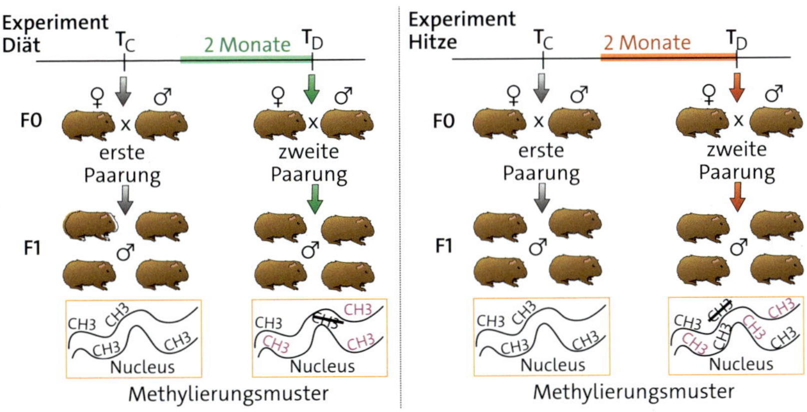

Die Männchen wilder Meerschweinchen müssen auf der Suche nach Weibchen und Revieren in unterschiedlichen Lebensräumen zurechtkommen. Daher wurde überprüft, ob Umwelteinflüsse epigenetische Veränderungen bewirken. Dazu wurden wilde Meerschweinchen für die Dauer der Neubildung der Spermien einer proteinarmen Diät oder einer Erhöhung der Umgebungstemperatur auf 30 °C ausgesetzt. Vor und nach der Veränderung der Umweltbedingungen paarte man die Männchen mit denselben Weibchen. Untersucht wurden die Methylierungsmuster bestimmter DNA-Abschnitte bei den Söhnen.

1 Beschreiben Sie die Durchführung der Experimente.

2 Leiten Sie aus dem Experimentdesign eine Forschungsfrage ab, die der Untersuchung zugrunde liegen könnte.

3 Beschreiben Sie die Ergebnisse der Untersuchungen.

4 Erklären Sie, welche drei Hypothesen die Forscher mit dem identischen Versuchsaufbau von zwei Experimenten, die sich nur durch den Umweltfaktor unterschieden, testen konnten.

5 Leiten Sie zu jeder Hypothese aus Aufgabe 4 zu erwartende Ergebnisse der Experimente ab.

2.11 Das „Haustier“ der Molekularbiologie

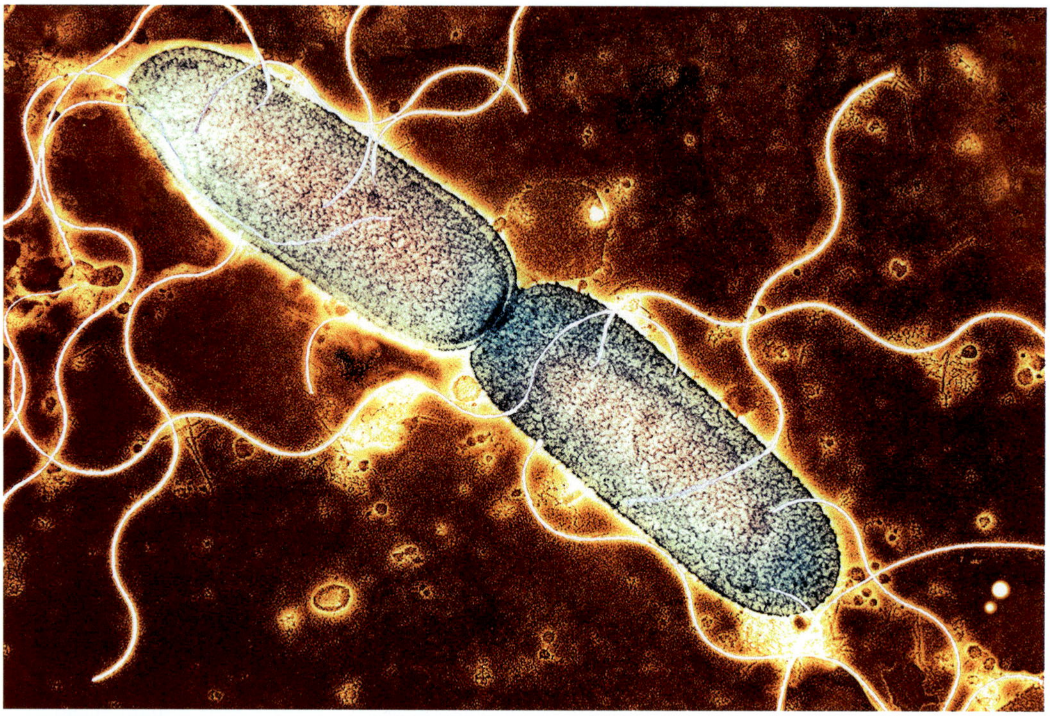

1 *Escherichia coli* während einer Zellteilung

Escherichia coli, *abgekürzt* E. coli, *ist ein Bakterium, das den Dickdarm des Menschen und vieler Tiere besiedelt. 1885 wurde es von Theodor Escherich erstmals beschrieben. Es besitzt eine stäbchenförmige Gestalt bei einer Länge von bis zu 6 µm und einem Durchmesser von etwa 1 µm. Im Darm unterstützt es Verdauungsvorgänge, außerhalb des Darms kann es jedoch schwere Erkrankungen hervorrufen.* E. coli *gilt außerdem als „Haustier“ der Molekularbiologie. Weshalb hat dieses unscheinbare Bakterium eine so grundlegende Bedeutung für die molekularbiologische Forschung erlangt?*

***E. coli* als Modellorganismus** • Das Cytoplasma von *E. coli* ist von einer inneren und einer äußeren Zellmembran aus Lipiden umgeben. Zwischen diesen beiden Membranen liegt die Zellwand. Diese verleiht dem Zellkörper eine gewisse Festigkeit und gibt ihm seine typische Gestalt. Der Stoffaustausch mit der Umgebung erfolgt durch Poren in der äußeren Membran, den Porinen. Eine oder auch mehrere Geißeln ermöglichen *E. coli* eine schwimmende Fortbewegung. Der Energiestoffwechsel kann sowohl aerob als auch anaerob ablaufen. Dies ist abhängig von den Umweltbedingungen. *E. coli* besitzt keinen Zellkern. Sein ringförmiges genetisches Material befindet sich frei in der Zelle in einer Region, die als Nucleoid bezeichnet wird.

E. coli vermehrt sich durch Zellteilung. Unter optimalen Bedingungen wird die Zellzahl etwa alle 20 min verdoppelt. Eine leichte Handhabung und diese hohe Vermehrungsrate waren mit dafür verantwortlich, dass an *E. coli* sehr viele molekulargenetische Fragestellungen untersucht worden sind. Die Ergebnisse dieser Untersuchungen konnten häufig auf andere Arten übertragen werden. Daher bezeichnet man *E. coli* als Modellorganismus.

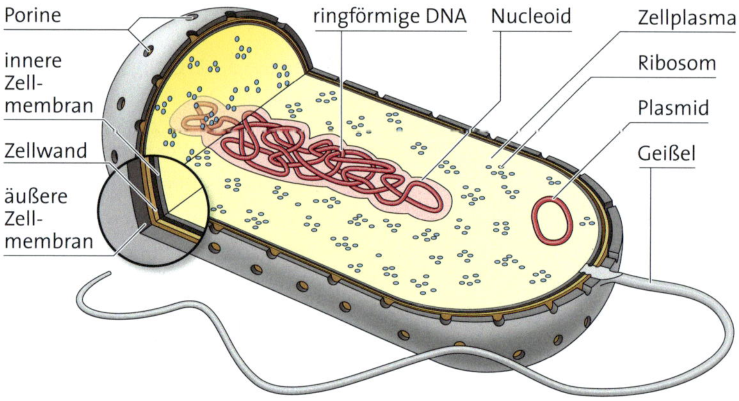

2 Bau einer *E.-coli*-Zelle

Heute verwendet man weitere Modellorganismen wie die Hefe *Saccharomyces cerevisiae*, den Fadenwurm *Caenorhabditis elegans* und die Taufliege *Drosophila melanogaster*. Für Pflanzen wird *Arabidopsis thaliana*, die Kleine Ackerschmalwand, als Modellorganismus eingesetzt. Aus der Gruppe der Wirbeltiere werden der Zebrafisch und die Hausmaus als Modellorganismen untersucht.

Arbeiten mit *E. coli* • In molekularbiologischen Laboren, in der Medizin und in industriellen Anwendungsbereichen züchtet und vermehrt man *E. coli* mithilfe zweier Methoden. Zum einen nutzt man **Flüssigkulturen**. Zum anderen wird *E. coli* auf festen Medien in Petrischalen, den **Plattenkulturen**, gezüchtet. Dieses feste Medium entsteht, indem zum flüssigen Kulturmedium der gelierende Stoff Agar-Agar hinzugegeben wird. In beiden Medien befinden sich alle Stoffe, die *E. coli* zum Wachsen benötigt. Sie werden über die Zellmembran aufgenommen.

Bei der Vermehrung von *E. coli* auf einer Agarplatte entsteht aus jeder einzelnen, ursprünglich nicht sichtbaren Zelle eine größere Zellansammlung, die mit bloßem Auge erkennbar ist. Diese Zellansammlung wird als Kolonie bezeichnet. Da sich die Bakterien auf dem festen Medium nicht fortbewegen können, sind alle Zellen einer Kolonie aus einer einzigen Zelle durch vielfache Teilungsvorgänge entstanden.

Den beiden **Kultivierungsmethoden** liegen unterschiedliche Ziele zugrunde. In einer Flüssigkultur können in kurzer Zeit enorme Mengen an Zellen produziert werden. Bei einer Plattenkultur geht es vor allem um eine Anzucht als Ausgangsbasis für eine Großkultur und um besondere Überprüfungen der Bakterien, mit denen gearbeitet wird.

Die Kontrolle und Identifikation der Bakterien kann nur erfolgreich sein, wenn unter sterilen Bedingungen gearbeitet wird. Dies erfordert, dass andere Bakterien, Einzeller oder Pilze sich nicht vermehren können. Dazu werden alle Flüssigkeiten und Glasgeräte vor dem Einsetzen von *E. coli* bei Überdruck mit einer Temperatur von 120 °C behandelt.

Verfolgt man die Anzahl der Bakterien in einer Flüssigkultur über mehrere Stunden, ergibt sich eine typische **Wachstumskurve** mit vier Abschnitten. Während der Eingewöhnungsphase, der lag-Phase, teilen sich die Zellen kaum, da sich ihr Stoffwechsel zunächst an das neue Milieu anpassen muss. Anschließend nimmt die Zellzahl über einen gewissen Zeitraum exponentiell zu. In dieser exponentiellen Phase, auch log-Phase genannt, verläuft die Kurve aufgrund der halblogarithmischen Darstellung als ansteigende Gerade. Durch Berechnung der Steigung der Geraden lässt sich die Zellzahl genau ermitteln. Die anschließende stationäre Phase ist gekennzeichnet durch eine ausgeglichene Vermehrungs- und Sterberate, die Zellzahl bleibt konstant. Schließlich überwiegt die Sterberate und die Absterbephase beginnt. Ursache für das Absterben der Zellen sind die Anhäufung von Stoffwechselendprodukten und die Abnahme der Nährstoffkonzentration im Kulturmedium.

1 Beschreiben Sie die beiden Kultivierungsmethoden von Bakterien.

2 Erläutern Sie den Verlauf einer typischen Wachstumskurve von Bakterien.

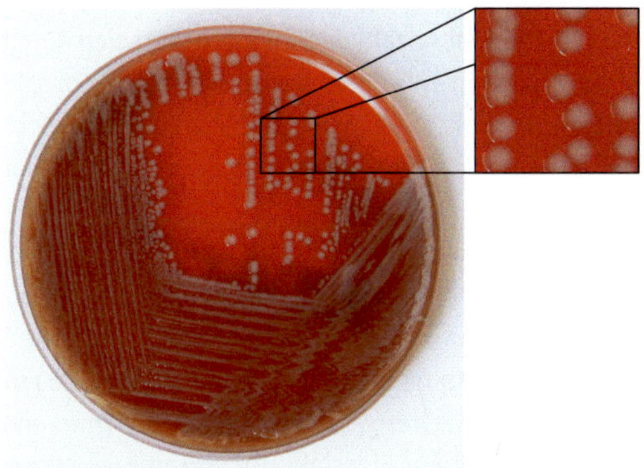

3 Kolonien von *E. coli* auf einer Plattenkultur

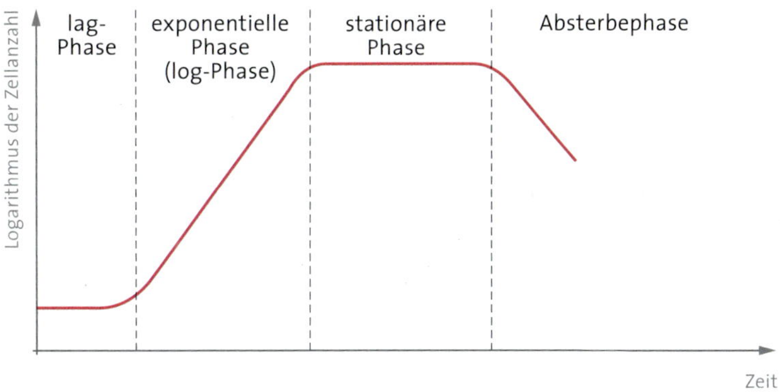

4 Wachstumskurve

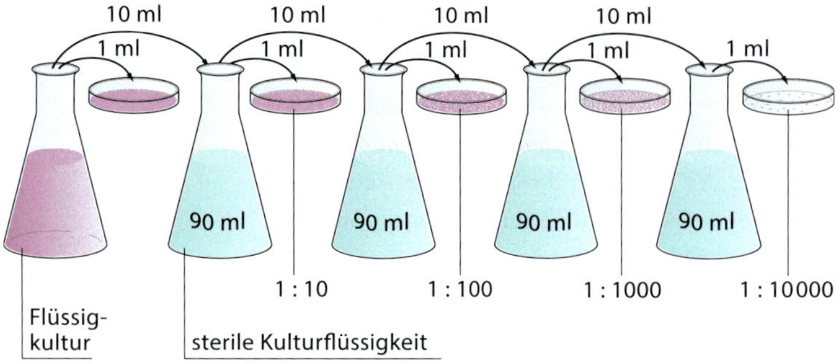

1 Verdünnungsreihe

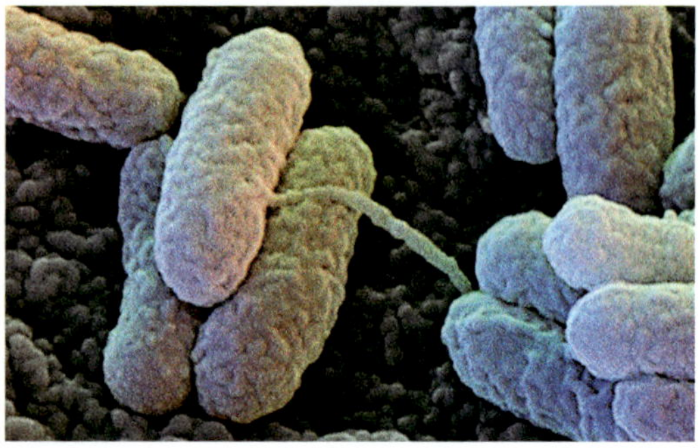

2 Konjugation bei Bakterien

Titerbestimmung • Um die genaue Anzahl der Bakterien in einer Flüssigkultur zu bestimmen, muss zunächst eine **Verdünnungsreihe** angesetzt werden. Dazu wird ein bestimmtes Volumen der Flüssigkultur durch die wiederholte Zugabe steriler Kulturflüssigkeit im Verhältnis von jeweils 1 : 10 schrittweise verdünnt.

Anschließend wird 1 ml der verdünnten Flüssigkultur gleichmäßig auf einer Agarplatte verteilt. Über Nacht werden die Bakterien bei 37 °C unter aeroben Bedingungen im Brutschrank bebrütet. Dabei entstehen durch Zellteilung Kolonien, die ausgezählt werden. Aus der Anzahl der Kolonien lässt sich durch Multiplikation mit dem Verdünnungsfaktor die Anzahl der Bakterien in 1 ml Flüssigkultur berechnen. Diesen Wert bezeichnet man als den **Titer** einer Kultur.

lat. recipere = empfangen

engl. Hfr, high frequency of recombination = hohe Rekombinationshäufigkeit

Alle Zellen einer Kolonie sind durch **asexuelle Vermehrung** entstanden. Das bedeutet, dass alle Zellen die gleichen Erbinformationen besitzen. Solche genetisch identischen Zellen bezeichnet man als **Klone**. Stammt eine Flüssigkultur von einer einzigen Kolonie, sind alle Zellen darin genetisch identisch. Man bezeichnet sie dann als Reinkultur. Diese genetische Übereinstimmung unter so vielen Individuen ist ein weiterer Grund, weshalb *E. coli* als Modellorganismus in der Molekularbiologie verwendet wird.

griech. klon = Zweig, Schössling

Konjugation • Da sich Bakterien durch Zellteilung vermehren, ist davon auszugehen, dass sie kein genetisches Material untereinander austauschen. Im Jahr 1946 konnten Joshua Lederberg und Edward Tatum aber zeigen, dass bestimmte Zellen von *E. coli* DNA auf andere übertragen können. Diese Donorzellen besitzen außerhalb des eigentlichen genetischen Materials kleine, ringförmige DNA-Moleküle, die **Plasmide**. Sie enthalten neben anderen Genen auch die Information für den Fertilitätsfaktor F. Diese F^+-Zellen sind deshalb in der Lage, eine dünne Plasmabrücke, den Sexpilus, zu anderen Zellen ohne F-Faktor, den F^--Zellen, auszubilden. Durch diesen Proteinkanal hindurch gelangt das Plasmid mit dem F-Faktor-Gen in die Rezeptorzelle, die dadurch selbst zu einer F^+-Zelle wird. Diese Form der Übertragung genetischer Information nennt man **Konjugation**. Nur bei etwa einer von 10^7 Zellen findet eine erfolgreiche Konjugation statt. Durch Rekombinationsvorgänge kann das F-Faktor-Gen in die eigentliche DNA integriert werden und es entstehen Hfr-Zellen. Diese übertragen dann bei einer erneuten Konjugation auch Teile des eigentlichen genetischen Materials auf die Rezeptorzelle, die dadurch neue genetische Informationen erhält.

lat. donare = schenken, geben

Die Konjugation kann eine große Bedeutung bei der Weitergabe von Genen für die Resistenz gegen Antibiotika haben. Rekombination ist charakteristisch für die sexuelle Fortpflanzung. Man spricht deshalb bei Bakterien auch von **Parasexualität**. Dabei findet ein horizontaler Gentransfer innerhalb einer Bakteriengeneration statt, bei dem nur ein Teil des Genoms übertragen wird.

1 Erläutern Sie, weshalb *E. coli* als Modellorganismus in der Molekularbiologie eingesetzt werden kann.

2 Beschreiben Sie, wie man die Anzahl der Bakterien in 1 ml Flüssigkultur bestimmen kann.

3 Nennen Sie die Unterschiede zwischen asexueller Vermehrung und Parasexualität bei *E. coli*.

Material A Kultivierungsmethoden zur Vermehrung von Bakterien

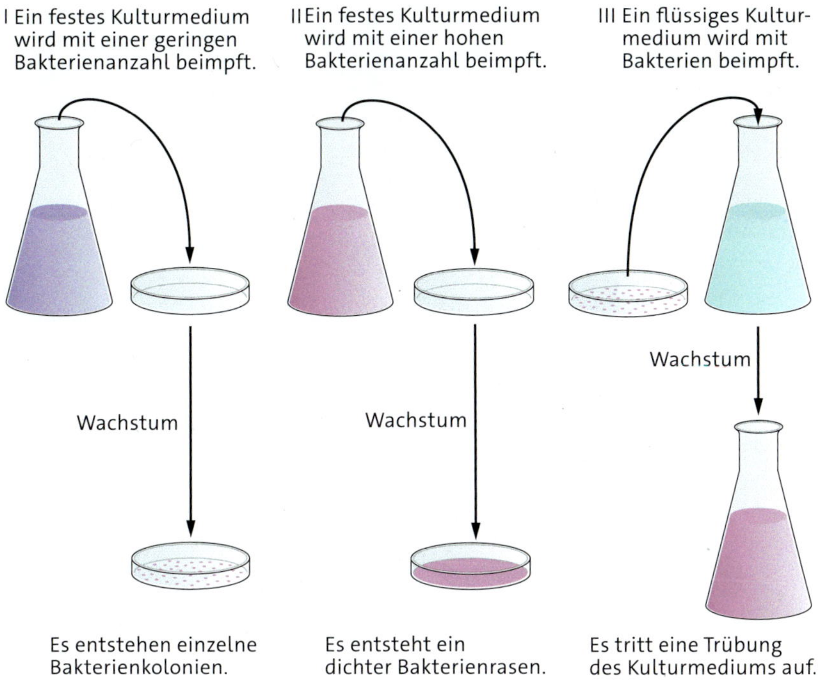

Escherichia-coli-Zellen können im Labor mit unterschiedlichen Kultivierungsmethoden gezüchtet werden. Unter optimalen Bedingungen teilen sie sich alle 20 min. Die gewählte Methode richtet sich nach der Fragestellung des Versuchs.

1 Beschreiben Sie die dargestellten Methoden.

2 Erläutern Sie die Ergebnisse der unterschiedlichen Kultivierungsmethoden.

3 Begründen Sie, welche Methoden für bestimmte Vorhaben besonders geeignet sind.

Material B Bestimmung der Keimzahl

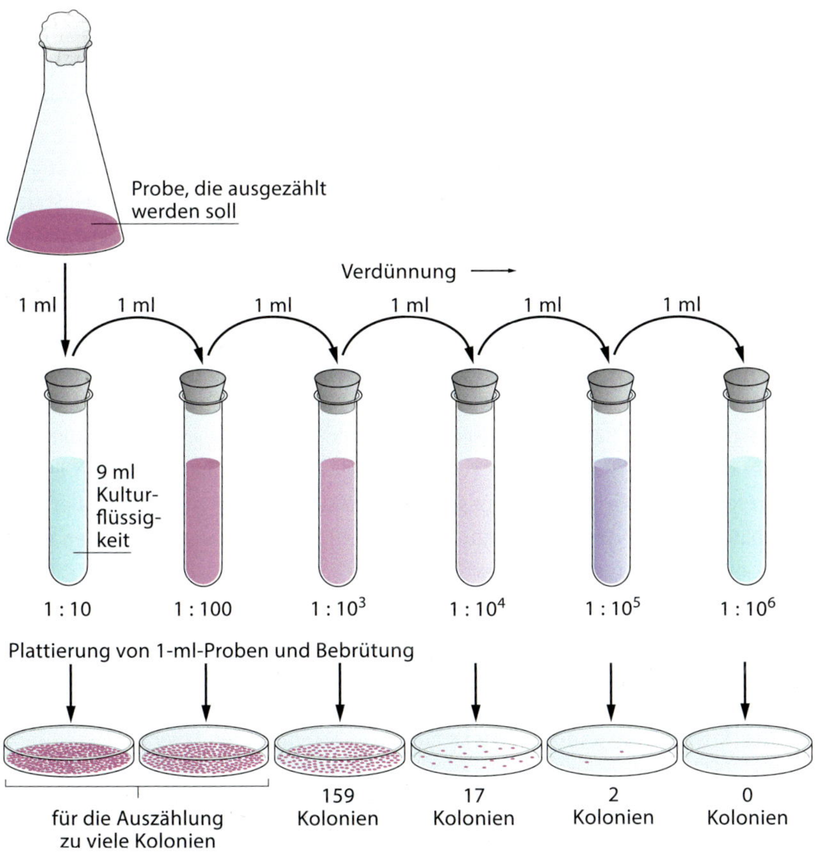

In einer Flüssigkultur vermehren sich *Escherichia-coli*-Zellen sehr schnell, sodass für eine Bestimmung der Keimzahl, der Anzahl lebender Zellen in 1 ml Flüssigkeit, eine Verdünnung der Ausgangskultur notwendig ist. Da die genaue Zellzahl nicht bekannt ist, sind meistens mehrere Verdünnungsschritte notwendig. Dafür setzt man eine Verdünnungsreihe an, bevor die Bakterien auf Agarplatten kultiviert werden.

1 Beschreiben Sie die Versuchsdurchführung.

2 Ermitteln Sie die Anzahl der Bakterien in 1 ml der Ausgangskultur.

3 Erläutern Sie, weshalb auf den Agarplatten die Anzahl der Kolonien unterschiedlich ist.

4 Begründen Sie die Unsicherheiten dieser Bestimmungsmethode.

2.12 Künstliche DNA-Rekombination

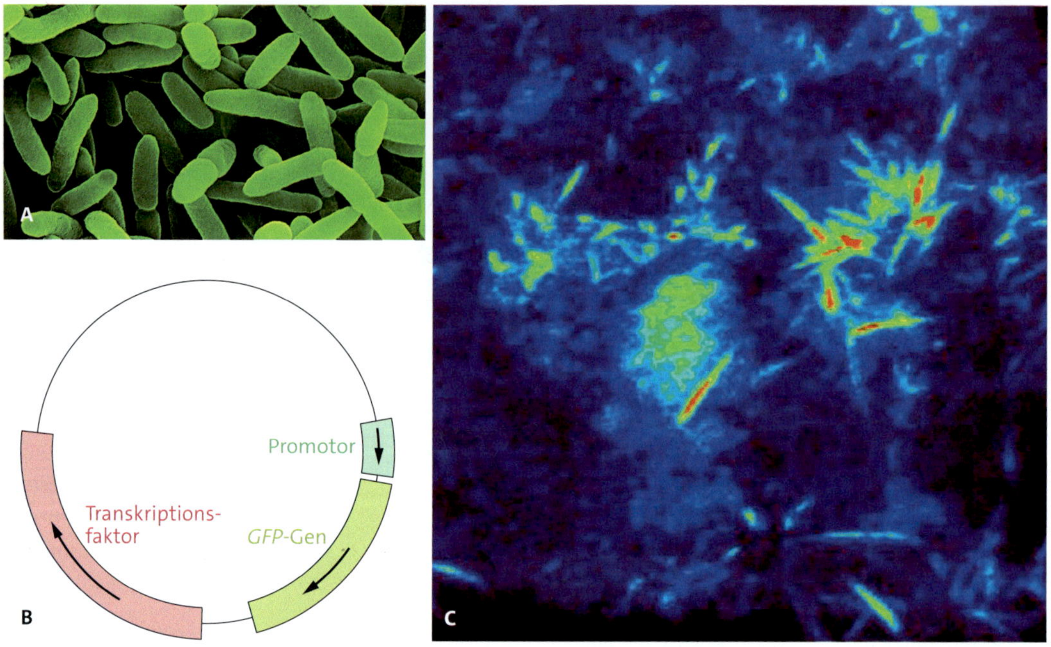

1 *Pseudomonas putida:* **A** fluoreszierende Form, **B** TOL-Plasmid, **C** Testfeld im UV-Licht

Ein Testfeld zur Landminendetektion wird mit UV-Licht bestrahlt. Die grüne Fluoreszenz ist auf die Aktivität des grün fluoreszierenden Proteins GFP zurückzuführen. Dieses wird ursprünglich von der pazifischen Qualle Aequorea victoria *synthetisiert. Doch auf dem Testfeld gibt es keine Quallen, sondern Ansammlungen von* Pseudomonas putida, *einem Stäbchenbakterium, das auf das Testfeld ausgebracht wurde. Denn das Bakterium baut Trinitrotoluol, kurz TNT, ab und nutzt es als Stickstoffquelle. TNT ist als Sprengstoff in Landminen vorhanden. Aber weshalb fluoreszieren Bakterien durch das Quallenprotein GFP, wenn sie TNT abbauen?*

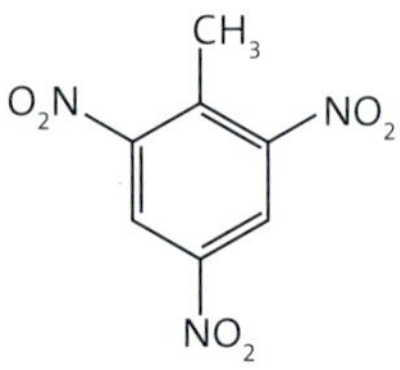

2 Trinitrotoluol

TOL-Plasmid • In *Pseudomonas*-Bakterien findet man TOL-Plasmide. Auf ihnen sind die für den Abbau von TNT notwendigen Enzyme codiert. Treten TNT-Moleküle mit einem Transkriptionsfaktor in Kontakt, aktiviert dieser einen Promotor. Der Promotor initiiert die Transkription eines bestimmten DNA-Abschnitts, sodass die für den TNT-Abbau notwendigen Enzyme hergestellt werden. Wenn nun nach dem Promotor künstlich die für GFP codierende DNA-Sequenz eingebaut wird, sorgt der Transkriptionsfaktor für die Herstellung des fluoreszierenden Proteins. Es wird also synthetisiert, sobald die Bakterien auf TNT treffen. Die GFP-Sequenz muss dafür aus dem Quallengenom in das Bakterienplasmid transferiert werden.

Restriktionsenzyme • Bakterien verfügen über DNA-spaltende Enzyme, die Restriktionsendonucleasen, mit deren Hilfe sie eingedrungene Viren-DNA in kleine Stücke zerlegen. Diese Restriktionsenzyme schneiden DNA an spezifischen Sequenzen von meist vier bis acht Basen. Häufig ist die Erkennungssequenz am komplementären Strang in der entgegengesetzten Richtung gelesen identisch. Dies bezeichnet man als **Palindrom**. Immer wenn die Enzyme diese Basenabfolge erkennen, schneiden sie es, sodass viele unterschiedlich lange DNA-Stücke mit gleichen Enden entstehen und die Virus-DNA somit unschädlich gemacht wird. Damit die eigene Bakterien-DNA nicht von den Restriktionsenzymen zerschnitten wird, ist sie an den Erkennungsstellen der Restriktionsenzyme methyliert. Die gebundenen Methylgruppen verhindern den enzymatischen Abbau.

Gentransfer • Mit Restriktionsenzymen können Gene gezielt aus ihrem Herkunftsgenom isoliert und in andere DNA eingebaut werden. Dafür muss man ein Enzym auswählen, dessen Erkennungssequenz vor und nach dem zu isolierenden Gen vorkommt. Restriktionsenzyme schneiden den DNA-Doppelstrang meist versetzt, sodass an den Enden kurze einzelsträngige Stücke entstehen. Da diese leicht an komplementäre Nucleotide binden, nennt man sie **sticky ends**, klebrige Enden. Damit diese Enden bei der Quallen-DNA und dem Bakterienplasmid komplementär sind, schneidet man die Plasmid-DNA mit dem gleichen Restriktionsenzym. Dieses darf den Plasmidring nur an einer Stelle öffnen, um ihn nicht zu zerstückeln. Im Fall von *Pseudomonas* liegt die Schnittstelle hinter der Promotorregion. Nach der Isolation der DNA-Sequenzen mischt man die Suspensionen der geöffneten Plasmide und des *GFP*-Gens. Die frei liegenden komplementären Nucleotide der sticky ends verbinden sich spontan durch Wasserstoffbrücken miteinander. Durch Zugabe von DNA-Ligase werden die DNA-Stränge kovalent verknüpft.

Transformation und Selektion • Wurde das *GFP*-Gen erfolgreich in ein Plasmid eingebaut, entsteht **rekombinante DNA**. Es kommt aber auch vor, dass aufgeschnittene Plasmidringe sich wieder schließen, ohne dass das Fremdgen in sie integriert wird. Genauso kann sich auch die *GFP*-DNA zu einem Ring schließen. Eine Suspension all dieser Moleküle wird mit plasmidfreien *Pseudomonas*-Bakterien vermengt, die durch Zugabe von Calciumchlorid oder durch Elektroschocks zur Aufnahme von DNA angeregt wurden. Nach der erfolgten Aufnahme von DNA-Abschnitten in die Bakterien, der **Transformation**, erfolgt eine Selektion der Bakterien, die ein rekombinantes Plasmid enthalten. Diese Zellen erkennt man nach Zugabe von Toluol daran, dass sie im UV-Licht fluoreszieren. Das *GFP*-Gen dient hier auch als **Reportergen**. Die fluoreszierenden Bakterien werden in eine Nährlösung übertragen und vermehren sich dort durch Zweiteilung. Da dabei auch die Plasmide kopiert werden, entstehen durch diese **Klonierung** große Mengen rekombinanter Bakterien.

Mit der Methode der künstlichen DNA-Rekombination kann man eine Vielzahl von Proteinen durch Bakterien herstellen lassen, auch für eine medizinische Anwendung. So gelang es seit den 1980er-Jahren auch, das Bauchspeicheldrüsenhormon Insulin in großen Mengen zu produzieren. Es muss nur aus den Bakterienkulturen isoliert und aufgereinigt werden. Patienten, die an Diabetes leiden, müssen häufig Insulin injizieren. Durch die gentechnische Herstellung kann der hohe Bedarf an Insulin gedeckt werden.

1 **Stellen Sie die Herstellung von rekombinanten Pseudomonas-Bakterien mit *GFP*-Gen in einem Verlaufsschema dar.**

2 **Erläutern Sie die Bedeutung der Erkennungssequenzen der verwendeten Restriktionsenzyme.**

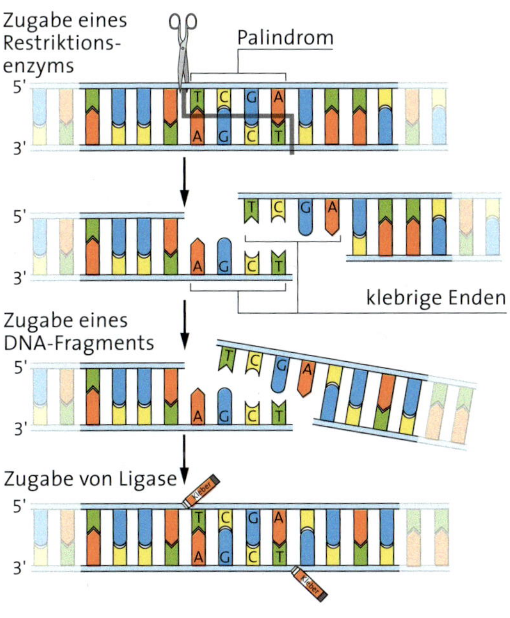

3 Wirkungsweise eines Restriktionsenzyms

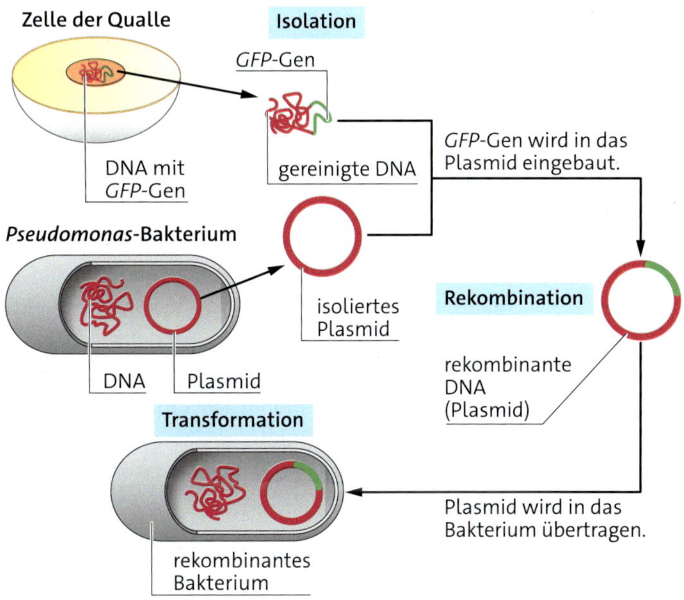

4 Gentransfer (Schema)

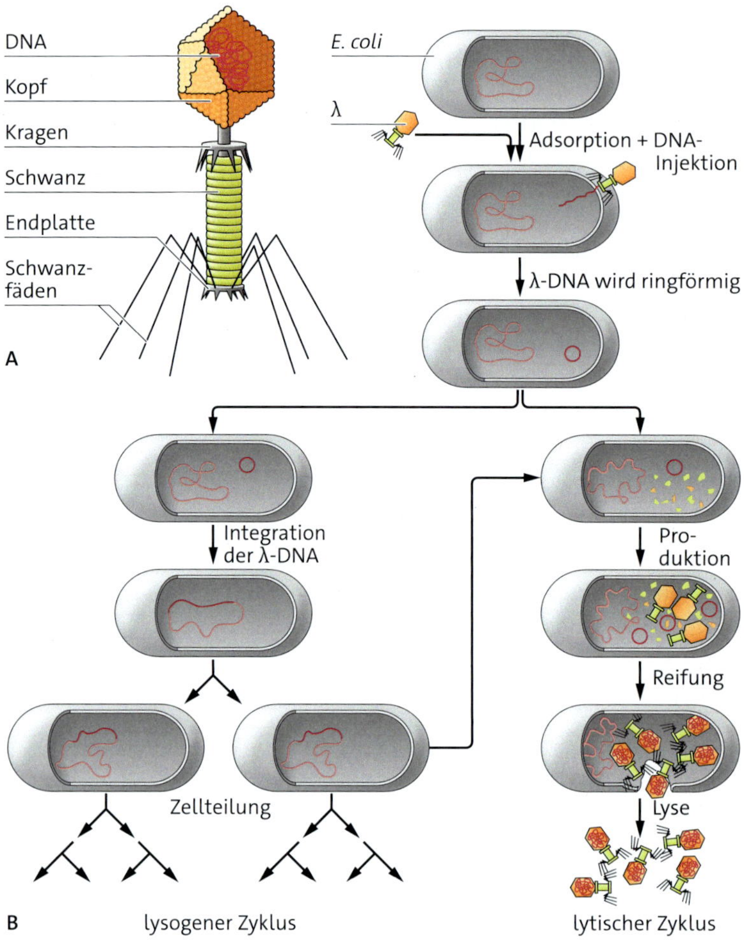

1 Bakteriophage λ: **A** Schema, **B** Vermehrung

lat. vector
= Träger

griech. lysis
= Zellauflösung

Vektoren • Da Plasmide genutzt werden können, um einen DNA-Abschnitt in Bakterienzellen einzuschleusen, gehören sie zu den **Vektoren** und fungieren als Genfähren. Der Vorteil der bakteriellen Plasmidvektoren besteht darin, dass sie über nur eine Erkennungssequenz für ein Restriktionsenzym verfügen.

In den Bakterien werden viele Kopien der rekombinanten DNA gebildet und an die Tochterzellen weitergegeben. Allerdings ist die Größe des zu klonierenden DNA-Fragments auf sechs bis sieben Kilobasenpaare beschränkt. Um größere DNA-Fragmente von bis zu 25 Kilobasenpaaren zu klonieren, nutzt man daher Bakteriophagen. Dies sind Viren, die spezifisch Bakterien infizieren. Der Bakteriophage λ war einer der ersten jemals verwendeten Phagenvektoren. Er besteht aus einem relativ kleinen DNA-Molekül in einer schützenden Proteinhülle, dem Capsid. Er ist in Kopf, Kragen, kontraktilen Schwanz und Endplatte mit kurzen Spikes und langen Fäden gegliedert.

λ = griech. Buchstabe, gesprochen Lambda

Beim Einsatz der Bakteriophagen, kurz auch Phagen genannt, als Klonierungsvektoren macht man sich deren Vermehrungszyklus zunutze. Nach der Adsorption am Bakterium injiziert der Phage λ seine lineare DNA in die Bakterienzelle. Die leere Hülle bleibt auf der Zelloberfläche zurück. Die λ-DNA schließt sich durch die Verknüpfung der kohäsiven Enden, kurz cos, zu einem Ring und wird in die Bakterien-DNA eingebaut. Die in die Bakterien-DNA integrierte Virus-DNA trägt die Bezeichnung **Prophage**. Bei jeder Zellteilung wird die Virus-DNA zusammen mit der Bakterien-DNA verdoppelt und an die Tochterzellen weitergegeben. Diese Art der Virenvermehrung wird als **lysogener** Zyklus bezeichnet.

Das Phagengenom kann aber auch wieder aus dem Bakteriengenom herausgelöst werden. Dann werden die Phagengene in einer festgelegten Reihenfolge abgelesen und alle Virusbausteine durch die Wirtszelle separat im Zellinneren produziert. Die Virus-DNA wird durch Replikation vervielfältigt. In der Phase der Reifung finden die Bausteine von selbst zu neuen Phagen zusammen. Dies nennt man **self assembly**. Nachdem etwa 200 Phagen gebildet wurden, wird das Enzym Lysozym synthetisiert, welches die Bakterienzellwand auflöst, sodass das Bakterium platzt und die Phagen freisetzt. Da die Bakterienzelle in diesem Vermehrungszyklus aufgelöst wird, spricht man vom **lytischen** Zyklus.

Viren, die sich wie der Phage λ zunächst als Prophagen verhalten, bezeichnet man als **temperent**. Der Wechsel vom lysogenen zum lytischen Zyklus wird durch bestimmte äußere Faktoren wie UV-Strahlung oder Mutationen ausgelöst. Der Befall eines Bakteriums mit anderen Phagen, zum Beispiel vom Typ T4, führt stets zur **Lyse**. Diese Phagen sind **virulent**.
In der Reifungsphase können bei virulenten wie bei temperenten Phagen Teile der Bakterien-DNA mit in den Phagenkopf aufgenommen und auf weitere Bakterien übertragen werden. Die Übertragung eines DNA-Abschnitts durch Phagen bezeichnet man als **Transduktion**.

1 Erklären Sie, weshalb sich Plasmide und Bakteriophagen als Vektoren eignen.

Material A Lambda als Klonierungsvektor

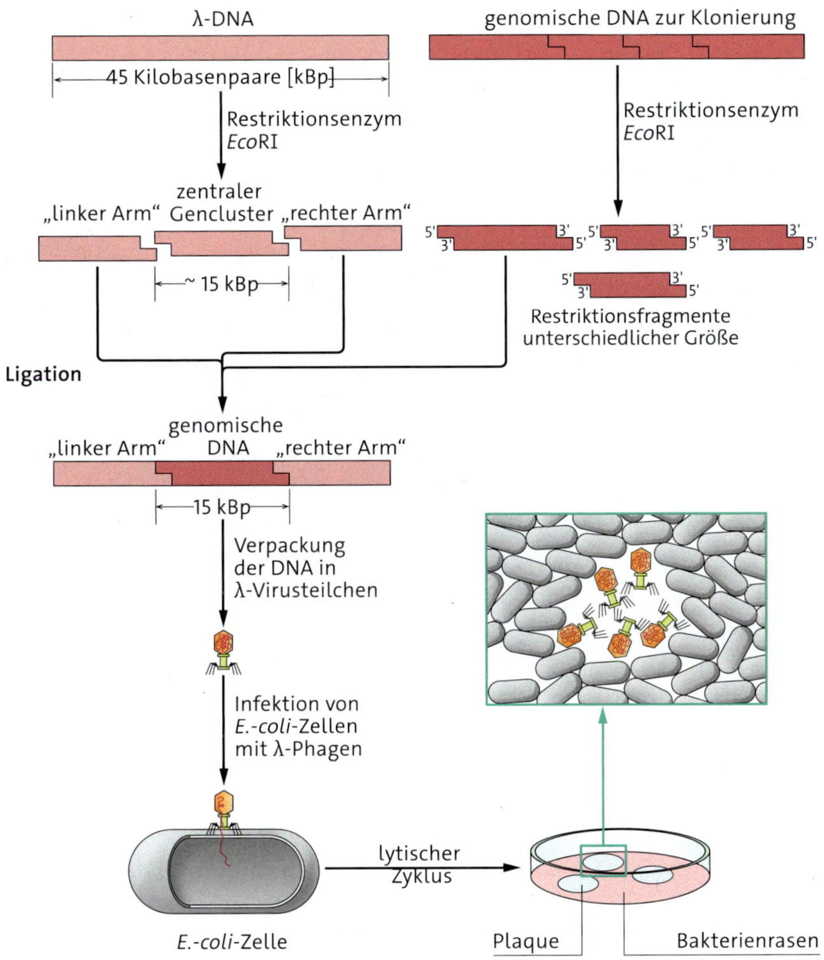

Für den Einsatz des Bakteriophagen λ als Vektor müssen folgende Erkenntnisse berücksichtigt werden:

- Das DNA-Molekül ist so groß, dass das Hinzufügen zusätzlicher DNA dazu führen würde, dass die DNA nicht mehr im Phagenkopf verpackt werden könnte.
- Der zentrale Gencluster enthält die genetischen Informationen, die es ermöglichen, dass sich die Phagen-DNA als Prophage im Bakteriengenom „verstecken" kann.
- Die Arme enthalten die Gene für die Replikation, sind aber zu klein, um verpackt zu werden.
- Phagenbausteine und für self assembly notwendige Enzyme können isoliert werden.
- Plaques sind durchsichtige Bereiche abgestorbener Bakterienzellen im Bakterienrasen auf Agarplatten.

1 Beschreiben Sie die Schritte der Klonierung mit dem Vektor λ.

2 Erläutern Sie, inwiefern man sich die Eigenschaften des Bakteriophagen für die Klonierung zunutze macht.

Material B Resistenzgene

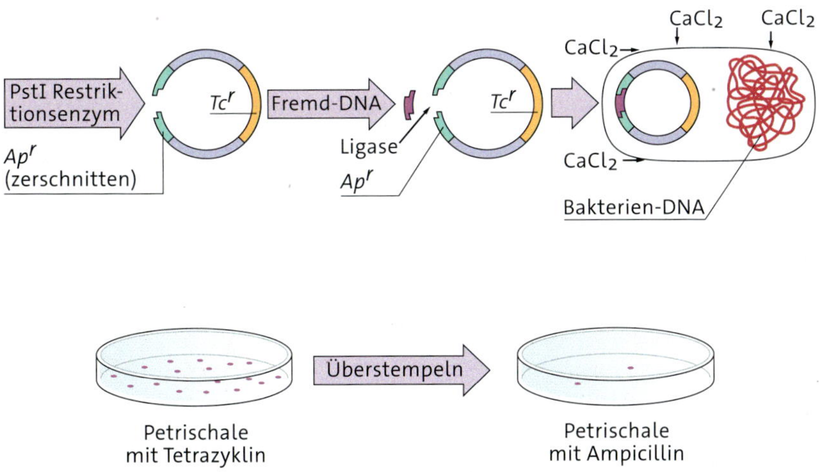

Künstlich erzeugte Plasmide, die als Klonierungsvektoren eingesetzt werden, tragen häufig Resistenzgene gegen Antibiotika. *Ap^r* bezeichnet das Ampicillin-Resistenzgen, *Tc^r* das Tetrazyklin-Resistenzgen. Die Behandlung mit Calciumchlorid, $CaCl_2$, ermöglicht die Transformation der Bakterien.

1 Beschreiben und erläutern Sie die dargestellten Vorgänge.

2 Erläutern Sie die Funktion der Resistenzgene.

2.13 Polymerasekettenreaktion und DNA-Sequenzierung

1 Kalifornischer Highway

Als sich Kary Mullis im Jahr 1985 auf der dreistündigen Fahrt von seinem Labor nach Hause befand, ließ ihn die Arbeit nicht los. Er dachte die ganze Zeit darüber nach, wie ein einziges Stück DNA millionenfach kopiert werden könnte. Man könnte DNA in Plasmide einbauen, diese in Bakterien übertragen, die Bakterien züchten, um anschließend die Plasmide mit der gewünschten DNA zu gewinnen und die DNA herauszuschneiden. Dieses Verfahren schien aber sehr aufwendig. Während der Fahrt sah Mullis die Lichter der Autos auf beiden Seiten der Fahrbahn aufeinander zu bewegen, aneinander vorbei gleiten. Er beobachtete, wie Autos vom Highway abbogen und hinzukamen. Beim Anblick dieser Lichtspuren kam ihm die Idee, die Wissenschaftsgeschichte schreiben sollte. Er hielt an, zeichnete Linien auf ein Blatt Papier, um seinen so genialen wie einfachen Einfall festzuhalten. Was haben diese Lichtbänder mit der DNA-Vervielfältigung zu tun?

lat. in vitro = im Reagenzglas

Polymerasekettenreaktion • Die Lichtbänder stehen für DNA-Stränge, die sich *in* vitro verdoppeln. Wenn das Produkt jeder Verdopplung wiederum als Vorlage für eine weitere Vervielfältigung genutzt wird, reichen 20 Zyklen aus, um aus einem doppelsträngigen DNA-Molekül eine Million identische Kopien zu erzeugen. Das Vorbild für die Vervielfältigung liefert die Replikation der DNA, durch die während der Synthesephase des Zellzyklus eine identische Kopie der Erbinformation hergestellt wird. Dabei werden die Stränge der Doppelhelix voneinander getrennt. Die Einzelstränge dienen als Matrizen für zwei neue Stränge. Katalysiert wird diese Reaktion von DNA-Polymerasen. Daher nannte Mullis dieses Verfahren *Polymerasekettenreaktion*, kurz PCR.

Die Reaktion läuft heute automatisiert in einem Thermocycler ab, in dem ein Reaktionsansatz aus isolierter DNA, Primern, Polymerasemolekülen und Nucleotiden bei verschiedenen Temperaturen inkubiert wird. Dort vollzieht sich ein aus drei Schritten bestehender Zyklus, der mehrfach wiederholt wird.

Denaturieren • Zunächst wird die DNA auf 90 bis 95 Grad Celsius erwärmt. Bei dieser Temperatur lösen sich die Wasserstoffbrückenbindungen, welche die beiden Stränge der DNA zusammenhalten. Das Molekül *denaturiert* und dissoziiert innerhalb weniger Minuten in Einzelstränge.

Hybridisieren • Die Temperatur wird auf 50 bis 60 Grad Celsius gesenkt. Unter diesen Bedingungen binden synthetische Oligonucleotide mit einer Länge von 15 bis 30 Nucleotiden an die einzelsträngige DNA. Diese als Primer fungierenden Moleküle sind komplementär zu den Bereichen, die die zu kopierende DNA-Sequenz auf beiden Seiten flankieren. Sie dienen als Ausgangspunkte der Synthese neuer DNA-Stränge. Damit diese *Hybridisierung* an beiden Strängen gleichzeitig erfolgen kann, werden gegenläufig orientierte Primer eingesetzt.

Polymerisieren • Die Temperatur wird auf 70 bis 75 Grad Celsius erhöht. In diesem Bereich hat die *Taq-Polymerase* ihr Temperaturoptimum. Deren Bezeichnung leitet sich von dem in heißen Quellen lebenden Bakterium *Thermus aquaticus* ab, dessen DNA-Polymerase für die PCR gentechnisch modifiziert wurde. Die Taq-Polymerase synthetisiert den zum ursprünglichen DNA-Abschnitt komplementären Strang nach den Regeln der komplementären Basenpaarung an das 3'-Ende der Primer. So verdoppelt sich die Anzahl der DNA-Stränge in jedem Zyklus in weniger als zehn Minuten. Die Klonierung von DNA über Plasmide und Bakterienkulturen dauert dagegen mehrere Tage. Allerdings kann man mit der PCR nur DNA-Sequenzen begrenzter Länge kopieren und auch nur solche, für die Primersequenzen bekannt sind. Längere und unbekannte DNA-Sequenzen müssen weiterhin auf Zellbasis kloniert werden.

1 Beschreiben und erklären Sie den Ablauf der Polymerasekettenreaktion.

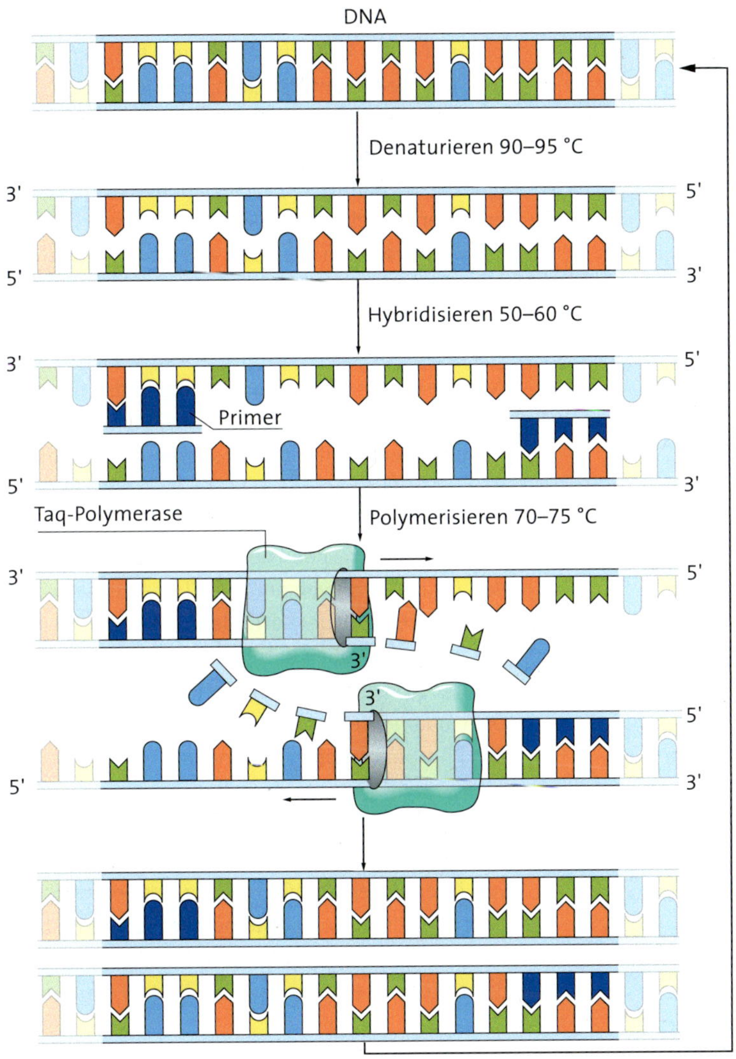

2 Ablauf der PCR

Steckbrief

Kary Banks Mullis (1944–2019)

Kary Banks Mullis wurde 1944 in Lenoir im US-amerikanischen Bundesstaat North Carolina geboren. Er studierte Chemie am Georgia Institute of Technology und promovierte 1972 an der Universität von Kalifornien, Berkeley. 1979 ging er als DNA-Chemiker zur Cetus Cooperation in Kalifornien und betrieb Forschungen zur Oligonucleotidsynthese. Seine genial einfache Idee zur PCR schlug bei seinen Kollegen im Labor zunächst nicht ein, obwohl sie funktionierte. Man war der Überzeugung, dass ein so simples Verfahren bereits von anderen Forschenden ausprobiert worden sei. Bei der Vorstellung auf einem Kongress erhielt er dann die wissenschaftliche Anerkennung und wurde zusammen mit Michael Smith 1993 mit dem Nobelpreis für Chemie geehrt.

Gelelektrophorese • Wenn man einen bisher unbekannten DNA-Abschnitt kloniert hat, kann man ihn nun weiter untersuchen, zum Beispiel um zu ermitteln, welche Restriktionsenzyme die Sequenz an welchen Stellen schneiden können. Dazu wird der DNA-Abschnitt von verschiedenen Restriktionsenzymen einzeln und in Kombination geschnitten, sodass jeweils ein Gemisch aus DNA-Fragmenten unterschiedlicher Größe entsteht. Um die Fragmente der Größe nach aufzutrennen, nutzt man die Methode der Gelelektrophorese. Das Polysaccharid Agarose wird in einer Lösung erhitzt und in flüssiger Form in eine Elektrophoresekammer gegossen. Beim Abkühlen entsteht ein Gel, dessen Konsistenz an Wackelpudding erinnert. In die Kammer wird anschließend eine elektrisch leitfähige Pufferlösung gegeben. An den Enden der Kammer liegen Elektroden für die Stromversorgung. Kleine Vertiefungen im Gel im Bereich der Kathode, die Taschen, werden mit den DNA-Proben befüllt.
Wenn der Strom eingeschaltet wird, wandern die DNA-Fragmente wegen der negativen Ladungen an den Phosphatgruppen zur Anode.

Bei ihrer Wanderung durch die netzartige Struktur des Agarosegels kommen die Fragmente abhängig von ihrer Molekülgröße in einer bestimmten Zeit unterschiedlich weit. Je kleiner die Fragmente sind, desto weiter ist ihre Laufstrecke. In eine der Taschen des Gels wird ein Gemisch von DNA-Fragmenten bekannter Größe gegeben. Dieser Größenvergleichsstandard hilft, die Größe der zu untersuchenden DNA-Stücke anhand des Vergleichs der Laufstrecken abzuschätzen. Nach der Auftrennung wird das Gel mit einem Farbstoff angefärbt. Die Farbstoffmoleküle lagern sich zwischen die Basen der Nukleinsäuremoleküle ein und fluoreszieren bei ultraviolettem Licht. Das sichtbare Bandenmuster wird fotografiert.

Aus diesem Bandenmuster kann man Rückschlüsse auf die Anzahl, Reihenfolge und den Abstand zwischen den Schnittstellen der Restriktionsenzyme ziehen. Das ungeschnittene Fragment ist laut Größenvergleichsstandard sieben Kilobasenpaare lang. Beim Schneiden mit den Enzymen BamHI oder PstI ergeben sich jeweils zwei Banden. Also hat jedes Enzym eine Schnittstelle in diesem Fragment. Das zeitgleiche Schneiden mit beiden Enzymen ergibt drei Fragmente, aus deren Größe man die Reihenfolge und den Abstand der Schnittstellen schlussfolgern kann. So erhält man eine Restriktionskarte, die ein charakteristisches Erkennungsmerkmal eines klonierten DNA-Abschnitts darstellt.

1 Beschreiben Sie, wie man Anzahl und Größe der DNA-Fragmente aus dem Bandenmuster abliest.

2 Erklären Sie die Ableitung der Restriktionskarte aus dem Bandenmuster.

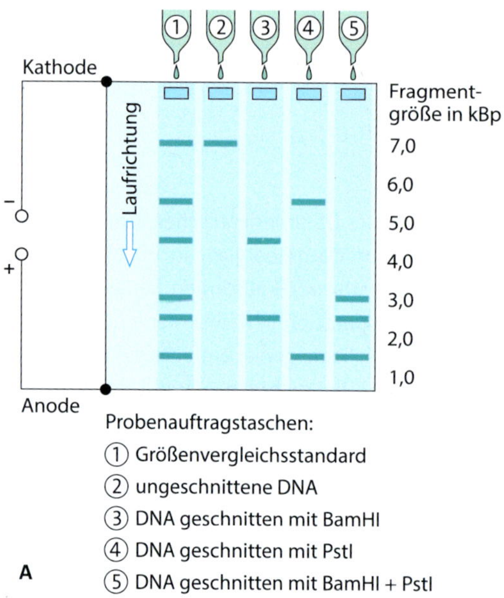

A

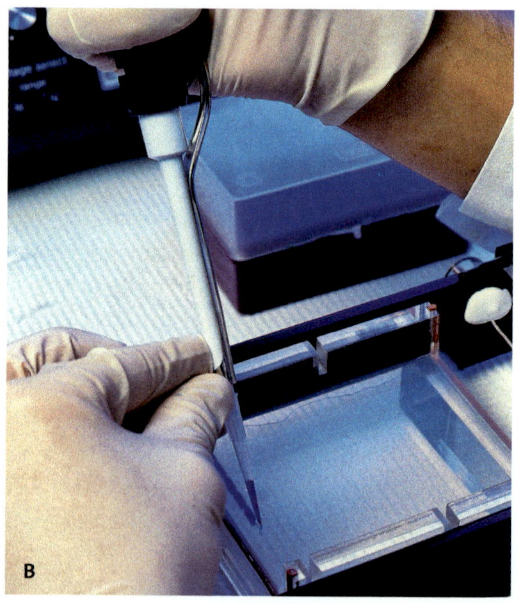
B

1 Gelelektrophorese: **A** schematischer Aufbau, **B** Durchführung

DNA-Sequenzierung • Das Prinzip der DNA-Sequenzierung geht zurück auf Frederick Sanger, der diese Methode in den 1970er-Jahren entwickelt hat. Dabei wird die DNA zu Einzelsträngen denaturiert und mit geeigneten Primern, DNA-Polymerasemolekülen und den vier verschiedenen Desoxyribonucleosidtriphosphaten, kurz dNTP, versetzt. Diese vier Triphosphate dienen als Substrate der DNA-Replikation: dATP, dGTP, dCTP und dTTP. Außerdem werden in geringer Menge Didesoxyribonucleosidtriphosphate, kurz ddNTP, dem Ansatz hinzugefügt. Diesem Molekül fehlt am 3'-Kohlenstoffatom der Desoxyribose die OH-Gruppe. Das Molekül kann daher zwar in die wachsende DNA-Kette eingebaut werden, aber eine Verknüpfung mit einem nächsten Nucleotid findet nicht statt, weil die für die Verlängerung notwendige Hydroxylgruppe am 3'-C-Atom fehlt und keine Phosphodiesterbindung ausgebildet werden kann.

Die DNA-Polymerase synthetisiert vom 3'-Ende des Primers an aus den vorhandenen Desoxyribonucleotidtriphosphaten einen komplementären Strang. Wird aber zufällig eines der vier ddNTP in die DNA-Sequenz eingebaut, wird die Synthese an dieser Position gestoppt. Da die Verlängerung der Nucleotidkette hier abgebrochen wird, spricht man von der *Kettenabbruchmethode*.

Die vier ddNTP sind jeweils mit unterschiedlichen Fluoreszenzmarkern versehen. Mit voranschreitender Replikation enthält der Ansatz neben den Matrizenfragmenten unterschiedlich lange DNA-Stücke, die jeweils mit einem fluoreszierenden ddNTP enden. Durch Erhitzen werden die neuen Stränge von der Matrize getrennt und mittels Elektrophorese der Länge nach sortiert. Per Laserstrahl wird der Markerfarbstoff zur Fluoreszenz angeregt. Das Fluoreszenzlicht wird von einer Fotozelle erfasst und der Wellenlänge nach den Basen zugeordnet. So kann bestimmt werden, welches ddNTP sich am Ende eines Fragments befindet.

Aus dieser Abfolge wird die Nucleotidsequenz des synthetisierten DNA-Stranges bestimmt und in die Sequenz des Matrizenstranges umgewandelt. Anders als zu Sangers Zeiten stehen allerdings heutzutage für die Sequenzierung Laborroboter und Computer mit entsprechender Software zur Verfügung. Aber auch diese vollautomatisierten Verfahren basieren auf dem Prinzip der Erkennung unterschiedlich markierter Fragmente.

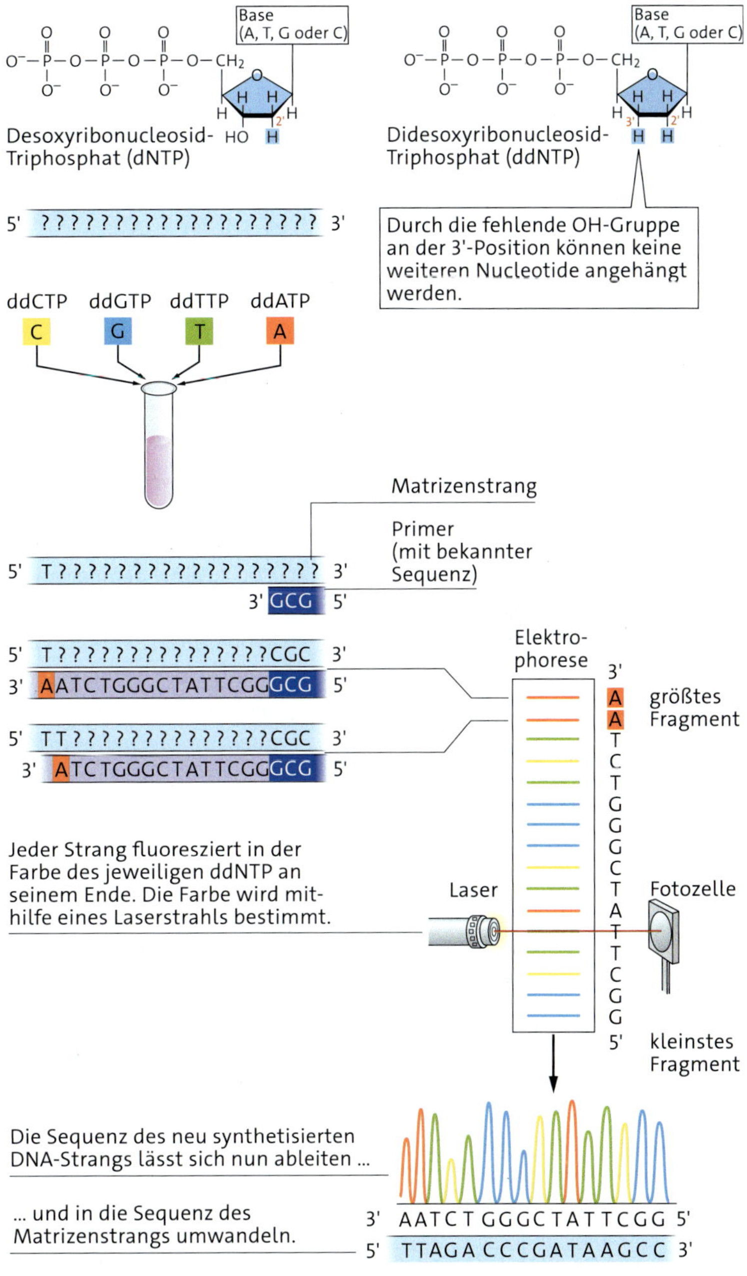

2 Ablauf der DNA-Sequenzierung

3 Beschreiben Sie detailliert den Ablauf der DNA-Sequenzierung.

4 Geben Sie die Funktion der ddNTP-Moleküle an.

Material A Real-Time-PCR

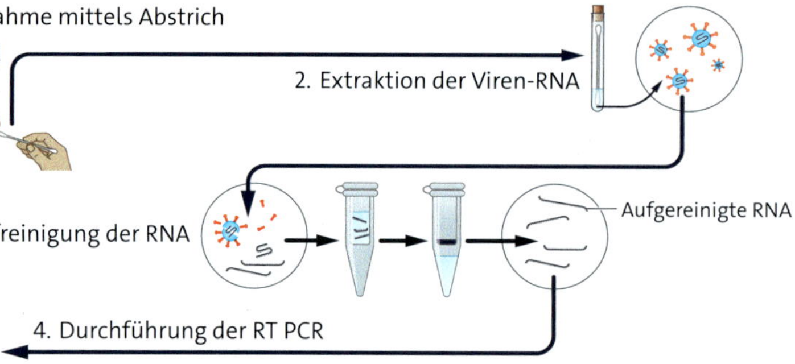

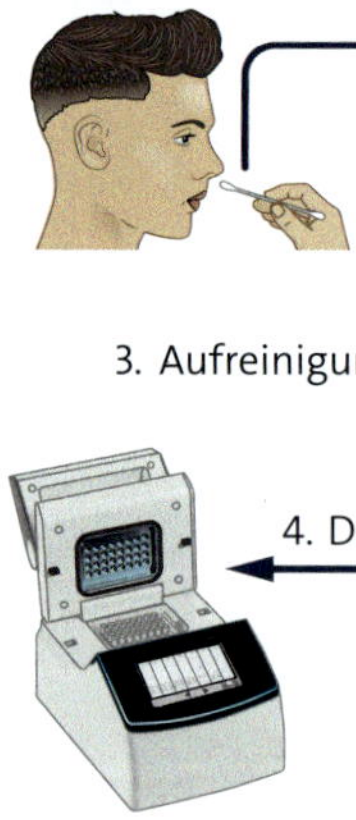

Ct-Wert	Viruslast
17-24	hoch
24-35	mittel
≥36	negativ

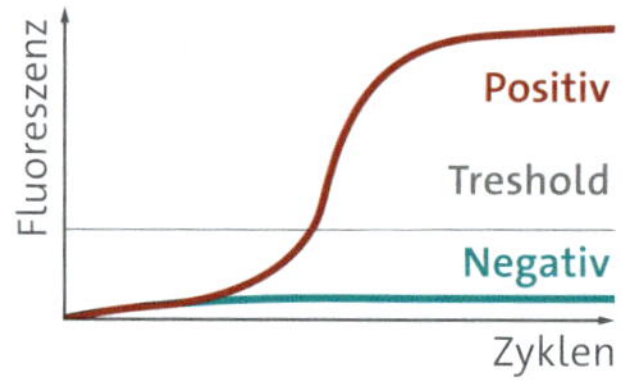

Der Nachweis einer Infektion mit SARS-Cov-2 erfolgt mit der Real-Time-PCR. Der Reaktionsansatz enthält zusätzlich das Enzym Reverse Transkriptase. Dieses Enzym konvertiert durch Herstellung einer komplementären Nucleotidkette ein RNA-Molekül zu einem DNA-Molekül. Die Primer sind zu einer definierten Zielsequenz der Virus-RNA komplementär. Der Reaktionsansatz enthält außerdem Moleküle, die mit Fluoreszenzmarkern versehen sind und an dieselbe Zielsequenz amplifizierter DNA-Moleküle binden. Am Ende jedes PCR-Zyklus' wird die Intensität der Fluoreszenz gemessen, so dass die Amplifikation der gesuchten Zielsequenz in Echtzeit verfolgt werden kann.

Der Ct-Wert ist von der Abkürzung für *cycle threshold* abzuleiten und gibt an, wie oft die Probe den Vermehrungszyklus durchlaufen musste, bis das Virus nachweisbar ist. Der Wert ist jedoch von Faktoren wie der Qualität der Probenentnahme oder der Phase der Infektion abhängig und nicht standardisiert.

1 Beschreiben Sie die vorbereitenden Schritte für eine Real-Time-PCR (Abb. 1–4).

2 Erklären Sie, weshalb das Enzym Reverse Transkriptase eingesetzt werden muss.

3 Beschreiben und erklären Sie das Ergebnis der Real-Time-PCR.

4 Erläutern Sie die Bedeutung des Ct-Werts.

Material B Glasknochenkrankheit

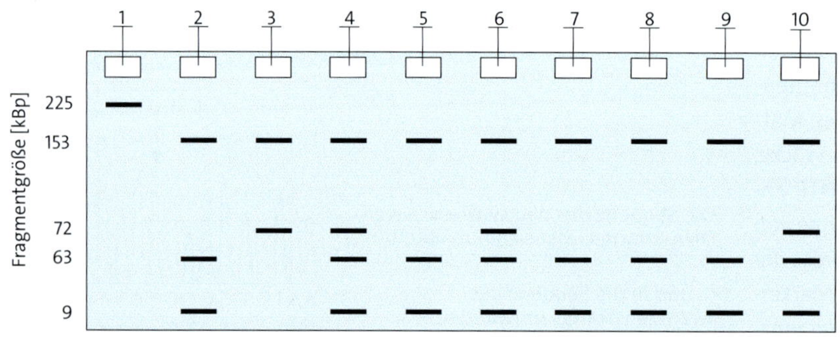

1 = ungeschnittene DNA
2 = normales Allel *Col1A1*
3 = mutiertes Allel *Col1A1*
4 = Blut des ersten Sohnes
5 = Blut des Vaters
6 = Blut des zweiten Sohnes
7 = Blut der Mutter
8 = Blut der Tochter
9 = Spermienzellen von gesunder Person
10 = Spermienzellen des Vaters

Die Glasknochenkrankheit beruht auf einer Mutation des Gens *Col1A1*, das für die Bildung des Kollagens in den Knochen verantwortlich ist. In einer Familie, deren Söhne von der Krankheit betroffen sind, trat diese Krankheit weder in der Verwandtschaft noch bei ihren Vorfahren auf. Daher sollte eine molekulargenetische Untersuchung das plötzliche Auftreten der Erkrankung klären. Dazu wurden allen Familienmitgliedern Zellen entnommen und die darin enthaltene DNA mit einem Restriktionsenzym geschnitten. Wenn das normale Allel vorliegt, entstehen so Fragmente von 153, 63 und 9 Basenpaaren. Das mutierte Allel ergibt Fragmente von 153 und 72 Basenpaaren. Eine gelelektrophoretische Auftrennung der behandelten DNA-Proben zeigt das Ergebnis dieser Untersuchung.

1 Erläutern Sie den Unterschied in der Größe des DNA-Fragments eines normalen und mutierten Allels nach Behandlung mit einem Restriktionsenzym.

2 Werten Sie das Ergebnis der Untersuchung aus.

3 Erläutern Sie, ob das Allel für die Glasknochenkrankheit dominant oder rezessiv vererbt wird.

Material C Sanger-Sequenzierung

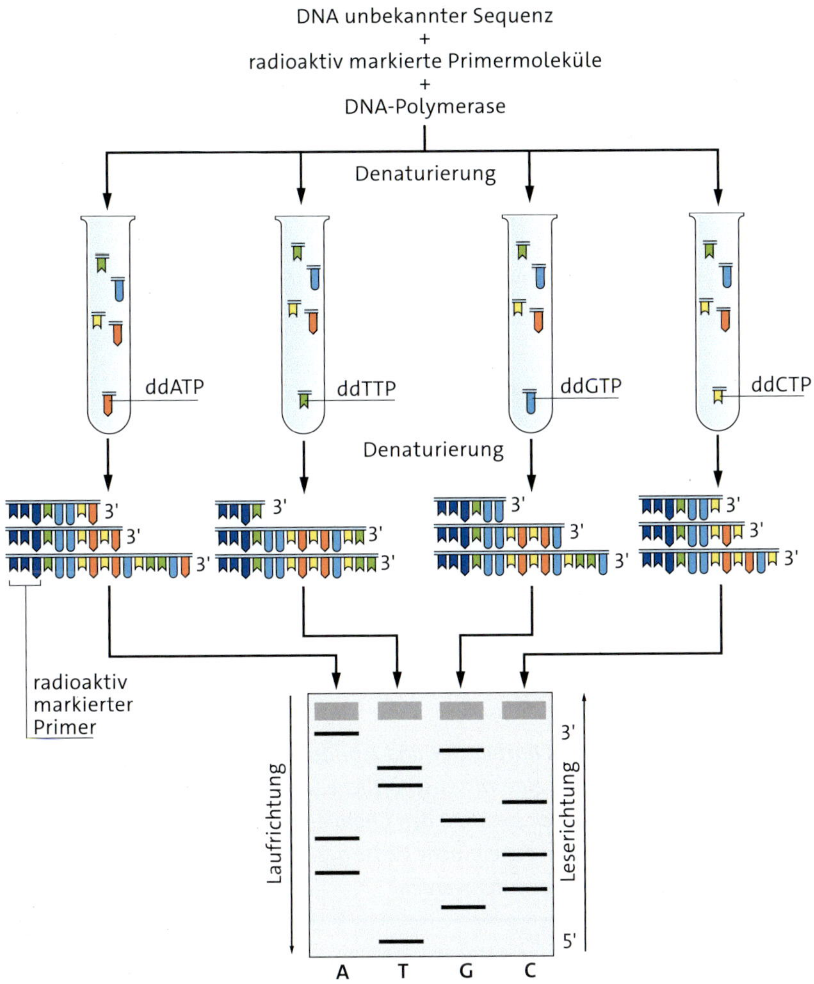

Frederick Sanger entwickelte die Kettenabbruchmethode in den 1970er-Jahren, also zu einer Zeit, in der noch keine Sequenzierroboter zur Verfügung standen. Damals wurden radioaktiv markierte Primer zu vier verschiedenen Ansätzen hinzugefügt, die sich nur im Zusatz einer jeweils geringen Menge der Didesoxyribonucleotide unterschieden. Zur Auftrennung wurde eine Gelelektrophorese genutzt. Dabei wurden die Gemische in jeweils eine Vertiefung eines dünnen Polyacrylamidgels gefüllt. Anschließend wurde eine für elektrischen Strom leitfähige Pufferlösung hinzugegeben. Die Elektrophorese erfolgte unter Hochspannung, sodass sich das Gel auf über 60 °C aufheizte und die Stränge nicht mehr renaturieren konnten. Dann wurde das Gel einer umständlichen Behandlung unterzogen und getrocknet. Als Ergebnis erhielt man ein Autoradiogramm. Bei der Autoradiografie wurden radioaktiv markierte Stoffe durch Schwärzung eines Röntgenfilms nachgewiesen. Die geschwärzten Banden entsprechen in jeder Bahn dem entsprechenden Nucleotid.

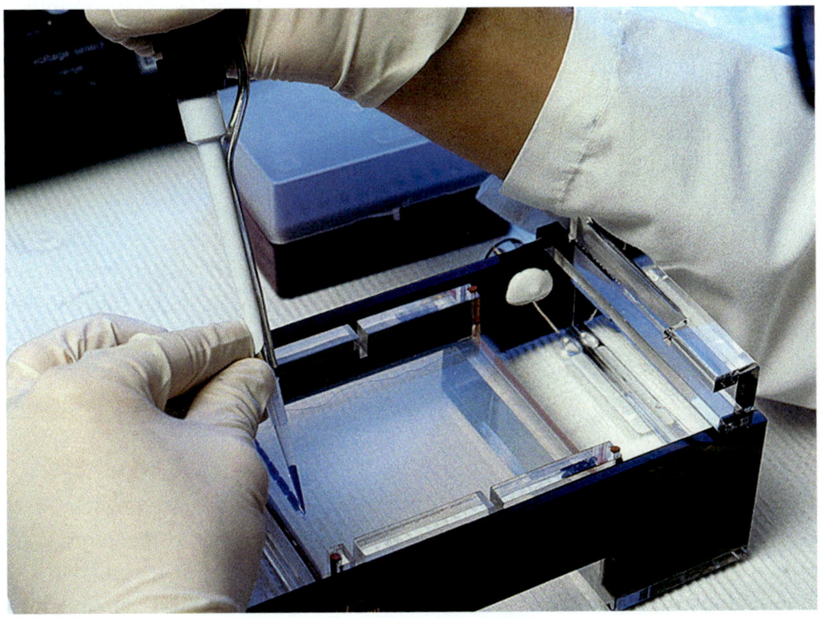

Auch wenn heute keine Autoradiografie mehr durchgeführt wird, liegt das Prinzip der SANGER-Sequenzierung bis heute allen verwendeten Verfahren zugrunde.

1 Beschreiben Sie den Ablauf der ursprünglichen Sanger-Sequenzierung.

2 Vergleichen Sie die ursprüngliche Methode mit der automatisierten Vorgehensweise. Nehmen Sie die Seite 163 zu Hilfe.

3 Geben Sie die Basensequenz des untersuchten DNA-Abschnitts an.

2.14 CRISPR/Cas9 – die Genschere

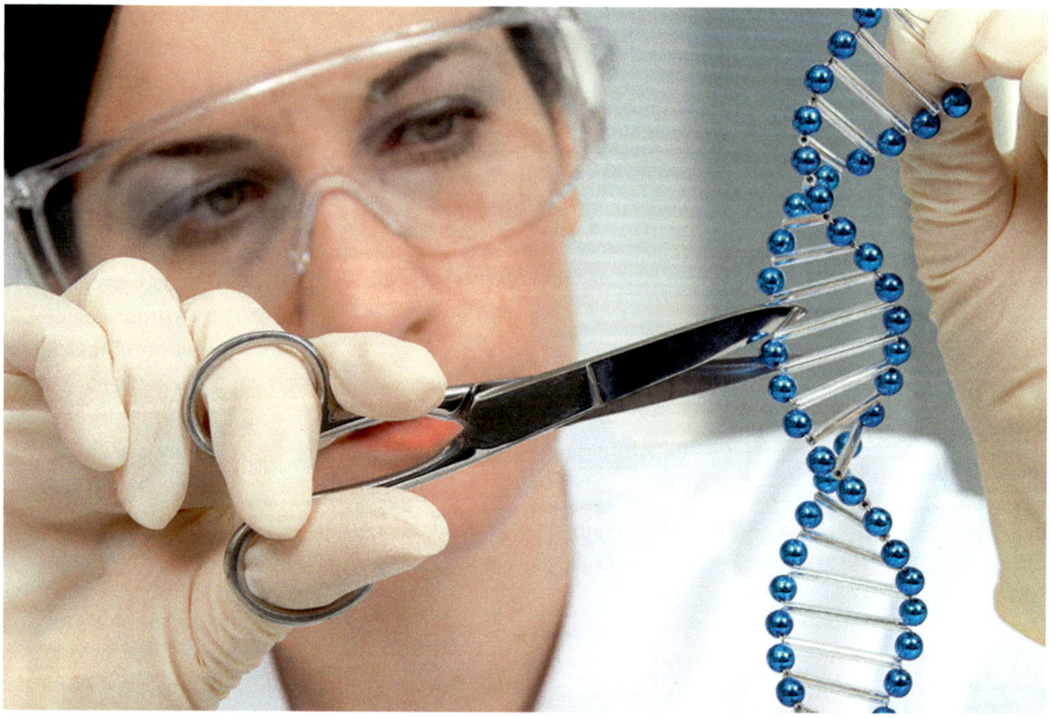

1 Ein DNA-Stück wird ausgeschnitten

Als die beiden Molekularbiologinnen Emmanuelle Charpentier und Jennifer Doudna am 17. August 2012 ihre Forschungsergebnisse veröffentlichten, war dies eine wissenschaftliche Sensation. Man sprach von einer Revolution in der Gentechnik. Für ihre Arbeit erhielten sie 2020 den Chemie-Nobelpreis. Die beiden Forscherinnen hatten eine Methode entwickelt, mit der Gene auf einfache Weise gezielt geschnitten werden können. Wie funktioniert diese Methode und wofür kann sie genutzt werden?

engl. cluster = Bündel, Ballung

Bakterienimmunität • In den 1980er-Jahren entdeckten japanische Wissenschaftler im ringförmigen Chromosom von *Escherichia coli* clusterartig angeordnete DNA-Abschnitte sich wiederholender Sequenzen, die in beide Richtungen das gleiche Leseraster aufwiesen. Man nennt solche DNA-Abschnitte **Palindrome**. Diese waren durch kurze Abschnitte von etwa 30 Nucleotiden unterbrochen, die als Spacer bezeichnet wurden. Ähnliche Genabschnitte wurden in den folgenden beiden Jahrzehnten in vielen Bakterienarten entdeckt. Aufgrund ihrer merkwürdigen Basenfolge gab man ihnen die Bezeichnung Clustered Regularly Interspaced Short Palindromic Repeats, kurz **CRISPR**. Die Funktion dieser Genabschnitte war zunächst jedoch unklar.

Im Jahr 2005 entdeckte man, dass bestimmte Abschnitte der CRISPR-Sequenzen identisch sind mit DNA-Abschnitten von Bakteriophagen, und zwar genau die Abschnitte, die man als Spacer bezeichnet hatte. In weiteren Experimenten konnte nachgewiesen werden, dass Bakterien gegen Phagen immer dann immun sind, wenn ein Spacer-Abschnitt und ein Abschnitt der Phagen-DNA übereinstimmen. Fehlt der passende Spacer-Abschnitt, wird das Bakterium infiziert und stirbt meist. Aber wie kann ein Bakterium den eindringenden Phagen mithilfe des Spacers unschädlich machen?

Auf der Bakterien-DNA entdeckte man in der Nähe der CRISPR-Sequenz weitere Gene, die mit ihr in Beziehung stehen. Diese Gene nannte man *CRISPR-associated*, kurz ***Cas***. Eines dieser Gene, ***Cas9***, codiert für ein Enzym, das DNA schneiden kann, also für eine **Endonuclease**.

Damit konnte die Immunabwehr von Bakterien gegenüber Bakteriophagen erklärt werden. Einige Bakterien einer Bakterienkultur überleben den Angriff von Bakteriophagen. Diese Bakterien integrieren in ihre DNA ein kurzes Stück der Phagen-DNA, den Spacer. Wird ein solches Bakterium zu einem späteren Zeitpunkt wieder von einem gleichartigen Phagen angegriffen, trägt es bereits einen passenden Spacer-Genabschnitt. Dadurch kann das Bakterium eine spezifische RNA transkribieren, die *CRISPR*-RNA, kurz **crRNA**. Sie besteht aus zwei Teilen: dem passenden Spacer-Bereich und einem Leitstrang. Mit diesem Leitstrang lagert sich die crRNA an die Endonuclease, das Genprodukt des *Cas9*-Gens, an. Der Spacer-Bereich der crRNA verbindet sich dann mit den komplementären Basen der DNA des Phagen. Dadurch bringt die crRNA das Enzym in Kontakt mit der Phagen-DNA. Im letzten Schritt dieses Prozesses durchtrennt die Endonuclease die Phagen-DNA, weshalb das Enzym mit einer Schere verglichen wird. Damit ist die Phagen-DNA für das Bakterium unschädlich und die Immunreaktion gegen den Phagen entsprechend erfolgreich.

Neues Werkzeug der Gentechnik • Noch zu Beginn des 21. Jahrhunderts wurde versucht, maßgeschneiderte Enzyme herzustellen, die in der Lage sind, das Genom von Lebewesen an spezifischen Stellen zu schneiden. Für jede Modifikation war somit die aufwendige Herstellung eines anderen Enzyms notwendig. Charpentier und Doudna erkannten hingegen, dass das Cas9-Enzym an jeder Stelle im Genom schneiden kann. Die beiden Wissenschaftlerinnen stellten eine künstliche Leit-RNA her mit Sequenzanteilen, die zu einer von ihnen ausgesuchten Zielsequenz in der DNA eines Bakteriums passten. Diese RNA verknüpften sie mit dem Cas9-Enzym und schleusten dieses Werkzeug in eine Bakterienzelle ein. Dort verhielt es sich wie erwartet. Die Zielsequenz wurde geschnitten.

Alle Zellen verfügen über die natürliche Fähigkeit, DNA-Brüche zu reparieren. Dabei werden einzelne Basen entfernt oder ausgetauscht. Deshalb ist ein durch CRISPR/Cas erzeugter Schnitt im Nachhinein nicht von einer natürlichen Mutation zu unterscheiden.

Innerhalb des folgenden Jahres erzielte man weltweit mit der neuen Methode CRISPR/Cas9 enorme Fortschritte. Sie lässt sich nicht nur bei Bakterien anwenden, sondern auch in eukaryotischen Zellen, also bei Pflanzen, Tieren und Menschen.

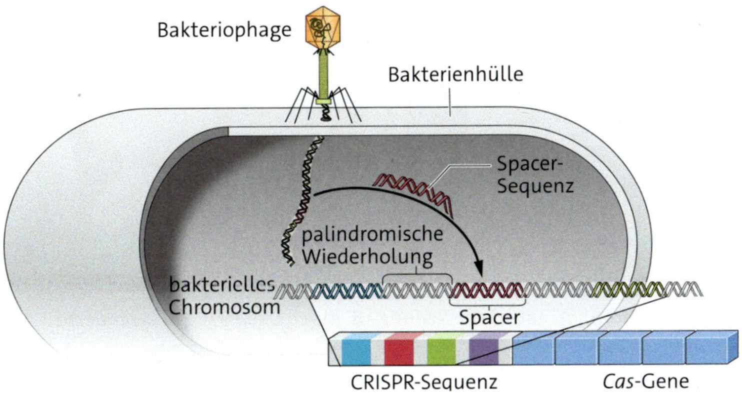

2 Immunisierung eines Bakteriums

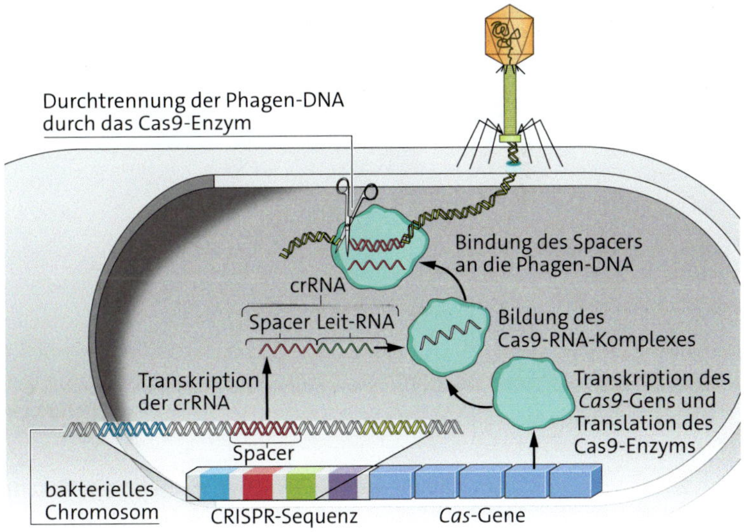

3 Immunabwehr eines Bakteriums

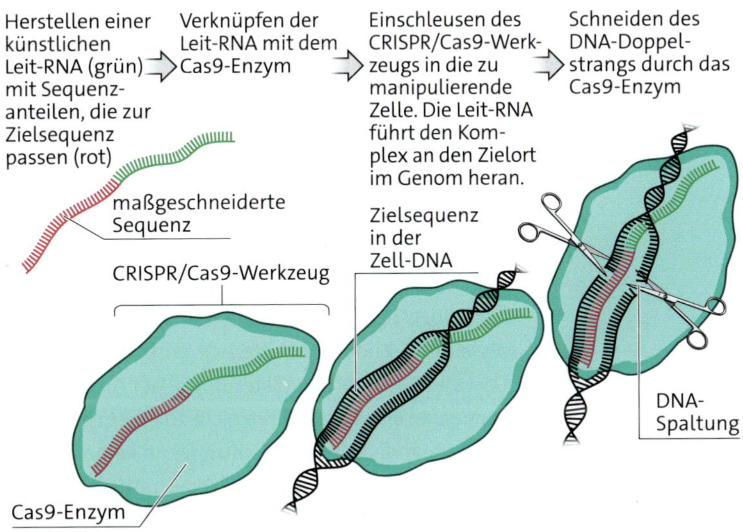

4 CRISPR/Cas9 in der Gentechnik

1 Champignons: A natürliche Reifung, B durch CRISPR/Cas9 veränderte Reifung

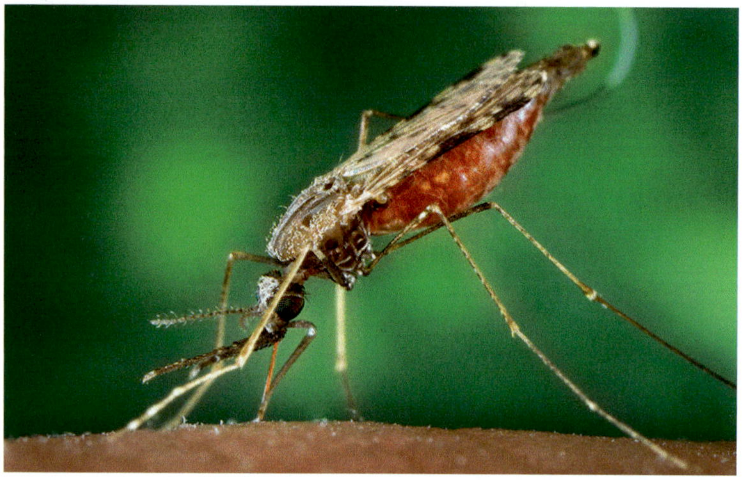

2 Malaria-resistente Mücke durch CRISPR/Cas9

Anwendung von CRISPR/Cas9 • Im Jahr 2016 kam in den USA ein Champignon auf den Markt, der nicht so schnell braun und unansehnlich wird wie herkömmliche Champignons. Man hatte mithilfe von CRISPR/Cas9 ein Gen ausgeschaltet, das für die Verfärbung verantwortlich ist. Das für die Zulassung verantwortliche US-Landwirtschaftsministerium verglich die neue Methode mit anderen gentechnischen Verfahren, bei denen durch Einbau eines neuen Gens aus einem anderen Organismus ein gentechnisch veränderter Organismus entsteht. Da bei dem Champignon durch das Schneiden eines Gens nur dessen Funktion ausgeschaltet, aber kein neues Gen eingefügt wurde, stufte man diesen lediglich als einen Genom-editierten Organismus ein. Das US-Landwirtschaftsministerium ist der Ansicht, das Schneiden eines Gens führe nicht zu einem gentechnisch veränderten Organismus, wenn keine Fremd-DNA eingeschleust werde. Der Champignon sei Pilzen aus konventioneller Züchtung gleichzustellen und ein Zulassungsverfahren deshalb nicht nötig.

Der Europäische Gerichtshof ist anderer Auffassung. Er entschied im Juli 2018, dass durch Genom-Editierung erzeugte Lebewesen unter die geltenden Gentechnik-Gesetze fallen.

Trotz dieser Diskussion entwickelt sich die Forschung rasant weiter. Tomaten- und Weizenpflanzen beispielsweise hat man durch das Ausschalten bestimmter Gene so verändert, dass sie gegen Mehltau, eine Pilzkrankheit, und gegen verschiedene Virusinfektionen resistent sind. Auch der Ertrag vieler Nutzpflanzen kann mit der neuen Technik gesteigert werden. So gelang es Forschern, Genom-editierte Sojabohnen zu erzeugen, deren Gehalt an Ölsäure um ein Vielfaches höher ist als bei herkömmlichen Sojapflanzen.

Weitere vielversprechende Veränderungen im Erbgut sind nun denkbar. So könnte CRISPR/Cas9 bei der Bekämpfung tropischer Krankheiten wie Malaria erfolgreich sein. Es ist bereits gelungen, die Malaria übertragenden Mücken gegen den Malariaerreger resistent zu machen. Ein Freilandversuch mit diesen Genomeditierten Mücken ist jedoch umstritten, da ihr Einfluss auf das Ökosystem nicht abzuschätzen ist.

Auch in der Transplantationsmedizin zeichnen sich Fortschritte ab. Man versucht, die Abstoßungsreaktion gegenüber Spenderorganen durch Ausschalten der die Immunreaktion auslösenden Stoffe zu reduzieren. In den USA erhielt ein Herzpatient 2022 erstmalig ein auf diese Weise behandeltes Schweineherz. Eine derartige Übertragung vom Tier auf den Menschen bezeichnet man als Xenotransplantation. Es kam zu keiner Abstoßungsreaktion und das Herz arbeitete problemlos. Dennoch verstarb der Patient nach zwei Monaten an einer Virusinfektion, die durch das transplantierte Herz verursacht wurde. Der Einsatz von CRISPR/Cas9 und insbesondere dessen Einsatz zur Veränderung des Erbguts bei Menschen wird weltweit kontrovers diskutiert.

1 Erklären Sie den Unterschied zwischen einem gentechnisch veränderten Organismus und einem Genom-editierten Organismus.

2 Recherchieren Sie weitere Beispiele für die Anwendung von CRISPR/Cas9.

Material A Genom-editierte Babys

Im November 2018 berichtete der chinesische Forscher Jiankui HE von der Geburt der weltweit ersten genmanipulierten Zwillinge. Er hatte einem Paar, bei dem der Mann HIV-positiv war, für eine künstliche Befruchtung Eizellen beziehungsweise Spermienzellen entnommen. Mithilfe der Genschere CRISPR/Cas entfernte er anschließend aus den befruchteten Eizellen durch Schneiden des entsprechenden Gens den Zellrezeptor CCR5, über den das HI-Virus in die Zellen gelangt. Aufgrund des fehlenden Rezeptors sollen die Babys vor einer möglichen Infektion mit dem Aids-Erreger geschützt sein. Ein halbes Jahr später berichtete ein medizinisches Online-Portal, dass mehrere Kliniken für künstliche Befruchtung Interesse an einer Zusammenarbeit mit dem Forscher bekundet haben, um ihr Geschäftsfeld zu erweitern.

Infobox

Bei der Anwendung der CRISPR/Cas-Technik kann es zu ungewünschten Nebenwirkungen kommen, wenn das Cas-Enzym nicht an der richtigen Stelle schneidet, sondern an einer anderen Stelle im Genom. Man bezeichnet diese Nebenwirkungen als Off-Target-Effekte. In einigen Fällen wurden Deletionen von mehreren Tausend Basenpaaren nachgewiesen, aber auch Umlagerungen von Genen.

Forschende arbeiten daran, die Genscheren weiterzuentwickeln und ihre Zielgenauigkeit zu erhöhen.

Stellungnahmen

Professor Toni Cathomen, Direktor des Instituts für Transfusionsmedizin und Gentherapie der Universität Freiburg:

„HE scheint nicht beachtet zu haben, dass eine CCR5-Inaktivierung das Immunsystem gegen die meisten HIV-Stämme resistent macht, aber nicht gegen alle. Einige HI-Viren nutzen eine andere Pforte, um in die Zellen einzudringen. Zudem ist bekannt, dass CCR5 eine wichtige Rolle in der Abwehr anderer Virusinfektionen einnimmt. Die Mädchen sind gegen bestimmte HI-Viren resistent, tragen aber ein höheres Risiko, an einer Infektion mit dem Grippevirus zu versterben."

Professor Peter Dabrock, Vorsitzender des Deutschen Ethikrats und Theologie-Professor an der Universität Erlangen-Nürnberg:

„Das kann ja fast nur als Affront gegenüber dem Ansinnen verantwortlicher Wissenschaft gewertet werden."

Tedros Adhanom Ghebreyesus, Generaldirektor der Weltgesundheitsorganisation (WHO):

„Genome-Editing wirft ethische, soziale und Sicherheitsfragen auf. Wir müssen sehr vorsichtig sein. Wir können Genommanipulierung nicht anfangen ohne ein Verständnis unbeabsichtigter Konsequenzen."

Professor Jochen Taupitz, Medizinrechtsexperte an den Universitäten Heidelberg und Mannheim:

„Aber bei aller Empörung muss man sich vor Augen führen, dass weltweit eben kein einheitliches rechtliches Verbot von Keimbahninterventionen beim Menschen existiert."

Chancen

Das Zeugen von Wunschkindern ist möglich. Die körperliche Leistungsfähigkeit kann gesteigert und das Erscheinungsbild optimiert werden.

Mithilfe von CRISPR/Cas besteht die Möglichkeit, menschliches Leid durch genetisch bedingte Krankheiten wie Mukoviszidose zu eliminieren. Das Ausschalten bestimmter Gene senkt das Risiko, an Krebs zu erkranken, zum Beispiel *BRCA1* bei Brustkrebs.

Hohe Behandlungskosten lassen sich ausschließen, wenn bestimmte Krankheiten gar nicht erst ausbrechen.

1 Recherchieren Sie weitere Argumente im Internet.

2 Nennen Sie Pro- und Kontra-Argumente zur Erzeugung Genom-editierter Babys.

3 Diskutieren und gewichten Sie die Argumente. Versuchen Sie, mit Ihren Mitschülerinnen und Mitschülern einen Konsens zur Befürwortung oder Ablehnung Genom-editierter Babys zu erzielen.

Bewerten – ein begründetes Urteil fällen

Neue naturwissenschaftliche Erkenntnisse und Techniken erfordern von uns Entscheidungen, die für unsere persönliche Zukunft oder auch für die Zukunft unserer Gesellschaft von Bedeutung sind. Mögliche Folgen müssen daher erkannt und diskutiert werden. Um ein begründetes Urteil fällen zu können, ist eine ethische Bewertung des Sachverhalts notwendig.

Beispiel **Gentechnik in der Landwirtschaft**

Sojapflanzen sind nach Weizen und Mais die weltweit bedeutendsten Nutzpflanzen. Die Bohnen enthalten viel Öl und Eiweiß sowie wertvolle Vitamine und Mineralstoffe. Etwa drei Viertel der Sojaernte werden als Futtermittel für Nutztiere, vor allem für Geflügel, Rinder und Schweine, eingesetzt. Der Rest dient in erster Linie dem Menschen als Nahrungsmittel, beispielsweise in Form von Öl, Sojamilch oder Fleischersatzprodukten. Ein geringer Anteil der angebauten Soja wird in der Industrie zum Beispiel als Biodiesel genutzt.
Die größten Sojaproduzenten sind Länder in Nord- und Südamerika. In ihnen werden auch gentechnisch veränderte Sojapflanzen angebaut, welche gegen das Herbizid Glyphosat resistent sind. In Europa ist der Anbau solcher Pflanzen verboten. Allerdings werden gentechnisch veränderte Sojabohnen in großen Mengen als Futtermittel in die EU importiert.
Das wirft die Frage auf, wie der Einsatz von Gentechnik in der Landwirtschaft am Beispiel gegenüber Glyphosat resistenter Sojapflanzen zu bewerten ist. Sollte ihr Anbau auch in Deutschland zugelassen werden?

Sobald man mit einer ethischen Fragestellung konfrontiert wird, kommt es intuitiv zu einem spontanen Urteil. So könnte man gentechnisch veränderte Pflanzen entweder ablehnen oder akzeptieren, ohne sich näher mit der Thematik beschäftigt zu haben. Dieses spontane Urteil basiert auf den eigenen Gefühlen, Erfahrungen und Erlebnissen. Es berücksichtigt dadurch aber meist nur einen eingeschränkten Blickwinkel auf ein Problem.
Um ein eigenes und begründetes Urteil zu fällen, ist ein systematisches Vorgehen hilfreich. Man informiert sich zunächst über den bestehenden Konflikt und versucht, Handlungsmöglichkeiten zu entwickeln. Anschließend sammelt und prüft man Argumente, versieht sie mit Werten und gewichtet diese.

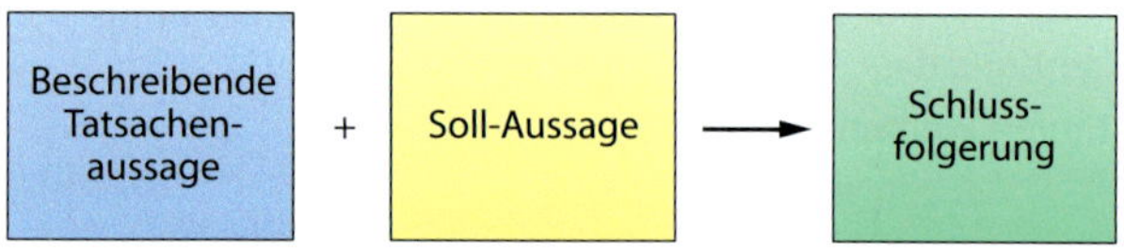

1 Zusammensetzung eines Arguments

So gelangt man schließlich zu einer Bewertung, die neben der Intuition auch weitere Aspekte mit einbezieht. Sie können wie beim Beispiel gegen Glyphosat resistenter Sojapflanzen das eigene Leben, aber auch die gesamte Gesellschaft betreffen.

1 Beschreiben des Konflikts

Zunächst ist es notwendig, sich Informationen zu beschaffen, um die vorliegende Problematik mit eigenen Worten genau beschreiben zu können.
Bei der Zulassung gegenüber Glyphosat resistenter Sojapflanzen besteht der Konflikt in den unterschiedlichen Interessen der Beteiligten, beispielsweise der Saatgutkonzerne, Landwirte, Umweltschützer und Verbraucher.

2 Beschreiben von Handlungsmöglichkeiten

Nun beschreibt man die Möglichkeiten, die zu einer Lösung des Konflikts beitragen könnten.
Zum Beispiel kann man sich uneingeschränkt für den Einsatz von Gentechnik in der Landwirtschaft aussprechen oder uneingeschränkt dagegen. Zwischen diesen beiden Extremen können auch weitere Varianten in Betracht gezogen werden, zum Beispiel die Zulassung des Anbaus nur bei ausreichendem Abstand zu anderen Feldern.

3 Sammeln und Prüfen von Argumenten

Anschließend werden für jede Handlungsmöglichkeit Argumente gesammelt, die dafür oder dagegen sprechen. Dabei wird zwischen naturwissenschaftlichen und ethischen Aussagen unterschieden. Naturwissenschaftliche Aussagen beschreiben Fakten und geben damit den Ist-Zustand an. Ethische Aussagen beschreiben den Soll-Zustand. Dabei orientieren sie sich an Normen. Das sind Vorgaben der Gesellschaft zu Verhaltensweisen.
Ein vollständiges Argument setzt sich aus einer naturwissenschaftlichen Tatsachenaussage und einer ethischen Aussage zusammen und enthält eine Schlussfolgerung. Man sollte alle Argumente dahingehend prüfen, ob die naturwissenschaftlichen Aussagen sachlich richtig und ob die ethischen Aussagen überzeugend sind.
Ein Argument im Konflikt um die transgenen Sojapflanzen ist, dass sie langfristig den Einsatz von mehr Herbiziden nach sich ziehen. Starke Eingriffe in Ökosysteme sollen aber vermieden werden. Somit ist der Anbau der Sojapflanzen vom ökologischen Aspekt nicht vertretbar.

4 Benennen von Werten

Handlungsmöglichkeiten stehen immer im Zusammenhang mit bestimmten Werten, die es in diesem vierten Schritt zu benennen gilt. Diese Werte können sachlicher Art sein wie Sicherheit, Wettbewerbsfähigkeit oder Fortschritt. Es können aber auch ethische Werte sein, die den Menschen und sein Verhältnis zur Technik oder zur Umwelt betreffen. Beispiele dafür sind der Erhalt von Ökosystemen, soziale Gerechtigkeit oder Gesundheit. Man erstellt zunächst einen Wertepool mit vielen Werten und ordnet dann die Werte den gesammelten Argumenten zu.

Das Argument, das sich auf den vermehrten Einsatz von Herbiziden durch gentechnisch veränderte Soja bezieht, lässt sich dem Wert Erhalt von Ökosystemen zuordnen.

5 Gewichtung

In einem weiteren Schritt gewichtet man die verschiedenen Werte. Durch Vergabe von Punkten bringt man sie und die zugehörigen Argumente in eine Reihenfolge. Diese hängt davon ab, wie wichtig man den jeweiligen Wert persönlich einschätzt.

Für das vorliegende Beispiel könnte das bedeuten, dass beim Einsatz von Gentechnik der wirtschaftliche Vorteil durch hohe Erträge als wichtiger erachtet wird als die Auswirkungen auf die Ökosysteme.

6 Bewerten und Fällen eines Urteils

Im letzten Schritt kann man schließlich die gegebene Problematik bewerten. Man fällt ein persönliches, begründetes Urteil. Dazu wägt man mithilfe der gewichteten Argumente die unterschiedlichen Handlungsmöglichkeiten gegeneinander ab.

Ethik ist eine Wissenschaft, die sich mit den Voraussetzungen für menschliches Handeln und dessen Bewertung befasst. Sie ist auch das Nachdenken über Moral.
Moral umfasst gesellschaftliche Vorstellungen über das, was als gut oder schlecht bewertet wird.
Werte sind Kriterien, mit denen der Mensch seine Umwelt subjektiv einschätzt. Sie beziehen sich auf gewünschte Zielzustände.

1 Vervollständigen Sie die Argumente in der Tabelle.

2 Finden Sie weitere Argumente und führen Sie die weiteren Schritte der Bewertung durch.

Naturwissenschaftliche Aussage	Ethische Aussage	Schlussfolgerung	Wert	Gewichtungsvorschlag
Gegen Glyphosat resistente Sojapflanzen ziehen langfristig den Einsatz von mehr Herbiziden nach sich.	Starke Eingriffe in Ökosysteme sollen vermieden werden.	Der Anbau der Pflanzen ist nicht vertretbar.	Erhalt von Ökosystemen	●●●
Es gibt keine Hinweise auf Gesundheitsschäden durch gentechnisch veränderte Sojapflanzen.	Die Gesundheit der Verbraucher soll nicht gefährdet werden.	Die Zulassung der Pflanzen ist unbedenklich.	Gesundheit	●●●
Der Anbau transgener Soja ist wirtschaftlich lohnenswert.	Landwirte sollen ihren Lebensunterhalt verdienen können.			
Es können ungewollte Kreuzungen gentechnisch veränderter mit konventionellen Pflanzen auftreten.				
...				

2.15 Anwendung in der Medizin

1 Radrennen

Radrennen sind in den letzten Jahrzehnten in Verruf geraten, weil Teilnehmer sich verbotener Stoffe bedienen, um ihre Leistungsfähigkeit zu steigern. Dazu gehört auch das normalerweise in der Niere gebildete Hormon Erythropoietin, kurz EPO. Es handelt sich um einen Wachstumsfaktor, der die Bildung von Erythrocyten induziert. Je mehr Erythrocyten vorhanden sind, desto besser ist die Sauerstoffversorgung der Muskeln und damit auch die Ausdauer im Wettkampf. Woher stammt dieser eigentlich körpereigene Stoff, der von Sportlern zu Dopingzwecken missbraucht werden kann?

engl. CHO = chinese hamster ovary

CHO-Zellen • Bei Menschen mit chronischem Nierenversagen kann kaum körpereigenes Erythropoietin hergestellt werden. Sie leiden deshalb häufig an einer zu geringen Anzahl Erythrocyten, einer Anämie. Zur Anregung der Vermehrung der Erythrocyten wird bei diesen Patienten gentechnisch erzeugtes Erythropoietin als Medikament eingesetzt.

engl. cDNA = complementary DNA

Es ist allgemein schwierig, eukaryotische Proteine durch Bakterien herstellen zu lassen, unter anderem durch das fehlende RNA-Processing bei Prokaryoten. Deshalb nutzt man lieber eukaryotische Zellen. Allerdings ist EPO ein Glykoprotein mit einer komplexen Struktur. Nur in Säugetierzellen können die für die Funktion des EPO wichtigen Zuckerketten und Disulfidbrücken korrekt synthetisiert werden. Man nutzt daher Zellen, die ursprünglich aus den Ovarien des Chinesischen Zwerghamsters stammen, kurz CHO-Zellen. Diese Zellen sind so behandelt, dass sie sich unbegrenzt teilen können.

Vorbereitung des *EPO*-Gens • Zunächst muss das menschliche *EPO*-Gen gewonnen werden. Eine Methode dafür beruht auf der Isolierung reifer mRNA für EPO aus menschlichen Nierenzellen. Die mRNA wird anschließend mithilfe des Enzyms Reverse Transkriptase in DNA umgeschrieben. Die Reverse Transkriptase nutzt die mRNA als Matrize und synthetisiert eine komplementäre DNA-Kopie, kurz cDNA. Der RNA-Anteil des entstandenen Doppelstrangs wird danach durch eine RNase enzymatisch abgebaut. Die verbleibenden RNA-Reste dienen der DNA-Polymerase als Primer. Die DNA-Polymerase vervollständigt das Molekül schließlich zu einer doppelsträngigen cDNA.

Da die cDNA auf Basis der reifen mRNA gebildet wurde, enthält sie nur die Exons des *EPO*-Gens und keine Introns. Die CHO-Zellen können mRNA zwar prozessieren, die Herstellung von EPO in ihnen wird durch die intronfreie cDNA jedoch erleichtert.

Plasmidvektor • Die cDNA wird nun mit der Polymerasekettenreaktion vervielfältigt, um eine ausreichend große Menge zur Verfügung zu haben. Als Vektor zur Übertragung der fremden DNA in die CHO-Zellen dienen bakterielle Plasmide. Diese verfügen für die spätere Selektion der erfolgreich transformierten Zellen über ein Resistenzgen gegen ein Antibiotikum. Außerdem tragen sie ein Enzymgen, das einen Stoffwechseldefekt der verwendeten CHO-Zellen kompensiert.
Mit Restriktionsenzymen und DNA-Ligasen wird das *EPO*-Gen in das Plasmid eingebaut und mit einem tierischen Promotor verknüpft. Dieser bewirkt in der Säugetierzelle die Expression des Gens. Die rekombinanten Plasmide werden in Bakterien eingeschleust. Durch den Einsatz eines antibiotikumhaltigen Nährbodens vermehren sich nur diejenigen Bakterien zu Kolonien, die das Plasmid aufgenommen haben. Durch die Klonierung wird das Plasmid vervielfältigt und danach aus den Bakterienzellen extrahiert.

Transfektion • Die Einschleusung der rekombinanten Plasmide in die Zellkerne der CHO-Zellen kann über eine **Mikroinjektion** erfolgen, bei der unter dem Mikroskop mit einer sehr feinen Nadel das Plasmid in den Zellkern injiziert wird.
Eine weitere Möglichkeit besteht darin, mithilfe eines starken elektrischen Impulses die Poren der Zellmembran so zu weiten, dass Plasmide leicht die Membran passieren können. Diese Methode bezeichnet man als **Elektroporation**.
Alternativ können die Plasmide auch mit schwer löslichem Calciumphosphat umgeben werden, sodass winzige körnige Strukturen entstehen, die sich auf die Zellen legen. Die Calciumionen beschleunigen dann die Aufnahme dieser DNA-haltigen Körnchen in die CHO-Zelle. Bei dieser **Calciumphosphatfällung** wird ein kleiner Teil der aufgenommenen DNA stabil in die chromosomale DNA integriert.

Nach Einschleusung der fremden DNA in den Zellkern, nach der Transfektion, werden die CHO-Zellen vermehrt. Aufgrund des Enzymgens für die Selektion im Plasmid überleben nur die Zellen, bei denen die Transfektion erfolgreich war. Diese Zellen wachsen in Bioreaktoren heran und produzieren EPO, das aus dem Medium gewonnen und zur Verabreichung aufgearbeitet wird.

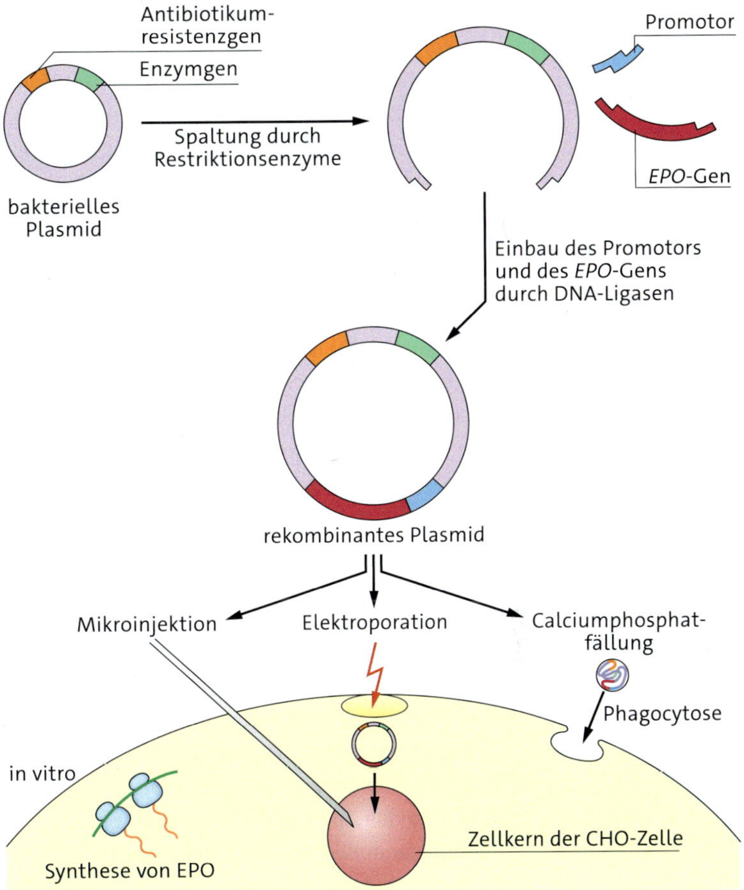

2 Herstellung rekombinanter CHO-Zellen

Dopingnachweis • Seit Ende der 1980er-Jahre gibt es Erythropoietin als Medikament zum Beispiel für Nierenpatienten. Der EPO-Umsatz im Jahr 2011 überstieg den therapeutischen Bedarf jedoch um etwa das Fünffache. Die Verwendung von EPO bei Ausdauersportlern war bis zum Jahr 2000 nur indirekt durch eine Veränderung bestimmter Blutwerte nachzuweisen, da menschliches EPO kaum von der rekombinanten Form zu unterscheiden ist. So lässt EPO das Blut beispielsweise zähflüssiger werden. Darin liegt auch eine der gefährlichen Nebenwirkungen, da dies zu einem erhöhten Risiko von Herz- und Hirninfarkten führen kann. Seit 2001 gibt es einen direkten Nachweis, der auf der artspezifischen Ausprägung des Glykosylierungsmusters basiert und EPO-Moleküle menschlicher Zellen von denen aus Hamsterzellen unterscheidet.

1 Stellen Sie die Herstellung rekombinanten Erythropoietins in einem Flussdiagramm dar.

griech. soma = Körper

Gentherapie • Wenn man genetisches Material in den Körper eines Patienten einbringt, um einen Krankheitszustand zu heilen, der auf der Fehlfunktion eines Gens oder mehrerer Gene beruht, spricht man von Gentherapie. Diese Behandlungsmethode wurde erstmals 1990 bei einem jungen Mädchen angewandt, das an dem schweren kombinierten Immundefekt, kurz SCID, litt. Diese genetisch bedingte Erkrankung führt dazu, dass die Betroffenen an den Folgen kleinster Infektionen sterben. Verantwortlich dafür ist die Mutation eines Gens, das das Enzym Adenosindesaminase, kurz ADA, codiert. Dieses Enzym bewirkt den Abbau von Adenosin. Fehlt das Enzym, kommt es zu hohen Adenosinkonzentrationen, die für Zellen giftig sind. Besonders empfindlich reagieren Leukocyten, wichtige Zellen des Immunsystems. So kommt nahezu die gesamte Immunabwehr zum Erliegen.

Ex-vivo-Gentransfer • Zur Behandlung der Patientin wurde aus deren Blut ein bestimmter Typ von Leukocyten, die T-Zellen, isoliert. Das *ADA*-Gen wurde kloniert und in ein Retrovirus als Vektor eingebaut. Die Viren infizierten viele T-Zellen und übertrugen so das *ADA*-Gen in deren Genom. Da der Gentransfer außerhalb des Körpers stattfand, handelte es sich dabei um einen **Ex-vivo-Gentransfer**. Die transfizierten Zellen wurden selektiert und vermehrt, bevor sie der Patientin in den Blutkreislauf injiziert wurden. Einige T-Zellen begannen sich zu teilen. Parallel zur Gentherapie bekam das Mädchen anfangs allerdings noch das Enzym ADA zusätzlich als Medikament verabreicht.

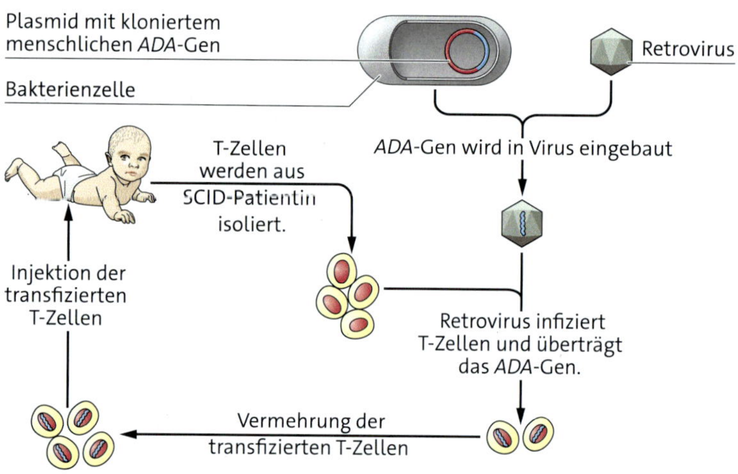

1 *ADA*-Gentherapie

Nach mehrfacher Wiederholung der Therapie war ein Viertel der T-Zellen transgen und produzierte ausreichend ADA, sodass die Patientin seitdem ein normales Leben führen kann. Ob sie durch die Gentherapie dauerhaft geheilt wurde, ist allerdings umstritten. Da nur die Körperzellen der Patientin behandelt wurden, also eine **somatische Gentherapie** durchgeführt wurde, kann die Patientin die Veranlagung für die SCID an ihre Nachkommen weitergeben. Der Gentransfer in Geschlechtszellen, die **Keimbahntherapie**, die eine Weitergabe ausschließen würde, ist ethisch problematisch und in Deutschland verboten.

Risiken • Immer wieder wurde das Vertrauen in die Gentherapie durch Rückschläge stark vermindert. Die meisten Probleme gehen auf die Vektoren zurück, da die Integration des viralen Genoms in das Genom der Wirtszelle nicht ausreichend zielgerichtet erfolgt. So können die falschen Zelltypen getroffen werden oder Insertionen dazu führen, dass wichtige Gene inaktiviert werden oder in anderer Form mutieren. Außerdem verursachen virale Vektoren oft eine Immunreaktion und die Rekombination mit anderen viralen Bestandteilen in der Zelle, die zu einem infektiösen Virus führen kann, ist nicht auszuschließen. Laborversuche mit einem neu entwickelten Virus führten nicht zu einer Immunantwort und wecken Hoffnung auf eine sichere Durchführung der Gentherapie.

Gendoping • Mit der für die Gentherapie entwickelten Methodik können auch Gene für leistungsfördernde Stoffe mit viralen Vektoren in die Muskeln von Sportlern eingeschleust werden. Man spricht von **In-vivo-Gentransfer**. In den Muskelzellen wird dann das Gen für EPO oder einen Muskelwachstumsfaktor in das Genom integriert und abgelesen, sodass die Sauerstoffversorgung oder das Wachstum des Muskels verbessert wird.
Neuerdings ist **Gendoping** nachweisbar, da die künstlichen Gene auf cDNA basieren und im Gegensatz zu den natürlichen Genen über keine Introns verfügen. Für eine PCR wurden Primer entwickelt, die sich nur an nicht von Introns unterbrochene Gene anlagern.

1 Beschreiben Sie den Ablauf einer somatischen Gentherapie.

Material A Pro und kontra Gentherapie

Erwin Chargaff war der Entdecker der komplementären Basenpaarung und damit einer der Wegbereiter der Gentechnik:

„Zum Beispiel die Gentherapie. Also man weiß, dieser Jüngling da hat am Chromosom soundso eine DNA, der eine gewisse Sequenz fehlt, und damit wird er eben [...] vielleicht ein Bluter oder was immer. Jetzt ersetzen wir diese fehlerhafte Sequenz. Ja, wie denn? Wie kann man etwas platzieren im Körper? Und wie werden wir wissen, ob wir es da, wo wir es platzieren, richtig platzieren, ohne gefährliche Folgen. Und vor allem: Wir können doch diesen Versuch, der ein Experiment ist, nur am lebenden Objekt, also am Menschen direkt machen. Das Experiment ist irreversibel. Was tun wir, wenn dieser Versuch schiefgeht? Was machen wir mit dem Menschen? Ein Auto würde man ins Werk zurückrufen oder verschrotten" (1999).

Philip Kitcher war Professor für Wissenschaftsphilosophie in den USA:

„Wir sehen die Gefahr der Herausbildung einer privilegierten ‚Herrenkaste', während sich die breite Masse weiterhin mit Behinderungen und degenerativen Erkrankungen herumschlagen muss. [...] Wenn die Zukunft eine nahtlose Fortschreibung der gegenwärtigen Wohlstandsgesellschaft bringt, lässt sich absehen, dass die Oberschichten in einen unerbittlichen genetischen Konkurrenzkampf investieren werden, der möglicherweise zum Scheitern verurteilt sein wird, während die medizinischen Bedürfnisse der weniger Begüterten nicht befriedigt werden" (1998).

Wolfgang Schäuble war einer der führenden deutschen CDU-Politiker:

„Wenn also Forschung und Drang nach mehr Wissen das Besondere und Unverwechselbare des Menschen mitbegründen, dann muss Forschungsfreiheit für mich eher Bestandteil der Unantastbarkeit der Menschenwürde sein, als dass sie zu ihr in Widerspruch stünde. [...] In der Geschichte sind anatomische Forschungen an Leichen lange als Verstoß gegen die Menschenwürde gewertet worden. Heute sehen wir das zweifelsfrei anders. [...] Das heißt, der jeweilige Forschungsstand beeinflusst offenbar das Verständnis dessen, was Menschenwürde im Einzelnen bedeutet" (2002).

1 Fassen Sie die Positionen von Chargaff, Kitcher und Schäuble zusammen.

2 Nennen Sie die Werte, die in den Positionen angesprochen werden, und fällen Sie Ihr eigenes Werturteil. Nehmen Sie die Seiten 170 und 171 zu Hilfe.

Material B Gendoping

Olympia 2036: Gendoping lässt Artgrenzen verschwimmen

Nach dem Ende der Olympischen Spiele 2012 in London sind 23 Dopingfälle bekannt geworden. Routinemäßig werden Urinproben aller Medaillengewinner für spätere Untersuchungen eingefroren. Fachleute gehen davon aus, dass viele Dopingfälle unentdeckt blieben.

1 Nennen Sie zentrale Werte, die durch Doping betroffen werden, und nehmen Sie Stellung zum Doping.

2 Nehmen Sie Stellung zu der Behauptung, dass zu viele aufgeklärte Dopingfälle dem Ansehen der Olympischen Spiele schadeten.

3 Interpretieren Sie die Karikatur.

2.16 Klone und transgene Tiere

1 Schaf Dolly

Dolly ist das wohl berühmteste Schaf der Welt. Seine Geburt 1996 hatte weltweit ein großes Medienspektakel zur Folge. Dolly war nämlich ein Klonschaf. Doch Klonierungsprozesse waren in der Tierzucht schon lange alltäglich. Was machte Dolly so besonders?

lat. in vivo = im lebenden Körper
lat. in vitro = im Glas, außerhalb des Körpers

Klonen durch Embryosplitting • Bei der Züchtung von Nutztieren wie Schafen oder Rindern stehen in erster Linie wirtschaftliche Interessen im Vordergrund. Zuchtbullen und -kühe mit über Generationen ausgewählten Eigenschaften werden nicht selten für fünfstellige Beträge verkauft. Um möglichst schnell Nachkommen dieser wertvollen Tiere zu erzeugen, wird zum Beispiel das Ejakulat eines Bullen in mehr als 500 Portionen aufgeteilt. Bei einer Kuh wird mithilfe von Hormonen der Eisprung mehrerer Eizellen, eine Superovulation, ausgelöst. Diese Eizellen können nun in vivo mit einer Spermaportion des Bullen befruchtet werden oder aus dem Eierstock entfernt und in vitro befruchtet werden. Sowohl bei der künstlichen In-vivo-Fertilisation als auch bei der In-vitro-Fertilisation werden die Embryonen in einem frühen Entwicklungsstadium in Ammenkühe übertragen, um dort heranzuwachsen. Die Anzahl der Embryonen kann weiter erhöht werden, wenn vor dem Transfer in die Ammenkühe die aus 16 Zellen bestehenden Embryonen mechanisch geteilt werden. Dieses Verfahren nennt man **Embryosplitting**. Alle Zellen eines Embryos haben die gleiche genetische Ausstattung. Wenn diese Zellen in Ammenkühe übertragen werden, können sich daraus genetisch identische Nachkommen entwickeln. Eine solche Gruppe von Lebewesen oder Zellen, die genetisch identisch sind, nennt man **Klon**. Diese Art des Klonens durch Embryosplitting ist sehr alt und wurde schon 1900 von dem deutschen Entwicklungsbiologen Hans Spemann bei seinen Experimenten an Amphibien benutzt. Beim Embryosplitting kann man aber nur Klone von Embryonen herstellen. Ihre genetischen Eigenschaften kennt man zu diesem frühen Zeitpunkt der Entwicklung noch nicht. Deshalb entwickelte man eine Methode, erwachsene Tiere zu klonen.

Klonen durch Kerntransfer • Dolly war ein Duplikat eines adulten Schafes und entstand aus einer differenzierten Körperzelle. Bei dieser Methode werden Euterzellen des genetischen Mutterschafs gewonnen und in ein Medium mit wenigen Nährstoffen übertragen, sodass die Zellen die Teilung einstellen und viele aktive Gene abgeschaltet werden. Die so für die Transplantation vorbereiteten Zellkerne werden dann mit einer Mikropipette in zuvor entkernte Eizellen eines anderen Spenderschafs übertragen. Nach elektrischer Stimulation verhält sich die Eizelle mit dem neuen Zellkern im Idealfall wie eine normale befruchtete Eizelle. Es kommt zu Zellteilungen. Diejenigen Zellen, die sich zu einem mehrzelligen Embryo weiterentwickelt haben, werden in Ammenschafe eingesetzt. Wenn Komplikationen ausbleiben, bringt ein Ammenschaf ein Lamm zur Welt, das genetisch identisch mit dem Spendertier des Zellkerns ist. Allerdings stellt sich dieser Erfolg nur selten ein und der Weg dahin birgt viele Probleme. So war Dolly das einzige positive Ergebnis von 277 Ansätzen. Nur 29 der implantierten Embryonen lebten länger als sechs Tage in den Ammenschafen.

Nach Dollys Geburt wurden weitere Tiere wie Ziegen, Schweine, Rinder, Katzen und Kaninchen geklont. Viele Klone waren sehr anfällig für Krankheiten und wiesen Missbildungen auf. Aus ebenfalls ungeklärten Ursachen ist die Sterberate unter den Ammentieren viel höher als bei natürlich zustande gekommenen Trächtigkeiten. Bei Dolly entdeckte man zudem, dass durch Kerntransfer erzeugte Klone vorzeitig altern. Das chromosomale Alter ihrer Zellen, das an der Länge der Telomere abzulesen ist, entsprach dem Alter der Zellen der genetischen Mutter. Denn dieses Schaf spendete den aus adulten Zellen entnommenen Zellkern mit alten Chromosomen. Entgegen der üblichen Lebenserwartung bei Schafen von zwölf Jahren wurde Dolly 2003 eingeschläfert, nachdem zwei Jahre zuvor Gelenkrheuma als Alterserscheinung und dann eine Lungenkrankheit diagnostiziert wurden.

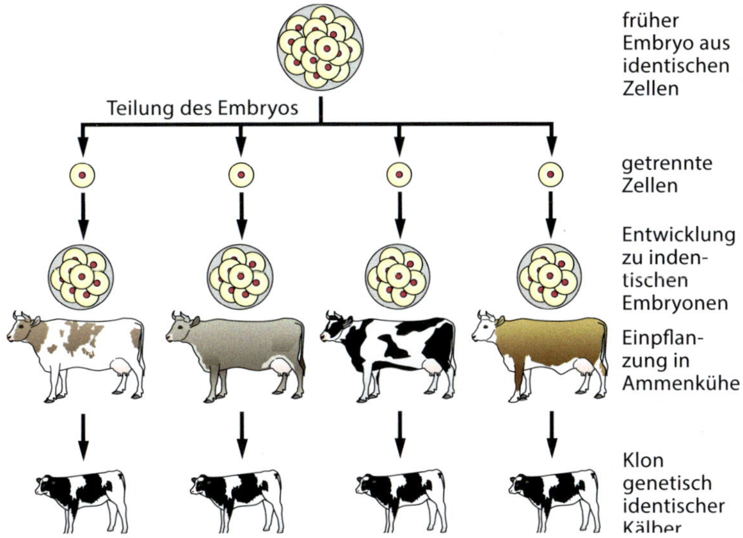

2 Embryosplitting

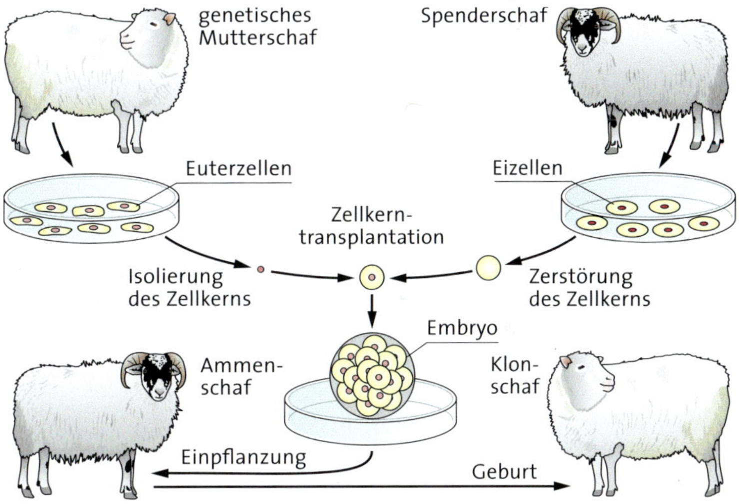

3 Klonen durch Kerntransfer

Steckbrief Ian Wilmut (1944–2023)

Sir Ian Wilmut wurde 1944 in der englischen Grafschaft Warwikshire geboren. Nach dem Gymnasium besuchte er das Landwirtschaftscollege der Universität Nottingham, promovierte 1971 am Darwin College in Cambridge und kam 1973 als Embryologe zum späteren Roslin-Institut bei Edinburgh. Dort leitete er in den 1990er-Jahren ein Forscherteam, das schließlich 1997 die Geburt Dollys verkündete. Für seine Verdienste für die Wissenschaft wurde Wilmut von Königin Elizabeth II. zum Ritter geschlagen. Er erinnerte daran, dass er die Auszeichnung stellvertretend für sein ganzes Forscherteam in Empfang genommen habe. Denn Wilmut leitete zwar die Forschergruppe, die entscheidenden Arbeiten hatte aber der Zellbiologe Keith Campbell (1954–2012) vorgenommen.

Gene-Pharming • Tracy ist ein weiteres Schaf aus dem Roslin-Institut, das berühmt wurde, weil es für einen zweistelligen Millionenbetrag von einem deutschen Chemiekonzern gekauft wurde. Tracys Milch enthielt nämlich das menschliche Protein α1-Antitrypsin, kurz AAT.

Ein genetisch bedingter AAT-Mangel ist verantwortlich für eine Erkrankung der Atemwege und der Leber, die zu einem frühen Tod der betroffenen Menschen führt. Um AAT zur Behandlung dieser Krankheit herzustellen, wurde das menschliche *AAT*-Gen verwendet. Dieses Gen wurde mit einem Promotor verbunden, der normalerweise die Genexpression für ein Protein in der Schafsmilch kontrolliert. Dieses Protein heißt β-Lactoglobulin. Daher wird das Gen nur in der Brustdrüse während der postnatalen Milchproduktion exprimiert. Das entstandene Fusionsgen wurde in Schafzygoten übertragen, die zunächst in vitro kultiviert und dann in Ammenschafe eingesetzt wurden. So entstanden vier weibliche Schafe, die das fremde menschliche Gen trugen. Solche Tiere, die zusätzlich zu den natürlich vererbten Genen ein oder mehrere Fremdgene stabil in ihrem Genom aufweisen, bezeichnet man als **transgene Tiere**. Die Schafe entwickelten sich normal, pflanzten sich natürlich fort und erzeugten nach der Geburt Milch, die AAT enthielt. Die höchste Konzentration von 35 g AAT pro 1 l Milch war bei Tracy zu finden. Das Protein kann leicht extrahiert und gereinigt werden.

Ein weiteres Beispiel für transgene Tiere, die menschliche Proteine herstellen, sind Ziegen, die den Gerinnungshemmer Antithrombin III produzieren. Er soll Menschen mit Antithrombin-Mangel vor lebensgefährlichen Blutgerinnseln schützen.

Schafe und Ziegen eignen sich besonders gut, weil sie sich rasch vermehren, leicht aufziehen und billiger halten lassen als beispielsweise Rinder, aber dennoch ausreichend Milch produzieren. Tierschützern erscheinen die Manipulationen zur Herstellung transgener Tiere bedenklich, weil viele Embryonen benötigt werden und nicht alle durch Hormongabe vorbereiteten Trächtigkeiten der Ammenschafe erfolgreich verlaufen. Außerdem weisen die transgenen Tiere oft Fehlbildungen auf oder können früher sterben.

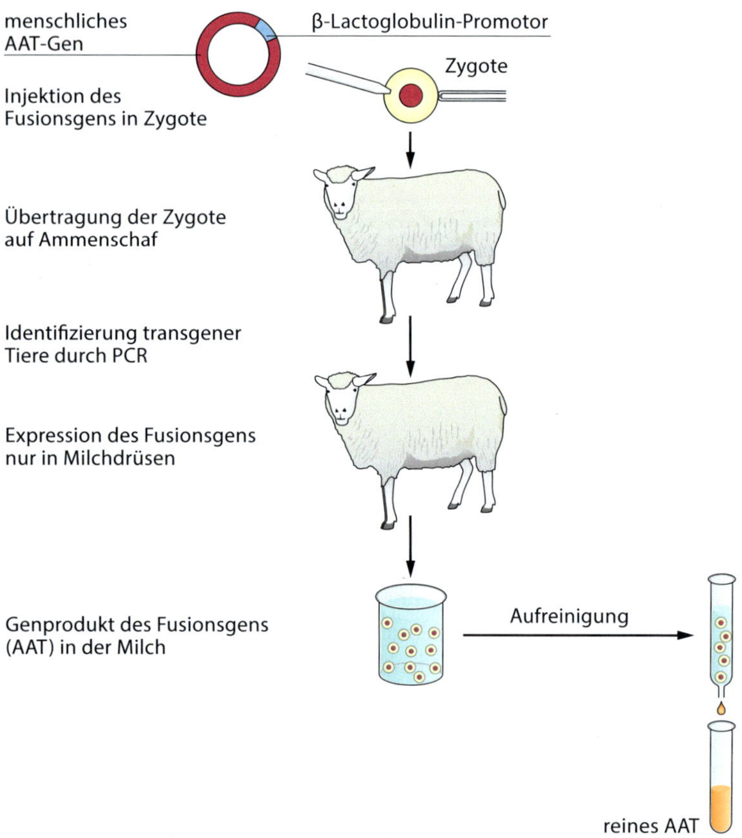

1 Erzeugung transgener Schafe

Bei Pflanzen gibt es weniger ethische Bedenken. Auch sie können komplexe Proteine bilden und beispielsweise durch Anhängen von Zuckerketten so modifizieren, dass sie auch im menschlichen Körper aktiv werden. So hat man das Gen für eine Untereinheit eines Proteins, das bei der Infektion mit Cholera eine Rolle spielt, in Kartoffelpflanzen transfiziert. Die Untereinheit dieses Enterotoxins wird in den Kartoffelknollen gebildet und führt nach dem Verzehr dazu, dass Menschen Antikörper gegen das Enterotoxin produzieren und daher gegen Cholera eine Immunität entwickeln. Da Proteine bei Hitze denaturieren, müssen die manipulierten Kartoffeln roh verzehrt werden. Dies kann aber zu Verdauungsbeschwerden führen. Inzwischen nutzt man daher transgene Bananen, da diese roh verzehrt werden und auch in den Ländern wachsen, in denen eine Immunisierung gegen Cholera notwendig ist. Die Produktion pharmazeutisch wirksamer Proteine mithilfe transgener Nutztiere oder -pflanzen bezeichnet man als **Gene-Pharming**.

1 Beschreiben und bewerten Sie das Gene-Pharming.

Material A Transgene Moskitos

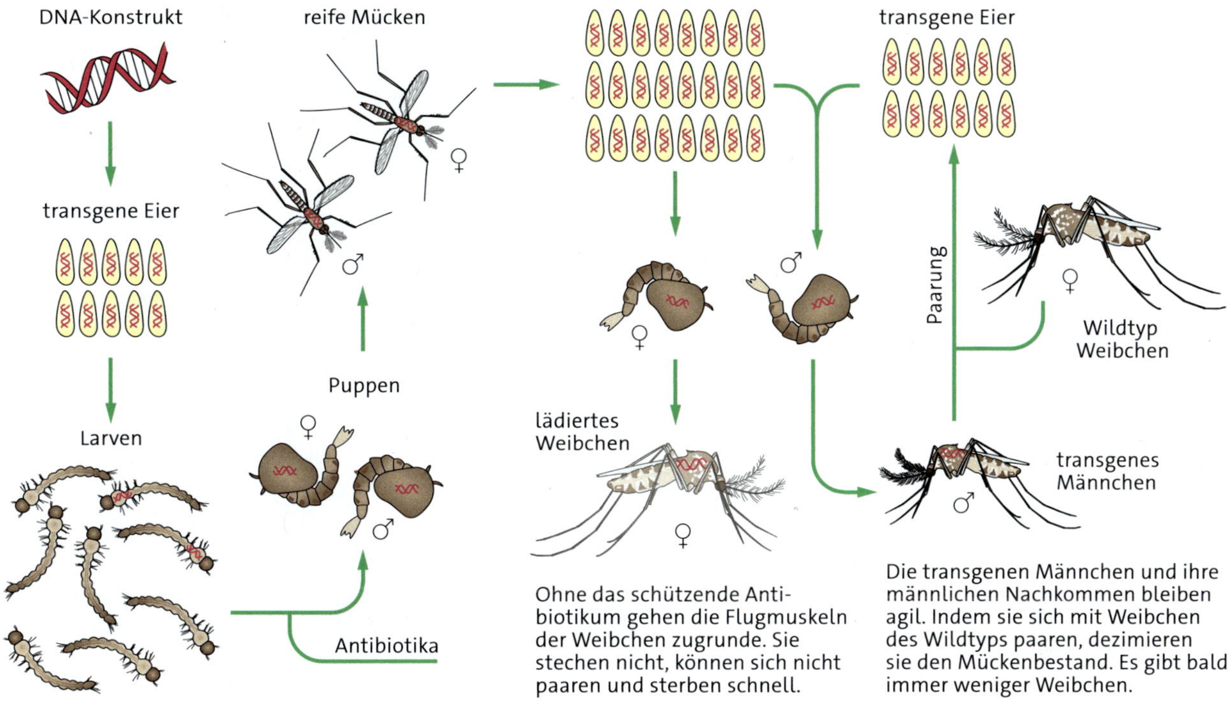

Die Stechmücke *Stegomyia aegypti* ist der Hauptüberträger des Denguevirus. Die Übertragung erfolgt, während das Weibchen Blut bei einem Menschen saugt. Dieses Virus löst jährlich bei etwa 100 Millionen Menschen in tropischen und subtropischen Ländern Amerikas, Asiens und Afrikas das Denguefieber aus, das sich in hohem Fieber sowie Kopf-, Gelenk- und Muskelschmerzen äußert und lebensbedrohlich verlaufen kann. Die Anzahl der Infizierten verdoppelt sich seit den 1970er-Jahren alle zehn Jahre. Obwohl diese Erkrankung eine der aggressivsten Infektionskrankheiten ist, gibt es weder Impfungen noch Medikamente. Als Gegenmaßnahmen werden die Mückenbestände mit Insektiziden bekämpft und Netze oder schützende Kleidung gegen Mückenstiche empfohlen.

Gentechnische Maßnahmen sollen das Infektionsrisiko vermindern. Die gentechnische Veränderung der Mücken besteht in der Transfektion eines DNA-Konstrukts aus fünf verschiedenen Genen: Gen 1 gehört zu einer DNA-Region, die nur während der Metamorphose der weiblichen Mücken genutzt wird. Es codiert ein Protein, welches Gen 2 aktiviert. Dadurch wird ein Toxin produziert, welches die Entwicklung der Flugmuskulatur verhindert. Zwei weitere Gene codieren rot und grün fluoreszierende Proteine. Ein fünftes Gen enthält die Informationen für ein Regulationsprotein, das die Bildung des Toxins blockiert, solange das Antibiotikum Tetrazyklin vorhanden ist. Im Labor leben die Mückenlarven in tetrazyklinhaltigem Wasser, unter natürlichen Bedingungen überleben sie nicht.

Zwei Forscherteams arbeiten seit etwa 2004 mit *Stegomyia aegypti*. Eine Gruppe erwarb für Testzwecke ein Stück Land in Mexiko und baute dort eine abgeschottete Versuchsstation in Abstimmung mit den kommunalen Behörden. In dieser vom Denguefieber stark geplagten Region führten die Forscher regelmäßig Informationsveranstaltungen für die Bevölkerung durch. Die andere Gruppe ließ nach behördlicher Genehmigung Millionen gentechnisch veränderter Stechmücken auf einer Karibikinsel frei. Ihre Nachkommen auch aus Kreuzungen mit dem Wildtyp sterben als Larven.

1 Nennen Sie Gründe, weshalb *Stegomyia aegypti* für eine transgene Veränderung ausgewählt wurde.

2 Erläutern Sie die Funktion der transfizierten Gene.

3 Erläutern Sie die Folgen der gentechnischen Veränderung der Stechmückenart für den Menschen, die Mückenpopulation und die Umwelt.

4 Vergleichen Sie die Vorgehensweisen der beiden Forscherteams und bewerten Sie diese.

2.17 Stammbaumanalyse

1 Albinismus unter Geschwistern

Bei etwa einem von 20 000 Neugeborenen wird eine besonders helle Hautfarbe beobachtet. Sie ist auf eine angeborene Störung der Melaninsynthese zurückzuführen. Melanine bewirken die Pigmentierung von Haut, Augen und Haaren. Menschen mit Albinismus bekommen schneller Sonnenbrand und haben ein erhöhtes Risiko, an Hautkrebs zu erkranken. Die Weitergabe der Albinismusallele folgt, wie viele andere Erbgänge des Menschen, den Mendel'schen Regeln. Gregor Mendel führte Kreuzungsexperimente durch und wertete die Zahlenverhältnisse der Nachkommen aus. Bei Menschen ist diese methodische Vorgehensweise ausgeschlossen. Wie kann man dennoch bestimmen, welcher Erbgang dem Albinismus zugrunde liegt?

Analyse von Erbgängen • Um zu erfahren, auf welchem Erbgang eine Merkmalsausprägung wie der Albinismus beruht, überprüft man zunächst über mehrere Generationen jedes Mitglied der betroffenen Familie und erstellt aus den gewonnenen Daten einen **Stammbaum**. Seine Darstellung erfolgt anhand international gebräuchlicher Symbole.

Für Humangenetiker ist zunächst interessant, ob das untersuchte Allel dominant oder rezessiv vererbt wird. Wenn ein dominantes Allel vorliegt, wird es im Phänotyp immer ausgeprägt, egal ob das Allel homozygot oder heterozygot vorkommt. Ein rezessiv vererbtes Allel wird im Erscheinungsbild nur sichtbar, wenn es homozygot vorliegt. Die meisten Gene sind auf einem der 22 Autosomen lokalisiert. Sie werden daher autosomal vererbt. Gene auf dem X- oder Y-Chromosom werden gonosomal vererbt. Eine eindeutige Bestimmung, ob die Vererbung einer Merkmalsausprägung autosomal oder gonosomal erfolgt, ist oft nur anhand der statistischen Verteilung innerhalb einer größeren Population möglich. Nur bei autosomalen Erbgängen ist die Merkmalsausprägung unabhängig vom Geschlecht.

Autosomal-rezessiver Erbgang • Anhand der Verteilung der Merkmalsausprägungen in einer Familie, in der Albinismus beobachtet wird, lässt sich ein Stammbaum erstellen (▸ 2). Wenn zum Beispiel der Vater Merkmalsträger ist, jedoch kein Nachkomme der folgenden Generation, so überspringt die Merkmalsausprägung eine Generation. Dies ist ein Hinweis auf einen rezessiven Erbgang. Ein weiterer Hinweis findet sich in der dritten Generation. Eltern, die die Merkmalsausprägung nicht zeigen, haben Kinder, die Merkmalsträger sind. Dies ist nur möglich, wenn beide Eltern bezüglich des Allels für Albinismus heterozygot sind. Beide Geschlechter sind statistisch gleichermaßen betroffen. Ein solcher Erbgang wird als autosomal-rezessiv bezeichnet.

Sind Vater und Mutter Merkmalsträger, also homozygot rezessiv, sind es all ihre Kinder auch. Hat ein Elternteil einen heterozygoten und das andere einen rezessiv homozygoten Genotyp, tragen statistisch gesehen 50 % ihrer Kinder das Merkmal. Die Kinder heterozygoter Eltern sind mit einer Wahrscheinlichkeit von 25 % Merkmalsträger.

Autosomal-dominanter Erbgang • Bei einigen Merkmalen führt bereits ein mutiertes Allel zu einer veränderten Merkmalsausprägung. Bei genetisch bedingten Erkrankungen bedeutet das, dass auch Heterozygote erkrankt sind. Wenn das Allel auf einem Autosom liegt, handelt es sich um einen autosomal-dominanten Erbgang. Die dominante Vererbung ist daran erkennbar, dass merkmalstragende Eltern merkmalsfreie Kinder haben können (► **3**). Nur die Kinder homozygot rezessiver Eltern sind merkmalsfrei. Heterozygote Eltern bekommen statistisch zu 75 % merkmalstragende Kinder. Hat mindestens ein Elternteil einen homozygot dominanten Genotyp, tragen alle Kinder das Merkmal.
Die meisten genetisch bedingten Erkrankungen kommen selten vor. Mit einer Wahrscheinlichkeit von 1 : 500 ist die **familiäre Hypercholesterinämie** die häufigste Krankheit, die auf einem autosomal-dominanten Erbgang beruht. Die Zellen der Betroffenen weisen einen Defekt in ihren Rezeptoren für Lipoproteine mit niedriger Dichte auf, die als low density lipoproteins, kurz LDL, bezeichnet werden. Zu ihnen gehört auch das LDL-Cholesterin. Die Zellen können weniger Cholesterin aus dem Blut aufnehmen. Deshalb ist die Konzentration an LDL-Cholesterin im Blut bei heterozygoten Merkmalsträgern etwa doppelt so hoch wie bei gesunden Menschen. Sie erleiden deshalb oft schon im Alter von unter 40 Jahren einen Herzinfarkt. Homozygote Merkmalsträger haben keine funktionsfähigen LDL-Rezeptoren. Bei ihnen ist der Wert des LDL-Cholesterins um das Zehnfache höher als normal. Herzinfarkte treten meist schon vor dem 15. Lebensjahr auf.

1 **Erläutern Sie, wodurch man im Stammbaum auf einen autosomal-dominanten oder autosomal-rezessiven Erbgang schließen kann.**

2 **Erklären Sie die Wahrscheinlichkeiten merkmalstragender Kinder bei autosomal-dominanten und autosomal-rezessiven Erbgängen.**

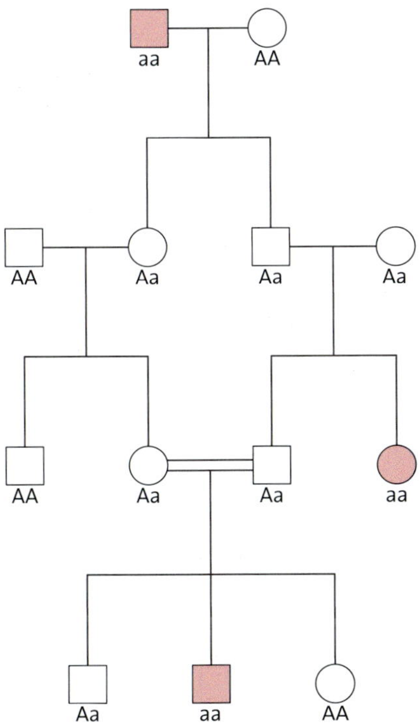

2 Stammbaum eines autosomal-rezessiven Erbgangs

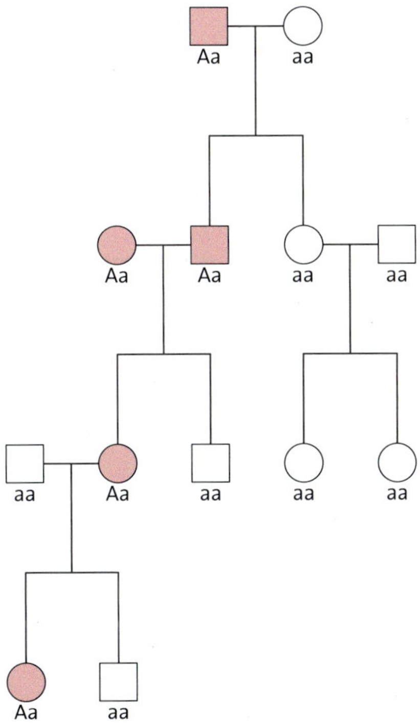

3 Stammbaum eines autosomal-dominanten Erbgangs

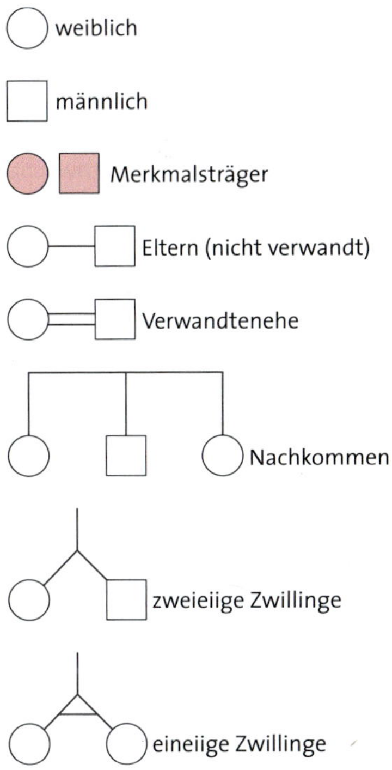

4 International gebräuchliche Symbole für Stammbäume

Gonosomale Erbgänge • Bei der Hämophilie, die auch als Bluterkrankheit bezeichnet wird, handelt es sich um eine Blutgerinnungsstörung. Davon sind in besonderem Maße die männlichen Nachkommen der europäischen Adelshäuser betroffen (▶ 1). Wie lässt sich diese Besonderheit erklären?

Die Gene für die Gerinnungsfaktoren liegen auf dem X-Chromosom, werden also gonosomal vererbt. Eine Veränderung im Gen für den Faktor VIII verursacht die häufigere Form Hämophilie A. Hämophilie B beruht auf einer Mutation im Gen des Faktors IX. Da die Allele für die Gerinnungsfaktoren auf dem Y-Chromosom fehlen, sind Männer auf die intakten Allele des X-Chromosoms angewiesen. Sie sind hinsichtlich der betreffenden Allele **hemizygot**. Eine heterozygote Frau ist aufgrund des funktionsfähigen zweiten Allels phänotypisch gesund. Sie gibt das mutierte Allel mit einer Wahrscheinlichkeit von 50 % an ihre Nachkommen weiter und wird deshalb als **Konduktorin** bezeichnet. Die betroffenen männlichen Nachkommen erkranken, die betroffenen Töchter sind wiederum Konduktorinnen. Ein an Hämophilie erkrankter Mann hat ausschließlich gesunde Söhne, alle Töchter sind Konduktorinnen. Die Häufung des mutierten Allels im europäischen Adel ist ausschließlich auf Verwandtenehen zurückzuführen.

Eine weitere Erkrankung mit einem X-chromosomal-rezessiven Erbgang ist die Muskeldystrophie Typ Duchenne. Ab dem 3. Lebensjahr beginnt sie mit einer Schwächung der Beinmuskulatur. Mit 12 Jahren sind die meisten Betroffenen auf einen Rollstuhl angewiesen und mit 18 Jahren pflegebedürftig.

Das Allel für die Rot-Grün-Sehschwäche wird ebenfalls X-chromosomal-rezessiv vererbt. Von ihr sind 9 % aller Männer betroffen. Verursacht wird sie durch Mutationen der Gene, die für die Sehpigmentproteine codieren. Dadurch ändert sich die Empfindlichkeit der Zapfen in der Netzhaut des Auges.

Monogenie, Polygenie, Modifikation • Nicht alle Merkmalsausprägungen und ihre Vererbung können in Stammbäumen dargestellt werden. Das gelingt nur bei monogen bedingten Merkmalen, also jenen, die von der Ausprägung eines einzelnen Gens bestimmt werden. Für viele Merkmale sind aber die Allele mehrerer Gene verantwortlich, man spricht dann von Polygenie. Ein Beispiel dafür ist die Hautfarbe des Menschen. Sie wird von mehreren Genen bestimmt und tritt daher in graduell voneinander abweichenden Pigmentierungen auf.

An diesem Beispiel kann man auch den Einfluss von Umwelt und Verhalten auf Merkmalsausprägungen erkennen. Hält sich jemand viel an der Sonne auf, wird seine Haut dunkler. Eine solche Veränderung des Phänotyps, Modifikation genannt, wird nicht an Nachkommen weitervererbt.

1 **Die durchschnittliche Körpergröße der Frauen in Mitteleuropa lag im 19. Jahrhundert bei 156 cm und liegt heute bei 165 cm. Stellen Sie eine Hypothese zur Erklärung des Phänomens auf.**

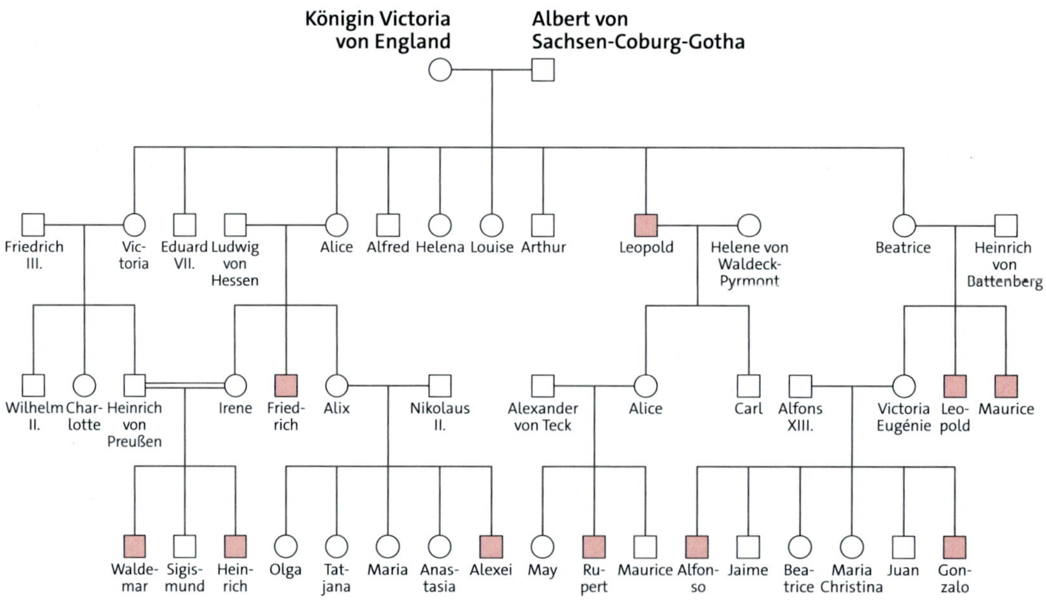

1 Hämophilie A in europäischen Adelshäusern

Material A Phenylketonurie

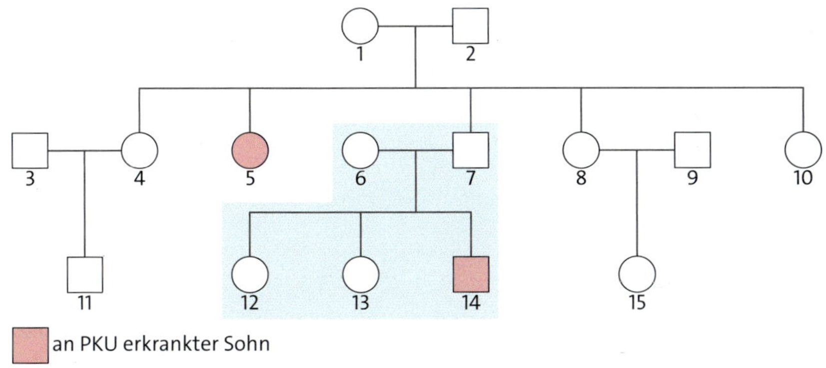

Den Personen 12, 13 und 14 wurde eine genormte Menge an Phenylalanin verabreicht. Das Diagramm zeigt die jeweilige Tyrosinkonzentration im Blutplasma im Verlauf von 8 h.

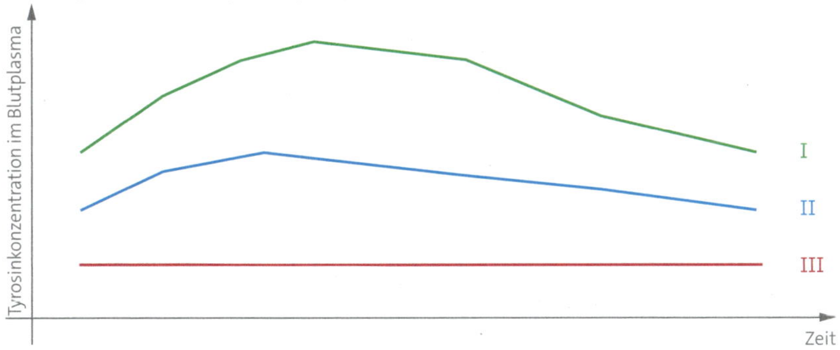

Phenylketonurie, kurz PKU, ist eine genetisch bedingte Stoffwechselstörung, die in Deutschland bei einem von 10 000 Neugeborenen auftritt. Alle eiweißhaltigen Lebensmittel enthalten die essenzielle Aminosäure Phenylalanin. Normalerweise wird sie in der Leber durch ein Enzym in die Aminosäure Tyrosin umgewandelt. Bei PKU-betroffenen Menschen ist dieses Enzym aufgrund einer Mutation gar nicht oder nur teilweise aktiv. Phenylalanin reichert sich an und verursacht schließlich eine Hirnschädigung, wenn die PKU nicht in den ersten Lebenswochen entdeckt und sofort durch eine phenylalaninarme Diät behandelt wird. In Deutschland gibt es ein Screening aller Neugeborenen am dritten bis fünften Lebenstag.

1 Leiten Sie aus dem Stammbaum den vorliegenden Erbgang ab. Begründen Sie, welche Erbgänge auszuschließen sind.

2 Ordnen Sie die Kurvenverläufe des Diagramms den Personen 12, 13 und 14 zu und erklären Sie den Zusammenhang zwischen Tyrosingehalt und Allelkombination.

3 Erläutern Sie den zu erwartenden Kurvenverlauf bei den Personen 6 und 7.

Material B Polygene Vererbung der Hautfarbe

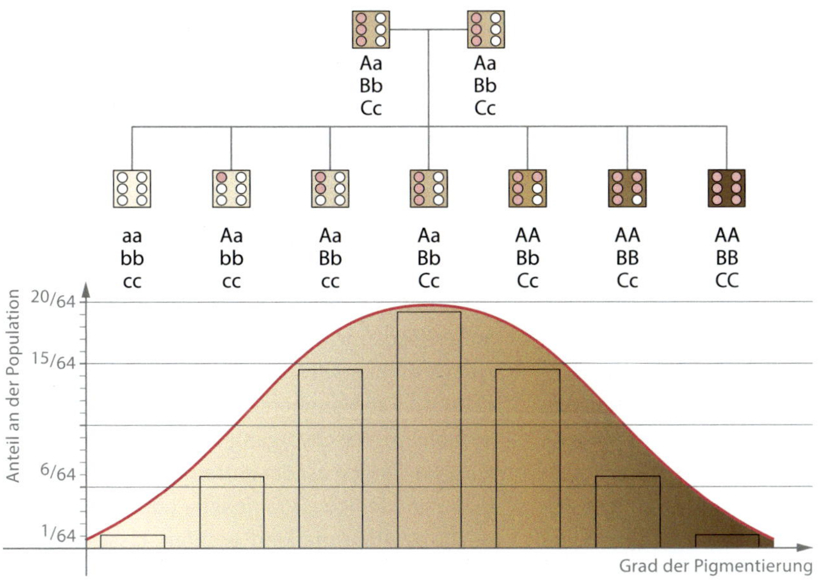

Die menschliche Hautfarbe wird durch mehrere Gene bestimmt, man weiß noch nicht genau, wie viele. Die Variabilität der Phänotypen steigt mit der Anzahl der beteiligten Gene. Ein vereinfachtes Modell mit den unvollständig dominanten Allelen der Gene A, B und C ergibt sieben Kombinationsmöglichkeiten für die Pigmentierungsstärke.

1 Beschreiben Sie den Zusammenhang zwischen Genotyp und Phänotyp am Beispiel der Hautfarbe.

2 Begründen Sie, weshalb man die Allele als unvollständig dominant bezeichnet.

2.18 Pränataldiagnostik und Reproduktionsmedizin

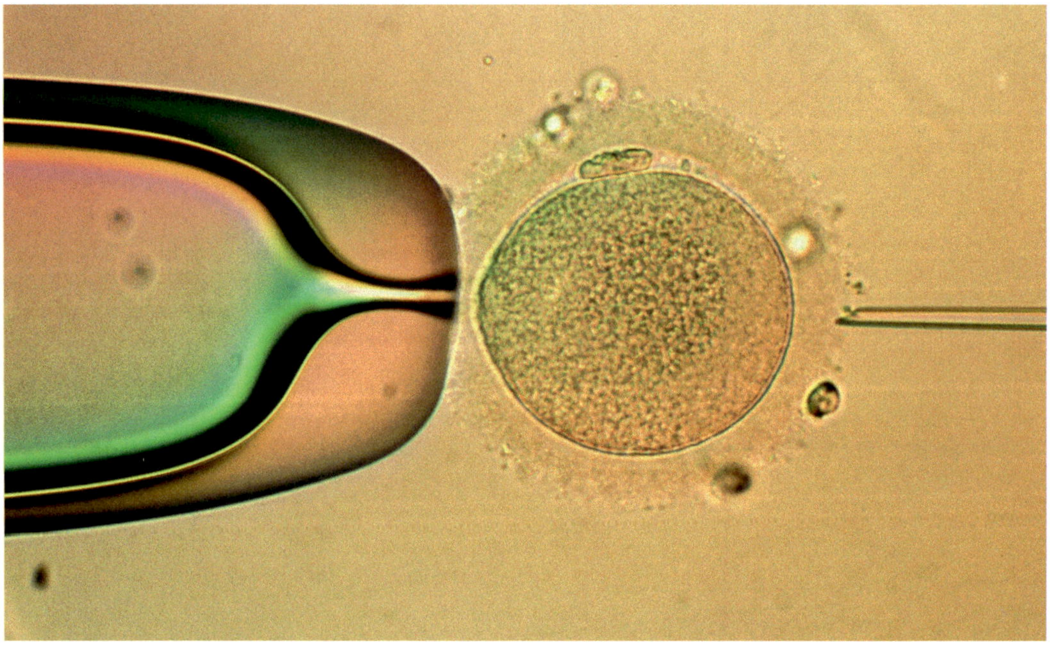

1 Intracytoplasmatische Spermieninjektion in der Reproduktionsmedizin

Es gibt verschiedene Verfahren, mit denen Kinder schon vor der Geburt auf Krankheiten untersucht werden können. Die Untersuchung eines Fetus im Mutterleib bezeichnet man als Pränataldiagnostik. Allerdings schätzt man auch, dass ungefähr 15 % aller Paare in Deutschland trotz Kinderwunsch auf natürlichem Weg keine Kinder bekommen können. Mit welchen medizinischen Methoden der Reproduktionsmedizin kann der Wunsch nach einem Kind heutzutage erfüllt werden?

lat. mucus = Schleim
lat. viscidus = zäh

CFTR = Cystic Fibrosis Transmembrane Conductance Regulator

Genetisch bedingte Krankheiten • Die meisten genetisch bedingten Erkrankungen haben ihren Ursprung in Mutationen, die von den Eltern an die Kinder vererbt werden. Ein Beispiel ist Mukoviszidose. Betroffene haben eine Mutation im *CFTR*-Gen. Bei ihnen behindert ein zäher Schleim in der Lunge die Atmung und führt zu häufigen Infektionen. Auch das Verdauungssystem und die Knochen sind beeinträchtigt. Die Krankheit beruht auf einem autosomal-rezessiven Erbgang.

Andere genetisch bedingte Krankheiten entstehen bei gesunden Eltern während der Bildung der Geschlechtszellen. So führen beispielsweise Fehler bei der Verteilung der Chromosomen oder Chromatiden während der Meiose beim Nachkommen zu einer Trisomie, dem dreifachen statt doppelten Vorhandensein eines Chromosoms im Genom. Die bekannteste Trisomie ist Trisomie 21, bei der das 21. Chromosom dreifach vorliegt. Sie geht mit mandelförmigen Augen, einer hohen Wahrscheinlichkeit für Herzfehler und geistigen Einschränkungen einher. Die Wahrscheinlichkeit, ein Kind mit Trisomie 21 zu bekommen, steigt mit dem Alter der Mutter an.
Mukoviszidose und Trisomie 21 lassen sich schon im Mutterleib diagnostizieren, indem man die DNA des Kindes auf entsprechende Mutationen untersucht.

Gensonden • Um bestimmte DNA-Abschnitte im Genom aufzufinden, nutzt man Gensonden. Das sind synthetisch hergestellte Oligonucleotide aus einzelsträngiger DNA oder RNA. Die Basensequenz der Gensonde muss komplementär zur gesuchten DNA-Sequenz sein. Länge und Sequenz einer Sonde werden so gewählt, dass sie spezifisch nur zum gesuchten DNA-Abschnitt passt. Trifft eine Sonde auf ihre Zielsequenz, hybridisieren die beiden Einzelstränge miteinander. Die Wasserstoffbrücken zwischen den komplementären Nucleotiden halten auch einem Waschvorgang stand, mit dem ungebundene Sonden wieder entfernt werden.
Da die Sonden zuvor radioaktiv oder mit Fluoreszenzfarbstoffen markiert wurden, lassen sie sich anschließend sichtbar machen.

Pränataldiagnostik • Bei vielen Verfahren der Pränataldiagnostik können Informationen über den Fetus von außen oder durch eine Blutentnahme bei der Mutter gewonnen werden. Diese Methoden nennt man nichtinvasiv.

Das bekannteste und während einer Schwangerschaft mehrfach angewandte Diagnoseverfahren ist die Ultraschalluntersuchung oder Sonografie. Sie beruht auf der Tatsache, dass Gewebe je nach ihrer Dichte Ultraschallwellen verschieden reflektieren und die Grenzen zwischen ihnen sichtbar werden. So kann ein Bild des Kindes schon wenige Wochen nach Beginn der Schwangerschaft gewonnen werden.

Eine Ultraschalluntersuchung ist ein Standardverfahren der Pränataldiagnostik. Sie ist unschädlich und ermöglicht Aufschluss über Geschlecht und Entwicklungszustand des Kindes sowie körperliche Besonderheiten. Ihre Ergebnisse können Anlass zu weiteren Verfahren geben.

Beim NIPT kann man mithilfe einer Blutprobe der Mutter den Fetus auf Trisomien untersuchen. Das ist möglich, weil sich etwa ab der 10. Schwangerschaftswoche genügend fetale DNA-Fragmente im mütterlichen Blutkreislauf befinden, durch deren Mengenverhältnisse überzählige Chromosomen erkannt werden können. Auch manche Stoffwechselstörungen beim Fetus oder eine Inkompatibilität der Blutgruppen von Mutter und Kind kann man durch eine Blutuntersuchung feststellen.

Invasive Methoden • Um Zellen des Kindes noch während der Schwangerschaft untersuchen zu können, muss man invasive Methoden anwenden. Bei ihnen wird eine Kanüle in die Gebärmutter eingeführt, durch die Gewebe des Fetus entnommen wird. Je nachdem, an welcher Stelle das genau geschieht, unterscheidet man drei Verfahren:

Ab der 10. Schwangerschaftswoche ist eine Chorionzottenpunktion möglich. Dabei werden Zellen des vom Kind gebildeten Chorions, eines Teils der Plazenta, entnommen. Bei der Fruchtwasserpunktion oder Amniozentese kann man ab der 15. Schwangerschaftswoche etwas Fruchtwasser absaugen. Darin schwimmen vom Fetus abgestoßene Zellen. Das dritte Verfahren, die Nabelschnurpunktion, ist ab der 17. Schwangerschaftswoche anwendbar. Dabei gewinnt man Zellen aus der Nabelschnur. In etwa 1–2 % der Fälle kann ein invasives Verfahren eine Fehlgeburt auslösen.

Neben der Untersuchung auf genetisch bedingte Krankheiten können auf die Entnahmeverfahren auch andere Diagnosemethoden folgen, beispielsweise zur Geschlechtsermittlung. Andere Methoden untersuchen den Stoffwechsel der Zellen auf Besonderheiten, die Rückschlüsse auf Entwicklungsstörungen erlauben. Manchmal ist dann eine Behandlung schon im Mutterleib möglich.

NIPT = nichtinvasiver Pränataltest

1 **Stellen Sie die Verfahren der Pränataldiagnostik in einer Übersicht dar.**

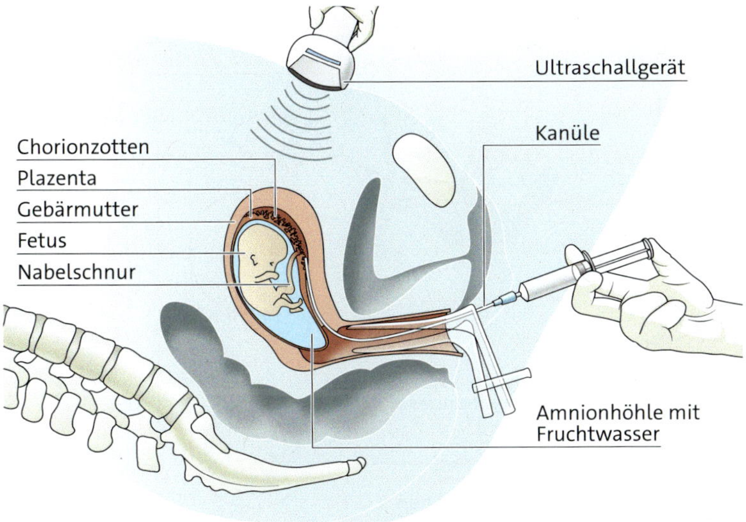

2 Fetus im Mutterleib bei Ultraschall und Chorionzottenpunktion

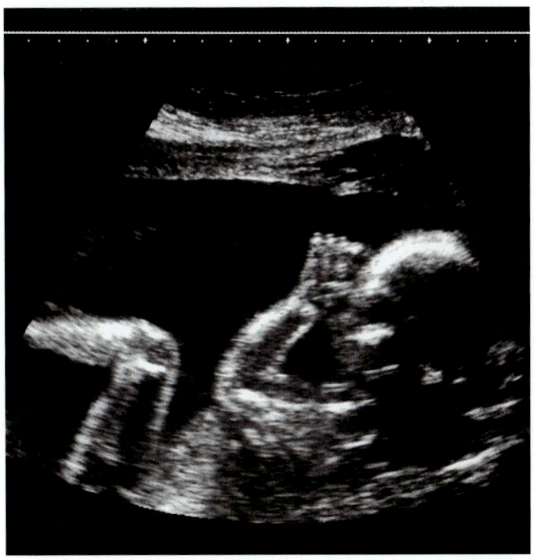

3 Ultraschallaufnahme

Reproduktionsmedizin • Das älteste und einfachste Verfahren der Reproduktionsmedizin ist die künstliche Insemination. Dabei werden der Frau in der Zeit, in der eine Empfängnis am wahrscheinlichsten ist, die Spermienzellen ihres Partners oder eines fremden Spenders mithilfe eines Katheters in die Gebärmutter oder den Eileiter injiziert.

In-vitro-Fertilisation • Wenn die Ursache der Kinderlosigkeit eine Blockade des Eileiters ist, muss ein anderes Verfahren durchgeführt werden. Zur Vorbereitung injiziert sich die Frau über mehrere Tage das follikelstimulierende Hormon, kurz FSH, unter die Haut. Dies führt zur Reifung mehrerer Follikel. Mittels einer Punktion durch die Bauch- oder Scheidenwand werden die Follikel entnommen und in ein Kulturmedium gegeben. Gleichzeitig werden die Spermienzellen des Mannes auf ihre Anzahl, Form und Beweglichkeit untersucht und anschließend mit den Eizellen im Kulturmedium vermischt. Nach dieser **In-vitro-Fertilisation** inkubiert man die Zygoten in einem Brutschrank. Nach zwei Tagen, im Achtzellstadium, werden meist zwei Embryonen in die Gebärmutter der Frau überführt. Laut Embryonenschutzgesetz ist es zulässig, maximal drei Embryonen einzusetzen. In vielen Kliniken wird der **Embryotransfer** erst nach fünf Tagen im Blastocystenstadium durchgeführt. Man verspricht sich hierdurch eine erhöhte Schwangerschaftsrate.

engl. ICSI = intracytoplasmic sperm injection

engl. IMSI = intracytoplasmic morphologically selected sperm injection

Intracytoplasmatische Spermieninjektion • Wenn die Spermienzellen unbeweglich sind, ihre Anzahl sehr niedrig ist oder die In-vitro-Fertilisation nicht erfolgreich war, kann ein anderes Verfahren durchgeführt werden. Mithilfe eines Mikromanipulators wird eine Spermienzelle direkt in eine reife Eizelle injiziert. Hierzu wird die Eizelle mit einer dünnen Glaspipette angesaugt und damit fixiert. Die Spermienzelle befindet sich in einer feinen Kanüle, die in die Eizelle hineingeschoben wird. Unter dem Mikroskop und am Bildschirm lässt sich der Vorgang verfolgen. Doch auch diese **intracytoplasmatische Spermieninjektion**, kurz **ICSI**, führt häufig nicht zum Erfolg. Eine Ursache hierfür ist, dass die für die Injektion zufällig ausgewählten Spermienzellen Defekte aufweisen können, die eine Befruchtung verhindern.

Eine deutlich erhöhte Schwangerschaftsrate wird erzielt, wenn die Spermienzellen vor der intracytoplasmatischen Spermieninjektion unter einem hochauflösenden Mikroskop morphologisch genau untersucht und dann die am besten geeigneten Spermien ausgewählt werden. Dieses Verfahren wird entsprechend als **intracytoplasmatische morphologisch selektierte Spermieninjektion**, kurz **IMSI**, bezeichnet.

1 Beschreiben Sie die in der Reproduktionsmedizin eingesetzten Methoden.

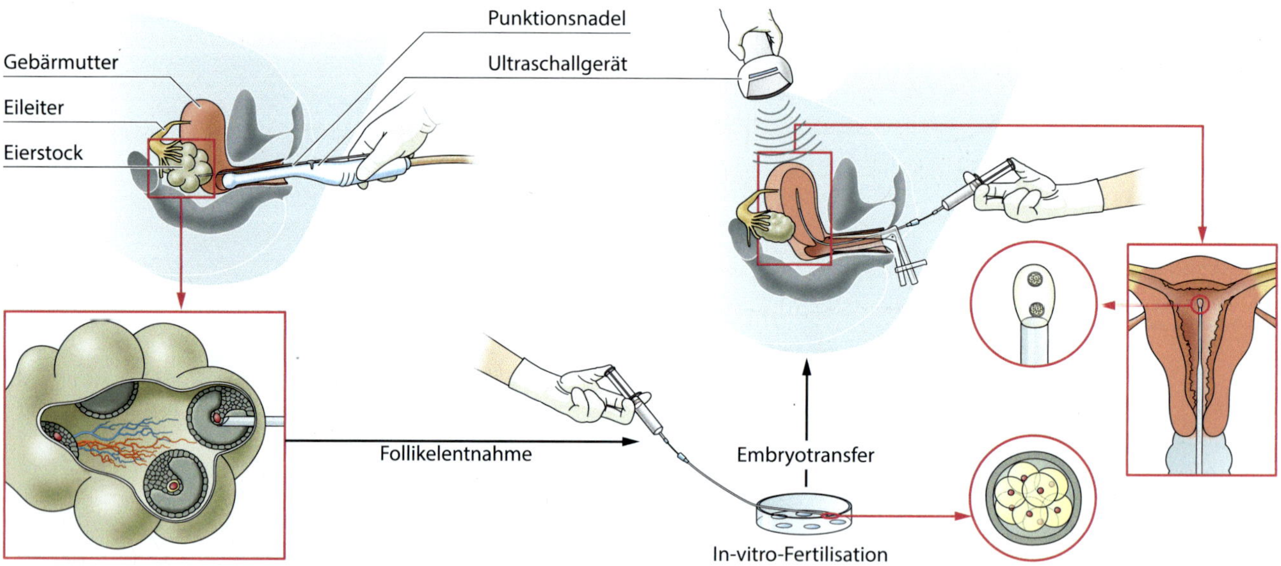

1 In-vitro-Fertilisation und Embryotransfer

Präimplantationsdiagnostik • Im Jahr 2008 kam in England ein Mädchen zur Welt, auf dessen Genotyp dem Wunsch der Eltern entsprechend Einfluss genommen wurde. In der Familie des Vaters waren in allen drei vorhergehenden Generationen Frauen an Brustkrebs gestorben. Etwa 5–10 % aller Brustkrebsfälle sind erblich bedingt. Bei vielen davon spielt das Tumor-Suppressorgen *Breast Cancer 1*, kurz *BRCA1*, eine Rolle. Es war bei den Verwandten des Vaters und auch bei ihm selbst mutiert. Träger des mutierten Gens erkranken etwa vier- bis fünfmal häufiger an Brustkrebs als Personen ohne Mutationen in *BRCA1*. Um das zu verhindern, wollten die Eltern gezielt ein Kind mit intaktem *BRCA1* bekommen. Wie war das möglich?

Zunächst wird eine In-vitro-Fertilisation durchgeführt. Der Mutter werden mehrere Eizellen entnommen und diese im Reagenzglas befruchtet. Im Achtzellstadium werden den so erzeugten Embryonen jeweils eine oder zwei Zellen entnommen und daraufhin untersucht, ob sie das mutierte Gen tragen. Diese Untersuchung bezeichnet man als **Präimplantationsdiagnostik** oder **PID**. Die Embryonen mit dem mutierten Gen wurden anschließend aussortiert und ein Embryo mit dem intakten Gen in die Gebärmutter eingesetzt. Bei einem neueren Verfahren führt man die Zellentnahme erst am fünften Tag der Entwicklung im Blastocystenstadium durch. Die äußere Hülle der Blastocyste, der Trophoblast, entwickelt sich später zur Plazenta. Deshalb kann man dem Trophoblasten mehrere Zellen entnehmen, ohne die weitere Entwicklung des Embryos zu gefährden.

Seit den 1990er-Jahren wird die PID in verschiedenen Ländern angewandt. Mit ihrer Hilfe lassen sich bestimmte genetisch bedingte Erkrankungen oder Chromosomenaberrationen, zum Beispiel Trisomien, erkennen. Es ist aber auch möglich, das Geschlecht zu bestimmen oder gezielt ein Baby zu zeugen, das als Stammzellspender für ein erkranktes Kind dient. In Deutschland ist eine PID nur erlaubt, wenn aufgrund der genetischen Disposition der Eltern eine schwere genetisch bedingte Erkrankung beim Kind oder eine Tot- oder Fehlgeburt wahrscheinlich ist.

Polkörperdiagnostik • Direkt nach einer ICSI, noch vor der Verschmelzung des mütterlichen und des väterlichen Zellkerns, werden ein oder zwei Polkörper der Eizelle entnommen. Die Polkörper können auf das Vorhandensein aller 23 Chromosomen untersucht werden. Außerdem lässt sich indirekt überprüfen, ob die Eizelle das Allel für eine genetisch bedingte Erkrankung der Mutter aufweist. Die aus dieser **Polkörperdiagnostik** gewonnenen Erkenntnisse sind jedoch relativ unpräzise und erlauben keinerlei Aussagen über das Genom des Vaters.

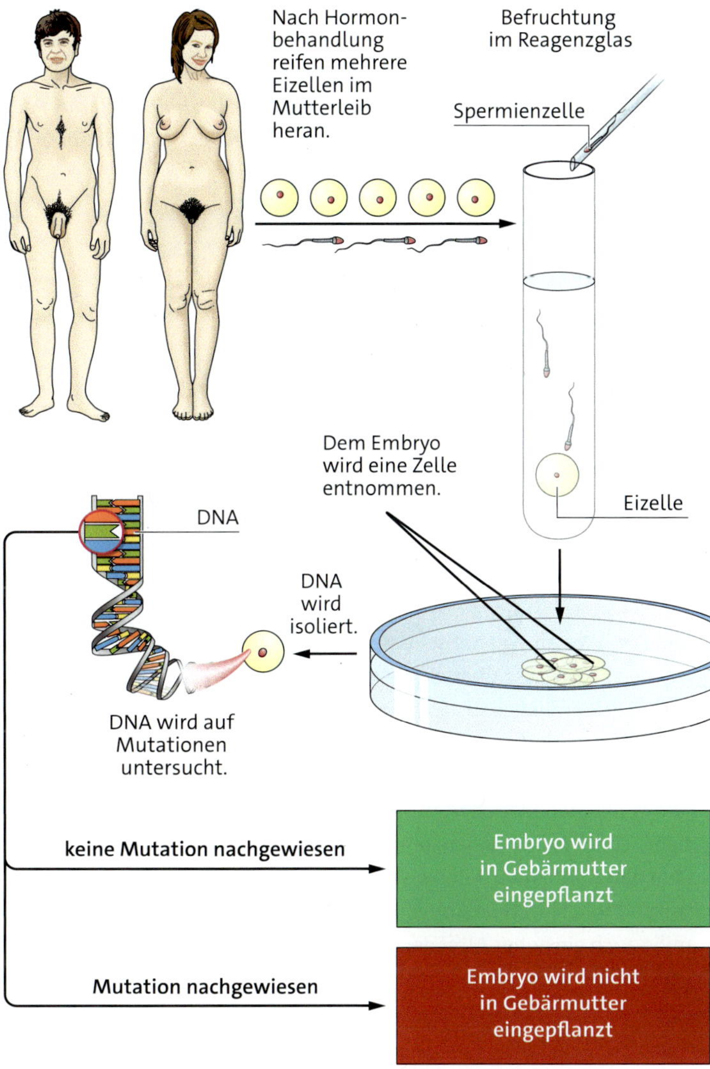

2 Ablauf der Präimplantationsdiagnostik

2 Erläutern Sie, weshalb eine PID nur im Zusammenhang mit der In-vitro-Fertilisation durchgeführt werden kann.

3 Beurteilen Sie die Wahrscheinlichkeit für eine Person mit intaktem oder mutiertem *BRCA1*, an Brustkrebs zu erkranken.

Genetische Beratung

Ein Paar vereinbart einen Termin bei einer genetischen Beratungsstelle. Sie wollen Kinder haben, sind jedoch verunsichert, weil der Bruder des Mannes an der genetisch bedingten Krankheit Mukoviszidose leidet. Die Erkrankung wurde erst nach der Geburt diagnostiziert und hat damals bei den Eltern abrupt viele Fragen aufgeworfen. Deshalb hofft das Paar, nun beim Beratungstermin Antworten auf die eigenen Fragen zu bekommen. Welche Fragen könnten das sein und wie kann den beiden geholfen werden?

1 Paar bei der genetischen Beratung

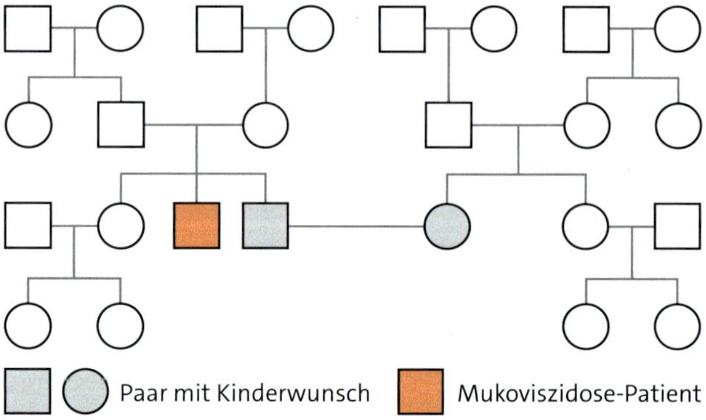

2 Stammbaum des ratsuchenden Paares

Ziele • Wer eine genetische Beratung in Anspruch nimmt, ist meist ungewiss über eine eigene genetische Erkrankung oder das Erkrankungsrisiko für zukünftige oder bereits geborene Kinder. Ziel ist es daher zunächst, diese Fragen zu beantworten. Dabei kann eine genetische Beratungsstelle nicht alle denkbaren Krankheiten oder Behinderungen berücksichtigen, sondern nur diejenigen, für die es beim ratsuchenden Paar einen konkreten Hinweis gibt. Das kann neben dem Auftreten erblicher Erkrankungen wie Mukoviszidose in der Familie auch ein hohes Alter der Mutter in der Schwangerschaft sein.

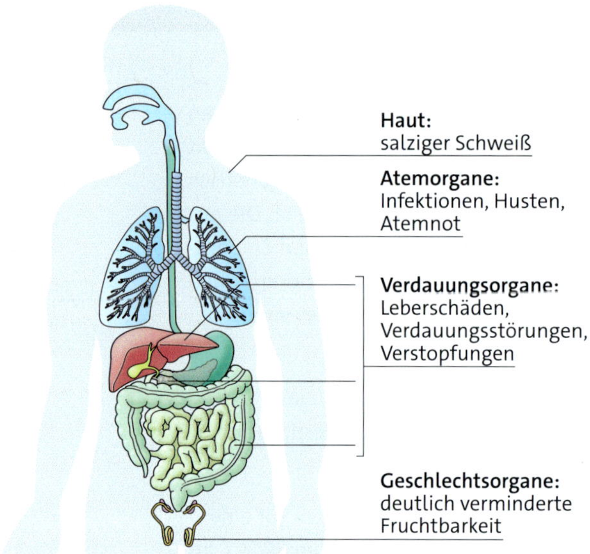

3 Symptome der Mukoviszidose

Zudem gibt die Beratung Hilfestellung bei der Entscheidung für und gegen die verschiedenen Handlungsmöglichkeiten, die das Paar hat. Dabei ist die Beratung immer ergebnisoffen. Die Entscheidung, welche Untersuchungen in Anspruch genommen werden und welche Folgen die Ergebnisse beispielsweise für die Familienplanung haben, liegt alleine bei den Ratsuchenden.

Genetische Beratung kann sowohl vor als auch während der Schwangerschaft helfen. Abhängig von der konkreten Situation kann es sinnvoll oder sogar notwendig sein, sich mehrfach zu verschiedenen Zeitpunkten beraten zu lassen.

Stammbaumerstellung und -analyse • Liegt in der Familie eine vererbbare monogene Krankheit vor, wird ein Familienstammbaum über mehrere Generationen erstellt. Er kann ermöglichen, durch die Anwendung der Vererbungsregeln den Genotyp der Ratsuchenden zu ermitteln, beispielsweise ob sie Überträger eines Allels des *CFTR*-Gens sind, das Mukoviszidose verursacht. Mit diesem Wissen kann dann die Erkrankungswahrscheinlichkeit für geplante Kinder errechnet werden. In manchen Fällen hilft die Stammbaumanalyse aber nicht weiter, zum Beispiel wenn es nur wenige Blutsverwandte gibt oder Kenntnisse über ihre Erkrankungen fehlen.

Körperliche und genetische Untersuchung • Bei manchen Erkrankungen gibt eine körperliche Untersuchung Aufschluss über den Genotyp der Ratsuchenden. Sind die Symptome nicht eindeutig oder nicht zweifelsfrei einem Genotyp zuzuordnen, helfen genetische Diagnoseverfahren weiter. Bei bekannter genetischer Ursache der Krankheit wird die DNA daraufhin

untersucht. Dafür werden beispielsweise Karyogramme, DNA-Sequenzierung, Schneiden der DNA mit Restriktionsenzymen oder Gensonden eingesetzt. Genau wie nach einer Stammbaumanalyse kann dann statistisch vorhergesagt werden, mit welcher Wahrscheinlichkeit Kinder eines Paares erkranken werden oder nicht. Bei der autosomal-rezessiv vererbten Mukoviszidose besteht für die Kinder heterozygoter Eltern eine Krankheitswahrscheinlichkeit von 25 %. Bei der Trisomie 21 steigt die Erkrankungswahrscheinlichkeit für das Kind mit dem Alter der Mutter an.
Im Fall von Mukoviszidose, der über 2000 verschiedene Mutationen zugrunde liegen können, kann mit einem Gentest meist auch ermittelt werden, welche Mutation im konkreten Fall vorliegt. Die häufigsten Mutationen lassen sich mithilfe eines Genchips nachweisen. Ist die Mutation eines Familienmitglieds bekannt, wird gezielt nach ihr gesucht.

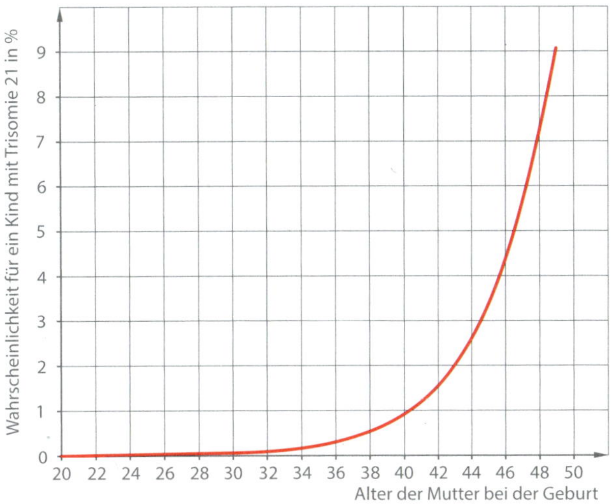

4 Einfluss des Alters auf die Wahrscheinlichkeit eines Kindes mit Trisomie 21

Aufklärung über Krankheit und Therapie • Für viele Krankheiten gibt es Therapien. Im Fall der Mukoviszidose werden regelmäßige Inhalationen, Krankengymnastik, Antibiotika und Medikamente zur Verbesserung der Verdauung eingesetzt. Heilen lässt sich Mukoviszidose bis heute nicht, aber die Lebenserwartung der Betroffenen hat sich in den letzten Jahrzehnten vervielfacht. Sie haben heute gute Chancen, älter als 40 zu werden.

Handlungsoptionen • Je nachdem, um welche Krankheit und Fragestellung es bei der Beratung genau geht, werden den Ratsuchenden ihre Handlungsmöglichkeiten erläutert.
Ein genetisch vorbelastetes Paar mit Kinderwunsch hat folgende Optionen: Die beiden können, um kein Risiko einzugehen, auf eine Schwangerschaft und somit auf leibliche Kinder verzichten.
Entscheiden sie sich für eine Schwangerschaft, können sie pränataldiagnostische Methoden in Anspruch nehmen. Wird dann beim Embryo die genetisch bedingte Krankheit festgestellt, muss das Paar sich entscheiden, ob es die Schwangerschaft abbrechen oder das Kind trotzdem bekommen will. Wenn die Schwangerschaft fortgeführt wird, kann das Paar sich auf ein erkranktes Kind einstellen und entsprechende Vorbereitungen treffen.
Eine dritte Möglichkeit besteht in einer Schwangerschaft ohne Pränataldiagnostik. Das Paar akzeptiert damit von Anfang an das Risiko, ein erkranktes Kind zu bekommen.
Bei manchen Krankheiten wie der Mukoviszidose gibt es in Deutschland eine vierte Option. Wenn die Schwangerschaft durch reproduktionsmedizinische Methoden herbeigeführt wird, können die dabei entstandenen Embryonen genetisch untersucht und diejenigen, die die Krankheit aufweisen, verworfen werden. Um dieses Verfahren zu nutzen, ist eine vorherige genetische Beratung Pflicht.
Welche der Handlungsoptionen sie wählen, entscheiden die Ratsuchenden selbst. Dabei spielen sowohl ihre persönliche Einstellung als auch ihre Lebenssituation eine Rolle.

Beratung in der Schwangerschaft • Die Möglichkeit der genetischen Beratung besteht auch, wenn eine Frau schon schwanger ist. In diesem Fall werden vor allem die Möglichkeiten der Pränataldiagnostik besprochen. Schon vor dem Einsatz dieser Methoden muss umfassend über sie aufgeklärt werden. Dazu gehört auch, ob von einem Test Risiken für das ungeborene Kind ausgehen, welche Erkenntnisse er mit welcher Genauigkeit liefern kann und welche Folgen sich daraus ergeben. Nur wenn das Paar schriftlich einwilligt, darf ein Test auch durchgeführt werden. Die werdenden Eltern können auch ihr Recht auf Nichtwissen in Anspruch nehmen. Für viele ist das weniger belastend als die Entscheidungen, die man treffen muss, wenn man Kenntnis von tatsächlichen oder möglichen Erkrankungen des Kindes hat.
Behandlungsmöglichkeiten im Mutterleib gibt es nur in den seltensten Fällen. Bis zur 12. Schwangerschaftswoche oder bei bestehender Lebensgefahr für die Mutter auch noch später kann in Deutschland die Schwangerschaft unter bestimmten Voraussetzungen straffrei abgebrochen werden. Auch diese Entscheidung obliegt den Ratsuchenden und darf durch die Beratenden weder erzwungen noch zurückgewiesen werden.

1 **Beurteilen Sie, ob der dargestellte Stammbaum geeignet ist, um die Wahrscheinlichkeit anzugeben, mit der die Kinder des ratsuchenden Paares Mukoviszidose haben.**

Material A Bewertung eines Fallbeispiels für PND und PID

Das Paar Kim und Esra hegt seit drei Jahren einen starken Kinderwunsch. Da Esra 41 Jahre alt ist, ist die Wahrscheinlichkeit erhöht, dass ihr Kind Trisomie 21 hat. Freunde der beiden haben vor einigen Jahren eine Tochter mit Trisomie 21 bekommen. Durch Untersuchungen im Rahmen der PND wussten sie schon während der Schwangerschaft davon. Obwohl sie sich zuerst unsicher waren, haben sie sich entschlossen, das Kind zu bekommen. Die kleine Lina musste als Kleinkind wegen eines bei Trisomie 21 häufig auftretenden Herzfehlers operiert werden. Wegen ihrer langsameren geistigen und motorischen Entwicklung wurde sie erst mit 7 Jahren eingeschult. Seitdem besucht sie eine Grundschule und wird im Unterricht von einem Schulbegleiter unterstützt. Obwohl Kim und Esra Lina als fröhliches und zufriedenes Kind kennen, können sie sich nur schwer vorstellen, selbst ein Kind mit Trisomie 21 großzuziehen. Um vor der Geburt von einer Trisomie zu erfahren, haben sie in Deutschland lediglich die Möglichkeit, Methoden der PND zu nutzen. Deshalb überlegen sie, ob sie in die Niederlande gehen sollen, um dort die Möglichkeit einer PID in Anspruch zu nehmen. Dabei könnten von den in vitro gezeugten Embryonen diejenigen ausgewählt werden, die keine Trisomie 21 aufweisen.

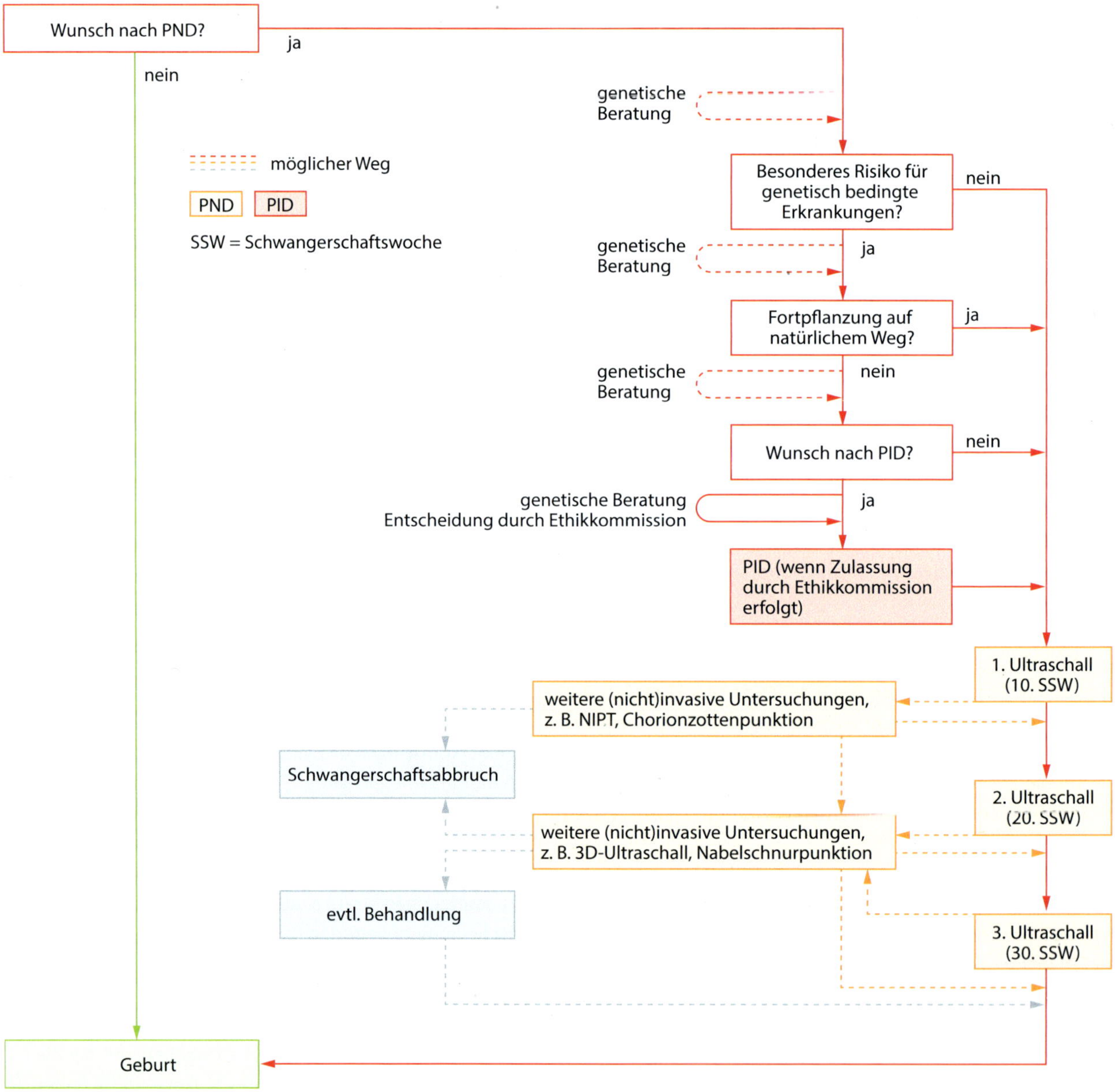

Argumente aus dem Familien- und Freundeskreis von Kim und Esra:

Bei der PID werden Embryonen zum frühestmöglichen Zeitpunkt verworfen verglichen mit einem Schwangerschaftsabbruch nach einer Trisomie-Diagnose bei der PND.

Ein Mensch mit Trisomie 21 kann möglicherweise nie ein selbstständiges Leben führen.

Auch Nichtstun, also sich gegen Maßnahmen von PND oder PID zu entscheiden, ist eine Entscheidung, die man fällen kann.

Ein Schwangerschaftsabbruch kann einen seelisch stark belasten.

Auch wenn ein Embryo außerhalb des Körpers erzeugt wird, ist er ein Mensch und verdient Schutz.

Das Leben mit einem behinderten Kind kann eine Familie bereichern.

Ein behindertes Kind zu haben kann für eine Familie finanziell und emotional belastend sein.

Wenn man PND-Untersuchungen vornehmen lässt, muss man auch mit dem Wissen, das man dadurch erhält, umgehen können. Es erfordert, dass man anschließend eine Entscheidung trifft. Trisomie 21 kann weder vor noch nach der Geburt geheilt werden.

Auch mit Trisomie 21 ist das Leben lebenswert.

Embryonen mit Trisomie 21 auszusortieren, führt dazu, dass Menschen mit Behinderungen es noch schwerer haben, akzeptiert zu werden.

Vor allem nichtinvasive PND-Methoden liefern in vielen Fällen keine eindeutigen Ergebnisse.

Eine künstliche Befruchtung ist körperlich und psychisch belastend und auch nicht risikofrei. Wenn nach der PID alle Embryonen verworfen werden müssen, hat man das umsonst auf sich genommen.

Invasive Methoden der PND können eine Fehlgeburt auslösen.

Wertepool:

Glück	Freiheit	Selbstbestimmung	Sicherheit
Solidarität	Akzeptanz	Menschenwürde	Unvoreingenommenheit
Rücksicht	Recht auf Leben	Toleranz	Respekt
Unabhängigkeit	Gerechtigkeit	Gesundheit	Liebe
religiöse Gebote	Verantwortung	Lebensqualität	...

1 Benennen Sie den Konflikt des Paares Kim und Esra.

2 Nennen Sie die möglichen Handlungsoptionen des Paares in Deutschland mithilfe der Abbildung links und jene in den Niederlanden.

3 Bewerten Sie die Handlungsoptionen mit Pro- und Kontra-Argumenten. Nutzen Sie dafür die Argumente aus dem Familien- und Freundeskreis von Kim und Esra. Sie können auch weitere Argumente ergänzen.

4 Ordnen Sie den Argumenten die zugrunde liegenden Werte zu.

5 Fällen Sie Ihr persönliches Werturteil zu diesem Konflikt und erläutern Sie die Konsequenzen. Nehmen Sie dazu Seite 170 und 171 zu Hilfe.

2.19 Krebs – Entstehung und Therapie

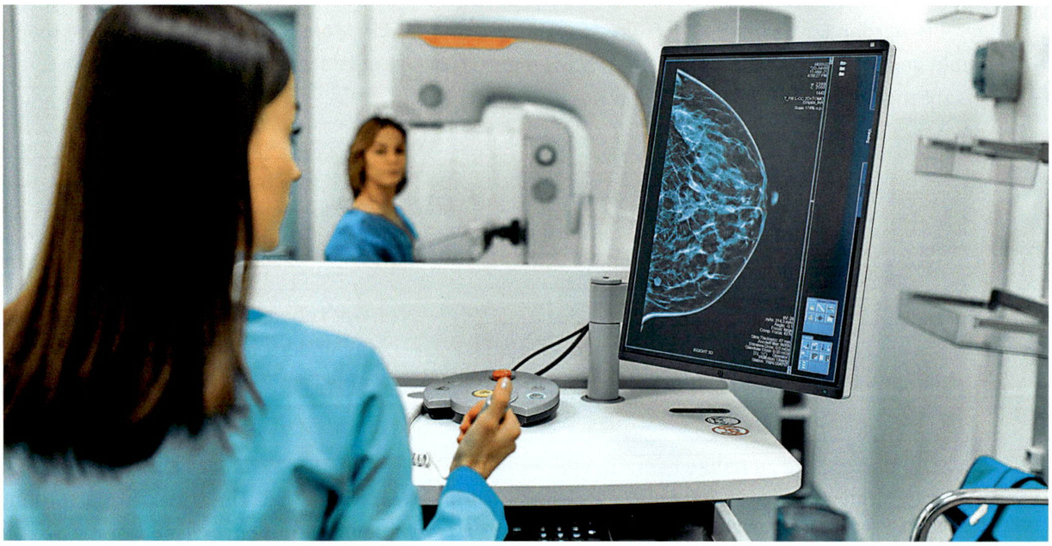

1 Mammografie in einer Arztpraxis

Die wichtigste Untersuchungsmethode zur Brustkrebsfrüherkennung ist die Mammografie. Das Immunsystem hat einige Möglichkeiten die Krebszellen anzugreifen, aber viele Krebserkrankungen sind selbst mit medizinischer Hilfe heute noch nicht zu heilen. Wie entsteht Krebs und wie kann man ihn bekämpfen?

p53 = Protein mit der Molekülmasse 53000 u

ras = rat sarcoma

Steuerung des Zellzyklus • Zellwachstum und Zellteilung sind lebenswichtige Prozesse für das Wachstum und die Entwicklung eines Organismus. Dabei durchlaufen die Zellen einen Zyklus, indem sich Interphase und Mitose abwechseln.
Die Übergänge zwischen den Phasen des Zellzyklus werden von speziellen Proteinen gesteuert. An bestimmten Kontrollpunkten überprüfen diese Proteine den Fortschritt des Zellzyklus, ehe die Zelle in die nächste Phase eintritt. Eins dieser regulierenden Proteine hat die Bezeichnung **p53**. Es wird aktiviert, wenn eine Schädigung der DNA vorliegt. Dann sorgt es vor Beginn der Synthesephase dafür, dass die DNA-Replikation hinausgezögert wird und die defekte DNA repariert werden kann.
Auch Signale von außen wirken auf die Regulation des Zellzyklus. Wenn Wachstumsfaktoren wie der epidermal growth factor, EGF, an speziellen Rezeptoren der Zellmembran andocken, führt dies zu einer Aktivierung des Proteins **Ras**. Damit wird über Second Messenger eine Signalkaskade in Gang gesetzt, die die Transkription anregt.

Krebszellen • Umwelteinflüsse wie die UV-Strahlung der Sonne, aber auch der Konsum von Alkohol oder Tabak können in den Zellen Mutationen auslösen. Zudem steigt mit zunehmendem Alter die Wahrscheinlichkeit von Mutationen. Wird eines der Gene für Proteine, die den Zellzyklus steuern, durch eine Mutation verändert, hat dies erhebliche Auswirkungen auf den Zellzyklus. Eine Mutation auf dem Gen für das Protein Ras kann dazu führen, dass Ras dauerhaft aktiviert wird und den Zellzyklus nicht mehr reguliert. Es kommt zu ungehemmten Zellteilungen. Das *Ras*-Gen ist zu einem Krebsgen, einem **Onkogen** geworden. Gene, die für Proteine codieren, die die Zellteilung fördern und durch Mutation zu einem Onkogen werden, bezeichnet man als **Protoonkogene**. Die Mutation auf einem der beiden Allele reicht aus, die Steuerung des Zellzyklus außer Kraft zu setzen.
Das Protein p53 hat eine wachstumshemmende Eigenschaft, da es die Replikation unterdrücken kann. Das für p53 codierende Gen wird deshalb als **Tumorsuppressorgen** oder als Antionkogen bezeichnet. Eine Mutation auf diesem Gen hat nicht direkt zur Folge, dass die Zelle die wachstumshemmende Eigenschaft verliert. Dies geschieht erst, wenn beide Allele mutiert sind. Die mutierten Zellen vermehren sich dann ungehindert. Ein Tumor entsteht. Wenn einzelne Zellen den Tumor verlassen, können sie durch Blut oder Lymphe transportiert werden und in anderen Organen des Körpers Tochtergeschwulste, Metastasen bilden.

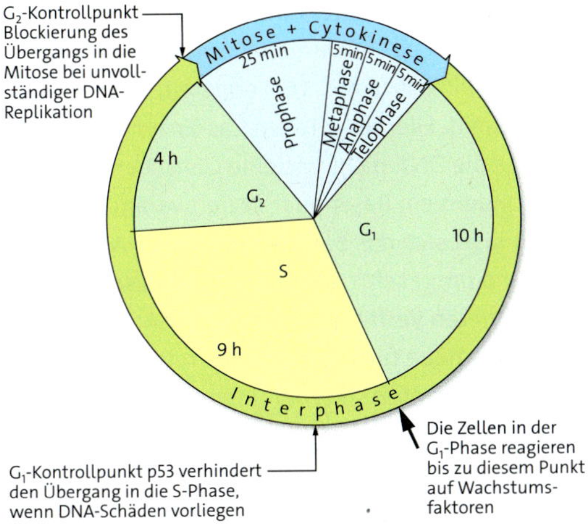

2 Zellzyklus mit verschiedenen Kontrollpunkten

Funktion	Name	Mutation zum Onkogen
Wachstumsfaktor	epidermal growth factor, EGF	dauerhafte Aktivierung der Rezeptoren durch unkontrollierte Vermehrung
Rezeptor für Wachstumsfaktor	epidermal growth factor receptor, EGF-R	dauerhafte Aktivierung des second-messenger Signalwegs durch Veränderung der Bindungsstelle
Signaltransduktion im Cytoplasma	ras	Enzyme sind dauerhaft aktiv

3 Beispiele für Protoonkogene

Funktion	Name	Mutation zum Onkogen
DNA-Reparatur	BRCA-1, BRCA-2	Verlust der DNA-Reparaturfunktion
Kontrolle des Zellzyklus	p53	in G_1-Phase wird Zellteilung nicht mehr angehalten

4 Beispiele für Tumorsuppressorgene

Chemotherapie • Im 1. Weltkrieg entwickelte der deutsche Chemiker Fritz Haber den chemischem Kampfstoff Senfgas, auch S-Lost genannt. Das extrem giftige S-Lost hatte unter anderem eine wachstumshemmende Wirkung auf Zellen. In der Medizin erkannte man diesen Effekt und entwickelte einen weniger giftig wirkenden ähnlichen Stoff, der erstmals im Jahr 1942 bei einer Krebstherapie angewandt wurde, das N-Lost.

N-Lost bildet im Zellkern kovalente Bindungen zu den Guaninbasen der DNA und verknüpft deren komplementären Stränge fest miteinander. Die DNA-Stränge können nicht mehr voneinander getrennt werden. Damit wird die DNA-Replikation während der S-Phase des Zellzyklus blockiert.

1965 entdeckte man, dass auch Platinkomplexe die DNA-Replikation blockieren und damit für eine Chemotherapie geeignet sind. Sie binden ebenfalls an Guanin und verhindern bei der Replikation, dass weitere Nucleotide an den wachsenden DNA-Strang gebunden werden.

In den 1960er-Jahren untersuchte man ein Extrakt aus der Rinde der Pazifischen Eibe. Sein Wirkstoff Taxol veranlasste in einer Gewebeprobe das Schrumpfen eines Tumors. Es hemmt das Wachstum von Krebszellen, indem es an die Tubulinmoleküle des Spindelfaserapparats bindet und dessen Abbau verhindert. Die Mitose wird blockiert.

N-Lost-Derivate, Platinkomplexe und Taxol bezeichnet man aufgrund ihrer Eigenschaft, die Zellteilung zu stoppen, als **Zytostatika**. Alle drei Wirkstoffgruppen werden bis heute bei der Behandlung von Krebs in der Chemotherapie eingesetzt.

Krebszellen gezielt bekämpfen • Da Zytostatika nicht nur Krebszellen, sondern auch gesunde Zellen angreifen, wird an neuen Therapieformen geforscht, die gezielt nur bei Krebszellen wirken. Eine zielgerichtete Therapie ist deshalb nur möglich, wenn man weiß, welche Mutation für den speziellen Krebs eines Patienten verantwortlich ist. Hierzu werden dem Patienten Tumorzellen entnommen und das Erbgut auf Mutationen untersucht.

So stellte man fest, dass bei einigen Krebsarten der Rezeptor für den Wachstumsfaktor EGF überexprimiert wird. Dadurch wird Ras dauerhaft stimuliert und es kommt zu einer ungehinderten Zellvermehrung. Durch Behandlung mit spezifischen Antikörpern lassen sich die Rezeptoren blockieren. Damit wird das Tumorwachstum verhindert.

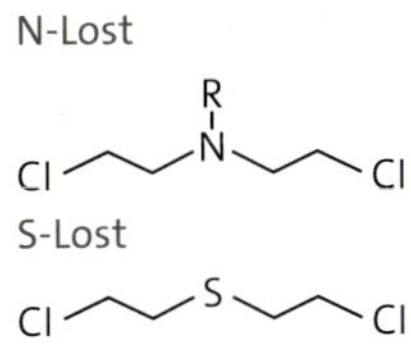

Die Bezeichnung Lost leitet sich aus den Namen der Chemiker Lommel und Steinkopf ab.

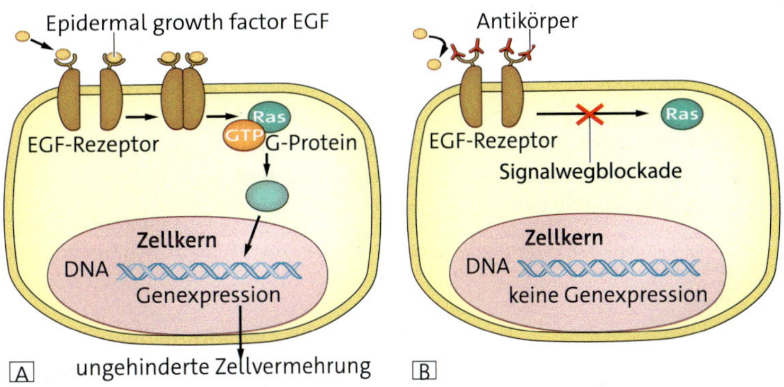

5 A Blockierung des EGF-Rezeptors durch Antikörper, **B** Signalwegblockade

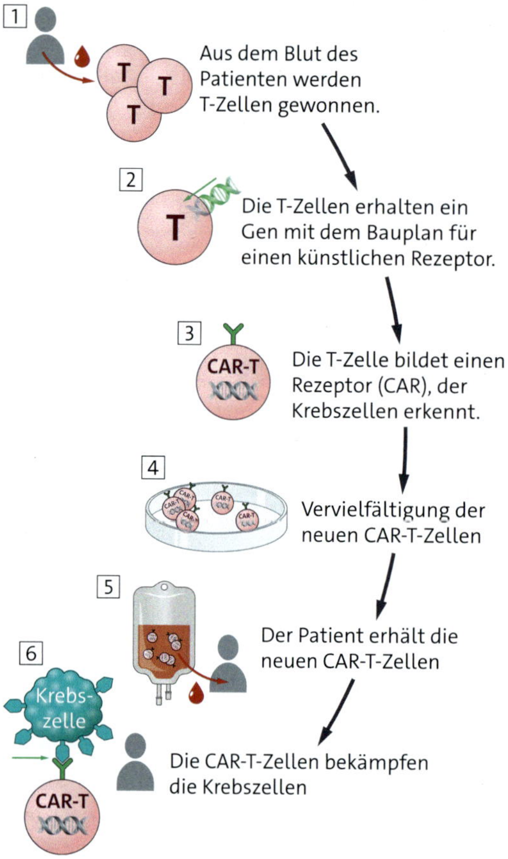

1 CAR-T-Zell-Therapie

Chimäre = Mischwesen der griechischen Mythologie

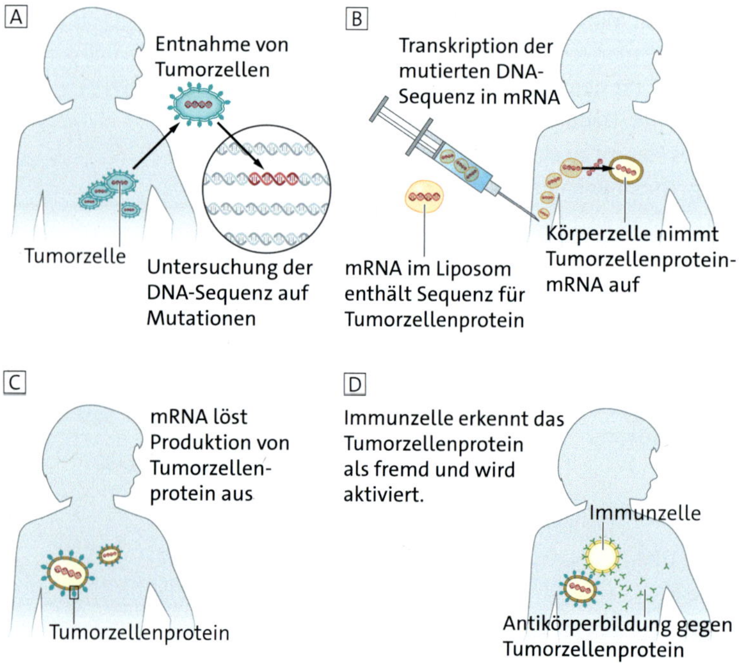

2 Ablauf der mRNA-Impfung

Immuntherapie • Im Jahr 2022 wurde erstmalig eine jugendliche Leukämiepatientin mithilfe eines vom CRISPR/Cas (▶ **4, S. 166**) abgeleiteten Verfahrens geheilt. Hierbei wird ein Cas-Enzym verwendet, das die DNA nicht wie eine Genschere schneidet, sondern ein Basenpaar gezielt verändert. Damit lässt sich das Basenpaar C-G in T-A umwandeln und umgekehrt. Mit diesem als **Base-Editing** bezeichneten Verfahren lassen sich Gene so verändern, dass neue funktionsfähige Proteine entstehen. Zudem treten seltener unerwünschte Folgemutationen auf als bei CRISPR/Cas.

Für die Krebstherapie entnimmt man aus dem Blut eines Patienten T-Zellen. Sie erhalten ein Gen mit dem Bauplan für einen künstlichen Rezeptor, der Krebszellen erkennen kann. Nun bildet die T-Zelle den neuen Rezeptor. Gleichzeitig dient der Rezeptor als Signalgeber, der die T-Zelle zu weiteren Immunreaktionen aktiviert. Aufgrund dieser Doppelfunktion bezeichnet man den Rezeptor als **c**himären-**A**ntigen**r**ezeptor und die veränderten T-Zellen abgekürzt als **CAR-T-Zellen**. Die CAR-T-Zellen haben bei der Leukämie-Patientin die Tumorzellen erfolgreich bekämpft.

Vielversprechende Forschungsansätze zeigen sich bei einer anderen Form der zielgerichteten Krebstherapie. Hier werden der erkrankten Person ebenfalls Tumorzellen entnommen und das Erbgut auf Mutationen untersucht. Anschließend wird die DNA-Sequenz, die für das Tumorprotein codiert, isoliert und in eine mRNA umgeschrieben. Die mRNA wird vervielfältigt und in Liposomen verpackt dem Patienten wie bei einer Impfung injiziert. Die Körperzellen nehmen die mRNA auf und damit den Bauplan für das Tumorzellen-Protein. Sie produzieren nun dieses Protein. Sobald es die Zellen verlässt, wird es vom Körper als Antigen erkannt. Das eigene Immunsystem stellt nun die passenden Antikörper her und bekämpft damit die Krebszellen. Dieses Verfahren wird als **mRNA-Impfung** bezeichnet.

An einer Kombination aus mRNA-Impfung und CAR-T-Zell-Therapie wird geforscht.

1 Erläutern Sie, weshalb bei Protoonkogenen die Mutation auf einem Allel zum Krebs führt und bei Tumorsuppressorgenen nicht.

Material A Chemotherapie

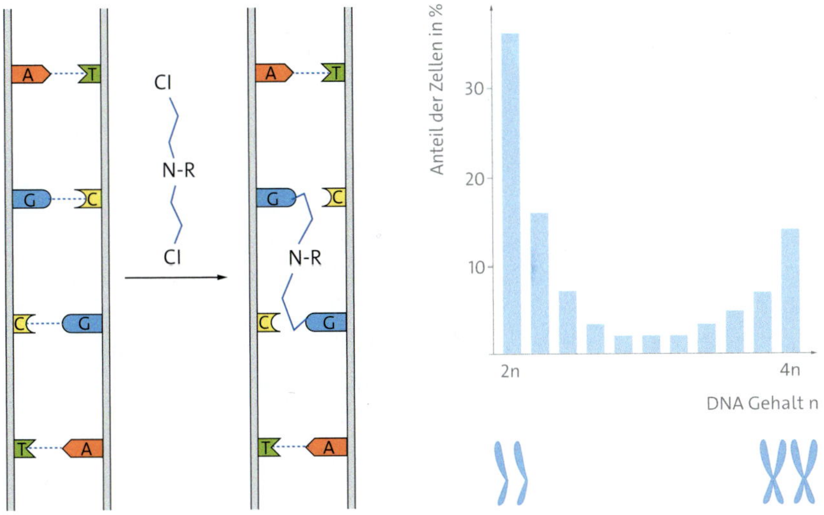

Die in der Chemotherapie eingesetzten N-Lost-Derivate haben die gleiche Grundstruktur. Sie binden kovalent an die Base Guanin in der doppelsträngigen DNA.

1 Erläutern Sie die Auswirkung dieser Medikamente auf den Zellzyklus.

2 Erklären Sie, weshalb N-Lost-Derivate das Tumorwachstum reduzieren können.

3 Stellen Sie eine Hypothese auf, in welcher Weise sich der DNA-Gehalt der Tumorzelllinie durch N-Lost-Derivate verändert.

Material B Base-Editing

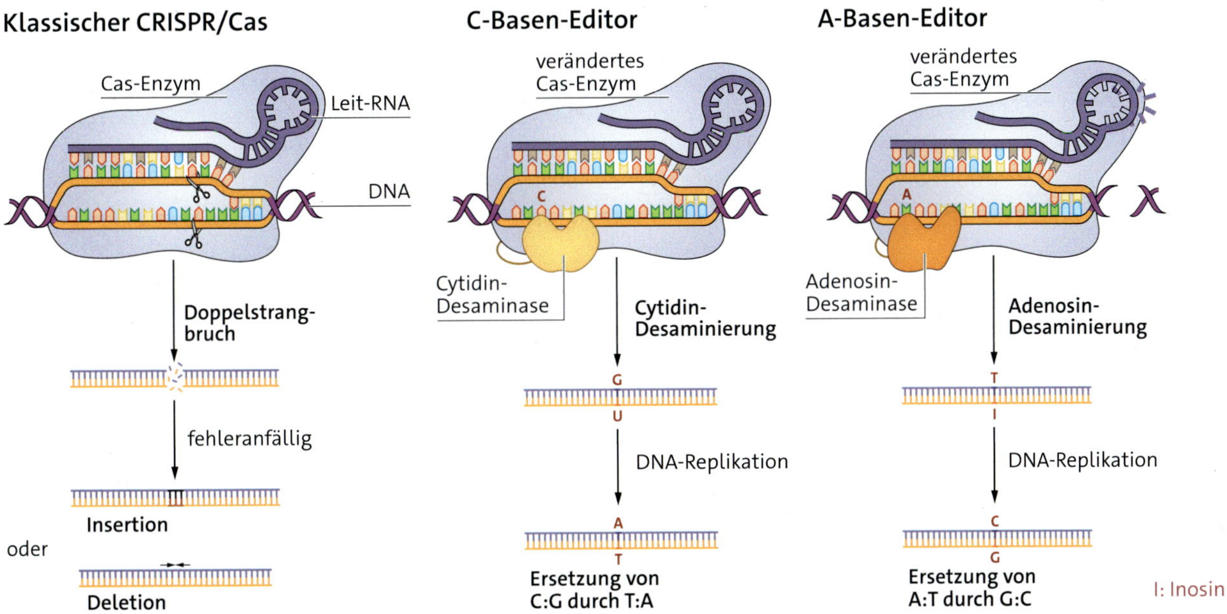

Bei der klassischen CRISPR/Cas-Methode führt die Leit-RNA das Cas-Enzym zum Zielort der DNA-Sequenz. Dort schneidet das Cas-Enzym die DNA, die anschließend vom zelleigenen Reparatursystem wieder verknüpft wird.
Base-Editing ist eine Weiterentwicklung der CRISPR/Cas-Methode. Hier wird ein verändertes Cas-Enzym verwendet, das die DNA nicht schneidet.

An das veränderte Cas-Enzym wird ein weiteres Enzym angehängt, entweder Cytidindesaminase oder Adenosindesaminase.

1 Erläutern Sie die möglichen Auswirkungen der klassischen CRISPR/Cas-Methode auf die Translation und das Genprodukt.

2 Beschreiben Sie anhand der Abbildungen, in welcher Weise Cytidindesaminase und Adenosindesaminase die DNA verändern.

3 Recherchieren Sie, wie Base-Editing in der Gentechnik genutzt werden könnte.

2.20 Abwehr von Krankheitserregern

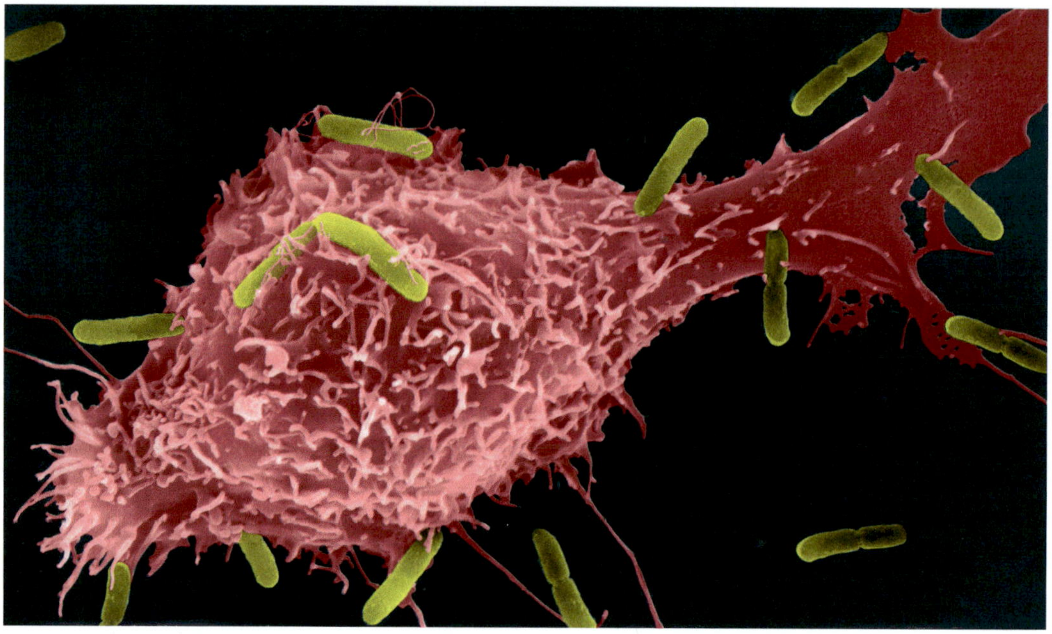

1 Makrophage greift Bakterien an

Unser Organismus ist ständig von Bakterien, Viren, Pilzen und Parasiten umgeben. Obwohl viele von ihnen Krankheitserreger sind, erkranken wir nur selten. Passiert es dennoch, gelingt es dem Körper meist auch ohne Medikamente, die Krankheit zu besiegen. So können spezielle Blutzellen, die Makrophagen, Erreger durch Phagocytose aufnehmen und damit unschädlich machen. Woran erkennt der Organismus eingedrungene Fremdstoffe und welche Abwehrmechanismen nutzt er zu ihrer Bekämpfung?

Reaktion auf Fremdstoffe • Der menschliche Körper kommt häufig mit Krankheitserregern oder anderen Fremdstoffen in Berührung. Um sie abzuwehren, verfügt er über verschiedene Schutzmechanismen:
Natürliche physiologische Barrieren können das Eindringen von Krankheitserregern verhindern oder sie im Körper schnell unschädlich machen. Überwinden Erreger diese Barrieren, wird das Immunsystem aktiv. Es besteht aus einem angeborenen Teil, der unspezifischen Abwehr, und einem erworbenen Teil, der spezifischen Abwehr. Die unspezifische Abwehr kann nur körperfremde von körpereigenen Stoffen unterscheiden, nicht aber bestimmte Erreger erkennen. Dafür reagiert sie sehr schnell. Die spezifische Abwehr, die sich passgenau gegen einzelne Erreger richtet und sie somit effizienter bekämpfen kann, setzt dagegen meist erst mit Verzögerung ein. Beide Abwehrmechanismen stehen miteinander in Verbindung.
Moleküle, auf die das Immunsystem reagiert, nennt man Antigene. Sie können frei oder als Teil eines Erregers vorliegen.

Natürliche Schutzbarrieren • Die Hornhaut der Körperoberfläche und die Schleimhäute des Verdauungs- und des Atmungstrakts bilden eine äußere beziehungsweise innere Barriere. Wenn sie gesund und unverletzt sind, können die meisten Krankheitserreger sie nicht durchdringen. Die Talg- und Schweißdrüsen der Haut produzieren einen Säureschutzmantel, der Proteine auf der Oberfläche von Erregern denaturiert. Bakterien der natürlichen Hautflora bilden Sekrete, die andere Bakterien abtöten können.
Feine Härchen im Nasenraum filtern Mikroorganismen aus der Atemluft. In den Bronchien wird ein dünnflüssiger Schleim produziert. Flimmerhärchen transportieren die darin festgehaltenen Erreger aus den Atemwegen zum Rachen, wo sie verschluckt werden. Die Säure des Magensafts denaturiert dann ihre Oberflächenproteine und die im Magensaft enthaltenen Proteasen töten die Erreger ab.
In Speichel und Tränenflüssigkeit ist das Enzym Lysozym enthalten, das die Zellwand eingedrungener Bakterien auflöst.

Zellen der Immunabwehr • Die Abwehrzellen nennt man weiße Blutzellen oder Leukocyten. Viele von ihnen sind zur Phagocytose befähigte Fresszellen der unspezifischen Abwehr, beispielsweise Makrophagen und neutrophile Granulocyten.
Auch dendritische Zellen können Erreger phagocytieren und lösen dadurch die spezifische Immunabwehr aus. Weitere Zellen der spezifischen Abwehr sind die T- und B-Zellen, die innerhalb der Leukocyten zur Gruppe der Lymphocyten gehören.

Unspezifische Immunabwehr • Verletzt ein Holzsplitter die Haut und durchbricht somit ihre mechanische Schutzbarriere, führt dies schnell zu einer Rötung und Schwellung des umgebenden Gewebes. Der Infektionsbereich ist entzündet, er fühlt sich warm an und schmerzt.
In der Haut befinden sich Mastzellen, eine weitere Gruppe von Leukocyten, die in Vesikeln den Signalstoff Histamin speichern sowie Proteine, die das Komplementsystem aktivieren. Durch den Splitter verletzte Mastzellen setzen die gespeicherten Stoffe frei. Histamin diffundiert in die umgebenden Blutkapillaren und bewirkt dort innerhalb von Sekunden, dass die Gefäße sich erweitern und durchlässiger für Phagocyten werden. Der durch die Gefäßerweiterung verstärkte Blutfluss führt zur Erwärmung und Schwellung des Gewebes.
Die Proteine des Komplementsystems bilden eine Reaktionskaskade, die dazu führt, dass sich an der Zelloberfläche körperfremder Zellen ein Proteinkomplex zusammensetzt, der in der Membran Poren ausbildet. Diese Poren lassen Wasser und Ionen in die Zellen einströmen und verursachen ein Anschwellen und die anschließende Lyse.
Gleichzeitig locken die Proteine des Komplementsystems neutrophile Granulocyten an sowie Monocyten, die sich im Gewebe zu Makrophagen differenzieren. Diese Phagocyten binden an Oberflächenstrukturen von Erregern, die nicht auf körpereigenen Zellen vorkommen. Dadurch können sie zwischen körperfremd und körpereigen unterscheiden, nicht jedoch zwischen verschiedenen Erregern. Körperfremde Stoffe werden von ihnen phagocytiert. Die neutrophilen Granulocyten bilden zudem weitere Signalstoffe, die Prostaglandine. Sie verstärken die Abwehr und damit die Entzündungsreaktion. Gleichzeitig erhöhen sie die Schmerzempfindlichkeit.
Nach der Phagocytose mehrerer Bakterien sterben die neutrophilen Granulocyten durch programmierten Zelltod, die Apoptose. Abgestorbene neutrophile Granulocyten, Gewebetrümmer und Lymphe bilden Eiter, der innerhalb weniger Tage vom Körper resorbiert wird.
Bleibt eine Entzündungsreaktion örtlich begrenzt, wird sie als lokale Infektion bezeichnet. Greift eine Infektion auf den ganzen Körper über, beispielsweise bei einer Angina, handelt es sich um eine systemische Infektion. Freigesetzte Signalstoffe regen die Produktion von Leukocyten an, deren Anzahl im Blut auf das Mehrfache ansteigt. Weitere Signalstoffe bewirken einen Anstieg der Körpertemperatur. Das Fieber erhöht die Stoffwechselintensität und damit die Abwehrleistung des Körpers.

1 Nennen und erläutern Sie die Schutzbarrieren des Körpers.

2 Erläutern Sie, weshalb bei einer Blutuntersuchung die Leukocytenanzahl bestimmt wird.

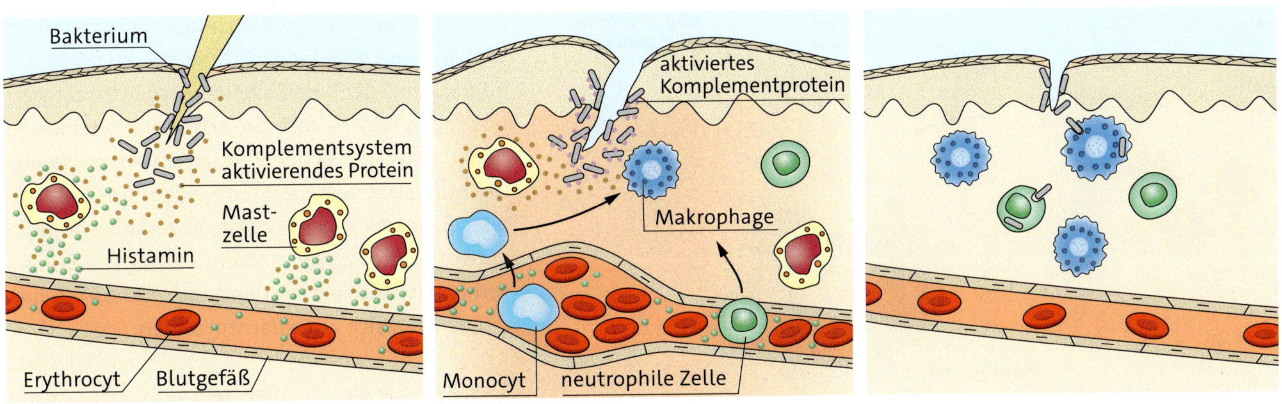

2 Verlauf einer Entzündung

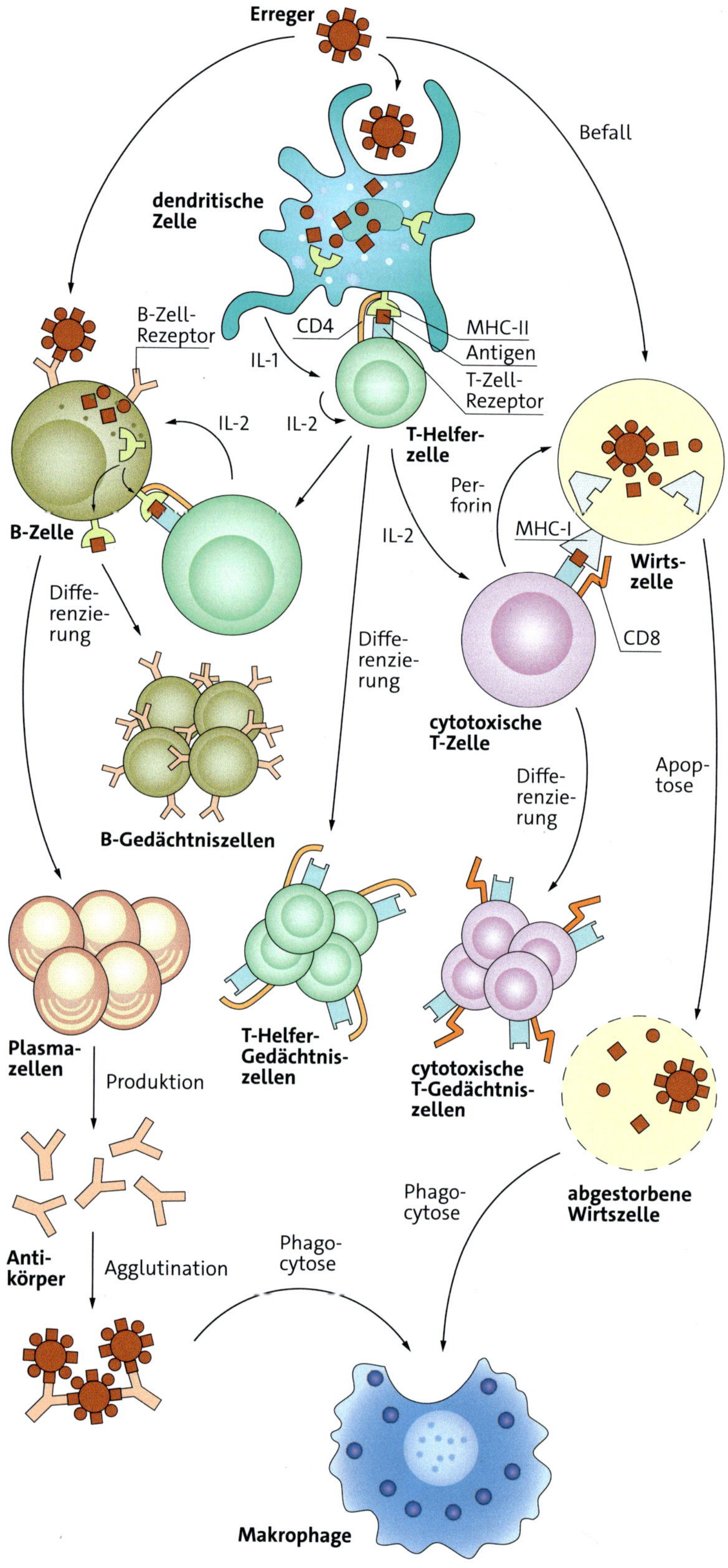

1 Vorgänge bei der spezifischen Immunabwehr

Spezifische Immunabwehr • Dieser Mechanismus reagiert langsamer, aber antigenspezifisch. Die Bildung von Gedächtniszellen verbessert zudem die Reaktion bei einer erneuten Infektion.

Eine zentrale Rolle bei der spezifischen Bekämpfung von Erregern nehmen bestimmte T-Zellen ein, die T-Helferzellen. Damit sie weitere Abwehrvorgänge auslösen können, müssen sie zuvor Kontakt mit antigenpräsentierenden Zellen haben: den dendritischen Zellen und den B-Zellen. Wenn diese auf einen Erreger treffen, phagocytieren und zerlegen sie ihn und präsentieren Antigenfragmente auf ihrer Zellmembran, an welche die T-Helferzellen binden können. Dendritische Zellen schütten bei einem solchen Kontakt zusätzlich den Signalstoff Interleukin-1 aus. Dadurch werden die T-Helferzellen aktiviert und sezernieren ihrerseits Interleukin-2.

Damit bewirken sie zum einen ihre eigene Vermehrung und ein Teil von ihnen differenziert sich zu Gedächtniszellen. Zum anderen aktiviert eine T-Helferzelle, die an eine antigenpräsentierende B-Zelle bindet, durch das Interleukin-2 auch die B-Zelle. Diese teilt sich vielfach und differenziert sich zu Plasmazellen und Gedächtniszellen.

Der entstandene Plasmazellklon produziert Antikörper, die an die Krankheitserreger binden. Diese Antigen-Antikörper-Komplexe werden von Makrophagen aufgenommen und verdaut. Bei vielen Krankheitserregern reicht diese humorale Immunantwort zur Beseitigung des Erregers aus.

Viren oder manche Parasiten nutzen Körperzellen als Wirtszellen für ihre Vermehrung. Bei einer Infektion mit diesen Erregern werden zusätzlich zu den humoralen Vorgängen weitere T-Zellen aktiv, die cytotoxischen T-Zellen. Sie können Wirtszellen erkennen und an sie binden. Dadurch und durch das Interleukin-2 der T-Helferzellen werden sie aktiviert und teilen sich vielfach. Sie schütten Proteine wie Perforin aus, die bei den Wirtszellen Apoptose auslösen. Ihre Überreste werden wiederum von Makrophagen phagocytiert. Durch diese zelluläre Immunantwort wird die weitere Vermehrung der Erreger verhindert. Auch ein Teil der cytotoxischen T-Zellen differenziert sich zu Gedächtniszellen.

1 Stellen Sie die Vorgänge der spezifischen Abwehr in einem Verlaufsschema dar.

Material A Tätowierungen und unspezifische Immunabwehr

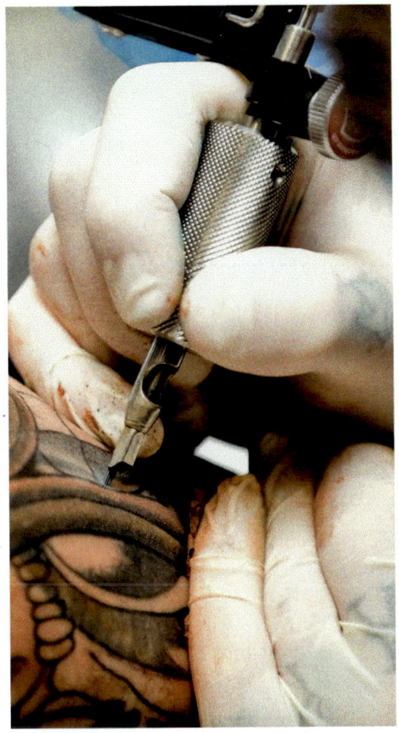

Mehr als ein Viertel der deutschen Männer und Frauen zwischen 25 und 45 Jahren sind tätowiert. Um die Kunst auf der Haut dauerhaft haltbar zu machen, muss Farbe mithilfe einer Nadel in die Lederhaut gestochen werden. Die dafür gewählten Farbpigmente sind so groß, dass sie von den Zellen der unspezifischen Immunabwehr nicht abgebaut werden können. Diese schwellen stattdessen an, die meisten verbleiben von da an reglos an ihrem Platz.

Möchte man eine ungeliebte Tätowierung wieder loswerden, kann man sie unter anderem durch eine Laserbehandlung entfernen lassen. Hierbei werden in zahlreichen Sitzungen im Abstand von jeweils mehreren Wochen die Farbpigmente mithilfe eines Lasers auf etwa ein Zehntel ihrer Ursprungsgröße zerkleinert.

1 Beschreiben Sie den Ablauf einer Entzündungsreaktion und wie Fremdstoffe normalerweise im Rahmen dieser Reaktion beseitigt werden.

2 Erklären Sie, weshalb steriles Arbeiten beim Tätowieren mindestens genauso wichtig ist wie beim Verabreichen einer Injektionsspritze.

3 Beschreiben Sie den immunbiologischen Vorteil von Rötung, Erwärmung, Schwellung und Schmerzen an der tätowierten Körperstelle.

4 Beschreiben Sie, welche Vorgänge im Immunsystem nach einer Laserbehandlung ablaufen.

5 Erklären Sie, weshalb zwischen zwei Behandlungssitzungen mehrere Wochen Pause liegen müssen.

Material B Lymphsystem und spezifische Immunabwehr

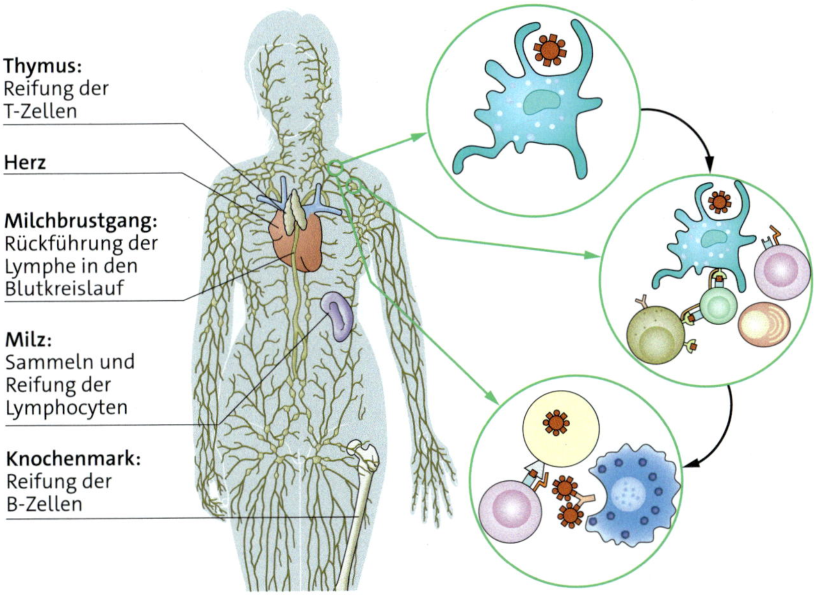

In der Abbildung ist das Lymphsystem des Menschen vereinfacht dargestellt. Es ist ein zweites Gefäßsystem neben dem Blutkreislauf und mit diesem verbunden. Die Lymphe tritt aus Blutkapillaren aus und wird nach der Passage des Lymphsystems wieder in die Schlüsselbeinvene zurückgeführt. Teil des Lymphsystem sind die Lymphgefäße, die als feine Lymphkapillaren blind in Geweben im ganzen Körper beginnen und sich zu immer größeren Gefäßen zusammenschließen. Die Lymphgefäße verbinden Lymphknoten und größere lymphatische Organe miteinander, in denen die Immunzellen gebildet werden und heranreifen.

1 Beschreiben Sie den Weg der Lymphe durch den Körper, beginnend beim Austritt aus einer Blutkapillare.

2 Geben Sie an, an welchen Stellen im Körper die verschiedenen Vorgänge der spezifischen Immunabwehr stattfinden.

3 In einem Lymphknoten ist die innere Oberfläche an den Stellen, an denen die Lymphocyten von der durchströmenden Lymphe umspült werden, stark vergrößert. Erklären Sie den Vorteil dieser Oberflächenvergrößerung.

2.21 Spezifität der Immunabwehr

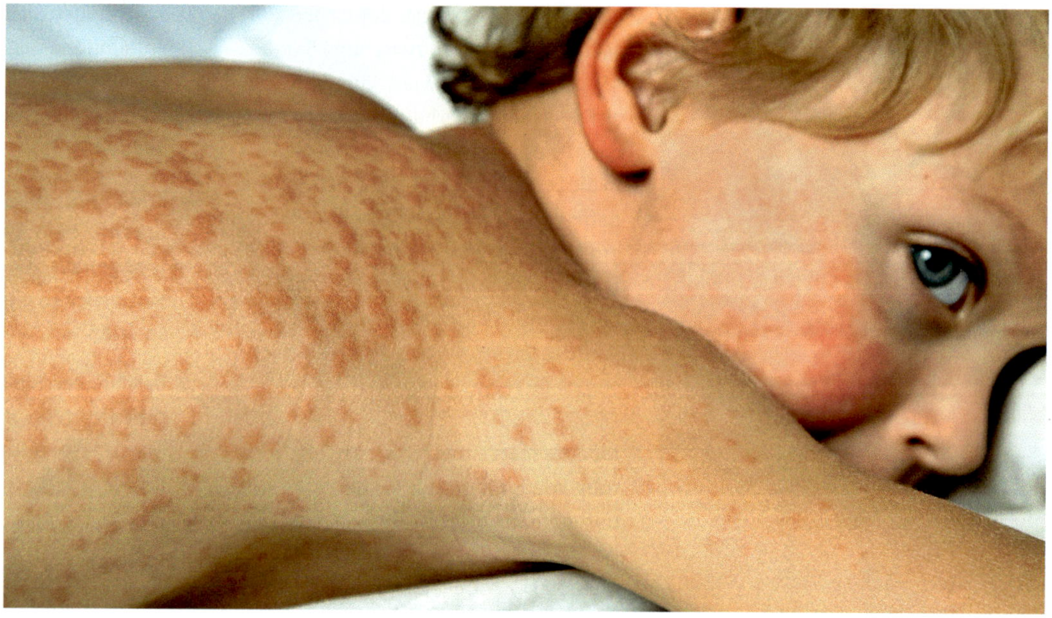

1 Masernkranke

Die Masern werden von Viren ausgelöst und äußern sich durch Husten, Schnupfen und einen fleckigen Hautausschlag. In den meisten Fällen erholen sich die Erkrankten rasch wieder, doch die Masern können auch eine tödliche Lungenentzündung auslösen. Sie gelten als „Kinderkrankheit", denn wer einmal eine Masernerkrankung durchgemacht hat, ist für immer vor dieser Krankheit geschützt, auch wenn er erneut mit Masernviren in Kontakt kommt. Durch andere Erreger kann man dann aber nach wie vor erkranken. Wie kann unser Immunsystem spezifisch auf verschiedene Erreger reagieren, und wodurch ist es in der Lage, wiederholte Infektionen zu bekämpfen, ohne dass Krankheitssymptome auftreten?

Zell-Zell-Kontakte • Dringen Masernviren in den Körper ein, registrieren Phagocyten wie Makrophagen und dendritische Zellen nur, dass es sich um körperfremde Antigene handelt, nicht aber um welche. Um einen Erreger passgenau bekämpfen zu können, müssen die Zellen der spezifischen Immunabwehr die Antigene durch spezifische Rezeptoren erkennen. Das passiert beispielsweise bei Kontakten zwischen antigenpräsentierenden Zellen und anderen Immunzellen. In diesen Fällen binden die Immunzellen zusätzlich an körpereigene Proteine auf der Zellmembran, die als MHC bezeichnet werden und für den Organismus charakteristisch sind. Jede kernhaltige Körperzelle besitzt MHC-I-Moleküle auf ihrer Oberfläche, Zellen des Immunsystems zusätzlich auch MHC-II-Moleküle.

engl. MHC, major histocompatibility complex = Haupthistokompatibilitätskomplex

Wenn dendritische Zellen oder B-Zellen Bruchstücke von Masern-Antigenen präsentieren, sind diese an MHC-II-Moleküle gebunden. T-Helferzellen treten mit diesem Molekülkomplex in Kontakt. Sie selbst besitzen zwei verschiedene Rezeptoren: einen CD4-Rezeptor und einen T-Zell-Rezeptor. Mit dem CD4-Rezeptor binden sie an das MHC-II-Molekül und mit dem T-Zell-Rezeptor an das Antigenfragment. Zusammen mit den ausgeschütteten Signalstoffen hat dieser Zell-Zell-Kontakt eine Aktivierung zur Folge. Sie kommt nur zustande, wenn die Rezeptoren zueinander passen, wenn die T-Helferzelle also die präsentierende Zelle am MHC-Protein als körpereigen erkennt und zugleich für das Masern-Antigen spezifisch ist.

Wenn eine Zelle einem Masernvirus als Wirtszelle dient, werden auch Antigenfragmente des Virus an ihrer Zelloberfläche präsentiert, da sie viele Virusproteine herstellt. Die Präsentation findet in diesem Fall über MHC-I-Proteine statt. Trifft eine cytotoxische T-Zelle auf eine Wirtszelle, bindet sie mit ihrem CD8-Rezeptor an das MHC-I-Molekül und mit ihrem T-Zell-Rezeptor an das Fragment des Masern-Antigens. Durch diesen Kontakt wird die Ausschüttung von Proteinen durch die cytotoxische T-Zelle ausgelöst und somit auch der Zelltod der Wirtszelle. Durch die notwendige Passung des T-Zell-Rezeptors zum Antigenbruchstück können diese spezifischen cytotoxischen T-Zellen nur von Masernviren befallene Wirtszellen zerstören.

Bau und Wirkung von Antikörpern • Auch die Rezeptoren der B-Zellen und die Antikörper müssen spezifisch zu den Masernviren passen. Antikörper werden auch Immunglobuline, kurz Ig, genannt. Antikörper vom Typ IgG kommen in Blut und Lymphe am häufigsten vor. Sie bestehen aus vier über Disulfidbrücken verbundenen Polypeptidketten, zwei schweren und zwei leichten. Durch eine Gelenkregion sind die beiden schweren Ketten leicht abgeknickt, sodass eine Y-Form mit zwei „Armen" und einem „Fuß" entsteht. Der größte Teil der Ketten, die konstante Region, ist bei allen IgG-Antikörpern identisch. Die Enden der beiden „Arme" sind in einem Antikörpermolekül immer gleich geformt, unterscheiden sich aber bei verschiedenen Antikörpern. Diese variable Region formt die Antigenbindungsstelle, die nach dem Schlüssel-Schloss-Prinzip an Antigene bindet. Dabei tritt sie meist nur mit einem Teilabschnitt eines Antigens, einem Epitop, in Kontakt.

Binden Antikörper an Antigene, entsteht ein Antigen-Antikörper-Komplex. Wasserlösliche Giftstoffe, beispielsweise von Bakterien, werden dadurch ausgefällt und somit unschädlich. Viren und Bakterien werden durch die Besetzung ihrer Oberfläche neutralisiert, da sie so nicht mehr an Körperzellen binden können. Werden mehrere Erreger durch Antikörper miteinander verbunden, spricht man von Agglutination oder Verklumpung.

Makrophagen haben auf ihrer Oberfläche Bindungsstellen für die „Füße" von Antikörpern. Dadurch können sie Antigen-Antikörper-Komplexe leichter phagocytieren als ungebundere Antigene. Das nennt man Opsonierung.

An die „Füße" der Antikörper können sich auch Komplementproteine anlagern und so die Aktivierung des Komplementsystems auslösen.

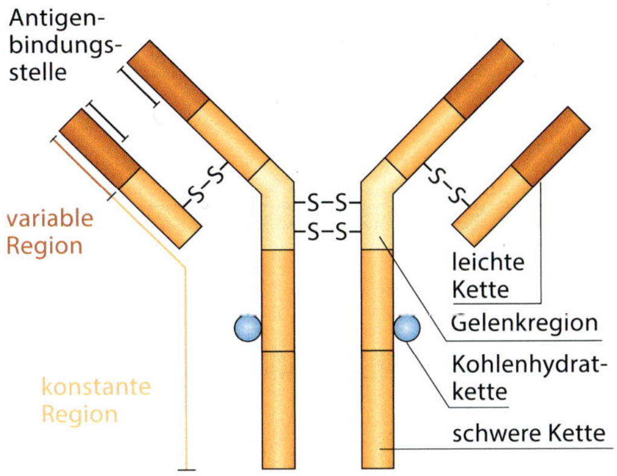

2 Struktur eines IgG-Antikörpers

Opsonierung = „Schmackhaft-machen"

1 **Vergleichen Sie die Zell-Zell-Kontakte der Wirtszellen, B- und T-Zellen miteinander (in Bezug auf beteiligte Zellen, beteiligte Moleküle und Rezeptoren, Wirkung des Kontakts).**

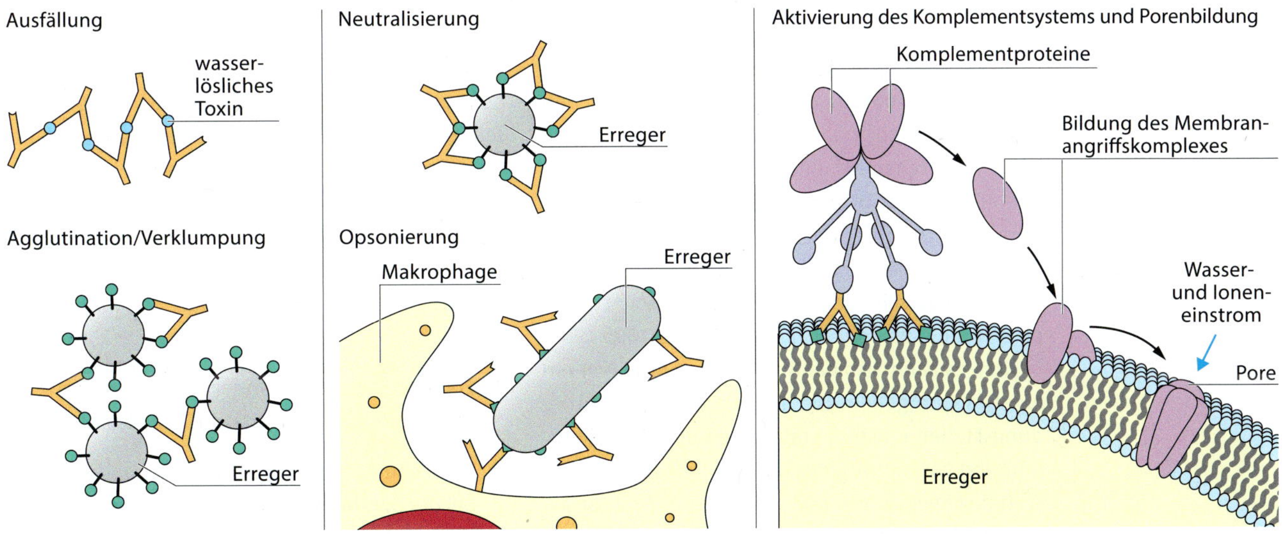

3 Wirkung von Antikörpern

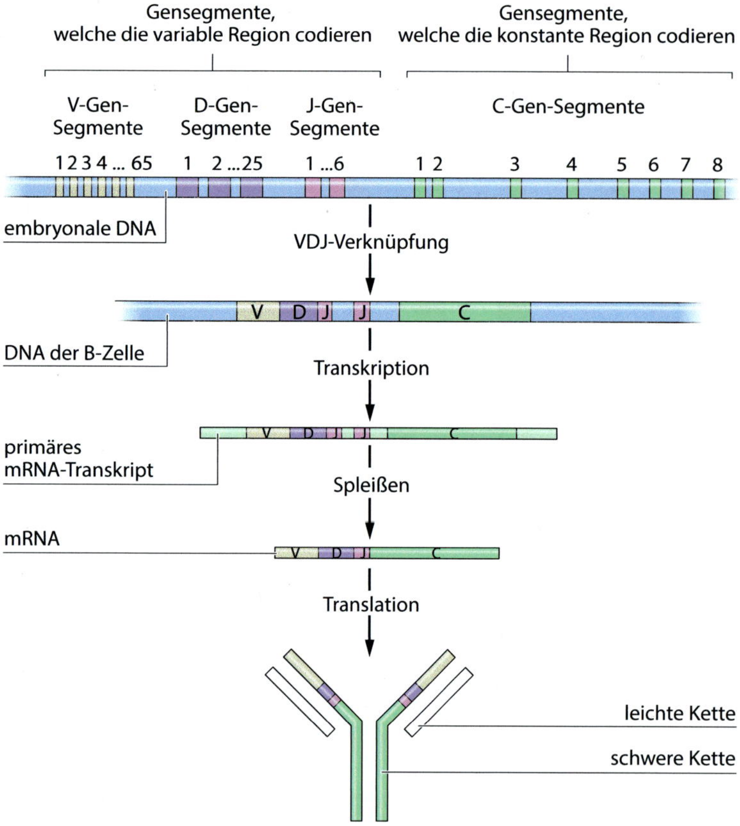

1 Somatische Rekombination am Beispiel eines IgG-Antikörpers

Antikörpervielfalt durch klonale Selektion • B-Zell-Rezeptoren sind fest an die Zellmembran und weitere Proteine gebundene Antikörper. So werden durch ein Antigen nur die dafür spezifischen B-Zellen aktiviert und bilden schließlich durch Differenzierung und Vermehrung einen Plasmazellklon, der Antikörper mit derselben Spezifität herstellt. Diese Auswahl passender B-Zellen nennt man klonale Selektion, die daraus resultierenden identischen Antikörper monoklonal. Da Antigene viele Epitope haben, entstehen bei einer Infektion verschiedene, also polyklonale Antikörper.

Der menschliche Körper kann Antikörper mit vielen Millionen verschiedenen Antigenbindungsstellen produzieren, obwohl er nicht einmal 30 000 Gene besitzt. Es kann also nicht für jeden Antikörper ein eigenes Gen geben. Die Vielfalt der Antigenbindungsstellen entsteht stattdessen durch Neukombination von Gensegmenten in den B-Zellen, also somatischen Zellen. Der Vorgang wird daher als somatische Rekombination bezeichnet.

Auf Chromosom 14 liegen die Gensegmente für die Codierung der schweren Peptidketten. Insgesamt 65 V-, 25 D- und 6 J-Gen-Segmente codieren für die variable Region und 8 C-Gen-Segmente für die konstante Region. Alle Segmente sind durch Introns voneinander getrennt. Bei der somatischen VDJ-Rekombination werden ein V-, ein D- und ein J-Segment miteinander kombiniert. Nach der Transkription wird die VDJ-Region mit der konstanten Region verknüpft. Die Synthese der leichten Ketten verläuft nach dem gleichen Prinzip, wodurch die Anzahl verschiedener Kombinationsmöglichkeiten zusätzlich erhöht wird. Weiterhin wird die Antikörpervielfalt durch eine hohe Mutationsrate in den Genen für die variable Region vergrößert.
Nach einem ähnlichen Prinzip entsteht auch die Vielfalt der Rezeptoren der T-Zellen.

Spezifische Immunität • Bei der ersten Maserninfektion vergeht etwa eine Woche, bis im Rahmen der primären Immunantwort Plasmazellen und cytotoxische T-Zellen gebildet werden. Sie bekämpfen durch Antikörper freie Masenviren und durch Auslösung des Zelltods Masernviren in Wirtszellen. Da die Viren bis dahin Zeit zur Vermehrung hatten, treten Krankheitssymptome auf.
Während der primären Immunantwort werden aber auch spezifische B- und T-Gedächtniszellen gebildet. Kommt dieselbe Person wieder mit Masernviren in Kontakt, differenzieren diese sich direkt zu Plasmazellen, T-Helferzellen und cytotoxischen T-Zellen und vermehren sich sehr stark. Häufig haben die gebildeten Antikörper sogar eine noch höhere Affinität zu den Antigenen als bei der Primärantwort. So kann das Immunsystem bei der sekundären Immunantwort schneller und effektiver die Viren bekämpfen. Es treten keine Krankheitssymptome auf, der Organismus ist gegen die Masernviren immun. Dadurch, dass die Gedächtniszellen sehr langlebig sind, kann diese Immunität ein Leben lang vor einer Masernerkrankung schützen. Dies macht man sich auch bei einer Schutzimpfung zunutze.

1 **Erklären Sie das Zustandekommen der Antikörpervielfalt durch somatische Rekombination.**

2 **Berechnen Sie die Kombinationsmöglichkeiten bei der Synthese der variablen Region einer schweren Kette.**

Material A Präsentation von Antigenfragmenten

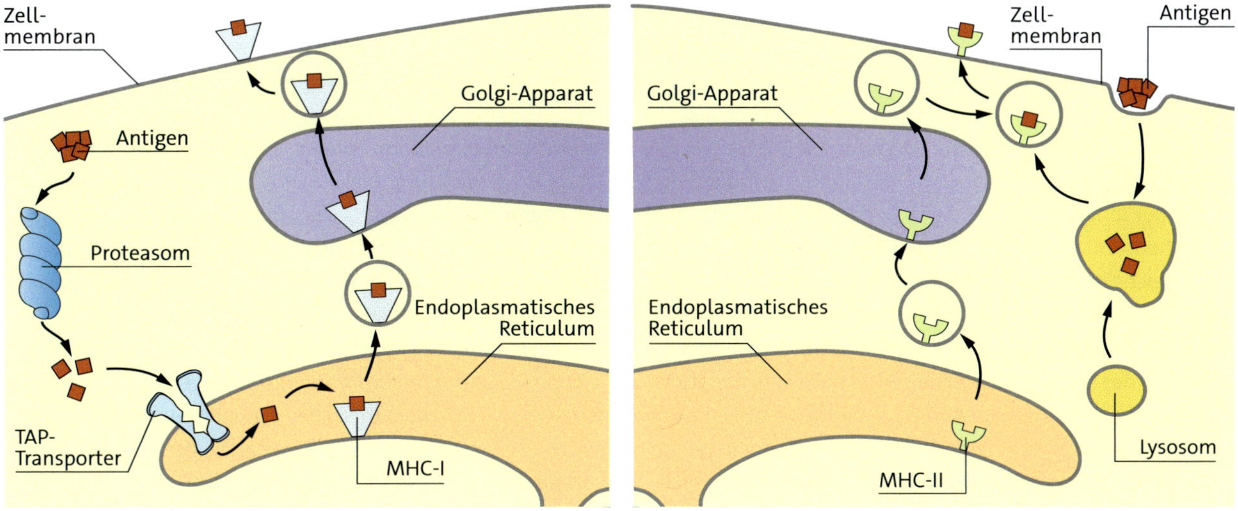

Kernhaltige Körperzellen präsentieren ständig körpereigene Antigenfragmente an ihren MHC-I-Proteinen. Nur wenn sie, etwa nach einer Virusinfektion, zu Wirtszellen werden und fremde Antigene produzieren, werden stattdessen Bruchstücke dieser Fremd-Antigene an ihr MHC-I gebunden. Cytotoxische T-Zellen erkennen so die Wirtszellen und zerstören sie. Dendritische Zellen, die einen Erreger phagocytiert haben, präsentieren Antigenbruchstücke an MHC-II-Proteinen. Sie aktivieren dadurch T-Helferzellen. Einige Viren wie das Dengue-Virus befallen dendritische Zellen und nutzen diese als Wirtszellen. Bei einer Infektion mit diesen Viren können die dendritischen Zellen also durch das MHC-Protein, über das sie Antigenfragmente präsentieren, anzeigen, ob sie das Virus kontrolliert durch Phagocytose aufgenommen haben oder ob sie von ihm befallen wurden.

1 Beschreiben Sie die Vorgänge, die zur Präsentation von Antigenfragmenten an MHC-I- oder MHC-II-Proteinen führen.

2 Begründen Sie, weshalb ein Antigenfragment nicht versehentlich an MHC-I gebunden präsentiert werden kann, wenn das Antigen über Phagocytose aufgenommen wurde.

3 Erläutern Sie die Schwierigkeiten der Immunabwehr, wenn dendritische Zellen als Wirtszellen dienen.

Material B Immunologisches Gedächtnis

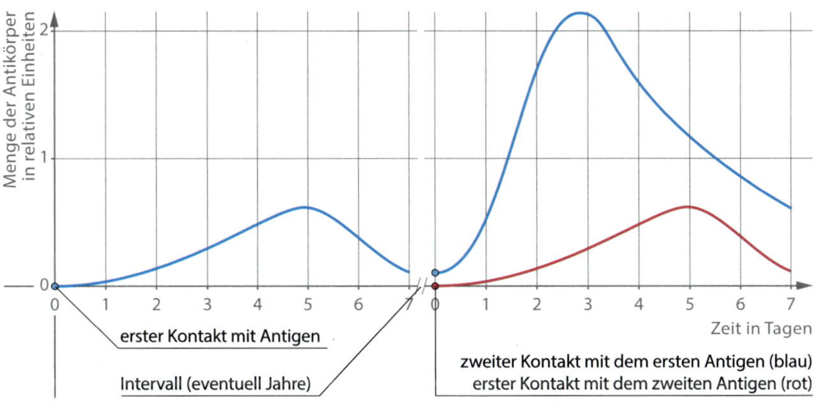

In einer Versuchsreihe zur Untersuchung der Immunantwort auf ein Antigen werden die im Blut nachweisbaren Antikörper in Abhängigkeit von der Zeit nach der Infektion bestimmt. Die linke Abbildung stellt die Messergebnisse einer primären Immunantwort dar. Der Organismus ist erstmalig mit dem Antigen in Kontakt gekommen. Die blaue Linie in der rechten Abbildung zeigt die Messergebnisse bei einer sekundären Immunantwort. Der Organismus ist zum zweiten Mal mit dem Antigen in Kontakt getreten. Die rote Linie zeigt die Immunantwort bei Kontakt mit einem neuen Antigen.

1 Beschreiben Sie die dargestellten Messergebnisse.

2 Deuten Sie den unterschiedlichen Verlauf der Kurven in beiden Abbildungen.

Immunisierung

Die Menschheit war lange Zeit gegen Seuchen durch Infektionskrankheiten machtlos. Erst durch das Prinzip der Immunisierung konnte Immunität gegen bestimmte Krankheitserreger erzielt werden. Heute stehen verschiedene Impfstoffe gegen eine Vielzahl von Erregern zur Verfügung.

Aktive Immunisierung • Erste Vorläufer von Impfungen gab es wahrscheinlich schon vor etwa 2000 Jahren in Indien. Dort wurde der Inhalt von Pockenbläschen in die Haut gesunder Menschen geritzt. In der ländlichen Bevölkerung des osmanischen Reiches war es Brauch, Kinder mit Sekret von Menschen zu behandeln, die leicht an Pocken erkrankt waren. Das Verfahren wurde Variolation genannt. Es wurde 1716 von Lady Montagu, der Frau des englischen Botschafters in Konstantinopel, beobachtet. Auf ihre Anregung wurde im 18. Jahrhundert die Variolation in England verbreitet. Weil viele Behandelte schwer erkrankten, war sie jedoch riskant und umstritten.
Im Jahr 1796 beobachtete der englische Arzt Edward Jenner, dass Mägde, die an harmlosen Kuhpocken erkrankt waren, anschließend immun waren gegen humanpathogene, also Menschen krank machende Pocken. Er verabreichte daraufhin einem achtjährigen Jungen das Sekret einer an Kuhpocken Erkrankten unter die Haut des Arms. Sechs Wochen später infizierte er den Jungen mit den echten Pocken. Der Junge blieb gesund. Jenner nannte seine Methode nach dem lateinischen Wort für Kuh, vacca, Vakzination. Impfstoffe werden seitdem auch als Vakzine bezeichnet.
Beim Funktionsprinzip der aktiven Immunisierung gegen Pockenviren oder andere Krankheitserreger macht man sich die Immunantwort des Organismus zunutze. Der erste Kontakt mit einem Antigen führt dazu, dass bei der primären Immunantwort unter anderem antigenspezifische B- und T-Gedächtniszellen gebildet werden. Sie verleihen dem Körper Immunität gegen das Antigen. Dafür spielt es keine Rolle, ob das Antigen durch eine Infektion in den Körper gelangt oder im Rahmen der Immunisierung gezielt verabreicht wird wie die Kuhpocken durch Jenner.
Bei einem erneuten Kontakt mit demselben Antigen läuft die sekundäre Immunantwort ab und es stehen durch die Differenzierung der Gedächtniszellen schnell spezifische Abwehrzellen und Antikörper zur Verfügung. Die Person ist durch die vorangegangene Immunisierung vor der Krankheit geschützt und zeigt keine oder nur leichte Symptome. Man nennt die aktive Immunisierung daher auch Schutzimpfung. Die Bezeichnung „aktiv" geht darauf zurück, dass der Organismus aktiv die Gedächtniszellen herstellt, die ihm den Schutz vor erneuter Erkrankung verleihen. Dieser gilt aber nur spezifisch für das bei der Impfung verwendete Antigen. Allein die große Ähnlichkeit zwischen Kuhpocken und humanpathogenen Pocken ermöglichte Jenners Vakzination.
Der deutsche Mediziner Robert Koch und der französische Chemiker Louis Pasteur begründeten im 19. Jahrhundert unabhängig voneinander die gezielte wissenschaftliche Erforschung der Infektionskrankheiten und die Entwicklung von Impfstoffen. 1980 verkündete die Weltgesundheitsorganisation WHO, dass die Pocken weltweit ausgerottet seien.

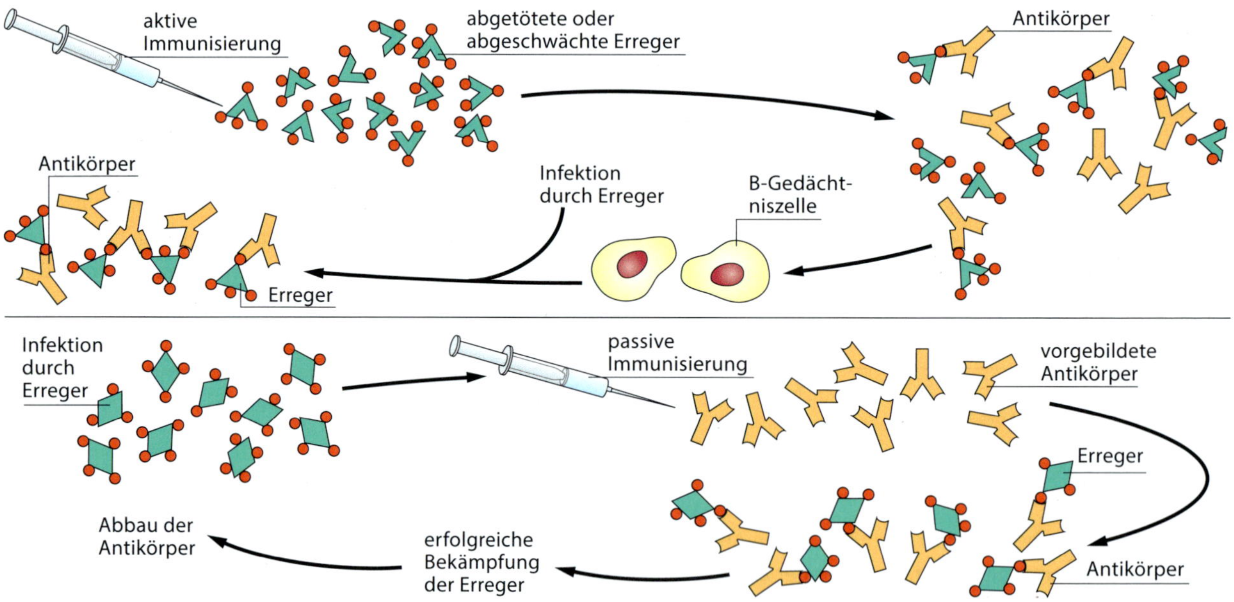

1 **Aktive und passive Immunisierung**

Passive Immunisierung • Ende des 19. Jahrhunderts starben in Preußen jährlich rund 45 000 Menschen, meist Kinder, an der Atemwegserkrankung Diphtherie. Deshalb suchten Wissenschaftler am Berliner Institut von Robert Koch nach einer Möglichkeit, die vielen Todesfälle zu verhindern. Sie wussten bereits, dass nicht das Diphtherie-Bakterium selbst, sondern das von ihm gebildete Toxin DT Auslöser der Krankheitssymptome war. Durch die Arbeit mit verschiedenen Labortieren gelang es im Jahr 1890 der Gruppe rund um Emil von Behring, ein Heilmittel für die Diphtherie zu finden. Tieren, die die Krankheit bereits überstanden hatten, wurde Blut entnommen. Das Blutserum war in der Lage, bei akut Erkrankten die Giftwirkung des DT aufzuheben und so eine Heilung herbeizuführen.
Heute ist bekannt, dass es sich bei den Stoffen aus dem Blutserum der immunen Tiere, die das DT unschädlich machen, um Antikörper handelt. Werden sie einem Erkrankten injiziert, erreicht man einen sofortigen Impfschutz als Notfallmaßnahme. Für eine aktive Immunisierung ist es bei einer akuten Erkrankung zu spät, da deren Schutzwirkung erst nach mehreren Wochen einsetzen würde. Die injizierten Antikörper hingegen können sofort den Krankheitserreger – oder wie im Fall der Diphtherie das von ihm freigesetzte Toxin – binden und neutralisieren. So führen sie zur Heilung, weshalb diese Form der Immunisierung auch Heilimpfung genannt wird. Das Immunsystem des Patienten ist nicht an der Abwehr beteiligt, es handelt sich deshalb um eine passive Immunisierung. Da keine Gedächtniszellen gebildet werden, ist der Impfschutz auf Wochen bis wenige Monate begrenzt, bis die Antikörper abgebaut sind.
Nach der Einführung der passiven Immunisierung gegen DT sank die Sterblichkeit an Diphtherie drastisch und Behring wurde 1901 mit dem Nobelpreis ausgezeichnet.
Aktive und passive Immunisierung können auch kombiniert werden. Leidet eine bisher nicht immunisierte Person an Tetanus, dem Wundstarrkrampf, bekommt sie eine Simultanimpfung als schnelle Hilfe bei der akuten Erkrankung und zugleich für eine lang anhaltende Immunität.

Impfstoffe heute • Die Impfstoffe für eine passive Immunisierung wurden zunächst aus Tieren gewonnen. Heute nutzt man dafür meist menschliches Blutserum.
Bei der aktiven Immunisierung können verschiedene Typen von Impfstoffen zum Einsatz kommen. Abgeschwächte Viren oder Bakterien, die keine Erkrankung auslösen, sich aber noch vermehren können, werden als Lebendimpfstoffe bezeichnet. Die Abschwächung beruht auf natürlichen Mutationen oder wird durch gentechnische Methoden erreicht. Humorale und zelluläre Immunantwort auf den Impfstoff führen zu einer lebenslangen Immunität. Gegen Masern, Mumps, Röteln und

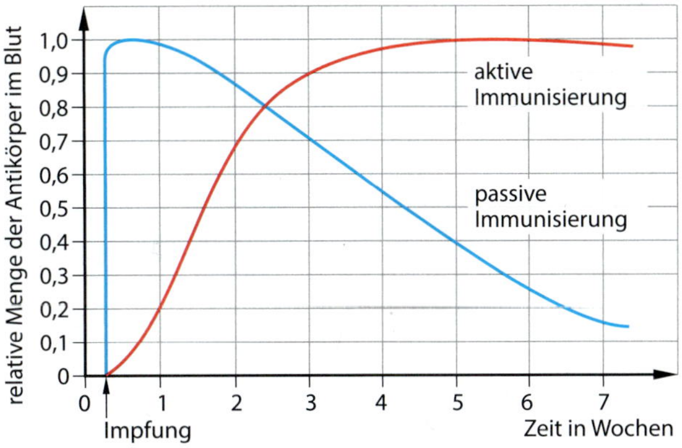

2 **Antikörpermenge nach der Immunisierung**

Kinderlähmung werden beispielsweise Lebendimpfstoffe eingesetzt.
Andere Impfstoffe enthalten abgetötete Viren oder Bakterien, die sich im Körper nicht weiter vermehren können, deren Bruchstücke oder unschädlich gemachte Toxine von Krankheitserregern. Sie werden als Totimpfstoffe bezeichnet. Da sie dennoch wie das spezifische Antigen wirken, lösen sie eine Immunantwort aus. Diese Impfstoffe sind weniger effektiv als Lebendimpfstoffe. Außerdem hält die zelluläre Immunantwort nicht dauerhaft an, die Impfung muss in regelmäßigen Abständen wiederholt werden. Beispiele hierfür sind Tetanus-, Influenza- und Hepatitisimpfungen. Ein Vorteil der Totimpfstoffe ist die bessere Verträglichkeit im Vergleich zu Lebendimpfstoffen. Außerdem besteht bei Lebendimpfungen ein höheres Risiko, dass es zu einer abgemilderten Form der Infektionskrankheit kommt. Deshalb sollten sie während einer Schwangerschaft nicht vorgenommen werden.
Im Jahr 2020 wurde in Europa der erste mRNA-Impfstoff gegen das Virus SARS-CoV-2 zugelassen. Diese Impfstoffe enthalten mRNA, die für ein Erreger-Antigen codieren. Lipid-Nanopartikel als Hülle, ähnlich Vesikeln, erleichtern die Aufnahme der mRNA in Muskel- und Immunzellen. Diese stellen daraufhin selbst Erreger-Antigene her und lösen so eine Immunantwort aus. Vorteil von mRNA-Impfstoffen ist, dass sie schnell im Labor hergestellt werden und so auch in kurzer Zeit an neue Erreger-Varianten angepasst werden können.

1 Vergleichen Sie die aktive und die passive Immunisierung.

2 Erläutern Sie den unterschiedlichen Verlauf der Antikörpermenge nach den beiden Immunisierungsformen.

3 Formulieren Sie eine Hypothese, weshalb die Injektionen bei einer Simultanimpfung an möglichst weit voneinander entfernten Körperstellen gegeben werden.

2.22 Antibiotika

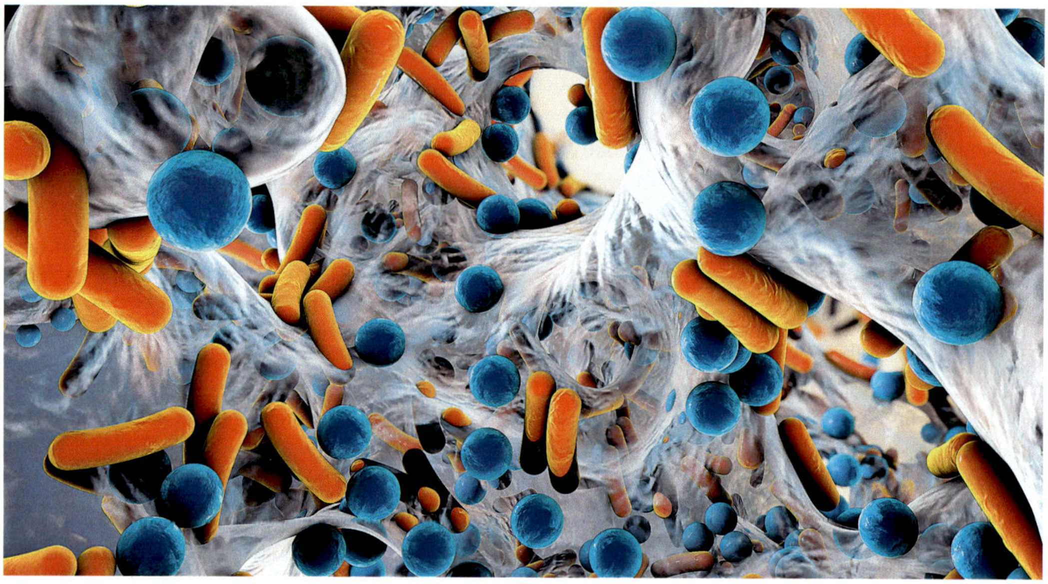

1 Multiresistente Bakterien (orange) bilden einen schleimigen Biofilm.

Bei eitrigen Halsentzündungen wird häufig ein Antibiotikum zur Behandlung verschrieben. Viele Menschen verspüren nach der ersten Einnahme bereits, wie sich das Medikament auf ihren Körper auswirkt: Der Kampf zwischen Bakterium und Antibiotikum beginnt. Doch wie genau können diese Stoffe krankhafte Mikroorganismen ausschalten und was passiert, wenn der erhoffte Effekt ausbleibt?

Entdeckung des Antibiotikums • Alexander Fleming machte im Jahr 1928 nach seinem Urlaub eine interessante Entdeckung: In einigen Petrischalen, in denen er Bakterien gezüchtet hatte, bildete sich Schimmel, der *Penicillium chrysogenum*. Allerdings wuchsen um die Pilzkolonien keine Bakterien. Über zehn Jahre später griffen die Wissenschaftler Walter Florey und Ernst Boris Chain seine Beobachtungen auf und entwickelten das erste Antibiotikum, ein Penicillin, für das alle drei Wissenschaftler 1945 mit dem Nobelpreis für Medizin ausgezeichnet wurden. Dank dieser bahnbrechenden Entdeckung konnten fortan Menschen mit Blutvergiftung, Lungenentzündung, Diphtherie und Scharlach behandelt werden.

2 Alexander Fleming im Labor

Antibakterielle Wirkstoffe • Antibiotika sind Stoffwechselprodukte, die aus Mikroorganismen wie Bakterien und Pilzen gewonnen oder künstlich synthetisiert werden. Auch einige pflanzliche Stoffe besitzen eine antibiotische Wirkung, werden jedoch nicht zu den gängigen medizinischen Antibiotika gezählt.
Eingesetzt werden Antibiotika zur Behandlung von Krankheiten, die durch Prokaryoten ausgelöst werden.

Wirkweise • Antibiotika werden nach ihrer Wirkweise in verschiedene Grundtypen eingeteilt: Bakteriostatische Antibiotika hemmen die Mitose der Bakterien. Bakterizide Antibiotika töten die Bakterien ab. Bakteriolytische Antibiotika töten die Bakterien ebenfalls ab und lösen zudem deren Zellwand auf. Antibiotika können auch nach ihrem Wirkspektrum oder -mechanismus, ihrem Angriffsort sowie ihrer chemischen Struktur eingeteilt werden.

Wirkspektrum • Antibiotika haben ein breites Wirkspektrum. Dabei setzen sie immer an eine Struktur oder einen Mechanismus an, der in menschlichen Zellen nicht vorkommt. Ein typisches Alleinstellungsmerkmal prokaryotischer Zellen ist zum Beispiel ihre Zellwand, die aus dem Polysaccharid-Peptid Murein gebildet wird. Zudem unterscheiden sich ihre Ribosomen für die Proteinbiosynthese und ihre Enzyme für die DNA-Replikation von denen menschlicher Zellen. Im Gegensatz zu uns können Bakterien darüber hinaus Folsäure bilden. Diese Unterschiede ermöglichen es, dass Antibiotika nur gegen Bakterien wirken und für den Menschen vergleichsweise gut verträglich sind.
Allerdings wirkt nicht jedes Antibiotikum gegen jedes Bakterium. Dies hängt u.a. mit der Zellwand zusammen. Diese ist bei grampositiven Bakterien dick und bei gramnegativen Bakterien dünn. Gramnegative Bakterien haben zudem eine äußere Membran um die Zellwand herum, was eine Behandlung durch Antibiotika erschwert. Je nachdem, ob es sich um grampositive, gramnegative, aerobe oder anaerobe Bakterien handelt, muss ein passendes Medikament gewählt werden. Dafür gibt es unterschiedliche Stoffe, die je nach Erreger zum Einsatz kommen. Es gibt Breitspektrum-Antibiotika, die gegen viele verschiedene Bakterien wirken, sowie Schmalspektrum-Antibiotika, die nur gezielt gegen eine bestimmte Bakteriengruppe eingesetzt werden.

Wirkmechanismus • Zu den wichtigsten Wirkmechanismen der Antibiotika zählen die Hemmung der ribosomalen Proteinbiosynthese, also der Translation, sowie der DNA-abhängigen RNA-Synthese, der Transkription (▶ 3). Antibiotika können zudem die DNA-Replikation stoppen, die Zellwandsynthese inhibieren und die Funktionsweise der Zellmembran stören. Auch greifen sie blockierend in den Folsäurestoffwechsel ein oder schädigen Makromoleküle wie die DNA und Proteine.

1 Erklären Sie, weshalb Antibiotika für Menschen in der Regel gut verträglich sind.

2 Teilen Sie Antibiotika einerseits nach ihrer Wirkweise und andererseits nach ihrem Wirkspektrum ein.

3 Nennen Sie unterschiedliche Wirkmechanismen der Antibiotika.

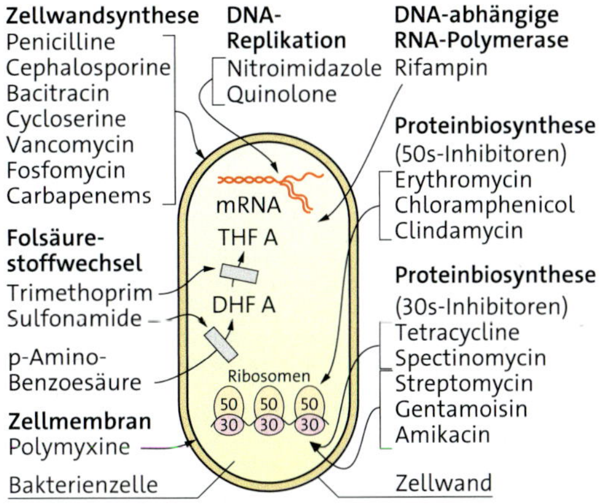

3 Wirkung von Antibiotika

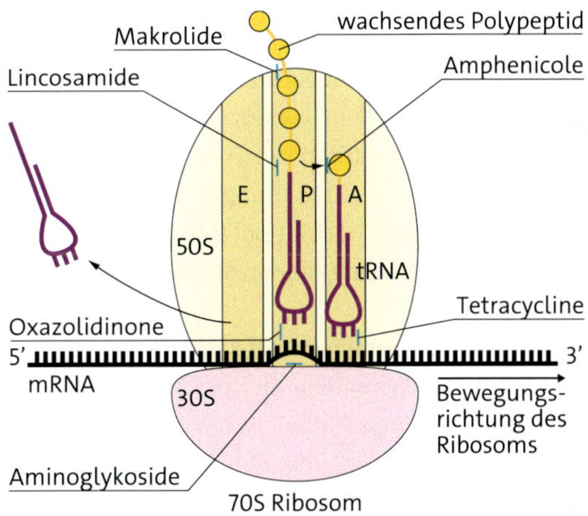

4 Einfluss verschiedener Antibiotika auf die Translation

Wirkung auf die Proteinbiosynthese • Prokaryotische Zellen weisen im Gegensatz zu eukaryotischen Zellen eine andere ribosomale Größe, Sequenz, Struktur und ein anderes Verhältnis von Protein zu RNA auf. Bei der prokaryotischen Translation werden eine kleine 30S-Untereinheit und eine große 50S-Untereinheit zu einem Ribosom verbunden. Das Ribosom bindet die mRNA, um die Nukleotidsequenz auszulesen. Während der Initiations-, Elongations- und Terminationsphasen binden tRNAs an die A-, P- und E-Stellen (▶ 4). Dadurch erfolgt die Translation der Polypeptidsequenz. Antibiotika, die als Proteinbiosynthese-Inhibitoren fungieren, können die 70S-Ribosomen der Bakterien zu verschiedenen Zeitpunkten der prokaryotischen Translation angreifen (▶ 4). Geläufige Antibiotika aus dieser Gruppe sind Tetracycline, Aminoglycoside und Makrolide.

S = Svedberg-Einheit; Maß für die Größe von Partikeln

Inhibitor = Hemmstoff, der eine Reaktion verlangsamt oder verhindert

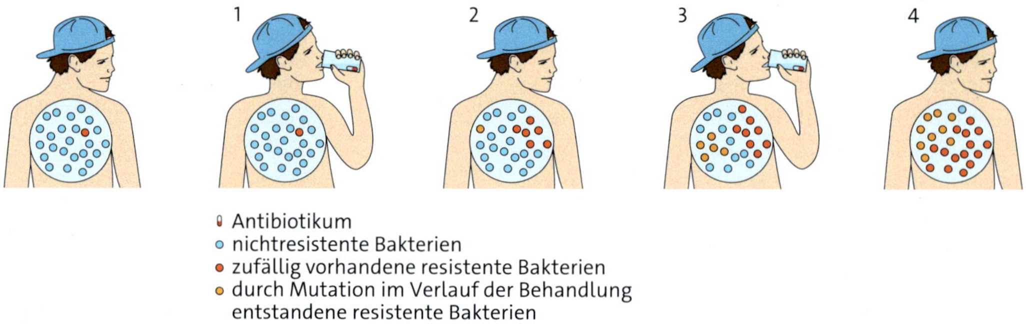

1 Entwicklung einer Antibiotikaresistenz

Antibiotikagruppen • Tetracycline wirken bakteriostatisch gegen grampositive und gramnegative Bakterien. Sie binden an die 30S-Untereinheit und stören die Bindung der tRNA an die Akzeptorstelle am mRNA-Ribosomenkomplex. Dadurch können keine Proteine gebildet werden.
Aminoglycoside wirken bakterizid gegen gramnegative Bakterien. Sie stören durch Anlagerung an die 30S-Untereinheit die Erkennung der tRNA durch die rRNA während der Translation. Dadurch entstehen unbrauchbare Proteine, die den Aufbau der Zellwand behindern.
Makrolide wirken bakteriostatisch gegen grampositive Bakterien. Sie binden an die 50S-Untereinheit und blockieren den Tunnel, durch den die neu gebildete Polypetidkette das Ribosom verlässt. Die Translation wird somit gehemmt und die Proteinbiosynthese nach wenigen Zyklen gestoppt.
β-Lactame wie Penicilline wirken bakterizid gegen intrazelluläre Bakterien. Sie inaktivieren das Penicillinbindeprotein, das für die Peptidbindungen in der Zellwand benötigt wird. Dadurch entstehen Löcher in der Zellwand, durch die Wasser eindringt. Dies führt zum Platzen der Bakterienzelle.
Glykopeptide wirken bakterizid gegen grampositive Bakterien. Sie bauen sich in die Zellwand der Bakterien ein, sodass ebenfalls Löcher entstehen und Wasser in die Zelle eindringt.
Polypeptid-Antibiotika wirken bakterizid gegen grampositive Bakterien. Sie stören die Kontrollmechanismen der Cytoplasmamembran, wodurch schädliche Stoffe eindringen können. Chinolone wirken bakterizid auf gramnegative und grampositive Bakterien. Diese synthetischen Stoffe wirken inhibierend auf die DNA-Replikation.
Sulfonamide wirken bakteriostatisch gegen gramnegative Bakterien. Sie stören die Folsäuresynthese, die wichtig für die Nukleinsäuresynthese ist. So vermehren sich die Bakterienzellen nicht mehr.

Resistenzen • Jedes Jahr sterben über eine Million Menschen weltweit an multiresistenten Keimen. Das sind Bakterien, die widerstandsfähig gegenüber einer Vielzahl an Antibiotika sind. Bei ihnen führt die Behandlung mit Antibiotika weder zum Absterben, noch hemmt sie deren Vermehrung.
Die Ausbildung resistenter Stämme schreitet stets voran und stellt die Medizin vor große Herausforderungen.
Die Ausbildung von Resistenzen gegenüber Antibiotika ist ein biologisches Phänomen, welches das Überleben von Bakterien sichert. Die Resistenz kann natürlicherweise schon vorliegen oder durch eine spontane Genmutation entstanden sein. Manchmal tauschen Bakterien auch Resistenzfaktoren in Form von **Plasmiden** untereinander aus. Der häufige Einsatz von Antibiotika kann dazu führen, dass Bakterien mit einer oder mehreren Resistenzen einen Fortpflanzungsvorteil erhalten und somit häufiger anzutreffen sind. Um den multiresistenten Keimen entgegenzuwirken, muss die medizinische Forschung daher immer wieder neue Antibiotika auf den Markt bringen.

1 Erklären Sie, weshalb Proteinbiosynthese-Inhibitoren keine eukaryotischen Zellen angreifen können.

2 Beschreiben Sie mithilfe von Abbildung 1, wie Antibiotikatherapien Resistenzen fördern können.

3 Überlegen Sie, wie man Antibiotikaresistenzen minimieren könnte.

Material A Antibiogramm

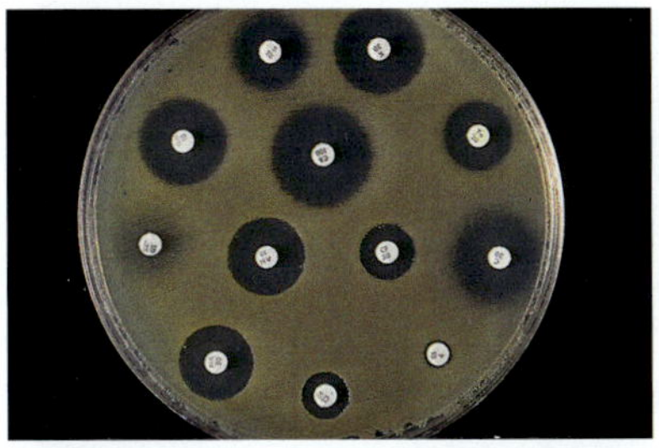

A1 Antibiogramm von *Pseudomonas aeruginosa*

In der oberen Abbildung ist ein Antibiogramm von *Pseudomonas aeruginosa* auf verschiedene Antibiotika abgebildet. Bei diesem Verfahren werden mikrobielle Krankheitserreger auf einen mit Antibiotika bestückten Agar gestrichen und anschließend im Brutschrank kultiviert. Das Ergebnis des Labortests liefert Aufschluss über die Empfindlichkeit und Resistenz von Bakterien gegenüber Antibiotika.
P. aeruginosa ist ein gramnegatives Stäbchenbakterium der Gallung *Pseudomonas*. Es ist ein wichtiger Krankenhauskeim, der gegen mehrere Antibiotika resistent ist. Infektionskrankheiten mit diesem Bakterium gehen mit blaugrün gefärbtem Eiter einher.

1 Werten Sie das Antibiogramm aus.

2 Erklären Sie, wie Resistenzen gegenüber Antibiotika entstehen.

3 Erläutern Sie, welche Gefahr multiresistente Keime für Patientinnen und Patienten im Krankenhaus darstellen.

4 Planen Sie ein Experiment, mit dem die Entstehung multiresistenter Keime im Labor nachgeahmt werden kann.

5 Beschreiben Sie den Kontrollansatz zu Ihrem Experiment.

Material B Minimale Hemm-Konzentration

Abbildung B1 zeigt die Bestimmung der minimalen Hemm-Konzentration (MHK) von Antibiotika auf das Bakterium *Escherichia coli* in einer Mikrotiterplatte. Die MHK ist die geringste Konzentration eines Hemmstoffs, bei der die Vermehrung des Bakteriums noch unterdrückt wird. Bei der Mikrodilutionsmethode wird von dem Bakterium eine Aufschwemmung in einem flüssigen Nährmedium aufbereitet. Diese Lösung wird in eine 96-Loch- Platte gegeben. Anschließend wird in jedes Loch der Reihe nach eine definierte Menge eines Antibiotikums hinzugegeben, sodass je eine Verdünnungsreihe mit verschiedenen Konzentrationen des Antibiotikums vorliegt. Die Reihen A–C werden mit verschiedenen Antibiotika behandelt. Nach dem Pipettieren wird die Platte im Brutschrank inkubiert und nach einer bestimmten Zeit ausgewertet. Die Vermehrung der Bakterien ist an einer Trübung des Nährmediums zu erkennen. Bleibt das Nährmedium klar, ist das Bakterium gegen dieses Antibiotikum in dieser Konzentration empfindlich.

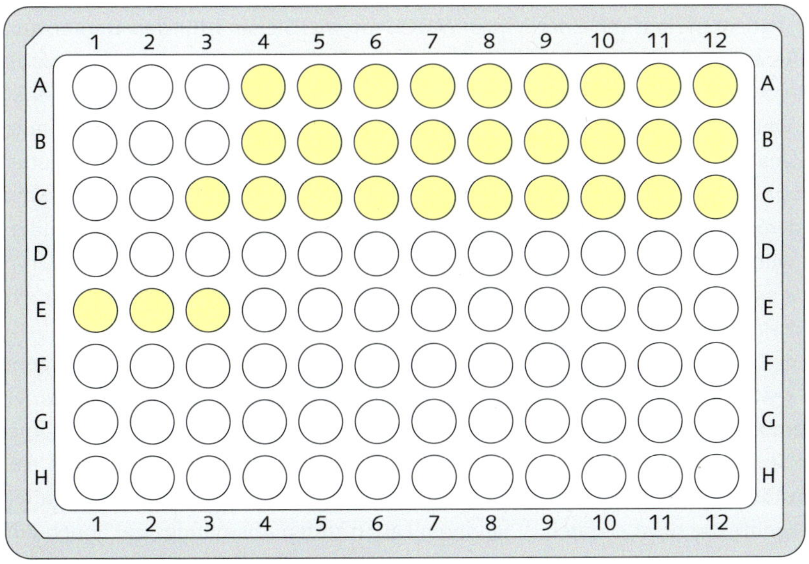

Trübung durch Bakterienvermehrung

B1 Mikrotiterplatte mit Antibiotika und *Escherichia coli* zur Bestimmung der minimalen Hemm-Konzentration

1 Bei der vorliegenden Mikrodilutionsmethode wurde folgende Verdünnungsreihe pipettiert: 1, 2, 4, 8, 16, 32 mg/L usw. Werten Sie das Testergebnis der Proben A–E aus.

2 Stellen Sie das Testergebnis der Proben A–E in grafischer Form dar.

3 Bestimmen Sie bei den Proben A–C, bei welcher Verdünnung die MHK gegeben ist.

4 Erklären Sie, bei welcher Reihe es sich um die Negativ- und Positivkontrolle handelt, und begründen Sie, weshalb solche Kontrollen bei Versuchen notwendig sind.

5 Erläutern Sie, für welche Zwecke die Bestimmung des MHK-Wertes von Nutzen ist.

2.23 Überreaktion des Immunsystems

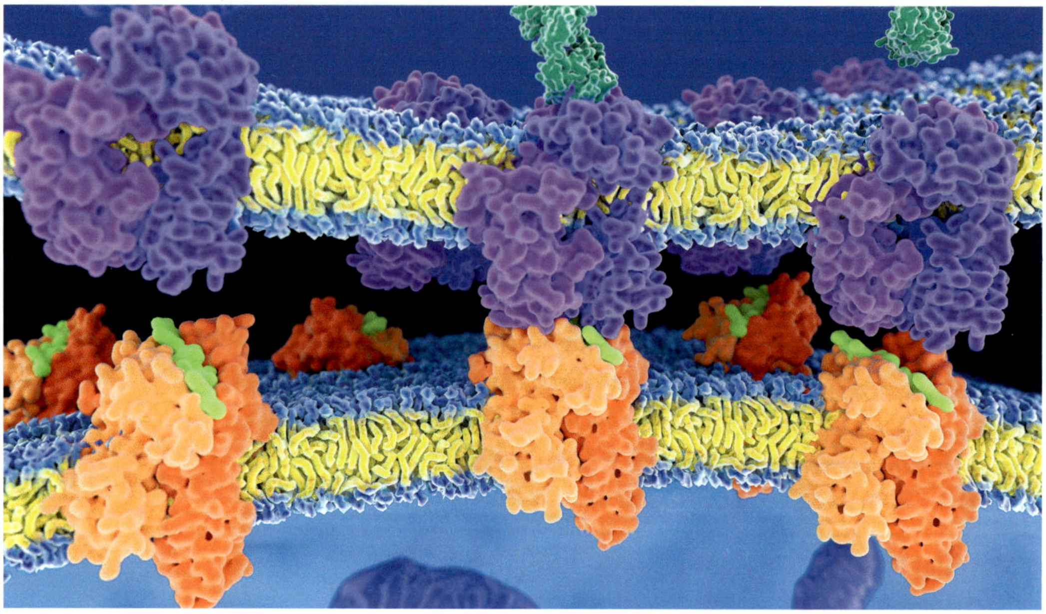

1 Rezeptoren einer T-Zelle (violett) binden an MHC-Protein (orange) mit Antigenfragment (grün)

Unser Immunsystem schützt uns vor vielen Giftstoffen und Krankheitserregern. Dadurch werden wir, auch wenn wir jeden Tag mit einer Vielzahl von ihnen in Kontakt kommen, nicht immer krank. Doch andererseits gibt es Situationen, in denen Zellen und Moleküle des Immunsystems auf harmlose Stoffe und Zellen reagieren. Beispiele dafür sind Abstoßungsreaktionen nach einer Transplantation, Allergien und Autoimmunkrankheiten. In allen Fällen sind Rezeptormoleküle der B- und T-Zellen beteiligt. Wie kommt es zu diesen Überreaktionen des Immunsystems?

Transplantation • Schon vor 2500 Jahren wurden in Indien erste erfolgreiche Transplantationen durchgeführt. Dabei wurde den Patienten Haut von einer Stelle ihres Körpers auf eine andere übertragen. Die Verpflanzung von Organen zwischen verschiedenen Personen misslang aber weltweit bis ins 20. Jahrhundert. Sie glückte erstmals zwischen eineiigen Zwillingen, ohne dass man verstand, weshalb in anderen Fällen die Spenderorgane vom Körper des Empfängers abgestoßen wurden.
Der Chirurg Georg Schöne experimentierte Anfang des 20. Jahrhunderts mit Hauttransplantaten bei Tieren. Er übertrug einem Empfänger Haut eines Spenders, sie wurde wie erwartet nach einiger Zeit abgestoßen. Dann wiederholte er die Transplantation mit demselben Spender und Empfänger mehrfach. Dabei erfolgte die Abstoßung jedes Mal schneller und heftiger. Schöne konnte das nicht erklären, erkannte aber das Immunsystem als Ursache. 1912 formulierte er das Konzept der „Transplantationsimmunität" als Grundlage für die Weiterentwicklung der Transplantationschirurgie.

Bedeutung und Vielfalt des MHC • Auf der Zellmembran aller kernhaltigen Körperzellen befinden sich MHC-Proteine. Sie sind für den Organismus charakteristisch und ermöglichen dem Immunsystem, zwischen körperfremden und körpereigenen Zellen zu unterscheiden. Sowohl MHC-I- als auch MHC-II-Proteine werden von jeweils drei Genen codiert. Die Gene weisen einen großen Polymorphismus auf, von ihnen existieren mehrere Hundert verschiedene codominante Allele. So sind die MHC-Proteine verschiedener Personen niemals identisch, außer es handelt sich um eineiige Zwillinge.
Körperfremde MHC-Proteine wirken als Antigene und lösen eine Immunreaktion aus. Daher werden nur autogene Transplantate, die vom eigenen Körper stammen, und syngene Transplantate eines eineiigen Zwillings als körpereigen erkannt. In allen anderen Fällen treten Abstoßungsreaktionen auf, die umso stärker ausfallen, je mehr sich das MHC von Spender und Empfänger unterscheiden. Deshalb achtet man bei Transplantationen auf eine möglichst große MHC-Ähnlichkeit.

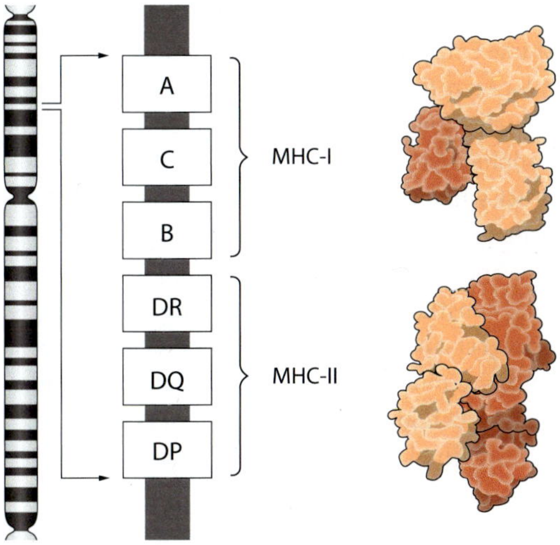

2 **MHC-Gene und -Proteine**

Wirksubstanz	Wirkmechanismus
Glukocorticoide	Hemmung der Freisetzung von Signalstoffen durch antigenpräsentierende Zellen
Muromonab CD3	Hemmung der Rezeptorbindung der T-Zellen an MHC-Proteine
Cyclosporin A	Hemmung der Produktion von Interleukin-2 durch T-Zellen
Daclizumab	Blockade der Rezeptoren für Interleukin-2 bei T-Zellen
Sirolimus	Hemmung der Zellteilung von T-Zellen

3 **Wirkmechanismen von Immunsuppressiva**

Abstoßungsreaktion • Die Abstoßung fremder Gewebe und Organe kann verschiedene Ursachen haben. Schon Minuten nach der Transplantation ist eine hyperakute Abstoßungsreaktion möglich. Ursache dafür sind Antikörper, die schon vorher im Empfänger gebildet wurden, beispielsweise gegen fremde Blutgruppenantigene. Die Antikörper binden an die Zellen des Transplantats und aktivieren das Komplementsystem. Durch dessen Reaktionskaskade wird die Blutzufuhr im fremden Gewebe eingeschränkt und das unzureichend durchblutete Transplantat stirbt ab.

Eine akute Abstoßungsreaktion tritt innerhalb weniger Wochen nach der Transplantation ein. T-Helferzellen und cytotoxische T-Zellen binden mit ihren Rezeptoren an die MHC-I-Proteine der körperfremden Zellen und erkennen sie als fremd. Sie lösen eine humorale und zelluläre Immunreaktion aus. Vor allem die Zerstörung der Zellen des Transplantats durch die cytotoxischen T-Zellen beeinflusst dessen Funktionsfähigkeit zunehmend, bis es schließlich ganz versagt.

Auch noch Monate oder Jahre später kann eine chronische Abstoßungsreaktion erfolgen. Sie beruht auf einer Aktivierung von Makrophagen durch T-Helferzellen. Die Makrophagen setzen Signalstoffe wie Tumor-Nekrose-Faktor frei und verursachen eine Entzündungsreaktion der Blutgefäße. Die Gefäße verengen sich und die fehlende Durchblutung verursacht ein Organversagen.

Verhinderung der Abstoßung • Seit den 1960er-Jahren kann man Abstoßungsreaktionen verringern oder sogar ganz verhindern. Dafür nutzt man Immunreaktionen unterdrückende Medikamente, die Immunsuppressiva. Sie können die Überlebensrate eines Transplantats deutlich steigern. Allerdings müssen sie vom Patienten ab der Transplantation für den Rest des Lebens eingenommen werden und können eine Abstoßung nicht immer verhindern. Außerdem erhöht eine Unterdrückung des Immunsystems die Anfälligkeit für Infektionskrankheiten und Krebserkrankungen.
Deshalb wird auch an anderen Möglichkeiten geforscht, die Verträglichkeit fremder Organe zu verbessern. 2022 wurde einem herzkranken Mann in den USA ein Schweineherz eingesetzt. Diese Xenotransplantation über Artgrenzen hinweg war möglich, weil das Spendertier gentechnisch verändert wurde. Es wurden einige Gene des Schweins entfernt und menschliche Gene eingefügt, um im Patienten eine Erkennung des Schweineherzens als körperfremd zu verhindern. Obwohl der Patient zwei Monate nach der Transplantation starb, wurde sie als Erfolg gewertet.

1 **Erklären Sie die immer schnellere Transplantat-Abstoßung bei den Versuchen von Schöne mithilfe der akuten Abstoßungsreaktion.**

2 **Beschreiben Sie, wie die in der Tabelle von Abbildung 3 genannten Wirkmechanismen der Immunsuppressiva eine Abstoßung verhindern.**

Autoimmunkrankheiten • Manchmal greift das Immunsystem körpereigene Zellen an. Bei Gelenkrheuma dringen T-Zellen in die Gelenke ein und rufen dort eine Entzündung hervor. Multiple Sklerose wird durch T- und B-Zellen hervorgerufen, die die Myelinscheiden von Nervenfasern schädigen und dadurch die Erregungsleitung der Nerven behindern oder blockieren. Die Ursachen für Autoimmunerkrankungen sind immer noch weitgehend unbekannt. Stammbaumanalysen zeigen einen genetischen Zusammenhang, da manche Autoimmunkrankheiten in einigen Familien gehäuft auftreten.

Allergien • Heuschnupfen, Asthma und Ekzeme als Reaktionen des Körpers auf Umwelteinflüsse haben in den letzten Jahrzehnten erheblich zugenommen. Es wird geschätzt, dass 30 bis 40 % der Weltbevölkerung von Allergien betroffen sind. Oft lösen Pollen, Hausstaub oder Tierhaare Allergien aus. Sie werden deshalb als Allergene bezeichnet.

TLR2-Rezeptoren = „toll-like"-Rezeptoren der Klasse 2

Das Immunsystem wird gegen die darin enthaltenen fremden Proteine sensibilisiert, wenn sie über Haut oder Schleimhäute in den Körper gelangen. Besondere T-Helferzellen vom Typ 2 senden nach Kontakt mit dem Allergen Cytokine aus. B-Zellen, die mit dem Allergen in Berührung kommen, werden durch die Cytokine angeregt, Antikörper des Typs IgE gegen das Allergen zu produzieren. Diese Antikörper heften sich an die Oberfläche von zwei Gruppen von Phagocyten, basophilen Zellen im Blut und Mastzellen in den Schleimhäuten.
Bei einem wiederholten Kontakt der Schleimhaut mit dem Allergen reagiert das sensibilisierte Abwehrsystem sofort: Überbrücken Allergene zwei Antikörper auf einer Mastzelle, schüttet diese Histamin aus und innerhalb von Sekunden setzt eine starke Entzündungsreaktion ein. Daher nennt man diese Form der Allergie auch Soforttyp. Die Histaminausschüttung kann zur Folge haben, dass sich die peripheren Blutgefäße weiten und damit der Blutdruck schnell abfällt. Dies führt zum lebensbedrohlichen anaphylaktischen Schock.
Eine andere Form der Allergie kommt bei Kosmetika oder Kunstfasern vor. Die Reaktion auf das Allergen erfolgt erst nach Tagen bis Wochen. An ihr ist nur die zelluläre Immunabwehr mit T-Zellen und Makrophagen beteiligt. Sie führt häufig zu Ekzemen.
Die Ursachen für die zunehmende Anzahl an Allergikern sind noch nicht eindeutig geklärt. Man vermutet einen Zusammenhang mit den verbesserten hygienischen Bedingungen. So stellte man fest, dass Kinder, die auf Bauernhöfen aufwachsen oder häufig Wurmkrankheiten haben, selten an Allergien leiden. Ihre Immunzellen verfügen über mehr TLR2-Rezeptoren, die das angeborene Immunsystem aktivieren.

Desensibilisierung • Zur Bestimmung eines unbekannten Allergens werden verschiedene in Verdacht stehende Stoffe auf die Haut aufgetragen. Eine Hautrötung oder Quaddelbildung zeigt das Allergen an. Nach der Diagnose wird der allergieauslösende Stoff dem Patienten über einen längeren Zeitraum mit steigender Dosierung injiziert. Dadurch wird die Bildung von Antikörpern des Typs IgG angeregt und die allergische Reaktion zurückgedrängt. Dies nennt man Desensibilisierung.

1 Beschreiben Sie den Verlauf einer allergischen Reaktion vom Soforttyp.

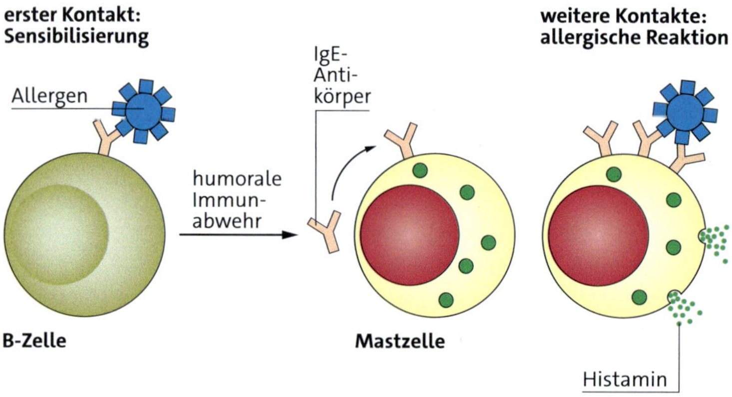

1 Vorgänge bei einer Allergie vom Soforttyp

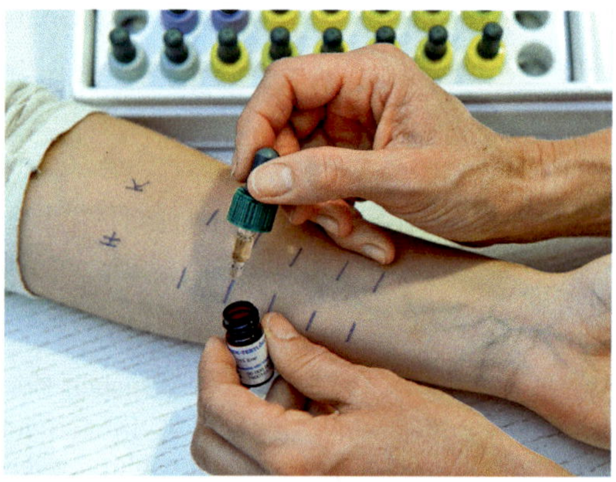

2 Allergietest

Material A Organspende

Aufgrund der geringen Anzahl an Organspendern wird in Deutschland immer wieder darüber diskutiert, das Transplantationsgesetz zu ändern. Ideen für Gesetzesvorlagen sehen vor, dass die Zustimmungsregelung durch eine neue Bestimmung abgelöst wird. Wer zu Lebzeiten nicht ausdrücklich der Organspende widerspricht, soll nach dieser Gesetzesvorlage automatisch Organspender sein. Diese Widerspruchslösung, die in den meisten europäischen Ländern bereits angewendet wird, ist jedoch umstritten. Die Katholische Bischofskonferenz weist darauf hin, dass sie eine Verbesserung der Abläufe und Strukturen der Organtransplantation für wünschenswert halte. Sie stellt weiterhin fest: „*[...] Eine gesellschaftliche Grundentscheidung, dass jeder Mensch grundsätzlich als Organspender anzusehen ist, solange er nicht ausdrücklich widerspricht, entspricht nicht dem christlichen Bild des selbstbestimmten Menschen [...].*"
Eine andere Gesetzesinitiative schlägt vor, dass ein bundesweites Online-Register erstellt wird. Eine Eintragung in dieses Register könnte erfolgen, indem jeder Bundesbürger beispielsweise bei Abholung seines Personalausweises eine Erklärung abgibt, ob er als Organspender zur Verfügung stehen möchte oder nicht.

1 Beschreiben Sie die juristischen Voraussetzungen zur Organentnahme und die Vorschläge zur Gesetzesänderung bei Organtransplantationen.

2 Recherchieren Sie weitere Argumente, die für und gegen die jeweiligen Optionen sprechen.

3 Fällen Sie Ihr persönliches Werturteil und erläutern Sie die Konsequenzen.

4 Diskutieren Sie innerhalb Ihrer Gruppe die verschiedenen Werturteile und finden Sie einen Kompromiss.

Material B Reifung von T-Zellen und Autoimmunkrankheiten

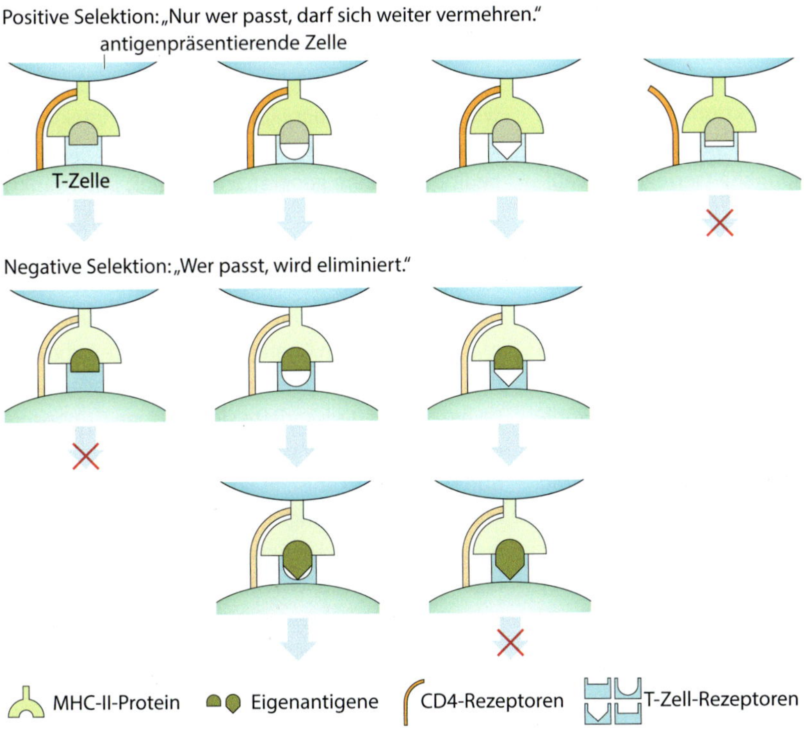

Alle Lymphocyten werden im Knochenmark gebildet. Die T-Zellen reifen anschließend im Thymus heran. In dieser „Thymusschule" werden die T-Zellen mit antigenpräsentierenden Zellen in Kontakt gebracht. Die antigenpräsentierenden Zellen haben eine große Vielfalt an Antigenfragmenten gebunden. In zwei Selektionsschritten werden ungeeignete T-Zellen eliminiert, sodass am Ende nur diejenigen den Thymus verlassen, die an körpereigene MHC-Proteine gebundene Fremdantigene erkennen können. Treten bei einem der Selektionsschritte Fehler auf, können autoreaktive T-Zellen in den Körper gelangen, die körpereigene Antigene erkennen und bekämpfen. Das kann zu einer Autoimmunkrankheit führen.
Die Abbildung zeigt die Vorgänge bei beiden Selektionsschritten schematisch vereinfacht. Die für die Selektion relevanten Bereiche sind jeweils dunkler hervorgehoben.

1 Beschreiben Sie die Vorgänge bei der positiven Selektion.

2 Begründen Sie, welche T-Zellen bei der positiven Selektion aussortiert werden.

3 Beschreiben Sie die Vorgänge bei der negativen Selektion.

4 Erklären Sie, welche der eliminierten T-Zellen autoreaktiv sind.

2.24 Infektionskrankheiten durch Viren

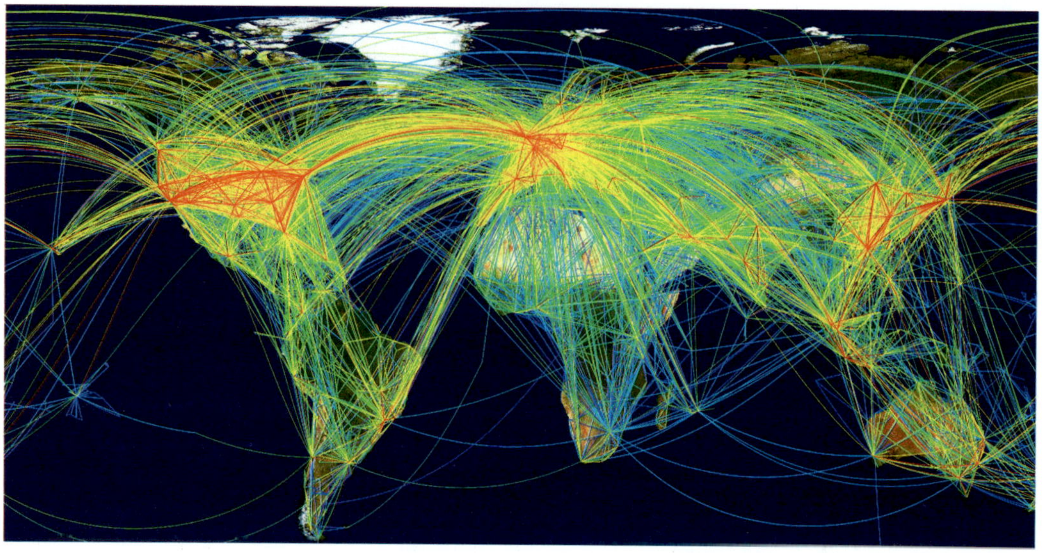

1 Mobilitätsnetzwerke bestimmen die Ausbreitung von Epidemien

Obwohl Viren jeweils nur bestimmte Körperzellen befallen, ist häufig der gesamte Organismus durch sie beeinträchtigt. Innerhalb kurzer Zeit können sich die Erreger in einer Population ausbreiten und eine Epidemie auslösen, die sich schon bald nicht mehr lokal eingrenzen lässt. Mithilfe von Mobilitätsnetzwerken, die das Reiseverhalten der Menschheit aufzeigen, versucht man die Expansion von Epidemien vorherzusagen. Welche Eigenschaften von Viren begünstigen ihre Übertragung und ihre Ausbreitung?

Infektionswege • Virusinfektionen können wie auch Bakterieninfektionen auf verschiedenen Wegen erfolgen. Wenn der Krankheitserreger oral aufgenommen wird und über den Darm in den Körper gelangt, zum Beispiel durch verunreinigtes Trinkwasser, liegt eine enterale Infektion vor. Gelangen die Erreger über Atemwege, Haut, Schleimhaut, Harntrakt oder Geschlechtsorgane in den Körper, so handelt es sich um eine parenterale Infektion. Beispiele hierfür sind durch Niesen übertragene Tröpfcheninfektionen, Schmierinfektionen durch Händeschütteln oder das Anfassen von Türklinken und indirekte Infektionen durch Insektenstiche.

Epidemien und Pandemien • Jeder Infizierte trägt aufgrund seiner sozialen Kontakte zur Verbreitung des Virus bei. Tritt eine Krankheit vermehrt, aber zeitlich und örtlich begrenzt auf, spricht man von einer Epidemie. Beispiele dafür sind die Grippe oder Tropenkrankheiten wie Ebola oder Cholera.
Früher stellte man sich vor, die Ausbreitung einer Virusinfektion erfolge ähnlich dem Prinzip der Diffusion. Neue mathematische Modelle erfassen das Reiseverhalten einzelner Menschen als individuelles Mobilitätsnetzwerk. Daraus werden Mobilitätsnetzwerke der Gesamtpopulation berechnet. Infektionskrankheiten sind wegen dieser Netzwerke nicht unbedingt auf eine geografische Region beschränkt, sondern können sich weltweit verbreiten. Aus einer Epidemie wird so eine Pandemie.
Im Frühjahr 1918 berichtete eine spanische Nachrichtenagentur von einer „merkwürdigen Krankheit mit epidemischem Charakter" in Madrid. Aufgrund dieser Meldung wurde sie später als Spanische Grippe bezeichnet. Es handelte sich um eine Grippeepidemie, deren Erreger nach heutigem Kenntnisstand durch US-amerikanische Soldaten im Ersten Weltkrieg nach Europa eingeschleppt wurde. Durch weltweite Truppenbewegungen sowie überfüllte Militärlager und Lazarette entwickelte sie sich schnell zu einer Pandemie. Die Spanische Grippe forderte weltweit innerhalb der folgenden beiden Jahre mindestens 50 Millionen Menschenleben.
Ende 2019 kam es in der chinesischen Provinz Hubei zu einer Epidemie der infektiösen Atemwegserkrankung Coronavirus Disease 2019, kurz Covid-19. Sie breitete sich innerhalb weniger Monate weltweit zu einer Pandemie aus. Der krankheitsverursachende Erreger Coronavirus SARS-CoV-2 war bis dahin völlig unbekannt.

Aids • Im Jahr 1981 wurde in den USA erstmalig eine erworbene Immunschwächekrankheit diagnostiziert, die als acquired immune deficiency syndrome, kurz Aids, bezeichnet wird und sich sehr schnell weltweit verbreitete. Verursacher der Krankheit ist das human immunodeficiency virus, kurz HIV, das durch eine Mutation aus dem ähnlichen, nur für Affen gefährlichen Virus SIV entstand. Die Übertragung des Virus erfolgt über infizierte Körperflüssigkeiten wie Blut, Sperma und Vaginalsekret. Geschlechtsverkehr ohne Kondom und die Verwendung nicht steriler Spritzen bei Drogenkonsum gelten als häufigste Infektionswege. HIV enthält als Erbmaterial eine einzelsträngige RNA, die in der Wirtszelle in eine DNA umgeschrieben wird. Man bezeichnet HIV deshalb als Retrovirus.

Reproduktionszyklus von HIV • Das HI-Virus heftet sich mit seinem Hüllprotein gp120 an den CCR5- und den CD4-Rezeptor der Wirtszelle. Hierzu benötigt das Virus ein zweites Protein, gp41. Anschließend erfolgt die Fusion der Virushülle mit der Zellmembran. Nach der Fusion wird das Capsid des Virus abgebaut und die Virus-RNA freigesetzt. Mithilfe des viruseigenen Enzyms Reverse Transkriptase wird aus der einsträngigen Virus-RNA eine doppelsträngige DNA hergestellt. Diese DNA wandert in den Zellkern und wird dort durch das Enzym Integrase in das zelleigene Genom eingebaut. Den nun erreichten Zustand bezeichnet man als Provirus. In dieser Form ist das Virus für das Immunsystem praktisch unsichtbar. Das genetische Material des Virus nutzt den Proteinsyntheseapparat der Zelle und steuert die für seine Vermehrung notwendigen Prozesse. Nach Aktivierung des Provirus erfolgt die Transkription der Provirus-DNA zur Virus-RNA. Sie ist die Vorlage für die Produktion von Proteinketten. Mithilfe einer viralen Protease werden die Capsidproteine aus den Proteinketten ausgeschnitten.

Nach Zusammenbau der Virusbestandteile erfolgt abschließend die Abschnürung der fertigen Viren von der Zellmembran. Man schätzt, dass eine infizierte Zelle etwa 200 Viren produziert.

Schwächung des Immunsystems • HIV kann nur an Wirtszellen binden, die einen CD4-Rezeptor auf ihrer Oberfläche tragen. Dies sind vor allem T-Helferzellen und Makrophagen. Gehen sie durch den Vermehrungszyklus des Virus zugrunde, können sie ihre Aufgaben für die Immunabwehr nicht mehr erfüllen. Man spricht von einem Immundefekt. Außerdem ist die Mutationsrate bei HIV hoch, denn die Reverse Transkriptase macht häufig Fehler beim Umschreiben der RNA in DNA. So entstehen ständig neue Virusvarianten, gegen die das Immunsystem immer wieder andere Zellklone und Antikörper herstellen muss.

1 **Erläutern Sie die besondere Gefährlichkeit einer HIV-Erkrankung.**

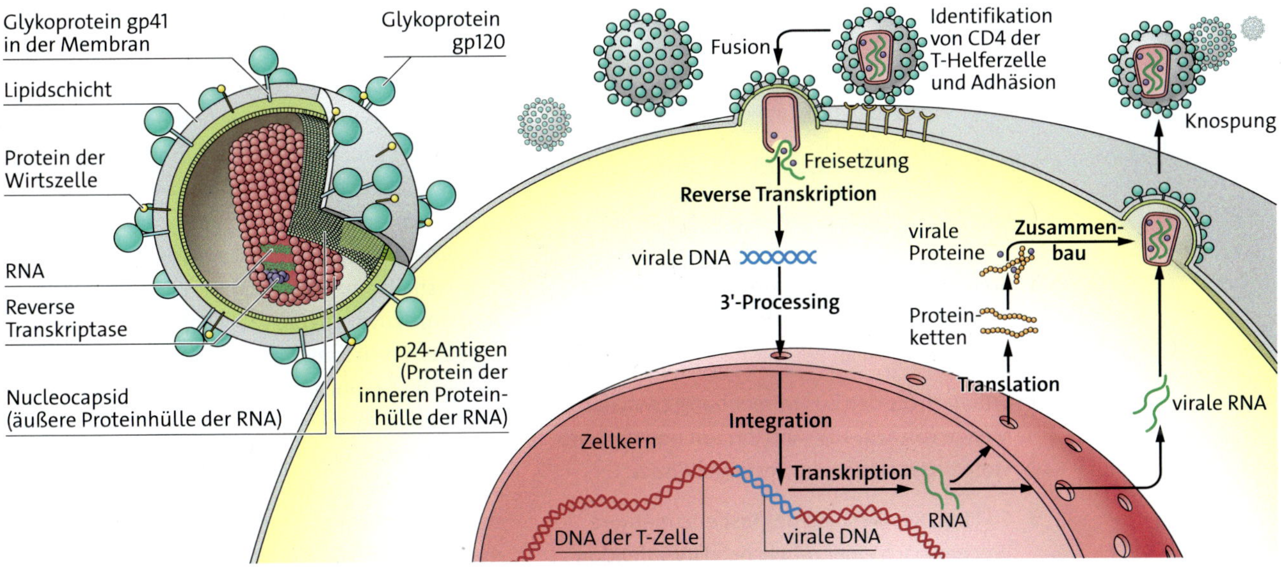

2 **Aufbau und Reproduktionszyklus des HI-Virus**

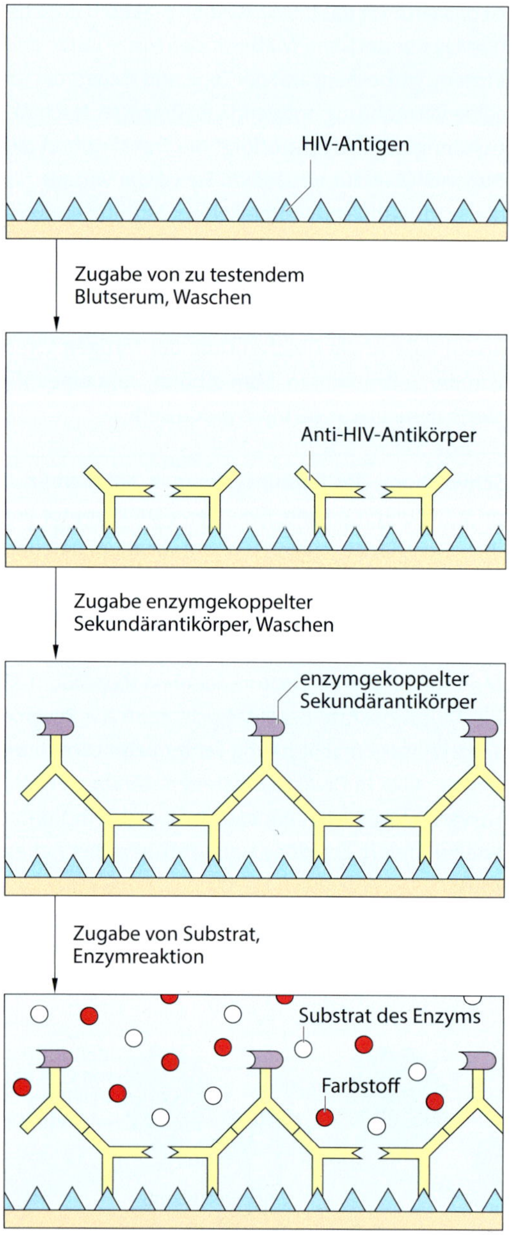

1 Ablauf des ELISA-Tests zum HIV-Nachweis

1 Stellen Sie die Vorgänge im ELISA-Reaktionsgefäß direkt vor den beiden Waschgängen zeichnerisch dar.

2 Erläutern Sie den Zusammenhang zwischen der Menge von Anti-HIV-Antikörpern und der Farbstoffkonzentration des Testergebnisses.

3 Erklären Sie, weshalb der Test erst mehrere Wochen nach einer möglichen HIV-Infektion ein aussagekräftiges Ergebnis liefert.

Krankheitsverlauf • Etwa drei bis sechs Wochen nach der Infektion kommt es zu einer akuten Phase mit grippeähnlichen Symptomen wie Fieber und Gelenkschmerzen sowie Hautausschlägen.

Auch ohne Behandlung folgt eine längere Phase ohne akute Beschwerden, die mehrere Jahre andauern kann und als Latenzzeit bezeichnet wird. HIV-Infektionen bleiben aufgrund dessen häufig unerkannt. Da sich die Anzahl der T-Helferzellen stetig verringert, sinkt die Abwehrkraft des Immunsystems kontinuierlich. Nach durchschnittlich zehn Jahren ist die Anzahl der T-Helferzellen von ursprünglich mehr als 1000 auf etwa 200 pro µl Blutplasma gesunken. Das hat zur Folge, dass der Organismus sich gegenüber anderen Krankheitserregern kaum noch wehren kann. Es kommt zu Lungenentzündungen, Tuberkulose oder dem Kaposisarkom, einer Krebserkrankung, die durch ein Herpesvirus ausgelöst wird. Man bezeichnet diese Infektionen und Tumore als opportunistische Infektionen. Der Betroffene hat Aids. Ohne aufwendige Behandlung führt Aids rasch zum Tod.

ELISA-Test • Eine HIV-Infektion kann man mit einem ELISA-Test (enzyme linked immunosorbent assay) nachweisen. Der Test zeigt nicht direkt die Anwesenheit der HI-Viren an, sondern die der Antikörper, die gegen das Virus gebildet wurden.

Für das Nachweisverfahren werden HIV-Antigene an der Innenseite eines Gefäßes fixiert. In dieses Gefäß wird das zu untersuchende Blutserum gegeben. Enthält das Serum Antikörper gegen HI-Viren, binden diese an das fixierte Antigen. Alle weiteren Stoffe aus dem Blutserum werden anschließend durch einen Waschgang aus dem Gefäß entfernt. Dann werden im Labor hergestellte monoklonale Antikörper zugegeben. Sie sind für die Fußregion von Antikörpern spezifisch und binden somit an die Anti-HIV-Antikörper. Die monoklonalen Antikörper werden deshalb auch Sekundärantikörper genannt. An sie wurde zuvor ein Enzym gekoppelt.

Bei einem weiteren Waschgang werden alle ungebundenen Sekundärantikörper entfernt, dann wird das Substrat des Enzyms zugegeben. Die Enzyme setzen es zu einem Farbstoff um. Die Menge des Farbstoffs, die in einem bestimmten Zeitraum entsteht, ermöglicht einen Rückschluss auf die Konzentration an Anti-HIV-Antikörpern im getesteten Blutserum.

Material A Bekämpfung von HIV

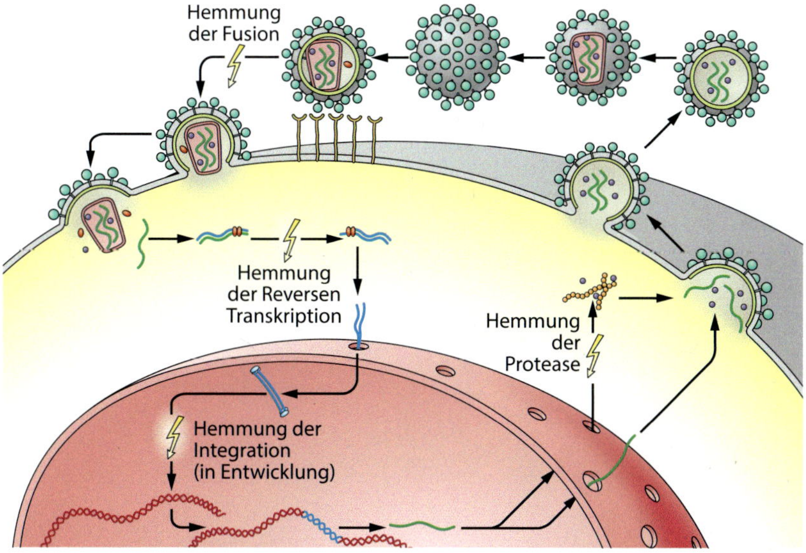

Ein gegen HIV eingesetztes Medikament hemmt die Funktion von gp41. Ein anderer Wirkstoff blockiert das Enzym Reverse Transkriptase. Mit leicht veränderten Nucleosiden, kurz Nukes genannt, lässt sich die Funktion des Enzyms Reverse Transkriptase beeinflussen, indem ein Kettenabbruch induziert wird. Eine weitere in der Therapie eingesetzte Wirkstoffgruppe wird als Proteasehemmer bezeichnet. Noch in der medizinischen Erforschung ist die Entwicklung von Integrasehemmern.

1 Erklären Sie, in welcher Weise die verschiedenen Wirkstoffe die Reproduktion von HIV beeinflussen.

2 In einigen reichen Industrieländern wird diskutiert, HIV-Medikamente von Risikogruppen vorbeugend einnehmen zu lassen. Beurteilen Sie diesen Vorschlag.

Moderne HIV-Therapien haben geringe Nebenwirkungen und erlauben HIV-positiven Menschen ein nahezu beschwerdefreies Leben. Die Therapien berücksichtigen verschiedene Angriffspunkte im Vermehrungszyklus des HI-Virus. Die Patienten erhalten unterschiedliche Kombinationen der verschiedenen Wirkstoffe. In Deutschland wurden die Kosten der Therapie im Jahr 2011 auf mehr als 25 000 Euro pro Person und Jahr geschätzt.

Material B Nachweis einer SARS-CoV-2-Infektion durch Antigentests

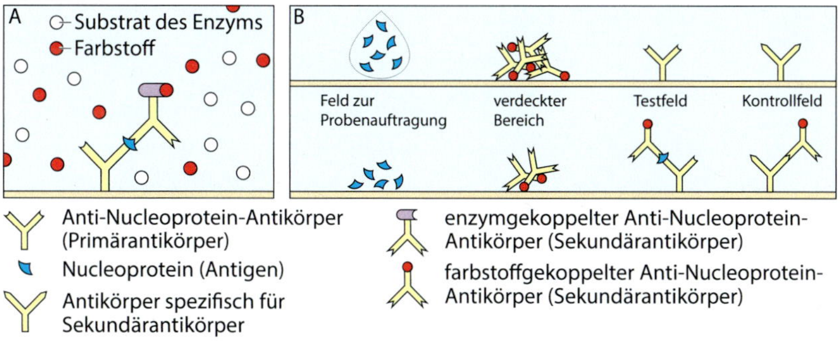

Während der Covid-19-Pandemie haben Antigentests zum Nachweis des SARS-CoV-2-Virus im Nasensekret eine große Bedeutung erlangt. Sie können in Form eines Schnelltests oder eines ELISA-Tests durchgeführt werden und zeigen die Anwesenheit von Virusproteinen, meistens des Nucleoproteins der Virusoberfläche, an.
Der ELISA-Test wird im Labor durchgeführt. Die Abbildung (▶ A) zeigt die Anordnung der Moleküle am Ende des Tests bei einem positiven Testergebnis. Bei den Schnelltests (▶ B) diffundieren Antigene und Sekundärantikörper mit der aufgetragenen Flüssigkeit entlang einer porösen Schicht, die Filterpapier ähnelt. An die Sekundärantikörper sind hierbei keine Enzyme gebunden, sondern Farbstoffe wie kolloidales Gold mit tiefroter Farbe. Befinden sich viele der farbstoffgekoppelten Sekundärantikörper an einer Stelle, so erscheint dieser Bereich rot.

1 Beschreiben Sie den Ablauf des ELISA-Tests zum Nachweis des Nucleoproteins von SARS-CoV-2 in einer Lösung mit Nasensekret.

2 Erklären Sie die Notwendigkeit der Waschvorgänge beim ELISA-Test.

3 Begründen Sie, weshalb Primär- und Sekundärantikörper für verschiedene Epitope des Nucleoproteins spezifisch sein müssen.

4 Vergleichen Sie den ELISA-Test mit dem Schnelltest.

5 Erläutern Sie, weshalb ein ELISA-Test eine höhere Sensitivität als ein Schnelltest besitzt, also auch geringere Virenmengen im Nasensekret nachweisen kann.

Genetik und Immunbiologie

- **Grundlagen der Genetik**
  - Nukleinsäuren
- **Angewandte Genetik**
  - Methoden
  - Anwendungen
- **Immunbiologie**
  - Immunsystem
  - Infektionskrankheiten durch Viren

Bau und Bedeutung von DNA und RNA

DNA-Replikation und Proteinbiosynthese

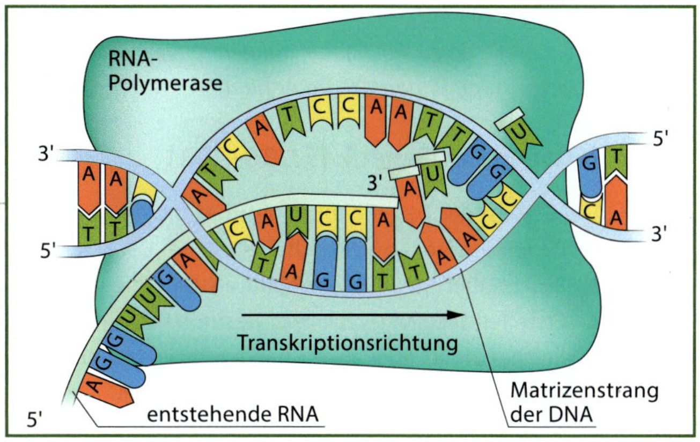

Genwirkkette

Mutationen

Genregulation

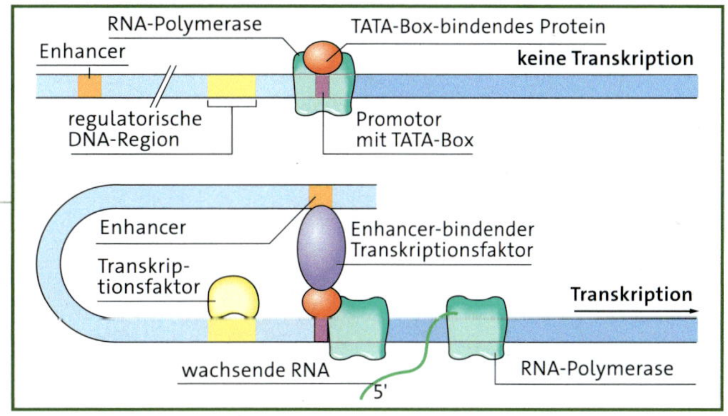

Genschere CRISPR/Cas9

PCR

Klonierung

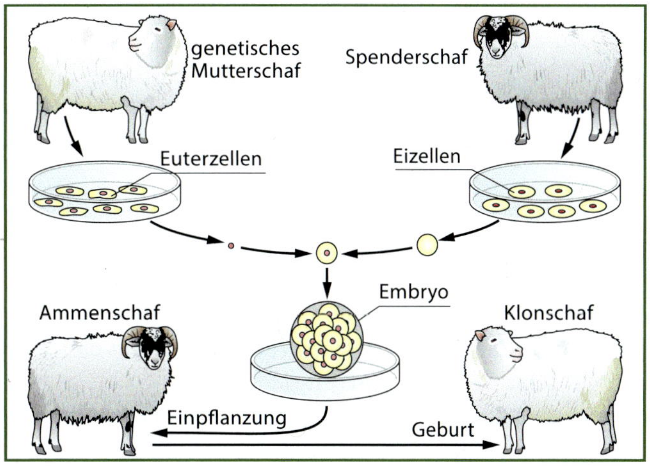

Gentransfer

Pflanzenzüchtung

Gene-Pharming

Gentherapie

Reproduktionsmedizin und -diagnostik

Spezifische und unspezifische Immunabwehr

Zelluläre und humorale Immunantwort

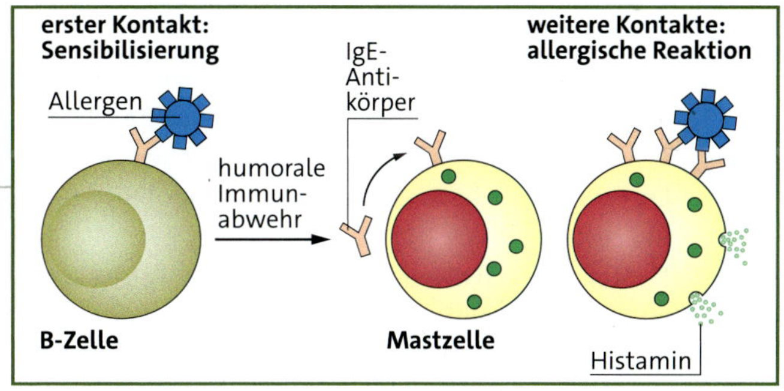

MHC-System bei Abstoßungsreaktionen

HIV-Infektion

Genetik und Immunbiologie

Mit den folgenden Aufgaben können Sie überprüfen, ob Sie die Inhalte aus dem Kapitel verstanden haben. An den Aufgaben finden Sie Angaben zu den Seiten, auf denen Sie zum jeweiligen Thema noch einmal nachlesen können. Die Lösungen zur Selbstüberprüfung finden sich im Anhang.

Grundlagen der Genetik (S. 110–151)

1 Die DNA ist der Träger der Erbinformation.

a Benennen Sie die Bestandteile 1–6 der DNA.

b Beschreiben Sie mit der Abbildung den Bau der DNA.

c Erstellen Sie eine Hypothese, weshalb DNA-Abschnitte gleicher Länge, aber abweichender Basensequenz bei verschieden hohen Temperaturen denaturieren.

d Beschreiben Sie die Aufgaben der Enzyme Helikase, DNA-Polymerase und Ligase bei der DNA-Replikation.

e Begründen Sie, weshalb man die DNA-Replikation als semikonservativ bezeichnet.

f Erklären Sie die Bedeutung der DNA-Replikation für die Zellteilung.

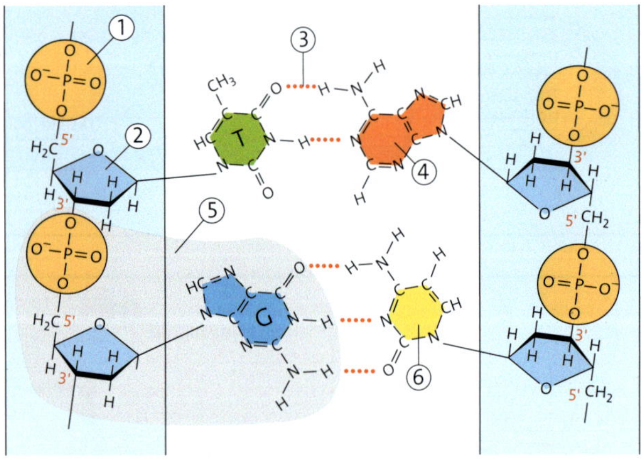

2 Die Häm-Gruppe des Hämoglobins wird enzymatisch abgebaut. Beim Crigler-Najjar-Syndrom führt eine Mutation im *UDP-GT*-Gen zur Störung des Häm-Abbaus und damit unter anderem zu einer gelblichen Haut.

a Erläutern Sie am Beispiel des Häm-Abbaus das Prinzip einer Genwirkkette.

b Begründen Sie das Symptom der gelblichen Haut beim Crigler-Najjar-Syndrom.

c Beschreiben Sie die Proteinbiosynthese bei Eukaryoten im Überblick.

d Erklären Sie die Bedeutung der komplementären Basenpaarung für die Transkription und die Translation.

e Leiten Sie eine mögliche DNA-Sequenz her, die im Enzym UDP-GT die Aminosäureabfolge Gly – Lys – Val – Leu codiert.

f Stellen Sie an dieser DNA-Sequenz dar, welche Genmutationen zu einem nur eingeschränkt funktionsfähigen oder sogar funktionslosen Enzym führen können.

3 Bei Prokaryoten und Eukaryoten wird die Aktivität vieler Gene auf verschiedene Weise beeinflusst. Im Bakterium *Escherichia coli* reguliert ein Operon mit den Strukturgenen araB, araA und araD den enzymatischen Abbau des Zuckers L-Arabinose. Bei Eukaryoten können Mutationen in regulatorischen Genen zu Krebs führen.

a Zeichnen Sie eine beschriftete Skizze des Operons, das den L-Arabinose-Abbau reguliert.

b Beschreiben Sie anhand Ihrer Skizze die Vorgänge am Operon bei der Ab- und Anwesenheit von L-Arabinose.

c Erklären Sie an diesem Beispiel das Basiskonzept Steuerung und Regelung.

d Erläutern Sie mithilfe von Abbildung A die Regulation eukaryotischer Gene durch Histonmodifikation.

e Nennen Sie weitere Beispiele der Regulation der Transkription bei Eukaryoten.

f Beschreiben Sie mit Abbildung B, wie durch die Mutation von Proto-Onkogenen Krebs entstehen kann.

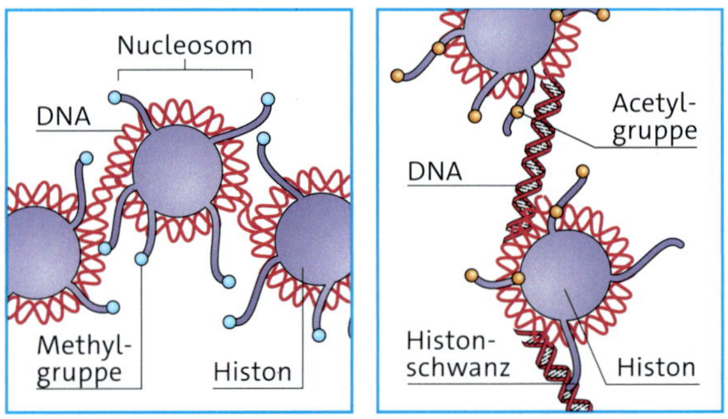

A

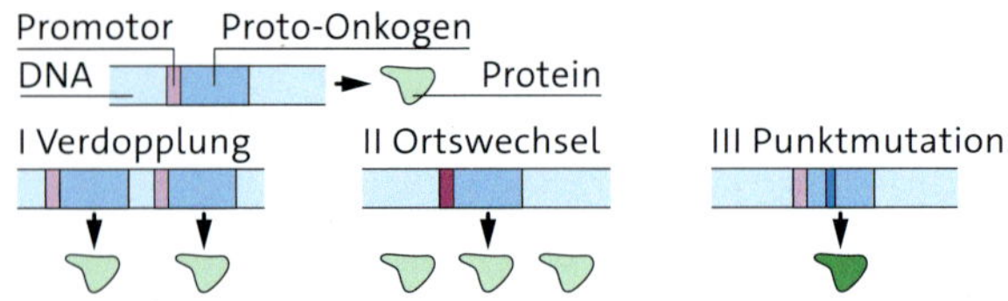

B

Angewandte Genetik (S. 152–179)

4 Mit gentechnischen Methoden können Bakterien so verändert werden, dass sie ein artfremdes Spendergen exprimieren oder, wie im Fall von *Agrobacterium tumefaciens*, in eine Pflanze einschleusen.

a Beschreiben Sie die Arbeitsschritte in der Abbildung.

b Erläutern Sie eine Möglichkeit, rekombinante Bakterien zu selektieren.

c Begründen Sie, weshalb beim Einsatz von *A. tumefaciens* auch Gene aus dem Ti-Plasmid entfernt werden.

d Nennen Sie Ziele, die man mit der gentechnischen Veränderung von Pflanzen verfolgt.

e Beurteilen Sie Chancen und Risiken der Gentechnik am Beispiel eines dieser Ziele.

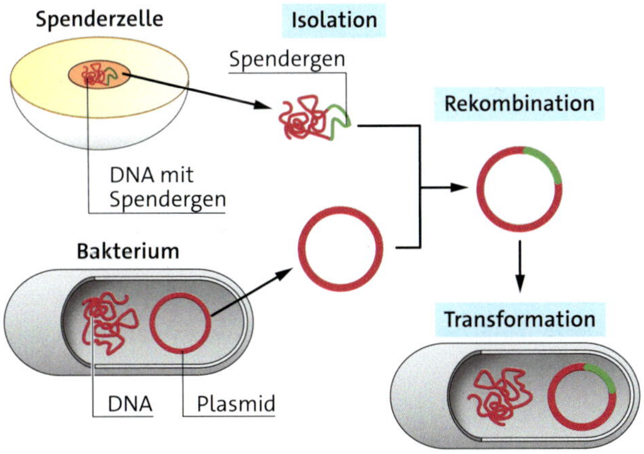

5 Das Hämoglobin-Gen zweier Personen wurde vervielfältigt und mit dem Restriktionsenzym MstII geschnitten. Dann wurde eine Gelelektrophorese durchgeführt.

a Beschreiben Sie den Ablauf der PCR.

b Erklären Sie das Prinzip der Gelelektrophorese.

c Begründen Sie, welche Informationen das Ergebnis über die DNA-Fragmente der Personen 1 und 2 liefert.

d Erläutern Sie an diesem Beispiel, wie man das Basiskonzept Variabilität auf der Ebene der Basensequenz der DNA nachweisen kann.

e Beschreiben Sie eine Möglichkeit, eine Person mit krankhaft verändertem Hämoglobin-Gen durch Gentherapie oder Genom-Editierung zu therapieren.

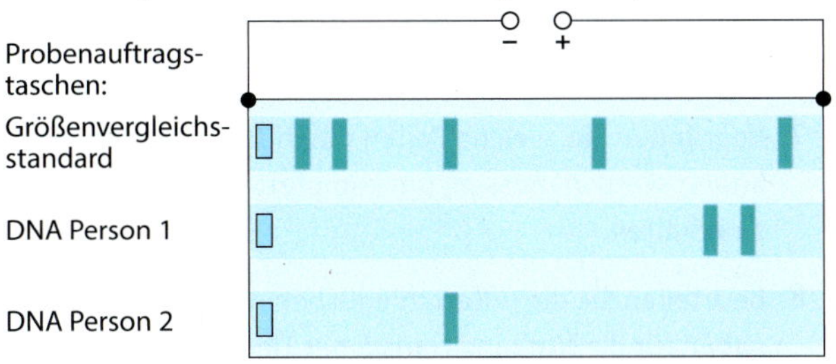

Humangenetik (S. 180–195)

6 Das Basiskonzept Reproduktion steht im Mittelpunkt pränataldiagnostischer und fortpflanzungsmedizinischer Methoden.

a Begründen Sie die Eigenschaften, die eine Gensonde besitzen muss, um eindeutig einen bestimmten DNA-Abschnitt im Genom nachzuweisen.

b Nennen Sie je zwei invasive und nichtinvasive Methoden der Pränataldiagnostik.

c Vergleichen Sie Pränataldiagnostik und Präimplantationsdiagnostik miteinander.

d Erklären Sie die Bedeutung der Stammbaumanalyse für die genetische Beratung.

Immunsystem (S. 196–217)

7 Antikörper werden von Plasmazellen freigesetzt. Sie kommen aber auch an Membranen gebunden vor, zum Beispiel als B-Zell-Rezeptoren.

a Benennen Sie die Strukturen 1–7 des Antikörpers.

b Erklären Sie das Basiskonzept Struktur und Funktion am Beispiel des Antikörpers.

c Beschreiben Sie die Bedeutung der Spezifität von B-Zell-Rezeptoren und Antikörpern bei der klonalen Selektion.

d Nennen Sie drei Wirkungen von Antikörpern auf Antigene.

e Erläutern Sie die Rolle der T-Helferzellen für die Entstehung von Antikörpern.

f Beschreiben Sie, wie Antikörper eine allergische Reaktion vom Soforttyp auslösen.

g Begründen Sie, weshalb Antikörper nach einer HIV-Infektion nur bedingt wirksam sind.

h Beschreiben Sie Ablauf und Funktionsweise eines ELISA-Tests zum Nachweis eines Antigens.

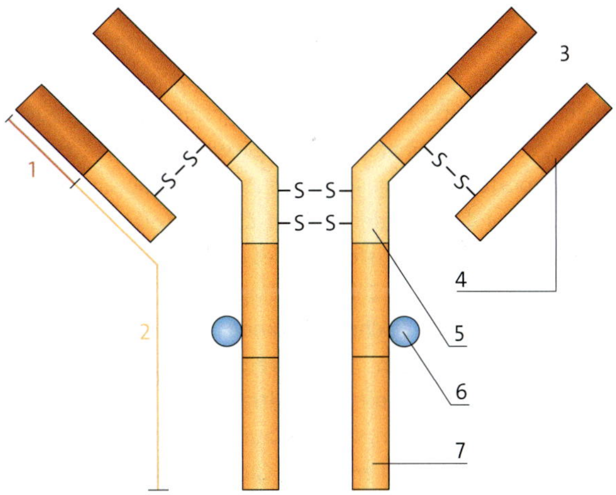

Training A Transgene Fische

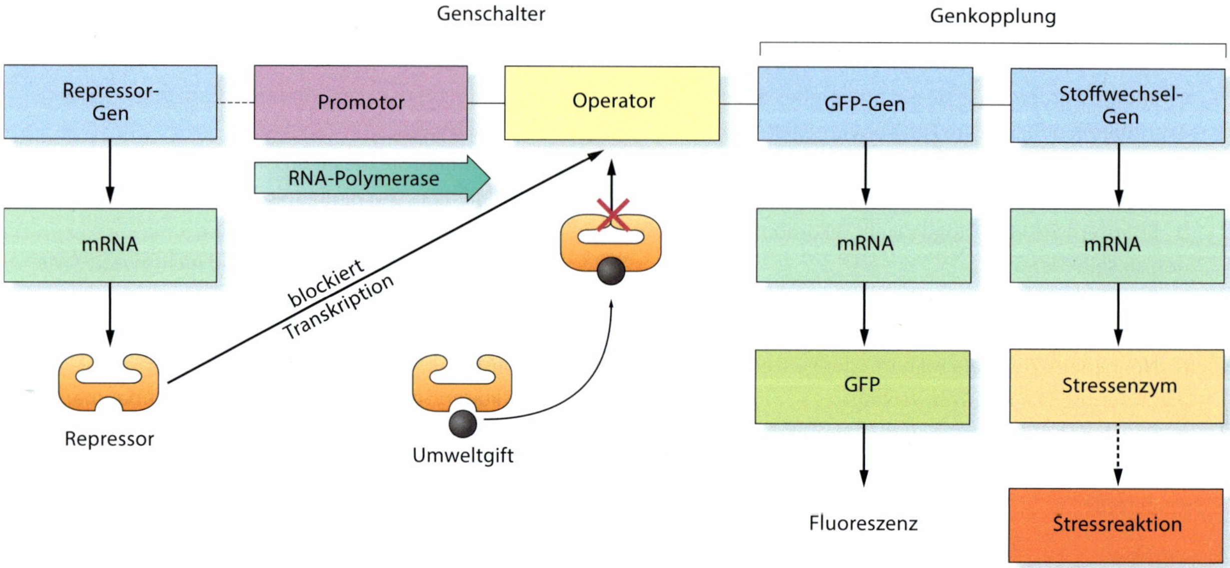

Das grün fluoreszierende Protein, kurz GFP, stammt aus den Leuchtorganen der ostpazifischen Qualle *Aequorea victoria*. Bei Bestrahlung mit blauem Licht fluoreszieren diese Leuchtorgane grün. In der Molekularbiologie wird das *GFP*-Gen häufig als Reportergen eingesetzt, um zu prüfen, ob sich ein eingeschleustes Gen an der gewünschten Stelle im Genom befindet. Durch die Transfektion des *GFP*-Gens in das Genom des in Asien heimischen Zebrabärblings wurde die Möglichkeit erforscht, transgene Fische als Bioindikatoren für die Gewässerqualität einzusetzen. Mittlerweile werden solche transgenen Zebrabärblinge, die unter ultraviolettem Licht fluoreszieren, nicht nur in Asien, sondern auch in Amerika unter dem patentgeschützten Markennamen Glofish® als Aquarienfische verkauft. US-amerikanische Behörden sehen die Verbreitung des transgenen tropischen Fisches als nicht genehmigungspflichtig an, zumal in den USA keine wild lebenden Populationen existieren. Lediglich der Bundesstaat Kalifornien beschränkt den Handel mit transgenen Tieren. In Europa sind der Verkauf und die Züchtung gentechnisch veränderter Tiere verboten.

1 Erläutern Sie die Funktion des *GFP*-Gens als Reportergen und seine Bedeutung bei Transfektionsexperimenten.

2 Beschreiben Sie die Funktion des Promotors für die Transkription.

3 Erläutern Sie, weshalb transgene Zebrabärblinge als Bioindikatoren eingesetzt werden könnten.

4 Erklären Sie, ob es sich bei der Kopplung des GFP-Gens und des Stoffwechsel-Gens um eine Genwirkkette handelt.

5 Beschreiben Sie eine Möglichkeit der Regulation der Translation eines Gens.

6 Nennen Sie drei Methoden der Transfektion tierischer Zellen.

7 Begründen Sie, welche Zellen durch Transfektion verändert werden müssen, um komplett transgene Fische zu erhalten.

8 Beurteilen Sie die unterschiedlichen rechtlichen Vorgaben für die Nutzung transgener Tiere als Heimtiere.

Training B CCR5-Rezeptor und HIV

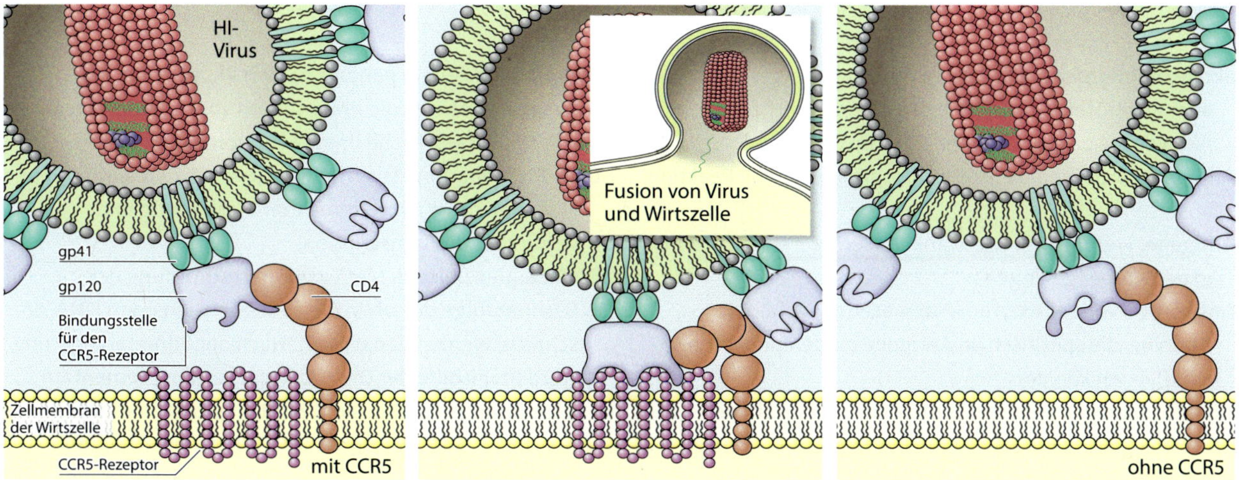

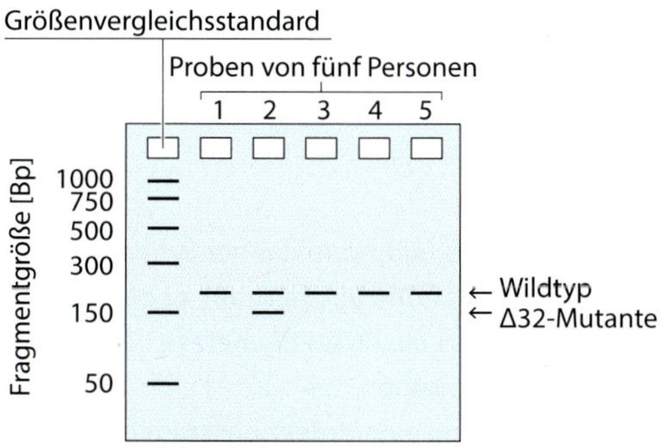

Gelelektrophorese

	783											
WT CCR5	5'-AAA	GGT	ATG	TCA	GTC	ATA	GTT	AAG	ACC	TTC	TTA	AAG
MT CCR5	*5'-AAA*	*GGT*	*ATG*	*T . .*	*. . .*	*. . .*	*. . .*	*. . .*	*. . .*	*. . .*	*. . .*	*. . .*
WT CCR5	GTC	TGT	AAT	TTC	TAT	CAG	TAG	AAC	CCC	GAC	CAG	GAC
MT CCR5	*. . .*	*. . .*	*AAT*	*TTC*	*TAT*	*CAG*	*TAG*	*AAC*	*CCC*	*GAC*	*CAG*	*GAC*
WT CCR5	GGC	GAC	GAA	CAG	TAC	CAG	TAG	ACG	ATG	AGC	CCT	TAG
MT CCR5	*GGC*	*GAC*	*GAA*	*CAG*	*TAC*	*CAG*	*TAG*	*ACG*	*ATG*	*AGC*	*CCT*	*TAG*
WT CCR5	GAT	TTT	TGA	GAC	GAA	GCC	ACA	GCT	TTA	CTC	TTC	TTC -3'
MT CCR5	*GAT*	*TTT*	*TGA*	*GAC*	*GAA*	*GCC*	*ACA*	*GCT*	*TTA*	*CTC*	*TTC*	*TTC -3'*
												956

Ausschnitt der DNA-Sequenzen von Wildtyp (WT) und Δ32-Mutante (MT)

In den 1990er-Jahren infizierten sich trotz wiederholten ungeschützten Geschlechtsverkehrs mit HIV-positiven Partnern einige Menschen nicht. Aidsforscher stellten die Hypothese auf, dass besondere Merkmale der Wirtszellen dieser Personen sie gegen HIV resistent machen könnten. Zur Überprüfung dieser Hypothese untersuchten sie die codierenden DNA-Sequenzen für die beiden Membranrezeptoren CD4 und CCR5. Hierzu isolierten sie das Genom von T4-Zellen aus dem Blut der geschützten Menschen im Vergleich zum Wildtyp. Mithilfe der PCR wurde ein Ausschnitt der Gene für die Rezeptoren vervielfältigt und mittels Gelelektrophorese getrennt. Später fanden die Forscher heraus, dass der CCR5-Rezeptor der Δ32-Mutante stark verkürzt ist und nicht in die Zellmembran eingebaut wird.

1 Ermitteln Sie mithilfe der Codesonne (► S. 130) die ersten 10 vom dargestellten DNA-Ausschnitt codierten Aminosäuren des Wildtyps.

2 Erläutern Sie anhand der DNA-Sequenzen das Vorliegen von gleich zwei Mutationen bei der Δ32-Mutante und deren Folgen für das CCR5-Protein.

3 Beschreiben Sie die Auswirkung des fehlenden CCR5-Rezeptors auf die Wirtszelle.

4 Erklären Sie anhand der DNA-Sequenzen das Bandenmuster der Gelelektrophorese von Wildtyp und Δ32-Mutante.

5 Begründen Sie, bei welchen Personen die Δ32-Mutation homozygot oder heterozygot vorliegt.

6 Begründen Sie, welchen Genotyp ein Mensch haben muss, der gegen HIV resistent ist.

7 Stellen Sie den Weg des naturwissenschaftlichen Erkenntnisprozesses der Aidsforscher dar.

8 Erklären Sie, wie alternativ durch den Einsatz einer Sonde die DNA-Sequenz der Δ32-Mutante von der des Wildtyps unterschieden werden kann.

9 Nennen Sie Vor- und Nachteile eines Screenings von Embryonen auf die Δ32-Mutante im Rahmen der Präimplantationsdiagnostik.

Glossar

A

aktive Immunisierung: Impfung mit einem abgeschwächten oder abgetöteten Krankheitserreger. Sie führt zur Aktivierung des spezifischen Immunsystems.

Allergen: körperfremde Stoffe, die eine allergische Reaktion auslösen

Antigene: Fremdstoffe wie Krankheitserreger und Gifte, die in den Körper gelangen

Antikörper: von Leukocyten (Plasmazellen) gebildete Proteine, die spezifisch an Antigene binden und diese so inaktivieren können

Apoptose: programmierter Zelltod, der die Anzahl der Zellen im Körper reguliert und der Entfernung infizierter oder mutierter körpereigener Zellen dient. Die apoptotische Zelle wird durch Phagocyten beseitigt.

Autoimmunerkrankung: Krankheit, bei der das Immunsystem körpereigenes Gewebe angreift

Autosomen: Chromosomen, die gleichermaßen in den Zellen weiblicher und männlicher Individuen vorkommen

B

Bakteriophagen: Viren, die spezifisch Bakterien infizieren und daher als Vektoren genutzt werden

B-Zellen: Leukocyten, die sich zu B-Gedächtniszellen oder Plasmazellen entwickeln. Sie bilden Antikörper.

C

CAS: Gen, das mit der CRISPR-Sequenz assoziert ist. Es codiert für ein Enzym, das DNA schneiden kann.

Chromosomen: Strukturen im Zellkern und Träger der Gene. Sie bestehen aus zwei genetisch identischen Schwesterchromatiden, die am Centromer zusammenhängen. Homologe Chromosomen besitzen die gleiche Gestalt, sind aber genetisch nicht identisch, da sie mütterlicher beziehungsweise väterlicher Herkunft sind.

Chromosomenmutation: Form der Mutation, bei der die Anordnung der Gene auf dem Chromosom verändert wird. Dies kann durch Deletion, Duplikation, Inversion und Translokation geschehen.

CRISPR: Abkürzung für Clustered Regularly Interspaced Short Palindromic Repeats. Dies sind DNA-Sequenzen in Bakterien, die der Abwehr von Bakteriophagen dienen.

cytotoxische T-Zellen: überprüfen den Zustand körpereigener Zellen. Infizierte Zellen oder Krebszellen werden abgetötet.

D

dendritische Zellen: gehören zu den Phagocyten. Ihre Hauptaufgabe ist die Präsentation von Fremdantigenen, um so die spezifische Immunantwort zu aktivieren.

DNA-Methylierung: Die Methylierung von Cytosinbasen und Histonen führt zur Heterochromatinbildung und verhindert die Transkription.

DNA-Sequenzierung: Methode zur Bestimmung der Basenabfolge der DNA. Die zu sequenzierenden DNA-Abschnitte werden denaturiert. Nach der Primeranlagerung werden mithilfe der DNA-Polymerase komplementäre DNA-Stränge synthetisiert, bis der Einbau eines Didesoxyribonucleosid-Triphosphats (ddNTP) zum Kettenabbruch führt. So entstehen unterschiedlich lange Fragmente, die der Größe nach getrennt und deren endständige ddNTP durch Fluoreszenzanalyse detektiert werden.

DNA-Struktur: Die DNA liegt als Doppelhelix zweier gegenläufiger Polynucleotidstränge vor.

E

Endproduktrepression: Das Endprodukt einer Synthesekette bindet an einen Repressor und aktiviert ihn. Er besetzt nun den Operator, sodass die RNA-Polymerase nicht mehr an den Promotor binden kann.

Epidemie: zeitliche Häufung einer Infektionskrankheit in einem Verbreitungsgebiet

epigenetische Vererbung: generationsübergreifende Informationsweitergabe beispielsweise durch Methylierung der DNA, aber ohne Veränderung der Nucleotidsequenz der DNA

Erythropoietin (EPO): Wachstumsfaktor, der die Bildung von Erythrocyten induziert und daher für die Steigerung der Ausdauerleistung bei Sportlerinnen und Sportlern missbraucht werden kann

Euchromatin: wenig kondensierter und deshalb schwach gefärbter Bereich eines Chromosoms, der genetisch aktiv ist

G

Gedächtniszellen: spezielle Leukocyten. Sie entwickeln sich nach einer Infektion oder aktiven Immunisierung aus einem Zellklon der B-Zellen und bewirken eine schnelle Immunantwort bei erneutem Kontakt mit einem Antigen.

Gelelektrophorese: Verfahren zur Trennung von Molekülen, die unter Einfluss eines elektrischen Feldes durch ein Gel in einer Pufferlösung wandern. Je nach Ladung und Größe der Moleküle wandern sie in einer bestimmten Geschwindigkeit in Richtung Anode. Da das Gel als

Molekularsieb wirkt, wandern kleine Moleküle schneller als große.

Genamplifikation: Vermehrung bestimmter DNA-Bereiche, für deren Genprodukte ein erhöhter Bedarf besteht

Gene bei Eukaryoten: Im Gegensatz zu den Prokaryoten liegen Gene bei Eukaryoten gestückelt vor. Die bei der Transkription gebildete mRNA enthält nicht codierende Abschnitte, die Introns, und codierende Abschnitte, die Exons. Die Introns werden beim Spleißen aus dieser Prä-mRNA herausgeschnitten und die Exons werden zusammengefügt.

genetischer Code: Die DNA enthält die Bauanleitung für Polypeptidketten. Die Position jeder Aminosäure in der Kette wird durch ein Triplett von Basen festgelegt, das als Codon bezeichnet wird. Der genetische Code gilt nahezu universell, er ist kommafrei und nicht überlappend.

Genkanone: Gerät, mit dem DNA, die auf Metallkügelchen übertragen wurde, in Zellen geschossen wird

Genmutation: Austausch einer Base in einem Gen. Dies kann ohne Auswirkung bleiben, zum Austausch einer Aminosäure in der Polypeptidkette führen oder einen Stopp-Codon erzeugen. Weitere Genmutationen sind Deletion, der Verlust von Basenpaaren, oder Insertion, das Einfügen von Basenpaaren. Beide führen zu Leserasterverschiebungen.

Genommutation: Form der Mutation, bei der die Anzahl der Chromosomen oder der Chromosomensätze verändert wird

Gentherapie: medizinische Behandlung einer Erkrankung, die auf der Fehlfunktion von Genen beruht, durch genetische Veränderungen von Zellen. Wenn Körperzellen verändert werden, spricht man von somatischer Gentherapie. Die Veränderung von Geschlechtszellen, die Keimbahntherapie, ist verboten.

Gonosomen: Geschlechtschromosomen; Chromosomen, deren Karyotyp das genetische Geschlecht eines Individuums festlegt

H

Heterochromatin: stark kondensierter und deshalb dunkel gefärbter Bereich eines Chromosoms, der genetisch inaktiv ist

Histamin: Botenstoff, der von Mastzellen bei Entzündungen ausgeschüttet wird. Er bewirkt, dass die Blutgefäße sich erweitern und durchlässiger für die Phagocyten werden.

homologe Chromosomen: zwei Chromosomen der gleichen Gestalt, die genetisch nicht identisch sind, da sie mütterlicher beziehungsweise väterlicher Herkunft sind

humorale Immunreaktion: Abwehr von Krankheitserregern, die auf der Bildung von im Blut und in der Lymphe löslichen Antikörpern basiert

I

Impfung: künstlich hergestellte Immunität gegenüber einem Krankheitserreger durch aktive Immunisierung oder Zufuhr von Antikörpern (passive Immunisierung)

Infektion: Eindringen von Krankheitserregern in einen Organismus

Intracytoplasmatische Spermieninjektion (ICSI): Injektion einer Spermienzelle in die Eizelle mithilfe eines Mikromanipulators

In-vitro-Fertilisation: Spermienzellen und Eizelle werden außerhalb des Körpers in einer Kulturlösung miteinander vermischt, sodass es zur Befruchtung kommt.

K

Klon: genetisch identische Gruppe von Lebewesen oder Zellen

Konjugation: Übertragung der Kopie eines Plasmids über eine Plasmabrücke auf ein benachbartes Bakterium

L

Leukocyten: weiße Blutzellen. Es gibt verschiedene Typen von Leukocyten. Sie dienen der Immunabwehr des Körpers.

Lymphocyten: Untergruppe der Leukocyten, die dem Immunsystem angehören

Lymphsystem: Teil des Immunsystems. Es umfasst die Lymphgefäße mit der Lymphflüssigkeit (Lymphe) und die lymphatischen Organe wie Knochenmark, Milz, Thymus, Mandeln und Lymphknoten

lysogener Zyklus: Vermehrungszyklus eines Bakteriophagen, bei dem die Virus-DNA in die Bakterien-DNA eingebaut und bei jeder Zellteilung mit dieser verdoppelt wird. Die integrierte Virus-DNA nennt man Prophage. Da die Bakterienzelle nicht negativ beeinflusst wird, bezeichnet man den Phagen als temperent.

lytischer Zyklus: Vermehrungszyklus eines Bakteriophagen, bei dem die Virus-DNA im Bakterium abgelesen und vervielfältigt wird, sodass neue Phagen durch Self assembly entstehen. Da nach der Bildung der Phagen die Bakterienzelle lysiert wird, nennt man den Phagen virulent.

M

Makrophagen: gehören zu den Phagocyten. Ihre Hauptaufgabe ist die Beseitigung von Erregern und toten Körperzellen.

Mastzellen: Leukocyten, die Botenstoffe wie Histamin speichern und bei einer Immunreaktion oder allergischen Reaktion ausschütten

Meiose: besondere Form der Zellkernteilung, bei der die Anzahl der Chromosomen halbiert wird, sodass haploide Geschlechtszellen gebildet werden. Während der Meiose findet eine Rekombination der elterlichen Chromosomen statt.

MHC (major histocompatibility complex): Proteine auf der Oberfläche körpereigener Zellen, die dem Immunsystem Informationen liefern und die Art der Immunreaktion beeinflussen

MHC-I-Proteine: präsentieren cytosolische Proteinfragmente. Im Falle eines passenden Fremdantigens werden durch Bindung an den MHC-I-Antigen-Komplex die cytotoxischen T-Zellen aktiviert.

MHC-II-Proteine: präsentieren durch Endocytose aufgenommene Fremdantigene zur Aktivierung von T-Helferzellen

Mitose: Zellkernteilung. Im Anschluss an die Kernteilung erfolgt meistens die Teilung des Zellkörpers, sodass aus einer Zelle zwei Tochterzellen entstehen.

monohybrid:

Mutagen: physikalischer oder chemischer Einflussfaktor, der Mutationen auslöst

Mutation: spontane Veränderung des Erbguts

N

neutrophile Granulocyten: gehören zu den Phagocyten, können zusätzlich Substanzen wie freie Radikale oder Wasserstoffperoxid freisetzen und Erreger abtöten

Nucleotid: Baustein der DNA, der aus dem Zucker Desoxyribose, einer der vier Basen Cytosin, Guanin, Adenin oder Thymin sowie einer Phosphatgruppe besteht

O

Operon-Modell: Modellvorstellung zur Erklärung der unterschiedlichen Genaktivität bei Prokaryoten. Ein Operon besteht aus dem Promotor, dem Operator und den Strukturgenen.

opportunistische Infektionen: Nach einer HIV-Infektion kommt es zu einem Immundefekt. Dies hat bei Betroffenen zur Folge, dass andere Krankheitserreger Infektionen wie Lungenentzündung oder Tuberkulose hervorrufen können.

P

Pandemie: Eine Infektionskrankheit ist nicht mehr räumlich beschränkt, sondern breitet sich über Länder und Kontinente aus.

passive Immunisierung: Impfung mit Antikörpern bei einer akuten Infektion. Das Immungedächtnis wird nicht aktiviert.

Phagocyten: Leukocyten, Bestandteile des unspezifischen und spezifischen Immunsystems. Sie machen Fremdkörper und infizierte Körperzellen durch Aufnahme ins Zellinnere unschädlich und aktivieren weitere Abwehrzellen. Zu den Phagocyten zählen die Makrophagen, die dendritischen Zellen und die Granulocyten.

Phagocytose: Aufnahme und Verdauung von Fremdstoffen, Zelltrümmern und Erregern in eine körpereigene Zelle, einen Phagocyten. So können die aufgenommenen Partikel entweder entfernt oder deren Bestandteile, die Antigene, auf der Zelloberfläche des Phagocyten präsentiert werden.

Plasmazelle: reife B-Zelle, die spezifische Antikörper produziert

Plasmid: kleines, ringförmiges DNA-Molekül bei Bakterien außerhalb der ebenfalls ringförmig angeordneten DNA

Polkörper: entstehen während der Eizellreifung durch asymmetrische Zellteilungen

Polkörperdiagnostik: Der Eizelle werden nach einer ICSI ein oder zwei Polkörper entnommen und deren Chromosomenanzahl wird untersucht.

Polymerasekettenreaktion (PCR): Methode zur gezielten Vermehrung bestimmter DNA-Abschnitte mithilfe mehrerer Durchläufe des Dreischritts von Denaturierung, Hybridisierung spezieller Primer und Polymerisierung durch die Taq-Polymerase

Polyploidie: Form der Genommutation, bei der mehr als zwei Chromosomensätze in den Zellen der Lebewesen vorliegen

Präimplantationsdiagnostik (PID): Nach einer In-vitro-Fertilisation werden dem Embryo mehrere Zellen entnommen und untersucht. Anschließend wird der Embryo in die Gebärmutter eingesetzt.

Prinzip der komplementären Basenpaarung: Es beruht auf der Ausbildung von Wasserstoffbrücken zwischen den Basen gegenüberliegender Polynucleotidketten. Adenin und Thymin bilden zwei, Cytosin und Guanin drei Wasserstoffbrücken aus.

R

Replikation: Verdopplung der DNA. Dabei wird der DNA-Doppelstrang in Einzelstränge gespalten. An jedem Einzelstrang wird nach dem Prinzip der komplementären Basenpaarung ein neuer Strang synthetisiert. Dieser Mechanismus wird als semikonservative Replikation bezeichnet. Die Synthese der neuen Nucleotide erfolgt durch die DNA-Polymerase in 5'→3'-Richtung. Nur am Leitstrang ist eine kontinuierliche DNA-Synthese in 5'→3'-Richtung möglich. Am anderen Strang, dem Folgestrang, kann die Synthese nur diskontinuierlich erfolgen. Es entstehen kurze DNA-Abschnitte, die Okazaki-Fragmente, die anschließend miteinander verbunden werden.

Reportergen: Gen, dessen Expression im transgenen Lebewesen beispielsweise durch Fluoreszenz oder eine Farbreaktion direkt sichtbar wird

Restriktionsenzym (Restriktionsendonuclease): Enzym, das eine spezifische Nucleotidsequenz in der DNA erkennt und die DNA an dieser Stelle spaltet. Der Schnitt ist entweder glatt oder es entstehen kurze einsträngige Enden, die Sticky ends.

Reverse Transkriptase: Polymerase, die zu einer RNA-Matrize ein einsträngiges DNA-Molekül bildet, die cDNA

RNA: In Zellen treten drei verschiedene RNA-Typen auf: Messenger-RNA (mRNA), ribosomale RNA (rRNA) und Transfer-RNA (tRNA). Die RNA ähnelt in ihrem grundsätzlichen Aufbau der DNA, liegt jedoch meist als Einzelstrang vor. Im Unterschied zur DNA enthalten die Nucleotide der RNA Ribose als Zuckermolekül und die Base Thymin ist durch Uracil ersetzt.

RNA-Editing: Veränderungen der reifen mRNA durch Einfügen von Basen

S

spezifische Immunabwehr: erworbene Fähigkeit des Immunsystems, sich bei einem wiederholten Kontakt gegen den spezifischen Krankheitserreger zu wehren

Substratinduktion: Ein Substrat bindet an einen Repressor und inaktiviert ihn. Er kann nicht mehr am Operator gebunden werden, sodass die RNA-Polymerase nun an den Promotor binden und die Strukturgene ablesen kann.

T

T-DNA (Transfer-DNA): Teil des Ti-Plasmids, das in das Pflanzengenom integriert wird und zur Produktion von Phytohormonen führt, sodass ein Zellwachstum ausgelöst wird

Ti-Plasmid (tumorinduzierendes Plasmid): Dieses Plasmid wird in pflanzliche Zellen übertragen und ruft deren unkontrollierte Teilung hervor.

Transduktion: Übertragung von DNA durch Viren

Transfektion: Übertragung von DNA in eine eukaryotische Zelle

Transformation: Übertragung von DNA in Bakterien. Die aufgenommene DNA wird in bakterieneigene DNA eingebaut.

Transkription: Übertragung der DNA-Sequenz eines Gens durch die RNA-Polymerase in eine einzelsträngige mRNA

Transkriptionsfaktor: regulatorisches Protein, das an die eukaryotische DNA bindet und so die Transkription durch die RNA-Polymerase ermöglicht

Translation: Übersetzung der genetischen Information, die in der Basenabfolge der mRNA codiert ist, in eine Abfolge von Aminosäuren

T-Helferzellen: erkennen Antigene, die ihnen vor allem von dendritischen Zellen präsentiert werden. Dadurch werden sie aktiviert und beeinflussen die weiterführende Immunreaktion.

T-Zellen: Leukocyten, die sich zu T-Helferzellen oder cytotoxischen T-Zellen entwickeln können und die Immunreaktion beeinflussen

U

unspezifische Immunabwehr: angeborenes Abwehrsystem gegen Krankheitserreger und Giftstoffe

V

Vektor (Genfähre): Mit Vektoren wie Viren oder Plasmiden kann man Fremd-DNA in Zellen einschleusen.

Virus: infektiöser Partikel, der hauptsächlich aus Nukleinsäuren und Proteinen besteht. Viren besitzen keinen eigenen Stoffwechselapparat und sind zur Vermehrung auf Wirtszellen angewiesen. Daher zählen sie allgemein nicht zu den Lebewesen.

Z

Zellgedächtnis: beruht auf Methylierungen der DNA, die ein Expressionsmuster erzeugen. Die Methylierungen bleiben nach Zellteilungen erhalten und werden am neu synthetisierten DNA-Strang ergänzt.

zelluläre Immunreaktion: Immunreaktion unter Beteiligung spezifischer Abwehrzellen wie T-Zellen und Makrophagen

Zygote: befruchtete Eizelle mit diploidem Chromosomensatz

3

Evolution

- Homologe und analoge Merkmale sowie ihre Entstehung werden verglichen.
- Stammbäume werden mithilfe morphologischer und molekularer Merkmale erstellt und geprüft.
- Die evolutiven Anpassungsprozesse werden nach der Synthetischen Evolutionstheorie unter Berücksichtigung der Allelhäufigkeiten erklärt.
- Der biologische Artbegriff wird erklärt und die Entstehung neuer Arten erläutert.
- Die Verwandtschaft und Herkunft des Menschen sowie seine kulturellen Entwicklungen werden erläutert.
- Die Entwicklung von Verhalten wird hinsichtlich proximater und ultimater Erklärungen untersucht.

Faultiere leben in den artenreichen Regenwäldern Mittel- und Südamerikas. Sie bewegen sich sehr langsam und ruhen viel. Wie können sie neben den deutlich aktiveren Tieren, die sie umgeben, seit Millionen von Jahren bestehen?

3.1 Entwicklung des Evolutionsgedankens

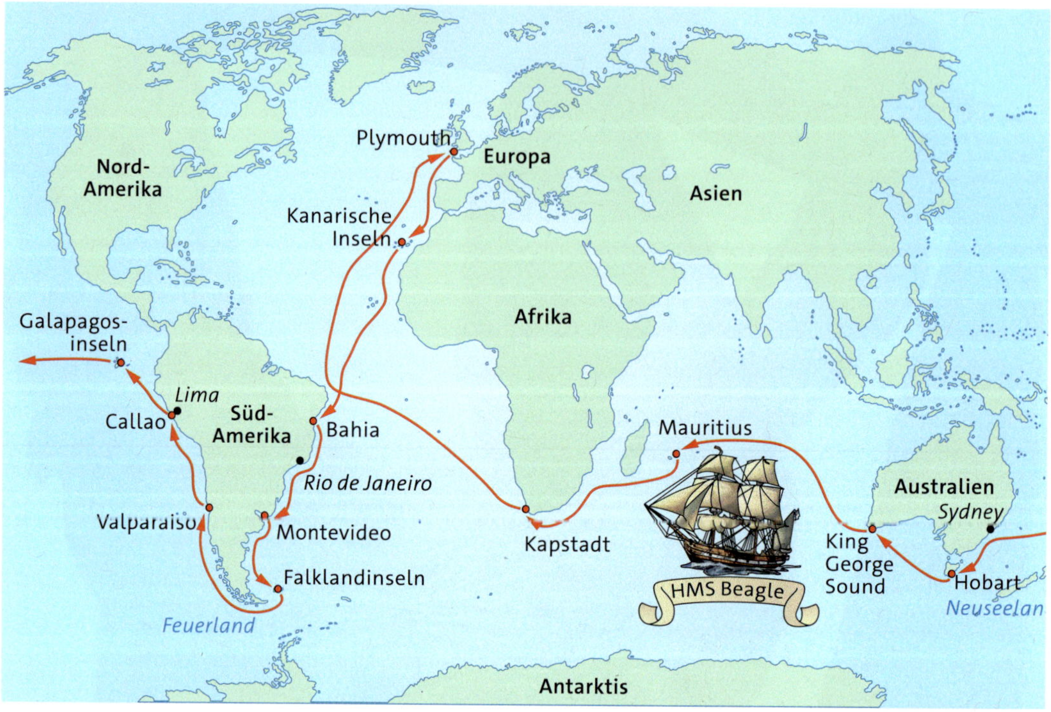

1 Reiseroute der „Beagle" von 1831 bis 1836

Vor etwa 2500 Jahren wurden im antiken Griechenland erste Versuche unternommen, die Zusammenhänge und Gesetzmäßigkeiten in der Natur zu erklären. Im weiteren Verlauf der Geschichte veränderte sich die Vorstellung von der Entstehung des Lebens immer wieder. Die Erkenntnisse von Charles Darwins berühmter Reise auf dem Vermessungsschiff „Beagle" hatten maßgeblichen Einfluss auf die damalige und die heutige Vorstellung von Evolution. Wie entwickelte sich der Evolutionsgedanke von der Antike bis zu Darwin?

Antike • Im 6. Jahrhundert v. Chr. stellte sich Thales von Milet vor, das Wasser sei Ursprung aller Dinge. Sein Schüler Anaximander formulierte einen ersten Evolutionsgedanken. Er nahm an, dass alle Lebewesen aus Schlamm entstanden seien, zunächst die Pflanzen und dann die Tiere. Der Mensch sei entstanden, indem Fische an Land gingen und ihre fischige Hülle abstreiften. Aristoteles sprach etwa 200 Jahre später von einer Stufenfolge von niederen zu höheren Organismen. Er nahm auch an, dass Lebewesen spontan aus unbelebter Materie durch **Urzeugung** entstehen. In der Römerzeit entwickelte sich der Evolutionsgedanke nicht weiter. Man glaubte ähnlich wie Aristoteles, die Lebewesen seien aus feuchter Erde entstanden.

Mittelalter • Die Schöpfungsgeschichte des Alten Testaments bestimmte über einen langen Zeitraum das Weltbild der Menschen in Europa. Der Glaube, dass alle Lebewesen von Gott geschaffen wurden und von Beginn an auf der Erde lebten, ging mit der Vorstellung der Konstanz der Arten einher, also ihrer Unveränderlichkeit. Man versuchte, die Urzeugung mit der biblischen Schöpfungslehre in Einklang zu bringen.
Aber auch im Mittelaltar gab es durchaus Fortschritte in den Erkenntnissen der Naturwissenschaften. Hildegard von Bingen erweiterte das Wissen über die Morphologie und den medizinischen Nutzen verschiedener Pflanzen. Albertus Magnus kommentierte und erweiterte die Schriften von Aristoteles zu den Tierarten, indem er sich von den Klosterschulen abgrenzte, deren Tierbeschreibungen auf Fabeln und christlicher Moral basierten. Doch die strenge Dogmatik der Kirche verhinderte in Mitteleuropa die Entwicklung neuer Perspektiven der Naturbetrachtung. Selbst Entdeckungen der Antike erfuhren Ablehnung und gerieten in Vergessenheit, zum Beispiel

der Nachweis, dass die Erde eine Kugel ist. Die naturwissenschaftlichen Erkenntnisse der Antike wurden nur von den Persern und Arabern bewahrt. Die Vorstellung der Urzeugung übernahmen sie ebenfalls.

Vom Mittelalter zur Neuzeit • In der Renaissance befreite man sich zunehmend von den Dogmen der Kirche. Naturwissenschaftler und Philosophen, die ihre Gedanken frei äußerten, mussten jedoch die Inquisition der katholischen Kirche fürchten.
Die Erkenntnisse der Antike wurden wiederbelebt und weiterentwickelt. So erklärte der Philosoph Francis Bacon, dass man nur durch unvoreingenommene Forschung anhand von Beobachtung und Experiment die Geheimnisse der Natur ergründen könne. Der Naturforscher Nicolaus Steno belegte anhand der Ähnlichkeit von rezenten und fossilen Haifischzähnen, dass die Fossilien auf ausgestorbene Lebewesen zurückzuführen sind. Weitere Beobachtungen ließen ihn schlussfolgern, dass die Gesteinsschichten durch eine zeitliche Abfolge von Ablagerungen entstanden und die Erde einem stetigen Wandel unterliegt.
Mitte des 18. Jahrhunderts formulierte der Gelehrte Georges-Louis de Buffon die Theorie, Lebewesen hätten sich aufgrund klimatischer Veränderungen stufenweise in langen Zeiträumen weiterentwickelt. Er schätzte das Alter der Erde auf etwa 75 000 Jahre und widersprach somit dem kirchlichen Dogma, die Erde sei 6000 Jahre alt. Zu Beginn des 19. Jahrhunderts begründete **Georges Cuvier** die moderne vergleichende Anatomie. Er untersuchte anatomische Strukturen verschiedener Arten. Fossile Überreste bezog er in seine zoologische Systematik ein und zog Rückschlüsse auf deren äußere Gestalt und Lebensweise. Dabei behauptete er, dass heutige Formen nicht fossil vorkämen. So glaubte er auch, es gäbe keine fossilen Menschen. Cuvier ging von der Unveränderlichkeit der Arten aus. Die großen Unterschiede zwischen vielen Fossilien und den lebenden Arten erklärte er damit, dass in der Erdgeschichte wiederholt große Katastrophen stattgefunden haben müssen, die zum Aussterben von Tieren und Pflanzen führten. Nach dieser **Katastrophentheorie** bleiben jeweils nur wenige Arten erhalten, die sich dann erneut ausbreiten konnten.
Ein großer Widersacher von Cuvier war der Naturforscher **Jean-Baptiste de Lamarck.** Er galt als größter Zoologe und Botaniker zu Beginn des 19. Jahrhunderts. Lamarck bestritt Cuviers Vorstellung von der Unveränderlichkeit der Arten. Nach seiner Auffassung führten sich ändernde Umweltbedingungen zu dem inneren Bedürfnis einer Art, sich anzupassen, und damit zu abweichenden Gewohnheiten. Der ständige Gebrauch eines Organs hatte zur Folge, dass sich dieses Organ stärker ausbildete, der Nichtgebrauch ließ das entsprechende Organ verkümmern. So streckten sich beispielsweise die Giraffenhälse durch häufigen Gebrauch, um in den Bäumen höher liegende Blätter zu erreichen. Maulwürfe haben zurückgebildete Augen, weil sie sie unter der Erde nicht benötigten. Lamarck glaubte, dass die so erworbenen Eigenschaften auf die Nachfolgegeneration vererbt würden. Veränderte Umweltbedingungen führten somit zu gezielten und nicht zufälligen Anpassungen und zur Formenvielfalt. Daher entstanden im Laufe der Evolution immer höher entwickelte Lebewesen mit immer komplexeren Organsystemen.

2 Fossiler Haifischzahn

3 Rezenter Haifischzahn

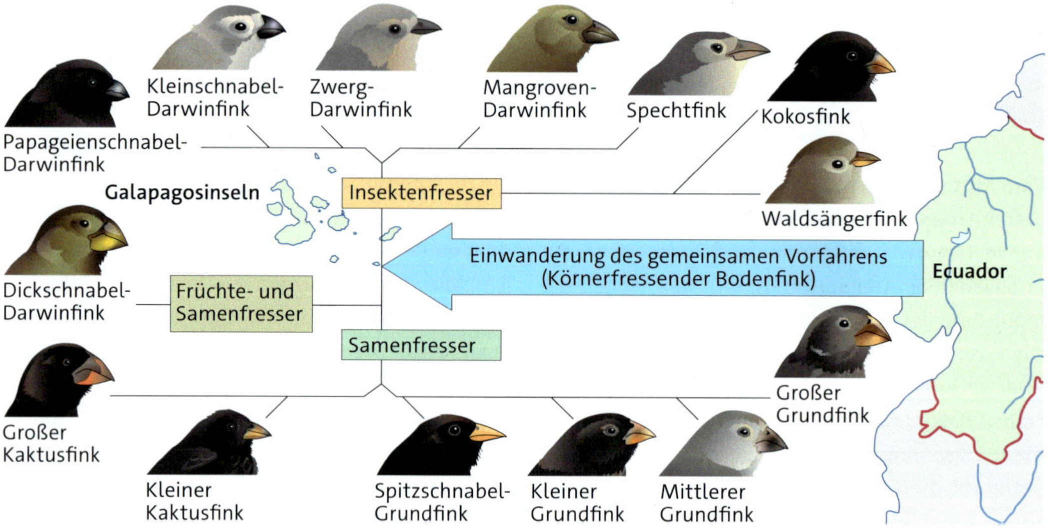

1 Galapagos-Darwinfinken

Charles Darwin • Im Jahr 1831, Darwin war gerade 22 Jahre alt, brach er als Naturforscher zu einer beinahe fünfjährigen Weltumsegelung des Vermessungsschiffs „Beagle“ auf. Auf dieser Reise unternahm er geologische und biologische Studien, machte Aufzeichnungen und erstellte eine umfangreiche Sammlung an Präparaten und Fossilien. Zurück in England entwickelte er 1844 eine Evolutionstheorie, die er zunächst aber nicht veröffentlichte. Im Jahr 1858 erhielt er ein Manuskript des Naturforschers Alfred Russel Wallace, der in Südostasien forschte. Der Inhalt des Manuskripts stimmte erstaunlicherweise mit Darwins Vorstellungen überein. Dies brachte Darwin in Zugzwang und hatte zur Folge, dass beide Forscher ihre Ergebnisse noch im selben Jahr gemeinsam der Öffentlichkeit vorstellten. 1859 veröffentlichte Darwin seine Evolutionstheorie im Band „The Origin of Species by Means of Natural Selection“. Was ist das Besondere an dieser Evolutionstheorie?
Auf seiner Reise entdeckte Darwin bei der Untersuchung von Fossilien ausgestorbener Säuger große Ähnlichkeiten mit lebenden Arten. Weiterhin beobachtete er auf den Galapagosinseln sowohl Vogel- als auch Reptilienarten, die dort auf engem Raum leben und sich nur geringfügig voneinander unterscheiden, aber nirgendwo sonst vorkommen. Dies gilt insbesondere für 13 verschiedene Finkenarten, die isoliert vom Festland jeweils an spezielle Nahrungsverhältnisse angepasst sind.

Eine weitere Art, der Kokosfink, lebt auf der 800 km vom Galapagos-Archipel entfernten Kokosinsel. Darwin nahm deshalb an, dass sich diese Vögel, die man heute als Darwinfinken bezeichnet, aus einer einzigen Ursprungsart entwickelt haben müssen. Er fasste daher seine Überlegungen folgendermaßen zusammen:

1. Evolution basiert auf der gemeinsamen Abstammung der Lebewesen. Dabei erfolgt die Entwicklung in Form sich verzweigender Linien. Die Vielfalt der Organismen ist ein Spiegelbild der evolutionären Entwicklung.

2. Arten sind nicht unveränderlich. Sie unterliegen im Verlauf der Evolution einem allmählichen Wandel. Sie entwickeln sich ständig weiter.

3. Lebewesen produzieren mehr Nachkommen, als für das Überleben der Population notwendig ist. Unter den Nachkommen gibt es geringfügige Unterschiede, „erbliche Varietäten“. Sie stehen in Konkurrenz zueinander. Es überleben in diesem „Kampf ums Dasein“ diejenigen mit den günstigsten Merkmalsausprägungen. Das führt zu einer Auslese, der **natürlichen Selektion.** Diese Selektion ist die Ursache für den allmählichen Wandel der Organismen.

Die von Darwin entwickelte Evolutionstheorie ist in ihren Grundzügen noch heute gültig.

1 **Fassen Sie die Aussagen der historischen Evolutionsvorstellungen zusammen.**

Material A Evolutionstheorien in Vergleich

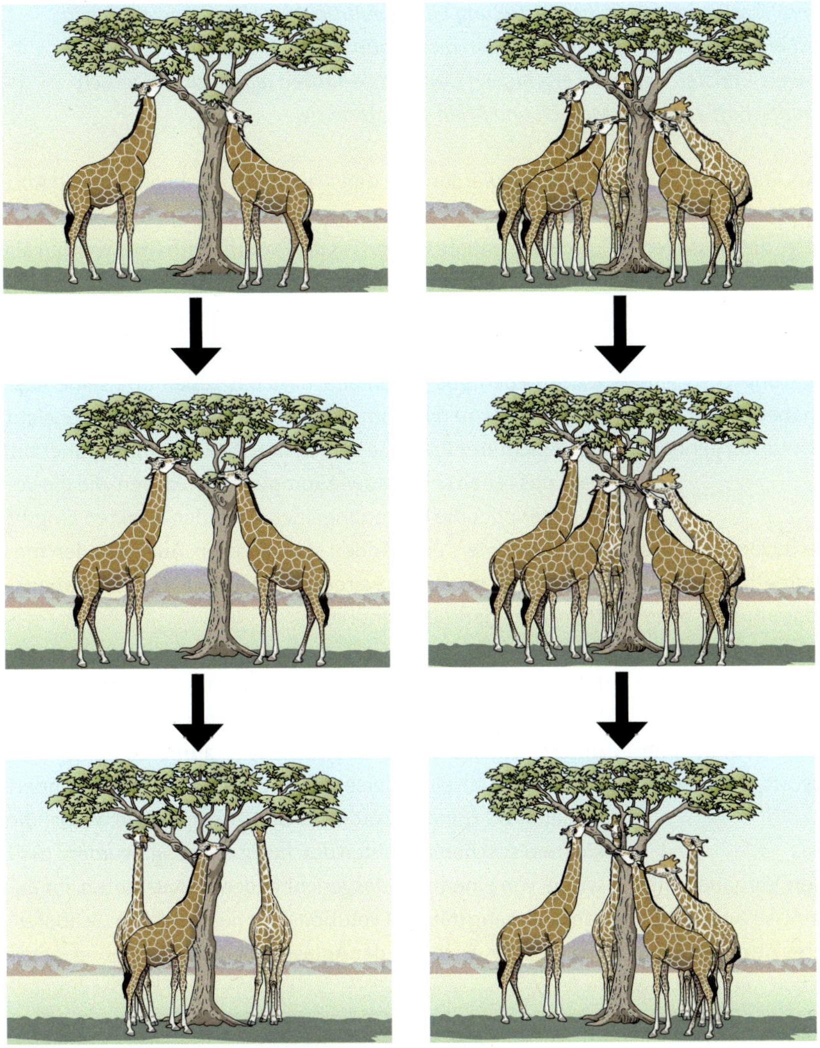

Jean-Baptiste de Lamarck und Charles Darwin entwickelten im 19. Jahrhundert unterschiedliche Erklärungsansätze für evolutionäre Vorgänge. Das in vielen Schulbüchern dargestellte Beispiel der Giraffen illustriert diese Erklärungsansätze aufgrund veränderter Umweltbedingungen in der Savanne. Die Gräser sind trocken, frische Blätter sind nur an höheren Bäumen zu finden.
Neuere Befunde weisen darauf hin, dass die Länge des Giraffenhalses darauf zurückzuführen ist, dass um Weibchen rivalisierende Männchen bei Rangkämpfen ihre Hälse und Köpfe heftig gegeneinanderschlagen. Je länger hierbei der Hals und je größer seine Biomasse ist, desto höher sind die Chancen eines Sieges.

1 Erläutern Sie anhand der Abbildungen, wie die Evolution der Giraffenhälse nach den Vorstellungen von Lamarck und nach der Theorie von Darwin abgelaufen sein könnte.

2 Bewerten Sie den Einfluss der Rangkämpfe zwischen Giraffenmännchen auf die Entwicklung der Halslänge nach den Theorien von Lamarck und Darwin.

Material B Der vorhergesagte Schwärmer

Auf Madagaskar wächst die Orchidee *Angraecum sesquipedale* mit einem etwa 30 cm langen Sporn. Als Charles Darwin diese Orchidee um 1860 vorgelegt wurde, vermutete er aufgrund seiner Selektionstheorie sogleich, dass es auf Madagaskar ein Blüten besuchendes Insekt mit einem ebenso langen Rüssel geben müsse.

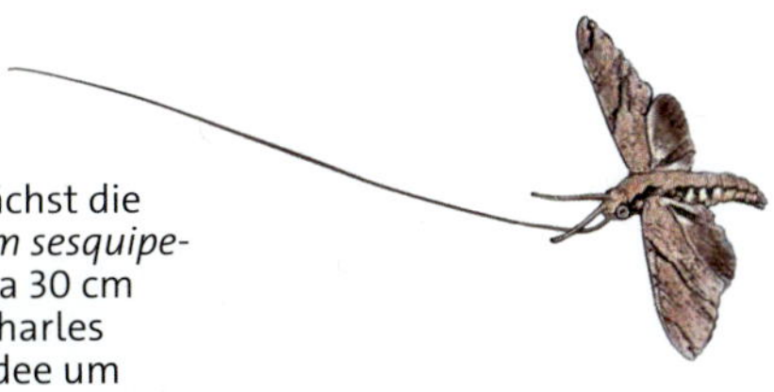

Tatsächlich wurde 1903 auf Madagaskar ein Schwärmer entdeckt, der einen etwa 30 cm langen Rüssel besitzt. Als Erinnerung an die Vorhersage Darwins erhielt der Schwärmer den Namen *Xanthopan morganii praedicta* (lat. praedicta = vorhergesagt).

1 Erläutern Sie mithilfe von Darwins Theorie, weshalb diese Vorhersage gemacht werden konnte.

2 Entwickeln Sie eine Hypothese, wie der lange Sporn der Orchideenblüte und der lange Rüssel des Schwärmers in der Evolution entstanden sein könnten.

3 Erläutern Sie an diesem Beispiel die Basiskonzepte Reproduktion und Evolution.

Schöpfungsglaube

Als Charles Darwin seine Selektionstheorie veröffentlichte, wurde die Vorstellung einer Evolution der Lebewesen an sich in Forscherkreisen schnell akzeptiert. Doch selbst einige Wissenschaftler zweifelten die Vorgänge bei der Selektion und ihre Bedeutung für den Wandel der Arten an. Für viele Christen hingegen erschienen Darwins Gedanken regelrecht ketzerisch. Besonders die Vorstellung einer engen Verwandtschaft zwischen Mensch und Affen verärgerte sie.

Grundpositionen der Kreationisten • Als Reaktion auf Darwins Selektionstheorie entwickelte sich die Gegenströmung des **Kreationismus**, die darauf abzielte, die Aussagen der biblischen Schöpfungserzählung der wissenschaftlichen Betrachtung der Evolution entgegenzustellen. Nach dieser durch christlich-fundamentalistische Vorstellungen geprägten Auffassung sollte ein Schöpfer die Entwicklungsgeschichte der Lebewesen entscheidend beeinflusst haben. Natürliche Evolutionsprozesse sollten, wenn überhaupt, nur von geringer Bedeutung gewesen sein.

Ältere kreationistische Vorstellungen gehen davon aus, dass die Lebewesen als „Grundtypen“ in einem einmaligen Schöpfungsakt fast gleichzeitig entstanden und dass Aussterbeereignisse auf die Wirkung von Katastrophen zurückzuführen seien. Innerhalb der verschiedenen Grundtypen wie beispielsweise des Menschen sei Variation möglich, die Evolution könne jedoch nicht zu neuen Grundtypen führen. Bedeutsame Fossilien wie „Lucy“, *Archaeopteryx* oder *Ichthyostega* sind nach diesen Vorstellungen gefälscht.

Das Alter der Erde wird nach den biblischen Vorgaben mit höchstens 10 000 Jahren angegeben. Ergebnisse aus Datierungsuntersuchungen, die für ein viel höheres Alter der Erde sprechen, werden von den Kreationisten abgelehnt. Die Aussagekraft von Fossilien wird von Kreationisten infrage gestellt und auch andere Belege für die Evolutionstheorie werden als gefälscht oder fehlinterpretiert zurückgewiesen.

Moderne Kreationisten äußern sich weniger radikal, gehen jedoch ebenfalls davon aus, dass das Leben und seine Ausprägungsformen zu komplex sind, als dass sie Produkte nicht zielgerichteter Prozesse sein könnten. Sie nehmen daher an, dass das Leben selbst sowie komplexe Strukturen wie die Vogelfeder oder die Bakteriengeißel durch den direkten Eingriff eines Schöpfers entstanden sein müssten. Auch von den modernen Kreationisten werden die Belege für die Evolutionstheorie negiert oder ignoriert.

Intelligent Design • Besonders in den USA bildete sich eine breite Bewegung, die es sich zum Ziel gemacht hatte, im Schulunterricht die Evolutionslehre Darwins zurückzudrängen. Im Zuge dieser Auseinandersetzungen kam es im 20. Jahrhundert in vielen US-Bundesstaaten zu Gerichtsprozessen, wobei die kreationistischen Absichten durchweg untersagt wurden. 1989 wurde von einem Bundesgericht in den USA verboten, im Zusammenhang mit der Evolutionstheorie von einem „Schöpfer“ zu sprechen. Dies war der Anlass zur Gründung der neuesten

1 Michelangelos „Die Erschaffung Adams“ als Sinnbild für den göttlichen Einfluss

und heute modernsten Variante des Kreationismus, des „Intelligent Design". Seine Anhänger nehmen an, dass auch übernatürliche Ursachen als Antrieb der Evolution möglich seien. Evolutionsbiologen lehnen solche Auffassungen als unwissenschaftlich ab, weil diese Grundannahme keinerlei Überprüfung zulässt. Auch „Intelligent Design" darf in US-amerikanischen Schulen nicht gleichberechtigt neben der Evolutionslehre gelehrt werden, weil Gerichte davon überzeugt sind, dass die ursprünglich biblisch motivierten kreationistischen Vorstellungen lediglich in andere Begriffe gekleidet worden sind.

In Deutschland vertritt ein Anteil von 4,3 % der Bevölkerung nach einer im Jahr 2019 veröffentlichten Untersuchung kreationistische Ansichten. Unter den Angehörigen der beiden großen Konfessionen liegt dieser Anteil bei mehr als 6 %.

Schlussfolgerung • Die Standpunkte von Evolutionsforschern, die das Leben mit naturwissenschaftlichen Theorien erklären, und christlichen Theologen, die die biblischen Schöpfungserzählungen als Glaubensdokumente verstehen, können nebeneinander existieren und zu einem fruchtbaren Dialog führen. Ein Gegeneinander entsteht erst durch die kreationistische Position, da sie den Glauben an einen allmächtigen Schöpfer zu einer wissenschaftlichen Theorie erhebt und diese der Evolutionstheorie als scheinbare Alternative gegenüberstellt.

1 Diskutieren Sie die Kernaussagen des Kreationismus auf der Basis wissenschaftlicher Erkenntnisse.

1 Die Evolution ist nur eine Theorie. Eine Theorie kann aber nicht als bewiesene Tatsache gelten.

2 „Intelligent Design" ist der Evolutionstheorie gleichwertig.

3 Geologische Schichten lagen ursprünglich nebeneinander, deshalb sind die Evolutionssaussagen falsch, die sich aus der Schichtung ergeben.

4 Heutige Lebewesen waren schon immer vorhanden. Ihre Spuren wurden durch die Sintflut verwischt.

5 Der Mensch ist ein Grundtyp. Er stammt nicht von affenähnlichen Vorfahren ab.

6 Es fehlt ein Nachweis für die Entstehung neuer Arten.

7 Das Ziel der Schöpfung ist der Mensch.

8 Die komplexen Strukturen der Lebewesen funktionieren nur, wenn sie vollständig sind. Fehlt ein einziges Teil, so sind sie unbrauchbar. Sie können daher nicht aus einfacheren Vorstufen entstanden sein.

9 Glaube bestimmt, was wissenschaftlich wahr sein kann.

2 Grundpositionen der Kreationisten

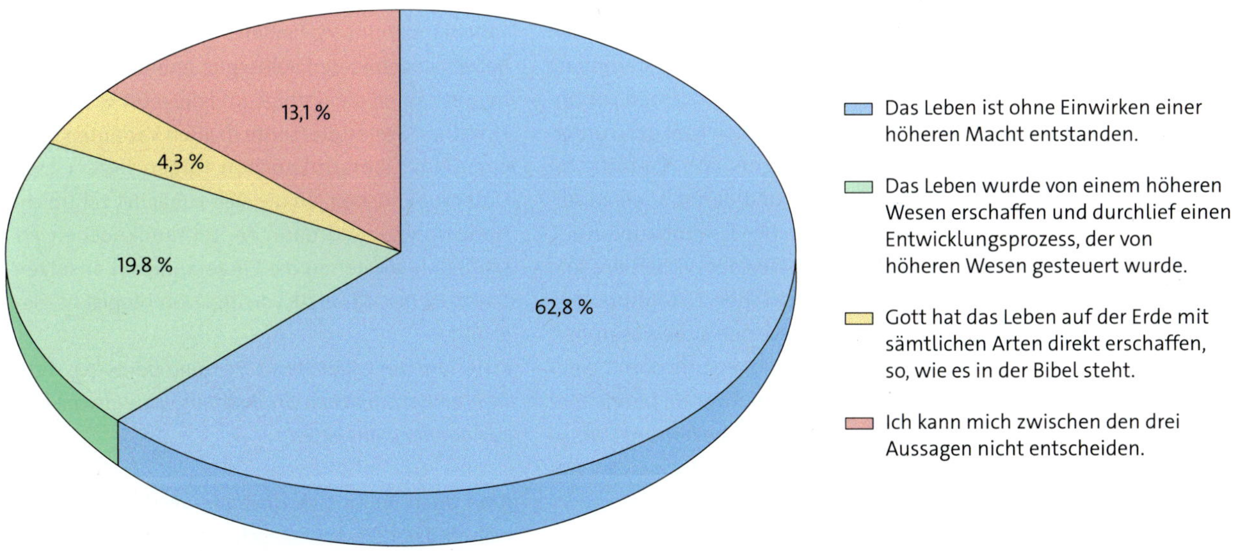

3 Einstellungen zur Evolution in Deutschland

3.2 Homologie und Analogie

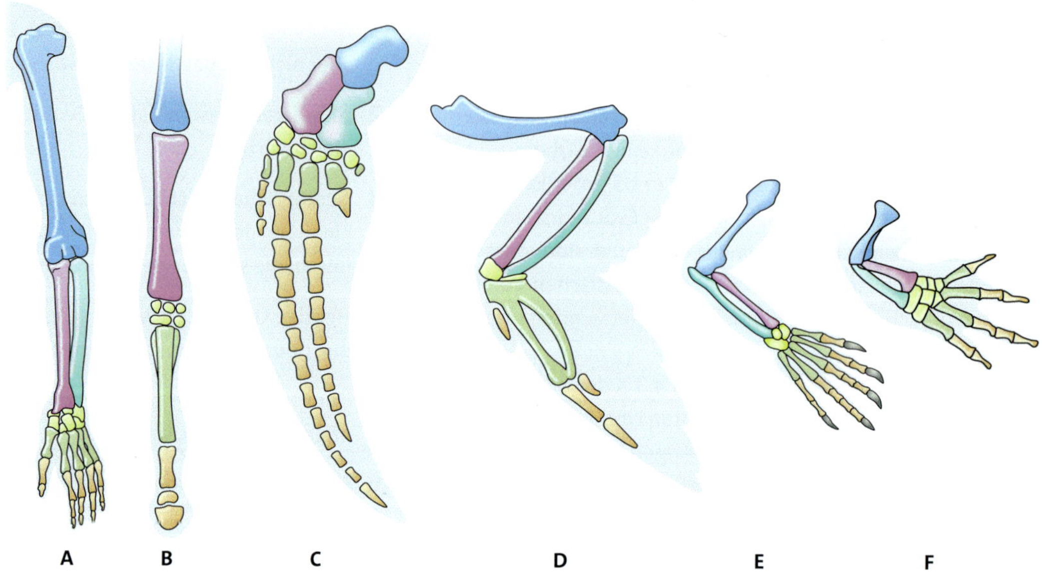

1 Vorderextremitäten von Wirbeltieren: **A** Mensch, **B** Pferd, **C** Wal, **D** Vogel, **E** Eidechse, **F** Salamander

Die Vorderextremitäten verschiedener Wirbeltiere sehen äußerlich sehr unterschiedlich aus und besitzen verschiedene Funktionen. Der Mensch nutzt seine Arme als Greifinstrumente, die meisten Vögel fliegen mit ihren Flügeln, Wale nutzen ihre Flossen zum Schwimmen, Salamander und Eidechsen bewegen sich mit ihren Vorderbeinen kriechend fort. Trotz dieser enormen Unterschiede in der äußeren Form und der Verwendung sind im inneren Bau der Vorderextremitäten große Übereinstimmungen zu erkennen. Ihr Skelett besteht aus einem Oberarmknochen, zwei Unterarmknochen, Handwurzel-, Mittelhand- und Fingerknochen. Wie können diese anatomischen Ähnlichkeiten erklärt werden?

Homologien • Neben den strukturellen Ähnlichkeiten der Grundbaupläne dieser Gliedmaßenskelette wurde auch eine weitgehende Übereinstimmung in ihren wesentlichen genetischen Informationen nachgewiesen. Dies lässt sich durch die Abstammung dieser Wirbeltiere von einem gemeinsamen Vorfahren erklären. Im Laufe der Evolution kam es zu unterschiedlichen Veränderungen von Details im genetischen Grundmuster und damit auch zu Abwandlungen des anatomischen Grundbauplans.
Arme, Beine, Flügel und Flossen der Wirbeltiere sind also Varianten eines identischen Grundmusters. Merkmale, die bei verschiedenen Lebewesen aufgrund ähnlicher Erbinformationen und damit einer gemeinsamen Abstammung auftreten, bezeichnet man als **homologe Merkmale** beziehungsweise **Homologien**. Auf sie ist mindestens eins von drei Homologiekriterien anwendbar.

Die zentralen Übereinstimmungen der Varianten eines gemeinsamen Grundbauplans sind von außen oft nicht leicht zu erkennen. Wenn die homologen Strukturen je nach Lebensraum und Lebensweise der Tiere verschiedene Funktionen erfüllen, können sie sich durch anatomische Abwandlungen deutlich voneinander unterscheiden.
Bei den abgebildeten Vordergliedmaßen der Wirbeltiere stimmen die Abfolge und die relative Lage der einzelnen Skelettelemente in allen Varianten überein: Dem Oberarmknochen folgen immer zwei Unterarmknochen, an die sich zunächst zahlreiche Handwurzel- und dann Mittelhandknochen anschließen, an denen die Fingerknochen ansetzen. Damit ist hier das erste von drei Homologiekriterien erfüllt.
Kriterium der Lage: *Strukturen sind homolog, wenn sie in einem ähnlichen Grundbauplan die gleiche Lage zueinander einnehmen.*

Aber auch wenn sich die Lage im Grundbauplan während der stammesgeschichtlichen Entwicklung etwas verändert hat, können Merkmale homolog sein. Der Vergleich einer Haischuppe mit einem menschlichen Schneidezahn zeigt auffällige Übereinstimmungen sowohl im spezifischen Aufbau als auch in der Lage der einzelnen Teile zueinander. Beide Strukturen sind in Ober- und Lederhaut eingebettet, bestehen aus einer Schuppen- beziehungsweise Zahnhöhle, dem sie umgebenden Dentin und dem aufgelagerten Schmelz. In diesem Fall trifft das zweite Homologiekriterium zu.

Kriterium der spezifischen Qualität: *Komplexe, aus vielen Einzelelementen bestehende Strukturen sind homolog, wenn sie in zahlreichen Einzelmerkmalen auffallend übereinstimmen.*

Eine Homologisierung ist auch möglich, wenn sich die Merkmale im Laufe der Stammesgeschichte stark verändert haben und eine Entwicklungsreihe erkennen lassen. Diese kann an Zwischenformen bei Fossilien, also Überresten von Lebewesen vergangener Erdzeitalter, erkennbar sein. Alternativ können Zwischenformen bei näher verwandten rezenten, also noch lebenden Arten oder während der Embryonalentwicklung vorliegen.

So sind zum Beispiel die drei Gehörknöchelchen der Säugetiere bestimmten Kieferknochen von Fischen und Reptilien homolog. Das Kiefergelenk der ersten Wirbeltiere wurde von den Knochen Hyomandibulare, Quadratum und Articulare gebildet. Bei den Reptilien übernimmt die dem Hyomandibulare homologe Columella bereits die Aufgabe, Schallwellen aufzunehmen. Bei einem Fossil eines säugerähnlichen Reptils zeigt sich, dass die Knochen des ursprünglichen Kiefergelenks einen Funktionswandel zu Gehörknöchelchen durchlaufen haben. Außerdem erkennt man die erste Ausbildung eines sekundären Kiefergelenks, wie es heute bei Säugetieren zu finden ist. Die Knochen des Kiefergelenks der Fische und die Gehörknöchelchen der Säugetiere sind stets in der gleichen relativen Lage angeordnet und lassen über fossile Zwischenformen eine Entwicklungsreihe erkennen. Hier trifft das dritte Homologiekriterium zu.

Kriterium der Stetigkeit: *Unterschiedlich gestaltete Strukturen sind homolog, wenn sie durch eine Reihe von Zwischenformen in eine Entwicklungsreihe gestellt werden können.*

1 **Erläutern Sie, weshalb die Vorderextremitäten der Wirbeltiere einen gemeinsamen Grundbauplan aufweisen, sich aber äußerlich stark unterscheiden.**

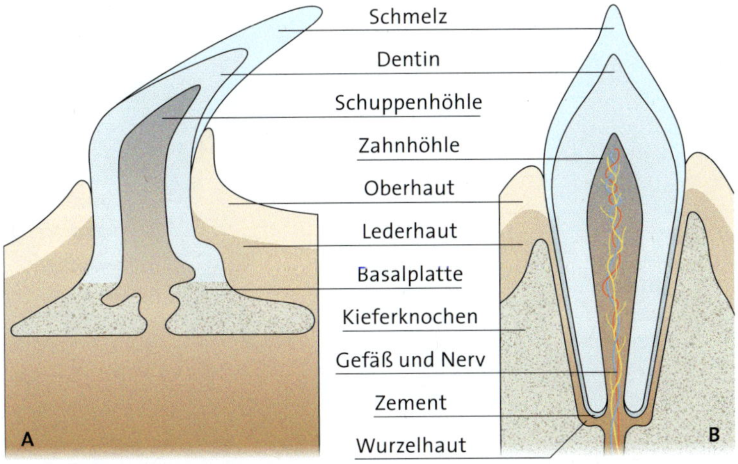

2 Homologe Organe: A Hautschuppe eines Hais, B Schneidezahn eines Menschen

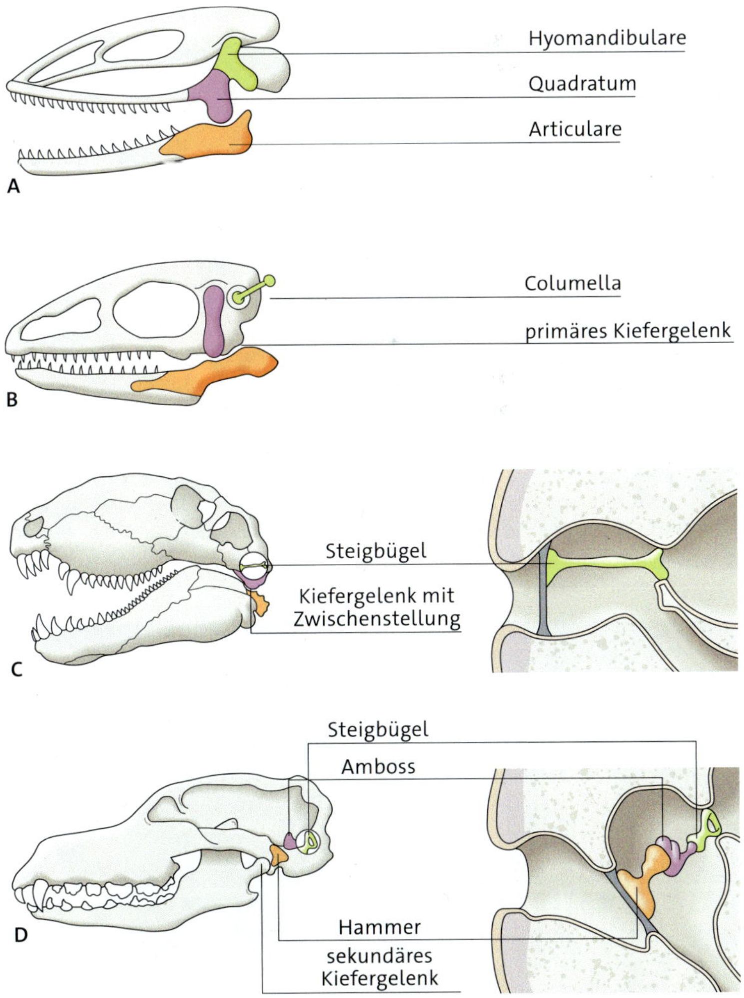

3 Funktionswechsel von Kiefergelenkknochen zu Gehörknöchelchen: A Fisch, B Reptil, C säugerähnliches Reptil, D Säugetier

1 Maulwurf mit Grabhänden

2 Maulwurfsgrille mit Grabbeinen

3 Sukkulente Pflanzen: A Kaktus, B Wolfsmilchgewächs

Konvergenz • Am Körper des Europäischen Maulwurfs fallen besonders die seitlich abstehenden Vorderpfoten auf, die mit ihren langen Krallen als Grabhände dienen. Sie sind wie viele weitere Merkmale seines Körperbaus für seine unterirdische Lebensweise sehr vorteilhaft. Auch die Europäische Maulwurfsgrille lebt bevorzugt unterirdisch. Sie zeichnet sich durch ihre zu schaufelförmigen Grabbeinen ausgebildeten Vorderextremitäten und die Panzerung des wuchtigen Kopfes aus.

Beim Vergleich der Vorderextremitäten der beiden Tiere fallen zunächst die große funktionelle Übereinstimmung und die Ähnlichkeit der Gestalt der Grabbeine auf. Doch insgesamt unterscheiden sich die Grundbaupläne der Säugetierhand und des Insektenbeins deutlich. Während die Maulwurfshand durch ein knöchernes Innenskelett gestützt wird, besitzt die Grabschaufel der Maulwurfsgrille ein chitinhaltiges Außenskelett. Ursächlich für die Ausbildung beider Gliedmaßenformen sind auch hier die sehr ähnlichen Umweltbedingungen bei einer unterirdischen Lebensweise. Da die Grabbeine von Maulwurf und Maulwurfsgrille aber völlig unterschiedliche Konstruktionsmerkmale besitzen und beide Arten nicht nahe verwandten Tiergruppen angehören, müssen sie unabhängig voneinander in einer **konvergenten Entwicklung** entstanden sein. Durch den ökologischen Prozess der **Konvergenz** entstandene Merkmale werden als **analoge Organe** bezeichnet. Trotz ihrer äußeren und funktionalen Ähnlichkeit sind sie kein Beleg für eine gemeinsame Abstammung.

Sowohl Kakteen in Trockengebieten in Amerika als auch einige Wolfsmilchgewächse in Trockengebieten Afrikas besitzen in ihren Sprossen umfangreiche wasserspeichernde Gewebe. Sie werden daher als Sukkulenten bezeichnet. Durch ihre Stammsukkulenz ähneln sie sich äußerlich stark. Sie sind jedoch nicht nahe miteinander verwandt. Bei Kakteen übernehmen Zellen des Rindengewebes die Wasserspeicherung, bei sukkulenten Wolfsmilchgewächsen hingegen Zellen des Markgewebes. Ihre wasserspeichernden Gewebe sind daher zueinander analoge Organe, die einer konvergenten Entwicklung entstammen müssen.

1 Erläutern Sie die Entstehung der analogen Organe bei Maulwurf und Maulwurfsgrille und bei Kakteen und Wolfsmilchgewächsen.

Material A Wale und Pferde

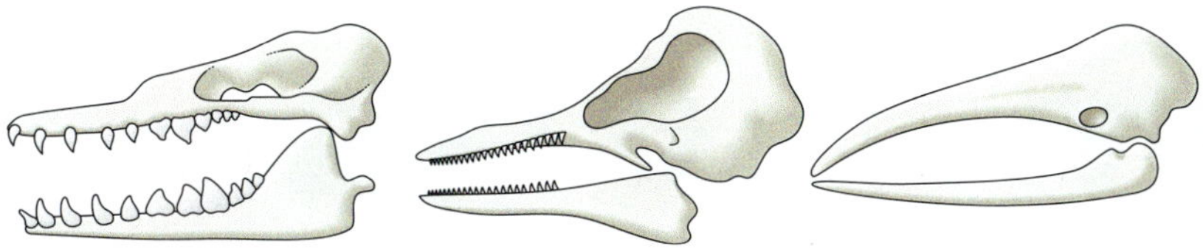

Urwal (fossiler Zahnwal) — Delfin (rezenter Zahnwal) — Bartenwal

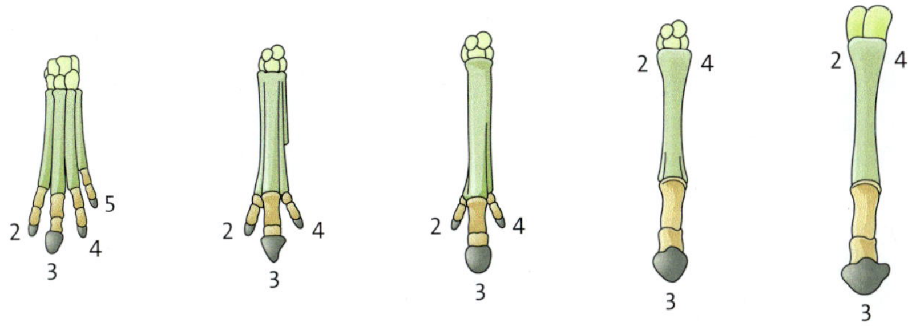

Eohippus vor 58 Millionen Jahren — *Mesohippus* vor 36 Millionen Jahren — *Merychippus* vor 25 Millionen Jahren — *Pliohippus* vor 13 Millionen Jahren — *Equus* seit 8000 Jahren

Wale sind meeresbewohnende Säugetiere. Die Zahnwale wie Delfine oder der Pottwal besitzen Zähne und jagen Fische, Tintenfische und Seehunde. Die Bartenwale wie der Grauwal oder der Blauwal besitzen keine Zähne, sondern Hunderte bis zu 4 m lange Barten im Oberkiefer. Barten bestehen wie unsere Haare und Fingernägel aus der Hornsubstanz Keratin. Auch sie dienen der Nahrungsaufnahme. Sie funktionieren wie ein Sieb, sodass die im Wasser enthaltene Nahrung, vor allem Krill, im Maul zurückbleibt. Zähne besitzen Bartenwale nur als Embryos.

Die Pferdeartigen zeigen im Verlauf ihrer fast 60 Millionen Jahre langen Evolution deutliche Veränderungen im Bau ihres Extremitätenskeletts.

Evolutionäre Trends zur Vereinfachung oder Reduktion homologer Organe werden als **Regressionsreihe** bezeichnet. Trends zu ihrer komplexen Ausdifferenzierung nennt man **Progressionsreihe.**

1 Beschreiben Sie die Kiefer und Gebisse der drei Walschädel und den Gliedmaßenbau der Pferdeartigen.

2 Erläutern Sie, ob hier jeweils eine Regressions- oder Progressionstendenz zu erkennen ist.

Material B Ameisen und Termiten als Hauptnahrungsquelle

Schuppentier

Ameisenbär

Erdferkel

Schnabeligel

Diese vier Säugetiere fressen Ameisen beziehungsweise Termiten und gehören verschiedenen seltenen Säugetierordnungen an.
Der Ameisenbär kommt in den offenen Savannen Südamerikas vor. Im Gegensatz zu ihm sind die übrigen drei Tiere nachtaktiv. Das Vorkommen der Schuppentiere erstreckt sich auf Wälder und Buschland in Südostasien und Afrika südlich der Sahara. Das Erdferkel bewohnt vor allem die Steppen südlich der Sahara. Der Schnabeligel lebt in Australien und Neuguinea.

1 Vergleichen Sie den Körperbau der vier Tiere.

2 Erläutern Sie die Ursachen der Ähnlichkeiten der vier Tiere.

3.3 Variabilität und Genpool

1 Asiatische Marienkäfer

Der Asiatische Marienkäfer wurde 1982 zur biologischen Schädlingsbekämpfung in Frankreich eingesetzt und breitet sich seitdem sehr schnell aus. Seine Färbung variiert von Gelb-Orange über Rot bis Schwarz mit jeweils unterschiedlich vielen Punkten. Je nach Region überwiegen die helleren oder dunkleren beziehungsweise stärker oder schwächer gepunkteten Varianten. Wie entstehen diese und welche Faktoren beeinflussen ihre Häufigkeit?

Variabilität und Vererbung • Asiatische Marienkäfer sind ein Beispiel für ein grundsätzliches Phänomen allen Lebens: Lebewesen zeigen eine große Vielfalt und weisen dennoch immer wieder beachtliche Ähnlichkeiten auf. Diese Ähnlichkeiten verweisen auf die genetische Verwandtschaft zwischen Lebewesen und damit auf die Bedeutung der Weitergabe von Erbanlagen von einer Generation zur nächsten. Dabei kann man beobachten, dass Nachkommen ihren Eltern generell sehr ähnlich sind, aber auch Varianten des einen oder anderen Merkmals zeigen. Durch diese Merkmalsvariation in jedem Generationsübergang existiert in Populationen stets eine gewisse Vielfalt von Phänotypen, die man als intraspezifische Variabilität bezeichnet. So weisen Asiatische Marienkäfer einer Population stets Unterschiede in Färbung und Punktanzahl auf. Diese intraspezifische Variabilität bildet eine zentrale Voraussetzung für die Entstehung biologischer Vielfalt.

Allelfrequenz • Trotz ihres unterschiedlichen Aussehens gehören alle abgebildeten Marienkäfer zu einer Art: *Harmonia axyridis*. Die Farben und Muster ihrer Flügeldecken beruhen auf einer Vielzahl von Allelen. Bezüglich dieses Merkmals zeigen sie aufgrund ihrer hohen genetischen Variabilität einen ausgeprägten Polymorphismus.
Innerhalb bestimmter Regionen, die oft durch geografische Barrieren abgegrenzt und so isoliert sind, leben sie in abgeschlossenen Fortpflanzungsgemeinschaften. Diese Populationen unterscheiden sich durch die Häufigkeit einzelner Allele in ihrem Genpool, die Allelfrequenz. In einigen ist zum Beispiel die Allelfrequenz für gelbe Flügeldecken höher, in anderen niedriger. Die spezifischen Allelfrequenzen in einer Population sind das Ergebnis komplexer Wechselwirkungen.
Das Auftreten von Rekombinations- und Mutationsvorgängen hat Auswirkungen auf die Allelfrequenzen. Die unterschiedliche Paarungswahrscheinlich-

keit von gleich- und verschiedenfarbigen Marienkäfern nimmt ebenfalls Einfluss. Auch das Eintreffen neuer Marienkäfer aus anderen Populationen und die Abwanderung oder der Verlust durch Fressfeinde können die Allelfrequenzen verschieben. Aufgrund dieser Dynamik von Populationen sind ihre Genpools ständigen Veränderungen unterworfen.

Mutation • Die Entstehung unterschiedlicher Allele eines Gens erfolgt durch Veränderungen seiner DNA-Sequenz aufgrund von Mutationen. Diese führen zur Vielfalt an Allelen einzelner Gene innerhalb einer Population und sind damit die Ursache für die genetische Variabilität eines einzelnen Merkmals, zum Beispiel des Fellmusters innerhalb einer Mustangherde. Da DNA-Veränderungen durch Mutationen zufällig und ungerichtet erfolgen, stören sie die Ausprägung von phänotypischen Merkmalen fast immer so, dass sie für ihren Träger von Nachteil sind. Sie treten nur selten auf und werden zum Teil auch wieder durch enzymatische DNA-Reparatursysteme korrigiert.
Für evolutionäre Prozesse sind nur Mutationen in den Geschlechtszellen von Bedeutung, da sich daraus die Nachkommen entwickeln.

Rekombination • Innerhalb einer großen Mustangherde treten nahezu alle möglichen Kombinationen aus Farbschattierungen und Musterungen des Fells auf. Fohlen ähneln in diesen Merkmalen zwar oft ihren Elterntieren, viele zeigen jedoch auch neue Kombinationen dieser Fellmerkmale. Die Ähnlichkeiten sind auf die Weitergabe der Gene von einer Generation an die nächste zurückzuführen. Ein Fohlen erhält sowohl die Allele des Hengstes über die Spermienzelle als auch die der Stute über die Eizelle. Während der Bildung der Geschlechtszellen wird der diploide Chromosomensatz der Vorläuferzellen im Verlauf der Meiose halbiert. Dabei werden die homologen Chromosomenpaare nach dem Zufallsprinzip getrennt und auf die entstehenden Geschlechtszellen verteilt. Mit n Chromosomenpaaren sind hierbei pro Elternteil 2^n verschiedene Kombinationen der Chromosomen möglich. Da Mustangs 32 Chromosomenpaare besitzen, gibt es bei ihnen 2^{32}, also 4 294 967 296 mögliche Varianten. Die Geschlechtszellen verschmelzen zu einer diploiden Zygote. Dadurch erhöht sich die Kombinationsvielfalt noch weiter, denn jede Spermienzelle kann auf jede Eizelle treffen. Diese interchromosomale Rekombination führt zu einer großen Vielfalt der Kombination der Merkmalsausprägungen unter den Nachkommen. Sie ist die Hauptursache der Variabilität bei sich geschlechtlich fortpflanzenden Tieren und Pflanzen.
Während der Meiose kommt es häufig auch zum Austausch von Bruchstücken zwischen homologen väterlichen und mütterlichen Chromosomen. Ein solches Crossing-over kann zu neuen Kombinationsvarianten von bisher gekoppelten Allelen führen. Diese intrachromosomale Rekombination trägt ebenfalls zur genetischen und somit auch zur phänotypischen Variabilität bei.

2 Herde wilder Mustangs

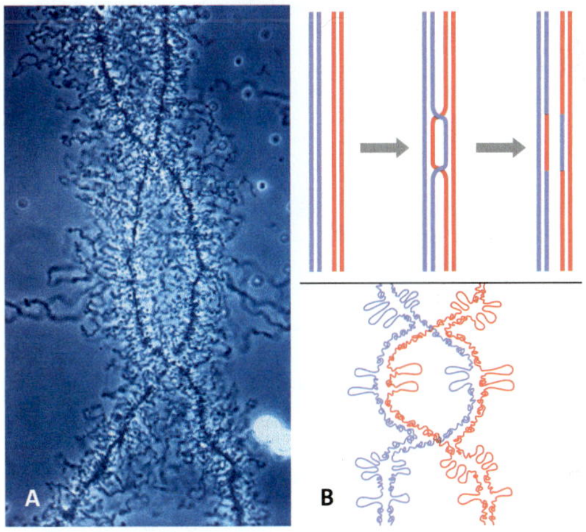

3 Intrachromosomale Rekombination: A lichtmikroskopisches Bild einer Chiasmabildung, B Crossing-over (Schema)

1 Beschreiben Sie die Faktoren, die die Allelfrequenzen in Populationen beeinflussen.

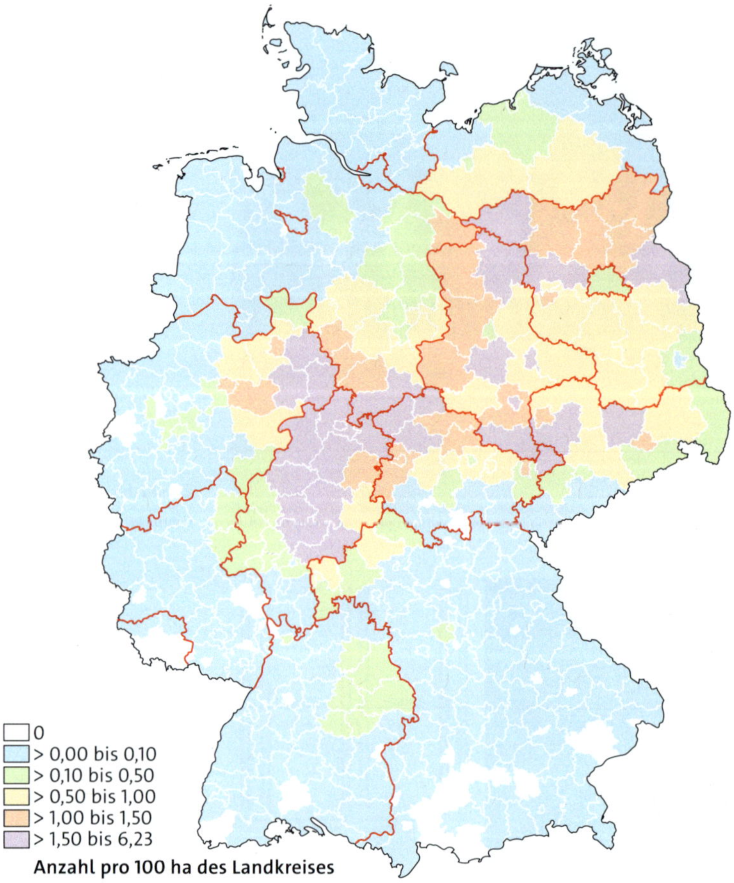

1 Verbreitung der Waschbären in Deutschland anhand der Anzahl erlegter Tiere in den Jahren 2010 bis 2014

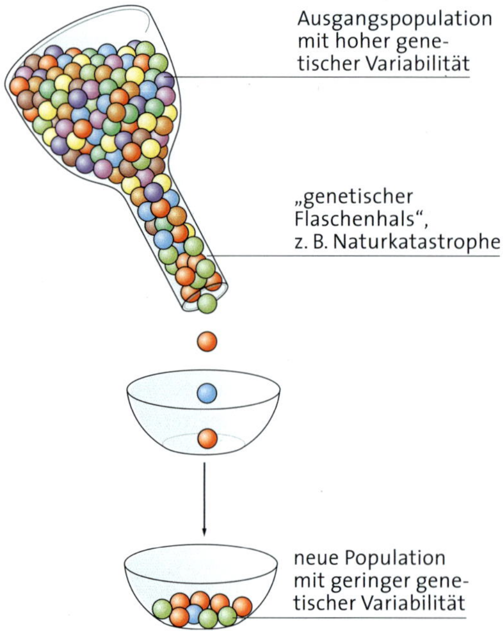

2 Flaschenhalseffekt (Schema)

Gendrift • Gelangen wenige Lebewesen einer Art in neue Regionen, wie der Asiatische Marienkäfer nach Deutschland, entsteht eine neue Population. Sie enthält nur noch einen Bruchteil des Genpools der Ausgangspopulation. Das heißt, die Variabilität ist anfänglich sehr gering. Dieser Effekt wird **Gründereffekt** genannt. Eine neue Gründerpopulation kann im Extremfall aus nur zwei Tieren bestehen. Bei günstigen Umweltbedingungen kommt es zu einer rasanten Entwicklung der neuen Population. So wurden zum Beispiel 1934 einige Waschbären in Nordhessen ausgesetzt, mehrere Tiere flohen 1945 aus zerbombten Zuchtgehegen bei Berlin. Von diesen Tieren stammen sämtliche heute in Deutschland lebenden Waschbären ab. Durch das Fehlen von Beutegreifern und durch ein großes Nahrungsangebot leben so viele Waschbären in Deutschland, dass sie sogar bejagt werden müssen.

Wenn äußere Faktoren, zum Beispiel Naturkatastrophen oder menschliche Einflüsse, eine starke Dezimierung einer Population bewirken, spricht man von einem **Flaschenhalseffekt.** Ein Beispiel dafür sind die vom Aussterben bedrohten Przewalskipferde. Ihre Population wurde durch starkes Bejagen auf weltweit zehn Tiere dezimiert, die in Zoos überlebten. Von ihnen stammen alle Przewalskipferde ab, die inzwischen wieder ausgewildert wurden. Aufgrund des kleinen Genpools der wenigen überlebenden Tiere ist die genetische Variabilität dieser Population sehr gering.
Verringert sich die Anzahl verschiedener Allele innerhalb einer Population allein durch äußere Zufallsereignisse wie beim Gründereffekt oder beim Flaschenhalseffekt, spricht man von genetischer Drift oder **Gendrift.** Faktoren, die unabhängig von der Angepasstheit einzelner Lebewesen an die Umwelt wirken, führen dabei zu kleinen Populationen mit geringer Variabilität, auf die sich die Evolutionsfaktoren schnell auswirken. Dabei gilt: Je kleiner eine Population ist, desto größer ist die Auswirkung der Gendrift auf sie.
Es kann anschließend zu einem rasanten Populationswachstum kommen. Die genetische Variabilität der Population nimmt jedoch nur langsam zu.

1 Erläutern Sie die Wirkung des Gründereffekts und die des Flaschenhalseffekts mithilfe von Abbildung 2.

Material A Ausbreitung der Phönizier

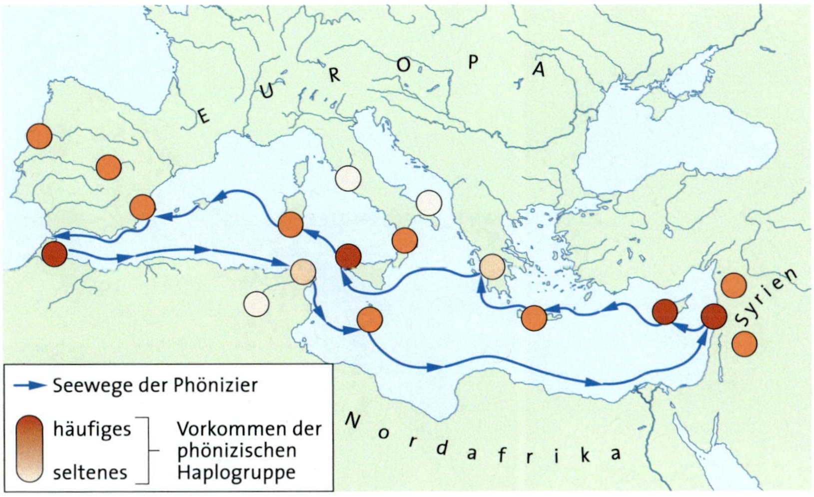

Die Phönizier waren ursprünglich in mehreren Stadtstaaten des syrischen Küstenstreifens beheimatet. Im ersten Jahrtausend vor Christus führte der Ausbau der Fernhandelswege zu einer Ausbreitung dieses Volkes in den Mittelmeerraum. Auf der Suche nach sicheren Belegen dafür haben Forscher das Erbgut von heute am Mittelmeer lebenden Männern untersucht. Dabei fand man heraus, dass im mediterranen Raum viele Männer auf dem Y-Chromosom typische minimale Basenabweichungen besitzen. Diese SNPs, single nucleotide polymorphisms, unterscheiden sie von den übrigen Menschen. Mehrere solcher SNPs bilden eine Haplogruppe, mit der Gruppen von Menschen charakterisiert werden können. Tatsächlich trägt die heutige männliche Bevölkerung in den Siedlungsgebieten der Phönizier häufiger als an anderen Orten typische Varianten dieser Haplogruppe. Mehr als 6 % des Genpools der in ehemaligen Phönizierniederlassungen lebenden Männer stammen demnach aus den alten Linien der antiken Händler. Statistisch gesehen hat heute jeder 18. Mann im Mittelmeerraum direkte phönizische Vorfahren.

1 Beschreiben Sie die Abbildung.

2 Erläutern Sie den Zusammenhang zwischen der Häufigkeit der phönizierspezifischen Haplogruppe, der Veränderung des Genpools und den Handelswegen.

3 Stellen Sie Hypothesen auf, welche Evolutionsfaktoren hier gewirkt haben könnten.

Material B Wapitis

	Anteil polymorpher Genloci an der Gesamtanzahl der Genloci	Mittelwert der Anzahl verschiedener Allele pro Genlocus	Anteil der heterozygoten Gene an der Gesamtanzahl der Gene
Wapiti	10 %	1,14	< 2,00 %
Weißwedelhirsch	40 %	> 2,00	9,70 %
Hirsche allgemein	20 %	1,30	4,00 %

Der Wapiti ist eine unter anderem in Nordamerika lebende Hirschart. Aufgrund unkontrollierter Jagd sank dort die Anzahl der Tiere um 1900 auf ein Minimum. Wenige überlebende Tiere wurden in Reservaten gehalten und später ausgewildert. Bei Untersuchungen ihrer DNA betrachtete man besonders die Orte auf einem Chromosom, an denen jeweils ein Gen für ein bestimmtes Merkmal vorliegt, den **Genlocus**. Sind an diesem Genlocus bei verschiedenen Tieren unterschiedliche Allele eines Gens vorhanden, spricht man von einem polymorphen Genlocus. Zudem untersuchte man, wie viele Gene bei einem Tier in zwei verschiedenen Allelen, also heterozygot, vorliegen. Die Tabelle zeigt die Ergebnisse dieser genetischen Untersuchungen der Wapitis im Vergleich zu anderen Hirscharten. Anhand der Daten lassen sich Aussagen über die genetische Variabilität verschiedener Hirscharten treffen.

1 Werten Sie die Tabelle aus.

2 Erklären Sie den Unterschied der genetischen Variabilität von Wapitis im Vergleich zum Durchschnitt aller Hirsche.

3 Stellen Sie eine Hypothese zur Populationsentwicklung von Weißwedelhirschen auf.

4 Erläutern Sie an diesem Beispiel das Basiskonzept Entwicklung.

3.4 Angepasstheit und Selektion

1 Tiere in ihrem jeweils typischen Lebensraum: **A** Okapi, **B** Giraffe

Das Okapi ist ein waldbewohnendes Huftier, das sich von Laub, Farnen und Früchten ernährt. Es ähnelt in vielen Merkmalen den nah verwandten Giraffen und erscheint mit seiner Schulterhöhe von nur etwa 1,5 m wie deren kleinere Variante. Insbesondere sein Hals ist kürzer als der der Giraffen. Wie sind diese ähnlichen und zugleich so unterschiedlichen Formen entstanden?

Variabilität und Angepasstheit • Die erblich bedingte Variabilität in einer Population wie die Halslänge bei Okapis und Giraffen ist ungerichtet. Sie kann nicht die Angepasstheit von Lebewesen an ihren Lebensraum erklären. Angepasstheiten entwickeln sich vor allem dadurch, dass Individuen einer Population durch angepasste Merkmale die vorhandenen Ressourcen besser nutzen können als andere. Die letzten gemeinsamen Vorfahren von Okapis und Giraffen haben vor wenigen Millionen Jahren gelebt und hatten bezogen auf die heutigen Tiere eine mittlere Körpergröße und Halslänge. Besonders kleine Individuen innerhalb einer ursprünglichen Okapi-Population konnten zum Beispiel dicht bewachsene Gebiete im Wald und die dort verfügbare Nahrung besser erreichen. Sie hatten folglich einen besseren Ernährungszustand als größere Individuen. Zudem waren sie auf der Flucht vor Fressfeinden im Dickicht des Waldes schneller, wurden seltener erbeutet und lebten länger. Diese und weitere Faktoren haben dazu beigetragen, dass kleinere Okapis mehr Nachkommen hatten als die größeren. Sie konnten daher häufiger ihre Erbanlagen an Nachkommen weitergeben. Hierdurch erhöhte sich die Frequenz ihrer Allele im Genpool der Population, sodass die durchschnittliche Körpergröße in der Population sank. Diese Reduktion oder „Auslese" von Erbanlagen für wenig angepasste Merkmale sowie die Verstärkung angepasster Varianten bezeichnet man als natürliche Selektion. Die abiotischen oder biotischen Faktoren, die den Fortpflanzungserfolg entscheidend begrenzen, nennt man Selektionsdruck. Angepasste Merkmale führen zu Selektionsvorteilen. Da für die evolutionäre Entwicklung die Weitergabe von Erbanlagen entscheidend ist, bestimmt man den evolutionären Erfolg eines Individuums anhand der Anzahl seiner fortpflanzungsfähigen Nachkommen, seiner reproduktiven Fitness.
Giraffen leben im Gegensatz zu Okapis in der Savanne. Ihr langer Hals erschließt ihnen dort das Laub der oberen Baumkronen als Nahrungsquelle. In dieser Umwelt ist die reproduktive Fitness von Individuen mit langem Hals am größten.

Selektion und Umwelt • Man kann verschiedene Formen der Selektion unterscheiden. Verändern sich die Umweltbedingungen in einem Ökosystem, sind die dort lebenden Populationen in der Regel nicht mehr an ihre Umwelt angepasst. Infolgedessen führen Variabilität und natürliche Selektion nach und

2 Graduelle Entwicklung von Okapi und Giraffen unter Einfluss der jeweiligen Selektionsbedingungen

nach zu einer Veränderung des Genpools der Population und entsprechend des durchschnittlichen Phänotyps. Es findet eine transformierende Selektion statt. Sie kann auch durch Migration einer Teilpopulation in ein neues Ökosystem einsetzen. Es entwickeln sich Individuen, die die vorhandenen Ressourcen effektiv nutzen können. Diesen schrittweisen Prozess hin zu einer höheren Angepasstheit bezeichnet man als Gradualismus.

Durch die graduell steigende Angepasstheit der Individuen erhöht sich meist deren Dichte und damit auch ihre intraspezifische Konkurrenz. So konnten die wenigen kleinen Okapis in einer frühen Population den Wald noch ungestört nutzen. Nach mehreren Generationen mussten sie ihn sich mit vielen anderen kleinen Okapis teilen, sodass der Selektionsdruck durch intraspezifische Konkurrenz zu einer andauernden Transformation führte.

Hat sich der durchschnittliche Phänotyp in einer Population so weit verändert, dass der stärkste Selektionsdruck auf jene Individuen wirkt, die von dem mittleren Phänotyp am stärksten abweichen, kommt es bei konstanten Umweltbedingungen zu keiner weiteren Verschiebung. Diesen Zustand bezeichnet man als stabilisierende Selektion. Hierbei erhöht sich die Allelfrequenz für die mittlere Merkmalsausprägung, während das Auftreten hiervon abweichender Merkmale selektiert wird.

Künstliche und sexuelle Selektion • Wählt der Mensch bei der Zucht Individuen mit erwünschten Merkmalen aus und verstärkt so deren Ausprägung, spricht man von künstlicher Selektion. Sexuelle Selektion liegt vor, wenn im Tierreich zum Beispiel Weibchen durch ihre Vorlieben Selektionsdruck ausüben. Bevorzugen sie Männchen mit bestimmten Merkmalen, vergrößern sie deren Fortpflanzungserfolg. Das Merkmal wird dadurch häufiger.

1 **Beschreiben Sie die Bedeutung der Mechanismen Variabilität und Selektion zur Erklärung der Phänomene biologischer Diversität und Angepasstheit. Stellen Sie die Zusammenhänge hierzu als Schaubild dar.**

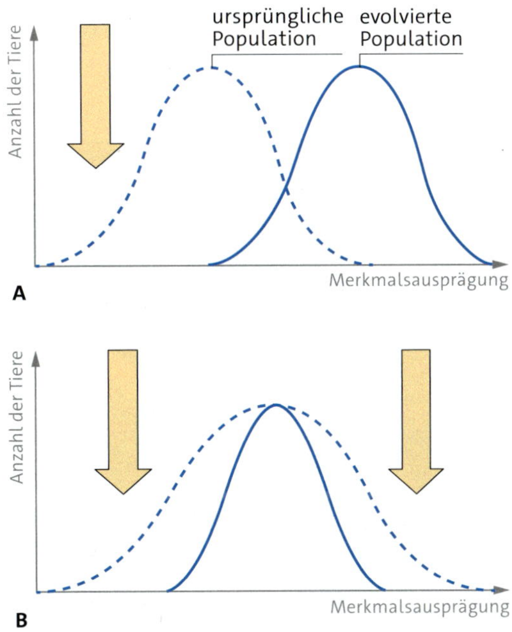

3 Selektionsformen: **A** transformierende Selektion, **B** stabilisierende Selektion

Koevolution • Die Individuen von Populationen aller Lebewesen unterscheiden sich in Bezug auf die Beschaffenheit ihrer Merkmale. So können sehr schnelle Geparde leichter genügend Gazellen erbeuten. Andererseits können nur schnelle und wendige Gazellen Geparden entkommen. Damit haben die schnellsten Geparde und die schnellsten, wendigsten Gazellen bessere Überlebenschancen. Folglich ist bei beiden Arten auch die Fortpflanzungswahrscheinlichkeit für schnellere Tiere größer. Auf beide Tierarten wirkt demnach ein Selektionsdruck, der von Generation zu Generation zu durchschnittlich schnelleren und wendigeren Tieren führt. Dieser Prozess ist ein Beispiel für eine transformierende Selektion. Er findet in den anatomischen und morphologischen Voraussetzungen der Arten seine Grenzen. Führt dieser evolutionäre Vorgang, der sich in langen Zeiträumen der Stammesgeschichte ereignet, zu einer wechselseitigen Angepasstheit zweier Arten, spricht man auch von **Koevolution**. Der Selektionsdruck hat bei beiden Arten zur Folge, dass spezifische Merkmalsausprägungen immer weiter optimiert werden. Da dies jedoch bei beiden Arten gleichzeitig geschieht, ändert sich an der Chancenverteilung zwischen ihnen nichts. Koevolution begleitet in der Regel Beziehungen zwischen zwei voneinander abhängigen Arten wie Räuber und Beute, Parasit und Wirt oder zwischen Symbionten.

1 Gepard jagt Gazelle.

Blütenbestäubung und Koevolution • Ein auffälliges Beispiel für die Koevolution zwischen Blütenpflanzen und Bestäubern sind zwei auf der Karibikinsel Saint Lucia beheimatete Blütenpflanzen der Gattung *Heliconia* sowie der Granatkolibri als deren einziger Bestäuber. Die Weibchen des Granatkolibris haben einen gebogenen Schnabel. Sie bevorzugen zur Nahrungsaufnahme die Art *Heliconia bihai* mit einer langen, gebogenen Blütenröhre. Die Kolibrimännchen haben einen kürzeren, geraden Schnabel. Sie suchen meist die Art *Heliconia caribaea* mit einer kurzen, geraden Blütenröhre auf.

Das Nahrungsangebot der Heliconien entspricht den Bedürfnissen ihrer jeweiligen Bestäuber. Die größeren und schwereren Männchen benötigen mehr Energie für ihren Schwirrflug beim Blütenbesuch als die leichteren Weibchen, und *Heliconia caribaea* bildet mehr energiereichen Nektar als *Heliconia bihai*.

Auf der Insel Dominica hat ein anderer evolutionärer Prozess stattgefunden. Obwohl dort *Heliconia bihai* vorkommt, ist eine rot gefärbte Variante von *Heliconia caribaea* entstanden, deren Blüten etwas länger und gebogener sind. Man nimmt an, dass die Kolibriweibchen auf Dominica im Verlauf der Evolution häufiger diese Heliconienart besucht und sich deshalb die Blütenröhren in diese Richtung entwickelt haben.

2 Kolibriweibchen an *Heliconia*-Blüte

1 **Erläutern Sie am Beispiel des Granatkolibris und der beiden *Heliconia*-Arten das Prinzip der Koevolution.**

Material A Evolution im Labor

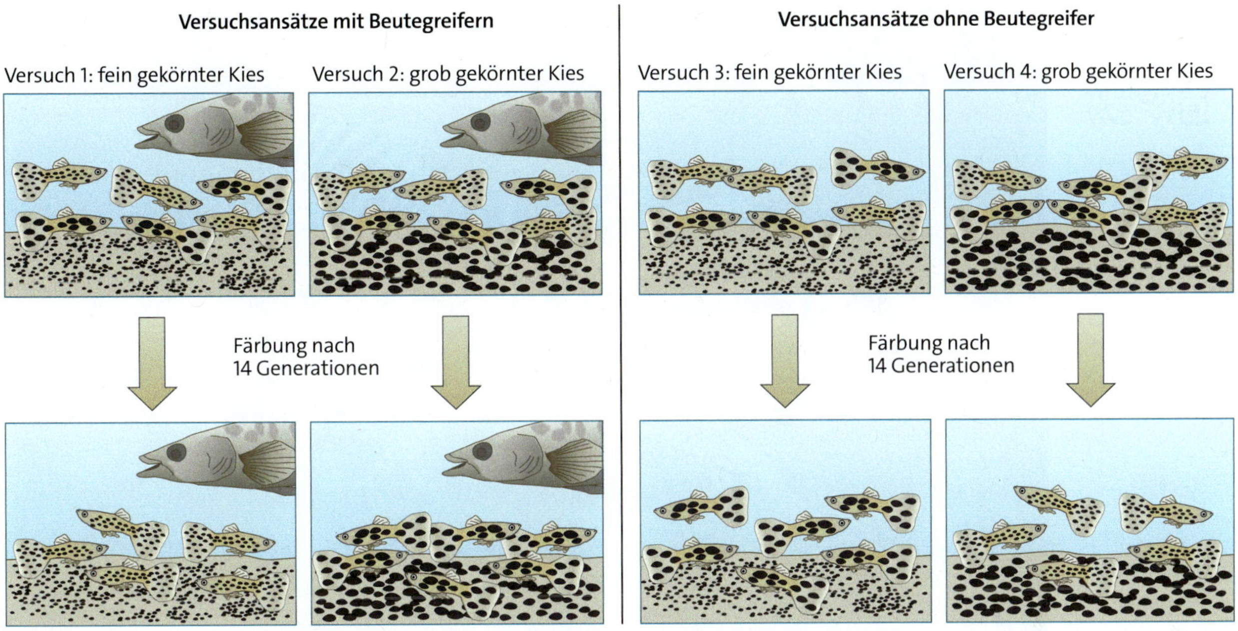

Um die Wirksamkeit der natürlichen Selektion direkt nachzuweisen, führte der Evolutionsbiologe John Endler im Jahre 1980 im Labor Simulationsversuche durch. Hierzu hielt er weibliche und männliche Guppys in Aquarien mit grob und fein gekörntem Kies. Männliche Guppys weisen eine hohe genetische Variabilität ihrer gefleckten Färbung auf. Die Weibchen zeigen keine gefleckte Färbung. Neben der Variation zwischen grobem und feinem Kies setzte Endler in manche Aquarien Beutegreifer, in andere nicht. Nach 14 Generationen bestimmte er die Färbung der männlichen Guppys in den vier Versuchen.

1 Stellen Sie die Ergebnisse der Versuche 1–4 in Form einer Tabelle dar.

2 Deuten Sie die Versuche 1 und 2.

3 Stellen Sie eine begründete Vermutung zur Erklärung der Ergebnisse zu den Versuchen 3 und 4 auf.

4 Entwickeln Sie ein Experiment zur Überprüfung Ihrer Hypothese.

Material B Disruptive Selektion

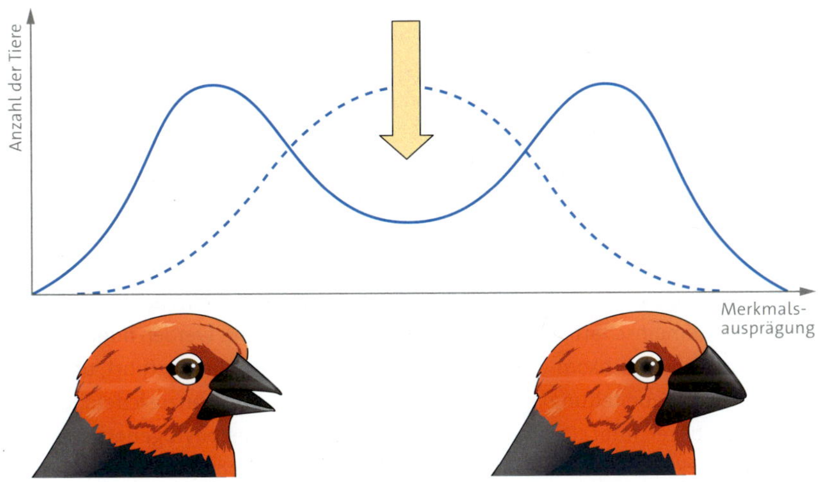

Neben der transformierenden und stabilisierenden Selektion gibt es eine weitere, selten wirksame Form der Selektion, die man als disruptive oder aufspaltende Selektion bezeichnet. Ein Beispiel hierfür ist die Schnabelgröße des Purpurastrilds.

1 Beschreiben Sie die Häufigkeit der Schnabelgrößen in der ursprünglichen und der evolvierten Population.

2 Erläutern Sie die Entwicklung und die möglichen Bedingungen im Lebensraum der Vögel.

3.5 Artkonzept und Artbildung

1 Zebroid-Fohlen mit Zebra-Mutter

Bereits Charles Darwin hatte beobachtet, dass in Afrika vereinzelt Mischformen zwischen Zebras und anderen im gleichen Lebensraum vorkommenden Eseln und Pferden auftreten, die Zebroide. Zu welcher Art gehören sie?

Artkonzepte • Als Darwin die Arten beschrieb, ging er von folgender Vorstellung aus: Eine Art ist eine Lebensform, die sich äußerlich deutlich von anderen Lebewesen unterscheidet. Man bezeichnet dies als **morphologisches Artkonzept.** Es gehören also die Individuen zu einer Art, die in wesentlichen Körpermerkmalen übereinstimmen. Dieses Konzept lässt sich auf Zebra, Esel und Pferd anwenden. Obwohl Darwin diese Artdefinition nicht wirklich überzeugend fand, können die meisten Lebewesen auf diese Weise klassifiziert werden. Auf Arten, die sich sehr stark ähneln, ist dieses Artkonzept nicht anwendbar. Dies gilt beispielsweise für die Garten- und Waldbaumläufer, zwei in Europa beheimatete Singvogelarten, die äußerlich kaum zu unterscheiden sind. Man bezeichnet sie als Zwillingsarten.

Morphologie = Lehre von der äußeren Gestalt

Im Jahr 1940 schlug Ernst Mayr ein anderes Artkonzept vor. Er klassifizierte Arten als Gemeinschaften von Lebewesen, die fortpflanzungsfähige Nachkommen miteinander zeugen können. Diese Vorstellung wird als **biologisches Artkonzept** bezeichnet. Da Zebroide unfruchtbar sind, handelt es sich also bei Zebra und Esel trotz der gemeinsamen Nachkommen um unterschiedliche Arten.

Ein Beispiel für die Veränderlichkeit der Arten zeigt sich auf der Insel Borneo. Dort befinden sich zwei Auswilderungsstationen für Orang-Utans. Man beobachtete, dass der Nachwuchs der ausgewilderten Tiere häufiger krank war als zu erwarten, manche starben schon als Jungtiere. Zur Untersuchung dieses Befunds wurde die DNA der Tiere in der Auswilderungsstation analysiert.

Das Ergebnis überraschte die Forscher. Aus den Abweichungen innerhalb der DNA-Analysen ließ sich schlussfolgern, dass sich beim Orang-Utan innerhalb von 176 000 Jahren drei Unterarten entwickelt hatten. So nennt man voneinander abgrenzbare Untergruppen innerhalb einer Art. Die Unterarten des Orang-Utans unterscheiden sich so geringfügig, dass dies mit dem bloßen Auge kaum erkennbar ist und bei der Auswilderung nicht berücksichtigt wurde. Dank der neuen Erkenntnis werden nunmehr vor der Auswilderung Gentests durchgeführt, um Tiere einer Unterart am gleichen Ort anzusiedeln. Dieses Vorgehen berücksichtigt das **phylogenetische Artkonzept**: Eine Art ist eine Gemeinschaft von Populationen derselben Abstammung, die sich mit der Zeit weiter aufspalten kann.

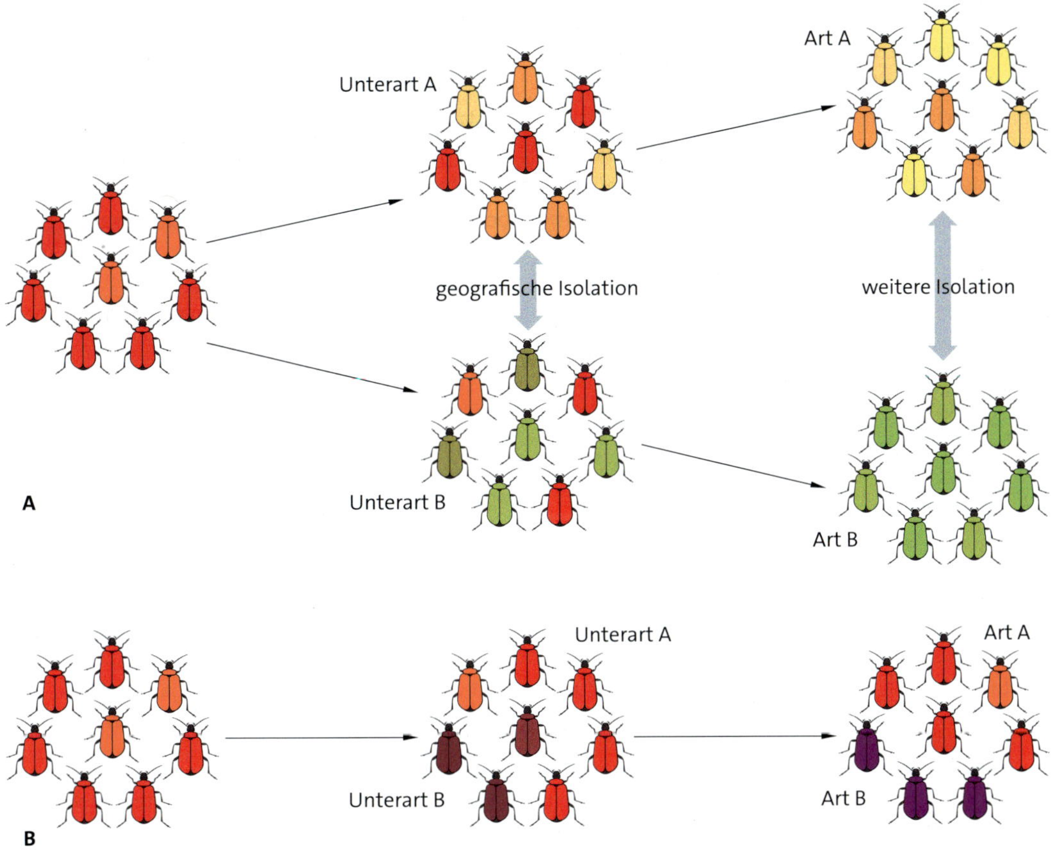

2 Artbildung (Schema): **A** allopatrisch, **B** sympatrisch

griech. allos
= anders
lat. patria
= Heimatland
griech. syn
= zusammen
griech. peri
= um ... herum

Allopatrische Artbildung • Nicht alle Populationen einer Art stehen in ständigem Kontakt miteinander. Sie können durch Gebirge, Gewässer, Wüsten oder andere Barrieren geografisch voneinander getrennt sein. In den getrennten Populationen laufen zahlreiche Vorgänge ab, die zu Unterschieden zwischen den Populationen führen: Es können Mutationen auftreten, Allele können durch Zufallsereignisse wie Gendrift verloren gehen, Rekombination führt zur Entstehung neuer Phänotypen, die anders sind als in der Ausgangspopulation. Der Genpool der isolierten Population verändert sich im Vergleich zu dem der Ausgangspopulation. Da die isolierte Population in einer anderen Umwelt lebt und deshalb anderen Selektionsbedingungen ausgesetzt ist, wird sie sich im Laufe der Zeit anders als die Ausgangspopulation entwickeln. Die Abweichungen werden irgendwann so groß sein, dass man von einer neuen Art sprechen kann. Die beiden Populationen sind nun durch Fortpflanzungsbarrieren voneinander getrennt und können sich nicht mehr genetisch vermischen. Die Fortpflanzungsbarrieren sorgen somit für den Zusammenhalt der Art. Dieser Mechanismus der Artbildung wird als **allopatrische Artbildung** bezeichnet. Sie wird als die häufigste Form der Artbildung angesehen.

Sympatrische Artbildung • Daneben ist jedoch auch eine Spaltung von Arten an einem Ort möglich. In einem kleinen Kratersee in Kamerun hat man Buntbarsche gefunden, die aus dem umgebenden Flusssystem in den See gewandert sind. Zwei eng verwandte Arten besitzen untereinander größere Ähnlichkeiten als mit den Buntbarschen in den benachbarten Flüssen. Diese Beobachtung ist wohl nur so zu erklären, dass aus der Ursprungsart, dem Fluss-Buntbarsch, am gleichen Ort zwei Arten von See-Buntbarschen entstanden sind. Man spricht von **sympatrischer Artbildung**.

1 Erklären Sie sie drei Artkonzepte am Beispiel des heutigen Menschen und nennen Sie die dabei auftretenden Schwierigkeiten.

2 Beschreiben Sie die zwei Mechanismen der Artbildung mithilfe von Abbildung 2.

Isolationsmechanismen • Der Austausch genetischen Materials zwischen Populationen nah verwandter und deshalb potenziell miteinander vermehrungsfähiger Arten kann durch vielfältige Vorgänge blockiert sein. Umstände, durch die bereits die erfolgreiche Befruchtung einer Eizelle unmöglich wird, bezeichnet man als **präzygotische Isolationsmechanismen**. Kommt es zur Bildung einer Zygote, die bald abstirbt oder Nachkommen mit verringerter Lebensfähigkeit oder Fruchtbarkeit hervorbringt, spricht man von **postzygotischen Isolationsmechanismen**.
Diese vielfältigen Barrieren im Genfluss zwischen einzelnen Populationen spielen eine wichtige Rolle bei der Entstehung von Arten und der Erhaltung von Artgrenzen.

griech. ethos = Gewohnheit, Sitte

Ethologie = Verhaltensbiologie

Mechanismus	Auswirkung	Beispiel
Präzygotische Isolationsmechanismen		
geografische Isolation	Potenzielle Paarungspartner können sich räumlich nicht begegnen.	Nord- und Südhörnchen, zwei sehr ähnliche nordamerikanische Erdhörnchenarten, sind durch den Grand Canyon voneinander getrennt.
ökologische Isolation	Potenzielle Paarungspartner können sich durch unterschiedliche ökologische Ansprüche nicht begegnen.	Die Arten der nordamerikanischen Schaufelfußkröten überdauern die trockene Jahreszeit eingegraben in jeweils unterschiedlichen Bodentypen, in deren Umgebung sie sich im Frühjahr fortpflanzen.
zeitliche Isolation	Potenzielle Paarungspartner pflanzen sich nicht zur gleichen Zeit fort.	Schwarzer Holunder blüht im Frühjahr, der sehr nahe verwandte Weiße Holunder dagegen im Herbst.
ethologische Isolation	Potenzielle Paarungspartner zeigen große Unterschiede im Paarungsverhalten.	Das Balzverhalten vieler Arten der Entenvögel ist so individuell, dass Tiere verschiedener Arten nicht aufeinander ansprechen.
physiologische Isolation	Potenzielle Paarungspartner begegnen sich, paaren sich aber nicht.	Die Weibchen verschiedener Nachtfalterarten geben unterschiedliche Duftstoffe ab, auf die nur arteigene Männchen ansprechen.
anatomische Isolation	Potenzielle Paarungspartner paaren sich, es werden jedoch keine Spermienzellen übertragen.	Bei vielen Insekten- und Spinnenarten passen nur die arteigenen Geschlechtsorgane nach dem Schlüssel-Schloss-Prinzip zueinander.
Postzygotische Isolationsmechanismen		
entwicklungsbiologische Isolation	Die Eizelle wird befruchtet, der entstehende Keim stirbt jedoch ab.	Mischformen der beiden Froscharten *Rana pipiens* und *R. sylvatica* entwickeln sich nicht weit über die ersten Zellteilungsschritte hinaus.
Fitness-Isolation	Der Keim entwickelt sich, der entstandene F_1-Hybride besitzt jedoch eine verminderte Lebensfähigkeit.	Hybriden der beiden Hahnenfußarten *Ranunculus mielanii* und *R. dissectifolius* können mit artreinen Hahnenfußpflanzen nicht konkurrieren und sterben schnell ab.
genetische Isolation	Potenzielle Paarungspartner erzeugen F_1-Nachkommen. Diese sind aber durch zwischenartliche Unterschiede im Erbmaterial unfruchtbar und können deshalb keine weitere Filialgeneration erzeugen.	Pferde besitzen 64, Esel 62 und ihre gemeinsamen Nachkommen 63 Chromosomen. Durch die ungerade Anzahl ist die paarweise Anordnung homologer Chromosomen bei der Meiose zur Bildung neuer Geschlechtszellen nicht vollständig möglich.

1 Prä- und postzygotische Isolationsmechanismen

Adaptive Radiation der Beuteltiere • Vor etwa 120 Millionen Jahren entwickelten sich die heute noch lebenden Großgruppen der Säugetiere sowie der Beuteltiere. Die ältesten Fossilien der Beuteltiere stammen aus Nordamerika. Da Südamerika, die Antarktis und Australien damals miteinander verbunden waren, gelangten die Beuteltiere bis nach Australien. Die Landverbindung riss ab, bevor weitere Säugetiere Australien erreichten.

Die ursprünglichen Beuteltiere in Australien ähnelten dem heute lebenden Opossum. Sie lebten vermutlich nachtaktiv und ernährten sich von Insekten. Durch die Zunahme der Populationsgröße verstärkte sich die innerartliche Konkurrenz. Varianten der ursprünglichen Beuteltiere mit veränderten Ansprüchen an die Nahrung und an die Umgebungsbedingungen führten zur Bildung neuer ökologischer Nischen. So entstanden zunächst verschiedene Unterarten und später neue Arten. Die Entstehung vieler neuer Arten aus einer Stammart in evolutionär kurzen Zeiträumen wird **adaptive Radiation** genannt.

Heute leben in Australien so unterschiedliche Formen wie das fast 2 m große Rote Riesenkänguru oder die nur wenige Zentimeter großen Beutelmäuse. Das Rote Riesenkänguru lebt in offenen Savannenlandschaften. Es bewegt sich auf den langen Hinterbeinen springend fort. Dabei benötigen Kängurus bei gleicher Geschwindigkeit weniger Energie als ein gleich großer Vierfüßer, weil bei jedem Sprung die sehr dehnbaren Sehnen Energie aufnehmen und anschließend wieder abgeben können. Das Rote Riesenkänguru ist ein Grasfresser, es verdaut das Gras ähnlich wie die in Europa lebenden Wiederkäuer. Beutelmäuse sehen äußerlich wie Mäuse aus, es handelt sich jedoch um räuberisch lebende Tiere, wie etwa die Flachkopfbeutelmaus. Sie lebt im offenen Grasland in Erdspalten und ernährt sich von Insekten und anderen kleinen Tieren.

Gemeinsam ist allen Beuteltieren die Art der Individualentwicklung: Nach der Befruchtung der Eizelle bildet sich im Mutterleib ein Keim, der durch eine einfache Plazenta versorgt wird. Nach einer kurzen Tragzeit wird das unterentwickelte Jungtier geboren. Es kriecht mithilfe der bereits gut entwickelten Vordergliedmaßen auf die Vorderseite des mütterlichen Körpers in einen Beutel. Dort befindet sich die Zitze einer Milchdrüse, über die das Jungtier nun für den Rest der Entwicklungszeit ernährt wird.

1 Erläutern Sie die ökologischen Nischen des Roten Riesenkängurus und der Flachkopfbeutelmaus.

2 Beschreiben Sie die adaptive Radiation der Beuteltiere.

Adaptive Radiation:

Ursprungsart
↓
Vermehrung
↓
innerartliche Konkurrenz
↓
Vorteile für Varianten
↓
Unterarten
↓
Nischenbildung
↓
Arten

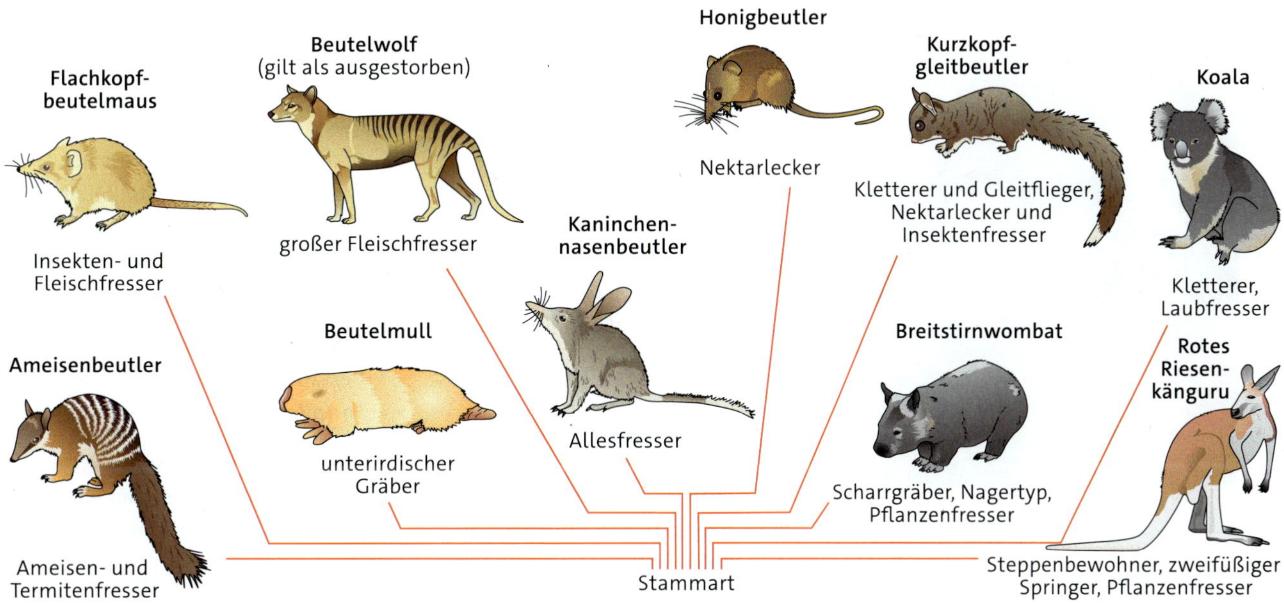

2 Adaptive Radiation der Beuteltiere in Australien

Material A Raben- und Nebelkrähe

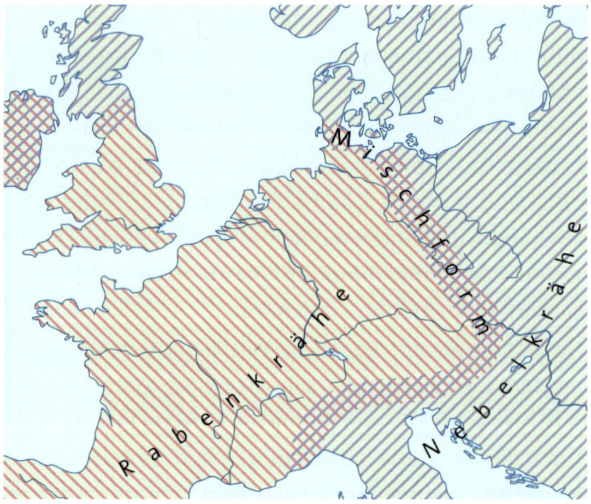

Die letzte Eiszeit ging vor etwa 12 000 Jahren zu Ende. Die Eismassen waren in Mitteleuropa weit vorgedrungen und hatten das Verbreitungsgebiet vieler Tier- und Pflanzenarten nach Süden zurückgedrängt. Einige Tierarten teilten sich bei diesen Wanderungen in eine westliche und in eine östliche Teilpopulation auf, die keinerlei Kontakt miteinander hatten. Mit dem Zurückweichen des Eises dehnte sich das Verbreitungsgebiet dieser Arten nordwärts aus. Es bildeten sich häufig Überschneidungszonen.

Rabenkrähe und Nebelkrähe werden etwa 47 cm groß und leben in ähnlichen Lebensräumen. Auch ihre Nahrung ist ähnlich. Nur im Überschneidungsgebiet findet man eine fruchtbare Mischform, die eine grauschwarze Färbung aufweist.

1 Beschreiben Sie die Verbreitungsgebiete der beiden Krähenarten.

2 Erläutern Sie, wie die Populationen der Krähen im Verlauf der Evolution zustande gekommen sind.

3 Begründen Sie, inwieweit es sich bei den beiden Krähen um getrennte Arten handelt.

4 Erläutern Sie an diesem Beispiel das morphologische, biologische und phylogenetische Artkonzept.

5 Erläutern Sie an diesem Beispiel das Basiskonzept Entwicklung.

Material B Artbildung beim Schwarzen Aronstab

Der Schwarze Aronstab kommt im östlichen Mittelmeerraum in sehr trockenen Gebieten vor. Seine Blüten riechen fruchtig, ähnlich wie Wein mit einer Essignote. Mit diesem intensiven Duft lockt die Pflanze Taufliegen als bestäubende Insekten an.

Wissenschaftler entdeckten aber auch eine Population des Schwarzen Aronstabs, deren Pflanzen mit ihren Blüten einen Geruch nach Pferdedung verströmen. Für diese Blüten interessieren sich ausschließlich Schmeißfliegen.

Da sowohl Taufliegen als auch Schmeißfliegen immer nur gleich riechende Blüten anfliegen, vermuten die Wissenschaftler, dass der Schwarze Aronstab gerade dabei ist, sich zu zwei getrennten Arten zu entwickeln.

1 Stellen Sie eine Hypothese auf, wie die Aronstab-Population mit dem Geruch nach Pferdedung durch das zufällige Wirken von Evolutionsfaktoren entstanden sein könnte.

2 Beschreiben Sie die Bedeutung bestäubender Insekten für die Fortpflanzung von Blütenpflanzen.

3 Erläutern Sie die Vermutung der Wissenschaftler, dass hier eine Artbildung zu beobachten ist.

4 Begründen Sie, welcher Isolationsmechanismus hier vorliegt.

Material C Buntbarsche in ostafrikanischen Seen

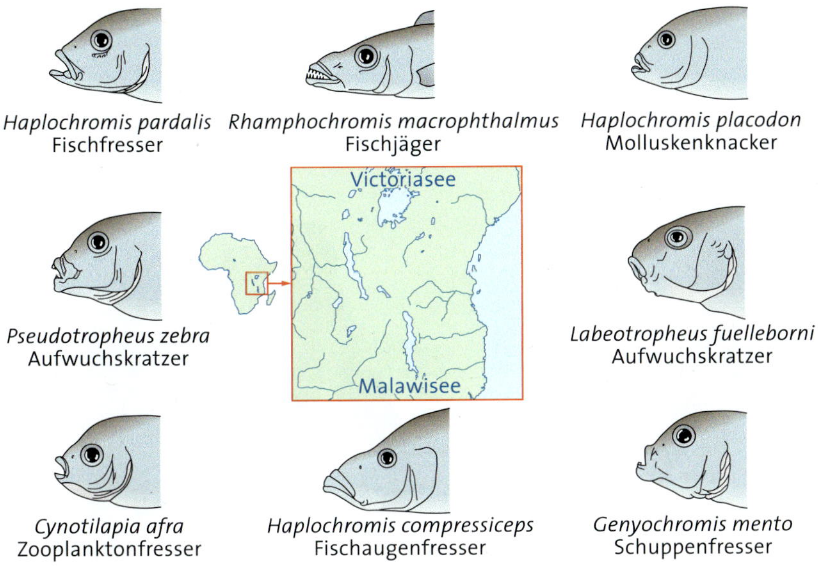

In den Seen Ostafrikas lebt eine große Vielzahl von meist endemisch in dem jeweiligen See vorkommenden Buntbarscharten. Jede Buntbarschart bildet eine ökologische Nische, die durch Nahrungsaufnahme, Art der Eiablage oder durch den Grad der Brutfürsorge gekennzeichnet ist.

Genetische Analysen haben gezeigt, dass die Buntbarscharten eines Sees aus einer oder wenigen Stammformen hervorgegangen sind, die in den umliegenden Flüssen leben. Ihre Kopfform und die Form der Nahrungsaufnahme sind wenig spezialisiert.

1 Beschreiben Sie an zwei Beispielen die Angepasstheit der Kopfform der dargestellten Buntbarsche an die Form der Nahrungsaufnahme.

2 Erläutern Sie die evolutionäre Entwicklung der Buntbarscharten in einem See und benennen Sie das Phänomen.

3 Stellen Sie einen Zusammenhang zwischen diesem Beispiel und einem Basiskonzept her.

Material D Gesang bei Zwillingsarten

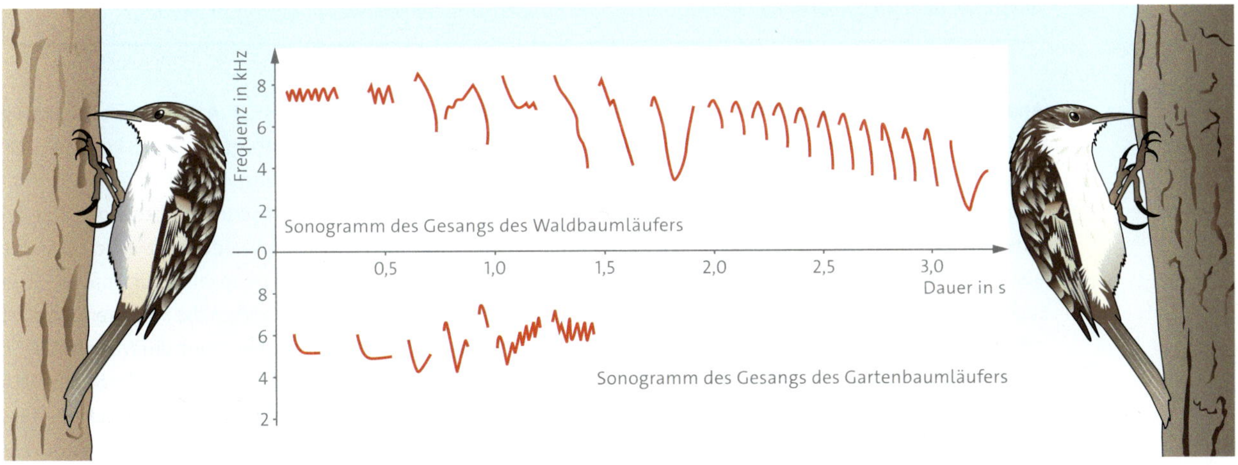

Die Populationen von Waldbaumläufer und Gartenbaumläufer wurden während der letzten Eiszeit voneinander getrennt. Nach dem Zurückweichen des Eises vereinigten sich die Populationen in Mitteleuropa. Die Arten leben in sehr ähnlichen ökologischen Nischen, pflanzen sich jedoch nicht fruchtbar miteinander fort.

1 Beschreiben Sie die äußeren Kennzeichen des Waldbaumläufers und des Gartenbaumläufers.

2 Ermitteln Sie, weshalb sich die beiden Arten nicht fruchtbar miteinander paaren.

3 Ordnen Sie dieses Beispiel einem Isolationsmechanismus zu und begründen Sie Ihre Zuordnung.

3.6 Molekularbiologische Methoden

1 Mammuts

Im sibirischen Permafrost fand man Mammuthaare unterschiedlicher Färbung von dunkel bis rötlich-blond. Erst vor Kurzem ist es gelungen, die DNA-Sequenz eines der Schlüsselgene für die Haut- und Fellfarbe dieser vor etwa 10000 Jahren ausgestorbenen Säugetiere zu entschlüsseln. Die voll funktionsfähige Version des Melanocortin-Typ-1-Rezeptor-Gens, des MC1R-Gens, bewirkt eine dunkle Färbung, während die nur eingeschränkt funktionsfähige oder funktionslose Version zu einer Aufhellung der Färbung führt. Wie aber können Aussagen über die genetische Information längst ausgestorbener Lebewesen getroffen werden?

Analyse alter DNA • Durch die extremen Umweltbedingungen des Permafrostes konnten Überreste der ausgestorbenen Tierart Mammut erhalten bleiben. Man bezeichnet solche erhalten gebliebenen Überreste von Tieren und Pflanzen im allgemeinen als Fossilien. In Fossilien enthaltene DNA wird biologisch durch Bakterien und Pilze sowie durch chemische Vorgänge abgebaut. Diese Prozesse laufen unter feuchtwarmen klimatischen Bedingungen deutlich schneller ab als unter kalten und trockenen. Daher ist die DNA der Fossilien aus Permafrostböden am besten erhalten. Dennoch lag auch die Mammut-DNA nur in relativ kleinen Mengen und in Fragmenten von geringer Länge vor. Um wie beim *MC1R*-Gen Aussagen über die Funktion machen zu können, muss idealerweise aus den zahlreichen Fragmenten das gesamte Gen oder zumindest ein wesentlicher Teil der Sequenz rekonstruiert werden können. Dazu ist ein guter Erhaltungszustand der fossilen DNA notwendig. Doch zunächst wurde die DNA gereinigt und vervielfältigt.

Zwei-Schritt-Multiplex-PCR • Die Vervielfältigung der DNA-Fragmente erfolgt über die Polymerase-Ketten-Reaktion, PCR. Diese Reaktion läuft automatisiert in einem aus drei Schritten bestehenden Zyklus ab, der mehrfach wiederholt wird. Um die Effizienz dieses Verfahrens speziell zur Analyse alter DNA zu steigern, verwendeten die Forschenden eine größere Menge Knochensubstanz der Mammuts. So konnten sie aus vielen Zellkernen die Reste der DNA isolieren und die Wahrscheinlichkeit erhöhen, dass ein möglichst großer Teil der Erbinformation zur Analyse zur Verfügung steht. Die vielen Fragmente der Mammut-DNA vervielfältigten sie in einem ersten Schritt gleichzeitig. In einem zweiten Schritt vermehrten sie jedes Bruchstück einzeln. Zusätzlich teilten sie jedes Bruchstück und amplifizierten diese Stücke separat, weil so die Wahrscheinlichkeit geringer ist, dass sich die längeren Einzelstrangfragmente miteinander verbinden. Denn dies würde eine Anlagerung der Primer verhindern. Durch den automatisierten Vergleich der Fragmente war es möglich, die relativ lange Sequenz des kompletten *MC1R*-Gens aus sehr vielen kurzen Bruchstücken zu rekonstruieren. Dieses erweiterte Verfahren zur Amplifizierung von DNA nennt man *Zwei-Schritt-Multiplex-PCR*.

DNA-Sequenzierung • Die Rekonstruktion fossiler DNA erfolgt nach der Vervielfältigung der Fragmente über die Bestimmung der Basensequenz des DNA-Moleküls. Das Prinzip der DNA-Sequenzierung geht zurück auf Frederick Sanger, der diese Methode in den 1970er-Jahren entwickelt hat. Heutzutage stehen für die Sequenzierung Laborroboter und Computer zur Verfügung, die auf der Grundlage des alten Prinzips vollautomatisiert in der Lage sind, die Nucleotidsequenz des zu analysierenden DNA-Stranges nachzubilden.

Genanalyse • Wenn man DNA eines Individuums extrahiert und ausgewählte Gene mit der PCR vermehrt, können die PCR-Produkte mit Fluoreszenzfarbstoffen markiert und in Einzelstränge denaturiert werden. Dann werden diese markierten DNA-Fragmente auf einen DNA-Chip gegeben. Die Fragmente, die komplementär zu einer der DNA-Sonden sind, hybridisieren mit der Sonde. Markierte Fragmente, die nicht zu einer Sonde passen, werden abgewaschen. Anschließend tastet ein Laser den DNA-Chip ab und regt die gebundenen DNA-Moleküle zur Fluoreszenz an, die gemessen wird. So entsteht mithilfe von Software ein Muster von Punkten, das per Computer analysiert wird und Auskünfte über genetische Übereinstimmungen liefern kann.

Mitochondriale DNA • Neben dem Zellkern enthalten auch Mitochondrien DNA, die mtDNA. Diese wird allerdings beispielsweise bei Säugetieren, die über kleine Spermienzellen und deutlich größere Eizellen verfügen, nur über die Eizelle weitergegeben. Daher wird die genetische Information nicht durch Rekombination variiert. Da zudem die mtDNA einer sehr konstanten Mutationsrate unterliegt, eignet sie sich für vergleichende Betrachtungen verwandtschaftlicher Beziehungen. Denn man kann aufgrund vorliegender Unterschiede ableiten, wann sich die Entwicklungslinien zweier verwandter Gruppen getrennt haben. Das mitochondriale Genom ist mit 16000 Basenpaaren vergleichsweise klein. Es kann aber in jeder Zelle in tausendfacher Ausfertigung vorliegen, sodass eine größere Wahrscheinlichkeit besteht, dass es in Fossilien erhalten bleibt. Auch mtDNA-Fragmente müssen zunächst isoliert, gereinigt und durch die PCR vervielfältigt werden, bevor die Sequenz rekonstruiert werden kann. Mithilfe des mitochondrialen Genoms konnte beispielsweise nachgewiesen werden, dass der nächste Verwandte des Wollhaarmammuts der Asiatische Elefant ist und nicht der Afrikanische Elefant, obwohl anatomische Ähnlichkeiten zu beiden bestehen.

Funktionelle Genetik • Durch die Sequenzierung eines Gens allein kann dessen Funktion nicht bestimmt werden. Dazu wird das codierte Protein benötigt. Daher wurde das *MC1R*-Gen, das bei allen Säugetieren die gleiche Funktion erfüllt, in menschliche Zellen eingebracht. Dabei konnte gezeigt werden, dass ein funktionsloses *MC1R*-Gen zu einer helleren Färbung der Haut und Haare führt. Dies wird auch für Mammuts angenommen. Gestützt wird diese Annahme dadurch, dass im Permafrostboden Sibiriens unterschiedlich gefärbte Mammuthaare gefunden wurden.

1 Erläutern Sie, was bei der Analyse alter DNA zu beachten ist.

2 Nennen Sie Vorteile der Untersuchung fossiler mtDNA im Vergleich zur Kern-DNA.

3 Beschreiben Sie die Schritte zur Funktionsbestimmung des *MC1R*-Gens

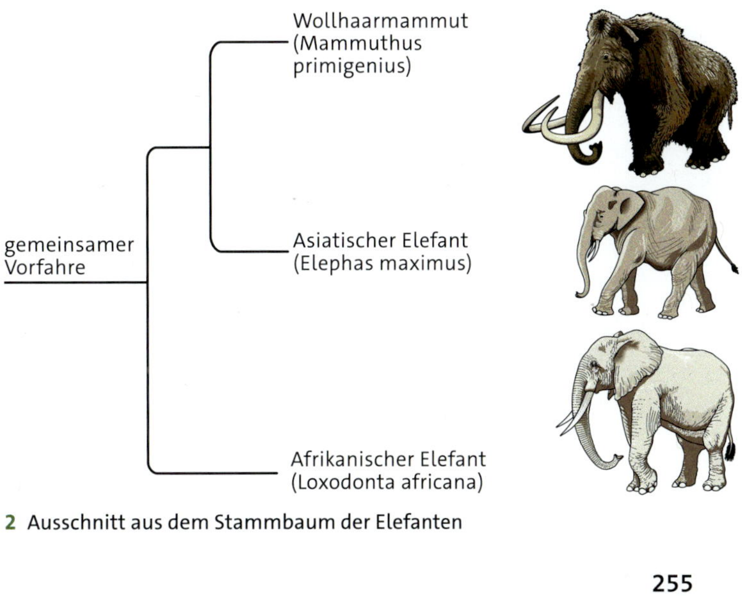

2 Ausschnitt aus dem Stammbaum der Elefanten

Aminosäuresequenzanalyse • Die Struktur eines Proteins und dessen Aminosäuresequenz sind genetisch festgelegt. Der britische Biochemiker Frederick Sanger spaltete um 1950 Proteine durch abbauende Enzyme, die Proteasen, in kürzere Fragmente und analysierte diese. Er machte sich zunutze, dass die Proteasen Proteine stets hinter festgelegten Aminosäuren spalten. Durch eine kombinierte Anwendung verschiedener Proteasen konnte er die Sequenz der Aminosäuren erschließen. 1958 erhielt er für die Sequenzierung des Insulins den Nobelpreis für Chemie.

Durch die Kenntnis der Aminosäuresequenz war es möglich, Proteine verschiedener Lebewesen zu vergleichen und daraus auf eine Verwandtschaft zu schließen. Auf dieser Basis konnte man einen Stammbaum erstellen. Aus mehreren Gründen ist das Protein Cytochrom c für diesen Zweck sehr geeignet. Zum Ersten ist es als Enzym der Endoxidation in den Mitochondrien phylogenetisch sehr alt und kommt bei allen Lebewesen mit aerobem Stoffwechsel vor, sodass es die Möglichkeit bietet, Verwandtschaftsbeziehungen zwischen völlig verschiedenen Lebewesen von Bakterien bis hin zu Pflanzen und Tieren zu beurteilen. Allerdings sind im Gegensatz zur DNA-Sequenzierung beispielsweise stumme Mutationen in der DNA nicht zu erkennen, da trotz einer Veränderung der Basensequenz die Aminosäuresequenz gleich bleibt. Zum Zweiten ist es mit 104 bis 112 Aminosäuren ein relativ kleines Protein, welches für stumme Mutationen kaum Spielraum bietet. Drittens ist es in weiten Teilen sehr konservativ, da eine Veränderung bestimmter Aminosäuren die Funktion des Enzyms verändert. Für ein Lebewesen mit aerobem Stoffwechsel gibt es jedoch meist keine Alternative zu einem funktionierenden Cytochrom-c-Molekül, da dieses für die Synthese von Adenosintriphosphat, ATP, zuständig ist. Eine das aktive Zentrum oder die Raumstruktur des Enzyms betreffende Veränderung führt dazu, dass das betroffene Lebewesen nicht lebensfähig ist, sodass eine derartige Mutation durch die natürliche Selektion sofort ausgelöscht wird. Daher hat sich die Aminosäuresequenz und die Raumstruktur des Proteins in den letzten zwei Milliarden Jahren nur wenig verändert.

Molekulare Uhr • Aus der Altersdatierung von Fossilien lässt sich schließen, dass die Evolutionsrate des Cytochrom-c-Moleküls relativ konstant ist. Demnach hat es ungefähr alle 24 Millionen Jahre einen Aminosäureaustausch gegeben. Auf dieser Basis wurde das ursprüngliche Konzept der molekularen Uhr entwickelt. Je mehr Unterschiede in der Aminosäureabfolge des Cytochrom-c-Moleküls zweier Arten bestehen, desto länger liegt die Trennung der beiden Arten zurück und desto weniger sind sie phylogenetisch verwandt.

1 **Erläutern Sie, welche Vorteile die DNA-Sequenzierung gegenüber der Aminosäuresequenzanalyse bietet.**

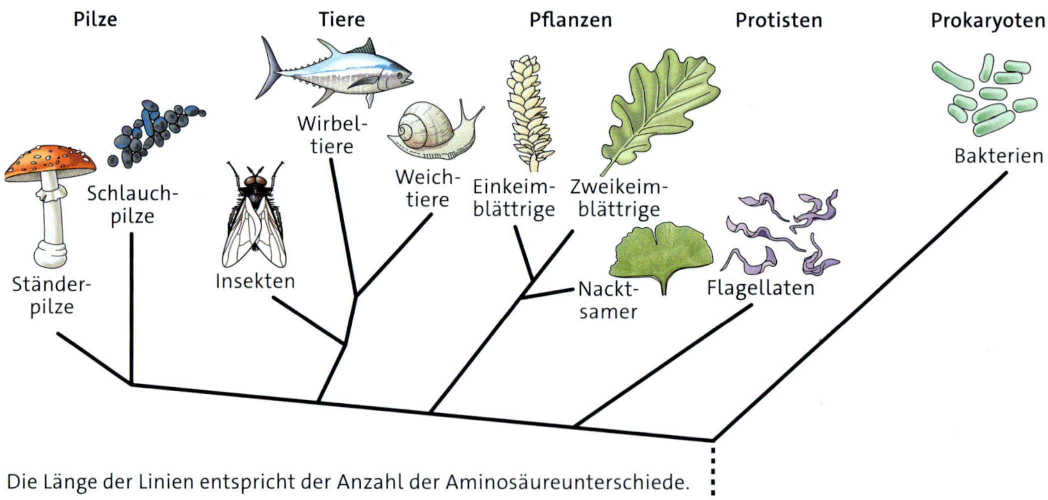

1 Cytochrom-c-Stammbaum aus dem Jahr 1973

Material A Evolution der Hypophysenhinterlappenhormone

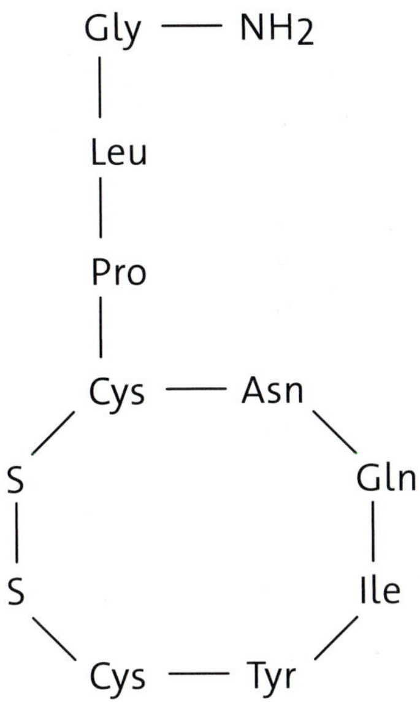

Oxytocin

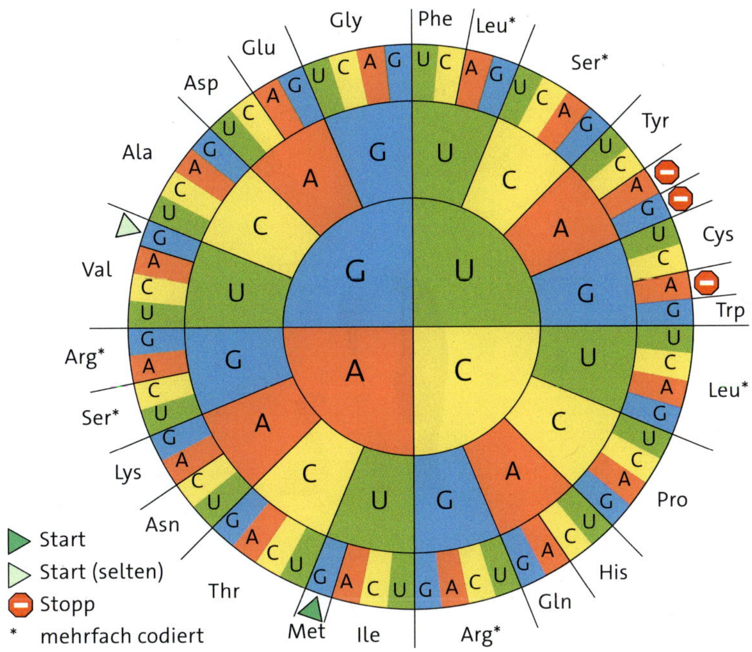

Neurohormon	Aminosäuresequenz	Vorkommen
Vasotocin	Cys- Tyr- Ile- Gln- Asn- Cys- Pro- Arg- Gly	bei allen Wirbeltieren außer Säugern
Valitocin	Cys- Tyr- Ile- Gln- Asn- Cys- Pro- Val- Gly	bei Haien
Isotocin	Cys- Tyr- Ile- Ser- Asn- Cys- Pro- Ile- Gly	bei Knochenfischen
Mesotocin	Cys- Tyr- Ile- Gln- Asn- Cys- Pro- Ile- Gly	bei Lungenfischen, Amphibien, Reptilien
Oxytocin	Cys- Tyr- Ile- Gln- Asn- Cys- Pro- Leu- Gly	bei Reptilien, Vögeln und Säugern
Arginin-Vasopressin	Cys- Tyr- Phe- Gln- Asn- Cys- Pro- Arg- Gly	bei Säugern
Lysin-Vasopressin	Cys- Tyr- Phe- Gln- Asn- Cys- Pro- Lys- Gly	bei Säugern
	1 2 3 4 5 6 7 8 9	

Die Hypophyse bildet Neurohormone, die bei allen Wirbeltieren in ihrer Bildungsweise und chemischen Struktur weitgehend übereinstimmen. Bei Säugetieren bildet sie in ihrem Hinterlappen Oxytocin und die Vasopressine. Oxytocin löst bei Säugetieren während der Geburt die Wehen aus. Die Vasopressine sind an der Blutdruckregulation und der Wasserresorption in der Niere beteiligt. Arginin-Vasopressin und Lysin-Vasopressin kommen nebeneinander bei denselben Säugern vor. Auch sehr ursprüngliche Wirbeltiergruppen wie die Rundmäuler, eine sehr alte fischähnliche Gruppe, verfügen bereits über das Neurohormon Vasotocin. Sie sind vermutlich die Vorfahren der Knochenfische und Knorpelfische, zu Letzteren zählen die Haie.

1 Vergleichen Sie die Aminosäuresequenz der Neurohormone.

2 Stellen Sie anhand des Oxytocins eine Hypothese auf, weshalb die Cysteinmoleküle bei allen Wirbeltiergruppen unverändert blieben.

3 Stellen Sie dar, welche Rückschlüsse auf die stammesgeschichtliche Verwandtschaft der Wirbeltiergruppen aus der Aminosäuresequenz abgeleitet werden können.

4 Erklären Sie die Ursachen der Unterschiede in der Aminosäureabfolge der verschiedenen Neurohormone mithilfe der Codesonne.

5 Stellen Sie eine Hypothese auf zur Evolution der Neurohormone und diskutieren Sie sie vor dem Hintergrund des Wirbeltierstammbaums.

6 Erläutern Sie am Beispiel der Neurohormone das Basiskonzept individuelle und evolutive Entwicklung.

3.7 Synthetische Theorie der Evolution

1 Geografische Verbreitung von Königspinguin und Eisbär

In beiden Polregionen der Erde herrschen extreme klimatische Bedingungen. Land und Wasser werden fast ganzjährig von Schnee und Eis bedeckt, da die Temperatur meistens weit unter null Grad liegt. Hier können nur wenige Tierarten dauerhaft überleben, zum Beispiel Eisbären und Königspinguine. Trotz sehr ähnlicher Umweltverhältnisse in beiden Regionen kommen Eisbären aber nur im nördlichen Polargebiet, Königspinguine dagegen ausschließlich am Südpol vor. Welche Erklärungen bietet die Evolutionstheorie für diese Verteilung?

Darwin • Mit den Vorstellungen von Charles Darwin kann lediglich erklärt werden, wie beide Arten in einer extrem lebensfeindlichen Umgebung dauerhaft überleben konnten: Wie alle Lebewesen produzieren beide Arten zunächst einen Überschuss an Nachkommen, also mehr als für den Arterhalt nötig wäre. Die Nachkommen zeigen eine phänotypische Variabilität. Vielfältige Wechselwirkungen mit ihrer Umwelt führen zu einem Ausleseprozess, der natürlichen Selektion. Dabei verfügen Individuen je nach Phänotyp über höhere oder niedrigere Überlebens- und Fortpflanzungschancen, sodass die Populationsgrößen langfristig stabil bleiben. Durch das Prinzip des „Survival of the Fittest" kam es bei beiden Arten zu einer Optimierung ihres Phänotyps.

Biogeografie • Darwin bemerkte bereits, dass viele Arten nur in begrenzten Gebieten vorkommen. Da jede Art spezifische ökologische Ansprüche stellt, sollte man sie auch in allen ähnlichen Biotopen finden. Die ungleiche Verteilung von Eisbären und Königspinguinen kann erst durch neuere Ergebnisse der Biogeografie erklärt werden. In entfernt voneinander liegenden Lebensräumen fanden getrennte Besiedlungs- und Artbildungsprozesse statt, weil ein genetischer Austausch zwischen den Lebewesen aufgrund ihrer geografischen Isolation nicht möglich war. So entwickelte sich in beiden Polregionen ein unterschiedliches Artenspektrum.

Manchmal findet man in voneinander getrennten Lebensräumen deutliche Ähnlichkeiten zwischen Arten, die nicht auf eine nähere genetische Verwandtschaft zurückgehen. Ein Beispiel hierfür sind Baumstachler in Amerika und Stachelschweine in Asien, Afrika und Südeuropa. Sie sind durch eine konvergente Entwicklung aufgrund ähnlichen Selektionsdrucks entstanden.

Die Fossilfunde identischer Arten in den heute voneinander getrennten Kontinenten Afrika, Südamerika und Antarktis können wiederum durch das Verständnis der Kontinentalverschiebung erklärt werden. Alle Kontinente hatten ursprünglich Kontakt miteinander und waren daher von vielen Arten als gemeinsamer Lebensraum besiedelt. Erst durch das langsame Auseinanderdriften der Kontinentalplatten gingen die Landverbindungen verloren.

Paläontologie • Paläontologen untersuchen fossile Überreste von Lebewesen aus vergangenen Erdzeitaltern und vollziehen so den Verlauf der Stammesgeschichte nach. Durch moderne Methoden der Altersbestimmung konnten die ältesten fossil erhaltenen Lebewesen auf rund 3,5 Milliarden Jahre bestimmt werden. Vergleiche vieler Fossilien ergaben, dass es keine abrupten Wechsel von Lebensformtypen in der Evolution gegeben hat. Je älter die Funde sind, desto stärker unterscheiden sie sich von heutigen Formen. Ihre Ähnlichkeit nimmt dabei nicht abrupt, sondern graduell ab. Fossilien ausgestorbener Arten findet man beispielsweise in sehr tiefen und damit sehr alten Erdschichten.
Einige Fossilien zeigen eine Kombination von Merkmalen verschiedener systematischer Gruppen. Zum Beispiel besaß *Archaeopteryx* sowohl Reptilien- als auch Vogelmerkmale und *Tiktaalik* wies Fisch- und Amphibienmerkmale auf. Sie werden daher als **Mosaikformen** bezeichnet und vermitteln eine Vorstellung von evolutionären Zwischenstufen während der Entstehung einer neuen Form oder Gruppe. Solche und viele ähnliche Funde belegen die bereits von Darwin beschriebenen kontinuierlichen Übergangsprozesse der Evolution.

2 Eine noch heute lebende Mosaikform, das Schnabeltier

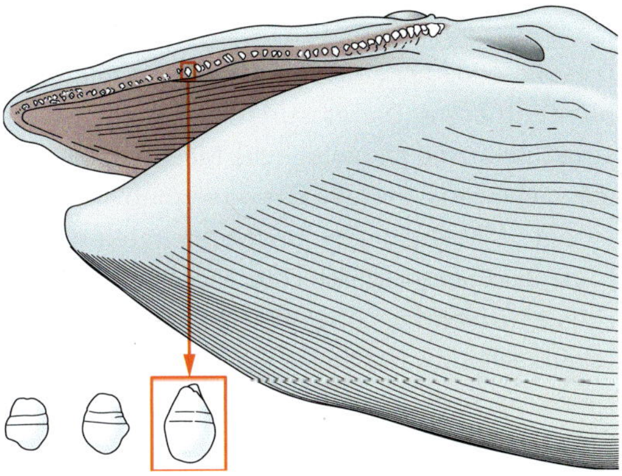

3 Walembryo

Entwicklungsbiologie • Bartenwale besitzen als erwachsene Tiere keine Zähne. Während ihrer Embryonalentwicklung bilden sie jedoch vorübergehend Zahnanlagen aus. Frühe Embryonen vieler Säugetierarten besitzen Strukturen im Halsbereich, die den Kiemenbögen der Fische ähneln. Insgesamt zeigen die Embryonen aller Wirbeltiergruppen anfangs sehr große Ähnlichkeiten untereinander. Aus diesen Beobachtungen leitet sich die **biogenetische Grundregel** ab: *Während der Individualentwicklung einer Art werden Entwicklungsstadien ihrer Stammesentwicklung rekapituliert.* Neueste Erkenntnisse aus der Forschung an Embryonalstadien von Wirbeltieren, die als Fossilien erhalten sind, unterstützen diese Interpretation der Ähnlichkeiten jedoch nicht.
Ein weiteres Phänomen der Evolution sind die rudimentären Organe. Strauße und Pinguine besitzen fluguntaugliche Flügel, die Augen vieler unterirdisch lebender Wirbeltiere sind kaum funktionsfähig und Wale besitzen kleine Beckenknochen, die für ihre Fortbewegung keine Rolle spielen. Derartige Phänomene werden damit erklärt, dass diese Arten von Vorfahren abstammen, die einst voll funktionsfähige Ausbildungen dieser Organe besaßen. Heute liegen die Organe aufgrund veränderter Selektionsbedingungen nur noch als funktionslose, zurückgebildete **Rudimente** vor. Ein Beispiel beim Menschen sind die Muskeln an den Ohrmuscheln.
Einen Blick in die Stammesgeschichte ermöglichen auch kleine Störungen in der Embryonalentwicklung. So besitzen manche Menschen mehr als zwei Brustwarzen, andere kommen mit einer verlängerten Schwanzwirbelsäule zur Welt. Gelegentlich werden Pferde mit drei Zehen geboren oder Wale mit kleinen Hinterextremitäten beobachtet. Diese ungewöhnlichen Merkmale, die nur bei einzelnen Individuen auftreten, nennt man **Atavismen.** Sie werden als das Wiederauftauchen von evolutionär zurückgebildeten Merkmalen angesehen.

1 Erklären Sie die unterschiedliche Verbreitung von Eisbären und Königspinguinen.

2 Erläutern Sie die Bedeutung von Mosaikformen, Rudimenten und Atavismen für das Verständnis der Evolution.

Zellbiologie und Physiologie • Der Vorgang der Kern- und Zellteilung läuft bei den meisten Organismen identisch ab. Ihre Biomembranen weisen einen sehr ähnlichen Bau auf. Proteine bestehen in allen Lebewesen aus den gleichen 20 Aminosäuren. Die Erbsubstanz DNA ist in allen Lebensformen gleich aufgebaut. Auch die Verschlüsselung der Erbinformation, der genetische Code, ist universell. Die Dissimilation über Glykolyse, Citratzyklus und Atmungskette sowie die Fotosynthese laufen bei eukaryotischen Organismen weitgehend identisch ab. Chloroplasten und Mitochondrien der Eukaryoten weisen gemeinsame Merkmale mit den Prokaryoten auf.
Diese Besonderheiten sind Grundlage der Endosymbiontentheorie. Damit stimmen fundamentale strukturelle und physiologische Merkmale bei fast allen Lebewesen überein. Sie sind vermutlich nur ein einziges Mal entstanden und verbreiteten sich im Laufe der Stammesgeschichte. Diese Befunde machen eine mehrfach unabhängige Entstehung des Lebens sehr unwahrscheinlich.

Genetik • Francis Crick und James D. Watson entwickelten 1953 mit ihrem Doppelhelixmodell die erste dreidimensionale Vorstellung der DNA. Mithilfe der exakten Kenntnisse über die molekulare Struktur der Erbsubstanz konnten viele genetische Phänomene aufgeklärt werden. Die Umsetzung der Erbinformationen in phänotypische Merkmale läuft bei allen Lebewesen weitgehend identisch ab. Replikation, Transkription und Translation zeigen lediglich zwischen Pro- und Eukaryoten einige Unterschiede.

Darwins Beobachtungen zur phänotypischen Variabilität können heute durch die Entdeckung der komplexen Mutations- und Rekombinationsvorgänge molekular erklärt werden. Mit modernen Sequenzierungsmethoden erstellte DNA-Stammbäume geben zuverlässig Auskunft über Verwandtschafts- und Abstammungsverhältnisse. Die Erforschung der molekularen Grundlagen von Vererbungsvorgängen führte zu Ergebnissen, die die abgestufte Verwandtschaft aller Lebewesen untereinander belegen. Auch ihre Abstammung von letztendlich wenigen gemeinsamen Vorfahren kann damit nachvollzogen werden.

Darwins frühes Kernkonzept der Evolution durch natürliche Selektion wurde somit durch zahlreiche moderne Forschungsergebnisse belegt, ergänzt und zur Synthetischen Theorie der Evolution weiterentwickelt.

1 Beschreiben Sie die Abbildung 1.

2 Ordnen Sie die einzelnen Inhalte in Abbildung 1 fünf biologischen Wissenschaftsbereichen zu.

3 Nennen Sie weitere Beispiele aus der Biogeografie, Paläontologie, Entwicklungsbiologie, Zellbiologie, Physiologie und Genetik, die die Evolutionstheorie unterstützen.

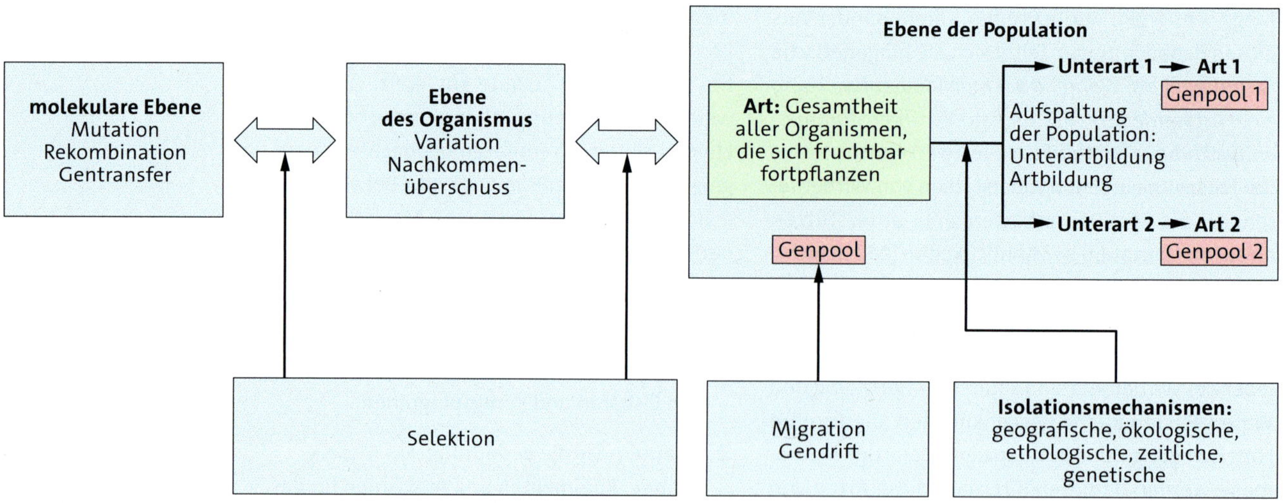

1 Die Synthetische Evolutionstheorie

Material A Ein lamarckistisches Experiment?

Der österreichische Genetiker Paul Kammerer führte am Anfang des 20. Jahrhunderts ein Experiment mit Geburtshelferkröten durch. Sie haben diesen Namen erhalten, da die Männchen die Laichschnüre, um ihre Hinterbeine gewickelt, bis zum Ende der Embryonalentwicklung bei sich an Land tragen und die Larven erst dann ins Wasser absetzen. Diese auf dem Land lebende Krötenart stammt von wasserlebenden Vorfahren ab, die aufgeraute Schwielen an den Daumen besaßen, die Hochzeitsschwielen. Die Männchen benötigten sie, um die Weibchen während der Paarung im Wasser festhalten zu können. Heutige Geburtshelferkröten begatten sich auf dem Land und haben diese Schwielen nicht mehr. Nur in Einzelfällen treten sie noch als Rudimente auf.

Kammerer setzte einige Kröten beiderlei Geschlechts in ein Aquarium. Nur wenigen Männchen gelang dort die Paarung. Aus den entstandenen Larven züchtete er im Aquarium die nächste Generation. Nach vielen weiteren Zuchtgenerationen im Wasser erhielt er Männchen mit voll ausgebildeten Hochzeitsschwielen. Dies deutete er als Beweis für die Evolutionstheorie von Lamarck. Diese geht davon aus, dass durch die Lebensweise eines Individuums erworbene Merkmale und Eigenschaften an seine Nachkommen weitergegeben werden. Er erklärte zum Beispiel die stammesgeschichtliche Entstehung der außergewöhnlich langen Hälse von Giraffen damit, dass sie ihre Hälse ihr Leben lang häufig stark strecken, um hoch hängende Blätter in den Bäumen erreichen zu können. Dadurch würden die Hälse einzelner Tiere im Laufe ihres Lebens immer länger und durch Vererbung in der Folge dann auch die ihrer Nachkommen.

1 Interpretieren Sie die Ergebnisse Kammerers, jeweils im Sinne der Evolutionstheorie von Lamarck und von Darwin.

2 Begründen Sie, welche Theorie tatsächlich durch Kammerers Ergebnisse unterstützt wird.

Material B Punktualismus

Stephen Jay Gould (1941–2002)

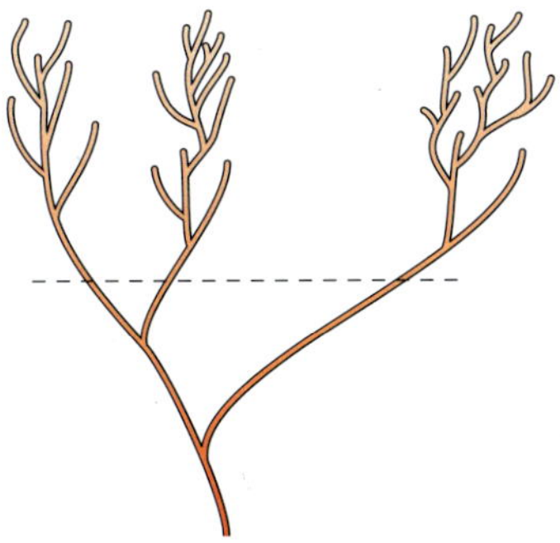

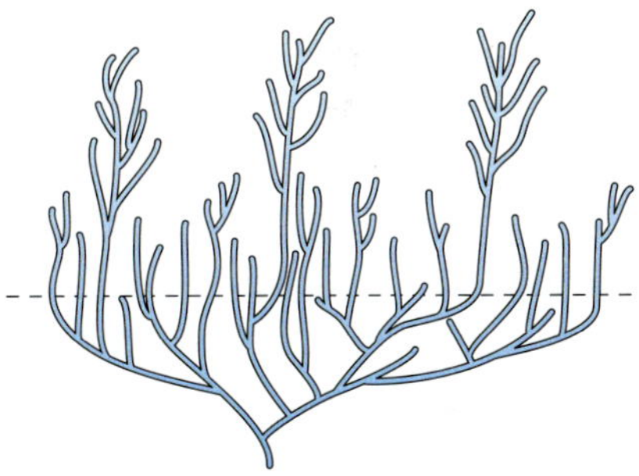

Der Paläontologe Stephen Jay Gould fand durch die Interpretation von Fossilien bestimmter Fundplätze heraus, dass häufig besonders viele neue Arten in kurzen geologischen Zeiträumen entstanden. Solche Zeiten schnellen evolutionären Wandels wechselten sich mit Zeiten relativen Stillstands ab. Gould übertrug diese Beobachtung auf den Evolutionsverlauf insgesamt und nannte das Phänomen **Punktualismus**.

1 Erläutern Sie die Theorie des Punktualismus anhand der abgebildeten Stammbäume.

2 Übertragen Sie die Theorie auf die Evolution des Menschen. Nehmen Sie dazu die Seite 269 zu Hilfe.

3 Beurteilen Sie, ob die Theorie des Punktualismus der Synthetischen Theorie widerspricht.

Stammbäume beurteilen und konstruieren

Für die Anfertigung von Stammbäumen müssen Daten oder zumindest Vermutungen zur Verwandtschaft der dargestellten Arten oder Gruppen vorliegen. Wie geht man vor, um mithilfe dieser Informationen einen Stammbaum zu erstellen und seine Gültigkeit zu beurteilen?

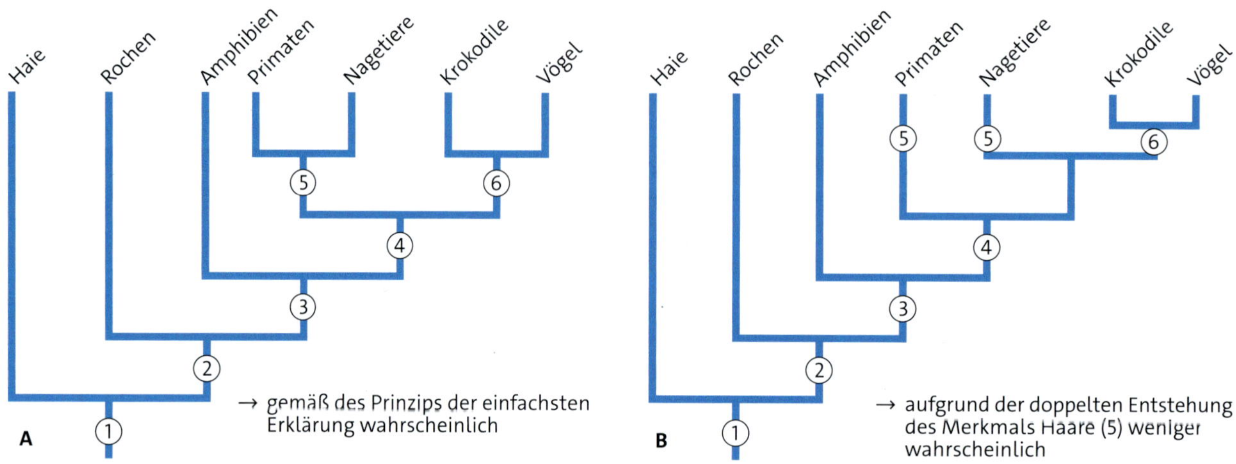

1 Alternative Stammbäume einiger Wirbeltiergruppen mit der jeweiligen Entstehung ausgewählter Merkmale

Stammbäume beurteilen • Stammbäume können durch Belege weitgehend gesichert sein oder eher hypothetischen Charakter haben. Stammbäume sind daher auch geeignete Modelle, um Hypothesen zur evolutionären Verwandtschaft von Gruppen zu entwickeln. Diese hypothetischen Modelle sind entsprechend durch Belege zu überprüfen. Hierzu können Homologien in Form von morphologisch-anatomischen Merkmalen oder auch molekulare Daten herangezogen werden.

Zur Beurteilung hypothetischer Stammbäume anhand anatomisch-morphologischer Daten können Merkmalstabellen genutzt werden, um die Entstehung homologer Merkmale jeweils vor dem letzten gemeinsamen Vorfahren jener Gruppen einzuordnen, die dieses Merkmal aufweisen. So zeigen alle Primaten, Nagetiere, Krokodile und Vögel das ursprüngliche Merkmal einer amniotischen Eihülle. Dessen Entstehung kann somit vor dem letzten gemeinsamen Vorfahren dieser Gruppen im Stammbaum eingetragen werden.
Wird in einem hypothetischen Stammbaum dargestellt, dass ein Merkmal mehrfach entstanden ist, erhöht sich die Anzahl der im Stammbaum angenommenen evolutionären Ereignisse im Vergleich zu einem Stammbaum ohne mehrfache Merkmalsentstehungen. Kann diese Erhöhung der Ereignisse nicht gerechtfertigt werden, indem das Merkmal beispielsweise als Analogie identifiziert wird, wird der Stammbaum aufgrund der erhöhten Anzahl angenommener Ereignisse als unwahrscheinlicher eingestuft als ein Stammbaum mit weniger Ereignissen. Dies beruht auf der Annahme, dass die einfachste Erklärung die wahrscheinlichste ist, und wird als **Prinzip der einfachsten Erklärung** bezeichnet.

	Merkmalsausprägung					
Wirbeltiergruppe	**Wirbelsäule (1)**	**Knochenskelett (2)**	**Extremitäten (3)**	**Eihülle/Amnion (4)**	**Haare (5)**	**Schläfenfenster (6)**
Haie	+	–	–	–	–	–
Rochen	+	+	–	–	–	–
Amphibien	+	+	+	–	–	–
Primaten	+	+	+	+	+	–
Nagetiere	+	+	+	+	+	–
Krokodile	+	+	+	+	–	+
Vögel	+	+	+	+	–	+

2 Ausgewählte Merkmale einiger Wirbeltiergruppen

Gruppe	Merkmalsausprägung ●	▲	◡	⏢	■	⬬
A	+	–	–	–	–	–
B	+	+	–	–	–	–
C	+	+	+	+	–	–
D	+	+	+	+	–	–
E	+	+	+	–	+	+
F	+	+	+	–	+	+

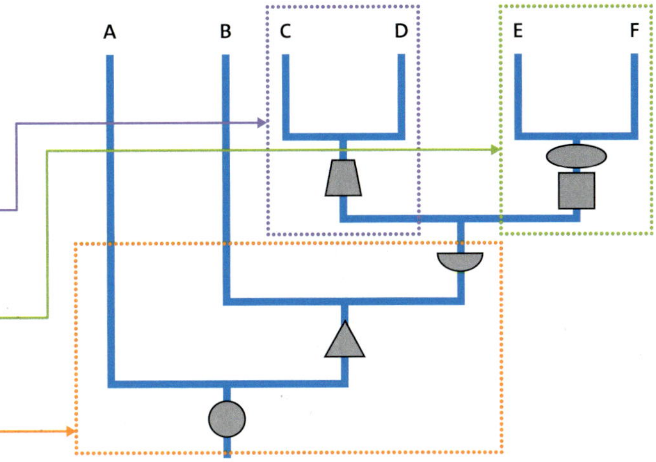

3 Exemplarische Merkmalstabelle und daraus abgeleiteter Stammbaum

Stammbäume konstruieren • Stammbäume können anhand von Merkmalstabellen nicht nur überprüft, sondern auch konstruiert werden. Hierzu analysiert man systematisch, in welchem Umfang die jeweiligen Gruppen gemeinsame Merkmale aufweisen. Die Gruppen mit den meisten gemeinsamen Merkmalen werden im Sinne einer nahen Verwandtschaft als Endlinien der letzten Verzweigung gesetzt. Dies trifft in der in Abbildung 3 gezeigten Merkmalstabelle auf die Gruppenpaare C und D sowie E und F zu.

Die weitere Konstruktion erfolgt mit den Gruppen, die sukzessive weniger Merkmale mit diesen beiden Paaren teilen. Hierzu zeigt die Merkmalstabelle, dass Gruppe B ein Merkmal mehr mit den anderen Gruppen teilt als mit A. Gruppe A ist daher mit allen anderen Gruppen am entferntesten verwandt und bildet die früheste Entwicklungslinie. Die Abzweigung zu B folgt darauf. Die Linien aller rezenten Gruppen reichen gemäß einer gedachten vertikalen Zeitskala bis zum oberen Ende des Stammbaums.

Molekularbiologische Stammbäume • Molekularbiologische Analysen zu DNA- oder Aminosäuresequenzen bieten eine große Datenmenge für die Konstruktion von Stammbäumen. Diese Datenmengen ermöglichen Aussagen zur relativen Ähnlichkeit zwischen Gruppen. Im Gegensatz zu Stammbäumen, die nur die Abfolge von Aufspaltungen zeigen, kann evolutionäre Verwandtschaft mit molekularen Daten quantitativ dargestellt werden. Hierzu werden molekulare Unterschiede zwischen Gruppen in Linienlängen umgerechnet und im Stammbaum wiedergegeben.

Stammbäume zur molekularen Ähnlichkeit weisen häufig keinen Zeitachsenbezug auf. Mithilfe **molekularer Uhren** kann jedoch die zeitliche Dimension der Linien bestimmt werden. Diese Methode geht davon aus, dass die Mutationsrate über lange Zeiträume konstant ist.
Anhand von Unterschieden in der Basensequenz eines Gens oder der Aminosäuresequenz eines Proteins kann somit berechnet werden, wie weit die Aufspaltung zweier Gruppen zurückliegt. Dabei gilt: Je mehr Sequenzunterschiede zwischen den Gruppen vorliegen, desto älter ist ihr letzter gemeinsamer Vorfahre. Diese Erkenntnisse können in Stammbäume mit aufgenommen werden.

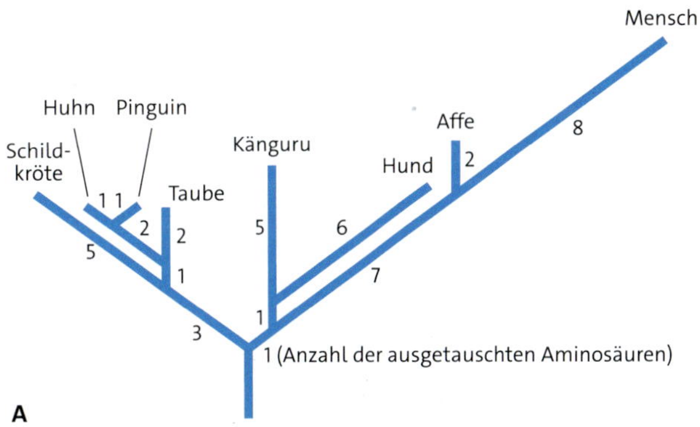

A

Val	Glu	Lys	Gly	Lys	Lys	Ile	Phe	Ile	Met	Lys	Cys	Ser	Gln	Mensch
Ala	Glu	Lys	Gly	Lys	Arg	Ile	Phe	Ile	Glu	Lys	Cys	Ser	Gln	Affe
Val	Glu	Lys	Gly	Lys	Lys	Ile	Phe	Val	Gln	Lys	Cys	Ala	Gln	Hund
Ile	Glu	Lys	Gly	Lys	Lys	Ile	Phe	Val	Gln	Lys	Cys	Ser	Gln	Taube
Ile	Glu	Lys	Gly	Lys	Lys	Ile	Phe	Val	Gln	Lys	Cys	Ala	Gln	Schildkröte

B

4 Molekularbiologischer Stammbaum: **A** ähnlichkeitsbezogener Cytochrom-c-Stammbaum, **B** entsprechender Ausschnitt aus einem Aminosäuresequenzvergleich

3.8 Der Mensch ist ein Primat

1 Darwin in einer Karikatur aus dem Jahr 1878

In seinem 1871 erschienenen Buch „The Descent of Man" äußerte Darwin erstmalig, dass der Mensch von affenähnlichen Lebewesen abstamme. Die vornehme Londoner Gesellschaft war schockiert und Karikaturisten zeichneten Darwin in der Körperhaltung eines Affen mit „äffischen" Gesichtszügen. Viele Zeitgenossen waren darüber empört, dass der Mensch das Ergebnis eines natürlichen Evolutionsprozesses sein sollte. Wo wird der Mensch in der Systematik der Lebewesen heute eingeordnet?

Der Ursprung des Menschen • Schon mit der Veröffentlichung der zehnten Auflage seines „Systema naturae" im Jahr 1758 erschütterte Carl von Linné das damalige Weltbild, das den Menschen als Krone der Schöpfung sah. Er stellte den Menschen neben Affen, Halbaffen, Fledertieren und Riesengleitern in die Säugetierordnung der Primaten, der „Herrentiere". Für seine Klassifizierung orientierte er sich an äußeren Merkmalen, zum Beispiel zwei brustständigen Milchdrüsen oder der Anordnung der oberen Schneidezähne. Als Christ war Linné jedoch von der Konstanz der Arten überzeugt.

Dem widersprach Darwin, als er 1859 in „On the Origin of Species" schrieb: „Licht wird auch fallen auf den Ursprung des Menschen und seine Geschichte." In dem folgenden wissenschaftlichen Disput vertrat Ernst Haeckel vehementer als Darwin die Ansicht, dass sich der Mensch „aus einem Zweig der Primatenordnung" entwickelt habe. 1868 stellte er die Hypothese auf, es müsse ein fossiles Bindeglied zwischen einer ausgestorbenen Menschenaffenart und dem Menschen geben, einen sprachlosen Affenmenschen: *Pithecanthropus alalus.*

lat. australis = südlich
griech. pithecos = Affe

Im Jahr 1891 fand der Niederländer Eugène Dubois fossile Knochen des Affenmenschen auf der indonesischen Insel Java. Er nannte seinen Fund *Pithecanthropus erectus,* den aufrecht gehenden Affenmenschen. Während dieser Fund für Dubois eine Bestätigung der jahrzehntealten Hypothese Haeckels war, lehnten die meisten Fachleute seine Deutung ab. Ähnliches widerfuhr dem Südafrikaner Raymond Dart, der 1925 Teile eines kindlichen Schädels bei Taung in Südafrika entdeckte. In seinem Fund, den er als *Australopithecus africanus* bezeichnete, sahen andere Wissenschaftler nur einen jungen Gorilla. Die Bedeutung dieser beiden Funde erkannte man erst sehr viel später.

Systematische Stellung des Menschen • Aus heutiger Sicht ist es unumstritten, dass der Mensch der Ordnung der Primaten angehört. Während Linné noch 25 Arten auflistete, kennt man heute mehr als 600 Arten und Unterarten. Die ältesten eindeutigen Fossilfunde eines Primaten wurden in einer Gesteinsschicht gefunden, deren Alter auf ungefähr 65 Millionen Jahre datiert ist, also an der Grenze zwischen Kreidezeit und Tertiär. Bei diesen ersten Primaten handelte es sich um kleine Baumbewohner, die sich aus Insektenfressern entwickelt hatten. Früher gliederte man die heutigen Primaten in Halbaffen und Echte Affen. Heute unterteilt man sie nach neueren Befunden in folgende zwei Unterordnungen: **Feuchtnasenaffen** haben einen vorstehenden, mit Drüsen besetzten Nasenspiegel. Zu ihnen zählt man die auf Madagaskar beheimateten Lemuren sowie die Loriartigen, deren Verbreitungsgebiete der afrikanische Regenwald und Südostasien sind. **Trockennasenaffen** sind durch eine flache und behaarte Nase gekennzeichnet. Zu ihnen gehören die Koboldmakis, die Altweltaffen Asiens und Afrikas sowie die Neuweltaffen Südamerikas.
Unter den Altweltaffen stellen die Menschenartigen, die Hominoidea, die jüngste Entwicklungsstufe dar. Die Gibbons, die Hylobatidae, sind die einzigen Vertreter der kleinen Menschenaffen. Noch vor wenigen Jahren galten die großen Menschenaffen als eine Familie, Pongidae. Nur der Mensch sowie dessen Vorfahren gehörten zu den Hominidae. In einem derzeit diskutierten Modell der phylogenetischen Systematik werden Gorillas, Schimpansen und Mensch als Homininae dem Orang-Utan als einzigem Vertreter der Ponginae gegenübergestellt. Die nächsten Verwandten des Menschen sind die Schimpansen, von denen es zwei Arten gibt: den Gemeinen Schimpansen und den Zwergschimpansen oder Bonobo.

Besondere Kennzeichen der Primaten • Primaten zeigen vielfältige Erscheinungsbilder. So beträgt zum Beispiel die Körpermasse von Mausmakis nur etwa 50 bis 60 g, während Gorillamännchen bis zu 250 kg schwer werden können.
Dennoch gibt es einige typische gemeinsame Kennzeichen. So ist das Auge das wichtigste Sinnesorgan. Mit der Tagaktivität hat sich die Fähigkeit der Farbwahrnehmung entwickelt. Nach vorne gerichtete Augen mit überlappenden Sehfeldern dienen zusammen der räumlichen Wahrnehmung. Ein umgekehrter evolutionärer Trend zeigt sich beim Sinnesorgan Ohr. Während die Ohrmuscheln bei den nachtaktiven Feuchtnasenaffen noch eine bedeutende Rolle spielen, haben alle tagaktiven Affen unbewegliche Ohrmuscheln.
Hände und Füße werden zunehmend als Greifwerkzeuge verwendet. Die Opponierbarkeit des Daumens und des Großzehs, also die Fähigkeit, sie den anderen Fingern und Zehen gegenüberzustellen, erlaubt ein pinzettenähnliches Greifen, das man auch als Präzisionsgriff bezeichnet.
Ein weiteres Merkmal der Primaten ist das verhältnismäßig große Gehirn und die damit einhergehenden kognitiven Fähigkeiten sowie ein komplexes Sozialverhalten. Sie haben zudem eine geringe Fortpflanzungsrate und bekommen meist nur ein einzelnes Jungtier, für das ein großer Brutpflegeaufwand betrieben wird.

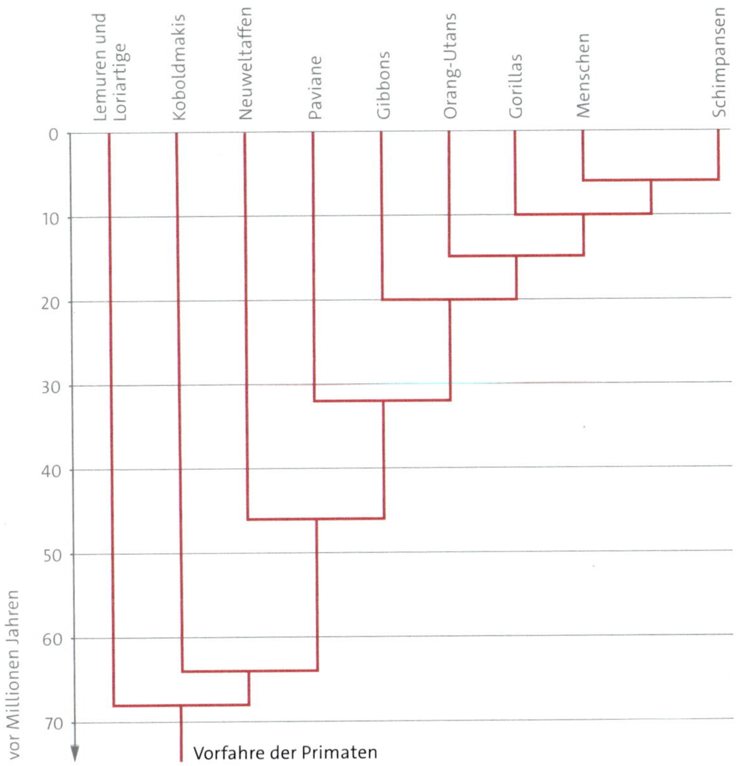

2 Möglicher Stammbaum der Primaten nach heutigem Kenntnisstand

Systematische Stellung des Menschen

Stamm: Chordata

Unterstamm: Vertebrata

Klasse: Mammalia

Ordnung: Primates

Überfamilie: Hominoidea

Familie: Hominidae

Unterfamilie: Homininae

Gattung: Homo

Art: Homo sapiens

1 Nennen Sie die Kennzeichen der Primaten.

2 Beschreiben und begründen Sie die systematische Stellung des Menschen.

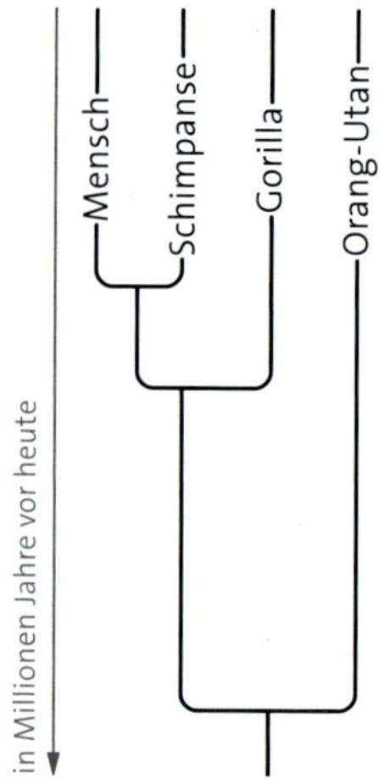

1 Dendrogramm auf Basis von DNA-Sequenzanalysen

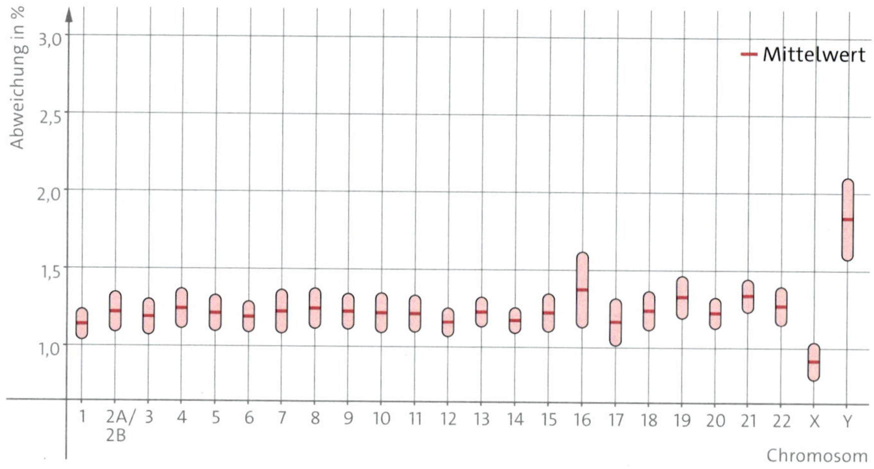

2 Abweichungen in den Nucleotidsequenzen von Mensch und Schimpanse, bezogen auf die Chromosomen

Cytologische und molekularbiologische Methoden • Bis weit ins 20. Jahrhundert waren morphologische und anatomische Hinweise die Grundlage für die Erstellung eines Stammbaums des Menschen. Von großer Bedeutung ist hierbei nach wie vor das Gebiss, da insbesondere die Zähne zu den besterhaltenen Fossilien ausgestorbener Arten gehören.

In den letzten Jahrzehnten wurden jedoch zunehmend cytologische und molekularbiologische Methoden zur Analyse evolutionärer Beziehungen eingesetzt. So zeigt der Aufbau der Chromosomen der Primaten große Übereinstimmungen. Allerdings weisen die Zellkerne des Menschen 46 Chromosomen auf, die der anderen Menschenaffen dagegen 48. Dies ist offenbar darauf zurückzuführen, dass zwei Chromosomen des haploiden Chromosomensatzes verschmolzen sind. Auffallend sind auch die serologischen Ähnlichkeiten. So stimmen beispielsweise die Aminosäuresequenzen des Cytochrom-c-Moleküls bei allen Primaten genau überein.

Mit der DNA-DNA-Hybridisierung war es in den 1980er-Jahren möglich, verwandtschaftliche Beziehungen durch DNA-Vergleiche aufzuzeigen. Als Maß für die evolutionäre Nähe wird die Differenz der Schmelzpunkte artreiner und hybridisierter DNA ermittelt. Je kleiner der Wert ist, umso enger ist die Verwandtschaft der beiden untersuchten Arten. Die mithilfe dieser Methode bestimmten Distanzwerte zwischen Mensch und Schimpansen liegen bei etwa 1,6 %, die zwischen Schimpanse und Gorillas bei 2,3 %. Ein aus diesen Werten erstelltes Dendrogramm gibt wieder, vor wie vielen Jahren sich zwei Arten von einem gemeinsamen Vorfahren abgespalten haben. Obwohl man die Ähnlichkeit zweier Genome mit der DNA-DNA-Hybridisierung relativ genau bestimmen kann, erhält man keine genaue Aussage über die Unterschiede in den Nucleotidsequenzen.

Im Jahr 2005 gelang es einer Forschergruppe, die DNA des Gemeinen Schimpansen zu sequenzieren und mit der des Menschen zu vergleichen. Die durchschnittliche Abweichung beträgt demnach nur 1,23 %. Trotz dieser großen Übereinstimmung bedeutet dies, dass, ausgehend von unserem gemeinsamen Urahnen, im Verlauf der Evolution 40 Millionen Mutationen erfolgten.

1 Erläutern Sie die cytologischen und molekularbiologischen Methoden, die zur Analyse von Verwandtschaftsbeziehungen herangezogen werden.

2 Nehmen Sie Stellung zu folgender Klassifizierung:
Überfamilie: Hominoidea
Familien: Pongidae (Orang-Utans, Gorillas, Schimpansen), Hominidae (Mensch)

3 Erläutern Sie am Beispiel des Menschen und der Menschenaffen das Basiskonzept Entwicklung.

Material A Primaten

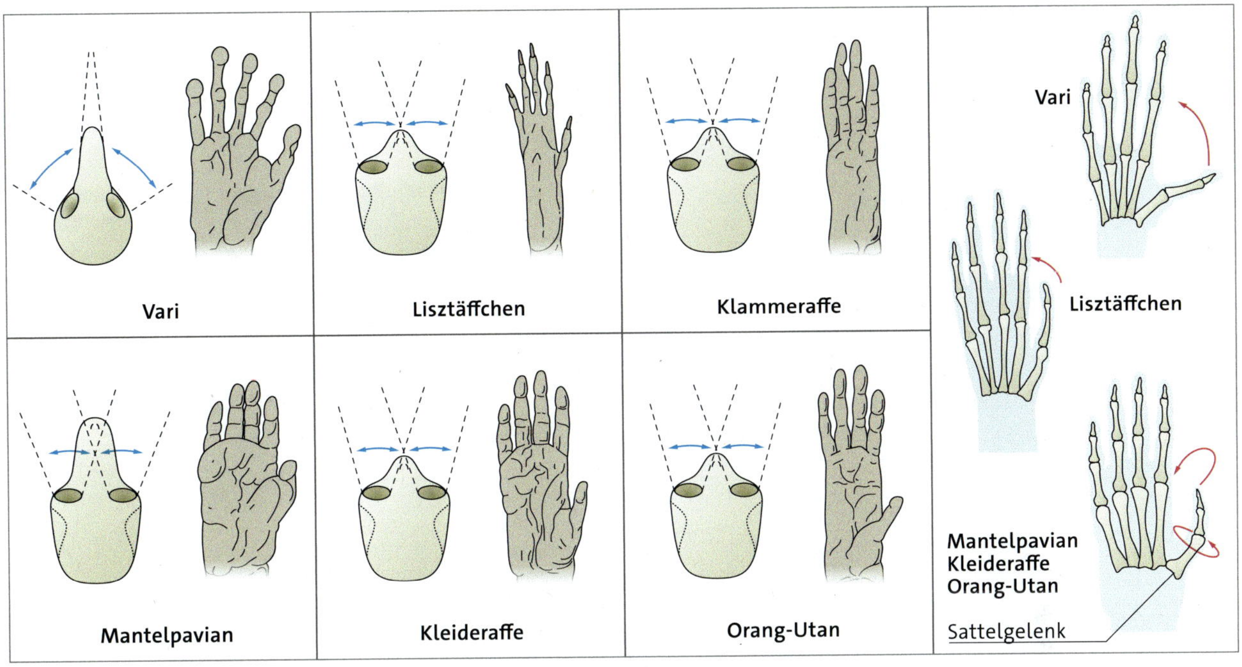

Die Opponierbarkeit des Daumens ist für die Ausbildung des Präzisionsgriffs notwendig. Feuchtnasenaffen und Neuweltaffen haben nicht das dafür erforderliche Sattelgelenk. Sie sind nur zu einem deutlich weniger präzisen Kraftgriff fähig.

1 Augenstellung und Greiffähigkeit geben Hinweise auf evolutionäre Entwicklungen. Beschreiben Sie die dargestellten Arten bezüglich der genannten Kriterien.

2 Erklären Sie, welche Auswirkungen diese evolutionären Entwicklungen für die dargestellten Arten haben. Recherchieren Sie zur Lösung dieser Aufgabe die Lebensweise der dargestellten Arten.

Material B Hypothetischer Stammbaum der Affen

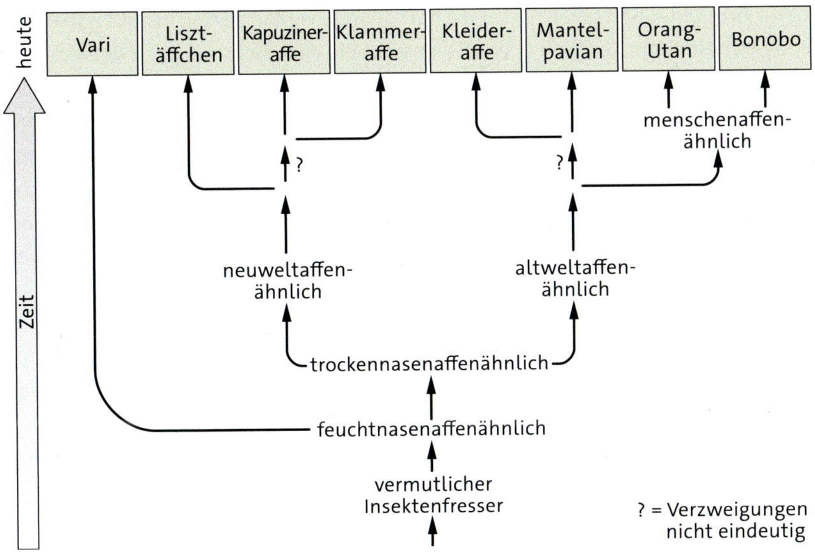

1 Ordnen Sie den acht Affen des Stammbaums die Begriffe Feuchtnasenaffe, Altweltaffe, Neuweltaffe und Menschenaffe zu.

2 Begründen Sie unter Berücksichtigung des hier abgebildeten Stammbaums und des Stammbaums auf Seite 265, in welchen Zeiträumen die Veränderungen der Augenstellung und der Greiffähigkeit stattgefunden haben müssen.

3.9 Die frühen Hominiden

1 Lebensbild von *Sahelanthropus*

Im Juli 2002 wurde ein Schädel aus dem nördlichen Tschad in Zentralafrika der Öffentlichkeit vorgestellt. Ihn kennzeichneten ausgeprägte Überaugenwülste und eine nur wenig vorspringende Schnauze. Dieser fast 7 Millionen Jahre alte Vormensch bekam den Namen Sahelanthropus tchadensis. *Zuvor hatte die Annahme bestanden, die ersten Vormenschen wären vor ungefähr 5 bis 6 Millionen Jahren in Ostafrika entstanden. Doch nun ist ein neuer Streit entbrannt: Wer waren die ersten Hominiden?*

2 Fußspuren von Laetoli

Australopithecus afarensis = der Südaffe aus dem Afar-Gebiet

Aufrechter Gang • In der Entwicklungslinie einer systematischen Gruppe muss es mindestens ein früh entstandenes gemeinsames Merkmal geben, das sie von den Angehörigen anderer Gruppen unterscheidet. Bei den Hominiden ist es insbesondere der aufrechte Gang, durch den man sie eindeutig von den Menschenaffen abgrenzt. Als 1978 in Laetoli im heutigen Tansania etwa 3,7 Millionen Jahre alte fossile Fußspuren aufrecht gehender Hominiden entdeckt wurden, war dies einer der aufregendsten Funde auf der Suche nach den Vorfahren des Menschen.

Vor etwa 20 Millionen Jahren entstand ein Riss in der Erdkruste entlang des afrikanischen Kontinents. Er ließ einen Graben entstehen, an dessen Rändern es zu Landhebungen kam. Vor etwa 8 Millionen Jahren entwickelten sich die neu entstandenen Gebirge zur Klimabarriere. Der Osten Afrikas wurde immer trockener. Aus dem ursprünglich zusammenhängenden Regenwald entwickelte sich eine Savannenlandschaft mit Galeriewäldern, in der die Nahrung ungleichmäßig verteilt war.

Genau in dieser Region fand man die meisten Fossilien aufrecht gehender Vormenschen. Obwohl sie langsamer waren als Vierbeiner, müssen sie in dieser Landschaft dennoch einen Vorteil gehabt haben. So wurde berechnet, dass sich mit der zweibeinigen Fortbewegung doppelt so weite Strecken bei vergleichbarem Energieaufwand zurücklegen lassen wie auf vier Beinen. Außerdem können Kinder oder auch Nahrung leichter getragen werden. In aufrechter Haltung ist es zudem möglich, größere Flächen zu überblicken, und man bietet der sengenden Sonne weniger Körperoberfläche.

Australopithecinen • Der Paläoanthropologe Donald Johanson fand am 30. November 1974 in der Afar-Region in Äthiopien gut erhaltene Teile eines 3,2 Millionen Jahre alten Hominidenskeletts der Art *Australopithecus afarensis*. Das Fossil wurde als „Lucy" bekannt. Es war etwa 1 m groß und hatte ein Gehirn, das mit einem Volumen von weniger als 500 cm^3 kaum größer als das eines Schimpansen war. Kiefer

und Gebiss ähnelten mehr denen des Menschen als denen der Menschenaffen. Die Anatomie von Becken- und Beinknochen zeigte eindeutig, dass „Lucy" aufrecht gehen konnte. Weitere *Australopithecus-afarensis*-Funde zeigen, dass diese Art über 700 000 Jahre existierte, von vor 3,6 bis 2,9 Millionen Jahren.
In den letzten Jahrzehnten wurden in Ost- und Südafrika weitere Fossilien verschiedener Australopithecinen gefunden. Sie verfügten alle über den aufrechten Gang und ihr Gebiss hatte kleine Eck- und große Backenzähne – ein weiterer wichtiger Unterschied gegenüber den Menschenaffen.

Vom Stammbaum zum Stammbusch • Früher wurde die Ansicht vertreten, die Evolution der Hominiden folge einer mehr oder weniger geradlinigen Entwicklung. Die Australopithecinen wären demnach aus den Menschenaffen hervorgegangen und aus diesen schließlich die Gattung *Homo*. In den 1990er-Jahren änderte sich dieses Bild. Gefundene Überreste einer Vielzahl von Arten, die teilweise im selben Zeitraum gelebt hatten, ließen aus dem Stammbaum einen Stammbusch werden. Aber auch einige sehr alte Arten wurden entdeckt.

Homo habilis • Im Jahr 1964 fanden Louis und Mary Leakey in der Olduvai-Schlucht in Tansania Skelettreste eines neuen Hominiden, dessen Schädel mit einem Volumen von etwa 650 cm^3 erheblich größer war als der von Australopithecinen. Eine Vielzahl grob behauener Faustkeile deutet darauf hin, dass er in der Lage war, Werkzeug herzustellen. Die Leakeys gaben ihrem Fund daher den Namen *Homo habilis* – der geschickte Mensch. Die ihm zugeordnete Fähigkeit der Werkzeugherstellung wird Oldowan-Kultur genannt.
Homo habilis lebte vor 2,4 bis 1,65 Millionen Jahren. Er wurde etwa 140 cm groß und hatte einen grazilen Körperbau. Das Fußskelett ähnelte schon sehr dem des heutigen Menschen. So rückte der große Zeh mit den anderen Zehen in eine Reihe und war nicht mehr abspreizbar. Auch der Schädel zeigte einige Veränderungen gegenüber den frühen Hominiden. Der Zahnbogen war geschlossen, Überaugenwülste waren kaum noch vorhanden, dafür aber eine erkennbare Stirn.
Innenausgüsse des Schädels weisen darauf hin, dass das *Homo-habilis*-Gehirn eine größere Ähnlichkeit mit dem des heutigen Menschen hatte, als dies bei den Australopithecinen der Fall war. Bemerkenswert sind insbesondere zwei Hirnareale, die für die Sprachverarbeitung wichtig sind, das Broca- und das Wernicke-Areal. Trotzdem können keine Aussagen über die sprachlichen Fähigkeiten von *Homo habilis* gemacht werden, da die Anatomie des Kehlkopfs nicht bekannt ist.
Es wird heute davon ausgegangen, dass die Gattung *Homo* vor ungefähr 2,5 Millionen Jahren in Ostafrika entstand. *Homo rudolfensis* als erste frühe Menschenform zeigte viele Übereinstimmungen mit *Homo habilis*.
Umfangreiche morphologische Vergleiche legen nahe, dass *Homo* auf eine einzige Ursprungsart zurückzuführen ist. Als mögliche Ursprungsarten kommen *Australopithecus africanus* oder *Australopithecus garhi* infrage.

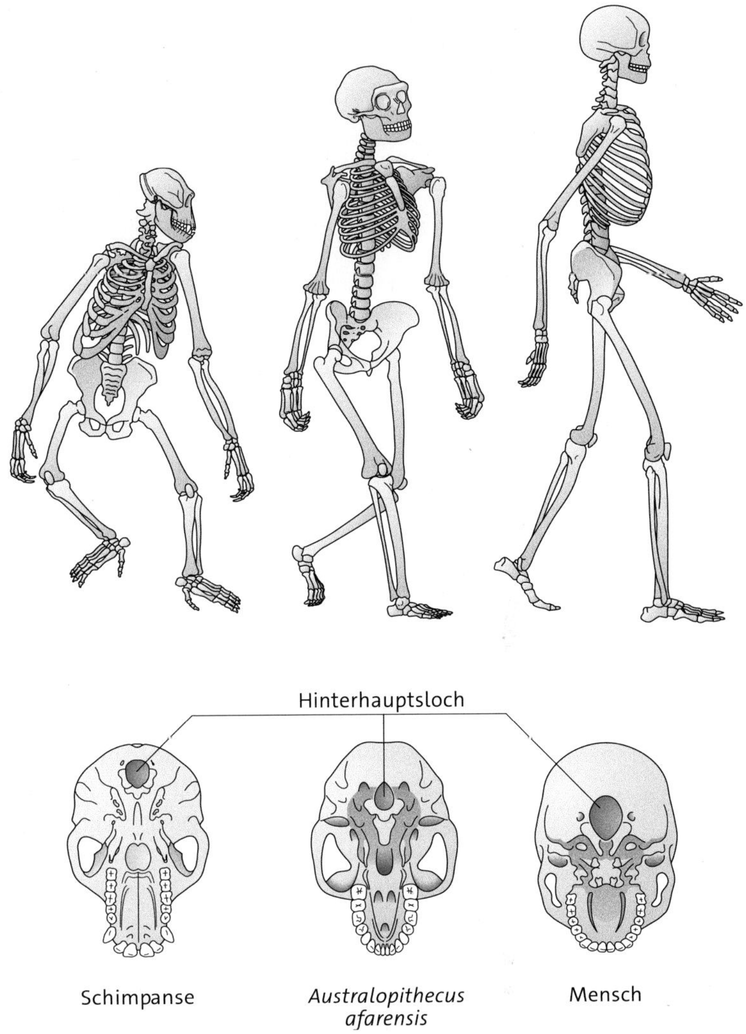

3 Vergleich der Skelette von Schimpanse, „Lucy" und modernem Menschen

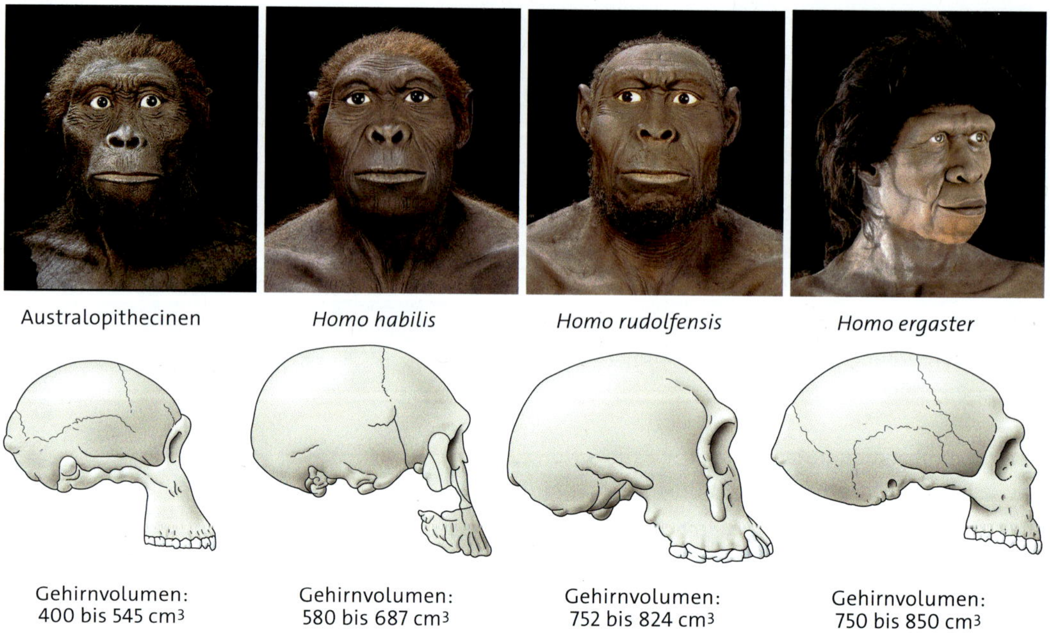

1 Die Entwicklung des Gehirnvolumens von *Australopithecus* bis *Homo*

Homo ergaster • Im Jahr 1984 entdeckte Richard Leakey, ein Sohn des Ehepaars Leakey, am Turkana-See das fast vollständige, 1,6 Millionen Jahre alte Skelett eines 162 cm großen Jugendlichen, der als Erwachsener wahrscheinlich 180 cm groß geworden wäre. Nach der heutigen Klassifizierung wird er der Art *Homo ergaster* zugeordnet.

Die ältesten Fossilien von *Homo ergaster* sind 1,9 Millionen Jahre alt, die jüngsten 1 Million Jahre. Ihr Körperbau war groß und schlank, er ähnelte dem des modernen Menschen. Der Gesichtsschädel war aber noch durch deutliche Überaugenwülste geprägt. Das Schädelvolumen betrug zwischen 750 und 850 cm^3. Ihre Werkzeuge waren differenzierter als die des *Homo habilis* und dienten verschiedenen Zwecken wie Schneiden, Schaben, Durchbohren oder Zertrümmern. Mit Steinbeilen konnten sie größere Tiere töten. Eine Fundstelle am Turkana-See ist durch eine auffällig „verbackene“ Erde gekennzeichnet. Dies deutet darauf hin, dass *Homo ergaster* bereits über Feuerstellen verfügte. Sie gelten als Vorfahren des *Homo erectus* und aller weiteren Arten der Gattung *Homo*.

In der Paläoanthropologie wird diskutiert, ob *Homo ergaster* eine eigenständige Art ist. Es könnte sich auch um frühe Formen von *Homo erectus* handeln, die wahrscheinlich bis vor ungefähr 40 000 Jahren gelebt haben. Auch Richard Leakey identifizierte den Turkana-Jungen zunächst als *Homo erectus*. Insbesondere die Abweichungen im Bereich des Schädels führten jedoch zu der heute verbreiteten Ansicht, *Homo ergaster* als eigenständige Art zu bezeichnen.

2 Steinwerkzeuge von *Homo ergaster:* Acheuléen-Kultur

Zunahme des Gehirnvolumens • Bei einem Vergleich der frühen Menschen fällt besonders die Zunahme des Gehirnvolumens auf. Aufgrund der zweibeinigen Fortbewegung werden die Hände frei für andere Aufgaben. Das soziale Zusammenleben und die Kooperation bei der Jagd sind Faktoren, die kognitive Fähigkeiten begünstigen und damit die Selektion hin zu größeren Gehirnen fördern. Noch können keine klaren Aussagen getroffen werden, zu welcher Zeit der Sprachgebrauch einsetzte. Dass die Verwendung abstrakter Begriffe einen Einfluss auf die Gehirnentwicklung hat, ist jedoch unumstritten.

1 Westlich des Afrikanischen Grabens wurden Fossilien der Vorfahren der Menschenaffen gefunden. Erläutern Sie diesen Sachverhalt.

2 Vergleichen Sie die Eigenschaften von *Homo habilis* und *Homo ergaster*. Erstellen Sie dazu eine Tabelle.

3 Beschreiben Sie die Kriterien, die für die Beurteilung des Entwicklungsstands der Hominiden herangezogen werden.

Material A Stammbusch der Hominiden

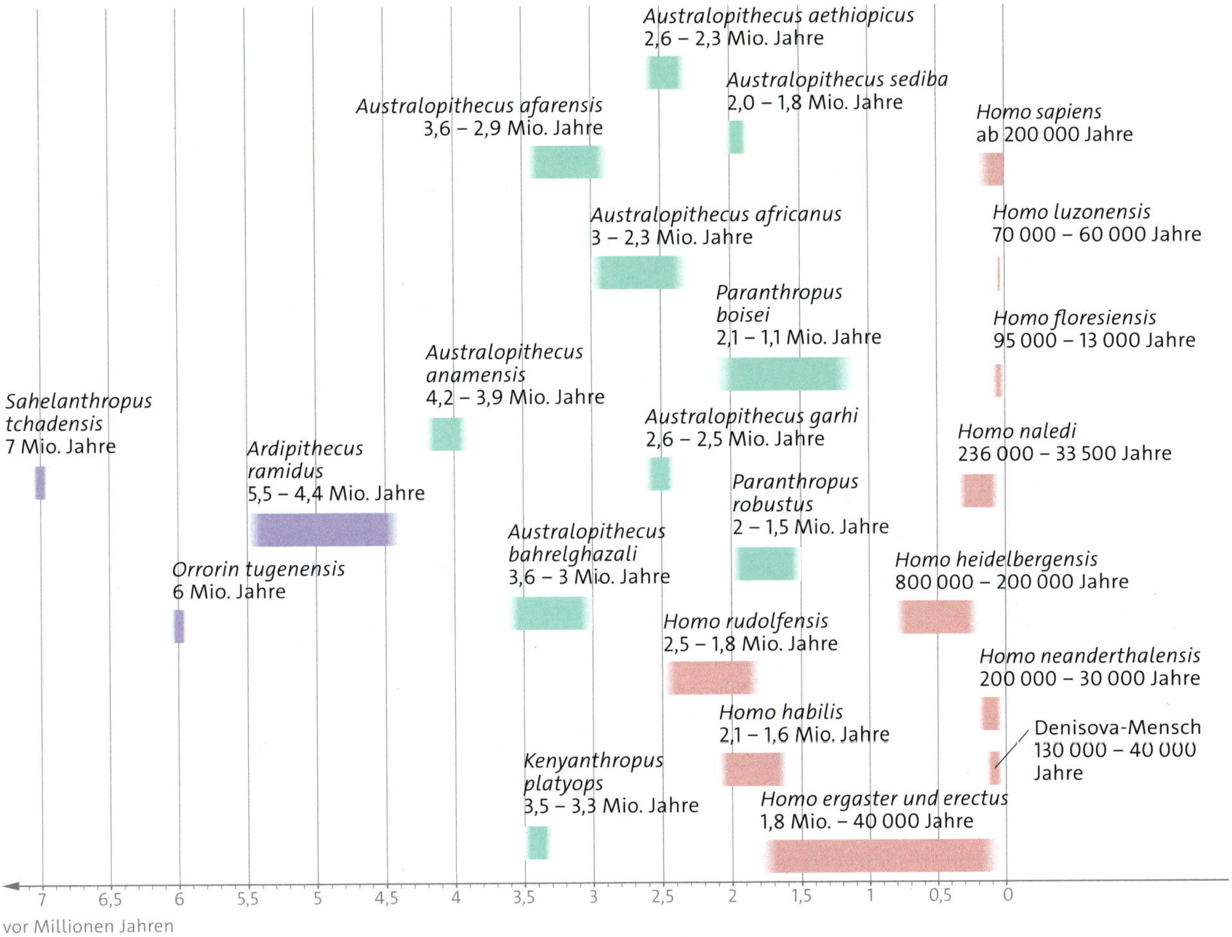

1 Erklären Sie anhand der Abbildung, weshalb Paläoanthropologen heutzutage im Fall der Hominiden nicht mehr von einem Stammbaum, sondern von einem Stammbusch sprechen.

Material B *Paranthropus boisei*

Paranthropus boisei lebte vor 2,1 bis 1,1 Millionen Jahren. Er besaß einem robusten Schädel mit einem Knochenkamm am Scheitel als Ansatzstelle für seine kräftige Kaumuskulatur. Kein Hominide hatte größere Backenzähne als er. Mit ihnen konnte er harte Pflanzennahrung wie Gräser zermalmen.
Der erste Fossilfund eines Schädels von *Paranthropus boisei* gelang 1959 Mary Leakey in der Olduvai-Schlucht in Tansania. Seitdem folgten noch mehrere Schädel oder Schädelfragmente. Manche Wissenschaftler bezeichnen die Art als *Australopithecus boisei*.

1 „Die Schädelmerkmale unserer Vorfahren zeigen im Lauf der Evolution klare Entwicklungstendenzen." Bewerten Sie diese Aussage unter Berücksichtigung von *Paranthropus boisei*.

2 Begründen Sie, weshalb der Fund mehrerer Fossilien derselben Art die Aussagekraft ihrer Beschreibung beeinflusst.

3 Erklären Sie die Bedeutung der unterschiedlichen Namensgebung der Art.

3.10 *Homo* erobert die Erde

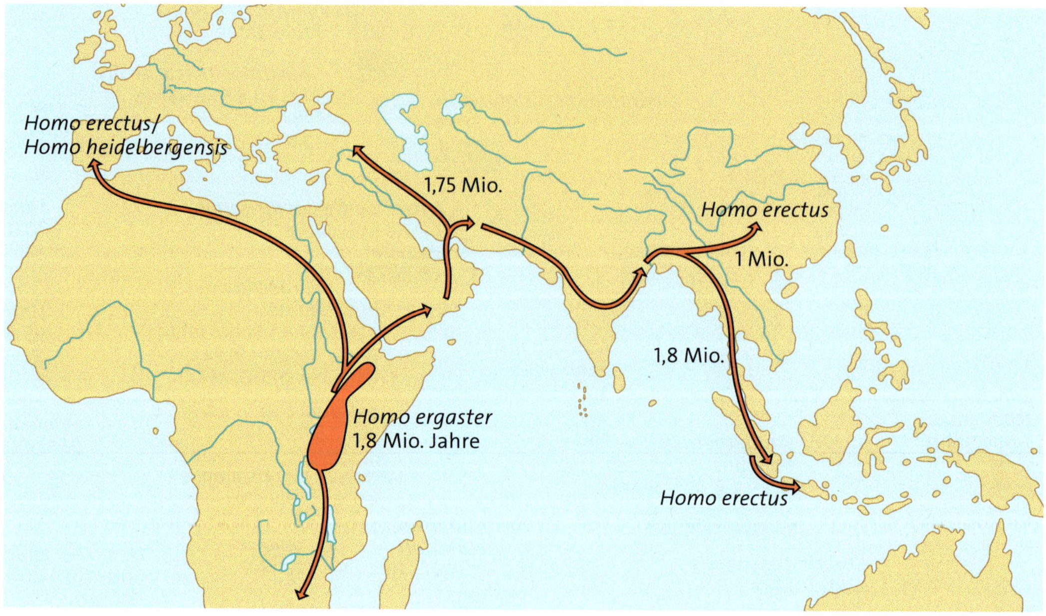

1 Ausbreitung von *Homo ergaster* und *Homo erectus*

Im Jahr 1891 fand Eugène Dubois an einer Uferböschung auf der indonesischen Insel Java Fossilien, die er einem „aufrecht gehenden Affenmenschen", Pithecanthropus erectus, *zuordnete. Die Aufmerksamkeit der Paläoanthropologen richtete sich zeitweise nicht auf Afrika, sondern auf Ostasien. In den 1930er-Jahren fand man in der Nähe Pekings und auf Java weitere vormenschliche Fossilien. Ein Vergleich aller Funde offenbarte, dass es sich um dieselbe Art,* Homo erectus, *handelte. Altersbestimmungen ergaben, dass die ältesten Funde von* Homo erectus *auf Java mit etwa 1,8 Millionen Jahren ähnlich alt sind wie die von* Homo ergaster *in Afrika. Wie lässt sich dieser Befund erklären?*

***Homo* verlässt Afrika** • Die Rekonstruktion der Wanderungsbewegungen der frühen Menschen wird durch viele Funde gestützt. Man vermutet, dass sich *Homo ergaster* entlang der Küste des Roten Meeres zunächst von Afrika über den Nahen Osten in Richtung Georgien und anschließend über die Arabische Halbinsel nach Südostasien ausgebreitet hat. Viele Forscher gehen davon aus, dass sich *Homo ergaster* während dieser Zeit zu *Homo erectus* weiterentwickelte.
Andere nehmen an, dass die Skelettunterschiede zwischen den beiden Arten – *Homo ergaster* ist graziler als *Homo erectus* – nur auf Angepasstheiten an die unterschiedlichen klimatischen Verhältnisse zurückzuführen sind. Nach dieser Ansicht handelt es sich nur um zwei Varianten der einen Art *Homo erectus*.

Bemerkenswert ist, dass die ältesten Fossilien mit 1,7 bis 1,8 Millionen Jahren ein ähnliches Alter aufweisen, obwohl sie in weit voneinander entfernten Erdteilen gefunden wurden. Die Wissenschaftler deuten dies damit, dass die Wanderungen relativ rasch erfolgten. Aber was bedeutet „rasch"?

Genetiker und Archäologen haben für *Homo sapiens* berechnet, dass sich Jäger und Sammler mit einer Geschwindigkeit von mehreren Kilometern pro Jahr in ein neues Gebiet ausbreiten konnten. Nimmt man an, dass die Expansion von *Homo erectus* mit einer durchschnittlichen Geschwindigkeit von nur einem Kilometer pro Jahr erfolgte, so wird deutlich, dass auch die Erschließung von weit entfernten Gebieten in einer evolutionsbiologisch kurzen Zeitspanne möglich war. Erstaunlich ist auch, dass *Homo erectus* die Inselwelt des heutigen Indonesiens besiedeln konnte. Dies gelang insbesondere aufgrund der Eiszeiten, die ein Absinken des Meeresspiegels um bis zu 130 m und somit die Entstehung von Landbrücken zur Folge hatten. Zudem wird angenommen, dass *Homo erectus* bereits Flöße oder andere einfache Wasserfahrzeuge bauen konnte.

Homo heidelbergensis • Wie entwickelte sich der *Homo erectus* in Europa? Als ältestes Fossil der Gattung *Homo* in Deutschland gilt der 600 000 Jahre alte Unterkiefer, der 1907 in einer Kiesgrube in Mauer bei Heidelberg gefunden wurde. Er wird dem *Homo heidelbergensis* zugeordnet, der bis vor ungefähr 200 000 Jahren lebte.
Anhand von Werkzeugen und Wurfspeeren sowie Knochenresten konnte man die Lebensweise und die Jagdtechniken von *Homo heidelbergensis* rekonstruieren. Es ist jedoch umstritten, ob *Homo heidelbergensis* als eigenständige Art bezeichnet werden kann.
Weitgehende Einigkeit besteht in der Annahme, dass *Homo erectus* vor ungefähr einer Million Jahren von Nordafrika nach Südeuropa einwanderte. Ein Teil der Wissenschaftler deutet die Skelettmerkmale der in Europa gemachten Funde als ökologische Angepasstheiten an das kältere Klima der nördlichen Breiten. Demnach war *Homo heidelbergensis* nur eine Unterart des *Homo erectus*. Andere Wissenschaftler sehen in *Homo heidelbergensis* den europäischen Nachfahren des *Homo erectus* und damit eine eigenständige Art.

Neandertaler • Im August 1856 fanden zwei Arbeiter in einem Steinbruch in der Nähe von Düsseldorf einige ungewöhnliche Knochen. Doch erst drei Jahre später, nachdem Darwin sein Werk zur Entstehung der Arten veröffentlicht hatte, wurde der Fund für die Forschung interessant. Woher stammen diese Knochenreste? Der Lehrer und Hobbyarchäologe Johann Carl Fuhlrott glaubte, dass es sich bei diesen Knochen um Überreste eines eiszeitlichen Menschen handelte. Man überließ die Untersuchung dem bedeutenden Professor der Medizin Rudolf Virchow, der den Fund jedoch für irrelevant hielt. Er behauptete, es handle sich um einen anatomisch modernen Menschen, dessen Knochen krankheitsbedingt deformiert gewesen seien. Die Autorität Virchows verhinderte für Jahrzehnte die Anerkennung der Erkenntnisse von Fuhlrott.
Heute weiß man, dass der Neandertaler von vor 200 000 bis ungefähr vor 30 000 Jahren in Europa und im Nahen Osten lebte. Er wurde in Europa bis 1,65 m groß und war stämmig gebaut. Der Neandertaler hatte einen kinnlosen Kiefer, kräftige Überaugenwülste und einen flachen Schädel. Diese ursprünglichen Merkmale ließen ihn primitiv wirken und täuschten lange darüber hinweg, dass der Neandertaler dem modernen Menschen sehr ähnlich war. Sein Gehirnvolumen lag mit bis zu 1500 cm³ sogar über dem des heutigen Menschen. Ein 1983 in der Kebra-Höhle in Israel freigelegtes Zungenbein ist ein wichtiges Indiz für die Sprachfähigkeit der Neandertaler.
Ihre Werkzeuge und Waffen aus Stein und Holz waren bereits wesentlich differenzierter als bei ihren Vorfahren. So benutzten sie Speere, die mit Knochenspitzen versehen waren. Sie deckten ihren Nahrungsbedarf überwiegend als Jäger, verzehrten aber auch Pflanzen. An einigen Funden ließen sich ausgeheilte Verletzungen erkennen, die offensichtlich medizinisch behandelt worden waren. Grabbeigaben deuten auf die Anwendung von Bestattungsritualen hin. Auch Höhlenmalereien von Neandertalern sind bekannt.

A

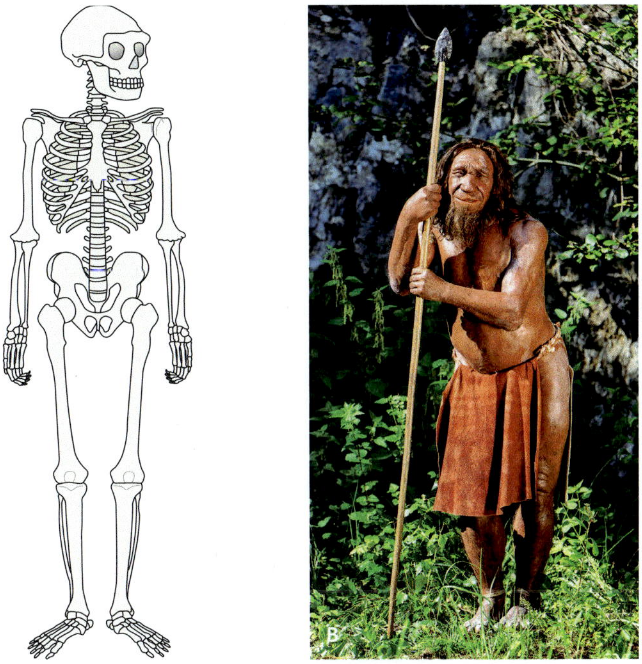

B

2 *Homo neanderthalensis*: **A** Skelett, **B** Rekonstruktion

1 Beschreiben Sie die Ausbreitung von *Homo erectus.*

2 Ermitteln Sie mithilfe eines Atlas, innerhalb welcher Zeiträume die Frühmenschen die jeweiligen Siedlungsgebiete bei einer Ausbreitungsgeschwindigkeit von 1 km pro Jahr erreicht haben könnten.

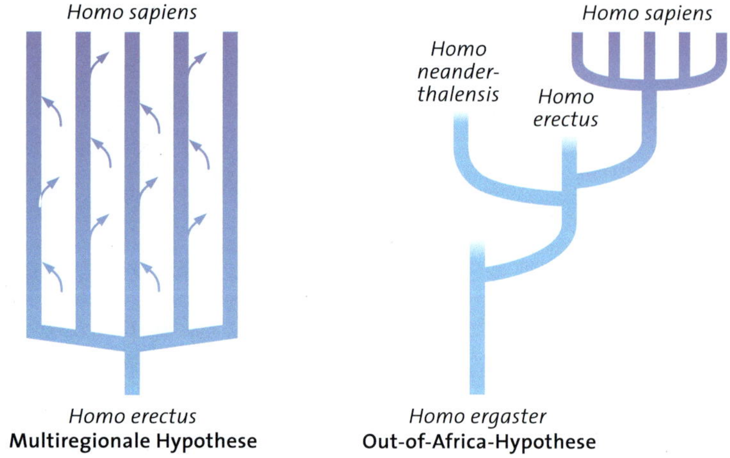

1 Ursprung des modernen Menschen

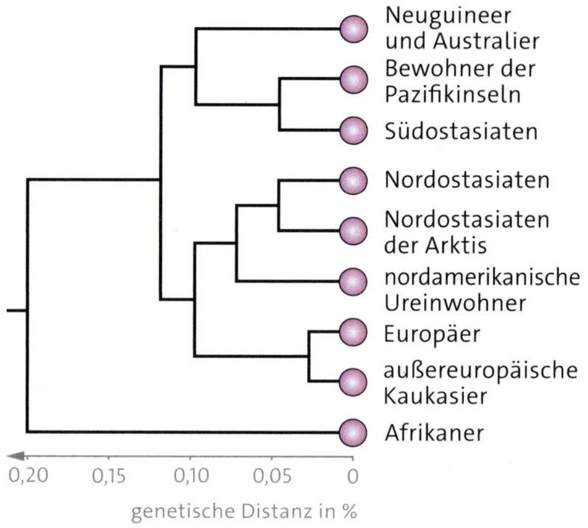

2 Kladogramm auf Basis der mt-DNA

Ursprung des *Homo sapiens* • In der Wissenschaft ist die Herkunft des heutigen Menschen umstritten. Die Anhänger der multiregionalen Hypothese gehen davon aus, dass die Populationen von *Homo erectus* gut an die regionaltypische Umwelt ihres Lebensraums angepasst waren und sich innerhalb der letzten Million Jahre weiterentwickelt hatten. Dabei kam es in den Kontaktzonen zwischen den jeweiligen Populationen zu einem kontinuierlichen Genaustausch. Während dieses langen Zeitraums erschien *Homo sapiens* in den heutigen ethnischen Gruppen mit ihren charakteristischen Merkmalen.
Die meisten Wissenschaftlerinnen und Wissenschaftler hingegen vertreten die Ansicht, dass *Homo sapiens* allein in Afrika entstand. Diese Out-of-Africa-Hypothese wird durch Fossilmaterial und genetische Untersuchungen gestützt. Die ältesten Fossilien, die eindeutig *Homo sapiens* zuzuordnen sind, stammen aus dem heutigen Äthiopien und sind 160 000 Jahre alt.
Genetische Befunde basieren auf einer Besonderheit der mitochondrialen DNA, kurz mt-DNA. Sie ist ringförmig und wird nur über die Eizelle der Mutter vererbt. Das bedeutet, dass diese DNA nicht rekombiniert wird. Unterschiede in den Basenpaaren der mt-DNA verschiedener Populationen sind somit ausschließlich auf Mutationen zurückzuführen. Unter Annahme einer konstanten Mutationsrate entsprechen die Basenunterschiede einer molekularen Uhr. Je größer die genetische Distanz ist, umso länger liegt die Trennung zwischen den Populationen zurück. Im Jahr 1987 untersuchte die Genetikerin Rebecca Cann die mt-DNA von 147 Menschen aus verschiedenen Erdteilen. Sie berechnete anhand der genetischen Distanzen, dass der gemeinsame weibliche Urahn der heutigen menschlichen mt-DNA vor ungefähr 200 000 Jahren lebte. Außerdem zeigte sich, dass die Abweichungen in der mt-DNA der afrikanischen Bevölkerung gegenüber den ethnischen Gruppen der anderen Kontinente am größten sind. Die Trennung der afrikanischen Linie und der anderen Linien musste also sehr früh erfolgt sein. Die zwischen den afrikanischen Populationen festgestellten mt-DNA-Unterschiede sind auffallend groß. Daraus folgte nach der molekularen Uhr, dass die afrikanische Entwicklungslinie älter sein muss als alle anderen. *Homo sapiens* ist nach diesen Befunden in Afrika entstanden.

Anhand des genetischen Vergleichs konnte man zudem die Ausbreitungsgeschichte von *Homo sapiens* rekonstruieren. Bis vor ungefähr 120 000 Jahren lebte er nur auf dem afrikanischen Kontinent. Erst dann besiedelte er anfänglich Asien und später die anderen Kontinente. Man nahm zunächst an, dass der moderne Mensch vor ungefähr 40 000 bis 35 000 Jahren Europa erreichte. Namensgebend war eine Höhle in der Dordogne, in der 1868 die ersten Fossilfunde dieses Menschentyps gemacht wurden. Er wurde nach ihr als Cro-Magnon-Mensch benannt. Der Cro-Magnon-Mensch ist wahrscheinlich von Afrika über Vorderasien eingewandert. Dies deuten relativ alte Fossilien aus Rumänien an. Seine Fähigkeit im Umgang mit dem Feuer und das Errichten fester Unterkünfte erlaubten es dem Cro-Magnon-Menschen, sich auf das damalige kalte Klima in

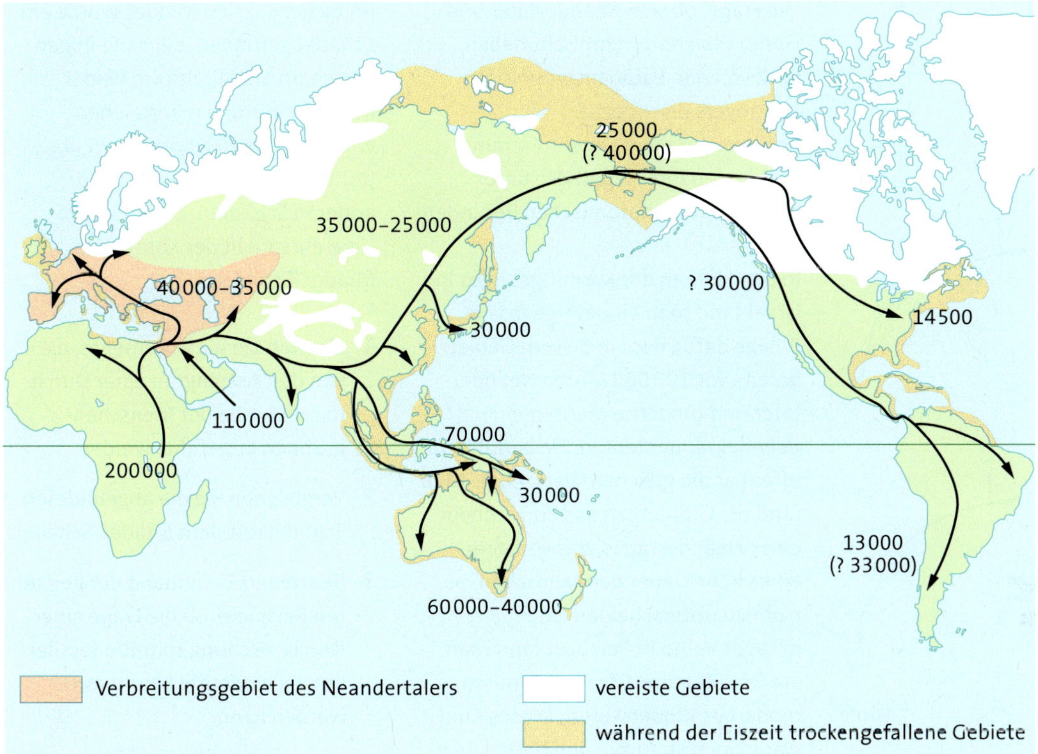

3 Ausbreitung von *Homo sapiens*

Europa einzustellen. Neue Datierungsmethoden legen nahe, dass *Homo sapiens* bereits früher in Europa eingewandert sein muss. Fossilfunde aus Süditalien wurden auf ein Alter von 43 000 bis 45 000 Jahren datiert. Der Zeitraum der Besiedlung Amerikas war bisher unklar. Neue Erkenntnisse deuten auf zwei Einwanderungswellen hin.

Homo floresiensis • Eine Überraschung erlebte eine australisch-indonesische Forschungsgruppe, als sie im Jahr 2004 auf der Insel Flores Skelettreste von Hominiden fand, die nur 106 cm groß waren. Das Gehirnvolumen betrug etwa 400 cm³. Aufgrund ihrer Größe wurden sie unter dem Namen „Hobbit" bekannt. Ihr wissenschaftlicher Name ist *Homo floresiensis*. Die Fossilien sind zwischen 95 000 und 12 000 Jahre alt. Man glaubte zunächst, eine Zwergform des *Homo erectus* entdeckt zu haben, der zu dieser Zeit als längst ausgestorben galt. Eine eindeutige Erklärung für diese Hominidenart gibt es noch nicht. Da auf Flores auch Überreste des *Stegodons*, einer kleinwüchsigen Elefantenart, gefunden wurden, könnte die geringe Körpergröße mit dem begrenzten Nahrungsangebot auf der Insel zusammenhängen. Eine andere Annahme besagt, der „Hobbit" stamme von einer frühen Menschenform ab, die schon vor *Homo ergaster* Afrika verlassen habe.

1 Beschreiben Sie die multiregionale Hypothese und die Out-of-Africa-Hypothese.

2 Begründen Sie, weshalb die Daten des mt-DNA-Vergleichs die Out-of-Africa-Hypothese stützen.

4 *Homo floresiensis* Schädel (links) im Vergleich zum Schädel eines modernen Menschen (rechts)

Material A Fossilienvergleich Neandertaler – moderner Mensch

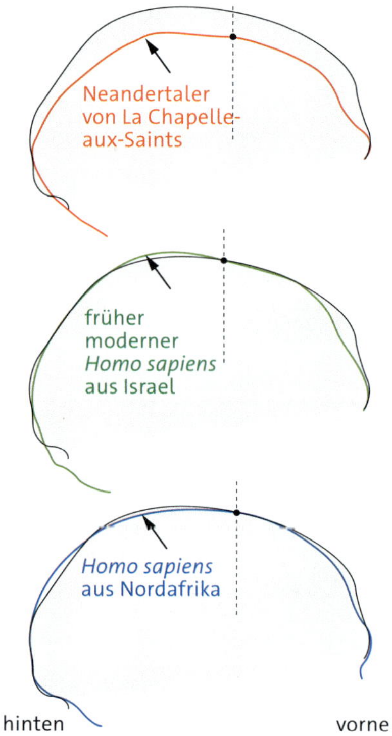

Die Frage, ob sich Neandertaler und *Homo sapiens* durchmischt haben, wird von den Paläoanthropologen kontrovers diskutiert.
Befürworter einer Durchmischung begründen ihre Hypothese unter anderem mit anatomischen Befunden:

In den Höhlen des Karmalgebirges in Israel fand man eindeutige fossile Belege dafür, dass in diesem Gebiet bereits vor 100 000 Jahren Neandertaler und moderne Menschen nebeneinander lebten. Sie benutzten offenbar die gleichen Werkzeuge. Man fand bei Grabungen das Zungenbein eines Neandertalers, das von dem eines heute lebenden Menschen nicht zu unterscheiden ist.
In Lagar Velho in Portugal fand man ein 24 500 Jahre altes, anatomisch modernes Kinderskelett. Dieses Kind war jedoch stämmig und hatte kurze Unterschenkel wie der Neandertaler.

Im tschechischen Mladeč wurde ein Schädel gefunden, der von einigen Forschern als Mischform beider Menschengruppen angesehen wird. Um diese Hypothese zu überprüfen, verglich man ihn mit drei anderen Schädeln. Die schwarze Linie entspricht der Kontur des Mladeč-Schädels.

1 Nennen Sie die Argumente, die von den Anhängern einer Durchmischung beider Menschengruppen angeführt werden.

2 Vergleichen Sie die abgebildeten Schädel mit dem Mladeč-Schädel.

3 Beurteilen Sie anhand der genannten Beispiele, ob die Frage einer Durchmischung mithilfe fossiler Belege eindeutig beantwortet werden kann.

Material B Molekulare Uhr

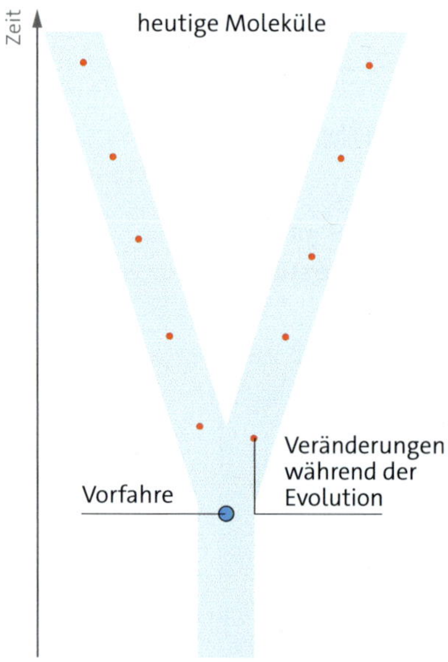

Jeder Punkt auf den Abstammungslinien kennzeichnet eine Sequenzveränderung.

Das Konzept der molekularen Uhr wurde entwickelt, um Aminosäuresequenzen von Proteinen zu vergleichen. Heute wendet man es bei der Analyse von DNA-Sequenzen an. Es basiert auf der Annahme einer konstanten Mutationsrate. Außerdem müssen die Mutationen selektionsneutral sein.

In den 1990er-Jahren entdeckte man, dass es nicht nur auf der mt-DNA, sondern auch auf dem Y-Chromosom selektionsneutrale Regionen gibt, die sogenannten Y-Polymorphismen. Auf dieser Basis wurden Männer aus mehreren Bevölkerungsgruppen aller Kontinente untersucht. Das Ergebnis zeigte, dass der männliche Urahn aller heutigen Menschen demnach vor 140 000 bis 40 000 Jahren gelebt hat. Die Wissenschaftler halten es für am wahrscheinlichsten, dass er vor etwa 59 000 Jahren lebte und erst zu dieser Zeit aus Afrika auswanderte.

1 Begründen Sie, weshalb es für das Konzept der molekularen Uhr bedeutend ist, dass Mutationen gleichmäßig und nicht schubweise auftreten.

2 Begründen Sie, weshalb nur selektionsneutrale DNA-Regionen untersucht werden können.

3 Beurteilen Sie die hier beschriebenen Ergebnisse im Vergleich zu den Befunden, die auf Seite 274 dargestellt sind.

4 Erläutern Sie an diesem Beispiel das Basiskonzept Entwicklung.

Material C Stammbaummodelle

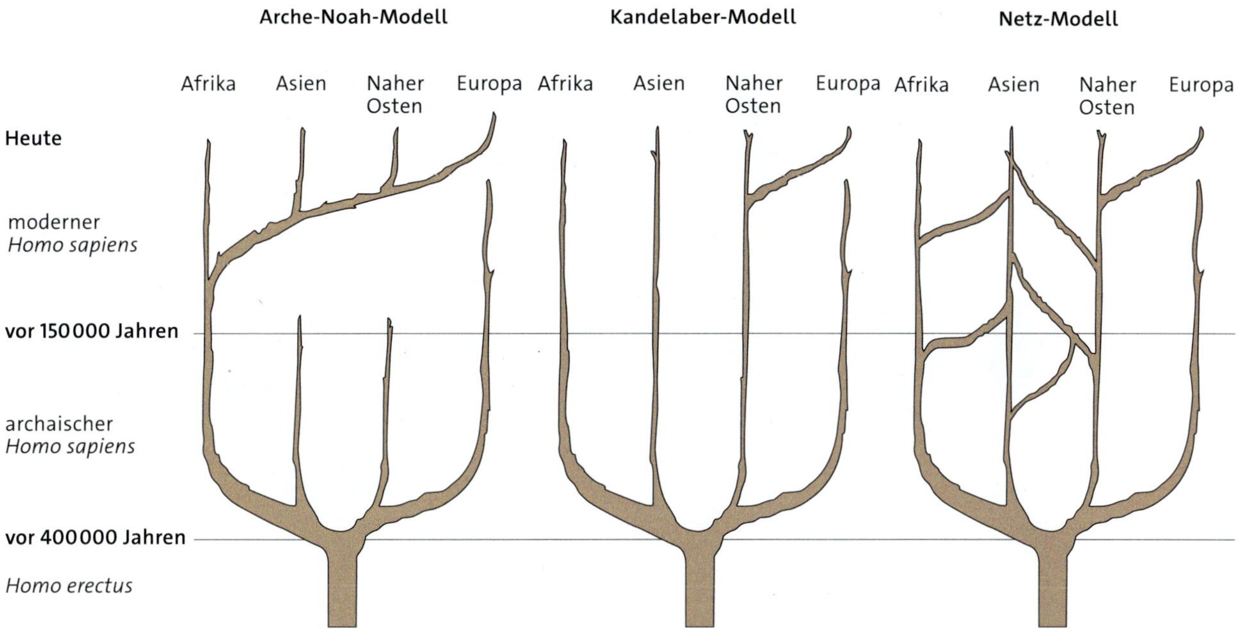

Mit dem Arche-Noah-Modell, dem Kandelaber-Modell und dem Netz-Modell werden drei konkurrierende Hypothesen zur Evolution des heutigen Menschen verbildlicht.

1 Beschreiben Sie die drei dargestellten Modelle.

2 Vergleichen Sie diese Modelle mit der Out-of-Africa-Hypothese und der multiregionalen Hypothese zur Entstehung des heutigen Menschen.

3 Beurteilen Sie die drei Modelle anhand der Ihnen bekannten Befunde.

Material D Vergleich der mt-DNA

A	B	C
Neandertaler	1	0
Europäer	510	28,2
Afrikaner	478	27,1
Asiaten	498	27,7
Indigene Amerikaner	167	27,4
Australier, Ozeanier	20	28,3

Die Tabelle zeigt die Ergebnisse eines mt-DNA-Vergleichs. Hierzu wurden 994 mt-DNA-Proben ausgewertet.

A Population

B Anzahl der getesteten Personen

C durchschnittliche Abweichung von der Neandertalersequenz

1 Beschreiben Sie den in der Tabelle dargestellten Sachverhalt.

2 Deuten Sie die Ergebnisse hinsichtlich einer möglichen Durchmischung von Neandertaler und *Homo sapiens* in Europa.

Material E Hypothesen zum Aussterben des Neandertalers

Seitdem zweifelsfrei feststeht, dass der moderne Mensch und der Neandertaler mehrere Tausend Jahre den gleichen Lebensraum bevölkerten, wurden unterschiedliche Hypothesen zum Aussterben des Neandertalers entwickelt.

Eine Hypothese geht von der Überlegung aus, dass beide Menschenformen die gleiche ökologische Nische beanspruchten und *Homo sapiens* den Neandertaler durch Konkurrenzausschluss verdrängte.

1 Nennen Sie Argumente, die für beziehungsweise gegen diese Hypothese sprechen.

2 Beurteilen Sie die Hypothese auf der Basis Ihrer Argumente.

3.11 Evolution der Kultur

1 Höhlenmalerei in der Grotte Chauvet

Im Tal der Ardèche in Südfrankreich wurde im Jahr 1994 eine Höhle entdeckt, deren Wandmalereien sofort das wissenschaftliche Interesse weckten. Die abgebildete Pferdedarstellung ist eine von mehr als 500 Zeichnungen aus dieser Höhle. Die ältesten Bilder wurden auf etwa 33 000 Jahre datiert. Sie sind somit doppelt so alt wie die bekannten Höhlenmalereien von Lascaux und damit die ältesten Höhlenmalereien weltweit. Welche Beweggründe könnten steinzeitliche Menschen gehabt haben, die Wände mit solchen Darstellungen auszuschmücken?

Neolithikum = Jungsteinzeit

griech. mythos = Legendenbildung

Höhlenmalerei • Prähistorische Malereien zeigen häufig Tierdarstellungen und Jagdszenen. Man nimmt an, dass die Abbildungen einen praktischen Nutzen für die Menschen hatten. So könnten Jagdtechniken und Wanderrouten festgehalten worden sein. Außerdem wird vermutet, dass die Tierdarstellungen eine mythologische Bedeutung hatten. Sie befinden sich zudem in tief gelegenen, nur schwer zugänglichen Bereichen der Höhle. Das deutet darauf hin, dass die Malereien vor anderen Menschengruppen verborgen bleiben sollten. Die zugrunde liegende Fähigkeit zum abstrakten und symbolischen Denken bedeutete einen enormen Entwicklungssprung in der Evolution des *Homo sapiens*. Man spricht deshalb von einer kreativen Explosion, die vor ungefähr 40 000 Jahren begann. Auch die Bestattungsrituale der Neandertaler waren komplexe kulturelle Leistungen. Blüten und Schmuck als Grabbeigaben lassen die Annahme zu, dass dabei bereits religiöse Rituale angewendet wurden.

Neolithische Revolution • Vor ungefähr 10 000 Jahren erfolgte im Vorderen Orient in einem Gebiet zwischen dem Mittelmeer und dem Persischen Golf, das als Fruchtbarer Halbmond bezeichnet wird, der Übergang von einer nomadischen zu einer sesshaften Lebensweise. Die Menschen begannen Ackerbau und Viehzucht zu betreiben. Diese Lebensform breitete sich bald nach Europa und Südostasien aus. Ähnliche Strukturen entstanden unabhängig davon vor ungefähr 8500 Jahren in Süd- und Mittelamerika. Diese Neolithische Revolution führte zur Entstehung der ersten Hochkulturen mit eigener Gesetzgebung, Kunst, Religion und Wissenschaft.
Ein weiterer Schub für die kulturelle Evolution war die Erfindung der Schrift. Vor 5000 Jahren entwickelten die Sumerer in Mesopotamien und die Ägypter unabhängig voneinander erste Schriftformen. Die bisher gebräuchliche Bildsprache wich einer „geschriebenen Sprache". Kulturtechniken konnten nun schriftlich überliefert und gespeichert werden.

2 Tontafel mit Keilschrift aus Mesopotamien

3 Badekultur bei Makaken

Kulturbegriff • Bis weit ins 20. Jahrhundert galt die Auffassung, Kultur sei ein komplexes Phänomen von Sitte, Moral, Kunst und Recht, das der menschlichen Gesellschaft vorbehalten sei. In der modernen Biologie versteht man unter Kultur die Weitergabe von Erkenntnissen und Verhaltensweisen, die nicht genetisch festgelegt sind. Voraussetzung ist ein zentrales Nervensystem, das diese Informationen speichern kann.

Nach dieser Definition zeigen auch Tiere kulturelle Leistungen. Ein Beispiel hierfür ist eine Gruppe von Japanmakaken, die in der Nähe heißer Quellen lebt. In den 1960er-Jahren ahmte ein Affenweibchen menschliche Badegäste nach, die ins heiße Wasser stiegen. Die Experimentierfreudigkeit dieses Weibchens veränderte das Leben des ganzen Clans. Alle Tiere dieser Gruppe wärmen sich seitdem im Winter in den heißen Quellen. Andere Makakengruppen zeigen dieses Verhalten nicht.

Besonderheiten kultureller Evolution • Im Vergleich zur biologischen Evolution, also der Weiterentwicklung erblich bedingter Eigenschaften, verläuft die kulturelle Evolution im Allgemeinen schneller. Der Grund dafür ist, dass Kultur nicht wie Erbinformationen nur an die Nachkommen der nächsten Generation weitergegeben werden kann. Sie kann eine große Anzahl von Individuen mehrerer Generationen gleichzeitig erreichen, die sie wiederum genauso vielfach weiterverbreiten können.

Gehirngröße und Nahrung • Die kulturelle Evolution des Menschen steht im engen Zusammenhang mit der Leistungsfähigkeit des Gehirns, das sich durch biologische Evolution entwickelt hat. Das Gehirn entspricht mit einer Masse von ungefähr 1350 g etwa 2 % der Gesamtmasse des Menschen. Es benötigt aber 20 % des gesamten Energiebedarfs des Körpers. Dies bedeutet insbesondere bei Nahrungsmangel einen Nachteil. Damit stellt sich die Frage, welche Selektionsvorteile in der Evolution zur Entwicklung des verhältnismäßig großen Gehirns führten.

Ein Vergleich zweier in Mittelamerika beheimateter Affenarten liefert Hinweise zur Bedeutung der Ernährung für die Gehirnentwicklung. Mantelbrüllaffen leben von anspruchsloser, jederzeit verfügbarer Nahrung. Geoffroy-Klammeraffen suchen anspruchsvolle, leicht verdauliche Nahrung. Da die Nahrung teilweise schwer zugänglich ist und die Früchte zu unterschiedlichen Zeiten reifen, benötigen die Tiere eine mentale Landkarte, in der räumliche und zeitliche Vorstellungen abgespeichert werden. Man kann deshalb gut begründen, dass die Gehirnmasse der Klammeraffen bei gleicher Körpermasse etwa doppelt so groß ist wie die der Brüllaffen. Zugleich begünstigt hochwertige Nahrung die Ausbildung eines großen Gehirns.

1 **Beschreiben Sie die wesentlichen Schritte der kulturellen Evolution des Menschen.**

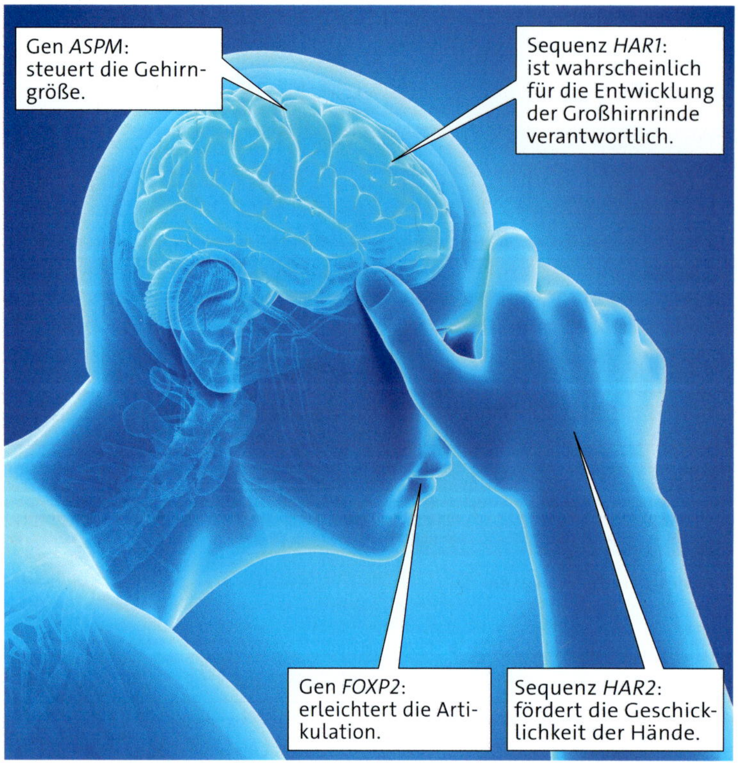

1 Gene und Evolution der Kultur

Gruppengröße • Die ökologischen Bedingungen in der Savanne stellten die frühen Hominiden vor ähnliche Herausforderungen wie die Affen. Auch sie mussten ihre Nahrung in einem großen Territorium beschaffen. Während Australopithecinen sich ausschließlich herbivor ernährten, lebte *Homo habilis* auch von tierischer Nahrung. Sie ist energiereicher und leichter verdaulich als pflanzliche Kost. Die Länge des Darms, der von allen Organen mit Ausnahme des Gehirns die meiste Energie benötigt, reduzierte sich. Energiereiche Kost und kürzerer Darm sind beides Faktoren, die die Vergrößerung des Gehirns begünstigten.

Gehirngrößen siehe Seite 270.

Homo habilis lebte in größeren sozialen Verbänden. Die reproduktive Fitness eines einzelnen Gruppenmitglieds war davon abhängig, ob es in der Lage war, ausreichend Nahrung für seine Nachkommen zu beschaffen. Eine höhere Intelligenz erleichterte die Nahrungssuche und bedeutete somit einen evolutionären Vorteil gegenüber den Artgenossen.
Außerdem stellte das Leben in der Gruppe hohe Anforderungen an die soziale Kompetenz. Für das Überleben war es wichtig, verschiedene Fakten zu einzelnen Mitgliedern speichern und deren Bedeutung richtig einschätzen zu können. Derartige Denkleistungen werden von einem bestimmten Areal der Großhirnrinde, dem Neocortex, gesteuert. Ein Vergleich rezenter Primaten zeigt, dass Tiere, die in größeren Gruppen leben, einen größeren Neocortex aufweisen.

Sprache • Die Vergrößerung der Großhirnrinde war eine Voraussetzung für die Entwicklung der Sprache. *Homo habilis* verfügte bereits über die für die Sprachverarbeitung notwendigen Hirnregionen, die als **Broca-** und als **Wernicke-Areal** bezeichnet werden. Doch zusätzlich bedurfte es einer besonderen Koordination der Mund- und Gesichtsmuskeln. Im Jahr 1988 entdeckte man das *FOXP2*-Gen, das einen Transkriptionsfaktor codiert. Er ist vor allem in den Nervenzellen des Gehirns aktiv und reguliert dort dutzende andere Gene, die mit der Sprache und ihrer Motorik in Zusammenhang stehen. Zwei Mutationen innerhalb des *FOXP2*-Gens haben zur Folge, dass sich Mensch und Schimpanse in nur zwei Aminosäuren des resultierenden Transkriptionsfaktors unterscheiden. Auch beim Neandertaler wurden die der Sprache zugrunde liegenden *FOXP2*-Mutationen nachgewiesen. Sie sind wahrscheinlich mehr als 500 000 Jahre alt und führten dazu, dass Gebärden von Lautfolgen abgelöst wurden. Man konnte kommunizieren, ohne sich zu sehen.

In den letzten Jahren gelang es, weitere DNA-Sequenzen zu bestimmen, die für die Gehirnentwicklung des Menschen bedeutsam sind. Eine andere spezifische DNA-Sequenz fördert im Verlauf der Embryonalentwicklung Genaktivitäten zur Steuerung von Daumen und Handgelenk. Vergleiche mit der Schimpansen-DNA zeigten, dass diese Genabschnitte auch erst nach der Trennung vom Schimpansen in der Abstammungslinie der Hominiden mutierten. Einige bedeutsame Mutationen sind somit die Voraussetzung für die geistige und kulturelle Evolution der Hominiden.

1 **Nennen Sie die Faktoren, die eine Selektion zur Vergrößerung des Gehirnvolumens der Hominiden begünstigten.**

2 **Erläutern Sie die der kulturellen Evolution zugrunde liegenden genetischen Veränderungen.**

Material A Kulturtechniken von Menschenaffen

Im Nouabalé-Ndoki-Nationalpark im Norden des Kongos beobachteten Biologen ein Gorillaweibchen. Es versuchte, durch einen Teich zu waten, sank jedoch nach nur wenigen Schritten tief ein. Daraufhin kletterte es aus dem Wasser, holte sich einen langen Stock und prüfte damit die Wassertiefe an einer anderen Stelle. Anschließend nutzte es den Stock als Gehhilfe. Schon seit Längerem ist bekannt, dass Schimpansen Stöcke zum Angeln von Termiten verwenden. In Zentralafrika beobachtete man eine Gruppe von Tieren, die die Stöcke an einem Ende pinselartig ausfransten, um damit die Termiten noch wirksamer aufzunehmen.
An der Elfenbeinküste beobachtete man Schimpansen, die Werkzeuge benutzten, um hartschalige Nüsse zu knacken. Hierbei dienten Baumwurzeln oder größere Steine als Amboss und andere Steine als Hammer. Jungtiere benötigen mehrere Jahre, um diese Technik zu erlernen.
An gleicher Stelle entdeckten Forscher 4300 Jahre alte einfache Steinwerkzeuge, die wahrscheinlich von Schimpansen benutzt wurden. Die entsprechende Technik wurde demnach über 200 Generationen weitergegeben.

1 Erläutern Sie anhand der dargestellten Beispiele den biologischen Kulturbegriff.

2 Erklären Sie, weshalb die unterschiedlichen Gebräuche verschiedener Menschenaffenpopulationen lokal begrenzt sind.

3 Bewerten Sie die Auffassung, dass der Kulturbegriff nur auf den Menschen anzuwenden sei.

Material B Mem-Theorie

Die biologische Evolution basiert darauf, dass Informationen über das Erbmaterial, die Gene, an die direkten Nachkommen weitergegeben werden. Einer in den 1970er-Jahren entwickelten Theorie zufolge werden kulturelle Informationen in Analogie hierzu als **Meme** bezeichnet. Meme können sowohl horizontal an andere Mitglieder der Gruppe weitergegeben werden als auch vertikal, also von einer Generation an die folgende. In der modernen Welt dominiert die horizontale Memweitergabe (Freunde, Schule, Fernsehen, Internet). Es können symbiotische, schwierige und parasitäre Meme unterschieden werden:
Symbiotische Meme (Verwendung der Muttersprache oder Radfahren) sind gängige Verhaltensmuster, die für ihre Befolger vorteilhaft sind und sich leicht verbreiten.
Schwierige Meme (Fremdsprachengebrauch, Klavierspielen) sind Verhaltensmuster, die ebenfalls ihren Befolgern nützen, sich aber wegen des mit ihnen verbundenen Lernaufwands nur selten und langsam verbreiten.
Parasitäre Meme (intensives Sonnen, Drogen) sind nachteilig für ihre Befolger, verbreiten sich aber dennoch sehr erfolgreich.

1 Nennen Sie weitere Beispiele für symbiotische, schwierige und parasitäre Meme.

2 Vergleichen Sie die kulturelle Evolution mit der biologischen Evolution.

3 Nehmen Sie Stellung zu der Aussage: „Die Fortpflanzungsinteressen der Gene geraten in Konflikt mit denen der Meme."

3.12 Untersuchung von Verhalten

1 Mimik und Gestik bei Mensch und Affe

Manchmal zeigt das Verhalten von Mensch und Tier erstaunliche Parallelen. Vieles an Gestik und Mimik können wir bei unseren nächsten Verwandten im Tierreich scheinbar wiedererkennen. Doch was können wir aus dem Verhalten der Tiere noch erkennen, wenn wir es mit wissenschaftlichen Methoden untersuchen?

Verhaltensbiologie • Schon unsere hominiden Vorfahren haben sich vermutlich für das Verhalten der sie umgebenden Tiere interessiert. Ein erfahrener Jäger konnte beispielsweise die zu erwartende Reaktion eines Mammuts abschätzen und hatte dadurch sowohl bei der Jagd als auch bei der Flucht einen bedeutenden Vorteil gegenüber seinen Konkurrenten.

Verhalten stellt daher genauso wie die Ausprägungen körperlicher Merkmale einen essenziellen Mechanismus der Angepasstheit eines Organismus an seine Lebensweise dar. Es ermöglicht flexible Reaktionen auf wechselnde Umweltbedingungen. Die wichtigsten Angepasstheiten beziehen sich auf den Nahrungserwerb, die Vermeidung von Beutegreifern, das Finden von Fortpflanzungspartnern und die Aufzucht von Jungtieren. Die Organismen interagieren auf diese Weise mit ihren Artgenossen, Artfremden oder ihrer Umgebung.

Häufig dienen solche Vorgänge der Erhaltung des Gleichgewichts einzelner regulierter Zustände. Solche Gleichgewichte werden als Homöostase bezeichnet. Wenn also eine Pflanze in der Mittagshitze ihre Spaltöffnungsapparate schließt, so führt dieses Verhalten zur Minimierung der Transpiration und stellt einen wichtigen Beitrag zur Regulation des Wasserhaushalts dar. Den meisten Verhaltensmerkmalen liegen dabei sowohl genetische als auch zahlreiche Umweltkomponenten zugrunde.

Heutzutage kann man das Verhalten der Lebewesen mit wissenschaftlichen Methoden untersuchen. Zum Verhalten zählt man alle Bewegungen und nachweisbaren Aktionen von Lebewesen. Dies gilt nicht nur für Tiere. Auch bei Mikroorganismen und Pflanzen kann man koordinierte Bewegungen oder Signale erkennen, die zu Aktivitäten führen. So können Individuen beider Organismengruppen auf Lichtreize reagieren, indem sie zum Licht hin wachsen oder sich in seine Richtung bewegen.

Bei der Beschreibung und Analyse des häufig sehr komplexen Verhaltens von Tieren entwickelten Verhaltensforscher verschiedene Blickrichtungen. Diese fasste der Nobelpreisträger Nikolaas Tinbergen zu zentralen Fragen der Verhaltensbiologie zusammen. Durch diese Fragen werden proximate und ultimate Ursachen von Verhaltensweisen unterschieden.

Proximate Ursachen • Warum zeigt ein Tier ein bestimmtes Verhalten, beispielsweise ein Wellensittich seinen charakteristischen Gesang? Untersuchen Verhaltensbiologen zum Beispiel hormonelle, neuronale oder muskuläre Mechanismen für die Lautäußerungen des Wellensittichs, so suchen sie nach den unmittelbaren Ursachen für das Verhalten, die es auslösen und steuern. Ein Faktor beim Gesang der Wellensittiche ist zum Beispiel der Aufbau der Kehlkopfmuskulatur dieser Vögel, der den vielfältigen Gesang überhaupt erst ermöglicht.

lat. proximus = der Nächste

2 Gruppe von Wellensittichen

Wie entwickelt sich Verhalten bei einem Lebewesen? Bei der Beantwortung dieser Frage legt man das Augenmerk auf die Individualentwicklung des Tieres. Der Wellensittich beispielsweise singt, weil er diesen Gesang als Jungvogel von seinen Eltern erlernt hat. Jeder Wellensittichschwarm prägt dabei einen eigenen „Gesangsdialekt" aus.
Die unmittelbaren und die entwicklungsbedingten Ursachen fasst man als proximate Ursachen zusammen.

3 Wellensittiche bei der Balz

Ultimate Ursachen • Welche evolutionäre Bedeutung hat das Verhalten? Zu Beginn der Balz singt ein Wellensittichhahn mit aufgestelltem Kopf- und Kehlgefieder ein Weibchen an. Ist er dabei erfolgreich, wird die Balz fortgesetzt. Dadurch erhöht sich die Fortpflanzungswahrscheinlichkeit des Wellensittichhahns, sein Gesang kann sich positiv auf die Anzahl seiner Nachkommen auswirken. So kann man erklären, wie sich diese Verhaltensweise in der Evolution durchgesetzt hat.
Die evolutionären Ursachen von Verhalten bezeichnet man als ultimate Ursachen.

lat. ultimus = der Weiteste

Untersuchung der Ursachen für Verhalten • Dass proximate Ursachen Einfluss auf das Verhalten haben, lässt sich meist durch geschickt konstruierte Experimente zeigen. Zum Beispiel kann durch Versuche mit Attrappen ermittelt werden, welche Reize das Fütterungsverhalten von Wellensittichen gegenüber ihren Jungen beeinflussen.
Die ultimaten Ursachen lassen sich dagegen in vielen Fällen nur schwer experimentell untersuchen. Manche Verhaltensänderungen sind vermutlich zufällig entstanden. Die daraus resultierenden Vorteile für das Überleben der Art sind nach heutigem Stand der Forschung häufig unbekannt.

4 Wellensittich füttert Jungvogel in der Bruthöhle

1 Krähe bei der Werkzeugnutzung

2 Webervogelnest: **A** eines solitär lebenden Vogels, **B** von in Kolonien lebenden Vögeln

Beobachtung und Beschreibung • Um das Verhalten von Lebewesen zu erforschen, versucht man häufig, die Verhaltensweisen im Freiland oder unter kontrollierten Bedingungen zu beobachten und zu beschreiben. So kann es je nach Fragestellung von Interesse sein, ob eine Neukaledonische Krähe mit einem großen Satz auf einen Holzstamm springt, einen Ast von einem benachbarten Lichtnussbaum abbricht, um ihn danach langsam in den Bohrgang einer Larve zu führen, daraufhin eine im Ast verbissene Bockkäferlarve zügig aus dem Loch zieht, mit dem Schnabel vom Ast pickt und in einem Stück schluckt – oder ob es ausreichend ist festzuhalten, dass die Krähe eine Larve gefressen hat. Im ersten Fall interessiert man sich für die Struktur der Handlung und fasst diese dann in einem Katalog der möglichen artspezifischen Handlungen, einem **Ethogramm**, zusammen. Im zweiten Fall liegt der Beobachtungsfokus auf der Konsequenz des Handelns.

Neben den Beobachtungen im Freiland spielen häufig Laboruntersuchungen wie DNA-Analysen und Hormonmessungen eine wichtige Rolle.

Artvergleich und Kosten-Nutzen-Analyse • Heutzutage arbeiten Verhaltensforscher zudem häufig mit Vergleichen zwischen mehreren Arten und mit Kosten-Nutzen-Analysen.

So konnte man beispielsweise durch den Vergleich von verschiedenen Webervogelarten einen Zusammenhang zwischen ökologischen Faktoren und der sozialen Organisation dieser Vögel zeigen: Wald bewohnende Webervögel sind territoriale, monogame und solitäre Insektenfresser. Savannen bewohnende Webervögel leben dagegen in Kolonien, sind polygam und fressen Samen. Verschiedene Nahrung und Räuberdruck sind für diese Unterschiede verantwortlich. Ökologische Faktoren bestimmen in diesem Fall das Sozial- und Paarungssystem. Eine Lebensweise in Kolonien bietet beispielsweise Vorteile beim Schutz vor Räubern und Kälte. Die Kosten dafür bestehen unter anderem in der erhöhten Konkurrenz um Platz und Nahrung. Bei der Kosten-Nutzen-Analyse der Daten werden mathematische Methoden der Statistik und Ökonomie benutzt, um die Hypothesen zu überprüfen.

Bedeutung der Verhaltensbiologie • Das bessere Verständnis der Organismen ist ein wichtiges Anliegen biologischer Grundlagenforschung. Die hier gewonnenen Erkenntnisse beeinflussen die Züchtung und Haltung von Haustieren, dienen der Durchführung von Artenschutzprogrammen und stellen einen wichtigen Beitrag bei der Schädlingsbekämpfung dar. Verhaltensstudien zu Aggression und Lernen bei Tieren liefern darüber hinaus grundlegende Erkenntnisse der Mechanismen menschlichen Verhaltens. Neben diesen wirtschaftlichen Argumenten sollte man berücksichtigen, dass es einfach auch Spaß macht, Tiere zu beobachten.

1 Beschreiben Sie am Beispiel eines bellenden Hundes, welche proximaten und ultimaten Ursachen das Verhalten hat.

2 Erläutern Sie die verschiedenen Untersuchungsmethoden der Verhaltensbiologen.

3 Nennen Sie eine Verhaltensweise, die zur Homöostase beiträgt, und erläutern Sie diese.

Material A Fortpflanzung der Buntbarsche

Männliche Fische einer noch nicht wissenschaftlich beschriebenen Buntbarschart aus dem Victorianil in Uganda bereiten in der Laichzeit Bodenmulden zur Eiablage der weiblichen Barsche vor. Wenige Sekunden nach dem Ablaichen in der Mulde nehmen die Weibchen die orangefarbenen Eizellen in ihr Maul auf. Während dieser Aufnahme schiebt sich das Männchen mit seiner Afterflosse, die durch eine Folge orangefarbener Tupfen gekennzeichnet ist, vor das Weibchen. Das Weibchen reagiert auf die Tupfen und versucht diese mit dem Maul aufzunehmen. Dabei gibt das Männchen sein Sperma ab und ein Teil dieser Fischmilch befruchtet den Rogen im Maul des Weibchens.

1 Beschreiben Sie das von den Weibchen gezeigte Verhalten.

2 Entwickeln Sie eine Hypothese zur proximaten und zur ultimaten Ursache der orangefarbenen Tupfen auf der Afterflosse der Männchen.

3 Planen Sie ein Kontrollexperiment zur Überprüfung Ihrer Hypothesen.

Material B Rufe von Präriehunden

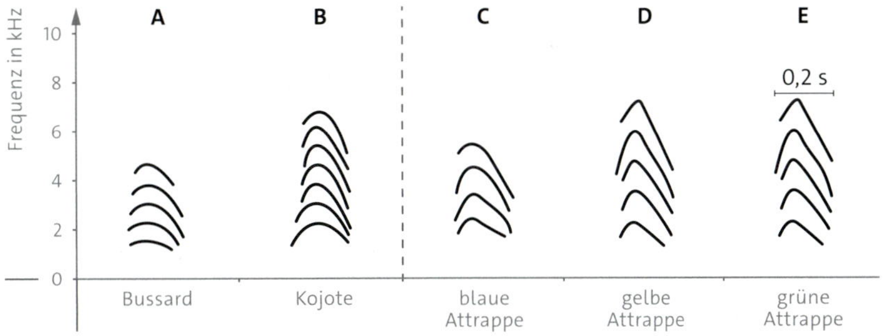

Die Präriehunde in Nordamerika leben in großen Kolonien mit bis zu einer Million Tieren. Die mit den Murmeltieren verwandten Präriehunde sind tagaktiv und ziehen sich nachts in ihre Erdhöhlen zurück. Ihre Rufe bestehen aus sehr kurzen, sich überlagernden Tönen verschiedener Frequenzen. Für das menschliche Ohr sind diese Rufe kaum zu unterscheiden. Verhaltensforscher untersuchten einzelne Frequenzen im zeitlichen Verlauf und machten Unterschiede in manchen Rufen deutlich.

1 Vergleichen Sie die im Diagramm dargestellten Rufe.

2 Erläutern Sie die Bedeutung der Rufe A und B für die Präriehundkolonie.

3 Interpretieren Sie die Unterschiede und Gemeinsamkeiten in den Rufen C bis E.

3.13 Evolution der Sozialsysteme

1 Gorillas

Der Sexualdimorphismus, also das unterschiedliche Erscheinungsbild der Geschlechter, war schon für Darwin ein Anlass, das Konzept der Selektion um das Prinzip der sexuellen Selektion zu erweitern, die den Fortpflanzungserfolg beeinflusst. Doch wie kann ein Silberrücken, ein männlicher Gorilla, innerhalb einer Gruppe seine genetische Fitness optimieren und wodurch haben sich in der Evolution der Primaten verschiedene Sozialsysteme entwickelt?

griech. gyné = Frau

Sozialsysteme und Paarungsstrategien • Innerhalb der Primaten existieren verschiedenste Formen des Zusammenlebens. Die sozialen Gruppen, zu denen Primaten sich zusammenschließen, stehen in engem Zusammenhang mit den Paarungssystemen, in denen die Tiere sich fortpflanzen. Grundsätzlich unterscheidet man dabei Monogamie, die Paarbindung, und Polygamie, die Verpaarung mit mehreren Partnern. Proximate Erklärungen für das Paarungsverhalten finden sich zum Beispiel in optischen Signalen wie der Zurschaustellung der Geschlechtsorgane oder olfaktorischen Reizen sowie im Hormonsystem. Hormone wie Oxytocin und Vasopressin lösen monogames Verhalten aus, während Dopamin mit polygamen Verhaltensweisen assoziiert wird.

Da weibliche Primaten nur wenige Jungtiere zur Welt bringen, ergeben sich für die Geschlechter unterschiedliche Strategien zur Erhöhung ihrer jeweiligen Fitness. Die ultimaten Erklärungen hierfür sind genauso vielfältig wie die verschiedenen Ausprägungsformen von Mono- und Polygamie.

Polygynie • Bei Gorillas lebt ein dominantes Männchen, der Silberrücken, mit mehreren Weibchen in einer Gruppe. Ein Paarungssystem, in dem sich ein Männchen mit mehreren Weibchen paart, die Weibchen aber nur mit einem Männchen, nennt man Polygynie. Der Silberrücken hat hierbei durch die Anzahl an Weibchen, die nur ihm zur Fortpflanzung zur Verfügung stehen, viele Nachkommen. Einige der jungen erwachsenen Männchen werden in der Gruppe toleriert, dürfen sich aber nicht fortpflanzen.

Gorillas gehen gemeinsam auf Nahrungssuche und legen dabei nur kurze Wege zurück. Daher kann der Silberrücken die Weibchen problemlos kontrollieren beziehungsweise monopolisieren. Er muss seinen Harem jedoch gegenüber anderen erwachsenen Gorillas verteidigen. Gewinnt der Herausforderer einen solchen Kampf, übernimmt er den Harem und tötet alle Jungtiere. Dadurch werden die Weibchen schneller wieder empfängnisbereit. So erhöht der Silberrücken seinen Fortpflanzungserfolg.

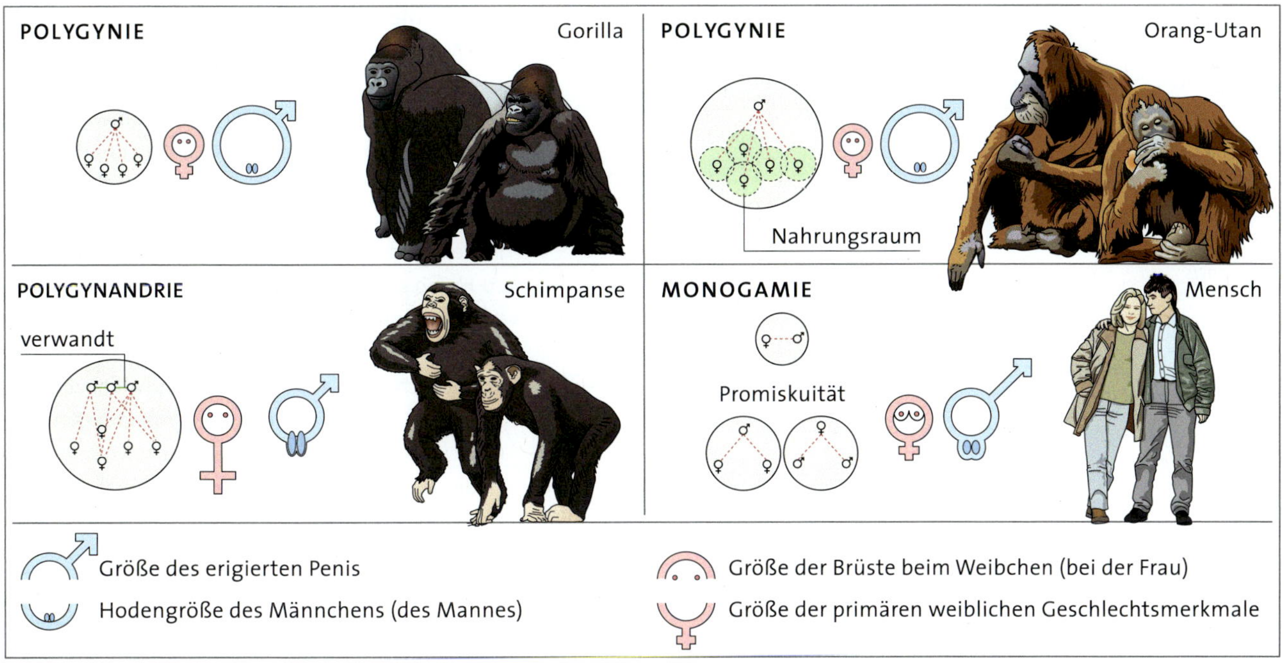

2 Paarungssysteme (Auswahl)

Ein weiteres Beispiel für ein polygynes Paarungssystem findet man beim Orang-Utan. Die Weibchen leben als Einzelgänger und beanspruchen jeweils einen eigenen Nahrungsraum für sich und ihren Nachwuchs. Erwachsene Männchen kontrollieren große Bezirke, die sich mit den Gebieten mehrerer Weibchen überlappen.

Polygynandrie • Schimpansen leben zusammen in größeren Gruppen mit vielen Männchen und Weibchen in einem großen Revier. Die Männchen kooperieren bei der Jagd und bei der Verteidigung ihres Reviers.
Sowohl die Männchen als auch die Weibchen haben mehrere Sexualpartner. Man bezeichnet dieses Paarungssystem als Polygynandrie. Die Männchen innerhalb einer Gruppe rivalisieren um den Zugang zu den Weibchen. Schimpansenweibchen paaren sich innerhalb kurzer Zeit mit mehreren Männchen. Unter den Schimpansenmännchen besteht daher eine Konkurrenz um die Befruchtung der Eizellen. Ein Männchen kann seinen Fortpflanzungserfolg infolgedessen nur dadurch steigern, dass es häufiger als andere kopuliert und besonders viele Spermienzellen produziert. Damit entsteht eine Spermienkonkurrenz, die eine Selektion zu besonders großen Hoden bewirkt.

Polyandrie • Südamerikanische Krallenaffen leben in Gruppen, in denen es mehr erwachsene Männchen als Weibchen gibt. In jeder Gruppe paart sich nur ein Weibchen mit mehreren Männchen. Dieses bei Primaten seltene Paarungssystem wird Polyandrie genannt. Es ermöglicht einem Weibchen zwar nicht, mehr Jungtiere auszutragen, durch die Spermienkonkurrenz entsteht aber ein anderer Vorteil. Die Polyandrie ist bei den Krallenaffen mit der gemeinsamen Aufzucht der Jungtiere durch mehrere Männchen, die potenziell deren Väter seien können, kombiniert. Sie unterstützen das Weibchen durch das Tragen des schweren Nachwuchses, welches energieaufwendig ist und die Nahrungssuche erschwert. So wird die Überlebenschance der Jungtiere erhöht.

griech. aner, andros = Mann

Monogamie • Gibbons leben monogam in beständigen Zweierbeziehungen mit kleinem Territorium, das von beiden Geschlechtern verteidigt wird. Da es keine ausgeprägten Kämpfe um die Weibchen gibt, ist der Sexualdimorphismus gering. Männchen und Weibchen gehen gemeinsam auf Nahrungssuche, was die Ernährungssituation der Weibchen und so den Fortpflanzungserfolg beider Partner verbessert. Zudem beteiligen sich die Männchen an der Aufzucht der Jungtiere.

	Körpermasse	Schädelgröße[1]	Größe des unteren Eckzahns
Orang-Utan	237	117,0	126,6
Gorilla	200	123,8	138,0
Schimpanse	119	108,7	123,3
Australopithecus afarensis	155	118,0	127,0
Australopithecus africanus	136	119,0	117,0
Homo erectus	110	119,0	114,0
Homo sapiens	118	118,0	105,0
Werte des Männchens (des Mannes) in % bezogen auf das Weibchen (die Frau) [1] relatives Maß: Höhe des Unterkiefers			

1 Sexualdimorphismus bei Hominiden

Sozialsysteme der Hominiden • Aus dem Vergleich mit den Sozialstrukturen rezenter Menschenaffen lassen sich begründete Hypothesen über die Sozialsysteme der Vormenschen entwickeln. Das Gebiss von *Australopithecus afarensis* deutet darauf hin, dass er Früchte, härtere Samen und Nüsse bevorzugte. Da er in einer offenen Savannenlandschaft lebte, musste er seine weit verstreute Nahrung in einem großen Gebiet suchen. Die Weibchen gingen wahrscheinlich einzeln oder in Kleingruppen auf Nahrungssuche. Der große Sexualdimorphismus weist zunächst auf ein polygynes Paarungssystem hin. Aufgrund der Größe des beanspruchten Territoriums kann ein einzelnes Männchen jedoch kaum in der Lage gewesen sein, eine Gruppe von Weibchen zu monopolisieren und zu verteidigen. Eine Kooperation unter den Männchen gilt daher als wahrscheinlich.

Australopithecus afarensis könnte in einer Gruppe mit mehreren Männchen und mehreren Weibchen in einem polygynandrischen Paarungssystem gelebt haben. Richard Leakey fand eine weitergehende Erklärung, die sowohl den großen Sexualdimorphismus als auch die Nahrungsstrategie einbezieht. Demnach lebten die frühen Australopithecinen in einem Sozialsystem ähnlich dem der Paviane. Innerhalb einer größeren Viel-Männchen-viel-Weibchen-Gruppe könnten polygyne Substrukturen erhalten geblieben sein.

Ein zusammenfassendes Modell der sozialen Evolution des Menschen bezieht das Verhalten der heutigen Menschen in die Überlegungen ein. Ursprünglich herrschte ein polygynes Paarungssystem vor, ähnlich dem des Gorillas. Heranwachsende Männchen hatten in solchen Gruppen nur die Alternative, den Harem zu verlassen oder durch heimliche Kopulation zum Fortpflanzungserfolg zu gelangen. Im Verlauf der stammesgeschichtlichen Entwicklung zu *Homo erectus* ist ein deutlich abnehmender Sexualdimorphismus zu beobachten. Dies ist ein Beleg für eine abnehmende Konkurrenz der männlichen Vormenschen hin zu Kooperation und Allianzbildung sowie die Entwicklung eines polygynandrischen Paarungsverhaltens. Auch die vergleichsweise großen Hoden des modernen Menschen stützen diese Hypothese.

Für die Weibchen in der Gruppe ergab sich der Vorteil der Partnerwahlmöglichkeit. Dabei wurden Männchen bevorzugt, die durch Mithilfe bei der Nahrungsbeschaffung und der Aufzucht der Jungtiere zur Fitnessmaximierung beitrugen. Diese Auswahl führte zu einer **intersexuellen Selektion**. Sie könnte neben einem zunehmend komplexen und flexiblen Sozialsystem eine besondere Bedeutung für die Gehirnentwicklung der Hominiden gehabt haben. Denn nun bedeuteten kognitive Fähigkeiten einen Selektionsvorteil. Auch dominante Männchen profitierten von den neuen Strukturen, da man bei der Revierverteidigung kooperieren konnte.

1 Beschreiben Sie die Paarungssysteme der Menschenaffen.

2 Nennen Sie ultimate Ursachen der verschiedenen Paarungssysteme aus Sicht der Männchen und Weibchen.

3 Begründen Sie, weshalb Gorillas keiner Spermienkonkurrenz ausgesetzt sind.

4 Stellen Sie anhand der Daten in Tabelle 1 eine Hypothese zum Sozialsystem von *Australopithecus africanus* auf.

5 Das Paarungssystem von *Homo sapiens* wird nicht als streng monogam, sondern als gemäßigt polygyn bezeichnet. Begründen Sie diese Aussage.

Material A Gibbon und Pavian

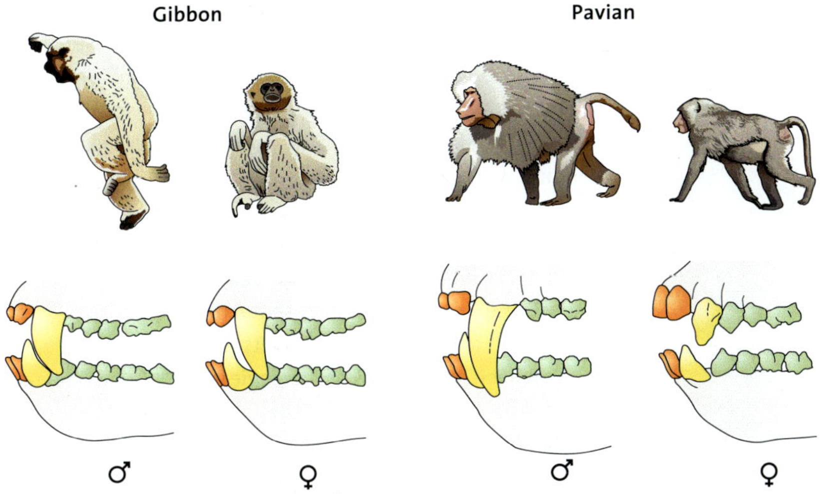

1 Vergleichen Sie den Sexualdimorphismus von Gibbon und Pavian.

2 Entwickeln Sie aus dem dargestellten Sexualdimorphismus des Pavians eine Hypothese zum Paarungssystem.

3 Erläutern Sie an diesem Beispiel das Basiskonzept Entwicklung.

Material B Entwicklung der Paarungssysteme bei Menschenaffen

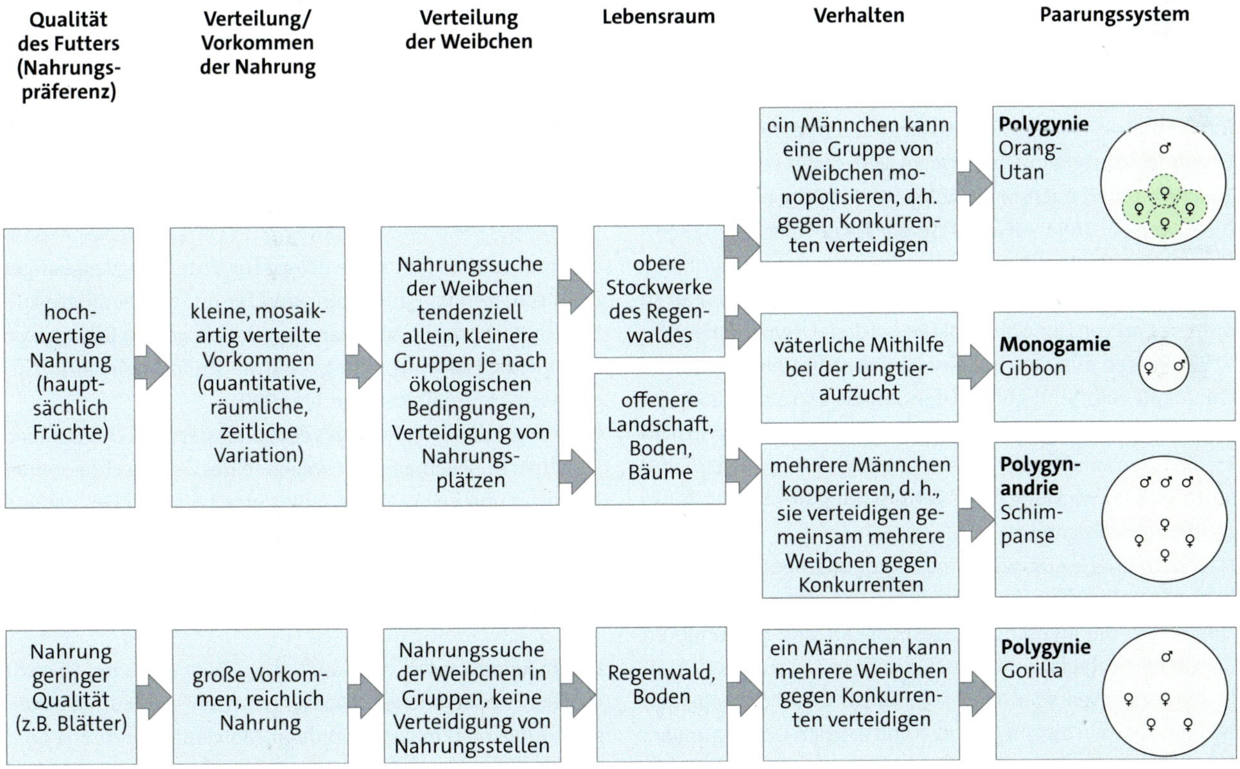

Die Verhaltensökologie untersucht, wie Tiere mit ihrem Verhalten an ihre Umwelt, zum Beispiel die Verfügbarkeit von Nahrung, angepasst sind. So kann sie auch die Entwicklung der Paarungssysteme bei Menschenaffen erklären.

1 Beschreiben und erläutern Sie die Entwicklung der Paarungssysteme bei Menschenaffen.

2 Erklären Sie die besondere Bedeutung des Weibchens bei der Entwicklung der Paarungssysteme.

3 Die Hypothesen zu den Paarungssystemen der frühen Menschen basieren auf den Beobachtungen bei rezenten Menschenaffen. Bewerten Sie diese Vorgehensweise.

Der Rassebegriff beim Menschen

1 Eine Welt

Rassentheorie • Die Herkunft des Rassenbegriffs ist unklar. Er wurde wahrscheinlich schon im Mittelalter verwendet. Im 16. Jahrhundert nutzten ihn Adlige, um auf ihre edle Herkunft hinzuweisen. 1684 verwendete der Naturforscher François Bernier den Rassenbegriff in einem neuen Zusammenhang. Er schlug vor, die Menschen nach körperlichen Merkmalen zu ordnen. Carl von Linné ging später von drei „Urtypen" menschlicher Rassen aus. Der französische Schriftsteller Arthur de Gobineau veröffentlichte in den Jahren 1852 bis 1854 vier Bände über die „Ungleichheit der Menschenrassen". Darin hieß es, die Eigenschaften der Rassen seien verantwortlich für ihre kulturelle Entwicklung. Eine Vermischung der Rassen führe zu ihrem Niedergang.
Nachdem Charles Darwin seine Evolutionstheorie veröffentlicht hatte, übertrugen verschiedene Autoren seine Ausführungen auf die menschliche Gesellschaft und begründeten damit den **Sozialdarwinismus.** Sie nahmen an, auch kulturelle und soziale Veränderungen seien durch natürliche Selektion bedingt. Darwin distanzierte sich von solchen Überlegungen. Sein Vetter Francis Galton hingegen prägte im Jahr 1883 den Begriff der **Eugenik** oder **Erbhygiene.** Er behauptete, negative Einflüsse auf das Erbgut innerhalb einer Rasse sollten unterbunden werden. Dazu gehöre auch, die Fortpflanzung erbkranker Menschen zu verhindern. Diese Geisteshaltung hatte zur Folge, dass in vielen Ländern Europas bis Mitte des 20. Jahrhunderts behinderte Menschen zwangssterilisiert wurden. Viele Biologen und Mediziner unterstützten damals in Deutschland die Rassentheorie und die Eugenik. So schrieb Ernst Haeckel zu diesem Thema: „Die Menschen werden in Rassen unterteilt. Im Allgemeinen sind die kraushaarigen und schwarzen Menschen auf einer viel tieferen Entwicklungsstufe stehen geblieben und den Affen viel näher als die glatthaarigen und weißen Menschen."

Missbrauch im Nationalsozialismus • Im Jahr 1905 gründete der Mediziner Alfred Ploetz die Gesellschaft für Rassenhygiene. Diese Gesellschaft beriet später die Nationalsozialisten und nahm Einfluss auf deren Gesetzgebung.
In der NS-Zeit mündete diese Ideologie in der Judenverfolgung und wurde sogar zum Unterrichtsinhalt. In einem Biologiebuch für das 8. Schuljahr hieß es: „Das Judentum bedeutet nicht nur eine politische Gefahr, sondern in erhöhtem Grade auch eine Gefahr für das Erbgut unseres Volkes. Rassenmischung mit dem jüdisch-parasitären Rassengemenge ist besonders verderblich." Mit diesen Worten wurde ein Buchkapitel eingeleitet, das eines der Nürnberger Rassengesetze von 1935 erklärte: „Das Gesetz des Deutschen Blutes und der Deutschen Ehre". Das NS-Regime rechtfertigte hiermit später seine Massenmorde.

Überwindung des Rassismus • Im Jahr 1950 veröffentlichte die UNESCO eine Erklärung, nach der Menschenrassen nur durch physische und physiologische Unterschiede gekennzeichnet sind. Es gibt keine Belege für Unterschiede geistiger Eigenschaften wie Intelligenz und für rassisch bedingte kulturelle Besonderheiten. Dennoch wurde in den Südstaaten der USA die Rassentrennung bis in die 1960er-Jahre aufrechterhalten, in Südafrika sogar bis 1990.
Im Artikel 3 des Grundgesetzes der Bundesrepublik Deutschland steht hierzu: „Niemand darf wegen seines Geschlechtes, seiner Abstammung, seiner Rasse, seiner Sprache, seiner Heimat und Herkunft, seines Glaubens, seiner religiösen oder politischen Anschauungen benachteiligt oder bevorzugt werden. Niemand darf wegen seiner Behinderung benachteiligt werden."

Es gibt keine Rassen • In der Biologie war es bis heute nicht möglich, verschiedenen „Menschenrassen" eindeutige Unterscheidungsmerkmale zuzuordnen. Molekulargenetische Analysen zeigten, dass die genetischen Unterschiede zwischen verschiedenen Populationen sogar geringer sind als innerhalb einer Population. Aufgrund dieser Erkenntnisse erklärte die UNESCO im Jahr 1995, dass die Anwendung des Rassenbegriffs auf den Menschen wissenschaftlich nicht haltbar sei. Weitere Untersuchungen, die im Jahr 2008 veröffentlicht wurden, bestätigen diesen Sachverhalt. Es konnte nachgewiesen werden, dass es auf der DNA Bereiche gibt, in denen sich einzelne

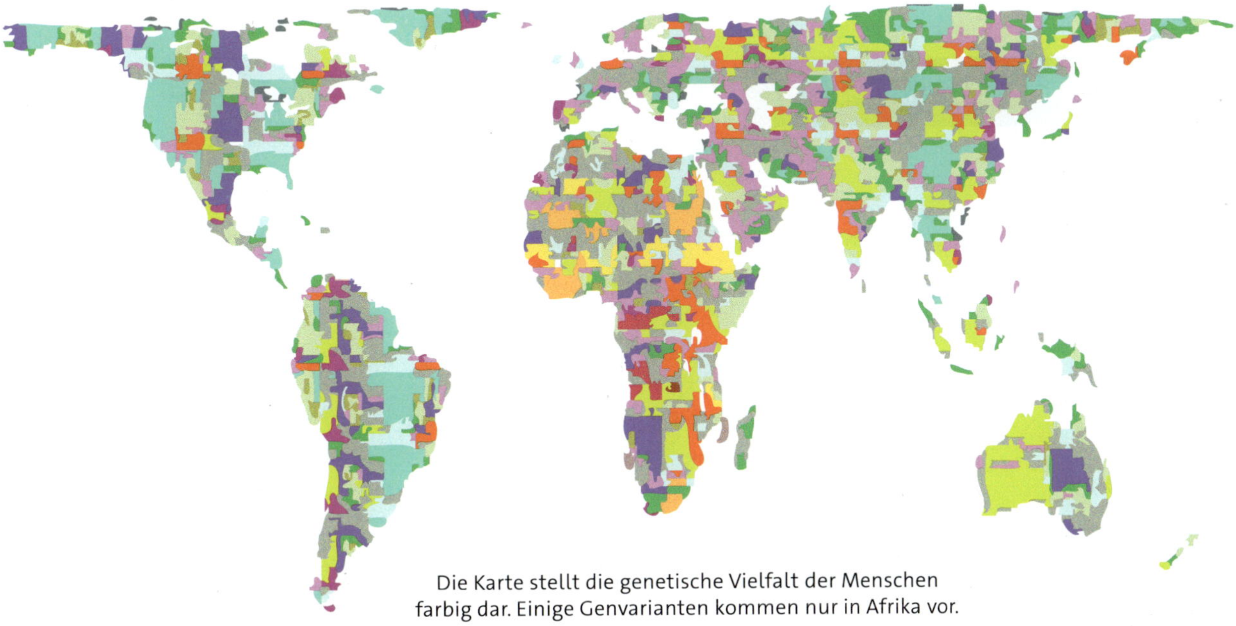

Die Karte stellt die genetische Vielfalt der Menschen farbig dar. Einige Genvarianten kommen nur in Afrika vor.

2 Weltkarte der genetischen Vielfalt

Nucleotide häufiger unterscheiden. Die Genetik bezeichnet diese Varianten als single nucleotide polymorphisms, die SNPs. Man analysierte das Genom von mehr als tausend menschlichen Zelllinien aus 51 Populationen im Hinblick auf den Austausch dieser einzelnen Nucleotide. Anhand der ermittelten genetischen Unterschiede wurden die Verwandtschaftsbeziehungen verschiedener Bevölkerungsgruppen bestimmt. Je größer die Anzahl der übereinstimmenden Nucleotide ist, umso näher sind die Populationen miteinander verwandt. Die Wissenschaft stellte fest, dass eine scharfe räumliche Abgrenzung einzelner Populationen nicht möglich ist. Man beobachtet lediglich geografische Gradienten, also sehr feine Abstufungen in den Genomen von Menschen verschiedener Regionen. Rassen gibt es nicht.

Die Ergebnisse bestätigen außerdem die Verbreitungswege der frühen Menschen nach der Out-of-Africa-Hypothese. Wenn eine Menschengruppe ihre Heimat verlässt, nimmt sie in ihrem Genpool nur einen kleinen Teil des ursprünglichen genetischen Materials mit. Die größte Variabilität verbleibt in der Stammgruppe. So erklärt sich, dass in Afrika die genetische Vielfalt am größten ist. Da Amerika der letzte Kontinent war, der von einer ursprünglich relativ kleinen *Homo-sapiens*-Gruppe besiedelt wurde, weist dessen Urbevölkerung die geringsten genetischen Unterschiede auf.

Hautfarbe • Ein wichtiges Kriterium der Rassentheorie war die Hautfarbe. Aber welche Bedeutung hat die Hautfarbe für die Evolution des Menschen?

Die Wissenschaft nimmt an, dass die dunkle Hautfarbe bei den frühen Menschen entstand, nachdem sie ihre dichte Körperbehaarung verloren hatten. Die Pigmentierung der Haut durch Melanin schützt vor der UV-Strahlung des Sonnenlichts und verringert das Hautkrebsrisiko. Außerdem verhindert die Pigmentierung den Abbau der zu den B-Vitaminen gehörenden lichtempfindlichen Folsäure in der Haut. Folsäure wird bei der Zellteilung zur Synthese neuer DNA benötigt. Ein Mangel an Folsäure führt zu Unfruchtbarkeit und Missbildungen. Andererseits benötigt der Mensch eine geringe Dosis UV-Strahlung zur Vitamin-D-Synthese. Vitamin D ist für die Calciumeinlagerung bei der Knochenbildung wichtig.

Im Jahr 2005 entdeckte die Wissenschaft zwei Varianten eines für die Pigmentsynthese wichtigen Enzyms, die sich nur geringfügig unterscheiden. Bei hellhäutigen Menschen enthält es an Position 111 die Aminosäure Threonin statt Alanin. Die Wirkung des Enzyms ist hierdurch stark herabgesetzt.

Die zugrunde liegende Mutation trat wahrscheinlich erst vor 6000 bis 5300 Jahren in Europa auf. Unser direkter Vorfahre, der Cro-Magnon-Mensch, war also dunkelhäutig.

1 Beurteilen Sie die Formulierung des Artikels 3 im Grundgesetz der Bundesrepublik Deutschland aus damaliger und aus heutiger Sicht.

2 Erklären Sie, weshalb die geringe Pigmentierung in Europa einen evolutionären Vorteil bedeutete.

Evolution

Untersuchung von Verwandtschaft — Stammbäume erstellen

Evolution und Entstehung von Arten — Mechanismen der Evolution

Entwicklung des Evolutionsgedankens — Evolutionstheorien

Evolution des Menschen — Der Mensch als Primat

Vergleich von Grundbauplänen

Molekularbiologische Analyse

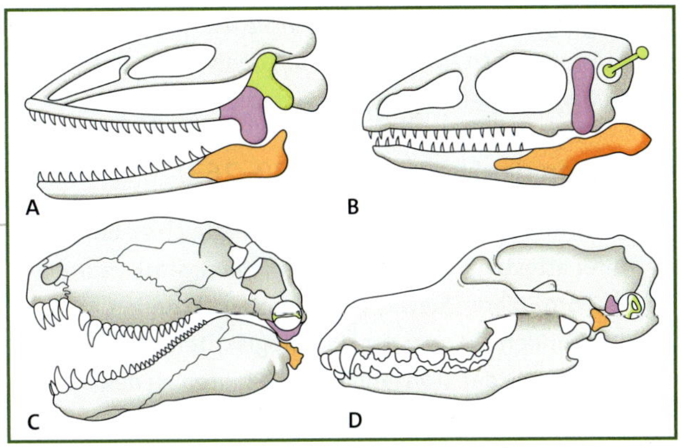

Rekombination und Mutation

Variabilität und Allelfrequenz im Genpool

Angepasstheit und Selektion

Gendrift und Isolation

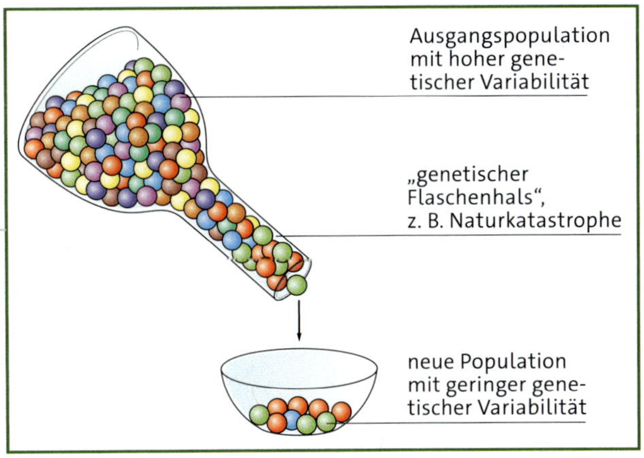

Synthetische Evolutionstheorie

Verwandtschaft der Hominiden

Ausbreitung der Hominiden

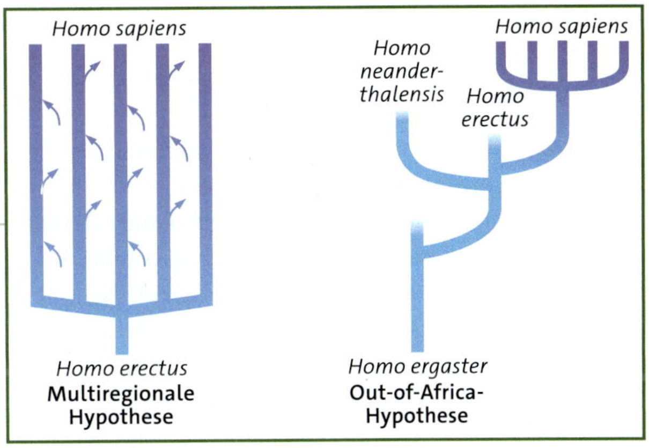

Evolution der Sozialsysteme

Evolution der Kultur

Evolution

Mit den folgenden Aufgaben können Sie überprüfen, ob Sie die Inhalte aus dem Kapitel verstanden haben. An den Aufgaben finden Sie Angaben zu den Seiten, auf denen Sie zum jeweiligen Thema noch einmal nachlesen können. Die Lösungen zur Selbstüberprüfung finden sich im Anhang.

Prinzipien der Evolution (S. 230–263)

1 Rezente Elefanten haben sich im Vergleich zu einem ihrer ältesten Vorfahren, *Moeritherium*, stark verändert.

a Formulieren Sie die drei Homologiekriterien.

b Wenden Sie zwei der Homologiekriterien auf die Homologie der Stoßzähne von Elefanten zu den Schneidezähnen anderer Säugetiere an.

c Begründen Sie, weshalb das dritte Homologiekriterium bei diesem Beispiel keine Anwendung findet.

d Vergleichen Sie die Entstehung homologer und analoger Strukturen unter Berücksichtigung des Basiskonzepts Angepasstheit.

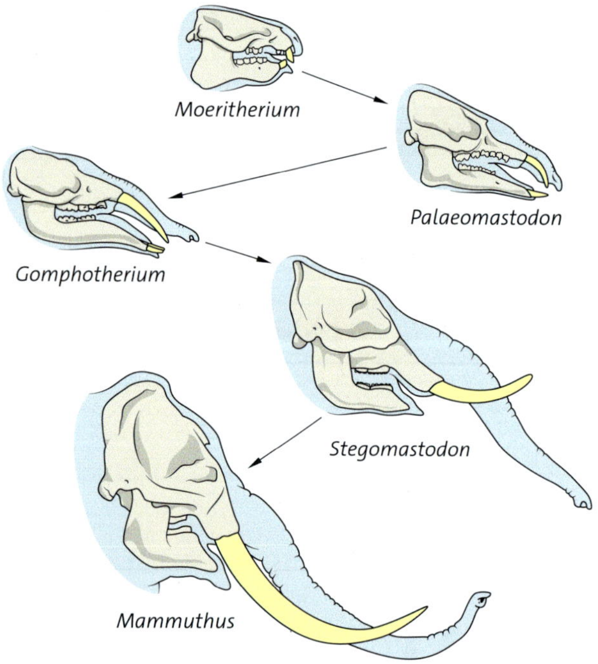

2 Stammbäume stellen die Verwandtschaftsverhältnisse zwischen Arten oder Artengruppen dar.

a Erklären Sie die Bedeutung der DNA-Sequenzierung für die Verwandtschaftsverhältnisse zweier Lebewesen.

b Erklären Sie, weshalb molekulare Homologien zur Stammbaumerstellung herangezogen werden können.

c Erläutern Sie, welche zusätzlichen Erkenntnisse die molekulare Uhr liefert.

d Erläutern Sie, welche Ergebnisse Sie erwarten, wenn die Verwandtschaft der Arten A–C durch DNA-Sequenzierung untersucht wird.

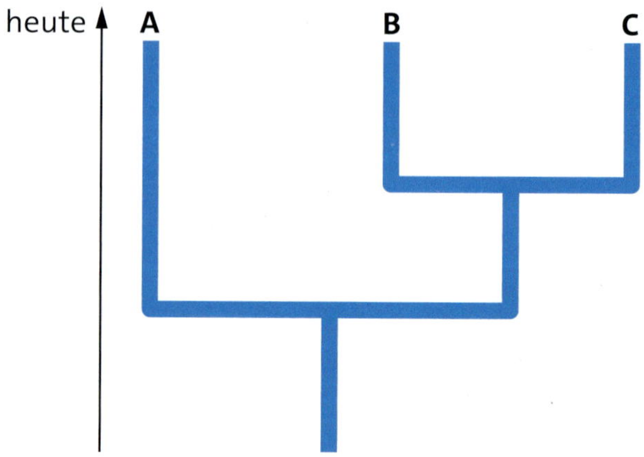

3 Das Basiskonzept Variabilität ist die Grundlage für Evolution, denn nur Variabilität ermöglicht Selektion.

a Beschreiben Sie, wie Mutation, Rekombination und Gendrift die Variabilität einer Population beeinflussen.

b Erklären Sie die Begriffe Genpool, Allelfrequenz und Flaschenhalseffekt.

c Erläutern Sie die stabilisierende und die transformierende Selektion unter Berücksichtigung der reproduktiven Fitness.

d Erklären Sie, inwiefern Koevolution einen Sonderfall von Selektion darstellt.

e Beschreiben Sie den wesentlichen Unterschied zwischen dem Wirken von Gendrift und von Selektion.

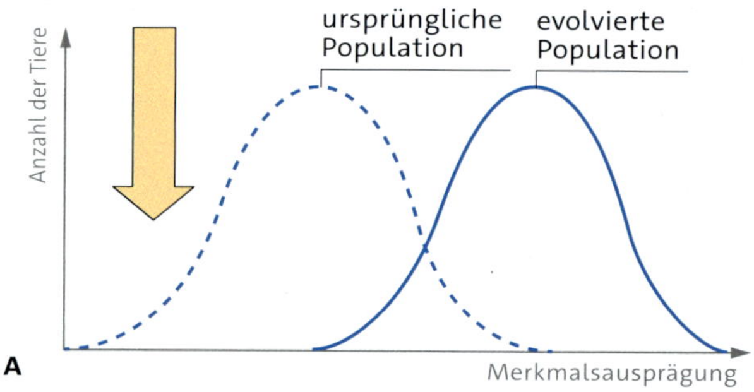

A

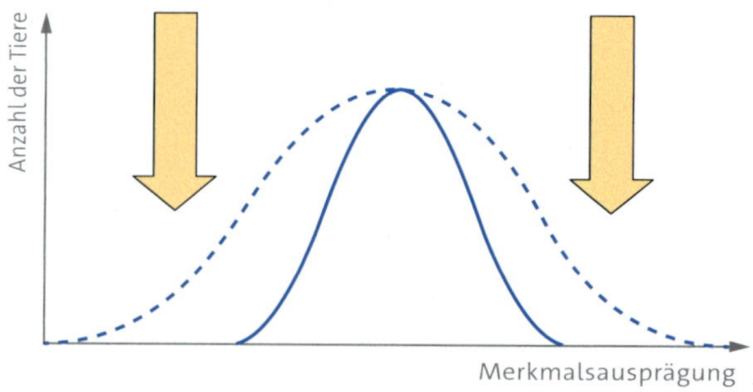

B

4 Arten können sich wandeln oder neue Arten entstehen.

a Formulieren Sie die Definition einer Art nach dem morphologischen, dem biologischen und dem phylogenetischen Artkonzept.

b Vergleichen Sie die Vorgänge bei der allopatrischen und der sympatrischen Artbildung.

c Begründen Sie, weshalb sympatrische Artbildung deutlich seltener vorkommt als allopatrische.

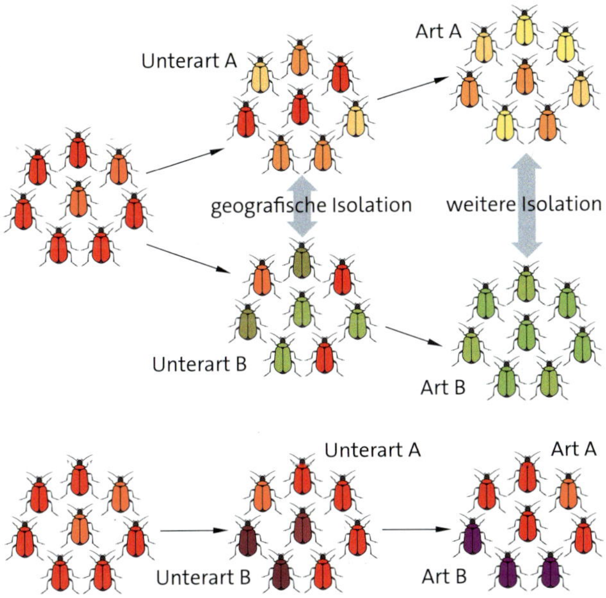

5 Darwins Evolutionskonzept wurde durch moderne Forschungsergebnisse bestätigt und zur Synthetischen Evolutionstheorie erweitert. Trotzdem existieren noch immer nicht-wissenschaftliche Vorstellungen zur Entstehung der Artenvielfalt, zum Beispiel kreationistische.

a Beschreiben Sie Erkenntnisse aus anderen Forschungsdisziplinen, die Darwins Theorie untermauern.

b Vergleichen Sie die Aussage der evolutionsbiologischen (A) und kreationistischen (B) Stammbaumdarstellung.

c Begründen Sie, weshalb Kreationismus keine wissenschaftliche Theorie ist.

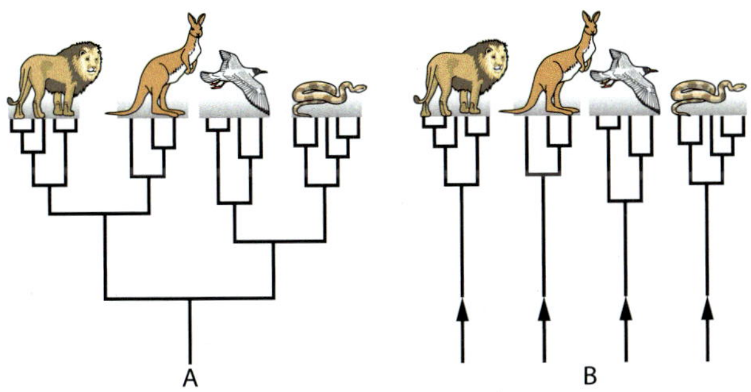

Evolution des Menschen (S. 264–281)

6 Eines der berühmtesten Hominiden-Fossilien ist Lucy, ein *Australopithecus afarensis*.

a Vergleichen Sie die in der Abbildung sichtbaren Schädelmerkmale von Schimpanse, *Australopithecus afarensis* und Mensch.

b Nennen Sie weitere Körpermerkmale der drei Arten im Vergleich.

c Erklären Sie, welche Körpermerkmale mit dem aufrechten Gang in Zusammenhang stehen.

d Diskutieren Sie die beiden Hypothesen zum Ursprung des modernen Menschen, die multiregionale Hypothese und die Out-of-Africa-Hypothese.

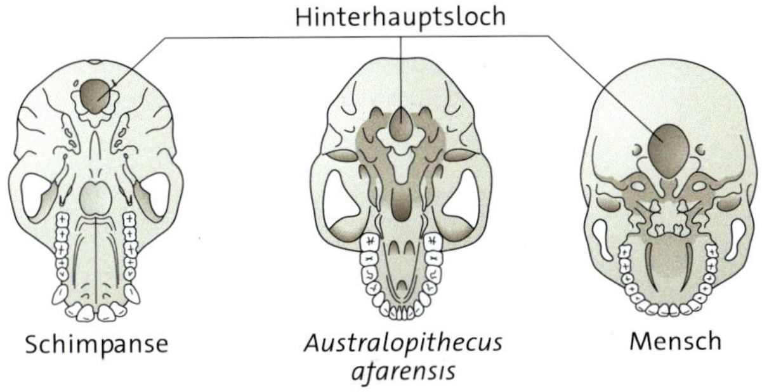

Evolution und Verhalten (S. 282–289)

7 Blaukiemen-Sonnenbarsche ernähren sich von Wasserflöhen. Dabei fressen sie am liebsten große Exemplare, für die sie nicht weit schwimmen müssen. Nur bei sehr geringer Beutedichte sind sie weniger wählerisch und fressen auch einen höheren Anteil kleiner Individuen.

a Nennen Sie allgemein Kosten und Nutzen beim Nahrungserwerb von räuberisch lebenden Tieren.

b Stellen Sie mithilfe einer Kosten-Nutzen-Analyse eine Hypothese auf, die das abweichende Fressverhalten der Barsche bei sehr geringer Beutedichte erklärt.

c Beschreiben Sie den Unterschied zwischen einer proximaten und einer ultimaten Erklärung für das Verhalten von Tieren.

	Anteil verschieden großer Wasserflöhe in der Nahrung (in relativen Einheiten)		
	groß (3,6 mm)	mittelgroß (2,5 mm)	klein (1,4 mm)
bei hoher Beutedichte*	78 %	18 %	4 %
bei niedriger Beutedichte*	47 %	40 %	13 %

* Anteile der Wasserflöhe sind in beiden Fällen gleich.

Training A Artbildung

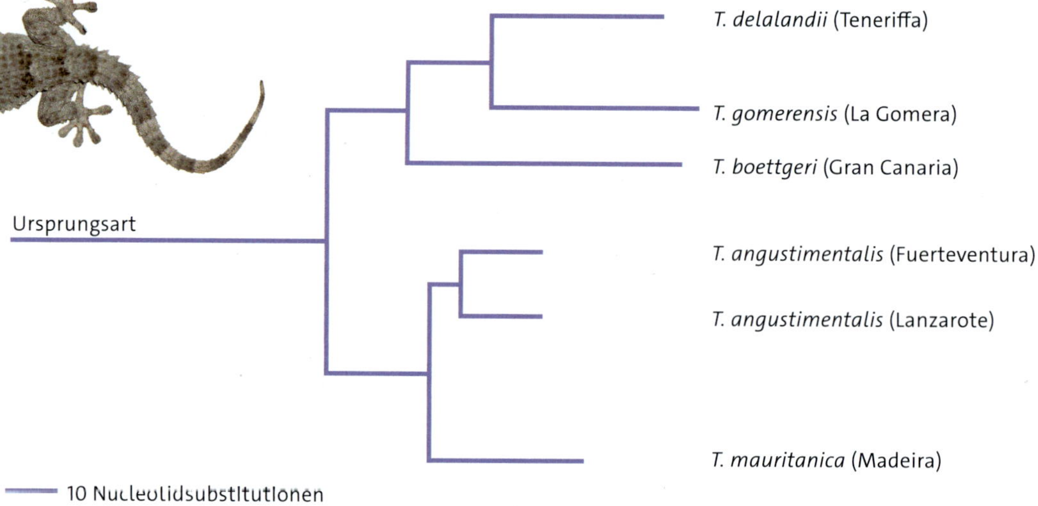

Nucleotidsequenz der DNA	Aminosäuresequenz
··· AGG–TGG–ACA ···	··· Ser–Thr–Cys ···
↓ Mutation	
··· AAG–TGG–ACA ···	··· Phe–Thr–Cys ···
··· AGG–TGG–ACA ···	··· Ser–Thr–Cys ···
↓ Mutation	
··· AGA–TGG–ACA ···	··· Ser–Thr–Cys ···

Geckos der Gattung *Tarentola* kommen sowohl auf Madeira als auch auf den Kanarischen Inseln vor. Diese Inseln sind vulkanischen Ursprungs und erst viel später als das umliegende Festland entstanden.
Die Ursprungsart dieser Geckos stammt aus Afrika. Die Entwicklung der verschiedenen *Tarentola*-Arten lässt sich anhand eines Stammbaums nachvollziehen, der auf den Ergebnissen genetischer Untersuchungen basiert. Dazu wurden die verschiedenen Nucleotidsequenzen rezenter Geckos miteinander verglichen.

Ähnlich wie viele Insekten können Geckos auch kopfüber an Oberflächen entlanglaufen. Ihre Zehen sind unten mit feinsten Ausstülpungen bedeckt, die die Kontaktfläche zwischen Oberfläche und Fuß stark vergrößern und vor allem durch Van-der-Waals-Kräfte eine Haftung ermöglichen.

1 Beschreiben Sie den Stammbaum und stellen Sie dar, auf welcher Grundlage er erstellt wurde.

2 Stellen Sie mithilfe der Landkarte eine Hypothese zur Besiedlung der Inseln auf.

3 Erläutern Sie die Artbildung bei der Gattung *Tarentola*.

4 Erläutern Sie mithilfe der dargestellen Nucleotid- und Aminosäuresequenzen die Wirkung von Nucleotidsubstitutionen und ihre evolutionäre Bedeutung.

5 Beschreiben Sie die Entstehung der Haftfüße der Geckos mithilfe natürlicher Selektion.

6 Begründen Sie, ob es sich bei den Haftfüßen der Geckos und der Insekten um homologe oder analoge Strukturen handelt.

Training B Evolution von Löwen

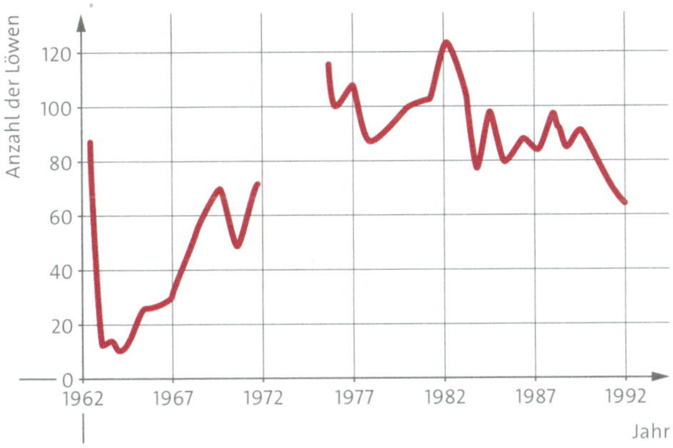

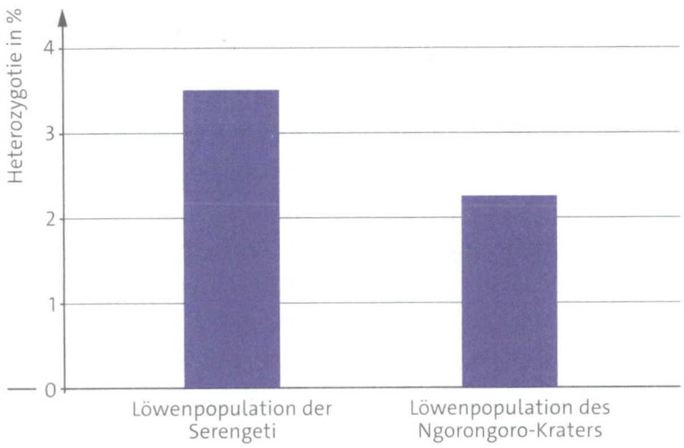

Beim Löwen (*Panthera leo*) unterscheiden sich männliche und weibliche Tiere in Aussehen und Verhalten. Die Männchen sind größer und deutlich schwerer als die Weibchen und tragen im Gegensatz zu diesen Mähnen. Sie umgeben sich im Rudel mit einer Gruppe Löwinnen, mit denen alleine sie sich paaren. Nach wenigen Jahren wird ein Rudelführer abgelöst. Der neue Rudelführer tötet bei der Übernahme des Rudels meist die Jungen der Löwinnen, woraufhin die Weibchen schnell wieder paarungsbereit werden.

Neben der Jungenaufzucht sind die Weibchen auch für die Nahrungsbeschaffung zuständig. In Gruppen jagen sie unter anderem Antilopen, die Jungen beobachten sie dabei und lernen von ihnen. Bei Treibjagden erreichen sowohl Löwen als auch Antilopen Höchstgeschwindigkeiten von 80 km/h.

Im Ngorongoro-Krater in Tansania ist eine Population von etwa 60 Löwen geografisch völlig isoliert. Ihre Größe und Heterozygotie, also der Anteil der heterozygot vorliegenden Gene als Maß für die genetische Variabilität in der Population, wurden drei Jahrzehnte lang überwacht.
Während Löwen heute nur noch in Afrika und Indien vorkommen, lebten ihre Vorfahren auch in Europa und Nordasien. Dort sind sie auch auf Höhlenmalereien zu sehen.

1 Diskutieren Sie, ob das morphologische Artkonzept auf den Löwen anwendbar ist.

2 Formulieren Sie eine ultimate Erklärung für die Jungentötung durch einen neuen Rudelführer.

3 Erläutern Sie die hohen Geschwindigkeiten von Löwen und Antilopen mithilfe von Koevolution.

4 Erklären Sie den Zusammenhang zwischen der Entwicklung der Löwenpopulation im Ngorongoro-Krater und der Heterozygotie der Ngorongoro-Löwen im Vergleich mit der Heterozygotie von Löwen der benachbarten Serengeti im Jahr 1991.

5 Begründen Sie die Gefährdung einer Löwenpopulation mit geringer genetischer Variabilität.

6 Stellen Sie Hypothesen zu Schlüssen auf, die sich zur biologischen und kulturellen Evolution des Menschen aus den Löwendarstellungen der Höhlen ziehen lassen.

7 Nennen Sie weitere Beispiele für kulturelle Entwicklungen des Menschen.

8 Wenden Sie den Kulturbegriff auf die Jagd der Löwen auf ihre Beutetiere an.

Glossar

A

adaptive Radiation: Auffächerung einer wenig spezialisierten Art in viele Arten durch Entwicklung von Angepasstheiten an die Umgebungsbedingungen und durch die Ausbildung ökologischer Nischen

Allelfrequenz: Häufigkeit eines Allels in einem Genpool

allopatrische Artbildung: Form der Artbildung, bei der sich eine Population durch geografische Trennung von ihrer Ausgangsart zu einer neuen Art entwickelt

analoge Organe: durch Konvergenz entstandene funktionale Ähnlichkeiten. Sie sind kein Beleg für eine gemeinsame Abstammung.

Angepasstheit: bestimmte Merkmalsausprägung aufgrund der gegebenen Umweltfaktoren. Besser angepasste Individuen haben einen höheren Fortpflanzungserfolg.

Atavismen: Merkmale, die erneut auftreten, nachdem sie evolutionär zurückgebildet waren, und bei anderen derselben Art nicht mehr auftreten

Australopithecinae: systematische Gruppe der Vormenschen, die vor etwa 4 bis 2 Millionen Jahren lebte. Man unterscheidet die Gattung der robusten Australopithecinen von der Gattung der grazilen Australopithecinen.

B

biogenetische Grundregel: Während der Embryonalentwicklung einer Art werden Entwicklungsstadien ihrer Stammesentwicklung wiederholt.

biologischer Kulturbegriff: Weitergabe von Fähigkeiten und Erkenntnissen, die nicht genetisch festgelegt sind

biologisches Artkonzept: Alle Lebewesen, die sich untereinander fortpflanzen und fruchtbare Nachkommen hervorbringen können, gehören zu einer Art.

D

Denisova-Mensch: Vormensch, der zeitgleich mit dem Neandertaler in Asien lebte. In dieser Region hat ein Genfluss vom Denisova-Menschen zu *Homo sapiens* stattgefunden.

disruptive Selektion: Selektionsform, die dazu führt, dass ein Merkmal bei den Lebewesen einer Population in mehreren Ausprägungen vorkommt, die nebeneinander bestehen können

DNA-Sequenzierung: Bestimmung der Basensequenz eines DNA-Moleküls

E

Ethogramm: Beschreibung aller artspezifischen Verhaltensweisen

Eugenik: Gesundheitspolitik mit dem Ziel, den Anteil negativ eingeschätzter Erbanlagen in der Bevölkerung zu verringern

Evolutionsrate: Anzahl der ausgetauschten Aminosäuren je Zeiteinheit

F

Flaschenhalseffekt: Form der genetischen Drift, bei der drastische Umwelteinflüsse zu einer starken Dezimierung einer Population führen

Fossilien: erhaltene Reste oder Spuren von Lebewesen vergangener Erdzeitalter

G

Gendrift: Veränderung der Allelfrequenz in einer Population durch äußere Zufallsereignisse

Genpool: Gesamtheit der genetischen Information aller Individuen einer Population

Genstammbaum: Darstellung von Verwandtschaftsbeziehungen auf der Grundlage mutationsbedingter Unterschiede in der Nucleotidsequenz

Gradualismus: stufenweise Entwicklung von Angepasstheiten an sich ändernde Umweltfaktoren über viele Generationen

Gründereffekt: Form der genetischen Drift, bei der eine kleine Gründerpopulation einen Lebensraum neu besiedelt und sich unter neuen Umweltbedingungen entwickelt

H

Hominoidea: Überfamilie der Menschenaffen und des Menschen

***Homo erectus*:** Dieser Frühmensch entstand vor ungefähr 1,8 Millionen Jahren und lebte wahrscheinlich bis vor 40 000 Jahren. Er besiedelte Afrika, Asien und Europa. Aus *Homo erectus* entwickelte sich in Afrika *Homo sapiens* und in Europa der Neandertaler.

***Homo ergaster*:** Er gilt als Vorfahre des Menschen. Aufgrund von Ähnlichkeiten mit *Homo erectus* nehmen einige Wissenschaftler an, dass es sich nicht um eine eigene Art handelt.

***Homo floresiensis*:** Hominidenart, die auf der indonesischen Insel Flores gefunden wurde. Sie wurde nur 106 cm groß.

***Homo habilis*:** bedeutet wörtlich übersetzt „geschickter Mensch". Er lebte 2,4 bis 1,6 Millionen Jahre vor unserer Zeit und besaß die Fähigkeit zur Werkzeugherstellung.

***Homo neanderthalensis*:** Er lebte 200 000 bis etwa 30 000 Jahre vor unserer Zeit in Europa und im Nahen Osten. Sequenzanalysen der Kern-DNA weisen darauf hin, dass er sich mit *Homo sapiens* vermischte.

***Homo sapiens*:** Der heutige Mensch entstand vor ungefähr 200 000 Jahren in Afrika und besiedelte von dort aus die gesamte Welt.

homologe Gene: bei verschiedenen Arten vorliegende Gene, die auf ein Gen eines gemeinsamen Vorfahren zurückgehen

Homologie: Strukturen unterschiedlicher Funktion, die auf einem gemeinsamen Bauplan und einer gemeinsamen genetischen Information basieren

I

Instinkt: angeborenes, stereotyp ablaufendes Verhaltensmuster

Intelligent Design: Form des Kreationismus, die zwar die Vorstellung einer stammesgeschichtlichen Evolution nicht grundsätzlich ablehnt, jedoch übernatürliche Ursachen als Antrieb der Evolution vermutet. Diese sind aus wissenschaftlicher Sicht jedoch nicht überprüfbar.

interchromosomale Rekombination: führt zu einer großen Vielfalt an Merkmalskombinationen und ist die Hauptursache für genetische Variabilität

intraspezifische Variabilität: ungerichtete Vielfalt von Phänotypen in einer Population durch Merkmalsvariation beim Übergang von Generation zu Generation

Isolation: Trennung der Genpools zweier Arten durch Isolationsmechanismen

Isolationsmechanismus: Mechanismus, der die Entstehung von fruchtbaren Mischformen aus verschiedenen Arten verhindert. Dies kann durch geografische, ethologische, mechanische, zeitliche, ökologische oder genetische Isolation erreicht werden. Synonym werden die Begriffe Artschranke und Fortpflanzungsbarriere verwendet.

K

klassische Ethologie: Zweig der Verhaltensforschung, bei dem insbesondere angeborene Verhaltensweisen untersucht werden

Koevolution: evolutionärer Vorgang, der zu einer wechselseitigen Angepasstheit zweier voneinander abhängiger Arten führt

konservative Moleküle: Moleküle wie Globine und die ihnen zugrunde liegende DNA, die über Jahrmillionen in ihrer Struktur und Funktion erhalten geblieben sind und deshalb bei der Erstellung von Genstammbäumen herangezogen werden

Konstanz der Arten: Vorstellung, die auf der biblischen Schöpfungslehre beruht

Konvergenz: Entwicklung ähnlicher analoger Strukturen bei systematisch nicht näher verwandten Arten

Kreationismus: christlich-fundamentalistische Strömung, die nur die biblische Schöpfungserzählung als Erklärung für die Entstehung der Lebewesen zulässt und die wissenschaftliche Evolutionstheorie ablehnt

Kriterium der Lage: Strukturen sind homolog, wenn sie in einem vergleichbaren Gefügesystem die gleiche Lage haben.

Kriterium der spezifischen Qualität: Komplexe, aus vielen Einzelelementen bestehende Strukturen sind homolog, wenn sie in zahlreichen Einzelmerkmalen auffallend übereinstimmen.

Kriterium der Stetigkeit: Unterschiedlich gestaltete Strukturen sind homolog, wenn sie durch eine Reihe von Zwischenformen verknüpft sind.

künstliche Selektion: durch den Menschen erfolgte Auslese von Lebewesen einer Population aufgrund von gewünschten Merkmalsausprägungen, etwa im Rahmen einer Züchtung

M

molekularbiologische Stammbäume: basieren auf Analysen der DNA- oder der Aminosäuresequenzen und erlauben eine quantitative Darstellung evolutionärer Verwandtschaft

molekulare Uhr: Methode der Altersbestimmung aufgrund von Sequenzabweichungen unter der Annahme konstanter Mutationsraten

Monogamie: Paarungssystem, bei dem sich die Individuen einer Gruppe mit einem festen Partner paaren (Paarbindung)

monophyletische Gruppe: geschlossene Gruppe mit gemeinsamer Abstammung

morphologisches Artkonzept: Eine Art ist eine Lebensform, die sich äußerlich deutlich von anderen Lebewesen unterscheidet.

Mosaikformen: Fossilien, die eine Kombination von Merkmalen verschiedener systematischer Gruppen aufweisen

multiregionale Hypothese: Sie geht davon aus, dass sich *Homo sapiens* an verschiedenen Orten der Erde parallel aus *Homo erectus* entwickelt hat. In Kontaktzonen kam es regelmäßig zum Genaustausch.

N

natürliche Selektion: Auslese von Lebewesen einer Population aufgrund individueller Unterschiede in Überlebenschance und Fortpflanzungserfolg. Sie ist nach der Evolutionstheorie Darwins die Ursache für den allmählichen Wandel der Organismen.

Neolithische Revolution: Entwicklung erster Hochkulturen vor ungefähr 10 000 Jahren. Sie ging einher mit dem Übergang von einer nomadischen zu einer sesshaften Lebensweise.

O

Out-of-Africa-Hypothese: Nach dieser Vorstellung entstand *Homo sapiens* ausschließlich in Afrika. Vor ungefähr 100 000 Jahren begann seine Ausbreitung über die anderen Kontinente.

P

Paläontologie: Untersuchung fossiler Überreste von Lebewesen aus vergangenen Erdzeitaltern

paraphyletische Gruppe: Gruppe, die keine geschlossene Abstammungsgemeinschaft bildet. Ihre Mitglieder stammen zwar alle von einem gemeinsamen Vorfahren ab, die Gruppe umfasst jedoch nicht alle Nachfahren dieser Stammart.

phylogenetisches Artkonzept: Eine Art ist eine Abstammungsgemeinschaft von Populationen in einer evolutionären Zeitspanne.

Polyandrie: spezielle Form der Polygamie. Bei diesem Paarungssystem paart sich innerhalb einer Gruppe ein Weibchen mit mehreren Männchen, während die Männchen sich jeweils mit nur einem Weibchen paaren.

Polygamie: Paarungssystem, bei dem keine Paarbindung besteht, sondern sich Individuen einer Gruppe mit mehreren Partnern paaren

Polygynandrie: spezielle Form der Polygamie. Bei diesem Paarungssystem paaren sich sowohl die Weibchen als auch die Männchen jeweils mit mehreren Partnern.

Polygynie: spezielle Form der Polygamie. Bei diesem Paarungssystem paart sich innerhalb einer Gruppe ein Männchen mit mehreren Weibchen, während sich die Weibchen jeweils nur mit einem Männchen paaren.

Population: Zusammenleben mehrerer Individuen einer Art in einer Fortpflanzungsgemeinschaft zur gleichen Zeit in einem begrenzten Gebiet

postzygotischer Isolationsmechanismus: Mechanismus, der das Überleben der sich entwickelnden Zygote verhindert, die Lebensfähigkeit des entstandenen Hybriden verringert oder die Unfruchtbarkeit der Mischform bewirkt

präzygotischer Isolationsmechanismus: Mechanismus, der die Entstehung einer befruchteten Eizelle verhindert

Primaten: Ordnung der Säugetiere, die auch als Herrentiere bezeichnet wird. Man unterscheidet zwei Unterordnungen: die Halbaffen und die Echten Affen.

Prinzip der einfachsten Erklärung: Ein hypothetischer Stammbaum wird als umso wahrscheinlicher eingestuft, je geringer die Anzahl der angenommenen evolutionären Ereignisse ist.

Progressionsreihe: Entwicklung homologer Organe von einfachen zu komplexen Strukturen

proximate Ursachen: die unmittelbaren Ursachen von Verhalten wie hormonelle oder neuronale Mechanismen sowie entwicklungsbedingte Ursachen für Lernen

R

Rassentheorie: im 17. Jahrhundert entstandene Vorstellung, dass Menschen aufgrund körperlicher Merkmale in verschiedene Rassen eingeteilt werden können. Molekulargenetische Untersuchungen widerlegen diese Theorie.

Regressionsreihe: Reduzierung oder Rückentwicklung homologer Organe von komplexen zu einfachen Strukturen

reproduktive Fitness: Anzahl der fortpflanzungsfähigen Nachkommen eines Individuums als Maß für dessen evolutionären Erfolg

Rudimente: zurückgebildete Organe, die bei den Vorfahren noch funktionsfähig waren, heute aber funktionslos sind

S

Selektionsdruck: Umwelteinflüsse, die den Fortpflanzungserfolg begrenzen. Angepasste Lebewesen haben einen Selektionsvorteil und somit einen größeren Fortpflanzungserfolg.

Sexualdimorphismus: unterschiedliches Erscheinungsbild der beiden Geschlechter einer Art

sexuelle Selektion: Auslese von Lebewesen einer Population aufgrund von Merkmalsausprägungen, die zu einem erhöhten Fortpflanzungserfolg führen. Weibchen bevorzugen häufig Männchen mit besonders auffälligen Merkmalen, die eine besondere genetische Ausstattung und eine gute gesundheitliche Verfassung signalisieren.

Sozialdarwinismus: Ende des 19. Jahrhunderts entwickelter Versuch, die Evolutionstheorie Darwins auf die menschliche Gesellschaft anzuwenden

stabilisierende Selektion: Selektionsform, bei der sich die Ausprägung eines Merkmals durchsetzt, die den Lebewesen in einer Population gegenüber anderen Ausprägungen desselben Merkmals einen Selektionsvorteil bietet

Stammbäume: Modelle evolutionärer Verwandtschaftsbeziehungen. Sie können durch Belege gesichert sein oder hypothetischen Charakter haben.

sympatrische Artbildung: Form der Artbildung, bei der eine kleine Population ohne geografische Trennung von ihrer Ausgangsart eine neue Art bildet. Es kommt zu einer Artspaltung an einem Ort.

Synthetische Theorie der Evolution: Evolutionstheorie, die auf dem Kernkonzept von Darwin aufbaut und neue Forschungsergebnisse aus der Biogeografie, Paläontologie, Entwicklungsbiologie, Zellbiologie und Genetik integriert

T

transformierende Selektion: Selektionsform, bei der die Ausprägung eines Merkmals in Richtung einer anderen Ausprägung desselben Merkmals verändert wird. Diese neue Ausprägung bietet Lebewesen einen Selektionsvorteil.

U

ultimate Ursachen: evolutionsbedingte Ursachen von Verhalten

Urzeugung: Annahme, dass Lebewesen spontan aus unbelebter Materie entstehen

V

Verhaltensökologie: Richtung der Verhaltensforschung, bei der das Verhalten vor dem Hintergrund ökologischer Rahmenbedingungen und des Überlebenswertes für das Individuum betrachtet wird

4

Neurobiologie

- Aufbau und Funktion von Nervensystemen und Neuronen sowie die Bedeutung von Ionen für Neuronen werden vorgestellt.
- Entstehung und Weiterleitung eines elektrischen Signals sowie die Übertragung von Informationen zwischen Synapsen werden erklärt.
- Störungen des Nervensystems werden am Beispiel verschiedener Erkrankungen aufgezeigt.
- Aufbau und der Funktion eines Skelettmuskels werden beschrieben.
- Die regulatorischen Funktionen von Hormonen und die Wirkung von Schmerz- und Rauschmitteln werden untersucht.
- Der Einfluss von Giftstoffen auf die Informationsweiterleitung wird erläutert.
- Modelle zur Funktion des Gedächtnisses, neuronale Lernprozesse im Gehirn und die molekularen Grundlagen des Lernens werden kennengelernt.

Der Fugu ist der bekannteste Vertreter der Kugelfische. Ein Schutz vor Gefahren ist die Anreicherung des Gifts Tetrodotoxin in seinen Organen. Es ist eines der stärksten bekannten nicht proteinartigen Nervengifte. Doch wie entfaltet das Gift seine Wirkung?

4.1 Nervensysteme

1 Kompassqualle

Die Kompassqualle ist sowohl im Mittelmeer als auch in der Nordsee anzutreffen. Ihren Namen verdankt sie der rötlichen Bänderung ihres Schirms, der an eine Kompassrose erinnert. Obwohl sie kein Gehirn hat, kann sie auf Licht und Schwerkraft reagieren. Wie steuert die Kompassqualle dieses Verhalten und wie unterscheiden sich die Nervensysteme im Tierreich?

Singular von Ganglien = Ganglion

Wirbellose Tiere • Vor ungefähr 670 Millionen Jahren entstanden die ersten Nesseltiere, zu denen auch die Quallen gehören. Quallen können sich aktiv bewegen und auf Nahrung zuschwimmen. Sie verfügen über spezialisierte Zellen, die **Neuronen**, die in einfachen Nervennetzen miteinander kommunizieren. Das Grundprinzip dieser Informationsübertragung ist so erfolgreich, dass es sich im Verlauf der Evolution kaum noch veränderte.

griech. kephalo = Kopf

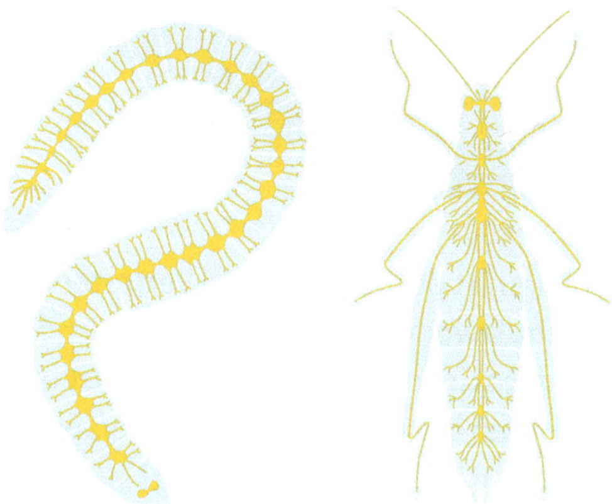

2 Nervensysteme wirbelloser Tiere

Ringelwürmer wie der Regenwurm haben ein Nervensystem aus zwei längs verlaufenden Nervensträngen, dem Bauchmark. Zudem erkennt man kleine, aus Neuronen bestehende Knoten, die **Ganglien**. Beide Nervenstränge sind über die Ganglien miteinander verknüpft. Daraus leitet sich die Bezeichnung **Strickleiternervensystem** ab. Es ermöglicht komplexere Verhaltensweisen als einfache Nervennetze, zum Beispiel Lernvermögen.

Bei Insekten wie der Taufliege und Weichtieren wie dem Kalmar ist die Steuerung des Nervensystems zunehmend im Kopf zentralisiert. Die Ganglienknoten sind zu einer komplexeren Struktur, dem Gehirn, verschmolzen. Dieser evolutionäre Prozess wird als **Cephalisation** bezeichnet.

Wirbeltiere • Die Grundstruktur des Nervensystems der Wirbeltiere leitet sich von dem der Wirbellosen ab, ist aber wesentlich komplizierter aufgebaut. In Gehirn und Rückenmark befinden sich die meisten Neuronen. Da hier die wichtigen Steuerungsprozesse stattfinden und alle Informationen verarbeitet werden, bilden Gehirn und Rückenmark das **zentrale Nervensystem**, kurz **ZNS**.

Alle Nerven, die die verschiedenen Körpergewebe mit dem zentralen Nervensystem verbinden und Signale zum ZNS leiten oder vom ZNS erhalten, werden als **peripheres Nervensystem**, kurz **PNS**, zusammengefasst.

Das PNS gliedert sich in zwei Untereinheiten. Alle Informationen von den Sinneszellen und Sinnesorganen sowie Informationen über den Zustand der Eingeweide werden über sensorische Bahnen, die **afferenten** Neuronen, zum ZNS geleitet. Vom ZNS werden die einlaufenden Informationen verarbeitet und entsprechende Signale über motorische Bahnen, die **efferenten** Neuronen, weitergeleitet.

Die motorischen Bahnen untergliedern sich nochmals. Für alle *Prozesse*, die willkürlich gesteuert werden, wie muskelkoordinierte Bewegungen, sind efferente Neuronen verantwortlich, die als **somatisches Nervensystem** zusammengefasst werden. Demgegenüber kann die Steuerung der Eingeweide nicht willentlich beeinflusst werden. Die efferenten Neuronen, die das ZNS mit den Eingeweiden verbinden, werden deshalb als **autonomes Nervensystem** bezeichnet.

Zwischen den verschiedenen Wirbeltiergehirnen bestehen erhebliche Unterschiede. Dennoch sind sie auf einen gemeinsamen Grundbauplan zurückzuführen. Sie gliedern sich in Großhirn, Zwischenhirn, Mittelhirn, Nachhirn und Kleinhirn. Die relative Größe des Gehirns nimmt im Verhältnis zur Körpermasse innerhalb der Wirbeltierklassen vom Fisch zum Säugetier zu. Neuere Forschungen weisen aber darauf hin, dass die Gehirngröße allein kein Maß für die kognitive Leistungsfähigkeit ist. Ausgehend vom ursprünglichen Grundbauplan zeigt sich außerdem eine zunehmende Differenzierung und Segmentierung der Wirbeltiergehirne. Die Großhirnrinde, der **Cortex**, hat sich bei Säugetieren zum übergeordneten sensorischen und motorischen Zentrum entwickelt. Bei vielen Säugetieren weist der Cortex Windungen und Furchen auf, die eine Zunahme der Oberfläche der Großhirnrinde bewirken.

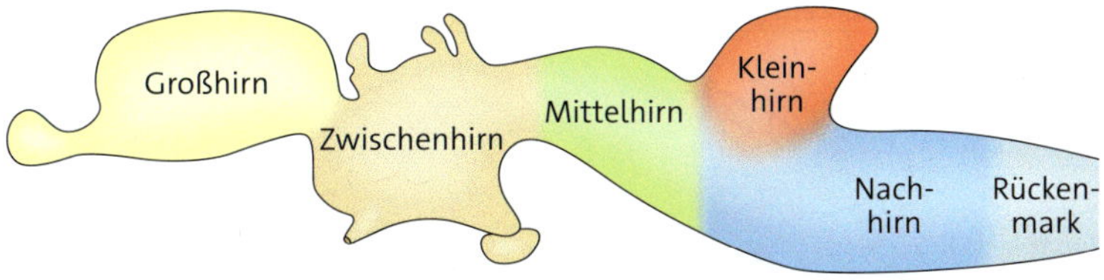

4 Grundbauplan des Wirbeltiergehirns

lat. afferens = hinführend

lat. efferens = herausführend

griech. autós = selbst

griech. nomós = Gesetz

1 Beschreiben Sie den Aufbau des Nervensystems der Wirbeltiere.

2 Erläutern Sie am Beispiel der Cephalisation das Basiskonzept Struktur und Funktion.

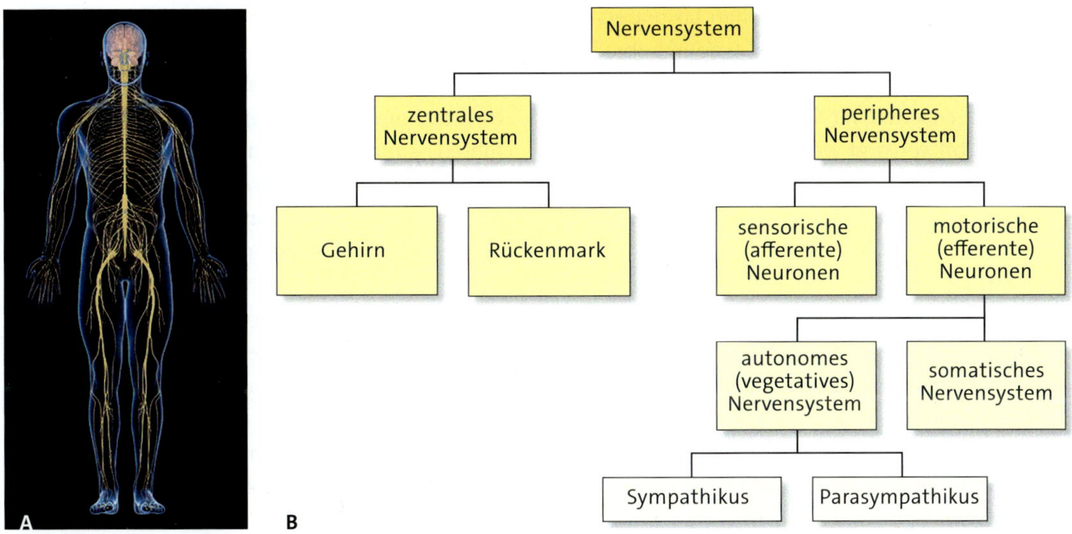

3 Nervensystem des Menschen: **A** Übersicht, **B** Gliederung

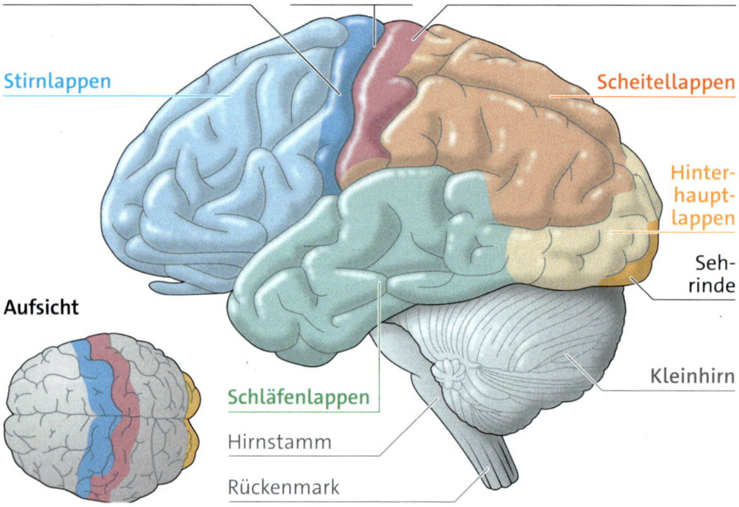

1 Rindenfelder des Großhirns

Großhirn des Menschen • Vergleicht man das Gehirn des Menschen mit dem anderer Säugetiere, fällt sofort die im Verhältnis zum Körper enorme Größe auf. Die durchschnittliche Gehirnmasse des Menschen beträgt ungefähr 1,35 kg. Es ist eines der größten Organe des menschlichen Körpers. Das Großhirn überdeckt mit etwa 80 % der Gehirnmasse fast alle anderen Gehirnteile. Es lässt sich in eine linke und eine rechte **Großhirnhemisphäre** unterteilen. Beide Hemisphären bestehen aus einer äußeren, wenige Millimeter dicken, grauen Schicht, der Großhirnrinde, und einer darunterliegenden weißen Schicht.

Im Vergleich zu anderen Säugern weist die Großhirnrinde, der Cortex, des Menschen besonders viele Windungen und Furchen auf, wodurch ihre Oberfläche stark vergrößert ist. Dies hat zur Folge, dass die Nervenzellen der Großhirnrinde sehr gut mit Sauerstoff versorgt werden können. Beide Hemisphären sind durch ein dickes Nervenbündel, den Balken, miteinander verbunden.

Unterhalb des Großhirns liegt das **Zwischenhirn**. Es gliedert sich in **Thalamus** und **Hypothalamus.** Im Thalamus wird ein Teil der Informationen des ZNS, die zur Großhirnrinde gelangen, verarbeitet. Der Hypothalamus ist für die Regulation des Hormonhaushalts und der Drüsen verantwortlich. Weiterhin steuert er unseren Biorhythmus und damit unsere innere Uhr.

Großhirnrinde • Untersuchungen an Patienten mit lokalen Gehirndefekten, etwa durch einen Schlaganfall, erlaubten erste Einblicke in die Funktionsbereiche der Großhirnrinde. So zeigte sich, dass die linke Körperseite von der rechten Hemisphäre und die rechte Körperseite von der linken Hemisphäre gesteuert wird.

Die Großhirnrinde gliedert sich in vier Hirnlappen. Der vordere Teil des Großhirns ist der Stirnlappen. Direkt dahinter liegt der Scheitellappen. Beide Teile werden durch eine quer liegende Furche, die Zentralfurche, voneinander getrennt. Vor der Zentralfurche befindet sich ein schmaler Bereich, dessen Neuronen die Muskeln aller Körperteile koordinieren. Deshalb bezeichnet man ihn als **motorisches Rindenfeld**. Mit einer elektrischen Sonde kann man einzelne Neuronen stimulieren und damit bestimmte Muskeln zum Zucken bringen.

Im Scheitellappen hinter der Zentralfurche findet die Verarbeitung aller Berührungsinformationen statt. Erregt man bei einer Versuchsperson einen Punkt dieser Region mit einer Sonde, empfindet die Person dies, als ob sie an einer bestimmten Körperstelle berührt worden sei. Man bezeichnet den Bereich deshalb als **somatosensorisches Rindenfeld**. Mithilfe der Stimulation lassen sich die Rindenfelder kartieren.

Auf beiden Seiten des Großhirns liegen die Schläfenlappen. Sie sind für das Erkennen von Gesichtern, das Hören und das Sprachverständnis zuständig. Im Hinterhauptlappen werden visuelle Eindrücke verarbeitet.

Das Hören eines bestimmten Musikstücks, das Betrachten eines Bildes oder ein bestimmter Geruch führen häufig dazu, dass man sich an konkrete Situationen, an Personen und Orte erinnert. Diese Assoziationen sind darauf zurückzuführen, dass die in den verschiedenen Hirnlappen gespeicherten Informationen der Sinnesorgane und Informationen aus anderen Hirnbereichen in übergeordneten Assoziationsregionen miteinander vernetzt werden.

1 Beschreiben Sie, wie man mithilfe einer elektrischen Sonde die Großhirnrinde kartieren kann.

Material A Motorische und somatosensorische Rindenfelder

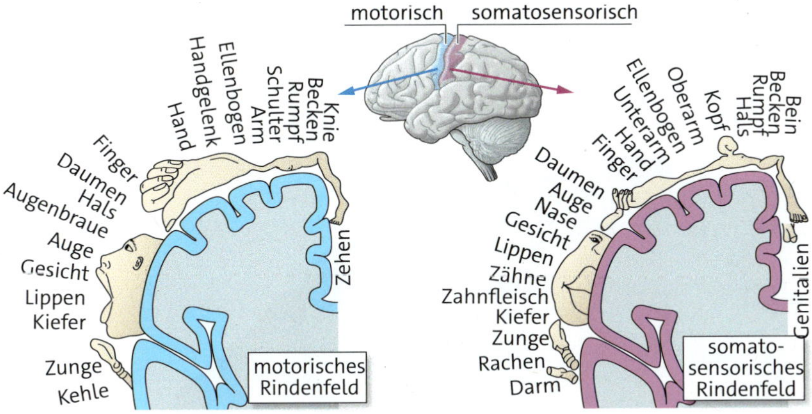

In den motorischen und in den somatosensorischen Rindenfeldern werden die Körperoberflächen in unterschiedlicher Größe repräsentiert. Diese verzerrte Darstellung wird als Homunkulus bezeichnet.

1 Vergleichen Sie die beiden Abbildungen.

2 Deuten Sie die Besonderheiten, die sich aus den motorischen und somatosensorischen Rindenfeldern ableiten lassen.

Material B Rindenfelder und Sprache

Gehirnaktivität während des Aussprechens von Worten (PET-Aufnahme)

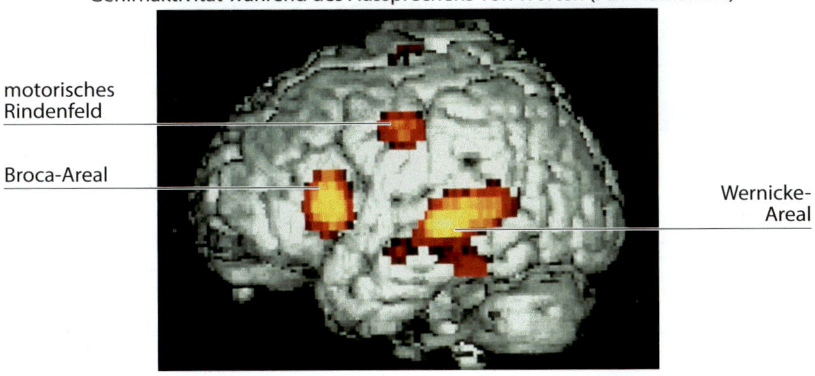

ein gehörtes Wort nachsprechen

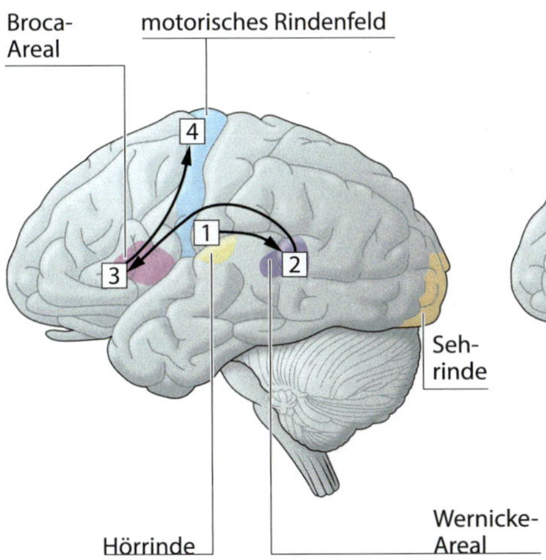

ein geschriebenes Wort aussprechen

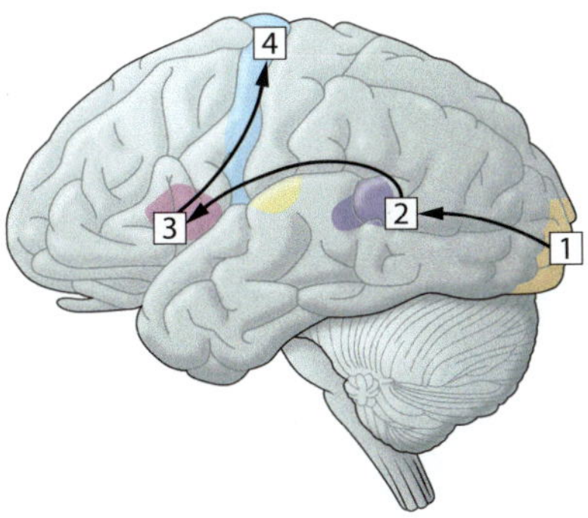

Mithilfe moderner bildgebender Verfahren wie der Positronen-Emissions-Tomografie, kurz PET, kann man sichtbar machen, welche Teile des Gehirns gerade aktiv sind. Weitere Untersuchungen führten zu einer Modellvorstellung, in welcher Reihenfolge die Gehirnregionen beim Nachsprechen eines gesprochenen Wortes oder beim Vorlesen aktiviert werden.

Bei Personen, deren Sprachvermögen nach einem Schlaganfall beeinträchtigt war, wurden folgende Beobachtungen gemacht:

Ist das Broca-Areal betroffen, sind die Personen in der Lage, Sprache zu verstehen, können aber keine Worte aussprechen. Ist das Wernicke-Areal betroffen, können die Menschen Sprache nicht verstehen, obwohl sie deutlich sprechen können.

1 Beschreiben Sie den Signalfluss im Gehirn beim Nachsprechen und Vorlesen von Wörtern.

2 Erklären Sie die unterschiedlichen Beeinträchtigungen der Sprachfähigkeit anhand der dargestellten Modellvorstellung.

4.2 Überblick: Bau des Gehirns

Rechte Hirnhälfte (Längsschnitt) und Vergrößerungsausschnitt des Hirnstamms mit Thalamus und Kleinhirn

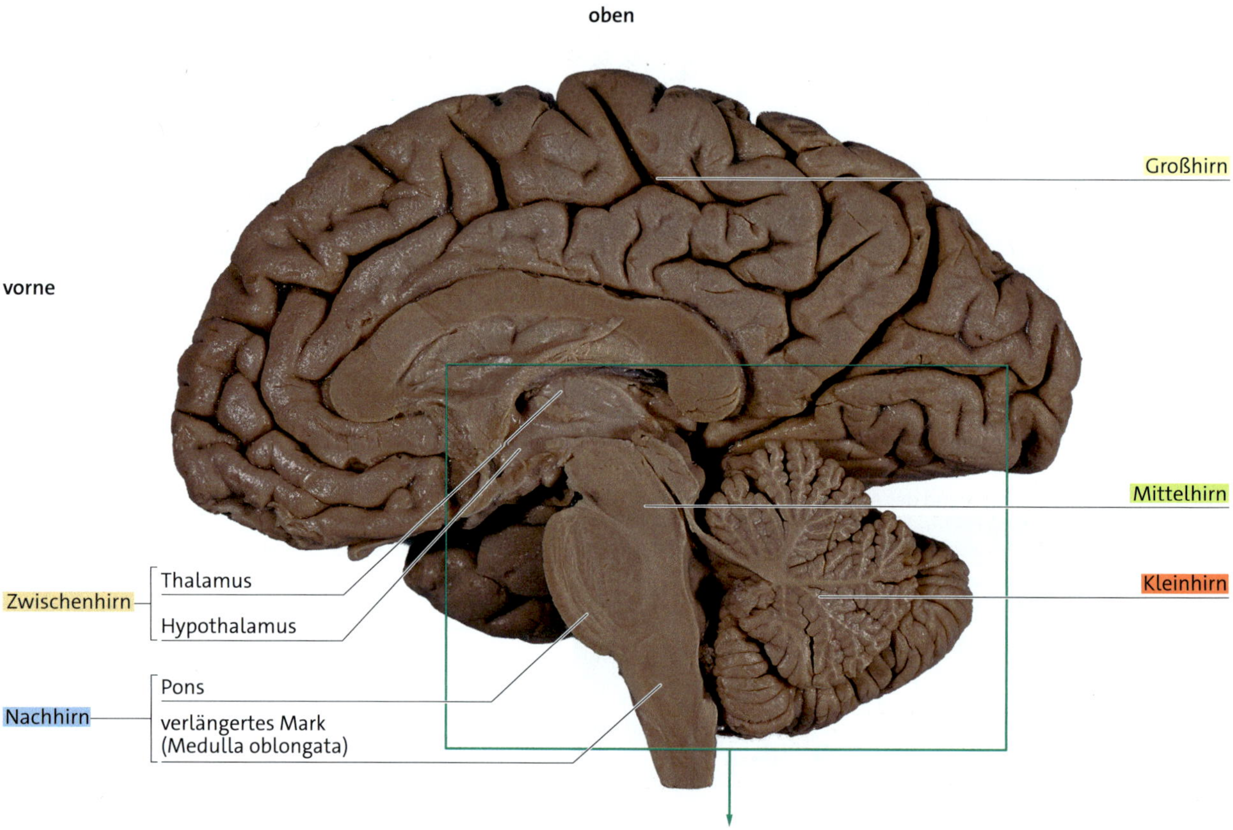

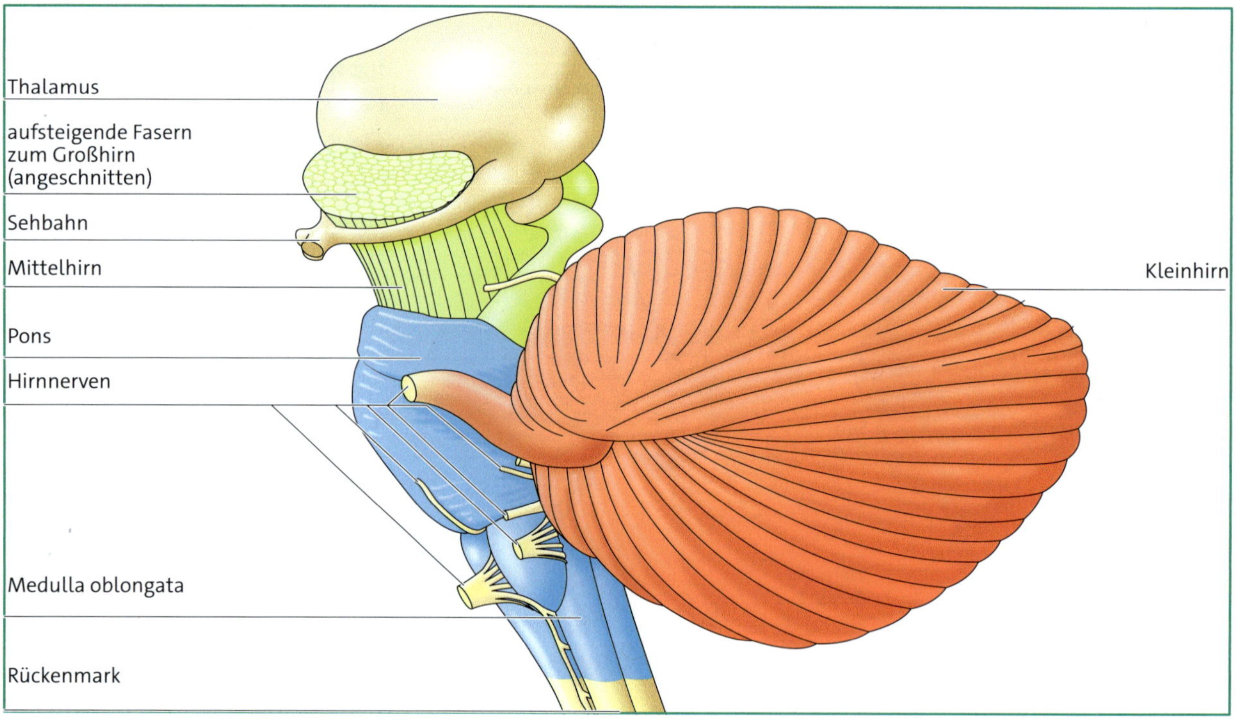

Areale und Rindenfelder des Großhirns

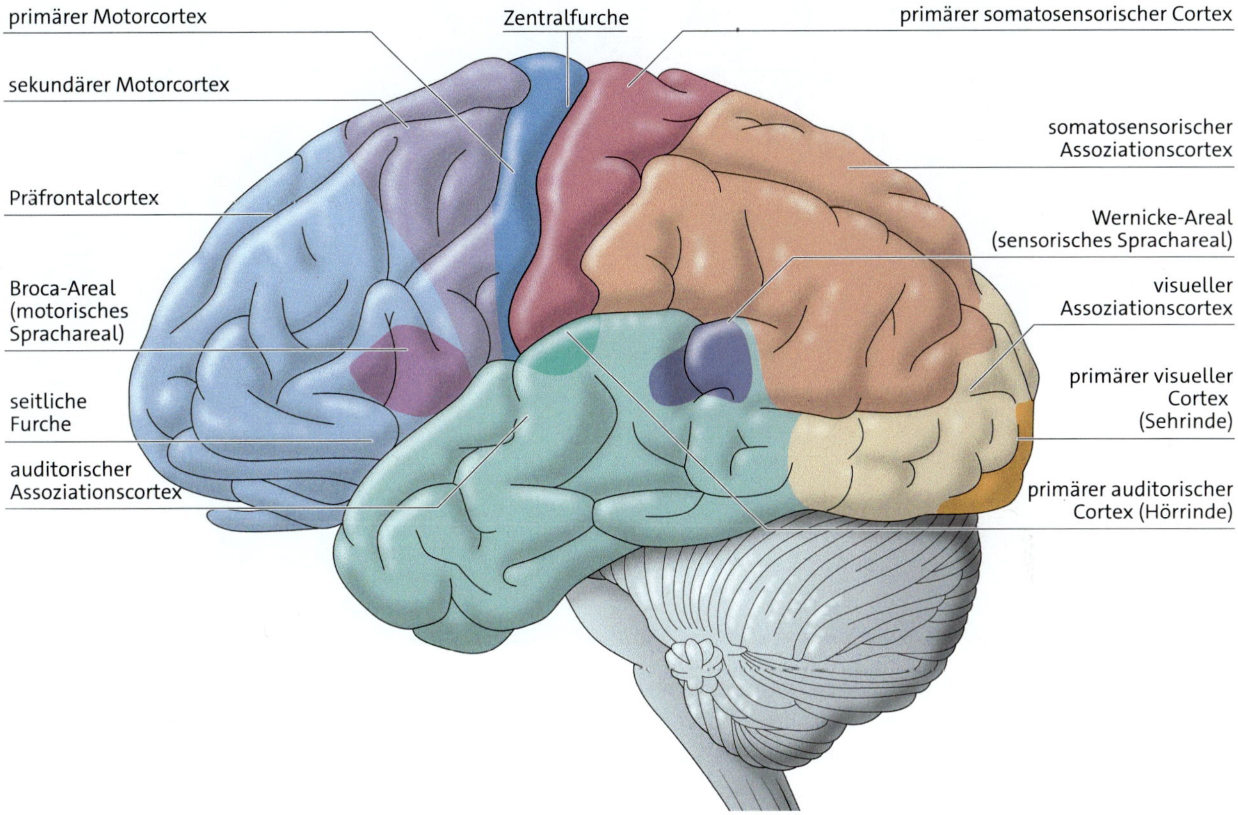

Limbisches System

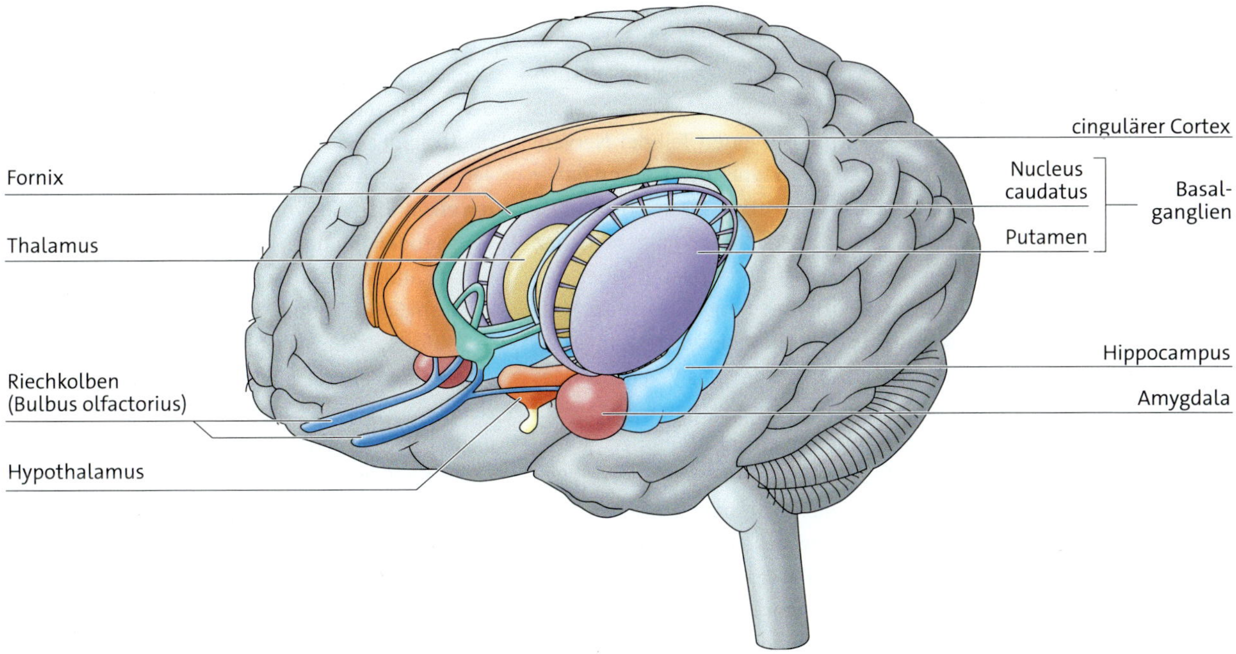

4.3 Neuronen und Gliazellen

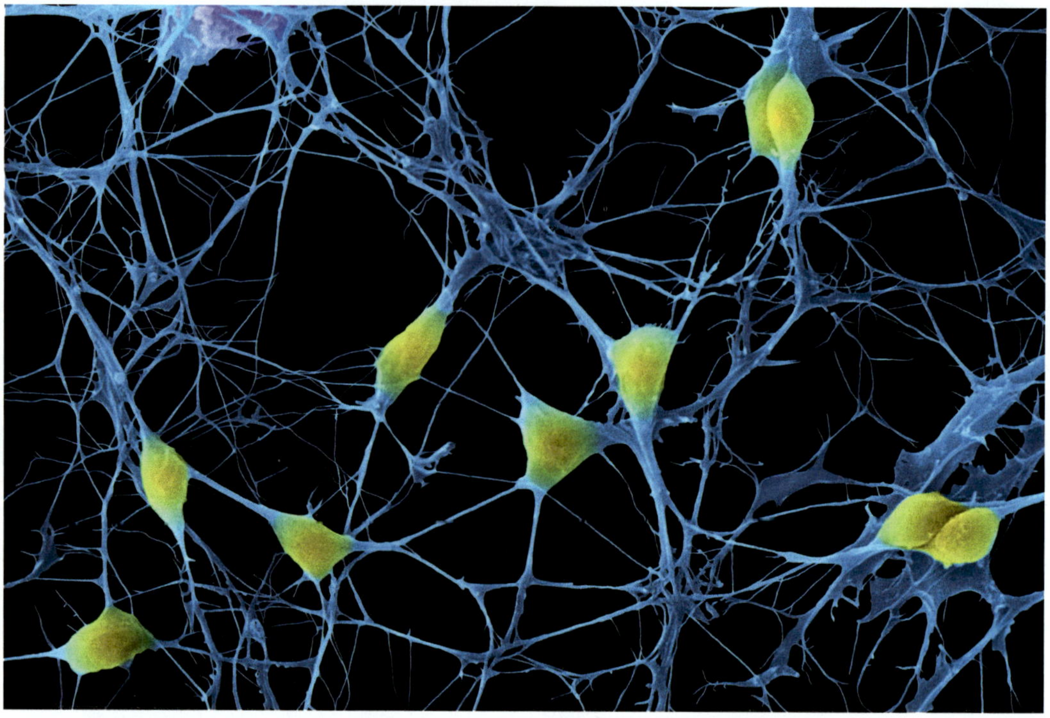

1 Zellkultur von Neuronen aus dem Cortex

Das mit einem Rasterelektronenmikroskop aufgenommene Foto zeigt Neuronen der Großhirnrinde, die in einer Zellkultur wachsen. Sie unterscheidet sich erheblich von Zellkulturen anderer Gewebe. Man erkennt gelb eingefärbte Zellkörper und blau hervorgehobene Fortsätze, die ein kompliziertes Netzwerk bilden. Um verstehen zu können, wie ein solches Netzwerk zustande kommt, muss die Struktur seiner Bestandteile bekannt sein. Wie ist ein Neuron aufgebaut?

Bau des Neurons • Alle Neuronen des Nervensystems weisen einen ähnlichen Bauplan auf. Das elektronenmikroskopische Bild der Zellkultur lässt erkennen, dass der Zellkörper eines Neurons, der als **Soma** bezeichnet wird, nur einen Teil der Nervenzelle ausmacht. Bei einem typischen Neuron hat er einen Durchmesser von etwa 20 µm. Im Soma befinden sich die für Körperzellen charakteristischen Organellen wie Zellkern, Golgi-Apparat, raues und glattes Endoplasmatisches Reticulum, Mitochondrien sowie alle für die Proteinbiosynthese notwendigen Strukturen. Dort werden das Wachstum des Neurons und alle Stoffwechselprozesse gesteuert.

griech. dendron = Baum

griech. synapsis = Verbindung

Der auffälligste Unterschied von Neuronen gegenüber anderen Zelltypen ist ein schmaler, bis zu 1 m langer Zellfortsatz, das **Axon** oder auch Neurit. In Längsrichtung des Axons verlaufen zum Cytoskelett gehörende geradlinige Röhren, die Mikrotubuli. Mithilfe der Mikrotubuli kann die Form des Neurons verändert werden. Außerdem dienen die Mikrotubuli dem Stofftransport durch das Axon. Der Übergang zwischen Soma und Axon wird aufgrund seiner Verdickung als Axonhügel bezeichnet. Dieser besondere Aufbau des Neurons dient der Informationsübertragung über größere Strecken. An den häufig verzweigten Axonenden sind aufgewölbte Strukturen erkennbar, die Synapsenendknöpfchen. Am Synapsenendknöpfchen kann das Neuron Informationen an andere Neuronen weitergeben.

Auch am Soma befinden sich häufig stark verzweigte Zellfortsätze. Da die Struktur dieser Fortsätze an einen Baum erinnert, werden sie als **Dendriten** bezeichnet. Über die Synapsenendknöpfchen stehen die Neuronen mit den Dendriten der Nachbarneuronen in Kontakt. Die Kontaktstellen heißen **Synapsen**. Hier empfangen die Neuronen die Signale anderer Nervenzellen. Im Gehirn eines erwachsenen Menschen ist jedes einzelne Neuron durchschnittlich über 10 000 Synapsen mit Nachbarneuronen verbunden.

Gliazellen • Im Nervensystem der Wirbeltiere befinden sich neben den Neuronen weitere Zelltypen, die Gliazellen. Häufigste Gliazellen sind die **Astrocyten**. Sie unterstützen die neuronalen Funktionen im Gehirn und haben einen unregelmäßig geformten Zellkörper und relativ lange Fortsätze. Über ihren engen Kontakt zu den Neuronen beeinflussen sie deren Wachstum. Außerdem regulieren sie die chemische Zusammensetzung der extrazellulären Umgebung der Neuronen. Andere Astrocyten haben Kontakt zu den Blutgefäßen. Sie verhindern als Bestandteil der Blut-Hirn-Schranke das Eindringen giftiger Substanzen aus dem Blut in das Gehirn. Man nimmt an, dass sie wichtig für die Ernährung der Neuronen sind. **Mikrogliazellen** sind zuständig für die Beseitigung abgestorbener oder degenerierter Neuronen, andere Gliazellen sind an der Gehirnentwicklung beteiligt.

Die Axone der meisten Wirbeltierneuronen weisen gegenüber den Nervenzellen anderer Tierstämme eine Besonderheit auf. Sie sind von einer **Myelinscheide** umgeben. Die Myelinscheide wird von spezifischen Gliazellen, den **Schwann-Zellen**, gebildet. Sie umwickeln das Axon mehrfach. Dadurch entsteht ein dichter Membranstapel, der das Axon umhüllt und elektrisch isoliert. Schwann-Zellen bilden die Myelinscheide nur im peripheren Nervensystem. Im Zentralnervensystem wird diese Aufgabe von einem anderen Typ Gliazellen, den **Oligodendrogliazellen** übernommen. In regelmäßigen Abständen ist die Myelinscheide unterbrochen, sodass die Axonmembran dort frei liegt. Diese freien Stellen bezeichnet man als **Ranvier-Schnürringe**. Sie sind für die Erregungsleitung der elektrischen Signale von Bedeutung.

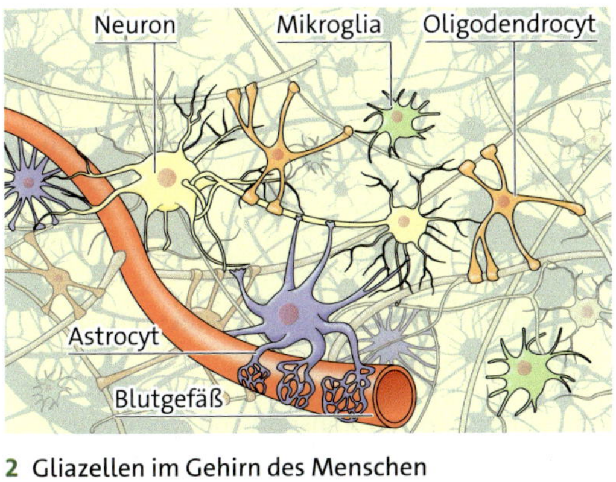

2 Gliazellen im Gehirn des Menschen

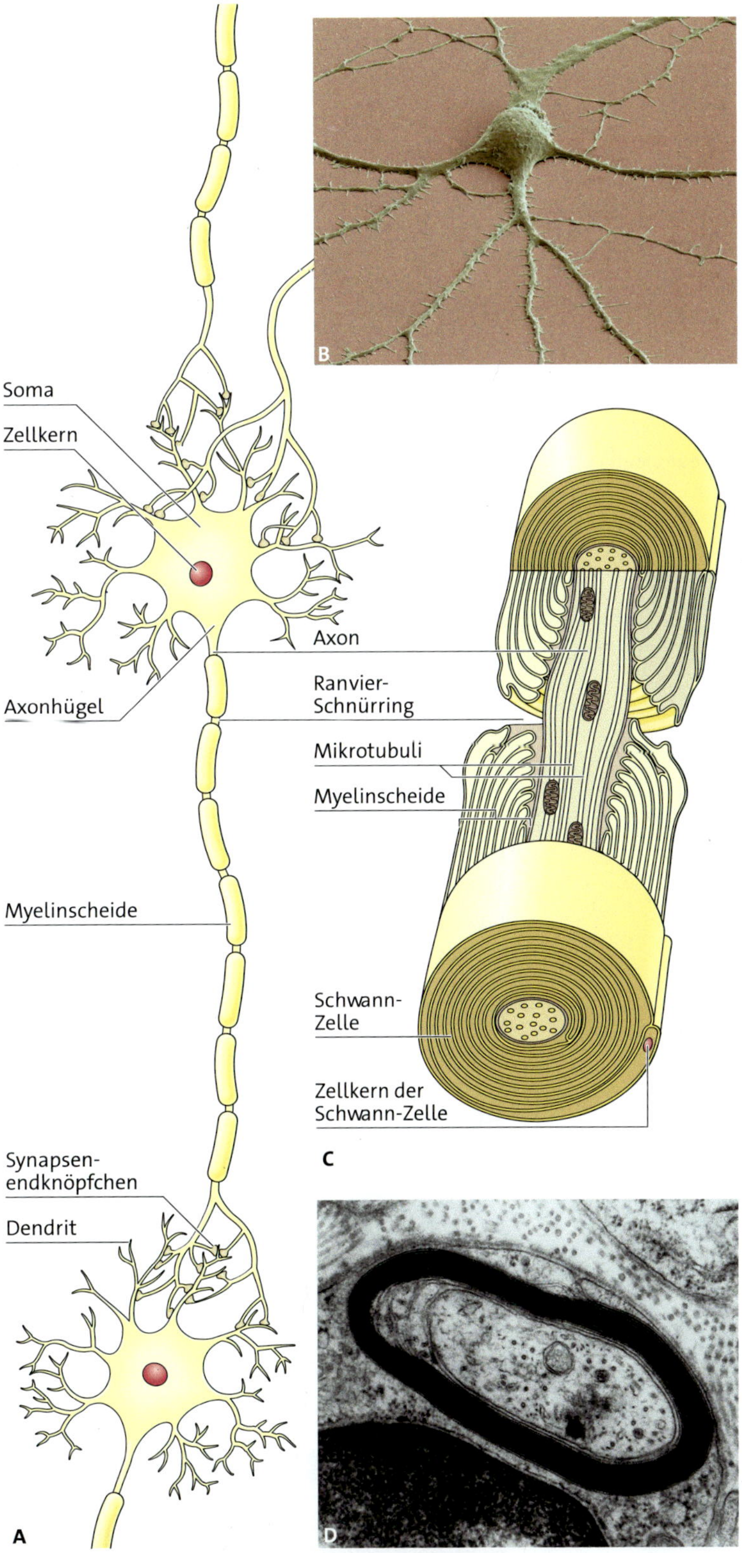

3 Aufbau eines Wirbeltierneurons: A Grundbauplan (Schema), B Zellkörper (EM-Aufnahme), C Axon mit Myelinscheide (Schema), D Querschnitt durch ein Axon (EM-Aufnahme)

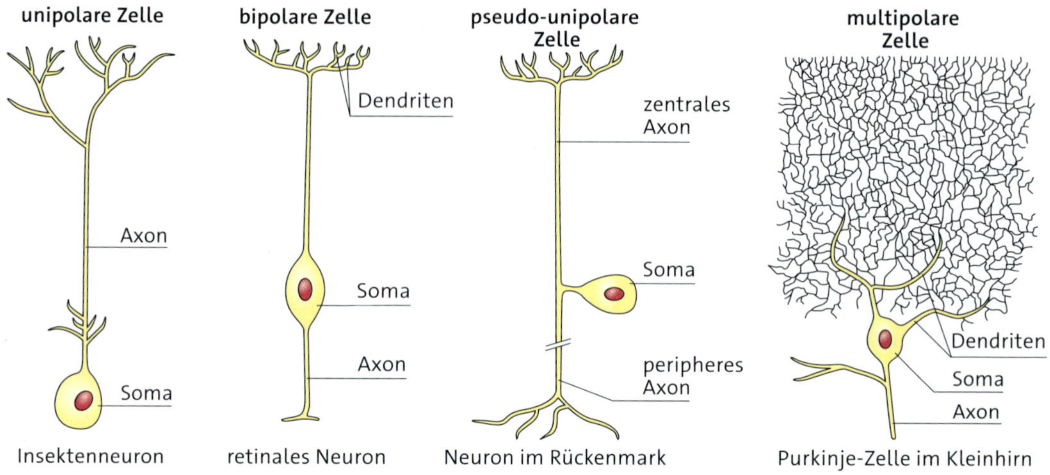

1 Neuronentypen

Neuronentypen • Obwohl alle Neuronen eine vergleichbare Grundstruktur haben, kann man einige Unterschiede beobachten: Bei wirbellosen Tieren haben die Neuronen meist nur einen einzigen Fortsatz. Sie werden deshalb als unipolar bezeichnet. In der Netzhaut des Wirbeltierauges befinden sich Neuronen mit zwei Fortsätzen, die bipolaren Zellen. Sie erhalten ihre Informationen von den Sinneszellen und leiten diese zum Sehnerv weiter.

Die Neuronen der sensorischen Bahnen zum Rückenmark entstehen während der Embryonalentwicklung aus bipolaren Zellen, deren Fortsätze miteinander verschmelzen und sich dann in ein zentrales und ein peripheres Axon, das die Funktion eines Dendriten erfüllt, gabelt. Sie werden deshalb als pseudo-unipolare Zellen bezeichnet. Die Purkinje-Zellen im Kleinhirn weisen eine starke Verästelung der Dendriten auf und können als multipolare Zellen besonders viele Synapsen ausbilden.

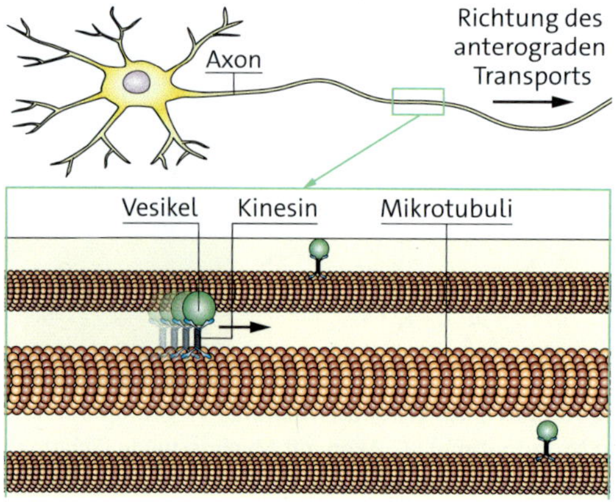

2 Vesikeltransport im Axon

Transport im Axon • Da sich der Zellkern der Neuronen im Soma befindet, war lange Zeit unbekannt, wie die Produkte der Proteinbiosynthese zu den weit entfernten Synapsenendknöpfchen gelangen. Um diese Frage zu klären, experimentierten amerikanische Neurobiologen in den 1940er-Jahren mit Neuronen. Sie wollten überprüfen, ob Proteine aus dem Soma ins Axon transportiert werden. Hierzu schnürten sie das Axon direkt hinter dem Axonhügel mit einer Schlinge aus einem dünnen Faden ab. Sie konnten beobachten, dass sich auf der dem Soma zugewandten Seite Proteine und andere Stoffwechselprodukte anhäuften. Nach Lösen der Schlinge löste sich der Stau und die Proteine bewegten sich entlang des Axons.

Anhand neuerer Untersuchungen konnte ermittelt werden, wie der Stofftransport im Axon funktioniert. Die im Soma produzierten Moleküle werden über den Golgi-Apparat zunächst in Vesikel eingeschlossen. Innerhalb des Axons verlaufen in Längsrichtung Mikrotubuli. Ein spezifisches Protein, das Kinesin, bindet an ein Vesikel und bewegt sich mithilfe beinartiger Fortsätze unter Verbrauch von ATP entlang der Mikrotubuli. Der Transport verläuft vom Soma in Richtung der Synapsenendknöpfchen. Er wird als anterograder Transport bezeichnet.

1 Vergleichen Sie Struktur und Funktion von Neuronen und Gliazellen.

2 Erläutern Sie den Transport von Stoffwechselprodukten durch das Axon.

Material A Gliazellen im Gehirn

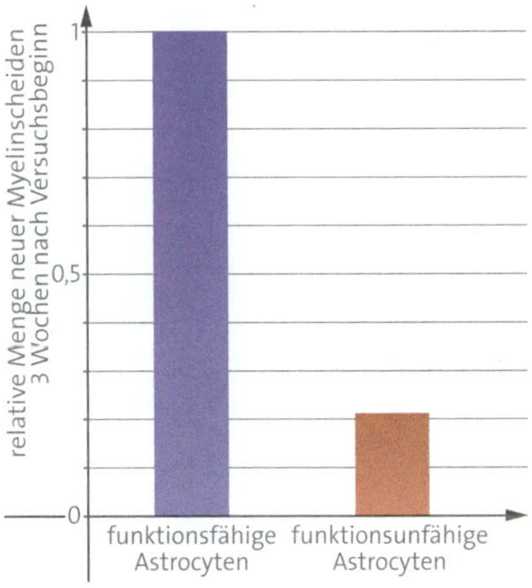

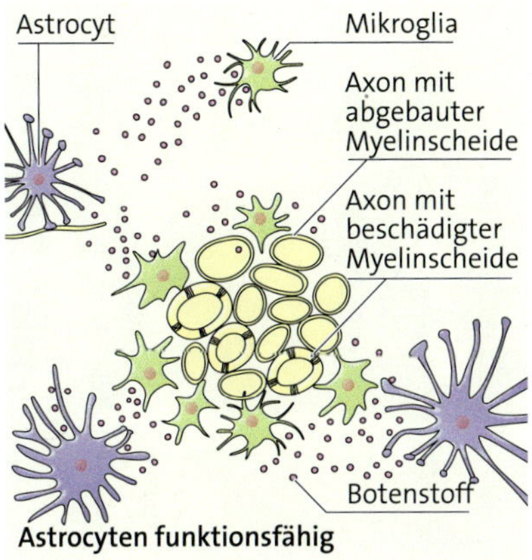

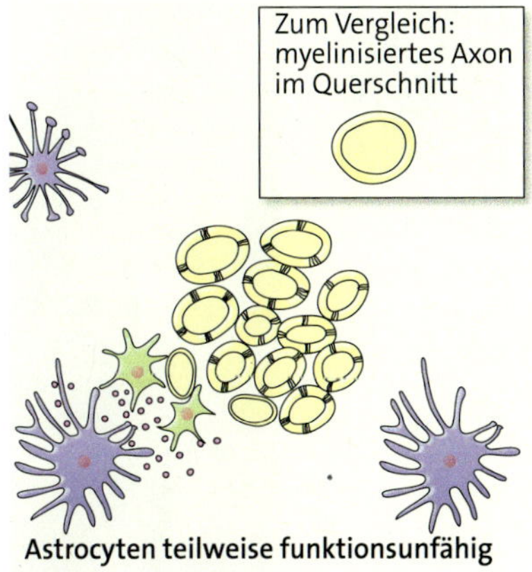

Beschädigte Myelinscheiden von Gehirnneuronen werden von Mikrogliazellen durch Phagocytose entfernt. Danach können Oligodendrocyten eine neue Myelinscheide bilden.

Um herauszufinden, welche Bedeutung Astrocyten für die Bildung der Myelinscheiden der Neuronen im Gehirn haben, wurde das Gehirngewebe von Mäusen mit einem Gift behandelt, das die Myelinscheiden beschädigt.

In einem weiteren Versuch wurden gleichzeitig die Astrocyten funktionsunfähig gemacht. Nach drei Wochen überprüfte man den Abbau der beschädigten Myelinscheiden und erhielt die im Diagramm gezeigten Ergebnisse.

Es konnte experimentell nachgewiesen werden, dass die Astrocyten einen Botenstoff freisetzen, der Mikrogliazellen in geschädigtes Gewebe einwandern lässt.

1 Erläutern Sie anhand des Säulendiagramms die Bedeutung der Astrocyten für die Regeneration der Myelinscheide.

2 Beschreiben Sie anhand der schematischen Darstellungen den Ablauf der Entfernung beschädigter Myelinscheiden.

3 Erklären Sie, welche Bedeutung der Gliazellen für das Gehirn aus diesen Befunden ableitbar ist.

Material B Proteintransport im Axon

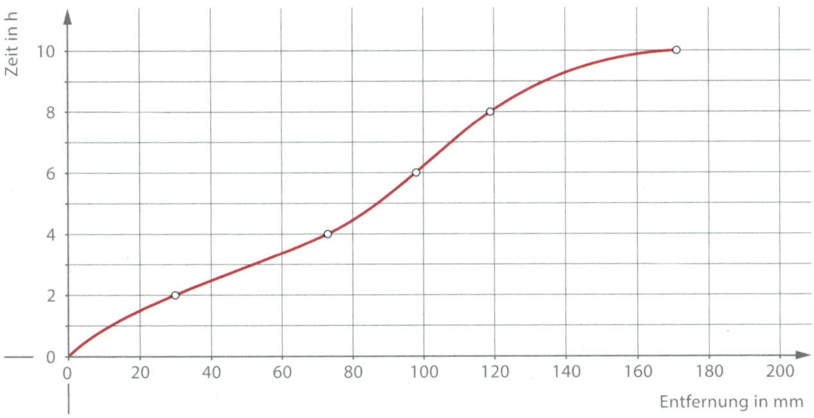

Um nachzuweisen, mit welcher Geschwindigkeit Proteine im Axon durch Kinesin transportiert werden, wurde die Aminosäure Leucin radioaktiv markiert und in das Soma des Ischiasnervs einer Katze injiziert. Die Aminosäure wird in der Zelle sofort in Proteine eingebaut, die damit ebenfalls radioaktiv markiert sind. In verschiedenen Zeitabständen überprüfte man anschließend am Axon, in welcher Entfernung vom Soma die Radioaktivität messbar war.

1 Ermitteln Sie anhand der Ausbreitung der radioaktiv markierten Proteine die Transportrate im Axon pro Tag.

2 Erklären Sie den geringeren Wert der Ausbreitung radioaktiv markierter Proteine innerhalb der ersten fünf Stunden.

3 Begründen Sie, weshalb es bei diesem Experiment notwendig ist, die radioaktiv markierte Aminosäure in das Soma zu injizieren und nicht direkt in das Axon.

4.4 Entstehung des Membranpotenzials

1 Arbeitsplatz im elektrophysiologischen Labor

Die modernen Untersuchungsmethoden zur Funktionsweise von Neuronen sind mit einem hohen technischen Aufwand verbunden. Man benötigt einen Mikromanipulator mit Mikroelektroden, die über ein Mikroskop gesteuert werden. Der Arbeitstisch ist vibrationsfrei aufgehängt. Zudem wird die Apparatur durch einen Faraday-Käfig von äußeren elektrischen Einflüssen abgeschirmt. Gemessene Werte werden über einen Verstärker zu einem Computer geleitet, der die Daten grafisch darstellt. Weshalb ist solch ein Aufwand bei der Forschung an Nervenzellen notwendig?

griech. Ion = Wanderer

Geladene Teilchen im Neuron • Im Cytoplasma eines Neurons sind unterschiedlich geladene Ionen gelöst. Dies sind insbesondere positiv geladene Kaliumionen und negativ geladene organische Aminosäurereste und Proteine. Aufgrund der ungerichteten Eigenbewegung der Ionen verteilen sich die geladenen Teilchen gleichmäßig in der Lösung. Es handelt sich um einen Konzentrationsausgleich durch Diffusion.

Taucht man zwei Elektroden in die Zelle ein, so ist keine Spannung messbar, da sich die unterschiedlichen Ladungen der Ionen gegenseitig aufheben. Das Cytoplasma leitet jedoch elektrischen Strom. Legt man eine Stromquelle an, so wandern die positiv geladenen Kaliumionen zur negativ geladenen Kathode. Sie werden deshalb als Kationen bezeichnet. Die negativ geladenen organischen Anionen wandern zur positiv geladenen Anode.

Trennung von Ladungen • Das Neuron ist von der Lipiddoppelschicht der Zellmembran umhüllt. Auf ihrer Innen- und Außenseite unterscheiden sich die Konzentrationen der verschiedenen Ionen. Die Membran bildet für sie eine natürliche Barriere als ein elektrischer Isolator. Deshalb ist ein Konzentrationsausgleich durch Diffusion nicht möglich. In der Membran der Neuronen befinden sich jedoch Tunnelproteine. Sie sind selektiv für bestimmte Ionen durchlässig und werden als **Ionenkanäle** bezeichnet. Die Kanäle können sich öffnen und schließen und beeinflussen auf diese Weise den Ionenfluss durch die Membran.

Anhand einer vereinfachten Modellvorstellung lässt sich die Wirkung der Ionenkanäle verdeutlichen: In einer Zelle befinden sich gleich große Konzentrationen positiv geladener Kaliumionen, K^+, und negativ geladener organischer Anionen, A^-. Außerhalb der Zelle befinden sich keine Ionen in der Lösung. Sobald sich die Kaliumionenkanäle öffnen, diffundieren Kaliumionen nach außen. Je höher der Konzentrationsgradient ist, umso größer ist die Nettodiffusion. Außen nimmt die Anzahl der positiven Ladungen zu, während innen ihre Anzahl abnimmt.

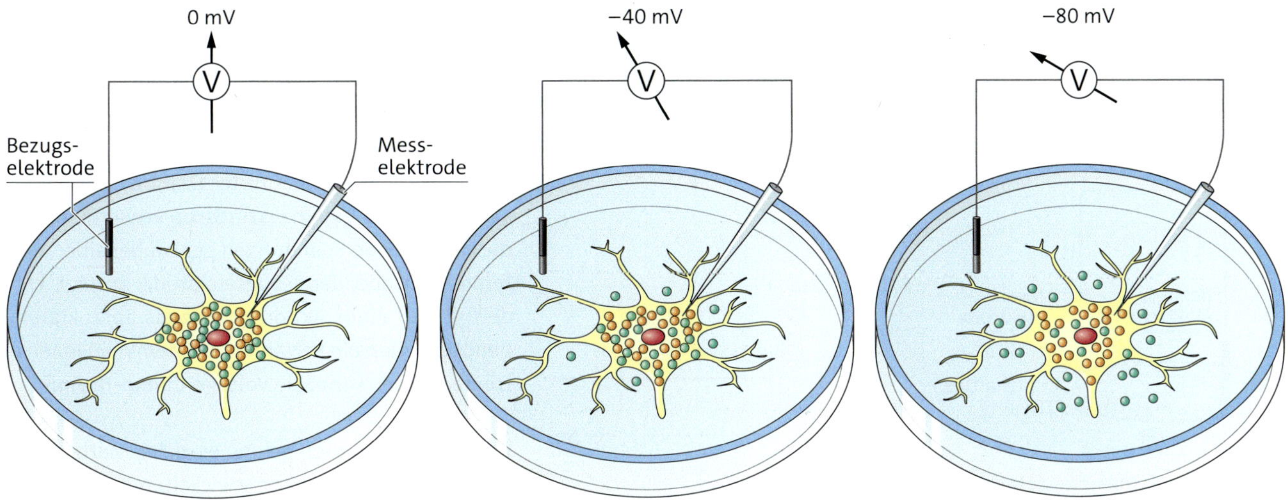

2 Modellvorstellung zur Potenzialdifferenz

Da die organischen Anionen die Membran nicht passieren können, überwiegen im Zellinneren die negativen Ladungen. Es entsteht eine Potenzialdifferenz zwischen innen und außen, die man als Spannung messen kann. Hierbei wird das Potenzial der Zellaußenseite willkürlich auf den Wert null gesetzt. Je mehr Kaliumionen aus der Zelle hinausdiffundieren, desto größer wird die Potenzialdifferenz, und die gemessene Spannung steigt.
Die Anziehungskräfte der im Zellinneren zurückbleibenden Anionen auf die Kaliumionen wachsen. Dies hat zur Folge, dass bei einer bestimmten Potenzialdifferenz kein Nettoausstrom der Kaliumionen mehr erfolgt und die Spannung sich nicht mehr verändert. Damit wirken diese Kräfte entgegengesetzt zum Konzentrationsgradienten. Die bei dem entstandenen Gleichgewicht gemessene Spannung wird als **Gleichgewichtspotenzial** bezeichnet. Man kann sie für jedes neurophysiologisch wichtige Ion berechnen.

Blickpunkt

Elektrische Stromstärke

Die Bewegung von elektrischen Ladungen wird als elektrischer Strom bezeichnet. Je größer die Ladungsmenge ist, die in einer bestimmten Zeit zum Beispiel durch den Querschnitt eines Ionenkanals fließt, desto höher ist die **Stromstärke *I*.** Sie wird in **Ampere**, kurz **A**, gemessen.

Elektrische Spannung

Die Zellmembran bewirkt eine Ladungstrennung zwischen der Zellinnen- und der Zellaußenseite. Dabei hat jede Seite ein bestimmtes elektrisches Potenzial. Die Differenz zwischen beiden Potenzialen wird als elektrische **Spannung *U*** bezeichnet. Sie steigt mit dem Ladungsunterschied zwischen der Zellinnenseite als Anode und der Zellaußenseite als Kathode. Die elektrische Spannung wird in **Volt**, kurz **V**, gemessen.

Ionenart	Extrazelluläre Konzentration in mmol/l	Intrazelluläre Konzentration in mmol/l	Verhältnis außen zu innen	Gleichgewichtspotenzial in mV
Kaliumionen (K^+)	5	100	1:20	−80
Natriumionen (Na^+)	150	15	10:1	62
Calciumionen (Ca^{2+})	2	0,0002	10000:1	123
Chloridionen (Cl^-)	150	13	11,5:1	−65

3 Ionenkonzentrationen und Gleichgewichtspotenziale

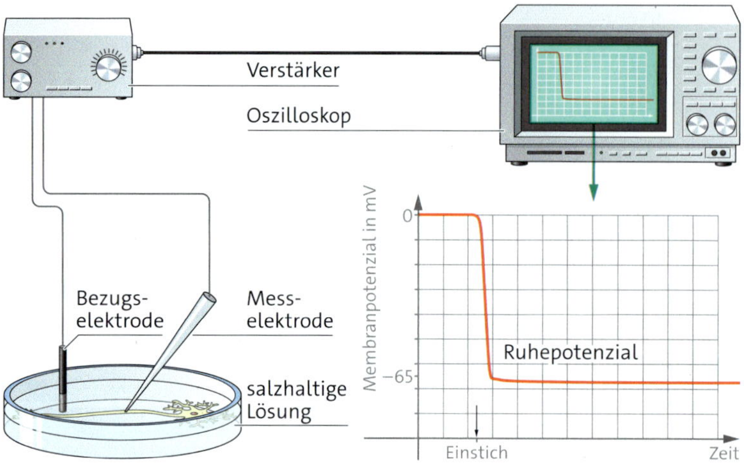

1 Messung des Membranpotenzials

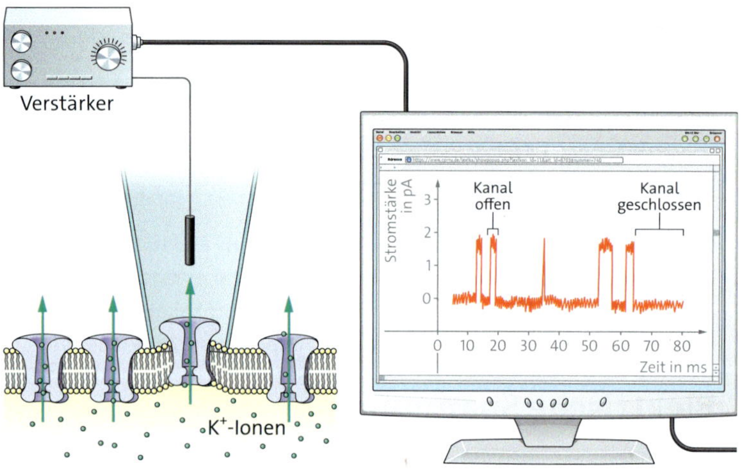

2 Patch-Clamp-Technik

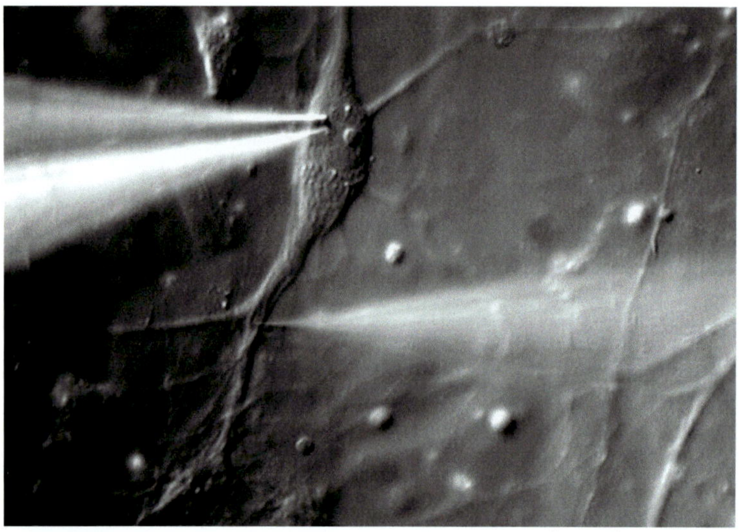

3 Patch-Clamp-Elektrode (EM-Aufnahme)

Messung von Membranpotenzialen • In den 1940er-Jahren wurde die Methode zur Messung elektrischer Potenziale an Zellmembranen entwickelt. Als Messelektrode verwendet man eine Glaskapillare, die mit einer Salzlösung gefüllt ist. Ein in die Glaskapillare eingeführter Draht ist mit einem Verstärker und einem Oszilloskop verbunden, das die gemessenen Spannungen gegenüber einer weiteren Elektrode, der Bezugselektrode, anzeigt. Um den Ablauf eines Aktionspotenzials aufzuklären, benötigte man ein Verfahren, mit dem man Ionenströme messen kann, die **Voltage-Clamp-Technik**.

In den 1970er-Jahren gelang es, diese Methode zu verfeinern. Die Forscher entwickelten eine Glaskapillare mit einem Spitzendurchmesser von nur 1 µm und besonders glatten Rändern. Die Glaskapillare ist mit einer Salzlösung gefüllt, die der Extrazellularflüssigkeit entspricht. Dort hinein taucht ein sehr feiner Silberdraht, der über einen Verstärker mit einem Computer verbunden ist. Mithilfe eines leichten Unterdrucks kann ein einzelner Ionenkanal angesaugt werden. Die Methode wird als **Patch-Clamp-Technik** bezeichnet und erlaubt die die Ionenströme durch einen geöffneten Ionenkanal exakt zu messen. Die Stromstärken liegen bei wenigen Pikoampere (pA), also 10^{-12} Ampere (A).

Bei diesen Messverfahren würden selbst kleinste Erschütterungen, zum Beispiel durch Schritte im Raum, verhindern, dass die Glaskapillare zielgenau gesteuert werden kann. Daher ist ein schwingungsgedämpfter Labortisch bei diesen Experimenten unbedingt notwendig.

Die extrem geringen Stromflüsse sind nur mithilfe einer aufwendigen Verstärkung messbar, wenn alle elektromagnetischen Umgebungseinflüsse wie das Telefonieren mit einem Handy durch einen Faraday-Käfig abgeschirmt werden.

1 Erklären Sie anhand von Abbildung 2 auf Seite 315 die Entstehung eines Gleichgewichtspotenzials.

2 Erläutern Sie, weshalb innerhalb eines Neurons keine Spannung messbar ist.

3 Beschreiben Sie die Methoden zur Messung von Membranpotenzialen.

Material A Modellversuch zum Gleichgewichtspotenzial

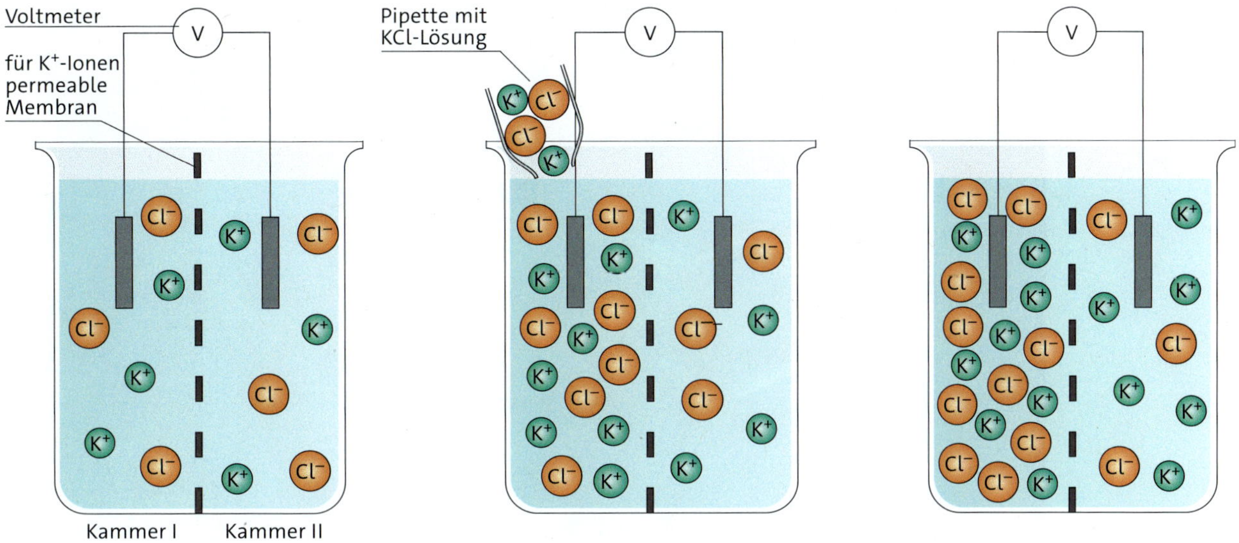

Ein Becherglas wird durch eine semipermeable Membran, die nur für Kaliumionen durchlässig ist, in zwei Kammern geteilt. Das Gefäß wird zunächst mit einer Kaliumchloridlösung gefüllt, sodass in beiden Kammern die gleichen Ionenkonzentrationen vorliegen. In einem weiteren Versuch erhöht man in der linken Kammer die Kaliumchloridkonzentration um das Zehnfache.

1 Erläutern Sie die Vorgänge im Becherglas nach Erhöhung der Kaliumchloridkonzentration in der linken Kammer.

2 Beschreiben und erklären Sie die elektrische Spannung in den drei Bechergläsern.

3 Erklären Sie, weshalb es in diesem Modellversuch nicht zu einem Konzentrationsausgleich zwischen den Kammern kommt.

Material B Membranpotenzial für Kaliumionen

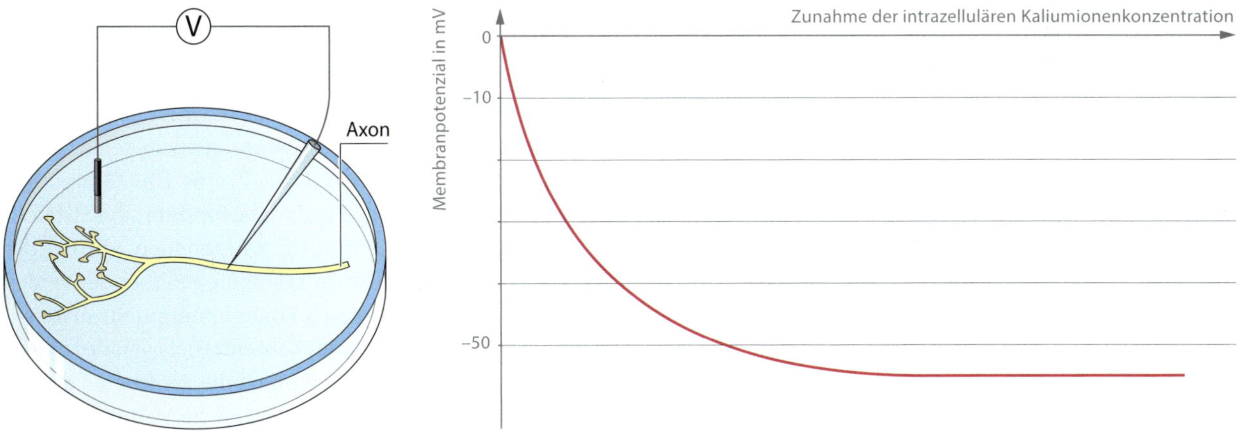

Das Axon eines Tintenfischneurons wird isoliert und in eine physiologische Kochsalzlösung gelegt, deren Ionenkonzentrationen denen der intrazellulären Flüssigkeit entsprechen. Anschließend wird die Zellflüssigkeit des Axons nach und nach gegen eine Flüssigkeit ausgetauscht, deren Kaliumionenkonzentration immer stärker zunimmt.

1 Beschreiben Sie die Veränderung des Membranpotenzials während des Versuchs.

2 Erklären Sie den Verlauf des Membranpotenzials.

4.5 Vom Ruhe- zum Aktionspotenzial

1 Tintenfisch *Loligo*

Als Neurophysiologen erste experimentelle Messungen an Neuronen durchführten, gab es noch keine Mikroelektroden, mit denen die nur 0,5 bis 20 µm dünnen Axone von Wirbeltieren untersucht werden konnten. Die Axone des Tintenfischs Loligo hingegen haben einen Durchmesser von bis zu 2 mm und sind deshalb verhältnismäßig leichter zu präparieren. So wurde Loligo zu einem der wichtigsten Modellorganismen für Neurophysiologen. Als man die Spannungsverhältnisse am Loligo-Axon erforschte, beobachtete man, dass sich das Potenzial an der Membran nach einer Reizung spontan änderte. Wie lassen sich diese Potenzialveränderungen erklären?

Spannung am Axon im Ruhezustand • Sticht man eine Messelektrode in ein nicht erregtes Axon von *Loligo* und taucht die Bezugselektrode in die Umgebungsflüssigkeit, kann man eine Potenzialdifferenz messen. Diese bezeichnet man als **Ruhepotenzial.** Das Innere des Neurons ist gegenüber der extrazellulären Seite negativ geladen. Für Wirbeltierneuronen im Ruhezustand gelten ähnliche Bedingungen. Je nach Zelltyp werden Werte zwischen −40 und −90 mV gemessen.

Die Zellmembran des Neurons trennt unterschiedliche Ladungen. Im Zellinneren befinden sich hauptsächlich Kaliumionen und organische Anionen wie Aminosäurereste und Proteine. In nur geringen Konzentrationen kommen Natrium- und Chloridionen vor. Auf der Zellaußenseite hingegen finden sich hohe Natrium- und Chloridionenkonzentrationen, aber nur verhältnismäßig wenige Kaliumionen. Die Gleichgewichtspotenziale der verschiedenen Ionenarten tragen in unterschiedlicher Weise zum Ruhepotenzial bei. Je größer die Permeabilität der Zellmembran für eine Ionenart ist, umso stärker wird das gemessene Potenzial durch deren Gleichgewichtspotenzial bestimmt. Bei Säugetierneuronen ist dies insbesondere das Gleichgewichtspotenzial für Kaliumionen. Ein Teil der Kaliumionenkanäle ist ständig geöffnet. Sie werden deshalb auch Kaliumionenhintergrundkanäle genannt. Aufgrund des Konzentrationsgefälles diffundieren Kaliumionen durch die geöffneten Kanäle von innen nach außen. Wenn die Membran nur für Kaliumionen durchlässig wäre, müsste das Ruhepotenzial den gleichen Wert haben wie das Gleichgewichtspotenzial von Kaliumionen, also etwa −80 mV. Beim Säugetierneuron wird jedoch ein Wert von ungefähr −65 mV gemessen. Diese Abweichung ist darauf zurückzuführen, dass in geringerem Umfang Natriumionen von außen in die Zelle diffundieren.

2 Aufsicht eines Kaliumionenkanals mit zentralem Kaliumion

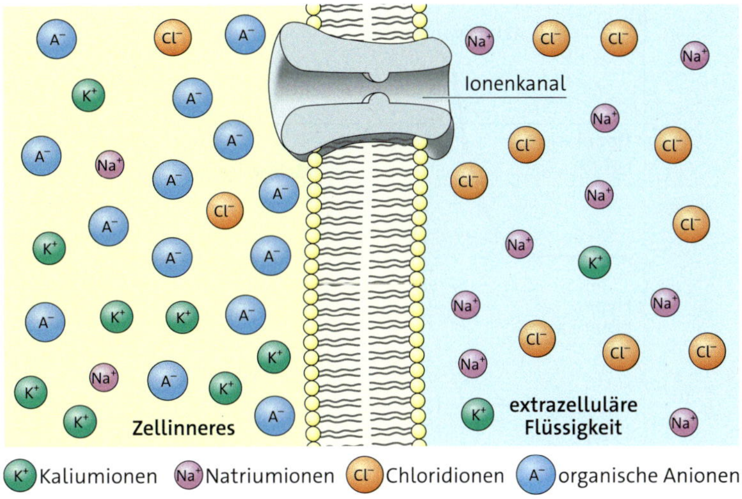

3 Ionenverteilung an der Membran eines Neurons

Erhaltung des Ruhepotenzials • Die Funktionsfähigkeit des Neurons ist davon abhängig, dass die Natriumionenkonzentration außerhalb des Neurons höher ist als innen und dass die Kaliumionenkonzentration auf der Innenseite höher ist als außerhalb des Neurons. Der fortwährende Einstrom von Natriumionen in das Neuron und von Kaliumionen aus dem Neuron heraus würde zur Folge haben, dass die Natrium- und die Kaliumionengradienten kontinuierlich abnehmen. Das Ruhepotenzial müsste zusammenbrechen. Es bleibt in der lebenden Nervenzelle jedoch konstant. Ursache hierfür ist ein Protein in der Zellmembran, das Bindungsstellen auf der Zellinnenseite für Natriumionen sowie für ATP besitzt und für Kaliumionen Bindungsstellen auf der Zellaußenseite. Es transportiert gleichzeitig drei Natriumionen nach außen und zwei Kaliumionen ins Innere der Zelle. Die Energie, die für diesen aktiven Transport der Ionen gegen den Konzentrationsgradienten nötig ist, liefert die Hydrolyse von ATP. Deshalb wird das Protein als Natrium-Kalium-Pumpe bezeichnet. Die Kalium-Natrium-Pumpe ist für etwa 70 % des Energieverbrauchs des Gehirns verantwortlich.

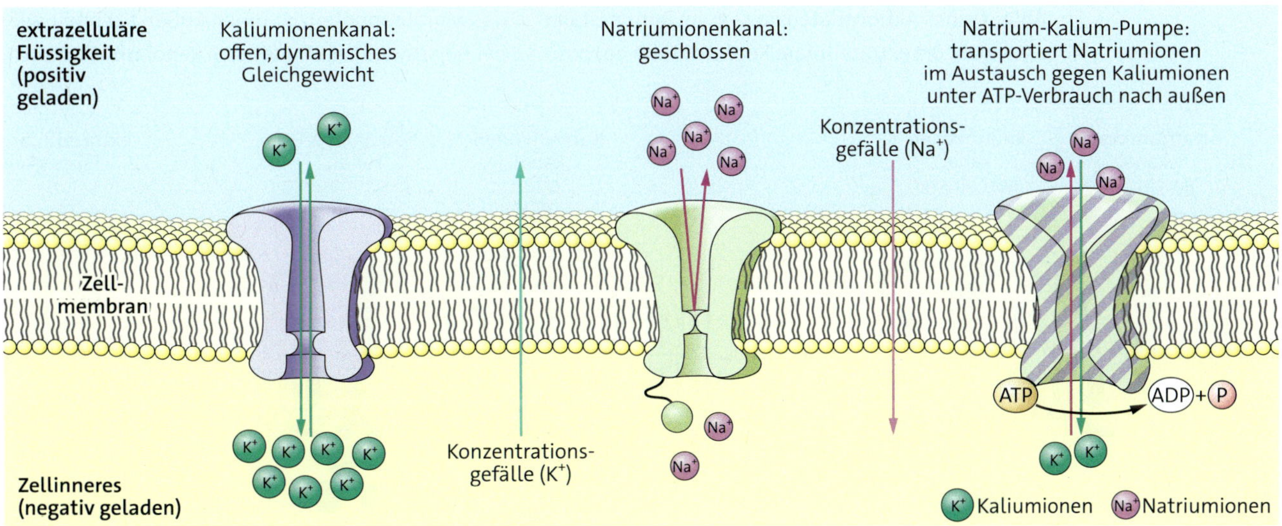

4 Modell zur Entstehung und Erhaltung des Ruhepotenzials

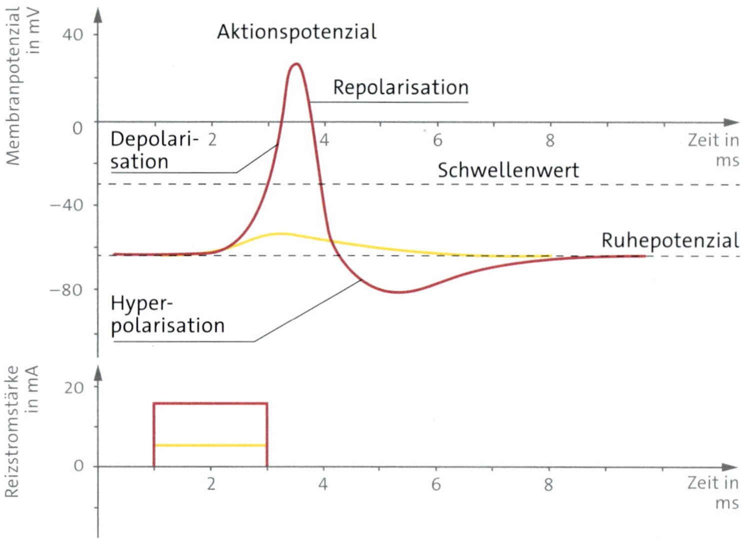

1 Reaktion eines Axons auf Reize

Potenzialveränderungen durch Reize • Wenn man in einem Experiment eine Stelle des Axons geringfügig reizt, sodass sich das Membranpotenzial kurzzeitig von −65 auf −50 mV verringert, kehrt das Membranpotenzial rasch zum Ausgangszustand zurück. Man beobachtet keine weiteren Auswirkungen auf das Axon. Erreicht das Membranpotenzial durch einen stärkeren Reiz einen bestimmten **Schwellenwert**, beispielsweise −30 mV, führt dies jedoch zu einer spontanen Reaktion, bei der sich die Spannungsverhältnisse an der gereizten Stelle der Membran des Axons innerhalb 1 ms umkehren. Ein **Aktionspotenzial** wird ausgelöst. Am Oszilloskop lässt sich der Verlauf der Potenzialumkehr beobachten.

Ablauf eines Aktionspotenzials • Im Ruhezustand entspricht die extrazelluläre Konzentration der positiv geladenen Natriumionen etwa dem Zehnfachen der Konzentration im Zellinneren. Das Membranpotenzial von −65 mV ist aber im Verhältnis zum Natriumionengleichgewichtspotenzial von 62 mV negativ. Da sich entgegengesetzte Ladungen anziehen und die spannungsgesteuerten Natriumionenkanäle geschlossen sind, ist die Anziehungskraft für die Natriumionen, die elektrostatische Anziehungskraft, beträchtlich.

1 Wird die Axonmembran so stark gereizt, dass der Schwellenwert erreicht wird, werden Spannungssensoren der Natriumionenkanäle aktiviert und die Kanäle öffnen sich. Der daraus resultierende Natriumioneneinstrom führt zur **Depolarisation** der Axonmembran. Da sich auf einer Membranfläche von 1 µm mehrere Tausend Natriumionenkanäle befinden, die sich gleichzeitig öffnen, verändert sich das Membranpotenzial sehr schnell bis zu einem Wert von etwa +30 mV. Das Zellinnere ist gegenüber dem Extrazellularraum positiv geladen, es kommt zur Spannungsumkehr, dem Overshoot. Nach 1 ms werden die Natriumionenkanäle wieder geschlossen.

2 Die Depolarisation der Axonmembran löst zeitlich um ungefähr 1 ms verzögert das Öffnen spannungsgesteuerter Kaliumionenkanäle aus. Da der Zellaußenraum zu diesem Zeitpunkt negativ geladen ist, ist die elektrostatische Anziehungskraft, die einen Ausstrom der Kaliumionen aus der Zelle bewirkt, sehr hoch. Die Kaliumionen strömen deshalb schnell aus dem Axon heraus und führen dazu, dass das Membranpotenzial innen äußerst schnell wieder negativ wird. Es findet eine **Repolarisation** statt.

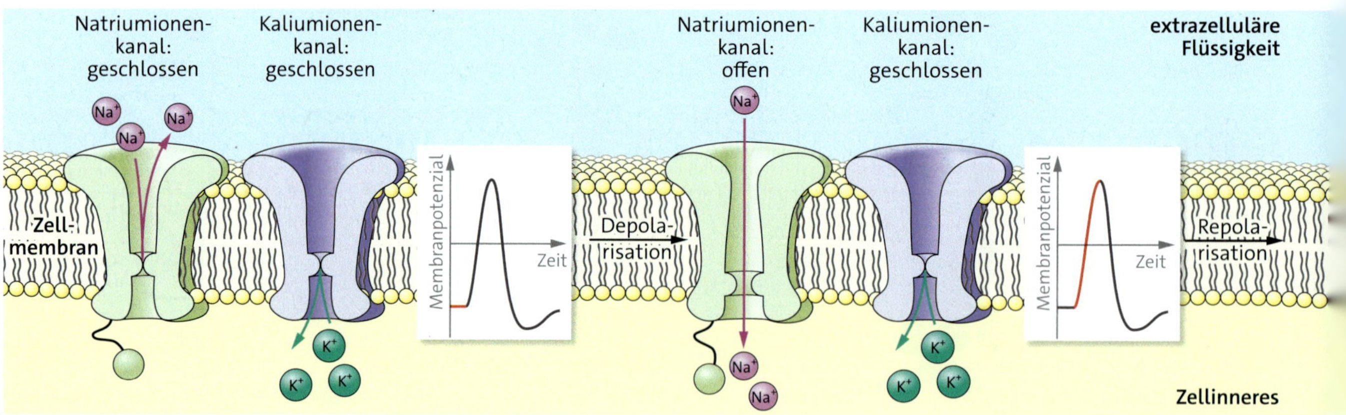

2 Ionenkanäle steuern den Ablauf des Aktionspotenzials

3 Da für einen sehr kurzen Zeitraum sowohl die spannungsgesteuerten Kaliumionenkanäle als auch die Kaliumionenhintergrundkanäle geöffnet sind, strömen mehr Kaliumionen aus dem Axon als notwendig sind, um das Ruhepotenzial wieder zu erreichen. Deshalb sinkt die Kurve des Aktionspotenzials tiefer ab. Es kommt zur **Hyperpolarisation,** die auch als Undershoot bezeichnet wird.

Verminderte Erregbarkeit • Anhand von Messungen konnte man feststellen, dass Neuronen durch starke Reizung mit bis zu 1000 Hertz feuern können. Das bedeutet, dass sie 1000 Aktionspotenziale pro Sekunde erzeugen können, aber nicht mehr. Wie lässt sich dieser Befund erklären? Nachdem ein Aktionspotenzial ausgelöst wurde, ist das Neuron für etwa 1 ms nicht erregbar. Einem Modell zufolge hat jeder spannungsgesteuerte Natriumionenkanal einen kugelförmigen Proteinteil, der in das Zellinnere hineinragt. Bei der Inaktivierung des Kanals durch die Spannungsumkehr klappt die Kugel in die Pore und verschließt sie wie ein Tor. Dadurch wird ein weiteres Aktionspotenzial verhindert. Diese Phase nennt man **absolute Refraktärzeit**. Wenn das Membranpotenzial wieder das Ruhepotenzial erreicht, löst sich die Proteinkugel vom Kanal und die Natriumionenkanäle schließen sich. Jetzt kann wieder ein Aktionspotenzial ausgelöst werden. Da die Kaliumionenkanäle noch geöffnet sind und die Membran hyperpolarisiert ist, ist jedoch ein stärkerer depolarisierender Stromimpuls notwendig, um den Schwellenwert zu erreichen. Diese Phase wird deshalb als **relative Refraktärzeit** bezeichnet.

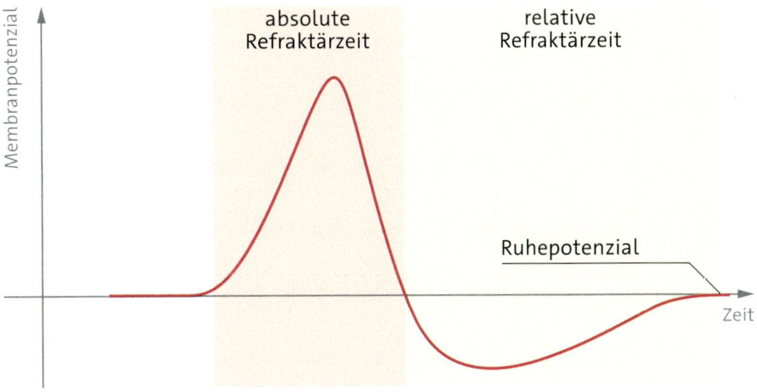

3 Absolute und relative Refraktärzeit

Aufgrund der spezifischen Reaktion der spannungsgesteuerten Ionenkanäle auf einen überschwelligen Reiz entstehen immer gleich starke Ionenströme. Das bedeutet, dass ein Aktionspotenzial eines jeden Neurontyps immer die gleiche Höhe, also die gleiche Amplitude hat. Aktionspotenziale funktionieren wie ein Schalter, der ein- oder ausgeschaltet ist. Es handelt sich somit um ein Alles-oder-nichts-Prinzip.

1 Erläutern Sie, wie das Ruhepotenzial zustande kommt.

2 Beschreiben Sie den Ablauf eines Aktionspotenzials.

3 Erläutern Sie, weshalb während der absoluten Refraktärzeit kein Aktionspotenzial ausgelöst werden kann.

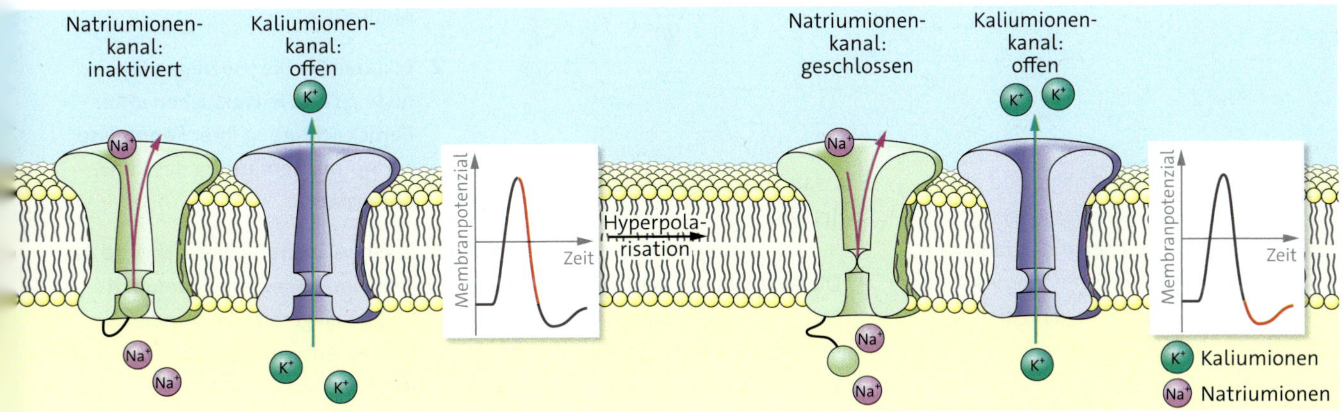

Material A Messung des Membranpotenzials

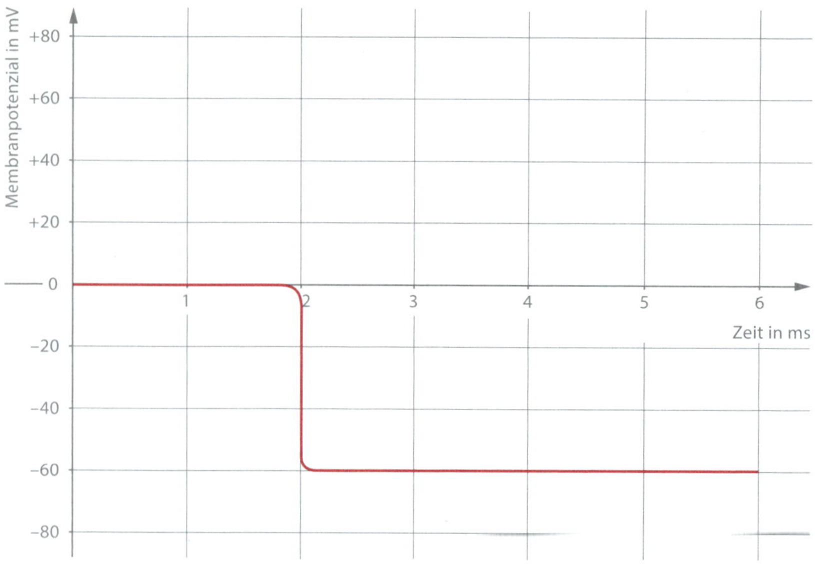

Die Aufzeichnung des Membranpotenzials beim Tintenfisch *Loligo* zeigt die in der Abbildung dargestellten Messergebnisse.

1 Beschreiben Sie die Versuchsanordnung, die zur Gewinnung der Messergebnisse benötigt wird.

2 Erklären Sie die Veränderung der Spannung zum Zeitpunkt t = 2 ms.

Material B Austrittsrate für Natriumionen bei *Loligo*

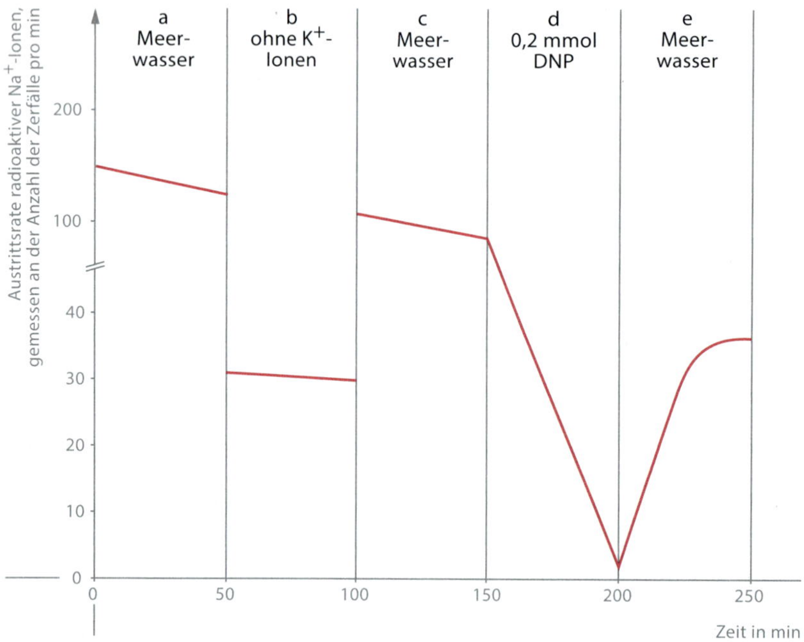

Ein Riesenaxon von Loligo wird über längere Zeit in Meerwasser gelegt, dessen Natriumionen durch radioaktive Natriumionen ersetzt worden sind. Dadurch wird erreicht, dass die Natriumionen im Axon radioaktiv markiert sind.

Erst dann beginnt die eigentliche Versuchsreihe:

a Die Austrittsrate der radioaktiven Natriumionen aus dem Axon wird in normalem Meerwasser gemessen.

b Anschließend wird das Axon in eine Lösung gelegt, die keine Kaliumionen enthält.

c Das Axon wird in normales Meerwasser überführt.

d Dem Meerwasser wird Dinitrophenol, kurz DNP, zugegeben. DNP blockiert die ATP-Synthese in den Mitochondrien.

e Das Axon wird in normales Meerwasser gelegt.

1 Beschreiben Sie die Ergebnisse der Teilversuche a bis e anhand der Abbildung.

2 Erklären Sie die jeweiligen Ergebnisse zu den Teilversuchen unter Berücksichtigung Ihrer Kenntnisse zur Aufrechterhaltung des Ruhepotenzials.

3 In einem weiteren Versuch wird das Axon im Verlauf von Stadium d elektrisch gereizt. Begründen Sie, welche Auswirkungen zu erwarten sind.

Material C Reize und Aktionspotenziale

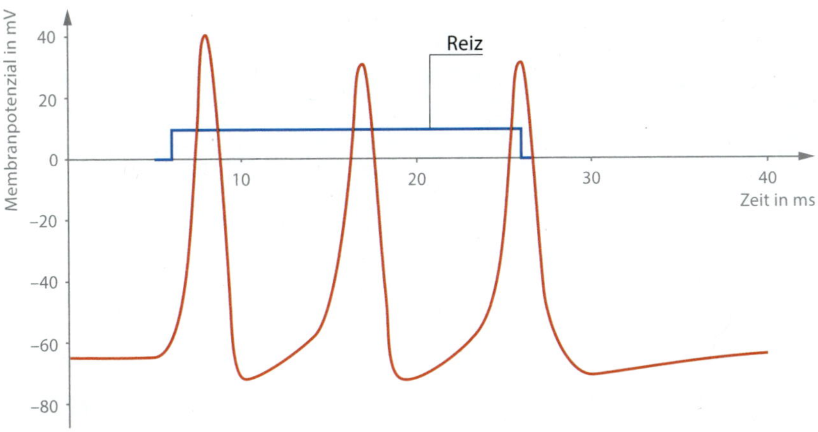

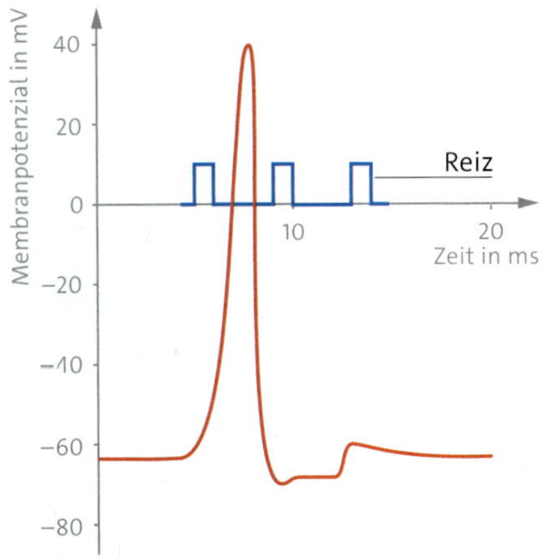

In einem Experiment wird untersucht, wie das Axon eines Neurons auf eine Dauerreizung über einen Zeitraum von 20 ms reagiert.

In einem zweiten Experiment wird das Axon drei kurzen Reizen mit einer Dauer von jeweils einer 1 ms ausgesetzt.

1 Vergleichen Sie die Beobachtungen der beiden Experimente.

2 Deuten Sie die unterschiedlichen Reaktionen des Axons.

Material D Fugu – gefährlich und delikat

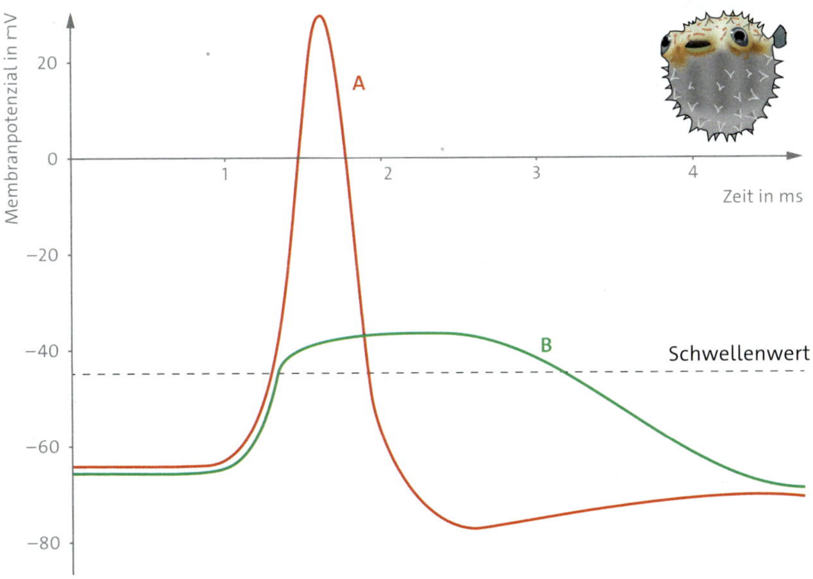

Obwohl Fugu extrem giftig ist, steht er in Japan ganz oben auf der Delikatessenliste. Wer in Japan einen *Fugu* zubereiten möchte, muss mithilfe eines speziellen Kochkurses eine Lizenz dafür erwerben, da es jährlich zu etwa 150 Todesfällen durch eine *Fugu*-Vergiftung kommt. Wichtig bei der Zubereitung ist, dass die giftigen Keimdrüsen sowie Gallenblase, Leber und Darm schnell und sauber entfernt werden, da das Gift sonst in die ungiftige Muskulatur gelangt.

Der Fugu (*Takifugu sp.*) ist der bekannteste Vertreter der Kugelfische. Er ist ein Knochenfisch, dessen Schuppen zu Stacheln umgewandelt sind. Bei Gefahr können die Kugelfische sich aufblähen, indem sie Wasser in eine sackartige Erweiterung des Magens pumpen. Dadurch vergrößert sich ihr Volumen und die Stacheln stehen nach außen ab, was bei Kontakt für Raubfische äußerst unangenehm werden kann. Ein weiterer Schutzmechanismus des Fugu ist die Anreicherung des Gifts Tetrodotoxin in seinen Organen. Es ist eines der stärksten bekannten nicht proteinartigen Nervengifte. Eine Dosis von 10 µg pro kg Körpermasse ist bereits tödlich.

1 Vergleichen Sie die Verläufe der abgebildeten Membranpotenziale A und B.

2 Begründen Sie anhand des Verlaufs der Kurve B die Wirkungsweise von Tetrodotoxin auf Neuronen.

3 Stellen Sie Hypothesen zu den Folgen der Vergiftung mit Tetrodotoxin für den Organismus auf.

4.6 Erregungsleitung

1 Zungenschuss eines Chamäleons

Ein Chamäleon sitzt scheinbar regungslos auf einem Ast. Während es seine Beute mit den Augen fixiert, ragt seine Zunge ein wenig aus dem leicht geöffneten Maul. Plötzlich schleudert die Zunge innerhalb von wenigen Millisekunden in Richtung Beute. Bei diesem Zungenschuss kann die Chamäleonzunge eine Geschwindigkeit von 6 m/s erreichen. Das getroffene Beutetier wird von der Zungenspitze angesaugt und anschließend ins Maul des Chamäleons gezogen. Wie erfolgt die neuronale Erregungsleitung für diese extrem schnelle Bewegung?

Weiterleitung von Aktionspotenzialen • Wird an einem Axon durch einen elektrischen Impuls ein Aktionspotenzial ausgelöst, lassen sich anhand von Messelektroden innerhalb kürzester Zeit Aktionspotenziale in immer größeren Abständen vom Ursprungsort nachweisen. Das bedeutet, dass die Erregung entlang des Axons kontinuierlich weitergeleitet wird. Da bei einem Aktionspotenzial zunächst Natriumionen in die Zelle einströmen, ist das Zellinnere in diesem Bereich kurzfristig gegenüber der Außenseite positiv geladen. In der direkten Umgebung befindet sich das Axon im Ruhezustand. Dort ist das Zellinnere gegenüber außen negativ geladen. Aufgrund dieser Ladungsunterschiede kommt es zu einem seitlichen Stromfluss, den lokalen Strömchen. Sie haben eine Depolarisation der Axonmembran in der Umgebung des Aktionspotenzials zur Folge. Erreicht dort die Depolarisation den Schwellenwert, öffnen sich die spannungsgesteuerten Natriumionenkanäle und lösen ein neues Aktionspotenzial aus. Somit wird die Erregung entlang des Axons weitergeleitet.

In der Nervenzelle entstehen Aktionspotenziale am Axonhügel und breiten sich nur in Richtung der präsynaptischen Endigungen aus. Obwohl die lokalen Strömchen in beide Richtungen fließen, ist eine gegenläufige Ausbreitung nicht möglich, da sich die Natriumionenkanäle nach einem Aktionspotenzial in der Refraktärphase befinden und nicht auf die Depolarisation reagieren.

Verschiedene Leitungsgeschwindigkeiten • Die Riesenaxone des Tintenfischs, des Kalmars, leiten sensorische Erregungen, die den Fluchtreflex steuern. Da Schnelligkeit für die Tiere einen Selektionsvorteil bedeutet, haben sich im Verlauf der Evolution Axone mit einer höheren Leitungsgeschwindigkeit entwickelt. Offensichtlich besteht ein Zusammenhang zwischen Leitungsgeschwindigkeit und Durchmesser des Axons. Bei der

Präparation eines solchen Riesenaxons ermittelte man einen Durchmesser von 1 mm. Damit ist es 100- bis 1000-fach dicker als die Axone der Säugetiere. In dünnen Axonen ist der Innenwiderstand relativ hoch, die lokalen Strömchen können sich nicht weit ausbreiten. Mit zunehmendem Durchmesser des Axons sinkt der Innenwiderstand. Damit erhöht sich die Reichweite der lokalen Strömchen. Eine den Schwellenwert übersteigende Depolarisation erfolgt aufgrund der höheren Stromstärke schneller und in größeren Abständen. Ein größerer Durchmesser erhöht also die Leitungsgeschwindigkeit. Weiterhin konnte man feststellen, dass dünnere Axone gegenüber dickeren Axonen eine stärkere Depolarisation benötigen, um den Schwellenwert zu erreichen. Das bedeutet, dass dickere Axone leichter erregbar sind als dünne Axone.

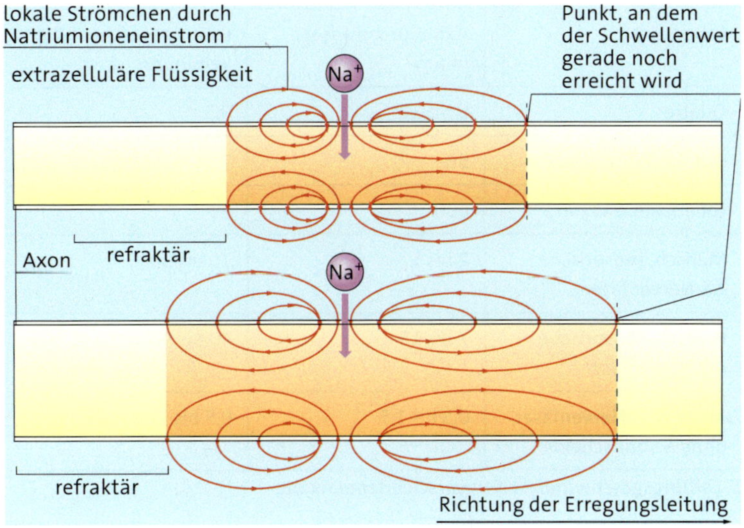

2 Einfluss des Axondurchmessers auf lokale Strömchen

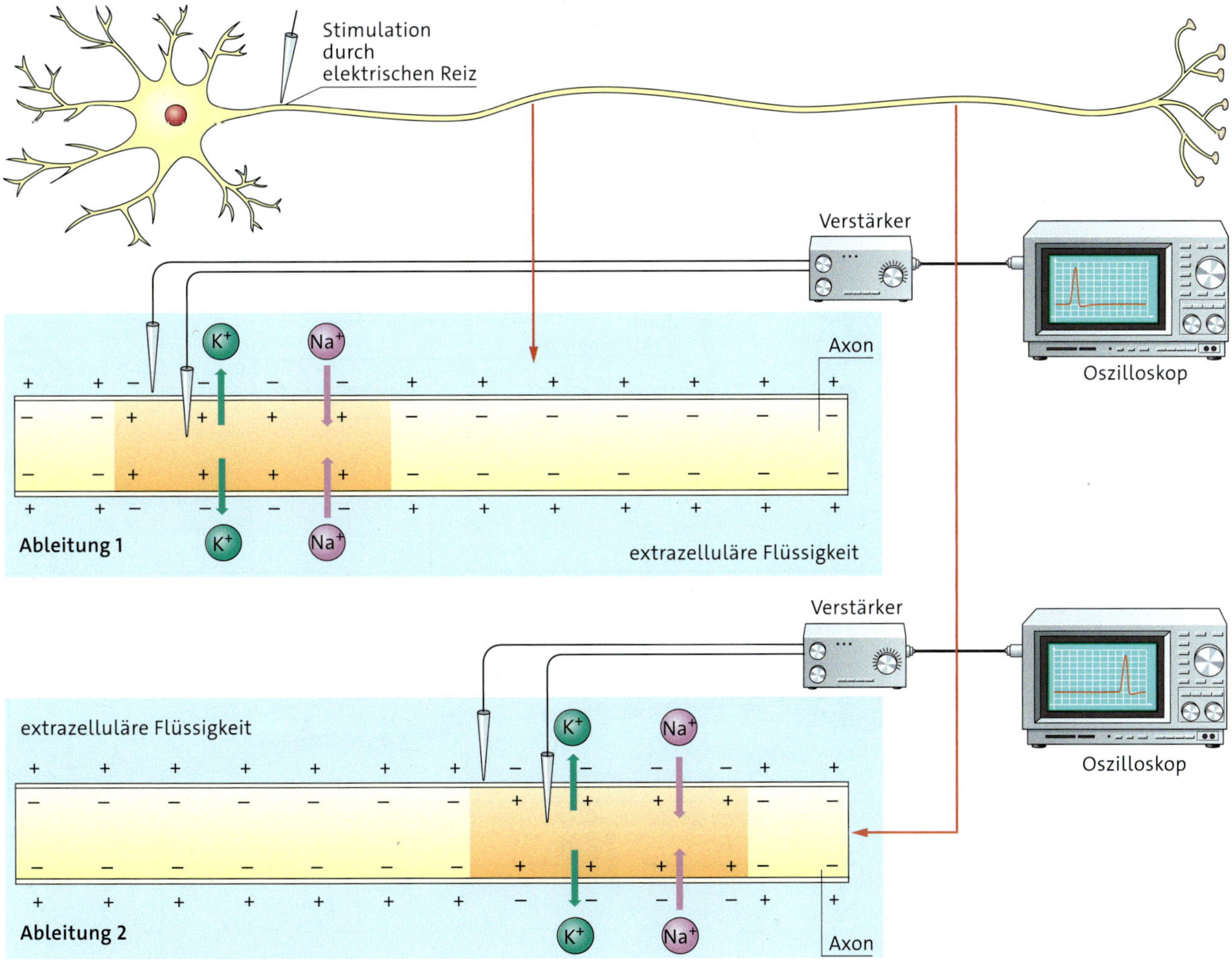

3 Ausbreitung eines Aktionspotenzials

Lebewesen	Axondurchmesser in µm	Leitungsgeschwindigkeit in m/s
Qualle	6 bis 12	0,5
Schabe, Bauchmark	50	7
Loligo, Riesenaxon	650	25
Mensch, sensorische Aδ-Nervenfaser	2 bis 5	10 bis 30
Mensch, sensorische Aβ-Nervenfaser	7 bis 15	40 bis 90
Mensch, C-Nervenfaser, ohne Myelinscheide	0,5 bis 1,5	0,5 bis 2,0

1 Leitungsgeschwindigkeiten verschiedener Axone

lat. saltare = springen

Saltatorische Erregungsleitung • Höhere Leitungsgeschwindigkeiten durch größere Axondurchmesser wie beim Tintenfisch haben einen erheblichen Nachteil: Das Nervensystem benötigt viel Raum. Bei den Wirbeltieren, zu denen auch das Chamäleon gehört, entwickelte sich im Laufe der Evolution (► **S. 311**) ein anderer, raumsparender Weg. Die Axone, auch Nervenfasern, der Wirbeltiere sind von einer Myelinscheide umgeben, die in Abständen von 0,2 bis 2,0 mm von Ranvier-Schnürringen unterbrochen ist. Die Myelinscheide wirkt wie die Isolierung eines Stromkabels und verstärkt den Stromfluss im Inneren des Axons. Dadurch erhöht sich die Reichweite der lokalen Strömchen erheblich. Nur in den frei liegenden Bereichen der Ranvier-Schnürringe befinden sich spannungsgesteuerte Natriumionenkanäle und nur hier werden Aktionspotenziale ausgelöst. Dies hat zur Folge, dass die Aktionspotenziale von Schnürring zu Schnürring springen. Die Geschwindigkeit dieser **saltatorischen Erregungsleitung** ist erheblich höher als die der kontinuierlich weitergeleiteten Erregung der nicht myelinisierten Fasern. Ein weiterer Vorteil der saltatorischen Erregungsleitung ergibt sich daraus, dass sie weniger Energie benötigt, da weniger Ionenpumpen notwendig sind.

1 Erläutern Sie die Bedeutung der lokalen Strömchen für die Erregungsleitung.

2 Vergleichen Sie die kontinuierliche und die saltatorische Erregungsleitung.

3 Nehmen Sie Stellung zu der Aussage, dass das Gehirn eines Menschen ohne Myelinscheide größer als ein Scheunentor sein müsste.

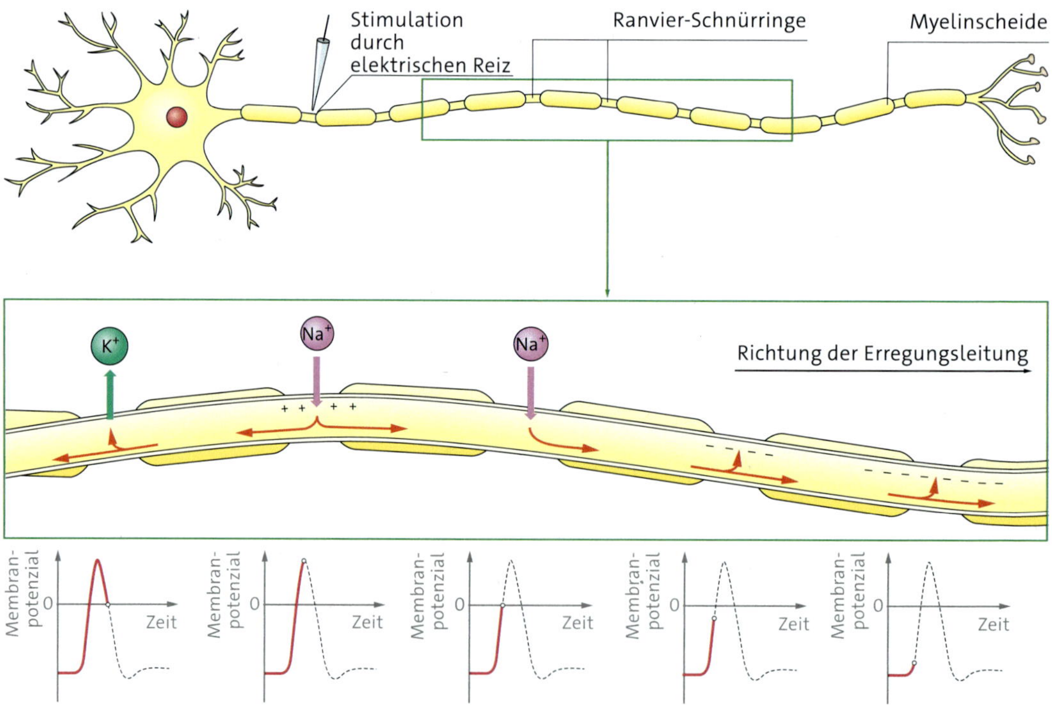

2 Saltatorische Erregungsleitung

Material A Lokalanästhesie

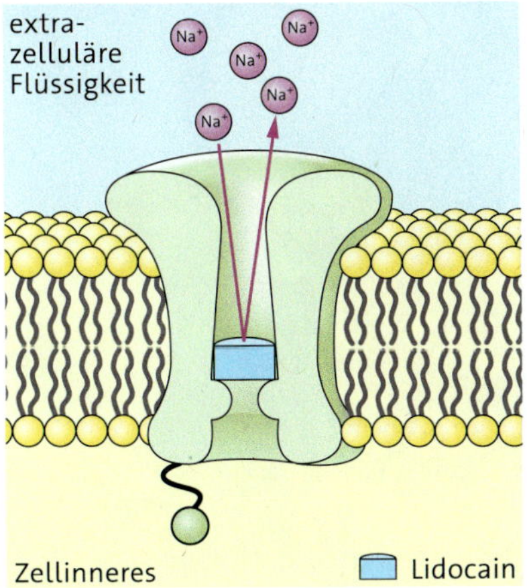

Schmerz- und Berührungsreize werden von verschiedenen Neuronen verarbeitet. Die Signalübertragung von Schmerzen läuft über sehr aktive, dünne Aδ-Neuronen und C-Neuronen ohne Myelinscheide. Die Signale von Berührungen werden von weniger aktiven, dicken Aβ-Neuronen übertragen. Diesen Umstand macht man sich in der medizinischen Praxis bei der Lokalanästhesie mit dem Wirkstoff Lidocain zunutze. So kann ein Zahnarzt mit einer Injektion von Lidocain in den Gaumen die schmerzassoziierten Bahnen des umliegenden Gewebes betäuben. Die Wirkung des Lidocains beruht darauf, dass es durch die Axonmembran in die Axone der schmerzassoziierten Neuronen diffundiert und die Natriumionenkanäle blockiert.

1 Erläutern Sie, weshalb Lidocain zu einer lokalen Betäubung führt.

2 Stellen Sie anhand der Prinzipien der Erregungsleitung eine Hypothese auf, weshalb ein Patient zwar keine Schmerzen, aber Berührungen wahrnehmen kann.

Material B Domino-Modell zur Erregungsleitung

Bei wirbellosen Tieren werden Aktionspotenziale kontinuierlich entlang des Axons weitergeleitet. Dieses Prinzip gilt auch für viele Nervenbahnen des menschlichen Körpers, beispielsweise für die Steuerung der inneren Organe. Die Leitungsgeschwindigkeit beträgt hier etwa 1 m/s.

Die meisten Axone des Menschen weisen eine deutlich schnellere Erregungsleitung von bis zu 90 m/s auf.

Mit Dominosteinen lässt sich die Erregungsleitung im Modell nachvollziehen.

1 Simulieren Sie die kontinuierliche Erregungsleitung mit den Dominosteinen und messen Sie die Zeit.

2 Vergleichen Sie die Zustände des Modells mit den Zuständen im Original: Dominosteine aufrecht, Dominosteine fallend, Dominosteine liegend.

3 Überlegen Sie auf Grundlage der durchgeführten Simulation, durch welche Veränderungen des Modells die Leitungsgeschwindigkeit erhöht werden könnte. Wählen Sie hierzu unter den vorgegebenen Materialien: Dominosteine, Holzstäbe verschiedener Längen, Gummiringe, Gummibänder, Schlauchstücke

4 Überprüfen Sie, ob das entwickelte Modell tatsächlich eine höhere Leitungsgeschwindigkeit aufweist. Entwickeln Sie eine geeignete Teststrategie.

5 Leiten Sie aus dem positiv getesteten Modell Vorhersagen über die Verteilung der spannungsabhängigen Natriumionenkanäle ab. Fertigen Sie hierzu eine geeignete Skizze entsprechend der unteren Darstellung zur kontinuierlichen Erregungsleitung an.

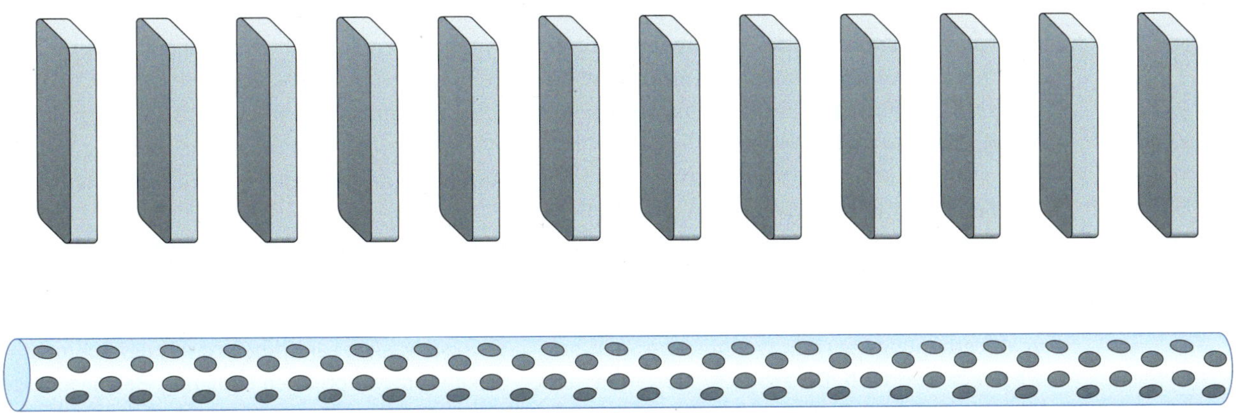

4.7 Informationsübertragung an Synapsen

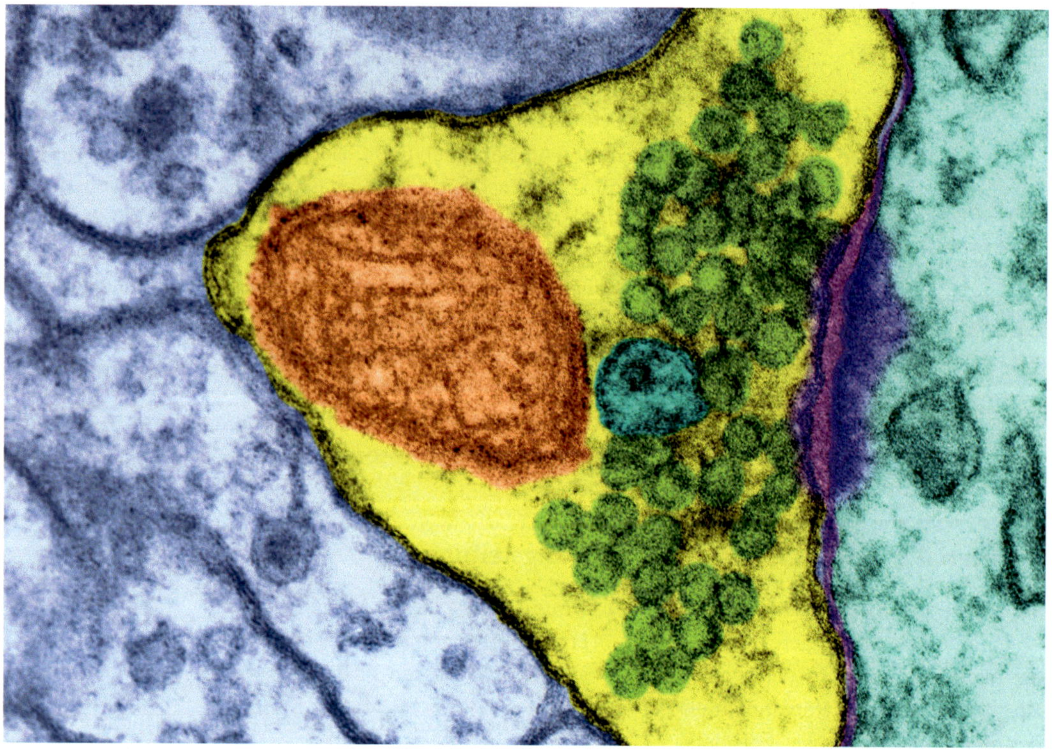

1 Elektronenmikroskopische Aufnahme einer Synapse

Im elektronenmikroskopischen Bild erkennt man ein Synapsenendknöpfchen dicht am Soma einer anderen Nervenzelle anliegend. Deutlich sichtbar sind die kleinen grünen Vesikel im Bereich der präsynaptischen Endigung und die Zellmembranen, die beide Nervenzellen voneinander trennen. Trotz dieser Trennung werden Aktionspotenziale vom Synapsenendknöpfchen an das nachfolgende Neuron übermittelt. Wie geschieht dies und welche Rolle spielen dabei die synaptischen Vesikel?

Chemische Synapsen • Zwischen den beiden Nervenzellen befindet sich ein schmaler Spalt mit einer Breite von ungefähr 20 bis 40 nm. Die an diesen **synaptischen Spalt** angrenzende Membran des Synapsenendknöpfchens wird als präsynaptische Membran und die der nachgeschalteten Nervenzelle als postsynaptische Membran bezeichnet. Astrocyten in der direkten Umgebung der Synapsen produzieren eine aus faserförmigen Proteinen bestehende Matrix, die den Kontakt zwischen beiden Nervenzellen im synaptischen Spalt verstärkt.

In den Vesikeln des Synapsenendknöpfchens befindet sich ein chemischer Botenstoff, der in den synaptischen Spalt freigesetzt wird. Ein Beispiel ist der Neurotransmitter **Acetylcholin**. Er ist für die Signalübertragung über den synaptischen Spalt hinweg verantwortlich. Derartige Synapsen werden deshalb als chemische Synapsen bezeichnet.

Ablauf der Informationsübertragung •
1 Erreicht ein Aktionspotenzial das Synapsenendknöpfchen, wird dessen Membran durch die Öffnung der Natriumionenkanäle depolarisiert. Diese Depolarisation hat zur Folge, dass sich spannungsgesteuerte Calciumionenkanäle öffnen. Da die Calciumionenkonzentration im Bereich des synaptischen Spalts bis zu 500-mal höher als im Zellinneren ist, strömen Calciumionen durch die geöffneten Kanäle in die präsynaptische Endigung ein. Wie viele Kanäle sich öffnen, ist abhängig von der Anzahl der ankommenden Aktionspotenziale.

Die Zunahme der Calciumionenkonzentration ist ein Signal für die Vesikel im Synapsenendknöpfchen: Je höher die Calciumionenkonzentration steigt, umso mehr Vesikel verschmelzen mit der Zellmembran der präsynaptischen Endigung. Bei dieser Exocytose werden die in den Vesikeln enthaltenen

Neurotransmitter, mehrere Tausend Acetylcholin-Moleküle pro Vesikel, in den synaptischen Spalt ausgeschüttet. Die Freisetzung des Acetylcholins wird sehr präzise gesteuert und erfolgt extrem schnell, beim Riesenaxon des Tintenfischs innerhalb von 0,2 ms nach Öffnung der Calciumionenkanäle.

2 Die Acetylcholin-Moleküle diffundieren durch den synaptischen Spalt zur postsynaptischen Membran. Dort befinden sich transmittergesteuerte Ionenkanäle, die für Natriumionen permeabel sind. Die Ionenkanäle haben zwei Bindungsstellen für Acetylcholin. Sie öffnen sich, sobald zwei dieser Transmitter-Moleküle an die beiden **Acetylcholin-Rezeptoren** binden. Durch die einströmenden Natriumionen wird das Neuron im Bereich der postsynaptischen Membran depolarisiert. Es entsteht ein **postsynaptisches Potenzial**, kurz **PSP.**

Die Stärke der Depolarisation ist davon abhängig, wie groß die Menge der einströmenden Natriumionen ist, also davon, wie viele Natriumionenkanäle durch Acetylcholin geöffnet werden. Somit bestimmt die Anzahl der freigesetzten Acetylcholin-Moleküle die Veränderung des postsynaptischen Potenzials. Wenn dieses einen bestimmten Schwellenwert überschreitet, entsteht am Axonhügel des nachgeschalteten Neurons ein neues Aktionspotenzial.

3 Eine weitere synaptische Signalübertragung ist nur möglich, wenn die Ionenkanäle der postsynaptischen Membran wieder geschlossen sind. Dafür ist es notwendig, dass das Acetylcholin schnell inaktiviert wird. Dies geschieht durch das Enzym Acetylcholinesterase, das Acetylcholin in Cholin und Acetat spaltet. Die Acetylcholin-Rezeptoren werden nun nicht mehr aktiviert und die Natriumionenkanäle sind geschlossen. Cholin diffundiert zurück zur präsynaptischen Endigung und wird dort über ein aktives Transportsystem wieder aufgenommen.

Im Synapsenendknöpfchen erfolgt die Rückgewinnung von Acetylcholin mithilfe eines Enzyms, das eine neue Acetatgruppe an das Cholin bindet. Gleichzeitig werden neue Vesikel hergestellt und im Synapsenendknöpfchen wieder mit Acetylcholin beladen.

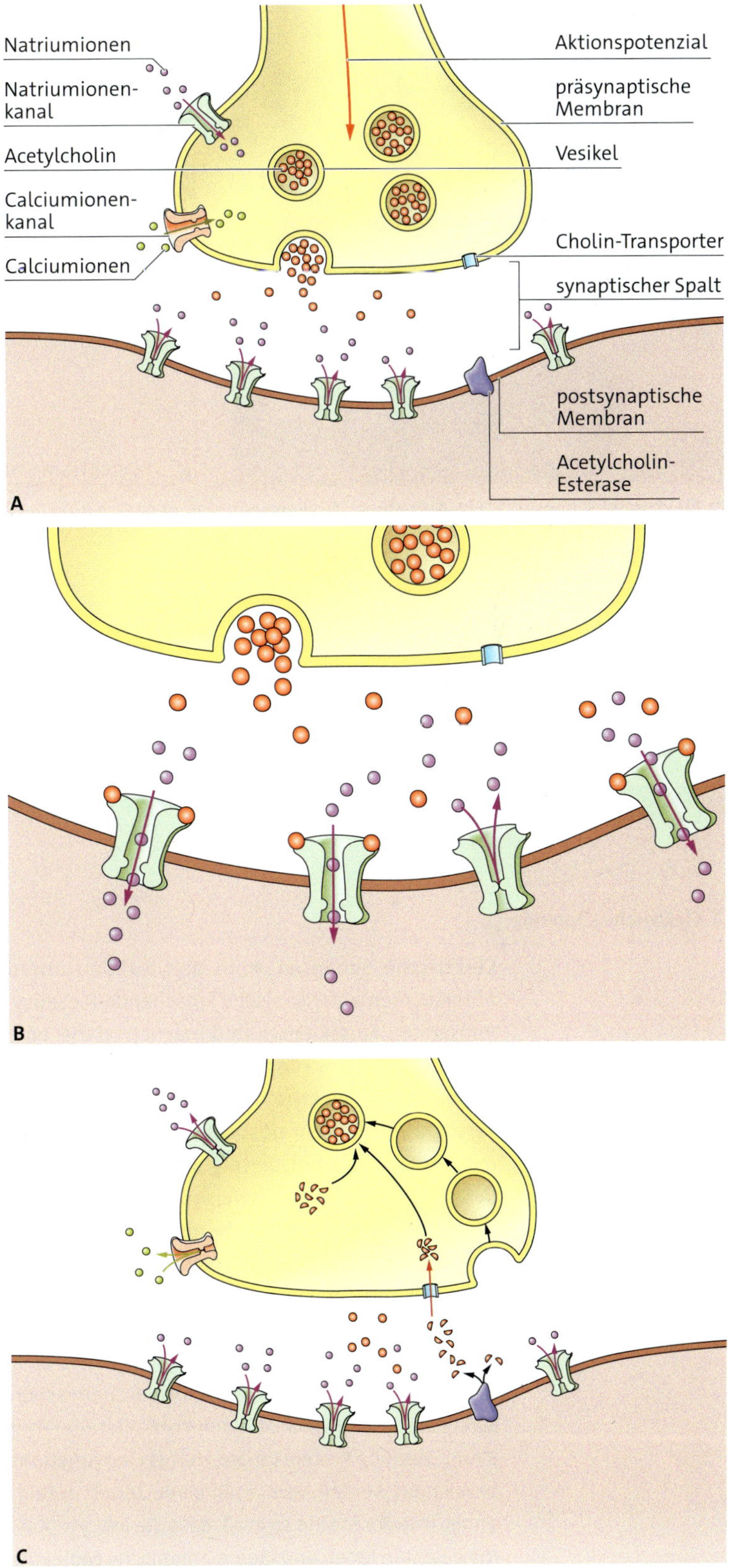

2 Signalübertragung an einer chemischen Synapse

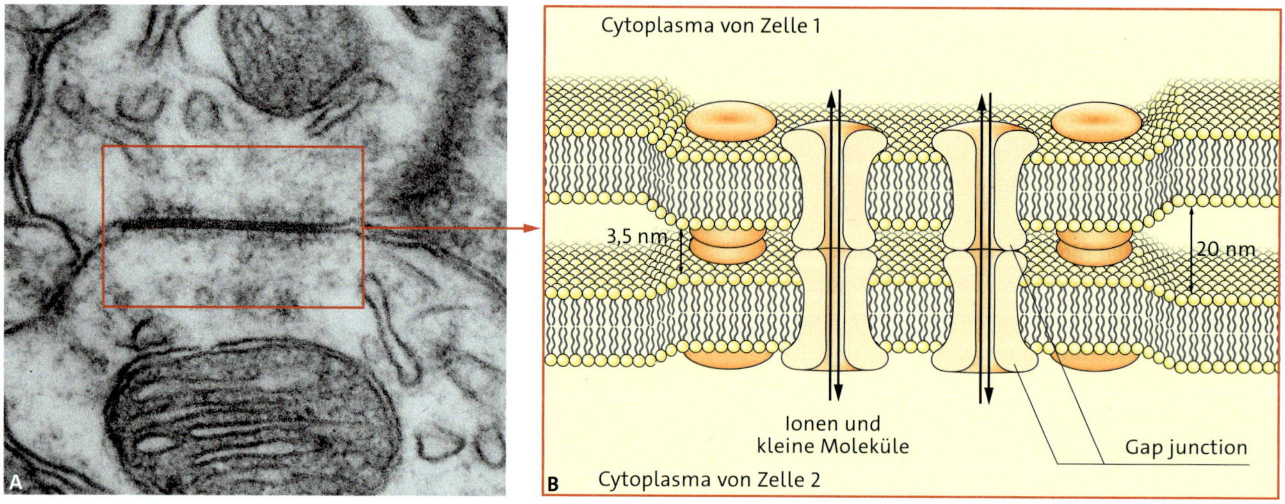

1 Elektrische Synapse: A EM-Aufnahme, B Neuronen sind über *Gap junctions* verbunden (Schema)

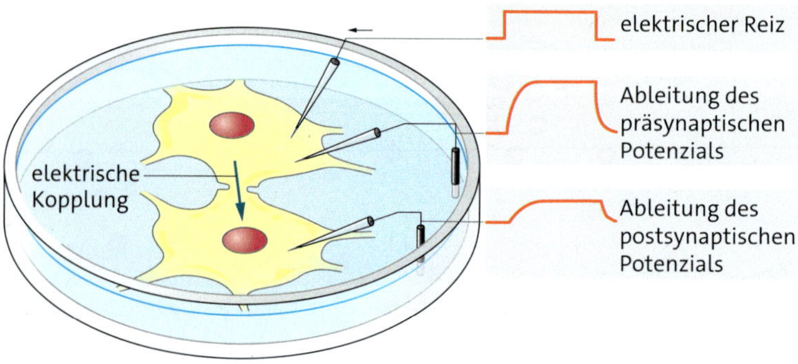

2 Elektrische Kopplung

Elektrische Synapsen • In den 1950er-Jahren untersuchten amerikanische Forschende Riesensynapsen des Flusskrebses und machten dabei eine interessante Entdeckung: Wenn sie das Axon vor der Riesensynapse elektrisch reizten, konnten sie fast verzögerungsfrei ein postsynaptisches Potenzial messen. Eine so hohe Übertragungsgeschwindigkeit ließ sich mit der Wirkungsweise chemischer Synapsen nicht erklären. Es musste noch einen anderen Übertragungsweg zwischen Neuronen geben. Anhand elektronenmikroskopischer Aufnahmen stellte man weiterhin fest, dass der Abstand zwischen der präsynaptischen und der postsynaptischen Zellmembran erheblich geringer ist als bei chemischen Synapsen. Er beträgt an einigen Kontaktstellen nur 3 nm. Spezielle Proteinkanäle, die als Gap junctions bezeichnet werden, verbinden beide Zellen miteinander. Ihre Poren sind so groß, dass die im Cytoplasma gelösten Ionen und kleine organische Moleküle die Kanäle in beide Richtungen passieren können.

Elektrische Kopplung • Ein Aktionspotenzial im präsynaptischen Neuron löst sofort ein Aktionspotenzial im postsynaptischen Neuron aus. Auch nach einer unterschwelligen Reizung des präsynaptischen Neurons kann man im Nachbarneuron eine Veränderung des Membranpotenzials nachweisen. Aufgrund der direkten Verbindung beider Zellen kommt es zu einer passiven Weiterleitung des elektrischen Signals durch den Ionenstrom. Die Nervenzellen sind elektrisch gekoppelt.

Ein besonderer Unterschied gegenüber der chemischen Synapse zeigt sich, wenn man in einem Versuch das postsynaptische Neuron elektrisch reizt. Unmittelbar danach lässt sich im präsynaptischen Neuron eine Potenzialveränderung messen. Elektrische Ströme können demnach in beide Richtungen, also bidirektional, fließen.

Elektrische Synapsen findet man in bestimmten Neuronen von Wirbellosen, die Fluchtreaktionen auslösen. Im ZNS der Säugetiere synchronisieren elektrische Synapsen hingegen die Aktivität von Neuronen.

1 Erstellen Sie ein Flussdiagramm, das den Ablauf der Informationsübertragung an einer chemischen Synapse übersichtlich darstellt.

2 Vergleichen Sie die Informationsübertragung an der chemischen und an der elektrischen Synapse.

Material A Der Vagusstoff

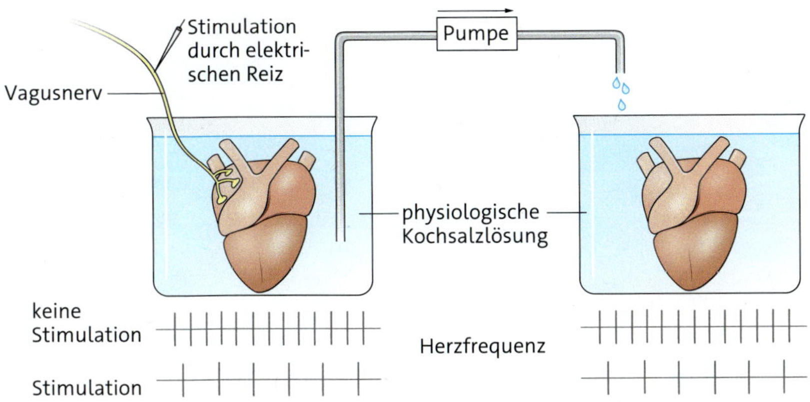

Zu Beginn des 20. Jahrhunderts hatte man noch keine konkrete Vorstellung von der Informationsübertragung an der Synapse. Deshalb experimentierte der deutsch-österreichische Pharmakologe Otto Loewi mit Froschherzen, indem er das Herz und den Vagusnerv, der das Herz innerviert, isolierte – zunächst ohne Erfolg. Die Idee für das entscheidende Experiment kam Loewi in einem Traum. Im Jahr 1921 wachte er in der Nacht von Ostersonntag auf und kritzelte seine Gedanken auf ein Stück Papier. Am nächsten Morgen überfiel ihn das Gefühl, dass er etwas sehr Wichtiges aufgeschrieben hatte. Doch er konnte es nicht mehr lesen. Für Loewi war dieser Sonntag der hoffnungsloseste Tag in seinem ganzen Leben als Wissenschaftler. In der darauffolgenden Nacht fiel ihm wieder ein, um was es sich handelte. Diesmal ging er sofort ins Labor.

1 Beschreiben Sie das von Loewi durchgeführte Experiment.

2 Erklären Sie, welche Vorstellung zur Informationsübertragung an der Synapse mit diesem Experiment bestätigt wurde.

3 Deuten Sie anhand der Herzfrequenzen die Funktion des Vagusnervs.

Material B Chemische und elektrische Synapse im Vergleich

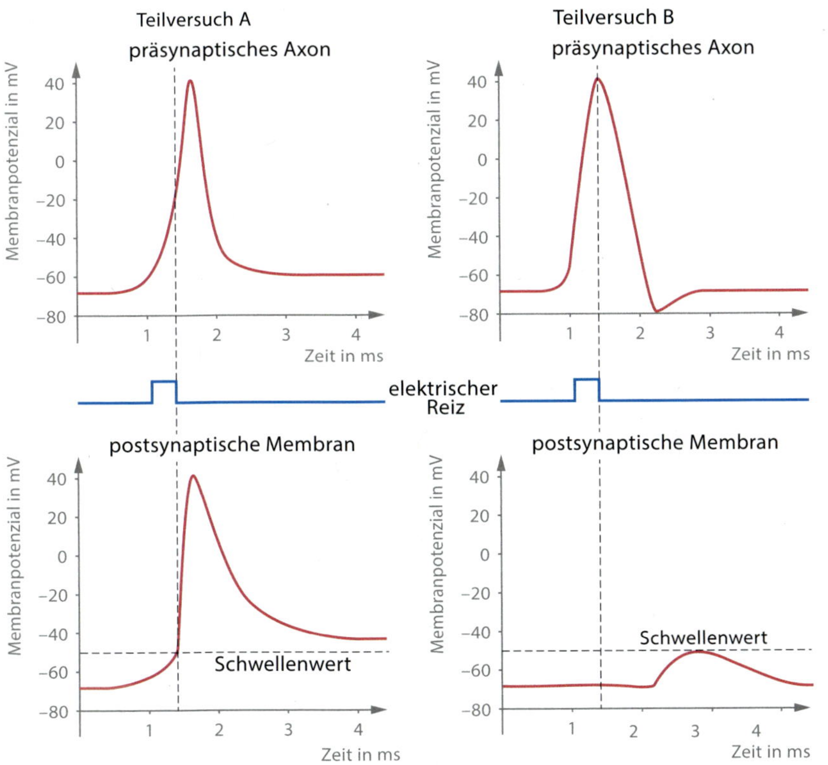

In einem Experiment untersuchte man die Membranpotenziale an zwei verschiedenen Synapsentypen. Hierzu wurde das präsynaptische Axon beider Neuronen elektrisch gereizt.

Mithilfe zweier Elektroden wurden gleichzeitig die Membranpotenziale am präsynaptischen Axon und an der postsynaptischen Membran gemessen.

1 Vergleichen Sie die Membranpotenziale des präsynaptischen Axons und der postsynaptischen Membran in den beiden Teilversuchen.

2 Begründen Sie, welche postsynaptische Reaktion der elektrischen und welche der chemischen Synapse zuzuordnen ist.

4.8 Erregende und hemmende Synapsen

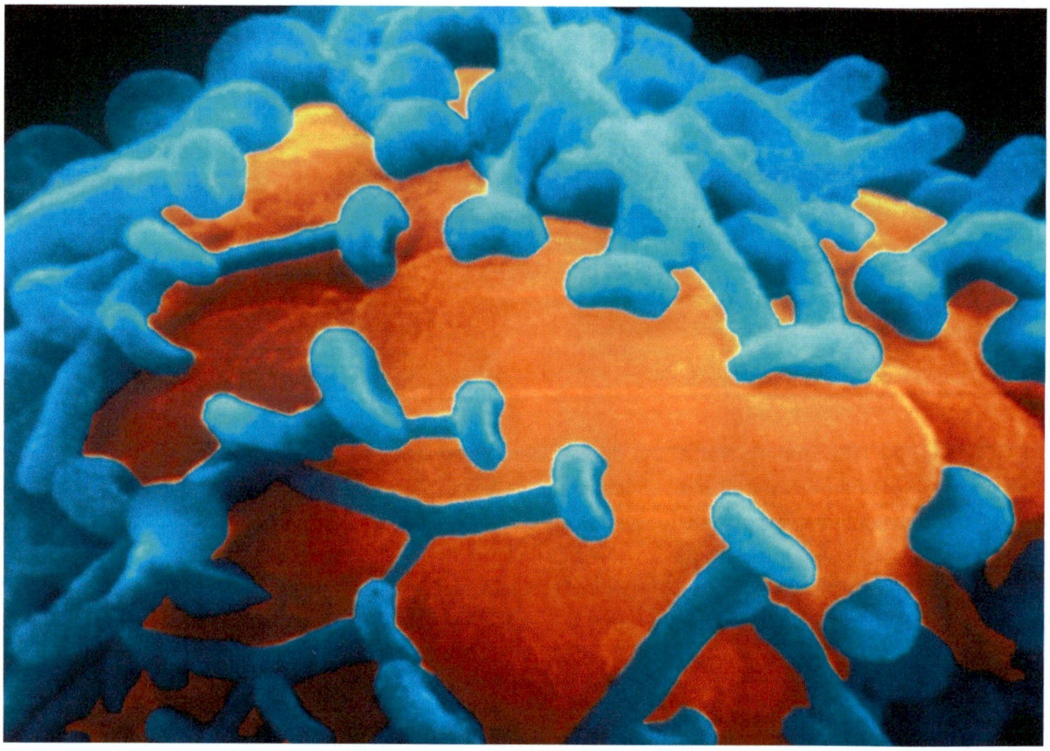

1 Soma eines Neurons mit zahlreichen Synapsen

Die Neuronen des ZNS stehen in einem ständigen Informationsaustausch. Bis zu 10 000 Synapsen am Soma und an den Dendriten eines einzigen Neurons empfangen Signale, die das Neuron verarbeitet und an andere Neuronen weiterleitet. Wie werden diese teilweise unterschiedlichen Signale verrechnet?

Postsynaptische Potenziale • Viele Transmitter haben eine ähnliche Wirkung wie Acetylcholin, beispielsweise Glutamat, Serotonin und Dopamin. Wenn sie an spezifische Rezeptoren binden, veranlassen sie das Öffnen von Natriumionenkanälen an der postsynaptischen Membran. Das Einströmen der positiv geladenen Natriumionen hat zur Folge, dass sich das Potenzial an dieser Membran verringert, sie wird depolarisiert. Wenn die Depolarisation der postsynaptischen Membran den Schwellenwert erreicht, wird am Axonhügel des postsynaptischen Neurons ein neues Aktionspotenzial ausgelöst. Deshalb bezeichnet man eine derartige Synapse als **erregende Synapse** und die Veränderung des Membranpotenzials als **exzitatorisches postsynaptisches Potenzial**, kurz **EPSP**.

Andere Neurotransmitter wie γ-Aminobuttersäure und Glycin binden an Rezeptoren von Chloridionenkanälen an der postsynaptischen Membran. Die Chloridionenkanäle öffnen sich und negativ geladene Chloridionen strömen in das Neuron ein. Dies hat zur Folge, dass das postsynaptische Potenzial negativer wird, die Membran wird hyperpolarisiert. Der Abstand zum Schwellenwert ist nun größer und damit ist das Auslösen eines Aktionspotenzials am Axonhügel des postsynaptischen Neurons unwahrscheinlicher. Daher handelt es sich bei solch einer Synapse um eine **hemmende Synapse** und bei der Hyperpolarisation um ein **inhibitorisches postsynaptisches Potenzial**, kurz **IPSP**. Während sich erregende Synapsen meist auf die Dendriten verteilen, kommen hemmende Synapsen häufiger auf dem Soma und dem Axonhügel vor.

Synaptische Integration • Auf der postsynaptischen Membran einer Synapse können mehrere Tausend Ionenkanäle lokalisiert sein. Somit hängt es von der Anzahl der freigesetzten Transmittermoleküle ab, wie viele Ionenkanäle gleichzeitig geöffnet werden.

Patch-Clamp-Messungen ergaben, dass sich die gemessene Spannung immer um den gleichen Wert

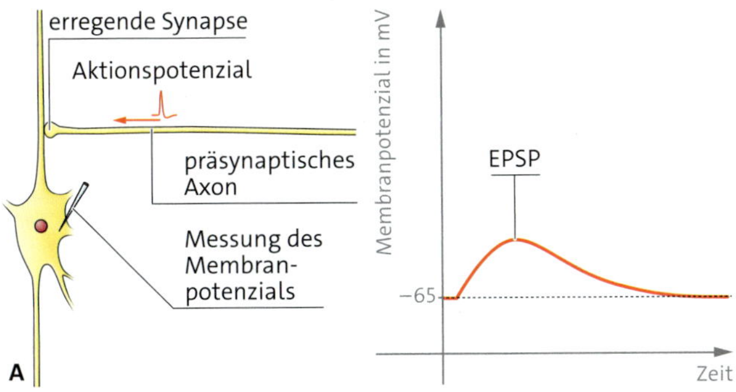

2 Postsynaptisches Potenzial: **A** exzitatorisch, **B** inhibitorisch

verändert, wenn jeweils nur ein Vesikel seine Transmittermolekül ausschüttet. Daraus lässt sich schließen, dass die Vesikel immer gleich viele Transmittermoleküle freisetzen. An der motorischen Endplatte eines Muskels verursacht ein einziges präsynaptisches Aktionspotenzial die Freisetzung der Transmittermoleküle aus 200 Vesikeln. Dies führt zu einem EPSP von etwa 40 mV. Demgegenüber setzt ein präsynaptisches Aktionspotenzial im ZNS nur ein einzelnes Vesikel frei und erzeugt ein EPSP von wenigen Millivolt. Diese Depolarisation ist zu gering, um am Axonhügel des Neurons ein Aktionspotenzial zu erzeugen. Sind hingegen an einem Dendriten mehrere erregende Synapsen gleichzeitig aktiv, so addieren sich die Amplituden der EPSP. Diese **räumliche Summation** hat zur Folge, dass am Axonhügel der Schwellenwert überschritten wird und dort neue Aktionspotenziale gebildet werden.

Treffen an einer Synapse viele Aktionspotenziale nacheinander innerhalb weniger Millisekunden ein, addieren sich die von dieser Synapse erzeugten Amplituden der EPSP ebenfalls. Dieser Vorgang wird als **zeitliche Summation** bezeichnet.

Auch die IPSP hemmender Synapsen beeinflussen die Erregung des Neurons. Die von ihnen erzeugte Hyperpolarisation der Membran schwächt die Depolarisation erregender Synapsen ab und kann sie sogar auslöschen. Dies führt dazu, dass durch das postsynaptische Neuron weniger oder gar keine Aktionspotenziale weitergeleitet werden.

Die Erregung eines Neurons ist das Ergebnis der Verrechnung der durch die verschiedenen Synapsen erzeugten Potenziale. Anhand dieses als **synaptische Integration** bezeichneten Vorgangs der Informationsverarbeitung bestimmt das Neuron, wie viele Aktionspotenziale weitergeleitet werden.

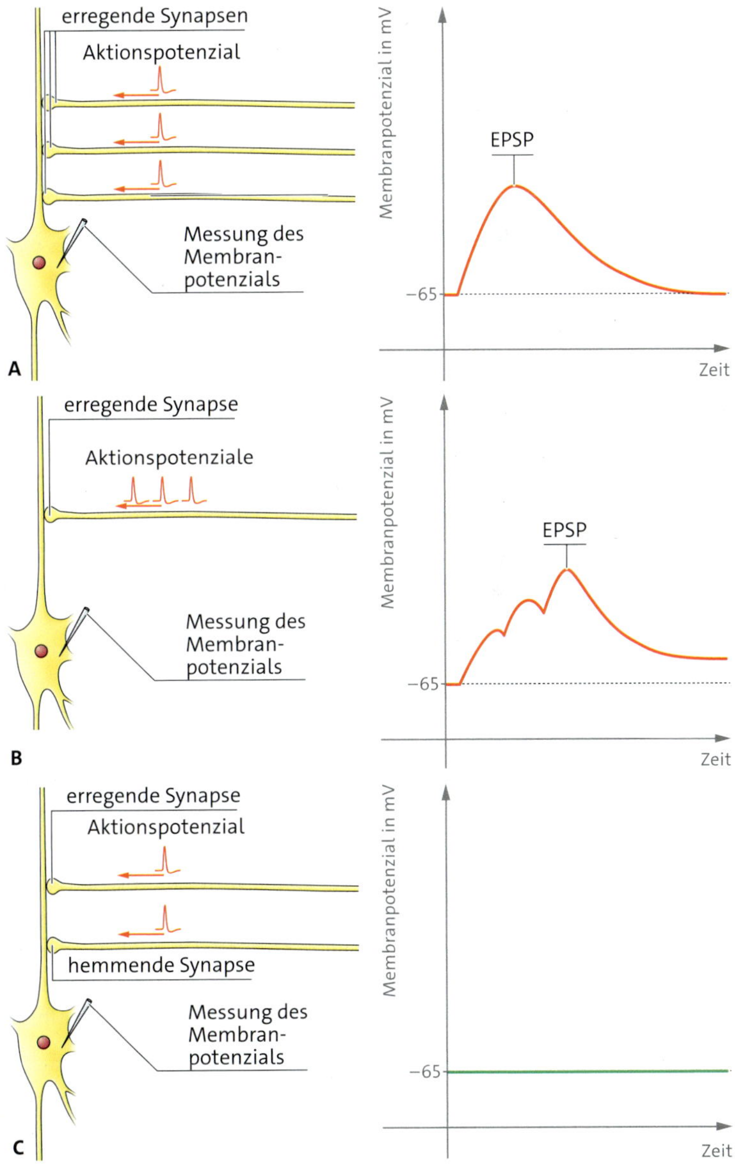

3 Synaptische Integration: **A** räumliche Summation, **B** zeitliche Summation, **C** Summation erregender und hemmender Synapsen

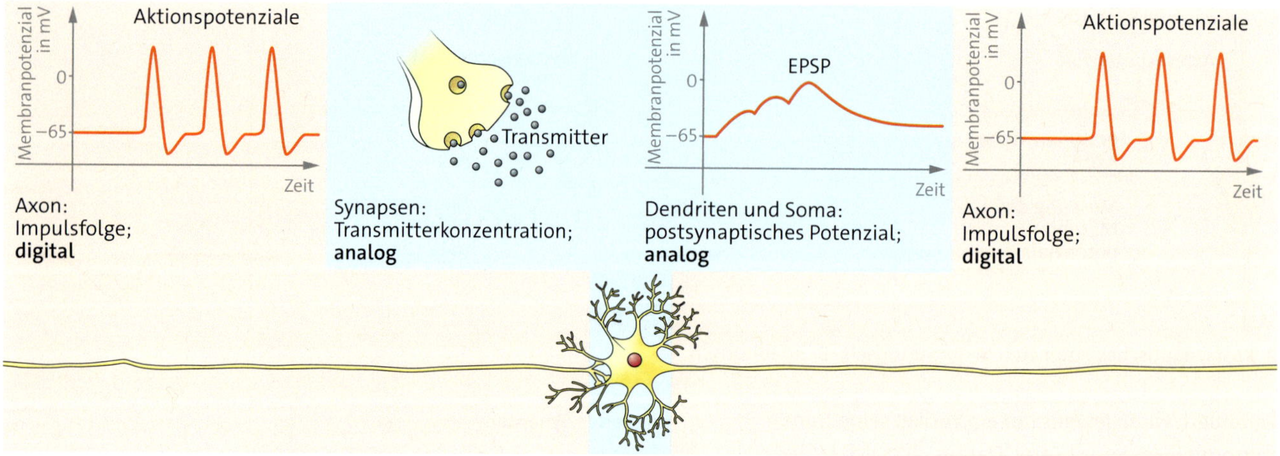

1 Codewechsel bei der Informationsweiterleitung

Codierung neuronaler Informationen • Wenn eine Nervenzelle bis zum Schwellenwert erregt wird, erzeugt sie am Axonhügel ein Aktionspotenzial. Jedes Aktionspotenzial hat die gleiche Amplitude. Es handelt sich also um ein Alles-oder-nichts-Signal. Bei einer stärkeren Erregung erhöht sich nur die Impulsfolge. Es werden somit mehr Aktionspotenziale pro Zeiteinheit gebildet als bei einer schwächeren Erregung. Die Informationen werden somit **digital** codiert.

Am Synapsenendknöpfchen veranlassen die einlaufenden Aktionspotenziale die Exocytose der mit Transmittern gefüllten Vesikel und damit die Ausschüttung der Transmitter in den synaptischen Spalt. Je höher die Frequenz der Aktionspotenziale ist, desto mehr Vesikel entleeren sich und desto mehr Transmittermoleküle werden freigesetzt. Auf diese Weise erfolgt eine Umcodierung der Information: Die ausgeschüttete Transmittermenge ist **analog** zur Frequenz der Aktionspotenziale.

Die Amplitude der an der postsynaptischen Membran erzeugten Potenziale hängt davon ab, wie viele Transmittermoleküle ausgeschüttet wurden. Je stärker beispielsweise der Reiz ist, umso größer ist die Amplitude eines EPSP. Die Codierung der Information erfolgt also ebenfalls analog.

Am Axonhügel wird die Information wieder digital in Form von Aktionspotenzialen codiert. Somit erfolgt bei der Erregungsleitung im Nervensystem eine mehrfache Umcodierung.

Modulation • Ob ein Neuron im ZNS Aktionspotenziale weiterleitet, hängt nicht nur von der synaptischen Integration der erregenden und hemmenden Synapsen ab. Eine weitere entscheidende Wirkung haben indirekte Signalübertragungen durch zelluläre Botenstoffe, die in mehrstufigen Kaskaden die Signalübertragung indirekt, also sekundär beeinflussen. Diese **Second-Messenger-Übertragungswege** sind zwar langsamer, können jedoch die Erregbarkeit des Neurons über einen längeren Zeitraum beeinflussen. So führt beispielsweise die durch den β-adrenergen Rezeptor gesteuerte Öffnung der Kaliumionenkanäle zu einer Verringerung des postsynaptischen Potenzials. Dies hat zur Folge, dass die von erregenden Synapsen ausgehenden EPSP eher den Schwellenwert erreichen, das Neuron also leichter erregbar ist.

Da Signalübertragungen über Second-Messenger-Kaskaden jeweils unterschiedliche Ionenkanäle beeinflussen können, besteht auch die Möglichkeit, dass die postsynaptische Membran, beispielsweise durch das Öffnen von Chloridionenkanälen, hyperpolarisiert wird. Das Neuron ist dann nur durch eine erhöhte Anzahl an EPSP erregbar. Obwohl Second-Messenger-Signale kein EPSP oder IPSP auslösen, beeinflussen sie die synaptische Integration. Dies wird als Modulation bezeichnet.

1 Erläutern Sie den Unterschied zwischen einem EPSP und einem IPSP.

2 Vergleichen Sie die räumliche und die zeitliche Summation.

Material A Passive Erregungsleitung

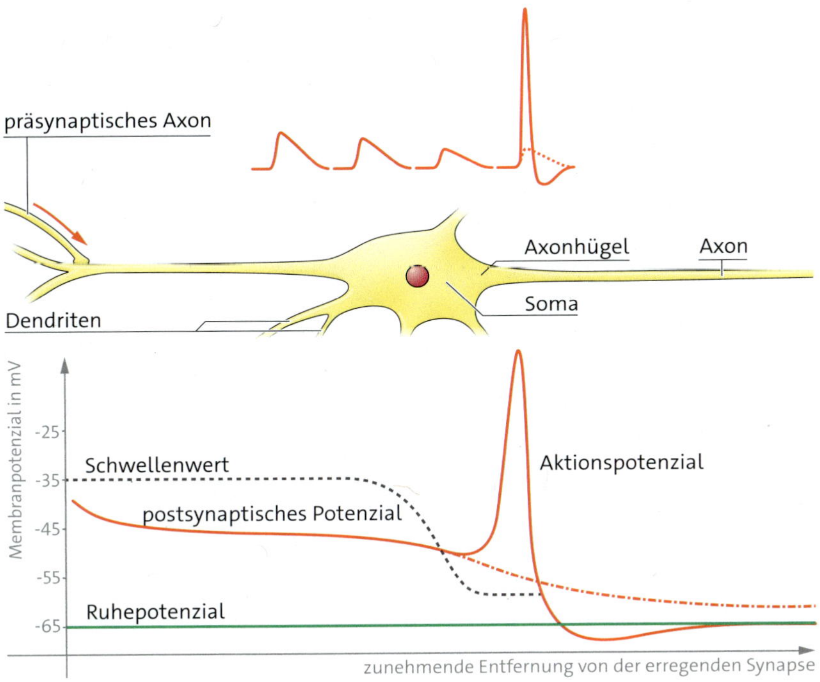

Der elektrische Widerstand der Zellmembran beeinflusst die passive Erregungsleitung an einem Neuron. Um diesen Einfluss zu untersuchen, wird in einem Experiment an einer Synapse ein EPSP erzeugt und die Depolarisation der Zellmembran in verschiedenen Abständen von der Synapse gemessen.

Die Ergebnisse der Messungen werden in einem Koordinatensystem festgehalten. Im Bereich des Axonhügels ist die Dichte der spannungsgesteuerten Natriumionenkanäle besonders hoch.

1 Erläutern Sie anhand der gemessenen postsynaptischen Potenziale die Besonderheit der passiven Erregungsleitung.

2 Beschreiben und erklären Sie die im Koordinatensystem dargestellten Kurvenverläufe.

Material B Kurzschlusshemmung

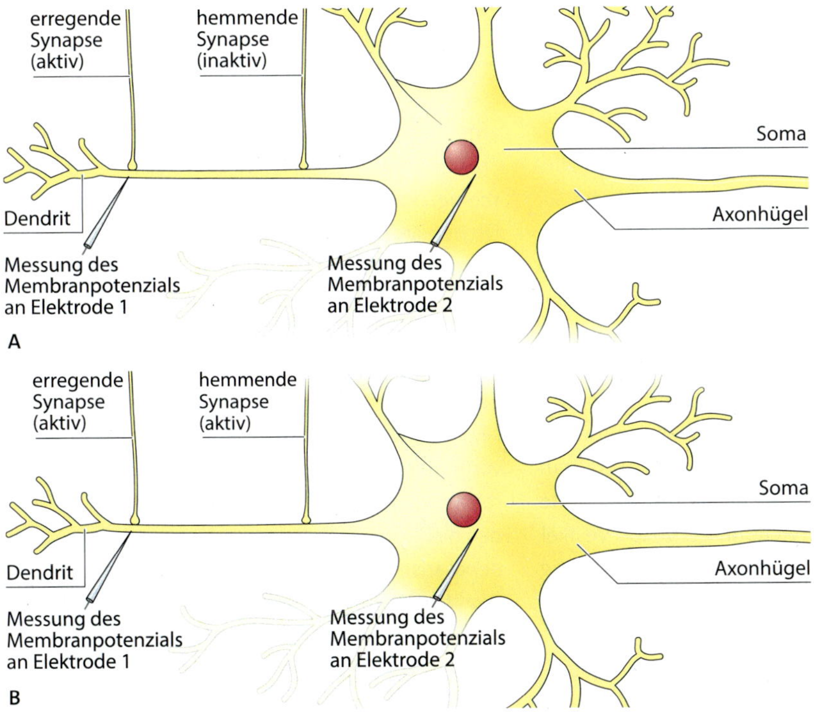

Bei der genetisch bedingten Schreckkrankheit, der Hyperekplexie, kommt es zu übersteigerten Schreckreaktionen wie unkontrolliertem Muskelzittern. Ursache hierfür sind defekte inhibitorische Glycin-Rezeptoren.

Ein wichtiger Bestandteil der synaptischen Integration ist die Kurzschlusshemmung. Direkt hinter einer erregenden Synapse liegt am selben Dendriten eine hemmende Synapse.

1 Stellen Sie die Potenzialverhältnisse an den Elektroden 1 und 2 für die beiden dargestellten Fälle A und B unter Berücksichtigung der biochemischen Vorgänge dar.

2 Erklären Sie am Beispiel der Schreckkrankheit die Bedeutung der Kurzschlusshemmung für die synaptische Integration.

4.9 Synapsengifte

1 Indigener Shuar aus dem Amazonas mit Blasrohr

Während der dritten Entdeckungsreise von Christoph Kolumbus nach Südamerika von 1498 bis 1500 ruderten etwa 30 Spanier auf einem Fluss in das Landesinnere. Plötzlich wurden sie von Indigenen aus einem Kanu mit Pfeilen angegriffen. Zwei Spanier wurden getroffen. Innerhalb kurzer Zeit starben die beiden, obwohl ihre Verletzungen eher harmlos erschienen. Die Spitzen der Pfeile waren mit einer braunen Paste bestrichen, die aus dem Saft der Früchte verschiedener Lianenarten hergestellt wurde. Die Indigenen nannten ihr Pfeilgift, das sie noch heute zur Jagd verwenden, Curare. Weshalb wirkt Curare tödlich und warum kann man mit Curare erlegte Tiere bedenkenlos verzehren?

Natürliche Neurotoxine • Verschiedene Bakterien-, Pflanzen- und Tierarten produzieren Giftstoffe, die das Nervensystem insbesondere im Bereich der Synapse angreifen und die Informationsübertragung stören. Sie wirken neurotoxisch. Neurotoxine sind nützlich bei der Abwehr von Beutegreifern oder beim Beutefang.

Das Gift der Schwarzen Witwe, das α-Latrotoxin, entfaltet seine tödliche Wirkung, indem es an Proteine auf der Außenseite der präsynaptischen Membran bindet und die Öffnung der **Calciumionenkanäle** veranlasst. Die mit Acetylcholin gefüllten Vesikel der neuromuskulären Synapse werden schlagartig entleert. Die Folge sind starke Muskelkrämpfe.

lat. botulus = Wurst

Bakteriengifte gehören zu den wirksamsten Neurotoxinen. In verdorbenen Lebensmitteln gedeiht das Bakterium *Clostridium botulinum*. Intravenös verabreicht wirken bereits 0,001 µg seines Botulinumtoxins beim Menschen tödlich. Es verhindert die Freisetzung von Acetylcholin, indem es die **Verschmelzung der Vesikelmembran** mit der präsynaptischen Membran unterbindet. Dies führt zur Lähmung der Skelettmuskulatur und der Atemmuskeln.

Das zweitstärkste Bakteriengift, das Tetanustoxin, wird von dem Erreger des Wundstarrkrampfs, dem Bakterium *Chlostridium tetani*, gebildet. 0,01 µg dieses Neurotoxins führen beim Menschen zum Tod. Es verhindert die Freisetzung der inhibitorischen Neurotransmitter Glycin und GABA. Motoneurone werden nicht mehr gehemmt, sodass es zu einer Dauerdepolarisation der postsynaptischen Membran und damit zu Krämpfen der Muskulatur kommt. Der Tod erfolgt durch Aussetzen der Atmung.

Andere Neurotoxine wirken auf die **Rezeptoren der postsynaptischen Ionenkanäle**. Das Gift der Königskobra, das α-Bungarotoxin, bindet an die Acetylcholin-Rezeptoren und verhindert die Öffnung der Natriumionenkanäle und damit die Ausbildung eines erregenden postsynaptischen Potenzials. Es kommt zur Muskel- und Atemlähmung.

Curare besteht aus einer Mixtur verschiedener Alkaloide und hemmt kompetitiv die Rezeptoren der Natriumionenkanäle. Es bindet aber nicht so stark an die Rezeptoren wie α-Bungarotoxin und kann deshalb durch Erhöhung der Acetylcholinkonzentration verdrängt werden. Da Curare beim Erhitzen zerfällt, können mit Curare erlegte Beutetiere nach dem Garen bedenkenlos verzehrt werden.

Verschiedene Nachtschattengewächse produzieren das Nervengift Atropin. Es verdankt seinen Namen der Schwarzen Tollkirsche, *Atropa belladonna*. Das Gift blockiert die muskarinischen Acetylcholin-Rezeptoren des Herzens und beschleunigt deshalb die Herzfrequenz. Bei einer höheren Dosis werden auch die Acetylcholin-Rezeptoren der motorischen Endplatte blockiert. Während der Renaissance galten große Pupillen als Schönheitsideal. Deshalb träufelten sich Frauen Tollkirschsaft in die Augen, um die Pupillen zu erweitern. Daraus leitet sich die Artbezeichnung *belladonna*, übersetzt *schöne Frau*, ab.

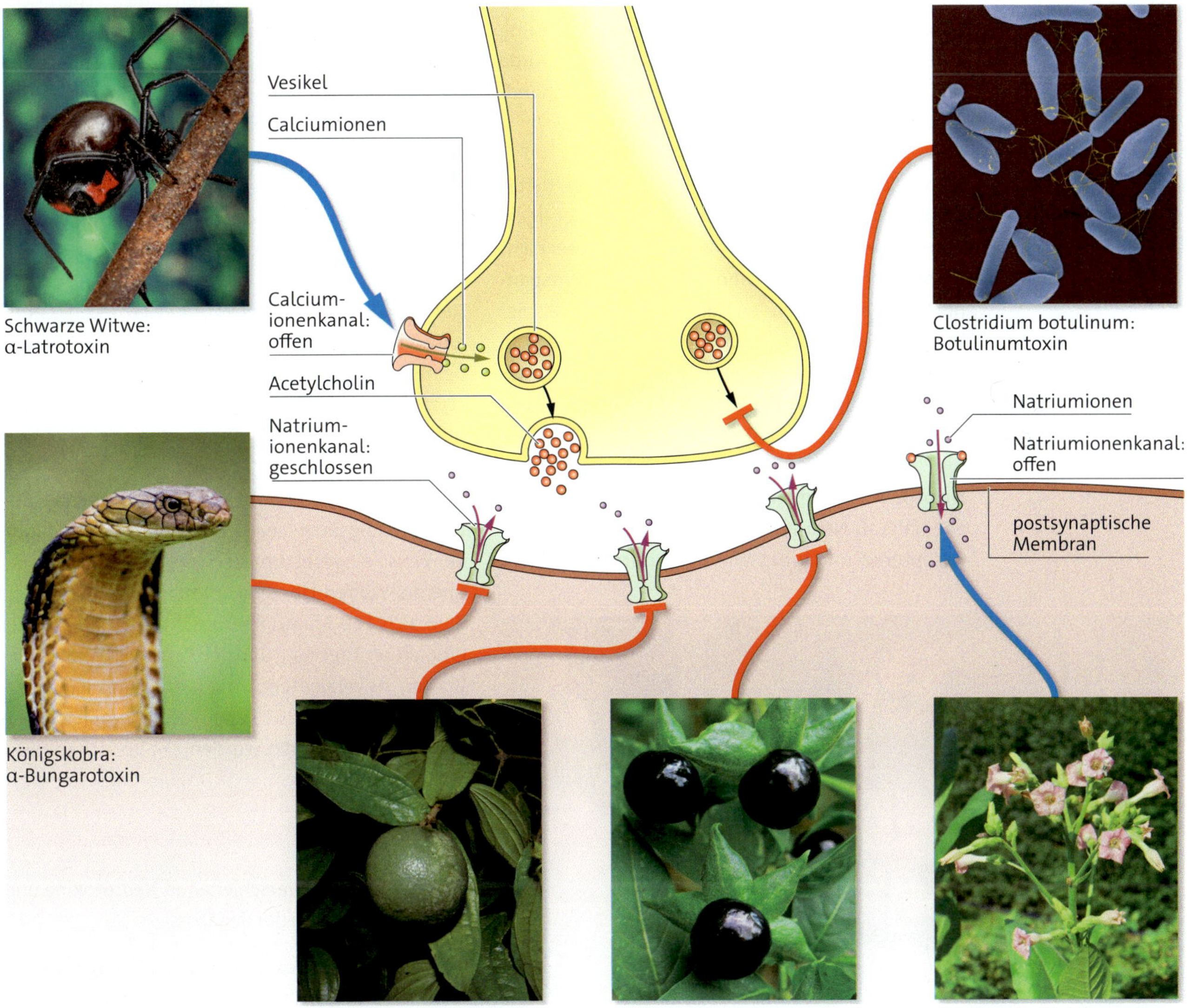

2 Wirkung von Synapsengiften an einer cholinergen Synapse

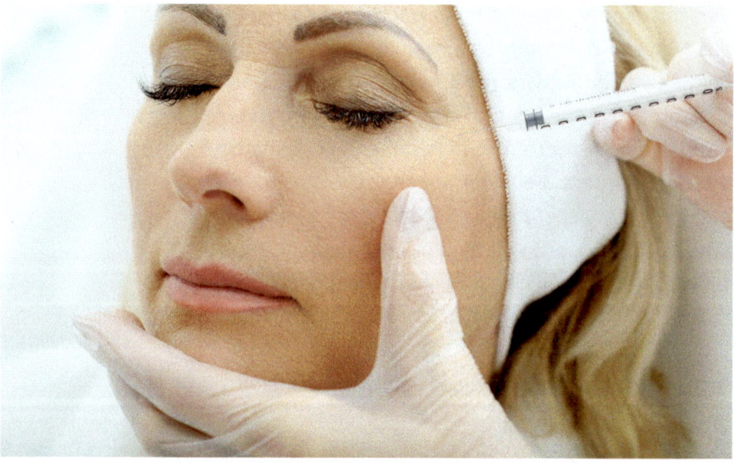

1 Anwendung von Botox

Botox • Da Botulinumtoxin in geringer Dosierung eine glättende Wirkung auf Hautfalten hat, wurde dieses Neurotoxin zur kosmetischen Faltenbehandlung eingesetzt und bald als Botox bekannt.

Lach- oder Stirnfalten entstehen durch die Aktivität der mimischen Gesichtsmuskeln. Nach einer Injektion des Neurotoxins in den Muskel wird dieser nicht mehr innerviert. Seine Lähmung führt zur Entspannung der entsprechenden Hautregion. Viele Beispiele bekannter Persönlichkeiten verdeutlichen jedoch, dass die Behandlung eine unnatürliche Gesichtsmimik zur Folge hat. Die Wirkung hält ungefähr vier bis sechs Monate an.

Nikotin • Das im Tabak enthaltene Nikotin gilt ebenfalls als Neurotoxin. Es bindet an Acetylcholin-Rezeptoren und wirkt wie der Neurotransmitter Acetylcholin. Es entfaltet im Präfrontalcortex eine stimulierende Wirkung. In Kombination mit anderen Tabakstoffen beeinflusst es das dopaminerge Belohnungssystem der Großhirnrinde durch Hemmung des Enzyms Monoaminooxidase. Neurotransmitter wie Dopamin und Serotonin werden nicht mehr abgebaut. Dies gilt als Ursache für die hohe Suchtwirkung des Nikotins.

2 Umgang mit chemischen Kampfstoffen

Chemische Kampfstoffe • Im Jahr 1936 stellte die IG Farben ein sehr giftiges Insektizid mit der Bezeichnung Tabun vor. In der Folgezeit entwickelte man auf Basis dieses Phosphorsäureesters weitere Gifte: Sarin, Soman und Parathion. Nur Parathion wurde als E 605 in der Folgezeit als Pflanzenschutzmittel eingesetzt, während die anderen Gifte als chemische Kampfstoffe von militärischem Interesse waren. Ab 1945 erforschte man die Wirkung der Phosphorsäureester und erkannte, dass sie das Enzym Acetylcholinesterase hemmen und damit den Abbau des Acetylcholins im synaptischen Spalt verhindern. Muskelkrämpfe und Aussetzen der Atmung sind die Folge. Soldaten führen deshalb stets einen Injektor mit dem Gegengift Atropin mit sich.

Auf Basis der Kenntnisse zum Wirkmechanismus entwickelte man das erheblich giftigere VX, das erst beim Abschuss einer Chemiewaffe als Binärkampfstoff aus zwei mindergiftigen Komponenten gemischt wird.

Nachdem der Irak noch in den 1980er-Jahren im Ersten Golfkrieg Chemiewaffen in menschenverachtender Weise eingesetzt hatte, wurde im Jahr 1993 ein Chemie-Waffen-Übereinkommen beschlossen, laut dem sich 160 Staaten verpflichtet haben, auf die Produktion, Lagerung und den Gebrauch chemischer Waffen zu verzichten. Trotzdem gibt es Hinweise, dass noch im Jahr 2015 chemische Kampfstoffe im Syrienkrieg eingesetzt wurden.

1 Nennen Sie die verschiedenen Neurotoxine und ihre Wirkorte an der Synapse.

2 Erläutern Sie, weshalb Atropin als Gegengift für chemische Kampfstoffe genutzt werden kann.

Material A Mungos und Kobras

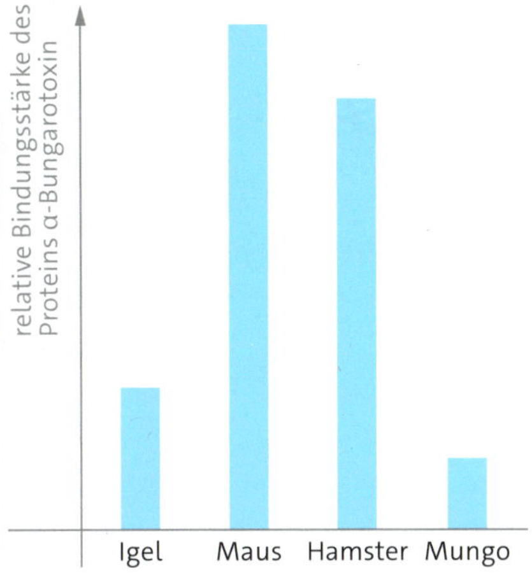

Verschiedene Arten der Familie der Mangusten werden als Mungos bezeichnet. Sie sind in Afrika und Asien verbreitet und ernähren sich unter anderem von giftigen Schlangen, wie Kobras. Bei den Mungos haben sich Schutzmechanismen gegen Neurotoxine wie das α-Bungarotoxin entwickelt. Zur Aufklärung eines solchen Schutzmechanismus untersuchte man die Bindungsstärke des α-Bungarotoxins am Acetylcholin-Rezeptor der Muskulatur der Mungos und verglich sie mit den Werten anderer kleiner Säugetiere.

1 Erläutern Sie die Wirkung von α-Bungarotoxin.

2 Erklären Sie anhand der Messwerte, weshalb Mungos gegen das Schlangengift unempfindlich sind.

Material B Der Tod des Sokrates

Der griechische Philosoph Sokrates wurde im Jahr 399 v. Chr. wegen angeblicher Einführung neuer Götter und verderblichen Einflusses auf die Jugend zum Tod durch den Schierlingsbecher verurteilt. Dieser Trank wird aus einer giftigen Pflanze, dem Gefleckten Schierling, gewonnen. Oral aufgenommen wirken 0,5 bis 1,0 g des darin enthaltenen Giftes Coniin tödlich. Platon, ein Schüler von Sokrates, beschrieb die einsetzende Lähmung: „Daraufhin berührte ihn eben dieser, der ihm das Gift gegeben hatte, von Zeit zu Zeit und untersuchte seine Füße und Schenkel. Dann drückte er ihm den Fuß stark und fragte, ob er es fühle; er sagte Nein. Und darauf die Knie, und so ging es immer höher hinauf." Schließlich starb Sokrates bei vollem Bewusstsein durch Atemlähmung.

1 Stellen Sie Hypothesen zur möglichen Wirkung von Coniin an der Synapse auf.

2 Planen Sie ein Experiment am Neuron zur Überprüfung Ihrer Hypothesen.

3 Recherchieren Sie die Wirkung von Coniin und vergleichen Sie diese mit den von Ihnen aufgestellten Hypothesen.

4.10 Aufnahme und Verarbeitung von Sinnesreizen

1 Pepper, ein humanoider Roboter mit künstlichen Sinnesorganen.

2014 entwickelten ein französisches und japanisches Unternehmen den Roboter Pepper, der sich in der Interaktion menschenähnlich verhält. Kameras und Mikrofone im „Kopf“, Druck- und Berührungssensoren am Kopf und in den Füßen ermöglichen es ihm, Informationen aus der Umwelt aufzunehmen. Elektrische Kabel übertragen Signale an einen Hochleistungsrechner im Inneren und ermitteln eine passende Reaktion. Ist diese technische Aufnahme von Umweltinformationen mit Lebewesen vergleichbar? Wie er erfahren Lebewesen etwas über ihre Umwelt und verarbeiten die Reizinformationen?

lat. recipere = aufnehmen

Die Bezeichnung Rezeptor wird für mehrere Strukturen verwendet:
- als Kurzbezeichnung für Rezeptorzelle
- für Rezeptorproteine in der Zellmembran

Rezeptorzellen • Lebewesen sind darauf angewiesen, dass sie Informationen aus der Umwelt aufnehmen, verarbeiten und dass sie auf Umwelteinflüsse reagieren können. Meist sind es spezialisierte Nerven- oder Epithelzellen, die es ermögliche, den Kontakt zur Außenwelt herzustellen und eine Aktivität im Nervensystem auszulösen. Solche Zellen bezeichnet man als **Sinnes- oder Rezeptorzellen**. Sie sind in der Lage, Reizinformationen aus der Umwelt oder auch aus dem Inneren des Körpers in elektrische Signale umzuwandeln, die vom Nervensystem verarbeitet werden. Sinneszellen nehmen nur bestimmte Reizinformationen aus der Umwelt oder aus dem Körper auf, sie sind auf ganz bestimmte Reizarten spezialisiert. Die Reizart, auf die die Rezeptorzelle optimal reagiert, wird als **adäquater Reiz** bezeichnet.

- Chemorezeptoren reagieren besonders auf bestimmte chemische Stoffe. Sie ermöglichen uns Geruchs- und Geschmackswahrnehmung.
- Thermorezeptoren sind temperaturempfindliche Sinneszellen.
- Mechanorezeptoren reagieren auf mechanische Reize wie Berührung, Druck und Vibrationen. Sie sind für den Tastsinn, den Hörsinn und den Gleichgewichtssinn grundlegend.
- Elektrorezeptoren und Magnetrezeptoren registrieren elektrische beziehungsweise magnetische Felder. Sie kommen beispielsweise bei Haien und Zitteraalen vor, nicht jedoch bei Menschen.
- Schmerzrezeptoren registrieren mechanische, chemische oder thermische Reize, die das Gewebe schädigen können.

In Ausnahmefällen können Sinneszellen auch auf nicht adäquate Reize reagieren, zum Beispiel auf Reizungen mit elektrischem Strom oder starken mechanischen Druck. Deshalb sehen wir bei einem Schlag auf das Auge Sternchen.

Bei vielen Lebewesen sind Sinneszellen in **Sinnesorganen** wie Augen, Ohren und Nase gebündelt. Sinnesorgane besitzen Strukturen, die die Aufnahme und das Filtern der Reize aus der Umwelt und dem Körperinneren verbessern und die Fähigkeit der Rezeptorzellen, auf den adäquaten Reiz zu reagieren, unterstützen.

Rezeptorpotenzial • Reizt man eine Sinneszelle mit einem adäquaten Reiz, so lässt sich eine Veränderung des Membranpotenzials messen, das Rezeptorpotenzial. Bei den meisten Rezeptorzellen bewirkt der Reiz zunächst eine lokale Depolarisation, deren Höhe der Stärke des einwirkenden Reizes entspricht. Sie breitet sich an der Membran der Sinneszelle aus und kann intrazellulär verstärkt oder abgeschwächt werden. Bei primären Sinneszellen, die ein eigenes Axon besitzen, löst eine überschwellige Depolarisation am Axonhügel Aktionspotenziale aus. Die Frequenz ist proportional zur Höhe der Depolarisation. Zu den primären Sinneszellen gehören zum Beispiel Mechano- und Riechsinneszellen. Sekundäre Sinneszellen, zum Beispiel Licht- und Geschmacksrezeptoren, besitzen kein Axon. Bei ihnen bewirkt das überschwellige Rezeptorpotenzial eine zum Rezeptorpotenzial proportionale Transmitterausschüttung an der Synapse. Die nachgeschaltete Nervenzelle reagiert mit einer Veränderung des Membranpotenzials, die am Axonhügel zur Ausbildung von Aktionspotenzialen führt.

Signaltransduktion • Forschende haben herausgefunden, dass ein Reiz auf spezifische Membranstrukturen der Sinneszelle wirkt, was dazu führt, dass sich der Ionenfluss an der Membran ändert. Dabei lassen sich zwei prinzipielle Mechanismen der **Signaltransduktion**, der Überführung des Reizsignals in ein Rezeptorpotenzial, unterscheiden. Bei einem *Dehnungsrezeptor* bewirkt der eintreffende Reiz, dass sich die räumliche Struktur von Natriumionenkanälen verändert. Sie öffnen sich und Natriumionen strömen in die Zelle. Dieser Vorgang erhöht die positive Ladung im Inneren der Zelle und bewirkt die Potenzialveränderung in der Rezeptorzelle. Ähnlich führt Wärme bei einem Thermorezeptor direkt zu einer Verformung und in der Folge zu einer Öffnung von Ionenkanälen. Bei *Geruchsrezeptoren* ist der Prozess der Signaltransduktion komplizierter: Geruchsmoleküle binden an Membranproteine. Dieses Signal führt zu einer Kette von Reaktionen im Inneren der Zelle. Sie führen zu einer Konzentrationszunahme eines intrazellulären Botenstoffs, eines *Second Messengers*. Erst dieser Botenstoff nimmt Einfluss auf den Öffnungszustand von Membrankanälen. Es kommt bei einer Riechsinneszelle zur Öffnung von verschiedenen Ionenkanälen, Natrium- und Calciumionen strömen ein, Chloridionen aus, die Sinneszelle wird depolarisiert. Diese indirekte Wirkung über einen intrazellulären Messenger kommt zum Beispiel auch bei Fotorezeptoren vor.

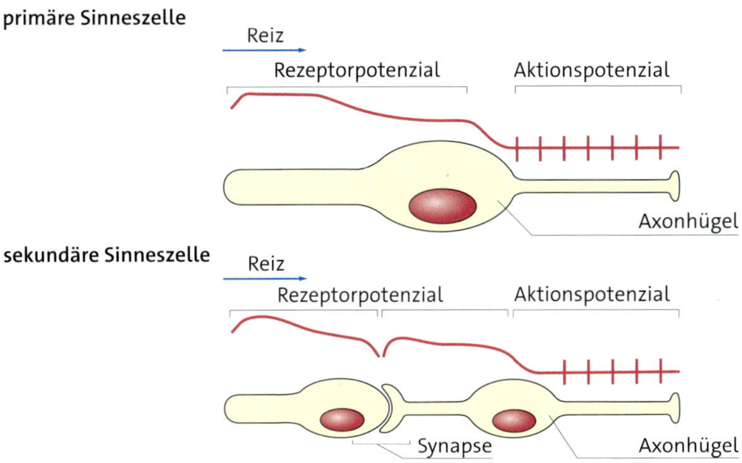

2 Primäre und sekundäre Sinneszelle

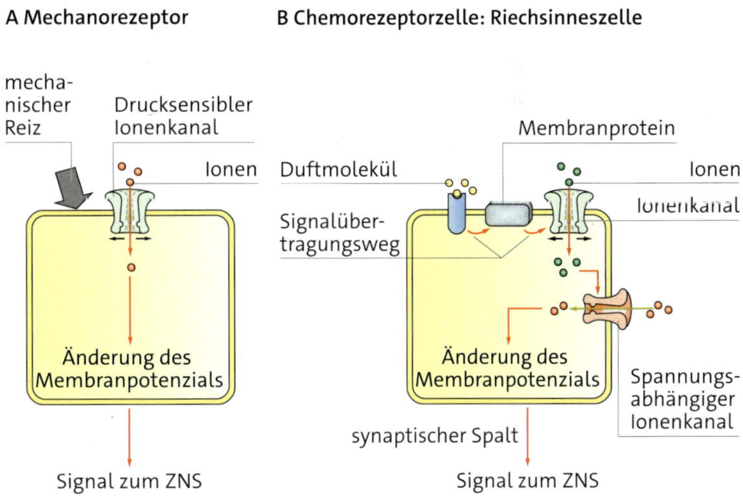

3 Zwei Prinzipien der Signaltransduktion (Schema): **A** Mechanorezeptor **B** Riechsinneszelle

transducere (lat.) = überführen, übertragen

Ist das Rezeptorpotenzial hoch genug, so löst es am Axonhügel der primären Sinneszelle bzw. dem nachgeschalteten Neuron Aktionspotenziale aus.

Sie werden zum Gehirn geleitet. Dort werden die einlaufenden sensorischen Informationen weiterverarbeitet.

1 Erläutern Sie die Ausbildung eines Rezeptorpotenzials als Folge der Signaltransduktion an den verschiedenen Sinneszellen.

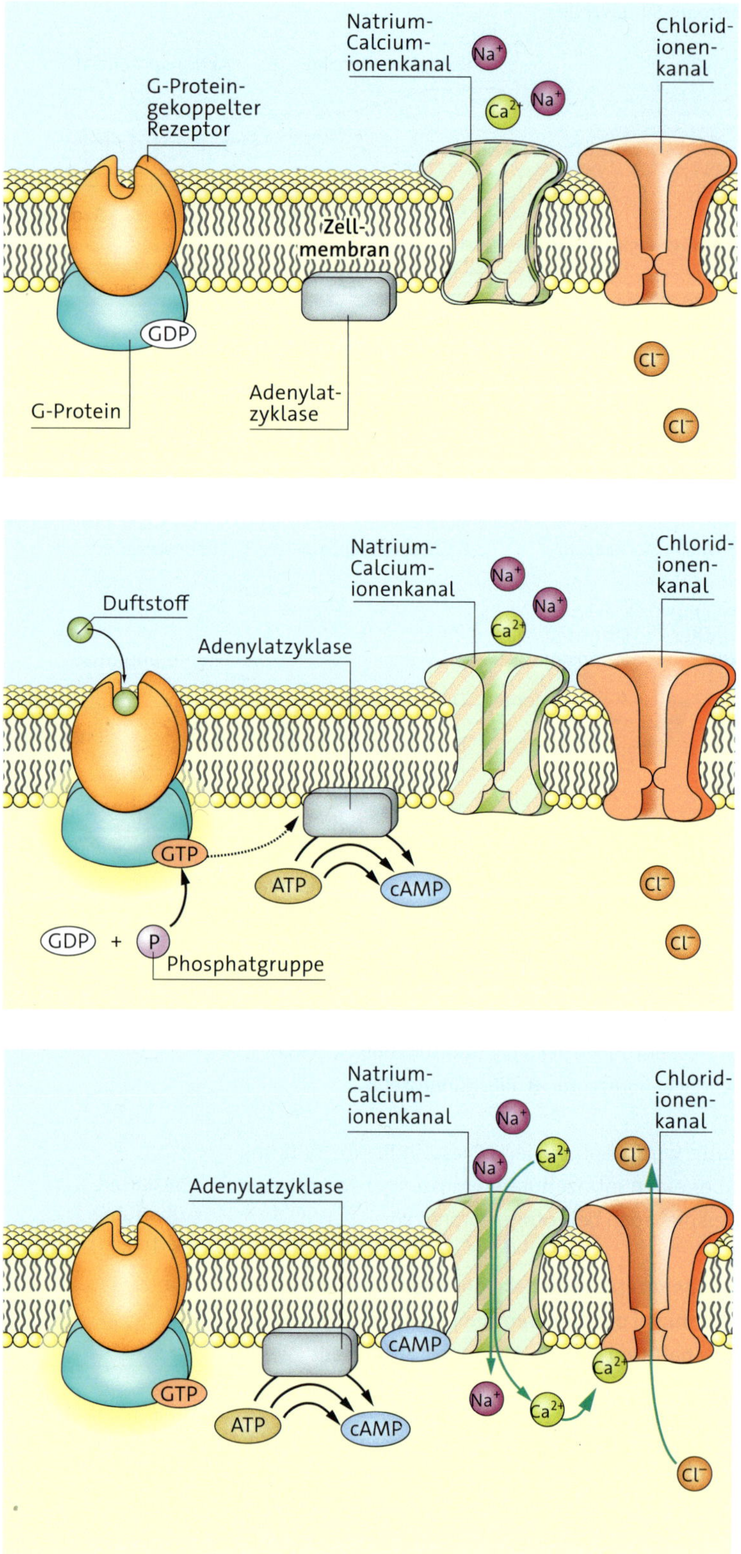

1 Modulation des postsynaptischen Potenzials über ein Second-Messenger-System

Signalverstärkung durch Second-Messenger • Am Beispiel der Transduktion eines Duftsignals an einem Geruchsrezeptor im Riechepithel der Nase lässt sich das Prinzip der indirekten Signaltransduktion erklären. Geruchsrezeptorzellen in der Nase besitzen einen Schopf feiner Sinneshärchen, deren Membranen mit verschiedenen Rezeptorproteinen besetzt sind. Jedes Rezeptorprotein ist im Inneren der Zelle an ein zunächst inaktives Enzym gekoppelt. Das Cosubstrat dieses Enzyms ist Guanosindiphosphat, kurz GDP. Es wird deshalb auch als **G-Protein** bezeichnet. Sobald ein passendes Duftstoffmolekül außen an den G-Protein-gekoppelten Rezeptor bindet, wird das G-Protein aktiviert. Eine Untereinheit wird abgespalten, indem GDP durch ein Guanosintriphosphat, kurz GTP, ausgetauscht wird.
Die Untereinheit beeinflusst die Aktivität von membrangebundenen Enzymen, den Adenylatzyklasen. Sie wandeln ATP in zyklisches Adenosinmonophosphat, kurz **cAMP**, um. Durch die Bindung eines einzigen Duftstoffmoleküls an einen Rezeptor und die Aktivierung eines einzigen G-Proteins können etwa 10 000 cAMP-Moleküle gebildet werden. Das ursprüngliche Signal wird auf diese Weise verstärkt. Das cAMP diffundiert und bindet an unspezifische Natrium-Calciumionenkanäle. Diese öffnen sich und Calcium- und Natriumionen strömen ein. Die Rezeptorzellmembran wird depolarisiert.
Da das Duftstoffmolekül, das primäre Signal, die Ionenkanäle nur indirekt, also sekundär, durch einen zellulären Botenstoff, das cAMP, beeinflusst, bezeichnet man diese Form der Signalübertragung als **Second-Messenger-Übertragungsweg.**

Im Fall einer Geruchsrezeptorzelle wird die beginnende Depolarisation anschließend nochmals verstärkt, indem Calciumionen an Chloridionenkanäle binden. Daraufhin öffnen sich diese Ionenkanäle und Chloridionen strömen aus der Rezeptorzelle und verstärken so die Depolarisation. Erst dieser Chloridionenausstrom führt in der Riechsinneszelle zur elektrischen Erregung und zur Ausbildung von Aktionspotenzialen.

1 Stellen Sie den Second-Messenger-Übertragungsweg in einem Flussdiagramm dar.

2 Erklären Sie, wie es zur Verstärkung eines schwachen Duftreizes kommt.

Material A Der Infrarotsensor des Schwarzen Kiefernprachtkäfers

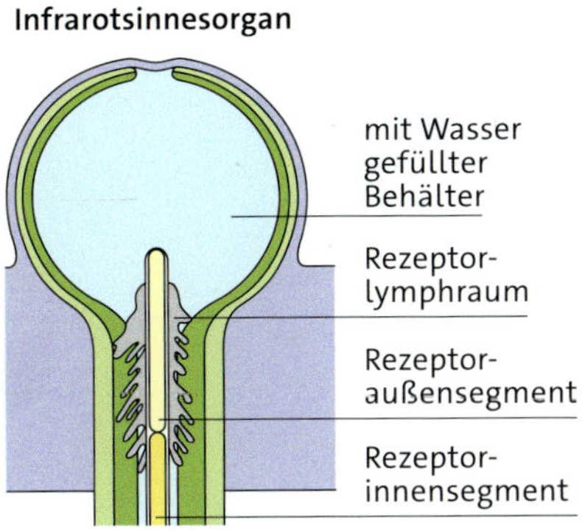

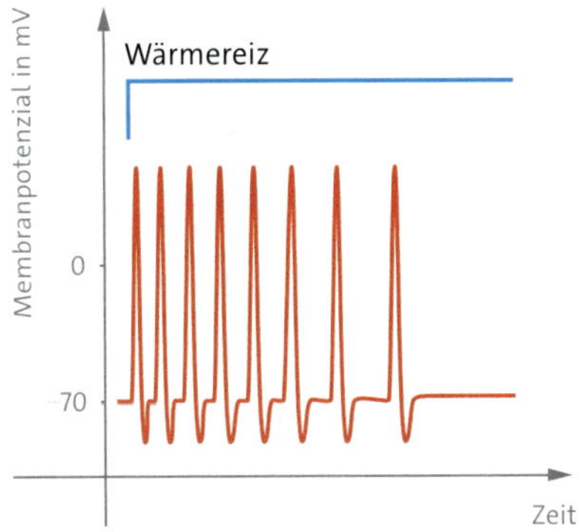

Der Schwarze Kiefernprachtkäfer legt seine Eier unter die Rinde gerade abgebrannter Bäume. Er verfügt über ein spezielles Sinnesorgan, den Infrarotsensor in den Hüftgruben der Mittelbeine. Mit diesem Sinnesorgan kann der Käfer die Wärme des Feuers wahrnehmen. Die im Sinnesorgan enthaltenen Sinneszellen sind sensorische Haare, die auf Druckerhöhung reagieren. Eingebettet sind die Sinneszellen in einen winzigen, mit kleinsten Mengen Wasser gefüllten Behälter. Bei einem Waldbrand wird die Flüssigkeit erhitzt, wodurch sie sich ausdehnt und gegen die Sinneszelle drückt. Diese Verformung löst den Einstrom von Ionen aus. Der Käfer registriert die Spannungsänderung und fliegt in Richtung Waldbrand. Bemerkenswert ist, dass der Infrarotsensor des Schwarzen Kiefernprachtkäfers fünfmal schneller reagiert als jedes käufliche Infrarotmessgerät.

1 Beschreiben Sie den Infrarotsensor des Käfers und erläutern Sie dessen biologische Bedeutung.

2 Ordnen Sie die Infrarotsinneszellen einem Rezeptortyp zu und begründen Sie Ihre Zuordnung.

3 Beschreiben Sie das Antwortverhalten einer Infrarotsinneszelle und begründen Sie, um welche Art der Reizcodierung es sich hierbei handelt.

Material B Der sechste Sinn der Haie

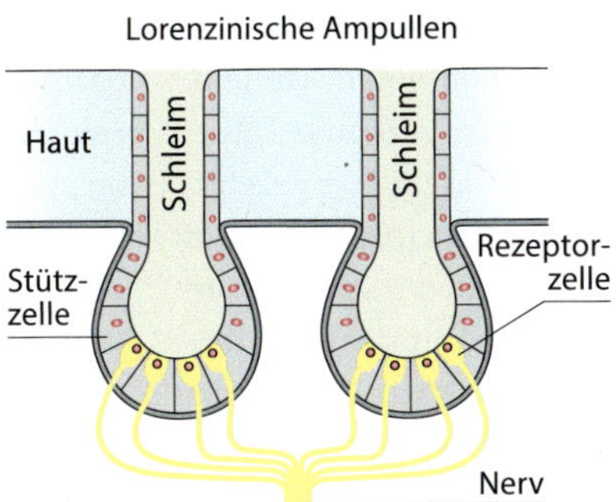

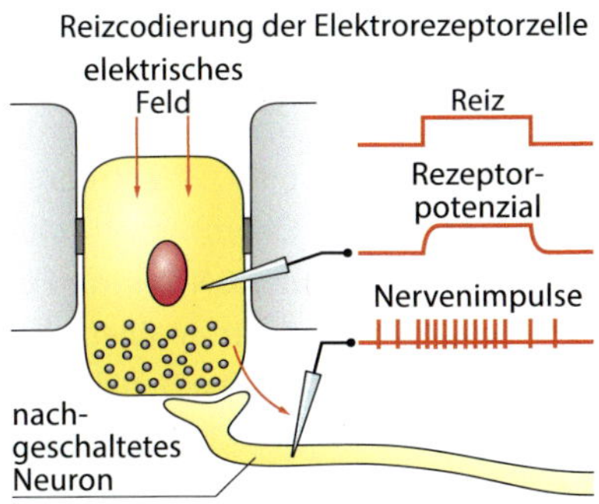

Durch Muskelaktivität werden bioelektrische Felder erzeugt. Haie erkennen diese schwachen elektrischen Felder mit einem speziellen Sinnesorgan, den Lorenzinischen Ampullen. Es ermöglicht Haien, ihre Beute auch bei schlechter Sicht zu finden und in der Schlussphase eines Angriffs gezielt zuzubeißen. Die Lorenzinischen Ampullen sind in die Unterhaut des Kopfes eingebettet. Sie bestehen aus winzigen, mit elektrisch leitfähigem Schleim gefüllten Kanälen, die mit dem Außenmedium über kleine Hautporen verbunden sind. Am Grund der Ampullen befinden sich jeweils mehrere Elektrorezeptoren. Diese reagieren selbst auf kleinste Spannungsänderungen in der Umgebung.

1 Beschreiben Sie den Aufbau der Lorenzinischen Ampullen und erläutern Sie an diesem Beispiel das Basiskonzept Struktur und Funktion.

2 Erläutern Sie die Reizcodierung in Elektrorezeptoren.

3 Erläutern Sie die biologische Bedeutung des sechsten Sinns von Haien.

4.11 Vom Reiz zur Wahrnehmung

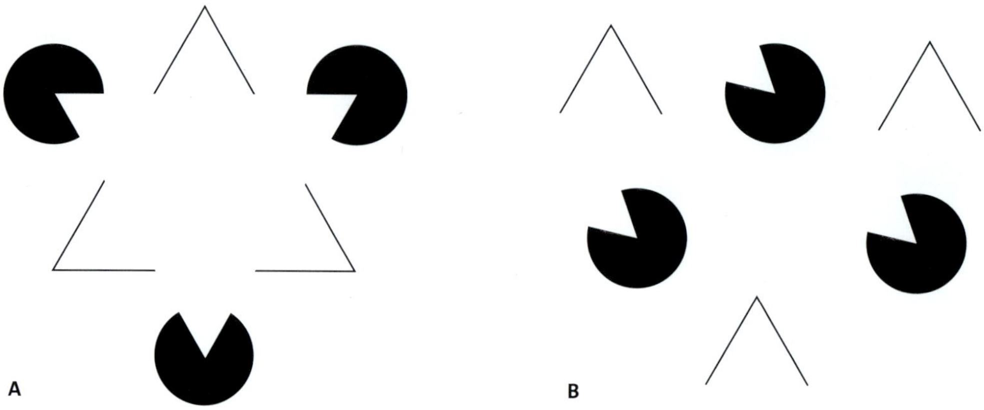

1 Optische Täuschung: **A** Kanizsa-Dreieck, **B** Bildelemente anders angeordnet

Was nehmen Sie wahr, wenn Sie die Abbildung betrachten? Sehen Sie links ein scharf konturiertes Dreieck, obwohl die Randlinien nicht existieren? Rechts auch? Wie wir Dinge wahrnehmen, hängt nicht nur von der Reizinformation ab, sondern auch von der Verarbeitung der Information durch das Nervensystem. Wie gelangt die Information von der Netzhaut ins Gehirn und wie wird sie dort zu einer Wahrnehmung verarbeitet?

Verarbeitung in der Netzhaut • Bereits in der Netzhaut des Auges beginnt die Verarbeitung der Reizinformation. Die Signale der knapp 130 Millionen Fotorezeptoren werden von etwa einer Million Ganglienzellen interpretiert, bevor die Information ans Gehirn geht. Eine kleine Gruppe meist kreisförmig zusammenstehender Fotorezeptoren beeinflusst die Aktivität einzelner Ganglienzellen. Eine solche Funktionseinheit bezeichnet man als **rezeptives Feld**. Es besteht aus einem Zentrum und einem Umfeld. Grundsätzlich unterscheidet man rezeptive Felder mit ON-Zentrum und OFF-Umfeld und umgekehrt. Einem Modell zufolge sind in einem rezeptiven Feld mit ON-Zentrum und OFF-Umfeld die Stäbchen im Zentrum über ON-Bipolarzellen mit der weiterleitenden Ganglienzelle verknüpft. Fällt Licht auf die Stäbchen im Zentrum, so führt dies zu einer Abnahme ihrer Transmitterfreisetzung. Wird dadurch die ON-Bipolarzelle depolarisiert, bewirkt sie über erregende Synapsen eine erhöhte Aktionspotenzialfrequenz der nachgeschalteten Ganglienzelle.

Im Umfeld dagegen sind die Stäbchen über Horizontalzellen mit den Stäbchen im Zentrum verknüpft. Sie nehmen so indirekt Einfluss auf die ON-Bipolarzelle und die Ganglienzelle. Fällt Licht gleichzeitig auf die Stäbchen des Umfelds, nimmt deren Transmitterfreisetzung ab. Dies führt zu einer Hyperpolarisation der Horizontalzellen. Diese wirken hemmend auf die Stäbchen im Zentrum, wodurch die ON-Bipolarzelle weniger depolarisiert wird. Darauf reagiert die Ganglienzelle mit einer geringeren Aktionspotenzialfrequenz als zuvor, obwohl sich die Lichtverhältnisse im Zentrum nicht verändert haben.

Licht im Umfeld hemmt somit die Aktivität der zentralen ON-Bipolarzelle. Das nennt man seitliche, also **laterale Hemmung**. Diese Verschaltung führt dazu, dass Kontraste verstärkt werden. Ein rezeptives Feld mit OFF-Zentrum und ON-Umfeld funktioniert entsprechend umgekehrt. Helle Flecken vor dunklem Hintergrund führen zu besonders starken Änderungen der Aktionspotenzialfrequenz. Deshalb sehen wir die Ecken des imaginären Dreiecks besonders deutlich. In der Netzhaut beginnt also die Bildverarbeitung, Informationen werden verstärkt, vernachlässigt und gebündelt.

Von der Netzhaut ins Gehirn • Die Axone aller Ganglienzellen verlassen gemeinsam durch die Austrittsstelle am Augapfel, den blinden Fleck, das Auge und bilden Bündel von etwa einer Million Nervenfasern. Diese gebündelten Nervenfasern nennt man Nervus opticus oder **Sehnerv**. Er ist etwa 4,5 cm lang. Die Sehnerven beider Augen treten durch eine Öffnung in der Schädelbasis in das Gehirn ein. In diesem Bereich kreuzen Teile der Nervenfasern zur gegenüberliegenden Seite des Gehirns. Diese **Sehnervenkreuzung** wird auch als Chiasma opticum

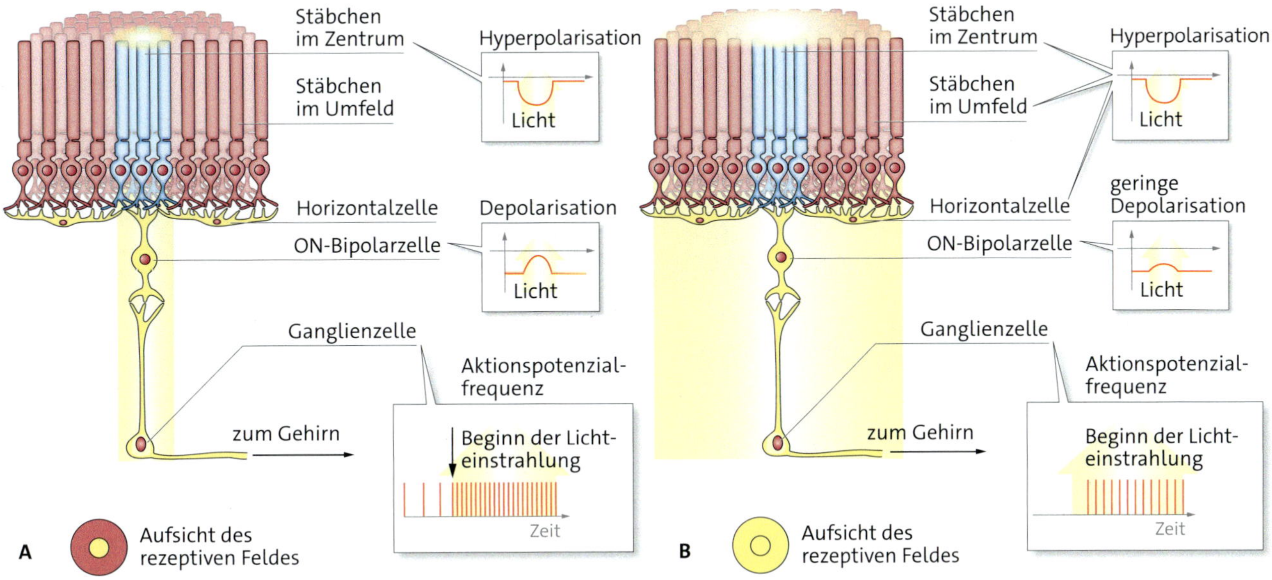

2 Reaktion eines rezeptiven Feldes mit ON-Zentrum und OFF-Umfeld auf Belichtung: **A** im Zentrum, **B** im Zentrum und im Umfeld (stark vereinfacht)

bezeichnet. Die Aufteilung erfolgt so, dass alle Nervenfasern, deren Ursprung in den rechten Netzhauthälften beider Augen liegt, in die rechte Großhirnhälfte führen und umgekehrt. So gelangen die Informationen der linken Hälfte der Gesichtsfelder von beiden Augen zur Sehrinde, dem **visuellen Cortex**, der rechten Hirnhälfte und die Informationen der rechten Hälfte der Gesichtsfelder zum visuellen Cortex der linken Hirnhälfte. Jede Hirnhälfte erhält also Informationen von beiden Augen. Aufgrund der unterschiedlichen Blickwinkel erzeugt das Gehirn daraus ein räumliches, also ein dreidimensionales Bild.

Je ein Bündel von Nervenfasern verläuft ausgehend vom Chiasma opticum als **Sehstrang** oder Tractus opticus zum Thalamus und dann zum visuellen Cortex im Hinterhauptlappen des Großhirns.

Dieser Teil des Gehirns ist für die Weiterverarbeitung der visuellen Information zuständig. Die gesamte Nervenverbindung zwischen Netzhaut und visuellem Cortex nennt man **Sehbahn**.

1 Erklären Sie mithilfe von Abbildung 2 die unterschiedlichen Reaktionen von Ganglienzellen auf Lichtreize.

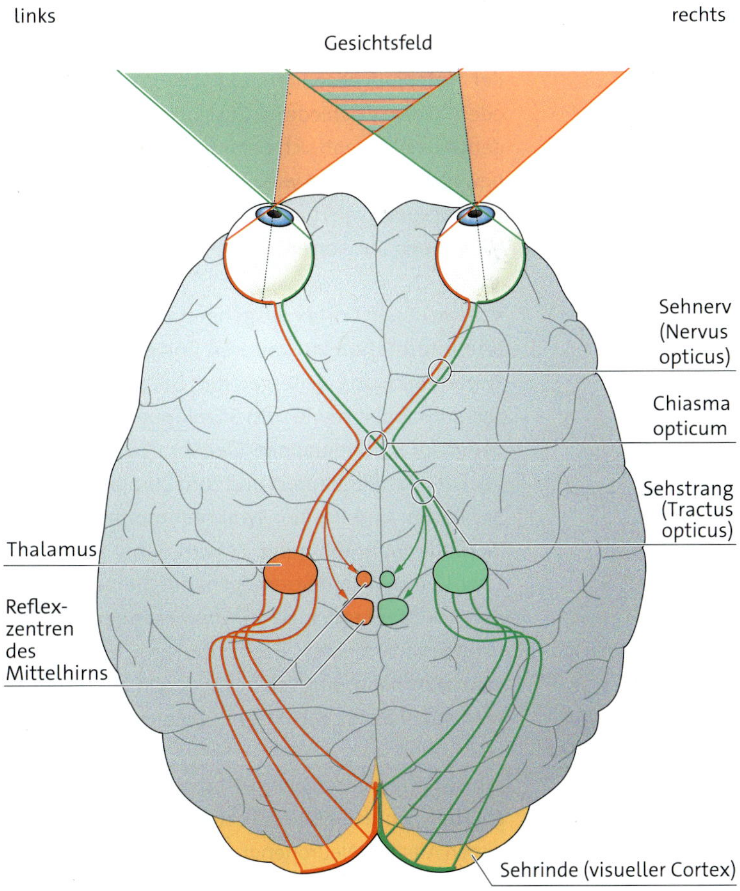

3 Übersicht über die Sehbahn

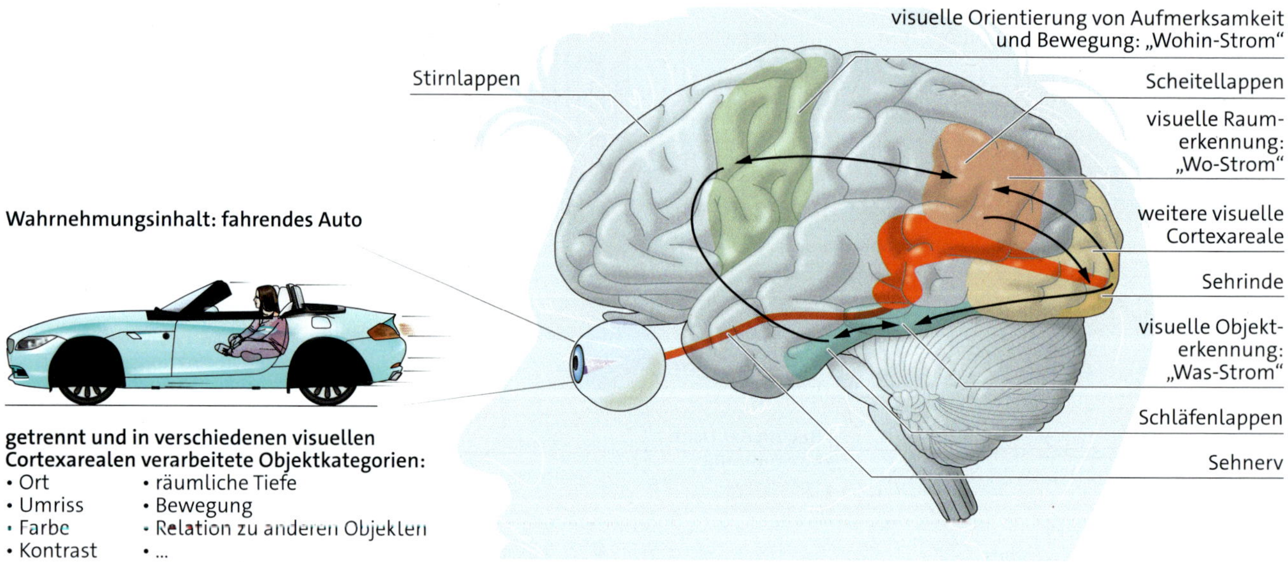

1 An der Verarbeitung visueller Informationen beteiligte Gehirnareale

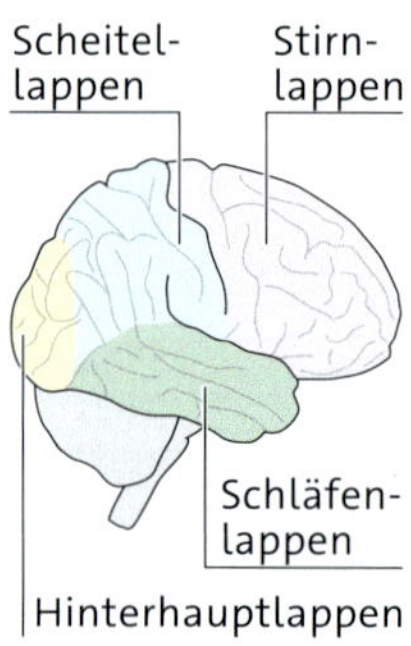

2 Die vier Hirnlappen des Großhirns

Corticale Verarbeitung • Die Nervenfasern der Sehbahn sind mit Neuronen im visuellen Cortex verbunden. Er ist ebenfalls in rezeptiven Feldern organisiert. Einige dieser Felder reagieren ebenso wie in der Netzhaut besonders auf Kontraste, Konturen oder Farbunterschiede im Gesichtsfeld. Andere werden aktiviert, wenn sich Gegenstände vor den Augen bewegen. Sie wirken wie neuronale Filter, die selektiv und spezialisiert auf visuelle Informationen der Umgebung antworten.

Vom visuellen Cortex ausgehend wird die verarbeitete Information zu weiteren Cortexarealen über zwei Hauptpfade weitergeleitet: Der eine führt zum Scheitellappen sowie zum Stirnlappen und der andere zum Schläfenlappen. Der Verarbeitungsstrom über den Scheitellappen und zum Stirnlappen dient der Raum- und Positionswahrnehmung sowie der Richtungswahrnehmung. Er wird daher auch „Wo-Strom" und „Wohin-Strom" genannt. Der Strom über den Schläfenlappen ist für das Erkennen und Benennen von Objekten, also für die Farb-, Muster- und Formwahrnehmung, von besonderer Bedeutung. Er wird daher auch „Was-Strom" genannt.

Die visuelle Informationsverarbeitung erfolgt also parallel, schrittweise und arbeitsteilig in verschiedenen Arealen. Neuronengruppen bilden funktionale Netzwerke, die jeweils für bestimmte Eigenschaften visueller Reize empfindlich sind. Die parallele Bildverarbeitung bietet den Vorteil, dass sich große Informationsmengen gleichzeitig verarbeiten lassen. Die Vernetzung der Cortexareale ermöglicht, dass die bereits gefilterten und analysierten Informationen zusammengeführt und mit gespeicherten Informationen aus dem Gedächtnis verglichen und zu einem Gesamteindruck verknüpft werden. Erst unter dem Einfluss von Erfahrung und Gedächtnis interpretiert das Bewusstsein das Objekt zum Beispiel als fahrendes Auto.

Die Verarbeitung der Information kann allerdings auch zu Fehlinterpretationen führen. Im Fall des Kanizsa-Dreiecks erfasst das Gehirn die wenigen Bildelemente und ihre Anordnung und suggeriert aufgrund unserer Erfahrung Zusammenhänge, die nicht existieren. So erkennen wir ein weißes, flächiges Dreieck, das sogar Helligkeitsunterschiede zur Umgebung aufzuweisen scheint, allerdings nur, wenn die Kreisflächen auf bestimmte Weise angeordnet sind. Die Reizinformation aus unserer Umgebung wird also durch gespeicherte Erfahrungen interpretiert und verändert. Der subjektive Gesamteindruck des Gesehenen, die bewusste Wahrnehmung, ist eine Konstruktion des Gehirns.

1 Beschreiben Sie mithilfe eines Flussdiagramms den Sehprozess vom Auge bis zur bewussten Wahrnehmung.

Material A Eine Nervenzelle für Halle Berry?

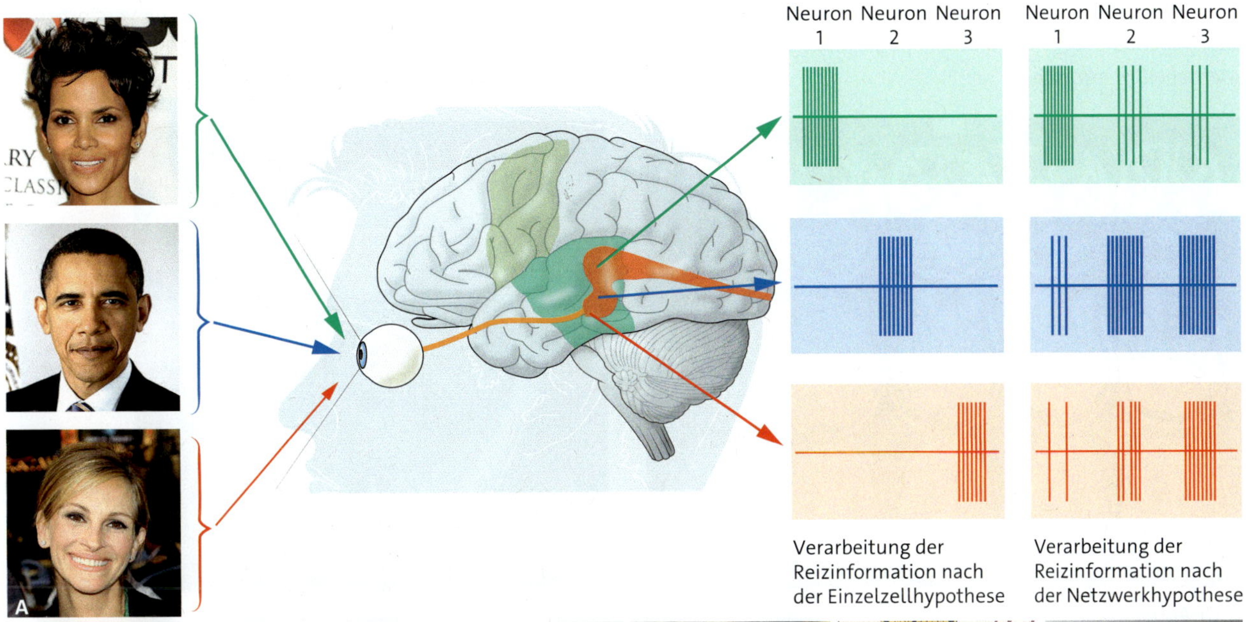

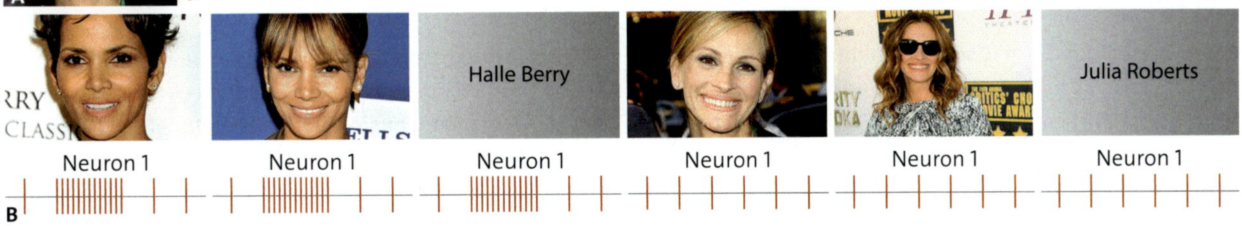

Für die Verarbeitung von komplexen Reizinformationen, zum Beispiel von bekannten Objekten und Persönlichkeiten, gibt es verschiedene Hypothesen.

Eine – zunächst scherzhaft geäußerte – Hypothese besagt, dass die Aktivität eines einzelnen Neurons ausreicht, um zum Beispiel unsere Großmutter zu repräsentieren und wiederzuerkennen.

Eine Gelegenheit, diese „Großmutterzellen"-Theorie zu prüfen, bot sich während der Behandlung von zunächst acht Epilepsieerkrankten. Ihnen wurden für einige Tage Tiefenelektroden in verschiedene Regionen des Gehirns implantiert, um den Auslöser für die epileptischen Anfälle zu finden. In dieser Zeit konnten verschiedene Tests mit den Betroffenen durchgeführt und die Reaktionen von Neuronen im Hippocampus, einem Teil des Schläfenlappens, abgeleitet werden. Der Hippocampus wird mit dem Speichern von Erinnerungen und dem Erkennen von Objekten in Verbindung gebracht. Den Erkrankten wurden Bilder von verschiedenen Prominenten und Sehenswürdigkeiten gezeigt. Mithilfe eines aufwendigen digitalen Verfahrens konnte die elektrische Aktivität einzelner Neuronen selektiert und verstärkt werden.

Bei einem der Patienten konnten Reaktionen eines Neurons auf ein Bild der US-amerikanischen Schauspielerin Halle Berry festgestellt werden. Daraufhin wurde überprüft, ob weitere Bilder der Person oder anderer Persönlichkeiten dieselbe Reaktion auslösten. Von 132 untersuchten Neuronen des Patienten zeigten 51 eine spezifische Reaktion gegenüber bestimmten Personen oder bekannten Gebäuden wie dem Eiffelturm.

Bei anderen Erkrankten wurden keine solche Reaktionen auf Halle Berry, Julia Roberts oder Barack Obama gefunden.

1 Beschreiben Sie die in Abbildung A dargestellten Hypothesen zur Repräsentation komplexer Informationen.

2 Beschreiben und erläutern Sie die Versuchsergebnisse in Abbildung B mit Blick auf die Verarbeitung visueller Information im Cortex.

3 Begründen Sie die Vorteile der gemessenen neuronalen Reaktionen im Hippocampus für unsere Wahrnehmung. Diskutieren Sie, weshalb das Forschungsteam trotz der Befunde die Existenz von „Großmutterneuronen" anzweifelt.

Neurophysiologische bildgebende Verfahren

Bis in das 20. Jahrhundert erlangte man Erkenntnisse über den Aufbau des Gehirns nur anhand der Untersuchung Verstorbener. Demgegenüber ist es heutzutage möglich, nicht nur den Aufbau, sondern auch die Funktionsweise des Gehirns am lebenden Menschen zu erforschen.

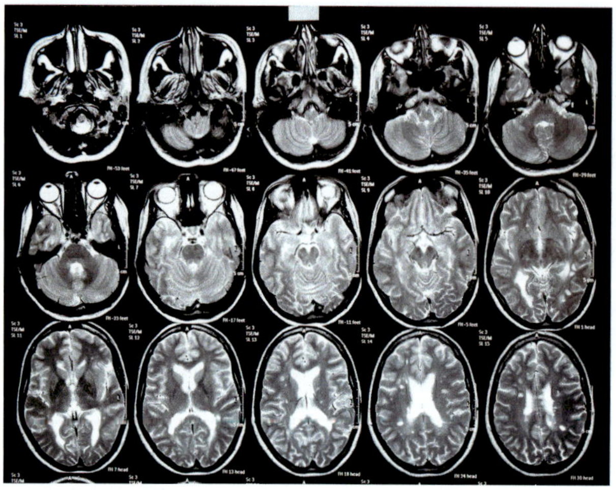

1 CT-Aufnahme

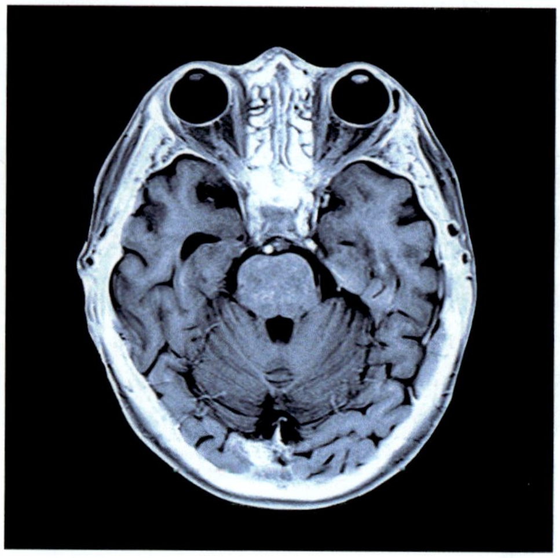

2 MRT-Aufnahme

Computertomografie • Röntgenstrahlung durchdringt den menschlichen Körper, wird aber von verschiedenen Organen in unterschiedlicher Weise absorbiert. Bei der Computertomografie, kurz CT, macht man sich dieses Prinzip zunutze, indem man eine Röntgenstrahlungsquelle in einer bestimmten Ebene um den Kopf kreisen lässt. Gegenüber der Strahlungsquelle befinden sich Detektoren, mit denen die nicht absorbierte Strahlung gemessen wird. Dadurch entsteht das Bild eines Gehirnschnitts (► **1**). Ein Computer berechnet aus mehreren Schnittbildern ein dreidimensionales Bild. Auf diese Weise wird beispielsweise ein Tumor sichtbar gemacht. Die Bezeichnung Tomografie leitet sich aus den griechischen Wörtern für „schneiden" und „abbilden" ab.

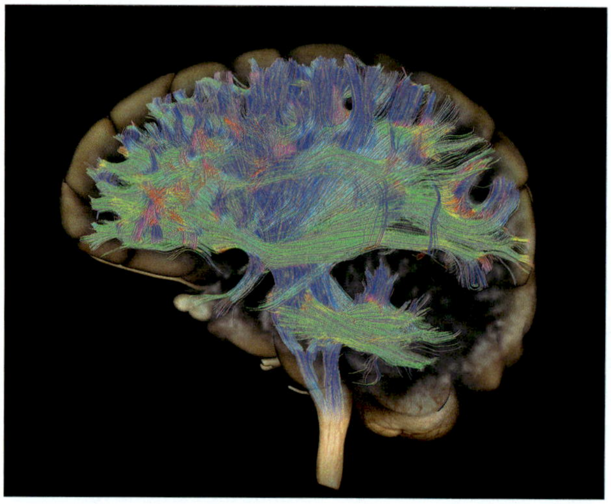

3 Nervenfasern im polarisierten Licht

Magnetresonanztomografie • Unser Gewebe besteht zu einem Großteil aus Wasser. Die Protonen der in den Wassermolekülen gebundenen Wasserstoffatome nehmen in einem starken Magnetfeld Energie auf und werden in einen angeregten Zustand versetzt. Wird das Magnetfeld ausgeschaltet, so fallen die Protonen in einen Zustand niedrigerer Energie zurück und senden dabei ein Signal aus, das man als Resonanzfrequenz bezeichnet. Daraus leitet sich die Bezeichnung Magnetresonanztomografie, kurz MRT, für dieses Verfahren ab. Wie bei der CT werden bei der MRT mehrere Schnittbilder erzeugt und zu einem räumlichen Abbild des Gehirns zusammengefügt. Die weichen Gewebe mit hohem Wasseranteil werden im Vergleich zur CT jedoch mit größerem Kontrast dargestellt (► **2**).

Polarized Light Imaging • Eine neue Methode zur Erforschung des Gehirns basiert auf der Bestrahlung dünner Gehirnschnitte mit polarisiertem Licht. Je nach Einstrahlwinkel wird das Licht durch die Nervenfasern in unterschiedlicher Weise gebrochen. Anhand einer Serie von Gehirnschnitten lässt sich damit der räumliche Verlauf der Nervenfasern bestimmen. Man erhält eine farbige Karte des neuronalen Netzwerks des Gehirns und kann erkennen, welche Gehirnteile miteinander in Kontakt stehen (► **3**). Daraus lässt sich ein Rückschluss auf die Funktionsweise ziehen. Allerdings ist es hiermit nicht möglich, die Gehirnaktivität lebender Personen zu beobachten.

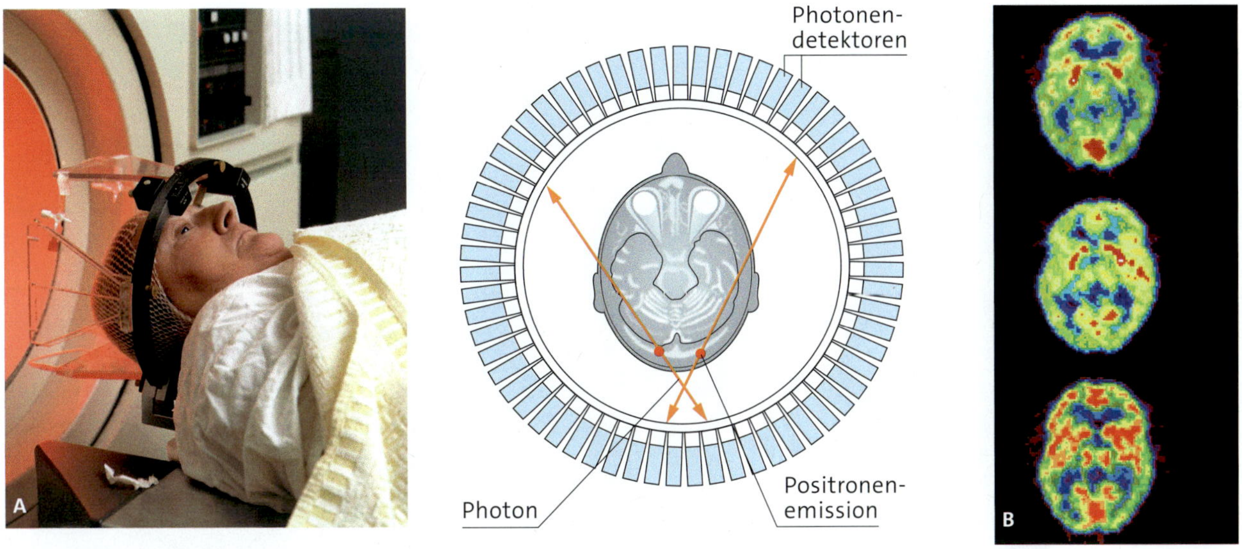

4 Positronen-Emissions-Tomografie: A Verfahren, B PET-Aufnahme

Funktionelle Bildgebung • Aktive Neuronen haben einen erhöhten Energiebedarf. Deshalb nehmen sie mehr Glucose und Sauerstoff aus dem Blut auf als inaktive Neuronen.
Bei der Positronen-Emissions-Tomografie, kurz PET, macht man sich den erhöhten Glucosebedarf zunutze.
Dem Patienten wird schwach radioaktiv markierte Desoxyglucose in eine Vene injiziert. Da eine Zelle dieses Präparat nicht von normaler Glucose unterscheiden kann, wird die Desoxyglucose von aktiven Nervenzellen aufgenommen und emittiert dort positiv geladene Elementarteilchen, die extrem kurzlebigen Positronen. Die Positronen zerfallen sofort und setzen dabei Photonen frei. Ringförmig angeordnete Detektoren ermitteln, wie stark die Emission der Photonen ist. Um auswerten zu können, welche Region im Gehirn beispielsweise bei der Aussprache eines Wortes aktiv ist, muss ein Kontrollversuch durchgeführt werden. Man erstellt eine zusätzliche Aufnahme, während der Proband stumm ist, und ermittelt die Differenz der Signale.

Aktive Gehirnregionen sind stärker durchblutet als inaktive. Der rote Blutfarbstoff Hämoglobin gibt dort seinen Sauerstoff an die Nervenzellen ab. Mit Sauerstoff beladenes Hämoglobin hat eine andere magnetische Resonanz als Hämoglobin, das seinen Sauerstoff abgegeben hat. Die funktionelle Magnetresonanztomografie, kurz fMRT, nutzt diesen Unterschied. Aufgrund der verschiedenen Magnetresonanzen des Hämoglobins kann somit die Stoffwechselaktivität eines Gehirnabschnitts bestimmt werden. Dies bedeutet einen großen Fortschritt gegenüber der PET, da die fMRT eine höhere Auflösung hat und damit zu genaueren Bildern führt. Außerdem lässt sich die fMRT schneller durchführen, ohne den Patienten radioaktiver Strahlung auszusetzen.

PET und fMRT erlauben die Messung von Gehirnaktivitäten, zeigen also wie das Gehirn funktioniert. Man fasst sie deshalb unter der Bezeichnung funktionelle Bildgebung zusammen.

1 Beschreiben Sie die verschiedenen bildgebenden Verfahren und erläutern Sie ihre Anwendung.

2 Erklären Sie, weshalb es notwendig ist, bei der funktionellen Bildgebung einen Kontrollversuch durchzuführen

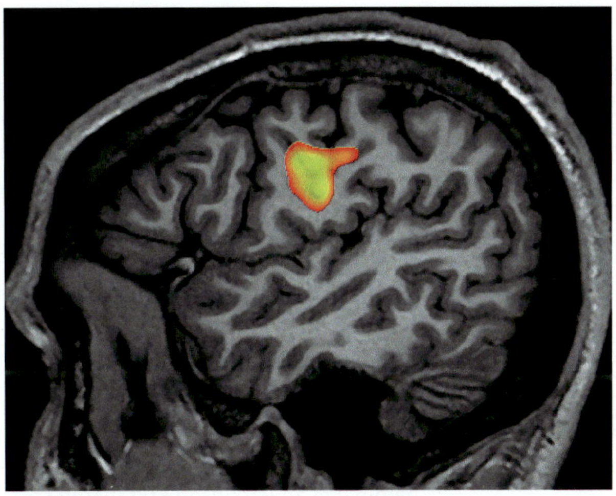

5 fMRT-Aufnahme

4.12 Neuronale Störungen

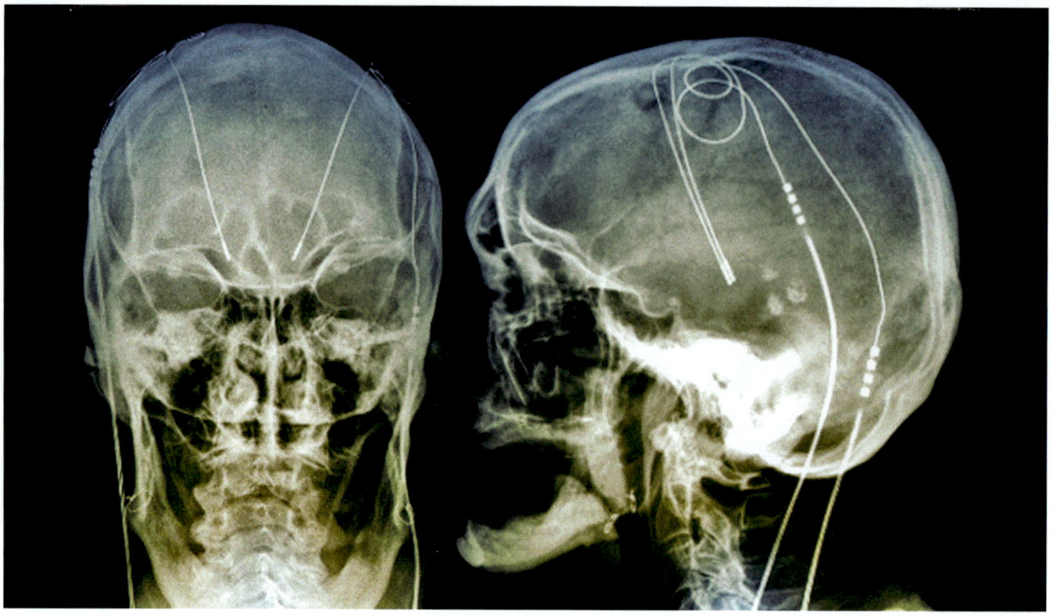

1 Tiefe Gehirnstimulation bei Schüttellähmung

Bei Erkrankten, die an einer schweren Form der Schüttellähmung leiden, fallen das starke Zittern der Hände, unkontrollierbare Bewegung und der verlangsamte und unsichere Gang auf. Durch Gehirnstimulation mit Elektroden, einer Art Gehirnschrittmacher, können diese belastenden Symptome korrigiert werden. Wie kommt es zu dieser Krankheit und wie kann man sie behandeln?

lat. Morbus = Krankheit

Veränderung von Neuronen • Die Symptome der Schüttellähmung wurden im Jahr 1817 erstmals vom englischen Arzt James Parkinson beschrieben und nach ihm **Morbus Parkinson** benannt. Erkrankten fällt es schwer, Bewegungen zu starten, die Bewegungen erscheinen eingefroren. Gleichzeitig zittern die Hände unkontrollierbar. Mit Fortschreiten der Krankheit können weitere Symptome einer schwerwiegenden neurologischen Störung, zum Beispiel Gedächtnisstörungen, hinzukommen.
Untersucht man das Gehirn der Betroffenen, so kann man auffällige Veränderungen in einem umgrenzten Bereich des Mittelhirns finden, der aufgrund seiner dunklen Färbung als schwarze Substanz oder Substantia nigra bezeichnet wird. Sie gehört zu einer Gruppe von Nervenzellansammlungen, die **Basalganglien** genannt werden (▶). Die Basalganglien sind untereinander und mit anderen Arealen im Gehirn vernetzt, durch die Bewegungen aktiviert und koordiniert werden.

Die Neuronen der Substantia nigra produzieren Dopamin. Bei an Parkinson Erkrankten sterben Dopamin produzierende Neuronen in diesem Bereich ab, sie degenerieren. Durch die Degeneration der dopaminergen Neuronen kommt es bei den Betroffenen zu einem folgenschweren Mangel an Dopamin in den Basalganglien insgesamt.

Ursachen der Degeneration • Die genauen Ursachen der Degeneration werden intensiv erforscht. Bislang gibt es nur Indizien und Modelle. Auffällig sind in den noch funktionsfähigen Nachbarzellen von abgestorbenen Neuronen Ansammlungen eines fehlerhaft gefalteten Proteins, des α-Synuclein, das in korrekter Faltung an der Speicherung von Dopamin in synaptischen Vesikeln beteiligt zu sein scheint. Diese Proteinansammlungen sind sogar lichtmikroskopisch im Zellplasma zu erkennen. Im Zusammenwirken mit weiteren Faktoren kommt es bei Neuronen, die solche fehlgefalteten Aggregate enthalten, zu Fehlfunktionen der Mitochondrien und letztlich zum Absterben der betroffenen Neuronen. Alterungsprozesse, Mutationen und auch äußere Faktoren, zum Beispiel starke mechanische Erschütterungen oder Umweltgifte, werden als mögliche Einflüsse, die zur Degeneration führen, diskutiert.

Neuronale Störungen • Wie lassen sich die parkinsontypischen Symptome aufgrund des Absterbens einzelner Neuronen erklären? Die dopaminergen Neuronen der Substantia nigra haben Einfluss auf weitere Basalganglien. Sie üben aktivierende oder hemmende Wirkung auf den Thalamus, einen Teil des Zwischenhirns, und den Motorcortex aus. Diese Gehirnareale sind daran beteiligt, willkürliche Bewegungen zu steuern. Das Gleichgewicht von Hemmung und Erregung ist Voraussetzung für den Start situationsangemessener und zielgerichteter Bewegungen und die Vermeidung unkontrollierter Zitterbewegungen. Verringert sich die Dopaminmenge in den Basalganglien durch die Degeneration von Neuronen wie bei an Parkinson Erkrankten, so sind der Thalamus und der Motorcortex weniger aktiv und alltägliche Fähigkeiten können nur noch verlangsamt ausgeführt werden (▸). Wenn die ersten Bewegungssymptome auftreten, sind bereits mehr als die Hälfte der dopaminergen Neuronen in der Substantia nigra abgestorben.

Solche Erkrankungen des Nervensystems, die wie bei der Parkinsonerkrankung mit dem Verlust von Nervenzellen einhergehen, heißen **neurodegenerative Erkrankungen**. Parkinson gehört mit der Alzheimer-Demenz (▸ S. 354) zu den häufigsten degenerativen **neuronalen Störungen.**

Behandlungsansätze • In der Frühphase der Erkrankung kann der Dopaminmangel mit Medikamenten ausgeglichen werden. Physiotherapie und Bewegung unterstützen den Erhalt vieler Fähigkeiten. Die Wirkung der Medikamente lässt mit der Zeit jedoch nach. In späteren Phasen der Parkinsonerkrankung können die unwillkürlichen Zitterbewegungen und die Bewegungsstarrheit durch Elektrostimulation der Basalganglien behandelt werden. Dazu werden 1 oder 2 Elektroden im Bereich der Substantia nigra implantiert (vgl. Bild), die ähnlich wie ein Herzschrittmacher rhythmische Signale erzeugen und dadurch Einfluss auf die Bewegungssteuerung nehmen. Für diesen Eingriff ins Gehirn kommen jedoch vor allem sehr schwere Verläufe infrage. Große Erwartungen setzen die Forschenden auch in den Ersatz der abgestorbenen Zellen durch die Transplantation von Stammzellen. Mit Hautzellen, die im Labor so behandelt werden, dass sie eine ähnliche Differenzierungsfähigkeit wie Stammzellen aufweisen, können im Tierversuch bereits vielversprechende Ergebnisse erzielt werden.

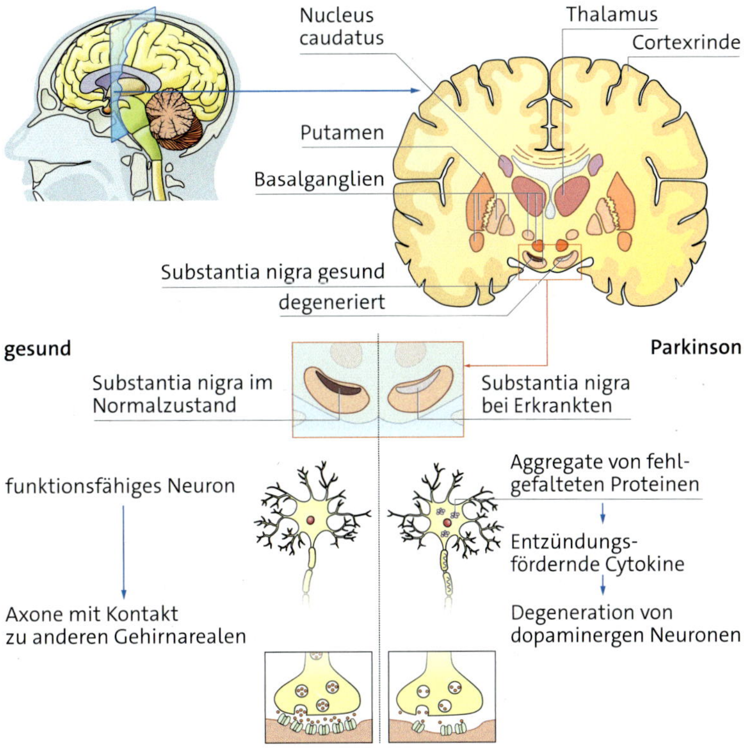

2 Dopaminerge Neuronen in der Substantia nigra bei Gesunden und an Parkinson Erkrankten. (Schema)

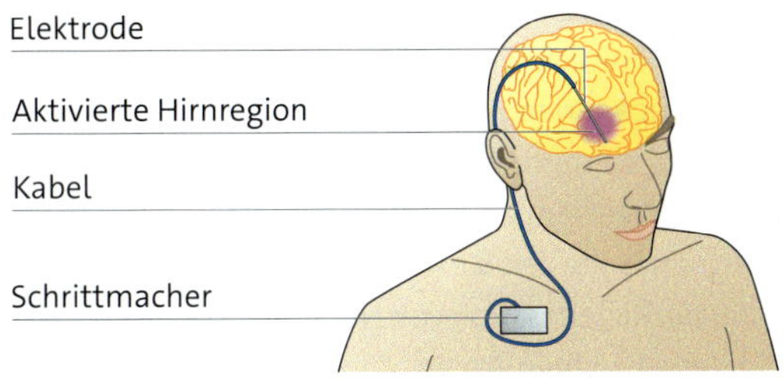

3 Behandlungsansatz durch tiefe Gehirnstimulation (Schema)

1 Erläutern Sie die neuronale Störung durch den Dopaminmangel bei Parkinsonerkrankten auf verschiedenen Betrachtungsebenen (▸).

2 Recherchieren Sie individuellen Folgen der Parkinsonerkrankung für Betroffene im Alltag (▸).

3 Entwickeln Sie verschiedene Ansatzpunkte zur Behandlung des Dopaminmangels an den Synapsen.

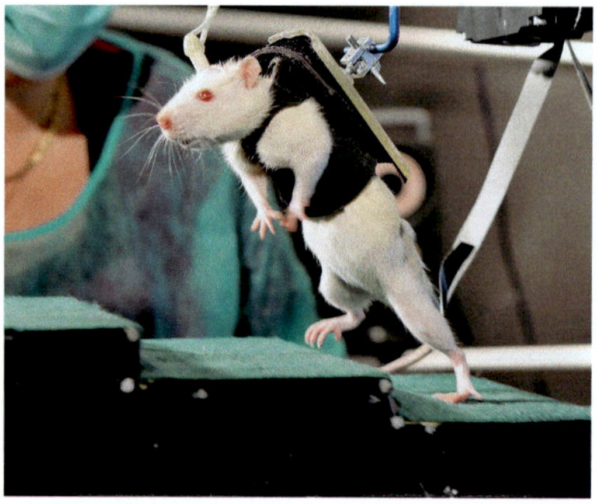

1 Lauftraining einer gelähmten Ratte

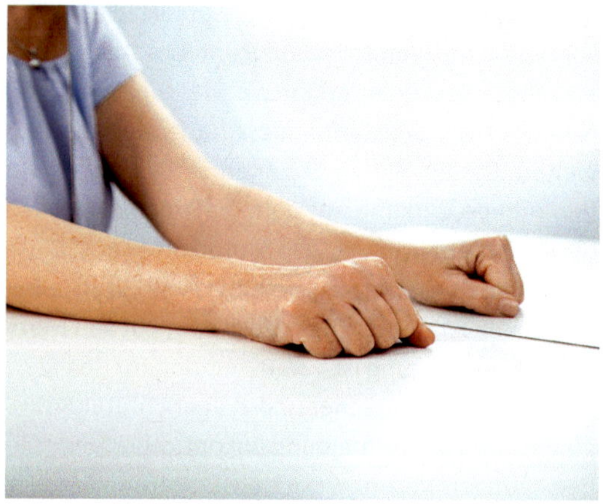

2 Spiegeltherapie

Neuronale Verletzungen • Während Parkinson durch Degeneration von Neuronen entsteht, deren Ursache erst in Ansätzen geklärt ist, können Neuronen auch durch Verletzungen direkt geschädigt werden. Druck, Dehnung und Gewalteinwirkung, zum Beispiel durch Unfälle, Tumore und Schlaganfälle, können Nervenzellen im peripheren oder zentralen Nervensystem zerstören. Je nach Ort und Ausmaß der Verletzung, der **Läsion**, treten unterschiedliche körperliche Beeinträchtigungen und Schmerzen auf. Kleinere Läsionen von peripheren Nerven können heilen – ähnlich wie Wunden an der Haut. Die Neuronen regenerieren. Im Gehirn und im Rückenmark dagegen sterben verletzte Neuronen und vom Zellkörper abgetrennte Axone in der Regel ab. Deshalb sah man lange Zeit die Neubildung von Nervenzellen oder die **Regeneration** von Neuronen im ZNS als völlig unwahrscheinlich an.

Behandlung von Läsionen • Läsionen durch Unfälle und Schlaganfall führen zu schwerwiegenden Beeinträchtigungen, eine Behandlung ist schwierig. Bei der Erforschung der Ursachen der fehlenden Selbstreparatur von Nerven im ZNS stießen Forschende auf Hemmfaktoren, die im Narbengewebe und den umgebenden Zellen der Axone vorkommen. Ein Protein, der Wachstumsinhibitor Nogo A, das in der Myelinschicht der Axone im ZNS vorkommt, verhindert, dass Zellkörper und Axon wieder zusammenwachsen. Übertrugen die Forschenden jedoch Myelin aus dem peripheren Nervensystem in das verletzte Rückenmark, dann wuchsen die durchtrennten Axone zusammen, die Nervenzellen regenerierten – ein erster Ansatzpunkt für die Entwicklung von Medikamenten. Es fiel zudem auf, dass in den verletzten Axonen im ZNS die Mikrotubuli zerbrochen waren. Werden sie durch Medikamente wieder geordnet und stabilisiert, dann erfolgt die Reparatur des Axons leichter. Im Tierversuch konnten geschädigte Neuronen auch durch chemische und Elektrostimulation in Kombination mit einem speziellen Lauftraining (▶ **1**) angeregt werden, zu regenerieren. Erste Ansätze werden beim Menschen erprobt.

Bislang gelingt es jedoch noch nicht, größere Läsionen des ZNS zu reparieren. Trotzdem können manche Fähigkeiten aufgrund der Veränderbarkeit des Gehirns, seiner **Plastizität**, von Betroffenen zurückgewonnen werden. Bei einem Schlaganfall beispielsweise sterben durch Mangeldurchblutung Neuronen ab. Je nach betroffener Gehirnhälfte kann es zu Halbseitenlähmungen kommen. Trainieren die Patienten das Greifen mit der betroffenen Hand, so gelingt dies nach intensivem Üben häufig wieder. Mit bildgebenden Verfahren kann gezeigt werden, dass die Steuerung der Handbewegung von Gehirnarealen übernommen wird, die zuvor andere Aufgaben besaßen. Eine Therapie mit der gesunden Hand vor einem Spiegel, der die gelähmte Hand verbirgt, beschleunigt den Heilungsprozess. Dem Gehirn wird durch die Spiegelung vorgetäuscht, die gelähmte Hand könne sich willentlich bewegen. Das fördert die neuronale Umorganisation des Gehirns (▶ **2**).

1 **Analysieren Sie individuelle und gesellschaftliche Herausforderungen, die im Zusammenhang mit neurodegenerativen Erkrankungen und Verletzungen des ZNS entstehen.**

Material A Medikamentöse Behandlung der Parkinson-Krankheit

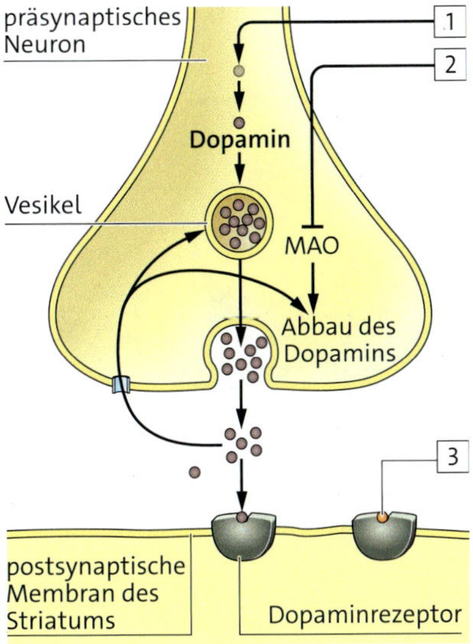

Bei der Behandlung der Bewegungsstörungen bei einer Erkrankung an Parkinson kommen verschiedene Medikamente zum Einsatz. Im Wesentlichen lassen sich drei Medikamententypen unterscheiden:

1. Vorstufen des Dopamins, zum Beispiel L-Dopa
2. Monoaminoxidase-Hemmer. Das Enzym Monoaminoxidase, kurz MAO, befindet sich in der äußeren Mitochondrienmembran und bewirkt den Abbau von Dopamin.
3. Dopamin-Agonisten. Sie haben eine dem Dopamin vergleichbare Wirkung an bestimmten Dopaminrezeptoren der postsynaptischen Membran der Basalganglien.

1 Erläutern Sie die Wirkung von Dopamin an einer dopaminergen Synapse auf die Erregungsweiterleitung im Striatum (▶).

2 Erläutern Sie Wirkungsort und Wirkungsprinzip der verschiedenen Parkinsonmedikamente an einer dopaminergen Synapse.

3 Stellen Sie Vermutungen über das Nachlassen der Wirkung von L-Dopa nach einigen Behandlungsjahren an.

Material B Behandlungsansätze zur Regeneration von verletzten Nervenzellen im ZNS

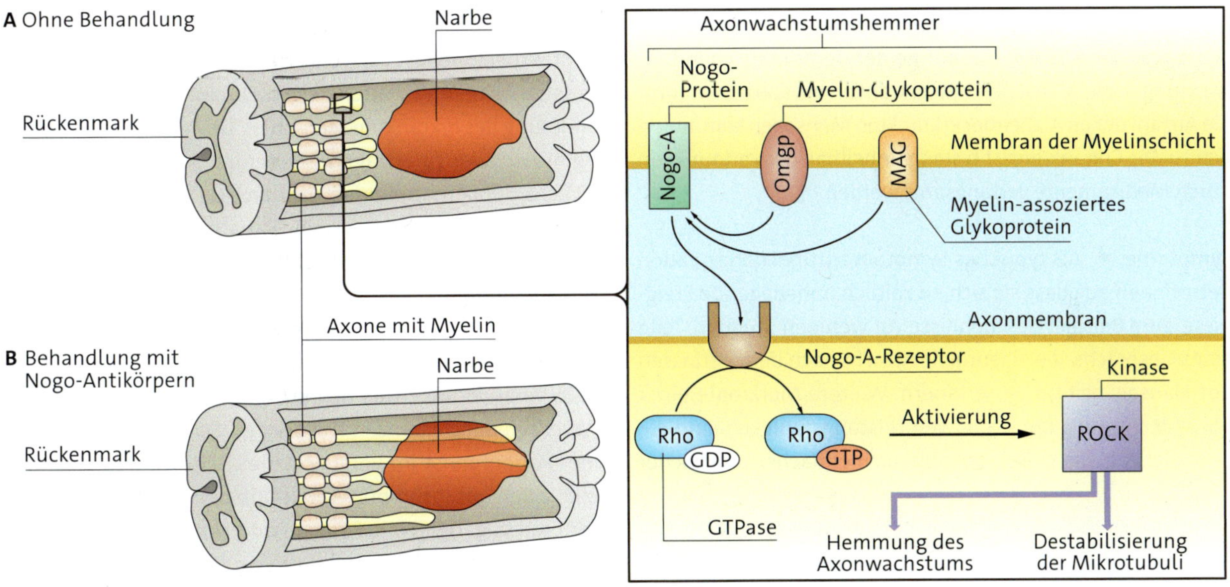

Nach Verletzungen des Gehirns und des Rückenmarks regenerieren die Axone der betroffenen Nervenzellen in der Regel nicht. Forschende konnten feststellen, dass die Selbstreparatur aufgrund verschiedener Ursache scheitert. Eine Ursache ist ein das Wachstum hemmendes Protein, das sogenannte Nogo-Protein, das in der Myelinschicht der Axone im ZNS gefunden wurde. Die Abbildung zeigt ein Modell der Wirkung. In Tierversuchen und ersten Studien an Menschen gelang es, die Wachstumshemmung durch Antikörper aufzuheben, die spezifisch an Nogo-Membranrezeptoren der Axone binden. Das anschließende Wachstum der Axone war so wirksam, dass vorher querschnittsgelähmte Ratten ihre Gliedmaßen wieder normal bewegen konnten.

1 Beschreiben Sie, wie Proteinbestandteile der Myelinschicht die Regeneration von Neuronen im ZNS unterbinden.

2 Erklären Sie die Wirkung der NogoA-Antikörper auf die Regenerationsfähigkeit der Axone im ZNS.

Morbus Alzheimer

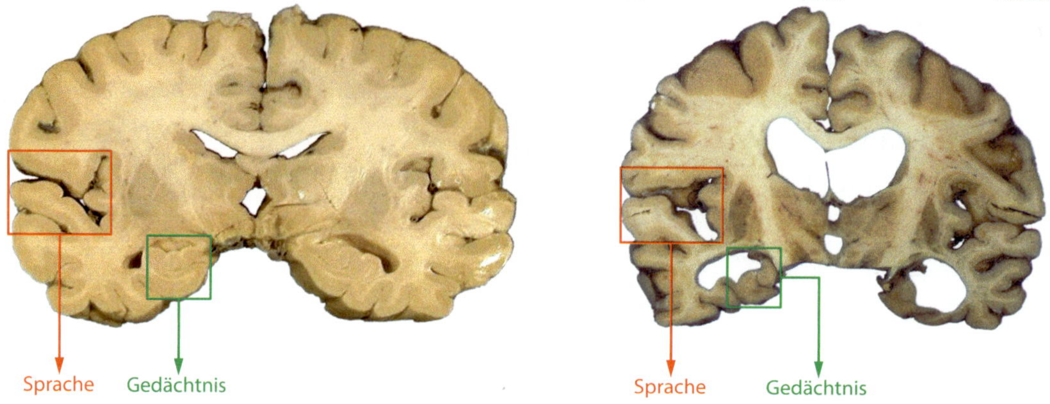

1 Querschnitt durch das Gehirn einer gesunden Person und eines Alzheimer-Patienten

Alzheimer-Krankheit • Morbus Alzheimer ist die weltweit häufigste neurodegenerative Erkrankung. In Deutschland lebten 2021 rund 1,8 Millionen Demenzkranke; zwei Drittel von ihnen waren von der Alzheimer-Krankheit betroffen. In der Altersgruppe der über 65-Jährigen treten jährlich über 400 000 Neuerkrankungen auf. Da infolge der demografischen Entwicklung mehr Menschen neu erkranken als sterben, nimmt die Anzahl der an Alzheimer erkrankten Menschen kontinuierlich zu. Die Erkrankung ist bislang unheilbar, der Verlauf kann durch Medikamente verlangsamt werden.

Symptome • Als typisches Symptom tritt bei nahezu allen Betroffenen auf, dass sie sich an zeitlich naheliegende Ereignisse, zum Beispiel Geschehnisse vor wenigen Stunden, Teile eines Gesprächs, die eigentliche Absicht nach dem Verlassen des Hauses, nicht mehr erinnern. Weitere Merkmale einer Verschlechterung der kognitiven Leistungsfähigkeit sind die Orientierung, die Einschränkung auch einfacher praktischer Fertigkeiten, Wortfindungsstörungen im Gespräch bis hin zur Unfähigkeit der Bewältigung des Alltags. Begleitend treten häufig extreme Schwankungen der emotionalen Lage auf, die von ausgelassen glücklich bis traurig und depressiv reichen können. Besonders belastend für die familiären oder weiteren Kontaktpersonen ist es, wenn Erkrankte zu aggressivem und misstrauischem Verhalten neigen. Da eine solche Wesensveränderung des erkrankten Menschen für die Angehörigen häufig nur schwer zu ertragen ist, werden Selbsthilfe- und Gesprächsgruppen empfohlen, um durch Erfahrungsberichte von anderen Angehörigen die eigene Situation besser einschätzen zu können und hilfreiche Verhaltens- und Reaktionsweisen kennenzulernen.

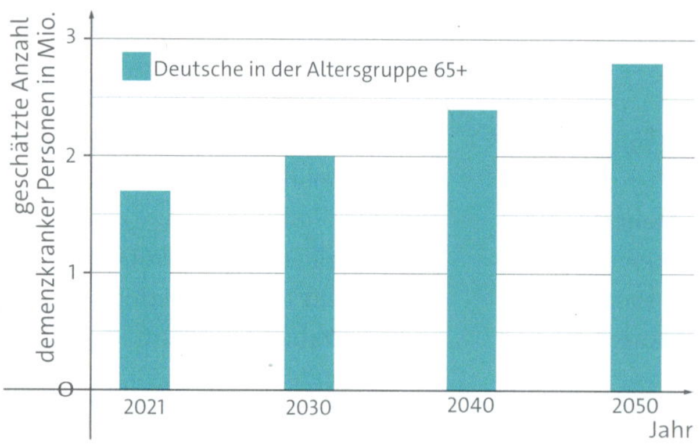

2 Geschätzte Anzahl der an Demenz erkrankten über 65-Jährigen in Deutschland

Ursachen • Der deutsche Arzt Alois Alzheimer entdeckte 1906 Veränderungen der neuronalen Struktur des Gehirns von Patienten mit Demenzerscheinungen. Das Gehirn des Alzheimer-Patienten ist im Vergleich zum Gehirn eines gesunden Menschen geschrumpft. Weite Teile der Großhirnrinde sind verloren gegangen, die Furchen und Hohlräume haben sich durch einen massiven Zellverlust vergrößert. Auch der Bereich des Hippocampus ist vom Zellsterben betroffen. Er ist ein Teil des limbischen Systems, das mit der Erzeugung, der Archivierung und dem Abruf von Inhalten des Langzeitgedächtnisses zu tun hat. Daher erkennen Alzheimer-Patienten vertraute Personen nicht mehr, können sich zunächst an die jüngsten Ereignisse und im späteren Verlauf der Erkrankung auch an Vergangenes nicht mehr erinnern.
Bei mikroskopischen Untersuchungen entdeckte Alois Alzheimer sowohl innerhalb als auch außerhalb der Nervenzellen Proteinablagerungen. Daher vermutete er, dass diese Ablagerungen für das Absterben der Nervenzellen und damit für die Erkrankung verantwortlich sind.

Beta-Amyloid-Plaques • Heute kennt man unterschiedliche veränderte Proteinstrukturen, die Proteinablagerungen im Gehirn bilden können. Diese schränken vermutlich die Funktion der betroffenen Nervenzellen ein, sodass diese mit der Zeit verkümmern. Eine dieser auffälligen Proteinablagerungen sind die Beta-Amyloid-Plaques. Das natürlich vorkommende Amyloid-Vorläufer-Protein ist ein Bestandteil eines membranständigen Proteins in Neuronenmembranen. Es wird bei Alzheimer-Betroffenen durch fehlerhaften enzymatischen Abbau zu Beta-Amyloid-Molekülen gespalten. Diese Proteinbruchstücke sind schwer weiter abbaubar, lagern sich zusammen und bilden extrazellulär amyloide Plaques. Diese aktivieren Immunzellen, die entzündliche gewebeschädigenden Reaktionen auslösen. Plaques lagern sich häufig in kleinen Blutgefäßen ab und verschlechtern die Sauerstoff- und Energieversorgung des Gehirns. Zudem können die Plaques mit bestimmten Rezeptoren interagieren und die Calciumionenkanäle beeinflussen. Ein hoher Calciumionenspiegel in der Nervenzelle beeinflusst die synaptische Signalübertragung.

Tau-Fibrillen • Eine zweite typische auffällige Ansammlung von Proteinen sind die Tau-Fibrillen, die aus Tau-Proteinen bestehen. Tau-Proteine stabilisieren die Mikrotubuli, indem sie sich daran anlagern. Die röhrenförmigen Strukturen der Mikrotubuli sind als Teil des Cytoskeletts für die Stabilität der Zelle verantwortlich und wirken in Nervenzellen am Molekültransport vom Soma zu den synaptischen Endigungen mit. Bei gesunden Menschen werden defekte Tau-Proteine enzymatisch phosphoryliert. Daraufhin lösen sich die defekten Tau-Proteine von den Mikrotubuli, werden abtransportiert und abgebaut. Der durch die amyloiden Plaques ausgelöste hohe Calciumionenspiegel hat bei Alzheimer-Patienten zur Folge, dass die Tau-Proteine deutlich stärker phosphoryliert werden. Sie lösen sich von den Mikrotubuli und lagern sich zu Neurofibrillen zusammen. Dadurch werden die Mikrotubuli instabil und brechen auseinander. Der Transport über das Axon kommt zum Erliegen und das Neuron stirbt ab. Möglicherweise stehen Tau-Fibrillen in engerem Zusammenhang mit den klinischen Symptomen als Plaques.
Diese beiden veränderten Proteinstrukturen sind zwar charakteristisch für die Alzheimer-Krankheit, allerdings gibt es auch Menschen, bei denen viele solcher Ablagerungen festgestellt wurden, die aber dennoch nicht an Alzheimer erkrankten.

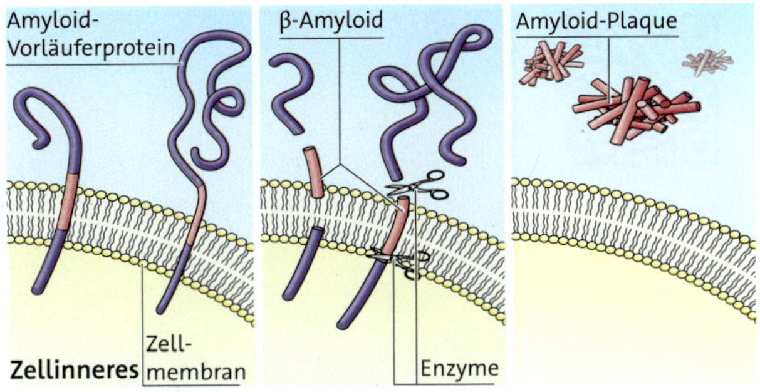

3 Bildung von Amyloid-Plaques

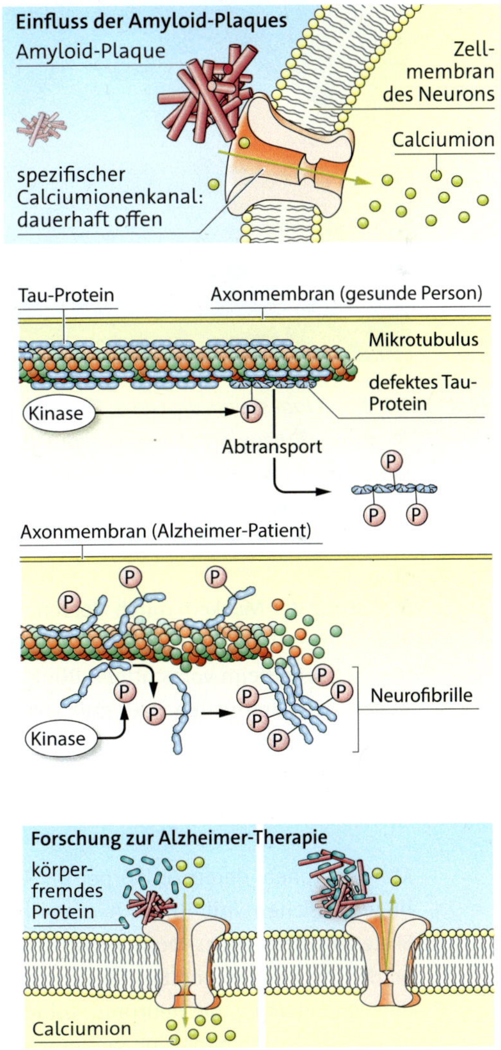

4 Einfluss der Amyloid-Plaques

1 Beschreiben Sie die Veränderungen im Gehirn bei Morbus Alzheimer und erklären Sie den Zusammenhang zwischen den Veränderungen im Bereich des Hippocampus und den Symptomen der Alzheimer-Krankheit.

2 Stellen Sie eine Hypothese auf, wie eine Behandlung mit körperfremden Peptiden, die sich mit den Proteinen der Plaques verbinden, zur Heilung beitragen könnte.

4.13 Kontraktion von Muskeln

1 Freikletterin

Die Wand ragt steil in die Höhe. Eine einsame Kletterin zieht sich mit bloßen Händen am Felsen hoch. Nur die Muskelkraft bewahrt sie vor einem Fall in die Tiefe. Das erfordert höchste Konzentration, Ausdauer und jahrelanges Training. Jeder Überhang, jede Kante verlangt einen neuen, wohlüberlegten Kraftakt auf dem Weg nach oben. Wie arbeiten dabei Nervensystem und Muskeln zusammen?

innervieren = ein Organ mit Nerven ausstatten

Steuerung der Muskeln durch Nerven • Bei allen Bewegungen wirken Muskeln und Neuronen zusammen, egal ob beim vorsichtigen Blinzeln mit den Augen, beim kraftvollen Haltegriff am Felsen oder beim Sprinten zum Bus. Die grundlegenden Vorgänge, bei denen elektrische Impulse zur Verkürzung der Muskeln führen, sind immer gleich.

Motoneuronen, deren Zellkörper im Rückenmark liegen, reichen mit ihren Axonen bis zu den Skelettmuskeln. Jedes Motoneuron verzweigt sich an den Axonenden und besitzt Kontaktstellen zu den Muskelzellen, die **neuromuskuläre Synapsen** oder motorische Endplatten genannt werden. Die 10 bis 100 µm starken und bis zu 10 cm langen Muskelzellen werden wegen ihrer länglichen Form als Muskelfasern bezeichnet. An den auf den Muskelfasern flach aufliegenden Synapsenendknöpfchen kommen die elektrischen Impulse an und veranlassen die Muskelfasern, sich zu kontrahieren.

griech. sarcos = Fleisch

lat. contrahere = zusammenziehen

Ein Motoneuron kann mehrere Muskelfasern anregen. Das Motoneuron mit allen von ihm innervierten Muskelfasern bezeichnet man als motorischeEinheit. In den Fingern, die feine Bewegungen ausführen, innerviert ein Motoneuron wenige bis 100 Muskelfasern. Im großen Oberschenkelmuskel dagegen werden bis zu 1000 Muskelfasern von einem einzigen Motoneuron gesteuert. Die Größe der motorischen Einheit beeinflusst somit die Feinheit der Bewegung und die Kraftentwicklung.

Kontraktile Einheiten • In einem Skelettmuskel sind die Muskelfasern durch Bindegewebshüllen zu Muskelfaserbündeln zusammengefasst, die auch mit bloßem Auge im Fleisch zu erkennen sind. Skelettmuskelfasern sind wie alle Zellen von einer Zellmembran, dem Sarkolemma, umgeben. Sie besitzen mehrere Zellkerne, da sie während der embryonalen Entwicklung aus vielen Zellen verschmolzen sind, sowie auffällig viele Mitochondrien zur ATP-Gewin-

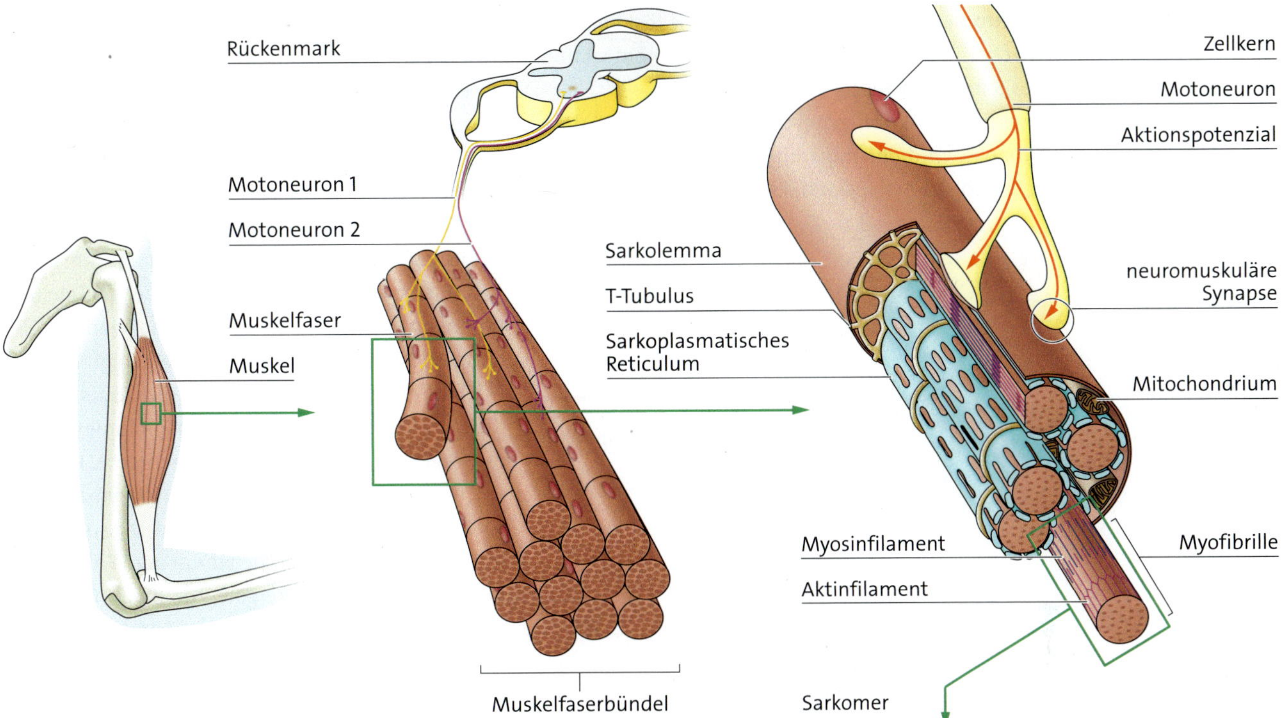

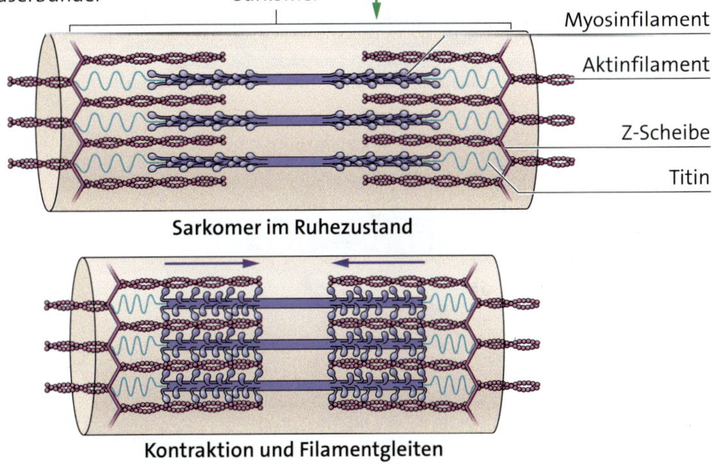

2 Aufbau und Innervierung eines Skelettmuskels

nung. Die im mikroskopischen Bild erkennbare Querstreifung der Skelettmuskelfasern entsteht durch die etwa tausend Myofibrillen, die das Zellplasma der Muskelfasern in Längsrichtung durchziehen. Ein dichtes Kanalsystem, das Sarkoplasmatische Reticulum, umgibt die Myofibrillen.

Myofibrillen enthalten etwa 2 µm lange, kontraktile Einheiten, die Sarkomere. Sie bestehen aus verschiedenen fädigen Proteinen, den Filamenten. Die dünnen Aktinfilamente sind an plattenartigen Proteinscheiben, den Z-Scheiben, befestigt und parallel zu den dickeren Myosinfilamenten angeordnet. Die Myosinfilamente werden durch ein weiteres Protein, das Titin, in ihrer zentrierten Lage gehalten.

Im entspannten Muskel überlappen sich die parallel liegenden Myosin- und Aktinfilamente nur zu einem kleinen Teil. Wenn ein Aktionspotenzial an der neuromuskulären Synapse eintrifft, gleiten kurz darauf die Aktin- und die Myosinfilamente aneinander vorbei. Dadurch verkürzen sich die Sarkomere und die gesamte Muskelfaser kontrahiert. Es kommt zu einer Einzelzuckung.

Treffen die Aktionspotenziale in rascher Folge ein, sodass die Sarkomere nicht mehr in den Ruhezustand zurückkehren, summieren sich die Einzelzuckungen zu einer dauerhaften Kontraktion, dem Tetanus. Dabei verkürzt sich die Länge aller innervierten Muskelfasern um fast 50 %. Die Spannung im Muskel kann dadurch so zunehmen, dass es einem geübten Surfer möglich ist, bei einer plötzlichen Windböe kurzzeitig starke Kräfte aufzubringen, um das Segel zu halten. Verringert sich die Frequenz der Aktionspotenziale oder ermüden die Muskelfasern, so entspannt der Muskel wieder.

Sarkoplasmatisches Reticulum: spezialisiertes Endoplasmatisches Reticulum der Muskelzellen

griech. tetanos = Spannung

Elektromechanische Kopplung • Wie löst ein elektrischer Impuls des Motoneurons die Kontraktion des Sarkomers aus?

Erreicht ein Aktionspotenzial die neuromuskuläre Synapse, wird der Transmitter Acetylcholin freigesetzt. Solche Synapsen heißen auch **cholinerge Synapsen**. Der freigesetzte Transmitter führt an der postsynaptischen Membran zu einer Depolarisation, die ein Muskelaktionspotenzial, ein MP, an der Membran der Muskelfaser bewirkt. Über kanalartige Einfaltungen der Membran, die T-Tubuli, breitet sich das Muskelaktionspotenzial bis tief in die Muskelfaser aus. Calciumionen, die im Sarkoplasmatischen Reticulum gespeichert sind, strömen daraufhin in das Zellplasma ein. Durch die stark erhöhte Calciumionenkonzentration im Zellplasma werden Bindungsstellen am Aktinfilament freigelegt.

Noch im entspannten Zustand des Muskels werden die Myosinköpfe, die aus den Myosinfilamenten herausragen, in eine 90°-Stellung gebracht. Dazu ist ATP nötig, das an den Myosinköpfen enzymatisch zu ADP und Phosphat hydrolisiert wird. Die so aktivierten Myosinköpfe lagern sich unter dem Einfluss der Calciumionen an die freigelegten Bindungsstellen am Aktinfilament an und bilden Querbrücken aus. Den Vorgang der Aktivierung des Querbrückenzyklus durch elektrische Impulse nennt man elektromechanische Kopplung. Bleiben weitere Impulse aus, werden die Calciumionen aktiv ins Sarkoplasmatische Reticulum zurückgepumpt.

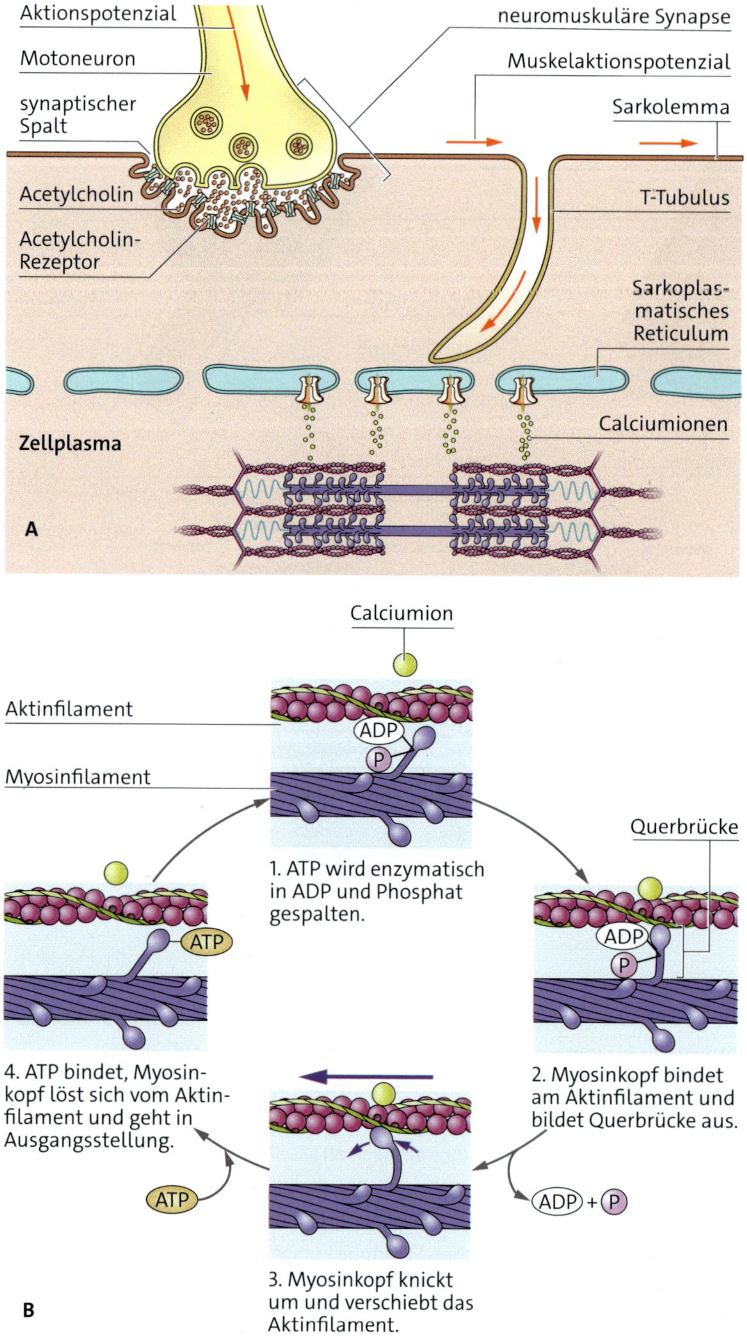

1 Wirkung eines elektrischen Impulses auf die Muskelzelle: **A** Aktivierung des Querbrückenzyklus, **B** Wechselwirkung von Aktin und Myosin

Verkürzung der Sarkomere • Die mit dem Aktinfilament verbundenen, aktivierten Myosinköpfe setzen ADP+P frei und ändern nun ihre Stellung. Sie knicken um etwa 45 ° um und verschieben dadurch das Aktinfilament um 10 nm. Die beiden Proteinfilamente gleiten auf diese Weise aneinander vorbei und die Sarkomere verkürzen sich. Dies führt zur Kontraktion des Muskels.

Unter Verbrauch von ATP lösen sich die Myosinköpfe wieder vom Aktinfilament, richten sich auf und sind bereit für den nächsten Querbrückenzyklus. Sind genügend Calciumionen und ATP vorhanden, können sich Anlagerung und Verschieben sofort wiederholen. Dabei kann jeder Myosinkopf ungefähr fünf Querbrücken pro Sekunde bilden und lösen. Diese Modellvorstellung zur Verkürzung der Sarkomere nennt man **Gleitfilamenttheorie**.

1 Erläutern Sie, wie ein Nervenimpuls die Kontraktion eines Sarkomers bewirkt.

2 Erläutern Sie, wie das Nervensystem einen Skelettmuskel zu einer möglichst starken Kontraktion veranlassen kann.

Material A Maligne Hyperthermie

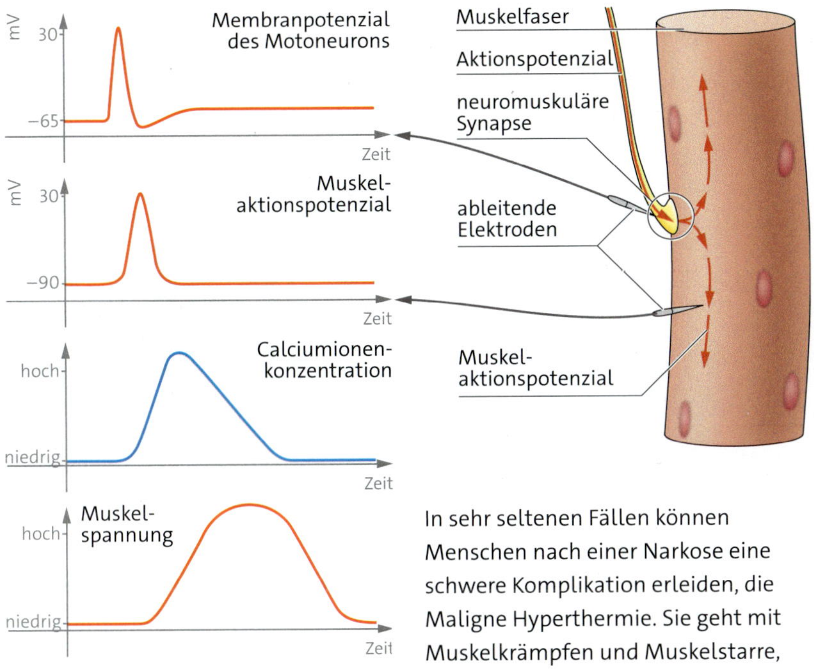

In sehr seltenen Fällen können Menschen nach einer Narkose eine schwere Komplikation erleiden, die Maligne Hyperthermie. Sie geht mit Muskelkrämpfen und Muskelstarre, Überwärmung und starker Stoffwechselaktivität einher. Ein lebensbedrohlicher Sauerstoff- und ATP-Mangel im gesamten Körper kann die Folge sein.

Die Ursache ist eine genetisch bedingte Veränderung der Calciumionenkanäle des Sarkoplasmatischen Reticulums. Sie schließen sich nach dem Einwirken des Narkotikums nicht mehr und Calciumionen strömen dauerhaft in das Cytoplasma ein.

1 Beschreiben Sie die dargestellten Messergebnisse bei Gesunden und erläutern Sie die zeitliche Abfolge.

2 Erläutern Sie, welche Folgen die genetische Veränderung bei den Erkrankten für die Abläufe in den Muskeln hat.

Material B Behandlung der Muskelschwäche Myasthenia gravis

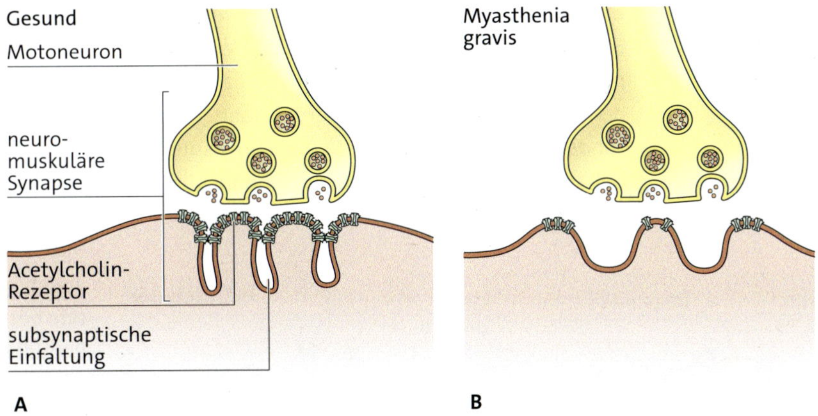

Myasthenia gravis ist eine Erkrankung, die sich durch Muskelschwäche bemerkbar macht. Die Betroffenen leiden zunächst an Doppelbildern oder einem herabhängenden Augenlid. Beim Fortschreiten der Krankheit sind immer mehr Muskeln geschwächt. Ist die Atemmuskulatur betroffen, so ist die Erkrankung lebensbedrohlich. Als Ursache wird eine Autoimmunerkrankung angenommen. Das fehlgesteuerte Immunsystem bildet Antikörper gegen die Acetylcholin-Rezeptoren an den postsynaptischen Membranen der neuromuskulären Synapsen.

1 Vergleichen Sie die neuromuskuläre Synapse eines Gesunden mit der eines Kranken.

2 Leiten Sie aus der veränderten Struktur der neuromuskulären Synapse Auswirkungen auf die Muskelkontraktion ab.

3 Begründen Sie, wie Medikamente, die den Acetylcholin-Esterase-Hemmstoff Neostigmin enthalten, Einfluss auf die Muskelkontraktion nehmen können.

4.14 Hormone regeln Lebensfunktionen

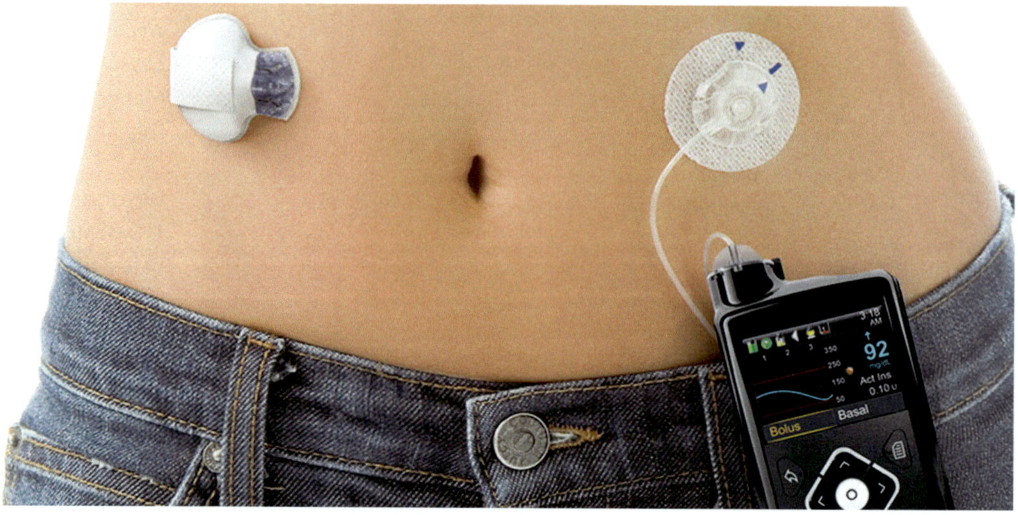

1 Insulinpumpe

Eine junge Frau trägt an ihrem Gürtel ein kleines elektronisches Gerät, das mit einem Infusionsset und einem Sensor in Verbindung steht. Der Sensor misst den aktuellen Glucosegehalt des Blutes und über das Infusionsset wird Insulin bei Bedarf mit der Pumpe injiziert. Die junge Frau ist Diabetikerin und auf die Insulingabe angewiesen. Was ist Insulin und welche Rolle spielt es in unserem Organismus?

Der Blutglucosespiegel wird umgangssprachlich als Blutzucker bezeichnet.

lat. secernere = absondern

Proteohormone • Diabetes mellitus ist eine der häufigsten Zivilisationskrankheiten. Es handelt sich um eine Stoffwechselerkrankung, bei welcher der Blutglucosespiegel ständig zu hoch ist, weil die Menge der nach Nahrungsaufnahme im Blut zirkulierenden Glucose nicht reduziert werden kann. Ursache für den Diabetes Typ I ist ein Mangel an Insulin. Als Behandlung hat sich die Injektion von Insulin etabliert, die manuell vor den Mahlzeiten erfolgt oder automatisch von Insulinpumpen gesteuert wird.

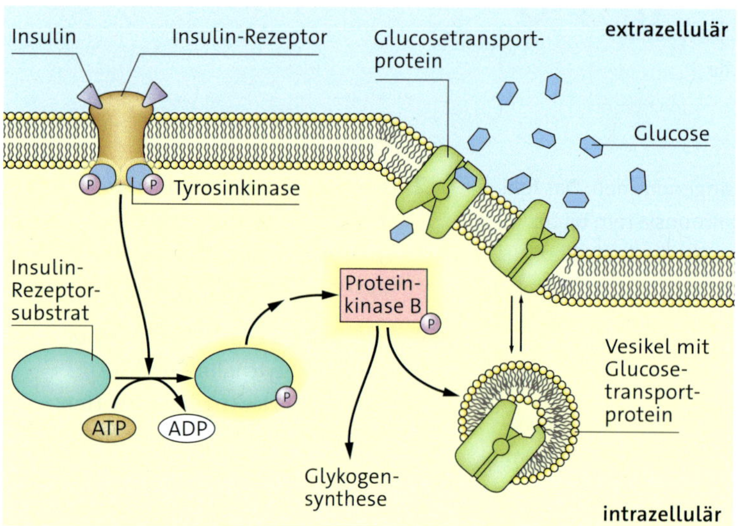

2 Insulinwirkung (Schema)

Bei Insulin handelt es sich um ein Protein aus 51 Aminosäuren, das in den β-Zellen der Langerhans'schen Inseln der Bauchspeicheldrüse sezerniert wird. Da es von spezialisierten Zellen produziert und abgegeben wird und eine spezifische Wirkung oder regulatorische Funktion erfüllt, gehört es zur Gruppe der chemischen Botenstoffe oder **Hormone**. Aufgrund der Zugehörigkeit zur Stoffklasse der Proteine oder Peptide bezeichnet man Insulin als Proteohormon oder **Peptidhormon**.

Wird Insulin über die Bauchspeicheldrüse abgegeben, gelangt es ins Blut und wird darüber leicht weitertransportiert, da es wasserlöslich ist. Zellmembranen stellen aber eine unüberwindliche Barriere dar. Daher entfalten alle Peptidhormone ihre Wirkungen indirekt, indem das Hormon zunächst extrazellulär an einen Rezeptor bindet. Durch die Bindung des Insulins an den spezifischen Rezeptor zum Beispiel einer Leber- oder Muskelzelle wird intrazellulär eine Tyrosinkinase aktiviert, die wiederum Insulin-Rezeptorsubstratproteine phosphoryliert. Darüber werden weitere kaskadenartige Reaktionswege eingeleitet und das Hormonsignal wird verstärkt. Die Aktivierung der Proteinkinase B bewirkt schließlich, dass Vesikel mit Glucosetransportproteinen mit der Zellmembran verschmelzen, Glucose in die Zelle gelangt und dort zu dem Speicherkohlenhydrat Glykogen synthetisiert wird. So sinkt schließlich durch die regulatorische Wirkung des Insulins der Glucosespiegel im Blut.

Blutglucoseregulation • Registrieren Glucoserezeptoren im Hypothalamus und in der Bauchspeicheldrüse, dass der Blutglucosewert unterhalb des Sollwerts von etwa 90 mg/dl liegt, wird aus den α-Zellen der Langerhans'schen Inseln das Peptidhormon *Glukagon* ausgeschüttet. Es wirkt als Gegenspieler oder **Antagonist** zum Insulin. Bindet Glukagon an spezifische Rezeptoren der Leberzellen, wird der Kohlenhydratspeicher Glykogen zu Glucose abgebaut. Diese wird ins Blut abgegeben, sodass der Blutglucosespiegel steigt.

Unterstützt wird dieser Prozess durch Adrenalin, ein Hormon, das vom Nebennierenmark produziert wird. Es gehört zur zweiten Stoffklasse der Hormone, den Aminosäurederivaten, weil es sich von der Aminosäure Tyrosin ableitet. Die Ausschüttung wird vom Hypothalamus über den Sympathikus des vegetativen Nervensystems gesteuert, der gleichzeitig auch die Insulinsynthese hemmt. Außerdem regt der Hypothalamus die Hypophyse zur Abgabe eines Hormons an, das in der Nebennierenrinde die Ausschüttung des Hormons Cortisol bewirkt. Es gehört zur dritten Stoffklasse der Hormone, den Steroidhormonen, und fördert die Glucosesynthese aus Aminosäuren.

Die Blutglucoseregulation erfolgt also über zwei Regelkreise, die einerseits von den Zellen der Langerhans'schen Inseln und andererseits vom Hypothalamus als Regler gesteuert werden.

Während die Erhöhung des Blutglucosespiegels über zwei Systeme geregelt wird, ist dessen Senkung allein vom Insulin abhängig. Daher ist ein Insulinmangel durch eine Fehlfunktion der β-Zellen wie beim Diabetes Typ I oder eine mangelnde Reaktion der Zielzellen auf Insulin wie beim Diabetes Typ II mit schwerwiegenden Folgen für den Organismus wie Arteriosklerose, Infarktrisiko und Nervenschädigungen verbunden und war bis 1923 eine tödliche Krankheit.

Steckbrief

Frederick Grant Banting (1891–1941)

Dem im kanadischen Alliston geborenen Arzt Sir Frederick G. Banting gelang es 1921 erstmals zusammen mit seinem Assistenten, dem Studenten Charles Best, Insulin zu isolieren. Zu den ersten Diabetes-Patienten, die mit einem Extrakt aus tierischen Bauchspeicheldrüsenzellen behandelt wurden, gehörte der damals fünfjährige Theodore Ryder, der nach jahrzehntelanger Behandlung im Alter von 76 Jahren starb. Für die Entdeckung des Insulins erhielt Banting 1923 als erster Kanadier und bis heute jüngster Preisträger den Nobelpreis für Medizin. Aus Solidarität teilte er das Preisgeld mit Charles Best, der nicht geehrt wurde. Banting starb als Offizier im Zweiten Weltkrieg. Ihm zu Ehren wurde sein Geburtstag, der 14. November, zum Weltdiabetestag.

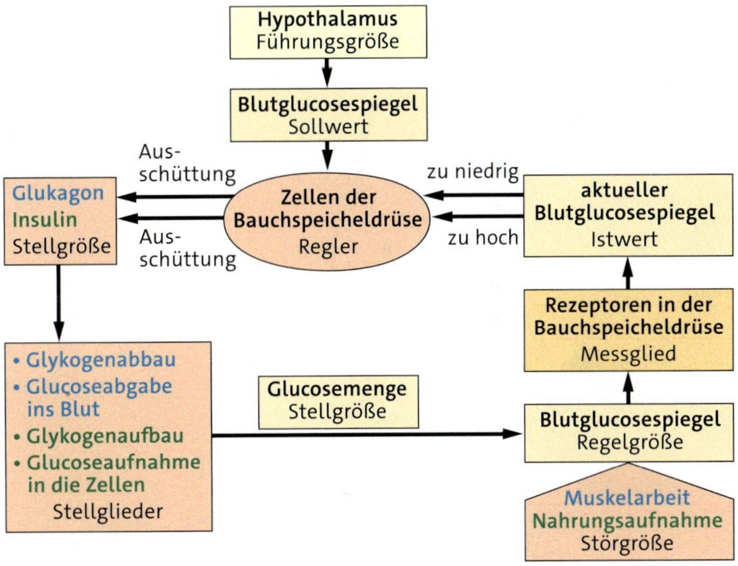

3 Regelung des Blutglucosespiegels durch Insulin und Glukagon

1 Beschreiben Sie den Ablauf des kaskadenartigen Reaktionsweges der Insulinwirkung (►2).

2 Beschreiben Sie anhand des Regelkreises in Abbildung 3, wie die Erhöhung des Blutglucosespiegels reguliert wird.

3 Erstellen Sie ein einfaches Regelkreisschema zur Senkung des Blutglucosespiegels.

Endokrine Drüsen • Nur wenige Hormone werden von einzelnen Zellen sezerniert. Sie gelangen häufig über Diffusion zu ihren Zielzellen in der näheren Umgebung und werden nur selten im Blut transportiert. Man bezeichnet sie als Gewebehormone.

Die meisten Hormone werden von komplexen Drüsen gebildet und über das Blutgefäßsystem im Körper verbreitet. Da die Drüsen ihr Sekret nicht wie beispielsweise Schweißdrüsen nach außen, sondern ins Körperinnere abgeben, werden sie endokrine Drüsen genannt. Der Mensch verfügt über neun Hormondrüsen, von denen die nur kirschkerngroße Hypophyse aufgrund ihrer Funktion als Kontrollinstanz für viele Regelkreise eine besondere Rolle einnimmt.

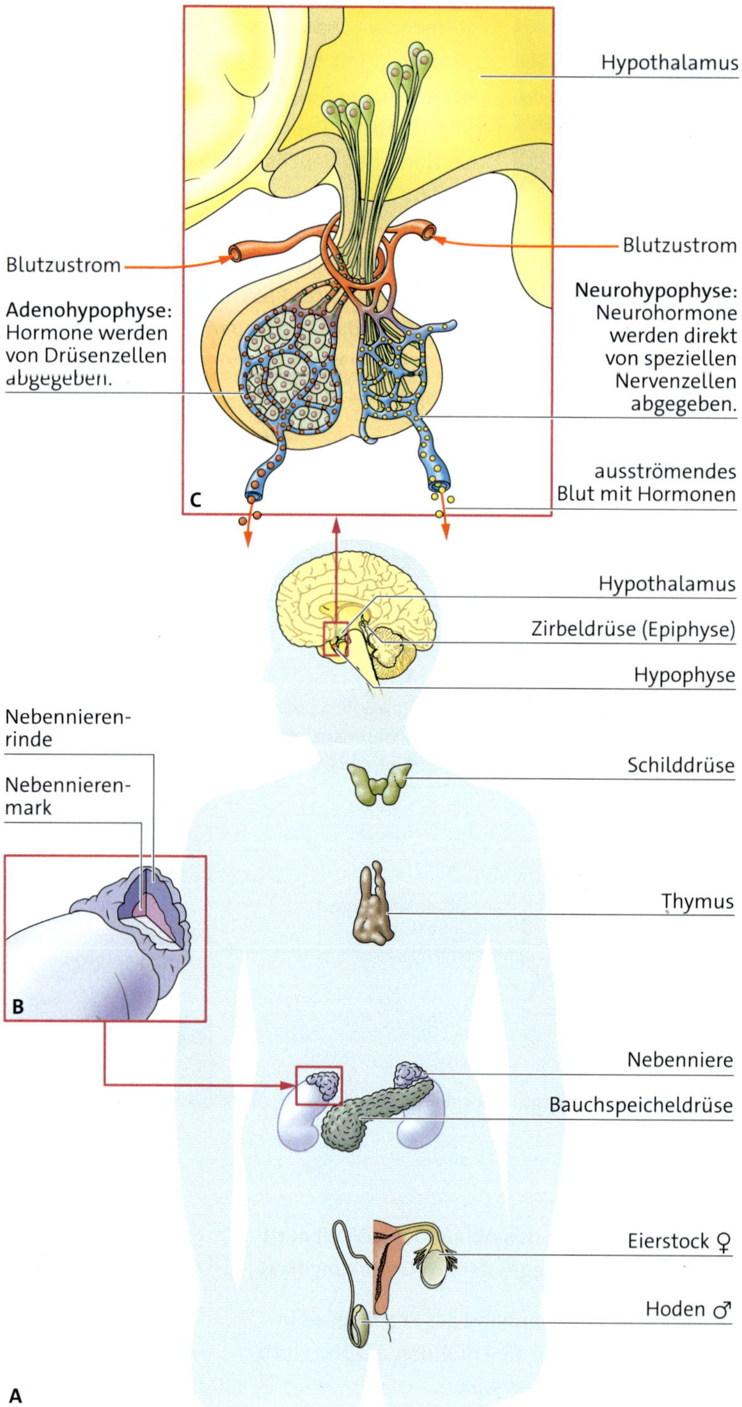

1 Hormondrüsen des Menschen: **A** Lage im Körper, **B** Nebenniere, **C** Hypophyse

Hypophyse • Die Hypophyse ist durch einen Stiel mit einem Teil des Gehirns, dem Hypothalamus, verbunden und stellt die Verknüpfung zwischen Nerven- und Hormonsystem dar. Sie besteht aus zwei Teilen: Der Hinterlappen wird als Neurohypophyse bezeichnet. Dort enden Axone von Neuronen aus dem Hypothalamus, die an den Synapsenendknöpfchen an einem Blutkapillarsystem Adiuretin zur Regulation der Nierentätigkeit und Oxytocin zur Auslösung von Wehen abgeben. Da diese Hormone von Neuronen produziert werden, bezeichnet man sie als **Neurohormone**. Sie gelangen über die feinen Kapillaren in die Blutbahn. Der Vorderlappen ist die Adenohypophyse. Die in ihr enthaltenen Drüsenzellen werden über winzige Mengen von Freisetzungshormonen oder hemmenden Hormonen reguliert, die von neurosekretorischen Zellen des Hypothalamus an ein feines netzartiges Blutgefäßsystem abgegeben werden. Jeder Hypophysenzelltyp sezerniert ein anderes Hormon. Einige, wie das follikelstimulierende Hormon, kontrollieren die Aktivität anderer Hormondrüsen, wie in diesem Fall die der Geschlechtsdrüsen. Solche Hormone werden als **glandotrope Hormone** bezeichnet. Andere in der Adenohypophyse produzierte Hormone beeinflussen direkt Zellen oder Gewebe wie die Endorphine oder das Wachstumshormon Somatotropin.

1 Recherchieren Sie die Funktion des Thymus und der Epiphyse.

2 Erklären Sie die besondere Bedeutung der Hypophyse.

Material A Glucosetoleranztest

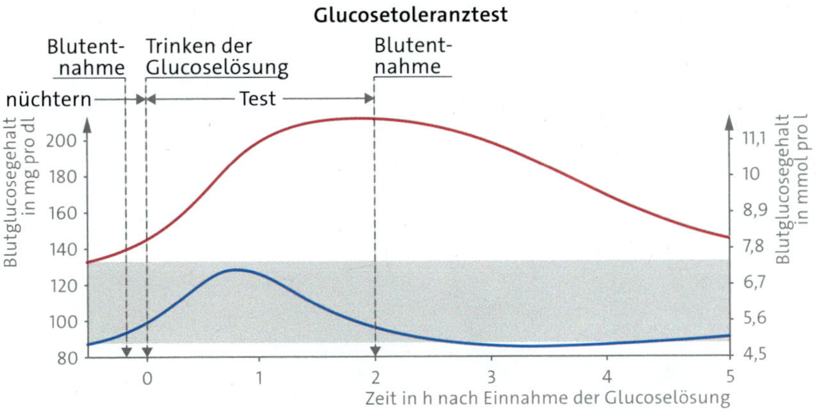

Vor einem Glucosetoleranztest darf ein Patient ungefähr 10 h lang keine Nahrung aufnehmen. Der Test dient dazu, einen Diabetes Typ II, beispielsweise bei stark Übergewichtigen oder bei Schwangeren, zu erkennen.

1 Beschreiben Sie, wie der Test durchgeführt wird.

2 Deuten Sie die Kurvenverläufe und ordnen Sie die Kurven einer gesunden Person und einem Diabetiker zu.

Material B Blutglucoseregulation

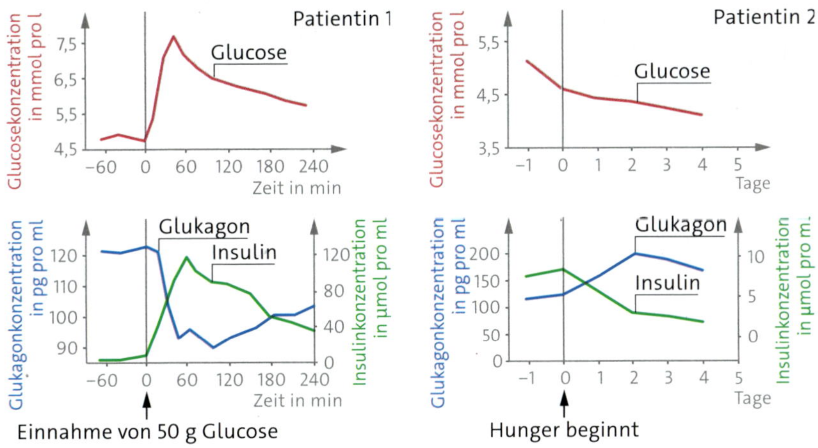

Bei Patientin 1 wurden vor und nach der oralen Aufnahme von 50 g Glucose, bei Patientin 2 vor und während eines viertägigen Fastens die grafisch dargestellten Werte bestimmt.

1 Werten Sie die Ergebnisse der Glucose- und Insulinkonzentration im Blut nach oraler Aufnahme von Glucose aus.

2 Erklären Sie den Verlauf der Glukagonkonzentration nach Glucoseaufnahme und während der Fastenzeit.

Material C Adrenalin

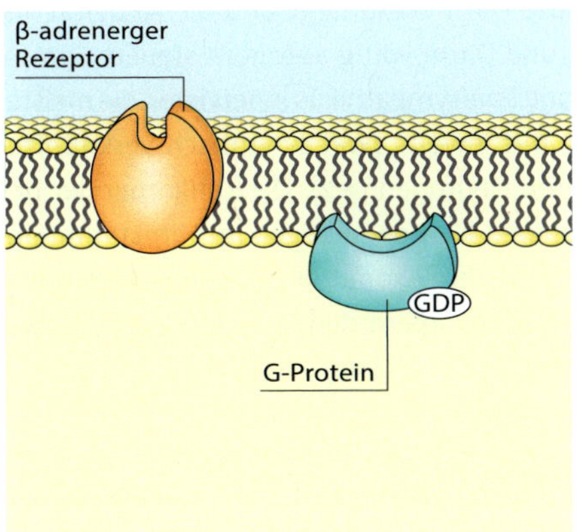

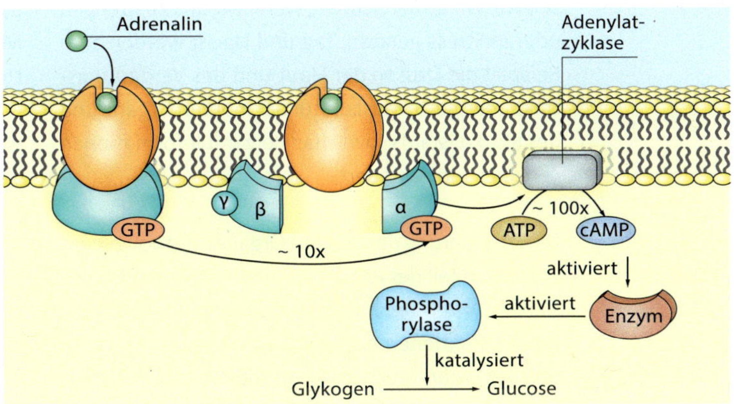

Adrenalin bewirkt in Leberzellen einen Abbau des Glykogens zu Glucose.

1 Beschreiben Sie den Prozess von der Bindung des Adrenalins an den Rezeptor bis zum Glykogenabbau.

2 Erläutern Sie die Funktion des Second-Messenger-Systems mit G-Protein und cAMP.

4.15 Steuerung der Organe

1 Bungee-Jumping

Die Vorfreude auf den Bungee-Jump ist groß, und dann, als die Aufforderung zum Absprung kommt, beginnt das Herz zu rasen, kalter Schweiß rinnt, die Beine fühlen sich wackelig an, Angstgefühle steigen auf. Wie kommt es zu dieser überraschenden, unwillkürlichen Reaktion des Körpers?

Vegetatives Nervensystem • Alle lebenswichtigen Funktionen des Körpers werden ohne unsere bewusste Kontrolle automatisch aufrechterhalten und ständig den jeweiligen alltäglichen oder auch außergewöhnlichen Erfordernissen angepasst. Wenn der Körper durch Bewegung oder Sonneneinstrahlung erhitzt ist, aber auch wenn wir Angst haben, schwitzen wir. Wir atmen schnell, wenn wir uns anstrengen oder in Stress geraten. Tag und Nacht werden zum Beispiel die Drüsen der Haut und des Verdauungstrakts, die glatte Muskulatur der inneren Organe und des Blutkreislaufs sowie das Herz mit Informationen versorgt und gesteuert.

lat. vegetare = beleben

Diese Steuerung der inneren Organe wird von einem speziellen Teil des PNS geleistet. Es wird vegetatives Nervensystem genannt, da es für die grundlegenden Lebensfunktionen notwendig ist. Es hält die Funktion der Organe auch ohne unseren Willen, im Schlaf und sogar bei Bewusstlosigkeit selbstständig aufrecht. Deshalb heißt es auch autonomes Nervensystem (▶ S. 305). Durch seinen Einfluss werden die Körperfunktionen den unterschiedlichen Anforderungen von Ruhe und Belastung angepasst. Das vegetative Nervensystem ist somit entscheidend für die Regelung der Konstanthaltung innerer Zustände trotz äußerer Veränderungen, der **Homöostase**.

Bau des vegetativen Nervensystems • Das vegetative Nervensystem besteht aus dem Sympathikus, dem Parasympathikus und dem Darmnervensystem, das in der Darmwand liegt und die Aktivität von Magen und Darm völlig autonom steuert. Sympathikus und Parasympathikus innervieren die meisten Organe mit jeweils zwei synaptisch verknüpften efferenten Neuronen (▶ 2). Die Zellkörper der präganglionären Neuronen liegen im Hirnstamm und Rückenmark. Ihre Axone ziehen zu Ansammlungen von Nervenzellkörpern, den Ganglien, außerhalb des Rückenmarks. Dort haben sie synaptischen Kontakt zu jeweils einem postganglionären Neuron, das das jeweilige Zielorgan innerviert. Die Ganglien des Sympathikus bilden links und rechts der Wirbelsäule eine Ganglienkette, den Grenzstrang. Es wird vegetatives Nervensystem genannt, da es für die grundlegenden Lebensfunktionen notwendig und eng mit dem Hormonsystem des Körpers verknüpft ist.

Sympathikus und Parasympathikus • Alle Organe, mit Ausnahme der Schweißdrüsen, der Blutgefäße und des Nebennierenmarks, werden sowohl vom Parasympathikus als auch vom Sympathikus innerviert. Die meisten postganglionären Axone des Sympathikus setzen den Transmitter Noradrenalin frei, die Neuronen des Parasympathikus dagegen Acetylcholin. An den Zielorganen haben die beiden neuronalen Systeme häufig entgegengesetzte Effekte. Das Herz reagiert auf Noradrenalin mit einer Steigerung der Schlagfrequenz, auf Acetylcholin mit einer Absenkung. Im Verdauungstrakt hyperpolarisiert Noradrenalin die Muskelzellen der Darmwand, woraufhin die Darmtätigkeit gehemmt wird. Acetylcholin dagegen steigert die Aktivität dieser Muskeln.

Die Aktivierung des Sympathikus führt somit zur Mobilisierung von Energie und ermöglicht eine rasche Anpassung an Leistungssituationen. Die Versorgung der Muskeln wird verbessert, indem der Herzschlag beschleunigt und die Atmung vertieft wird. Gleichzeitig wird der Glykogen- und Fettabbau in der Leber gesteigert, sodass genügend Energiereserven zur Verfügung stehen. Da diese leistungssteigernde Reaktion den Organismus auf Flucht oder Angriff vorbereitet, wird sie als Flight-or-fight-Reaktion bezeichnet.

Kommt der Körper nach der Belastung zur Ruhe, so unterstützt der Parasympathikus alle Veränderungen, die zur Erholung und zur Regenerierung der Energiereserven führen: Die Magen- und Darmtätigkeit wird gefördert, Herzschlag und Atmung verlangsamt. Da die Wirkung der beiden Teile des vegetativen Nervensystems an den meisten Organen gegenläufig ist, bezeichnet man sie als **Antagonisten**. In ihrer Gesamtwirkung für die Anpassung des Organismus an die jeweiligen Bedingungen ergänzen sich die Wirkungen von Sympathikus und Parasympathikus. Sie wirken im Gesamtorganismus als **Synergisten**.

1 Fassen Sie tabellarisch die leistungs- und erholungsfördernden Wirkungen des Sympathikus und des Parasympathikus zusammen.

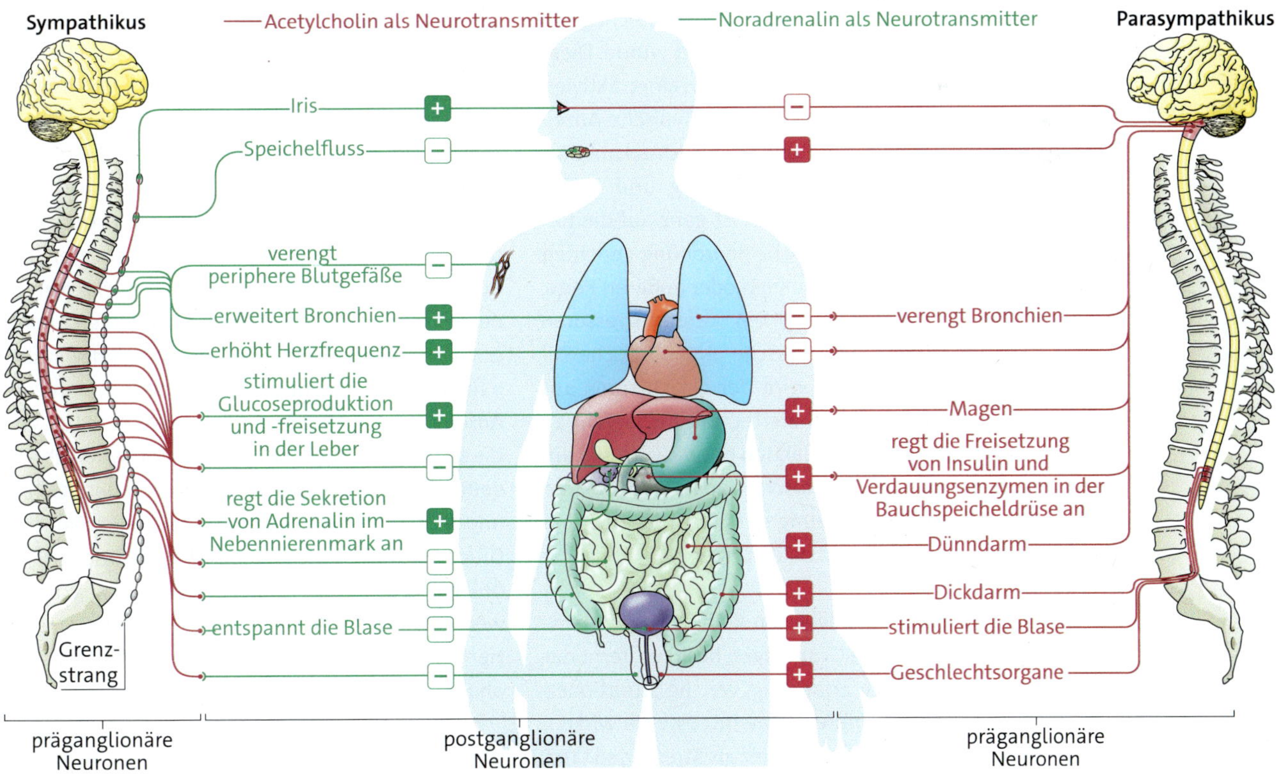

2 Wirkung von Sympathikus und Parasympathikus auf verschiedene Organe

1 Stresssituation im Straßenverkehr

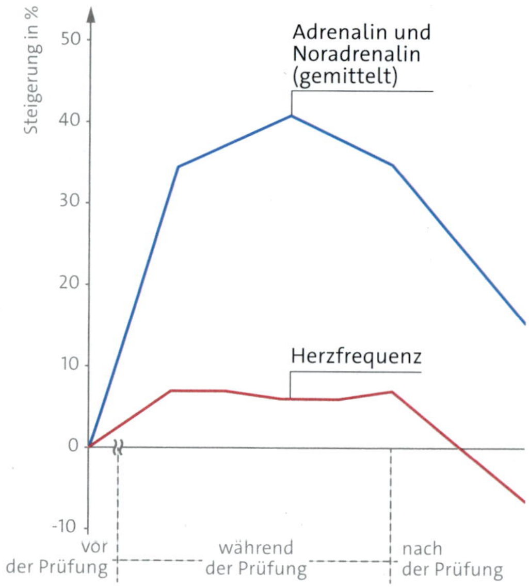

2 Körperliche Reaktionen während einer Prüfungssituation

engl. stress = Druck, Anspannung, Beanspruchung

Stressreaktion • Eine plötzlich auftauchende Gefahr wie ein schnell herannahendes Auto, psychischer Stress zum Beispiel während einer Prüfungssituation, aber auch ein Bungee-Jump lösen eine typische, immer wieder ähnliche physiologische Reaktion aus, die erstmals vom österreichischen Mediziner Hans Seyle **Stress** genannt wurde. Diese Stressreaktion versetzt den Körper in einen aktivierten Zustand, einen Alarmzustand. Typische Anzeichen sind erweiterte Pupillen, Blutdruckanstieg, bleiche Haut, Muskelanspannung und kalter Schweiß. Die Aufmerksamkeit ist ganz auf die tatsächliche oder vermeintliche Bedrohung gerichtet, wir sind hellwach. Die inneren oder äußeren Reize, die die Stressreaktion bewirken, werden **Stressoren** genannt. Durch die sehr rasche physiologische Reaktion auf Stressoren wird der Organismus auf Flucht oder Kampf vorbereitet, um die Gefahr zu bewältigen. Die Stressreaktion entwickelte sich im Laufe der Evolution als rasche Anpassungsreaktion in der Auseinandersetzung mit gefährlichen Situationen und plötzlichen Belastungen.

Während die physiologischen Abläufe einer Stressreaktion genetische Grundlagen besitzen, lernt der Organismus durch Erfahrung, welche Situationen stressauslösend sind und wie intensiv sie wirken. Bewertet das Gehirn einen Reiz als Stressor, so lässt sich eine Aktivierung des Hypothalamus, der zum limbischen System gehört, nachweisen. Der Hypothalamus hat neuronale Verbindungen zum vegetativen Nervensystem und über die Hypophyse hormonellen Kontakt zum Hormonsystem des Körpers. Der Hypothalamus steuert somit die Zusammenarbeit des ZNS, des vegetativen Nervensystems und des **Hormonsystems**.

Stresssystem • Der Hypothalamus bewirkt die Stressreaktion über zwei Wege, die beiden Stressachsen. Die **neuronale Stressachse** verläuft über Nervenverbindungen zu Neuronen im Hirnstamm, die Noradrenalin als Transmitter ausschütten. Dadurch wird der Sympathikus aktiviert. Die Nerven des Sympathikus innervieren das Nebennierenmark, das daraufhin die Hormone Adrenalin und Noradrenalin ins Blut ausschüttet. Durch die Zunahme des **Adrenalin- und Noradrenalinspiegels** im Blut wird die leistungsfördernde Wirkung des Sympathikus deutlich gesteigert. Die Versorgung von Herz, Gehirn und Muskulatur mit Sauerstoff und energiereicher Glucose wird verbessert, indem Herzfrequenz, Blutdruck und Blutglucosespiegel steigen. Gleichzeitig werden alle anderen Funktionen des Körpers reduziert. Der Organismus befindet sich in der Alarmphase.

Über die **hormonelle Stressachse** bewirkt der Hypothalamus durch die Freisetzung des Pep-

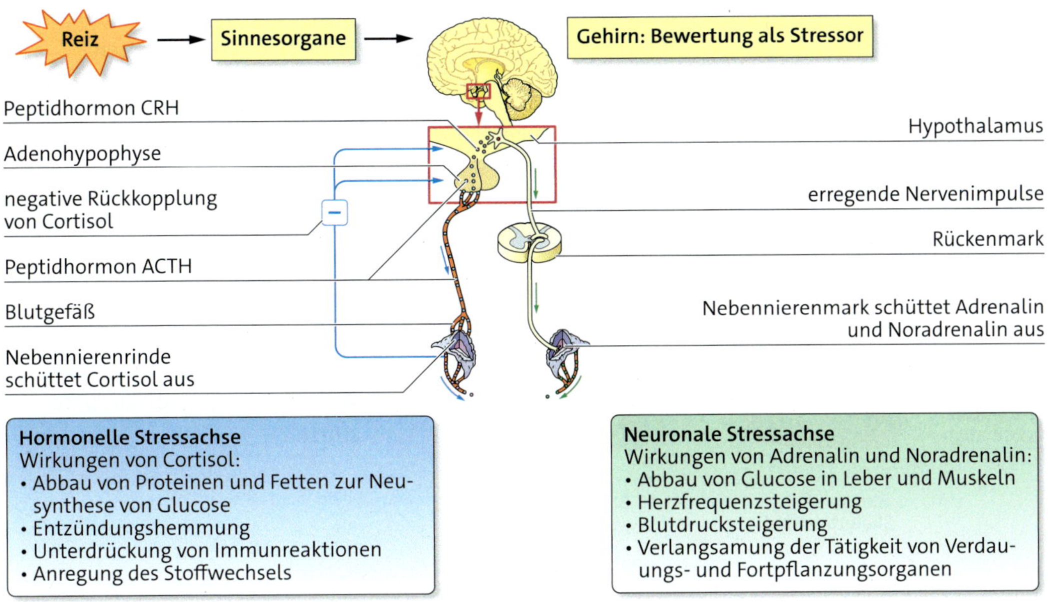

3 Neuronale und hormonelle Steuerung der Stressreaktion
CRH = Corticotropin-Releasing-Hormon
ACTH = adrenocorticotropes Hormon; Synonym Corticotropin

tidhormons CRH die Ausschüttung des Peptidhormons ACTH aus der Hypophyse. ACTH gelangt in den Blutkreislauf und regt die Nebennierenrinde an, das Steroidhormon **Cortisol** ins Blut abzugeben. Cortisol beeinflusst nahezu alle Organe unseres Körpers. Es unterstützt die Energiebereitstellung, indem es auch längerfristig das Vorhandensein von Glucose im Blut sichert. Proteine werden unter dem Einfluss von Cortisol abgebaut. Gleichzeitig werden Entzündungsprozesse und die spezifische Immunabwehr unterdrückt. Durch die hormonelle Stressachse werden die Widerstandskraft und Leistungsfähigkeit des Körpers in belastenden Situationen über eine etwas längere Zeit aufrechterhalten. Der Organismus befindet sich in der Widerstandsphase.

Da Adrenalin, Noradrenalin und Cortisol typischerweise in einer Stresssituation ausgeschüttet werden, bezeichnet man sie als Stresshormone. Cortisol wirkt hemmend auf die Hormonfreisetzung im Gehirn. Gleichzeitig werden Stresshormone abgebaut. Dadurch sinkt die Stresshormonmenge im Blut und die Stressreaktion lässt nach. Wird die stressauslösende Situation bewältigt, zeigt das Belohnungszentrum eine höhere Aktivität und Dopamin wird ausgeschüttet. Die Anspannung sinkt, ein Zufriedenheitsgefühl entsteht.

Langzeitstress • Dauert der Stress an und wird nicht bewältigt, so bleibt die Produktion und Freisetzung der Hormone CRH und ACTH gesteigert. Die Produktion von Cortisol in der Nebennierenrinde, die sich erkennbar vergrößert, nimmt im Laufe der Zeit zu. So bleibt die Aktivierung der Stressachsen erhalten und die Menge an Stresshormonen im Blut ist erhöht. Da die Energiereserven jedoch endlich sind und das Immunsystem unterdrückt wird, führt anhaltender Stress zu einer Erschöpfungsphase. Die hormonelle Regulation der Stressreaktion bricht zusammen.

Gesundheitliche Folgen wie Bluthochdruck und Anfälligkeit für Infektionskrankheiten können auftreten. Auch Krebserkrankungen werden mit Dauerstress in Zusammenhang gebracht. Da Stresshormone auch Einfluss auf das Gehirn haben, können die Merkfähigkeit und die Stimmung beeinträchtigt sein.

1 Beschreiben Sie am Beispiel des Sprints zum Bus, wie das vegetative Nervensystem Phasen der Leistung und der Erholung steuert.

2 Erklären Sie die Zusammenarbeit von Nervensystem und Hormonsystem an einem selbst gewählten Beispiel einer Stresssituation.

3 Erläutern Sie, weshalb das Stresshormon Cortisol bei Gesunden auch als Stressbremse bezeichnet werden kann.

Material A Adrenalin

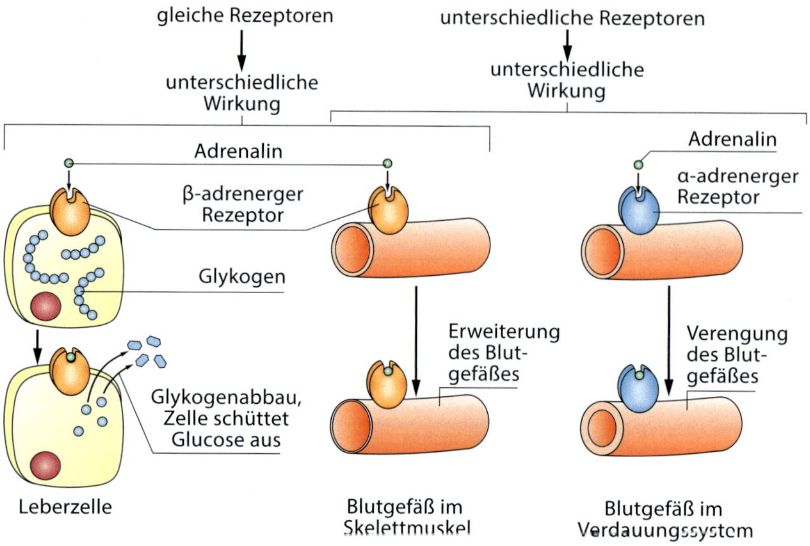

Die Zellen verschiedener Organe des menschlichen Körpers weisen unterschiedliche Typen von Adrenalin-Rezeptoren auf.

1 Beschreiben Sie die Wirkung von Adrenalin an den verschiedenen Zielorganen.

2 Erläutern Sie, weshalb die Ausschüttung von Adrenalin durch das Nebennierenmark bei Stress die Wirkung des Sympathikus unterstützt.

Material B Blutdruck- und Pulsregulation

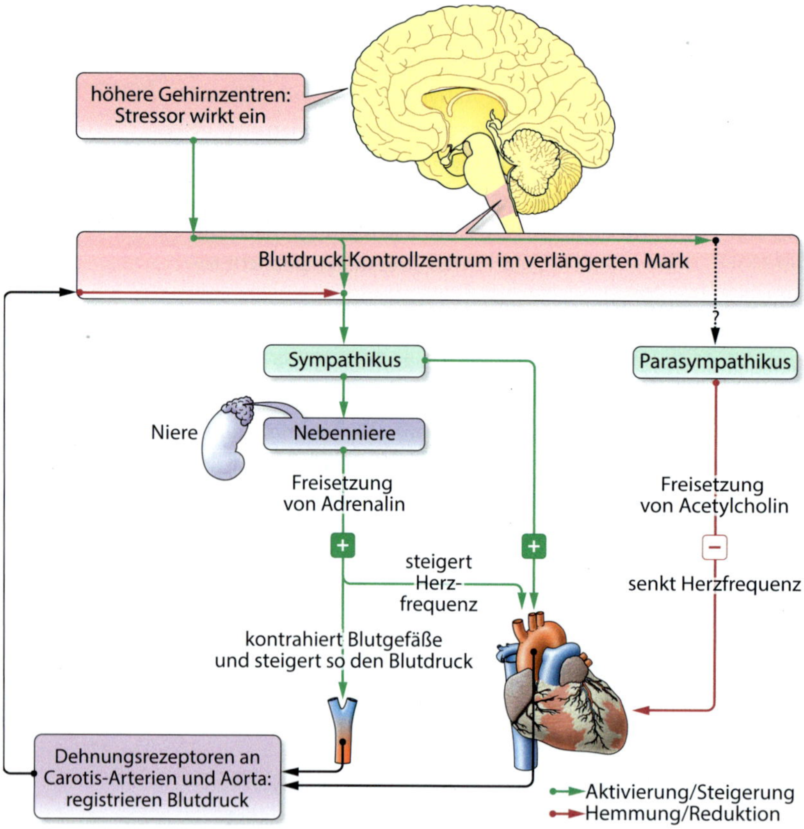

Bei jeder körperlichen und psychischen Belastung wird die Durchblutung von Gehirn und Muskeln durch Herzfrequenz- und Blutdruckveränderungen angepasst. Ein Fahranfänger zum Beispiel sieht im Rückspiegel ein Auto heranrasen, hört lautes Hupen und quietschende Reifen hinter sich. Sofort verändern sich seine Herzfrequenz und sein Blutdruck.

1 Beschreiben Sie die Wirkung des Stressors auf Blutdruck und Herzfrequenz anhand der Abbildung.

2 Erläutern Sie die Selbstregulation des Blutdrucks und der Herzfrequenz nach einer kurzen Belastung als ein Beispiel der Zusammenarbeit von Hormonsystem und Nervensystem.

3 Stellen Sie Hypothesen über die Wirkung von Stressoren auf den Parasympathikus auf.

Material C Stressreaktion

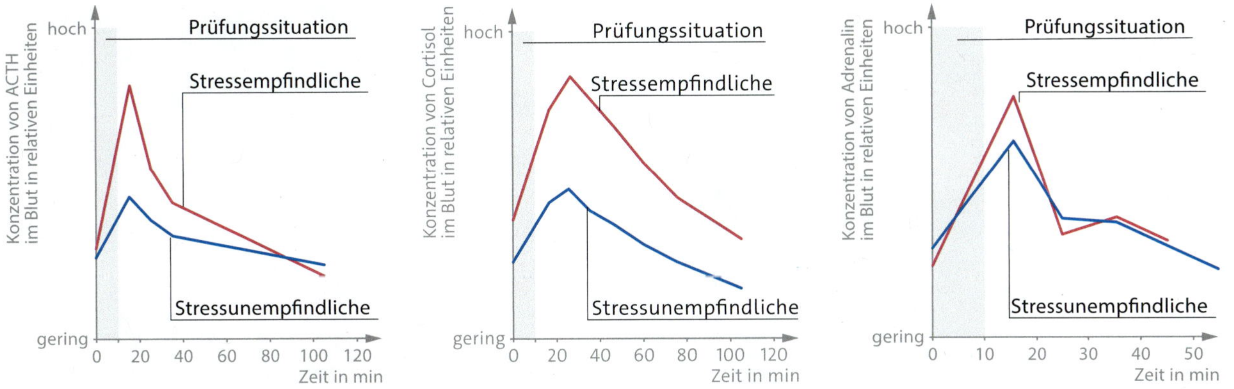

Forscher setzten Versuchsteilnehmer einer Prüfungssituation aus und bestimmten die Konzentrationen von ACTH, Cortisol und Adrenalin im Blut zu verschiedenen Zeitpunkten.

In der Untersuchung konnten die Forscher zwei Reaktionstypen auf Stress im Verhältnis von etwa 1 : 1 identifizieren: Stressempfindliche, die starke Reaktionen auf Stress zeigen, und Stressunempfindliche, deren körperliche Reaktionen auf Stress deutlich geringer waren.

1 Vergleichen Sie die Kurvenverläufe von Stressempfindlichen und Stressunempfindlichen.

2 Erklären Sie die Konzentrationsveränderungen von ACTH, Cortisol und Adrenalin im Blut während des Versuchs mithilfe der Wirkung der beiden Stressachsen.

3 Stellen Sie Vermutungen zu möglichen Ursachen unterschiedlicher Stressempfindlichkeit an.

Material D Chronischer Stress

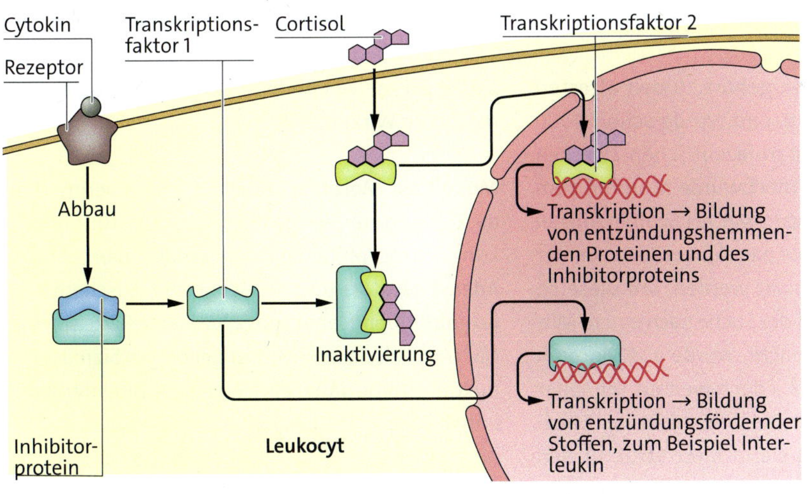

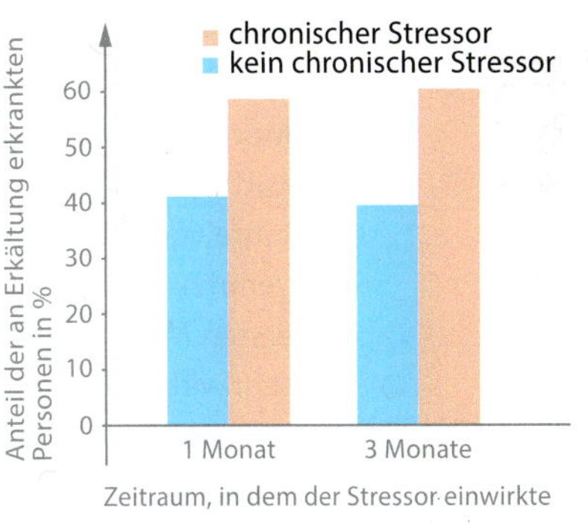

In verschiedenen Studien hat man versucht, Zusammenhänge zwischen der Stressbelastung und der Häufigkeit von Infektionskrankheiten herzustellen.

Die Schemazeichnung zeigt ein Modell der zellulären Wirkung von Cytokinen und Cortisol. Cytokine sind Proteine, die das Zellwachstum regulieren. Außerdem haben sie eine immunstimulierende Wirkung, indem sie die Transkription von Genen bewirken, die für entzündungsfördernde Proteine codieren.

1 Beschreiben Sie die Wirkung von Cytokinen und Cortisol.

2 Stellen Sie Hypothesen über den Zusammenhang zwischen Stress, Cortisol und Infektionskrankheiten auf.

3 Diskutieren Sie die Aussage, dass chronischer Stress Infektionskrankheiten verursacht.

4.16 Schmerzmittel und Drogen

1 Schlafmohn, *Papaver somniferum*

Aus den noch unreifen Kapseln des Schlafmohns wird eine milchige Flüssigkeit gewonnen, die man Opium nennt. Dieses enthält das Alkaloid Morphin, aus dem synthetisch Heroin hergestellt wird. Morphin ist das stärkste medizinisch verwendete Schmerzmittel, das beispielsweise bei Krebspatienten im Endstadium eingesetzt wird. Heroin zählt zu den gefährlichsten Rauschdrogen mit einem hohen Abhängigkeitspotenzial. Wie kommt es zu diesen Wirkungen eines pflanzlichen Alkaloids im menschlichen Körper?

Morphin • Schlafmohn gehört zu den ältesten Kulturpflanzen der Welt und wurde schon 4000 Jahre vor Christus zu pharmazeutischen Zwecken genutzt. Im 19. Jahrhundert wurde Morphin zum ersten Mal isoliert. Es war zwar als Schmerzmittel sehr wirksam, musste aber nach kurzer Zeit in immer höheren Dosen verabreicht werden, um dieselbe Wirkung zu erzielen. Auf der Suche nach einem Mittel, das nicht süchtig macht, wurde aus Morphin Heroin synthetisiert, das jedoch weitaus schneller in die Abhängigkeit führt. Die Wirkung beider Opioide beruht darauf, dass sie in ihrer Struktur den körpereigenen Endorphinen ähneln.

Daher können sie an die spezifischen Rezeptoren in der Membran von Neuronen im mesolimbischen System und im Rückenmark binden. Da diese Rezeptoren erstmals bei der Suche nach den Ursachen des hohen Suchtpotenzials der Opioide entdeckt worden sind, nennt man sie **Opioid-Rezeptoren**, auch wenn sie natürlicherweise für Endorphine bestimmt sind. Dennoch erzielen Opioide denselben Effekt, indem sie die Schmerzweiterleitung hemmen und euphorisierende Wirkung haben.

Modell zur Morphinwirkung • Bei Experimenten an Zellkulturen wurde entdeckt, dass für die Wirkung des Morphins das membranassoziierte Enzym Adenylatzyklase und die Menge an zyklischem Adenosinmonophosphat, kurz cAMP, eine Rolle spielen. Mit cAMP als Second Messenger bei der Signaltransduktion wurde daher ein Modell zur Opioidwirkung entwickelt.

Ohne Bindung eines Liganden am Opioid-Rezeptor katalysiert die membrangebundene Adenylatzyklase die Umwandlung von ATP zu cAMP. Dieses aktiviert einerseits Proteinkinasen, die Calciumionenkanäle in der Membran phosphorylieren, sodass diese sich beim Eintreffen eines Aktionspotenzials öffnen. Dadurch kommt es zu einem Calciumioneneinstrom, woraufhin die synaptischen Vesikel mit der präsynaptischen Membran verschmelzen und den Transmitter freisetzen. Andererseits aktiviert cAMP einen Transkriptionsfaktor, der im Zellkern die Transkription des Adenylatzyklase-Gens hemmt.

Wenn Endorphine oder Opioide an einen Opioid-Rezeptor binden, wird das Enzym Adenylatzyklase deaktiviert und damit die Umwandlung von ATP zu cAMP unterbunden. Daher sinkt der cAMP-Spiegel nach einer Morphingabe. Dies führt dazu, dass sich die Calciumionenkanäle beim Eintreffen eines Aktionspotenzials nicht öffnen. Dadurch wird die Transmitterfreisetzung und damit die Aktivität der Nervenzelle gehemmt.

Außerdem bewirkt der cAMP-Mangel, dass der Transkriptionsfaktor deaktiviert wird und sich von der DNA löst. Dies führt dazu, dass das Adenylatzyklase-Gen abgelesen und die Proteinbiosynthese des Enzyms eingeleitet wird. Damit erhöht sich die Enzymmenge in der Membran. Der cAMP-Mangel kann kompensiert werden.

Da nun mehr Enzyme zur cAMP-Synthese vorhanden sind, muss eine erhöhte Morphindosis gegeben werden, um eine ähnliche Wirkung zu erzeugen. Denn bei der gleichen Dosis blieben noch Adenylatzyklasen aktiv und würden dazu beitragen, den cAMP-Spiegel nicht so stark sinken zu lassen. Hier zeigt sich also eine Ursache der physiologischen Abhängigkeit.

Fällt nun aber die Morphinwirkung weg, wird ein cAMP-Überschuss produziert, der einerseits zur Repression der Transkription des *Adenylatzyklase*-Gens und damit nach einer gewissen Zeit zur Wiederherstellung des Gleichgewichts führt. Andererseits kann es zu einer erhöhten Schmerzempfindlichkeit kommen, weil durch den hohen cAMP-Spiegel die Hemmung der Weiterleitung der Schmerzinformation erschwert wird. Gekoppelt mit depressionsähnlichen Zuständen führt dies zum Opioidentzugssyndrom.

1 Erläutern Sie die Rolle des cAMP als Second Messenger.

2 Erklären Sie die schmerzhemmende Wirkung des Morphins.

3 Erläutern Sie, weshalb eine Erhöhung der Morphindosis nicht zu einer gesteigerten Wirkung führt.

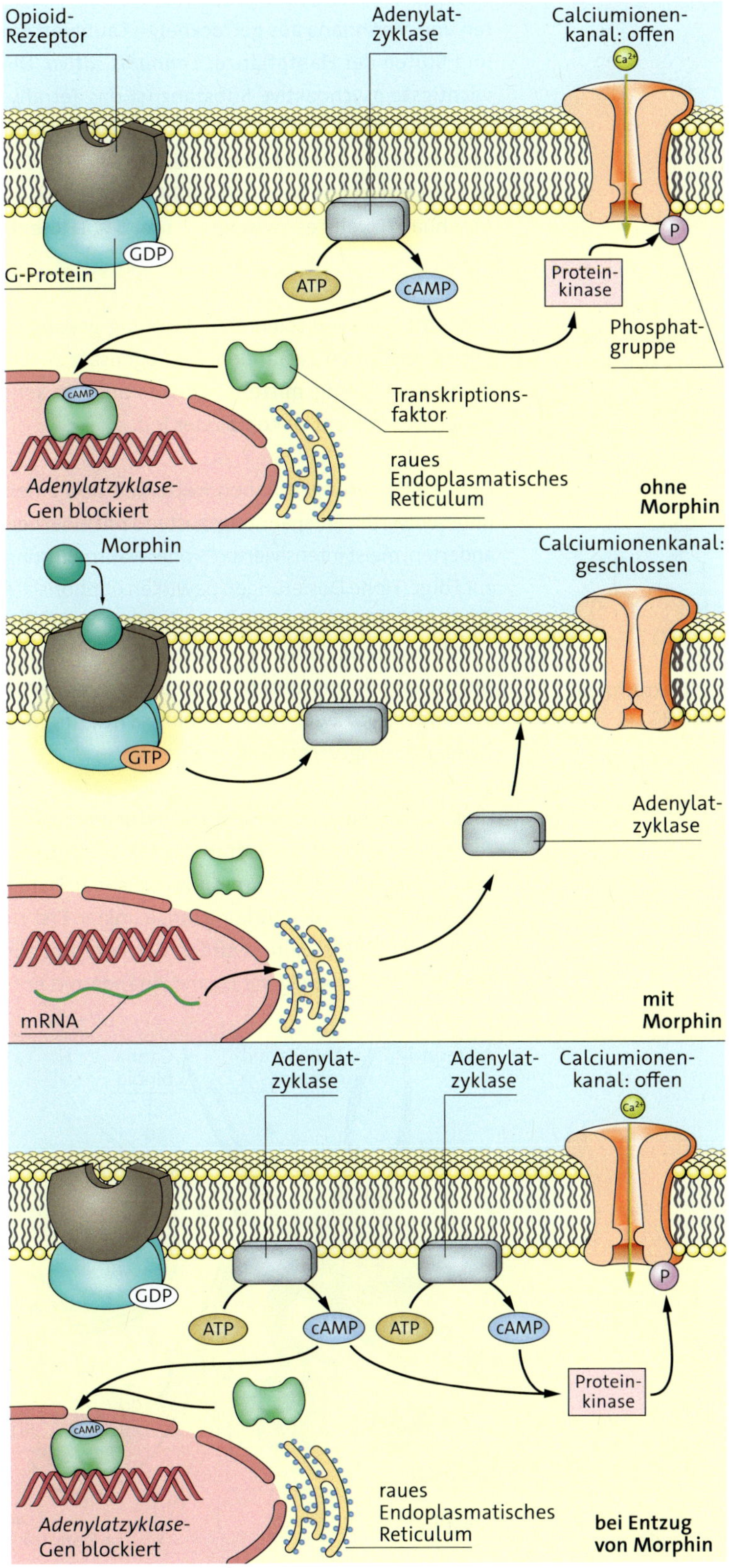

2 Modell der Opioidwirkung

Tetrahydrocannabinol • Haschisch besteht aus dem getrockneten, harzigen Sekret weiblicher Blüten und Marihuana aus getrockneten Laubblättern und Blüten der Hanfpflanze, *Cannabis sativa*. Die wichtigste psychoaktive Substanz ist das Tetrahydrocannabinol, kurz THC, welches in höchster Konzentration im Blütenharz zu finden ist. Der THC-Gehalt im Haschisch ist mit 7 bis 14 % höher als im Marihuana, welches zwischen 1 und 5 % THC enthält.

lat. sedere = sich setzen, sich senken

THC entfaltet eine sedierende Wirkung gekoppelt mit hypnotischen Zuständen. Im Gegensatz zu anderen Beruhigungsmitteln führt es auch in sehr hohen Dosen nicht zu Koma oder Tod.

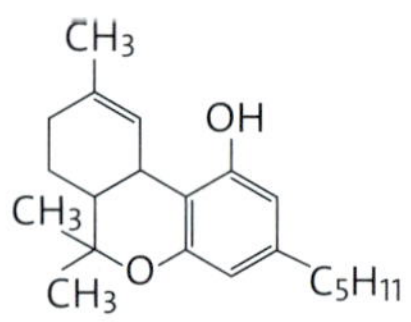

1 Strukturformel des THC

Geringe Dosierungen haben Heiterkeit und einen unbeschwerten Entspannungszustand mit einer veränderten, meist intensivierten Sinneswahrnehmung zur Folge. Hohe Dosierungen bewirken euphorische Zustände, Halluzinationen und psychologische Funktionsstörungen wie ein beeinträchtigtes Kurzzeitgedächtnis, motorische und sprachmotorische Störungen und eine starke Beeinträchtigung des Problemlösungsverhaltens.

Hinsichtlich seiner chemischen Struktur ähnelt THC keinem bekannten Neurotransmitter, sondern ist eher mit einem Steroidhormon vergleichbar. Daher waren Ort und Art der Wirkung lange unklar. Erst zu Beginn der 1990er-Jahre wurden der Rezeptor für THC und der körpereigene Ligand Anandamid entdeckt, der vergleichbare Effekte wie THC erzielt. Anandamid-Rezeptoren befinden sich im Hippocampus und in der Großhirnrinde, wodurch die euphorischen Wirkungen ebenso zu erklären sind wie die Störungen der Wahrnehmung, Konzentration und Gedächtnisleistung. Es gibt sie auch im Kleinhirn und in den Basalganglien, wo Bewegungsabläufe und die Feinkoordination gesteuert werden. Bindet ein Ligand an den Anandamid-Rezeptor, wird über ein G-Protein die Aktivität der Adenylatzyklase verändert. Anandamid-Rezeptoren finden sich vor allem an der Präsynapse. Eine Ligandenbindung bewirkt dort die Hemmung der Signalweiterleitung. Wahrscheinlich werden die meisten Effekte des THC-Konsums über diese präsynaptische Hemmung erzeugt.

Wirkung des THC auf Gliazellen • Die wohl verheerendste Folge des THC-Konsums besteht in der schädigenden Wirkung auf das Gedächtnis. Experimente mit Mäusen, die einen bereits erlernten Weg durch ein Labyrinth durchlaufen sollten, haben gezeigt, dass THC nicht nur auf Neuronen wirkt. Man hat im Hippocampus, der entscheidend dazu beiträgt, dass Informationen vom Arbeits- ins Langzeitgedächtnis übertragen werden, auch an Astrocyten (► S. 311) Rezeptoren entdeckt, an die THC binden kann. Gentechnisch veränderte Mäuse, denen diese Rezeptoren an Neuronen, aber nicht an Astrocyten fehlten, fanden nach dem Einfluss von THC den Weg durch das Labyrinth nicht. Andere Mäuse, die an den Astrocyten nicht über solche Rezeptoren verfügten,

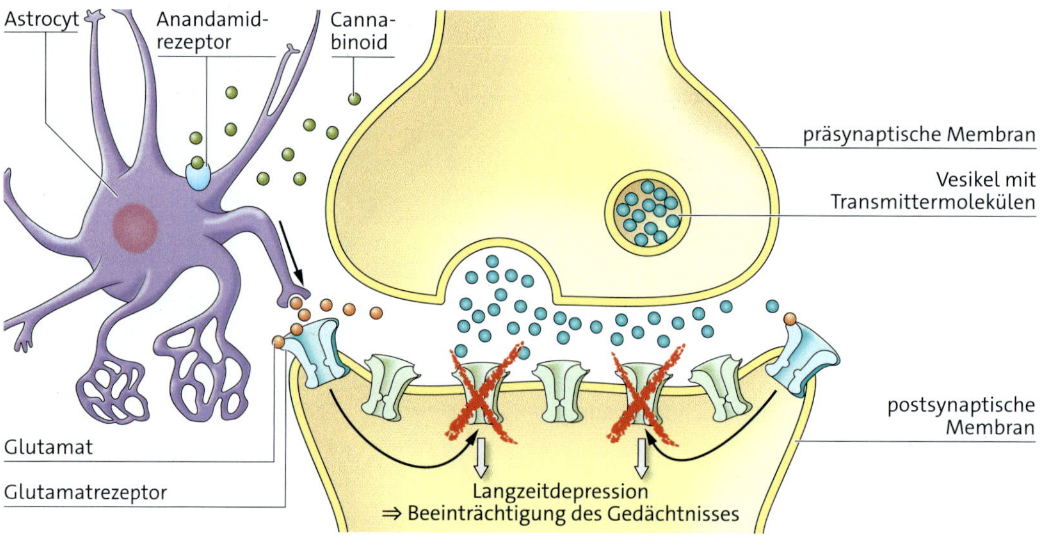

2 Wirkung des THC auf Astrocyten

konnten sich trotz THC an den Weg erinnern. Bindet THC an Rezeptoren der Astrocyten, wird Glutamat freigesetzt, das an postsynaptische Rezeptoren bestimmter Neuronen im Hippocampus bindet. Daraufhin werden andere Rezeptoren der postsynaptischen Membran zurückgebildet, sodass eine dauerhafte Abschwächung der Signalübertragung an der Synapse eintritt. Diese Langzeitdepression, kurz LTD, ist ein grundlegender Prozess der Gedächtnisfunktion, wird aber durch den Einfluss des THC verstärkt. THC führt demnach dazu, dass Teile des Hippocampus und damit der Gedächtnisleistung über längere Zeit nur eingeschränkt funktionieren. Daher finden die Mäuse den Weg nicht mehr.

Folgen des THC-Konsums • Die verschiedenen Gehirnareale lernen während der Entwicklung des jugendlichen Gehirns, miteinander zu kommunizieren. Dabei spielen die Anandamid-Rezeptoren eine bedeutende Rolle. Auch schon unter dem gelegentlichen Einfluss von THC werden die zu bildenden Kommunikationsmuster aus dem Takt gebracht, sodass Störungen in der kognitiven Verarbeitung, der Konzentrationsfähigkeit und der Leistung des Gedächtnisses auftreten. Die Störungen klingen frühestens nach einem Jahr Abstinenz wieder ab. Bei täglichem und chronischem Konsum, der auch zur Abhängigkeit führen kann, reichen diese kognitiven Einschränkungen bis ins Erwachsenenalter und gehen mit weiteren gravierenden Folgen wie psychischen Störungen einher.

Alkohol • Ein Blackout nach exzessivem Konsum der legalen Droge Alkohol zeigt deutlich, dass auch Alkohol die Funktion des Gedächtnisses beeinträchtigt. Ist der Hippocampus in seiner Funktion beeinträchtigt, wird soeben Gelerntes schnell wieder vergessen. Intensiver Alkoholkonsum führt bei Jugendlichen dazu, dass der Hippocampus in seiner Entwicklung zurückbleibt und signifikant kleiner ist als bei abstinenten Jugendlichen. Zudem ist die Gehirnentwicklung insgesamt betroffen, da im Jugendalter die Verschaltung zwischen den Hirnarealen ausgebaut und verfeinert wird. Sichtbar wird dies an der Myelinisierung der Nervenfasern und dem damit verbundenen Aufbau der weißen Substanz. Je häufiger Jugendliche zwischen 16 und 19 Jahren einen Rausch hatten, desto mehr Veränderungen in der weißen Substanz sind nachweisbar.

3 Mögliche Folgen durch Alkoholmissbrauch

Wirkung im Gehirn • Ethanol öffnet indirekt bestimmte Kaliumionenkanäle, sodass Kaliumionen aus dem Neuron strömen und durch Hyperpolarisation dessen Aktivität verringern. Außerdem blockiert Ethanol postsynaptische Glycin-Rezeptoren, die Teil des wichtigsten exzitatorischen Systems im Gehirn sind und eine wesentliche molekulare Grundlage für Lernen und Gedächtnis darstellen. Eine Langzeitpotenzierung wird daher nicht mehr möglich und es kommt zu nachteiligen Lerneffekten. Gleichzeitig aktiviert Ethanol GABA-Rezeptoren, sodass die hemmende Wirkung des Transmitters verstärkt wird. In der Amygdala bewirkt dies ein vermindertes Angstempfinden, im Hippocampus und Cortex eine verminderte Gedächtnisleistung und im Kleinhirn eine reduzierte Koordinationsleistung. Außerdem bindet Ethanol an präsynaptische Rezeptoren von Synapsen, die Acetylcholin als Transmitter ausschütten. Dies führt zu einer verringerten Konzentration dieses Transmitters, beispielsweise in der Muskulatur, und damit zu unkoordinierten Bewegungsabläufen.

1 Erläutern Sie das Experiment zur Klärung der Wirkung des THC auf den Hippocampus.

Toleranz • Jeden von außen dem Körper zugeführten Wirkstoff, der auf die menschliche Psyche und das Bewusstsein wirkt, bezeichnet man als psychoaktive Substanz. Hierzu zählen sowohl Inhaltsstoffe von Genussmitteln wie Koffein als auch Rauschmittel oder Medikamente. Darunter gibt es Stoffe, welche die Leistungsfähigkeit des Gehirns steigern. Beispiele für solche Neuroenhancer sind Kokain und das in Ritalin enthaltene Methylphenidat.

Der wiederholte Konsum psychoaktiver Substanzen bewirkt häufig, dass eine konstante Dosis im Laufe der Zeit eine immer schwächere Wirkung erzielt. Es entwickelt sich eine Toleranz gegenüber der psychoaktiven Substanz. Sie ist darauf zurückzuführen, dass der Körper zur Wiederherstellung eines Gleichgewichtszustands auf das wiederkehrende Vorhandensein einer psychoaktiven Substanz reagiert. Dies geschieht beispielsweise, indem die Anzahl der Rezeptoren verändert oder die Stärke der Bindung an die Rezeptoren moduliert wird, sodass sich der Einfluss der Substanz auf die neuronale Aktivität verringert. Daher treten bei einem Entzug Symptome auf, die den von den psychoaktiven Substanzen hervorgerufenen Wirkungen entgegengesetzt sind. So führt der Entzug eines in Schlaftabletten enthaltenen Wirkstoffs zu Schlaflosigkeit. Personen, die bei Absetzen der psychoaktiven Substanz unter Entzugserscheinungen leiden, gelten als physiologisch abhängig. Das höchste Abhängigkeitspotenzial, verbunden mit einem großen Schaden für den Körper, resultiert aus dem Konsum von Heroin und Kokain.

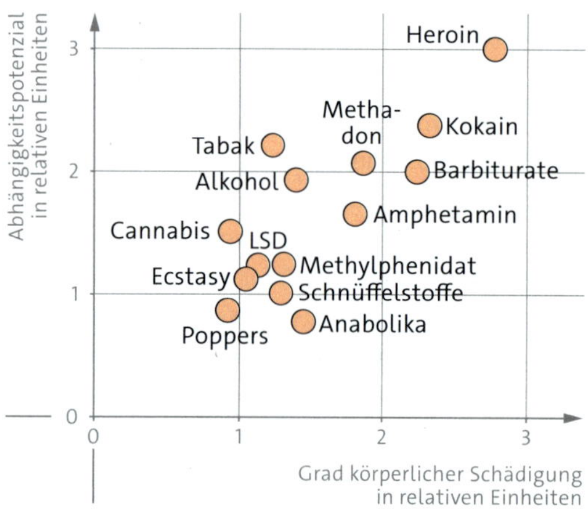

1 Wirkung verschiedener psychoaktiver Substanzen

Psychische Abhängigkeit • Die meisten Abhängigen fangen bald nach dem Entzug wieder mit dem Konsum an. Ein wesentlicher Grund dafür ist das Verlangen nach der angenehme Gefühle weckenden Wirkung der psychoaktiven Substanz. Das hervorgerufene Wohlbefinden wird zunehmend zum ersehnten Normalzustand und beim Ausbleiben der Wirkung bleiben negative Stimmungen und Ängste zurück. Anfangs ist diese positive Verstärkung eng mit dem tatsächlichen Befinden verknüpft, doch auch wenn sich eine Toleranz entwickelt und somit der Effekt der Droge nachlässt, bleibt die erlernte positive Verstärkung bestehen. Schon das erste Konsumerlebnis hat zu Veränderungen in bestimmten Gehirnregionen geführt. Es hat sich ein Suchtgedächtnis ausgebildet.

Dies erklärt, weshalb Abhängige trotz nachlassender Rauschzustände und der Verschlechterung ihrer Lebensverhältnisse weiter nach der psychoaktiven Substanz verlangen. Dieses Verlangen nach einem wiederkehrenden Konsum zur Erlangung eines Lustgefühls oder zur Vermeidung von Unwohlsein bezeichnet man als psychische Abhängigkeit. Als abhängig gilt, bei wem drei der folgenden Faktoren in den letzten zwölf Monaten zutreffen:

- Es besteht ein gefühlter Zwang, psychoaktive Substanzen zu konsumieren.
- Es entwickelt sich ein Kontrollverlust über das Ausmaß des Konsums.
- Entzugserscheinungen entstehen bei verringertem oder ausbleibendem Konsum.
- Es entwickelt sich eine Toleranz verbunden mit dem Wunsch nach höherer Dosierung.
- Andere Interessen werden wegen eines erhöhten Zeitaufwands zur Ermöglichung des Konsums vernachlässigt.
- Der Konsum wird trotz schädlicher Folgen fortgeführt.

Der Einstieg in die Abhängigkeit erfolgt häufig durch gruppendynamische Prozesse. Wenn soziale Kontakte immer wieder mit der Einnahme psychoaktiver Substanzen verbunden sind, entwickelt sich eine soziale Abhängigkeit, die nur durch die Vermeidung dieser Kontakte vermindert werden kann.

Material A Heroin

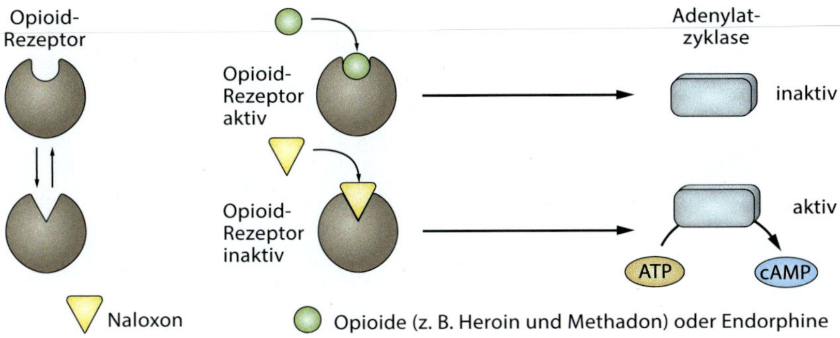

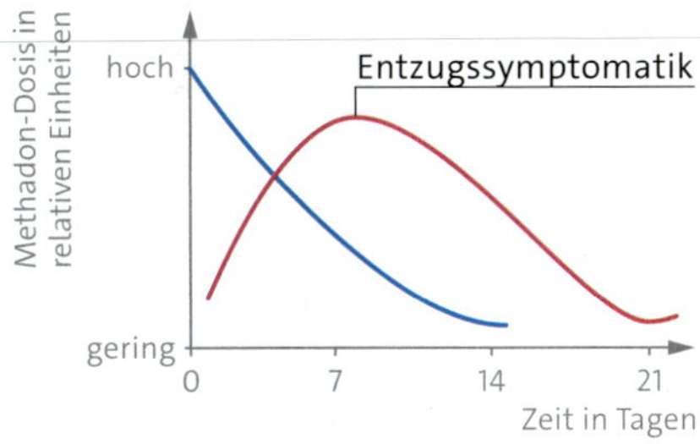

Naloxon wird bei einer Heroinvergiftung verabreicht. Methadon ist ein künstlich hergestelltes Opioid mit stark schmerzmindernder Wirkung und hohem Abhängigkeitspotenzial. Da es deutlich langsamer als Heroin in das Gehirn übergeht, erzeugt es aber keinen Rauschzustand. Methadon wird unter ärztlicher Aufsicht täglich einmal verabreicht.

1 Erläutern Sie anhand des Modells die Wirkung von Naloxon und dessen Einsatzmöglichkeit bei einer Heroinvergiftung.

2 Erläutern Sie die Wirkung des Methadons und dessen Einsatz bei einer Heroinentzugstherapie.

Material B Kokain

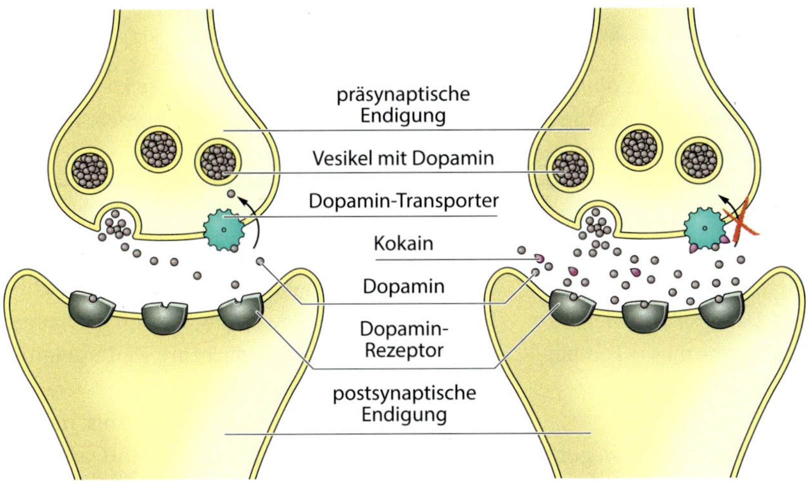

Kokain wird aus den Laubblättern des Kokastrauchs gewonnen. Es wirkt stimulierend. Konsumenten berichten von einer Welle des Wohlbefindens und einem Gefühl der Selbstsicherheit bei einem geringen Schlaf- oder Nahrungsbedürfnis.

1 Erläutern Sie die molekulare Wirkung des Kokains.

2 Erklären Sie die stimulierende Wirkung des Kokains.

Material C Koffein

	Gruppe A	Gruppe B
Beobachtung des Verhaltens	anfangs rastloses Umherrennen, nach wenigen Tagen legte sich dieses Verhalten	kein außergewöhnliches Verhalten
Anzahl der Adenosin-Rezeptoren im Gehirn	deutlich erhöht	unverändert

In einem Versuch wurden Ratten über mehrere Wochen täglich Koffeinmengen verabreicht, die der von zwei bis drei Tassen Kaffee entsprachen. Ratten der Gruppe B erhielten kein Koffein.

1 Deuten Sie die Versuchsergebnisse.

2 Recherchieren Sie die Wirkung von Adenosin auf das Gehirn.

4.17 Lernen und Gedächtnis

1 Klavierspielen üben

Ein Pianist spielt oft mehr als eine Stunde, ohne auf ein Notenblatt schauen zu müssen. Die koordinierten Bewegungen der Hände sind in seinem Gedächtnis gespeichert und können dort abgerufen werden. Wie werden solche Leistungen gelernt und im Gedächtnis organisiert?

Übung macht den Meister • Um zu einem konzertreifen Musiker zu werden, sind viele Tausend Übungsstunden notwendig. Dabei spielen viele Fähigkeiten des menschlichen Organismus in komplexer Weise zusammen.

Zu Beginn des Lernprozesses könnte die Bewegung eines Fingers stehen, der eine bestimmte Klaviertaste in bestimmter Kraftaufwendung und Geschwindigkeit herunterdrückt. Der Druck und die Bewegungsauslenkung werden über den Tastsinn haptisch wahrgenommen. Der entstandene Ton wird in Tonhöhe, Klangfarbe, Lautstärke und Dauer über das Gehör wahrgenommen. Die Augen ergänzen die haptische und die akustische um eine optische Wahrnehmung. Diese Wahrnehmungen werden über verschiedene Gehirnareale gefiltert, bewertet und nach und nach gespeichert. Bei diesem Vorgang arbeiten die sensorischen Zentren im Großhirn mit dem Hippocampus in einer ersten Bewertung zusammen. Unbewusst wird aufgrund von früheren Erfahrungen, Emotionen und Motivation überprüft, welche Informationen wichtig und was unwichtig ist. Erst nach dieser Bewertung werden die Sinnesdaten an das **Kurzzeitgedächtnis** weitergeleitet. Nach wenigen Sekunden gelangen die dort verarbeiteten Signale in das **Zwischengedächtnis**, das gemeinsam mit dem Kurzzeitgedächtnis auch als **Arbeitsgedächtnis** bezeichnet wird. Nach weiteren Sekunden bis Minuten gelangen die Signale nach und nach ins **Langzeitgedächtnis.** Von dort kann die Ausführung einer bestimmten Tonfolge von dem Musiker noch nach Jahrzehnten abgerufen werden.

An diesem Modell zeigt sich, dass Lernen allgemein als Erwerb von neuem Wissen und Verhalten bezeichnet werden kann. Bei der ständigen Wiederholung durch das Üben am Instrument bilden sich in den beteiligten Gehirnarealen neue neuronale Verknüpfungen und bereits bestehende werden ausgebaut. Das Gelernte abzurufen macht letztlich die Gedächtnisleistung aus.

Unterschiedliche Gedächtnisleistungen • Ein weiteres Modell teilt das Gedächtnis in drei Systeme ein, deren Anteil an der Gedächtnisleistung je nach Art des Gelernten variiert. Erlebnisse und gelernte Fakten sowie Allgemeinwissen werden im deklarativen oder expliziten Gedächtnis gespeichert. Gelernte Fähigkeiten und Fertigkeiten, aber auch Gewohnheiten und Regeln werden im prozeduralen oder impliziten Gedächtnis gespeichert. Im emotionalen Gedächtnis bleiben die mit dem Gelernten verbundenen positiven wie auch negativen Gefühle haften.

Ob und wie lange Gelerntes gespeichert wird, hängt von der Verarbeitungstiefe ab. Diese nimmt zu, wenn ein Lerninhalt über möglichst viele Sinne aufgenommen, in den dazugehörigen Arealen verarbeitet und neuronal vernetzt wird. Besonders lernwirksam ist auch die Beteiligung der motorischen Gehirnareale.

Weitere mit dem Lerninhalt verknüpfte emotionale Komponenten wie Freude und Angst werden im limbischen System mit dem Gelernten verknüpft und ebenfalls dauerhaft gespeichert.

Der Pianist lernt beispielsweise neben den reinen Bewegungsabläufen seiner Finger in Takt, Tempo und Melodie auch die Hintergründe seiner gespielten Stücke sowie die Biografie des Komponisten, die Besonderheiten der musikalischen Epoche und kompositorische Prinzipien. Auch wird er sich an besonders intensiv erlebte Momente erinnern, wie seine erste Klavierstunde oder den ersten Applaus des Publikums. Die dabei empfundenen Emotionen werden gemeinsam mit dem gelernten Inhalt gespeichert. Die Fähigkeiten unseres Gehirns, neues Wissen und Verhalten zu lernen und das Gelernte aus dem Gedächtnis abrufen zu können, sind untrennbar miteinander verknüpft.

1 Denken Sie einige Minuten an Ihre Zeit in der Grundschule. Notieren Sie anschließend Dinge, die Ihnen besonders in Erinnerung geblieben sind.

2 Ordnen Sie diese Erinnerungen den drei Gedächtnissystemen zu. Benennen Sie Auffälligkeiten und gegebenenfalls Schwierigkeiten.

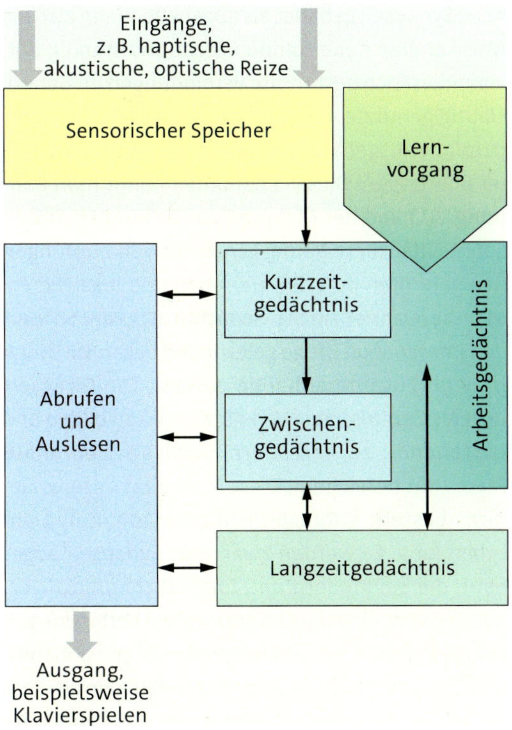

2 Modell der Gedächtnisfestigung

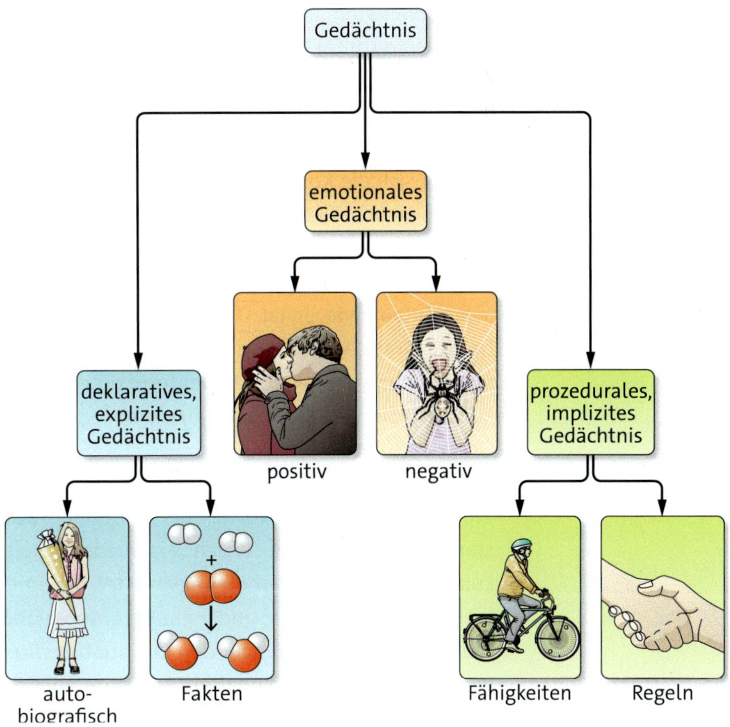

3 Modell der Gedächtnissysteme

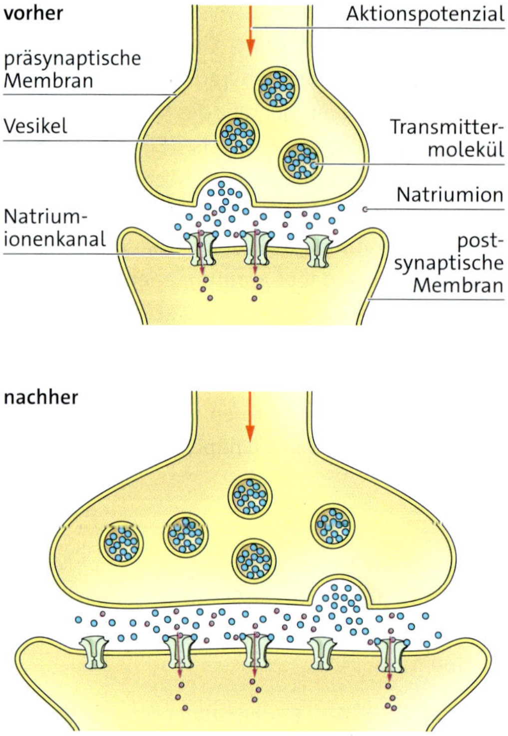

1 Synapse vor und nach einer Langzeitpotenzierung

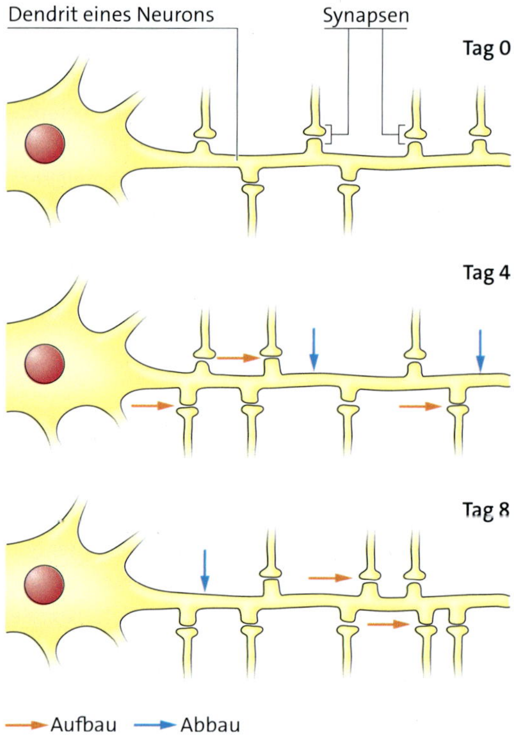

2 Entstehung neuer Synapsen innerhalb weniger Tage

Lernen auf neuronaler Ebene • Die etwa 86 Milliarden Neuronen im menschlichen Gehirn stehen durch jeweils durchschnittlich 10 000 Synapsen miteinander in Kontakt. Dabei sind Anzahl und Intensität der synaptischen Verbindungen zum Teil stark veränderbar. Immer wenn ein Neuron wiederholt an ein nachgeschaltetes Neuron Signale überträgt, vergrößert sich die Kontaktfläche der Synapse und es werden mehr Vesikel sowie mehr Ionenkanäle in der postsynaptischen Membran gebildet. Dadurch reagiert das nachgeschaltete Neuron intensiver auf jedes einlaufende Signal. Diese Steigerung der Übertragungsrate an Synapsen nennt man **Langzeitpotenzierung** oder englisch longterm potentiation, kurz **LTP**. Sie bildet die zelluläre und molekulare Grundlage des Lernens.

Werden Bewegungen, Wörter oder Sinneseindrücke ständig wiederholt, bilden sich verschiedene molekulare und zelluläre Vernetzungsmuster, die durch mehr Aktionspotenziale und mehr Rezeptoren über zelluläre Second Messenger den Informationsfluss beschleunigen. Ständig werden im Gehirn neue Synapsen gebildet und bestehende, aber wenig genutzte wieder abgebaut. Werden jedoch neue Erfahrungen gemacht und wird etwas gelernt, so werden innerhalb weniger Tage insgesamt mehr neue Synapsen gebildet als abgebaut. Wenn also ein Musiker eine neue Tonfolge lernt und ständig übt, verändern sich bestimmte Verbindungen im Gehirn. Häufig genutzte Verknüpfungen werden wie Trampelpfade ausgebaut und die Signale werden schneller übertragen. Dieses Phänomen nennt man **Bahnung**. Anhand der Messung von Gehirnaktivitäten konnte man diese häufig genutzten Verknüpfungen den gelernten Inhalten zuordnen und lokalisieren. Man bezeichnet sie als Gedächtnisspuren. So werden immer neue Dinge gelernt und bekannte Dinge in neue Zusammenhänge gesetzt. Die Fähigkeit unseres Gehirns, neue Verknüpfungen zu bilden und bestehende zu verändern, wird als **neuronale Plastizität** bezeichnet. Diese Plastizität unseres Gehirns besteht entgegen früheren Annahmen ein Leben lang. Es werden zwar viele Synapsen abgebaut, die bei Kindern und Jugendlichen noch vorhanden sind, aber die neu geknüpften Verbindungen sind geordneter verschaltet und häufiger gebahnt. Das Gehirn eines Erwachsenen enthält also weniger Synapsen, die jedoch die Informationen effektiver übertragen.

Material A Lernen von Wortlisten

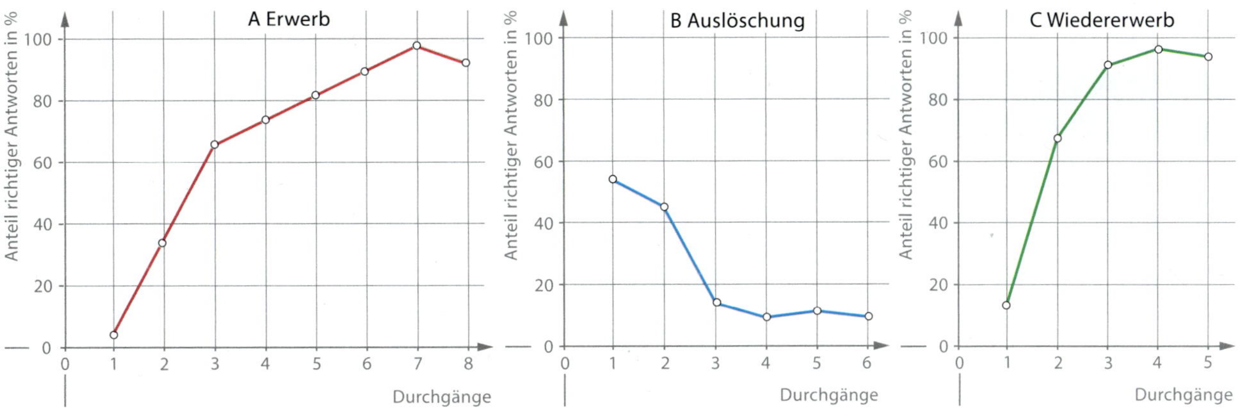

In Versuch A wurden Probanden Wortlisten zum Auswendiglernen gegeben. Sobald sie die Aufgabe bewältigen konnten, wurde ihnen eine andere Wortliste zum Lernen gegeben.

Zwischendurch, in Versuch B, wurden sie nach Wörtern der ersten Liste gefragt. Anschließend, in Versuch C, wurden sie erneut aufgefordert, sich die alte Liste einzuprägen.

1 Beschreiben Sie die Ergebnisse.

2 Deuten Sie die Ergebnisse im Hinblick auf die neuronale Plastizität des Gehirns.

Versuch B Abhängigkeit der Gedächtnisleistung von der Verarbeitungstiefe

werfen – HAMMER – leuchten – auge – RIESELN – laufen – BLUT – STEIN – denken – AUTO – zecke – LIEBEN – wolke – TRINKEN – sehen – buch – FEUER – KNOCHEN – essen – GRAS – meer – rollen – eisen – ATMEN

In einem einfach durchzuführenden Versuch lässt sich zeigen, inwiefern die Gedächtnisleistung von der Verarbeitungstiefe im Gehirn abhängig ist. Dazu wird die oben abgebildete Wortliste benutzt.

Durchführung:

Die Schülerinnen und Schüler werden nach dem Zufallsprinzip in drei Gruppen eingeteilt.

Gruppe I: Betrachten Sie nacheinander die oben abgebildeten Wörter jeweils etwa 2 s und sagen Sie leise zu sich selbst, ob das Wort mit kleinen oder mit großen Buchstaben geschrieben ist.

Gruppe II: Betrachten sie nacheinander die Wörter der Liste jeweils etwa 2 s und sagen sie leise zu sich, ob es ein Substantiv oder Verb ist.

Gruppe III: Betrachten Sie nacheinander die Wörter der Liste etwa 2 s und sagen Sie leise zu sich, ob es sich um etwas Belebtes oder etwas Unbelebtes handelt.

1 Notieren Sie nach drei Tagen die Wörter, an die Sie sich erinnern können.

2 Ermitteln Sie die durchschnittliche Behaltensleistung der Gruppen in Prozent.

3 Stellen Sie das Ergebnis grafisch dar.

4 Diskutieren Sie das Ergebnis im Hinblick auf die Komplexität der Aufgabe.

Neurobiologie

- **Aufbau von Nervensystemen**
  - Nervensysteme
  - Nervenzellen
- **Signalübertragung**
  - Ruhe- und Aktionspotenzial
  - Erregungsleitung
  - Synapsen
- **Reiz und Reaktion**
  - Aufnahme und Verarbeitung von Reizen
  - Muskelkontraktionen
  - Endogene und exogene Stoffe
- **Neuronale Plastizität**
  - Lernen
  - Neuronale Störungen

Neuronen

Gliazellen

Entstehung

Messung

kontinuierliche

saltatorische

Informationsübertragung

Verrechnung

Plastizität

Wahrnehmung und Reaktion

Hormone

Synapsengifte

Schmerzmittel

Rauschmittel

Gedächtnis

Molekulare Grundlagen

Neurodegenerative Erkrankungen

Läsionen

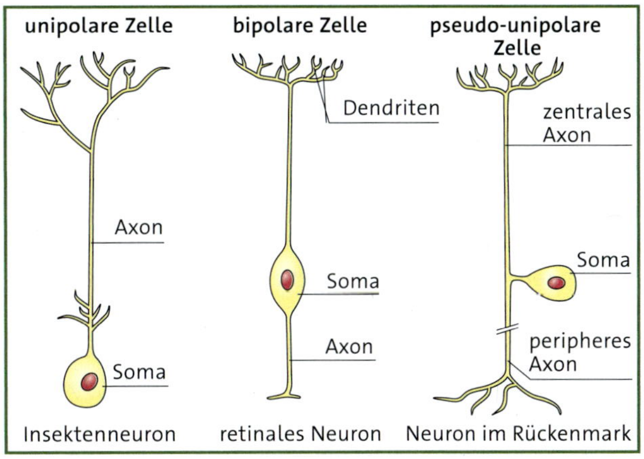

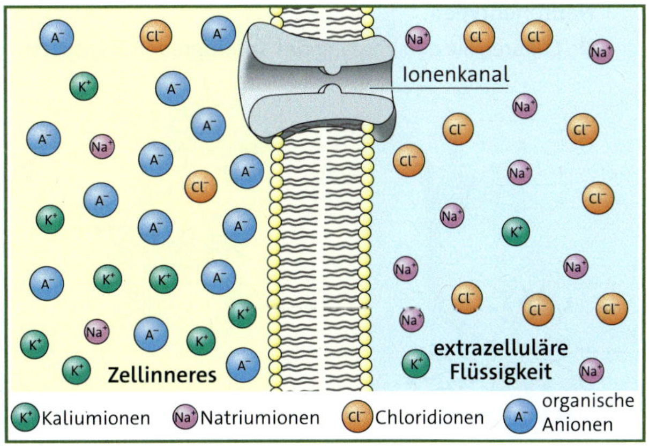

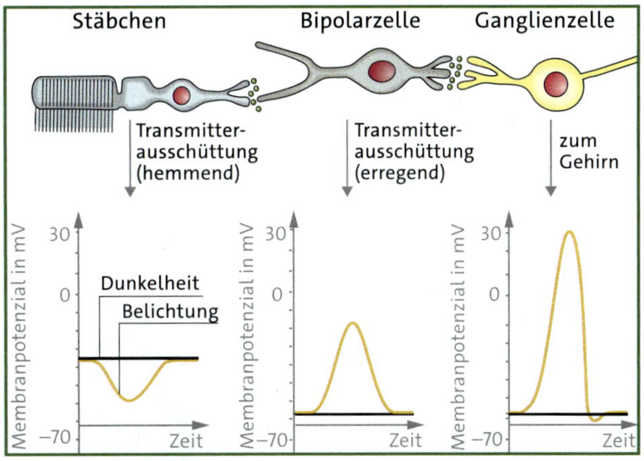

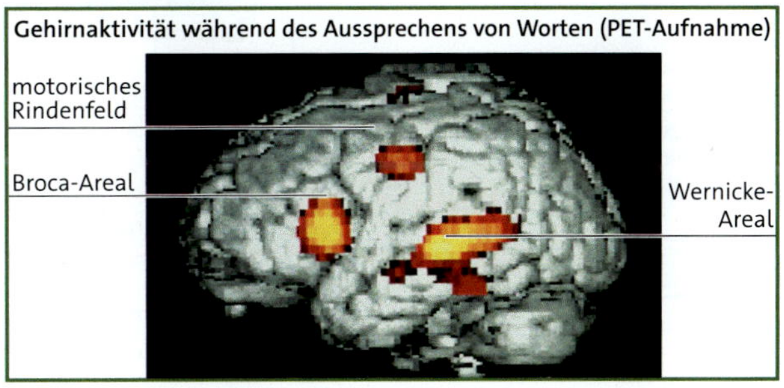

Neurobiologie

Mit den folgenden Aufgaben können Sie überprüfen, ob Sie die Inhalte aus dem Kapitel verstanden haben. An den Aufgaben finden Sie Angaben zu den Seiten, auf denen Sie zum jeweiligen Thema noch einmal nachlesen können. Die Lösungen zur Selbstüberprüfung finden sich im Anhang.

Struktur und Funktion des Nervensystems (S. 304–339)

1 Ein Neuron ist ein spezialisierter Zelltyp, der Informationen in Form von elektrischen Impulsen verarbeitet und weiterleitet.

a Beschriften Sie die Strukturen eines Neurons.

b Beschreiben Sie die Funktion von Dendriten, Axonen, Endknöpfchen und Myelinscheide.

c Skizzieren und benennen Sie drei verschiedene Neuronentypen.

d Erklären Sie den Vorgang des anterograden Transports.

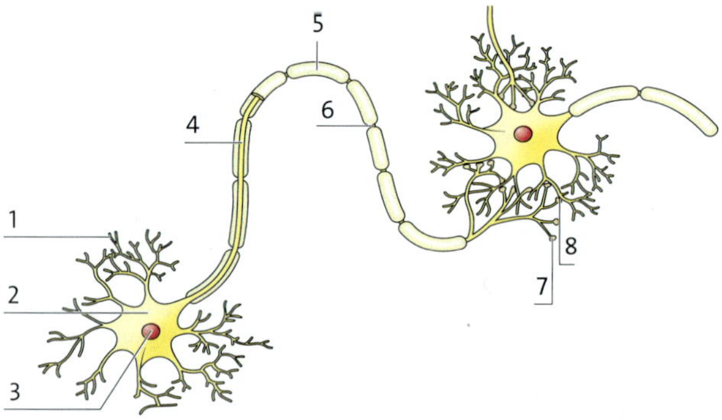

2 Das Membranpotenzial ist die elektrische Spannung zwischen zwei durch eine Membran getrennten Räumen.

a Beschreiben Sie das Verfahren zur Messung des Membranpotenzials am Axon.

b Beschreiben Sie die unterschiedliche Verteilung der Ionen innerhalb und außerhalb des Axons.

c Erklären Sie, wie es zu einem Ruhepotenzial von ungefähr -65 mV kommt.

d Erläutern Sie das Potenzial der Patch-Clamp-Technik zur Analyse membrangebundener Transportprozesse.

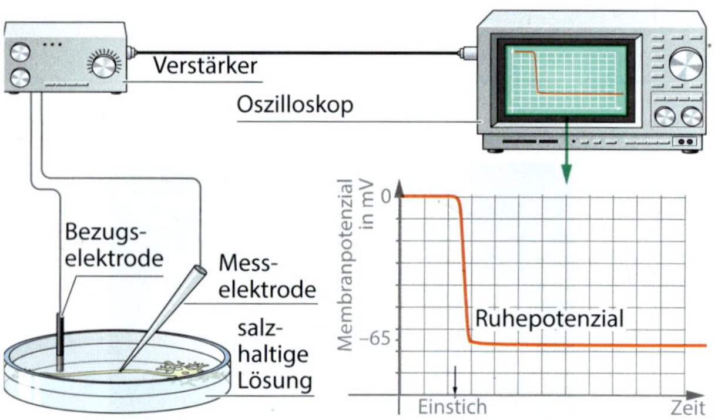

3 Ein Aktionspotenzial ist durch eine schnelle Änderung des Membranpotenzials an einem Axon gekennzeichnet.

a Beschriften Sie den Ablauf eines Aktionspotenzials mit den Fachbegriffen.

b Erklären Sie, weshalb nach einem überschwelligen Reiz Natriumionen ins Innere des Axons einströmen.

c Erklären Sie den Unterschied zwischen absoluter und relativer Refraktärzeit.

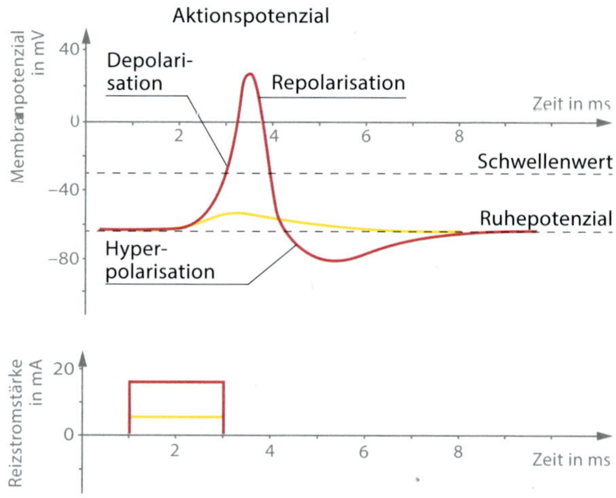

4 Die Erregung wird als elektrisches Potenzial entlang des Axons weitergeleitet.

a Die Leitungsgeschwindigkeit bei einer Qualle mit einem Axondurchmesser von 6 bis 12 µm beträgt 0,5 m/s, während die Leitungsgeschwindigkeit einer Aβ-Nervenfaser des Menschen mit einem Durchmesser von 7 bis 15 µm bei 40 bis 90 m/s liegt. Erklären Sie die verschiedenen Leitungsgeschwindigkeiten anhand struktureller Unterschiede der Axone.

b Nennen Sie die Vorteile der saltatorischen Erregungsleitung.

c Erklären Sie, wie das Lokalanästhetikum Lidocain die Schmerzübertragung blockiert.

5 Eine Synapse ist eine Kontaktstelle zwischen zwei Neuronen oder einem Neuron und einer anderen Zelle.

a Skizzieren und beschriften Sie die Strukturen an einer chemischen Synapse.

b Erklären Sie die Vorgänge bei der Übertragung der Erregung an einer Synapse.

c Erklären Sie, wieso die Erregungsübertragung an elektrischen Synapsen nahezu verzögerungsfrei abläuft.

6 Bis zu 10.000 Synapsen leiten Signale an ein einziges Neuron.

a Erklären Sie den Unterschied zwischen EPSP und IPSP.

b Erklären Sie, was man unter den Begriffen räumliche und zeitliche Summation versteht, und ordnen Sie sie den beiden Abbildungen zu.

c Erklären Sie die folgende Aussage „Bei der Erregungsleitung im Nervensystem kommt es zur mehrfachen Umcodierung.“

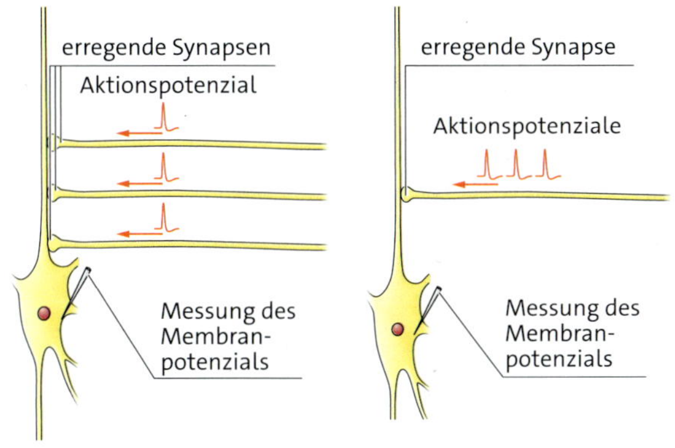

A **B**

Vom Reiz zur Reaktion (S. 340–359)

7 Nervensystem und Muskeln arbeiten koordiniert zusammen.

a Erklären Sie, was man unter elektromechanischer Kopplung versteht.

b Wenn ein Aktionspotenzial die neuromuskuläre Synapse erreicht, wird die Kontraktion des Sarkomers ausgelöst. Beschreiben Sie den Vorgang auf molekularer Ebene.

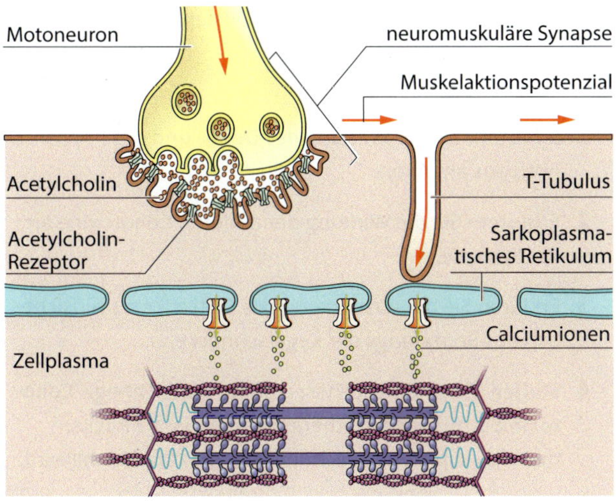

Endogene und exogene Einflüsse (S. 360–379)

8 Das vegetative Nervensystem und die hormonelle Regelung wirken häufig zusammen.

a Beschreiben Sie die Bestandteile und die Funktionen des vegetativen Nervensystems

b Erklären Sie die Bedeutung des Hypothalamus am Beispiel der Stressreaktion.

c Erklären Sie die Wirkung der hormonellen Stressachse.

d Erläutern Sie die Insulinwirkun an den Zielzellen.

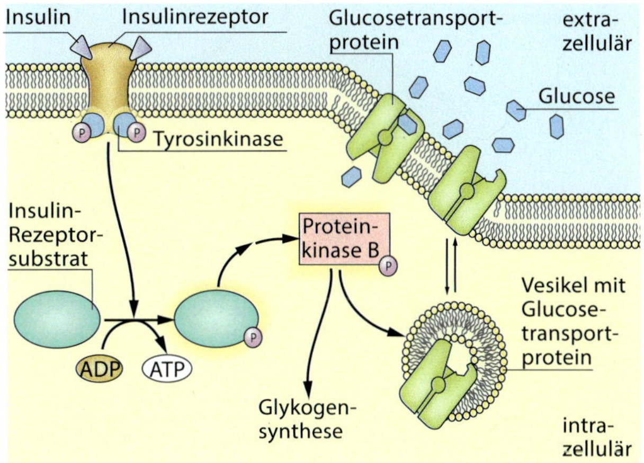

9 Lernen ist ein individueller Prozess. Es werden Wissen und Fertigkeiten erworben, die zu einer Veränderung des Denkens, Verhaltens und Fühlens führen.

a Erklären Sie, wie die Steigerung der Übertragungsrate an Synapsen zustande kommt, und nennen Sie den Fachbegriff.

b Erklären Sie, was man unter neuronaler Plastizität versteht.

c Beschreiben Sie den Vorgang der Langzeitpotenzierung auf molekularer Ebene.

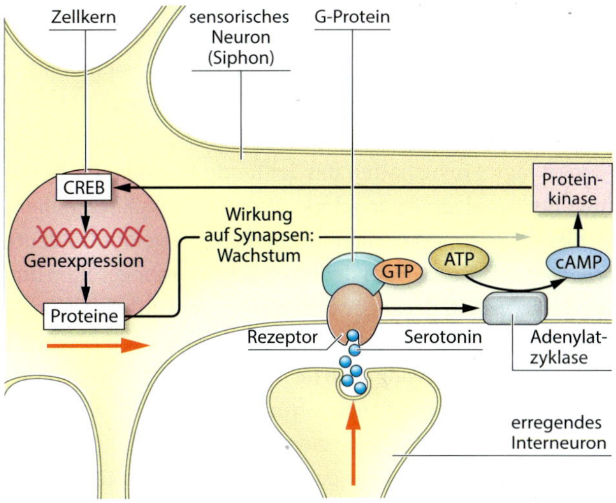

Training A Toxine der Kegelschnecke

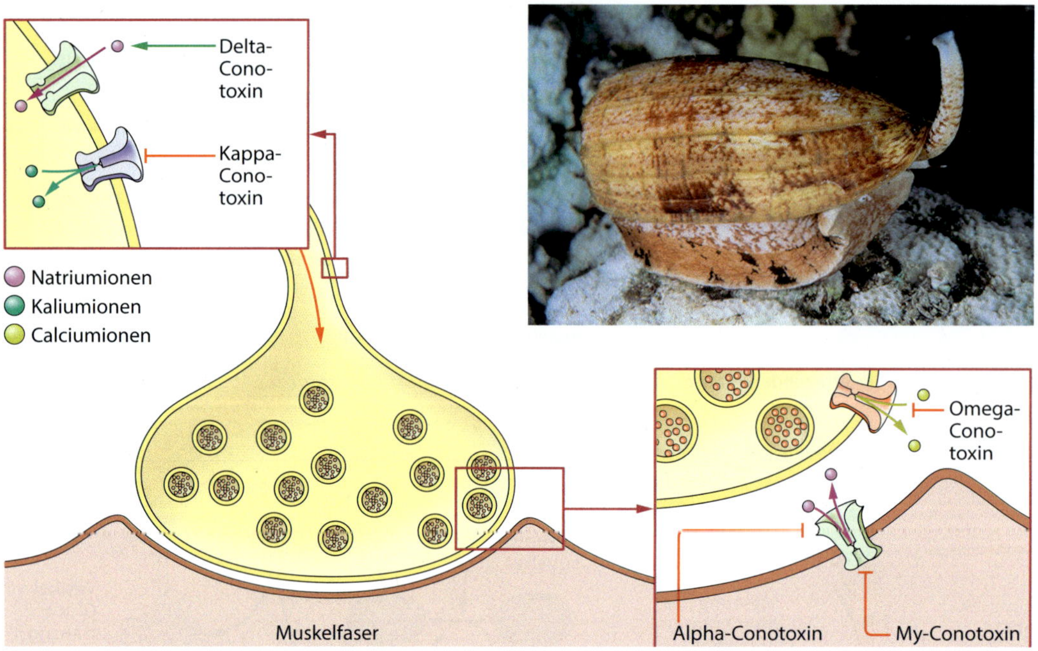

Toxin	Wirkung/Ort
Alpha-Conotoxin	blockiert die Acetylcholin-Rezeptoren an der motorischen Endplatte
Delta-Conotoxin	verhindert das Schließen der spannungsgesteuerten Natriumionenkanäle des Axons
Kappa-Conotoxin	blockiert die Kaliumionenkanäle des Axons
Omega-Conotoxin	blockiert die Calciumionenkanäle an der präsynaptischen Membran
My-Conotoxin	blockiert die Öffnung postsynaptischer Natriumionenkanäle

Kegelschnecken leben im Meer und ernähren sich von Würmern und kleineren Fischen. Sie sind deutlich langsamer als ihre Beute. Im Verlauf der Evolution hat sich bei ihnen ein spezielles Jagdverhalten entwickelt: Sie graben sich im sandigen Meeresboden ein, bis nur noch ihr Schlundrohr aus dem Boden ragt. Fische halten das Schlundrohr für einen Wurm und werden dadurch angelockt. Wenn sich ein Fisch nähert, schießt die Schnecke einen Giftpfeil ab. Die gelähmte Beute wird anschließend in das dehnbare Schlundrohr gezogen und verdaut. Das Gift der Kegelschnecken besteht aus einem Cocktail verschiedener Peptide, der Conotoxine.

Obwohl die Conotoxine auch für Menschen gefährlich werden können, wird Omega-Conotoxin in der Humanmedizin erfolgreich zur Schmerztherapie eingesetzt. Neuronen leiten die Schmerzinformation über das Rückenmark zum Gehirn, wo der Schmerz wahrgenommen wird. Bei der Schmerztherapie wird Omega-Conotoxin in geringer Dosierung in die Rückenmarksflüssigkeit injiziert.

1 Erläutern Sie die Wirkung des Delta- und des Kappa-Conotoxins am Axon.

2 Erläutern Sie die Wirkung der anderen Conotoxine an der Synapse.

3 Erklären Sie die Auswirkung des Giftcocktails hinsichtlich des Beutefangs der Kegelschnecke.

4 Stellen Sie eine Hypothese auf, weshalb Omega-Conotoxin bei der Schmerztherapie direkt in die Rückenmarkflüssigkeit und nicht intravenös verabreicht wird.

Training B Autoaggressives Verhalten

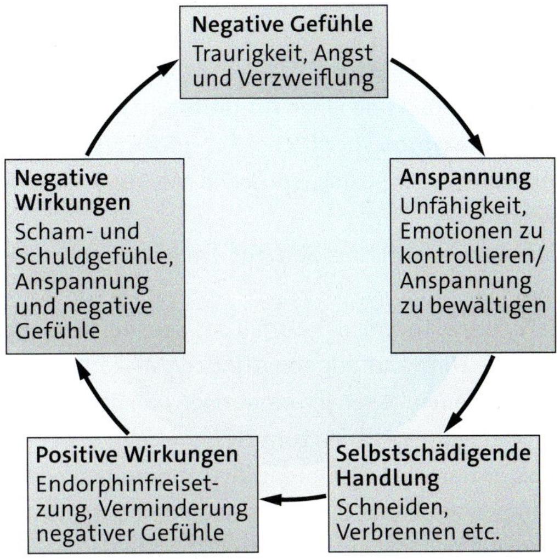

Als autoagressives oder selbstverletzendes Verhalten beschreibt man eine Vielzahl von Verhaltensweisen, bei denen sich Menschen absichtlich Wunden zufügen. Oft finden sich Schnittwunden an Armen oder Beinen. Es gibt noch weitere Formen der Autoaggression, die den gleichen Zweck der Selbstverletzung erfüllen. Autoagressives Verhalten kann ein Anzeichen für eine psychische Erkrankung sein. Es tritt häufig im Zusammenhang mit Essstörungen, dem Borderline-Syndrom und nach schweren traumatischen Erlebnissen auf.

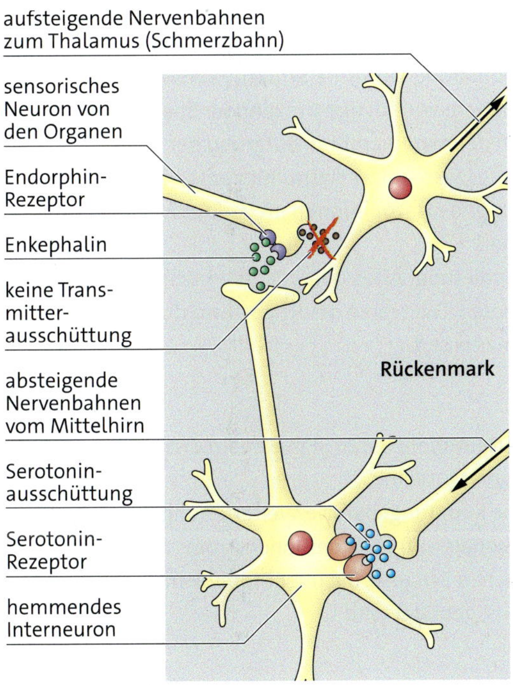

Manchmal sind auch Pubertierende während schwieriger Entwicklungsphasen davon betroffen. Obwohl die betroffenen Personen nicht selten Selbstmordgedanken äußern, steht hinter den Verletzungen meist keine direkte Selbstmordabsicht. Ein Teil der betroffenen Personen nutzt die Selbstverletzung dazu, emotionale Schmerzen besser ertragen zu können und einen kurzen Moment der Erleichterung zu erfahren. Aufgestaute Probleme und negative Gefühle gegenüber anderen Personen werden auf die eigene Person übertragen und die Verletzung als gerechtfertigte Bestrafung gesehen. Oftmals beschreiben Betroffene auch, dass sie die körperlichen Schmerzen nicht spüren. Nach einer gewissen Zeit tritt jedoch häufig eine Gewöhnungseffekt, sodass die Dosis des autoaggressiven Verhaltens erhöht werden muss. Dadurch gerät dieses Verhalten für viele zur Sucht.

1 Nennen Sie Gründe für autoaggressives Verhalten.

2 Erklären Sie die Wirkung von Endorphinen auf die Weiterleitung von Schmerzsignalen.

3 Erläutern Sie unter Berücksichtigung der zellulären Ebene, wie bei autoaggressivem Verhalten ein Suchtverhalten entstehen kann.

4 Diskutieren Sie, welche medizinischen Maßnahmen zur Behandlung autoaggressiven Verhaltens sinnvoll erscheinen und wie Sie als Freund oder Freundin betroffene Menschen unterstützen könnten.

Glossar

A

Acetylcholinesterase: Enzym, das Acetylcholin durch Spaltung in Cholin und einen Acetatrest inaktiviert

Acetylcholin-Rezeptor: spezifischer Rezeptor der Natriumionenkanäle an der postsynaptischen Membran cholinerger Synapsen

adäquater Reiz: spezifischer Reiz, für den ein Rezeptorempfindlich ist

Adenylatzyklase: Enzym, das als Teil des Second-Messenger-Systems die Umwandlung von ATP zu cAMP katalysiert

afferente Neuronen: leiten Informationen von den Sinneszellen oder Sinnesorganen zum ZNS.

Aktionspotenzial: schnelle Potenzialveränderung an der Membran eines Axons, die durch einen Reiz ausgelöst wird, nachdem der Schwellenwert erreicht oder überschritten wurde.

Amyloid-Peptide: membranständige Peptide, die für die Erregungsleitung wichtig sind

Amyloid-Plaques: entstehen durch Verklumpen von β-Amyloid-Peptiden. Sie stören die neuronale Signalübertragung und sind für neurodegenerative Krankheiten wie Alzheimer charakteristisch

analoge Codierung: Die Stärke des Reizes wird durch die Menge des ausgeschütteten Neurotransmitters codiert.

Anandamid-Rezeptoren: Rezeptoren für THC im Hypocampus und der Großhirnrinde

Arbeitsgedächtnis: temporäres Gedächtnis, das für die erfolgreiche Bewältigung von Tätigkeiten mit einer verzögerten räumlichen Antwort erforderlich ist

Astrocyten: sind die häufigsten Gliazellen. Sie regulieren die chemische Zusammensetzung der Zellumgebung der Neuronen und beeinflussen ihr Wachstum.

autonomes Nervensystem, auch **vegetatives Nervensystem:** Es ist für alle Prozesse zuständig, die nicht willentlich beeinflusst werden können, wie die Steuerung der Eingeweide.

Axon: schmaler, bis zu 1 m langer Zellfortsatz eines Neurons. Axone werden auch als Neuriten oder Nervenfasern bezeichnet.

Axonhügel: verdickter Bereich des Axons am Übergang vom Soma zum Axon. Dort entsteht bei ausreichender Erregung ein Aktionspotenzial.

B

Bahnung: Die Wirkungen einzelner räumlich oder zeitlich getrennter synaptischer Aktivitäten können sich gegenseitig verstärken, sodass eine postsynaptische Antwort stärker ausfällt als die vorhergehende, durch die gleiche präsynaptische Aktivität hervorgerufene Antwort.

bipolare Zellen: Neuronen mit zwei Fortsätzen, zum Beispiel in der Netzhaut des Auges von Wirbeltieren

blinder Fleck: Austrittsstelle des Sehnervs in der Netzhaut ohne Fotorezeptoren

Blut-Hirn-Schranke: Barriere zwischen dem Blutkreislauf und dem ZNS. Sie verhindert das Eindringen giftiger Substanzen in das ZNS.

C

Cephalisation: evolutionärer Entwicklungsprozess, bei dem sich der Kopf zunehmend morphologisch vom Körper abgrenzt

chemische Synapsen: Synapsen, bei denen die Informationsübertragung durch einen chemischen Botenstoff, einen Neurotransmitter, erfolgt

Chemorezeptoren: dienen der Wahrnehmung chemischer Stoffe in Geruchs- und Geschmackssinneszellen.

CREB-Proteine: Sie binden an die DNA und bewirken dort die Genexpression verschiedener Proteine. Dies hat zur Folge, dass Synapsen neu gebildet und vergrößert werden.

D

deklaratives oder auch **explizites Gedächtnis:** zuständig für die Speicherung von Fakten und Ereignissen, die verbal wiedergegeben werden können

Dendriten: stark verzweigte Zellfortsätze eines Neurons, die eine baumkronenähnliche Struktur aufweisen

Depolarisation: kurzfristige Umkehr der Spannungsverhältnisse an der Axonmembran aufgrund der Öffnung spannungsgesteuerter Natriumionenkanäle und dadurch einströmende Natriumionen im Verlauf eines Aktionspotenzials

digitale Codierung: Alles-oder-nichts-Prinzip bei Aktionspotenzialen. Die Stärke des Reizes wird durch die Frequenz codiert.

E

efferente Neuronen: leiten Signale vom ZNS zu den jeweiligen Muskeln.

elektrische Kopplung: passive Weiterleitung des elektrischen Signals aufgrund des Ionenstroms an einer elektrischen Synapse, die über Proteinkanäle, die Gap junctions, gebildet wird

Elektro- und Magnetrezeptoren: Sie registrieren elektrische beziehungsweise magnetische Felder, beispielsweise bei Haien und Zitteraalen.

emotionales Gedächtnis: Es speichert die mit dem Erlebten oder Gelernten verbundenen Gefühle.

endokrine Drüse: Sie gibt ihr Sekret ins Körperinnere ab.

explizites Gedächtnis: Hier werden Fakten und Wortbedeutungen sowie Erinnerungen an Ereignisse gespeichert.

exzitatorisches postsynaptisches Potenzial: entsteht durch Depolarisation der postsynaptischen Membran an einer erregenden Synapse.

F

Flight-or-fight-Reaktion: Aktivierung des Sympathikus mit der Folge einer leistungssteigernden Reaktion des Organismus

Fotorezeptor: Lichtsinneszelle in der Netzhaut des Auges. Es gibt zwei Typen Fotorezeptoren: Stäbchen sind lichtempfindlicher und für das Sehen bei Dämmerung, Zapfen für das Farbensehen zuständig.

G

Gewebehormon: wird nicht von einer Drüse, sondern von einer Einzelzelle produziert und gelangt meist über Diffusion zu Zielzellen in der näheren Umgebung.

glandotropes Hormon: Es kontrolliert die Aktivität einer anderen Hormondrüse.

Gleichgewichtspotenzial: berechnetes Potenzial für eine Ionenart am Neuron. Es resultiert aus dem elektrischen Potenzial und den entgegengesetzt gerichteten Anziehungskräften aufgrund des Konzentrationsgradienten.

Gleitfilamenttheorie: Modellvorstellung zur Kontraktion der Sarkomere, nach welcher Aktin- und Myosinfilamente durch die Beweglichkeit des Myosinköpfchens aneinander vorbeigleiten

Gliazellen: Zellen des Nervensystems, die kleiner als Neuronen sind und diese unterstützen

G-Protein: Protein mit dem Cosubstrat GDP. Es wird durch einen Neurotransmitter aktiviert und wirkt indirekt als Second Messenger auf Ionenkanäle.

Großhirn: übergeordnetes Zentrum für die Verarbeitung von Sinneseindrücken und des Bewusstseins

Großhirnrinde, Cortex: äußerer Teil des Großhirns und übergeordnetes sensorisches und motorisches Zentrum der Säugetiere. Der Cortex gliedert sich in Stirnlappen, Scheitellappen, Schläfenlappen und Hinterhauptlappen.

H

Hemisphären: Unterteilung des Großhirns in eine rechte und eine linke Hälfte, die durch ein Nervenbündel, den Balken, verbunden sind

Homöostase: Konstanthaltung eines inneren Milieus durch Regulation

Hormon: chemischer Botenstoff mit regulatorischer Funktion, der von spezialisierten Zellen produziert und über Blut und Lymphe zu spezifischen Zielzellen transportiert wird

hormonelle Stressachse: Der Hypothalamus bewirkt über die Ausschüttung verschiedener Peptidhormone der Hypophyse die Freisetzung des Steroidhormons Cortisol durch die Nebennierenrinde.

Hyperpolarisation: kurzfristig erhöhte Spannung am Ende eines Aktionspotenzials über das Ruhepotenzial hinaus

I

implizites Gedächtnis: Es umfasst Fertigkeiten, Gewohnheiten und Regeln.

inhibitorisches postsynaptisches Potenzial: entsteht durch Hyperpolarisation der postsynaptischen Membran an einer hemmenden Synapse.

Interneuron: Verschaltungsneuron

Ionenkanäle: Kanäle in der Zellmembran, die für bestimmte Ionen selektiv permeabel sind

K

Kaliumionenhintergrundkanäle: ständig geöffnete Kaliumionenkanäle, die das Ruhepotenzial eines Axons besonders bestimmen

Kurzzeitgedächtnis: primäres Gedächtnis zur kurzzeitigen Informationsspeicherung

L

Langzeitgedächtnis: permanentes Gedächtnis, das Informationen über Tage, Monate oder das ganze Leben speichert

Langzeitpotenzierung, LTP: Die Steigerung der Übertragungsrate an Synapsen durch Aktivierung einer bestimmten neuronalen Verbindung bildet die zelluläre und molekulare Grundlage des Lernens.

Langzeitstress: dauerhafte Aktivierung der Stressachsen. Bluthochdruck und Anfälligkeit für Infektionskrankheiten können hierdurch ausgelöst werden.

laterale Hemmung: Kontrastverstärkung durch Hemmung der Nachbarrezeptoren.

M

Mechanorezeptoren: reagieren auf mechanische Reize, beispielsweise beim Tastsinn, beim Hörsinn und im Gleichgewichtsorgan.

Membranpotenzial: gemessene Spannung am Neuron zwischen Zellaußenseite und Zellinnenseite

Modulation: Beeinflussung der Erregbarkeit von Neuronen durch Second-Messenger-Übertragungswege.

multipolare Zellen: Neuronen mit einer starken Verästelung der Dendriten. Hierzu gehören die Purkinje-Zellen im Kleinhirn.

Myelinscheide: Lipidschicht um die Axone von Wirbeltieren, die sie elektrisch isoliert. Sie wird von spezifischen Gliazellen gebildet. Die Gliazellen umwickeln das Axon, sodass ihre Zellmembranen dicht aneinanderliegen.

Myosinfilament: Bündel von Myosinmolekülen mit kugelförmigen Köpfen und einem fadenartigen Fortsatz

N

Natrium-Kalium-Pumpe: Carrierprotein in der Axonmembran, das Kaliumionen in das Neuron und Natriumionen aus dem Neuron unter ATP-Verbrauch herausbefördert

negative Rückkopplung: Wirkungsprinzip, bei dem ein Stoff hemmend auf die eigene Herstellung wirkt

neuromuskuläre Synapse, motorische Endplatte: Synapse zwischen Motoneuron und Muskelfaser

Neuron oder Nervenzelle: ist ein spezialisierter Zelltyp, der Informationen in Form von elektrischen Signalen verarbeiten und weiterleiten kann.

neuronale Plastizität: lebenslange Fähigkeit des Gehirns, neue Verknüpfungen zu bilden und bestehende zu verändern

neuronale Stressachse: durch den Hypothalamus ausgelöste Ausschüttung des Neurotransmitters Noradrenalin im Hirnstamm

Neurotoxine: Giftstoffe, die das Nervensystem angreifen und die Informationsübertragung stören.

O

Oligodendrocyten: Gliazellen, die die Myelinscheide im zentralen Nervensystem bilden

Opioid-Rezeptor: Rezeptormolekül für körpereigene Endorphine und Opioide pflanzlicher Herkunft

P

Parasympathikus: Antagonist des Sympathikus, der grundsätzlich der Erholung und Regeneration dient

Patch-Clamp-Technik: in den 1970er-Jahren entwickelte Methode zur Messung der Spannung an einzelnen Ionenkanälen

peripheres Nervensystem: Bezeichnung für alle Neuronen, die Informationen von den Körpergeweben zum ZNS oder vom ZNS zu den Geweben leiten

Potenzialdifferenz: gemessene Spannung zwischen der Zellinnenseite und der Zellaußenseite aufgrund der unterschiedlichen Verteilung geladener Ionen

Proteohormon: Es gehört zu den Proteinen, ist wasserlöslich und bindet extrazellulär an die Zielzelle.

Prozedurales oder auch **implizites Gedächtnis:** speichert erlerntes Wissen, das nicht verbalisiert werden kann wie Fertigkeiten und Verhaltensweisen.

psychische Abhängigkeit: Verlangen nach Drogen zur Erlangung eines Lustgefühls oder zur Vermeidung von Unwohlsein

psychoaktive Substanz: zugeführter Wirkstoff, der auf die Psyche und das Bewusstsein wirkt

R

Ranvier-Schnürringe: freiliegende Abschnitte der Axone zwischen den Myelinscheiden. Sie ermöglichen eine schnelle Erregungsleitung.

räumliche Summation: An mehreren erregenden Synapsen kommt es zeitgleich zu Depolarisationen, die miteinander verrechnet werden.

Refraktärzeit: Zeitraum verminderter Erregbarkeit eines bestimmten Bereichs der Axonmembran nach Durchlauf eines Aktionspotenzials

Reizmodalität: Art des Reizes, beispielsweise Lichtreiz oder Schallwellen. Rezeptoren sind spezifisch für jeweils eine Reizmodalität.

Repolarisation: Rückkehr zu den ursprünglichen Spannungsverhältnissen am Axon durch Ausströmen der Kaliumionen nach Öffnen der spannungsgesteuerten Kaliumionenkanäle während eines Aktionspotenzials.

rezeptives Feld: Funktionseinheit kreisförmig zusammenstehender Fotorezeptoren

Rindenfelder: Gliederung der Großhirnrinde in verschiedene sensorische und motorische Funktionsbereiche

Rückenmark: schließt an den Hirnstamm an und verläuft innerhalb der Wirbelsäule. Es leitet alle afferenten Signale zum Gehirn und alle efferenten Signale zu den Muskeln.

Ruhepotenzial: gemessene Spannung zwischen dem Axoninneren und der extrazellulären Umgebung im Ruhezustand eines Neurons

S

saltatorische Erregungsleitung: Aktionspotenziale springen an myelinisierten Neuronen von Ranvier-Schnürring zu Ranvier-Schnürring und werden deshalb erheblich schneller weitergeleitet als an nicht myelinisierten Neuronen.

Schwann-Zellen: Gliazellen, die die Myelinscheide im peripheren Nervensystem bilden

Schwellenwert: Bezeichnung für die Spannung, die das Membranpotenzial mindestens erreichen muss, damit ein Aktionspotenzial ausgelöst wird

Second-Messenger: sekundärer Botenstoff, der Signale verstärkt

sekundäre Sinneszellen: besitzen kein Axon und können kein Aktionspotenzial auslösen. Beispiele sind Fotorezeptoren und Hörsinneszellen.

Sensitivierung: Kombination zweier Reize zur experimentellen Untersuchung von Lernvorgängen

Signaltransduktion: Verarbeitung eines Reizes über einen Verstärkungsmechanismus zu elektrischen Signalen

Soma: Zellkörper eines Neurons

somatisches Nervensystem: ist für alle Prozesse zuständig, die willkürlich gesteuert werden, z. B. muskelkoordinierte Bewegungsabläufe

spannungsgesteuerte Ionenkanäle: Ionenkanäle, die sich öffnen, sobald an der Axonmembran eine bestimmte Spannung erreicht wird

Steroidhormon: Es ist lipidlöslich, gelangt daher im Blut mithilfe von Transportproteinen zu den Zielzellen, passiert leicht die Zellmembran und bindet intrazellulär an einen Transkriptionsfaktor.

Strickleiternervensystem: Zwei Nervenstränge sind über Ganglien miteinander verknüpft.

Suchtgedächtnis: Veränderungen in bestimmten Gehirnregionen nach Einnahme von psychoaktiven Substanzen halten das Verlangen nach dem Suchtmittel aufrecht.

Sympathikus: Teil des vegetativen Nervensystems, der grundsätzlich eine Leistungssteigerung des Organismus bewirkt

Synapse: Kontaktstelle zwischen zwei Neuronen

Synapsenendknöpfchen: verdickte Struktur am Ende eines Axons. Da Axone häufig verzweigt sind, weisen sie eine Vielzahl an Synapsenendknöpfchen auf.

synaptische Integration: Verrechnung aller an einer Synapse erzeugten Potenziale

T

Tau-Proteine: lagern sich an Mikrotubuli an und stabilisieren diese dadurch.

Tetanus: dauerhafte Muskelkontraktion

Tetrahydrocannabinol, THC: psychoaktive Substanz der Hanfpflanze Cannabis

Thermorezeptoren: temperaturempfindliche Sinneszellen

Toleranz: Der wiederholte Konsum psychoaktiver Substanzen führt zu einer immer schwächeren Wirkung dieser Substanz.

transmittergesteuerte Ionenkanäle: Ionenkanäle, die sich nur öffnen, wenn bestimmte Neurotransmitter an ihre spezifischen Rezeptoren binden

U

unipolare Zellen: Neuronen mit nur einem Zellfortsatz. Sie kommen bei den meisten wirbellosen Tieren vor.

V

vegetatives Nervensystem: Teil des peripheren Nervensystems, das für die unwillkürliche Steuerung grundlegender Lebensfunktionen verantwortlich ist

visueller Cortex oder auch Sehrinde: Bereich der Großhirnrinde, der für die Verarbeitung der visuellen Wahrnehmung verantwortlich ist

W

Wirbeltiergehirn: besteht aus fünf Gehirnabschnitten, die sich während der Embryonalentwicklung bilden: Großhirn, Zwischenhirn, Mittelhirn, Kleinhirn und Nachhirn.

Z

zeitliche Summation: Die an einer Synapse entstehenden postsynaptischen Potenziale werden miteinander verrechnet.

zentrales Nervensystem, ZNS: gliedert sich in Gehirn und Rückenmark. Hier werden alle wichtigen Informationen verarbeitet und finden wichtige Steuerungsprozesse statt.

Zwischenhirn: gliedert sich in Thalamus und Hypothalamus. Der Thalamus verarbeitet sensorische und motorische Informationen und leitet sie zum Großhirn. Der Hypothalamus reguliert das autonome Nervensystem und ist für die Regulation des Hormonhaushalts verantwortlich.

5

Ökologie

- Die Wirkung abiotischer Faktoren wie Umgebungstemperatur, Licht und Wasserverfügbarkeit auf die Lebensprozesse von Pflanzen und Tieren wird untersucht und verschiedene Angepasstheiten an die Umweltbedingungen werden verglichen.

- Die dynamische Entwicklung von Populationen sowie intra- und interspezifische Konkurrenz werden erläutert und das Konzept der ökologischen Nische wird erklärt.

- Der Energiefluss in Nahrungsnetzen und Wechselwirkungen von Räuber-Beute-Beziehungen, Symbiose und Parasitismus als Formen interspezifischer Beziehungen werden erläutert.

- Merkmale, Lebensbedingungen und dynamische Prozesse der Ökosysteme Wald und Fließgewässer werden vorgestellt. Die Nahrungsbeziehungen zwischen den jeweiligen Organismengruppen werden erklärt. Praktische Methoden zur Untersuchung von Waldstandorten und Gewässern werden demonstriert.

- Stoffkreisläufe und die Wirkung menschlicher Eingriffe wie Stickstoffeintrag und Verbrauch fossiler Brennstoffe werden erläutert.

- Die Ursachen und Probleme des zunehmenden Ressourcenverbrauchs, der Umweltbelastungen und des Klimawandels werden dem Konzept der Nachhaltigkeit gegenübergestellt und Handlungsoptionen werden aufgezeigt.

- Die Bedeutung der Biodiversität und ihre Bedrohung durch Eingriffe des Menschen werden erläutert sowie Schutzmaßnahmen vorgestellt.

Eine Blütenfledermaus (*Glossophaga soricina*) besucht die Blüten einer Bananenstaude. Mit ihrer langen Zunge reicht sie tief in die röhrenförmigen Bananenblüten und gelangt dort an den nahrhaften Nektar. Tier und Pflanze sind optimal aneinander angepasst und bilden eine Symbiose. Welche Vorteile haben beide Seiten von dieser engen Beziehung?

5.1 Tiere und Temperatur

1 „Badetag“ bei den Rotgesichtsmakaken

Im Norden der japanischen Insel Honshu liegt lange meterhoch Schnee. Eine Gruppe der hier lebenden Rotgesichtsmakaken überlebt in der kalten Jahreszeit auf außergewöhnliche Weise: Sie wärmen sich stundenlang in dem 35 bis 40 °C heißen Wasser der Thermalquellen von Yukanaka auf. Wie ist dieses Verhalten zu verstehen?

Temperatur und Stoffwechsel • Lebensvorgänge sind an temperaturabhängige physikalisch-chemische Prozesse gebunden. Eine Temperaturerhöhung um 10 °C steigert die Stoffwechselleistung um das Zwei- bis Dreifache. Ein Absenken auf 0 °C führt dagegen zu einer Verlangsamung der Stoffwechselprozesse. Diesen Zusammenhang nennt man **Reaktionsgeschwindigkeit-Temperatur-Regel** oder **RGT-Regel**. Aufgrund der chemischen Zusammensetzung der Lebewesen laufen nur in einem begrenzten Temperaturbereich Stoffwechselprozesse ab. Bei hohen Temperaturen kommt es zu einer Denaturierung der Proteine. Sie verlieren ihre reguläre räumliche Struktur und damit ihre Funktion. Sinkt die Temperatur unter 0 °C, gefriert Wasser in den Zellen, und das Gewebe wird dadurch irreversibel geschädigt. Lebewesen können die Ausprägung einzelner Umweltfaktoren mehr oder weniger gut ertragen: Sie besitzen eine unterschiedliche Toleranz gegenüber Temperatur und anderen Umweltfaktoren.

Tiere können bei ungünstigen Bedingungen Bereiche ihres Lebensraums aufsuchen, in denen die jeweiligen Faktoren günstiger sind. Die meisten Marienkäfer halten sich in einem Temperaturbereich zwischen 15 und 21 °C auf. Der Wirkungsbereich eines Umweltfaktors, in dem die Individuen einer Art besonders gut gedeihen, wird als **physiologisches Optimum** bezeichnet. Je stärker die Intensität des Faktors vom Optimum abweicht, desto mehr wird die Lebensaktivität eingeschränkt. Das Wachstum kann vermindert oder die Nachkommenschaft verringert sein.

griech. stenos = eng
griech. eurys = breit
griech. thermos = warm

In der grafischen Darstellung ergeben sich entsprechende **Toleranzkurven**, die meist den typischen Verlauf einer Optimumskurve zeigen. Die Grenzwerte stellen das Minimum oder Maximum dar, das von einem Organismus langfristig ertragen wird. Ein Über- oder Unterschreiten dieser Werte schwächt den Organismus und ist schließlich tödlich. Die Spanne zwischen Minimum und Maximum nennt man **Toleranzbereich**. Er kann enger oder weiter sein. Bachforellen haben optimale Bedingungen bei einer Wassertemperatur zwischen 14 und 17 °C. Karpfen zeigen aber einen Toleranzbereich von 15 bis 32 °C. Die Bachforelle toleriert nur geringfügige Temperaturschwankungen und wird als **stenotherm** bezeichnet. **Eurytherme** Arten wie Karpfen ertragen hingegen auch größere Temperaturschwankungen.

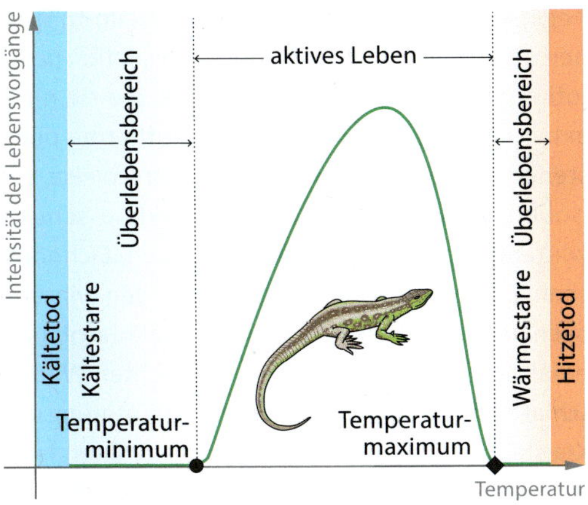

2 Temperaturtoleranzkurve von Poikilothermen

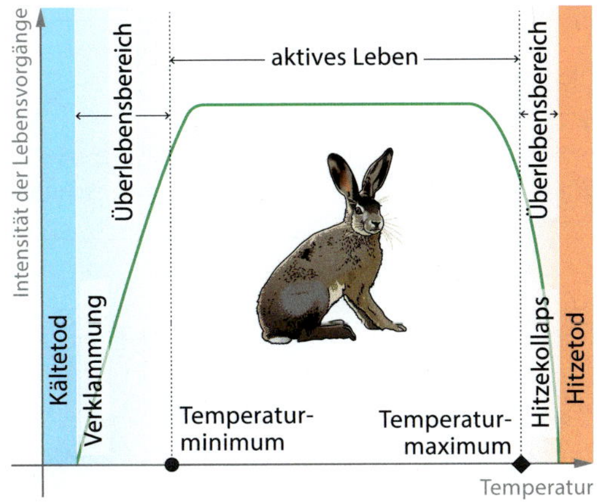

3 Temperaturtoleranzkurve von Homoiothermen

Wechselwarme Tiere • In kühlen Morgenstunden suchen Zauneidechsen sonnige Plätze auf. Dort lassen sie ihre Körper von der Sonne aufwärmen. Erreicht die Körpertemperatur etwa 35 °C, werden die Tiere aktiv. Steigt die Temperatur noch weiter an, ziehen sie sich in den Schatten zurück. Tiere wie die Zauneidechse, deren Körpertemperatur und damit auch die Aktivität passiv der Umgebungstemperatur folgen, bezeichnet man als wechselwarm oder **poikilotherm**. Poikilotherm sind alle Wirbellosen sowie Fische, Amphibien und Reptilien. Sie steuern ihre Körpertemperatur, indem sie sonnige oder schattige Bereiche aufsuchen. Liegt die Umgebungstemperatur außerhalb der unteren oder oberen Toleranzbereiche, verfallen poikilotherme Tiere in eine **Kältestarre** beziehungsweise **Wärmestarre**.

Sie haben eine niedrige Stoffwechselrate, die weitgehend von der Umgebungstemperatur bestimmt ist, und benötigen zur Aufrechterhaltung des Wärmehaushalts nur wenig Energie. Wegen ihres geringen Energiebedarfs besiedeln einige poikilotherme Tierarten auch Lebensräume mit eingeschränkten Nahrungs- und Wasserressourcen.

Wärmeenergie nehmen poikilotherme Tiere über ihre gesamte Körperoberfläche auf. Das Verhältnis zwischen Körperoberfläche und Körpervolumen ist ausschlaggebend für die Aufrechterhaltung der Körpertemperatur. Somit besteht eine Obergrenze der Körpergröße poikilothermer Tiere. Das Verbreitungsgebiet größerer Poikilothermer wie Alligatoren und Anakondas ist weitgehend auf die Tropen und Subtropen begrenzt.

Gleichwarme Tiere • Vögel und Säugetiere können ihre Körpertemperatur weitgehend unabhängig von der Außentemperatur in einem physiologisch optimalen Bereich zwischen etwa 36 und 40 °C halten. Sie werden daher als gleichwarm oder **homoiotherm** bezeichnet. Auf sinkende Umgebungstemperaturen reagieren gleichwarme Tiere mit einer Erhöhung der Stoffwechselrate. Es wird also mehr chemisch gebundene Energie in Wärmeenergie umgewandelt. Homoiotherme Tiere können zudem über eine Reihe von Regulationsmechanismen ihre Körpertemperatur weitgehend konstant halten. Bei zu hohen Temperaturen wirken bestimmte Kühlmechanismen wie das Schwitzen, Hecheln oder das aktive Aufsuchen von Schatten. Bei niedrigen Temperaturen helfen hingegen ein gut isolierendes Fell oder Federkleid und eine Speckschicht, die zudem als Energiespeicher dient.

griech. homoios = gleichartig

griech. poikilos = abweichend

Homoiotherme können ihre Körpertemperatur und damit auch die Intensität der Lebensvorgänge weitgehend unabhängig von der Außentemperatur konstant halten. Hierdurch können sie länger im Bereich höchster Aktivität bleiben. Sie sind leistungsfähiger bei der Nahrungssuche und bei der Flucht vor Räubern. Homoiotherme brauchen aber viel Energie. Je mehr sich Umgebungstemperatur und Körpertemperatur unterscheiden, desto höher ist der Energiebedarf.

Vögel und Säuger müssen daher viel Nahrung aufnehmen. Nur ein geringfügiger Anteil der darin enthaltenen Energie wird in Wachstumsprozesse investiert, während der Großteil zur Erzeugung von Körperwärme oder der Kühlung dient.

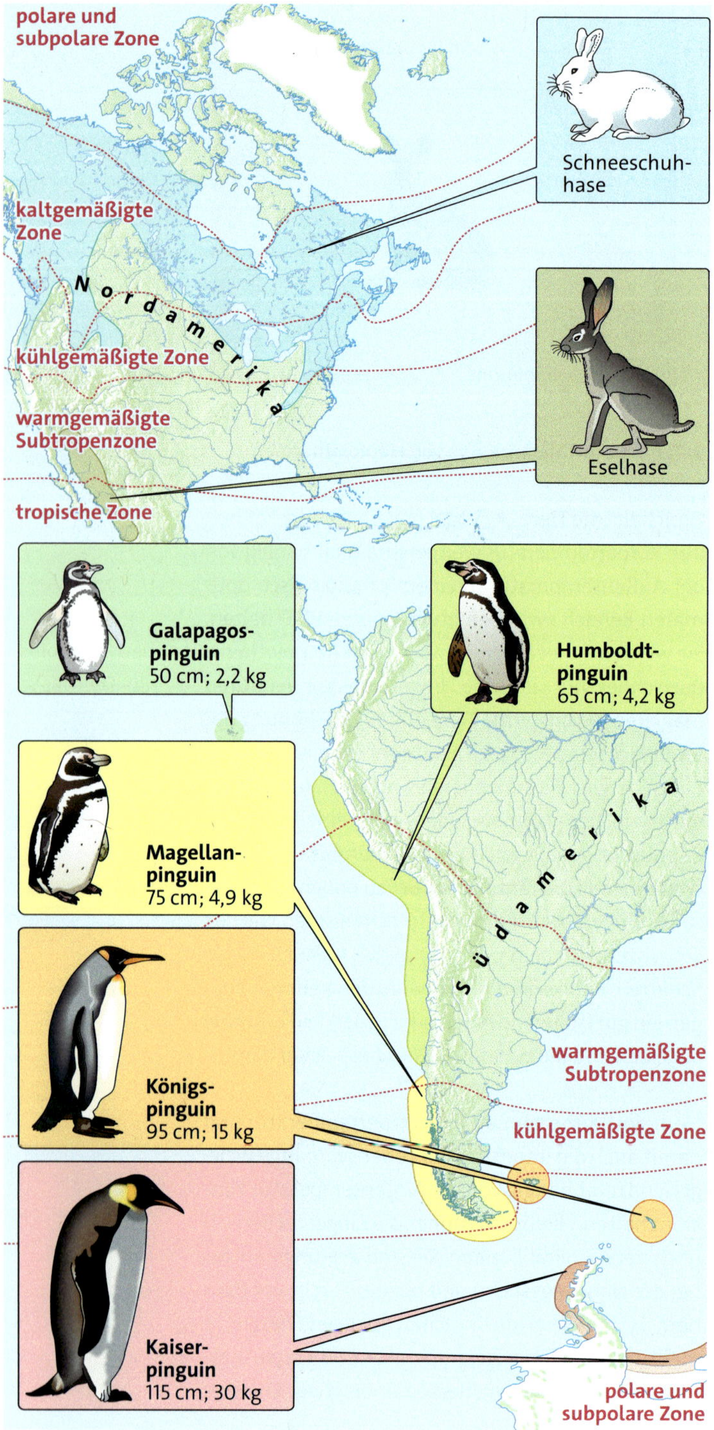

1 Tiergeografische Regeln

1 Erklären Sie, warum kleine Körper grundsätzlich mehr Wärme verlieren als größere.

2 Begründen Sie, warum die Bergmann'sche Regel nicht auf Poikilotherme zutrifft.

Angepasstheit an die Jahreszeiten • Wenn im Spätherbst die Außentemperaturen sinken, fallen poikilotherme Tiere in eine **Winterstarre**, die sie nicht aktiv unterbrechen können. Homoiotherme überstehen die kalte Jahreszeit auf andere Weise. Ein isolierendes Winterfell oder Federkleid schützt winteraktive Tiere vor Wärmeverlusten. Eichhörnchen, Dachse und Braunbären setzen den winterlichen Nahrungsbedarf durch lange Schlafphasen herab. Sie halten **Winterruhe**. Beim echten **Winterschlaf** sinkt die Körpertemperatur stark, Atmung und Kreislaufaktivität werden reduziert, der Energiebedarf wird minimiert. Im Gegensatz zu den Poikilothermen wird die Körpertemperatur auch im Winterschlaf weiterhin reguliert und bei zu niedrigen Außentemperaturen erhöht. Typische Winterschläfer sind Fledermäuse und Siebenschläfer, Insektenfresser und Nager, die im Winter keine oder sehr wenig Nahrung finden.

Tiergeografische Regeln • Der Physiologe Carl Bergmann untersuchte die Beziehung zwischen Umgebungstemperatur und der Morphologie von Tierarten. Dabei stellte er fest, dass Wüstenfüchse wie der Fennek nur etwa 65 cm groß sind, Polarfüchse hingegen bis zu 90 cm. Homoiotherme Tiere kalter Gebiete sind tatsächlich oft größer als nah verwandte Arten wärmerer Gebiete. Das lässt sich so erklären: Bei einer Vergrößerung des Körpers nimmt die Oberfläche weniger stark zu als das Volumen. Bei kleiner relativer Körperoberfläche ist somit auch der Wärmeverlust geringer. Dieser Zusammenhang wird als **Bergmann'sche Regel** bezeichnet. Die Bergmann'sche Regel trifft vor allem auf Tiere mit großer geografischer Verbreitung wie Braunbären oder Pinguine zu, die jeweils in Polnähe größer sind. Die Körpergröße hängt aber auch vom Nahrungsangebot ab und nicht nur von der Umgebungstemperatur.

Innerhalb der Verwandtschaftsreihe der Arten Fennek (Wüste), Rotfuchs (gemäßigte Breiten) und Polarfuchs (Tundra) nimmt ferner die Länge der Ohren und Beine ab. In kalten Regionen ist die relative Länge der Körperanhänge bei homoiothermen Organismen geringer als bei verwandten Arten in wärmeren Gebieten. Damit wird die Körperoberfläche weiter verringert und der Wärmeverlust reduziert. Dies bezeichnet man als **Allen'sche Regel**.

Versuch A Modellversuch zur Bergmann'schen Regel

Versuchsmaterial:

- 2 verschieden große Rundkolben
- 2 passende Stopfen
- Alufolie
- Thermometer
- Watte
- Kordel oder Gummibänder
- Stative mit Klemmen und Muffen
- Wasserkocher
- Wasser

1 Entwickeln Sie mit den Materialien einen Modellversuch zur Bergmann'schen Regel. Begründen Sie Ihre Planung. Überlegen Sie auch, welche Messmethode Sie einsetzen möchten und wie häufig beziehungsweise wie lange Sie messen sollten.

2 Führen Sie den von Ihnen entwickelten Versuch durch und notieren Sie die Messdaten.

3 Stellen Sie die Messwerte grafisch dar.

4 Deuten Sie die Ergebnisse Ihres Versuchs und stellen Sie Bezüge zu den realen Verhältnissen her.

5 Erklären Sie, weshalb kleine Säuger und Vögel in Polargebieten kaum vertreten sind.

Versuch B Modellversuch zur Allen'schen Regel

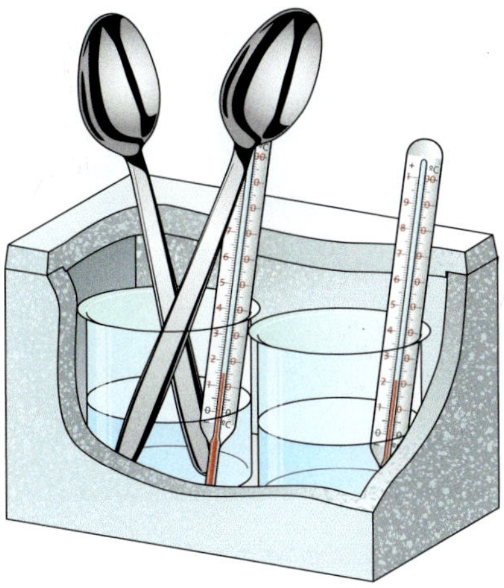

Versuchsmaterial:

- 2 Filmdöschen oder kleine Bechergläser
- 2 Edelstahllöffel oder Spatel
- 2 Thermometer
- 1 Styroporbox

1 Führen Sie den Versuch wie abgebildet durch und notieren Sie die Wassertemperaturen zu Beginn, nach 2, 5, 10 und 15 min.

2 Übertragen Sie die Messwerte in ein Koordinatensystem.

3 Werten Sie die Ergebnisse aus und erläutern Sie an mindestens einem Beispiel die zugrunde liegenden ökologischen Sachverhalte.

4 Beurteilen Sie die Übertragbarkeit des Modellversuchs auf die Verhältnisse bei lebenden Tieren.

Material C Embryonalentwicklung der Schildwanze

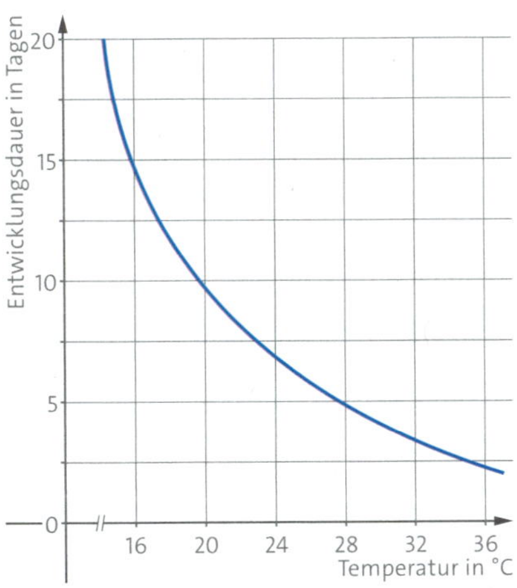

1 Beschreiben Sie die Versuchsergebnisse zur Embryonalentwicklung der Schildwanze.

2 Erklären Sie den Kurvenverlauf unter Einbezug der zugrunde liegenden Stoffwechselprozesse.

3 Entscheiden Sie begründet, ob die RGT-Regel auf die vorliegende Untersuchung angewendet werden kann.

5.2 Einfluss von Licht auf Tiere und Pflanzen

1 Sonnenblumenfeld

Goldgelb strahlen die Blüten der Sonnenblumen im Licht der Sommersonne. Dabei fällt auf, dass sich alle Pflanzen in eine Richtung orientieren – offenbar immer dem Sonnenlicht entgegen. Und so lautet der französische Name der Sonnenblume auch „tournesol", was so viel bedeutet wie „die sich zur Sonne dreht". Aber ist dies wirklich so, und wenn ja, welche Faktoren spielen dabei eine Rolle?

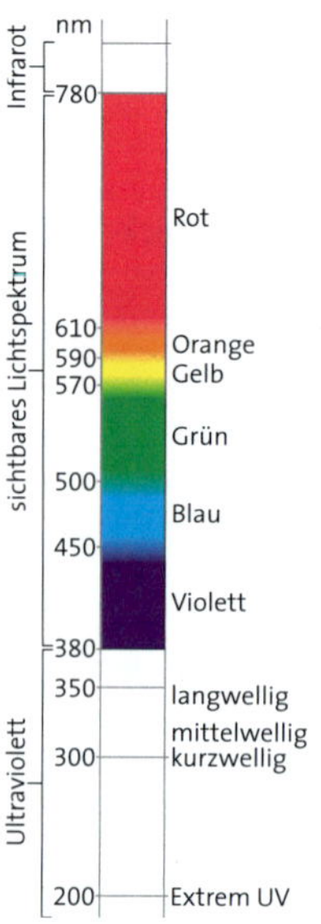

2 Spektrum elektromagnetischer Strahlung

Licht als Energiequelle • Die Sonne ist trotz ihrer großen Entfernung die stärkste und dadurch wichtigste Energiequelle für das Klima und das Leben auf der Erde. Den Anteil der Sonnenstrahlung, der auf der Erde ankommt, bezeichnet man als Globalstrahlung. Sonnenlicht ist elektromagnetische Strahlung. Das Spektrum dieser elektromagnetischen Strahlung umfasst nicht nur das sichtbare Licht mit Wellenlängen zwischen 400 und 760 nm. Hinzu kommen das unsichtbare ultraviolette Licht und die unsichtbare infrarote Wärmestrahlung.
Licht, das auf ein Objekt trifft, zum Beispiel das Blatt einer Pflanze, wird beim Auftreffen je nach seiner Wellenlänge unterschiedlich beeinflusst. Einige Anteile werden ungehindert durchgelassen, andere werden zurückgeworfen, also reflektiert. Die restlichen Wellenlängenbereiche werden aufgenommen, also absorbiert. Bei dieser Absorption wird Energie aus dem Licht in die Strukturen des Objekts übertragen. Die Absorption von Strahlung zu Beginn der Fotosynthese erfolgt mithilfe von Pigmenten wie Chlorophyll oder Carotin in einem Wellenlängenbereich von 380 bis 710 nm. Diesen Bereich bezeichnet man daher auch als **fotosynthetisch aktive Strahlung.**
Im Verlauf der Fotosynthese wird die absorbierte Lichtenergie in chemisch gebundene Energie umgewandelt. Sie ist dann in organischen Molekülen wie Glucose oder Stärke gebunden und steht so allen Lebewesen für die weiteren Lebensprozesse zur Verfügung. Licht ist somit ein entscheidender abiotischer Faktor für das Leben auf der Erde.

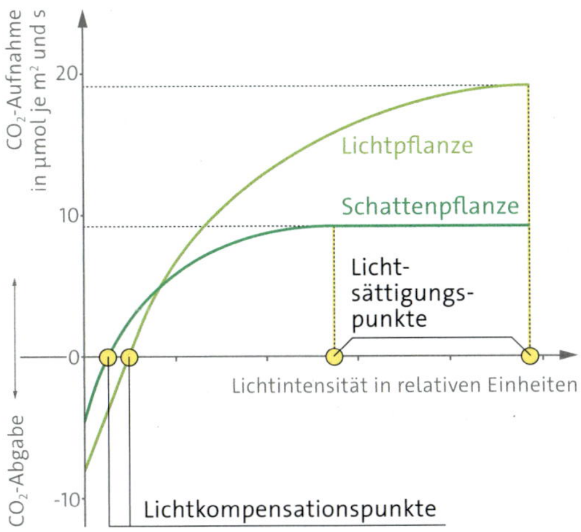

3 Einfluss verschiedener Lichtintensitäten auf die Fotosyntheseleistung bei Licht- und Schattenpflanzen

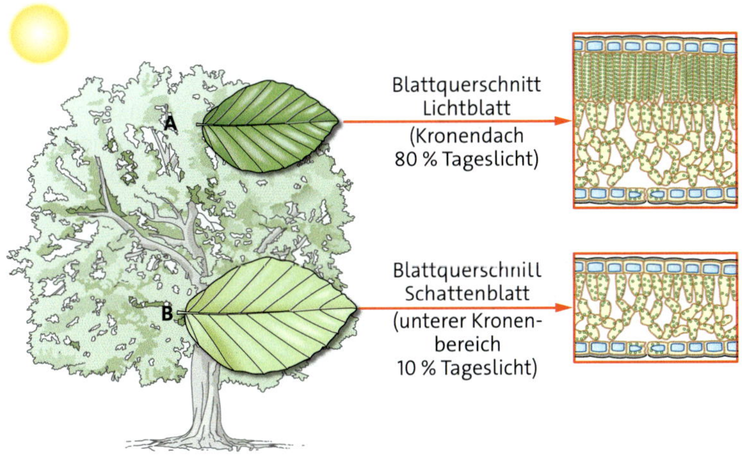

4 Blattquerschnitte einer Buche:
A Lichtblatt, **B** Schattenblatt

Einfluss von Licht auf Pflanzen • Das Vorkommen einer Pflanzenart wird wesentlich durch die Intensität der Sonneneinstrahlung am Standort bedingt. Im Frühjahr sind die Kronen der Laubbäume noch licht, sodass sich durch die fehlende Belaubung am Boden ein dichter Bewuchs aus krautigen Pflanzen entwickeln kann. Mit dem Blattaustrieb im Frühsommer gelangt zunehmend weniger Licht in die unteren Stockwerke des Waldes, in dichten Mischwäldern beispielsweise nur noch etwa 2 % der Lichtintensität, die auf die oberen Blätter fällt. Viele krautige Pflanzen, die an höhere Strahlungsintensitäten angepasst sind, können unter diesen Bedingungen nicht existieren. Sie sind im Hochsommer nicht mehr am Waldboden zu finden. Arten wie Waldsauerklee und Aronstab erreichen jedoch auch bei wenig Licht eine positive Fotosynthesebilanz und werden als **Schattenpflanzen** bezeichnet. Sie können sich im Sommer am Waldboden noch ausbreiten. Rotklee und Waldkiefer gedeihen dagegen nur an Standorten mit hoher Lichtintensität und werden deshalb **Lichtpflanzen** genannt. Betrachtet man ihre Fotosyntheseaktivität in Abhängigkeit von der Lichtintensität, erkennt man, dass sie eine höhere Lichtintensität benötigen, um durch die Fotosyntheseleistung so viel CO_2 aufzunehmen, wie sie durch die Zellatmung abgeben. Neben diesem höheren Lichtkompensationspunkt zeichnet sie aus, bei hohen Lichtintensitäten die Fotosyntheseleistung weiter zu steigern, sodass sie auch einen höheren Lichtsättigungspunkt besitzen. Diese Unterschiede zwischen Licht- und Schattenpflanzen hängen mit physiologischen und morphologischen Angepasstheiten zusammen. So hat der Wurmfarn als typische Schattenpflanze meist große und dünne Blätter mit einschichtigem Palisadengewebe und lockerem Schwammgewebe. Dieser Blattaufbau ist charakteristisch für Pflanzen an lichtarmen Standorten und entspricht dem eines **Schattenblatts**. Die Blätter des Rotklees entsprechen mit ihrem mehrschichtigen chloroplastenreichen Palisadengewebe dagegen dem Aufbau eines **Lichtblatts**. Beide Blatttypen findet man auch in der Krone dicht belaubter Bäume wie der Rotbuche. Hier herrschen ebenfalls je nach Lage andere Lichtverhältnisse, die zur Ausbildung verschiedener Blattformen führen.
Licht beeinflusst nicht nur die Gestalt von Pflanzenarten, es ermöglicht auch die Orientierung in Raum und Zeit und steuert Wachstums- und Entwicklungsprozesse. So richten sich Blätter und Knospen einer wachsenden Sonnenblume nach der Sonne aus. Es handelt sich um eine Reaktion, die als **Fototropismus** bezeichnet wird. Ungleiche Belichtung führt dabei zu einer erhöhten Konzentration des Wachstumshormons Auxin in den Zellen der lichtabgewandten Seite. Die Zellen wachsen so schneller in die Länge und richten Blätter und Knospen zum Licht aus.

griech. phos = Licht
griech. trepein = „wende“

1 Erklären Sie den Einfluss verschiedener Lichtintensitäten auf die Fotosyntheseleistung von Licht- und Schattenpflanzen anhand Abbildung 3.

2 Beschreiben und erklären Sie den unterschiedlichen Aufbau von Licht- und Schattenblättern am Beispiel der Rotbuche.

lat. circa = ungefähr
lat. dies = Tag

1 Vogeluhr

Einfluss von Licht auf Tiere • Einzelne Singvogelarten wie der Gartenrotschwanz oder das Rotkehlchen beginnen zu unterschiedlichen Zeitpunkten in den frühen Morgenstunden mit ihrem Gesang. Der genaue Zeitpunkt steht im Zusammenhang mit der jeweils vorhandenen Lichtintensität. Da der Sonnenaufgang wiederum von der jeweiligen Jahreszeit und dem geografischen Ort abhängig ist, ergibt sich für verschiedene Gebiete gleichzeitig eine unterschiedliche Taktung. Diese Taktung wird auch Vogeluhr genannt. Sie ist das Ergebnis aus dem Zusammenspiel verschiedener physiologischer Faktoren wie aktueller Körpertemperatur und momentaner Hormonausschüttung. Diese werden unter anderem auch durch die Tageslänge oder **Fotoperiode** beeinflusst.

Fotoperiodische Aktivitäten wie der Vogelgesang werden ausgelöst, wenn der Anteil der hellen Stunden eines Tages eine bestimmte Schwelle unter- oder überschreitet. Diese **kritische Tageslänge** ist genetisch festgelegt und weitgehend artspezifisch. Die Kontrolle tages- oder jahreszeitlicher Aktivitäten durch den täglichen Licht- und Dunkelwechsel wird auch als **Fotoperiodismus** bezeichnet.

Ein anderes Beispiel dafür ist die Entwicklung des Landkärtchens, eines in Mittel- und Osteuropa beheimateten Tagfalters. Hier beeinflusst die Dauer der Fotoperiode während der Larvenentwicklung das spätere Farbmuster der Falter. So ergibt sich ein von den Jahreszeiten abhängiges unterschiedliches Aussehen der Falter, was als **Saisondimorphismus** bezeichnet wird.

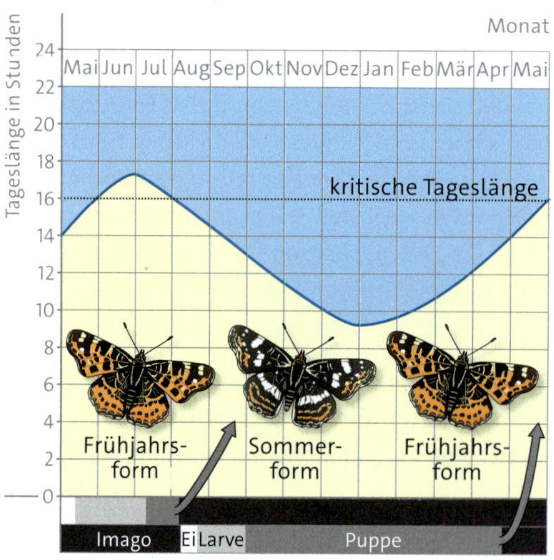

2 Saisondimorphismus beim Landkärtchen

Auch beim Menschen sind die wichtigsten Körperfunktionen wie Körpertemperatur, Hormonausschüttung oder der Schlaf-Wach-Rhythmus von der Tageslänge abhängig. Diese Prozesse unterliegen einem regelmäßigen Rhythmus mit einer Periodizität von etwa 24 h, der als **circadianer Rhythmus** bezeichnet wird. Der circadiane Rhythmus ist genetisch gesteuert und benötigt das Sonnenlicht als Taktgeber zur Feinabstimmung der inneren Uhr. Ihre Funktion wird durch das Hormon **Melatonin** geregelt, das in der Zirbeldrüse, auch Epiphyse genannt, im Gehirn produziert wird. Bei Dunkelheit schüttet die Epiphyse mehr Melatonin aus als bei Helligkeit. Beim Menschen führt das zu einsetzender Müdigkeit. Fledermäuse und andere nachtaktive Tiere hingegen werden unter dem Einfluss von Melatonin aktiv. Licht, das über das Auge aufgenommen wird, wirkt dabei als steuernder Umweltreiz.

Wie intensiv die inneren Zyklen menschliche Aktivitätsmuster steuern, wird deutlich, wenn durch äußere Einflüsse der Rhythmus aus dem Takt gerät. Ein Beispiel dafür ist der Jetlag. Er umfasst körperliche und psychische Beschwerden, die als Folge von Flugreisen in andere Zeitzonen mit Verschiebungen tageszeitlicher Aktivitätsmuster auftreten.

1 Erläutern Sie die Rolle des Hormons Melatonin für die Regelung der inneren Uhr.

2 Erklären Sie, warum der Wechsel von Tag- und Nachtarbeit oftmals mit körperlichen und psychischen Beschwerden verbunden ist.

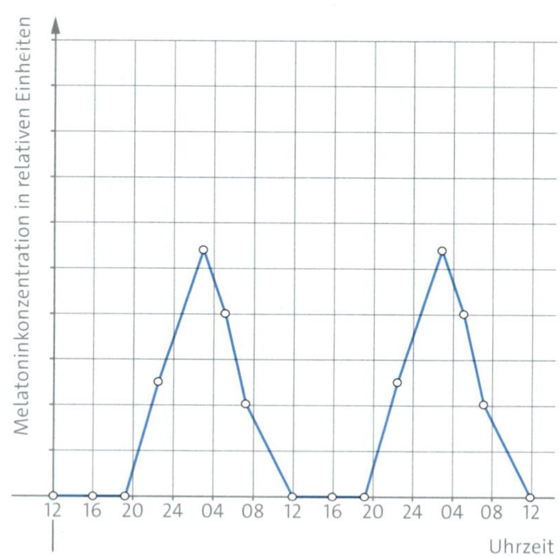

3 Melatoninkonzentration im Tagesverlauf

Material A Fotoperiodismus bei Pflanzen

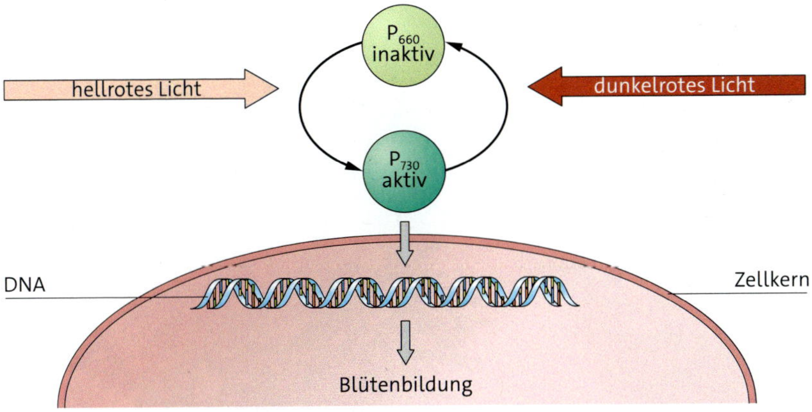

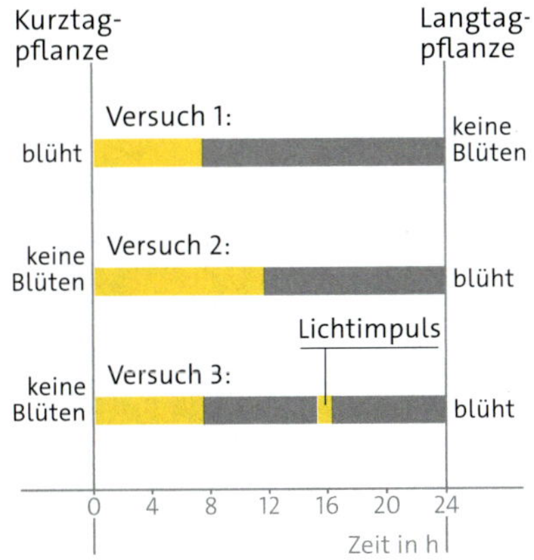

Bei vielen Pflanzenarten hängt die Blütenbildung vom Verhältnis der Nacht- zur Tageslänge ab. Hierbei kann man zwischen Kurztag- und Langtagpflanzen unterscheiden. Die fotoperiodische Steuerung der Blütenbildung erfolgt über das Pigment Phytochrom, dessen Moleküle leicht zwischen zwei ineinander überführbaren Strukturformen P_{660} (inaktiv) und P_{730} (aktiv) wechseln. Die Qualität des Lichts bestimmt dabei, welche Form gerade vorliegt.

1 Beschreiben Sie anhand der Versuche 1 und 2 die Wirkung von Hell- und Dunkelphasen auf Lang- und Kurztagpflanzen.

2 Bewerten Sie auf der Basis der Versuche die Aussage: „Die Blütenbildung wird bei Pflanzen mit Fotoperiodismus durch die Länge der Dunkelperiode gesteuert."

3 Erklären Sie, weshalb Gärtner Langtagpflanzen, die im Winter blühen sollen, kurzzeitig einen Lichtimpuls geben, statt sie durchgehend zu beleuchten.

4 Erläutern Sie die Steuerung der Blütenbildung durch das Pigment Phytochrom, wenn der Lichtimpuls nur hellrot oder nur dunkelrot ist.

Versuch B Orientierung durch Licht bei Daphnien

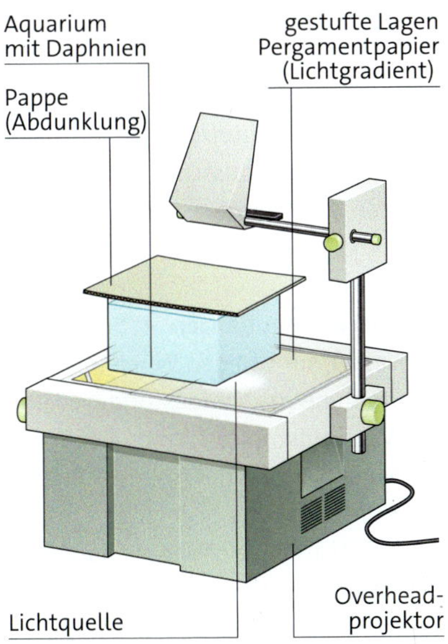

Versuchsmaterialien:

- Wasserprobe mit Daphnien
- kleines Glasbecken
- Pergamentpapier
- Pappe zur Abdunklung

Versuchsdurchführung:
Stellen Sie den Versuch wie in der Abbildung dargestellt zusammen. Den Lichtgradienten erhalten Sie dabei durch das Aufeinanderlegen unterschiedlich vieler Schichten Pergamentpapier auf einer durchsichtigen Folie. Diese Folie legen Sie zu Beginn des Versuchs auf den Overheadprojektor.

1 Schätzen Sie die Anzahl der Daphnien in den Bereichen unterschiedlicher Lichtintensität und stellen Sie die Ergebnisse grafisch dar.

2 Deuten Sie die Reaktion der Daphnien im Lichtgradienten und ziehen Sie Schlüsse daraus hinsichtlich der biologischen Bedeutung der Reaktion.

3 Planen Sie ein Experiment zur Untersuchung des Einflusses verschiedener Lichtqualitäten auf das Verhalten der Daphnien. Führen Sie das Experiment durch und werten Sie es aus.

5.3 Pflanzen und Wasser

A

B

1 Unechte Rose von Jericho: **A** trocken, **B** feucht

Jahr für Jahr bieten Blumengeschäfte um die Weihnachtszeit kleine braune Knäule an, die den Betrachter an abgestorbene Pflanzenreste erinnern. Diese Knäule werden als „Unechte Rose von Jericho" verkauft und sind Teil eines jahrhundertealten Brauches in christlichen Familien. Botanisch gesehen handelt es sich dabei um Moosfarngewächse, die sich entfalten und ergrünen, sobald man sie in Wasser legt. Nimmt man sie anschließend wieder aus dem Wasser und lässt die Pflanzen trocknen, lässt sich dieser Vorgang wiederholen. Welche besonderen Bedeutungen hat Wasser für die Lebensprozesse von Pflanzen?

Bedeutung von Wasser für Pflanzen • Pflanzen wie die Unechte Rose von Jericho, deren Wassergehalt weitgehend dem ihres Standorts entspricht, bezeichnet man als wechselfeucht. Dazu zählen die meisten Algen und Flechten sowie einige Moose. Wechselfeuchte Pflanzen haben im Laufe der Evolution eine Austrocknungstoleranz entwickelt, die ihnen das Besiedeln von Standorten mit stark schwankendem Wasserangebot ermöglicht. Aus diesem Grund lässt sich an ihnen besonders gut die Bedeutung von Wasser für Pflanzen untersuchen. Mikroskopische Untersuchungen dieser Moosfarngewächse zeigen, dass deren Zellen sehr klein sind und zudem keine Zentralvakuolen haben. Die Zellwände weisen keinen Verdunstungsschutz auf. Bei Wassermangel trocknet das Gewebe ungewöhnlich stark aus. Dabei schrumpft das Zellplasma und die Stoffwechselaktivität wird eingeschränkt. Die Pflanze stirbt jedoch nicht ab. Verbessert sich die Wasserversorgung wieder, nehmen die Pflanzen Wasser über die Oberfläche auf. Das Zellvolumen nimmt zu und die Stoffwechselaktivität steigt.
Das Beispiel der Unechten Rose von Jericho zeigt, dass Wasser bei Pflanzen als **Quellmittel** dienen kann und somit gestaltgebend ist. Außerdem fungiert es auch als **Transportmittel** für Mineralstoffe, ohne die Stoffwechsel, Wachstum und Entwicklung nicht möglich sind. In vielen Stoffwechselvorgängen ist Wasser sowohl **Reaktionspartner** als auch **Lösungsmittel** für die beteiligten Stoffe. Schließlich synthetisieren Pflanzen als autotrophe Organismen ihre Bau- und Betriebsstoffe ausschließlich aus anorganischen Stoffen, vor allem aus Wasser und Kohlenstoffdioxid.

Wasserhaushalt bei Blütenpflanzen • Bei Blütenpflanzen wird Wasser nur von den Wurzeln aufgenommen. Die Aufnahme von Kohlenstoffdioxid und die Abgabe von Wasserdampf erfolgen über Spaltöffnungen, die Stomata, in der Unterseite der Blätter. Laubbäume wie die Rotbuche bevorzugen mäßig feuchte Standorte. Man bezeichnet sie daher als Mesophyten. Rotbuchen erreichen in mitteleuropäischen Breitengraden eine Stammhöhe von bis zu 40 m. Bäume dieser Höhe benötigen an einem sonnigen Sommertag etwa 400 l Wasser zur Aufrechterhaltung aller Lebensvorgänge. Das über die Wurzeln aufgenommene Wasser und die darin gelösten

Mineralstoffe werden über spezifische Leitungsbahnen entgegen der Schwerkraft bis zu den Blättern transportiert. Dieser tägliche Wasserbedarf entspricht dem Inhalt von etwa 45 Mineralwasserkisten. Um diese Masse über einen Höhenunterschied von 40 m zu transportieren, muss eine enorme Kraft aufgewendet werden.

Wasseraufnahme • Die Aufnahme von Wasser erfolgt bei Landpflanzen über das Wurzelsystem. Dabei diffundiert das Wasser passiv entlang eines Konzentrationsgefälles aus dem Boden über die vielen feinen Wurzelhaare in die äußeren Zellen der Wurzeln, die Rhizodermis. Möglich ist dies, wenn der Wassergehalt in den Zellen geringer ist als in den angrenzenden Bodenschichten. Bei stark ausgetrocknetem Boden kann die Wasseraufnahme daher nicht mehr stattfinden. Das aufgenommene Wasser diffundiert schließlich über die Zellwände und das Zellplasma der angrenzenden Schichten nach innen bis hin zur Endodermis. Hier finden nun ATP-verbrauchende, also aktive Transportvorgänge statt, wodurch der weitere Stoffdurchtritt angetrieben und kontrolliert wird. Im Inneren der Wurzel, dem Zentralzylinder, gelangt das Wasser schließlich in lang gestreckte Zellen des Xylems der Leitbündel, die sich durch den gesamten Pflanzenkörper ziehen. Ihre quer verlaufenden Zellwände wurden im Laufe ihres Wachstums meist aufgelöst, sodass der weitere Wassertransport ohne zusätzliche Hindernisse erfolgen kann.

Wasserabgabe • An einem heißen und trockenen Sommertag gibt ein frei stehender Baum bis zu 400 l Wasser durch die Stomata in seinen Blattoberflächen ab. Diese Wasserdampfabgabe wird als **Transpiration** bezeichnet. Da an trockenen Tagen der Wassergehalt der Luft niedriger ist als in den Blattzellen, verlieren diese infolge der Transpiration ständig Wasser. In den Zellen entsteht dadurch ein Unterdruck, der dazu führt, dass Wasser aus dem umgebenden Gewebe wie mit einem Strohhalm nachgesaugt wird. So entsteht ein **Transpirationssog**, der die Wassersäule von den Wurzeln bis in die Blätter kontinuierlich transportiert. An warmen Tagen geschieht dies mit Geschwindigkeiten von bis zu 60 m pro h.

Die Transpiration von Wasser über die Blattoberflächen ist also die entscheidende treibende Kraft für den Wassertransport durch die Pflanze. Sie wird vor allem von der Umgebungstemperatur, der Intensität der Sonneneinstrahlung, dem Ausmaß der Luftbewegungen und dem Kohlenstoffdioxid- und Wassergehalt der Luft beeinflusst. Sie hängt aber auch vom Innendruck der Zellen ab, der durch ihren Wassergehalt und ihre Ionenkonzentration bestimmt wird. Solange eine Pflanze über den Boden ausreichend Wasser aufnehmen kann, stellt der Wasserverlust über die Transpiration also kein Problem für sie dar. Trocknet der Boden jedoch aus, entwickelt sich ein Defizit zwischen hoher Transpiration und niedriger Wasseraufnahme. Dies führt zu einem immer stärkeren Wasserverlust in den Zellen und besonders die weichen Gewebe beginnen zu welken.

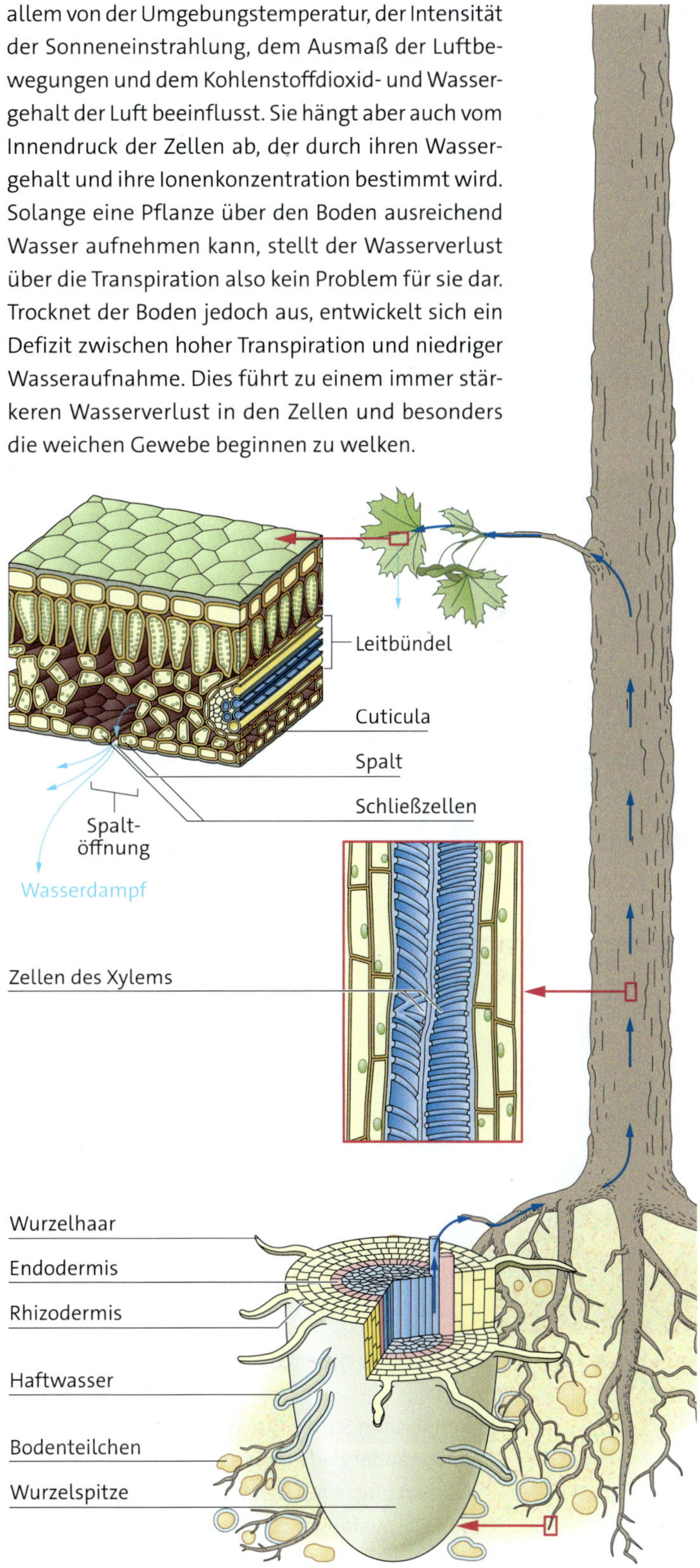

2 Wassertransport durch die Pflanze

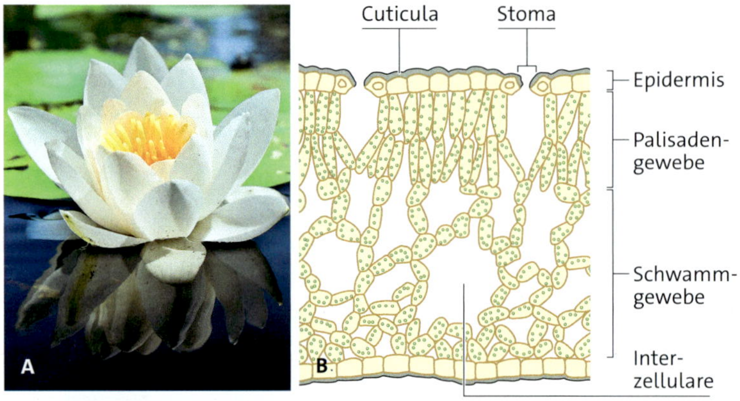

1 Weiße Seerose: A Foto, B Blattquerschnitt (Schema)

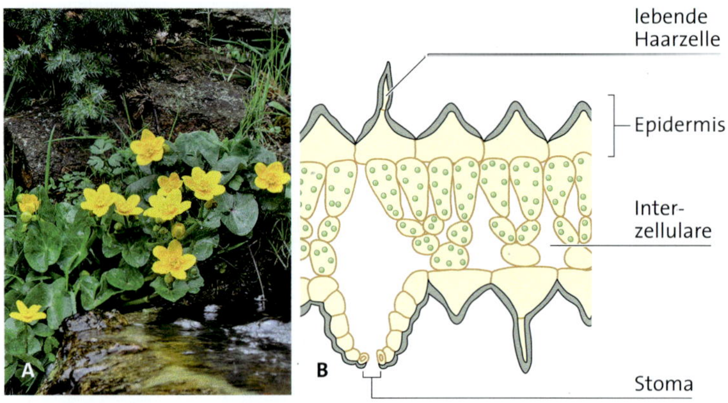

2 Sumpfdotterblume: A Foto, B Blattquerschnitt (Schema)

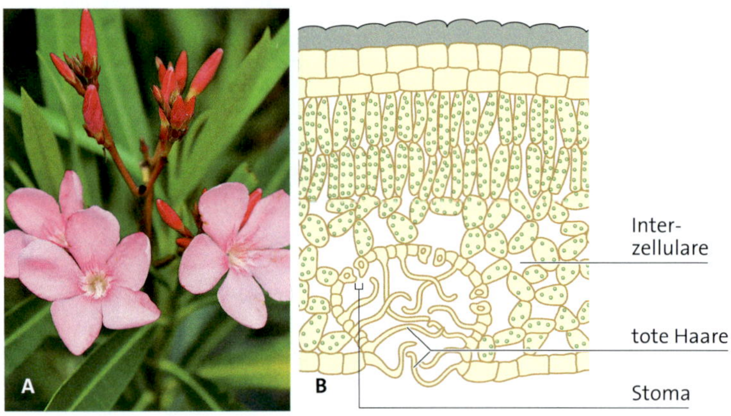

3 Oleander: A Foto, B Blattquerschnitt (Schema)

1 Vergleichen Sie die drei Gestalttypen miteinander und erklären Sie die jeweiligen Auswirkungen auf den Wasserhaushalt und den Gasaustausch.

2 Erläutern Sie die Aussage: „Xerophyten sind Pflanzen zwischen Hunger und Durst."

Angepasstheit an die Wasserverfügbarkeit am Standort • Pflanzen sind ortsgebunden und daher nicht in der Lage, ihren Aufenthaltsort zu verlassen und aktiv Wasserquellen aufzusuchen. Somit sind sie auf die Verfügbarkeit von Wasser ihres jeweiligen Standorts angewiesen, was sich in verschiedenen Angepasstheiten widerspiegelt.

Hydrophyten, auch Wasserpflanzen genannt, leben entweder untergetaucht oder „schwimmen" passiv treibend mit den Blättern auf der Wasseroberfläche. Die Schwimmblätter der Wasserpflanzen sind wie die Laubblätter der Mesophyten gebaut, während die untergetauchten Blätter nur eine einschichtige Epidermis mit zarter Cuticula aufweisen. Spaltöffnungen finden sich zudem nur an den Blattoberseiten der Schwimmblätter. Auffällig sind auch die großen Interzellularen, die mit einem Durchlüftungsgewebe, dem Aerenchym, in Verbindung stehen. Dieses durchzieht den gesamten Spross und stellt so den Gasaustausch sicher. Wasserpflanzen können gelöstes Kohlenstoffdioxid, Sauerstoff und Mineralstoffe aus dem Wasser aufnehmen. Oftmals sind die Wurzeln daher zurückgebildet.

Hygrophyten, auch Feuchtpflanzen genannt, wachsen im Wald, in Sümpfen und an Uferzonen. Besondere Angepasstheiten ermöglichen eine ausreichende Transpiration und damit die Aufrechterhaltung des Wassertransports trotz hoher Luftfeuchtigkeit. Feuchtpflanzen besitzen dünne, große Blätter, oft mit lebenden Haaren oder herausgehobenen Stomata. Die Blattflächen sind mit zahlreichen Wasserspalten, den Hydathoden, besetzt, über die auch bei hoher Luftfeuchtigkeit Wasser ausgeschieden werden kann. Dieser aktive Vorgang wird als Guttation bezeichnet.

Xerophyten, auch Trockenpflanzen genannt, wachsen an Standorten mit starker Sonneneinstrahlung und hohem Wassermangel. Die wirksamste Angepasstheit zur Verringerung des Wasserverlusts ist die Einschränkung der Transpiration. Xerophyten besitzen kleine Blätter mit einer mehrschichtigen Epidermis, einer dicken Cuticula, eingesenkten Stomata und toten Haaren. Hinzu kommt ein oft stark verzweigtes Wurzelwerk, das die geringen Wasservorräte im Boden erreichen kann. Viele Trockenpflanzen speichern zudem Wasser in Blättern oder Sprossen. In diesem Fall spricht man von **Sukkulenz**.

Material A Halophyten

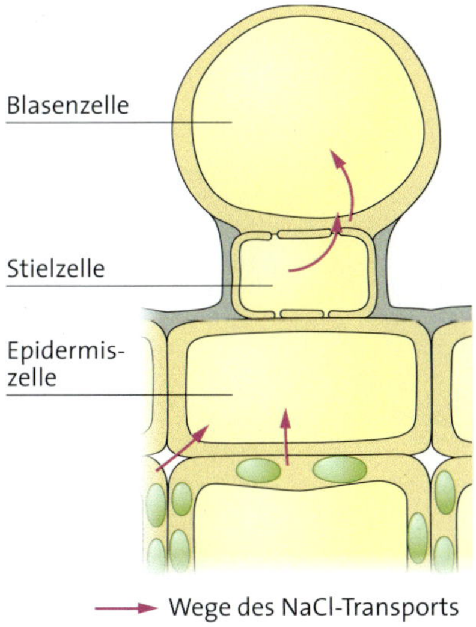

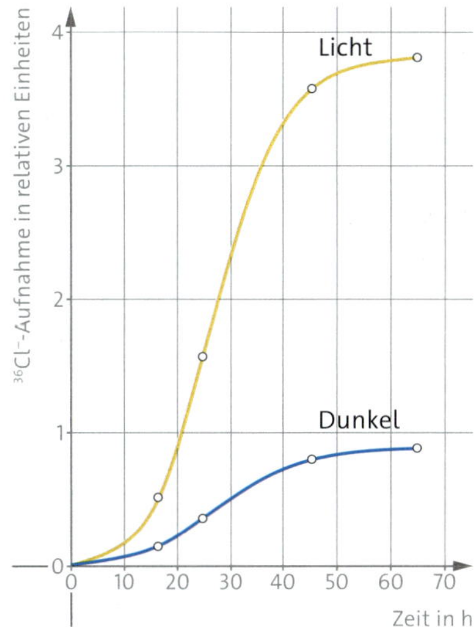

Pflanzen, die an Standorten mit hoher Salzkonzentration im Bodenwasser wachsen, nennt man Halophyten. Manche Halophyten sind in der Lage, überschüssige Chloridionen in bläschenförmige Salzhaare zu transportieren und dort zu speichern. Um diesen Mechanismus genauer untersuchen zu können, wurden Blattstreifen der Strandnelke für längere Zeit bei unterschiedlichen Lichtintensitäten in eine Lösung mit radioaktiv markierten $^{36}Cl^-$-Ionen gegeben. Anschließend wurde die Intensität der Radioaktivität in den Salzhaaren gemessen.

1 Erläutern Sie das stoffwechselphysiologische Problem der Halophyten, das sich aus dem Salzgehalt ihres Standorts ergibt.

2 Beschreiben Sie, wie Halophyten überschüssige Chloridionen aus dem Stoffwechsel entfernen.

3 Stellen Sie eine Hypothese auf, weshalb Halophyten als Gartenpflanzen überraschenderweise auch auf Böden mit geringer Salzkonzentration oft gut gedeihen.

Material B Transpiration und Wasseraufnahme bei der Sonnenblume

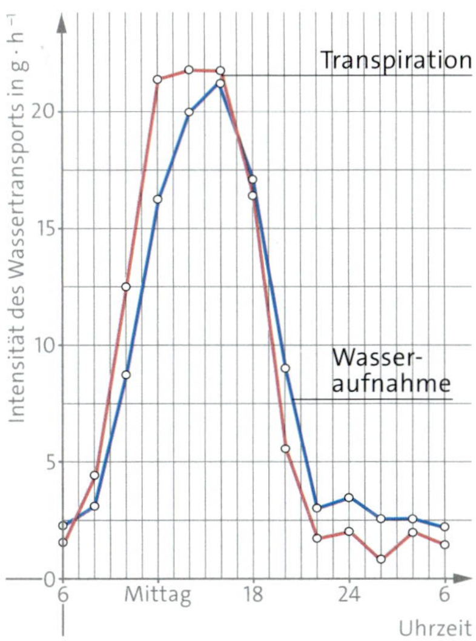

1 Beschreiben Sie den Tagesverlauf der Transpiration und der Wasseraufnahme.

2 Erklären Sie die Beobachtungen unter Einbezug möglicher Regelungsvorgänge.

3 Stellen Sie begründend dar, wie sich der Tagesverlauf der Transpiration verändern müsste, wenn die Sonnenblume unter Wassermangel leidet.

5.4 Wirkungsgefüge der Umweltfaktoren

1 Larve der Eintagsfliege *Ecdyonurus venosus*

Flach an den Stein gedrückt, weidet die Larve der Eintagsfliege den Algenbewuchs im Bachbett ab. Ihr stromlinienförmiger Körper und ihre geduckte Haltung schützen sie davor, von der Strömung mitgerissen zu werden. Von welchen weiteren Umweltfaktoren außer der Wasserströmung hängt ihr Vorkommen ab?

Wirkungsgefüge • Eintagsfliegenlarven kommen vor allem in den oberen Abschnitten von Fließgewässern vor. Im Sommer herrschen hier eine mittlere Wassertemperatur von etwa 10 °C und eine starke Strömung, die das Wasser umwälzt und mit Sauerstoff anreichert. In breiteren Flussabschnitten ist die Strömung hingegen nur schwach und der Sauerstoffgehalt niedrig. Die Wassertemperatur steigt über 20 °C. Infolgedessen nimmt der Sauerstoffgehalt ab, da die Löslichkeit von Gasen in Wasser mit steigender Temperatur sinkt.

Die Umweltfaktoren Strömung, Wassertemperatur und Sauerstoffgehalt tragen gemeinsam zum Vorkommen der Eintagsfliegenlarven in einem bestimmten Bachabschnitt bei. Wie bei den Larven der Eintagsfliegen ist die Umwelt eines jeden Lebewesens von einer Vielzahl abiotischer Faktoren gekennzeichnet. Diese beeinflussen physiologische Prozesse und damit auch die Verbreitung der verschiedenen Arten. Die Umweltfaktoren wirken jedoch nicht isoliert. Vielmehr ist die Reaktion eines Lebewesens das Ergebnis aus dem Wirkungsgefüge der Einzelfaktoren.

2 Purpurrose

Gesetzmäßigkeiten • Die Purpurrose ist eine Seeanemone, die man unter anderem an der Nordseeküste findet. Als Bewohner der Gezeitenzone ist sie hinsichtlich des Salzgehalts und der Temperatur euryök, also innerhalb eines relativ großen Bereichs überlebensfähig. Die Art wächst jedoch nur in wenigen Metern Tiefe, in dieser Hinsicht ist sie stenök, also auf einen relativ engen Optimalbereich angewiesen. Für das Überleben der Purpurrose ist also nicht jeder Umweltfaktor im Lebensraum gleich bedeutsam. Für alle relevanten Faktoren einer Art gilt das **Wirkungsgesetz der Umweltfaktoren**:
Die Faktoren, die am weitesten von ihrem jeweiligen Optimum für eine Art abweichen, limitieren deren Überleben und Häufigkeit in diesem Lebensraum.

Historisch betrachtet geht das Wirkungsgesetz auf die Arbeiten des deutschen Chemikers Justus von Liebig zurück. Seine Untersuchungen zeigten, dass das Pflanzenwachstum von dem Faktor limitiert wird, an dem der größte Mangel herrscht. Dieser wird als **Minimumfaktor** oder **limitierender Faktor** bezeichnet.

Ist zum Beispiel Phosphat im Minimum, kann eine Zugabe anderer Stoffe das Wachstum nicht steigern. Eine Düngung mit Phosphat steigert das Wachstum allerdings nur so lange weiter, bis wieder ein anderer Mineralstoff im relativen Minimum ist. Liebig verallgemeinerte seine Erkenntnis 1855 zu einer These, die er das **Minimumgesetz** nannte:
Die Wirkung eines Faktors ist umso größer, je stärker er sich im Minimum befindet.
Als Modell für die Aussage des Gesetzes gilt die **Minimumtonne**. Das Minimumgesetz ist jedoch nur eingeschränkt gültig. Erhöht man im Versuch die Konzentration eines Minimumfaktors, so steigt der Ertrag nicht einfach linear mit der Optimierung dieses Faktors an. Vielmehr steigert die Optimierung des Minimumfaktors den Ertrag umso stärker, je näher die anderen Faktoren bereits an ihrem jeweiligen Optimum sind. Dieser Effekt verdeutlicht die wechselseitige Abhängigkeit der Umweltfaktoren in ihren ökologischen Auswirkungen.

Darstellung der Wirkungsgefüge • Ökologische Studien beruhen vor allem auf der sorgfältigen Beobachtung der Populationen verschiedener Arten in ihrem natürlichen Lebensraum. Dabei werden das Zusammenspiel der verschiedenen Umweltfaktoren und ihre Einflüsse auf die Reaktionen der Lebewesen untersucht. Das Wirkungsgefüge im Freiland ist jedoch oft zu komplex, um den Einfluss eines Einzelfaktors exakt bestimmen zu können. Neben Freilandversuchen sind daher auch kontrollierte Laborversuche für das Verständnis ökologischer Zusammenhänge nötig. Für die grafische Auswertung wird hier das Zusammenspiel von nur zwei Faktoren im Flächendiagramm dargestellt. So wird zum Beispiel deutlich, dass die Entwicklungsdauer der Eier des Luzerneblattnagers bei 24 °C und einer Luftfeuchtigkeit von 80 % etwa neun Tage beträgt. Zur Darstellung von drei Faktoren benötigt man entsprechend eine dreidimensionale Grafik. Das gesamte multifaktorielle Wirkungsgefüge im natürlichen Lebensraum lässt sich quantitativ nicht mehr erfassen.

1 Erläutern Sie das Wirkungsgesetz der Umweltfaktoren mithilfe der Minimumtonne.

2 Erläutern Sie anhand von Abbildung 4 die optimalen Vermehrungsbedingungen des Luzerneblattnagers.

Steckbrief

Justus von Liebig (1803–1873)

Justus von Liebig wurde 1803 in Darmstadt geboren. Bereits 1824 wurde er als Professor für Chemie und Pharmazie an die Universität Gießen berufen. Nach 28 Jahren wechselte er nach München, wo er bis zu seinem Tod arbeitete. Liebig erkannte die Bedeutung der Mineralstoffe für das Pflanzenwachstum. Er verbesserte die Analyse organischer Stoffe und entwickelte den ersten phosphathaltigen Dünger zur Ertragssteigerung. Zu seinen vielfältigen Entwicklungen zählen weiterhin das Backpulver und der Liebig'sche Fleischextrakt als Ersatznahrung für die arme Bevölkerung. Liebig gilt als bedeutendster Chemiker seiner Zeit.

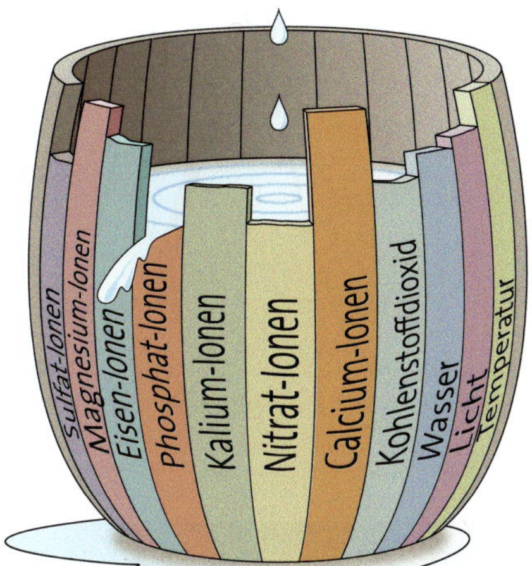

3 Minimumtonne

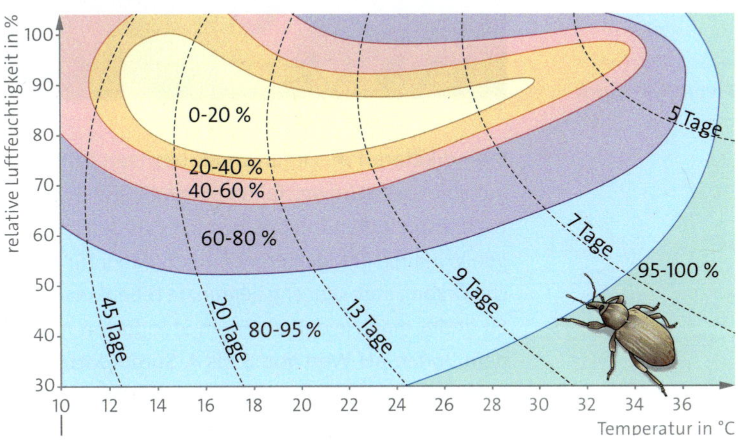

4 Mortalität der Eier in % und Dauer der Embryonalentwicklung in Tagen beim Luzerneblattnager in Abhängigkeit von Temperatur und Luftfeuchtigkeit

1 Zeigerarten

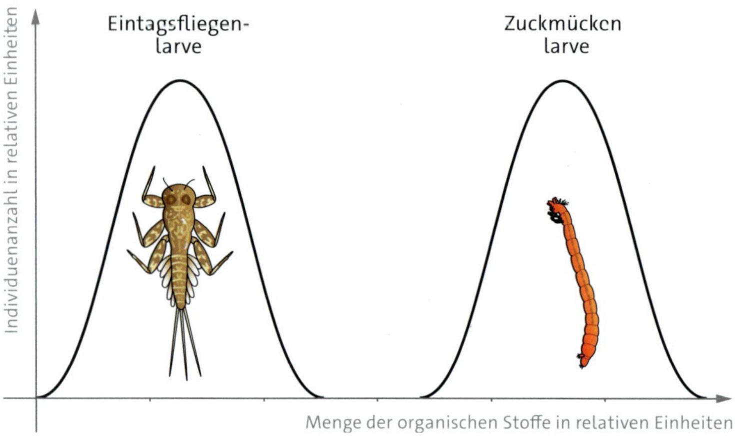

2 Insektenlarven als Bioindikatoren

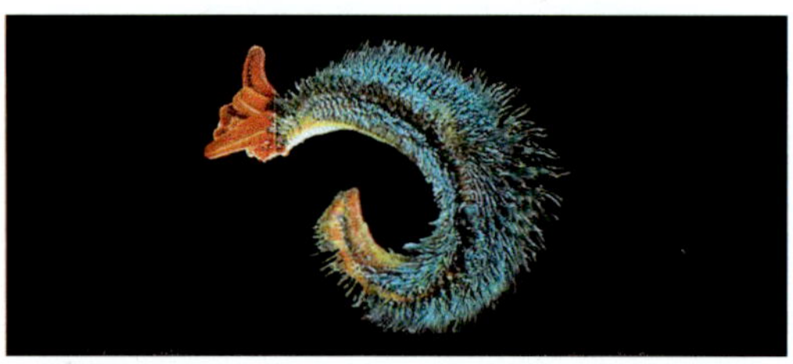

3 Pompeji-Wurm

Bioindikatoren • Organismen besitzen in Bezug auf abiotische Umweltfaktoren jeweils einen genetisch festgelegten Toleranzbereich. Aus den jeweiligen Wirkungsgefügen ergeben sich dabei für manche Organismen sehr eng begrenzte Lebensbereiche. So findet man Heidelbeeren an Standorten mit einem Boden-pH-Wert von 3 bis 4. Sumpfdotterblumen wachsen bevorzugt auf nassen Böden, der Mauerpfeffer hingegen auf trockenen. Findet man nun an einem Standort eine oder zwei der Arten, so kann auf die Werte der dort herrschenden abiotischen Faktoren geschlossen werden. Arten, die wie die Heidelbeere bezüglich eines Umweltfaktors einen relativ engen Toleranzbereich besitzen, werden daher als Bioindikatoren oder **Zeigerarten** bezeichnet.

Sowohl das Vorkommen als auch das Fehlen von Bioindikatoren lassen auf den ökologischen Zustand eines Lebensraums schließen. So lässt sich in Fließgewässern ein hoher Gehalt an organischen Stoffen mithilfe von Zeigerarten indirekt erkennen. Rote Zuckmückenlarven weisen auf einen hohen Gehalt hin, während Eintagsfliegenlarven Indikatoren für unbelastete Gewässerabschnitte sind.

Auffallende Veränderungen in der Anwesenheit von Bioindikatoren sind häufig die Folge von massiven Veränderungen abiotischer Umweltfaktoren. So wird in bayrischen Bergseen eine markante Veränderung des Artenspektrums von Zeigerarten, vor allem Cyanobakterien, beobachtet. Als Ursache wird die permanente Erhöhung der Wassertemperatur in Folge der allgemeinen Klimaerwärmung vermutet.

Extrembiotope • Pompeji-Würmer sind bis zu 15 cm lange Tiere, die in papierdünnen Wohnröhren an den Wänden meterhoher vulkanischer Kamine am Meeresboden leben. Aus diesen Schwarzen Rauchern, englisch black smoker, wird Wasser mit Temperaturen von bis zu 350 °C in schwarzen Wolken ausgestoßen. In den Röhren der Würmer herrschen oft Temperaturen von etwa 80 °C. Für den Menschen sind solche hohen Umgebungstemperaturen ausgesprochen überlebensfeindlich. Aus der Perspektive des Pompeji-Wurms sind diese Lebensbedingungen jedoch optimal. Er ist an solche hohen Temperaturen besonders angepasst. Was überlebensfeindlich oder optimal ist, hängt also davon ab, welche physiologischen Eigenschaften und Toleranzbereiche ein Lebewesen hat.

Lebensräume mit solchen extremen Umweltbedingungen, die nur von wenigen Spezialisten mit besonderen physiologischen und morphologischen Angepasstheiten besiedelt werden können, bezeichnet man als Extrembiotope.

1 **Erklären Sie den Einfluss der Temperatur auf Organismen und leiten Sie ab, über welche physiologischen Angepasstheiten der Pompeji-Wurm verfügen muss.**

Material A Wirkungsgefüge zweier Laufkäferarten

Agonum assimile

Pterostichus nigrita

Temperatur in °C	5	10	15	20	25	30	35	40
A. assimile	13	62	12	7	4	2	k. A.	k. A.
P. nigrita	11	14	11	21	24	13	4	2

Helligkeit in Lux	10	200	500	700	1 200	1 450	2 500
A. assimile	69	14	k. A.	9	k. A.	4	4
P. nigrita	32	22	13	9	8	8	8

Relative Luftfeuchtigkeit in Prozent	45	55	70	90	100
A. assimile	15	62	21	2	k. A.
P. nigrita	10	22	41	23	4

Die Werte geben den prozentualen Anteil der Tiere an, die sich im jeweiligen Bereich im Durchschnitt aufhielten. k. A. = keine Angaben

In drei Laborversuchen wurden die Temperatur-, Helligkeits- und Feuchtigkeitspräferenzen der zwei Laufkäferarten *Agonum assimile* (Putzkäfer) und *Pterostichus nigrita* (Grabkäfer) untersucht. Grabkäfer findet man in feuchten, kühlen und dunklen Laubwäldern. Sie leben aber auch auf feuchten Wiesen, die nicht beschattet sind. Putzkäfer hingegen bevorzugen lediglich feuchte, kühle und dunkle Laubwälder als Lebensraum.

1 Erstellen Sie zu jeder Tabelle ein Säulendiagramm.

2 Werten Sie die Diagramme aus.

3 Vergleichen Sie die Laborergebnisse mit den Angaben zur Verbreitung der beiden Arten im natürlichen Lebensraum.

4 Erläutern Sie am vorliegenden Beispiel die Vorgehensweise der Wissenschaftler zur Darstellung von Wirkungsgefügen.

Material B Extrembiotop Gezeitentümpel

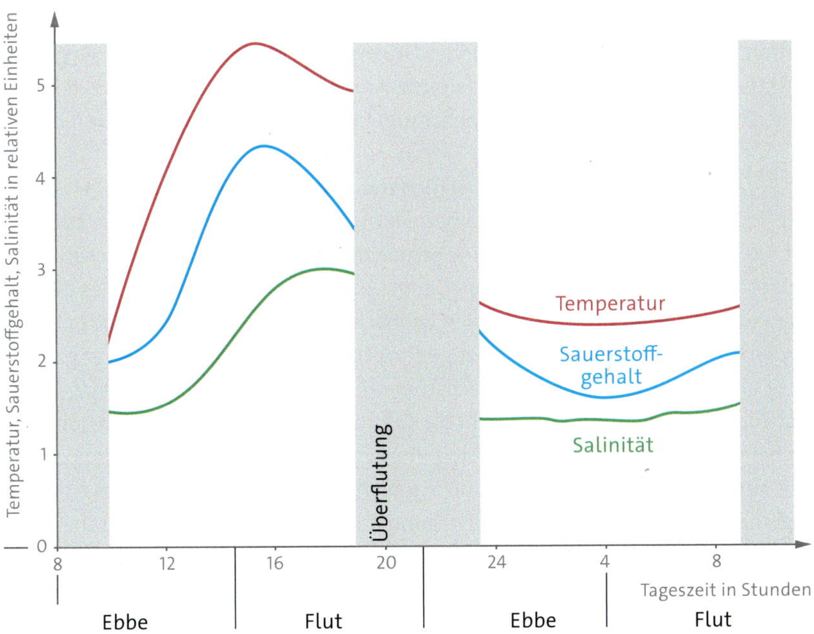

Gezeitentümpel sind Kleinstlebensräume in natürlichen Vertiefungen im Gestein an Felsküsten. Bei Niedrigwasser bleiben diese mit Meerwasser gefüllt, eine Verbindung zum Wasserkörper des Meeres fehlt jedoch. Lebewesen, die diesen Lebensraum besiedeln, sind in besonderer Weise den hier herrschenden besonderen abiotischen Faktoren ausgesetzt.

1 Beschreiben Sie die Abbildung.

2 Erklären Sie die Kurvenverläufe.

3 Stellen Sie begründet dar, welchen Einfluss heftige Regengüsse während des Niedrigwassers auf die Lebensbedingungen der Lebensgemeinschaft hätten.

5.5 Größe von Populationen

1 Pinguinkolonie

Pinguine sind im Wasser lebende Vögel, die Fische und Krebstiere jagen. Die größte der 17 bekannten Arten ist der über 1 m große und bis zu 45 kg schwere Kaiserpinguin. Zur Fortpflanzung wandern die Tiere auf das antarktische Festland oder auf das feste Packeis. Zwei Wochen nach der Paarung legt jedes Weibchen ein Ei, das es an das Männchen übergibt. Die Weibchen kehren ins Meer zurück und suchen Nahrung, während die Männchen die Eier in einer großen Kolonie ausbrüten. Die Größe der einzelnen Kolonien in diesen begrenzten Lebensräumen bleibt über viele Jahre relativ konstant. Welche Regulationsmechanismen führen zu dieser Stabilisierung?

Populationen • Eine Gruppe artgleicher Lebewesen, die eine Fortpflanzungsgemeinschaft bilden und zur gleichen Zeit in einem bestimmten Areal leben, nennt man **Population.** Wie das Beispiel der Kaiserpinguine zeigt, heißt dies jedoch nicht, dass alle Tiere dauernd zusammen in einem Gebiet leben müssen.

Zu den Kennzeichen einer Population gehören die **Populationsgröße,** womit die Gesamtzahl aller Individuen im Siedlungsgebiet gemeint ist, und die **Populationsdichte**, die die Individuenzahl pro Flächeneinheit angibt. Außerdem sind für die Beschreibung einer Population die räumliche Verteilung und die Altersstruktur der Mitglieder von Bedeutung. Die **Geburtenrate** und die **Sterberate** geben an, wie viele Lebendgeburten und Sterbefälle bei zum Beispiel 1000 Individuen pro Zeiteinheit auftreten. Die **Zuwachsrate** ergibt sich aus der Differenz dieser beiden Zahlen. Sie ist im Fall eines Geburtenüberschusses positiv und führt zu einem Populationswachstum.

engl. lag = Verzögerung

Entscheidend für die Größe einer Population sind die Umweltgegebenheiten in einem Lebensraum. Diese bestimmen durch ihr jeweiliges Vorhandensein und Ausmaß die **Umweltkapazität**: Sie gibt die maximale Anzahl der Individuen an, die in einem Lebensraum langfristig vorkommen kann.

Verschiedene Formen des Wachstums • Bei der Neubesiedlung von Lebensräumen gibt es zunächst keine begrenzenden Faktoren für das Wachstum der Population. Am einfachsten lässt sich dies bei Bakterien beobachten, die in einer Flüssigkultur herangezogen werden. Nach einer Phase langsamen Wachstums im frischen Nährmedium, der lag-Phase, geht die Kultur in ein **exponentielles Wachstum** über, die log-Phase. Die Populationsgröße verdoppelt sich nun in gleichen Zeitintervallen, sodass bei der Auftragung der wachsenden Individuenzahl auf einer logarithmischen Skala eine Kurve mit linearer Steigung entsteht. Mit der rasant wachsenden Bakterienanzahl ist eine zunehmende Nahrungsverknappung verbunden, sodass die Wachstumsrate sinkt und keine äußerlich sichtbare Populationszunahme mehr stattfindet. In dieser stationären Phase liegen Vermehren und Absterben im Gleichgewicht. Ein solches **logistisches Wachstum** entspricht der Umweltkapazität, die den Grenzwert des Wachstums vorgibt. Da das Medium jedoch allmählich erschöpft ist und Ausscheidungsstoffe die Lebensbedingungen verschlechtern, sinkt die Umweltkapazität sogar allmählich. Mehr Bakterien sterben ab, als durch Teilung neu entstehen. Diese Absterbephase führt zu einem abfallenden Kurvenverlauf.

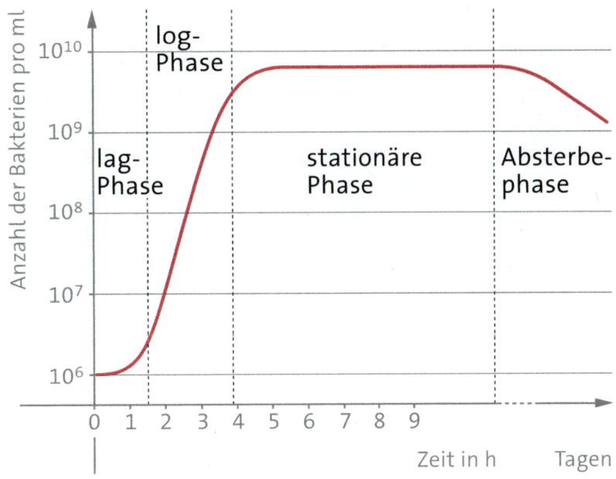

2 Wachstum in einer Bakterienkultur

Fortpflanzungsstrategien • Feldmäuse sind die häufigsten heimischen Säugetiere. Die 10 cm kleinen Nagetiere leben in verzweigten Gängen dicht unter der Erdoberfläche. Fünf- oder sechsmal pro Jahr bringt das Weibchen jeweils fünf bis zehn Jungtiere zur Welt, die bereits nach zwei Wochen geschlechtsreif sind. Solche Lebewesen mit vielen Nachkommen nennt man **r-Strategen.** Ihr Kürzel „r" leitet sich von der Bezeichnung für die Wachstumsrate von Populationen namens „r" ab. Sie können innerhalb kürzester Zeit ein sehr hohes Populationswachstum erzielen, da sie hohe Reproduktionsraten, kurze Geburtenabstände, Individualentwicklungen und Lebensspannen aufweisen.Setzt die Fortpflanzungsfähigkeit schon sehr früh ein, sind die Wurfgröße und die Sterblichkeit der Jungtiere meistens hoch. Solche Arten können durch ihre hohen Wachstumsraten sehr gut auf variable Umweltbedingungen reagieren. Kurzfristige Verbesserungen können sie sehr rasch und vollständig ausnutzen und kurzfristige Verschlechterungen führen nicht sofort zum Zusammenbruch der gesamten Population. Ihre hohe Wachstumsrate ermöglicht ihnen eine rasche Besiedlung und Ausbreitung in neuen Lebensräumen. Man bezeichnet dies als opportunistische Habitatnutzung, weil sie jede sich mögliche Gelegenheit zum Populationswachstum nutzen. Dabei können sie kurzfristig sogar die Kapazitätsgrenze ihres Habitats überschreiten. Deshalb unterliegt ihre Populationsdichte oft auch starken Schwankungen mit steilen Zu- und Abnahmen.
Weitere Beispiele für r-Strategen sind die meisten Mikroorganismen, Kleinkrebse, Blattläuse und Sperlinge sowie soziale Insekten wie Bienen und Ameisen. Zu den pflanzlichen r-Strategen zählen Pionierpflanzen auf Brachflächen.

Der Rothirsch ist das größte Wildtier Mitteleuropas. Von Kopf bis Rumpf fast 2 m lange männliche Tiere wiegen etwa 200 kg. Hirschkühe sind etwa halb so schwer. Die meiste Zeit des Jahres leben Rothirsche in Rudeln. Nach einer Tragzeit von 230 Tagen wird ein bis zu 14 kg schweres Kalb geboren, das ein halbes Jahr gesäugt wird. Männliche Rothirsche sind erst nach sieben, weibliche nach fünf Jahren geschlechtsreif.
Lebewesen, die wie der Rothirsch wenige Nachkommen haben, nennt man **K-Strategen.** Merkmale von K-Strategen sind eine langsame Individualentwicklung, eine lange Lebensspanne und eine geringe Vermehrungsrate. Die Geburtenabstände sind lang, Wurfgröße und Sterblichkeit der Nachkommen meistens gering. Die Populationsgröße liegt nahe der Grenze der ökologischen Kapazität ihres Habitats, also im Bereich der Kapazitätsgrenze „K". Davon leitet sich auch ihre Bezeichnung ab. K-Strategen sind vor allem unter weitgehend konstanten Umweltbedingungen erfolgreich und können gegebene Ressourcen auch unter starkem Konkurrenzdruck optimal nutzen. Labile Lebensräume werden von ihnen eher nicht besiedelt. Diese Lebensweise wird als konsistente Habitatnutzung bezeichnet, da sie sich nicht in neue Habitate ausbreiten. Weitere Beispiele für K-Strategen sind Bären, Biber, Wale, Elefanten und Primaten sowie große Greifvögel wie Adler, Geier und Uhu. Zwischen den beiden unterschiedlichen Strategien gibt es viele Übergänge. So ist es für Menschen als K-Strategen auch typisch, neue Lebensräume zu erschließen.

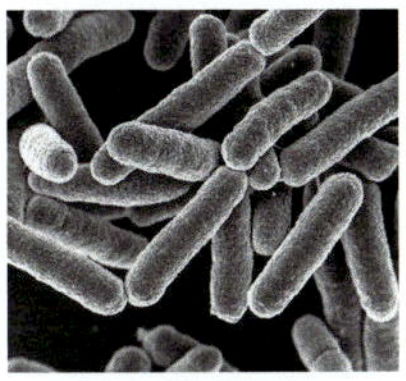

3 REM-Bild von *Escherichia coli*

1 **Vergleichen Sie die beiden Fortpflanzungsstrategien und setzen Sie sie in Beziehung zu dem Begriff „Angepasstheit".**

1 Tupaia (Spitzhörnchen)

Schwanzsträubwert (%)	Beobachtetes Verhalten
bis 5	harmonisches Zusammenleben
10	langsames Wachstum
20	Weibchen verhalten sich männlich
30	Weibchen fressen ihr Jungtier
50	Weibchen werden unfruchtbar
60	Weibchen wehren Männchen ab
70	Männchen werden unfruchtbar
90	Tod durch innere Vergiftung

2 Schwanzsträubwerte in % der beobachteten Zeit

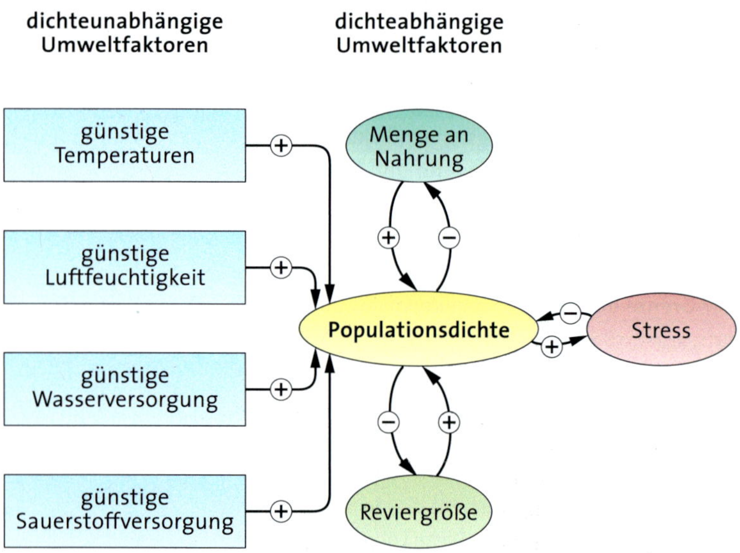

3 Zusammenwirken von dichteabhängigen und dichteunabhängigen Faktoren bei der Regulation der Populationsdichte (Modell). Es bedeuten:

- ⊕▸ beeinflusst positiv
- ⊕▸ je größer ..., desto größer / je kleiner ..., desto kleiner
- ⊖▸ je größer ..., desto kleiner / je kleiner ..., desto größer

Intraspezifische Konkurrenz • Ein **Biotop** ist ein Lebensraum verschiedener Arten. Das Angebot an Raum, Nahrung, Nist- und Ruheplätzen in einem Biotop ist begrenzt. Dies führt zur Konkurrenz innerhalb einer Art um diese **Ressourcen.** Austernfischer konkurrieren um meernahe Brutplätze und Vogelküken um den größten Nahrungshappen. Die **intraspezifische Konkurrenz** ist abhängig von der Populationsdichte. Bei vielen Tierarten wird intraspezifische Konkurrenz durch die Aufteilung des Lebensraums in **Reviere** reduziert. Diese **Territorialität** gibt den Inhabern der Reviere exklusive Nutzungsmöglichkeiten und vermeidet andauernde Auseinandersetzungen um knappe Ressourcen.

Bei Pflanzen ist die innerartliche Konkurrenz um Licht, Wasser und Mineralstoffe besonders hoch. In jungen Baumbeständen setzen sich die stabilsten und vitalsten Bäume durch, während weniger konkurrenzfähige absterben.

Regulation der Populationsdichte • Bei Tupaias, südostasiatischen Spitzhörnchen (▶1), sträuben sich unter Stress die sonst glatt anliegenden Schwanzhaare zu einer buschigen Bürste. Ursache dafür ist die Absonderung von Adrenalin und Corticoiden. Die Hormone steigern Herzschlag und Blutdruck, mobilisieren Energiereserven, vermindern die Durchblutung von Nieren und Darm und unterdrücken die Keimdrüsenaktivität. Stressindikatoren sind somit die „Schwanzsträubwerte", die den Zeitraum angeben, in dem der Schwanz der Tupaias aufgebauscht ist. Bei hoher Populationsdichte liegen diese Werte bei 50 % mit der Folge, dass Jungtiere nicht geschlechtsreif werden. Bei Werten ab 80 % verlieren Tupaias rasch an Gewicht und sterben an Nierenversagen.

Die Dichte von Populationen kann also auch ohne den Einfluss von Fremdlebewesen über den Hormonhaushalt reguliert werden. Hohe Individuenzahlen bewirken starke Konkurrenz, die zu Stress und einer geringen Fortpflanzung führen. Bei kleiner Populationsdichte entsteht kaum Stress und die Fortpflanzung bleibt unbehindert.

Neben diesen **dichteabhängigen Faktoren** beeinflussen auch klimatische Bedingungen und abiotische Gegebenheiten die Populationsdichte. Solche Größen nennt man **dichteunabhängige Faktoren**. Im Extremfall kann eine durch Stress geschwächte Population sogar zusammenbrechen: Einen strengen Winter oder eine lange Dürre überleben die meisten Individuen dann nicht.

1 Stellen Sie Vermutungen darüber an, wie eine Überpopulation von Kaiserpinguinen in der Antarktis durch biologische Regulationsmechanismen verhindert werden kann.

Material A Wachstum und Zusammenbruch einer Rentierpopulation

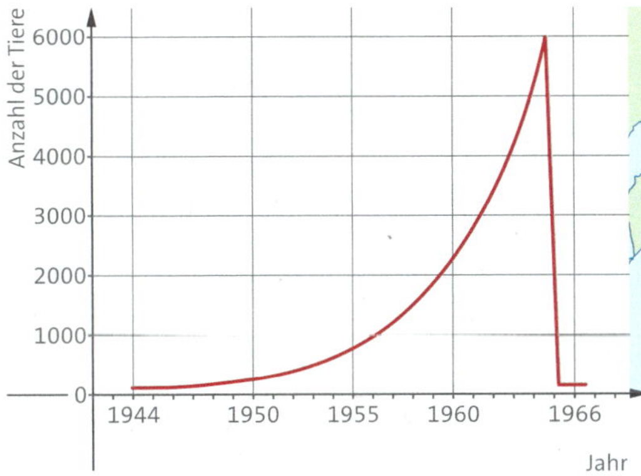

Im Zweiten Weltkrieg brachte die amerikanische Marine 24 weibliche und 5 männliche Rentiere auf die unbewohnte, etwa 360 km² große St.-Matthew-Insel in der Beringsee 300 km vor Alaska. Sie sollten als Reservenahrung für Soldaten dienen.

Nach Kriegsende zogen die Soldaten ab und ließen die Rentiere zurück. Die Population, die sich fast ausschließlich von Flechten und Gräsern ernährte, konnte sich nun mangels natürlicher Feinde ungestört vermehren. Im Jahr 1957 wurden bereits 1350 Tiere gezählt. Messungen im Jahr 1963 zeigten, dass die Wuchshöhe der Flechten von ursprünglich etwa 12 cm auf 1 cm abgenommen hatte und dass die Rentiere eine deutlich geringere Körpergröße aufwiesen. Nach dem strengen Winter 1963/64 starben nahezu alle 6000 Tiere. Im Jahr 1966 gab es nur noch 42 magere Exemplare ohne Jungtiere.

1 Erläutern Sie, weshalb sich die Rentierpopulation wie beschrieben entwickelte.

2 Erklären Sie die Ursache für diese „katastrophale" Entwicklung und stellen Sie Maßnahmen vor, die einen solchen Zusammenbruch verhindern könnten.

Material B Intraspezifische Konkurrenz bei der Prachtwinde (*Ipomoea tricolor*)

In der Tabelle sind die Ergebnisse einer Versuchsreihe zum Wachstum der Prachtwinde in Abhängigkeit vom Licht- und Mineralstoffangebot dargestellt. Alle anderen Parameter blieben konstant.
Gemessen wurde das Trockengewicht nach gleicher Wachstumszeit (angegeben sind die prozentualen Durchschnittswerte). Die verschiedenen Versuchsansätze waren:

- **A** eine Pflanze, die einzeln in einem Gefäß mit einer senkrechten Stange wuchs;
- **B** acht Pflanzen, die einzeln in einem Gefäß, aber mit nur einer Stange wuchsen;
- **C** acht Pflanzen, die in einem Gefäß, aber mit acht getrennten Stangen wuchsen;
- **D** acht Pflanzen, die in einem Gefäß mit nur einer Stange wuchsen.

Außerdem konnte beobachtet werden, dass die Pflanzen bei **B** sehr unterschiedlich groß waren, während die Pflanzen bei **C** und **D** alle ähnlich klein blieben.

Versuchsansatz	A	B	C	D
Wachstum (Trockengewicht in %)	100	75	20	20

1 Erläutern Sie den Versuchsaufbau und geben Sie an, unter welcher konkreten Fragestellung die Versuche durchgeführt wurden.

2 Deuten Sie die erhaltenen Ergebnisse. Stellen Sie Vermutungen an, weshalb die Pflanzen bei **B** unterschiedlich groß waren, während sie bei **C** ähnlich klein blieben.

5.6 Interspezifische Konkurrenz und Koexistenz

1 Hyänen und Geier konkurrieren um Aas

In der afrikanischen Savanne jagen Hyänen wie auch Löwen lebende Tiere. Dadurch stehen beide Arten miteinander in Nahrungskonkurrenz. Bei Beutemangel können sich Hyänen aber auch von Aas ernähren und treten dann wiederum in Konkurrenz mit Geiern, die sich ausschließlich von Kadavern ernähren. Wie können Löwen, Hyänen und Geier dennoch im selben Lebensraum dauerhaft vorkommen?

Interspezifische Konkurrenz • Wie Löwen, Hyänen und Geier zeigen, können Angehörige unterschiedlicher Arten in Konkurrenz zueinander treten, wenn sie die gleiche Ressource beanspruchen. Diese interspezifische Konkurrenz tritt oft zwischen nah verwandten Arten auf, wie Habicht und Sperber oder Kohlmeise und Blaumeise, da sie auf ähnliche Ressourcen, zum Beispiel Nahrung, zugreifen. Aber auch sehr verschiedene Arten können in Konkurrenz zueinander treten. In Wüsten etwa konkurrieren Ameisen mit kleinen Nagetieren um Samen, die dort die einzige Nahrungsquelle sind.

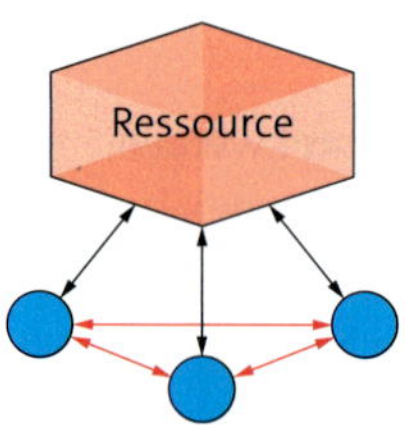

2 Intraspezifische Konkurrenz

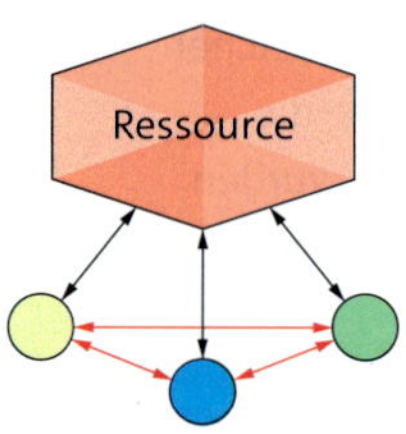

3 Interspezifische Konkurrenz

Zwischen verschiedenen Arten der Pantoffeltierchen kann man besondere Effekte der interspezifischen Konkurrenz beobachten. Dazu kultiviert man *Paramecium aurelia* und *Paramecium caudatum* in jeweils eigenen Gefäßen, ausgehend von stets wenigen Exemplaren. Beide Einzeller-Populationen vermehren sich durch Zellteilung und zeigen unter diesen konkurrenzfreien Bedingungen logistisches Wachstum bis an die Kapazitätsgrenze des Biotops. Kultiviert man jedoch beide Arten von Anfang an in einem gemeinsamen Gefäß, bricht die Population von *P. caudatum* nach einigen Tagen wieder zusammen. In einer gemeinsamen Kultur von *P. aurelia* und der verwandten Parameciumart *P. bursaria* hingegen überleben beide Arten.

Diese unterschiedlichen Wechselwirkungen der Arten stehen im Zusammenhang mit ihren jeweiligen ökologischen Bedürfnissen. *P. aurelia* und *P. caudatum* stellen nahezu identische Anforderungen an Nahrung, Sauerstoffgehalt, Licht und Temperatur. Dadurch treten beide Arten in totale Konkurrenz. Der starke gegenseitige Verdrängungsdruck führt dazu, dass die durchsetzungsschwächere Art in Anwesenheit der stärkeren Art langfristig nicht existieren kann. Da der Effekt bei allen Arten auftritt, die gleiche ökologische Ansprüche besitzen und im gleichen Lebensraum aufeinandertreffen, spricht man vom **Konkurrenzausschlussprinzip**.

In einer gemeinsamen Kultur von *P. aurelia* und *P. bursaria* findet dagegen nur eine teilweise Verdrängung statt, da *P. bursaria* in einen tieferen Bereich des Nährmediums ausweichen kann, in dem sich *P. aurelia* nicht aufhält. Dort findet sie zwar keine optimalen Lebensbedingungen mehr vor und vermehrt sich dadurch schlechter, aber das räumliche Ausweichen minimiert die direkte Konkurrenz. Deshalb können diese beide Arten im gleichen Lebensraum dauerhaft überleben.

Koexistenz • Das Phänomen des gleichzeitigen Überlebens mehrerer Arten mit ähnlichen ökologischen Ansprüchen in einem Lebensraum lässt sich auch in der Natur beobachten. Auf dem ehemaligen innerdeutschen Grenzstreifen weiden gemischte Herden aus Schafen und Ziegen, die die besondere Vegetation aus Mager-, Feucht- und Nasswiesen und Heideflächen in diesem waldfreien Gebiet erhalten sollen. Die Schafe weiden vor allem die Gräser ab, während die Ziegen zusätzlich Brennnesseln, Disteln, Brombeerranken und sogar junge Gehölzpflanzen abfressen. Das Nahrungsspektrum der beiden Arten ist also nicht völlig identisch. Außerdem unterscheidet sich ihr Fressverhalten, denn Ziegen können sich auf ihre Hinterbeine stellen und so das Laub und die Zweige junger Bäume abfressen. Aufgrund dieser geringen Unterschiede in der Ernährung können die beiden Arten trotz ähnlicher ökologischer Bedürfnisse im selben Biotop dauerhaft nebeneinander koexistieren.

Physiologische und ökologische Potenz • Die einheimischen Waldbäume Rotbuche, Waldkiefer, Schwarzerle und Stieleiche zeigen alle bei einer mittleren Bodenfeuchte jeweils ihr stärkstes Wachstum. Die Waldkiefer wächst aber auch weit außerhalb des physiologischen Feuchtigkeitsoptimums, denn aufgrund besonderer Stoffwechseleigenschaften kann sie auch noch auf sehr trockenen und sehr nassen Böden überleben. Ihr sehr großer Toleranzbereich verleiht ihr im Hinblick auf diesen Umweltfaktor also ein erhebliches Wachstums- und Verbreitungspotenzial. Sie besitzt damit gegenüber der Bodenfeuchtigkeit eine breite physiologische Potenz. Die Rotbuche kann hingegen ausschließlich im physiologischen Optimum bei mittlerer Bodenfeuchte gedeihen. Ihr wesentlich kleinerer Toleranzbereich schränkt ihr Wachstums- und Verbreitungspotenzial stark ein, sie besitzt also eine engere physiologische Potenz.

In der Natur konkurrieren diese Baumarten miteinander. Da die Rotbuche bei mittlerer Bodenfeuchte, also im Bereich des physiologischen Optimums aller Arten, im Vergleich das stärkste Wachstum zeigt, verdrängt sie die anderen Arten in Areale, in denen diese im Gegensatz zu ihr noch wachsen können. Die Konkurrenzsituation schränkt also die theoretisch mögliche physiologische Potenz der Arten auf die reale ökologische Potenz ein.

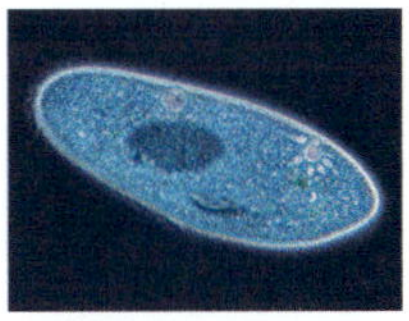

4 Paramecium aurelia

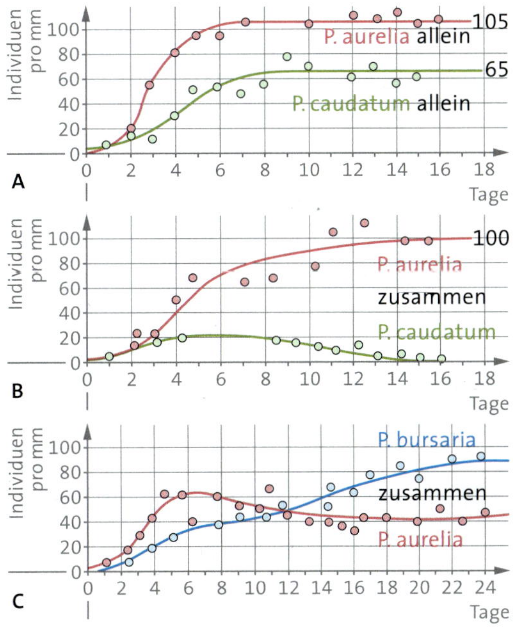

5 Ergebnisse von Kulturversuchen mit Paramecien-Arten:
A *P. aurelia* und *P. caudatum* getrennt,
B *P. aurelia* und *P. caudatum* zusammen,
C *P. aurelia* und *P. bursaria* zusammen

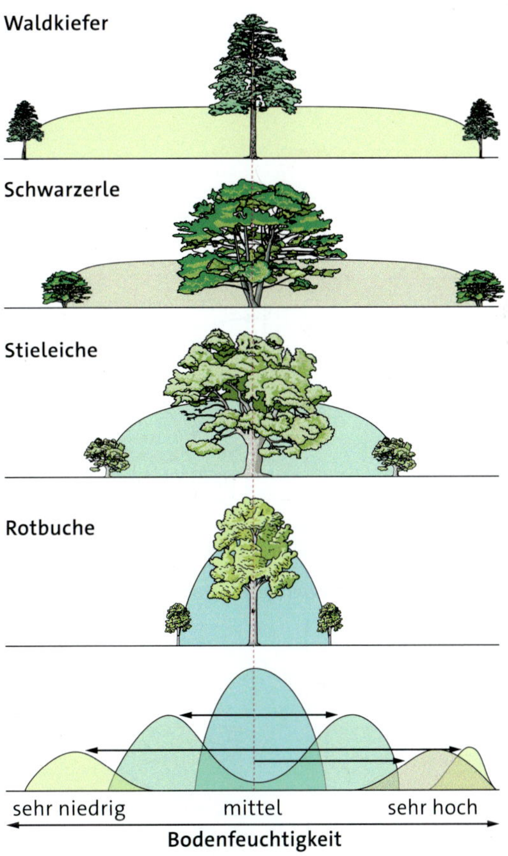

6 Toleranzkurven für Bodenfeuchtigkeit (physiologische Potenz) und Vorkommen unter Konkurrenz (ökologische Potenz) von Waldbäumen

1 Erklären Sie, weshalb das Vorkommen der Stieleiche nicht mit ihrem physiologischen Optimum übereinstimmt.

Ökologische Nische • Vogelarten, die sich von Tieren des Watts an der Nordseeküste ernähren, suchen ihre Nahrung in verschiedenen Küstenbereichen und unterschiedlicher Bodentiefe. Jede Art besitzt ihr eigenes Nahrungsspektrum und tritt so mit diesem Lebensraum spezifisch in Wechselwirkung. Auch die Brutplätze, Aufenthaltsorte am Boden bei Niedrigwasser und die allgemeinen Aktivitätszeiten zeigen für jede Art ein spezifisches ökologisches Profil. Die Gesamtheit der Wechselwirkungen einer Art mit ihrer Umwelt definiert ihre spezifische ökologische Nische. Die Überlebensfähigkeit einer Art in einem Biotop hängt davon ab, ob ihre ökologischen Bedürfnisse dort so erfüllt werden, dass sie eine eigene ökologische Nische mit möglichst geringem Konkurrenzdruck ausbilden kann. Ohne Konkurrenz kann eine Art ihre optimale ökologische Fundamentalnische je nach ihrer physiologischen Potenz ausbilden. Unter Konkurrenzdruck hängt die realisierte ökologische Nische, Realnische genannt, von ihrer ökologischen Potenz ab.

Die evolutive Veränderung der Arten erfolgt in Wechselwirkung mit ihrer sich ebenfalls verändernden Umwelt. Im Laufe der Zeit auftretende Mutationen können zu Merkmalsänderungen führen und so ihre ökologische Einnischung beeinflussen.

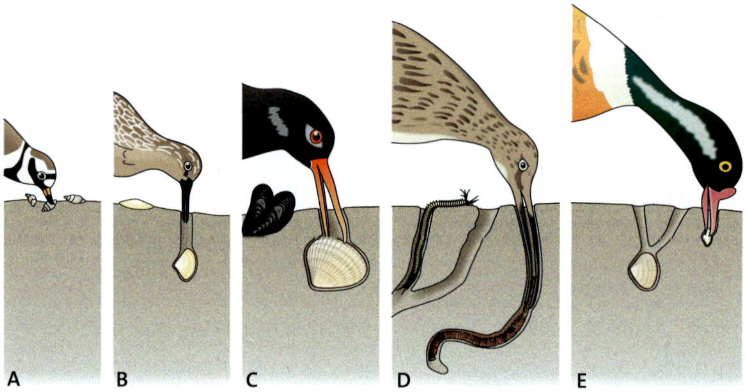

1 Wattvögel und die Orte ihrer Nahrung: **A** Sandregenpfeifer, **B** Knutt, **C** Austernfischer, **D** Brachvogel, **E** Brandente

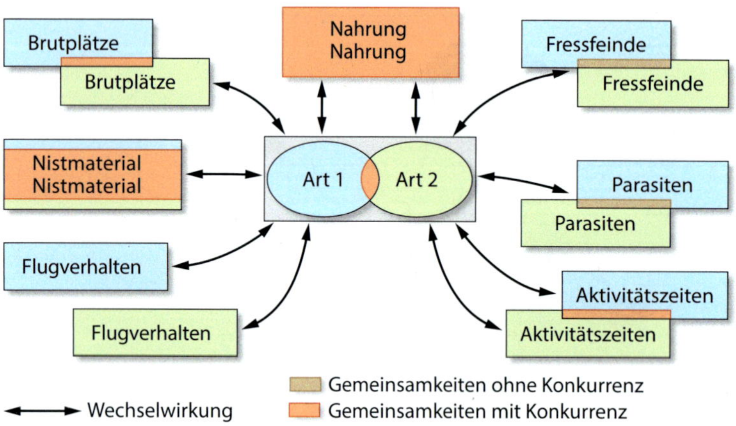

2 Ökologische Wechselwirkungen zwischen zwei Vogelarten

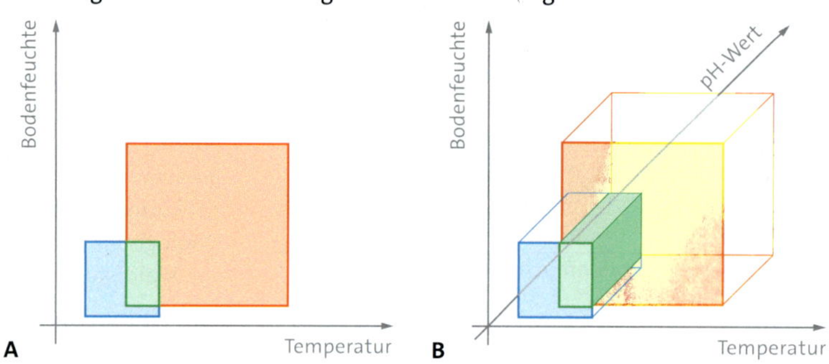

3 Überschneidungen ökologischer Nischen von zwei Arten (I und II) in zwei **A** und drei **B** Dimensionen

Mehrdimensionalität • Oft lässt sich die Koexistenz oder die Verdrängung durch Konkurrenzausschluss zweier Arten schon damit erklären, dass man einen einzigen Umweltfaktor, zum Beispiel die Ernährung, betrachtet. Manchmal muss man dafür aber mehrere ökologische Faktoren untersuchen. Dabei zeigt sich die hohe Komplexität der Wechselwirkungen in der Vielzahl der relevanten Nischendimensionen. Bildet man nur eine Dimension grafisch ab, zum Beispiel die Temperaturansprüche zweier Arten, zeigen sich die Wechselwirkungen durch eine einfache Überlagerung der Optimumslinien. Bei zwei Dimensionen kann es zur Überschneidung von Flächen (▶ **3A**) und bei drei Dimensionen entsprechend zur Überlagerung von räumlichen Strukturen kommen (▶ **3B**). Je größer die Überlagerungen von Ressourcenansprüchen ausfallen, desto stärker ist die Konkurrenz zwischen zwei Arten.

Versucht man alle Dimensionen der ökologischen Nische einer Art zu berücksichtigen, ergibt sich theoretisch ein hochkomplexes *n*-dimensionales Gebilde. Jede Dimension entspricht einer lebenswichtigen Wechselwirkung mit der Umwelt. Da sich ökologische Nischen also kaum vollständig erfassen lassen, betrachtet man in der Regel nur überlebensrelevante Dimensionen.

1 Beschreiben Sie die Entstehung der ökologischen Nische einer Art.

Material A Nischen von vier mitteleuropäischen Vogelarten

	Schleiereule	Steinkauz	Mäusebussard	Waldohreule
Lebensraum	halb offene Kulturlandschaft	offene Kulturlandschaft	offene Kulturlandschaft	offene Kulturlandschaft
Hauptnahrung	Feld- und Wühlmäuse	Mäuse, Insekten	Feldmäuse, Ratten, Kaninchen	Feld- und Wühlmäuse
Nistplatz	Scheunen, Kirchtürme, Ruinen	kleinere Baumhöhlen, Gebäude	Kronen hoher Bäume	verlassene Greifvogelhorste
Jagdzeit	fast nur in der Nacht	Dämmerung, Nacht	Tag	Dämmerung, Nacht
Länge (cm)	35	23	54	36
Masse (g)	350	250	900	370

In der Tabelle sind vier Nischendimensionen von vier mitteleuropäischen Vogelarten zusammengefasst. Die Daten geben nur die Hauptaspekte der jeweiligen Nischendimension an und sind, zum Beispiel bezüglich der Nahrung, nicht vollständig.

In den beiden unteren Zeilen sind die ungefähren Werte für Körperlänge in cm und Körpermasse in g der Weibchen angegeben. Männchen sind durchschnittlich etwas kleiner und leichter als Weibchen.

1 Beschreiben und vergleichen Sie anhand der Angaben die ökologischen Nischen der aufgeführten Vogelarten.

2 Zeichnen Sie für die vier Arten ein zweidimensionales Nischendiagramm für Lebensraum (Ordinate) und Jagdzeit (Abszisse) und erläutern Sie die daraus hervorgehenden Zusammenhänge. Beziehen Sie in Ihre Überlegungen die anderen Daten der Tabelle mit ein.

3 Stellen Sie eine Hypothese auf, welche der vier Arten in einem gemeinsamen Lebensraum auf Dauer koexistieren können.

4 Erklären Sie, weshalb in diesem Fall die Betrachtung einer einzigen Nischendimension für die Charakterisierung einer Art nicht reicht.

Material B Kakteen-, Wolfsmilch- und Schwalbenwurzgewächse

Die Fotos zeigen: **A** das Kakteengewächs *Astrophytum asterias* (Mexiko), **B** das Wolfsmilchgewächs *Euphorbia obesa* (Südafrika) und **C** das Schwalbenwurzgewächs *Larryleachia cactiformis* (Südafrika). In **D** sind die durchschnittlichen Jahrestemperaturen und Jahresniederschläge in Mexiko und Südafrika angegeben.

1 Beschreiben Sie auffällige Strukturen der drei Pflanzen.

2 Stellen Sie Hypothesen über die Funktionen dieser Strukturen auf.

3 Erklären Sie die Ähnlichkeiten im Erscheinungsbild trotz Zugehörigkeit zu verschiedenen Pflanzenfamilien.

4 Recherchieren Sie weitere Beispiele für das beschriebene Phänomen.

5.7 Energiefluss in Ökosystemen

1 Ein Rehbock frisst Eichenlaub.

Rehe ernähren sich häufig von den frischen Blättern verschiedener Laubbäume. Dabei nehmen sie vor allem energiereiche Nährstoffe auf. Welchen Weg nimmt diese Energie?

Energieumwandlung • Eichen können wie fast alle Pflanzen die Lichtenergie der Sonne mithilfe von Chlorophyll in ihren Chloroplasten absorbieren und am Ende der Fotosynthese in chemische Energie umwandeln. Diese Energieform ist zunächst in den Bindungen der dabei entstehenden Nährstoffmoleküle Glucose und Stärke gespeichert. 95 % des einfallenden Lichts werden jedoch aufgrund ihrer Wellenlänge bereits von der Blattoberfläche reflektiert oder durchdringen die Blattgewebe, ohne von Chlorophyll absorbiert zu werden. Daher können nur etwa 5 % der auftreffenden Lichtenergie durch die Fotosynthese in chemische Energie umgewandelt werden.

Biozönose = Gemeinschaft aller Lebewesen in einem Biotop

Die Produkte der Fotosynthese gelangen in verdaulichen Pflanzenteilen wie Gräsern, Kräutern und Blättern über die Nahrungsaufnahme in pflanzenfressende Tiere. Während der Verdauungsprozesse werden aufgenommene Nährstoffe zerlegt. Dabei werden ihre chemischen Bindungen aufgelöst, sodass die dort gespeicherte chemische Energie für verschiedene Stoffwechselprozesse in den Organen und für Wachstumsprozesse nutzbar wird oder in Bewegungsenergie umgewandelt werden kann. Bei jeder Energieumwandlung wird nebenher Energie in Wärme umgewandelt und an die Umwelt abgegeben. Auch wenn sich fleischfressende Tiere von Beutetieren oder Aas ernähren, erfolgt die Umwandlung und Nutzung der chemischen Energie bei der Verdauung auf die gleiche Art und Weise. Bei der Zersetzung von abgestorbenen Pflanzen oder Tierkadavern durch Abbauprozesse der Pilze und Bakterien erfolgt ebenfalls zum Teil eine Umwandlung der chemischen Energie in Wärme. Deshalb kommt es bei einer hohen Zersetzungstätigkeit im Humus, in Heuballen oder in der Laubstreu zu einer Wärmeentwicklung.

Prädator = Beutegreifer

Nahrungsnetze • Die Weitergabe der in Nährstoffen gebundenen chemischen Energie erfolgt in einer Biozönose entlang von Nahrungsketten. Sie entstehen durch das jeweils bevorzugte Nahrungsspektrum der Tiere. Im Ökosystem Wald werden die Blätter der Eiche von den Larven des Eichenwicklers gefressen, die wiederum zum Beutespektrum der Spitzmaus gehören. Diese zählt selbst wieder zur Hauptnahrung des Uhus. Beutetiere gehören aber in der Regel zum Nahrungsspektrum von mehreren Arten von Fressfeinden und die meisten Prädatoren sind nicht nur auf eine einzige Beutetierart spezialisiert. Dadurch sind die zahlreichen Nahrungsketten einer Biozönose vielfältig miteinander verbunden und bilden so das komplexe Nahrungsnetz eines Ökosystems.

Trophieebenen • Eiche, Fichte und Hasel sind typische Arten des Ökosystems Wald. Ihre Biomasse produzieren sie allein über die Fotosynthese und die Aufnahme anorganischer Verbindungen. Sie benötigen keine Nahrung und werden deshalb als **autotroph** bezeichnet. Innerhalb ihrer Biozönose gehören sie daher zur Trophieebene der **Produzenten**.
Pflanzenfressende Tiere wie Eichenwickler, Borkenkäfer oder Haselmaus können dagegen nur Biomasse aufbauen, wenn sie energiereiche organische Verbindungen über die Nahrung aufnehmen. Sie werden daher als **heterotroph** bezeichnet und gehören zu den **Konsumenten 1. Ordnung** oder Primärkonsumenten. Spitzmaus, Buntspecht und Baummarder sind Fressfeinde dieser Tiere und bauen ihre Biomasse ebenfalls mithilfe der aufgenommenen organischen Verbindungen auf. Sie sind deshalb **Konsumenten 2. Ordnung** oder Sekundärkonsumenten. Luchs, Uhu und Wolf sind im mitteleuropäischen Ökosystem Wald die größten Prädatoren. Sie bilden die Trophieebene der **Konsumenten 3. Ordnung**. Da sie selbst keine Fressfeinde besitzen, werden sie als Endkonsumenten bezeichnet.
Abgestorbene Pflanzenreste ebenso wie tierische Ausscheidungen, Körperteile und Kadaver gelangen aus allen Trophieebenen in den Boden und werden von Pilzen und Bakterien, den **Destruenten**, zersetzt.

Biomasse = Masse lebender oder toter Organismen

griech. trophe = Ernährung

Energiefluss • Lebende Organismen nehmen permanent Energie auf und geben sie ab. Produzenten wandeln 5 % der einfallenden Lichtenergie in chemische Energie um. Einen Großteil davon verwenden sie für eigene Lebensprozesse und geben sie danach als Wärmeenergie ab. Da nur ein geringer Teil der pflanzlichen Biomasse durch Primärkonsumenten verwertet werden kann, gelangt chemische Energie über unverdauliche Pflanzenteile und Falllaub auch zu den Destruenten. Deshalb erreicht nur 1 % der fotosynthetisch gebundenen Energie über die Nahrungsaufnahme die Konsumenten 1. Ordnung. Da diese einen großen Teil der aufgenommenen Energie für Stoffwechselvorgänge umsetzen, können davon wiederum nur 10 % zu den Konsumenten 2. Ordnung und davon auch nur 10 % zu den Endkonsumenten gelangen.

Bei diesem Energiefluss durch die Trophieebenen kommt es zu einer Umwandlung in die biologisch nicht mehr nutzbare Energieform der Wärme, also einer **Energieentwertung**.

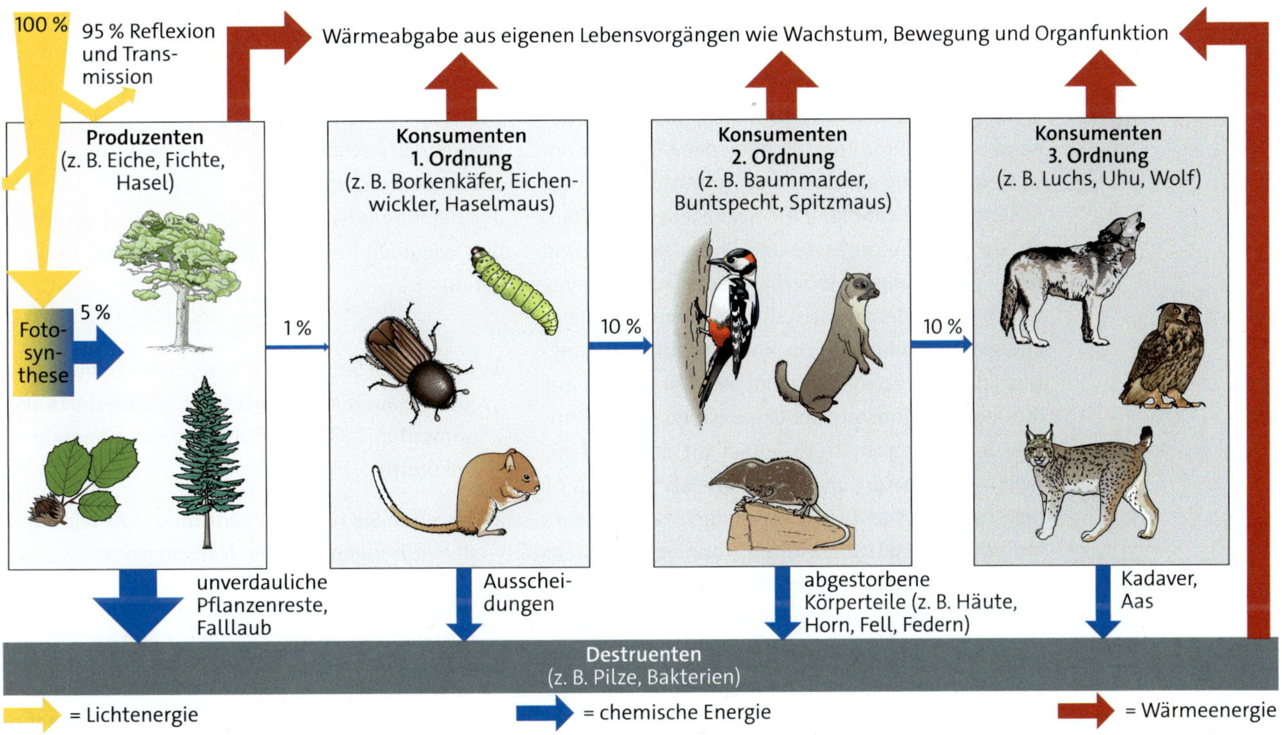

2 Energiefluss einer Biozönose im Ökosystem Wald

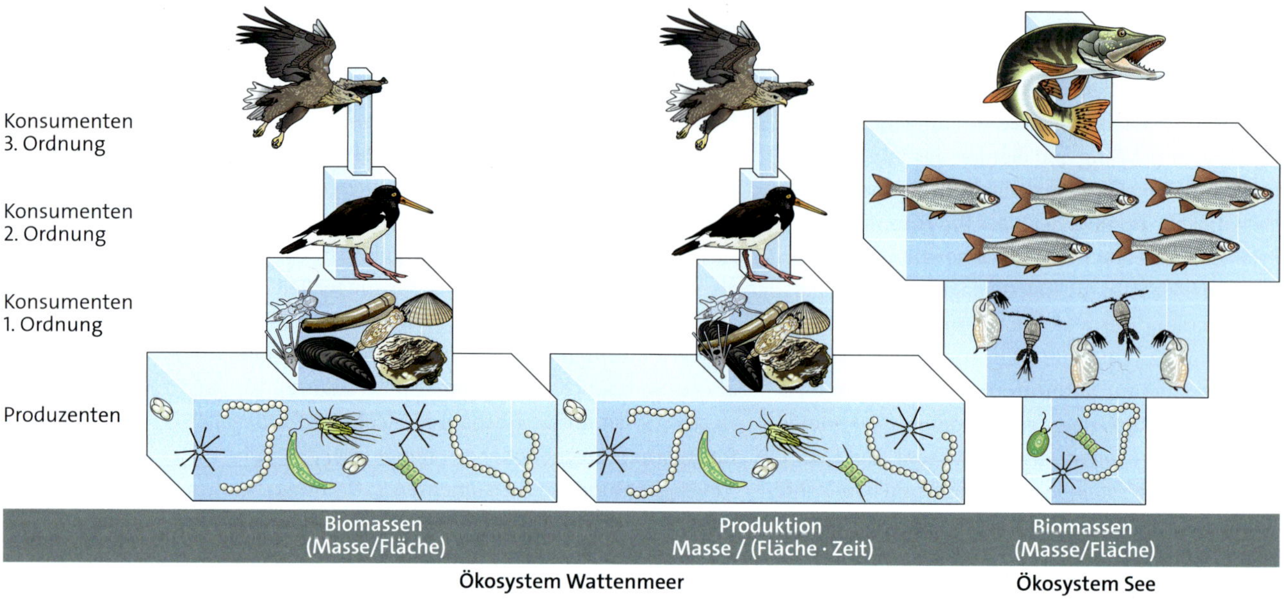

1 Ökologische Pyramiden im Ökosystem Wattenmeer und im Ökosystem See

griech. phyton = Pflanze

griech. zoon = Tier

Plankton = passiv im Wasser umhertreibende Kleinstlebewesen

Ökologische Pyramiden • Im Ökosystem Wattenmeer bilden Grünalgen und Phytoplankton die Produzenten. Zooplankton und verschiedene Schnecken und Muscheln stellen die Konsumenten 1. Ordnung dar. Deren Fressfeinde unter den Wattvögeln gehören zu den Konsumenten 2. Ordnung. Die am Ende der Nahrungskette stehenden Seeadler werden den Konsumenten 3. Ordnung zugeordnet.

Betrachtet man die Masse aller Organismen auf einer Trophieebene, so nimmt die Biomasse ausgehend von den Produzenten mit jeder weiteren Konsumentenebene ab. Dies ist die unmittelbare Folge der Energieumwandlung für eigene lebenserhaltende Stoffwechselprozesse und Energieentwertung durch Wärmeabgabe innerhalb jeder Trophieebene. Auf der folgenden Ebene steht daher immer weniger Energie zur Produktion von Biomasse zur Verfügung. Das jeweilige Energieangebot wirkt sich auch auf die Reproduktionsrate der Organismen aus. Die Anzahl der Nachkommen pro Zeiteinheit nimmt oft mit jeder weiteren Konsumentenebene ab. Dadurch ist die Produktion an Biomasse in den oft besonders reproduktionsaktiven unteren Trophieebenen sehr hoch, während sie in den höheren Ebenen immer weiter abnimmt. Die vergleichende Darstellung der Biomasse und Produktivität der Trophieebenen ergibt daher die Form einer **ökologischen Pyramide.**

In Biozönosen großer stehender Gewässer-Ökosysteme weicht die Verteilung der Biomasse von diesen Relationen ab. Die Produzenten in Form einzelliger Algen besitzen hier eine relativ geringe Biomasse, können aber durch ihre extrem hohen Reproduktionsraten eine wesentlich größere Biomasse an Konsumenten 1. Ordnung ernähren. Auch diese Hüpferlinge, Wasserflöhe und andere Kleinkrebse regenerieren ihre relativ geringe Biomasse durch hohe Vermehrungsraten sehr rasch und ermöglichen so eine deutlich größere Biomasse an Konsumenten 2. Ordnung. Diese wird von sich relativ langsam vermehrenden Fischen gebildet, zum Beispiel Rotfedern und anderen Karpfenarten. Daher ist die Biomasse der Hechte und anderer Konsumenten 3. Ordnung hier wie auch in vielen Land-Ökosystemen relativ gering.

1 Berechnen Sie, wie viel Prozent der Lichtenergie, die auf die Produzenten trifft, bei den Konsumenten 3. Ordnung als chemische Energie ankommt.

2 Erstellen Sie für die Organismen in Abbildung 2 der vorherigen Seite ein Nahrungsnetz.

3 Begründen Sie, weshalb in den meisten Ökosystemen maximal vier Trophieebenen ausgebildet sind.

4 Erklären Sie die Pyramidenform der Trophieebenen eines Ökosystems.

Material A Bioakkumulation

Marine Lebensräume sind durch den menschlichen Einfluss mit zahlreichen Schadstoffen und ihren Derivaten, Schwermetallen, radioaktiven Stoffe oder Krankheitskeimen belastet. Einige dieser Stoffe verteilen sich im Wasser nicht, sondern lagern sich an Partikel und kleinere Lebewesen an. Im freien Meerwasser ist deshalb ihre Konzentration so gering, dass sie für den Stoffwechsel dieser kleinen Lebewesen ungefährlich sind.

Zu den Schadstoffen zählen zum Beispiel polychlorierte Biphenyle, kurz PCB, die in vielen technischen Verfahren Anwendung finden. PCB sind lipophil und lagern sich deshalb vorwiegend in Fettgeweben ein. In höherer Konzentration blockieren sie im Organismus unter anderem die Bildung von Vitamin A und schwächen das Immunsystem. Sie haben daher negative Auswirkungen auf die Überlebensrate und die Entwicklung des Nachwuchses.

Bei Untersuchungen an gestrandeten Großen Tümmlern wurden zum Teil extrem hohe PCB-Werte gemessen. Diese sind wahrscheinlich mitverantwortlich für die gesunkene Reproduktionsrate oder sogar für den Tod der Tiere.

1 Ordnen Sie Heringe, Kieselalgen, Zooplankton, Sardinen, Große Tümmler, Meerforellen und Krill den verschiedenen Trophieebenen des Ökosystems zu.

2 Stellen Sie die Nahrungsbeziehungen dieser Lebewesen in Form eines Nahrungsnetzes als Pfeildiagramm dar.

3 Erklären Sie, wie es zu einer Bedrohung des Großen Tümmlers kommen konnte.

Material B Landnutzung und Getreideproduktion

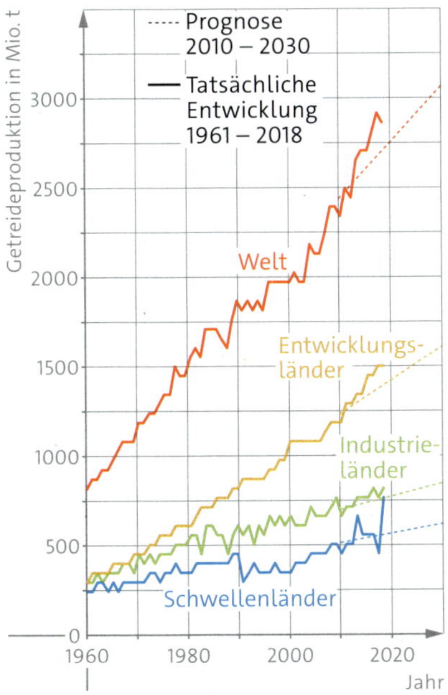

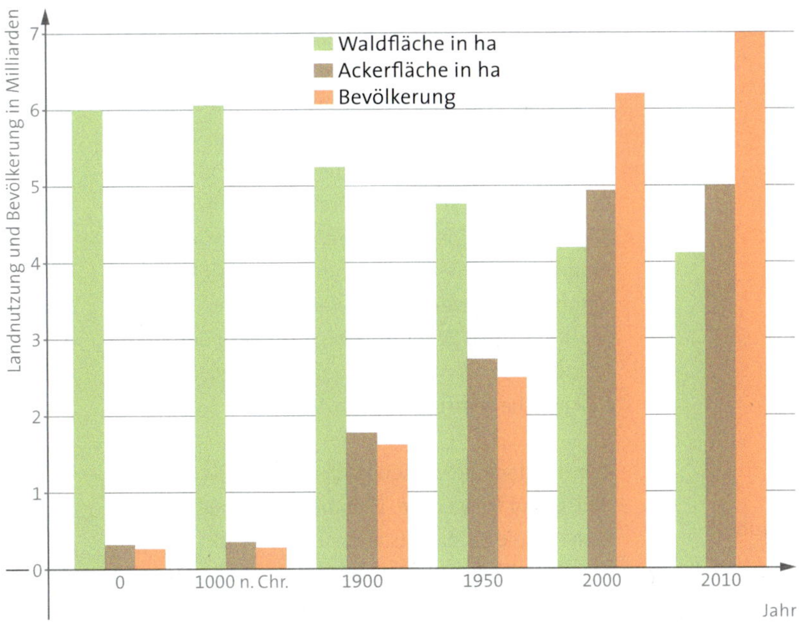

1 Beschreiben Sie die Diagramme und setzen Sie sie miteinander in Beziehung.

2 Erläutern Sie die ökologischen Folgen der Veränderung der Getreideproduktion für die Entwicklungs-, Industrie- und Schwellenländer.

5.8 Räuber-Beute-Beziehungen

1 Löwin bei der Jagd

Der Betrachter dieses Bildes ist emotional berührt, weil er weiß, dass die Löwin im nächsten Augenblick das junge Zebra zu Boden reißen und dann töten wird. Allerdings sollte er sich auch in die Situation der Löwin versetzen, die mit dieser Aktion Nahrung erwirbt und so ihr eigenes Überleben und das ihrer Nachkommen sichert. Wie kann man die Situation sachlich beschreiben?

Räuber und Beute • Zebras sind für Löwen die Beute, umgekehrt sind Löwen die Beutegreifer oder Räuber der Zebras. Eine solche zwischenartliche Beziehung heißt **Räuber-Beute-Beziehung.** Tiere wie Löwen, Hyänen und Wölfe, die sich als echte Räuber fast ausschließlich von Fleisch ernähren, sind **Fleischfresser** oder Carnivore. Rehe und Kaninchen hingegen ernähren sich rein pflanzlich und heißen demnach **Pflanzenfresser** oder Herbivore. Braunbären, Raben und Wildschweine zählen zu den **Allesfressern** oder Omnivoren, weil sie pflanzliche und fleischliche Nahrung zu sich nehmen.

Wie auf dem Bild zu sehen, töten echte Räuber ihre Beute und fressen sie. Dies hat Konsequenzen sowohl für die Räuber als auch für die Beute: Bezogen auf die Individuen sollten Beutetiere die Begegnung mit einem Räuber vermeiden, sonst könnten sie dies mit dem Leben bezahlen. Der Räuber indessen muss nicht unbedingt jedes Beutetier, das er verfolgt hat, auch erlegen. Entkommt ihm ein Beutetier, kann er in der Regel ein schwächeres finden und töten. Stark vereinfacht und nicht generell übertragbar spricht man von dem „life-dinner principle", übersetzt dem **Überleben-Abendessen-Prinzip.** Es besagt in etwa: Ein Hase läuft schneller als der Fuchs, weil er um sein Leben rennt, der Fuchs jedoch um sein Abendessen.

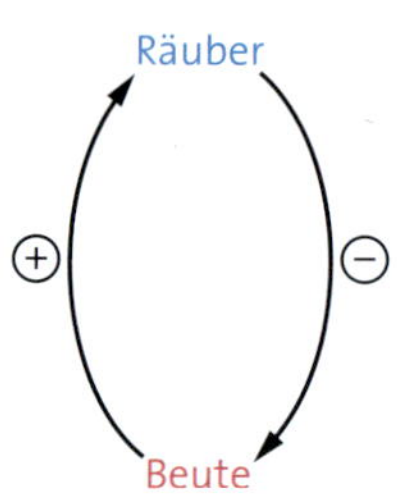

2 Räuber-Beute-Schema

Auf der Ebene der Population jedoch hängt das Überleben der Räuber direkt von der Populationsdichte der Beute ab. Wenn viel Beute vorhanden ist, können mehr Räuber satt werden. Wenn es jedoch keine Beute mehr gibt, hat auch der Räuber keine Lebensgrundlage mehr. Räuber- und Beutepopulationen stehen also im einfachsten Fall in einem Verhältnis der **negativen Rückkopplung** zueinander: Je mehr Beute, desto mehr Räuber und je mehr Räuber, desto weniger Beute beziehungsweise je weniger Beute, desto weniger Räuber und je weniger Räuber, desto mehr Beute.

Luchs und Schneeschuhhase • Das wohl bekannteste Modell für die Beschreibung der Abhängigkeit von Räuber- und Beutepopulationen basiert auf der Analyse der Abgabemenge von Luchs- und Hasenfellen durch Trapper bei der kanadischen Hudson Bay Company zwischen 1845 und 1935. Stellt man diese Daten grafisch dar, ergibt sich ein Kurvenverlauf, der die negative Rückkopplung zu bestätigen scheint.

Die ermittelten Daten waren auch Grundlage für eine mathematisches Modell, das 1925/26 von A. J. Lotka und V. Volterra unabhängig voneinander formuliert wurde und als **Lotka-Volterra-Regeln** in die Literatur Eingang gefunden hat:

- *Erste Regel:* Die Zahlen von Beute- und Räuberindividuen schwanken periodisch, wobei Maxima und Minima der Räuber denen der Beute phasenverzögert folgen.
- *Zweite Regel:* Trotz der Schwankungen bleiben die Mittelwerte beider Populationen langfristig konstant, wobei die Zahlen der Beute durchschnittlich höher liegen.
- *Dritte Regel:* Werden Räuber und Beute gleich stark vermindert, so erholt sich die Population der Beute schneller als die der Räuber.

Diese Regeln gelten aber nur für idealisierte Ein-Räuber-eine-Beute-Systeme. Ihre Gültigkeit ist für jeden Einzelfall zu prüfen, denn selbst dort, wo die Luchspopulation ausgerottet war, wurden dichteabhängige Schwankungen der Hasenpopulation beobachtet. Unter natürlichen Bedingungen sind die Zusammenhänge oft weitaus komplexer. Viele Räuber wie Rotfüchse oder Wölfe haben ein breites Beutespektrum. Für solche **Nahrungsgeneralisten** besteht keine direkte Abhängigkeit, da sie auf andere Nahrung ausweichen können. Man sagt, die Dynamik von Räuber und Beute ist entkoppelt. Selbst bei **Nahrungsspezialisten** sind die Verhältnisse komplizierter. Nach Beobachtungen von B. Sittler ernähren sich Schnee-Eulen in Grönland zu 97 % von Lemmingen, die alle vier bis fünf Jahre eine spektakuläre Massenvermehrung, auch **Gradation** genannt, durchlaufen. Danach bricht die Population zusammen. Eine Gradation tritt auf, wenn es nur wenige Hermeline gibt, die auch Lemminge erbeuten. Im nächsten Sommer finden Schnee-Eulen dann leicht Nahrung und viele Brutpaare können ihre Jungtiere großziehen. Da aber auch Polarfüchse und Raubmöwen von Lemmingen leben, ist das Nahrungsangebot bald erschöpft und die Schnee-Eulen ziehen ab. Die Periodik der Schnee-Eulen-Population hat also viele Ursachen. Untersuchungen des amerikanischen Zoologen P. Errington zeigen, dass die Populationsdichte von Bisamratten nur von ihrer Territorialität und nicht von ihrem Beutegreifer Mink abhängt. Minke leben zwar vorwiegend von Bisamratten, erbeuten aber praktisch nur alte und kranke sowie junge Tiere, die noch kein Revier gefunden haben.

Die Regulation der Beutedichte kann also auch unabhängig vom Räuber erfolgen. Nur wenn die Räuberpopulation in ihrer Vermehrung an die Beutepopulation gekoppelt ist, folgt ihre Dynamik den Schwankungen der Beutepopulation.

1 Erläutern Sie, inwiefern die Trapper Einfluss auf die Beziehung zwischen Luchsen und Schneeschuhhasen hatten.

5 Mink

6 Bisamratte

3 Luchs jagt Schneeschuhhasen.

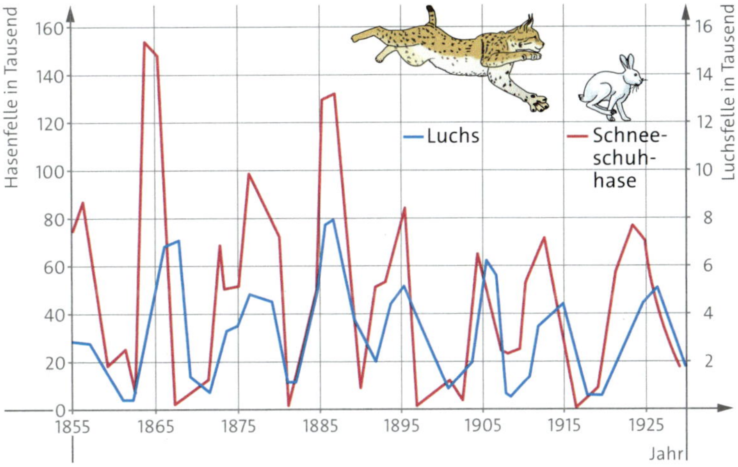

4 Von Trappern abgelieferte Felle

1 Chamäleon fängt Insekt.

2 Schützenfisch schießt Insekt ab.

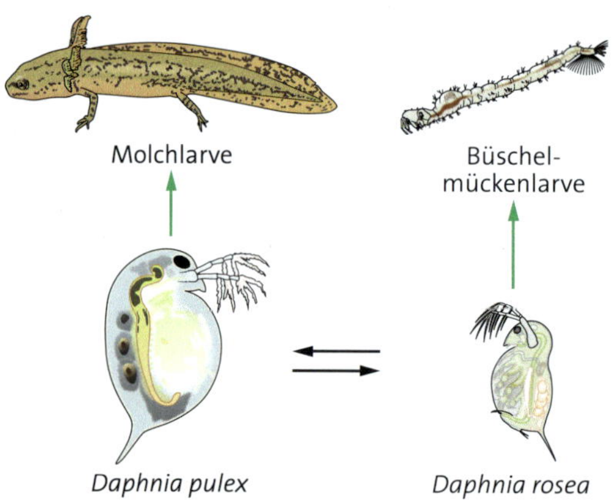

3 Einfluss eines Räubers auf die Konkurrenz zwischen Beuteorganismen

Beuteerwerb und Feindabwehr • Löwen jagen je nach Deckung allein oder in Rudeln. Da sie keine ausdauernden Läufer sind, aber sehr gut beschleunigen können, hängt ihr Jagderfolg oft vom Überraschungseffekt ab. Andere Räuber besitzen andere spezifische Angepasstheiten an ihre Beute in Bezug auf Mundwerkzeuge, Greif- und Fangapparate, Sinnesorgane, Verdauungssysteme oder Verhaltensweisen. Bartenwale zum Beispiel filtrieren Wasser. Chamäleons erbeuten Insekten mit ihrer Schleuderzunge. Netzbauende Spinnen sind Fallensteller, während Fledermäuse ihre Beute mit Ultraschall orten und im Flug fangen. Schützenfische schießen Insekten oder Spinnen auf Blättern der Uferzone mit einem scharfen Wasserstrahl ab. Solche Spezialisierungen auf bestimmte Beutefangmethoden sind Folge von Konkurrenzvermeidung und Einnischung.

Allerdings ist nicht jeder Angriff eines Räubers erfolgreich. So beträgt der Jagderfolg europäischer Greifvögel zum Beispiel nur etwa 10 %. Außerdem setzen sich die Gejagten oft zur Wehr. Zebras traktieren Verfolger mit Huftritten und Trampeltiere bespucken die Angreifer mit hochgewürgtem Magensaft. Wacholderdrosseln bespritzen Nestfeinde gezielt mit Kot, Bienen und Wespen wehren sich durch Stechen. Eine japanische Bienenart umschließt angreifende Hornissen in einer Traube und erzeugt durch Muskelkontraktion so viel Wärme, dass die Hornissen durch Überhitzung sterben.

Herabsetzung von Konkurrenz • Der Ökologe S. Dodson fand heraus, dass die Anwesenheit eines Räubers das Ökosystem eines Kleingewässers erheblich beeinflussen kann. Die Wasserflohart *Daphnia pulex* ist mit 3 mm etwa doppelt so groß wie *Daphnia rosea*. Sie wird bevorzugt von Tigerzahnmolchlarven gefressen, während die kleinere Art von Larven der Büschelmücke konsumiert wird. Es wurde beobachtet, dass in Gewässern mit Tigerzahnmolchlarven auch Büschelmückenlarven lebten und *D. pulex* in geringer und *D. rosea* in höherer Individuenzahl auftrat. Jedoch gab es in Gewässern ohne Tigermolchlarven weder *D. rosea* noch Büschelmückenlarven, während die Individuendichte von *D. pulex* hoch war. Tigerzahnmolchlarven beeinflussen also offenbar die Konkurrenz zwischen den beiden Daphnienarten.

1 Recherchieren Sie Lebensweise, Vermehrung und Vorkommen von Daphnien.

2 Erklären Sie den Einfluss, den die Tigerzahnmolchlarven auf das Verhältnis der beiden Daphnienarten ausüben.

Material A Räuber-Beute-Beziehung zwischen Marienkäfer und Blattlaus

Der bei uns heimische Siebenpunktmarienkäfer ist als Larve und als Imago der größte Blattlausvertilger. Blattläuse bohren die Leitungsbahnen von Pflanzen an und ernähren sich von deren Zuckersaft. Da sie sich im Sommer ohne vorherige Befruchtung, also parthenogenetisch fortpflanzen, können ihre Populationen sehr schnell anwachsen.

1 Zeichnen Sie ein schematisiertes Diagramm zur Populationsentwicklung für beide Arten und begründen Sie die Kurvenverläufe.

2 Erklären Sie anhand einer zusätzlichen Skizze, welche Folgen ein Insektizideinsatz hätte, der sowohl Räuber als auch Beute zu je 95 % eliminieren würde.

3 Bewerten Sie den Insektizideinsatz.

4 Beurteilen Sie, ob der Einsatz von Marienkäfern in einem Gewächshaus zur Bekämpfung von Blattläusen empfehlenswert ist.

Material B Eicheln, Wildschweine und Eichhörnchen

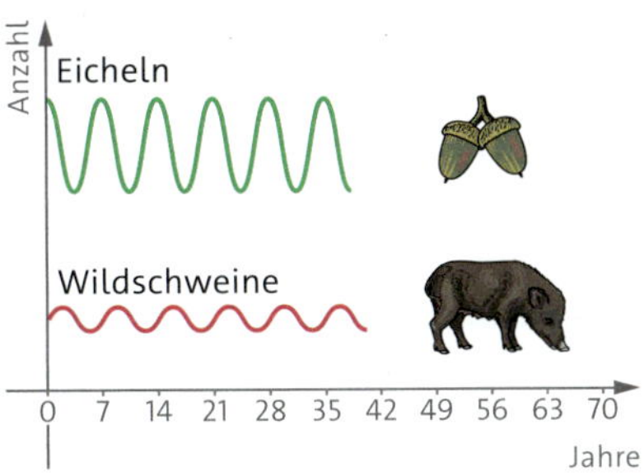

Etwa alle sieben Jahre tritt ein Mastjahr auf, in dem Eichen sehr viele Früchte produzieren. Im Jahr darauf ist die Eichelproduktion entsprechend geringer. Eicheln sind eine Hauptnahrung von Wildschweinen und Eichhörnchen. Die Abbildung zeigt schematisch die Beziehung zwischen Eicheln und Wildschweinen.

1 Vergleichen Sie die Beziehung zwischen Wildschweinen und Eicheln mit einer klassischen Räuber-Beute-Beziehung.

2 Erklären Sie das Verhältnis zwischen Wildschweinen und Eichhörnchen sowie den Einfluss eines Mastjahrs auf ihre Populationen.

Material C Pisaster und die Artenvielfalt

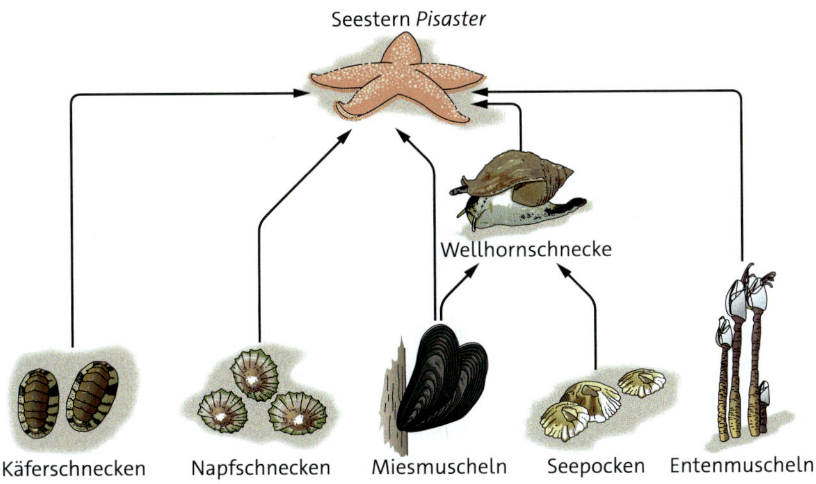

In Nordamerika ist die Gezeitenzone der felsigen Nordpazifikküste Lebensraum zahlreicher Arten. Innerhalb dieser Lebensgemeinschaft ernährt sich der Seestern *Pisaster* von einer Vielzahl wirbelloser Tiere. In einem Experiment entfernte man *Pisaster* aus den Versuchsflächen. Danach änderte sich die Zusammensetzung der Lebensgemeinschaft und die Vielfalt der Arten ging zurück. Von den anfangs 15 Arten blieben nur 8 übrig und die Miesmuschel gewann die Oberhand.

1 Erläutern Sie die Beziehungen der verschiedenen Wirbellosenarten einerseits in Anwesenheit und andererseits in Abwesenheit des Seesterns *Pisaster*.

2 Stellen Sie Vermutungen an, weshalb in Abwesenheit von *Pisaster* die Miesmuschel im Lebensraum dominiert.

5.9 Symbiose und Parasitismus

1 Blattschneiderameise

Unermüdlich tragen Abertausende von Blattschneiderameisen klein geschnittene Laubblätter in ihr Nest. Ein Volk transportiert etwa 35 t Blattmaterial pro Jahr. In manchen Regenwäldern „verschwindet" so bis zu 15 % der Blattmasse. Welche Bedeutung hat dieses Verhalten der Ameisen?

griech. endo = in, innerhalb

griech. sym/syn = zusammen
griech. bios = Leben

obligat = verpflichtend

Zusammenleben von Organismen • Blattschneiderameisen kommen in tropischen und subtropischen Gebieten Amerikas vor. Alle 40 bekannten Arten schneiden Blätter ab, tragen sie ins Nest, zerkauen sie und züchten damit einen Pilz. Bis zu 29 verschiedene Gruppen von Arbeiterinnen, die Kasten, sind mit der Zucht befasst. Die von ihnen angelegten Pilzgärten werden belüftet, gepflegt, gedüngt und gesäubert. Weil die Ameisen die Enden der Pilzhyphen abbeißen, unterbleibt die Bildung der Sporen, und der Pilz ist allein nicht mehr lebensfähig. Stattdessen bilden sich proteinreiche, knollenartige Verdickungen, von denen sich die Ameisen ernähren. Dieses Zusammenleben von Lebewesen zweier Arten, das für beide Partner nützlich oder gar notwendig ist, nennt man **Symbiose.**

Obligate Symbiosen • Es gibt zahlreiche Symbiosen auf der Welt. Rinder und andere Wiederkäuer leben zum Beispiel eng mit Bakterien und Protozoen zusammen. Wiederkäuer nehmen Pflanzen auf, deren Hauptbestandteil das Polysaccharid Cellulose ist. Sie können wie alle Tiere Cellulose aber nicht verdauen. Dies übernehmen die Kleinstlebewesen in ihrem Pansen, die nach dem Wiederkäuen als eiweißreiche Nahrung verdaut werden. Lebt ein Symbiosepartner wie die Mikroorganismen im Inneren des anderen, so spricht man von **Endosymbiose.** Dabei wird der größere Partner in der Regel als **Wirt** und der kleinere als **Symbiont** bezeichnet. Das Ausmaß ihrer Tätigkeit ist enorm, denn pflanzliche Trockenmasse besteht zu etwa 50 % aus Cellulose. Die Endosymbionten von Termiten können sogar den chemisch sehr stabilen Holzstoff Lignin abbauen.

Eine weitere enge Symbiose besteht zwischen Bakterien der Gattung *Rhizobium* und Schmetterlingsblütlern. Sie leben in den Wurzelzellen von Lupinen, Soja oder Bohnen, die eigens dafür **Wurzelknöllchen** ausbilden. Die Bakterien wandeln Luftstickstoff in Ammoniumionen um, die von den Pflanzen für den Aufbau von Eiweiß, Nukleinsäure und Chlorophyll verwendet werden. Somit sind die Pflanzen von stickstoffhaltigen Mineralstoffen des Bodens unabhängig, verbrauchen dafür jedoch etwa 12 % des von ihnen synthetisierten ATP.

Eine obligate Symbiose liegt auch bei **Flechten** vor. Eine Pilzart lebt mit einer oder mehreren Arten von Grünalgen oder Cyanobakterien zusammen. Der Pilz profitiert von den Fotosyntheseprodukten, die Algen und Cyanobakterien werden dafür mit Wasser und Mineralstoffen versorgt und vor UV-Strahlung geschützt. Beide Partner haben einen Vorteil durch die gemeinsame Vermehrung. Flechten produzieren Farbstoffe und Säuren, die die Einzelorganismen nicht herstellen können. Sie können auf bloßen Steinen leben und extreme Temperaturen tolerieren. So können Sie extreme Lebensräume häufig schneller als andere Lebewesen besiedeln.

Eine ähnlich enge Symbiose gibt es zwischen Pilzen und Pflanzenwurzeln, die **Mykorrhiza** genannt wird. Dort tragen Pilze vor allem im Frühjahr erheblich zur Wasser- und Mineralstoffversorgung der Pflanzen bei, während Pflanzen den Pilzen besonders im Herbst Glucose abgeben. Etwa 95 % aller Samen- und Farnpflanzen leben in einer solchen Symbiose. Ohne sie zeigen diese Pflanzen erhebliche Mangelerscheinungen.

Fakultative Symbiosen • In anderen Symbiosen leben die Partner weniger eng oder nur temporär zusammen. Madenhacker befreien das Fell von Büffeln oder Gnus von Maden. Putzerfische säubern das Maul größerer Fische von Speiseresten. Die größeren Tiere profitieren von den „Hygienemaßnahmen" und die kleineren finden ihre Nahrung. Weil in diesen Beziehungen beide Partner außerhalb des anderen bleiben, spricht man von **Ektosymbiose.**

Eine wichtige Ektosymbiose entwickelte sich zwischen Blütenpflanzen und Bestäubern in vielen Millionen Jahren durch Koevolution. Dabei bildeten sich bei Blüten spezielle Lockmittel wie Form, Farbe oder Duft und bei Bestäubern spezielle Mundwerkzeuge oder „Sammelkörbchen". Die Fremdbestäubung erhöht bei Pflanzen die Variabilität der Nachkommen. Die Bestäuber erhalten dafür Pollen oder Nektar als Nahrung.

1 Vergleichen Sie den Querschnitt einer Flechte mit dem Querschnitt durch ein Buchenblatt. Nehmen Sie dazu Abbildung 4 auf Seite 397 zu Hilfe.

2 Erläutern Sie, welche Eigenschaften der Mykorrhizapilze der Pflanze nützen.

2 Wurzelknöllchen bei der Bohne

griech. mykes = Pilz
griech. rhiza = Wurzel

fakultativ = freiwillig

griech. ekto = außen, außerhalb

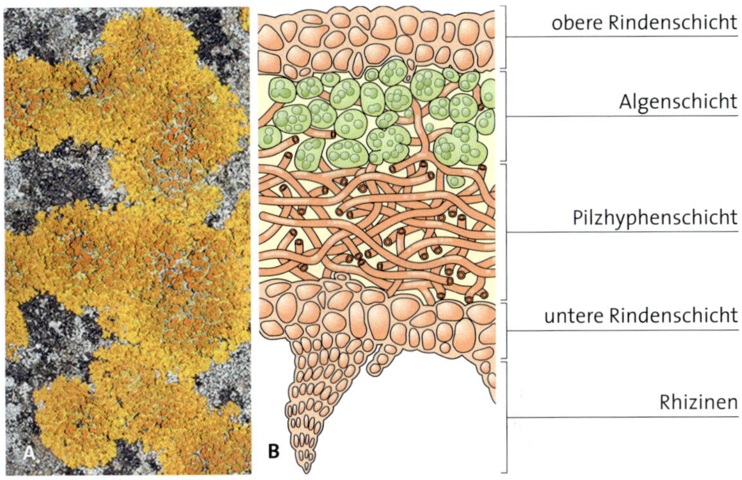

3 Gewöhnliche Gelbflechte: A auf Stein, B Querschnitt

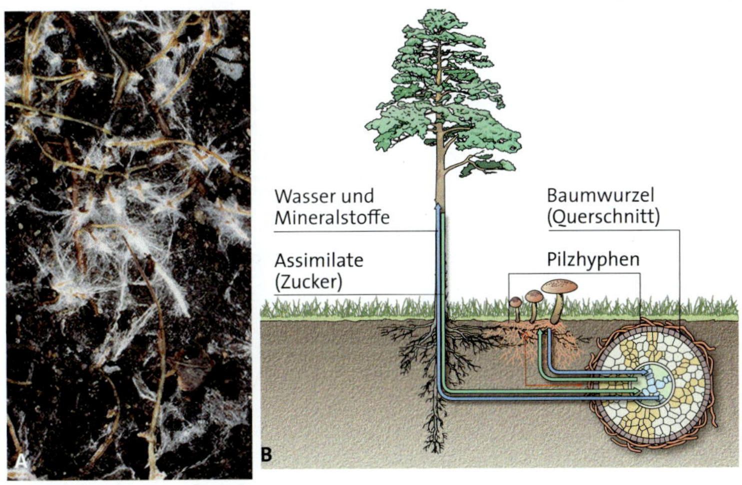

4 Mykorrhiza: A Habitus, B Schema

altgriech. para = neben altgriech. siteo = mästen, sich ernähren

Parasitismus • Das Leben einer Art auf Kosten einer anderen nennt man **Parasitismus** oder Schmarotzertum. Der Nutznießer heißt **Parasit.** Der Wirt erleidet dabei Nachteile, wird aber in der Regel nicht getötet.

lat. mensa = Tisch

Eine einseitige Beziehung liegt bereits vor, wenn Aasfresser von Nahrungsresten anderer Tiere leben oder Kletten ihre mit Haken versehenen Samenkapseln durch Anheften an vorbeigehende Tiere verbreiten. Man nennt dies **Kommensalismus.** Dabei profitiert eine Art, ohne dass die andere einen Schaden dadurch erleidet.

Auf Bäumen lebende Misteln entziehen mit Saugorganen, den Haustorien, ihren Wirten Wasser und Mineralstoffe. Als **Halbparasiten** bauen sie aber Kohlenhydrate selbst auf. Die Nesselseide, ein wurzel- und stängelloser **Vollparasit,** entzieht seinem Wirt neben Wasser und Mineralsalzen auch noch die assimilierten Kohlenhydrate.

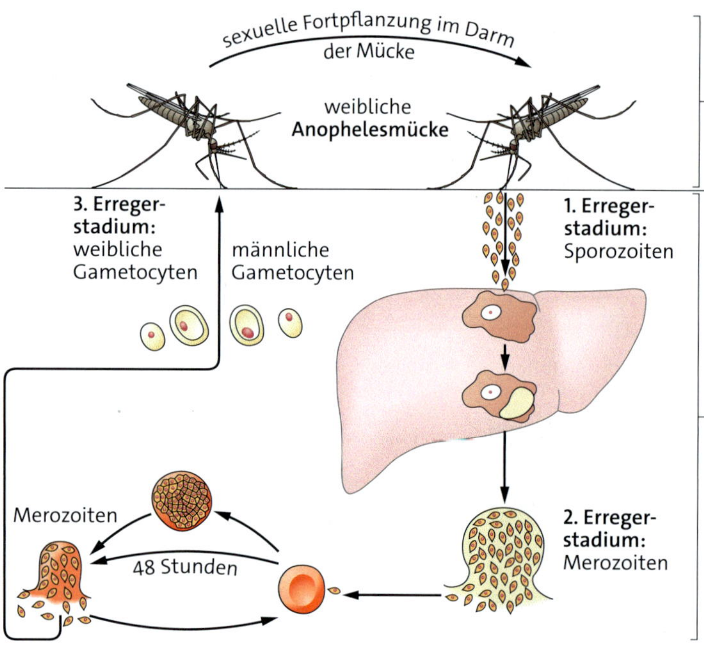

1 Entwicklungszyklus und Wirtswechsel bei *Plasmodium vivax*

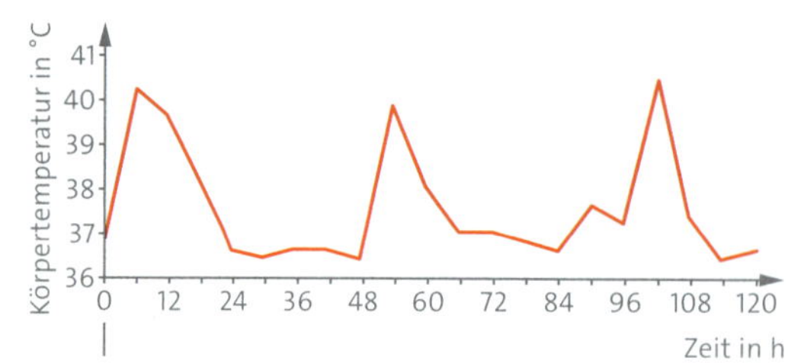

2 Fieberkurve bei Malaria tertiana, hervorgerufen durch *Plasmodium vivax*

Bettwanzen, Flöhe oder Bremsen, die ihre Wirte nur zur Nahrungsaufnahme aufsuchen, sind **temporäre Parasiten.** Kopfläuse oder Bandwürmer die ständig in oder auf ihrem Wirt leben, sind **permanente Parasiten.** Kopfläuse sind außerhalb des Wirts lebende **Ektoparasiten,** Rinder- und Schweinebandwürmer **Endoparasiten** im Darm von Menschen. Bandwürmer sind resistent gegen Verdauungssäfte und resorbieren Nährstoffe aus dem Darm. Beim Fuchsbandwurm ist der Fuchs **Endwirt,** weil in seinem Körper die sexuelle Fortpflanzung stattfindet. Die Eier werden mit dem Kot ausgeschieden und von Nagetieren über die Nahrung aufgenommen. Dort schlüpfen die Larven und schwächen die **Zwischenwirte,** sodass sie leichte Beute sind und der Bandwurm zurück in den Darm des Fuchses gelangt. Ein **Wirtswechsel** hat stattgefunden. Der Fuchsbandwurm weist eine enge Bindung an seine Wirtstiere auf, was **Wirtsspezifität** genannt wird. Der Mensch kann Fehl-Zwischenwirt sein. Da die Larven in Leber, Lunge und Gehirn knospen und umliegendes Gewebe verdrängen, kann die Infektion zum Tod führen.

Mit **Malaria** werden jährlich Millionen von Menschen infiziert, von denen eine Million stirbt. Die Symptome ähneln anfangs denen einer Grippe, dann treten bei zwei Malaria-Formen periodische Fieberschübe, Blutarmut und Organschäden auf. Malariaerreger sind fünf *Plasmodium*-Arten, Einzeller mit Menschen als Zwischenwirten und Stechmücken der Gattung *Anopheles* als Endwirten. Mit einem Mückenstich gelangen die Erreger in menschliches Blut und vermehren sich in der Leber. Weitere Entwicklungsstadien vermehren sich in roten Blutzellen. Nach wenigen Tagen platzen die Erythrocyten nahezu gleichzeitig und weitere rote Blutzellen werden infiziert. Dieser Zyklus wird mehrfach durchlaufen, dann entstehen Vorstufen von Geschlechtszellen, die nach einem erneuten Mückenstich im Darm der Mücke zu Gameten werden. Nach der Befruchtung entstehen viele neue Erreger, die beim nächsten Mückenstich eine Neuinfektion bewirken können.

Eine **parasitoide** Lebensweise kommt bei Grab- und Schlupfwespen vor, die ihre Eier an oder in Schmetterlingslarven legen. Dort entwickeln sich die Eier, wobei lebenswichtige Organe zunächst geschont werden. Spätestens bei der eigenen Verpuppung werden die Raupen jedoch getötet.

Material A Steinkorallen brauchen Zooxanthellen

Korallenriff

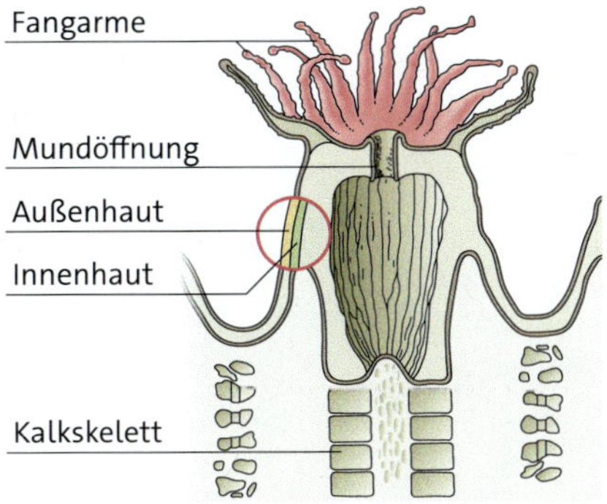

Korallenpolyp

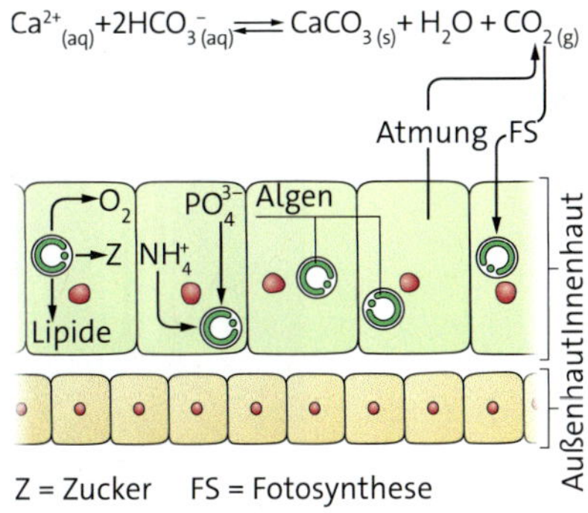

Stoffwechsel der Symbionten

Die meisten Korallen benötigen Wassertemperaturen von über 20 °C. Sie ernähren sich von Plankton, das sie mithilfe der Nesselzellen ihrer Fangarme erbeuten. Sie brauchen aber auch Sonnenlicht, da in ihren Zellen endosymbiontisch Algen leben. Diese Zooxanthellen liefern den Korallenpolypen zusätzliche Nahrung und begünstigen die Kalkabscheidung. Sie fördern also wesentlich das Wachsen der Riffe. Höhere Wassertemperaturen und andere Umwelteinflüsse können die Zooxanthellen schädigen. Sie stellen dann die Fotosynthese ein und werden darauf von den Korallenpolypen ausgestoßen, die absterben, sodass nur noch das weiße Kalkskelett als sogenannte Korallenbleiche übrig bleibt.

1 Erklären Sie das Wechselspiel zwischen Polyp und Symbiont und erläutern Sie, wie die Zooxanthellen die Kalkbildung fördern.

2 Erklären Sie die Bedeutung der Korallen für das Ökosystem Riff.

3 Diskutieren Sie die Folgen der Korallenbleiche für den Lebensraum Riff.

Material B Parasiten des Menschen

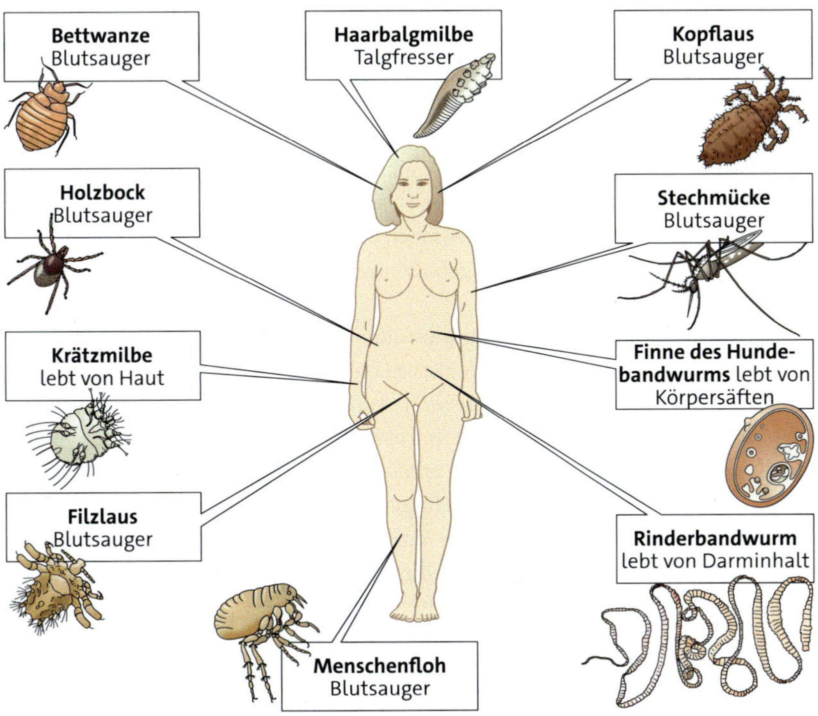

Parasiten, die den Menschen befallen können, treten vor allem dort auf, wo ungenügende hygienische Bedingungen herrschen. Man muss beispielsweise auf Fernreisen auf Parasiten achten und sich entsprechend schützen. Doch auch in hoch entwickelten Industrieländern kommen sie vor. Die meisten der Parasiten verlangen eine ärztliche Diagnose oder Behandlung.

1 Recherchieren Sie, zu welchen Stämmen und Klassen die abgebildeten Parasiten gehören.

2 Teilen Sie die Tiere in Endoparasiten und Ektoparasiten, temporäre und permanente Parasiten ein.

3 Informieren Sie sich über die Krankheiten, die von den Parasiten ausgelöst werden, und gehen Sie auf Möglichkeiten ein, diese Parasiten zu bekämpfen.

5.10 Ökosystem Wald

1 Moos in einem schattigen Wald

Im Schatten des Waldes entwickeln sich ausgedehnte Moospolster. Nicht nur große Bäume, sondern auch die ausgesprochen kleinen Moospflänzchen sind kennzeichnend für dieses Ökosystem. Welche Zusammenhänge bestehen zwischen ihnen und weiteren Lebewesen?

Waldbinnenklima • Wenn Bäume Laub tragen, dringt nur wenig Sonnenlicht bis zum Waldboden vor. Im Inneren des Waldes wird die Luft daher weniger stark erwärmt als außerhalb. Es verdunstet weniger Wasser, sodass es im Wald relativ feucht ist. Vom offenen Land wird bei Nacht Wärme an die Atmosphäre abgegeben. Im Wald dagegen wird wärmere und feuchte Luft unter dem Blätterdach zurückgehalten. Dadurch entsteht ein ausgeglichenes und feuchtes **Waldbinnenklima.** Luftströmungen aus dem Wald stabilisieren auch das Klima in seiner Umgebung: Wenn über dem offenen Land die von der Sonne erwärmte Luft aufsteigt, wird kühlere Luft aus dem Wald nachgesaugt.

Moos als Wasserspeicher • Das feuchte Waldbinnenklima begünstigt die Fortpflanzung vieler Moose. Sie haben nämlich einen besonderen Entwicklungszyklus. Die Spermatozoide gelangen im Wasser zu den weiblichen Fortpflanzungsorganen. Moose können sich also nur dann fortpflanzen, wenn Wasser zwischen ihren zarten Blättchen durch Adhäsion festgehalten wird.

Moose erfüllen im Wald eine besonders wichtige ökologische Funktion. Sie Sie können aus Nebel Wasser gewinnen und Wasser zurückhalten, das von den Blättern tropft. Wasser steht deshalb Pflanzen und Tieren im Wald auch lange nach einem Regen noch zur Verfügung. Es gelangt nicht sofort, sondern nur allmählich in die Bäche. Daher kommt es in einem Waldgebiet seltener zu Hochwasser als in einer waldarmen Gegend. Dieses Speichern von Wasser wird als **Retention** bezeichnet. Wenn man moosreiche Wälder aufbaut und pflegt, kann man Hochwasser verhindern. Eine zu dicke Moosdecke kann jedoch die Belüftung des Bodens und der Baumwurzeln behindern.

Aufbau des Waldbodens • Gräbt man im Wald ein Loch von etwa 1 m Tiefe, wird der Aufbau des Waldbodens sichtbar. Unter der mehr oder weniger dicken Streu mit Laubresten sind weitere, unterschiedlich gefärbte Schichten zu erkennen, die **Bodenhorizonte** genannt werden. Im Boden werden sowohl abgestorbene pflanzliche und tierische Substanz als auch Gestein abgebaut. Als Resultat davon bildet sich ein charakteristisches **Bodenprofil** heraus. Es besteht aus dem meist dunkleren Oberboden oder **A-Horizont**, dem oft helleren Unterboden oder **B-Horizont** und dem von Gesteinsbrocken durchsetzten **C-Horizont**.

Bodenbildung • Pflanzenwurzeln, die in den Boden vordringen, geben Wasserstoffionen ab. Im Austausch nehmen sie Mineralionen auf. Im Boden reichern sich dadurch Wasserstoffionen an. Infolgedessen sinkt der pH-Wert, und der Boden wird saurer. Die Säuren des Bodens greifen das Ausgangsgestein an, wodurch wiederum weitere Mineralionen werden freigesetzt. Diese stehen dann den Pflanzen zur Verfügung. Weil Wurzeln bei ihrem Wachstum weiter in den Boden vordringen, können Wasser und Mineralstoffe aus immer neuen Bereichen aufgenommen werden. Gelangen Wurzeln ausdauernder Pflanzen bis in die Risse und Spalten im Gestein, können sie dieses durch ihr Dickenwachstum sprengen und so noch tiefer ins Erdreich eindringen.

Zahlreiche kleine Bodenorganismen, die insgesamt das **Edaphon** bilden, ernähren sich von den Überresten abgestorbener Pflanzen und Tiere, die sich an der Bodenoberfläche ansammeln. Ein Teil der organischen Substanz wird dabei mineralisiert, also in anorganische Stoffe überführt. Diese Mineralstoffe können erneut von Pflanzenwurzeln aufgenommen werden und so wieder in die Nahrungskette gelangen. Beim Abbau organischer Substanz entstehen weitere Säuren, unter anderem Huminsäure. Gemeinsam mit anderen organischen und anorganischen Bestandteilen bildet sie den **Humus.**

Da sowohl durch den Ionenaustausch an den Pflanzenwurzeln als auch beim Abbau organischer Substanz Säuren entstehen, nimmt ihre Menge im Boden zu. Man sagt, dass der Boden versauert. In einem sauren Boden ist die Aktivität des Edaphons eingeschränkt. Der Abbau organischer Substanz wird dann

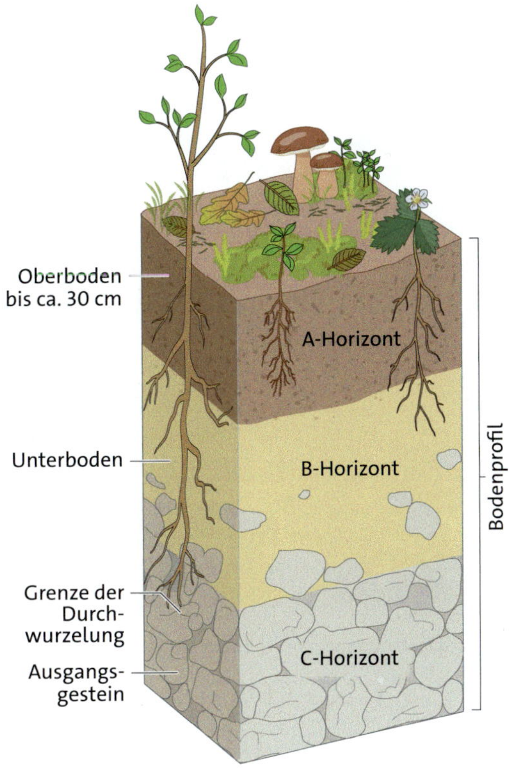

2 Waldbodenprofil

verlangsamt, sodass sich an der Bodenoberfläche nicht oder wenig zersetzter **Rohhumus** ansammelt. Außerdem kommt es zu einer Auswaschung von Tonmineralien aus dem Ober- in den Unterboden. Im Bodenprofil ist dies daran zu erkennen, dass der A-Horizont ausbleicht, der B-Horizont aber eine dunklere Farbe annimmt.

Die Ausgangsgesteine, auf denen sich die Böden entwickeln, haben unterschiedliche Zusammensetzungen. Wenn sie ausreichend Kalk enthalten, kann die Wirkung der Säuren abgepuffert werden, sodass die Lebensbedingungen für die Organismen des Edaphons optimal bleiben. Allerdings vermindert ein hoher Kalkgehalt des Bodens die chemische Verwitterung und die Freisetzung von Mineralionen aus dem Ausgangsgestein und den Tonmineralien.

1 Erläutern Sie, warum ein leicht saurer Boden besonders günstige Bedingungen für das Edaphon und die Pflanzen bietet.

3 Beispiele für einen Austausch von Ionen an der Wurzel

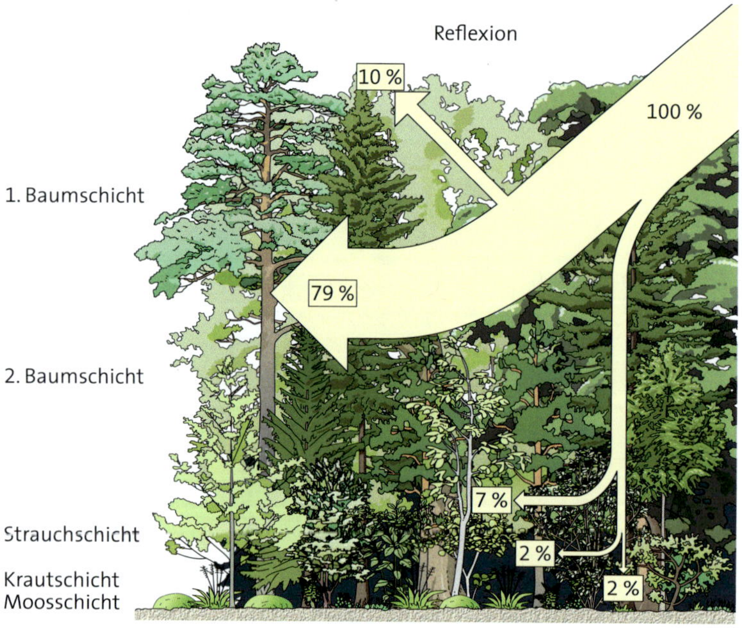

1 Schichten des Waldes und die Lichtmengen, die zu ihnen gelangen

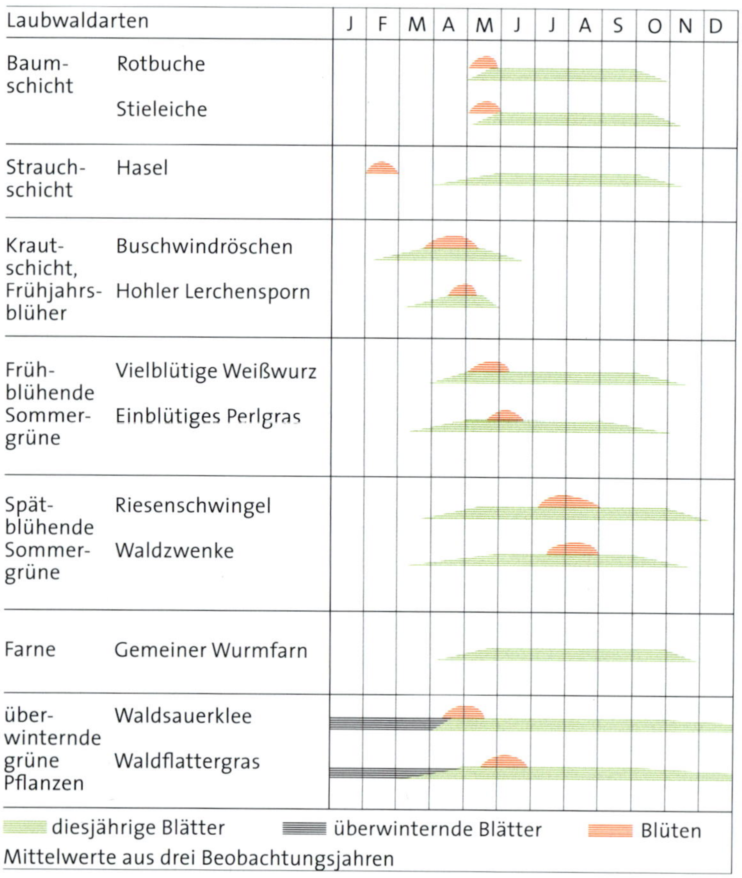

2 Blüten- und Blattentwicklung einiger Laubwaldpflanzen

Schichtenaufbau des Waldes • Die Pflanzen eines Waldes können einzelnen Schichten oder **Stockwerken** zugeordnet werden. In der obersten **ersten Baumschicht** dominieren beispielsweise Buchen oder Eichen. In der **zweiten Baumschicht** gibt es Jungpflanzen dieser Baumarten sowie in vielen Wäldern Hainbuchen. Darunter befindet sich die **Strauchschicht** mit Haselbüschen, Holunder und Vogelbeere. Auch in der Strauchschicht stehen Jungpflanzen von allen genannten Baumarten. Weil junge Bäume jeglichen Alters allmählich nachwachsen, kann man viele von ihnen nicht klar einer bestimmten Baumschicht zuordnen. Am Boden sind schließlich die **Kraut**- und die **Moosschicht** ausgebildet.

Allen Pflanzen im Wald stehen Wasser und Mineralstoffe zur Verfügung. Die Lichtmengen, die zu ihren Blättern gelangen, sind aber sehr verschieden. Blätter in den Baumkronen erhalten viel mehr Licht als beschattete Blätter. Lange von der Sonne beschienene Blätter geben bei der Transpiration mehr Wasser ab und können eher unter Trockenschäden leiden als Blätter, die sich im Schatten befinden. Daher sind die Blätter in den Außenbereichen der Baumkronen oft schmaler als im Innenbereich, und sie haben als Außenhaut eine dickere Cuticula, die sie vor Trockenschäden bewahrt.

In Laubwäldern dringt nur dann viel Licht bis zum Waldboden vor, wenn die Bäume und Sträucher noch keine Blätter tragen. Im März und April sind in vielen Wäldern ganze Teppiche von Buschwindröschen zu finden. Auch Scharbockskraut und Lerchensporn wachsen zu dieser Zeit im Wald. Wenn es wärmer wird, treiben diese Pflanzen aus dicht an der Oberfläche liegenden Wurzelstöcken oder Zwiebeln rasch Blätter und Blüten aus. Diese oberirdische Entwicklung ist begünstigt durch das Licht und wird bereits beendet, wenn sich Buchen und Eichen belauben. Diese Waldbodenpflanzen werden Frühblüher oder gemäß ihrer Lebensform **Frühjahrsgeophyten** genannt.

Im Sommer wachsen in der Krautschicht im Wald nur solche Kräuter, die auch im Schatten Fotosynthese betreiben können. Zu ihnen zählen Perlgras, Sauerklee, Flattergras, Riesenschwingel und Waldzwenke.

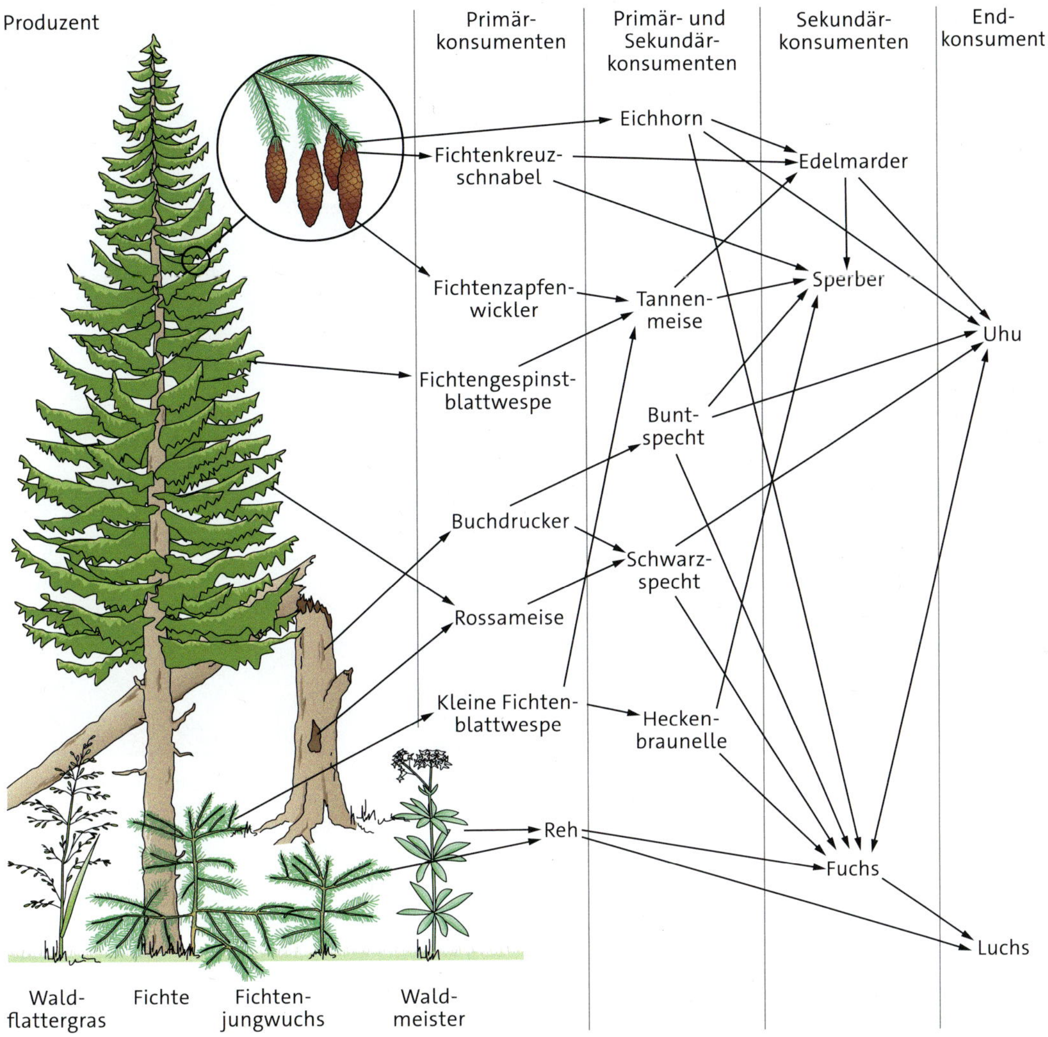

3 Nahrungsbeziehungen im Wald

Nahrungsbeziehungen • In einem dichten Wald gibt es nur wenig Nahrung für große Tiere: Wildschweine ernähren sich von Eicheln, Bucheckern, Pilzen und Insektenlarven. Viele Tiere, die wir für Waldbewohner halten, beispielsweise Hirscharten wie Damhirsche und Rehe, ernähren sich vor allem von Pflanzen, die außerhalb des Waldes wachsen. Im Wald finden diese Tiere Schutz. Außerdem verbeißen sie dort junge Gehölztriebe. Weil Knospen und junge Blätter im Vergleich zu älteren weniger Cellulose enthalten, können sie von den Tieren besser verdaut werden.

Im Wald gibt es viele kleine Tiere, die ausschließlich an bestimmten Pflanzenarten oder sogar nur an bestimmten Teilen dieser Pflanzen fressen. Die Fichtengespinstblattwespe beispielsweise ernährt sich ausschließlich von Fichtennadeln. Insekten gehören zur Nahrung zahlreicher Vogelarten des Waldes wie Meisen und Spechten. Größere Vögel und kleine Säugetiere fressen zwar auch Insekten, erbeuten aber ebenso kleinere Vögel oder deren Eier. Edelmarder sind typische Nesträuber. Uhu und Luchs, die auch größere Tiere oder deren Jungtiere erbeuten, sind ausgesprochen selten. Marder und Füchse können sich unter natürlichen Bedingungen gut entwickeln. Allerdings reicht dann häufig das Nahrungsangebot im Wald nicht mehr aus, sodass diese Tiere ebenso wie Wildschweine in Siedlungen auf Nahrungssuche gehen.

1 **Erläutern Sie Konsequenzen, die sich aus dem Fehlen von Luchsen in Waldökosystemen ergeben.**

4 Verbissschaden

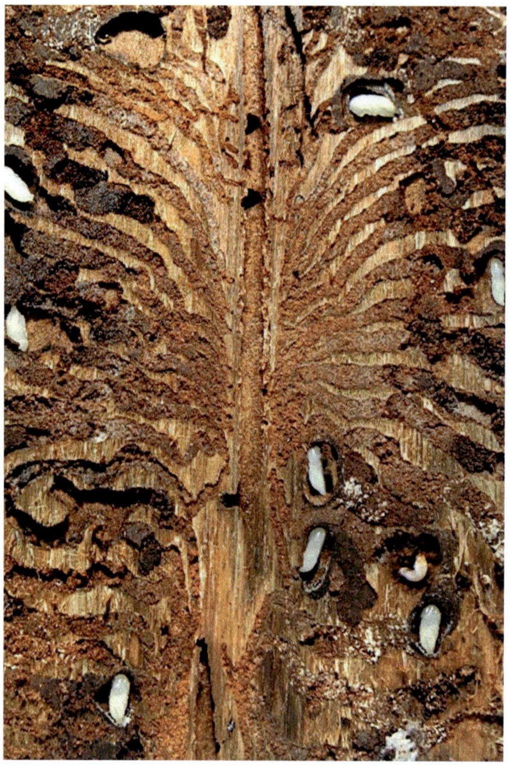

1 Schadbild des Buchdruckers an Fichte

2 Schwammbefall an einer Buche mit sichtbaren Sporenträgern

Lebensraum • Viele kleine Tiere, die an einem Baum leben, können ihn auch derart schädigen, dass er schließlich abstirbt. Dies ist beim Buchdrucker der Fall. Dieser kleine Käfer legt seine Eier in die Leitbahnen in der Rinde von Fichten. Die Larven ernähren sich von den Assimilaten, die im Phloem von den Blättern zu den Wurzeln transportiert werden. Sie gelangen durch Gänge, die sie allmählich anlegen, an weitere Leitbahnen mit Assimilaten. Wenn nur noch wenige Kohlenhydrate in den Wurzelraum der Fichte gelangen, wird diese geschädigt und kann schließlich absterben.

Die Gänge der Buchdruckerlarven sehen wie Schriftzeichen aus. Von ihnen erhielten die Käfer ihren Namen. Spechte legen die Fraßgänge durch Klopfen mit ihren Schnäbeln frei. Die Buchdruckerlarven dienen ihnen als Nahrung. Sie werden also gefressen, bevor sie größeren Schaden anrichten. Spechte werden daher als Nützlinge bezeichnet. Verlassene Spechthöhlen können von anderen Tierarten genutzt werden, beispielsweise von bestimmten Fledermausarten, Spinnen und weiteren Wirbellosen.

Wo das Pflanzengewebe zerstört wurde, können mehrzellige Pilze zwischen dessen Zellen eindringen. Sie lösen unter anderem Lignin in den Mittellamellen zwischen einzelnen Zellen auf und bauen daraus ihre eigenen Körper auf. Mit langen Zellfäden, sogenannten Hyphen, durchziehen sie schließlich immer weitere Bereiche des Holzgewebes. Der Kontakt der Zellen wird dabei gelöst: Holz wird auf diese Weise morsch. Erst nach längerer Entwicklung bilden die Pilze Sporenträger zur Vermehrung. Wenn sie zu erkennen sind, ist der Baum meistens nicht mehr zu retten: Morsche Äste brechen ab, Bäume fallen um.

Vor allem an der Bodenoberfläche und in den obersten Bodenschichten werden die einzelnen Zellen weiter zersetzt. Mikroorganismen bauen Cellulose und Lignin ab. Sie leben entweder frei im Boden oder als Symbionten in Tieren, beispielsweise in Insekten. Sie vermehren sich im Verdauungstrakt ihre Wirtstiere, denen sie anschließend als Nahrung dienen.

1 Erklären Sie, wie Holz morsch wird.

Material A Bodenfunktion

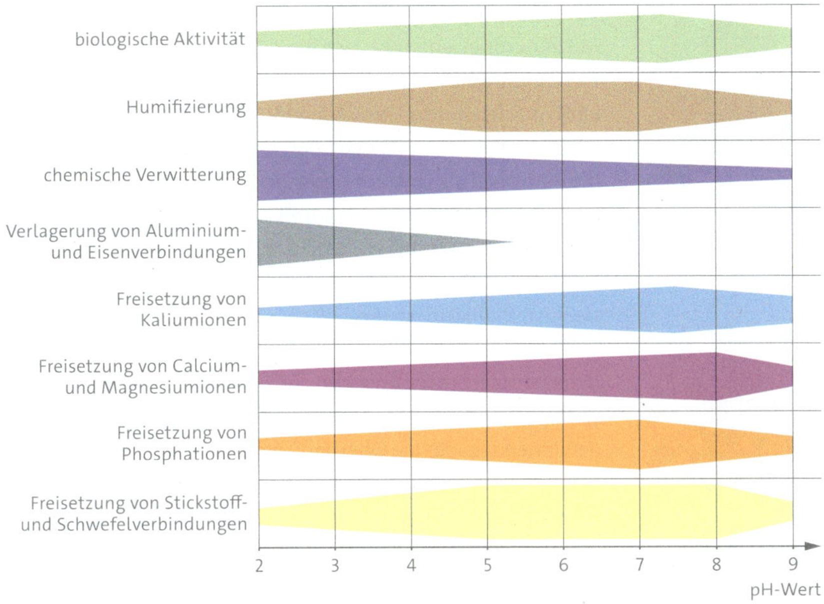

Die Abbildung zeigt den Einfluss der Bodenreaktion auf die Bodenfunktion.

1 Beschreiben Sie die in der Grafik dargestellten Messergebnisse.

2 Erläutern Sie, wie sich die Prozesse in einem Boden unter dem Einfluss der Bodenversauerung verändern.

3 Erschließen Sie, welchen Einfluss eine Kalkung auf einen Boden mit einem pH-Wert von 4 hat.

4 Begründen Sie, weshalb ein leicht saurer Boden für das Pflanzenwachstum am günstigsten ist.

Material B Fotosyntheseraten

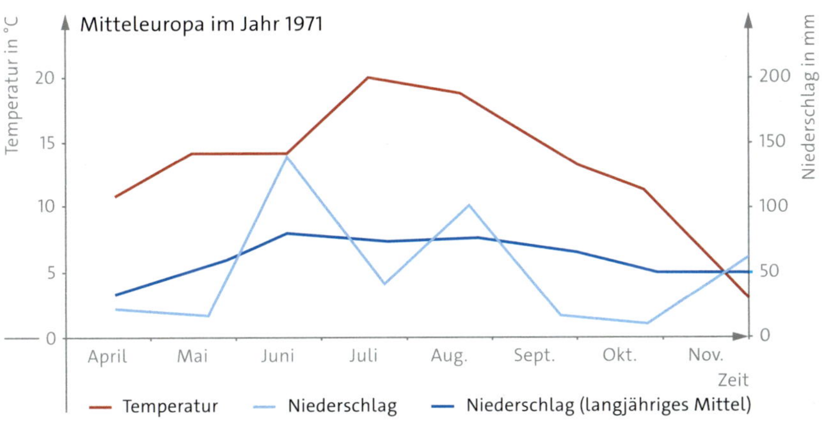

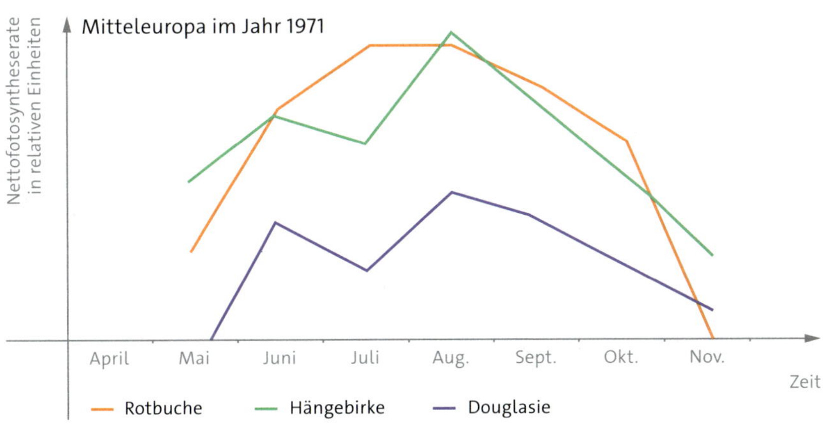

Die Nettofotosyntheseraten von Rotbuche, Hängebirke und Douglasie im Sommerhalbjahr wurden bestimmt und zu Temperaturen und Niederschlägen in Beziehung gesetzt.

1 Beschreiben Sie die in den Diagrammen dargestellten Ergebnisse.

2 Begründen Sie, für welche Baumart eher Temperatur und für welche eher Niederschläge wachstumsentscheidend sind.

3 Erläutern Sie, weshalb unter den angegebenen Verhältnissen Laubbäume langfristig den Nadelbäumen überlegen sind.

Wandel im Ökosystem Wald

1 Ablauf einer typischen Sukzession nach der Aufgabe eines Getreidefelds

Vom Offenland zum Wald • Unter den Klimabedingungen Mitteleuropas entsteht fast überall ein Wald, wenn Flächen nicht mehr genutzt werden. Solange ein Acker bewirtschaftet wird, wachsen dort nur wenige Wildkräuter. Wenn die Nutzung endet, können sie sich üppig entwickeln. Die Wildkräuter, die man auch als Unkraut bezeichnet, haben zahlreiche Nachkommen und können sich somit gut ausbreiten. Es handelt sich also um **r-Strategen**. Weil Weil sie zu den ersten Neubesiedlern bei einer solchen Entwicklung gehören, nennt man sie auch **Pionierpflanzen.**

Mehrjährige Gräser und Kräuter, Sträucher und Bäume entwickeln nach den Pionierpflanzen. Nach mehreren Jahren gewinnen sie aber die Oberhand gegenüber den Pionierpflanzen: Langlebige Holzgewächse sind **K-Strategen**, die zwar wenige Nachkommen haben, sich aber gegenüber anderen Pflanzen behaupten können, denn in ihrem Schatten wachsen nur noch wenige Pflanzen in der Krautschicht.

Beim Abbau organischer Substanz im Boden entsteht Humus, der sich während der gesamten Entwicklung im Boden ansammelt und der Säuren enthält. Diese Säuren bewirken, dass weitere Mineralstoffe aus dem Untergrund freigesetzt werden, die dann den Pflanzen zum Wachstum zur Verfügung stehen. Auch wird zwischen den Wurzeln immer mehr Wasser festgehalten als zuvor. Im Gehölz wird es stetig schattiger und das lokale Klima entwickelt sich immer stärker zu dem Klima eines Waldes. Dieses ist das Endstadium bei der Waldentstehung. Eine solche zeitliche Abfolge von Organismengruppen in so einem Bereich während eines Vegetationswandels nennt man Sukzession. Doch Wald entwickelt sich auch danach dynamisch weiter.

Wenn Wald auf ehemals genutzten Flächen neu entsteht, können sich ausbreitende Pflanzenarten schneller einen Platz in ihm finden. Wenn immer wieder Flächen gerodet und wieder aufgegeben werden, können sich auch neue Pflanzenarten in ihm ausbreiten.

Viele Tiere leben nur in bestimmten Sukzessionsstadien. Eidechsen brauchen sonnige Standorte. Bestimmte Schmetterlinge kommen nur dann vor, wenn ihre Futterpflanzen am Standort wachsen. Und der Neuntöter findet sich nur dann ein, wenn er seine Beute an stacheligen oder dornigen Gewächsen wie Weißdorn und Schlehe aufspießen kann. Schreitet die Sukzession voran, verschwindet dieser Vogel wieder. Der Neuntöter muss dann andere Gebiete finden, wo die für ihn wichtigen Sträucher wachsen.

Klimawandel • Im Verlauf des allmählichen Anstiegs der Temperaturen, wie er sich nach Ende der letzten Eiszeit ereignete, konnten sich wärmebedürftige Baumarten langsam in nördlichere Regionen ausbreiten und dort neue Wälder ausbilden. Durch die hohe Geschwindigkeit der aktuellen Klimaänderung kommt es heute nicht nur zu einem langsamen natürlichen oder forstwirtschaftlichen Austausch bisheriger Baumarten nach ihrem natürlichen Lebensende durch nachwachsende oder nachgepflanzte neue Arten, sondern auch zum vorzeitigen Absterben noch junger Bäume. Außerdem können sich einige der hitze- und trockenresistenten Baumarten der Mittelmeerregion nicht weiter nach Mitteleuropa ausbreiten, da sie besondere Ansprüche an die Bodenbeschaffenheit stellen und frostempfindlich sind.

In längeren Hitze- und Dürrephasen können Laubbäume zur Wassereinsparung ihr Laub vorzeitig abwerfen. Dadurch reduzieren sie zwar kurzfristig ihren Wasserverlust durch Verdunstung, verlieren aber auch die Fähigkeit zur Energieversorgung durch Fotosynthese. So kommt ihr Wachstum zum Erliegen und nach längeren oder wiederholten Hitze- und Trockenperioden sterben sie ab. Nadelbäume können bei anhaltendem Wassermangel kaum noch Harz zur Abwehr von Borkenkäfern produzieren. Deren Befall endet für derart geschwächten Bäume oft tödlich.

Extreme Wetterereignisse wie Orkane oder schwere Stürme können durch Wassermangel vorgeschädigte Bäume ebenfalls vernichten und dadurch größere Gebiete entwalden. Der unausweichliche Wandel des Artenspektrums der Waldbäume durch den aktuellen Klimawandel erfolgt also so rasch, dass auch größere Waldflächen bedroht sein können.

Die Neuanpflanzung hitze- und trockenresistenter Baumarten beeinflusst aber auch die forstwirtschaftlichen Erträge. Der Holzzuwachs kann durch Hitze- und Dürreperioden allgemein verringert werden, aber einige für das veränderte Klima geeignete Baumarten wachsen ohnehin deutlich langsamer als Fichten und Buchen. Schließlich ist der finanzielle Ertrag pro Festmeter Holz bei einigen hitzerobusten Arten aufgrund ihres weniger wertvollen Holzes geringer als bei bisher forstwirtschaftlich bevorzugten Arten. Der klimaangepasste Umbau der Wälder erfordert also besonders differenzierte Strategien des Ökosystemmanagements.

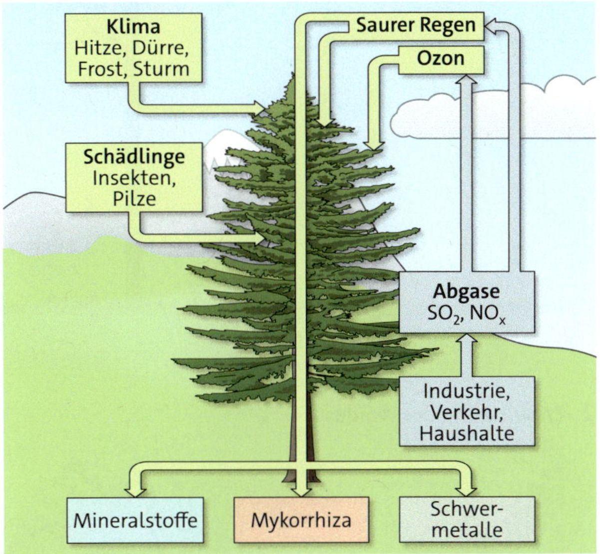

3 Ursachen von Waldschäden

2 Dürreschäden: A vorzeitiger Laubabwurf an Buchen, B Borkenkäferbefall an Fichten

Praktikum A Charakterisierung eines Waldgebietes

1 Bestimmung von Baumhöhe, Baumumfang und Baumalter

Um den Holzvorrat (V) in einem Wald zu bestimmen, ermittelt man Anzahl, Höhe (L) und Durchmesser (D) von Bäumen in Brusthöhe. Zur Bestimmung der Baumhöhe hält man eine Stange mit ausgestrecktem Arm senkrecht so vor sich, dass der Teil über der Hand der Armlänge entspricht. Man sucht den Ort, von dem man die Stangenspitze und den Wipfel des Baumes auf einer Linie sieht. Die mit einem Bandmaß gemessene Strecke vom Standort zum Baum, zu der man die Augenhöhe addiert, entspricht der Höhe des Baumes. Der Holzvorrat wird mit der Formel $V \approx D^2 \cdot L \cdot 0{,}8$ bestimmt. Das Alter eines Baumes kann man abschätzen, indem man die Jahresringe an einem Baumstumpf zählt, der etwa gleich dick ist.

1 Messen Sie die Höhe ausgewählter Bäume nach der angegebenen Methode.

2 Erklären Sie die Messmethode.

3 Berechnen Sie den Holzvorrat Ihres Waldstücks.

4 Zählen Sie bei einem etwa gleich dicken Baumstumpf die Jahresringe und schätzen Sie danach das Alter danebenstehender Bäume der gleichen Art.

2 Entwicklung des Waldes

A1 Verschiedene Keimlinge

Um einen Eindruck von der Entwicklung eines Waldes zu bekommen, schätzt man die Gehölzzusammensetzungen der ersten und zweiten Baumschicht sowie der Strauch- und Krautschicht ab. Auch Keimlinge werden erfasst.

1 Stellen Sie die relative Häufigkeit der Gehölzpflanzen in den einzelnen Schichten in einer Tabelle zusammen.

2 Entwickeln Sie auf dieser Basis Hypothesen zur allgemeinen Weiterentwicklung des Waldes.

3 Bestimmen Sie, welche Pflanzen natürlichen Ursprungs sind und welche aus Anpflanzungen stammen.

4 Recherchieren Sie die ökologischen Ansprüche der Gehölzarten und beurteilen Sie, welche Arten hier standortgerecht oder standortfremd stehen.

5 Beurteilen Sie die ökologische Stabilität des Waldes hinsichtlich möglicher Schäden durch Stürme und holzlebende Insekten.

6 Recherchieren Sie die klimatischen Ansprüche und Toleranzbereiche der vorgefundenen Arten und entwickeln sie eine Hypothese zur ökologischen Stabilität des Waldes im Hinblick auf eine Klimaerwärmung.

Praktikum B Untersuchung von Pflanzen am Standort

1 Untersuchung eines Transekts

B1 Transekt durch einen Pflanzenbestand

Von einem Ort, an dem eine bestimmte Pflanzenart massenhaft vorkommt, bis dort, wo sie selten ist, wird eine in Meterabschnitte unterteilte Schnur gespannt. Die abgesteckte Strecke nennt man Transekt. Gut geeignet für die Untersuchung sind Bestände von Brennnesseln am Waldrand oder Bärlauch.

1 Messen Sie die Lichtmengen, die auf die Blätter treffen. Vergleichen Sie die Lichtwerte auf einer Freifläche mit denen an den Blättern der Pflanzen des Transekts. Errechnen Sie, welcher Prozentanteil der vollen Lichtmenge jeden Ort des Transekts erreicht. Wiederholen Sie die Messungen mehrmals am Tag.

2 Messen Sie die Lufttemperatur und die Luftfeuchtigkeit.

3 Ermitteln Sie die Häufigkeiten der Pflanzen in den verschiedenen Abschnitten des Transekts. Berücksichtigen Sie jeweils einen Bereich von maximal 50 cm rechts und links der Schnur.

4 Stellen Sie Korrelationen zwischen den Häufigkeiten der Pflanzen und den Standortbedingungen her.

2 Reaktion auf Schwankungen abiotischer Faktoren

B2 Kleines Springkraut: A im Schatten, B in der vollen Sonne

Das Kleine Springkraut ist eine in Laub- und Mischwäldern Mitteleuropas vorkommende Pflanze, die ursprünglich aus den Gebirgen Zentralasiens stammt und sich, ausgehend von eingeführten Beständen aus Botanischen Gärten und Parks, verbreitete. Sie ist besonders in schattigen Bereichen mit mittlerer Bodenfeuchtigkeit zu finden.

1 Messen Sie mit einem Geodreieck die Winkel zwischen Sprossen und Blättern bei unterschiedlich starker Sonneneinstrahlung.

2 Vergleichen Sie Pflanzen an verschiedenen benachbarten Standorten.

3 Fassen Sie die Ergebnisse zusammen.

4 Stellen Sie Korrelationen zwischen Lichteinstrahlung und Blattstellung her, indem Sie ein entsprechendes Diagramm erstellen.

5 Entwickeln Sie eine Hypothese, inwiefern die veränderte Blattstellung bei voller Sonnenbestrahlung eine vorteilhafte physiologische Anpassungsreaktion der Pflanzen an einen veränderten Umweltfaktor darstellt.

3 Vegetationsaufnahme mit Zeigerwerten

Vegetationsaufnahme				
1. Waldart:	Buchenwald:	Schicht	Höhe	Deckung
2. Fundort:	Elm-Reitlingstal, Messtischblatt 3730, Mulde am Südwesthang des Herzbergs			
3. Funddatum:	25. 05.	Bäume	28 m	75 %
4. Höhe über NN:	220 m			
5. Hanglage und Neigung:	Mulde, von Rinnsal durchzogen	Sträucher	–	–
6. Größe der Probefläche:	100 m²	Kräuter	40 cm	100 %

Artenliste:	Zeigerwerte:			
	F	R	N	L
Bärlauch	6	7	8	2
Scharbockskraut	7	7	7	4
Großblütiges Springkraut	7	7	6	4
Winkel-Segge	8	x	x	3
Ruprechtskraut	x	x	7	4
Blutroter Ampfer	8	7	7	4
Wald-Ziest	7	7	7	4
Große Brennnessel	6	6	8	x
Kriechender Hahnenfuß	7	x	x	6
Riesen-Schwingel	7	6	6	4
Busch-Windröschen	x	x	x	x
Aronstab	7	7	8	3
Wald-Segge	5	7	5	2
Gewöhnliches Hexenkraut	6	7	7	4
Esche	x	7	7	4
Rotbuche	–	–	–	–
Wald-Sauerklee	6	4	7	1
Wald-Zwenke	5	6	6	4
Frauenfarn	7	x	6	4
Hohe Schlüsselblume	6	7	7	6
Waldmeister	5	x	5	2
Summe der Zeigerwerte:	110	92	114	65
Zahl der bewerteten Arten:	17	14	17	18
Mittlere Zeigerwerte:	~6,4	~6,6	~6,7	~3,6

Das an einem Ort natürlich vorkommende Artenspektrum von Pflanzen hängt von zahlreichen abiotischen Umweltfaktoren ab. Dazu zählen vor allem das Wasserangebot, das die Bodenfeuchte bestimmt, der pH-Wert und das Mineralstoffangebot des Bodens. Außerdem sind die Temperaturverhältnisse und das Lichtangebot von entscheidender Bedeutung. Auf der Grundlage dieser Erkenntnisse wurden neun Stufen von Zeigerwerten für jede Pflanzenart festgelegt: Zum Beispiel erhielten Pflanzen heller Standorte hohe Lichtzahlen, Gewächse extrem dunkler Standorte die Lichtzahl 1. Zeigerwerte sind jedoch keine unabhängigen Messwerte. Sie gelten nur unter den jeweils konkret vorliegenden Konkurrenzbedingungen. Wenn sich weitere Pflanzenarten an einem Standort ausbreiten, gelten die ursprünglichen Zeigerwerte nicht mehr, da sich nun andere Konkurrenzsituationen ergeben. Deshalb verändern sich die Verbreitungsschwerpunkte aller Pflanzenarten, zum Beispiel durch neue Verdrängungs- und Ausbreitungsprozesse.

In einer Vegetationsaufnahme werden zunächst in der angegebenen Weise geografische Angaben zusammengestellt. Darunter werden alle nachgewiesenen Pflanzenarten aufgeschrieben. Hinzugefügt werden die Feuchtezahl F, die Stickstoffzahl N, die Lichtzahl L und die mit dem pH-Wert des Bodens zusammenhängende Reaktionszahl R.

In der hier als Beispiel präsentierten Tabelle gibt es Pflanzen dunkler Standorte (Lichtzahl 1 beim Wald-Sauerklee) und hellerer Wuchsorte (Lichtzahl 6 beim Kriechenden Hahnenfuß und bei der Hohen Schlüsselblume). Auch bei anderen Zeigerwerten gibt es Abweichungen.

1 Stellen Sie in einer Tabelle zusammen, welche Pflanzenarten in dem von Ihnen untersuchten Waldstück wachsen.

2 Ermitteln Sie die Zeigerwerte der gefundenen Pflanzenarten, beispielsweise über Internetseiten des Bundesamtes für Naturschutz.

3 Bilden Sie Durchschnittswerte der Zeigerwerte und charakterisieren Sie auf diese Art und Weise den von Ihnen untersuchten Standort hinsichtlich Feuchtigkeit, Mineralstoffgehalt (Stickstoffgehalt), Helligkeit und Bodenreaktion.

4 Erklären Sie, weshalb Pflanzen mit sehr unterschiedlichen Zeigerwerten dennoch nebeneinander vorkommen können.

Praktikum C Monitoring von Tieren

1 Untersuchung der Laubstreu

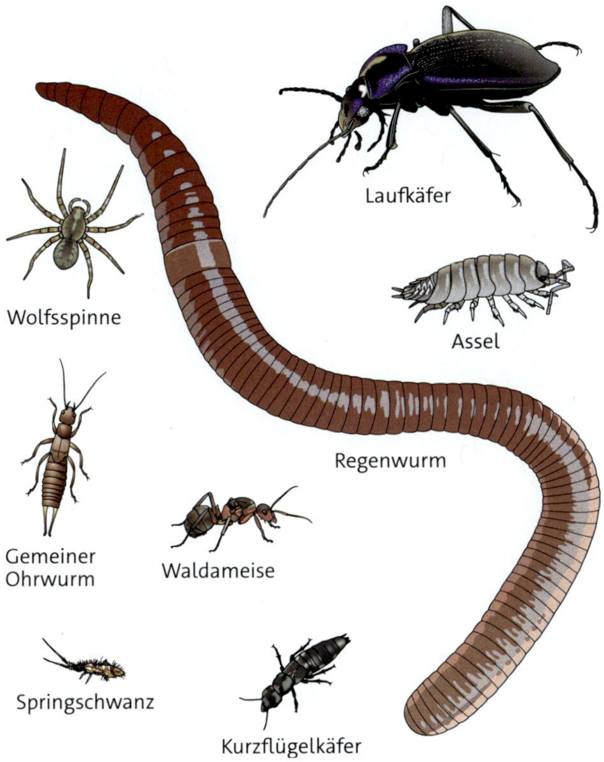

Bei der Untersuchung der Laubstreu findet man oft eine große Anzahl von wirbellosen Tieren. Die vorkommenden Arten hängen von den örtlichen abiotischen und biotischen Umweltbedingungen ab.

1 Graben Sie große Plastikbecher oder ähnliche Gefäße völlig ebenerdig in den Waldboden ein. Legen Sie etwas von der umliegenden Laubstreu als Einstiegshilfe auf den Boden dieser Behälter.
Entfernen Sie die Sammelbehälter nach ein bis zwei Tagen wieder aus dem Waldboden und entleeren Sie deren Inhalt in große Petrischalen. Entfernen Sie zunächst die pflanzlichen Bestandteile der Laubstreu und bestimmen Sie danach alle vorgefundenen Tiere. Verwenden Sie bei Bedarf eine Lupe und geeignete Bestimmungsliteratur oder Bestimmungs-Apps.

2 Informieren Sie sich über die jeweilige Ernährungsweise der nachgewiesenen Tiere. Entwerfen Sie darauf aufbauend ein Nahrungsnetz des untersuchten Waldbodens.

2 Direkte und indirekte Tierbeobachtung

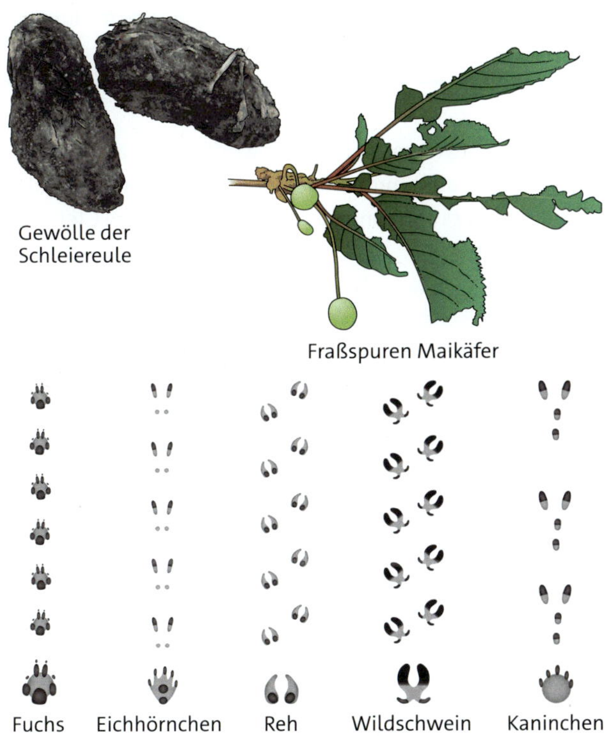

Das Monitoring, also die systematische Überwachung und oft auch quantitative Erfassung von Tieren im Wald, ist nur bei solchen Arten einfach, die man direkt zu Gesicht bekommt.

Viele besonders scheue oder nachtaktive Tiere lassen sich nur über indirekte Spuren nachweisen, zum Beispiel über Fraßspuren an Pflanzen oder Spuren im Schnee. Wildschweine durchwühlen den Boden auf der Suche nach Kleintieren und Pilzen. Vögel identifiziert man über ihren Gesang.

Zerlegt man Gewölle von Schleiereulen, kann man an den dort nachgewiesenen Knochen und anderen Resten feststellen, welche Tiere von den Eulen erbeutet wurden.

1 Protokollieren Sie die nachgewiesenen Tiere und ordnen Sie diese nach systematischen Gruppen.

2 Erläutern Sie Chancen und Grenzen des indirekten Nachweises von Tieren im Ökosystem Wald.

3 Erläutern Sie, wie sich Ihre Erfassungsdaten in einem längerfristigen Monitoring von Waldtieren verwenden lassen.

5.11 Ökosystem Fließgewässer

1 Fließgewässer

Von der Quelle bis zur Mündung fließt Wasser talwärts. Dabei ändert sich der Charakter des Wasserlaufs vom lebhaften Sprudeln im Gebirge bis zum trägen Fließen in der Ebene. Welche Folgen haben die sich fortlaufend ändernden Bedingungen für die Lebewesen in den Fließgewässern?

Einteilung von Fließgewässern • Fließgewässer entstehen durch oberflächlich abfließendes Wasser. Im Gegensatz zu stehenden Gewässern entspringt ein Fließgewässer einer Quelle und mündet in der Regel in ein Meer. Dabei durchquert es verschiedene Lebensräume, und es kommt zu fortlaufenden Änderungen von abiotischen Faktoren. Durch unterschiedliche Wassermengen, verschiedene Untergründe und Zuläufe wandeln Fließgewässer stetig ihren Charakter.

Aber bereits die Quellen der Fließgewässer unterscheiden sich voneinander. Quellen sind Austrittsorte von Wasser, die je nach Ursprung durch Regenwasser, Grundwasser oder Gletscherwasser gespeist werden. Entspringt versickertes Regenwasser dem Boden, ist es klar, weil es beim Durchfließen des Bodens gefiltert wurde. Zudem enthält das Quellwasser viele Mineralstoffe, die es aus dem Gestein aufnimmt. Gletscherwasser hingegen ist trübe, weil es auch ungelöstes Material aus dem Gletscher mitführt.

Im weiteren Verlauf zeigen Fließgewässer je nach durchflossenem Gestein und durchquertem Lebensraum eine große Vielfalt und lassen sich schwer klassifizieren. Dennoch ergeben sich sinnvolle Einteilungen anhand der Größe, der Chemie des Wasserkörpers, des Gehalts an organischen Substanzen oder nach der möglichen Primärproduktion. Anhand der Größe des Einzugsgebiets kann man ein Fließgewässer gliedern in einen Bach, einen kleinen und großen Fluss sowie in einen Strom.

Das Fließgewässer als Kontinuum • Je nach Typ können Fließgewässer von unterschiedlichen Lebewesen besiedelt werden. Manche Arten besiedeln nur spezielle Regionen, andere besiedeln das ganze Fließgewässer. Lachse zum Beispiel können in allen Bereichen des Flusses leben. Sie sind Wanderfische, die in Fließgewässern aufwachsen, später ins Meer wandern und schließlich zur Fortpflanzung wieder genau an ihren Geburtsort zurückkehren.

Zur Eiablage und Paarung graben die Lachsweibchen eine Laichgrube in den oberen Regionen eines Flusses, dem Oberlauf. Hier herrschen aufgrund des starken Gefälles eine starke Strömung und eine gute Sauerstoffversorgung. Der Boden ist steinig und durch starke Erosion geprägt. Wasserpflanzen sowie Phytoplankton kommen kaum vor. Die Lachse schlüpfen also in kalten, sauerstoffreichen Flussabschnitten mit kiesigem Untergrund. Sie ernähren sich von Kleinstlebewesen wie zum Beispiel Steinfliegenlarven, die ihrerseits überwiegend von Detritus leben.

Nach etwa ein bis zwei Jahren verlassen die Lachse ihren Geburtsort und wandern flussabwärts. Dabei durchqueren sie einen weiteren Flussabschnitt, den oberen und unteren Mittellauf. Dabei nimmt das Gefälle ab, dementsprechend wird die Fließgeschwindigkeit geringer und der Sauerstoffgehalt sinkt. Im Vergleich zum Oberlauf findet weniger Erosion, aber mehr Sedimentation statt. Kies, Sand und Ton bleiben je nach Korngröße teilweise liegen. Im natürlichen Zustand mäandert der Fluss, wodurch die Gewässerstruktur besonders vielfältig wird. Entsprechend nimmt die Artenanzahl zu und die Lachse finden deutlich mehr Nahrung.

Im weiteren Verlauf ihrer Wanderung erreichen die Lachse den Unterlauf. In diesem Flussabschnitt ist das Land flacher, das Gefälle und damit auch die Fließgeschwindigkeit des Wassers geringer. Im Flussbett wird daher auch feines Material abgelagert und der Boden wird schlammig. Die im Wasser vorhandenen Mineralstoffe unterstützen planktische Primärproduktion. Darauf folgende Sekundärproduktion führt wieder zu höherer Sauerstoffzehrung.

Im weiteren Verlauf ihrer Wanderung erreichen die Lachse schließlich über die Mündung das Meer, wo sie vielfältige Nahrung finden. Nach etwa drei Jahren kehren die Lachse zum Laichplatz zurück.

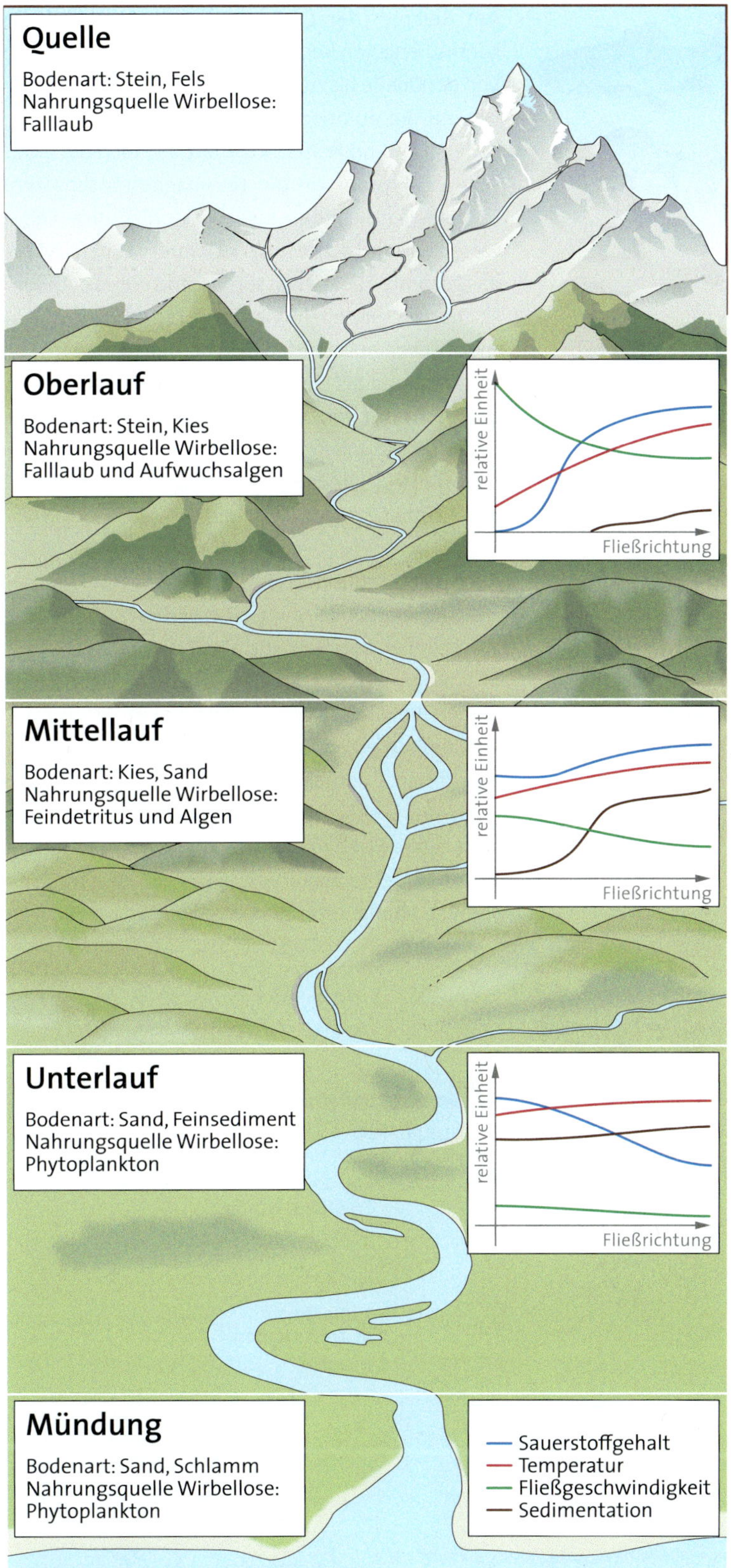

2 Gliederung eines Fließgewässers

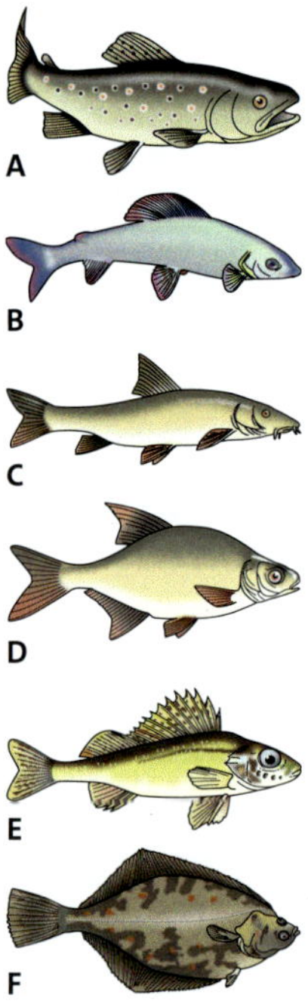

1 Fischarten:
A Forelle,
B Äsche,
C Barbe,
D Brachse,
E Kaulbarsch,
F Flunder

Am Beispiel der Lachswanderung werden die kontinuierlichen Veränderungen im Fluss deutlich: Von der Quelle bis zur Mündung ändern sich ständig sowohl die abiotischen Faktoren wie Strömung, Sauerstoff- und Nährstoffgehalt als auch die biotischen Faktoren wie die Lebensgemeinschaften. Fließgewässer bilden also ein Kontinuum. Lebewesen wie die Lachse nutzen in ihrem Lebenszyklus das gesamte Fließgewässer. Sie sind euryök. Andere Fischarten hingegen wie die Forelle leben nur in spezifischen Abschnitten. Solche stenöken Arten bezeichnet man als Leitarten für die jeweiligen Flussabschnitte. Ihr Vorkommen bestimmt in Europa die Unterteilung und Bezeichnung verschiedener Flussabschnitte in Forellen-, Äschen-, Barben-, Brachsen- und Kaulbarsch-Flunder-Region.

Auch im Querschnitt weisen Fließgewässer kontinuierliche Übergänge sowie eine typische Gliederung auf. So leben beispielsweise Brachsen im Unterlauf in schlammigen Uferregionen. Solche Zonen entstehen bevorzugt bei starken Regenfällen oder Schneeschmelzen, wenn Fließgewässer über ihre Ufer treten. Dadurch bilden sich vom wechselnden Hoch- und Niedrigwasser geprägte Niederungen entlang eines Fließgewässers, die Auen. Uferseitig ergibt sich eine Zonierung: Die amphibische Zone steht so häufig unter Wasser, dass Bäume gänzlich fehlen. Die darauffolgende Weichholzaue ist durch weniger als 200 Überschwemmungen pro Jahr geprägt. Hartholzauen sind flussfernere Wälder, die nur bei Spitzenhochwasser überflutet werden.

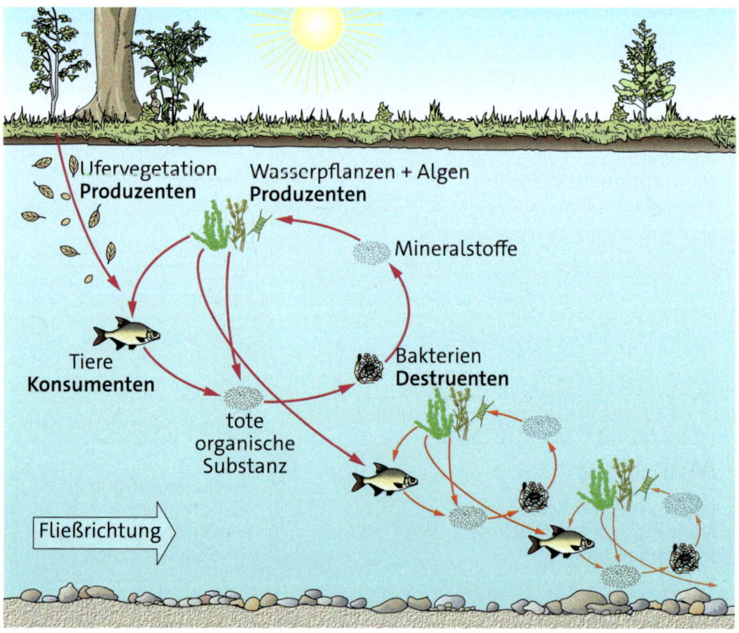

2 Stoffspirale im Fließgewässer

Selbsreinigung und Einfluss des Menschen • Die Zusammensetzung vieler Biozönosen von Fließgewässern wird maßgeblich durch den Gehalt an organischen Verbindungen bedingt. Diese stammen vorwiegend aus der Umgebung, da im Oberlauf kaum Nährstoffproduktion stattfindet. Anschließend werden sie mit der Strömung flussabwärts transportiert. Dies hat eine Nährstoffanreicherung in Fließrichtung zur Folge. Im Oberlauf ist dagegen die Nahrungsgrundlage für Konsumenten geringer. Erst wenn sich mit abnehmender Strömung auch Produzenten ansiedeln, verbessern sich die Ernährungsbedingungen. Die beschriebenen Verhältnisse führen dazu, dass Nährstoffe zeitlich und räumlich entfernt umgesetzt werden. Daher spricht man bei Fließgewässern von Stoffspiralen und nicht von Stoffkreisläufen.

Viele Fließgewässer sind durch Abwässer beeinflusst. Werden Gifte eingetragen, sterben viele Lebewesen. Nach Einleitung von organischen Stoffen vermehren sich zersetzende Mikroorganismen. Beim Durchlaufen der Stoffspiralen werden Nährstoffe genutzt und Mineralstoffe unter Sauerstoffzehrung freigesetzt. Verunreinigungen des Fließgewässers können so auf natürlichem Weg abgebaut werden, was als Selbstreinigung bezeichnet wird. Dieser Selbstreinigung sind aber natürliche Grenzen gesetzt: Durch Eingriffe des Menschen, wie zum Beispiel Flussbegradigungen oder Randbefestigung, wird die Selbstreinigung eingeschränkt. Dadurch ändern sich die Fließgeschwindigkeit, die Temperatur oder der Sauerstoffgehalt und somit auch die Artenzusammensetzung.

Ursächlich für langfristige Störungen sind vor allem Schwermetallbelastungen und Versauerung. Manche Lebewesen sind so wenig tolerant gegenüber solchen Störungen, dass schon einmalige Abwassereinleitungen zum sofortigen Verschwinden der Arten führen können.

1 Erörtern Sie die Auswirkungen einer Kanalisierung auf Fließgewässer.

Material A Selbstreinigung von Fließgewässern

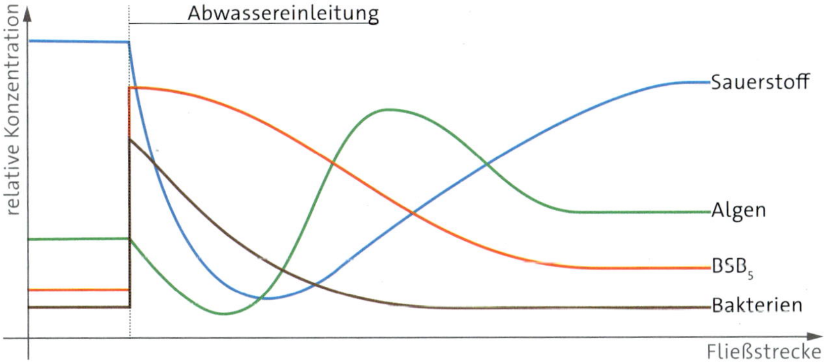

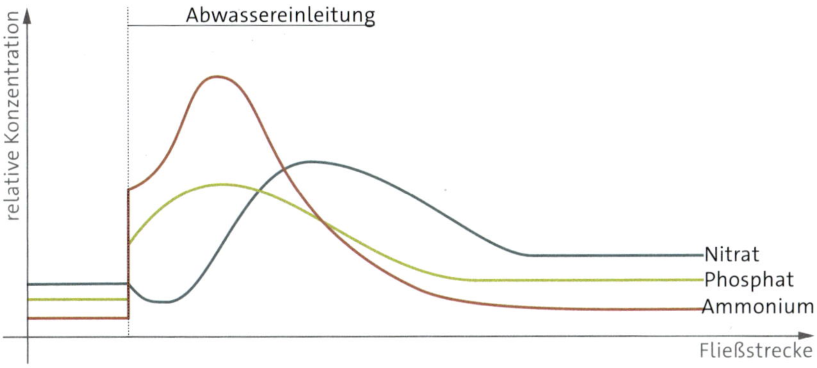

In einen Bach werden organische Abwässer eingeleitet. Der biochemische Sauerstoffbedarf, kurz BSB$_5$, gibt die Sauerstoffmenge an, die zum biotischen Abbau organischer Stoffe innerhalb von fünf Tagen benötigt wird.

1 Beschreiben Sie, was man unter dem Konzept der Selbstreinigung von Fließgewässern versteht.

2 Erklären Sie anhand der Diagramme den Verlauf der Parameter nach der Abwassereinleitung. Berücksichtigen Sie auch die Beziehungen untereinander.

3 Entwickeln Sie Strukturmaßnahmen zur Revitalisierung eines Bachs unter Bezug auf seine Fähigkeit zur Selbstreinigung.

Material B Bachmuschel

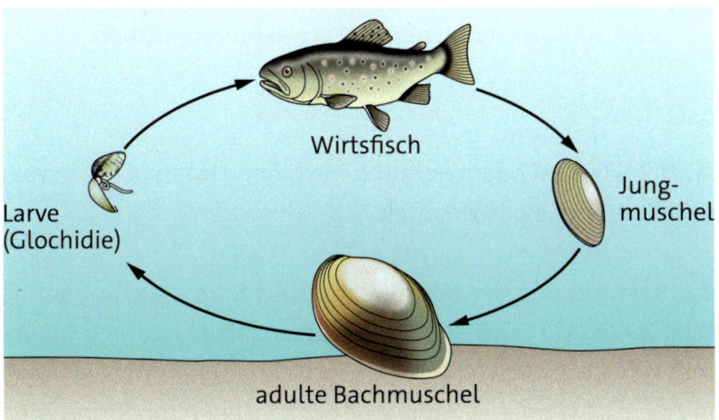

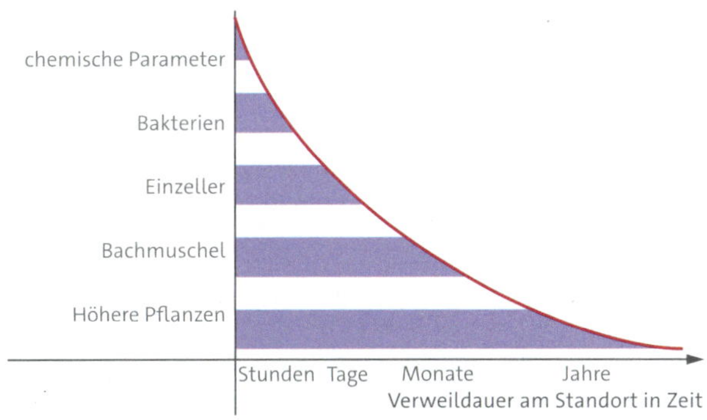

Bachmuscheln können bis zu 80 Jahre alt werden. Mit etwa drei bis vier Jahren sind sie geschlechtsreif. Die Fortpflanzungszeit ist im Frühjahr: Männchen geben Sperma ins Wasser ab, wo es von den Weibchen durch die Kiemen aufgenommen wird. Die Entwicklung der Larven dauert je nach Wassertemperatur zwischen drei bis sechs Wochen. Zwischen April und August werden die Larven ausgeschieden.

Für die weitere Entwicklung der Jungmuscheln ist eine parasitäre Phase an einem Wirtsfisch wie der Bachforelle erforderlich. Die Larven setzen sich in den Kiemen fest und werden durch den Fisch ernährt. Nach einer Metamorphose lassen sich die Jungmuscheln in den freien Wasserkörper fallen und ernähren sich dann als Filtrierer von Phytoplankton und Detritus. Eine erwachsene Muschel filtert etwa 400 Liter Wasser pro Tag.

1 Formulieren Sie eine Hypothese, weshalb Bachmuscheln vom Aussterben bedroht sind.

2 Erörtern Sie die ökologische Bedeutung von Süßwassermuscheln für die Selbstreinigung.

3 Beurteilen Sie die Qualität der Bachmuschel als Bioindikator im Vergleich zu den anderen im Diagramm aufgeführten Parametern und Lebewesen.

Praktikum A Charakterisierung eines Fließgewässers

1 Kartierung eines Fließgewässers

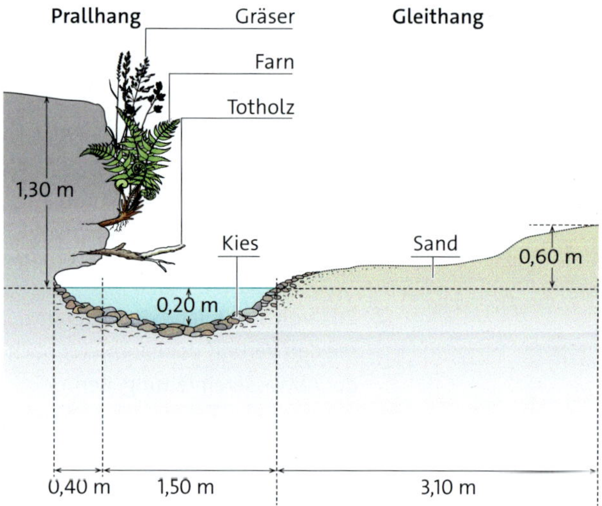

Suchen Sie Fließgewässer mit einer Breite von 0,5 bis 10 Metern auf. Sinnvoll ist die Untersuchung unterschiedlicher Gewässerabschnitte oder der Vergleich von zwei Fließgewässern.

1 Erstellen Sie Skizzen nach vorgegebenem Beispiel im Maßstab 1:50 oder 1:100.

2 Charakterisieren Sie Ufervegetation, Gewässerquerschnitt und Gewässerboden.

3 Vergleichen Sie Ihre Ergebnisse mit dem vorgegebenen Schema.

4 Vergleichen Sie ihre verschiedenen Gewässerabschnitte tabellarisch.

2 Bestimmung ausgewählter abiotischer Faktoren

1 Ermitteln Sie die Fließgeschwindigkeit, indem Sie die Zeit stoppen, in der Kreidepulver eine Strecke von zehn Metern durchfließt.

2 Messen Sie Luft- und Wassertemperaturen.

3 Füllen Sie eine Wasserprobe in einen Glasbehälter und ermitteln Sie nach Schütteln der Probe zunächst den Geruch und dann vor einem weißen Blatt Papier Trübung und Farbe.

4 Messen Sie mithilfe eines Luxmeters die Lichtintensität über dem Gewässer.

5 Setzen Sie die gemessenen Werte in Beziehung zu einer eventuell vorhandenen Unterwasservergetation.

3 Bestimmung des BSB_5-Wertes

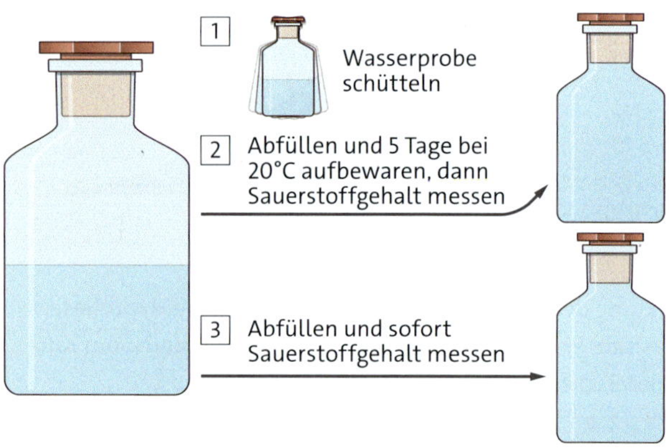

Mit dem BSB_5-Wert wird der biochemische Sauerstoffbedarf der im Wasser lebenden Kleinstlebewesen während einer festgelegten Zeit von fünf Tagen angegeben. Bei stark mit organischen Stoffen belasteten Gewässern verbrauchen hauptsächlich aerob lebende Bakterien den Sauerstoff. Den Sauerstoffgehalt bestimmt man entweder mithilfe von Sauerstoffelektroden oder chemisch nach den Untersuchungsvorschriften im Gewässerkoffer.

Zur Bestimmung des BSB_5-Wertes füllt man eine Probenflasche vor Ort zur Hälfte mit Flusswasser, sättigt es durch Schütteln mit Sauerstoff und füllt es anschließend luftblasenfrei in zwei Flaschen. Der Sauerstoffgehalt der ersten Probe wird sofort gemessen. Die andere Flasche wird bei 20 Grad Celsius fünf Tage im Dunkeln aufbewahrt. Nach fünf Tagen wird der Sauerstoffgehalt der zweiten Probe bestimmt.

Die Differenz der beiden Werte ist der BSB_5-Wert. Die Angaben erfolgen in Milligramm Sauerstoff pro Liter (mg O_2/l).

1 Messen Sie den BSB_5-Wert des von Ihnen untersuchten Gewässers.

2 Erläutern Sie Ihren Messwert in Bezug auf die im Gewässer vorhandenen Lebewesen.

Praktikum B Untersuchung und Beurteilung der Gewässergüte

1 Erläuterung

Die Bestimmung der Gewässergüte erfolgt nach unterschiedlichen Parametern. Man erfasst die **Gewässerstruktur**, die **physikalisch-chemische** Wasserbeschaffenheit und die Biozönose, **besonders detailliert die Benthos-Tiere**.

Die Strukturgüte gibt unter anderem Auskunft über die Lebensraumvielfalt im Gewässer. Die chemische Gewässergüte bezieht sich auf die Inhaltsstoffe des Wassers. Die Benthos-Tiere leben im Fließgewässer in der Regel langfristig an einem Standort und müssen die dort vorhandenen Umweltbedingungen längere Zeit aushalten. Ihre Anwesenheit charakterisiert daher besonders bei sauberen Gewässern einen dauerhaften Zustand. Die erfassten chemischen Parameter erlauben hingegen ausschließlich Aussagen über den Zustand des Gewässers zum Zeitpunkt der Messung.

2 Chemische Gewässeruntersuchung

1 Bestimmen Sie nach der Anleitung der Testkits folgende Faktoren des Gewässers vor Ort: pH-Wert, Ammoniumgehalt, Nitratgehalt, Nitritgehalt, Phosphatgehalt, Leitfähigkeit und Carbonathärte.

2 Legen Sie eine Tabelle zu Ihren Messwerten an.

3 Vergleichen Sie Ihre gemessenen Werte mit den Werten in der Tabelle zur Bestimmung der Güteklasse.

3 Biologische Gewässeruntersuchung

Name	PS 1	PS 2	PS 3	PS 4	PS 5	PS 6
Rote Zuckmückenlarven	15	2	321	289	45	15
Steinfliegenlarventyp Perla	9	0	0	0	0	4
Schlammröhrenwurm	12	895	796	65	41	20
Wasserassel	5	1	15	39	56	8
Steinfliegenlarventyp Nemoura	20	0	0	0	2	16
Aderhaft	10	0	0	0	0	5
Glashaft	15	0	2	0	4	13
Klauenkäfer	5	0	0	0	0	3
Wassergeistchen	15	0	7	34	29	12

Anzahl Individuen an 6 Probestellen in einem Fluss vor und nach Einleitung organischer Substanzen, die von Lebewesen abgebaut werden können

In der obigen Tabelle sind die Häufigkeiten von Arten oder Artengruppen aufgeführt, die in bestimmten Abschnitten eines Flusses bestimmt wurden. In den Fluss wurde kurz vor der Probestelle 2 Abwasser mit organischem Material eingeleitet. Probestelle 1 lag oberhalb der Einleitestelle, die Probestelle 6 so weit unterhalb, dass der Sauerstoffgehalt des Wassers fast wieder auf dem Niveau bei der Probestelle 1 war. Siehe dazu die Abbildungen von Material A auf der Seite 443. Bezugspunkt für die biologische Gewässergütebestimmung ist die Intensität des Abbaus organischer Substanz, die Saprobie. Je höher der Gehalt an organischer Substanz ist, die durch Lebewesen abgebaut werden kann, desto höher ist die Saprobie. Es ist üblich, den Grad der Saprobie in vier Stufen anzugeben, wobei es noch Zwischenstufen gibt, rechte Spalte in der Tabelle auf Seite 446. Ein neueres System legt 5 Stufen fest, linke Spalte.
Die Abbildung auf Seite 447 zeigt, dass bestimmte Arten für einzelne Saprobiestufen charakteristisch sind. Die Zugehörigkeit zur Saprobiestufe wird für jede Art durch eine Zahl ausgedrückt, den Saprobiewert. Mit den Saprobiewerten der Arten und deren Häufigkeit lässt sich ein Saprobienindex für das Gewässer berechnen. Ein hoher Saprobienindex korreliert mit einem hohen BSB_5-Wert, einer niedrigen Sauerstoffsättigung und einer schlechten Gewässergüte. Wenn die Saprobie zunimmt, treten solche Arten häufiger auf, die Sauerstoffmangel besser tolerieren können. Dies trifft besonders auf Arten zu, die im Feinsediment leben, denn dort gibt es in der Regel wenig Sauerstoff.
Bewertet man die Gewässergüte mithilfe eines Saprobienindex, sollte beachtet werden, dass dieser ursprünglich anhand von Tieren in Bergbächen ermittelt wurde. Da Bäche regional sehr unterschiedliche physikalische und chemische Eigenschaften besitzen, ist die Saprobienbestimmung in anderen Bachtypen anhand der Richtwerte aus der Saprobientabelle nur eingeschränkt möglich. Trotzdem hat sich der Saprobienindex in der Praxis bewährt.

Um den Saprobienindex zu ermitteln, wird zunächst durch Keschern, Sieben und Umdrehen der Steine ein ausgewählter Gewässerabschnitt von 10 bis 15 Meter Länge nach allen vorhandenen Tierarten abgesucht. Die Tiere werden gefangen und in getrennten Gläsern kühl und bei guter Sauerstoffversorgung aufbewahrt. Sie werden bestimmt und ihre Anzahlen geschätzt. Nach der Bestimmung werden alle Tiere wieder in den Bach zurückgesetzt. Jede gefundene Art wird einer Häufigkeitsstufe, der Abundanz (A), mit folgender Einteilung zugeordnet: 1 = vereinzelt, 2 = wenig, 3 = häufig, 4 = massenhaft. Der Saprobiewert (s) ist aus der Liste der Indikatororganismen abzulesen.

Zur Berechnung wird zunächst für jeden Zeigerorganismus die Abundanz mit dem dazugehörigen Saprobiewert multipliziert. Das Ergebnis wird in der letzten Spalte im Protokollbogen notiert. Danach werden alle Abundanzen und Produkte addiert und daraus der Saprobienindex (S) berechnet:

$$S = \frac{\Sigma_{\text{alle Arten}} (A \cdot s)}{\Sigma_{\text{alle Arten}} A}$$

1 Ermitteln Sie für Ihr Untersuchungsgewässer den Saprobienindex und bestimmen Sie mithilfe der Tabelle die Güteklasse.

Protokollbogen Saprobienindex
Gewässername: Kleine Schwentine
Gewässertyp: Tieflandbach
Untersuchungsort: Uferrand in Höhe Parkplatz
Protokollanten: Bio-LK
Datum: 19. 06. 2011

Indikatororganismen	Abundanz (A)	Saprobienwert (s)	Produkt (A x s)
Dreieckstrudelwurm	1	1,5	1,5
Zweiäugiger Plattwurm	2	2,6	5,2
Eintagsfliegenlarve (Gattung Ephemera)	3	2,0	6,0
Eintagsfliegenlarve (Fam. Baetidae)	2	2,1	4,2
Flussschwimmschnecke	1	1,7	1,7
Eiförmige Schlammschnecke	2	2,3	4,6
Bachflohkrebs	4	2,0	8,0
Gesamthäufigkeit:	**15**	**Gesamtsumme:**	**31,2**

Berechnung:
Gesamtsumme 31,2: Gesamthäufigkeit 15 = Saprobienindex 2,08 entspricht Güteklasse II bzw. 2

Gütekl. nach WRRL	Grad der organischen Belastung	Saprobienindex	Kennzeichnung	Chemische Richtwerte (in mg/l)						bisherige Güteklasse
				O_2	NH_4^+	NO_2^-	NO_3^-	PO_4^{3-}	BSB_5	
1	unbelastet bis sehr gering belastet	1,0-< 1,5	Wasser kaum verunreinigt, klar und sauerstoffgesättigt; vollendete Oxidation, Mineralisation	8	minimal	< 0,01	< 1	< 0,01	< 1	I
2	gering belastet	1,5-< 1,8		8	0,1	< 0,01	um 1	< 0,1	1-2	I-II
	mäßig belastet	1,8-< 2,3	Wasser mäßig verunreinigt und noch sauerstoffreich; fortschreitende Oxidation; Mineralisation;	6	< 0,3	< 0,1		< 0,3	2-4	II
3	kritisch belastet	2,3-< 2,7		4	< 1	< 0,3	< 5	Verunreinigungen	4-7	II-III
4	stark verschmutzt	2,7-<3,2	Wasser stark verunreinigt und sauerstoffarm; starke Oxidationsprozesse; Faulschlammbildung	2	0,5 - 1,5	< 0,5			7-10	III
5	sehr stark verschmutzt	3,2-< 3,5		2	> 2	≥ 0,5	> 5		> 10	III-IV
	übermäßig verschmutzt	3,5-< 4,0	Wasser außerordentlich stark verunreinigt und sauerstoffarm; Fäulnisprozesse; Bildung von H_2S und CH_4; hoher Gehalt an organischen Stoffen	> 2	> 2	≥ 1	> 10	mehrere mg/l	> 10	IV

Einteilung der Güteklassen

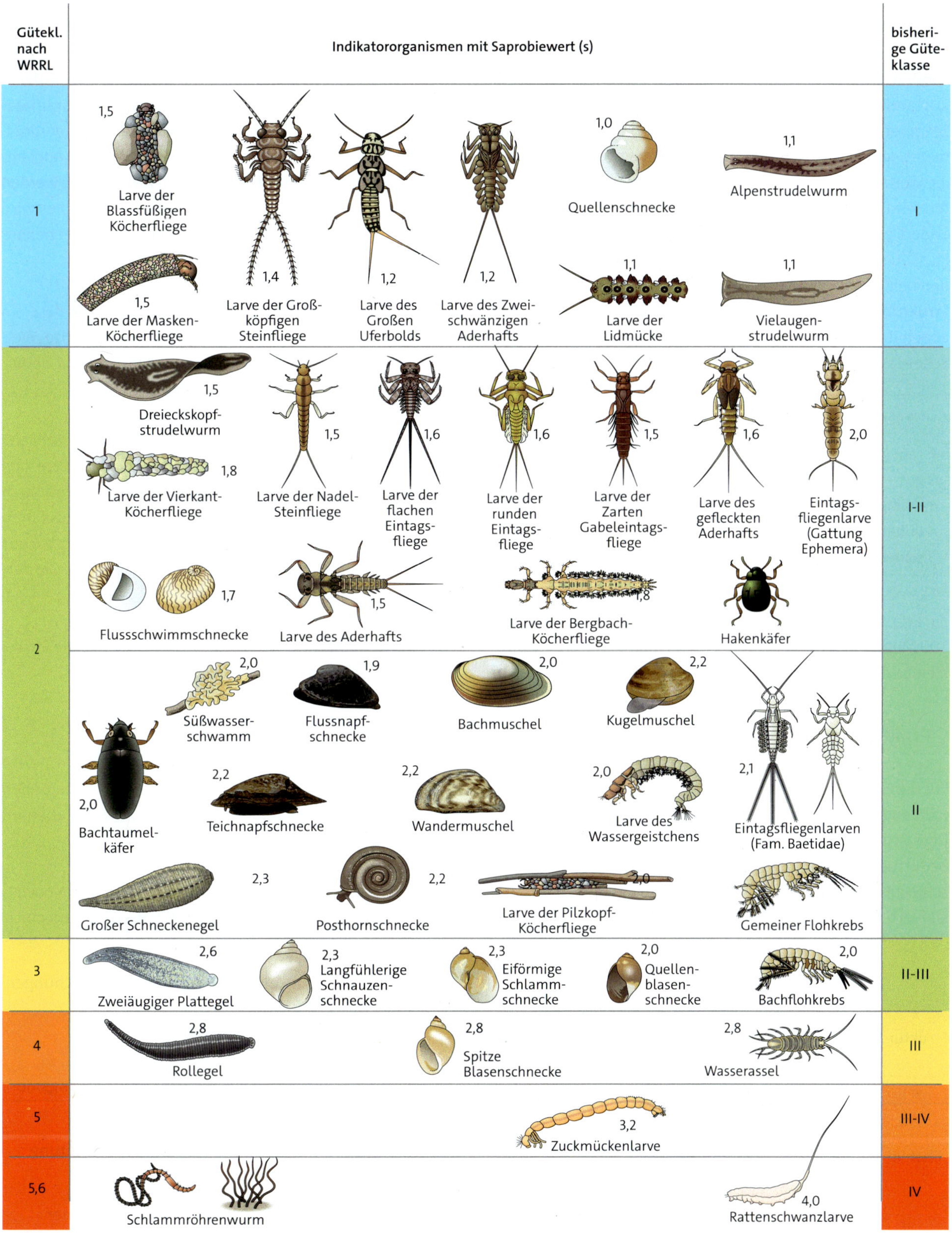

Häufige Lebewesen in Fließgewässern

Praktikum C Gewässerstrukturgüte

Die Bestimmung der Strukturgüte liefert einen Ansatz, mit dem Schädigungen im Gewässerbau schnell erkannt werden können. Die Referenz bildet dabei ein möglicher natürlicher Zustand. Dieser ist zumeist durch Strukturvielfalt gekennzeichnet, die vielen verschiedenen Lebewesen Lebensräume bietet. Jeder Fluss ist in seine Umgebung eingebunden. Auch die Vielfalt der Ufer und daran anschließenden Uferrandstreifen wird bewertet, weil sich ein natürlicher Fluss häufig verändert, zeitweise über die Ufer tritt und damit den Bereich der Flussaue zeitweise direkt in das Gewässer einbezieht. Wie bei den beiden anderen Gütegesichtspunkten unterteilt man die Strukturgüte in fünf Klassen. Die aus der Bewertungstabelle abgeleiteten Bewertungspunkte werden nach dem folgenden Schema der Strukturgüte zugeordnet.

Gewässerstrukturgüte	Mittelwert
1 sehr gut	1,0 – 1,6
2 gut	1,7 – 2,4
3 mäßig	2,5 – 3,4
4 unbefriedigend	3,5 – 4,4
5 schlecht	4,5 – 5,0

Zur Erfassung der Strukturgüte wählt man zunächst einen etwa 100 Meter langen und 0,5 bis 10 Meter breiten Abschnitt eines kleinen Fließgewässers im Flachland aus. Nach der Tabelle auf Seite 449 werden alle zehn Einzelparameter getrennt bewertet. Dazu wird anhand der Leitfragen, die in der ersten Spalte hinter dem jeweiligen Untersuchungsparameter stehen, sowie der in den weiteren Spalten genannten Merkmale jedem Parameter eine entsprechende Bewertungsstufe von 1 bis 5 zugeordnet. Man entscheidet sich für ein dominierendes Merkmal oder bildet einen angemessenen Mittelwert. Zur Auswertung werden die Bewertungsstufen der 10 Parameter addiert, und es wird der Mittelwert gebildet. Dieser entspricht gemäß der nebenstehenden Tabelle einer Gewässerstrukturgüte.

Ein schlechter Mittelwert dient als Indikator dafür, dass ein Fluss in einen besseren Zustand versetzt werden sollte. Welche Parameter zu ändern sind, kann man nur aus der detaillierten Bewertung in der Tabelle entnehmen.

Die im Buch benutzte Tabelle ist lediglich für Flachlandbäche zu verwenden. Ein Bergbach hat zumeist keine größere Aue und damit einen anderen Uferbewuchs. Er mäandriert auch nicht so stark wie ein Flachlandbach. Insgesamt muss man also den möglichen natürlichen Zustand eines Bergbaches anders beschreiben als den eines Flachlandbaches. Die verwendeten Parameter sind dieselben.

1 Ermitteln Sie differenziert und als Mittelwert die Strukturgüte Ihres Untersuchungsgewässers.

Praktikum D Zusammenfassung und Bewertung

Für die Gesamtauswertung ist es nicht sinnvoll, einen Mittelwert zu bilden. Ziel ist es festzustellen, ob es sich um ein ökologisch intaktes Gewässer handelt oder ob ein verbesserungsbedürftiger Zustand vorliegt. Problematisch sind Bewertungen schlechter als „gut". Zu diesen sollte eine detaillierte Diskussion erfolgen.

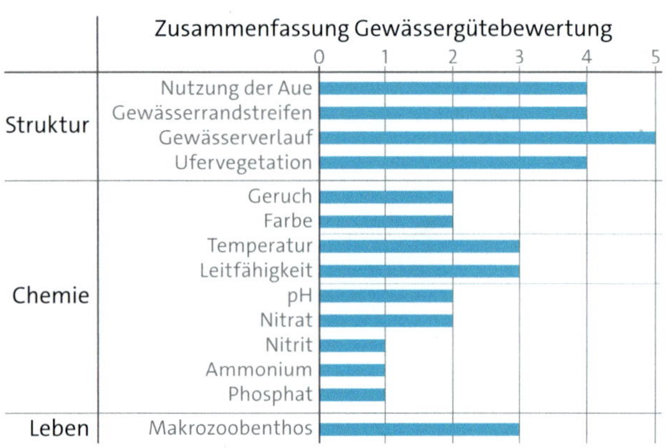

Eine sinnvolle Zusammenstellung von Einzelbewertungen kann man in einem Diagramm darstellen. Die Angaben im Beispiel sind fiktiv.

1 Fassen Sie Ihre Ergebnisse zur Gewässerökologie nach Untersuchungsmethode getrennt in Berichtsform zusammen.

2 Vergleichen Sie die aus verschiedenen Untersuchungen ermittelten Ergebnisse.

3 Diskutieren Sie Ihre Ergebnisse.

4 Erörtern Sie Vor- und Nachteile der Untersuchungsmethoden.

5 Entwickeln Sie Vorschläge zur Strukturverbesserung Ihres Untersuchungsgewässers.

6 Diskutieren Sie Ihre Ergebnisse mit Experten einer Wasserbehörde.

Gewässer: Abschnitt:	1 natürlich / sehr gut	2 natürlich / gut	3 wenig naturnah / mäßig	4 naturfern / unbefriedigend	5 schlecht
Gewässerstruktur und Gewässerumfeld (bewertet wird ein ca. 100 m langer, repräsentativer Gewässerabschnitt)					
1. Nutzung der Aue Wie wird die Aue im überschaubaren Umfeld des Gewässers überwiegend genutzt?	☐ naturnaher Wald (Laubbäume), Auwald	☐ extensive Nutzung oder Brache: nicht gedüngte oder wenig beweidete Wiesen	☐ kleinere Äcker, Weiden oder Gärten ☐ Nadelwald	☐ intensive Landwirtschaft, Äcker ☐ stellenweise Bebauung	☐ geschlossene Ortschaft ☐ Industriegebiet
2. Gewässerrandstreifen Gibt es einen naturbelassenen Gewässerrandstreifen?	☐ > 20 m	☐ ca. 5–20 m	☐ ca. 2–5 m	☐ < 2 m	☐ nicht vorhanden
3. Gewässerverlauf Wie ist der überwiegende Verlauf des Gewässers?	☐ mäandrierend, nicht begradigt	☐ stark geschwungen, wenig begradigt	☐ geschwungen, mäßig begradigt	☐ leicht gekrümmt, überwiegend begradigt	☐ gerade, vollständig begradigt
4. Uferbewuchs In welchem Ausmaß ist eine standorttypische Ufervegetation vorhanden?	☐ Auwald, durchgehender Weiden- und / oder Erlensaum von mehreren Metern Breite	☐ schmaler, aber durchgehender Weiden- oder Erlensaum ☐ Feuchtwiese, Hochstauden oder Röhrichte	☐ lückiger Weiden- oder Erlensaum mit Krautflur ☐ Krautflur aus Brennnesseln u. a. Mineralstoffzeigern	☐ Einzelbäume, evtl. Krautflur ☐ standortfremde Vegetation (z. B. Nadelbäume oder Ziersträucher) ☐ gemähtes Ufer	☐ keine Uferbäume, keine Krautflur, befestigter Uferrand
5. Uferstruktur Wie ist das Ufer beschaffen?	☐ keine festgelegte Uferlinie, viele Einbuchtungen, Gewässer kann sich ungehindert in die Breite ausdehnen	☐ Ufer begradigt, aber nicht sichtbar befestigt. Mit einigen Einbuchtungen und Aufweitungen	☐ Ufer stellenweise befestigt < 50 %, doch sind Uferabbrüche möglich	☐ Ufer überwiegend befestigt (durch Steinschüttungen oder Holzpfähle)	☐ gerade Uferlinie, Ufer steil abfallend, befestigt (Pflaster, Beton o. ä.)
6. Gewässerquerschnitt Wie ist der Bach eingetieft?	☐ sehr flach Breite : Tiefe-Verhältnis > 10 : 1	☐ flach Breite : Tiefe-Verhältnis > 5 : 1	☐ mäßig tief Breite : Tiefe-Verhältnis > 3 : 1	☐ tief Breite : Tiefe-Verhältnis > 2 : 1	☐ sehr tief Breite : Tiefe-Verhältnis < 2 : 1
7. Strömungsbild Wie deutlich ist ein Wechsel von unterschiedlichen Fließgeschwindigkeiten anhand der Strömung erkennbar?	☐ unterschiedliche Fließgeschwindigkeiten auf engem Raum zu erkennen		☐ unterschiedliche Fließgeschwindigkeiten auf längeren Strecken erkennbar	☐ Strömung einheitlich, aber Fließen des Wassers deutlich zu erkenne	☐ Strömung kaum erkennbar, glatte Wasseroberfläche
8. Tiefenrelevanz Wie groß ist die Variation von tiefen und flacheren Gewässerbereichen?	☐ sehr groß bis groß		☐ mäßig	☐ gering	☐ keine
9. Gewässersohle Wie ist die Gewässersohle beschaffen? (ggf. mit Stock sondieren)	☐ Gewässersohle abwechslungsreich (Kies/Sand/Lehm oder andere Feinsubstrate), viel Totholz		☐ Gewässersohle gleichmäiger, unterschiedliche Strukturen in großen Abständen	☐ Gewässersohle über größere Strecken verschlammt und / oder befestigt	☐ gleichförmige Gewässersohle, vollständige verschlammt und / oder befestigt
10. Durchgängigkeit Gibt es natürlich Hindernisse im Wasser, die Wanderungen von Tieren im Gewässer einschränken?	☐ keine Hindernisse ☐ natürlicher Wasserfall/ Kaskade	☐ Verrohrung < 2 m ☐ künstliche Stufe aus einzelnen Steinen, kann von Fischen und Wirbellosen überwunden werden	☐ Verohrung 2–5 m ☐ Stufe < 30 cm, kann von Fischen überwunden werden, ggf. Fischtreppe	☐ Verrohrung > 5 m ☐ Stufe oder andere Barriere 30–100 cm	☐ Verrohrung > 10 m ☐ Stufe oder andere Barriere > 1 m

Erfassung der Gewässerstrukturgüte für Flachlandbäche

5.12 Stoffkreisläufe in Ökosystemen

1 Kohleabbau

Im heutigen Ruhrgebiet fand einer Sage nach vor langer Zeit ein Schweinehirt glühende schwarze Steine in einer Feuerstelle. Dies soll der erste Fund von Steinkohle gewesen sein. Inzwischen werden weltweit jährlich über 7 Milliarden t Stein- und Braunkohle abgebaut. Kohle wird beim Hochofenprozess, zur Erzeugung von elektrischer Energie und zur Wärmegewinnung genutzt. Woher stammt diese Kohle?

Kreisläufe in Ökosystemen • Bei der Fotosynthese bauen Pflanzen Wasser und den Kohlenstoff des gasförmigen Kohlenstoffdioxids in Kohlenhydrate ein. Primärproduzenten binden also anorganische Stoffe in Biomasse ein. Alle Lebewesen setzen sie zu einem großen Teil wieder frei. Wird Biomasse jedoch nicht zersetzt, sondern langfristig im Boden gespeichert, entsteht unter Druck und anaeroben Bedingungen Kohlenstoff. Auch durch andere Prozesse konnen chemische Elemente, beispielsweise Stickstoff, einem Kreislauf entzogen und in Stoffspeichern wie den Ozeanen oder in Sedimenten langfristig eingelagert werden. Dies ist abhängig von biotischen und abiotischen Faktoren. So löst sich bei einem Temperaturanstieg in den Ozeanen eine geringere Menge des gasförmigen Stickstoffs aus der Atmosphäre.

An diesen Beispielen zeigt sich, dass chemische Elemente in unterschiedlichen Formen auf der Erde vorkommen. Kohlenstoff, Stickstoff und andere chemische Elemente werden bei diesen Prozessen aber nicht verbraucht. Vielmehr durchlaufen sie einen von der Sonnenenergie angetriebenen **Stoffkreislauf**.

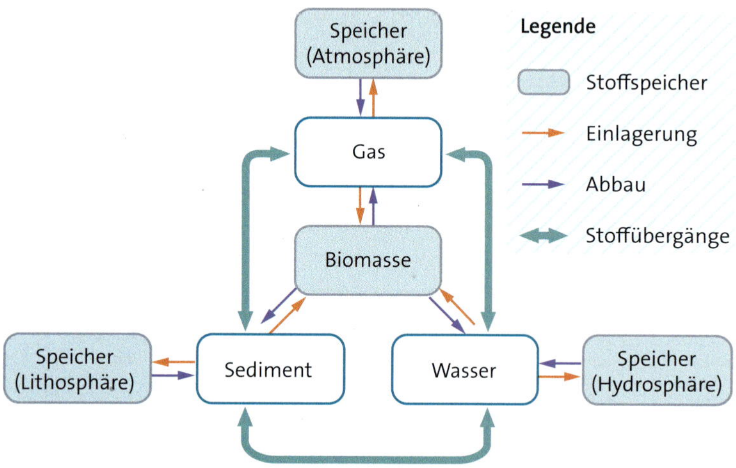

2 Kreisläufe in Ökosystemen

Kohlenstoffkreislauf • Eine 80-jährige Buche mit einer Höhe von 25 m besitzt eine Trockenmasse von etwa 12 t. Darin enthalten ist die Menge von etwa 6 t Kohlenstoff, die aus 22 t Kohlenstoffdioxid gebildet wurde. Die Biomasse der Buche und anderer Pflanzen wird aus anorganischem Kohlenstoffdioxid aus der Luft aufgebaut. Konsumenten und Destruenten bauen daraus durch Fraß oder Abbau eigene Biomasse auf oder nutzen sie als Energiequelle, wobei wieder Kohlenstoffdioxid gebildet wird. Die Aufnahme und Abgabe von Kohlenstoffdioxid entsprechen sich bei dieser Kreislaufvorstellung weitestgehend. Da diese Prozesse innerhalb von Jahrzehnten stattfinden, spricht man hierbei von einem **Kurzzeitkreislauf.**

Tatsächlich wird ein Großteil der Kohlenstoffverbindungen im Boden oder in den Ozeanen langfristig fixiert. So entstehen in langen geologischen Prozessen aus den Kohlenstoffverbindungen der abgestorbenen Organismen Torf, Kohle, Erdöl oder Erdgas. Außerdem kann Kohlenstoffdioxid auch in Kalk eingebaut werden. Insbesondere im Meer wurden etwa 80 % des Kohlenstoffs der Erde durch Bildung von Kalkgestein festgelegt. Dieser Kreislauf wird durch Verbrennen von Kohlenstoffquellen wie Erdöl oder Lösen von Kalk geschlossen. Da er Jahrmillionen dazu beansprucht, heißt er **Langzeitkreislauf.**

Innerhalb des Kohlenstoffkreislaufs stellt sich nur dann ein Fließgleichgewicht zwischen der Atmosphäre, Hydrosphäre und Lithosphäre ein, wenn sich Assimilation und Dissimilation als gegenläufige Prozesse entsprechen. Global gesehen zeigt sich aber momentan ein anderes Bild. Die Menschen verbrennen immer mehr fossile kohlenstoffhaltige Brennstoffe und gleichzeitig rezente kohlenstoffhaltige Brennstoffe wie Holz. Bei diesen Verbrennungsprozessen wird mehr Kohlenstoffdioxid freigesetzt, als in der gleichen Zeit durch Fotosynthese und Lösung von Kohlenstoffdioxid im Meerwasser gebunden wird. So werden durch die Verbrennung fossiler Brennstoffe jährlich etwa 6 Gt Kohlenstoff in die Atmosphäre abgegeben. Der Gehalt an Kohlenstoffdioxid in der Atmosphäre steigt pro Jahr um etwa 3 Gt. Dieser menschliche Eingriff hat den globalen Kohlenstoffkreislauf erheblich verändert. Insbesondere mit der Verbrennung von Kohle, Öl und Erdgas wird der Langzeitkreislauf beeinflusst und erhebliche Mengen Kohlenstoffdioxid freigesetzt.
Diese Veränderung ist problematisch, weil der Gehalt an Kohlenstoffdioxid in der Atmosphäre steigt und so eine Klimaveränderung bewirkt. Gleichzeitig verringert die Mehraufnahme von Kohlenstoffdioxid durch die Ozeane deren pH-Wert. Durch Fotosynthese und Aufbau von Biomasse kann ein Ökosystem den Kohlenstoff zurückgewinnen. Dieser Prozess benötigt aber sehr viel Zeit. Zur Bildung neuer Erdölvorräte sind mehrere 10 000 Jahre notwendig.

1 **Erläutern Sie anhand der Abbildung 3, wie Menschen in den globalen Kohlenstoffkreislauf eingreifen.**

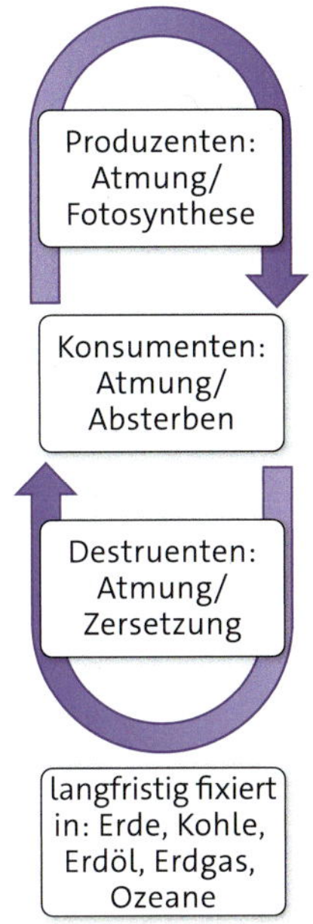

4 Langzeitkreislauf

1 Gt = 1 Gigatonne = 1 000 000 000 t

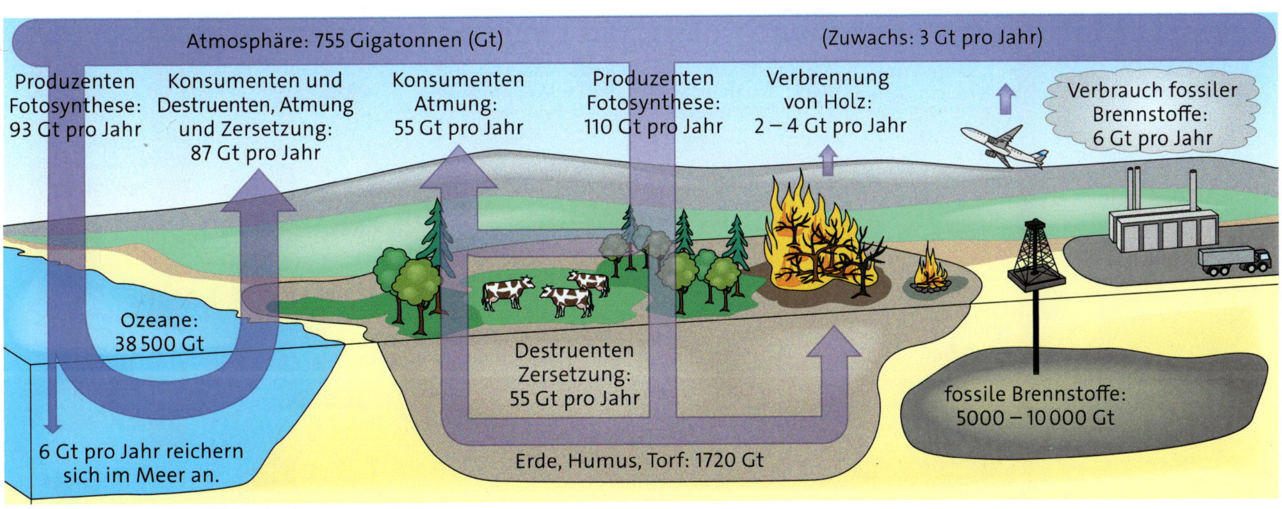

3 Globaler Kohlenstoffkreislauf

Stickstoffkreislauf • Als wesentliches Bauelement von Aminosäuren beziehungsweise Proteinen, Nucleotiden und Chlorophyll wird Stickstoff in großen Mengen von Lebewesen benötigt. 78 % der erdnahen Atmosphäre bestehen aus Stickstoff, aber dieser ist für Pflanzen und Tiere in elementarer Form aufgrund seiner chemischen Eigenschaften nicht nutzbar. Stickstofffixierende Bakterien wie Cyanobakterien können elementaren Stickstoff aus der Atmosphäre aufnehmen und ihn für andere Organismen verfügbar machen. Manche dieser Bakterien leben in Symbiose mit höheren Pflanzen. So leben Schmetterlingsblütler und Erlen mit stickstofffixierenden Knöllchenbakterien.

Zugänglich für Pflanzen sind auch mineralische Stickstoffverbindungen des Bodens, die in Ausscheidungen von Tieren enthalten waren und von Bakterien abgebaut wurden. Tiere scheiden überschüssigen Stickstoff vor allem in Form von Harnstoff oder Harnsäure aus. Destruenten mineralisieren die Aminogruppe ($-NH_2^-$) dieser organischen Stickstoffverbindungen zu Ammonium. Diesen Prozess nennt man **Ammonifikation.**

In Gegenwart von Sauerstoff können bestimmte aerobe Mikroorganismen das Ammonium schrittweise über Nitrit (NO_2^-) zu Nitrat (NO_3^-), oxidieren. Diesen Prozess nennt man **Nitrifikation.** Produzenten nehmen das so gebildete Ammonium (NH_4^+) oder Nitrat (NO_3^-) aus dem Boden auf. Durch diesen Prozess werden jährlich etwa 175 Millionen t Stickstoff assimiliert.

Durch den Prozess der Nitrifikation gewinnen die nitrifizierenden Bakterien Energie und binden Kohlenstoffdioxid in organische Stoffe ein. Sie betreiben also Chemosynthese. Ist aber kein Sauerstoff vorhanden, können bestimmte denitrifizierende Bakterien Nitrat- oder Nitritverbindungen für ihren eigenen Stoffwechsel benutzen. Sie reduzieren aus Nitraten wieder elementaren Stickstoff (N_2). Dieser wird schließlich an die Atmosphäre abgegeben, sodass die Biosphäre sukzessiv an für Lebewesen verfügbaren Stickstoffverbindungen verarmt. Vor allem durch die Bakterien wird der **Stickstoffkreislauf** mit der Atmosphäre verbunden.

1 Begründen Sie, weshalb Stickstoff für Pflanzen in der Regel einen Minimumfaktor darstellt, obwohl er hinreichend in der Atmosphäre vorhanden ist.

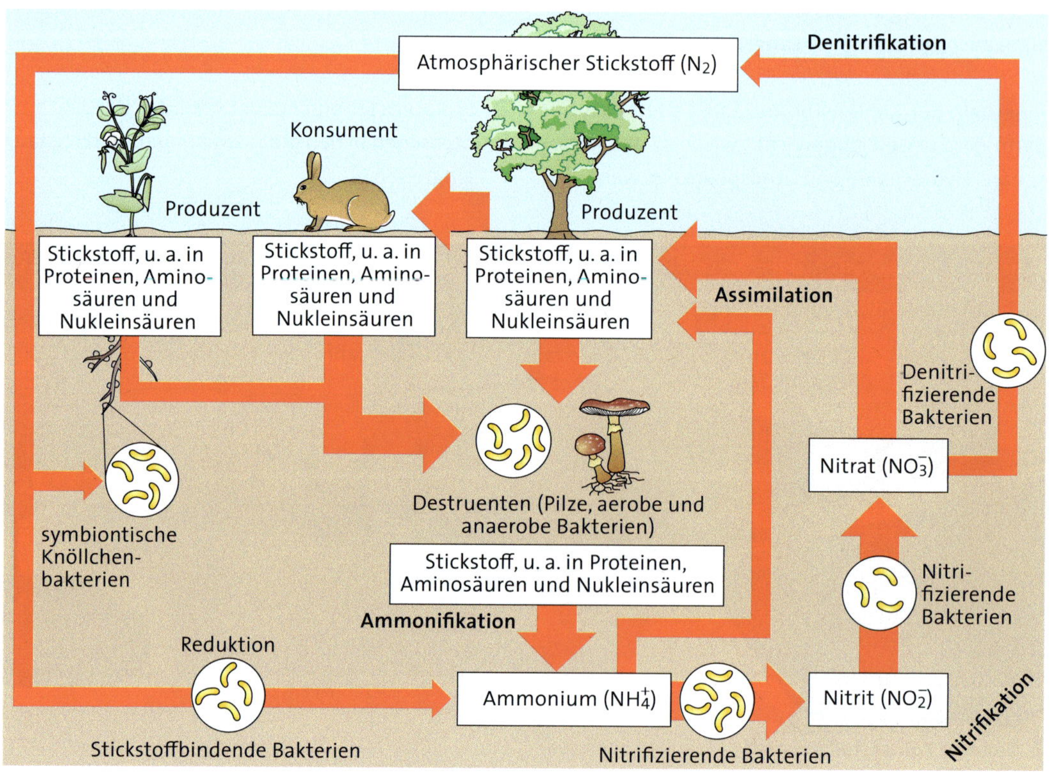

1 Stickstoffkreislauf

Material A Leguminosen im Landbau

In der ökologischen Landwirtschaft wird auf Mineraldünger verzichtet. Stattdessen gibt es viele Felder, auf denen Erbsen und andere Leguminosen angebaut werden. Diese zu den Schmetterlingsblütlern gehörenden Pflanzen sollen insbesondere für eine Anreicherung des Bodens mit Stickstoffverbindungen sorgen.

1 Erklären Sie die Funktion der Leguminosen für die Anreicherung des Bodens mit Stickstoffverbindungen.

2 Informieren Sie sich über Möglichkeiten, Ackerböden Stickstoff zuzuführen. Nennen Sie Vor- und Nachteile der jeweiligen Methode gegenüber dem Anbau von Leguminosen.

Material B Experiment zur Anreicherung der Kohlenstoffdioxidkonzentration

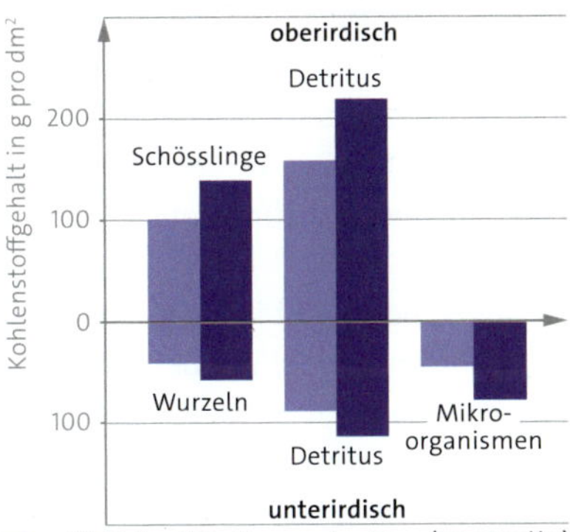

■ natürliche CO_2-Konzentration (Kontrolle)
■ erhöhte CO_2-Konzentration (Experiment)

Mithilfe von Experimenten untersuchten Forscher, wie sich eine höhere Kohlenstoffdioxidkonzentration in der Atmosphäre auf die Aufnahme und Speicherung von Kohlenstoffdioxid ober- und unterirdisch in Ökosystemen auswirkt.

Dazu wurde drei Jahre lang in einem Graslandökosystem in getrennten, oben offenen Kammern so lange kohlenstoffdioxidreiche Luft eingeleitet, bis die Konzentration 720 ppm (parts per million) betrug. In andere Kammern wurde als Kontrolle reine Luft eingeleitet.

Nach drei Jahren wurde in jeder Kammer die Biomasse der Schösslinge und der Streuschicht gemessen. Zusätzlich wurde aus jeder Kammer eine Bodenprobe entnommen und der Kohlenstoffgehalt der Wurzeln und des Detritus bestimmt.

1 Entwickeln Sie eine Hypothese dazu, ob bei einer erhöhten Kohlenstoffdioxidkonzentration in der Atmosphäre mehr Kohlenstoff ober- und unterirdisch gespeichert wird.

2 Beschreiben Sie das Experiment und die Ergebnisse.

3 Deuten Sie die Ergebnisse des Experiments und geben Sie an, welche Erklärung sich für die Aufnahme und Speicherung von Kohlenstoffdioxid im Ökosystem finden lässt.

4 Beschreiben Sie, welche Rückschlüsse das Experiment auf den globalen Kohlenstoffkreislauf erlaubt.

Material C Phytoplankton bei verschiedenen Kohlenstoffdioxidkonzentratrionen

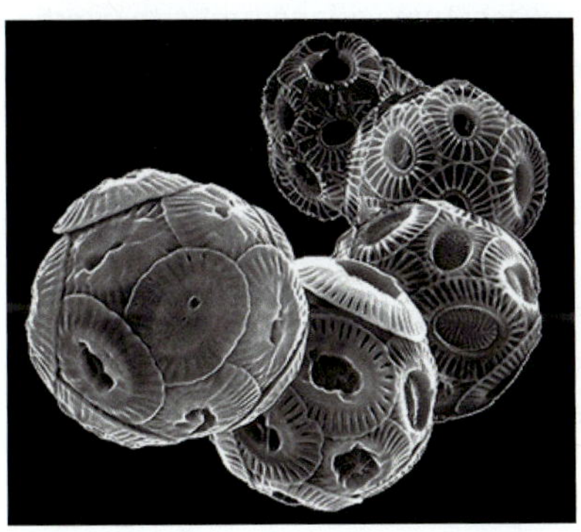

Die im Meer lebende Kalkalge *Emiliania huxleyi* ist von Kalkplättchen aus Calcit umhüllt, die die Alge aus Calciumhydrogencarbonat bildet, das im Wasser gelöst vorliegt.

Das Foto zeigt vorne eine Kalkalge bei normaler CO_2-Konzentration im Wasser, dahinter Kalkalgen, die bei zunehmender CO_2-Konzentration entstanden sind.

1 Beschreiben Sie Auswirkungen des globalen CO_2-Anstiegs für die Atmosphäre und die Ozeane.

2 Erläutern Sie anhand der Abbildung mögliche Effekte, die sich aus der Erhöhung der CO_2-Konzentration im Ozean ergeben.

5.13 Bevölkerungswachstum und Ressourcen

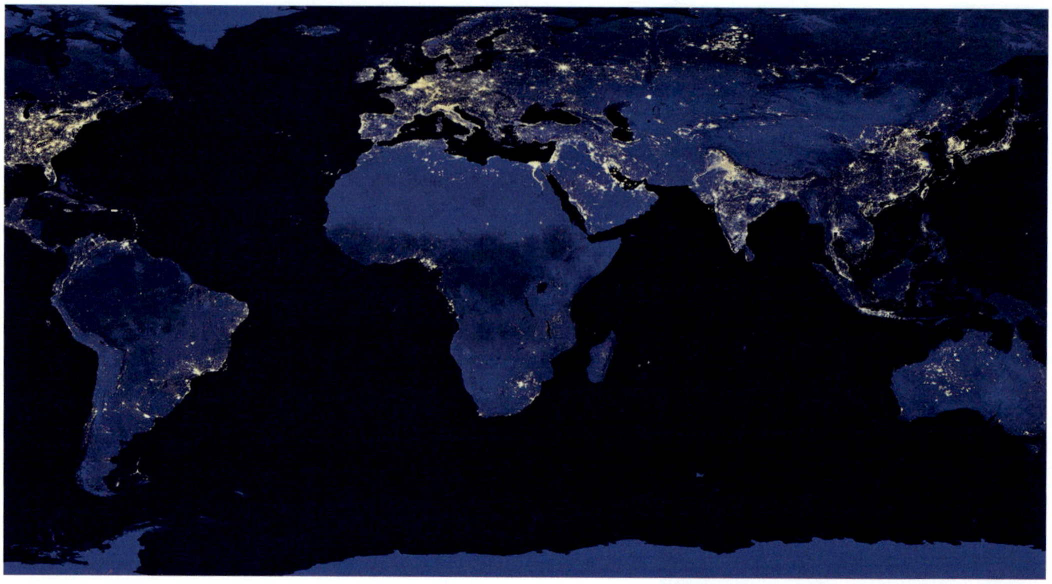

1 Erde bei Nacht

Beim Blick auf die nächtliche Erde aus dem Weltall erkennt man vor allem Ballungszentren an einer riesigen Anzahl von Lichtern. Diese Beleuchtung benötigt viel Energie und damit Ressourcen. Repräsentieren die hellsten Bereiche auch die höchste Bevölkerungsdichte? Spielen weitere Faktoren eine Rolle?

Bevölkerungswachstum • Durch Fortschritte in der Medizin, Rückgang der Kindersterblichkeit, Verbesserung des Lebensstandards und die dadurch höhere Lebenserwartung hat sich seit 1950 die Weltbevölkerung fast verdreifacht. Von 2,7 Milliarden im Jahr 1950 stieg sie bis 2022 auf 8 Milliarden und wird für 2050 auf 10 Milliarden geschätzt. Allerdings ist der Anstieg der Bevölkerung sehr unterschiedlich auf die einzelnen Regionen der Erde verteilt.

Die Bevölkerungszahl wird durch zwei Regelkreise gesteuert: die Geburtenrate, also die jährliche Anzahl an Geburten auf 1000 Einwohner, und die Sterberate, also die jährliche Anzahl an Todesfällen auf 1000 Einwohner. Die Differenz zwischen Geburten und Sterberate ergibt die Wachstumsrate der Bevölkerung.

Nach Beobachtungen der UN ist in nicht industrialisierten Gesellschaften sowohl die Geburtenrate als auch die Sterberate hoch. Bessere Nahrungsgrundlagen und medizinische Versorgung im Rahmen der Industrialisierung lassen die Sterberate sinken, die Geburtenrate bleibt aber noch für etwa zwei Generationen hoch. Dies führt zu einem raschen Bevölkerungswachstum. Mit der Übernahme der Lebensweise voll industrialisierter Gesellschaften fällt schließlich auch die Geburtenrate und das Bevölkerungswachstum verlangsamt sich. Sterbe- und Geburtenrate nähern sich zeitlich verzögert auf niedrigem Niveau an. Dieser Rückgang wird **demografischer Übergang** genannt und kann durch verschiedene Faktoren unterstützt werden:

- Familienplanung mit sexueller Aufklärung und Zugang zu Verhütungsmitteln,
- gleichberechtigte Ausbildung und Berufstätigkeit der Frauen,
- medizinische Grundversorgung,
- gerechtere Einkommensverteilung, Chancengleichheit und soziale Absicherung der Familien.

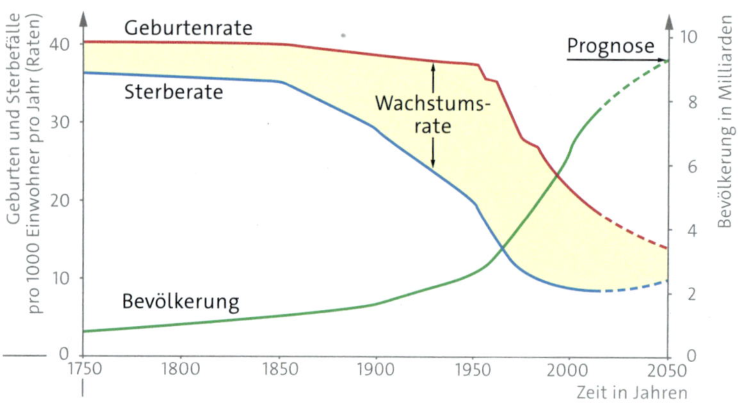

2 Demografischer Übergang der Weltbevölkerung (aus: Meadows)

Ressourcen • Natürliche Ressourcen bilden die Grundlage des Lebens. Sie umfassen alle Bestandteile der Natur, die Menschen für ihre Lebensweise nutzen. Wenn sie nachwachsen können, spricht man von **erneuerbaren Ressourcen.**
Nicht erneuerbare Ressourcen sind vor allem Bodenschätze, die über Jahrtausende gebildet wurden. Werden sie verbraucht, können sie in für Menschen fassbaren Zeiträumen nicht mehr neu entstehen.

Parallel zur Weltbevölkerung wächst der Bedarf an natürlichen Ressourcen in Form von Energie, Nahrung, Trinkwasser, Konsumgütern und Lebensraum. Zur Gewinnung pflanzlicher und tierischer Produkte wird der Boden immer intensiver bewirtschaftet. Dabei werden steigende Mengen an Düngemitteln und Pestiziden eingesetzt. Die Nutzung des Bodens für die Nahrungsmittelproduktion hat sich in den letzten 20 Jahren in allen Regionen der Südhalbkugel extrem ausgeweitet und intensiviert. Aufgrund des raschen Bevölkerungswachstums hat sich aber die Versorgungslage pro Kopf nicht überall verbessert, in vielen Ländern Afrikas sogar beständig verschlechtert. Insgesamt haben 1 Milliarde Menschen zu wenig Nahrung. Gleichzeitig führt die Deckung des enormen Fleischbedarfs in den Industrieländern zu einem hohen Verbrauch von pflanzlichen Futtermitteln und Trinkwasser. Für Futtermittelanbau und Weidehaltung werden oft in Entwicklungsländern Wälder gerodet und Ökosysteme zerstört.
Generell besteht ein Ungleichgewicht bei der Ressourcennutzung. So verbraucht die Bevölkerung der Industrieländer fast 85 % der Ressourcen, obwohl sie nur etwa 15 % der Weltbevölkerung ausmachen, während viele Menschen in Entwicklungsländern am oder unter dem Existenzminimum leben. Eine Angleichung des Lebensstandards zieht einen weiteren Anstieg des Ressourcenbedarfs nach sich.
Die beständige Zunahme des Ressourcenbedarfs überlastet die Erde. Die nicht erneuerbaren Ressourcen gehen zur Neige, die erneuerbaren Ressourcen haben keine Zeit zu regenerieren.

Ökologischer Fußabdruck • Ausgehend von diesen Menschheitsproblemen entwickelte der Ingenieur Mathis Wackernagel 1997 eine Methode zur Berechnung der Fläche, die notwendig wäre, um alle von der Weltbevölkerung genutzten Ressourcen zu liefern und deren Emissionen aufzunehmen. Diese

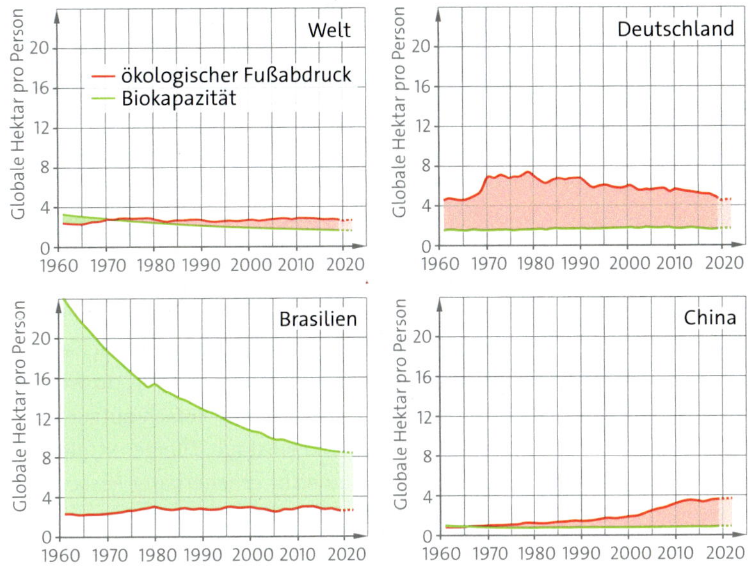

3 Entwicklung des ökologischen Fußabdrucks und der Biokapazität weltweit und in verschiedenen Ländern

Fläche nannte er ökologischen Fußabdruck. Bei der Erstellung des ökologischen Fußabdrucks wird der Verbrauch an natürlichen Ressourcen in die Fläche mit der Einheit globaler Hektar (gha) umgerechnet. Dem gegenüber steht die **Biokapazität** der Ökosysteme, das bedeutet die Fähigkeit eines Ökosystems, Ressourcen zu produzieren und von Menschen erzeugte Abfälle aufzunehmen.
Jedes Individuum hinterlässt seinen eigenen Fußabdruck, abhängig von den Produkten und Dienstleistungen, die es konsumiert. Auch jeder Staat hat einen Fußabdruck, in den auch seine verschiedenen Produktionsflächen und Handelsbeziehungen eingehen. Bei vielen Staaten ist der ökologische Fußabdruck größer als die verfügbare Biokapazität. Es entsteht ein **ökologisches Defizit**. Daraus lässt sich berechnen, wie viele Erden gebraucht würden, um die benötigten Ressourcen zur Verfügung zu stellen. Der Tag im Jahr, an dem die Biokapazität der Erde zur Reproduktion der genutzten Ressourcen überschritten ist, wird Earth Overshoot Day genannt. Für das Jahr 2023 war das weltweit betrachtet der 2. August, für Deutschland sogar bereits der 4. Mai.

1 Beschreiben Sie den Konflikt zwischen Bevölkerungswachstum und Ressourcenverbrauch.

2 Erläutern Sie Möglichkeiten für einen Staat, das ökologische Defizit zu senken.

Alternative Bewertungsmodelle • Der ökologische Fußabdruck wird oft mit dem CO_2-Fußabdruck gleichgesetzt, obwohl letzterer nur ein Bestandteil ist. Denn die CO_2-Bilanz geht in die Berechnung ein als die benötigte Waldfläche, die das ausgestoßene CO_2 binden würde. Der CO_2-Fußabdruck macht dabei in etwa 60 % des ökologischen Fußabdrucks aus und jeder Konsum, durch den CO_2 freigesetzt wird, vergrößert die Fläche des ökologischen Fußabdrucks.
Der Vorteil der guten Vergleichbarkeit durch die Umrechnung von Ressourcenbedarf in Flächenverbrauch bringt allerdings auch Nachteile. Umweltbelastungen wie Verbrauch oder Verschmutzung von Wasser, Eintrag von Feinstaub, Düngemitteln und Giften oder Abbau nicht erneuerbarer Ressourcen mit den daraus folgenden Umweltzerstörungen werden nicht in die Berechnungen einbezogen. So verbraucht eine intensiv bewirtschaftete Obstplantage weniger Fläche und erzeugt Obst mit einem kleineren Fußabdruck als eine Streuobstwiese. Trotzdem ist letztere umweltverträglicher, da nicht gedüngt werden muss und Pestizidspritzungen entfallen. Eine vollständige Berücksichtigung der Umwelteinwirkungen auf Boden, Wasser und Luft von der Produktion bis zur Entsorgung erfolgt in der Ökobilanz. Dabei werden Umweltbelastungen wie Emissionen und Ressourcenverbrauch von der Rohstoffgewinnung bis zur Entsorgung als Ökofaktoren einberechnet.
Aspekte, die bei Ökobilanz und ökologischem Fußabdruck nicht abgebildet werden, berücksichtigt das Konzept des Handabdrucks. Er misst sozial und ökologisch verantwortliches Handeln als positive Faktoren, etwa sich politisch entsprechend zu engagieren, Geld nachhaltig anzulegen oder sich im Beruf für die Umwelt einzusetzen.

Nachhaltige Entwicklung • Ziel nachhaltiger Entwicklung ist es, die Bedürfnisse aller Menschen nach wirtschaftlichem Wohlstand, intakter Umwelt und sozialer Gerechtigkeit zu befriedigen, ohne gleichzeitig das Leben zukünftiger Generationen zu belasten. Zwischen den drei Feldern Wirtschaft, Ökologie und Soziales muss dafür eine Balance gefunden werden. Dies wird oft im Modell des Dreiecks der Nachhaltigkeit ausgedrückt. Ein zu starker Fokus eines Feldes geht zu Lasten der anderen.
Als 2013 die Textilfabrik Rana Plaza in Bangladesch einstürzte, wurde die Welt darauf aufmerksam, dass Bekleidungsunternehmen Menschen- und Arbeitsrechte verletzen, um Gewinne bei preiswerter Kleidung zu maximieren. Die Produktion erfolgt unter teils gesundheitsschädlichen Arbeitsbedingungen zu sehr niedrigen Löhnen. Beim Baumwollanbau erkranken Feldarbeiter durch massiven Pestizideinsatz und die Sandstrahltechnik für den „used look" bei Jeans ruft Staublungen hervor. Umweltstandards sind oft nicht vorhanden oder werden nicht kontrolliert, sodass Flüsse an Textilfabriken Verschmutzungen aufweisen, die um ein Hundertfaches über den erlaubten Grenzwerten liegen.
Es gibt inzwischen Initiativen, um die Einhaltung von Umwelt- und Sozialstandards transparenter zu machen. Ein Beispiel ist das staatliche Textilsiegel „Grüner Knopf". Zu den Produktionskriterien zählen Mindestlöhne und Arbeitsschutz, Verbot von Kinder- und Zwangsarbeit sowie Verbot schädlicher Chemikalien. Letztendlich liegt es in der Verantwortung jedes Einzelnen, solche Produkte zu kaufen und auf unfair produzierte Billigware zu verzichten.
Um die Nachhaltigkeitsziele zu erreichen, ist eine weltweite interdisziplinäre Zusammenarbeit notwendig. Fachrichtungen wie das Ökosystemmanagement z. B. betrachten ein Ökosystem unter dem Aspekt der Erhaltung und gleichzeitigen Nutzung. Eingriffe erfolgen kontrolliert, sodass die Belange aller Lebewesen beachtet werden. So renaturiert man in letzter Zeit die Niedermoore, statt sie für die Nutzung als Weideland trockenzulegen. Das erhaltene Ökosystem bietet großen Artenreichtum und speichert riesige Mengen an Kohlenstoff. Für die gleichzeitige landwirtschaftliche Nutzung stehen statt Rindern Wasserbüffel auf den feuchten Flächen.

1 Nennen Sie Vor- und Nachteile des ökologischen Fußabdrucks als Bewertungsmodell.

GRÜNER KNOPF
SOZIAL. ÖKOLOGISCH. STAATLICH. UNABHÄNGIG ZERTIFIZIERT.

1 Logo des Textilsiegels Grüner Knopf

Ökologie
Verantwortung für Umwelt und Lebewesen, begrenzter Verbrauch von Ressourcen

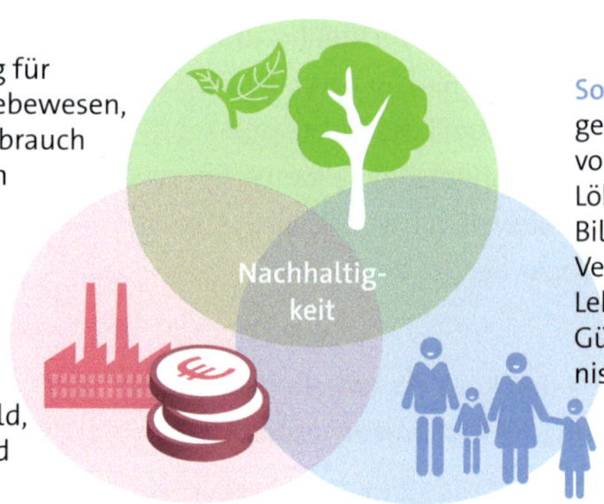

Soziales
gerechte Verteilung von Arbeit und Löhnen, Zugang zu Bildung, gerechte Verteilung von Lebensmitteln, Gütern und medizinischer Versorgung

Wirtschaft
effizienter und sparsamer Einsatz von Geld, Ressourcen und Energie

2 Felder der Nachhaltigkeit (Modell)

Material A Demografische und soziale Daten zur Weltbevölkerung

	Bevölkerung Mitte 2011 in Millionen	Bevölkerung Mitte 2019 in Millionen	Wachstumsrate 2019 in %	Geburten pro Frau 2019	Lebenserwartung in Jahren 2019	Jahreseinkommen in $ pro Person 2011	Jahreseinkommen in $ pro Person 2019
Welt	6987	7691	1,1	2,4	72	10240	17904
Afrika	1051	1305	2,5	4,5	63	2720	5186
USA	312	329	0,3	1,7	78	45640	63390
Europa	740	746	-0,1	1,5	78	26390	37982
Deutschland	82	83	-0,2	1,6	78	36850	54560*
Indien	1241	1392	1,3	2,2	68	3280	7680
China	1346	1398	0,4	1,6	77	6890	18140

* Zahl der Weltbank

Die Deutsche Stiftung Weltbevölkerung, kurz DSW, gibt jährlich den DSW-Datenreport heraus. Dieser liefert aktuelle Daten zu allen wichtigen Indikatoren der Bevölkerungsentwicklung für über 180 Länder und die einzelnen Regionen der Erde.

Die Ermittlung der Daten erfolgt durch internationale Zusammenarbeit, zum Beispiel mit der statistischen Abteilung der Vereinten Nationen.

Die Tabelle zeigt ausgewählte Daten aus dem DSW-Datenreport von 2011 und 2019.

1 Geben Sie zu jedem Indikator die Extremwerte an und setzen Sie diese zueinander in Beziehung.

2 Ermitteln Sie, in welchen Regionen Bevölkerung und Jahreseinkommen zwischen 2011 und 2019 am meisten gewachsen sind. Geben Sie Vermutungen zu den Gründen an.

3 Berechnen Sie die bei konstanter Wachstumsrate zu erwartende Einwohnerzahl in der Welt und in Afrika für die nächsten 15 Jahre. Stellen Sie Ihre Ergebnisse grafisch dar und vergleichen Sie diese.

4 Erläutern Sie wesentliche Gründe für das in vielen Weltgegenden anhaltende exponentielle Bevölkerungswachstum.

Material B Ökologischer Fußabdruck

	Ökologischer Fußabdruck pro Person
Welt	2,6 gha
Afrika	1,4 gha
USA	7,8 gha
Europa	4,9 gha
Deutschland	4,7 gha
Indien	1,1 gha
China	3,5 gha

Vorschläge zur Verkleinerung des ökologischen Fußabdrucks:
- *Iss weniger Fleisch.*
- *Wechsle zu einem Ökostromanbieter.*
- *Fahre mit dem Zug statt mit dem Auto.*
- *Kaufe saisonale Lebensmittel aus der Region.*
- *Vermeide das Fliegen mit Flugzeugen.*
- *Benutze das Flugzeug, aber fordere eine Kerosinsteuer für Flugzeuge.*
- *Iss Fisch aus biologisch zertifizierten Aquakulturen.*

Ein Global-Hektar, kurz gha, entspricht einem Hektar Land mit weltweit durchschnittlicher biologischer Produktivität.

1 Ermitteln Sie mithilfe von Internetseiten Ihren persönlichen Fußabdruck.

2 Vergleichen Sie Ihren ökologischen Fußabdruck mit den Durchschnittswerten in der Tabelle.

3 Diskutieren Sie, ob die angegebenen Vorschläge sinnvoll sind, um den ökologischen Fußabdruck zu verkleinern.

5.14 Hormonartig wirkende Stoffe in der Umwelt

1 Babyfläschchen aus Kunststoff müssen seit 2011 ohne den Weichmacher Bisphenol A sein.

Gegenstände des täglichen Gebrauchs wie Babyfläschchen, Spielzeug, Verpackungen oder Kosmetika enthalten hormonartig wirkende Stoffe, die schädlich auf den Hormonhaushalt wirken können. Lässt sich das Risiko einschätzen?

Kunststoffe mit potenziellem Gesundheitsrisiko • Im Jahr 2011 hat die EU die Verwendung des Stoffes Bisphenol A, kurz BPA, zur Herstellung von Kunststoffflaschen für Säuglinge verboten. Der Stoff steht im Verdacht gesundheitsschädlich zu sein, auch für andere Personengruppen. Daher dürfen Thermopapiere, die zum Beispiel als Kassenbelege hundertfach pro Tag durch die Hände von Kassenpersonal gehen, seit 2020 kein BPA mehr enthalten. Sie sind seither blaugrau statt weiß.
BPA wird jedoch weiterhin produziert und in Alltagsprodukten verwendet, mit denen auch Säuglinge in Kontakt kommen können. BPA ist in Kunststoffprodukten aus Polycarbonat wie Campinggeschirr oder Innenbeschichtungen von Konservendosen enthalten. Selbst Schnuller enthalten Spuren von BPA.

Störenfriede im Hormonhaushalt • Bisphenol A kann sich schädigend auf die Gesundheit auswirken, da es das körpereigene Hormonsystem, das endokrine System, stört. Man bezeichnet solche hormonartig wirkenden Stoffe als Umwelthormone oder endokrine Disruptoren. Die schädigende Wirkung kann den Menschen, insbesondere anfällige Gruppen wie Säuglinge betreffen, wenn diese durch Verzehr, Hautkontakt oder Einatmen in Kontakt mit dem Umwelthormon kommen. Tiere sind auch betroffen, wenn die Stoffe in die Umwelt gelangen. Sowohl die Stoffe als auch deren Abbauprodukte entfalten hormonartige Wirkung.

Nutzen versus Risiko • Für die Industrie ist Bisphenol A ein wertvoller Ausgangsstoff zur Herstellung von Kunststoffen oder als notwendige Beigabe, um den Härtegrad oder die Bruchfestigkeit von Kunststoffen auf ein passendes Maß einzustellen. Es ist nur ein Beispiel unter vielen Stoffen, bei denen sich der Verdacht auf eine hormonartige Nebenwirkung erst langsam erhärtet. Weitere Vertreter sowie einige Pestizide. Ein mittlerweile weltweit verbotener Stoff ist das Insektizid DDT, das nur noch zur Mückenbekämpfung in Malariagebieten eingesetzt werden darf, sowie die polychlorierten Biphenyle, kurz PBCs, bis 2001 vielfältig eingesetzte Industriechemikalien.

Viele dieser Umwelthormone können durch Bakterien nur geringfügig oder nur sehr langsam abgebaut werden. Die Umwelthormone gelangen über Abwässer aus dem häuslichen oder landwirtschaftlichen Bereich oder aus Sickerwasser aus Mülldeponien in Kläranlagen, die sie ungehindert passieren. Auf diesem Wege wirken sie vor allem auf Wasserorganismen ein.

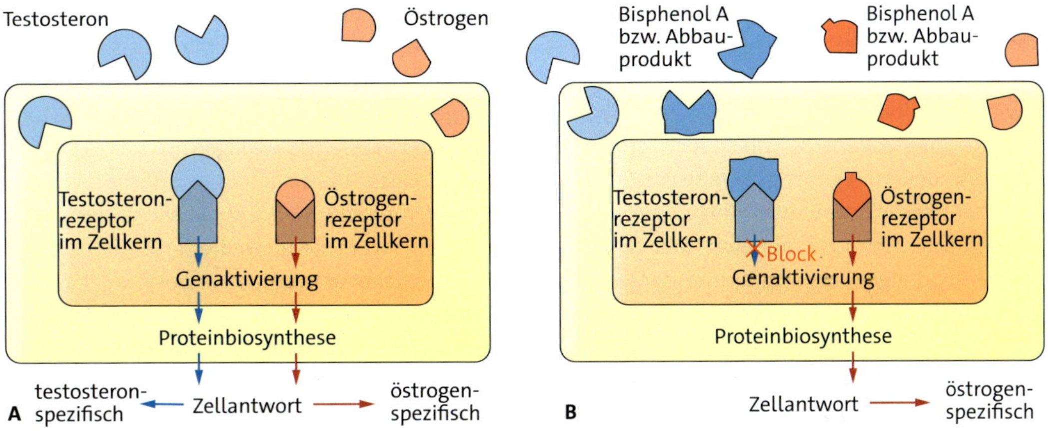

2 Körpereigene Hormone wie Steroidhormone dringen in eine Zielzelle ein (links), binden an Hormonrezeptoren und bewirken die gewünschte Zellantwort. Endokrine Disruptoren (rechts) können Hormone imitieren und wie ein Hormon die Zellantwort auslösen oder als Hemmstoff die Bindungsstelle des natürlichen Hormons blockieren (rechts). In letzterem Fall bleibt die Zellantwort aus.

Wirkweise im Hormonsystem des Körpers • Umwelthormone beeinflussen die Hormonwirkung im Körper (► **2**), weil sie durch ihre strukturelle Ähnlichkeit mit natürlichen Hormonen an deren Rezeptoren in der Zellmembran oder im Zellplasma binden und im Zellkern als Transkriptionsfaktor wirken. Dadurch können sie entweder deren Wirkung auslösen oder die Wirkung durch Blockade des Rezeptors hemmen. Außerdem können sie auch die Synthese, den Transport oder den Stoffwechsel von körpereigenen Hormonen beeinflussen. An Tieren sind die Wirkungen von Umwelthormonen speziell auf die Sexualentwicklung und Fortpflanzung am besten untersucht. Daraus ist bekannt, dass die Umwelthormone an die Rezeptoren der körpereigenen Steroidhormone wie Östrogen oder Testosteron binden. Geringe Konzentrationen reichen bereits aus. Dabei können vielfache Wirkungen in Gang gesetzt werden. Im Falle von Bisphenol A und dessen Abbauprodukten erfolgt sogar eine Bindung an unterschiedliche Rezeptortypen (► **2, re**). BPA-Abbauprodukte wirken aktivierend an Rezeptoren für körpereigene Östrogene, während Testosteronrezeptoren blockiert werden. Beides hat letztlich verweiblichende Effekte wie die Verringerung der Spermienqualität zur Folge.

Auswirkungen auf Populationen • Die Verweiblichung männlicher Individuen oder eine eingeschränkte Fortpflanzungsfähigkeit aufgrund von Fehlbildungen und Anomalien der Geschlechtsorgane konnte in den letzten 50 Jahren bei verschiedenen wirbellosen Tierarten und Wirbeltieren beobachtet werden, insbesondere bei wasserlebenden Arten. Umwelthormone können so wahrscheinlich zum massiven Rückgang oder Zusammenbruch von Populationen führen. Ein entscheidender Faktor für die Wirkung ist die schlechte Abbaubarkeit vieler Umwelthormone. Sie verbleiben nach ihrer Freisetzung oft jahrzehntelang in der Umwelt und können fortlaufend von Tieren oder Menschen aufgenommen werden und dadurch ganze Populationen schädigen. Besonders nachteilig ist das für Arten am Ende der Nahrungskette. Auf jeder Trophiestufe gehen normalerweise 90 % der Biomasse durch Abbauprozesse verloren (► **S. 418**). Für die nicht abbaubaren Umwelthormone gilt das nicht. Sie reichern sich vor allem im Fettgewebe langlebiger Endkonsumenten dauerhaft an und entfalten oft mit großer Zeitverzögerung ihre schädigende Wirkung. Man spricht von Bioakkumulation. Erschreckende Schlagzeilen machten in den 1960er-Jahren Endglieder von Nahrungsketten, wie die räuberischen Säuger Robben, Eisbären und Greifvögel. Die Anreicherung dort lag 10.000 bis 100.000-fach über der Konzentration in der Umwelt.

1 Beschreiben Sie die Wirkmechanismen von Umwelthormonen.

2 Beschreiben Sie den Effekt der Bioakkumulation mit Bezug auf die Biomassepyramide.

Übertragbarkeit auf den Menschen • Auch für das Hormonsystem beim Menschen ist bekannt, dass selbst winzige Störungen im hormonellen Gleichgewicht Auswirkungen auf den Organismus haben. Östrogen und Testosteron wirken nicht erst in der Pubertät, sondern regulieren bereits vorgeburtlich geschlechtsspezifische Entwicklungen. Substanzen, die natürliche Hormone imitieren, können irreversible Fehlbildungen der Fortpflanzungsorgane oder ihrer Funktion verursachen, wenn Föten im Uterus ihnen während sensibler Phasen ausgesetzt sind. Schädigende Effekte wie möglicherweise Häufung von Tumorerkrankungen oder Fortpflanzungsstörungen durch verringerte Spermienzahl zeigen sich erst viel später im Erwachsenenalter. Umwelthormone werden auch mit Schilddrüsenerkrankungen, Übergewicht und Autismus in Verbindung gebracht.
Untersuchungsergebnisse an Tieren sind nicht einfach übertragbar: Nager, Fische oder Amphibien leben deutlich kürzer als Menschen, zudem funktionieren die Hormonsysteme im Detail anders als das menschliche. Die Befunde von einer Maus, die zwei Jahre lang BPA verabreicht bekommt, sind nur sehr bedingt übertragbar auf eine Frau, die dem Schadstoff mehr als 30 Jahre ausgesetzt war, vielleicht noch über Jahrzehnte hormonhaltige Verhütungsmittel oder Medikamente nimmt.

Schwierigkeiten der Risikoabschätzung • Gesetzliche Verbote eines Stoffes erfordern eine gesicherte Risikoabschätzung durch Gesetzgeber und Gesundheitsbehörden. Diese Risikoabschätzung zielt sowohl auf den individuellen Schutz menschlicher Gesundheit als auch auf den Schutz von Tierpopulationen und damit auf den Artenschutz.
Dabei ist bereits der Nachweis der Umwelthormone oft schwierig, da sie bereits in geringen Konzentrationen von weniger als einem Nanogramm pro Liter biologisch wirksam sind. Nachweisverfahren wie hochauflösende chromatografische Methoden gekoppelt mit Massenspektrometrie kommen dabei an ihre Grenzen.
Neben der Dosis spielt auch der Zeitpunkt des Kontakts für die Ausprägung von Schädigungen eine sensible Rolle. Des Weiteren sind Mensch und Tier meist einem Gemisch verschiedener Umwelthormone gleichzeitig ausgesetzt. Dies bedeutet, dass eine Wirkung einem Einzelstoff kaum direkt zuzuordnen ist. Zudem kann deren Kombination dem Organismus Schäden zuführen, zu denen ein Stoff alleine nicht in der Lage ist. Hinzu kommt, dass stets auch weitere Faktoren wie der individuelle Lebensstil oder eine genetische Veranlagung (mit)verantwortlich sein können. Diese Bedingungen machen es fast unmöglich, einen Stoff eindeutig als Ursache für Schadwirkungen zu erkennen. Ein solcher Kausalzusammenhang wäre jedoch die erstrebenswerte Sachgrundlage für mögliche Verbote.

Kriterien in der Risikoabschätzung • Die Risikoabschätzung bezüglich der individuellen Gesundheitsgefährdung und umweltschädigenden Wirkung von endokrinen Disruptoren bewegt sich im Spannungsfeld zwischen lückenloser Belegbarkeit und dem sogenannten Vorsorgeprinzip (▶1).

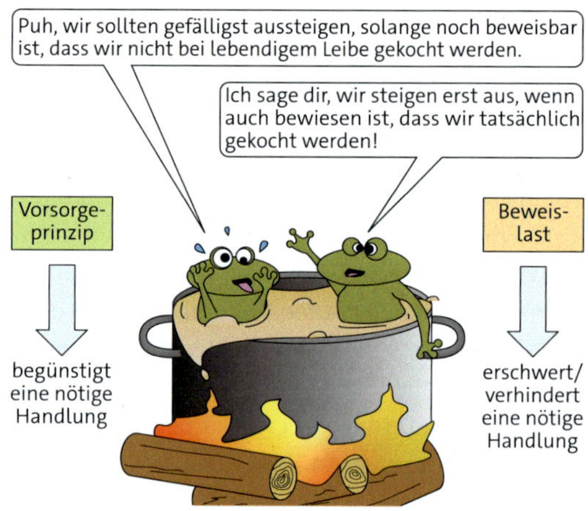

1 Kriterien für die Risikoabschätzung nehmen Einfluss auf die Bewertung bzw. Entscheidung.

Entscheidungen müssen gefällt werden, trotz der schwierigen bis unmöglichen Identifikation von Ursache-Wirkungs-Beziehungen zwischen einem bestimmten Stoff und einem Effekt. Diskutiert wird, ob auch ohne Vorliegen einer belegten Kausalität zwischen eingetretenem Effekt und Verursacher bereits der begründete Verdacht auf ein Schädigungspotenzial als Grundlage für eine Gesetzgebung ausreichend sein kann oder sollte. Es gilt, verschiedene Interessenslagen zu berücksichtigen und nach Gewichtung Kompromisse zu erlangen, die Gesundheits- und Umweltschutz sicherstellen.

1 Erläutern Sie Schwierigkeiten in der eindeutigen Identifizierung von Ursache und Wirkung bei Umwelthormonen.

Material A Bisphenole – Schwierigkeit der Risikobewertung

Verbote von Chemikalien werden durch Gesetze geregelt. Ziel ist der Schutz der menschlichen Gesundheit sowie der Tier- und Pflanzenwelt. Auf nationaler und auf EU-Ebene arbeiten Behörden an der Gefährdungsbewertung als Grundlage solcher Verordnungen, zum Beispiel die europäische Chemikalienagentur ECHA. Eine wichtige Aufgabe des Umweltbundesamtes (UBA) ist es, besonders besorgniserregende Stoffe zu identifizieren und Maßnahmen zur Verringerung der Gefährdung vorzuschlagen. Unterschiedliche Stoffe stellen jeweils ökologischen Risiken dar. Eine sinnvolle Strategie muss daher stoffspezifisch sein. Der jüngste Beschränkungsvorschlag fasst dies im Falle der Bisphenole jedoch breiter (M5).

M1: EFSA-Grenzwerte über tägliche tolerierbare tägliche Aufnahmemengen (TDI) an Bisphenol A (BPA) pro Kilogramm Körpermasse (EFSA: europäische Behörde für Lebensmittelsicherheit)

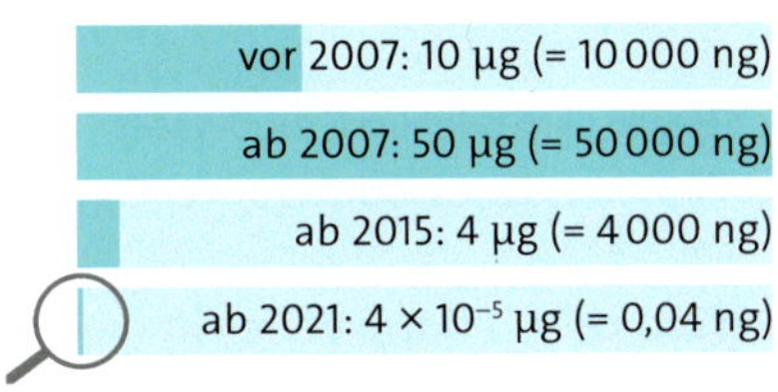

M2: Aussage auf der Homepage des BUND (Bund für Umwelt und Naturschutz Deutschland) zu Bisphenol A
Bisphenol A gehört zu den hormonellen Schadstoffen, die bereits in winzigen Mengen in unseren Hormonhaushalt eingreifen können. Es ist zudem ein gutes Beispiel dafür, wie wenig die traditionelle Risikobewertung geeignet ist, tatsächliche Schäden zu erfassen: Durch eine direkte Einwirkung auf Hormonrezeptoren in geringeren Konzentrationen könnte es schädlicher sein als in größeren Mengen.

M3: Einstufung in der europäischen Chemikalienverordnung Am 1. März 2018 ist in Europa die Einstufung von BPA als „besonders besorgniserregender Stoff" in Kraft getreten. Diese Stoffgruppe umfasst reproduktionstoxische, krebserregende oder erbgutverändernde Stoffe.
Die neuen Grenzwerte der täglichen tolerierbaren Aufnahmemenge (TDI) wurden in Bezug gesetzt zu Schätzungen über den ernährungsbedingten Einfluss auf Verbraucherinnen und Verbraucher. Die EFSA kommt zu dem Schluss, dass Menschen mit mittlerem oder hohem Grad an Ausgesetztsein in allen Altersgruppen die neue TDI überschreiten, wodurch Gesundheitsbedenken gestützt werden.
Das Bundesministerium für Ernährung und Landwirtschaft (BMEL) teilt mit, dass der Verkauf von Säuglingstrinkflaschen, die unter Verwendung von BPA hergestellt wurden, seit dem 1. Juni 2011 in Deutschland und der EU verboten ist.

M4: Klage des Branchenverbandes PlasticsEurope gegen Einstufung von BPA Der Europäische Gerichtshof weist die Klage des Verbands PlasticsEurope gegen die Einstufung von BPA als besonders besorgniserregender Stoff ab und bestätigt reproduktionstoxische Eigenschaften. PlasticsEurope vertritt unter anderem die Interessen von vier Unternehmen, die Bisphenol vertreiben. Die Verwendung von BPA in der Produktion, auch als Zwischenprodukt, bleibt verboten. Gegen diese Entscheidung kann Berufung eingelegt werden. Die Kunststoffindustrie begegnet dem Verbot zwischenzeitlich durch Einsatz anderer Bisphenole im Herstellungsprozess, wie Bisphenol F und Bisphenol S. Diese haben ähnliche Eigenschaften wie der BPA, unterliegen aber keiner Regulation. Kritikerinnen und Kritiker sprechen daher von „bedauerlichen Substitution".

M5: Beschränkungsvorschlag des UBA
Das Umweltbundesamt hat in Zusammenarbeit mit der Bundesstelle für Chemikalien 2022 einen Vorschlag zur Beschränkung von BPA und vier weiteren Bisphenolen mit hormonartigen Eigenschaften im Rahmen der EU-Chemikalienverordnung bei der ECHA eingereicht. Der Vorschlag umfasst derzeit die Bisphenole BPA, BPB, BPS, BPF sowie BPAF. Basis dieser Besorgnis sind die hormonell wirksamen Eigenschaften dieser Stoffe. Zukünftig sollen weitere Bisphenole automatisch mitreguliert werden, sobald deren endokrine Wirkung auf die Umwelt belegt ist. Unter die Beschränkung fallen Herstellung, Inverkehrbringen und Verwendung der Stoffe in der EU sowie die Regulierung der Importe. Der Beschränkungsvorschlag basiert auf der Annahme, dass es für endokrine Disruptoren in der Umwelt keine sichere Konzentration gibt, die alle Organismen ausreichend schützt. Das Ziel dieser Beschränkung ist daher die Freisetzung von BPA so weit wie möglich, mindestens aber um 95 % zu reduzieren.

1 Beschreiben und diskutieren Sie die Grenzwertveränderungen für tolerierbare tägliche Aufnahmemengen BPA (M1).

2 Erläutern Sie die Kritik des BUND an einer Risikobewertung durch Grenzwerte (M2).

3 Erläutern Sie die Begründung des BMEL für das gesetzliche BPA-Verbot in Babyflaschen (M3).

4 Erläutern Sie, ob der Beschränkungsvorschlag des BUA eher dem Prinzip der Beweislast oder dem Vorsorgeprinzip folgt (M5).

5.15 Wasser

1 Flussmündung an der südenglischen Küste

Die verschiedenen Formen von Wasser sind unterschiedlich nutzbar. Trinken können wir nur Süßwasser, das Salzwasser des Meeres ist aber Lebensraum von unzähligen Fischen und anderen Lebewesen. Außerdem werden Gewässer zum Beispiel von der Schifffahrt genutzt. Ist Wasser eine Ressource im Überfluss?

Wasservorräte der Erde • Etwa 71 % der Erdoberfläche sind von Wasser bedeckt. Der globale Wasservorrat beträgt etwa 1,4 Milliarden km³. Davon befinden sich 97 % als Salzwasser in den Weltmeeren. Nur 3 %, also etwa 42 Millionen km³, sind Süßwasser. Von dieser Süßwassermenge sind ungefähr 69 % in fester Form im Polareis oder in Gletschern gebunden, weitere 30 % bilden das Grundwasser. Nur 0,3 %, also 126 000 km³, befinden sich in Flüssen oder Seen. Der Rest verteilt sich auf die Atmosphäre und die im Boden gespeicherte Feuchtigkeit.

Die Gewässer der Erde stehen über den globalen Wasserkreislauf in Verbindung: Wasser verdunstet über den Landflächen und Meeren und steigt als Dampf in die Atmosphäre. Dieser wird durch Winde über die Erde verteilt und gelangt in kondensierter Form als Niederschlag auf die Erde. Der Großteil der Niederschläge fällt über den Meeren herab. Nur ein geringer Teil der Niederschlagsmenge sammelt sich in Oberflächengewässern oder im Grundwasser und steht damit als Trinkwasserressource zur Verfügung.

Wasser als Ressource • Prinzipiell reicht die genannte Wassermenge aus, um den Verbrauch durch die Weltbevölkerung zu decken. Die Wasservorräte der Erde sind jedoch ungleichmäßig verteilt. In Ländern der ariden Zone wie Somalia oder Kenia ist Wasser allein aus klimatischen Gründen schon immer ein kostbares Gut. Weiterhin ergibt sich je nach Entwicklungsstand der Länder ein unterschiedlicher Wasserverbrauch. In Deutschland verbraucht ein Mensch pro Tag durchschnittlich 112 l Wasser für die Hygiene, die Zubereitung der Nahrung, den Haushalt oder zum Trinken. Hinzu kommen die Wassermengen, die für die Produktion von Nahrung und Konsumgütern benötigt werden. Bezieht man dieses **virtuelle Wasser** in die Berechnungen ein, so erhöht sich der tatsächliche Wasserverbrauch auf 4000 bis 5500 l pro Kopf und Tag.

Wasserbelastung • Wasser, das man zur Zubereitung von Speisen, zur Körperhygiene und auch zum Trinken benutzt, wird als **Trinkwasser** bezeichnet. Es wird aus dem Grundwasser, aus Quellen und Oberflächengewässern gewonnen. Gewässer sind jedoch multifunktional. Sie dienen als Verkehrswege, zur Erholung oder zur Einleitung von Abwässern. Große Mengen an organischen Verbindungen und Düngemitteln gelangen in die Gewässer, was dort zu einer verstärkten Biomasseproduktion führt. Die natürliche Eutrophierung der Gewässer wird verstärkt. In der Folge bildet sich Faulschlamm. Sauerstoffmangel im Wasser begünstigt Fäulnisprozesse, wobei anaerobe Bakterien giftige Gase wie Ammoniak, Schwefelwasserstoff und Methan bilden. Diese Prozesse können unter anderem zu einem Fischsterben führen.

Auch Pestizide aus der Landwirtschaft oder Schwermetallsalze, Säuren und Laugen aus der Industrie belasten das Wasser. Hinzu kommen weitere Probleme: die Erwärmung der Gewässer durch Einleitung von aufgeheiztem Kühlwasser aus Kraftwerken und die Versauerung durch den Eintrag von Stickoxiden und Stäuben aus der Luft.

Nachhaltige Nutzung • Jeder Eingriff in aquatische Systeme wirkt sich auf das Überleben von Menschen, Tieren und Pflanzen aus. So führt die Entnahme übermäßig großer Mengen an Trinkwasser zu einer Absenkung des Grundwasserspiegels und damit einer Austrocknung des Bodens. Pflanzen können nicht mehr ausreichend Wasser aus dem Boden aufnehmen und sterben ab. Handelt es sich dabei um Nutzpflanzen, so hat das Absenken des Grundwasserspiegels Auswirkungen auf die Versorgung der Menschen in einer Region.

Um die Wasserressourcen der Erde nachhaltig zu nutzen, muss man Belastungen und Übernutzung verhindern. In Europa trat daher Ende des Jahres 2000 die **EU-Wasserrahmenrichtlinie** als Grundlage für eine integrierte Gewässerschutzpolitik in Kraft. Ihr Ziel ist eine koordinierte Bewirtschaftung, die den guten Zustand aller Oberflächengewässer und des Grundwassers über Ländergrenzen hinweg sicherstellt. Dieser „gute Zustand" wird anhand von chemischen, physikalischen und biologischen Parametern definiert.

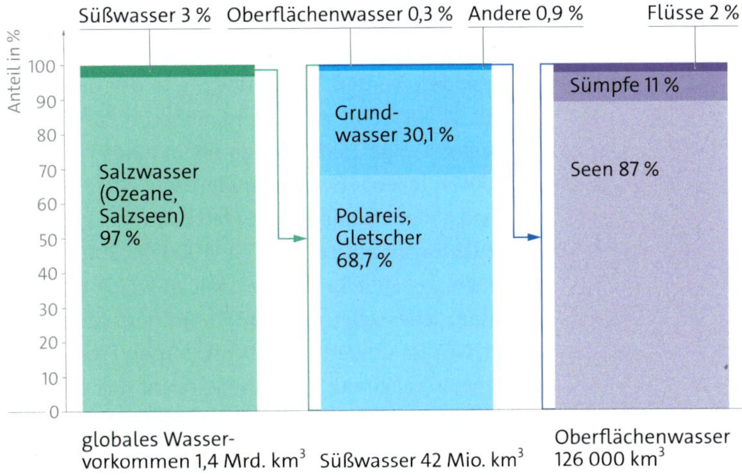

2 Wasservorräte der Erde

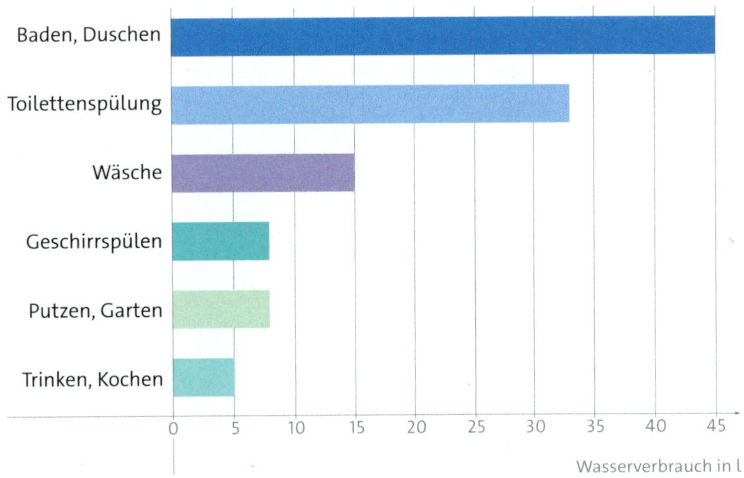

3 Trinkwasserverbrauch pro Tag und pro Person in Deutschland

Da auch Gewässerstrukturen wie Ufer und Flussbett maßgeblich Einfluss auf die Gewässergüte haben, werden sie ebenfalls zur Bewertung herangezogen. So ergibt sich eine **Gewässerstrukturgüte,** die die ökologische Funktionsfähigkeit eines Fließgewässers anzeigt. Sie dient als Grundlage für die Entwicklung von Sanierungsmaßnahmen zur Verbesserung der Wasserqualität und damit des ökologischen Zustands eines Gewässers.

1 Erläutern Sie den Begriff „virtuelles Wasser" an einem selbst gewählten Beispiel.

2 Erstellen Sie eine tabellarische Übersicht zu den verschiedenen Formen der Gewässerbelastung und ihren Folgen.

Ökosystem Meer • Das Meer weist unterschiedliche Tiefen auf, die von jeweils anderen Lebewesen besiedelt werden. Die tiefste Stelle der Tiefsee ist mit 11 000 m der Marianengraben im Pazifischen Ozean. Einige Tiere können bis in einer Tiefe von 4000 m leben, etwa der Anglerfisch, dessen Weibchen ein mit lumineszierenden Bakterien gefülltes Leuchtorgan besitzt. Auch in 1000 bis 200 m Tiefe leben ausschließlich Tiere, weil zu wenig Licht für pflanzliches Leben und die Fotosynthese vorhanden ist. Nur im oberen Teil der uferfernen Freiwasserzone, in maximal 200 m Tiefe, reicht das Licht für pflanzliches Leben aus. Fotosynthese leisten hier vor allem einzellige Algen und Cyanobakterien. Ihre Bewegungsrichtung wird von der Wasserströmung bestimmt. Solche Lebewesen bezeichnet man als **Plankton.** Das **Phytoplankton** produziert 80 % des Sauerstoffs in der Atmosphäre. Außerdem dient es als Nahrung für das **Zooplankton.**

1 Abgestorbenes Korallenriff

2 Meeresschildkröte frisst Plastik

Gefährdung des Ökosystems Meer • Kohlenstoffdioxid (CO_2), gelangt aus der Atmosphäre über Diffusion und chemische Lösungsprozesse in das Meer. Ein Teil des CO_2 wird mithilfe der Fotosynthese in organischem Material gebunden. Die Weltmeere speichern etwa 50-mal mehr Kohlenstoff, als in der Atmosphäre vorhanden ist. Daher bezeichnet man sie auch als Kohlenstoffsenken. Schätzungen zufolge nehmen sie 50 % des durch Verbrennung fossiler Brennstoffe verursachten CO_2-Ausstoßes auf. Somit reduzieren Meere die Konzentration des Treibhausgases CO_2 in der Atmosphäre beträchtlich und minimieren den von Menschen verursachten, also den **anthropogenen Treibhauseffekt**.

Jedoch ergeben sich hieraus große Probleme für das Ökosystem selbst. Das gelöste CO_2 reagiert mit Wasser zu Hydrogencarbonat- und Wasserstoffionen, was den pH-Wert der Meere senkt. Es kommt zur Versauerung der Meere. Dies hat gravierende Folgen für kalkhaltige Organismen. Zum einen ist für die Bildung von Kalkschalen und -skeletten die Löslichkeit von Kalk in den Meeren entscheidend. Kalk löst sich allerdings nur im basischen Milieu. Zum anderen beeinflusst ein erhöhter CO_2-Gehalt in den Meeren die bei der Kalkbildung ablaufende Gleichgewichtsreaktion so, dass erstens weniger Kalk gebildet wird und zweitens sich bereits gebildete Kalkstrukturen auflösen. Da das Kalkskelett der Korallenpolypen die Grundlage des Lebensraums Riff bildet, ist dieses komplexe Ökosystem stark gefährdet. Obwohl Korallenriffe nur etwa 0,2 % der globalen Meeresfläche bedecken, lebt in ihnen etwa ein Drittel aller im Meer bekannten Arten. Neben der Meeresversauerung wirkt sich auch die durch den Treibhauseffekt steigende Temperatur der Ozeane negativ auf die Riffe aus.

Jährlich gelangen rund 10 Millionen t Plastikmüll in die Weltmeere und gefährden das Ökosystem Meer. Die Menge an Abfällen aus Kunststoff hat sich innerhalb von 20 Jahren um etwa 94 % erhöht. Tiere verfangen sich im Müll, verenden dort oder verwechseln ihn mit Nahrung. Jedes Jahr sterben so etwa eine Million Seevögel und 100 000 Meeressäuger. In Form von Mikroplastik gelangen die Schadstoffe über Meeresfische auch in unsere Nahrungskette.

Material A Das CO_2-Sink-Projekt

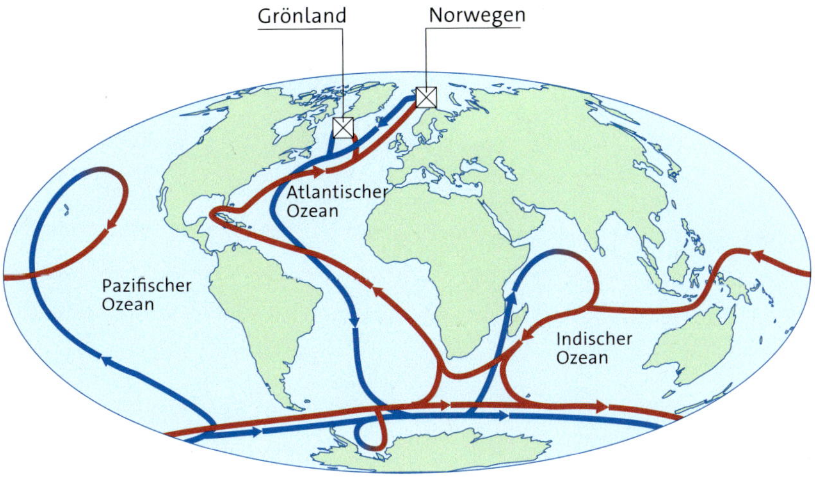

☒ = geplante Lagerstätten für flüssiges Kohlenstoffdioxid

Zur Senkung des anthropogenen Treibhauseffekts gibt es verschiedene Überlegungen, wie man die Freisetzung von Kohlenstoffdioxid aus der Verbrennung fossiler Brennstoffe in Industrieanlagen verringern kann. Man könnte Kohlenstoffdioxid auffangen, verflüssigen und in der Tiefsee am Meeresgrund lagern. Wegen des dort herrschenden hohen Drucks und tiefer Temperaturen bleibt Kohlenstoffdioxid zunächst flüssig. In Tests wurde aber beobachtet, dass es sich auch in der Tiefsee allmählich löst und mit den Strömungen des „Ozeanischen Förderbands" verdriftet wird.

1 Beurteilen Sie die Maßnahmen des CO_2-Sink-Projekts im Hinblick auf zeitliche und räumliche Fallen.

Material B Wassernutzung in Industrie- und Entwicklungsländern

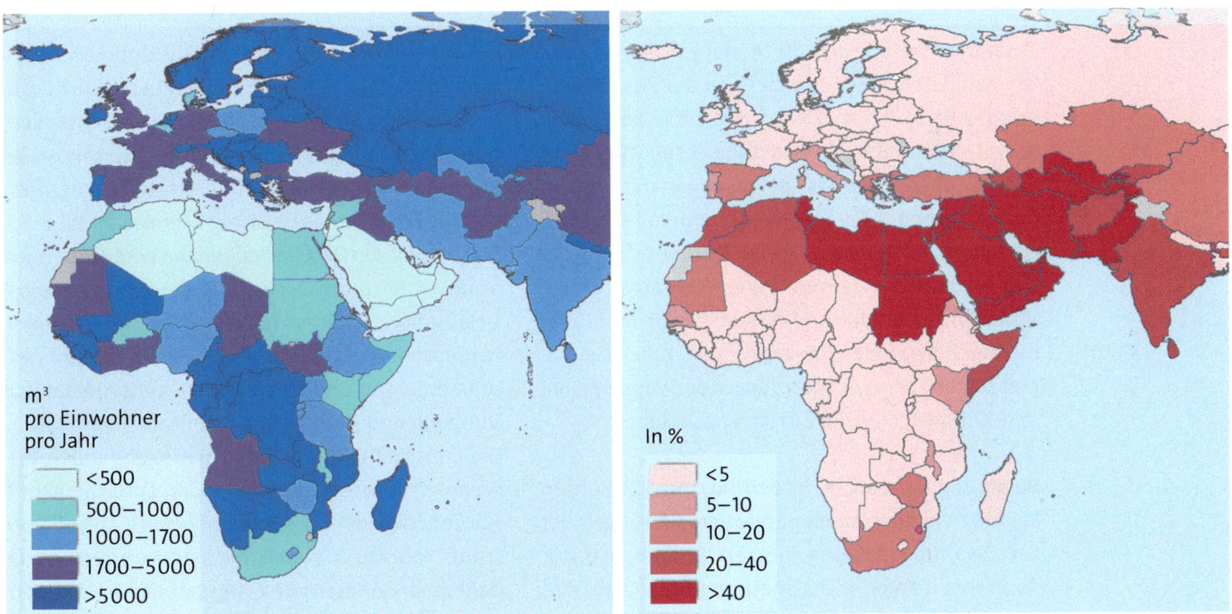

1 Beschreiben Sie die Verteilung des Süßwasservorkommens und des Wasserverbrauchs für die Landwirtschaft in den verschiedenen Regionen.

2 Erläutern Sie den Wasserverbrauch für die Landwirtschaft in Europa und Afrika.

3 Setzen Sie Vorkommen und Verbrauch von Süßwasser in Beziehung und leiten Sie mögliche Entwicklungschancen ab.

5.16 Luftqualität und Klimawandel

1 Smog in einer asiatischen Großstadt

Die meisten Lebewesen atmen und sind auf die Aufnahme von Sauerstoff angewiesen. Die Atemluft enthält aber noch andere Gase als Sauerstoff und kann auch durch Luftschadstoffe belastet sein. Wovon hängt die Luftqualität ab und was bedeutet sie für unsere Gesundheit und das Klima?

Zusammensetzung der Luft • Der von den Lebewesen genutzte Sauerstoff macht an der Zusammensetzung der Luft nur 21 % aus. Hauptbestandteil ist Stickstoff mit 78 %. Für viele Lebewesen ist er nicht nutzbar, ebenso wie das Edelgas Argon mit 0,9 %. In den restlichen 0,1 % finden sich Spurengase, Wasserdampf und Aerosole. Die Zusammensetzung der Luft wird durch Pflanzen, Tiere, Mikroorganismen, Vulkanismus, Brände und Ozeane beeinflusst. Trotz hierdurch bedingter Schwankungen in der Zusammensetzung der Erdatmosphäre in den vergangenen Jahrmillionen blieb ihr Zustand ausbalanciert.

Belastung der Luft • In den letzten 120 Jahren konnte man aber zunehmende Veränderungen der Luftzusammensetzung messen. Spurengase wie Kohlenstoffdioxid (CO_2), Methan (CH_4), Ozon (O_3) oder Stickoxide (NO_x) wirken sich dabei besonders stark auf die Biosphäre aus.

Ozon ist ein Gas, das in einer Höhe von 15–40 Kilometern vor schädlicher UV-Strahlung schützt. Hier reagiert Sauerstoff durch kurzwellige elektromagnetische Strahlung unterhalb von 310 nm zu Ozon und reichert sich in der Ozonschicht an.

In Bodennähe bildet sich ebenfalls unter UV-Strahlung Ozon, hier allerdings belastet Ozon die Organismen. Beim Menschen führen hohe Ozonkonzentrationen vor allem zu Reizungen der Atemwege. Bei Pflanzen werden Nadeln und Blätter angegriffen, was die Fotosyntheseleistung beeinträchtigt.

Die Bildung von Ozon in Bodennähe wird durch Stickoxide wie NO und NO_2 verstärkt, die aber auch selbst Gesundheitsschäden hervorrufen. Sie entstehen hauptsächlich durch Verbrennungsvorgänge in Verkehr, Industrie und Heizanlagen, außerdem durch Düngung und Tierhaltung in der Landwirtschaft.

Die Emission der ebenfalls vorwiegend durch Verbrennungsprozesse entstehenden Luftschadstoffe Schwefeldioxid (SO_2), Kohlenmonoxid (CO) und Feinstaub konnte in vielen Industrieländern durch Gegenmaßnahmen wie Katalysatoren und Filteranlagen deutlich verringert werden. Vor allem in Schwellenländern wie China verursachen sie aber weiterhin maßgeblich die Bildung von saurem Regen und den daraus folgenden Umweltschäden sowie Smog in den Großstädten. Weltweit sterben mehrere Millionen Menschen frühzeitig an den Folgen verschmutzter Luft.

Treibhauseffekt • Wie ein Treibhaus, bei dem das Sonnenlicht das Glas durchdringt, die im Innenraum entstandene Wärme aber vom Glas zurückgehalten wird, funktioniert auch die Erdatmosphäre. Während die Sonneneinstrahlung die Erdatmosphäre fast vollständig durchdringt, wird die von der Erde zurückgeworfene Wärmestrahlung durch atmosphärischen Wasserdampf und verschiedene Gase größtenteils zurückgehalten. Ohne diesen **natürlichen Treibhauseffekt** läge die globale Durchschnittstemperatur auf der Erde bei -18 °C anstelle der herrschenden 15 °C. Die zu dem Effekt beitragenden Gase, vor allem CO_2, Methan und Ozon, werden **Treibhausgase** genannt. Seit der industriellen Revolution ist die Konzentration von Treibhausgasen in der Atmosphäre stark angestiegen. Der steigende Energiebedarf führt zur verstärkten Nutzung fossiler Brennstoffe wie Kohle, Erdöl und Erdgas. Bei deren Verbrennung gelangen große Mengen von CO_2 in die Atmosphäre. Gleichzeitig werden riesige Waldflächen, insbesondere in den Tropen, gerodet. Die Brandrodungen setzen CO_2 direkt frei, zudem wird durch den fehlenden Wald weniger CO_2 durch Fotosynthese gebunden.

Weniger offensichtlich blieben lange Zeit die Einflüsse der Landwirtschaft, vor allem durch die Emissionen von Methan und Lachgas (N_2O). Die Hauptquelle für Methan sind Rinderzucht und Reisanbau. Rinder geben als Wiederkäuer bei der Verdauung Methan über Darm und Atemluft ab. Methan ist 25-mal klimaschädlicher als CO_2. Lachgas entsteht hauptsächlich durch die Düngung und entweicht dann dem Boden. Es ist sogar 298-mal klimaschädlicher.

Da diese Emissionen und der daraus resultierende zusätzliche Treibhauseffekt von Menschen verursacht sind, spricht man vom **anthropogenen Treibhauseffekt.** Seit der Industrialisierung ist die globale Durchschnittstemperatur aufgrund dessen um etwa 1 °C gestiegen, was als globale Erwärmung bezeichnet wird.

Rückkopplungseffekte • Im Zuge der globalen Erwärmung sind Entwicklungen zu erwarten oder bereits eingetreten, die die vorhandenen Effekte noch einmal verstärken.

So führt die Erwärmung bereits zum Auftauen der Permafrostböden, also den dauerhaft gefrorenen Böden der Polar- und Hochgebirgsregionen. Dabei werden dort bisher gebundenes CO_2 und Methan frei und erhöhen die Treibhausgasemissionen. Durch das Schmelzen der Eisflächen verringert sich die vom Eis reflektierte Sonnenstrahlung. Die eisfreien Land- und Wasserflächen absorbieren nun mehr Sonnenenergie und beschleunigen die Schmelzvorgänge noch. Auch die Erwärmung der Ozeane setzt weiteres Kohlenstoffdioxid und Methan frei, da warmes Wasser weniger Gas und damit weniger CO_2 aufnehmen kann. Der bei zunehmenden Temperaturen vermehrt entstehende Wasserdampf wirkt in der Atmosphäre ebenfalls als Treibhausgas. Andererseits kann eine verstärkte Wolkenbildung die Reflexion der Sonneneinstrahlung erhöhen und so zu einer Abkühlung beitragen.

Da positive und negative Rückkopplungseffekte teilweise ineinandergreifen, erschweren sie eine Prognose der Klimaentwicklung.

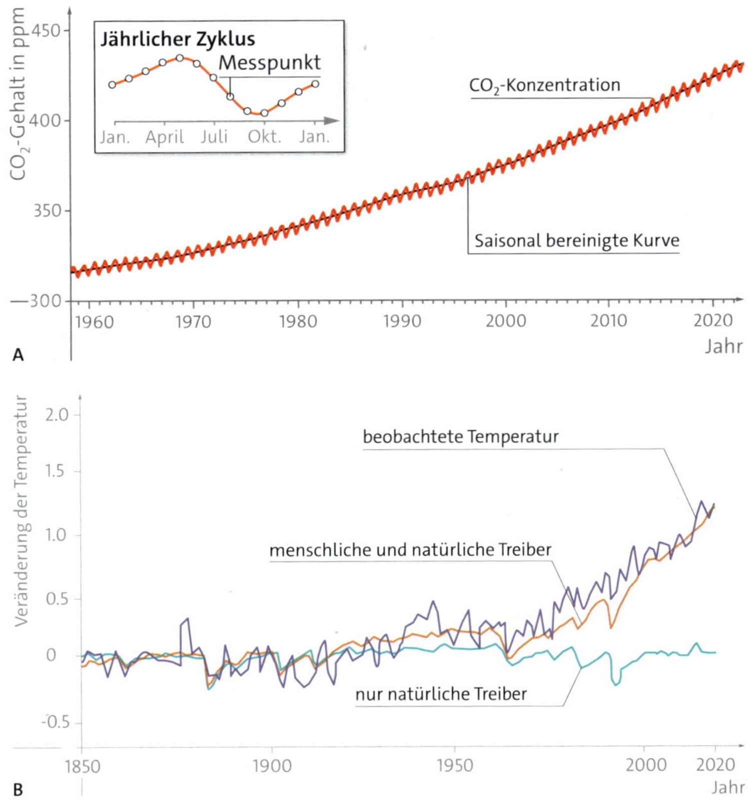

2 Globale Entwicklung:
A CO_2-Konzentration,
B Oberflächentemperatur

1 Erläutern Sie den Treibhauseffekt und die Folgen des menschlichen Einflusses auf ihn.

2 Beschreiben Sie Möglichkeiten, wie Sie im eigenen Umfeld die Kohlenstoffdioxidbelastung verringern können.

Auswirkungen des globalen Klimawandels • Von den Folgen des Klimawandels sind viele Entwicklungsländer besonders stark betroffen. Die globale Erwärmung führt zum Schmelzen der Eisschilde und Gletscher sowie parallel zu einer Volumenzunahme des Meerwassers. Das resultierende Ansteigen des Meeresspiegels bedroht niedrige Küstenregionen und Inselstaaten wie das polynesische Tuvalu oder Kiribati. Da deren Inseln sich nur wenige Meter über den Meeresspiegel erheben, werden sie immer häufiger oder dauerhaft überflutet. Kiribati verlor auf diese Weise bereits zwei kleine Inseln. Einige Prognosen erwarten eine Überflutung der teilweise dicht bevölkerten Inseln bis zum Jahr 2070.
Zusätzlich bedroht der Anstieg des Meeresspiegels landwirtschaftliche Flächen und die Grundwasserversorgung dadurch, dass die Böden versalzen und Meerwasser in Grundwasserbereiche eindringt, vor allem wenn der Grundwasserspiegel durch Wasserentnahmen erniedrigt ist.
Gletscher dienen außerdem als Puffer für einen kontinuierlichen Zustrom von Wasser in die großen Flusssysteme, die oft riesige Landstriche versorgen. Verschwindende und kleiner werdende Gletscher verringern diese Pufferkapazität und die verlässliche Wasserversorgung ist gefährdet.
Verstärkt wird das Problem dadurch, dass Wetterextreme spürbar häufiger und heftiger werden. Starkniederschläge führen zu schwerem Hochwasser und Erosion. Ausbleibende Niederschläge wiederum verursachen Dürren und Waldbrände geraten außer Kontrolle. In der Folge kann es zu Ernteverlusten und Hungersnöten kommen.

1 Flut und Dürre am Rhein

Regionale Auswirkungen • Auch in Deutschland zeigen sich Auswirkungen des Klimawandels. Im Schwarzwald verschieben sich durch die Erwärmung voraussichtlich die Höhengrenzen der Pflanzen um bis zu 500 m nach oben. Arten, die bisher in tieferen Regionen gelebt haben, verdrängen die Arten der Hochlagen, die selbst aufgrund der fehlenden Höhe nicht nach oben ausweichen können. Das gilt auch für Tiere. Die kälteliebende Bachforelle könnte durch die Erwärmung des Wassers ihren Lebensraum in Baden-Württemberg größtenteils verlieren und nur noch in den höheren Lagen des Alpenvorlands vorkommen. Arten wie die Fichte werden durch Hitze und Trockenheit geschwächt und so besonders angreifbar für Schädlinge wie den Borkenkäfer. Der hat durch die höheren Temperaturen eine schnellere Generationenfolge und kann daher verstärkt Bäume befallen.
Zudem wandern Pflanzen und Tiere aus mediterranen Regionen ein, wie die Asiatische Tigermücke. Sie ist bekannt als Überträgerin von Krankheiten wie Dengue-Fieber.
Starkniederschläge mit Sturzfluten, Überschwemmungen und Erdrutschen häufen sich mittlerweile, ebenso wie Hitzewellen mit ausgetrockneten Flüssen, Grundwassermangel sowie Waldbränden.

Globaler Klimaschutz • Auf der Weltklimakonferenz 2021 in Glasgow (COP26) hat sich die Staatengemeinschaft auf eine beschleunigte globale Energiewende weg von der Kohle geeinigt und das Ziel, die Erderwärmung auf 1,5 °C zu begrenzen, bestätigt. Schutzmaßnahmen zur Stabilisierung des Klimas sind unmittelbar mit Maßnahmen zur Luftreinhaltung und zum nachhaltigen Energieumsatz verbunden. Neben der Nutzung von Sonnen-, Wind- und Wasserenergie spielt die Forschung zu Speicher- und Verwertungstechniken von CO_2 und Methan eine große Rolle. Die Entwicklung leistungsstarker Energiespeicher hilft, die Elektromobilität mit Ökostrom voranzubringen und den Ausstoß klimaschädlicher Gase zu verringern. Auf lokaler Ebene muss über veränderte Nutzungskonzepte in der Forst- und Landwirtschaft und zusätzliche Schutzmaßnahmen gegen Umweltkatastrophen nachgedacht werden.

1 **Erläutern Sie, welche Auswirkungen die Erderwärmung bereits hat und welche prognostiziert werden.**

Material A Klimaschutz oder Klimaanpassung?

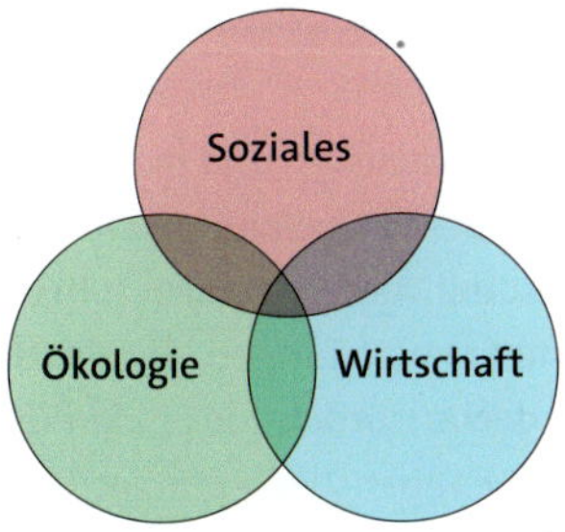

Felder der Nachhaltigkeit – ein Modell

Jedes Feld ist gleich wichtig und gleichberechtigt.

Nachhaltigkeit kann also nur durch gleichwertige Rücksicht auf alle drei erreicht werden.

Klimaschutz	Klimaanpassung
• Ausbau erneuerbarer Energien • Ausstieg aus der Energiegewinnung durch fossile Brennstoffe • Ausbau der E-Mobilität • Eindämmung von Flug- und Autoverkehr • thermische Gebäudesanierungen • Abschaffung oder Einschränkung der Nutztierhaltung • Reduktion bzw. Verzicht auf Fleischkonsum • Speicherung von CO_2 in leeren Öl- und Gasfeldern • Eisendüngung	• Anbau hitzetoleranter Nutzpflanzen • Erhöhung des Anteils an Grünflächen in besiedelten Räumen • Ausbau des Hochwasserschutzes • Renaturierung von Flüssen und Auen • Aufforstung klimarobuster Wälder • Beschränkung der Grundwasserentnahme • energieeffiziente Sanierung von Altbauten • Dach- und Fassadenbegrünung

Der heftige Dauerregen mit Überschwemmungen, Hochwasser und Erdrutschen im Juli 2021 hatte dramatische Folgen für die Bevölkerung und die Infrastruktur in den betroffenen Gebieten in Rheinland-Pfalz und Nordrhein-Westfalen. Ereignisse wie diese zeigen erneut, wie wichtig es ist, dem Klimawandel mit passenden Maßnahmen zu begegnen. Maßnahmen zur Bekämpfung der Ursachen des Klimawandels werden als Klimaschutz bezeichnet. Die Klimaanpassung beschreibt hingegen Maßnahmen zur Bewältigung der unmittelbaren Folgen des Klimawandels. Klimaschutz und Klimaanpassung umfassen eine große Bandbreite unterschiedlicher Aktivitäten.

1 Formulieren Sie mithilfe des Modells für eine nachhaltige Entwicklung Kriterien für die Bewertung der verschiedenen Maßnahmen.

2 Wählen Sie aus den Listen jeweils zwei Maßnahmen zum Klimaschutz und zur Klimaanpassung aus und recherchieren Sie Informationen zu deren Umsetzung.

3 Bewerten Sie die ausgewählten Maßnahmen unter Einbezug der von Ihnen entwickelten Kriterien.

4 Erläutern Sie folgende Aussage: Klimaschutz und Klimaanpassung sind keine Gegenspieler, sondern die zwei Seiten derselben Medaille.

5.17 Biodiversität

1 Der Bialowieza-Urwald

Die riesigen Wälder des Nationalparks von Bialowieza an der Grenze zwischen Polen und Belarus gehören zu den letzten Urwäldern Europas. Dieses Schutzgebiet zeichnet sich durch eine sehr hohe Artenvielfalt aus. Welche Voraussetzungen und ökologische Bedeutung hat diese enorme Biodiversität?

Voraussetzungen • Die Urwälder von Bialowieza zeichnen sich wie alle naturbelassenen Mischwälder durch eine starke vertikale Gliederung aus. In den stockwerkartig differenzierten Höhenstufen dieses Lebensraums herrschen jeweils charakteristische Licht-, Temperatur-, Feuchtigkeits- und Windverhältnisse. Pflanzenarten besitzen sowohl spezifische Eigenschaften in ihrem Bau und Wachstum als auch unterschiedliche Ansprüche an diese abiotischen Umweltfaktoren. Dadurch kommt es in solchen Wäldern zu einer charakteristischen vertikalen Verteilung von Pflanzenarten. Da die Pflanzen wiederum Nahrung und Lebensraum für viele Arten von Wirbellosen und Wirbeltieren darstellen, leben auch diese Tiere systematisch über die Stockwerke verteilt. Die komplexe vertikale Gliederung des Biotops bietet also schon auf einer kleinen Fläche ein großes Angebot an ökologischen Nischen für eine große Zahl von Arten.

Durch fehlende Holzentnahme kommen in Form von sehr alten und abgestorbenen Bäumen weitere Elemente als kleine Habitate hinzu. Zusätzlich führt die vielfältige horizontale Gliederung des Gebiets in überflutete Auwälder, Sümpfe, Moore und Nadelwaldbereiche zu einer Vielfalt an völlig unterschiedlich gestalteten Lebensräumen.

Bedeutung • Die abiotischen und biotischen Umweltbedingungen eines Lebensraumes sind nur sehr selten langfristig stabil. Ändern sie sich zum Beispiel durch klimatische Schwankungen, Einwanderung neuer Arten oder den Ausbruch von Epidemien, entstehen dadurch neue Lebensbedingungen. Je größer die Artenvielfalt in einer Lebensgemeinschaft ist, desto flexibler kann diese Biozönose auf solche Veränderungen reagieren. Große vielgliedrige Nahrungsnetze können zum Beispiel durch Verschiebungen des Beute- und Nahrungsspektrums äußere Veränderungen leichter ausbalancieren als kleine, die schon durch geringe Störungen zusammenbrechen können. Damit gewährleistet die Artenvielfalt einer Biozönose deren langfristige Existenz.

Ändern sich die Umweltbedingungen in einem Biotop, kann es durch Selektionsprozesse auch zu Veränderungen in den Genpools der dort lebenden Arten kommen. Die Frequenz bisher seltener oder durch Mutation erst neu entstandener Allele kann zum Beispiel ansteigen oder sinken. Erst eine hohe genetische Vielfalt ermöglicht dann die notwendigen Anpassungsprozesse, die das Überleben der Arten unter neuen Umweltbedingungen gewährleisten.

2 Ebenen der Biodiversität

Ebenen • Individuen einer Art variieren in manchen phänotypischen Merkmalen, wie zum Beispiel der Färbung. Ist diese intraspezifische Variabilität nicht umweltabhängig, sondern erblich bedingt, liegt ihr auch eine entsprechende Vielfalt an Allelen im Genpool ihrer Population zugrunde. Sie entsteht durch zufällige Mutationen und meiotische Rekombinationsvorgänge bei der geschlechtlichen Fortpflanzung. Diese **genetische Variabilität** stellt als unterste Ebene der Biodiversität die Grundlage aller ökologischen Anpassungsprozesse und evolutiven Entwicklungsvorgänge dar.

Permanente Veränderungen von abiotischen oder biotischen Umweltfaktoren führen immer wieder zu neuen Lebensbedingungen. Dadurch lösen sie selektionsbedingte Entwicklungsvorgänge aus, die auch zur Aufspaltung einer Population führen können. Verschiedene Isolationsmechanismen führen dann zur Entstehung neuer Arten.

Auch bei der Besiedlung neuer Lebensräume, die eine komplexe Gliederung in unterschiedliche Kleinlebensräume mit vielfältigen ökologischen Nischen aufweisen, kann eine Vielzahl von neuen Arten durch aufspaltende Anpassungsprozesse entstehen und konkurrenzfrei koexistieren. Diese adaptive Radiation führt also zu einer Erhöhung der Biodiversität auf der Ebene der **Artenvielfalt**. Vielfältig untergliederte Lebensräume besitzen daher generell eine höhere Biodiversität als gleichförmig strukturierte Lebensräume.

Lebensräume an Land, wie zum Beispiel Tiefebenen oder Gebirge, unterscheiden sich zum Beispiel durch spezifische Oberflächenstrukturen, Bodenverhältnisse und klimatische Bedingungen. Lebensräume im Wasser, wie zum Beispiel Seen und Gebirgsbäche, unterscheiden sich vor allem in ihren Strömungsverhältnissen, Nährstoffangeboten, Temperatur- und Lichtverhältnissen. Die regionalen Unterschiede dieser abiotischen Faktoren führen zu einer **Vielfalt an Biotopen und Ökosystemen** innerhalb großer überregionaler Gebiete. In ihnen konnten sich entsprechend ihrer jeweiligen Artenvielfalt zahlreiche unterschiedliche Biozönosen entwickeln.

Einige Ökosysteme besitzen selbst zwar keine ungewöhnliche Artenvielfalt, bilden aber durch ihre besonderen Standortbedingungen einen Lebensraum für sehr seltene und nur dort vorkommende, also endemische Arten. Dies gilt zum Beispiel für Felsen und Höhlen oder Sümpfe und Moore. Sie erhöhen dadurch die Biodiversität innerhalb größerer Landschaftsgebiete. Die Vielfalt an Ökosystemen innerhalb von Großlandschaften ist also die Grundlage ihrer Biodiversität.

1 Beschreiben Sie die Voraussetzungen für eine hohe Artenvielfalt eines Biotops.

2 Erläutern Sie die Bedeutung der Artenvielfalt für evolutive Entwicklungsprozesse.

3 Erläutern Sie die Wechselbeziehungen der unterschiedlichen Ebenen der Biodiversität.

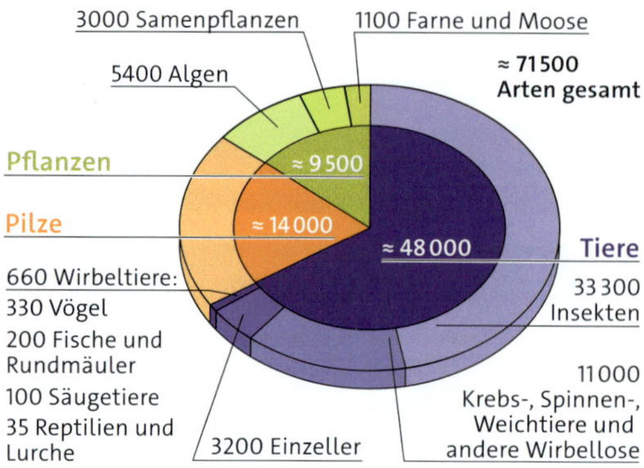

1 Artenvielfalt in Deutschland (Angaben gerundet)

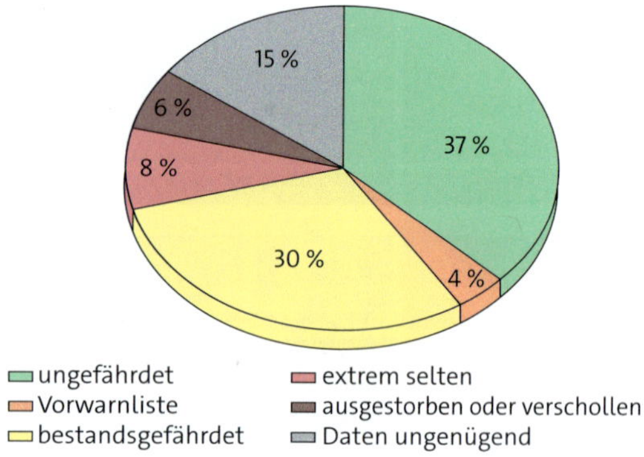

2 Gefährdete Arten in Deutschland

Bedrohung • Die komplexe Vernetzung aller Lebewesen, Biotope und Ökosysteme durch Nahrungsketten, Stoffkreisläufe und andere ausbalancierte Wechselwirkungen führt zu weitreichenden ökologischen Folgen bei Störungen und Eingriffen, die von außen einwirken. Veränderungen des Klimas und geologische Extremereignisse wie Vulkanausbrüche, Erdbeben oder Meteoriteneinschläge verändern Ökosysteme durch ihre massiven Einflüsse auf abiotische Umweltfaktoren. Dadurch wirken sie sich auch auf das Artenspektrum der betroffenen Biozönosen aus.

Eingriffe des Menschen können ebenfalls massive Effekte haben. Waldrodungen und die Trockenlegung von Feuchtbiotopen für die landwirtschaftliche Nutzung, die Bodenversiegelung durch den Bau von Verkehrswegen, Siedlungen und Industrieanlagen, Eingriffe in Flussläufe für den Schiffsverkehr oder die Stromerzeugung, Jagd, Fischerei und der Einsatz von Pestiziden und Kunstdüngern bedrohen die Biodiversität unmittelbar. Durch die Optimierung der wirtschaftlichen Nutzbarkeit der Natur kommt es dabei zu einer Verringerung der Anzahl ökologischer Nischen und deshalb zu einem Verlust an biologischer Vielfalt.

Erhaltung • Der ständig steigende Flächenverbrauch und Nutzungsdruck auf die Natur erfordert ökologische Gegenmaßnahmen. Die Einrichtung von Naturschutzgebieten und Nationalparks verhindert als großräumige Erhaltungsmaßnahme die wirtschaftliche Nutzung von Ökosystemen mit besonderer Biodiversität. Die Wiederherstellung naturnaher Strukturen in Ökosystemen im Zuge kleinräumiger Renaturierungsmaßnahmen erhöht oft unmittelbar die Artenvielfalt. Im Zuge von größeren baulichen Eingriffen in die Natur müssen als Ausgleichsmaßnahmen bestehende Biotope wie Feuchtgebiete, Feldhecken oder Wälder vergrößert oder sogar neu angelegt werden. Eine ausgewogene Balance zwischen wirtschaftlicher Nutzung und ökologischem Schutz gelingt vor allem über ein differenziertes Ökosystemmanagement. Hier werden alle Nutzungseingriffe und Schutzmaßnahmen differenziert aufeinander abgestimmt. Dies führt oft zu vielfältig gegliederten Naturräumen mit hoher Biodiversität, die nur extensiv, also relativ schwach land- und forstwirtschaftlich genutzt werden.

1 Erläutern Sie, welche Aspekte im Ökosystemmanagement aufeinander abgestimmt werden müssen.

3 Extensiv genutzte Agrarlandschaft mit vielfältiger kleinräumiger Gliederung und hoher Biodiversität

Material A Bestandsentwicklungen bedrohter Insektenarten und landwirtschaftliche Folgen

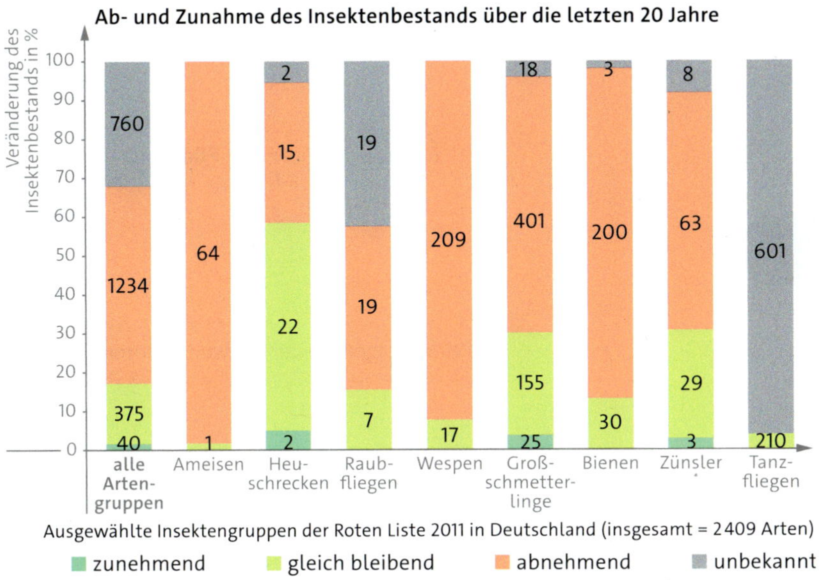

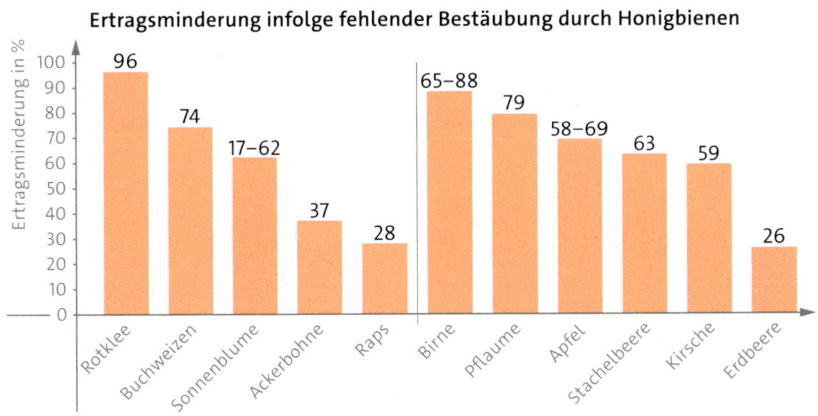

Das Bundesamt für Naturschutz hat über 20 Jahre die Bestände von 2409 gefährdeten Insektenarten untersucht und die Änderungen am Ende des Zeitraums festgehalten. Darunter befand sich auch die Gruppe der Bienen, die die Bestäubung zahlreicher Nutzpflanzen übernehmen. Sie beeinflussen dadurch regional und weltweit die landwirtschaftlichen Erträge.

1 Beschreiben Sie die Bestandsentwicklung der bedrohten Insektenarten insgesamt und in einzelnen Gruppen.

2 Recherchieren Sie mögliche Ursachen dieser Entwicklungen.

3 Entwickeln Sie Hypothesen über ökonomische und ökologische Folgen, die ein Ausbleiben der Bestäubung dieser Nutzpflanzen durch Honigbienen hätte.

4 Erläutern Sie die globalen Folgen, die eine generelle Bestandsabnahme von bestäubenden Insekten hätte.

5 Beschreiben Sie geeignete Gegenmaßnahmen.

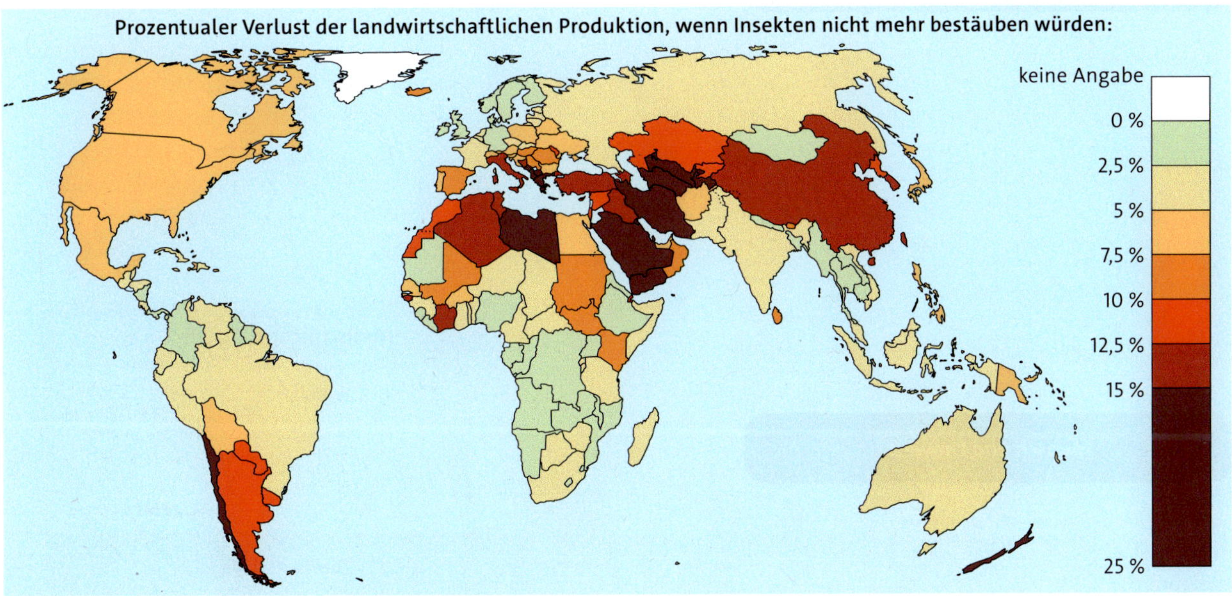

Ökologie

- **Abiotische Umweltfaktoren**
  - Einfluss auf Tiere und Pflanzen
  - Wirkungsgefüge der Umweltfaktoren
- **Biotische Umweltfaktoren**
  - Wechselwirkungen zwischen Organismen
  - Populationsgröße
- **Ökosysteme**
  - Biotope und Biozönosen
- **Mensch und Umwelt**
  - Menschliche Eingriffe
  - Biodiversität

Physiologische und morphologische Angepasstheiten

Jahreszeitliche und verhaltensgesteuerte Angepasstheiten

Ökologische Potenz

Wirkungsgesetz der Umweltfaktoren

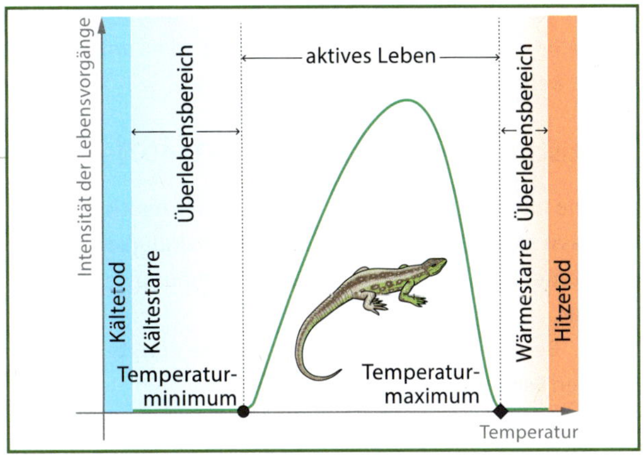

Konkurrenz, ökologische Nische

Symbiose, Parasitismus

Räuber-Beute-Beziehungen

Umweltkapazität

Fortpflanzungsstrategien

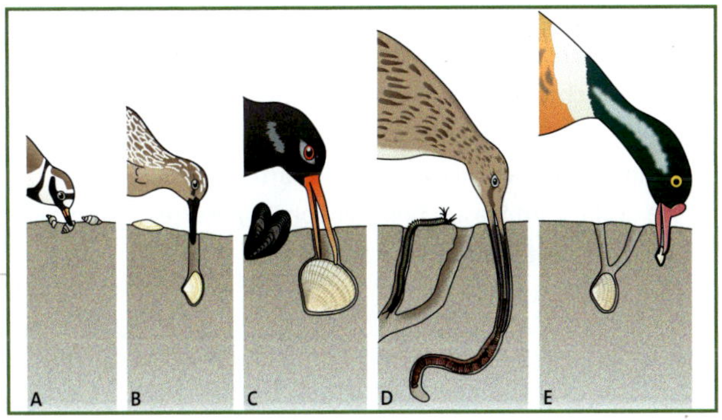

Energiefluss und Nahrungsnetze

Prägende Umweltfaktoren

Schädigende Einflüsse

Untersuchung von Ökosystemen

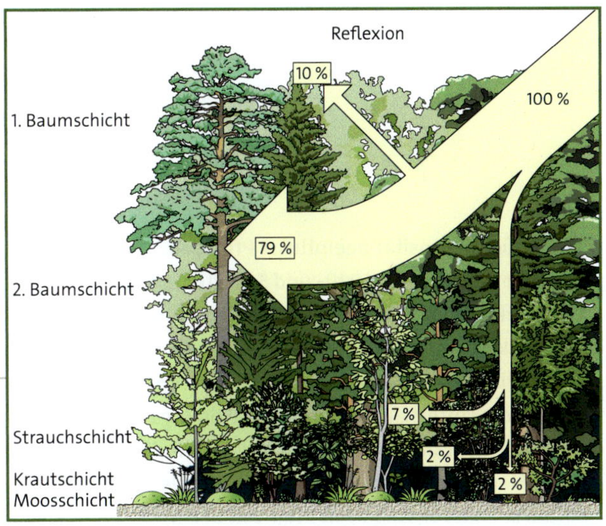

Stoffkreisläufe und Stoffeinträge

Ressourcenverbrauch und Umweltbelastungen

Nachhaltigkeit und ökologischer Fußabdruck

Treibhauseffekt und Klimawandel

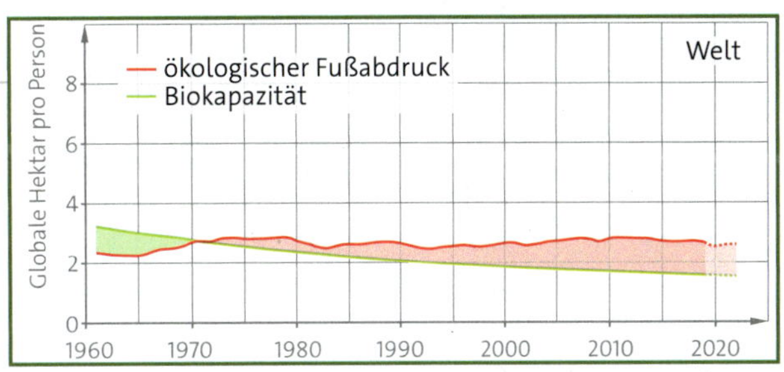

Vielfalt der Allele, Arten, Ökosysteme

Ökologie

Mit den folgenden Aufgaben können Sie überprüfen, ob Sie die Inhalte aus dem Kapitel verstanden haben. An den Aufgaben finden Sie Angaben zu den Seiten, auf denen Sie zum jeweiligen Thema noch einmal nachlesen können. Die Lösungen zur Selbstüberprüfung finden sich im Anhang.

Abiotische Umweltfaktoren (S. 392–407)

1 Die Intensität der Lebensvorgänge einer Anolis-Echse lässt sich am Beispiel ihrer Laufgeschwindigkeit darstellen. Sie ist abhängig von der Umgebungstemperatur.

a Benennen Sie den Bereich 1 und die Punkte 2–4 mit den Fachbegriffen einer Toleranzkurve.

b Erklären Sie die Begriffe im Zusammenhang.

c Begründen Sie, wie sich die Temperaturtoleranzkurve eines gleichwarmen Tieres von der Toleranzkurve der wechselwarmen Anolis-Echse unterscheidet.

d Beschreiben Sie mithilfe der tiergeografischen Regeln den Einfluss der Umgebungstemperatur auf die Morphologie gleichwarmer Tierarten.

e Erläutern Sie am Beispiel von Zeigerarten den praktischen Nutzen von Toleranzkurven.

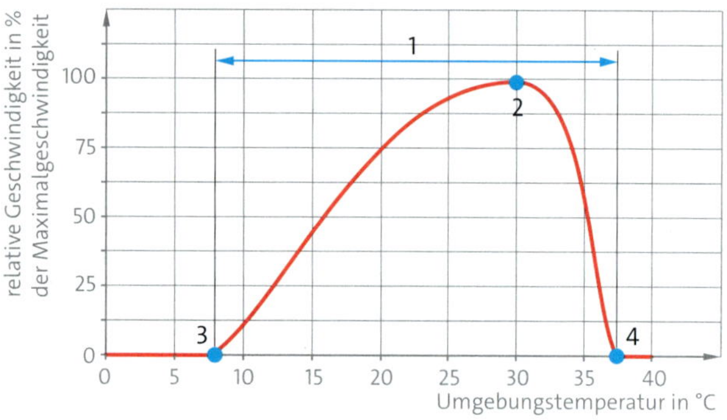

2 Die Lichtintensität beeinflusst Pflanzen.

a Vergleichen Sie Licht- und Schattenblätter.

b Erklären Sie die Begriffe Lichtsättigungspunkt und Lichtkompensationspunkt.

c Erläutern Sie anhand des Basiskonzepts Angepasstheit die Unterschiede von Lichtsättigungs- und Lichtkompensationspunkt bei Licht- und Schattenblättern.

d Nennen Sie weitere abiotische Umweltfaktoren, die die Lebensvorgänge von Pflanzen beeinflussen.

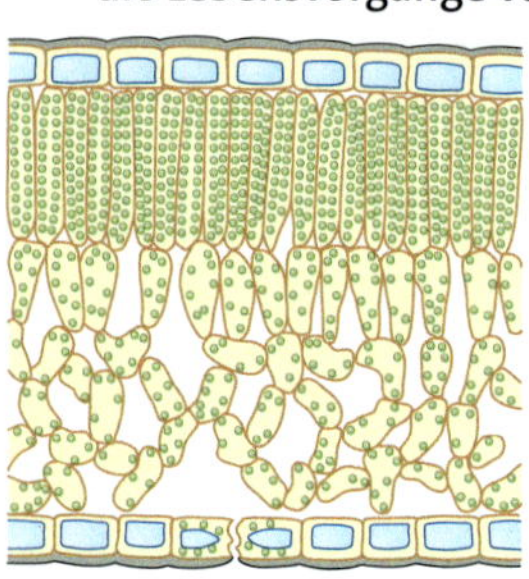

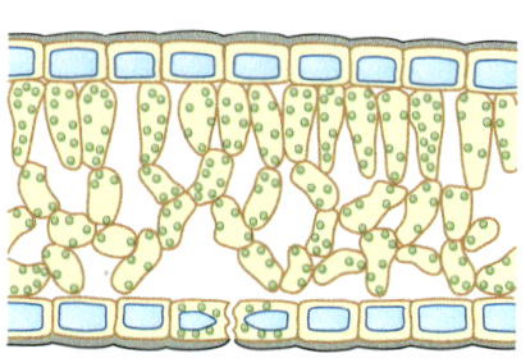

Biotische Umweltfaktoren (S. 408–427)

3 Lebewesen werden nicht nur von der leblosen Umwelt, sondern auch von anderen Lebewesen beeinflusst.

a Ordnen Sie den Abbildungen A, B und C die folgenden Beziehungen zwischen Lebewesen zu: Konkurrenz, Parasitismus, Räuber-Beute-Beziehung, Symbiose.

b Begründen Sie Ihre Zuordnung.

c Erklären Sie die Begriffe physiologische/ökologische Potenz, (realisierte) ökologische Nische, Fundamentalnische und Konkurrenzausschluss im Zusammenhang.

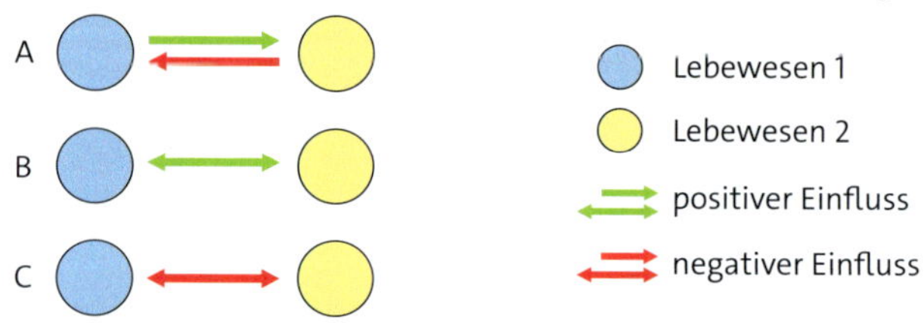

4 Eine Population ist eine Gruppe von Lebewesen, die in einem bestimmten Lebensraum eine Fortpflanzungsgemeinschaft bildet.

a Stellen Sie in einem Diagramm das Populationswachstum in einer Bakterienkultur dar.

b Beschreiben Sie die verschiedenen Phasen dieses Populationswachstums.

c Vergleichen Sie die Fortpflanzungsstrategien von r- und K-Strategen tabellarisch.

d Erläutern Sie die im Modell dargestellte Abhängigkeit zwischen den Populationsgrößen von Räubern und Beutetieren.

e Formulieren Sie die dritte Lotka-Volterra-Regel.

f Nennen Sie drei Beispiele, die die Gültigkeit der Lotka-Volterra-Regeln einschränken.

g Diskutieren Sie die Anwendbarkeit der Regeln auf die Beziehung zwischen Parasiten und ihren Wirten.

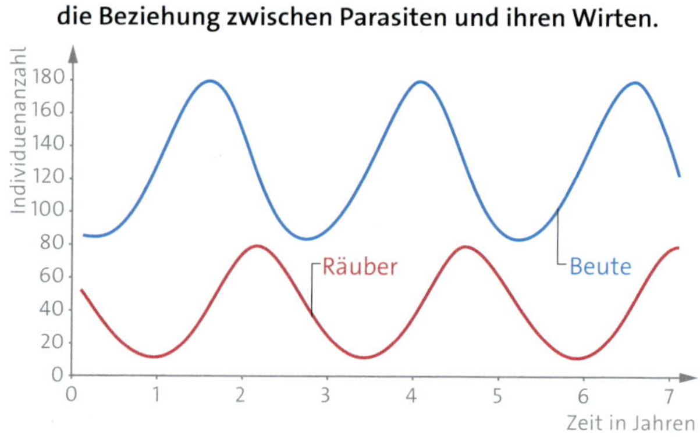

5 In einem Ökosystem können den Organismen eines Nahrungsnetzes Trophieebenen zugeordnet werden.

a Beschreiben Sie die Rolle von Produzenten, Konsumenten verschiedener Ordnungen und Destruenten in den Trophieebenen eines Ökosystems.

b Erklären Sie den Aufbau eines Nahrungsnetzes aus Produzenten und Konsumenten.

c Begründen Sie, weshalb Destruenten mit allen Organismen eines Nahrungsnetzes in Verbindung stehen.

d Erklären Sie die Form der Biomassepyramide im Wattenmeer.

e Erläutern Sie Energiefluss und Energieentwertung in einem Ökosystem unter Berücksichtigung des Basiskonzepts Stoff- und Energieumwandlung.

Ausgewählte Ökosysteme (S. 428–449)

6 Die biologische Wasserqualität von Fließgewässern kann mithilfe des Saprobienindex bestimmt werden.

Indikator-organismen	Abundanz	Saprobien-wert	Produkt
Köcherfliegen-larve	3	1,4	4,2
Flussschwimm-schnecke	4	1,7	6,8
Vielaugenstrudel-wurm	1	1,1	1,1

a Erklären Sie die Begriffe Abundanz und Saprobienwert.

b Erklären Sie, was ein Saprobienwert von 1,4 im Vergleich zu einem Wert von 2,0 bedeutet.

c Berechnen Sie den Saprobienindex für die in der Tabelle angegebene Probe mithilfe folgender Formel.

$$S = \frac{\Sigma_{\text{alle Arten}} (\text{Abundanz einer Tierart} \cdot \text{Saprobienwert der Tierart})}{\Sigma_{\text{alle Arten}} A}$$

7 Ein Wald ist in Schichten aufgebaut.

a Nennen Sie die Schichten des Waldes.

b Ordnen Sie die Arten aus der Tabelle den passenden Schichten zu.

c Erklären Sie den Zeitraum, in dem das Buschwindröschen Laubblätter trägt.

Pflanzenart	Zeitraum, in dem die Pflanze Laubblätter trägt
Rotbuche	Mai – Oktober
Hasel	April – Oktober
Buschwindröschen	Februar – Juni

Menschlicher Einfluss – Zwischen Bedrohung und Nachhaltigkeit (S. 450–473)

8 Pflanzen fixieren bei der Fotosynthese Kohlenstoff und stellen Kohlenhydrate her.

a Beschreiben Sie den Kohlenstoffkreislauf.

b Erklären Sie den Unterschied zwischen dem Kurzzeitkreislauf und dem Langzeitkreislauf.

c Nennen Sie drei Beispiele dafür, wo und wie der Mensch in den Kohlenstoffkreislauf eingreift.

9 Der Mensch beeinflusst auf vielfache Weise Ökosysteme auf der ganzen Welt.

a Beschreiben Sie, was man unter dem ökologischen Fußabdruck versteht.

b Nennen Sie je ein Beispiel für ökologisch, wirtschaftlich und sozial nachhaltiges Handeln.

c Erklären Sie die drei Ebenen der Biodiversität mithilfe des Basiskonzepts Variabilität.

d Diskutieren Sie folgenden Satz: „Der Ackerbau zerstört die Biodiversität, die er selbst benötigt."

e Vergleichen Sie die Entstehung und die Auswirkungen des natürlichen und des anthropogenen Treibhauseffekts.

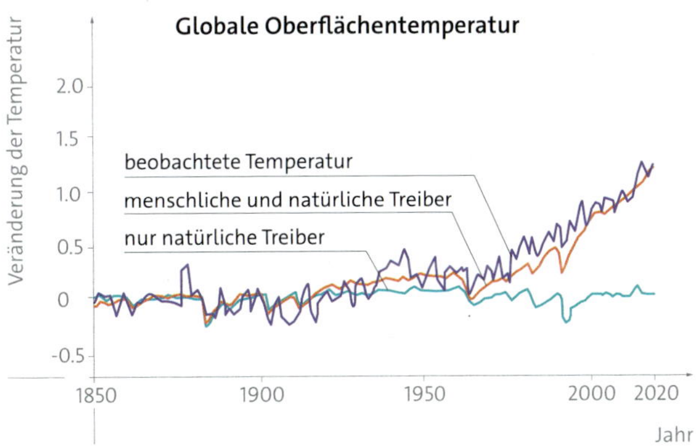

Training A Veränderungen in Ökosystemen

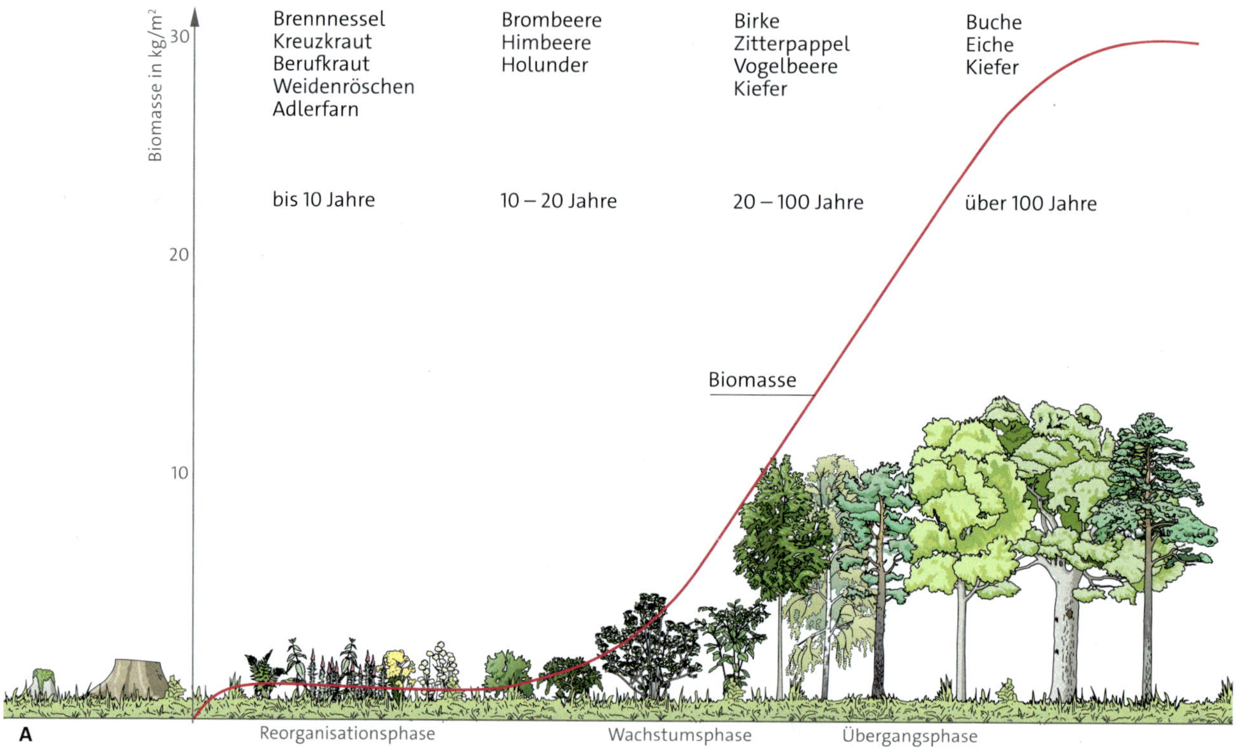

A

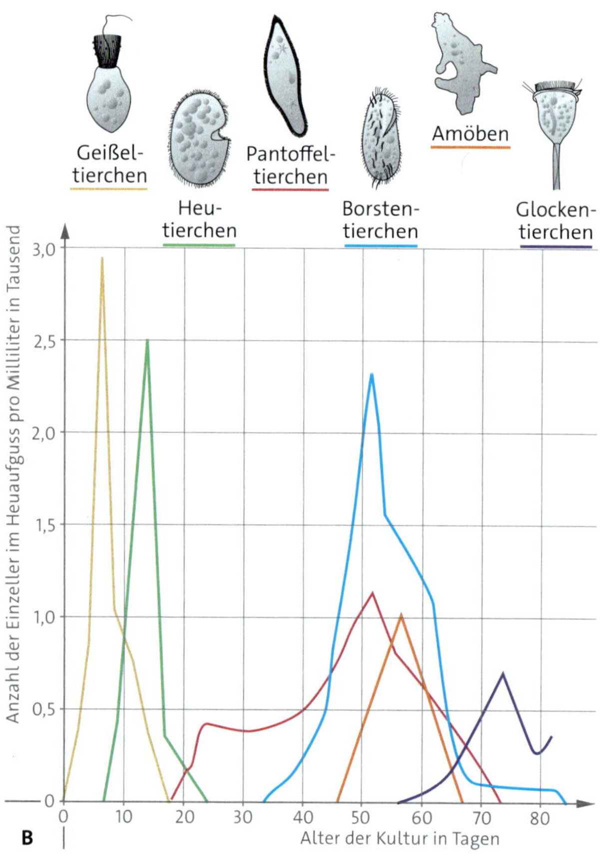

B

Die Abbildung A zeigt schematisch die Veränderung, die im Verlauf von mehr als 100 Jahren auf einem Areal mit Kahlschlag eintritt.

Das Diagramm B zeigt das Vorkommen von Einzellern in einem Heuaufguss im Verlauf von 90 Tagen. Einen Heuaufguss stellt man her, indem man trockenes Heu in einem Glas mit Tümpelwasser übergießt und das Glas mit einer Glasplatte bedeckt. In der Flüssigkeit entwickeln sich sehr schnell Bakterien und an der Oberfläche entsteht eine bakterienreiche Kahmhaut.

1 Beschreiben und erläutern Sie die dargestellte Entwicklung nach einem Kahlschlag und benennen Sie den Vorgang.

2 Übertragen Sie die Biomassekurve in ein Koordinatensystem und zeichnen Sie eine daraus abgeleitete Kurve für die Nettoprimärproduktion.

3 Erläutern Sie die im Diagramm B gezeigten Vorgänge im Heuaufguss und entwickeln Sie Hypothesen zu deren Erklärung.

4 Vergleichen Sie die Veränderung nach einem Kahlschlag mit den Veränderungen, die im Heuaufguss erfolgen.

Training B Biomassenumsatz in Ökosystemen

1 Nahrungsbeziehungen

	Zwerg-spitzmaus	Mensch (40 Jahre)
Körpermasse in Kilogramm	ca. 0,005	ca. 70
Kopf-Rumpf-Länge in Zentimetern	ca. 6	ca. 75
Herzschläge pro Minute (Herzschlagfrequenz)	ca. 1000	ca. 80
Energieumsatz in Kilojoule pro Kilogramm und Stunde	ca. 160	ca. 4

Die Zwergspitzmaus ist das kleinste Säugetier, das nördlich der Alpen zu finden ist. Ihre Nahrung besteht vorwiegend aus Insekten, aber auch anderen Wirbellosen. Die tägliche Nahrungsmenge der Zwergspitzmaus ist größer als das eigene Körpergewicht.

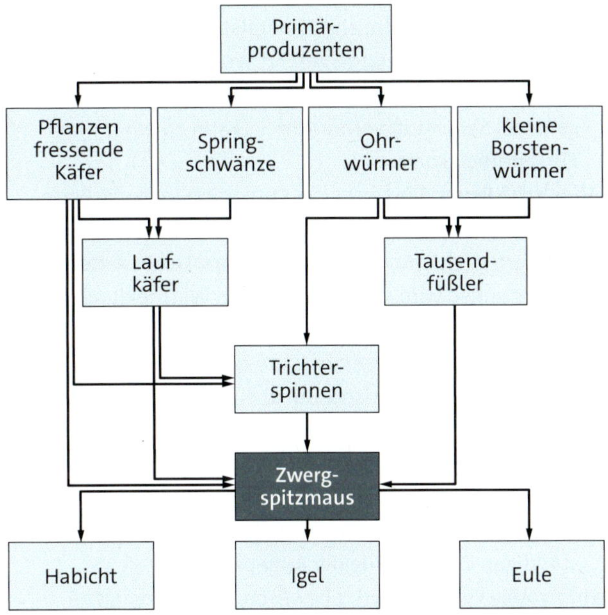

1 Ordnen Sie die Angaben aus dem Nahrungsnetz in ein allgemeines Schema zur funktionalen Gliederung von Ökosystemen ein.

2 Werten Sie die Tabelle aus.

3 Charakterisieren Sie das Ökosystem, in dem Zwergspitzmäuse leben.

2 Biomassenproduktion im Silver-Springs-Ökosystem

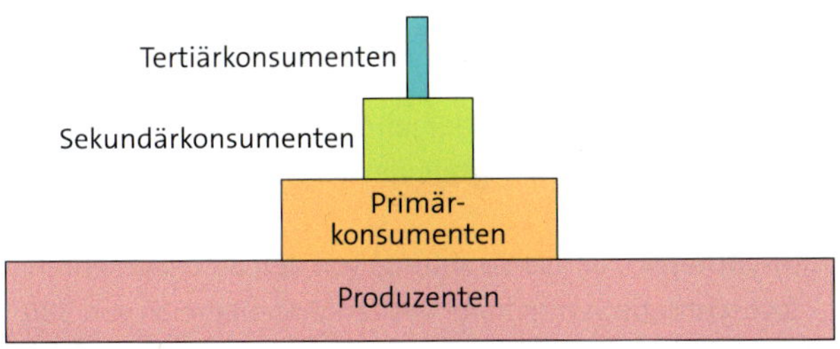

	gebildete Biomasse	Verluste durch	
		Atmung	Ausscheidung
Feuer-salamander	49	32	19
Kurzschwanz-spitzmaus	1,5	89	9,5

Biomassenumsatz von Kurzschwanzspitzmaus und Feuersalamander in Prozent der aufgenommenen Nahrung

Die Amerikanische Kurzschwanzspitzmaus, eine verwandte Art der Zwergspitzmaus, lebt im Ökosystem von Silver Springs in Nordamerika. Beide Arten haben ein ähnliches Nahrungsspektrum.
Ein weiterer Bewohner in Silver Springs ist der Feuersalamander, der sich vorwiegend von Wirbellosen wie Insekten, Ringelwürmern oder Schnecken ernährt.

1 Erklären Sie unter Einbezug der Abbildung die Konstruktion von Biomassenpyramiden.

2 Erläutern Sie die in der Abbildung und der Tabelle dargestellten Ergebnisse.

3 Entwerfen Sie ausgehend vom Original zwei Biomassenpyramiden, bei denen die Sekundärkonsumenten ausschließlich entweder homoiotherme oder poikilotherme Tiere sind.

Glossar

A

Algenblüte: Massenvermehrung von Algen, vor allem im Frühjahr, wenn zahlreiche Mineralstoffe durch die Zirkulation in Bewegung gesetzt werden und sich das Wasser stark erwärmt. Beim Absterben der Algen wird sehr viel Sauerstoff verbraucht. Es kann zu einem Fischsterben kommen.

Allen'sche Regel: Die Länge der Körperanhänge wie Nase oder Ohren nimmt bei manchen homoiothermen Tieren mit dem geografischen Breitengrad ab. Unter kalten Bedingungen wird so die Abgabe von Wärme durch das Tier möglichst gering gehalten.

Angepasstheit: Lebewesen müssen eine bestimmte Angepasstheit aufweisen, um in einem Lebensraum leben zu können. Die Angepasstheit kann anatomisch, physiologisch oder verhaltensgesteuert sein. Bei Angepasstheit handelt es sich nicht um einen abgeschlossenen Vorgang, sondern es kommt zu einem „Angepasstwerden", einer ständigen Optimierung der Angepasstheit.

autotrophe Organismen: Lebewesen, die körpereigene Stoffe aus anorganischen Stoffen aufbauen können

B

Benthal: Seeboden

Bergmann'sche Regel: Beziehung zwischen der Körpergröße homoiothermer Tiere und der Umgebungstemperatur. Unter warmen Bedingungen lebende Tiere können kleiner sein als solche, die im kalten Klima leben.

Bioakkumulation: zunehmende Ansammlung von nicht abbaubaren Schadstoffen entlang von Nahrungsketten

Biodiversität: Vielfalt des Lebens bezogen auf Individuen, Arten und Lebensräume

Bioindikator: Art, die lediglich bei bestimmten Werten eines ökologischen Faktors in der Natur vorkommt und damit diese Werte anzeigen kann. Synonym wird auch der Begriff Zeigerart verwendet.

Biotop: Lebensraum einer ▸ Biozönose.

Biozönose: Lebensgemeinschaft aller Arten in einem Lebensraum

C

circadianer Rhythmus: Abhängigkeit der Aktivität von Lebewesen von der Tageszeit. Er benötigt das Sonnenlicht als Taktgeber.

C_3-Pflanzen: Pflanzen, bei denen das Kohlenstoffdioxid in der Fotosynthese zunächst zu einem Molekül mit drei Kohlenstoffatomen reagiert. Dies ist bei den meisten heimischen Pflanzen der Fall.

C_4-Pflanzen: Pflanzen, bei denen das Kohlenstoffdioxid in der Fotosynthese zunächst zu einem Molekül mit vier Kohlenstoffatomen reagiert. Dieses wird gespeichert, sodass die Pflanzen auch bei geschlossenen Spaltöffnungen Kohlenstoffdioxid für die Fotosynthese zur Verfügung haben. Zu den C4-Pflanzen gehören viele tropische und subtropische Pflanzen, die somit bei Hitze und Trockenheit ihre Spaltöffnungen geschlossen halten können.

D

Destruenten: Organismen, die komplexe organische abbauen. Sie nehmen aber auch organische Stoffe auf, um damit ihren eigenen Körper aufzubauen.

E

Edaphon: Gesamtheit an Organismen, die im Boden lebt

euryök: Eigenschaft einer Art oder eines Lebewesens, in einem weiten Wertebereich eines ökologischen Faktors oder mehrerer ökologischer Faktoren vorzukommen

eurytherme Arten: Arten, die in einem weiten Temperaturbereich existieren können

eutrophes Gewässer: mineralstoffreiches Gewässer. Eutrophe Gewässer können natürlicherweise vorkommen. Viele eutrophe Gewässer sind aber auch durch Überdüngung aus oligo- oder mesotrophen Gewässern hervorgegangen.

exponentielles Wachstum: Verdopplung der Populationsgröße in gleichen Zeitintervallen

F

Flechte: Symbiose von Pilzen und Algen oder Cyanobakterien, bei der die Symbiosepartner nicht mehr allein leben können

Fotoperiodismus: tages- oder jahreszeitlicher Wandel an Aktivitäten in Abhängigkeit von der Länge heller und dunkler Perioden

fotosynthetisch aktive Strahlung: von den Blattpigmenten fotosynthetisch nutzbarer Wellenlängenbereich von 380 bis 710 nm

Frühjahrsgeophyten: Kräuter im Laub- oder Mischwald, die sich im Frühjahr rasch entwickeln, wenn die Bäume noch nicht belaubt sind und große Lichtmengen an den Waldboden gelangen

G

Geburtenrate und Sterberate: Anteil der Lebendgeburten beziehungsweise Sterbefälle in einer Population in Bezug auf eine bestimmte Individuenzahl pro Zeiteinheit

Gewässerstrukturgüte: zeigt die ökologische Funktionsfähigkeit eines Fließgewässers an

Gradation: Massenvermehrung einer Population und deren anschließender Zusammenbruch, der sich auch auf die Populationsgröße der Räuber auswirkt

H

Habitat: Lebensraum. Der Begriff wird vor allem bei der Charakterisierung von Lebensräumen der Tiere verwendet.

Halophyten: Pflanzen salzhaltiger Standorte

heterotrophe Organismen: Lebewesen, die bereits vorhandene organische Stoffe aufnehmen müssen, um daraus körpereigene Stoffe aufzubauen

Höhenstufen der Vegetation: Unterschiedliche Zusammensetzung der Vegetation an Hängen von Bergen in Abhängigkeit von der Meereshöhe und vom Klima

homoiotherme Tiere: gleichwarme Tiere, die unter Nutzung von Energie ihre Körpertemperatur auf einem nahezu konstanten Niveau halten

Humus: beim Abbau organischer Stoffe im Boden entstehender Stoff

Hydrophyten: Wasserpflanzen, ganz oder teilweise untergetaucht

Hygrophyten: Pflanzen feuchter Standorte, die aber nicht im Wasser wachsen

I

interspezifische Konkurrenz: Konkurrenz zwischen Organismen verschiedener Arten

intraspezifische Konkurrenz: Konkurrenz zwischen Organismen derselben Art

K

Kältestarre: Zustand poikilothermer Organismen bei niedrigen Temperaturen, den die Tiere nicht aktiv unterbrechen können

Klimaschutz: Maßnahmen, die die anthropogene Erderwärmung begrenzen und Folgeerscheinungen der globalen Erderwärmung abmildern sollen

Klimaxgesellschaft: statische Modellvorstellung einer Vegetation, die sich theoretisch in Beziehung zu Klima und Boden gesetzmäßig einstellen und am Ende einer Sukzession Bestand haben soll

Koexistenz: Arten mit unterschiedlichen ökologischen Ansprüchen können an einem Ort nebeneinander leben.

Kommensalismus: Zusammenleben von Arten, bei der die eine Art profitiert und die andere nicht geschädigt wird

Kompensationstiefe: Übergang von den oberen Seeschichten mit überwiegender Produktion zu den tieferen Seeschichten, in denen die Produktion aufgrund geringer Lichteinstrahlung abnimmt

Konkurrenzausschlussprinzip: Arten mit identischen ökologischen Ansprüchen können nicht nebeneinander leben.

Konkurrenzvermeidung: unterschiedliche Ressourcennutzung durch zwei Arten, die dazu führt, dass diese Arten nebeneinander in einem Lebensraum existieren können

Konsumenten: Organismen, die organische Substanz aufnehmen und sie zu ihrer eigenen Körpersubstanz umbauen müssen. Dabei bauen sie organische Stoffe zu niedermolekularen, anorganischen Stoffen ab. Sie sind daher nicht klar von Destruenten zu trennen.

K-Strategen: Lebewesen mit geringer Vermehrungsrate

L

Lichtblatt: spezielles Blatt einer Pflanze, das bei niedrigen Lichtintensitäten keine Fotosynthese betreiben kann, aber bei hoher Lichtstärke eine hohe Leistung erbringt. Lichtblätter sind meistens der vollen Sonne ausgesetzt, besitzen ein mehrschichtiges Palisadenparenchym und eine verdickte Cutikula.

Licht- und Schattenpflanzen: Pflanzen, die vor allem durch ihre Blattanatomie an Licht (kleine oder zerteilte Blätter, dicke Cuticula) beziehungsweise Schatten (große, dunkelgrüne Blätter) angepasst sind

Litoral: Uferbereich eines Sees oder des Meeres, in dem es zu einer charakteristischen Zonierung der Vegetation in Abhängigkeit von der Wasserbedeckung und der Mineralstoffversorgung kommt

logistisches Wachstum: Wachstum einer Population im Rahmen der Umweltkapazität

Lotka-Volterra-Regeln: drei Regeln zur quantitativen Beschreibung von Räuber-Beute-Beziehungen. Sie gelten als Modell für idealisierte Systeme mit nur jeweils einer Räuber- und Beuteart und sind für jeden realen Fall zu überprüfen.

M

mesotrophes Gewässer: Gewässer mit einer mittleren Konzentration an Mineralstoffen

Minimumfaktor: ökologischer Faktor, der für das Wachstum einer Pflanze in ungenügender Menge vorhanden ist und es somit begrenzt

Monokultur: Anbau von nur einer einzigen Kulturpflanzenart in einem größeren Gebiet, welcher der Entwicklung einer großen Biodiversität entgegensteht

Mykorrhiza: Symbiose zwischen Pflanzen und Pilzen, bei der Pilze Wasser und Mineralstoffe an die Pflanze abgeben und die Pflanze organische Stoffe an den Pilz abgibt

N

Nachhaltigkeit: ursprünglich aus der Waldbewirtschaftung stammendes Konzept, nach dem in einem Wald niemals mehr Holz entnommen werden darf, als zur gleichen Zeit nachwächst. Heute versteht man darunter die Entwicklung, die den Bedürfnissen der heutigen Generation entspricht, ohne dabei die Lebensmöglichkeiten künftiger Generationen zu beeinträchtigen. Sie hat ökologische, ökonomische und soziale Dimensionen.

Nahrungskette: Modellvorstellung, die davon ausgeht, dass Pflanzen von Pflanzenfressern als Primärkonsumenten gefressen werden, die zur Beute von Fleischfressern als Sekundärkonsumenten werden, die wiederum von anderen Fleischfressern erbeutet werden können

Nahrungsnetz: modellhafte Darstellung miteinander verbundener Nahrungsketten aufgrund meist vielfältiger Nahrungsbeziehungen in einem Ökosystem

negative Rückkopplung: Verfahren in der Regelkreistechnik, das Größen konstant hält. Umschreiben lässt es sich mit: je mehr ... desto weniger ... oder je weniger ... desto mehr ...

Nettofotosynthese: Anteil an assimilierten organischen Stoffen, der nach Abzug wieder veratmeter Anteile in einer Pflanze verbleibt

O

ökologische Nische: Gesamtheit aller Umweltbedingungen, die das Leben von Organismen bestimmen

ökologische Pyramide: Veranschaulichung von Trophiestufen. Entlang der Nahrungskette nimmt die Größe der Organismen zu, während deren Anzahl sich verringert. Auch die Biomasse nimmt von Trophiestufe zu Trophiestufe ab.

ökologischer Fußabdruck: Fläche auf der Erde, die gebraucht wird, um alle Ressourcen für die Versorgung der Menschheit bereitzustellen, einschließlich der Fläche für die Aufnahme von Abfällen und Emissionen

oligotrophes Gewässer: mineralstoffarmes Gewässer

Osmokonformer: Organismen ohne Mechanismen zur Osmoregulation

Osmoregulation: Regulierung der Ionengehalte in den Zellen eines Organismus, sodass nicht zu viel oder zu wenig Wasser in diese Zellen einströmt

Osmoregulierer: Organismen, die unter Aufwendung von Energie einen bestimmten osmotischen Zustand ihrer Körperflüssigkeiten aufrechterhalten

P

Parasitismus: Zusammenleben zweier Arten, bei dem die eine auf Kosten der anderen einseitig Nutzen zieht. Der Nutznießer wird als Parasit, der Geschädigte als Wirt bezeichnet.

Pelagial: Freiwasser eines Sees mit Uferbereich, dem Litoral, und tiefem Seeboden, dem Profundal

physiologische und ökologische Potenz: Die physiologische Potenz gibt an, an welchen Orten eine Art vorkommen kann, wenn keine Konkurrenz zu anderen Arten besteht. Die ökologische Potenz engt das Vorkommen einer Art auf Orte ein, an denen sie Konkurrenten überlegen ist.

physiologisches Optimum: Bedingungen, unter denen sich die Individuen einer Art besonders gut entwickeln

Pionierpflanzen: einjährige r-Strategen, die massenhaft am Beginn einer Sukzession auftreten können und später von mehrjährigen Pflanzenarten verdrängt werden

Plankton: Kleinstlebewesen, die im Wasser schweben und sich nicht gegen die Strömung bewegen können

poikilotherme Tiere: wechselwarme Tiere, in deren Körper etwa dieselbe Temperatur herrscht wie in ihrer Umwelt

Population: Fortpflanzungsgemeinschaft der gleichen Art, die zur gleichen Zeit am gleichen Ort lebt

Populationsdichte: Anzahl der Individuen einer Population pro Flächeneinheit

Populationsgröße: Gesamtanzahl aller Individuen einer Population

Produzenten: Organismen, die aus einfachen anorganischen Bestandteilen komplexe organische Stoffe aufbauen können. Zu ihnen gehören die meisten Pflanzen.

R

Räuber-Beute-Beziehung: gegenseitige Beeinflussung der Populationsgrößen von Räubern und Beutetieren. Vermehren sich Beutetiere, steht viel Nahrung für Räuber zur Verfügung. Dadurch vermehren sich die Räuber und dezimieren die Beutetiere stark, sodass es wieder weniger Nahrung für Räuber gibt und deren Anzahl abnimmt.

Ressourcen: Umweltgegebenheiten, die Lebewesen zum Leben benötigen. Dazu gehören zum Beispiel Raum, Nahrung und Nistplatz.

RGT-Regel: Reaktionsgeschwindigkeit-Temperatur-Regel, die besagt, dass chemische Reaktionen bei einer Temperaturerhöhung von etwa 10 °C doppelt so schnell oder noch schneller ablaufen

r-Strategen: Arten von Lebewesen mit hoher Vermehrungsrate.

Rückresorption: Rückgewinnung von Wasser aus Kot und Urin, bevor diese abgegeben werden

S

Saisondimorphismus: unterschiedliches Aussehen bestimmter Organismen zu verschiedenen Jahreszeiten

Saprobie: Intensität des Abbaus organischer Stoffe in Fließgewässern, ein wichtiges Maß für die Gewässergüte

Saprobienindex: aus der Untersuchung von Kleinstlebewesen ermittelter Indikatorwert, mit dem der Gehalt an organischen Stoffen und damit der Verunreinigungsgrad eines Gewässers ermittelt werden kann

Schattenblatt: spezielles Blatt einer Pflanze, das bei niedrigen Lichtintensitäten Fotosynthese betreiben kann, aber schon bei mittlerer Lichtintensität weniger leistungsfähig ist. Schattenblätter wachsen in Bereichen einer Pflanze, die nur wenig Licht erhalten, sind häufig dünner und haben intensiver grüne Blattspreiten als Lichtblätter.

Schichtenaufbau des Waldes: vertikale Einteilung des Waldes in erste und zweite Baumschicht, Strauchschicht, Krautschicht und Moosschicht

Schichtung eines Sees: verschieden warme Wasserschichten in einem See, die übereinanderliegen und sich nicht mischen

Stagnation: Schichtung von verschiedenen Wassermassen in einem See, die unterschiedliche Temperaturen aufweisen und sich daher nicht oder nur unvollständig mischen

stenök: Eigenschaft einer Art oder eines Lebewesens, in einem engen Wertebereich eines ökologischen Faktors oder mehrerer ökologischer Faktoren vorzukommen

stenotherme Arten: Arten, die unter sehr speziellen, engen Temperaturbedingungen leben

Stoffkreislauf: Kreislauf, in dem Produzenten, Konsumenten und Destruenten in Verbindung stehen und anorganische und organische Stoffe auf-, um- und abbauen

Sukzession: gesetzmäßig auftretende Abfolge von Pflanzengemeinschaften an einem Standort, etwa von einem Pionierstadium zu einem geschlossenen Wald

Symbiose: Zusammenleben von Organismen mehrerer Arten zu gegenseitigem Nutzen

T

Territorialität: Verhalten von Tieren, das zu einer Aufteilung des Lebensraumes in Reviere führt und damit Konkurrenz vermeidet

Toleranzbereich: Bereich des physiologischen Optimums und der Bedingungen an einem Minimum oder Maximum, unter denen ein Organismus gerade noch leben kann

Transpiration: regulierbare Abgabe von Wasser durch Organismen. Sie muss von der Verdunstung unterschieden werden.

Treibhauseffekt: Erwärmung der unteren Schichten der Atmosphäre durch langwellige Infrarotstrahlen

Treibhausgase: Gruppe von Gasen wie Kohlenstoffdioxid oder Methan, die eine Abstrahlung von Wärme verhindern und damit zu einer Erwärmung der erdnahen Atmosphäre führen

Trophieebenen: Aufeinanderfolge von Pflanzen als Produzenten und pflanzenfressenden sowie fleischfressenden Tieren als Konsumenten. Es kann mehrere Trophiestufen von Fleischfressern geben.

U

Umweltkapazität: maximale Anzahl an Individuen einer Art, die in einem Lebensraum dauerhaft leben kann

V

Verdunstungsschutz: Vermeidung von Wasserverlusten bei Verdunstung, etwa durch die wachshaltige Cuticula auf dem Chitinpanzer vieler Insekten oder an der Blattoberfläche von Pflanzen

W

Waldsterben: Absterben von zahlreichen Bäumen infolge von Umweltschäden, das erstmals in den 1980er-Jahren beobachtet wurde

Wärmestarre: Zustand, in den poikilotherme Organismen verfallen, wenn die Temperatur für Lebensprozesse erträgliche Werte übersteigt. Sie führt sehr bald zum Hitzetod.

Wirtsspezifität: spezifische Angepasstheiten eines Parasiten an seinen Wirt

Wurzelknöllchen: Auswüchse an den Wurzeln bestimmter Pflanzenarten, in denen Bakterien elementaren Stickstoff aus der Atmosphäre binden und für die Pflanze verfügbar machen

X

Xerophyten: durch eine dicke Cuticula, wassereffiziente Stoffwechselwege oder wasserspeichernde Gewebe an Trockenheit angepasste Pflanzenarten

Z

Zuwachsrate: Differenz zwischen Geburten- und Sterberate. Sie ist im Fall eines Geburtenüberschusses positiv.

6 Stoffwechsel

- Der aufbauende und abbauende Stoffwechsel werden behandelt und die verschiedenen Formen der Energiebereitstellung in der Zelle miteinander verglichen. Die Zellatmung, die Fotosynthese und die Gärung werden erläutert.
- Stoff- und Energiebilanz werden strukturiert dargestellt und Energieentwertung sowie Energieumwandlung beschrieben.
- Die energetische Anregung der Elektronen in Lichtsammelkomplexen von Fotosystemen wird erklärt. Der Zusammenhang zwischen Primär- und Sekundärreaktionen auf stofflicher und energetischer Ebene wird schematisch dargestellt.
- Die Anpassungen von Pflanzen und die Abhängigkeit der Fotosyntheserate von abiotischen Faktoren werden verdeutlicht.

Eichhörnchen, *Sciurus vulgaris*, sind agile Kletterkünstler, fast ununterbrochen auf Nahrungssuche oder anderweitig in Bewegung. Trotz sehr fettreicher Kost beobachtet man jedoch kaum Anzeichen von Trägheit. Sogar im Winter wird täglich die Ruhe für 1–2 h Nahrungssuche im Umfeld des Kobels unterbrochen. Einfach mal „total runterfahren" zu dieser kalten Jahreszeit ist gar nicht möglich. Soviel Energie in einem solch kleinen Tier – wie schafft der Stoffwechsel des Eichhörnchens das?

6.1 Grundlagen der Fotosynthese

1 Krone einer Rotbuche im Gegenlicht

Sonnenlicht fällt auf das Blätterdach einer Rotbuche. Es erscheint grün und nur wenig Licht kommt auf dem Boden an. Was geschieht mit dem Licht auf dem Weg durch die Blätter?

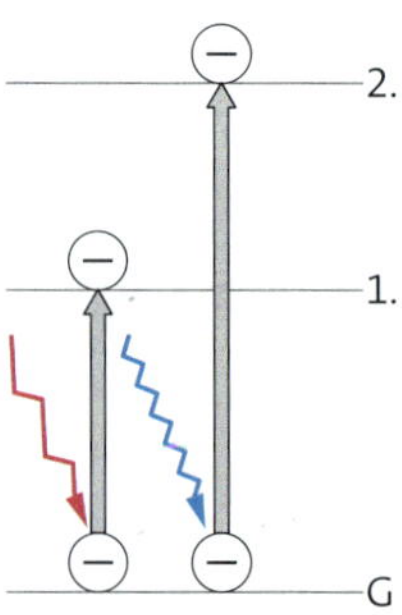

2 Elektronen „springen" aus dem Grundzustand in angeregte Zustände

lat. assimilare = nachahmen, angleichen

Licht und Absorption • Licht, das auf einen Gegenstand trifft, wird entweder hindurchgelassen, reflektiert oder aufgenommen. Welcher dieser Vorgänge eintritt, hängt von der Wellenlänge des Lichts und von der Struktur des Gegenstands ab, auf den das Licht fällt. Die Lichtaufnahme bezeichnet man als **Absorption**. Fällt weißes Licht auf bestimmte Moleküle, wird aus dem Spektrum ein bestimmter Wellenlängenbereich absorbiert. Die nicht absorbierten Farben werden reflektiert und lassen die Stoffe farbig aussehen. Licht trifft also nicht auf grüne Blätter. Vielmehr lässt es Blätter grün erscheinen, weil sie Stoffe enthalten, deren Moleküle bestimmte Wellenlängen aus dem weißen Licht absorbieren und den Grünanteil des Lichtes reflektieren.

Anhand des Atommodells lässt sich beschreiben, was dabei passiert: Die Elektronen in der Hülle von Atomen können nur bestimmte Energiezustände annehmen. Den niedrigsten Energiezustand nennt man **Grundzustand**. Durch die Aufnahme von Energie können die Elektronen in einen **angeregten Zustand** übergehen. Da der Abstand zwischen Grundzustand und angeregtem Zustand nur bestimmte Energiewerte annehmen kann, die sich je nach Atom- und Molekülart unterscheiden, ist auch zum „Anheben" des Elektrons genau diese Energiemenge notwendig. Die Energie kann durch die Absorption von Licht bestimmter Wellenlängen aufgenommen werden. Da angeregte Atome oder Moleküle energetisch ungünstig sind, wird die Energie nach kurzer Zeit wieder in Form von Wärme oder Licht abgegeben. Dabei fällt das Elektron direkt oder über mehrere Stufen wieder zurück in den Grundzustand. Im Fall von Chlorophyll jedoch können Elektronen auf benachbarte Verbindungen übertragen werden. Diese Elektronenübertragung setzt eine Kette von Folgereaktionen in Gang, bei denen aufgenommenes Wasser und Kohlenstoffdioxid in organische, körpereigene Stoffe umgewandelt werden. Diese **Assimilation** unter Nutzung von Licht bezeichnet man als **Fotosynthese**.

Ort der Fotosynthese • Alle grünen Pflanzenteile besitzen Zellen, in denen bis zu einhundert Chloroplasten enthalten sein können. Die Chloroplasten in den Zellen des Palisadengewebes von Laubblättern sind linsenförmig aufgebaut und haben eine Größe von etwa 5 bis 10 µm.

Elektronenmikroskopische Untersuchungen zeigen, dass die Chloroplasten von einer Doppelmembran umgeben sind, die einen als **Stroma** bezeichneten Bereich einschließt. Die innere der beiden Membranen des Chloroplasten geht in ein zusammenhängendes und in sich geschlossenes Membransystem über. Diese **Thylakoidmembran** durchzieht das Stroma als Stromathylakoid. Die Thylakoidmembran weist aber auch Abschnitte auf, die geldrollenartig gestapelt aussehen und Grana heißen. Die Thylakoidmembranen bestehen aus einer etwa 6 nm dicken Lipiddoppelschicht. Von anderen Membranen unterscheiden sie sich durch einen überdurchschnittlich hohen Proteinanteil und den hohen Gehalt an Blattpigmenten.

Die Blattpigmente sind an spezielle Proteinkomplexe gebunden. Sie durchdringen die innere Thylakoidmembran und werden als **Fotosysteme** bezeichnet. Höhere Pflanzen besitzen zwei Fotosysteme, Fotosystem I und II. Neben den verschiedenen lichtabsorbierenden Pigmenten befinden sich im Zentrum der Fotosysteme jeweils zwei besondere Moleküle. Auf sie wird die gesamte Energie der angeregten Elektronen übertragen. Diese besonderen Moleküle werden als **spezielles Paar** bezeichnet und haben eine spezifische Funktion in der Fotosynthese.

Die Chlorophylle und Carotinoide sind in die umgebenden Proteinkomplexe (▶3C) eingebettet. Dadurch werden sie in ihrer Position gehalten. Nur durch den engen Kontakt kann die Energie von einem Pigment zum nächsten übertragen werden. Dadurch wirken sie als Lichtsammelkomplex. Die Blattpigmente im Lichtsammelkomplex geben keine Elektronen weiter. Das erfolgt jeweils durch die speziellen Paare. Das spezielle Paar im Fotosystem II hat ein Absorptionsmaximum bei 680 nm. Deswegen wird es auch **P680** genannt. Das spezielle Paar im Fotosystem I bezeichnet man als **P700.** Nur vom P680 und P700 können angeregte Elektronen von Nichtpigmentmolekülen übernommen werden.

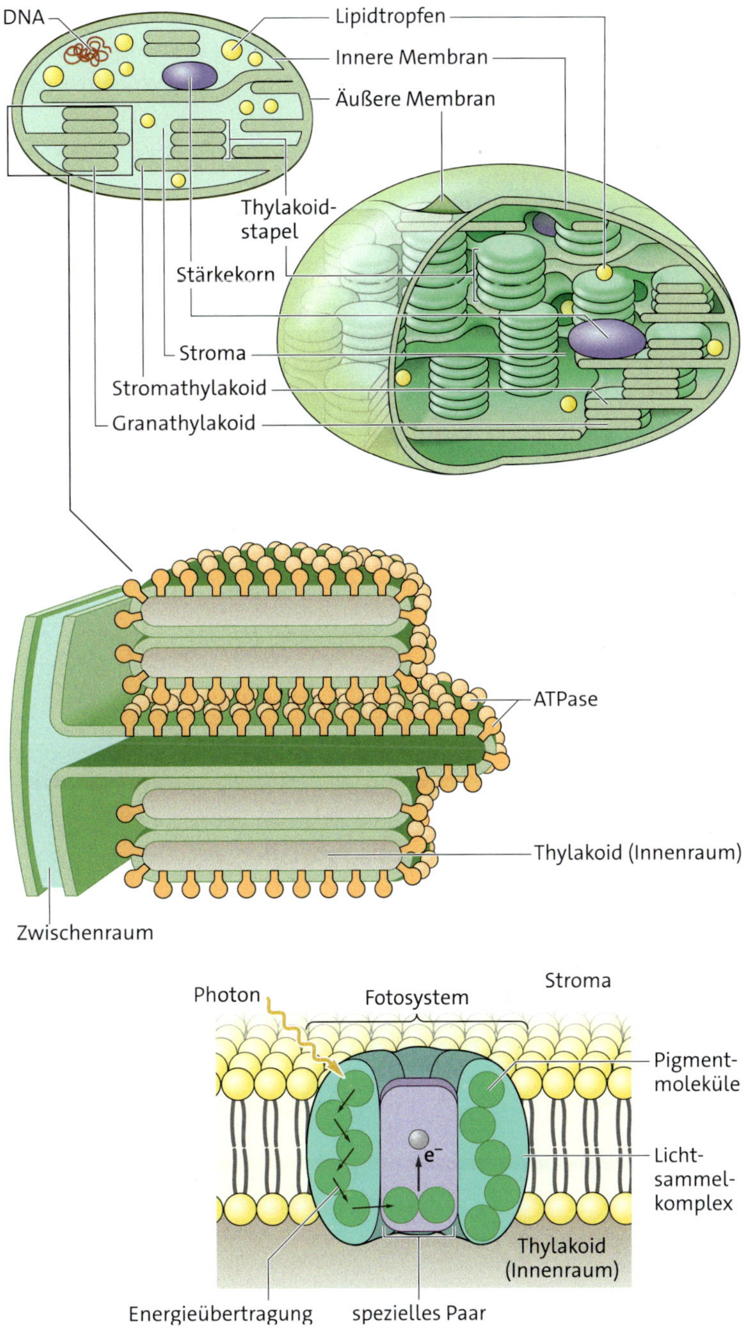

3 A Chloroplast Aufbau, **B** Ausschnitt aus der Chloroplastenmembran mit ATPasen, **C** Fotosystem in der Thylakoidmembran

1 Erklären Sie mithilfe des Modells, weshalb Laubblätter grün, Tomaten rot oder Bananen gelb gefärbt sind.

2 Beschreiben Sie die Struktur der Thylakoidmembran und erläutern Sie die Funktionsweise der Fotosysteme.

Wirkungsspektren • Um herauszufinden, bei welchen Wellenlängen des Lichts Fotosynthese besonders gut abläuft, führte Theodor Wilhelm Engelmann bereits in den 1880er-Jahren einen klassischen Versuch durch: Er zerlegte weißes Licht mithilfe eines Prismas in die Spektralfarben und bestrahlte damit einen Algenfaden der Gattung *Spirogyra spec.* Danach konnte er beobachten, dass sich Bakterien, die Sauerstoff zum Leben benötigen, besonders an den Stellen der Alge aufhielten, auf die blaues und rotes Licht fiel. Auch wenn man zum Beispiel Filter, die nur blaues, gelbes, grünes oder rotes Licht durchlassen, in den Lichtstrahl einer starken Lampe hält und damit Wasserpestsprosse belichtet, kann man anhand der jeweils entstehenden Gasbläschen auf die Sauerstoffproduktion bei der Fotosynthese schließen. Wertet man diese Versuche grafisch aus, erhält man das Wirkungsspektrum der Fotosynthese. Daraus geht hervor, dass blaues und rotes Licht für die Fotosynthese besonders wirksam ist.

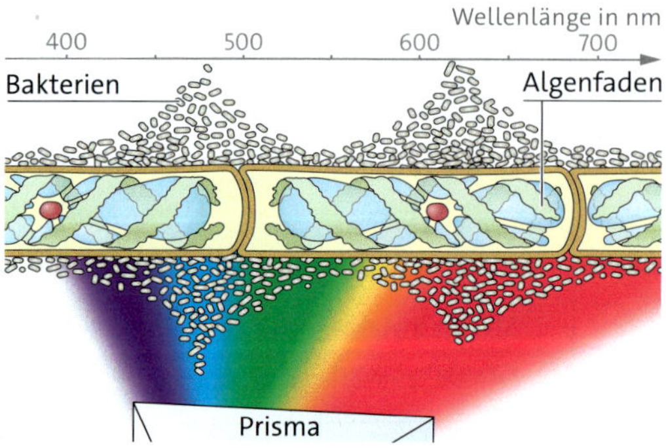

1 Engelmannscher Versuch

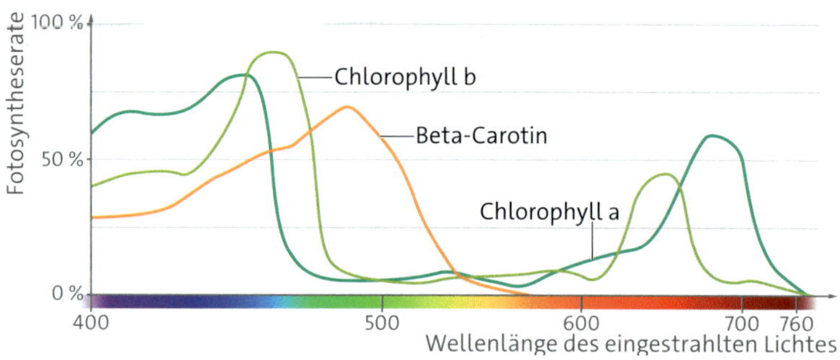

2 Absorptionsspektren verschiedener Blattfarbstoffe

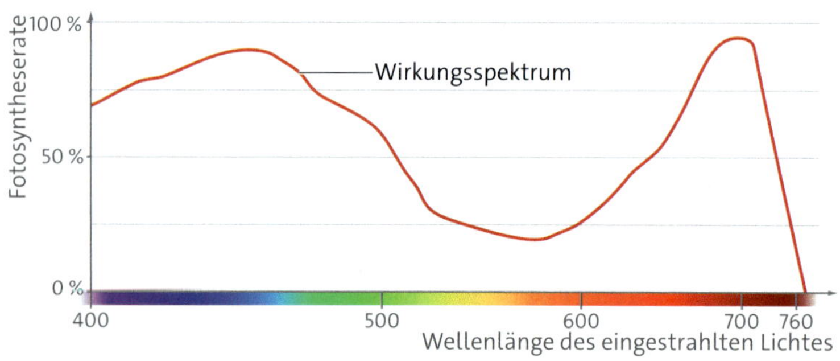

3 Wirkungsspektrum der Fotosynthese

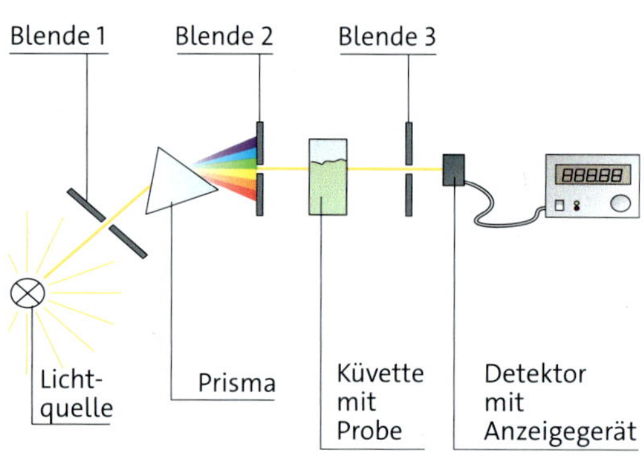

4 Strahlengang im Spektralfotometer

Absorptionsspektren • Die lichtabsorbierenden Farbstoffe in den Laubblättern nennt man **Blattpigmente.** Beispiele hierfür sind Chlorophyll a und b und Carotin. Man kann sie aus den Blättern extrahieren und durch chromatografische Verfahren isolieren. Bestrahlt man die Lösung eines isolierten Blattpigments mit Licht einer bestimmten Wellenlänge, kann man messen, wie viel des eingestrahlten Lichts von der Probe durchgelassen wird. Das Verhältnis der Intensität des eingestrahlten Lichts zu der Intensität des austretenden Lichts ist die **Extinktion**. Die Extinktion ist ein Maß für die Schwächung der Lichtintensität. Sie wird durch Absorption, Streuung und Reflexion verursacht.

Ein Apparat, mit dem man die Extinktion messen kann, ist das **Spektralfotometer**. Wird die Pigmentlösung in einer Küvette mit Licht verschiedener Wellenlängen bestrahlt, kann man das Absorptionsspektrum des jeweiligen Pigments bestimmen. Die Werte kann man dann grafisch darstellen. Die Absorptionsspektren der Blattpigmente zeigen, dass sie vor allem im roten und blauen Spektralbereich absorbieren.

Misst man die Fotosyntheserate in Abhängigkeit von der Wellenlänge des Lichtes, stellt man fest, dass die Fotosynthese vor allem bei denjenigen Wellenlängen stattfindet, bei denen die Blattpigmente Chlorophyll a und b und Carotin Licht absorbieren.

1 **Erläutern Sie, worauf man beim Kauf einer Gewächshausbeleuchtung achten sollte.**

Chromatografie

Will man wissen, aus welchen Komponenten ein Stoffgemisch besteht, so muss man diese isolieren und anschließend identifizieren. Häufig wird hierzu die Methode der Chromatografie verwendet. Dieses Verfahren wird in fast allen Forschungsbereichen der Biologie eingesetzt.

Die Chromatografie ist eine der wichtigsten Methoden zur Trennung von Stoffgemischen. Sie wurde Anfang des 20. Jahrhunderts von dem russischen Botaniker Michael Tswett entdeckt, der damit zum ersten Mal Blattfarbstoffe trennte. Heute versteht man darunter eine ganze Reihe von Verfahren, die nach dem gleichen Prinzip arbeiten. In der Biologie ist der Fortschritt der physiologischen Forschung eng mit der Anwendung und Weiterentwicklung der Chromatografie verbunden.

Wird ein Stoffgemisch durch eine feinporige oder poröse Trägerschicht bewegt, können die Komponenten getrennt werden. Dabei wird eine Flüssigkeit oder ein Gas, die mobile Phase, an einem Feststoff, der stationären Phase, vorbeitransportiert. Eine chromatografische Trennung des Stoffgemischs ist immer dann erfolgreich, wenn die verschiedenen Bestandteile des Gemischs

- unterschiedlich fest an die stationäre Phase binden, und/oder
- sich unterschiedlich gut in der mobilen Phase lösen.

Ein Stoff wird also umso weiter transportiert, je besser er sich in der mobilen Phase löst und je weniger gut er sich an die stationäre Phase anlagert. Diese Anlagerung nennt man Adsorption. Dieses Wechselspiel von Löslichkeit und Adsorption sorgt somit dafür, dass die Stoffe aus dem Gemisch unterschiedlich weit „wandern". Der Trennvorgang lässt sich bei Farbstoffgemischen direkt beobachten. Farblose Stoffe können – nach der chromatografischen Trennung – mit speziellen Farbreagenzien oder mithilfe von UV-Licht sichtbar gemacht werden.

Nach der eingesetzten mobilen Phase unterscheidet man Gas- und Flüssigkeitschromatografie. Die Flüssigkeit wird auch Laufmittel oder Fließmittel genannt. Je nach verwendeter stationärer Phase gibt es Papier-, Dünnschicht-, Säulen- und Gelchromatografie. Bei der Dünnschichtchromatografie werden Folien eingesetzt, die mit einer dünnen Trägerschicht, zum Beispiel Kieselgel oder Cellulose, beschichtet sind.

Führt man eine Dünnschichtchromatografie, kurz DC, eines Aceton-Extrakts aus grünen Blättern auf Kieselgelplatten durch und verwendet man ein Laufmittel aus 100 ml Petroleumbenzin, 10 ml Isopropanol und einem Tropfen (!) Wasser, so erkennt man nach etwa 40 min zwischen der Start- und Frontlinie die aufgefächerten Zonen der einzelnen Pigmente. Man erhält ein Chromatogramm.

Zu den Kenngrößen eines Chromatogramms zählt der **R_f-Wert.** Dieser gibt die Laufstrecke eines bestimmten Stoffes im Verhältnis zum Abstand zwischen Start- und Frontlinie wieder. Er ist jedoch von sehr vielen standardisierten Bedingungen abhängig. Da diese nur schwer reproduzierbar sind, lässt man in der Praxis zur Identifizierung bestimmter Stoffe oft einen bekannten Stoff mit dem Stoffgemisch mitlaufen. Darüber lässt sich der gesuchte Stoff ermitteln.

1 Ordnen Sie am Beispiel der im Text beschriebenen Dünnschichtchromatografie den folgenden Begriffen die passenden Materialien oder Stoffe zu: stationäre Phase, mobile Phase, Stoffgemisch, Laufmittelfront, Chromatogramm.

2 Berechnen Sie exemplarisch aus dem in Abbildung 1 dargestellten Chromatogramm den R_f-Wert von Chlorophyll b. Verwenden Sie dazu folgende Formel:

$$R_f = \frac{S}{L} = \frac{\text{Laufstrecke der Substanz}}{\text{Laufstrecke des Laufmittels}}$$

3 Erläutern Sie, weshalb Carotin unter den angegebenen Bedingungen weiter läuft, also einen größeren R_f-Wert hat als Chlorophyll a oder Chlorophyll b.

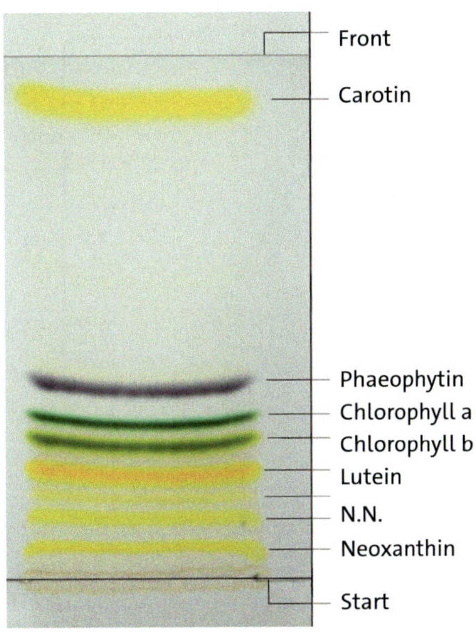

1 Chromatogramm von Blattpigmenten

Erforschen von Stoffwechselprozessen mit Tracern

Das mikroskopische Bild einer Zelle liefert für sich alleine keine Informationen über die in der Zelle ablaufenden Stoffwechselvorgänge. Um diese zu erforschen, werden die zu untersuchenden Moleküle markiert und so ihre Verteilung in der Zelle und ihr Weg durch die Zellbestandteile sichtbar gemacht. Auf diese Weise lässt sich die Spur der Moleküle im Stoffwechsel einer Zelle oder eines Organismus verfolgen. Solche *Aufspürsubstanzen* heißen **Tracer**. Tracer können mit verschiedenen Methoden in der Zelle oder dem Organismus aufgespürt und bildlich dargestellt werden. Solche Untersuchungsmethoden nennt man in der Medizin *bildgebende Verfahren*.

Isotopen als Tracer • Viele chemische Elemente kommen in der Natur in verschiedenen Varianten vor, die sich in ihren chemischen Eigenschaften gleichen, aber aufgrund der Anzahl an Neutronen in ihrer Atommasse und damit in ihren physikalischen Eigenschaften unterscheiden. Solche Elemente heißen *Isotope*. Das Element Stickstoff zum Beispiel kommt als leichtes Stickstoffisotop ^{14}N und schweres Stickstoffisotop ^{15}N vor.

Isotope eignen sich zur Herstellung von Tracer-Molekülen. Das Stickstoffisotop ^{15}N verwendet man zum Beispiel bei der Erforschung der DNA-Replikation. Andere Isotope sind instabil und geben spontan Beta- oder Gammastrahlung ab. Solche strahlenden Isotope bezeichnet man als *radioaktiv*. Dazu gehören die schwach radioaktiven Isotope des Kohlenstoffs, ^{14}C, das Tritium, ^{3}H, und der Phosphor, ^{32}P. Im Labor können sie genutzt werden, um zum Beispiel radioaktiv markierte Aminosäuren oder DNA-Bausteine herzustellen.

Sichtbarmachen mit Autoradiografie • Lebewesen können zwischen den verschiedenen Isotopen nicht unterscheiden, sie nehmen ohne Unterschied an den Stoffwechselprozessen teil. Wenn man in Zellen kurzzeitig für Sekunden oder Minuten radioaktiv markierte Aminosäuren einbringt, nutzen sie diese für den Aufbau von Proteinen. Untersucht man anschließend die Zellen zu verschiedenen Zeiten, kann man erkennen, wo in den Zellen zuerst vermehrt Strahlung auftaucht und welche Wege die hergestellten Moleküle durch die Zelle nehmen.

Mithilfe der Autoradiografie konnte bereits 1967 die Beteiligung der verschiedenen Zellorganellen an der Synthese von Insulin in Bauchspeicheldrüsenzellen aufgeklärt werden. Die von den Zellen für die Insulinsynthese genutzte Aminosäure ^{3}H-Leucin wurde radioaktiv markiert. Anschließend wurden die Bauchspeicheldrüsenzellen in verschiedenen zeitlichen Abständen tiefgefroren und für die elektronenmikroskopische Untersuchung präpariert. Radioaktive Strahlung hinterlässt auf Fotofilmen körnige Schwärzungen. Hat man das Präparat mit einer entsprechenden Fotoemulsion überschichtet, so erscheinen die Stellen, an denen sich radioaktiv markierte Aminosäuren befinden, im elektronenmikroskopischen Bild schwarz. Diese körnigen Schwärzungen lassen sich zählen und Zellbestandteilen zuordnen. Auf diese Weise konnte anhand der zeitlichen Abfolge der auftretenden Radioaktivität in den Zellbestandteilen die Insulinsynthese rekonstruiert werden.

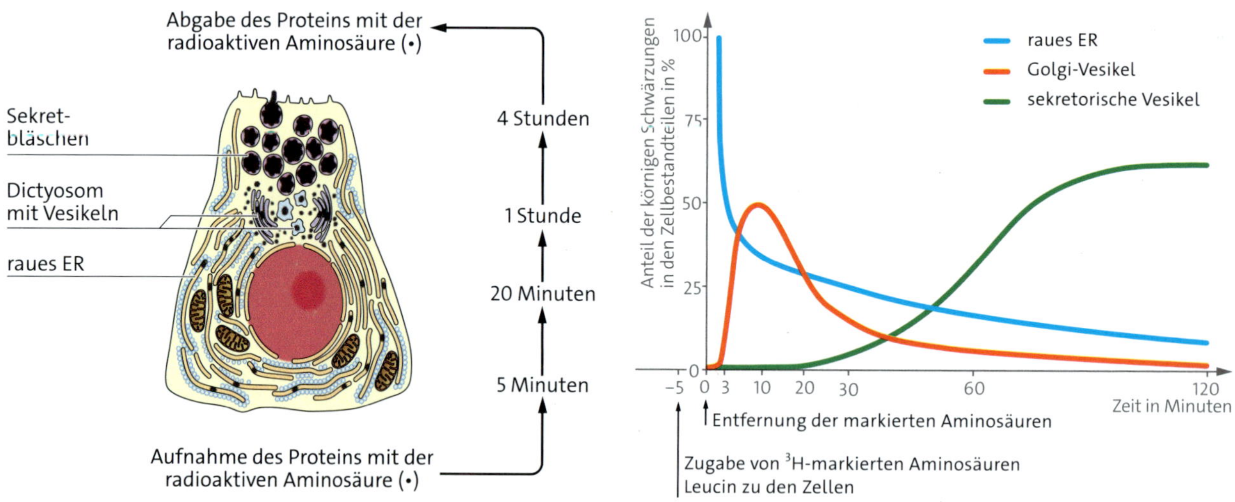

1 Aufklärung der Proteinsynthese und des Proteintransports in einer Drüsenzelle der Bauchspeicheldrüse: **A** Schema einer Pankreaszelle nach Isoptopenmarkierung mit ^{3}H-Leucin, **B** prozentualer Anteil der autoradiografischen Schwärzungen in den verschiedenen Zellorganellen

Nutzung von Tracern zur Aufklärung der Fotosynthese • Mithilfe eines Tracerversuchs konnte in der Mitte des letzten Jahrhunderts eine entscheidende Erkenntnis zur Fotosynthese gemacht werden. Bis dahin war unklar, ob der bei der Fotosynthese von Pflanzen freigesetzte Sauerstoff aus dem Kohlenstoffdioxid oder aus dem Wasser stammt. Um die Hypothese zu prüfen, ob der Sauerstoff aus dem aufgenommenen Kohlenstoffdioxid stammt, nutzten die Forscher das natürlich vorkommende Sauerstoffisotop ^{18}O, das sich von dem sehr viel häufiger vorkommenden Sauerstoffisotop ^{16}O durch ein etwas höheres Atommasse auszeichnet. In einem Versuch gaben sie zu einer Suspension von Chlorellaalgen Wasser, das mit ^{18}O markiert wurde, $H_2{}^{18}O$, und versorgten die Algen mit Kohlenstoffdioxid der $^{16}O_2$ enthielt, $C^{16}O_2$. In einem zweiten Versuch versorgte man die Pflanzen mit ^{18}O-markiertem Kohlenstoffdioxid, während das aufgenommene Wasser ^{16}O enthielt. Mithilfe eines Massenspektrometers, das kleinste Unterschiede in der Masse von Atomen zeigt, untersuchten sie nach einiger Zeit der Belichtung das Verhältnis der beiden Isotopen zueinander in der Luft. Nur im ersten Versuchsansatz konnte nachgewiesen werden, dass die Menge an ^{18}O gegenüber ^{16}O in der Luft zunahm. Dadurch wurde die ursprüngliche Hypothese über die Herkunft des Sauerstoffs falsifiziert. Dieser Nachweis führte zur Korrektur der Bilanzgleichung der Fotosynthese und zur intensiven Erforschung der Spaltung des Wassers mithilfe von Sonnenlicht, (► S. 494). Calvin gelang es dann in ausgeklügelten Tracerexperimenten mit radioaktiv markiertem $^{14}CO_2$ die Nutzung des CO_2 während der Fotosynthese zu verfolgen und autoradiografisch in einem Chromatogramm sichtbar zu machen (► S. 492). So konnte er systematisch einen der wichtigsten Stoffwechselkreisläufe aufklären, der nach ihm Calvin-Zyklus genannt wird.

Antikörper als Tracer • Antikörper lassen sich als Tracer nutzen, da sie sehr spezifisch an bestimmte Merkmale von Krankheitserregern, Zellen und Fremdstoffe binden. Dazu werden passende Antikörper im Labor von antikörperproduzierenden Immunzellen hergestellt und mit einer fluoreszierenden oder radioaktiven Substanz verknüpft. Mithilfe der so hergestellten Tracer lassen sich zum Beispiel das Vorkommen von Tumorzellen in einem Gewebe oder die Bindungsstellen von Stoffen und Erregern sichtbar machen.

Leuchtproteine als Tracer • Die zufällige Entdeckung eines grün fluoreszierenden Proteins, kurz GFP, in der Tiefseequelle *Aequorea* hat eine Revolution in der Erforschung lebender Zellen mit Hilfe von Leuchtproteinen ausgelöst. Mit gentechnischen Methoden stellen Forschende die genetische Bauanleitung für das GFP her und schleusen es gekoppelt mit Genen, deren Wirkung untersucht werden soll, in den Organismus ein. Wird das zu untersuchende, eingeschleuste Gen aktiviert, führt das auch zur Aktivierung des gekoppelten GFP-Gens. Das wird durch ein grünes Aufleuchten unter geeigneter Beleuchtung erkennbar.

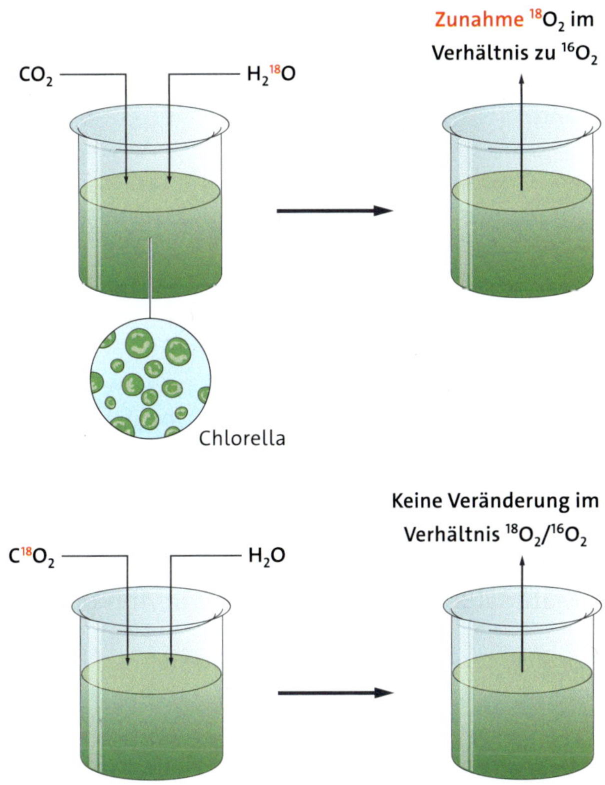

2 Nachweisexperiment zur Herkunft des Sauerstoffs bei der Fotosynthese.

1 Beschreiben Sie wesentliche Merkmale, Prinzipien und Vorteile der dargestellten Tracermethoden für die Erforschung von Stoffwechselvorgängen.

2 Erläutern Sie die Vorgehensweise und die Ergebnisse der eingesetzten Tracermethode bei der Erforschung der Funktion von Zellorganellen anhand der Abbildung 1.

3 Werten Sie das Tracerexperiment zur Fotosynthese (► 2) aus und erläutern Sie die Bedeutung des Tracers für den Nachweis des Verbleibs eines Stoffes im Stoffwechsel. Vergleichen Sie mit dem Experiment, das Calvin zur Aufklärung der Fixierung von Kohlenstoffdioxid in der Fotosynthese durchführte (► S. 492)

4 Erläutern Sie die Notwendigkeit des Einsatzes von verschiedenen Methoden zum Sichtbarmachen der eingesetzten Tracer.

Material A Fotosyntheserate bei Starklicht und Schwachlicht

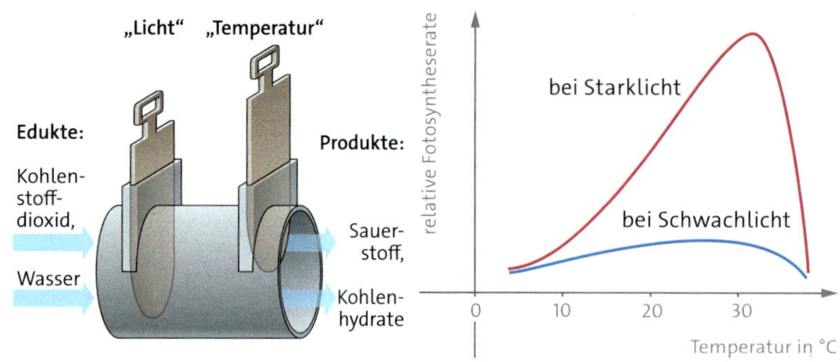

Die Abbildung zeigt modellhaft ein Reaktionsrohr, welches die Fotosyntheserate bei Starklicht und Schwachlicht sowie bei unterschiedlichen Temperaturen veranschaulichen soll. Mithilfe von zwei Schiebern kann die Lichtintensität und Temperaturintensität kontinuierlich geregelt werden.

1 Beschreiben und vergleichen Sie die Ergebnisse der Fotosynthesemessung bei Starklicht und Schwachlicht.

2 Erläutern Sie die modellhafte Abbildung, indem Sie erklären, welche Konsequenzen verschiedene Positionen der Verschlusseinrichtungen auf den Durchfluss der Stoffe haben.

3 Erläutern Sie den Einfluss von Licht und Temperatur auf die Fotosyntheserate und vergleichen Sie diese mit den Aussagen des Gedankenexperimentes im Modell.

Material B Tracer-Experimente zur Aufklärung der Synthesereaktion

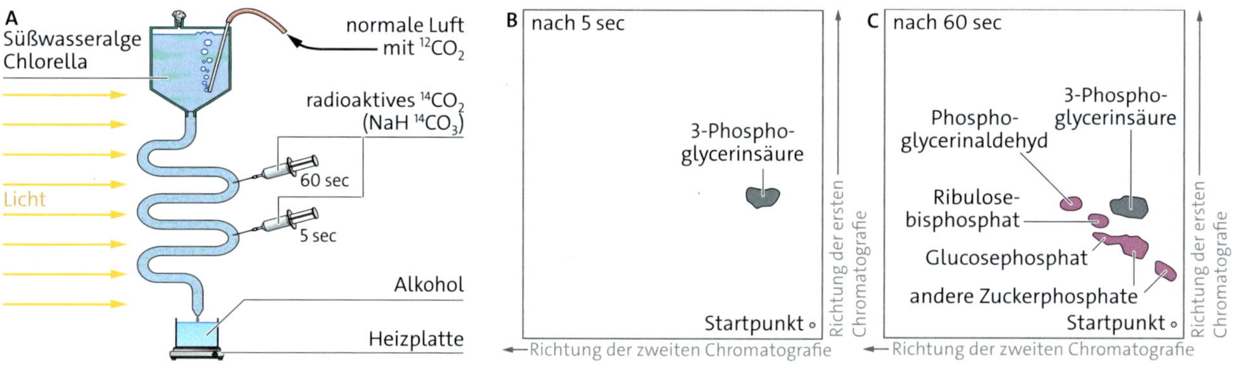

B1 A Algenkultur mit radioaktivem Kohlenstoff, **B** Autoradiogramm 5 s nach Zugabe von $^{14}CO_2$, **C** Autoradiogramm 60 s nach Zugabe von $^{14}CO_2$

Zur Aufklärung der Vorgänge während der lichtunabhängigen Reaktion der Fotosynthese wurde mit radioaktiv markiertem Kohlenstoff $^{14}CO_2$ in Form von $NaH^{14}CO_3$ gearbeitet. Die Algen fließen durch einen transparenten Schlauch nach unten in siedenden Alkohol. Dort werden sie abgetötet und man kann die Inhaltsstoffe untersuchen. Die Algen betreiben zunächst Fotosynthese mit nicht-radioaktivem $^{12}CO_2$. Im Schlauch wird zu einem bestimmten Zeitpunkt $^{14}CO_2$ zugeführt. Die Algen bauen das radioaktive Isotop $^{14}CO_2$ genauso ein wie $^{12}CO_2$. Mithilfe des radioaktiven $^{14}CO_2$ - Tracers kann man daher den Weg des Kohlenstoffs vom Kohlenstoffdioxid bis in das Endprodukt Glucose verfolgen. Das Verfahren nennt man Autoradiografie. Die abgetötete Algenprobe wird mit zwei verschiedenen Laufmitteln nacheinander in zwei Richtungen chromatografiert. Dadurch erfolgt eine gute Auftrennung der Stoffe.

1 Beschreiben Sie den Versuchsablauf und erläutern Sie, auf welche Weise die verschiedene Reaktionszeiten für den Einbau des $^{14}CO_2$ bestimmt werden. (► **A**)

2 Beschreiben Sie die Ergebnisse, die man aus Abbildung B und C gewinnen kann, und erläutern Sie das experimentelle Verfahren.

3 Erläutern Sie anhand des durchgeführten Versuchs den Begriff Tracer-Experiment, indem Sie von der Wortbedeutung (engl. trace = Spur) ausgehen.

4 Erläutern Sie, wie mithilfe der Autoradiogramme die Reihenfolge der Bildung von Stoffen im Calvin-Zyklus abgeleitet werden kann. (► **B** und **C**)

Material C Nachweis der sekundären Assimilationsprodukte Glucose und anderer Zucker

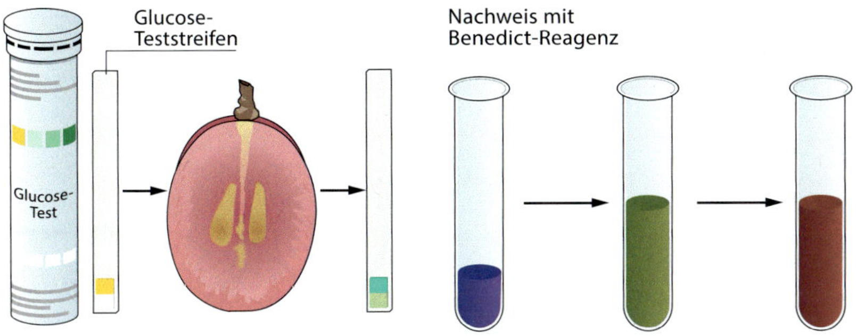

Bei der Fotosynthese wird im Chloroplasten Stärke gespeichert. Im Zellplasma können als sekundäre Produkte Glucose, Fructose und Saccharose gebildet werden. In einigen Zellen lassen sie sich anreichern. Zum Nachweis gibt es verschiedene Verfahren. Glucosegehalte kann man mit Teststäbchen bestimmen. Reduzierende Zucker lassen sich mit Fehlingscher Lösung oder Benedict-Reagenz nachweisen. Saccharose kann man mit Säure spalten und dann reduzierende Zucker nachweisen.

1 Recherchieren Sie, wie die Nachweise durchgeführt werden und wie spezifisch sie sind.

2 Planen Sie eine Versuchsreihe zur Bestimmung des Zuckergehalts in verschiedenen Reifestadien von Früchten. Führen Sie die Versuche, soweit es möglich ist, durch.

Material D Rotalgen

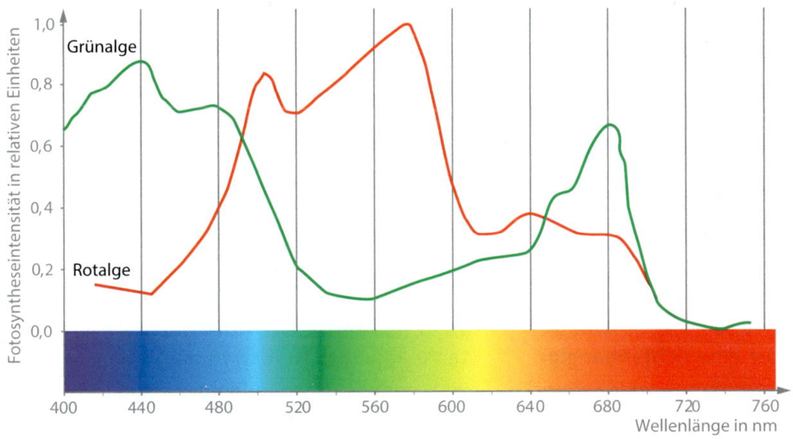

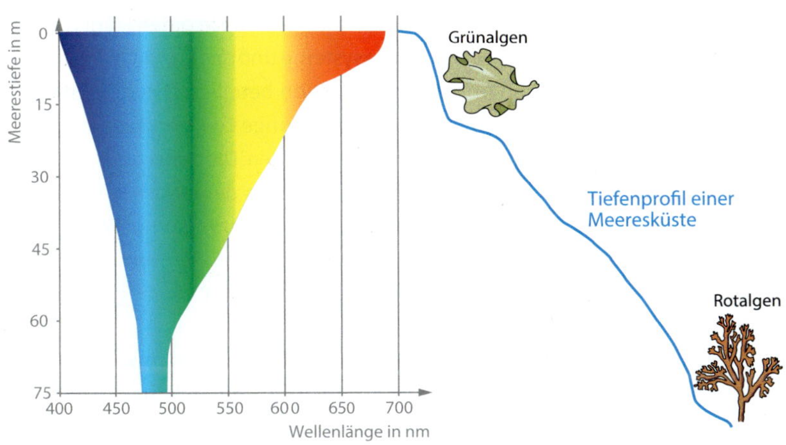

Rotalgen decken ihren Energiebedarf durch Fotosynthese. Ihre Färbung ist auf Fotosynthese-Pigmente zurückzuführen, die als Phycobiliproteine bezeichnet werden. Dafür fehlt ihnen das Chlorophyll b.

Rotalgen sind bis in Wassertiefen von mehr als 250 m anzutreffen. Dort beträgt die Lichtintensität nur 0,001 % des Oberflächenlichts. Deswegen unterscheidet sich das Wirkungsspektrum der Fotosynthese erheblich von dem der Grünalgen, die Engelmann untersucht hatte.

1 Beschreiben Sie die Diagramme.

2 Erläutern Sie den Unterschied zwischen Rotalgen und Grünalgen hinsichtlich ihrer Wirkungsspektren.

3 Erklären Sie, warum Grünalgen nur dicht unter der Wasseroberfläche, Rotalgen jedoch auch in tiefem Wasser wachsen.

6.2 Ablauf der Fotosynthese

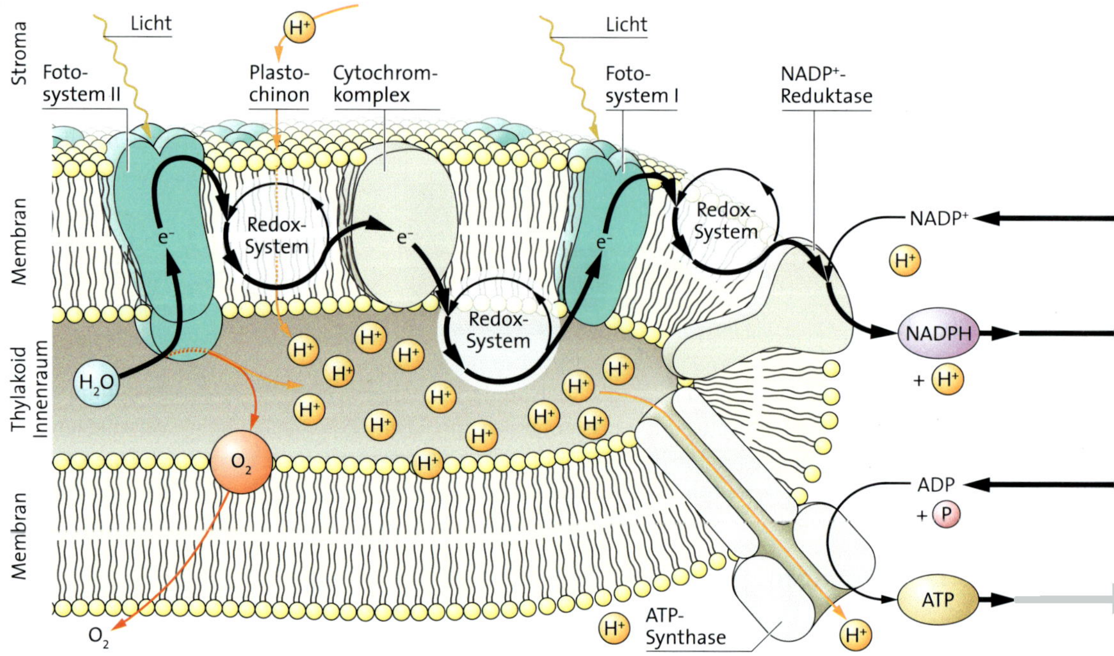

1 Lichtabhängige Reaktion, Schema mit Elektronentransport und Protonenfluss

Bei der Fotosynthese nutzt die Pflanze einen Teil des Sonnenlichts zur Produktion körpereigener Stoffe. Durch welche Vorgänge in den Chloroplasten an den Thylakoidmembranen wird dies möglich?

Lichtabhängige Reaktion • Bei der Fotosynthese werden Kohlenstoffdioxid und Wasser verbraucht sowie Sauerstoff und Kohlenhydrate produziert. Dies erfolgt innerhalb der Chloroplasten in zwei verschiedenen Reaktionen: Auf eine lichtabhängige Primärreaktion folgt eine lichtunabhängige Sekundärreaktion. Untersuchungen belegten, dass die lichtabhängige Reaktion an die Thylakoide gebunden ist, während die lichtunabhängige Reaktion im Stroma abläuft. Die Aufteilung der Reaktionen folgt damit dem Prinzip der Kompartimentierung.

Zur Produktion von Kohlenhydraten nutzt die Pflanze ATP, das sie in der lichtabhängigen Primärreaktion bildet. In den 1950er-Jahren wurde durch Experimente bewiesen, dass bei diesem Prozess die zelleigenen Stoffe $NADP^+$ zu NADPH + H^+ und ADP + P in ATP umgewandelt werden. $NADP^+$ nimmt hierbei Elektronen auf. Das nennt man Reduktion. Die Abgabe von Elektronen wird als Oxidation bezeichnet. Beide Reaktionen sind stets miteinander verbunden. Man spricht daher von einer Redoxreaktion.

Das grundlegende Problem bei der lichtabhängigen Reaktion besteht darin, fest gebundene Elektronen aus dem Wassermolekül auf $NADP^+$ zu übertragen und es somit zu reduzieren. Da Elektronen energetisch nur „abwärtsfließen" können, müssen sie vorher Energie aufnehmen. Der Energiebedarf ist jedoch so groß, dass zwei hintereinandergeschaltete Fotosysteme angeregt werden müssen. Erst diese von dem US-amerikanischen Biologen Robert Emerson 1957 entdeckte zweifache Energieaufnahme reicht für die Reduktion des $NADP^+$ aus. Nach heutigem Kenntnisstand sind neben den beiden Fotosystemen weitere Redoxsysteme und das Enzym ATP-Synthase an der Primärreaktion beteiligt. Die Redoxsysteme sind über eine zweistufige **Elektronentransportkette** miteinander verbunden. Die dabei transportierten Elektronen stammen aus dem Wasser. Bei dessen Spaltung mithilfe eines Enzymkomplexes werden außerdem H^+-Ionen, also Protonen, und elementarer Sauerstoff freigesetzt. Diesen Vorgang nennt man **Fotolyse des Wassers.**

Gleichzeitig mit den Elektronentransporten werden vom Redoxsystem Plastochinon H^+-Ionen in das Innere der Thylakoide transportiert. Diese erzeugen zusammen mit den aus der Wasserspaltung stammenden H^+-Ionen einen Protonengradienten zwischen Thylakoidinnenraum und Stroma. Die Diffu-

$NADP^+$/NADPH+H^+ = Nicotinamid-Adenin-Dinucleotid-phosphat

ATP = Adenosin-triphosphat

ADP = Adenosin-diphosphat

P = Phosphatrest

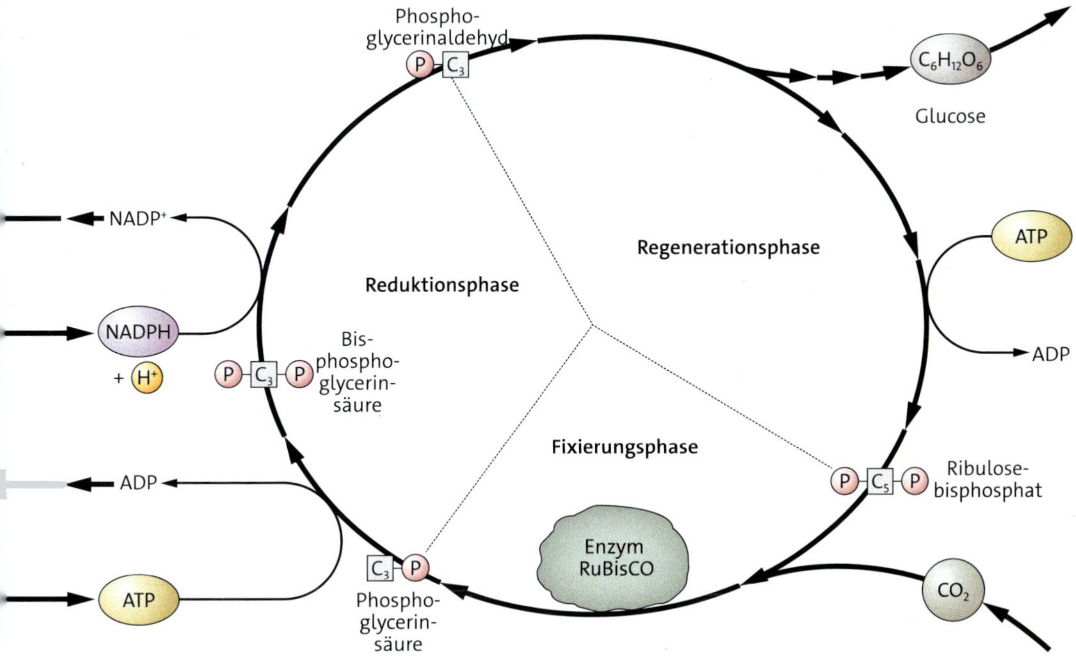

2 Lichtunabhängige Reaktion (Calvin-Zyklus), stark vereinfacht

sion von H^+-Ionen ins Stroma liefert Energie für die ATP-Bildung, die durch einen Proteinkomplex, der ATP-Synthase, katalysiert wird. Auch bei der Zellatmung in den Mitochondrien findet sich das Prinzip der chemiosmotischen ATP-Bildung durch einen Protonengradienten. Bei der Fotosynthese in den Chloroplasten heißt dieser Prozess **Fotophosphorylierung**. Er liefert die erforderlichen H^+-Ionen zur Komplettierung des NADPH + H^+. Aus Wasser, $NADP^+$ und ADP + P entsteht in der Primärreaktion Sauerstoff, NADPH + H^+ und ATP. In diesem Prozess findet eine Energieumwandlung statt. Die Lichtenergie wird in chemischen Bindungen von reduziertem NADPH + H^+ und ATP gespeichert. Diese sind Ausgangsstoffe für die nachfolgenden Reaktionen.

Lichtunabhängige Reaktion • Kern der lichtunabhängigen Reaktion der Fotosynthese ist ein zyklischer Reaktionsablauf, der **Calvin-Zyklus** genannt wird. In diesem Zyklus, der ohne Licht auskommt, werden die vorab in der lichtabhängigen Reaktion gebildeten Stoffe NADPH + H^+ und ATP verwendet, um Kohlenstoffdioxid zu Kohlenhydraten zu reduzieren. Wie bei allen Stoffwechselprozessen wird jeder Reaktionsschritt spezifisch von einem Enzym katalysiert und auch reguliert. Die lichtunabhängige Reaktion der Fotosynthese lässt sich in drei Phasen gliedern:

In der **Fixierungsphase** reagiert Kohlenstoffdioxid unter Wirkung des Schlüsselenzyms Ribulose-1,5-bisphosphat-Carboxylase, kurz RuBisCO, mit dem C_5-Zucker Ribulosebisphosphat. Das entstehende Produkt zerfällt sofort in zwei Moleküle 3-Phosphoglycerat, kurz 3-PGS.

Die **Reduktionsphase** wird eingeleitet mit der Reaktion von 3-PGS mit ATP zu Bis-Phosphoglycerinsäure und ADP. Dieses „energiereiche" 3-PGS kann nun von dem in der lichtabhängigen Reaktion gebildeten NADPH + H^+ zu 3-Phosphoglycerinaldehyd, kurz 3-PGA, reduziert werden. Das dabei entstehende $NADP^+$ und das ADP stehen für die lichtabhängige Reaktion wieder zur Verfügung.

Die **Regenerationsphase** erfolgt, wenn hinreichend 3-PGA entstanden ist. In einer komplexen Reaktionsfolge wird Ribulosebisphosphats regeneriert: Zehn Moleküle 3-PGA reagieren zu sechs Molekülen Ribulosebisphosphat. Gleichzeitig kann aus zwei 3-PGA-Molekülen ein Glucosemolekül entstehen.

Für die Fotosynthese lässt sich demnach folgende Reaktionsgleichung formulieren:

$$12\ H_2O + 6\ CO_2 + 12\ NADPH + H^+ + 18\ ATP$$
$$\rightarrow C_6H_{12}O_6 + 6\ H_2O + 6\ O_2 + 12\ NADP^+ + 18\ ADP + P$$

Es entsteht jedoch nur formal ein Glucosemolekül, denn ein großer Teil des 3-PGA fließt sofort in andere Stoffwechselwege.

C_4-Pflanzen • Viele Pflanzen binden das Kohlenstoffdioxid für die Fotosynthese in einer Reaktion, bei der sie 3-Phosphoglycerinsäure bilden. Deren Moleküle enthalten drei Kohlenstoffatome. Zur Unterscheidung von Pflanzen mit anderen Stoffwechselwegen bei der Fotosynthese nennt man sie **C_3-Pflanzen**. Bei anderen Pflanzen, wie beim Mais, entsteht dagegen beim Einbau von Kohlenstoffdioxid zunächst Oxalacetat, ein Stoff mit vier Kohlenstoffatomen je Molekül. Man bezeichnet sie deshalb als **C_4-Pflanzen**.

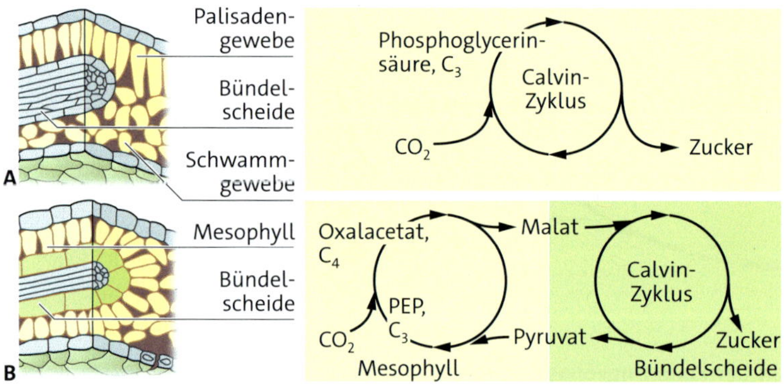

1 Blattaufbau und Stoffwechselweg: A C_3-Pflanze, B C_4-Pflanze

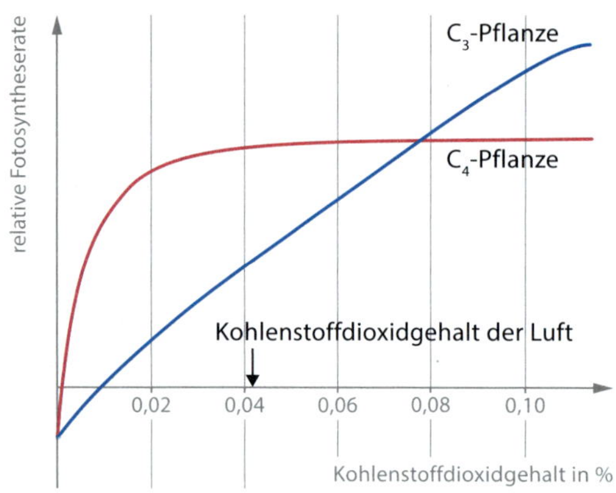

2 Fotosyntheseleistung bei einer C_3- und einer C_4-Pflanze im Laborversuch

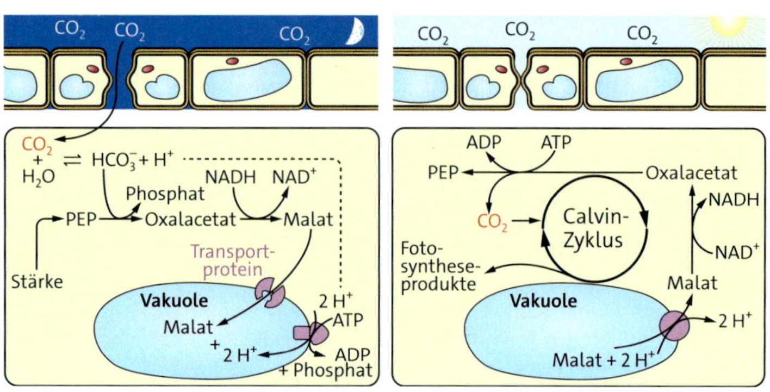

3 Fotosynthesestoffwechsel bei CAM-Pflanzen

In Laborversuchen wachsen C_4-Pflanzen bei geringen Kohlenstoffdioxidkonzentrationen in der Luft besser als C_3-Pflanzen. Letztere haben allerdings eine höhere maximale Fotosyntheserate. An natürlichen Standorten ist der Kohlenstoffdioxidgehalt der Luft so hoch, dass C_4-Pflanzen, im Unterschied zu C_3-Pflanzen, ihre maximale Fotosyntheseleistung erreichen können.

An trockenen Standorten verengen C_4-Pflanzen tagsüber ihre Spaltöffnungen, sodass die Verdunstung verringert wird. Dadurch gelangt nur sehr wenig Kohlenstoffdioxid in ihre Zellen. In den Mesophyllzellen arbeitet ein Enzym, das Kohlenstoffdioxid und Phosphoenolpyruvat, PEP, miteinander reagieren lässt. Das entstandene Oxalacetat wird in Malat umgewandelt.
Malat gelangt über Plasmodesmen in Bündelscheidezellen, wo es das Kohlenstoffdioxid wieder abgibt. Dieses reichert sich hier an. Mithilfe des Enzyms RuBisCo kann jetzt 3-Phosphoglycerinsäure hergestellt werden. Der Calvin-Zyklus läuft ab. So werden bei einer C_4-Pflanze die Kohlenstoffdioxidfixierung in der Zelle und die Weiterverarbeitung räumlich getrennt.

CAM-Pflanzen • Bei einigen Pflanzen trockener Standorte wie dem Geldbaum erfolgt die Trennung zeitlich. Sie öffnen ihre Spaltöffnungen nachts und speichern Kohlenstoffdioxid durch die Bildung von Malat, das sie in ihren Vakuolen anreichern. Auch H^+-Ionen werden in die Vakuole transportiert. Der Vakuolensaft wird stärker sauer. Bei Licht betreiben diese Pflanzen Fotosynthese. Gespeichertes Malat und H^+-Ionen verlassen die Vakuole. Der Vakuolensaft wird wieder weniger sauer. Aus Malat wird Kohlenstoffdioxid freigesetzt. Der Calvin-Zyklus kann ablaufen. Da dieser Stoffwechsel zunächst bei Dickblattgewächsen, Crassulaceen, beobachtet wurde, nennt man ihn englisch Crassulacean Acid Metabolism, CAM. Der in der Fotosynthese gebildete Sauerstoff reichert sich dabei an und mindert die Fotosyntheseleistung. CAM-Pflanzen haben allerdings an Standorten mit extremem Wassermangel einen ökologischen Konkurrenzvorteil gegenüber C_3- und C_4-Pflanzen.

1 Vergleichen Sie die Fotosynthese von C_3-, C_4- und CAM-Pflanzen.

Material A Temperaturoptima von C_3-, C_4- und CAM-Pflanzen

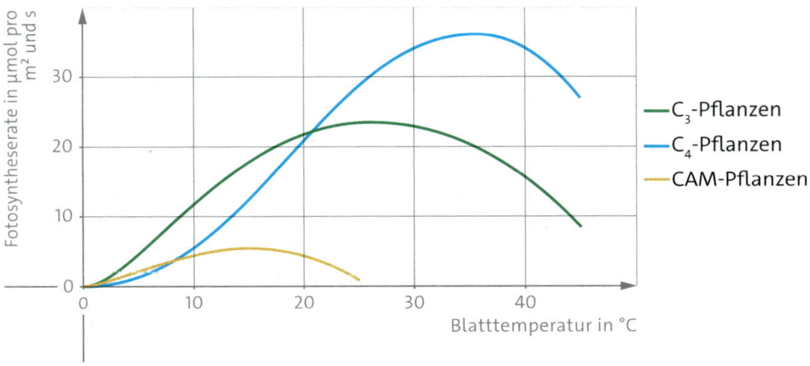

In einem Versuch wurde die Fotosyntheserate bei C_3-, C_4- und CAM-Pflanzen in Abhängigkeit von der Blatttemperatur anhand der Menge der Kohlenstoffdioxidfixierung gemessen.

1 Beschreiben Sie das Versuchsergebnis mithilfe des Diagramms.

2 Deuten Sie das Versuchsergebnis als Angepasstheit an die jeweils typischen Standortbedingungen.

Material B Sukkulenz als Angepasstheit an trockene Standorte

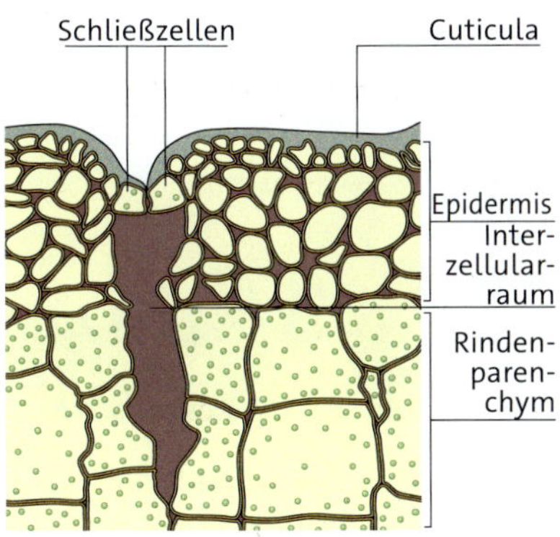

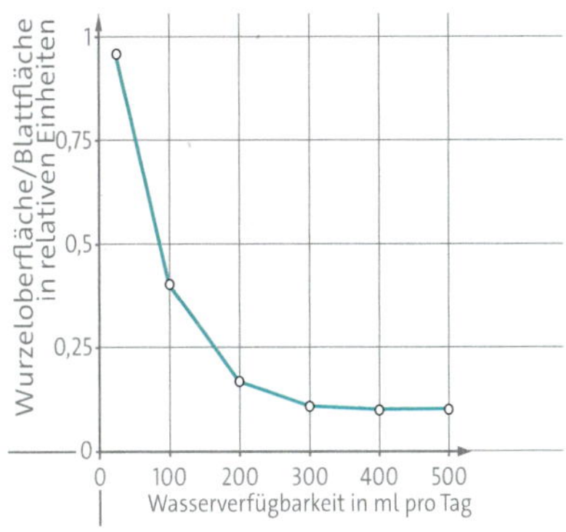

Säulenkakteen der Gattung *Cereus* sind in südamerikanischen Trockengebieten verbreitet. Diese CAM-Pflanzen bilden stark verdickte Sprossachsen und werden daher als Stammsukkulenten bezeichnet. Ihre Blätter haben sich im Laufe der Evolution zurückgebildet. Das Innere der Sprossachsen besteht aus großlumigen, wasserreichen Rindenparenchymzellen. Nur die nah an der Epidermis liegenden Zellen dieses Gewebes besitzen Chloroplasten.

1 Erläutern Sie die Angepasstheit von Säulenkakteen an trockene Standortbedingungen.

2 Beschreiben und deuten Sie das Verhältnis von Wurzeloberfläche und Blattfläche in Abhängigkeit von der Wasserverfügbarkeit.

Material C Fotosynthese bei Schwefelpurpurbakterien

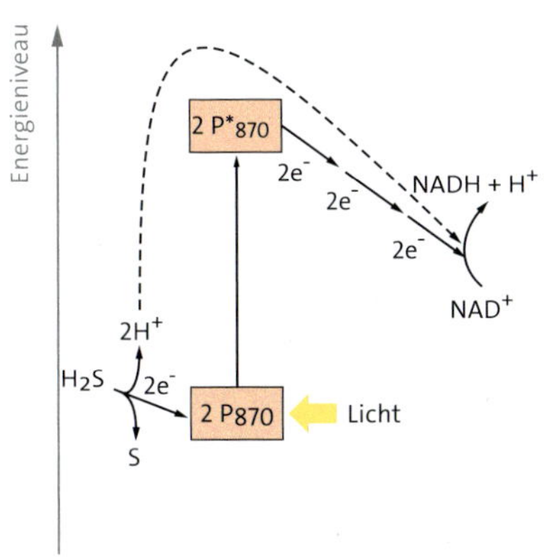

Die Abbildung zeigt schematisch, wie die Elektronenanregung und der Elektronentransport in der lichtabhängigen Reaktion bei den zu den Archaeen gehörenden Schwefelpurpurbakterien ablaufen. Nicht dargestellt sind Protonenfluss und ATP-Synthese. Beide finden analog zu den entsprechenden Vorgängen bei Pflanzen statt. Dies gilt auch für die lichtunabhängige Reaktion, die praktisch in gleicher Weise wie bei den grünen Pflanzen verläuft.

1 Vergleichen Sie die lichtabhängige Reaktion bei Schwefelpurpurbakterien und bei Pflanzen.

2 Formulieren Sie die Gesamtgleichung der Fotosynthese bei Schwefelpurpurbakterien.

3 Begründen Sie, weshalb die Fotosynthese bei Schwefelpurpurbakterien die Erkenntnis unterstützt, dass bei Pflanzen der Sauerstoff aus dem Wasser entsteht.

6.3 Einfluss von Außenfaktoren

1 Tomatenpflanzen im Gewächshaus

Viele Hobbygärtner haben Spaß daran, im eigenen Garten Tomaten anzubauen. Der Ertrag bleibt aber oft gering. Beim gewerbsmäßigen Anbau im Gewächshaus werden dagegen hohe Ernteerträge erzielt. Worauf ist das zurückzuführen?

Produktion durch Fotosynthese • Im Prozess der Fotosynthese synthetisiert die Pflanze mithilfe von Licht organisches Material, die Biomasse. Diese dient allen anderen lebenden Organismen direkt oder indirekt als Nahrung. Die Produktivitat der Fotosynthese ist daher von entscheidender Bedeutung. Ein Gärtner hat Interesse daran, einen möglich hohen Ertrag zum Beispiel an Tomaten zu erwirtschaften. Für den Gärtner ist es interessant zu wissen, welchen Einfluss verschiedene Umweltfaktoren auf die Fotosynthese nehmen. Die Geschwindigkeit, mit der die Fotosynthese abläuft, nennt man Fotosyntheserate. Will man die Fotosyntheserate überprüfen, ist die Kenntnis der Fotosyntheseformel hilfreich:

Fotosyntheserate = Sauerstoffproduktion pro Blattflächen- und Zeiteinheit

$$6\,CO_2 + 12\,H_2O \rightarrow C_6H_{12}O_6 + 6\,O_2 + 6\,H_2O$$

Die Fotosyntheserate kann man entweder dadurch ermitteln, indem man misst, was in der Fotosynthese verbraucht wird oder was in der Fotosynthese entsteht.

Fotosynthese messen • Für die Erfassung der Fotosyntheserate gibt es verschiedene Methoden. Entweder wird die Sauerstoffentwicklung oder Verbrauch an Kohlenstoffdioxid pro Zeiteinheit gemessen. Beide Stoffe werden als Gas von der Pflanze aufgenommen oder von ihr abgegeben. Dies Gase kann man bei Landpflanzen nur mit höherem apparativem Aufwand messen. Daher arbeitet man mit Wasserpflanzen wie *Elodea canadensis*. Die Sauerstoffproduktion kann hier durch Zählen der von der Pflanze freigesetzten Gasbläschen bestimmt werden. Oder aber man benutzt Elektroden, mit denen man die Veränderung der Sauerstoff- und Kohlendioxidkonzentration im Wasser bestimmt. Die Messgröße, wie die Sauerstoffproduktion, wird in Abhängigkeit von der Testvariablen, also der

Größe, die experimentell verändert wird, dargestellt. Dies könnte zum Beispiel die Lichtintensität sein.

Bei Landpflanzen bestimmt man die Fotosyntheserate auch über die Produktion von Glucose oder Stärke. Dann muss man darauf achten, dass die zuvor im Blatt vorhandene Stärke abgebaut worden ist. Ansonsten muss man den gemessenen Stärkegehalt mit der bereits vorhandenen Stärkemenge verrechnen. Die wichtigsten Faktoren, die die Fotosyntheserate beeinflussen sind Licht, Temperatur und Kohlenstoffdioxid. Welchen Einfluss nehmen sie auf die Fotosyntheserate?

Licht • Ermittelt man die Fotosyntheserate in Abhängigkeit von der Lichtintensität (►2) kann man drei Abschnitte unterscheiden. In Abschnitt I erkennt man, dass die Pflanze bei niedrigen Lichtintensitäten mehr Sauerstoff verbraucht, als sie in der Fotosynthese produziert. Das ist darauf zurückzuführen, dass in der Pflanze immer auch gleichzeitig Zellatmungsprozesse stattfinden, bei der Sauerstoff aufgenommen und Kohlenstoffdioxid freigesetzt wird. Während die Sauerstoffproduktion durch die Fotosynthese mit zunehmender Lichtstärke zunimmt, ist der Sauerstoffverbrauch durch die Atmung ein konstanter Wert. Die Lichtstärke, bei der die Fotosyntheserate genauso hoch ist wie die Zellatmungsrate, ist der **Lichtkompensationspunkt**. Im Abschnitt II, bei Lichtstärken oberhalb des Lichtkompensationspunktes bildet die Pflanze mehr Glucose, als sie durch Zellatmung verbraucht und sie setzt Sauerstoff frei.

Die gesamte Fotosyntheseleistung, die von der Pflanze erbracht wird, ist die Bruttofotosynthese. Die Differenz zwischen der Bruttofotosyntheserate und dem Verbrauch durch die Zellatmungsvorgänge ist die Nettofotosynthese. Je höher die Lichtintensität ist, desto mehr wird die Möglichkeit der Chloroplasten, Fotosynthese zu betreiben, ausgenutzt. Deswegen steigt die Fotosyntheserate. Die Pflanze baut Biomasse auf. In Abschnitt III erkennt man, dass ab einer bestimmten Lichtstärke die Fotosyntheserate nicht weiter zunimmt. Diese Lichtstärke ist der **Lichtsättigungspunkt**. Bei noch höheren Lichtintensitäten begrenzen nicht mehr das Licht, sondern andere Faktoren die Fotosyntheserate. Das kann zum Beispiel der Kohlenstoffdioxidgehalt der Luft, die Temperatur oder die Aktivität der RuBisCo sein.

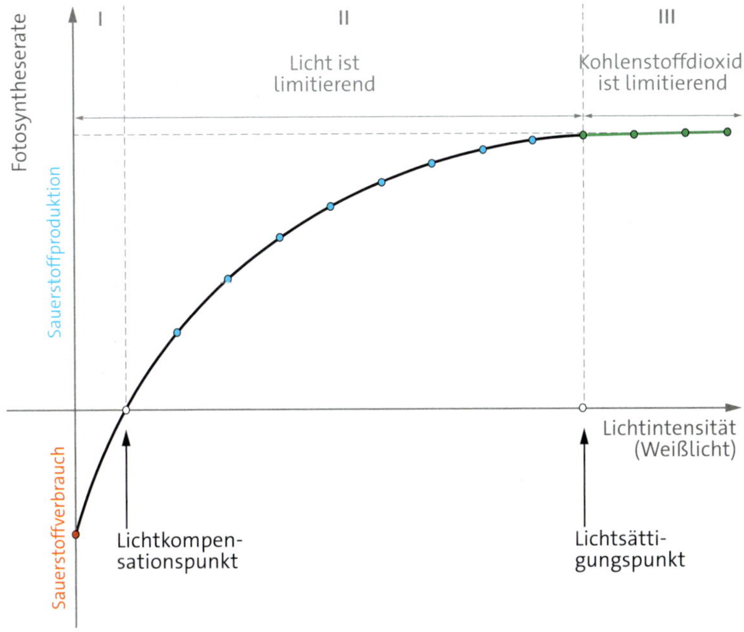

2 Abhängigkeit der Fotosynthese von der Lichtintensität

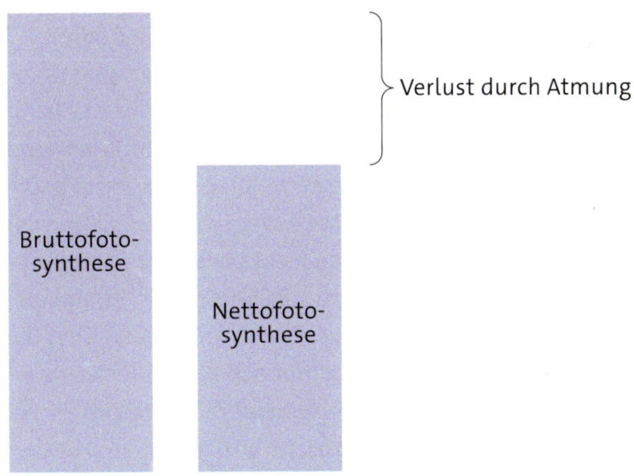

3 Brutto- und Nettofotosyntheseraten

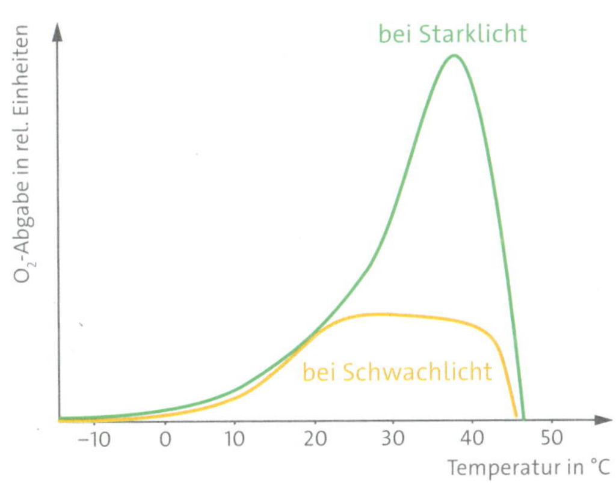

4 Einfluss von Stark- und Schwachlicht auf die Fotosynthese

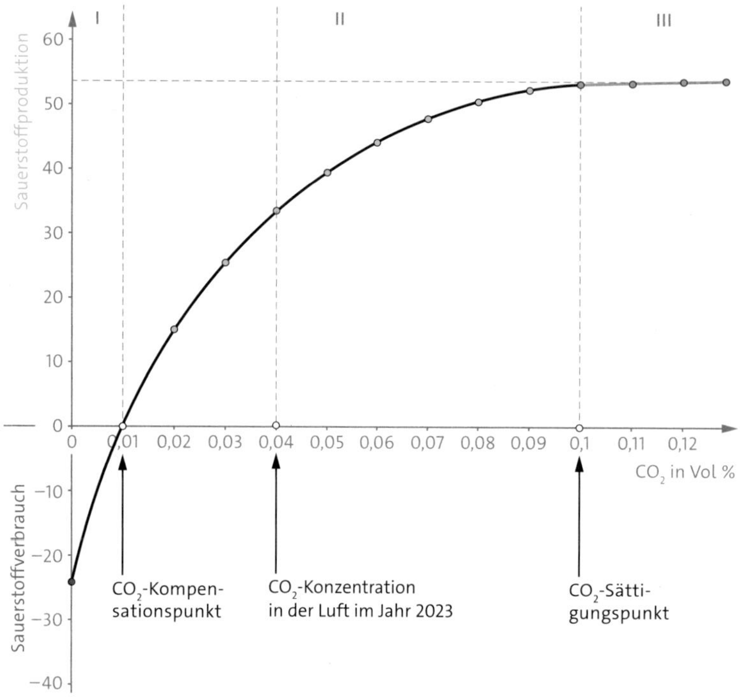

1 Abhängigkeit der Fotosynthese von der Kohlenstoffdioxidkonzentration

limitieren: eine Grenze festsetzen

Temperatur • Die Fotosyntheserate erhöht sich mit steigender Temperatur bis zu einem Optimum und verringert sich bei weiterem Temperaturanstieg. Die biochemischen Prozesse in der Synthesereaktion der Fotosynthese folgen der Reaktionsgeschwindigkeit-Temperatur-Regel, kurz **RGT-Regel.** In einem bestimmten Temperaturbereich verdoppelt sich die Geschwindigkeit enzymatisch katalysierter Reaktionen bei einer Temperaturerhöhung um 10 °C. Oberhalb dieser Temperaturen denaturieren die beteiligten Enzyme und verlangsamen die Fotosyntheserate. Außerdem nimmt die Intensität der Zellatmung bei höheren Temperaturen stark zu. Hohe Temperaturen beeinflussen aber auch den Wasserhaushalt der Pflanzen. Zum Schutz vor Austrocknung schließen Pflanzen ihre Spaltöffnungen. Dadurch gelangt weniger Kohlenstoffdioxid in die Blätter, was die Fotosyntheserate verringert. Betrachtet man die Abhängigkeit der Fotosynthese von der Temperatur bei Schwachlicht und Starklicht, kann man erkennen, dass bei geringer Lichtintensität die Erhöhung der Temperatur nur einen vergleichsweise geringen Einfluss hat. Hier begrenzt die Lichtintensität die Fotosyntheserate. Erst bei hoher Lichtintensität steigt die Fotosyntheserate mit zunehmender Temperatur deutlich an. In beiden Fällen geht die Fotosyntheserate aber gegen Null, wenn die Maximaltemperatur überschritten wird.

Kohlenstoffdioxid • Ermittelt man die Fotosyntheserate in Abhängigkeit vom Kohlenstoffdioxidgehalt kann man auch wieder drei Abschnitte unterscheiden. Bei sehr geringer Kohlenstoffdioxidkonzentration unterhalb von 0,01 Vol.-% CO_2 ist der Sauerstoffverbrauch durch die Zellatmung höher als die Sauerstoffproduktion durch die Fotosynthese. Die Pflanze nimmt daher Sauerstoff auf. Der **CO_2-Kompensationspunkt**, bei dem Sauerstoffverbrauch und Sauerstoffproduktion gleich groß sind, liegt bei ungefähr 0,01 Vol.- % CO_2.
Unter natürlichen Bedingungen liegt die Kohlenstoffdioxidkonzentration in der Luft bei 0,04Vol.-%. Eine Erhöhung der Konzentration bis auf 0,1 Vol.-% CO_2 kann die Fotosyntheserate ungefähr um das Dreifache steigern.
Ab dem **CO_2-Sättigungspunkt** ist keine weitere Zunahme der Fotosyntheserate zu verzeichnen, was auf die Auslastung der CO_2-fixierenden Enzyme in der Synthesereaktion der Fotosynthese hinweist.
In Freilandkulturen ist bei passenden Temperaturen und Lichtintensitäten der Kohlenstoffdioxidgehalt der Luft der limitierende Faktor für die Fotosynthese. Maßnahmen zur CO_2-Düngung erhöhen den Ertrag in der landwirtschaftlichen und gärtnerischen Produktion. Im Gewächshaus kann zum Beispiel durch Begasung mit Kohlenstoffdioxid die Fotosyntheserate und damit der Ertrag gesteigert werden.
Nach dem Gesetz des Minimums von Justus Liebig wird die Fotosynthese durch den Faktor begrenzt, der am stärksten die Reaktion limitiert. Somit können Pflanzen gute Licht- und Temperaturverhältnisse nur nutzen, wenn die Kohlenstoffdioxidversorgung optimiert wird.

1 **Erklären Sie, wieso bei steigenden Lichtintensitäten zunächst das Licht und dann der Kohlenstoffdioxidgehalt der limitierende Faktor für die Fotosynthese ist.**

2 **Erläutern Sie die Begriffe CO_2-Kompensationspunkt und CO_2-Sättigungspunkt.**

3 **Erklären Sie, mit welchen Maßnahmen in einem Gewächshaus der Ertrag von Tomaten gesteigert werden kann.**

Material A Forscherauftrag

Sie nehmen an einem Wettbewerb für Schülerinnen und Schüler der Sekundarstufe II teil. Ziel ist es herauszufinden, welcher der abiotischen Faktoren, die auf die Fotosynthese Einfluss nehmen, das Wachstum der Pflanzen am stärksten unterstützt. Die Untersuchungen sollen an der Wasserpest (Elodea canadensis) durchgeführt werden, da sie als Sauerstoff produzierende Wasserpflanze gut für Fotosyntheseversuche einzusetzen ist. Die Ergebnisse sollen auf einem Symposium vorgestellt werden.

A1 Wasserpest (Elodea canadensis)

1 Überprüfen Sie mit Ihrer Forschergruppe den Einfluss eines abiotischen Faktors auf die Fotosynthese. Berücksichtigen Sie dabei den Weg der naturwissenschaftlichen Erkenntnisgewinnung.

2 Erstellen Sie ein Poster für ein Symposium, auf dem Sie das Vorgehen und die Ergebnisse der Gruppe darstellen.

3 Bereiten Sie einen Kurzvortrag für ein Fachpublikum vor. Bedenken Sie, dass das Fachpublikum kritische Fragen zu Ihrem Vorgehen, Ihren Ergebnissen sowie möglichen Fehlerquellen stellen wird. Bereiten Sie sich darauf vor.

Variablenkontrolle: Hier werden Ursache-Wirkungs-Beziehungen beschrieben.
Messwerte: Was wird gemessen, hier z. B. die Anzahl der Bläschen?
Testvariable: Welchen Einfluss nimmt die Variable, hier z. B. der CO_2-Gehalt?

Hypothesen
- basieren auf wenigen Grundannahmen, sind nicht konstruiert (unkompliziert).
- sind falsifizierbar.
- bauen auf Vorwissen auf.
- sind experimentell überprüfbar.
- erlauben Vorhersagen.
- müssen die Beobachtungen bzw. das Phänomen erklären können.

Die Glimmspanprobe

Sauerstoff kann dadurch nachgewiesen werden, dass er einen glimmenden Holzspan zum Entflammen bringt.

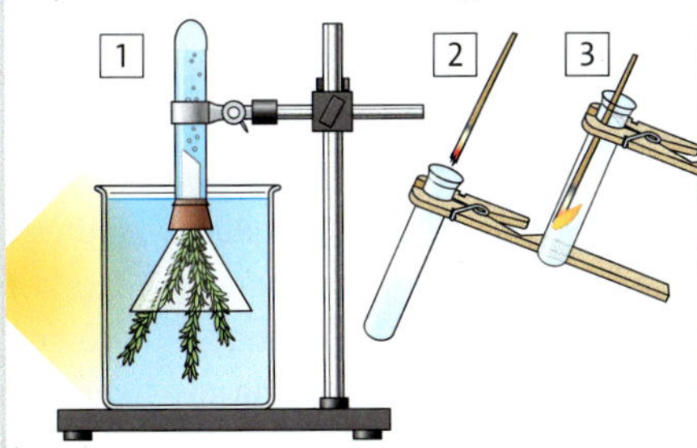

Auswertung:
- Wurden die Versuchsergebnisse exakt angegeben und angemessen dargestellt?
- Wurden die Hypothesen mithilfe der Ergebnisse verifiziert oder falsifiziert?
- Wurden aus den Daten Erklärungen abgeleitet?
- Wurde die Frage beantwortet?
- Wurden neue Erkenntnisse gewonnen oder vorhandenes Wissen erweitert?
- Wurde die Aussagekraft der Daten bewertet?
- Wurden Fehlerquellen diskutiert?

A2 Infokarten

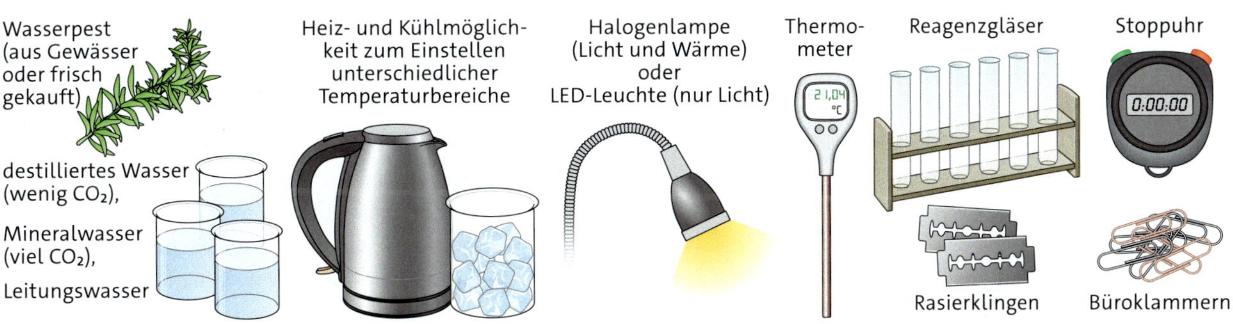

A3 Forscherkiste

6.4 Energiebereitstellung in der Zelle

1 Energienachschub beim Marathon

Bei einem Marathonlauf müssen die Muskeln über mehrere Stunden hohe Leistung erbringen. Dazu ist eine ausreichende Versorgung mit Energie erforderlich. Viele Läuferinnen und Läufer greifen entlang der Wegstrecke zu Bananen oder nehmen kohlenhydratreiche Gele zu sich. Weshalb ist diese Energiezufuhr in Form von Kohlenhydraten für die Ausdauerleistung der Muskeln notwendig?

Energiebedarf • Durch die Aktivität der Skelettmuskeln bewegt sich der Mensch und leistet somit äußerlich erkennbare mechanische Arbeit, für die Energie notwendig ist. Aber auch bei völliger Ruhe ist der Körper zur Aufrechterhaltung grundlegender Funktionen wie Gehirntätigkeit, Herzschlag und Atmung auf eine ausreichende Energieversorgung angewiesen. Die Zellen dieser Organe benötigen für den Auf- und Umbau von Stoffen Energie, um die beteiligten Substrate oder Enzyme reaktionsbereit zu machen. Sie leisten für den Organismus überlebenswichtige chemische Arbeit, auch ohne äußerlich sichtbare Bewegung. Ein weiteres Beispiel dafür sind Moleküle, die mithilfe von Carriern gegen ein bestehendes Konzentrationsgefälle durch die Membran transportiert werden. Die Carrier verrichten Transportarbeit.

Gesamtumsatz = Grundumsatz + Leistungsumsatz + nahrungsbedingter und temperaturregulierender Energieumsatz

Energieumsatz • Die zum Erhalt der grundlegenden Funktionen umgesetzte Energie bezeichnet man als **Grundumsatz**. Jede zusätzliche körperliche Beanspruchung erhöht den Energieumsatz. Bereits die Verdauung von Nahrung benötigt zusätzliche Energie. Die Thermoregulation des Körpers zur Anpassung an verschiedene Umgebungstemperaturen erhöht den Energiebedarf um etwa 5 bis 10 %. Bei körperlicher Aktivität steigt der Energiebedarf erheblich. Die dafür zusätzlich benötigte Energiemenge bezeichnet man als **Leistungsumsatz.** Er kann zwischen 15 und 50 % des **Gesamtumsatzes** ausmachen. Der Gesamtumsatz ergibt sich aus Grundumsatz und Leistungsumsatz und in geringerem Maß aus nahrungsbedingtem und temperaturregulierendem Energieumsatz.

Bei einem Marathon beträgt der Energiebedarf eines Menschen durchschnittlich 10 500 kJ, der nur teilweise durch die Zufuhr von Nahrung während des Laufs gedeckt werden kann. Eine Banane hat einen Brennwert von 400 kJ. Demnach müsste eine Läuferin oder ein Läufer 26 Bananen verzehren, wenn keine körpereigenen Reserven vorhanden wären.

Bedeutung von ATP • Zellen können durch entsprechende Stoffwechselvorgänge die in den Molekülen der Nährstoffe chemisch gebundene Energie verfügbar machen. Als Produkt dieser Abbauprozesse wird letztlich Adenosintriphosphat, kurz **ATP**, gebildet. Damit wird der Energiebedarf für verschiedene Formen der Arbeit gedeckt. ATP dient somit als universeller Energieträger der Zelle.

ATP ist ein Nucleotid aus der organischen Base Adenin, dem Zucker Ribose und drei Phosphatgruppen. Durch die drei Phosphatgruppen sind negative Ladungen dicht gedrängt, die sich abstoßen. Dadurch zerfällt ATP bei der Reaktion mit Wasser leicht in Adenosindiphosphat, kurz ADP, und anorganisches Phosphat. Das durch diese Hydrolyse freigesetzte Phosphat kann enzymatisch auf ein anderes Molekül übertragen werden, das Molekül wird phosphoryliert. Es ist dadurch bereit für Reaktionen, die es im nicht phosphorylierten Zustand nicht eingehen würde.

Da in der Zelle ein neu gebildetes ATP-Molekül durchschnittlich innerhalb 1 min. verbraucht wird, muss ATP kontinuierlich synthetisiert werden, damit eine andauernde Leistungsbereitschaft der Zellen besteht.

Energiespeicher des Körpers • Die aus der Nahrung resorbierte Glucose liegt in geringen Mengen gelöst im Blutplasma vor und kann zur Deckung des unmittelbaren Energiebedarfs der Zellen verarbeitet werden. Weitere Energiereserven in Form von Kohlenhydraten liegen als langkettige Verbindungen aus vielen Glucosemolekülen vor, das Glykogen. Diese Glykogenspeicher befinden sich vorwiegend in der Leber und in der Skelettmuskulatur. Sie sind allerdings begrenzt und reichen in Ruhe für etwa einen Tag. Bei einem Marathon ist die Person damit für maximal 60 bis 90 min. versorgt.

Ein weiterer großer Energiespeicher sind Proteine, vor allem Muskelproteine. Auch diese kann der Körper zur Energiegewinnung nutzen. Den größten Energiespeicher stellen die Lipide in Zellen des Fettgewebes dar. Da die Prozesse des Fettabbaus mehr Zeit benötigen, werden Fette vor allem bei geringer, lang andauernder Belastung zur Energiebereitstellung für die Muskelarbeit genutzt. Dieser Speicher reicht dann für Wochen, in Ruhe sogar für Monate. Eine gut trainierte Person baut allerdings auch unter hoher Belastung bei einem Marathonlauf schon anteilig Fettreserven ab. Dadurch bleibt ihr Glykogenspeicher länger verfügbar. Durch Training kann sie diese beiden Speicher also effektiver kombinieren und nutzen.

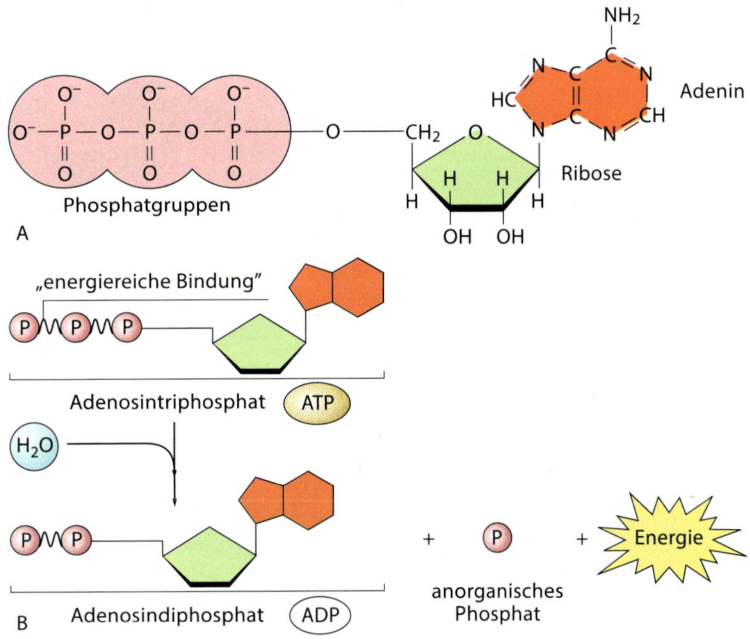

2 ATP-Molekül: **A** Struktur, **B** Hydrolyse

Organ/Gewebe	Energiespeicher	reicht in Ruhe theoretisch für ...
Blutplasma	12 g Glucose	30 Minuten
Leber, Muskel	450 g Glykogen	18–24 Stunden
Muskel	6 kg Protein	10–12 Tage
Fettgewebe	15 kg Lipide	50–60 Tage

3 Energiespeicher des Körpers

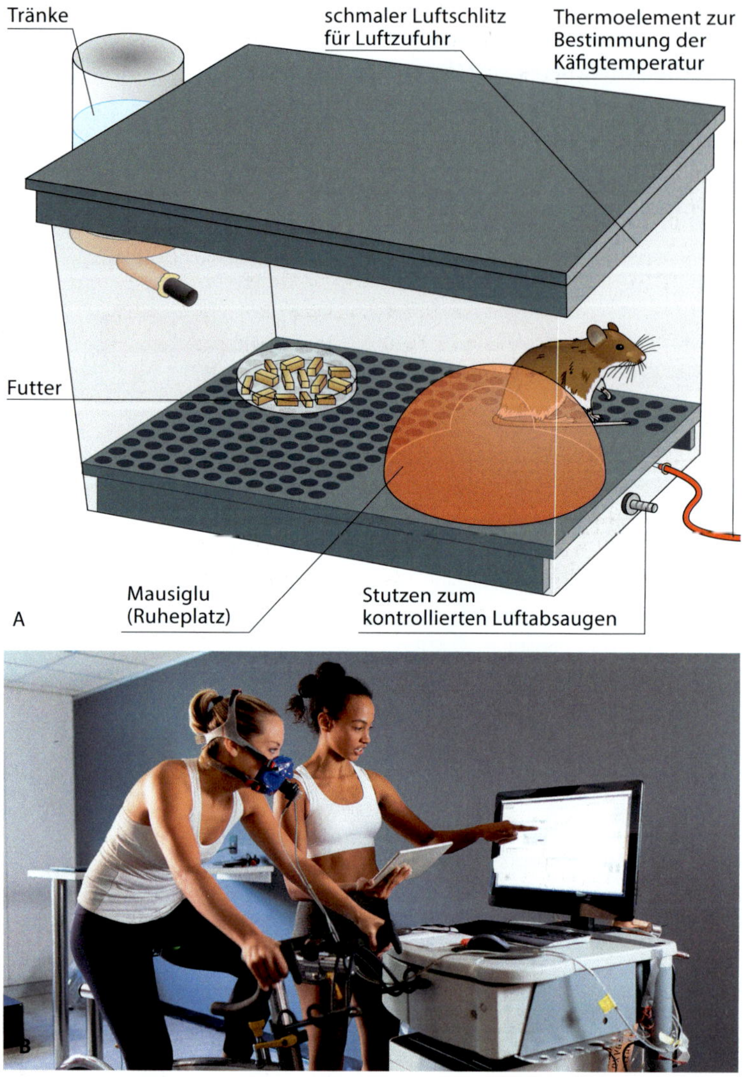

1 Ermittlung des respiratorischen Quotienten: **A** im Tierversuch, **B** beim Menschen unter Belastung

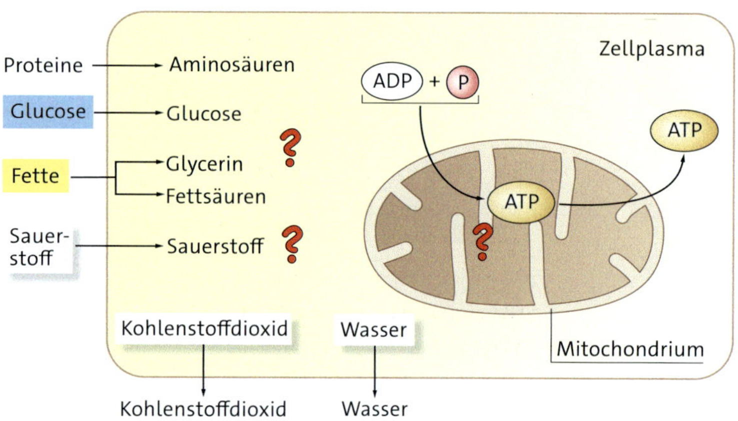

2 Gedankenmodell zur Energiebereitstellung in der Zelle

Nutzung der Energiespeicher • Wie findet man heraus, welcher Energiespeicher vom Körper genutzt wird? Aus den gemessenen Atemgasen kann das Verhältnis aus der Kohlenstoffdioxidmenge der ausgeatmeten und der Sauerstoffmenge der eingeatmeten Luft ermittelt werden, der **respiratorische Quotient,** kurz **RQ**.

Im Tierversuch hat man die Atemgase von Mäusen untersucht, die entweder kohlenhydratreich, fettreich oder proteinreich ernährt wurden. Die Ergebnisse zeigen, dass alle drei Nährstoffgruppen vom Körper zur Energiegewinnung verwertet werden können. Dazu ist in allen Ansätzen Sauerstoff erforderlich. Die benötigten Mengen an Sauerstoff variieren jedoch je nach Art der verstoffwechselten Nährstoffe. Der Tierversuch belegt, dass eine Zelle zur Energiebereitstellung nicht nur Kohlenhydrate, sondern verschiedene Ausgangsstoffe nutzen kann. Weil unabhängig von der Substratart Sauerstoff benötigt wird, lässt sich vermuten, dass der Abbau zur Energiegewinnung zumindest anteilig in gleichen Teilreaktionen passiert, die aerob ablaufen.

Auch für den menschlichen Körper lässt sich mithilfe der Atemgase der respiratorische Quotient unter Belastungsbedingungen ermitteln. Im Laufbandtest trägt die Testperson eine über Mund und Nase dicht abschließende Maske mit integrierten Sensoren. Mithilfe der Sensoren lassen sich aus dem ein- beziehungsweise ausgeatmeten Luftvolumen pro Atemzug die Differenz der beiden Gase im Vergleich zur bekannten Konzentration in der Außenluft messen. Werden ausschließlich Kohlenhydrate abgebaut, beträgt der RQ-Wert genau 1,0. Zum Fettabbau ist mehr Sauerstoff nötig, der RQ-Wert liegt deshalb bei 0,7. Der RQ-Wert für Proteine beträgt 0,8. So lassen sich bei der Muskelarbeit aus dem RQ-Wert ebenso Hinweise über die Art des genutzten Energieträgers gewinnen. Für eine Person, die sich auf einen Marathon vorbereitet, sind diese Werte bedeutsam, da sie so herausfindet, ab welcher Belastungsintensität ihre Fettverbrennung einsetzt. Mit diesen Methoden konnte eine erste Vorstellung über die Prozesse der Energiebereitstellung in der Zelle gewonnen werden.

1 Beschreiben Sie, wie die Energieversorgung der Muskelzellen gewährleistet wird.

Material A • Bedeutung von ATP

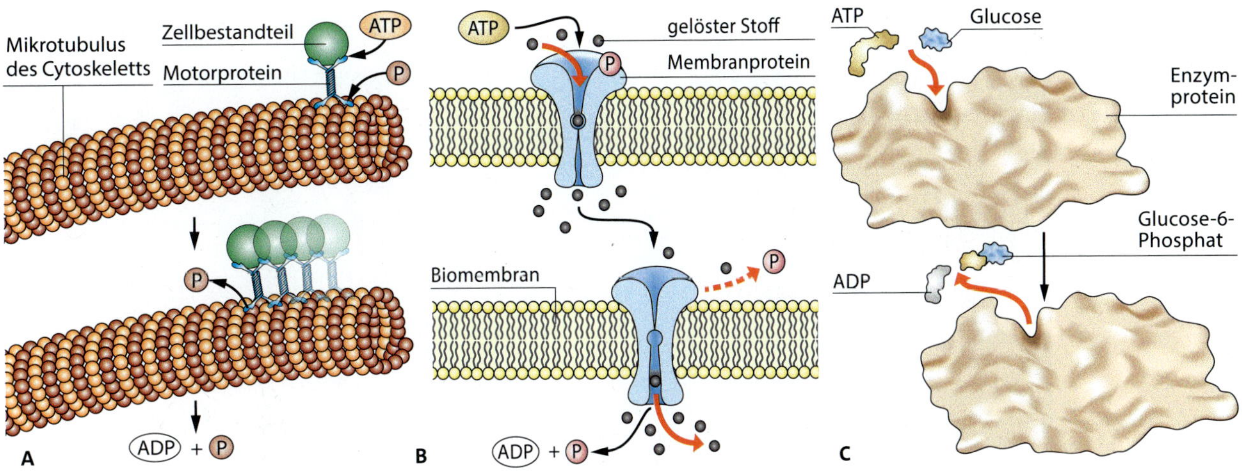

1 Erläutern Sie die biologische Bedeutung von Motorproteinen und beschreiben Sie anhand der Abbildung A die Bedeutung von ATP für zelluläre Bewegungsabläufe.

2 Erläutern Sie die Reaktion zwischen ATP und dem Membranprotein mithilfe der Abbildung B. Nennen Sie die geleistete Arbeit und beschreiben Sie deren Bedeutung für die Zelle.

3 Beschreiben Sie die enzymkatalysierte Reaktion mithilfe der Abbildung C und erläutern Sie das Prinzip der energetischen Kopplung mit ATP als Coenzym einer enzymatischen Reaktion.

Material B Hungerstoffwechsel

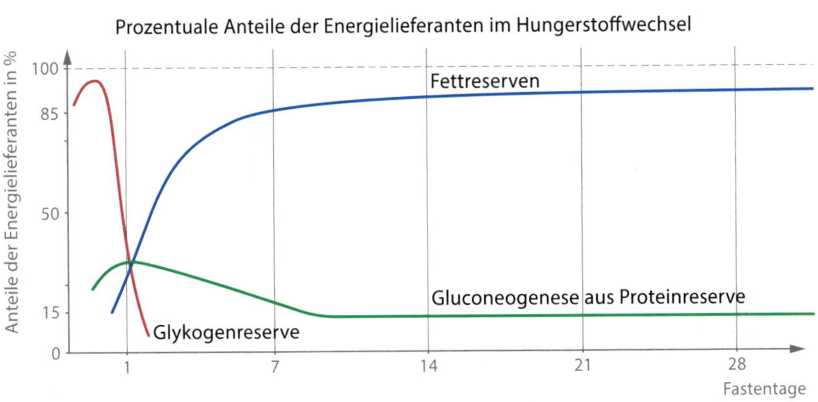

Bei vollständigem Nahrungsmangel stellt sich der Stoffwechsel um. Man spricht dann von Hungerstoffwechsel. Der Hungerstoffwechsel ermöglicht für eine bestimmte Zeit den Erhalt der Energiebilanz und somit ein Überleben aus körpereigenen Energiespeichern.

Der Mensch kann etwa 17 bis 75 Tage ohne Nahrung überleben. Das Gehirn steuert mithilfe von Botenstoffen die Umstellung der Stoffwechselprozesse. Diese Umstellung lässt sich in verschiedene Phasen gliedern, in denen verschiedene Reserven zum Erhalt der Lebensfunktionen genutzt werden. Man unterscheidet unmittelbare Effekte bis zu 4 h nach der letzten Mahlzeit, gefolgt von einer frühen Phase bis zum vierten Tag und einer späten Hungerphase nach vier Wochen. Nur die vorhandenen Reserven sind zur Energiegewinnung nutzbar.

Ein Stoffwechselweg ist zum Beispiel der Umbau körpereigener Proteine, etwa Muskelproteine in Kohlenhydrate, die **Gluconeogenese**. Die Kohlenhydrate können dann zur Energiegewinnung in der Zellatmung genutzt werden.

1 Beschreiben Sie die typischen Stoffwechselprozesse der drei Phasen des Hungerstoffwechsels als Anpassungen an die fehlende Nahrungsaufnahme.

2 Beschreiben Sie anhand der Abbildung die zeitliche Abfolge der Nutzung der körpereigenen Energiespeicher.

3 Leiten Sie die zu erwartenden RQ-Werte für die einzelnen Phasen ab. Begründen Sie, weshalb der Körper in der Anfangsphase des Hungerns stärker auf Proteine zurückgreift als auf Fette und dies erst in einer späteren Phase umgestellt wird.

6.5 Glykolyse

1 Laborarbeit in den 1930er-Jahren

Mit relativ einfachen Laborgeräten hat man nach und nach herausgefunden, wie Kohlenhydrate in der Zelle zur Energiebereitstellung genutzt werden. Wie ist das möglich?

Erkenntnismethoden • Um den Kohlenhydratabbau zu untersuchen, hat man im Mörser zerkleinerte Muskelfasern mit Glucose versetzt. Messungen zeigten, dass dieser Muskelbrei genauso viel Sauerstoff verbraucht, wie er Kohlenstoffdioxid herstellt. Die Bilanz lässt sich in einer Reaktionsgleichung darstellen:
$C_6H_{12}O_6 + 6\ O_2 \rightarrow 6\ CO_2 + 6\ H_2O$.

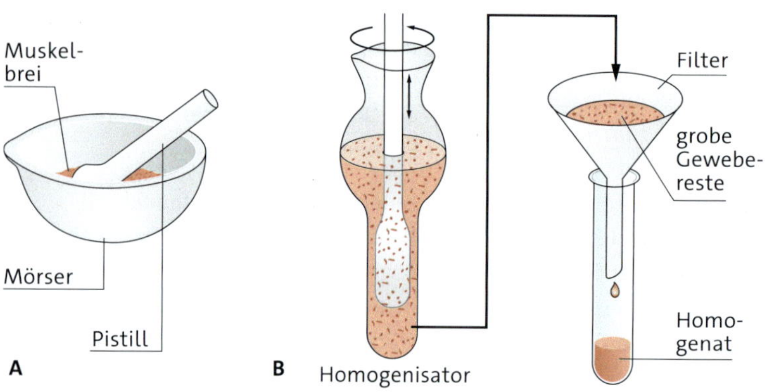

2 Herstellung des Untersuchungsmaterials: **A** Muskelbrei, **B** Zellhomogenat

Daraus lässt sich allerdings nicht schließen, welche Einzelreaktionen in einer Zelle ablaufen. Die Einzelreaktionen wurden in der ersten Hälfte des 20. Jahrhunderts aufgeklärt und in eine sinnvolle Reihenfolge gebracht. Dazu hat man lebende Zellen eines Gewebes mit bestimmten Stoffen versorgt und gemessen, ob die Zellen diese Stoffe aufnehmen und verbrauchen sowie eventuell andere Stoffe wieder abgeben. Bei dieser Blackbox-Methode kennt man Input und Output und versucht daraus zu erschließen, was in der Zelle chemisch geschieht.

Nachdem man einem Muskelbrei Glucose hinzugab, konnte man schon nach kurzer Zeit erhöhte Konzentrationen von Glucose-6-phosphat und Fructose-6-phosphat nachweisen. Daher hat man dann diese beiden Stoffe in weiteren Versuchen zu einem Muskelbrei gegeben. Dabei zeigte sich, dass sie den Sauerstoffverbrauch genauso steigerten wie die Glucose. Eine mögliche Hypothese ist, dass in Zellen Glucose zu Glucose-6-phosphat und dieses zu Fructose-6-phosphat umgewandelt wird. Später ent-

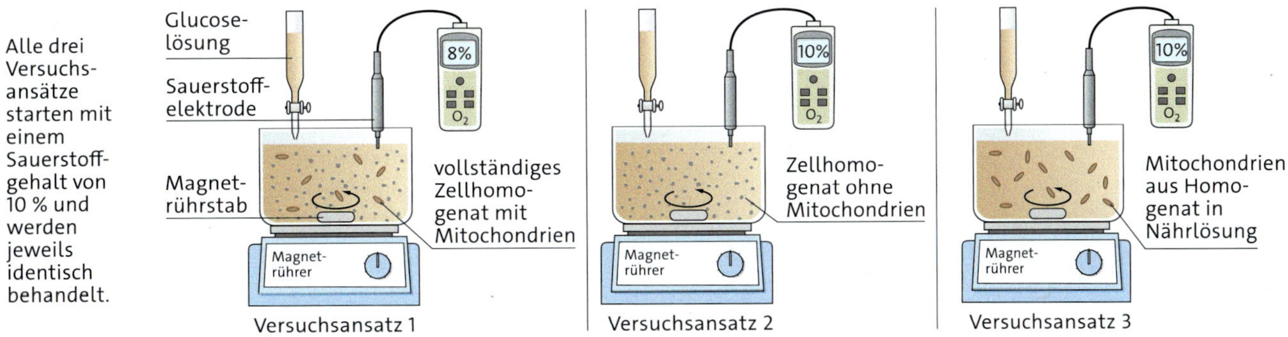

3 Versuchsergebnisse zur Glucoseverwertung in Zellplasma und Mitochondrien

deckte man Enzyme, die solche Umwandlungen katalysieren. Damit wurde die Hypothese bestätigt.

In weiteren Versuchen verwendete man statt eines Muskelbreis Zellhomogenate. Weil ein Zellhomogenat sämtliche Zellbestandteile enthält, hoffte man, dass in ihm die chemischen Reaktionen genauso ablaufen wie in der lebenden Zelle.

Auch bei aus einem Zellhomogenat isolierten Mitochondrien lassen sich chemische Reaktionen beobachten, die wahrscheinlich in intakten Zellen ebenfalls in den Mitochondrien stattfinden. Wenn man zum Beispiel ein vollständiges Zellhomogenat mit Glucose versetzt, wird wie bei intakten Zellen Sauerstoff verbraucht und Kohlenstoffdioxid gebildet. Entfernt man die Mitochondrien durch Zentrifugieren vom Rest des Zellhomogenats, verbraucht dieses Zellhomogenat ohne Mitochondrien bei Glucosezugabe keinen Sauerstoff. Auch die in eine Nährlösung gegebenen Mitochondrien verbrauchen alleine keinen Sauerstoff. Zum Verarbeiten von Glucose und Sauerstoff müssen demnach in lebenden Zellen Zellplasma und Mitochondrien zusammenarbeiten.

Da der Kohlenhydratabbau in den Zellen Energie für weitere Stoffwechselprozesse liefert, indem ATP hergestellt wird, hat man in Zellhomogenaten die ATP-Bildung gemessen. Die Messungen zeigten, dass nur dann größere Mengen ATP gebildet werden, wenn Sauerstoff verbraucht wird. Daraus lässt sich schlussfolgern, dass beim Abbau von Glucose chemische Reaktionen im Zellplasma und in den Mitochondrien zur Bildung von ATP zusammenwirken müssen.

Ergebnisse • Bei der Suche nach weiteren Stoffen, die man nach der Zugabe von Glucose in einem

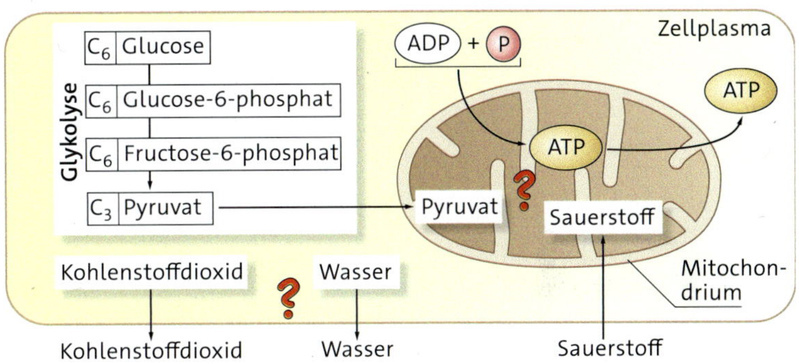

4 Gedankenmodell zur Zellatmung

Homogenat findet, stößt man unter anderem auf den Stoff **Pyruvat.** Wenn man statt Glucose Pyruvat zu einer Lösung mit Mitochondrien gibt, wird Sauerstoff verbraucht und ATP gebildet. Nimmt man radioaktiv markiertes Pyruvat, kann man es in den Mitochondrien eines Zellhomogenats nachweisen. Daher nimmt man an, dass die Verwertung der Glucose in einer Zelle in zwei Teilprozessen erfolgt. Zunächst entsteht im Zellplasma nach mehreren Reaktionsschritten aus Glucose Pyruvat. Anschließend wird Pyruvat in den Mitochondrien umgesetzt, wobei Sauerstoff verbraucht wird und ATP entsteht.

Da Pyruvatmoleküle drei Kohlenstoffatome haben, Glucosemoleküle aber sechs, müssen zur Bildung von Pyruvat Glucosemoleküle „zerlegt" werden. Diesen schrittweisen Abbau von Glucose zu Pyruvat bezeichnet man als **Glykolyse.** Diese ersten Ergebnisse lassen sich in einem Gedankenmodell zusammenfassen

1 Fassen Sie die Erkenntnisse zur Zellatmung als Ergebnisse der Blackbox-Methode zusammen. Berücksichtigen Sie dabei die Untersuchungen von Muskelbrei und Zellhomogenaten.

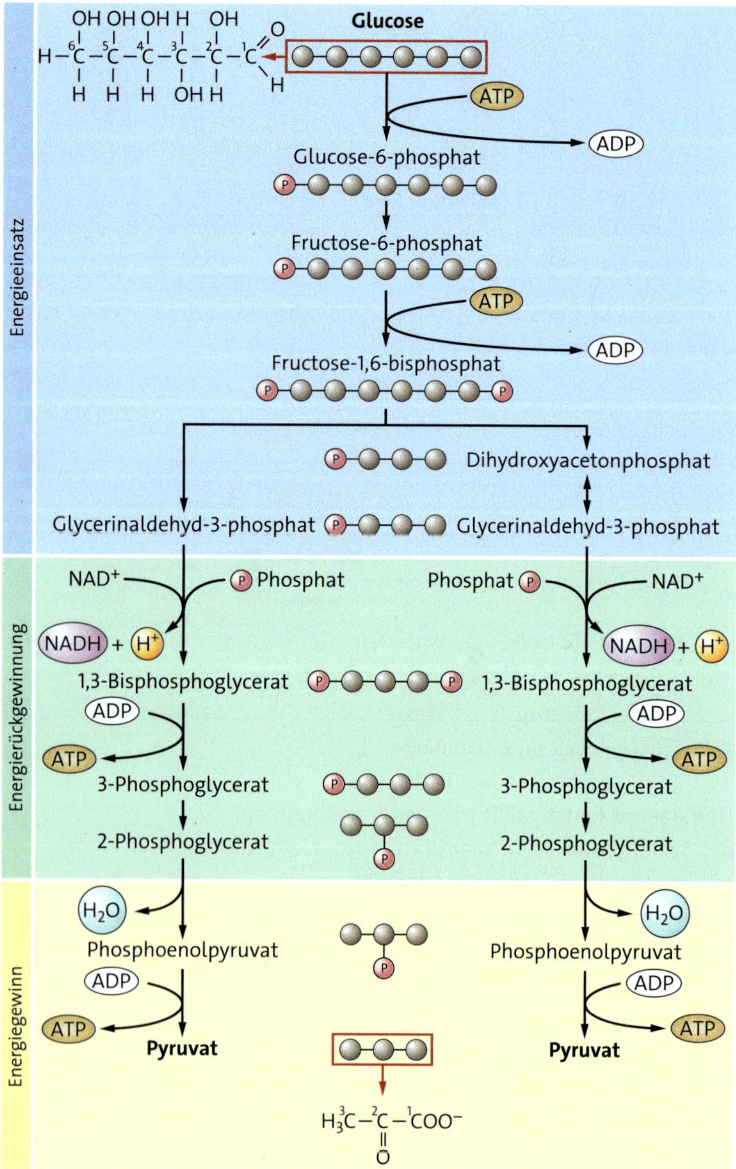

1 Phasen der Glykolyse unter energetischem Aspekt (● Kohlenstoffatom)

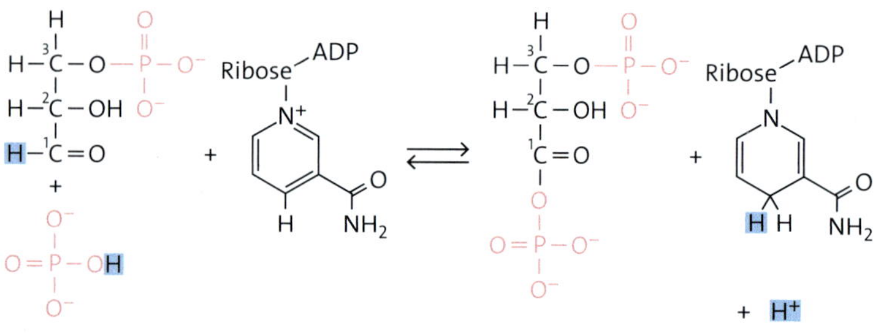

2 Reduktion von NAD^+ bei der Reaktion mit Glycerinaldehyd-3-phosphat

Energiebilanz der Glykolyse • Es hat etwa drei Jahrzehnte gedauert, bis die Einzelschritte der Glykolyse aufgeklärt waren. Dabei hat man festgestellt, dass die chemische Umwandlung der Glucose in vielen Zellen einem bestimmten Ablauf folgt. Dieser lässt sich unter energetischem Aspekt in drei Phasen gliedern, die die Energiebilanz der Glykolyse beschreiben.

In der ersten Phase wird zunächst ATP verbraucht und damit Energie zur Herstellung von Fructose-1,6-bisphosphat bereitgestellt. Aus seinen Molekülen werden letztlich jeweils zwei Moleküle Glycerinaldehyd-3-phosphat gebildet. Dieses wird in der zweiten Phase in 3-Phosphoglycerat umgewandelt. Dabei wird wieder ATP gebildet und somit die eingesetzte Energie zurückgewonnen. Die dritte Phase liefert Energie für die Zelle, weil beim schrittweisen Abbau zu Pyruvat ATP gebildet wird, das dann zur Energieübertragung bei anderen chemischen Reaktionen zur Verfügung steht. Die Glykolyse liefert demnach pro Molekül Glucose zwei Moleküle ATP.

Die stoffliche Umwandlung erfolgt so, dass aus einem Glucosemolekül, $C_6H_{12}O_6$, zwei Pyruvatmoleküle, $C_3H_3O_3^-$, und zwei Protonen, H^+, entstehen sowie vier Wasserstoffatome mit zwei NAD^+ zu zwei $NADH + H^+$ reagieren.

Regulation der Glykolyse • Bei der Erforschung der Glykolyse fiel schon früh auf, dass zu ihrem Ablauf NAD^+ und ADP benötigt werden. Wenn das in der Reaktion mit Glycerinaldehyd-3-phosphat gebildete NADH nicht wieder oxidiert wird, kommt die Glykolyse in der zweiten Phase und damit allgemein zum Stillstand. Wenn in einem Präparat wenig ADP vorhanden ist, weil aus ihm ATP hergestellt wurde, stoppt der Glucoseabbau in der Glykolyse in der dritten Phase.

Darüber hinaus hemmt eine hohe ATP-Konzentration das Enzym für den Reaktionsschritt zum Fructose-1,6-bisphosphat und das Enzym für den Reaktionsschritt vom Phosphoenolpyruvat zum Pyruvat. Daher verlangsamt sich in einer Zelle der Ablauf der Glykolyse, wenn kein weiteres ATP benötigt wird.

1 Erläutern Sie mithilfe der Summenformeln von Glucose und Pyruvat die Bilanz der Glykolyse.

Material A Versuche mit Mitochondriensuspensionen

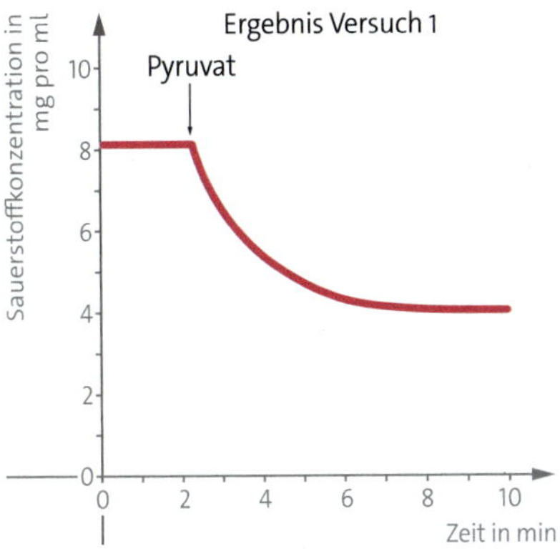

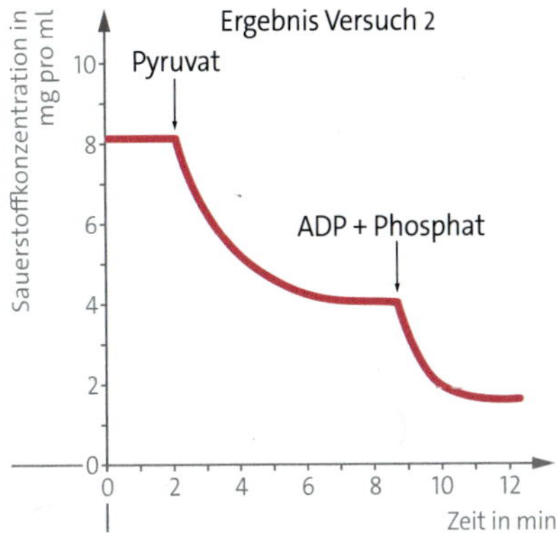

Bei zwei Versuchen hat man zu einer Flüssigkeit mit fein verteilten intakten Mitochondrien, einer Mitochondriensuspension, jeweils zu einem bestimmten Zeitpunkt Pyruvat hinzugegeben. Im zweiten Versuch wurden zu einem späteren Zeitpunkt zusätzlich noch ADP und Phosphat hinzugefügt.

1 Beschreiben und vergleichen Sie die Versuchsergebnisse.

2 Deuten Sie die Ergebnisse aus dem ersten Versuch.

3 Stellen Sie eine Hypothese dazu auf, weshalb im zweiten Versuch der Sauerstoffgehalt in der Mitochondriensuspension weiter abnimmt. Begründen Sie mithilfe dieser Hypothese das Ergebnis des ersten Versuchs.

4 Interpretieren Sie die Ergebnisse als Möglichkeit, die Glucoseverwertung in einer Zelle zu regulieren.

Material B Glykolyse bei Hefezellen

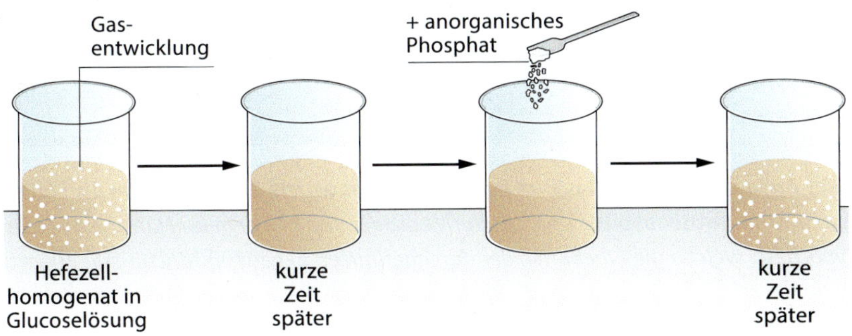

Zur Aufklärung der Glykolyse hat man neben Muskelzellen auch Hefezellen benutzt. Im Hefezellhomogenat findet die Glykolyse ohne Zellatmung statt. Dennoch wird Kohlenstoffdioxid gebildet, der entweicht. Dieser Vorgang heißt Gärung. Er ist mit der Glykolyse verknüpft.

1 Beschreiben Sie die Durchführung und das Ergebnis des Versuchs.

2 Begründen Sie das Versuchsergebnis mithilfe der Abbildung 1 auf Seite 508.

Material C Bedeutung von Enzymen und Coenzymen bei der Glykolyse

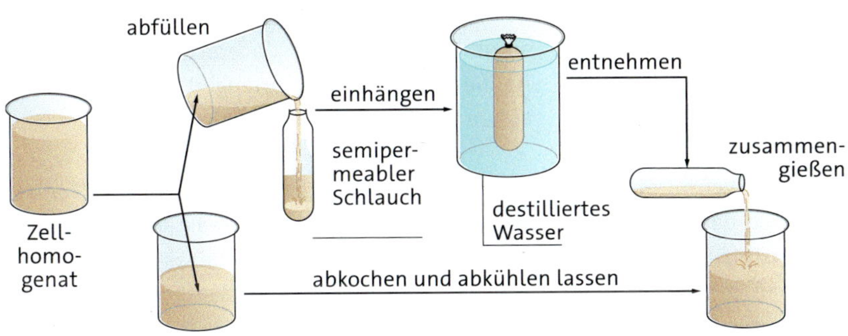

In einem Versuch wurde ein Teil eines glucosehaltigen Zellhomogenats gekocht. Alle Enzyme waren funktionsunfähig und keine Glykolyse möglich. Ein anderer Teil wurde in einen Schlauch aus einer semipermeablen Membran gegeben, sodass die kleinen Moleküle, unter anderem ADP, Phosphat, ATP und NAD^+ aus dem Homogenat in die Umgebung diffundierten. Auch hier kann keine Glykolyse stattfinden.

Wenn man nun dieses Homogenat mit dem abgekochten und abgekühlten Homogenat mischt, findet bei Zugabe von Glucose Glykolyse statt.

1 Interpretieren Sie das Versuchsergebnis.

6.6 Citratzyklus und Atmungskette

1 Erforschung des Citratzyklus: Hans Adolf Krebs im Labor

Hans Adolf Krebs (1900–1981), 1953 Nobelpreis für die Hypothese des Citratzyklus

Nachdem die Reaktionen des Abbaus der Glucose bis zum Pyruvat bekannt waren, erforschte man die Sauerstoff verbrauchenden Prozesse des Glucoseabbaus. Der deutsche Mediziner und Biochemiker Hans Adolf Krebs entwickelte dabei eine Hypothese, welche die Ergebnisse der durchgeführten Experimente schlüssig erklärt. Wie gelang ihm dies?

Reaktionsketten • In den ersten 40 Jahren des 20. Jahrhunderts war noch nicht bekannt, dass Pyruvat in der Mitochondrienmatrix umgesetzt wird. Trotzdem gelang es den Forschern, mithilfe der Blackbox-Methode die Reaktionen zu erschließen, die im Mitochondrium stattfinden: Immer wenn man den untersuchten Präparaten Stoffe hinzugab, bei denen sich der Sauerstoffverbrauch des Präparats erhöhte, konnte man vermuten, dass diese Stoffe am Glucose- oder Pyruvatabbau beteiligt sind. Wenn man Stoffe hinzugab, die einzelne der vermuteten Reaktionen hemmten, häufte sich das zugehörige Edukt im Präparat an, der Sauerstoffverbrauch kam zum Erliegen. So vermutete man, dass in der Zelle Succinat mithilfe eines bestimmten Enzyms zu Fumarat umgesetzt wird. Das Enzym wird durch Malonat kompetitiv gehemmt. Gab man Malonat zum Präparat, reicherte sich Succinat an, es entstand kein Fumarat.

α-Ketoglutarat
↓
Succinat
↓
Fumarat
↓
Malat
↓
Oxalacetat

2 Erste Reaktionskette beim Glucoseabbau

Insgesamt wurden drei Reaktionsketten in den Präparaten bestätigt: α-Ketoglutarat → Succinat → Fumarat → Malat → Oxalacetat ist die erste Reaktionskette. Bei einer zweiten Reaktionskette konnte gezeigt werden, dass das in der Glykolyse entstandene Pyruvat unter Abgabe von Kohlenstoffdioxid an der Reaktion von Oxalacetat zu Citrat beteiligt ist, die erste Kette also verlängert, und mit der Glykolyse verknüpft werden kann.

Reaktionskreislauf • Bis zum Frühjahr 1937 hatten sich alle Forscher lediglich Reaktionsketten zum Kohlenhydratabbau in der Zelle vorgestellt. Wenn man annimmt, dass Reaktionsketten ablaufen, lässt sich folgendes Versuchsergebnis nicht erklären: Nach der Zugabe von Fumarat zu einem Präparat wird deutlich mehr Sauerstoff verbraucht, als zu seiner chemischen Oxidation nötig ist. Fumarat wird darüber hinaus nur teilweise umgesetzt. Also fördert

Fumarat weitere Reaktionen mit Sauerstoff. Welche Reaktionen das sind und wie diese Förderung zustande kommt, konnte nicht bestimmt werden.
Die von den deutschen Chemikern Carl Martius und Franz Knoop entdeckte dritte Reaktionskette brachte Krebs auf eine neue Idee. Weil Citrat im Präparat über die Zwischenstufen *cis*-Aconitat, Isocitrat und Oxalsuccinat zu α-Ketoglutarat umgesetzt wird, beschreiben die drei erforschten Einzelketten einen möglichen Reaktionskreislauf: Oxalacetat reagiert unter Beteiligung von Pyruvat zu Citrat. Aus diesem wird über Zwischenstufen wieder Oxalacetat.

Wenn man einen Reaktionskreislauf annimmt, dann lässt sich das Versuchsergebnis erklären: Wenn man Fumarat zu einem Präparat gibt, erhöhen sich nach und nach alle Stoffkonzentrationen im Kreislauf, wobei die zunächst erhöhte Konzentration des Fumarats leicht sinkt. Wegen der nun erhöhten Konzentration von Oxalacetat kann mehr Pyruvat umgesetzt werden. Somit wird im Präparat mehr Sauerstoff verbraucht.

Krebs nannte den Reaktionskreislauf **Citratzyklus.** Der Citratzyklus wird auch Tricarbonsäurezyklus genannt. Heute weiß man, dass seine Reaktionen in der Mitochondrienmatrix stattfinden. Der Citratzyklus ist ein Gedankenmodell. Einzelne Moleküle werden nicht, wie das Schema suggeriert, von einer Reaktion zur nächsten weitergereicht. Sie bilden eine Reaktionsfolge, weil sie irgendwo in der Mitochondrienmatrix einen Reaktionspartner finden.

Abbau der Glucosemoleküle • Während der Glykolyse entstehen im Zellplasma aus einem Molekül Glucose mit sechs Kohlenstoffatomen zwei Moleküle Pyruvat mit drei Kohlenstoffatomen. In der Mitochondrienmatrix reagiert Pyruvat zunächst mit dem Coenzym A, sodass Kohlenstoffdioxid mit einem Kohlenstoffatom und ein an das Coenzym gebundener Essigsäurerest mit zwei Kohlenstoffatomen, das Acetyl-CoA, entstehen. Bei dieser Reaktion wird NAD^+ reduziert und Pyruvat oxidiert. Diesen Vorgang nennt man daher **oxidative Decarboxylierung** des Pyruvats. Wie anschließend Kohlenstoffdioxid entsteht, hat man durch Vergleichen der Summen- und Strukturformeln von Edukten und Produkten erkannt. Zum Beispiel wird aus Oxalsuccinat mit der Summenformel $C_6H_3O_7^{3-}$ im unter-

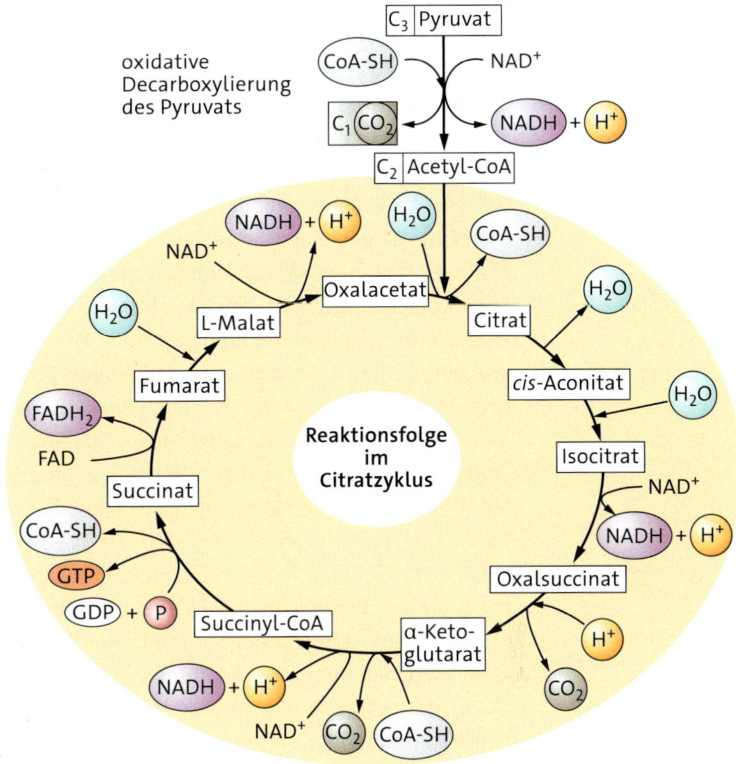

3 Schema zum Gedankenmodell Citratzyklus innerhalb der Mitochondrienmatrix

suchten Muskelzellbrei α-Ketoglutarat mit der Summenformel $C_5H_4O_5^{2-}$ und, wie der Vergleich mit der Summenformeln bestätigt, wird Kohlenstoffdioxid, CO_2, gebildet. Aus einem Pyruvatmolekül werden insgesamt drei Moleküle CO_2 gebildet. Zudem entstehen bei einigen Reaktionen NADH + H^+. Wasserstoffatome aus Pyruvat- und Wassermolekülen werden hier verwertet, zwei weitere bei der Bildung von Flavin-Adenin-Dinucleotid, $FADH_2$. Außerdem wird Guanosintriphosphat, GTP, gebildet, das anschließend zur Herstellung von ATP genutzt wird.

Der Blick auf die Summenformel der Zellatmung, $C_6H_{12}O_6 + 6\ O_2 \rightarrow 6\ CO_2 + 6\ H_2O$, zeigt, dass bisher erklärt wurde, wie das Kohlenstoffdioxid gebildet, aber nicht, wie der Sauerstoff verarbeitet wird und Wasser entsteht. Dies geschieht in Folgereaktionen, bei denen die bei der Glykolyse und dem Citratzyklus gebildeten Stoffe NADH + H^+ und $FADH_2$ genutzt werden.

1 Beschreiben Sie Forschungsschritte und Ergebnisse zum Modell des Citratzyklus

Oxalsuccinat
$C_6H_3O_7^{3-}$
↓
α-Ketoglutarat
$C_5H_4O_5^{2-}$
+
Kohlenstoffdioxid
CO_2

4 Reaktion mit Kohlenstoffdioxidbildung in Zellen

GTP reagiert mit ADP zu ATP und GDP.

ATP-Lieferant Mitochondrium • Bei der Glykolyse im Zellplasma entstehen pro Molekül Glucose zwei Moleküle ATP, beim Abbau von Pyruvat im Citratzyklus zwei Moleküle GTP. Gemessen am Energiegehalt der Glucose ist das sehr wenig. So zeigten weitere Untersuchungen, dass insgesamt etwa 32 Moleküle ATP gebildet werden. Die zugehörigen Reaktionen laufen im Mitochondrium ab, sind aber anders als der Citratzyklus im Wesentlichen an die innere Mitochondrienmembran gebunden. Diese ist an vielen Stellen in das Innere des Mitochondriums eingestülpt und hat so im Vergleich zur äußeren Membran eine sehr große Oberfläche. Die eingestülpten Bereiche nennt man **Cristae**. Die innere Membran ist nur für Stoffe durchlässig, die durch Carrier transportiert werden. Das ist für die ATP-Synthese entscheidend: Protonen, H^+-Ionen, werden durch die drei Proteinkomplexe I, III und IV aus der Matrix in den Intermembranraum gepumpt. So entsteht zwischen dem Intermembranraum und der Matrix des Mitochondriums ein Konzentrationsgefälle für Protonen, ein **Protonengradient**. Durch spezielle Enzyme in der Membran, die **ATP-Synthasen**, strömen die Protonen wieder in die Matrix zurück. Dabei wird die Energie des Konzentrationsgefälles für die Bildung von ATP aus ADP und Phosphat genutzt.

Peter Dennis Mitchell (1920-1992) 1978 Nobelpreis für Chemie für die Hypothese zur chemiosmotischen Kopplung

Wenn ein Transportvorgang an einer Membran mit einer chemischen Reaktion gekoppelt ist, nennt man das Chemiosmose. Die Hypothese, dass die ATP-Bildung im Mitochondrium als Chemiosmose abläuft, veröffentlichte der britische Biochemiker Peter D. Mitchell im Jahr 1961. Sie war zu diesem Zeitpunkt revolutionär, denn bisher kannte man Reaktionen mit ADP als Coenzym, bei denen ATP gebildet wird, wie zum Beispiel bei zwei Schritten der Glykolyse. Mitchells Hypothese kann mit folgendem Experiment geprüft werden: Aus einem Zellhomogenat werden Mitochondrien isoliert. Sie werden in eine Pufferlösung mit einem pH-Wert von 8, also geringer Protonenkonzentration, gegeben. Nach einiger Zeit stellt sich in der Mitochondrienmatrix ebenfalls der pH-Wert 8 ein. Es wird kein ATP gebildet. Gibt man nun die isolierten Mitochondrien in eine Pufferlösung mit niedrigem pH-Wert, also einer hohen Protonenkonzentration, produzieren die Mitochondrien aus ADP und Phosphat ATP.

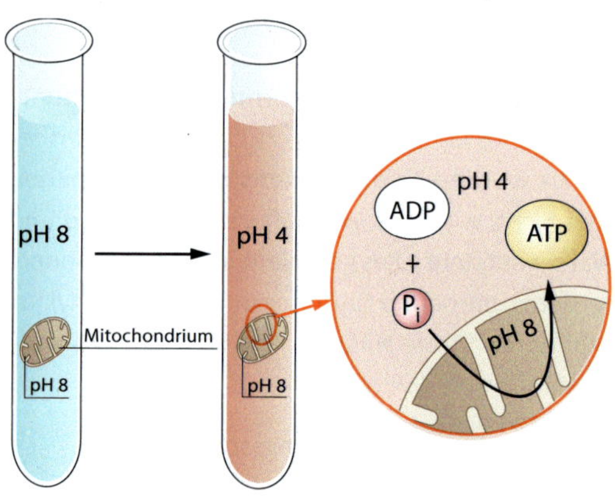

1 Versuch zur Bestätigung von Mitchells Hypothese

Das Ergebnis des Experiments lässt sich mit Mitchells Hypothese erklären. Im ersten Schritt des Experiments befördern die Protonenpumpen Protonen aus der Matrix, was den pH-Wert in der Matrix erhöht. Die Pufferlösung behält ihren pH-Wert. Weil kein Konzentrationsgefälle zwischen außen und innen besteht, kann kein ATP gebildet werden. Im zweiten Schritt lassen die ATP-Synthasen Protonen, dem Konzentrationsgefälle folgend, wieder durch die Membran in die Matrix wandern. Dies treibt die ATP-Bildung an. Damit ist die Hypothese bestätigt.

Redoxreaktionen • Die Protonenpumpen transportieren Protonen gegen ein Konzentrationsgefälle. Die hierzu notwendige Energie wird in einer Reaktionskette, der **Atmungskette**, freigesetzt. Diese läuft in der Mitochondrienmembran ab. Die in der Glykolyse und im Citratzyklus gebildeten Produkte $NADH + H^+$ und $FADH_2$ werden an zwei verschiedenen Anfängen der Atmungskette oxidiert. Sie geben jeweils zwei Elektronen und zwei Protonen ab. Die Elektronen werden durch die Proteinkomplexe I bis IV unter Beteiligung der Elektronenakzeptoren Ubichinon und Cytochrom c weitergereicht. Bei diesen Reaktionen werden also von einem Reaktionspartner Elektronen auf den nächsten übergeben. Weil man Elektronenabgabe als Oxidation und Elektronenaufnahme als Reduktion auffasst, laufen hier mehrere **Redoxreaktionen** nacheinander ab. Die Protonen verbleiben zunächst in der Matrix. Sie können durch die Proteinkomplexe I, III und IV in den Intermembranraum gepumpt werden. Bei der letzten Redoxreaktion in der Atmungskette werden die Elektronen auf das Sauerstoffmolekül übertragen, von dem nun ein Atom mit zwei Protonen zu einem Wassermolekül reagieren kann.

Weil die Redoxreaktionen die Energie für den Protonentransport und damit für die ATP-Bildung liefern, spricht man von **oxidativer Phosphorylierung** des ADP zu ATP.

Bilanz der Zellatmung • Die Bilanz der Stoffumwandlungen während der Glykolyse und des Citratzyklus ergibt, dass pro Molekül Glucose 24 Elektronen aus NADH und $FADH_2$ sowie 12 mal 2 Wasserstoffatome mit 12 Sauerstoffatomen zu 12 Molekülen Wasser reagieren. Die bisher benutzte Summenformel zur Zellatmung muss daher abgeändert werden:
$C_6H_{12}O_6 + 6\ O_2 + 6\ H_2O \rightarrow 6\ CO_2 + 12\ H_2O$.
Diese Summenformel berücksichtigt nicht die Einzelreaktionen sowie die ATP-Bildung. Sie bleibt daher ein Modell, das die Bilanz der Zellatmung wiedergibt.

1 Beschreiben Sie ausgehend von Abbildung 2 C die Mechanismen der ATP-Bildung im Mitochondrium.

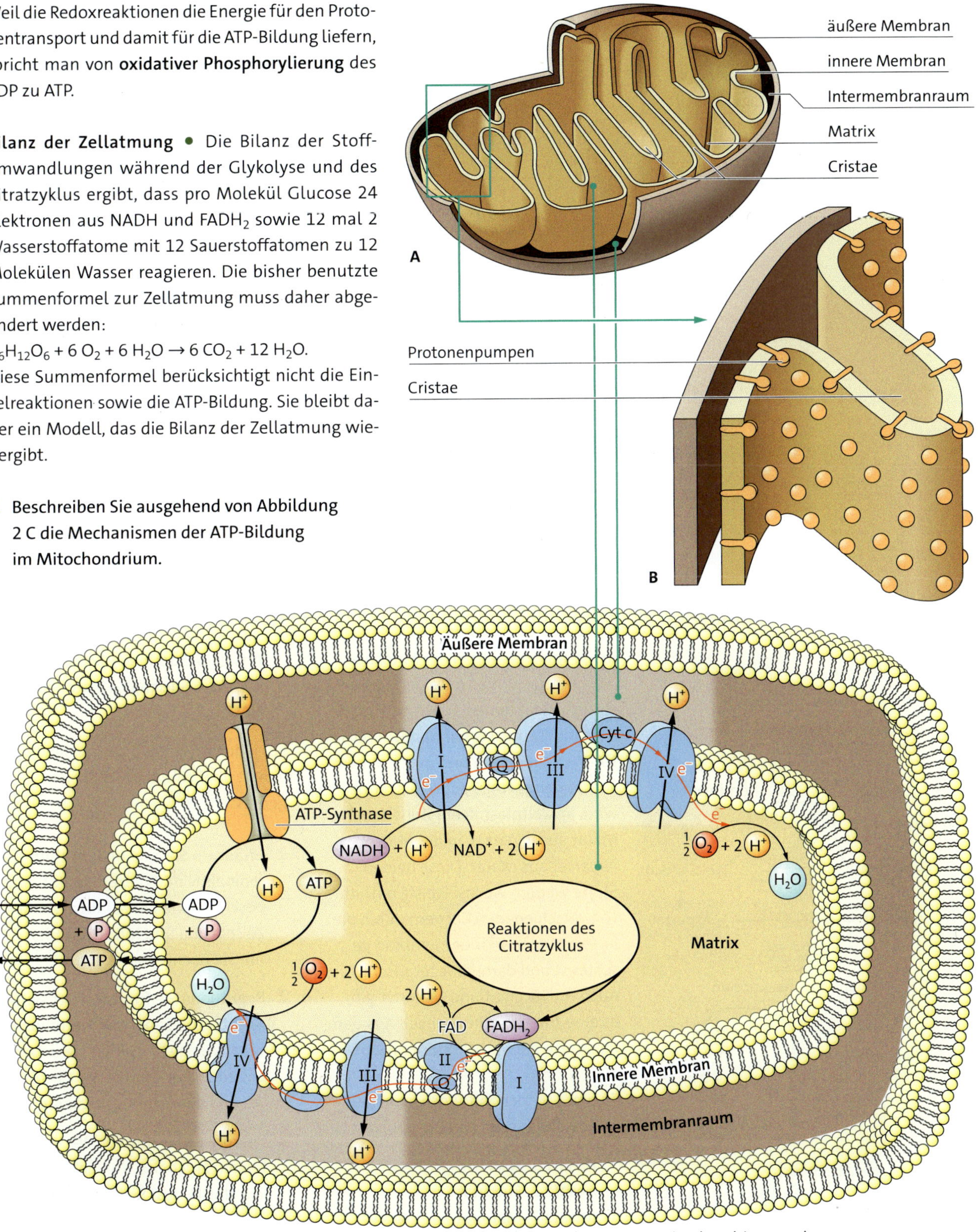

C I - IV: Proteinkomplexe; Q = Ubichinon, Cyt c = Cytochrom c: Redoxsysteme der inneren Mitochondrienmembran
2 Mitochondrium (Schema): A Bau, B Lage der Protonenpumpen, C ATP-Bildung

Material A Kompetitive Hemmung der Succinatdehydrogenase

Anfangskonzentration des Succinats (in relativen Einheiten)	5	10	50	100	150	200	250
Konzentration des reduzierten Methylenblaus (in relativen Einheiten) ohne Anwesenheit von Malonat	14	24	47	58	62	63	63
Konzentration des reduzierten Methylenblaus (in relativen Einheiten) bei Anwesenheit von Malonat	0	0	8	43	55	58	61

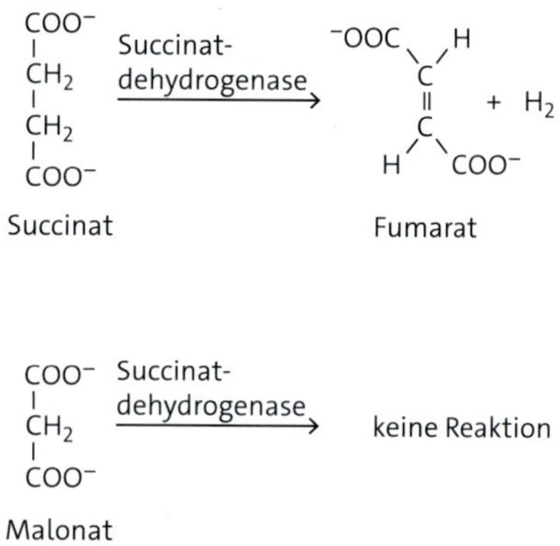

In einem Vorversuch wurde geklärt, dass man die Reaktion von Succinat zu Fumarat verfolgen kann, wenn man dem Versuchsgefäß eine definierte Menge Methylenblau hinzugibt. Dieses reagiert mit dem gebildeten Wasserstoff, wird also reduziert, und entfärbt sich immer mehr, je länger die Reaktion läuft. Im eigentlichen Versuch wurde der Abbau von Succinat mithilfe des Enzyms Succinatdehydrogenase untersucht. Es wurden zwei Versuchsreihen mit unterschiedlichen Konzentrationen von Succinat hergestellt. Zu jedem Ansatz wurden dieselbe Menge Enzym und Methylenblau gegeben. Bei der einen Versuchsreihe wurde in jedes Gefäß dieselbe Menge Malonat gegeben. In die Gefäße der anderen Versuchsreihe wurde kein Malonat gegeben.

1 Stellen Sie die Versuchsergebnisse grafisch dar und vergleichen Sie diese.

2 Begründen Sie, dass Malonat die Reaktion kompetitiv hemmt.

3 Erläutern Sie, wie man die Hemmung des Enzyms durch Malonat zur Klärung eines Stoffwechselschritts nutzen kann. Nehmen Sie Seite 510 zu Hilfe.

Material B Sauerstoffverbrauch von Mitochondrien

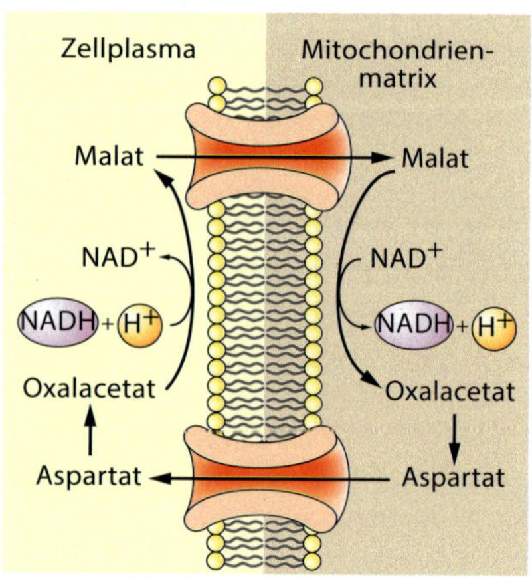

ablaufende Reaktionen

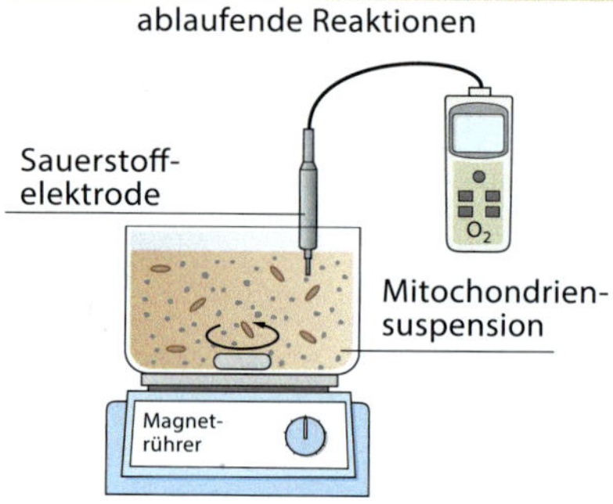

Versuchsaufbau

Im Zellplasma und in der Mitochondrienmatrix gibt es miteinander verknüpfte Reaktionen. Diese bewirken, dass im Plasma vorhandenes NADH zu NAD^+ oxidiert wird und in der Matrix vorhandenes NAD^+ zu NADH reduziert wird. Im Zellplasma entsteht dabei Malat aus Aspartat, in der Matrix Aspartat aus Malat. Diese beiden Stoffe werden wechselseitig mithilfe von verschiedenen Carriern durch die innere Mitochondrienmembran geschleust und damit ausgetauscht. Auch für Succinat und Malonat gibt es eine Transportmöglichkeit aus dem Plasma in die Mitochondrienmatrix.

Zu einer Mitochondriensuspension wurden folgende Stoffe gegeben:

- Ansatz 1: NADH
- Ansatz 2: Succinat
- Ansatz 3: Malonat
- Ansatz 4: NADH + Succinat
- Ansatz 5: NADH + Malonat
- Ansatz 6: Succinat + Malonat
- Ansatz 7: Succinat + Malonat + NADH

Für jeden Ansatz wurde der Sauerstoffgehalt über eine bestimmte Zeit gemessen.

1 Erläutern Sie, wie man mithilfe von radioaktiv markiertem Malat den beschriebenen Kreislauf zwischen Zellplasma und Mitochondrienmatrix nachweisen kann.

2 Begründen Sie für jeden der sieben Ansätze, ob Sauerstoff verbraucht wird oder nicht. Gehen Sie dabei auf einzelne Schritte des Citratzyklus und der Atmungskette ein.

3 Begründen Sie mithilfe der zu erwartenden Ergebnisse für die Zugabe von NADH, dass die Glykolyse und die Atmungskette im Stoffwechsel miteinander gekoppelt sind.

Material C ATP-Synthase in künstlichen Lipidvesikeln

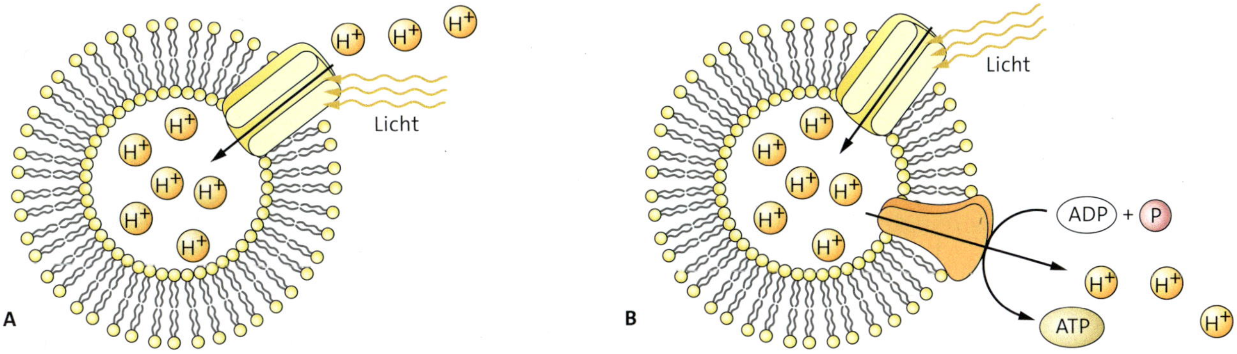

In einem Experiment ist es gelungen, künstliche Lipidvesikel, Liposomen, herzustellen. Dazu hat man das Phospholipid Lecithin in Wasser gegeben und kräftig umgerührt. Auf diese Weise entstehen Liposomen, die eine Membran aus einer Lipiddoppelschicht haben.

Darüber hinaus hat man aus Bakterienzellen Proteine isoliert, die in der Bakterienmembran als Protonenpumpen arbeiten. Die Energie für den Protonentransport durch die Membran erhalten diese Pumpen durch das Licht. Ihre Moleküloberfläche ist so beschaffen, dass sie sich bei Zugabe zu einer Liposomensuspension selbstständig in die Lipidschicht integrieren. Wenn man solche Liposomen beleuchtet, reichern sie im Inneren Protonen an.

In einem zweiten Schritt ist es gelungen, in die Liposomenmembran zusätzlich zu den Protonenpumpen ATP-Synthase-Moleküle zu integrieren. Wenn solche Liposomen belichtet werden, stellen sie aus ADP und Phosphat ATP her.

1 Erläutern Sie, weshalb sich Phospholipide selbstständig zu Liposomen formen können.

2 Begründen Sie, unter welchen Bedingungen der beschriebene Versuch Mitchells Hypothese der ATP-Synthese bestätigt.

Material D Wärmebildung, Thermogenese, mithilfe chemischer Reaktionen

Der Dsungarische Zwerghamster lebt in den zentralasiatischen Steppen und ist etwa 85 mm groß. Seine Körpermasse schwankt von 19 bis 45 g, im Winter ist sie am geringsten. In seinem Lebensraum sinken die Temperaturen im Winter bis unter −40 °C. Auch dann suchen die Tiere an der Erdoberfläche nach Nahrung. Derart kleine Tiere verlieren bei dieser Kälte viel Körperwärme. Einige Besonderheiten sichern ihr Überleben. Der Energiebedarf sinkt bei geringerer Körpermasse, da weniger Körpermasse beheizt wird. Gleichzeitig ist die Fellisolation gut, auch die Fußsohlen sind behaart. Die Tiere fallen täglich in eine Tagesschlaflethargie, bei der sie den Energieumsatz stark absenken. In Aktivitätsphasen haben die Hamster eine hohe Körpertemperatur. Im Winter steigern sie die Zahl der Mitochondrien in den Zellen des braunen Fettgewebes. Diese enthalten in der inneren Membran Proteine, die Protonen vom Intermembranraum an den ATPasen vorbei in die Matrix lassen. Es entsteht Wärme durch den Ablauf chemischer Reaktionen. Beim Abbau von Fettsäuren in diesen Zellen werden Acetyl-CoA, NADH + H^+ und $FADH_2$ gebildet.

1 Erklären Sie die Merkmale und Eigenschaften des Zwerghamsters unter energetischen Aspekten.

2 Erläutern Sie die Wärmebildung im braunen Fettgewebe. Nehmen Sie die Abbildungen 3, Seite 511 und 2, Seite 513 zu Hilfe.

3 Beschreiben Sie die Funktion der Thermogenese und erklären Sie sie soweit wie möglich ursächlich.

6.7 Die Zellatmung im Zellstoffwechsel

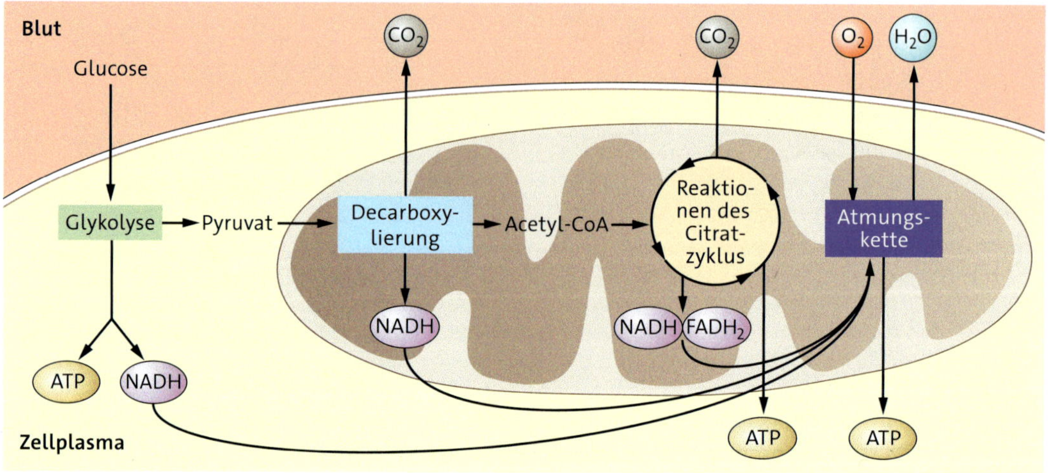

1 Orte und Schritte der Zellatmung

Eine Zelle baut aufgenommene Glucose schrittweise ab. Freiwerdende Energie wird zur Bildung von ATP genutzt, das im weiteren Zellstoffwechselprozessen verwendet wird. Die Zellatmung ist also kein isolierter Vorgang. Wie ist er mit weiteren Vorgängen im Zellstoffwechsel verbunden?

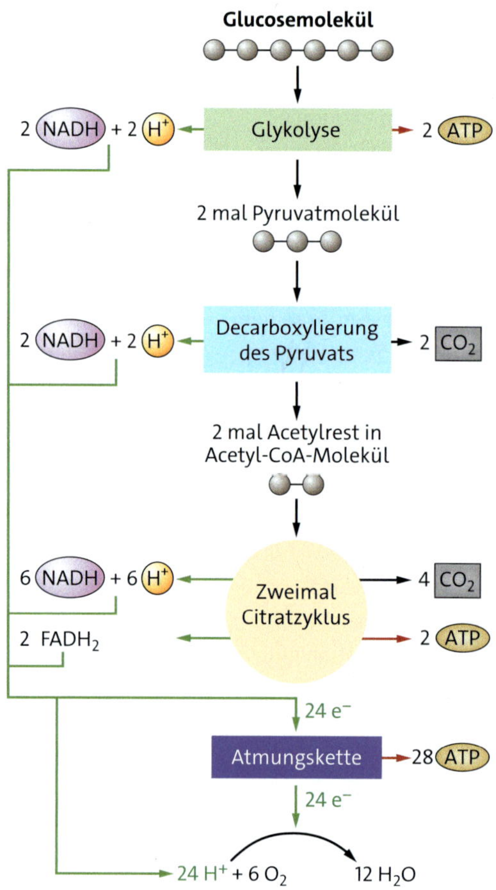

2 Schritte und Bilanzen bei der Zellatmung (● Kohlenstoffatom)

Bilanzen der Zellatmung • Die Bruttogleichung der Zellatmung verdeutlicht die Gesamtbilanz:

$$C_6H_{12}O_6 + 6\,O_2 + 6\,H_2O \rightarrow 6\,CO_2 + 12\,H_2O + \text{Energie.}$$

In der Zelle verläuft die Zellatmung in kleinen Schritten. Diese lassen sich vier Abschnitten zuordnen. Der erste, die Glykolyse, findet im Zellplasma statt, die drei folgenden Abschnitte laufen in den Mitochondrien ab. Die freigesetzten Reaktionsenergien einzelner Reaktionen werden zum Teil für die Bildung von ATP genutzt. Pro Mol Glucose entstehen so 32 Mol ATP, die bei ihrem Abbau zu ADP + P ihrerseits 1033,6 kJ Reaktionsenergie liefern. Im Labor dagegen ergibt die Verbrennung von Glucose 2880 kJ pro Mol. Im Zuge der Zellatmung werden also lediglich 36 % der möglichen Reaktionsenergie von Glucose für weitere endergonische Reaktionen verwendet. Der Rest wird als Wärme frei. Ein Teil der Wärme wird an die Umgebung abgegeben. Wärme ist von Lebewesen nicht vollständig nutzbar. Der nicht nutzbare Anteil wird als **entwertete Energie** bezeichnet. Die Endprodukte der Zellatmung sind Kohlenstoffdioxid, Wasser und ATP. Wesentliche Zwischenprodukte des Glucoseabbaus sind Pyruvat und Acetylrest. Die 12 Wasserstoffatome eines Glucosemoleküls bewirken zusammen mit 12 weiteren Wasserstoffatomen aus 6 Wassermolekülen nach und nach die Reduktion von NAD^+- oder FAD-Molekülen. Die entstandenen NADH- und $FADH_2$-Moleküle werden zu Beginn der Atmungskette oxidiert. Die dabei übertragenen Elektronen werden bei weiteren Redoxreaktionen in der Atmungskette weitergegeben und die frei werdenden Protonen reagieren, wie die schon vorab entstandenen, mit Sauerstoff zu Wasser. Die Elektronen werden für die Reaktion von Sauerstoff mit den Protonen benötigt. Die Redoxreaktionen liefern die Energie für die ATP-Bildung.

Umschlagplatz Mitochondrienmatrix • Bei Menschen und Tieren liefert die Zellatmung die Hauptmenge an ATP. Zellen können aber nicht nur Glucose und andere Kohlenhydrate zur ATP-Produktion nutzen, sondern auch Fette und Proteine, sowohl körpereigene als auch durch Nahrung zugeführte. In Gegenwart von Sauerstoff wird jeder dieser Stoffe zunächst zu Acetyl-CoA abgebaut, das im Citratzyklus weiterverarbeitet wird. Daher ist die Mitochondrienmatrix die zentrale Stelle für diese **Abbauwege.** Als Resultat wird ATP gebildet, das an alle weiteren Orte in der Zelle exportiert wird.

Auch für den **Aufbau von Stoffen** mit größeren Molekülen sind einige Stoffe des Citratzyklus wichtig. Oxalacetat kann beispielsweise zur Produktion von DNA-Bausteinen, den Nucleotiden, verwendet werden. Dadurch verringert sich seine Konzentration in der Mitochondrienmatrix. Dann laufen im Mitochondrium Auffüllreaktionen ab, bei denen Oxalacetat nachgeliefert wird, zum Beispiel aus durch Glykolyse gebildetes Pyruvat. Sein Vorrat in der Mitochondrienmatrix wird wieder ergänzt.
Die in der Matrix vorhandenen Stoffe verknüpfen die Reaktionen des Citratzyklus mit wichtigen Stoffwechselwegen für den Aufbau und Abbau von Zellbausteinen. Man kann die Mitochondrienmatrix daher als **Stoffumschlagplatz** ansehen.

Wenn mehr Kohlenhydrate in die Zelle aufgenommen werden, als zur ATP-Bildung nötig sind, steigt die Konzentration des durch Glykolyse gebildeten Acetyl-CoA. Daraufhin wird Citrat im Überschuss gebildet und aus der Mitochondrienmatrix ins Zellplasma transportiert. Hier wird es zur Synthese von Fettsäuren genutzt, aus denen Reservefett gebildet wird. Weil unsere Nahrung meistens genügend Fette für den Betriebs- und Baustoffwechsel enthält, führt übermäßiger Zuckergenuss zwangsläufig zur Einlagerung von Reservefett.

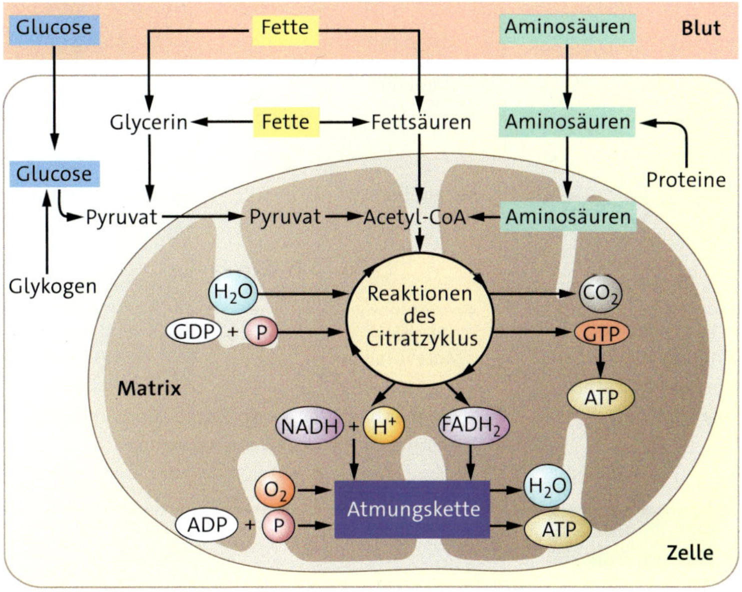

3 Verschränkung von Zellatmung und Abbau von Fetten und Proteinen

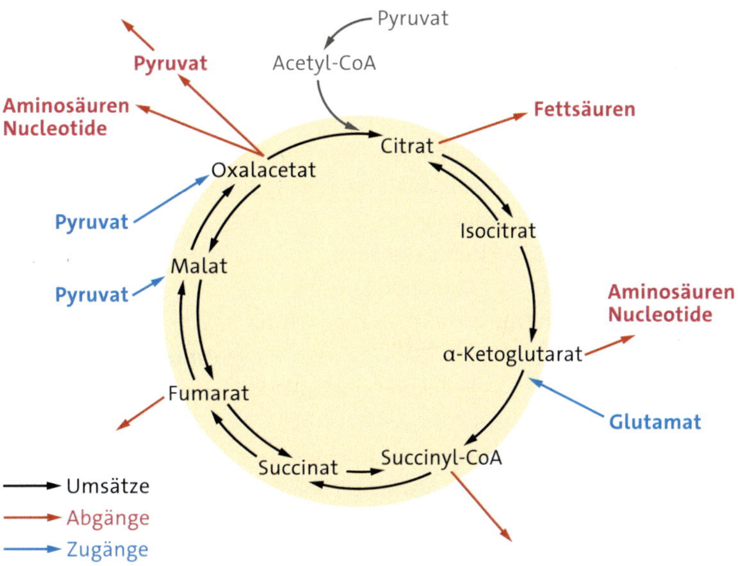

4 Umsätze, Abgänge und Zugänge in der Mitochondrienmatrix beim Stoffvorrat für den Citratzyklus, eine Auswahl, einige Reaktionen des Citratzyklus sind umkehrbar

1 Erstellen Sie aus Abbildung 2 für die vier Schritte der Zellatmung je eine Bruttogleichung. Ergänzen Sie Wassermoleküle, wo es nötig ist.

2 Erklären Sie an Beispielen, dass die Mitochondrienmatrix ein wichtiger Stoffumschlagplatz im Zellstoffwechsel ist.

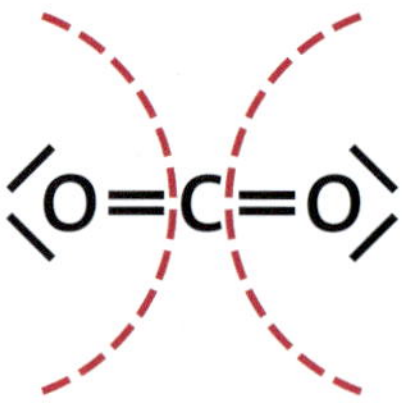

1 CO_2-Molekül, Bindungselektronen werden Sauerstoff zugesprochen

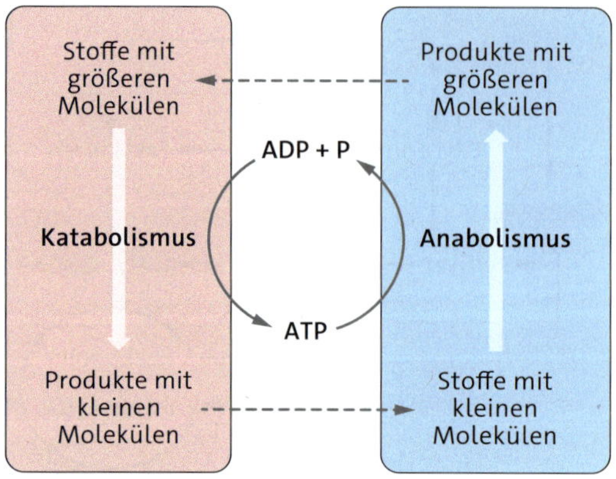

2 Zusammenhang von Katabolismus und Anabolismus, gestrichelt: fakultative Verwendung

Aufbau und Abbau • Die Zwischenprodukte der Zellatmung sind in weitere Stoffwechselwege eingebunden. Pyruvat, Citrat und Oxalacetat können zum Beispiel zum Aufbau von größeren Molekülen verwendet werden. Sie sind damit Teil des Baustoffwechsels, des **Anabolismus.**
Der abbauende Stoffwechsel, der **Katabolismus,** beinhaltet neben der Zellatmung auch den Abbau anderer Stoffe. Die so gebildeten kleinen Moleküle können im Anabolismus genutzt werden. Wichtigste Funktion ist jedoch die Lieferung von Energie für den Anabolismus: Über Reaktionen zur Bildung von ATP beziehungsweise ADP sind Katabolismus und Anabolismus energetisch gekoppelt.

Blickpunkt

Redoxreaktionen

Man klassifiziert chemische Reaktionen zur Unterscheidung und Erklärung. Eine wichtige Art ist die Redoxreaktion.

Redoxreaktionen • Reaktionen mit Sauerstoff kommen häufig vor und sind häufig exergonisch. Man nennt sie Oxidationen. Die umgekehrten Reaktionen, bei denen Sauerstoff wieder frei wird, heißen Reduktionen.
Zink reagiert mit Sauerstoff zu Zinkoxid.
$2\,Zn + O_2 \rightarrow 2\,ZnO$ Oxidation von Zink
Bei stärkerem Erhitzen zerfällt das Oxid wieder zu Zink und Sauerstoff.
$2\,ZnO \rightarrow 2\,Zn + O_2$ Reduktion von Zinkoxid

Wenn man die Reaktionen auf der Teilchenebene betrachtet, erkennt man eine weitere Eigenschaft von Oxidations- und Reduktionsreaktionen: Zinkoxid bildet Kristalle, die aus Zn^{2+}-Ionen und O^{2-}-Ionen aufgebaut sind. Also haben bei der Reaktion zu Zinkoxid die Zinkatome Elektronen abgegeben und die Sauerstoffatome Elektronen aufgenommen. Bei der Reduktion von Zinkoxid erhalten die Zinkionen die Elektronen zurück. Oxidation bedeutet also Elektronenabgabe, Reduktion Elektronenaufnahme. Das heißt, dass der Sauerstoff in der ersten Reaktion reduziert wird, in der zweiten oxidiert. Da Oxidation und Reduktion voneinander abhängen, bezeichnet man die zugehörigen Reaktionen als **Redoxreaktionen.**
Weil es viele Redoxreaktionen gibt, bei denen der Sauerstoff nicht Reaktionspartner ist, sind diese Begriffe zur Oxidation und Reduktion allgemeiner.

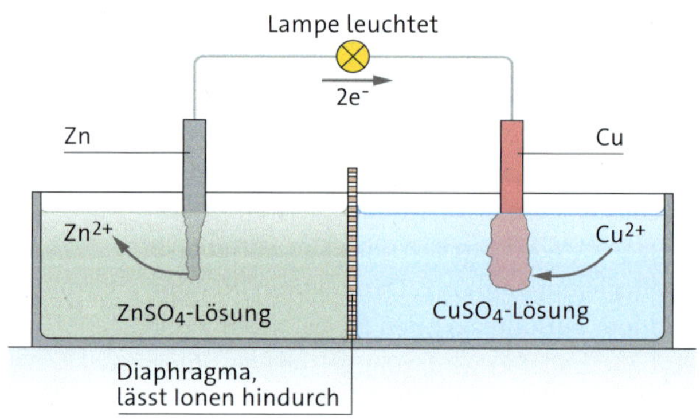

Anwendung der Definition • Wenn bei Redoxreaktionen Ionen beteiligt sind, ist die Elektronenabgabe und -aufnahme einfach zu erkennen.
Elektronenabgabe und Elektronenaufnahme können dabei auch an verschiedenen Stellen stattfinden. Für den elektrischen Ausgleich diffundieren in dem gezeigten Aufbau negativ geladene Sulfationen durch das Diaphragma.

Kovalent gebundene Atome ziehen die Bindungselektronen unterschiedlich stark an. Denjenigen, die sie stärker anziehen als andere, spricht man diese Elektronen zu. Damit wird festgelegt, welche Atome Elektronen abgeben oder aufnehmen. Wenn Kohlenstoff mit Sauerstoff verbrennt, entsteht Kohlenstoffdioxid, CO_2. Sauerstoffatome ziehen die Bindungselektronen stärker an als Kohlenstoffatome, Sauerstoff wird also reduziert. Kohlenstoff wird oxidiert (▶ 1).

Redoxreaktionen bei der Zellatmung • Die Reaktion von Glucose mit Sauerstoff zu Kohlenstoffdioxid und Wasser ist eine Redoxreaktion: Glucose wird oxidiert und Sauerstoff reduziert.

Bei der Zellatmung reagieren Glucose und Sauerstoff allerdings nicht direkt miteinander. Zunächst wird in der Glykolyse Glucose zu Pyruvat oxidiert und NAD^+ wird zu NADH reduziert. Pyruvat wird bei der Decarboxylierung zu Kohlenstoffdioxid und Acetylrest oxidiert, und weiteres NAD^+ wird reduziert. Im Citratzyklus wird schließlich der Acetylrest zu Kohlenstoffdioxid oxidiert, und NAD^+ und FAD werden reduziert, letzteres zu $FADH_2$. Hierzu muss der Acetylrest allerdings vorab mit Oxalacetat zu Citrat reagieren.

In der Atmungskette folgen dann mehrere Redoxreaktionen aufeinander, an deren Anfang NADH und $FADH_2$ oxidiert werden und an deren Ende Sauerstoff reduziert wird (▸ S. 513). Eine Folge von Redoxreaktionen wird allgemein als **Redoxkette** bezeichnet. Die Redoxreaktionen der Zellatmung sind exergon.

1 **Erklären Sie mithilfe der Abbildungen 3 und 4 von Seite 517, wie der Katabolismus und der Anabolismus zusammenhängen. Beachten Sie auch Abbildung 1 auf Seite 516.**

Blickpunkt

Funktionale Beschreibungen und kausale Erklärungen I

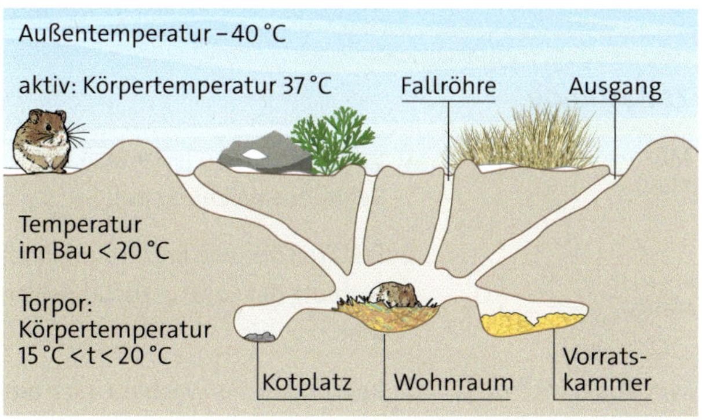

Der Dsungarische Zwerghamster (▸ S. 129) lebt in zentralasiatischen Steppen. Dort ist es im Winter sehr kalt. Er wiegt im Winter etwa 20 Gramm. Ausgerechnet dann wiegt er weniger als im Sommer. Wegen des schlechten Verhältnisses von Körpermasse zur Körperoberfläche verliert er im Winter besonders schnell Wärme. Dennoch muss er außerhalb des Baus Futter suchen. Wie überlebt er unter diesen Bedingungen?
Er bildet im Winter ein sehr dichtes Fell aus, und in den Zellen seines braunen Fettgewebes vermehrt sich die Anzahl der Mitochondrien. Diese sind auf Wärmebildung spezialisiert. Er frisst fast nur energiereiche Samen. Im Bau verlangsamt er seinen Stoffwechsel und seine Körpertemperatur sinkt. Er verharrt an einer Stelle. Diesen Zustand nennt man Torpor. Der Energieverbrauch ist dann besonders gering. Vor der Futtersuche muss der Hamster seinen Körper aufheizen. Weil er klein ist, benötigt er dazu relativ wenig Energie.

Die genannten Eigenschaften des Hamsters erfüllen gemeinsam die **Funktion,** die Körperwärme trotz der kalten Umwelt langfristig etwa konstant zu halten. Biologische Funktionen benennt man zur Beantwortung der Fragen ‚Wozu dient etwas? Welche biologische Bedeutung hat es?' Bei solchen **funktionalen Beschreibungen** vermeidet man den Eindruck, dass eine Funktion absichtlich eingerichtet sei, wie es zum Beispiel bei von Menschen hergestellten Werkzeugen der Fall ist. Zellen, Organe und viele Lebewesen haben keine erkennbare Absicht. Wärmebildung ist statt mit braunem Fettgewebe zum Beispiel auch mit Muskelzittern möglich. Beides kann die Funktion Wärmebildung erfüllen. Beides funktioniert und bildet dabei Wärme. Es funktioniert aber nicht, **um** Wärme **zu** bilden. Deshalb vermeidet man solche Finalsätze.

Wenn man Ursachen und Wirkungen nennt, also Kausalzusammenhänge darstellt, spricht man in der Naturwissenschaft von **kausalen Erklärungen.** Die Antwort auf die Frage ‚Wie funktioniert im Winter die Wärmebildung im braunen Fettgewebe?' kann folgendermaßen beantwortet werden. Kürzere Tageslichtphasen sind die Ursache dafür, dass der Hamster den Torpor nutzt und die Mitochondrienanzahl im braunen Fettgewebe erhöht. Der Torpor ist die Ursache dafür, dass der Hamster weniger Energie benötigt als im normalen Stoffwechsel. In den speziellen Mitochondrien gibt es ein Membranprotein, das Protonen unter Wärmebildung in ihre Matrix leitet. Dies ist die Ursache für Wärmebildung statt ATP-Bildung. (▸)

Material A Modell Redoxkette

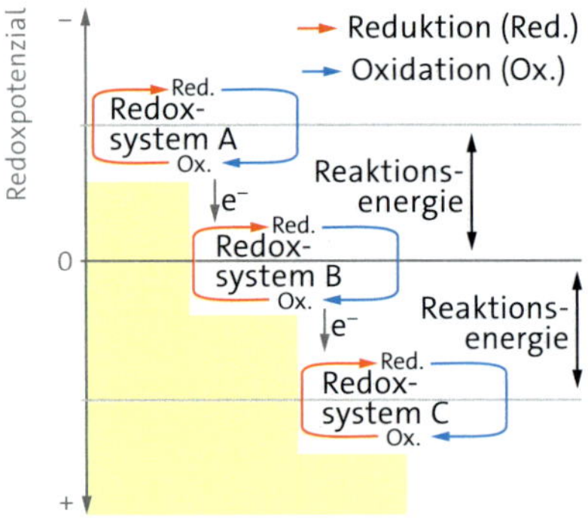

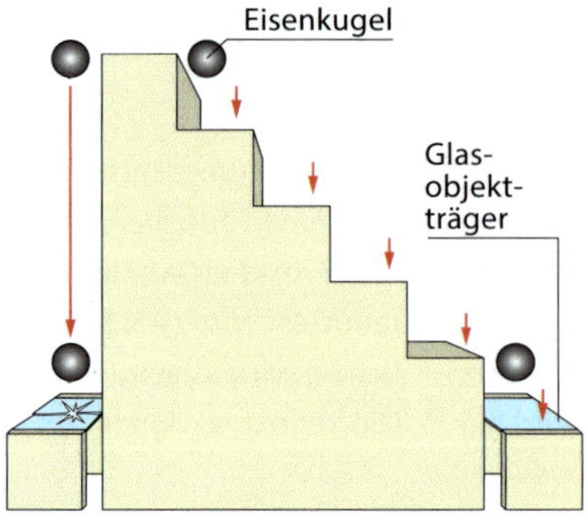

Bei der im Blickpunkt dargestellten Redoxreaktion reagieren Zn zu Zn^{2+} und Cu^{2+} zu Cu. Zn und Zn^{2+} sowie Cu und Cu^{2+} werden als Redoxpaare oder auch als Redoxsysteme bezeichnet, bei denen die reduzierte Form zur oxidierten wechselt oder umgekehrt.
Das Redoxpotenzial, gemessen in Volt, ist ein durch Versuche ermitteltes Maß dafür, ob ein Redoxpaar in einer Redoxreaktion Elektronen an einen anderes abgeben kann. Paare mit negativerem Potenzial können Elektronen an Paare mit positiverem Potenzial abgeben. Die Hochachse im Diagramm ist an die mit den Reaktionen gekoppelten Energieabgaben angepasst. Daher sind negative Redoxpotenziale nach oben und positive nach unten abgetragen. Das Redoxpotenzial von Zn/Zn^{2+} beträgt -0,76V und das von Cu/Cu^{2+} +0,35V.

Ein mechanisches Modell zeigt den jeweils möglichen Effekt der Reaktionsenergie bei einer einschrittigen und einer mehrschrittigen Reaktion. Im einschrittigen Fall wird die gesamte Lageenergie einer Eisenkugel in Verformungsenergie für eine Glasscheibe übertragen. Die Scheibe bricht.

1 Stellen Sie die im Diagramm veranschaulichten Aussagen zusammen.

2 Vergleichen Sie das Modell mit den Aussagen aus dem Diagramm.

3 Vergleichen Sie das Modell mit den Vorgängen bei der Zellatmung.

Material B Blue Bottle – chemisches Modell zur Zellatmung

Versuch • Glucose wird in einem Rundkolben in Wasser gelöst, Methylenblaulösung wird hinzugegeben. Das Gefäß wird verschlossen. Beim Stehenlassen entfärbt sich die Lösung. Schüttelt man nun kräftig, kehrt die blaue Farbe zurück. Nach einiger Zeit des Stehenlassens entfärbt sich die Lösung wieder. Erneutes Schütteln regeneriert die blaue Farbe aufs Neue.

Erklärung • In dem Gefäß laufen Redoxreaktionen ab:

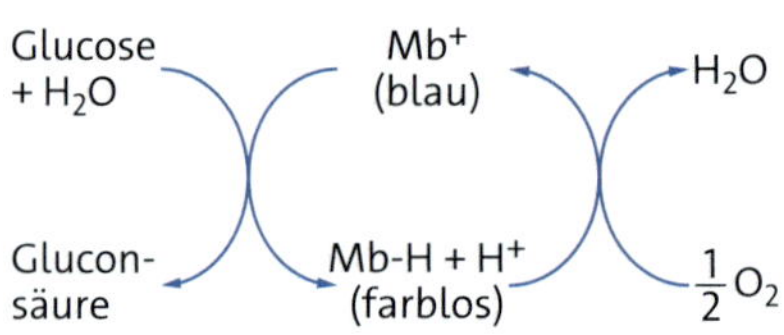

Glucose ($C_6H_{12}O_6$) wird durch Methylenblau zu Gluconsäure ($C_6H_{12}O_7$) oxidiert. Sowohl das Oxidieren als auch das Reduzieren von Methylenblau ist unter den gegebenen Voraussetzungen möglich. Die Oxidation der Glucose durch Methylenblau und die Reduktion von Sauerstoff durch farbloses Methylenblau sind im Versuch jedoch nicht umkehrbar.
Insgesamt werden Glucose und Sauerstoff verbraucht. Es entstehen Gluconsäure und Wasser.
Durch das Schütteln löst sich im verschlossenen Kolben Luftsauerstoff in der Lösung. Nach etlichen Wiederholungen färbt sie sich nicht mehr blau.

1 Schreiben Sie zu jeder Reaktion eine Reaktionsgleichung auf.

2 Erklären Sie, wie Entfärbung und Färbung der Lösung zustande kommen.

3 Begründen Sie, weshalb nach einigen Wiederholungen das Schütteln nicht wieder zur Blaufärbung führt.

4 Vergleichen Sie die Reaktionen im Rundkolben mit der Bruttogleichung der Zellatmung.

5 Vergleichen Sie die Reaktionen im Rundkolben mit der Reaktion von GAP mit NAD^+ (► S. 508, 2) sowie mit der Oxidation von NADH + H^+ und der Reduktion von Sauerstoff (► S. 513, 2).

6 Erläutern Sie, inwiefern der Modellversuch die Regulation der Glykolyse verdeutlicht (► S. 508).

Versuchsanleitung sowie elektrochemisches Modell zur Atmungskette siehe (►).

Material C Thermogenese

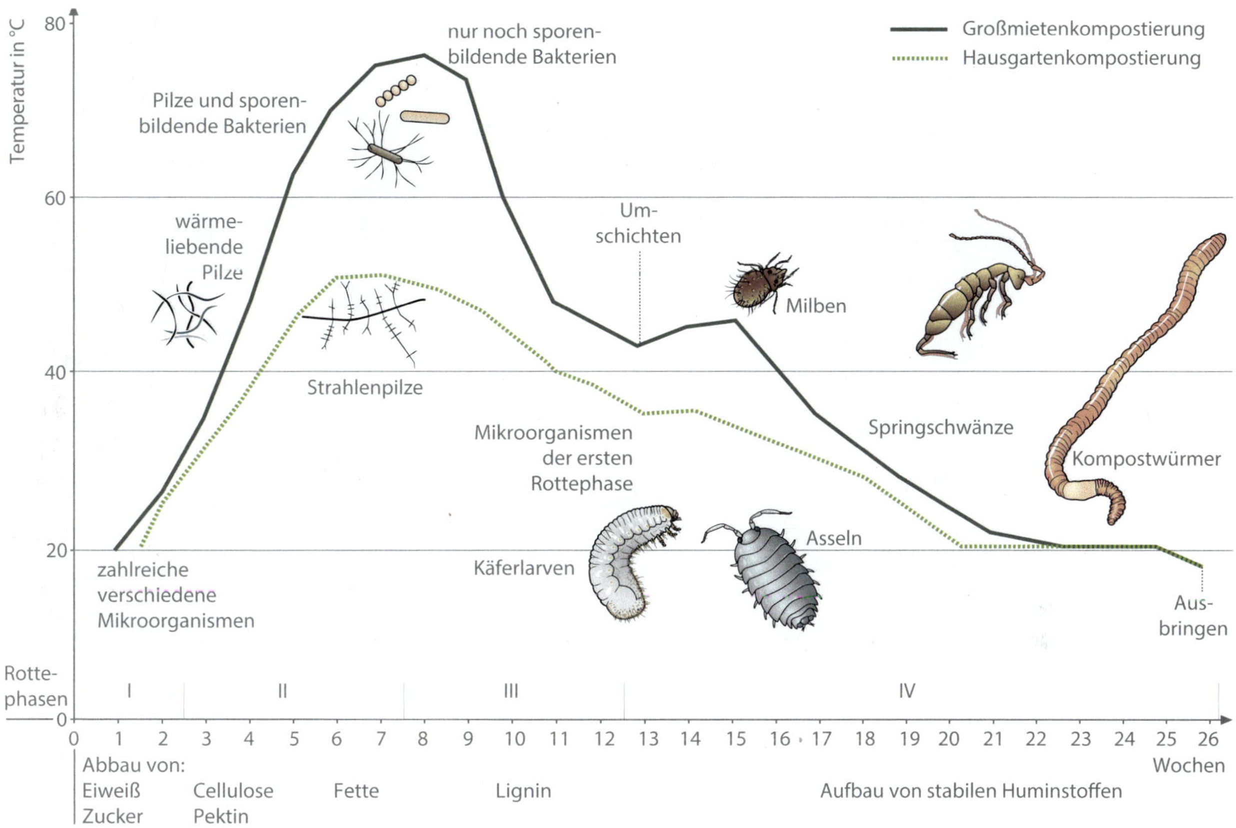

Dampfender Kompost

Ein richtig zusammengestellter Komposthaufen enthält abgestorbene Pflanzenteile in einer Zusammensetzung, die das Wachstum aerob lebender Mikroorganismen fördert. Zur Durchlüftung wird er locker aufgeschichtet.
Huminstoffe sind zwar chemisch unterschiedlich, haben aber insgesamt einen positiven Einfluss auf das Pflanzenwachstum. Sie haben große Moleküle.

Die Vorgänge im Komposthaufen lassen sich in vier Phasen einteilen, die bei optimalem Verlauf jeweils eine bestimmte Zeit dauern. Nach etwa 12 Wochen schichtet man den Haufen um, so dass äußeres Material ins Zentrum kommt. Die Temperaturen in Abbildung 1 wurden jeweils in der Mitte des Haufens gemessen.
Mit steigenden Temperaturen sterben die Mikroorganismen der ersten Phase ab und neue Mikroorganismen treten auf. Bei Temperaturen zwischen 50°C und 65°C siedeln sich wärmeliebende Pilze, Bakterien und Strahlenpilze an. Bei Temperaturen über 65°C treten sporenbildende Bakterien auf. Die Bakteriensporen überdauern widrige Umstände, insbesondere auch sehr hohe Temperaturen.
Auch andere Bakterienarten und Pilze bilden Dauer- und Vermehrungseinheiten, die an andere Stellen verdriften oder transportiert werden können. Die Lebewesen im Kompost ertragen oder benötigen bestimmte Werte bestimmter Umweltfaktoren und erscheinen entsprechend zu bestimmten Phasen der Kompostierung.

1 Beschreiben Sie den Temperaturverlauf.

2 Erstellen Sie Hypothesen zu einer kausalen Erklärung des Temperaturverlaufs. Beachten Sie katabole und anabole Prozesse sowie das Auftreten unterschiedlicher Mikroorganismen.

3 Diskutieren Sie, ob eine funktionale Beschreibung des Temperaturverlaufs möglich ist. Beachten Sie dabei die Abhängigkeit der Reaktionsgeschwindigkeit von der Temperatur.

6.8 Gärung

1 Karausche überlebt im zugefrorenen See in Finnland

In einem zugefrorenen Gewässer nimmt die Sauerstoffkonzentration im Winter rasch ab. Die Karausche gehört zu den karpfenartigen Fischen. Unter der Eisdecke sieht sie leblos aus, doch sie übersteht den Winter monatelang in dem sauerstoffarmen Wasser. Wie ist das zu erklären?

aerob von gr. aer, Luft

Lactat: das Anion der Milchsäure. Milchsäure dissoziiert in Lactat und ein Proton H^+

Stoffwechselwege ohne Verbrauch von Sauerstoff • Fische sind aerobe Lebewesen, sie sind auf Sauerstoff angewiesen. Sinkt der Sauerstoffgehalt in einem Gewässer im Winter oder auch bei sommerlicher Hitze, so reduzieren die Fische ihre Aktivität. Dadurch verringert sich ihr Energiebedarf. Außerdem erhöht sich ihre Atemfrequenz. Die Karauschen oder Moorkarpfen schnappen manchmal sogar an der Wasseroberfläche nach Luft, sodass die Sauerstoffkonzentration an den Kiemen verbessert wird. Ist das Gewässer zugefroren, reicht die verfügbare Sauerstoffmenge nicht aus. Trotzdem können Karauschen mehr als 100 Tage in einem sauerstoffarmen Gewässer überleben. Vergleicht man den Zellstoffwechsel der Karausche unter sauerstoffreichen und sauerstoffarmen Bedingungen, so lassen sich Unterschiede feststellen. Bei ausreichendem Sauerstoffangebot wird in den Zellen Glucose zu Wasser und Kohlenstoffdioxid abgebaut und pro Molekül Glucose werden 32–34 Moleküle ATP synthetisiert. Man nennt diesen Stoffwechselweg auch aerobe Dissimilation oder Zellatmung, da für den vollständigen Abbau der Glucose in den Mitochondrien Sauerstoff als Elektronenakzeptor notwendig ist (► S. 513, 2). Unter sauerstoffarmen Bedingungen wird ebenfalls Glucose abgebaut, allerdings lässt sich im Blut der Karauschen nun eine Konzentrationszunahme von Lactat und Ethanol messen. Lactat und Ethanol sind Stoffwechselprodukte eines anaeroben Glucoseabbaus, bei dem kein Sauerstoff verbraucht wird. Man bezeichnet dies als **Gärung**. Entsteht beim anaeroben Abbau von Glucose Lactat, so handelt es sich um Milchsäuregärung. Ist Ethanol das Endprodukt des Stoffwechselprozesses, so spricht man von alkoholischer Gärung. Gärungsprozesse sind vor allem bei Mikroorganismen wie Milchsäurebakterien und Hefen bekannt. Sie kommt aber auch als Alternative zur aeroben Zellatmung in den Geweben von vielzelligen Organismen vor, sodass sie kürzere Phasen geringer Sauerstoffverfügbarkeit überstehen können. So können die Karauschen aus dem anaeroben Abbau von Glucose pro Molekül 2 Moleküle ATP gewinnen und den Winter auch bei Sauerstoffmangel überstehen. Allerdings ist die Bereitstellung von verfügbarer Energie in Form von ATP bei der Gärung fast 16–18-mal geringer im Vergleich zur aeroben Dissimilation. Ihre Lebensprozesse sind deshalb stark reduziert.

Milchsäuregärung • Der anaerobe Abbau der Glucose beginnt bei der Milchsäuregärung mit der Glykolyse. Glucose wird dabei über mehrere Schritte im Cytoplasma zu Pyruvat oxidiert. Bei diesem Prozess werden zwei ATP-Moleküle gebildet (▶ **S. 508**). Bei der schrittweisen Oxidation werden 2 H^+-Ionen auf 2 Moleküle NAD^+ übertragen, es wird zu 2 $NADH + 2H^+$ reduziert. Ist Sauerstoff verfügbar, wird der Wasserstoffakzeptor in den Mitochondrien zur Synthese von ATP in der Atmungskette genutzt, NAD^+ wird frei und steht für die Glykolyse zur Verfügung. Wenn das verbrauchte NAD^+ aufgrund von Sauerstoffmangel nicht regeneriert wird, reichert es sich an und hemmt die Glykolyse. Bei der Milchsäuregärung wird das Pyruvat zu Lactat reduziert und gleichzeitig die $NADH + H^+$ zu NAD^+ oxidiert und zurückgewonnen. Das Lactat wird in die umgebende Flüssigkeit ausgeschieden.

Beim Menschen findet Milchsäuregärung in den Erythrocyten statt, sie enthalten keine Mitochondrien. Aber auch in Muskelzellen kann für wenige Minuten der Energiebedarf anaerob gedeckt werden, wenn zum Beispiel durch eine sehr starke, kurzfristige Belastung ein lokaler Sauerstoffmangel entsteht. In der Folge steigt die Lactatkonzentration im Muskel und im Blut. Höhere Lactatkonzentrationen sind ein Hinweis auf eine ungünstige pH-Wertveränderung. Nach der körperlichen Aktivität wird das Lactat wieder abgebaut: es wird entweder in den Muskelzellen zur aeroben ATP-Gewinnung genutzt oder dient in der Leber zur Synthese von Glykogen als Reservestoff.

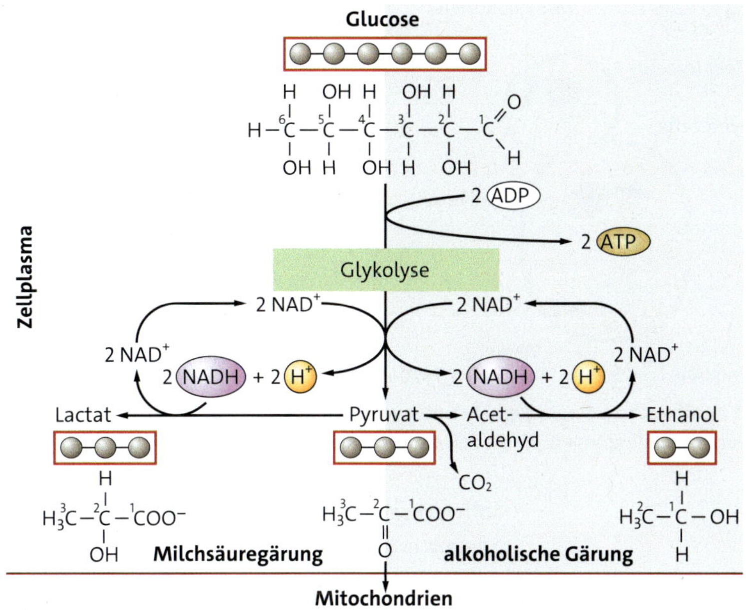

2 Anaerober Abbau von Glucose ohne Verbrauch von Sauerstoff

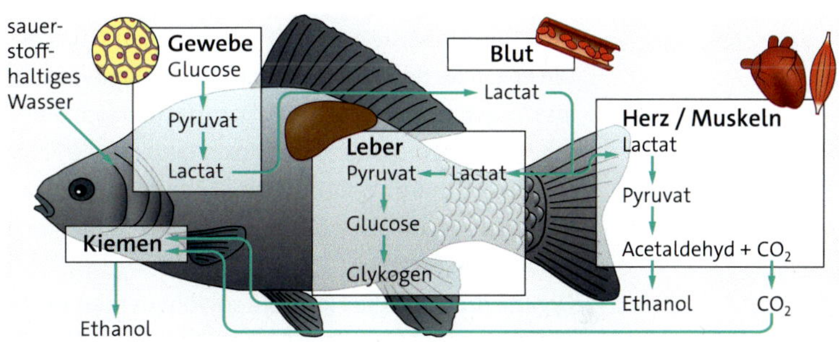

3 Stoffwechselwege bei der Karausche unter sauerstoffarmen Bedingungen im Winter

Alkoholische Gärung • Die alkoholische Gärung beginnt ebenfalls mit dem Abbau der Glucose zu Pyruvat. Auch hier werden 2 ATP gebildet. Das zu $NADH + H^+$ reduzierte NAD^+ wird in zwei Schritten zurückgewonnen. In einem ersten Reaktionsschritt wird von den beiden gebildeten Pyruvatmolekülen je ein Kohlenstoffdioxidmolekül abgespalten, das Pyruvat wird zu Acetaldehyd decarboxyliert. In einem zweiten Schritt wird Acetaldehyd zu Ethanol reduziert. Je Molekül Glucose werden 2 Moleküle Ethanol, 2 Moleküle Kohlenstoffdioxid und 2 ATP gebildet sowie 2 NAD^+ zurückgewonnen. Ethanol ist ein Zellgift, das die Zellmembranen schädigt und die Zellen abtötet; es wird ausgeschieden.

Hefen gehören zu den Lebewesen, die Enzyme für alkoholische Gärung besitzen. Aber auch Pflanzenwurzeln, die bei Starkregen überflutet werden, können Ethanol produzieren und eine Weile Sauerstoffmangel überstehen. Alkoholbildung durch Wirbeltiere ist bislang nur bei karpfenartigen Fischen wie den Karauschen nachgewiesen. Bei Sauerstoffarmut wird Lactat zu Pyruvat umgewandelt und dieses dann zu Ethanol reduziert und über die Kiemen ausgeschieden.

1 Vergleichen Sie die Schritte des Glucoseabbaus unter aeroben und anaeroben Bedingungen und erläutern Sie sie hinsichtlich Stoffumwandlung und Energiebereitstellung.

2 Erläutern Sie die Bedeutung des anaeroben Abbaus von Glucose für das Überleben der Karauschen funktional.

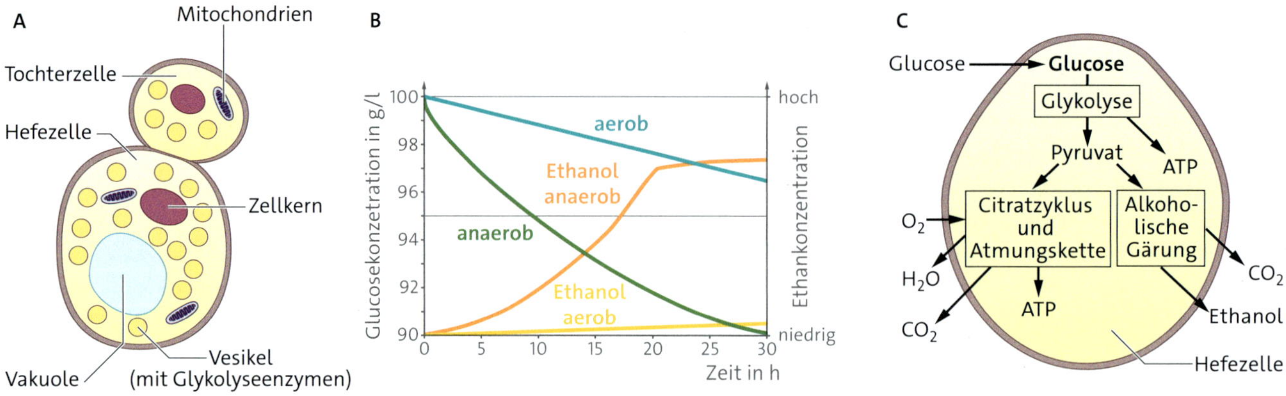

1 Stoffwechsel der Bäckerhefe unter verschiedenen Bedingungen: **A** Hefezelle (Schema), **B** Hefeexperiment unter sauerstoffreichen und -armen Bedingungen, **C** Modell der Stoffwechselprozesse

Louis Pasteur (1822–1895), französischer Biochemiker und Mitbegründer der medizinischen Mikrobiologie

Stoffwechselanpassung • Die einzellige Hefe *Saccharomyces cerevisiae*, die Bäckerhefe, wird zum Brotbacken und Bierbrauen eingesetzt. Ist Sauerstoff verfügbar, so baut sie Glucose aerob ab und gewinnt 36 ATP pro Glucosemolekül. Sie kann Glucose auch anaerob zu Kohlenstoffdioxid und Ethanol vergären. Dabei gewinnt sie zwei ATP pro Molekül Glucose. Die Produkte der alkoholischen Gärung scheidet sie ins Umgebungsmedium aus. Das machen sich Menschen zunutze: Kohlenstoffdioxid bewirkt die Teiglockerung beim Brotbacken, Ethanol wird zur Herstellung von alkoholischen Getränken und Bioethanol eingesetzt.

Organismen wie die Hefe, die sowohl aerobe Dissimilation als auch anaerob Gärung betreiben können, verhalten sich **fakultativ anaerob.** Louis PASTEUR untersuchte bereits im 19. Jahrhundert, welche Einflüsse den jeweils eingeschlagenen Stoffwechselweg bedingen. Er beobachtete an zuckerhaltigem Traubensaft, dass die Gärung der dort vorkommenden Hefen durch Luftsauerstoff gehemmt wird. Die Hefen verbrauchen unter diesen aeroben Bedingungen deutlich weniger Glucose. Dieses Phänomen wird als **Pasteur-Effekt** bezeichnet. Wie man heute weiß, beruht er auf der Regulation von Enzymen. Besonders zwei Enzyme spielen eine wichtige Rolle, die Phosphofructokinase, PFK, im Zellplasma und die Pyruvatdehydrogenase, PDH, die in der Matrix der Mitochondrien vorkommt. Eine gute Versorgung mit ATP wirkt hemmend auf beide Enzyme. Die Glykolyse wird verlangsamt, die Bildung von Glykolyseenzymen und die Produktion von Pyruvat und NADH+H$^+$ wird reduziert. Herrscht jedoch ATP-Mangel, wird die Glykolyse beschleunigt, zudem werden mehr Glykolyseenzyme produziert, die Pyruvatmenge steigt. In der Glykolyse wird NAD$^+$ verbraucht. Fehlt Sauerstoff, dann können Pyruvat und NADH+H$^+$ nicht aerob weiterverarbeitet werden, der Citratzyklus und die Atmungskette kommen zum Erliegen. NADH+H$^+$ reichert sich an und hemmt die Pyruvatdehydrogenase. Unter diesen Bedingungen findet Gärung statt, NAD$^+$ wird zurückgewonnen.

Wird Sauerstoff zugeführt, fördert das Substrat Pyruvat die Aktivität der Pyruvatdehydrogenase, die aerobe Dissimilation mit ihrer hohen ATP-Ausbeute wird gesteigert. Im 20. Jahrhundert konnten Forschende nachweisen, dass Hefe auch bei guter Sauerstoffversorgung gärt, wenn ihr viel Zucker zur Verfügung steht. Dann reicht die Kapazität der Enzyme, vor allem der Pyruvatdehydrogenase nicht aus, um alles anfallende Pyruvat zu verarbeiten. Somit werden die Stoffwechselwege je nach Versorgungssituation durch Hemmung und Aktivierung von Enzymen reguliert, der Verbrauch an Glucose effektiv angepasst und die Bildung von ATP weitgehend konstant gehalten.

1 Werten Sie die Abbildung 1 B aus und erklären Sie die Versuchsergebnisse.

2 Erläutern Sie die Regulation der Stoffwechselwege der Hefe als Angepasstheit an verschiedene Umgebungsbedingungen. Nutzen Sie dazu auch Abbildung 1 A und C.

3 Recherchieren Sie verschiedene gärende Mikroorganismen, die vom Menschen genutzt werden (►).

Material A Wann geht der Hefeteig optimal?

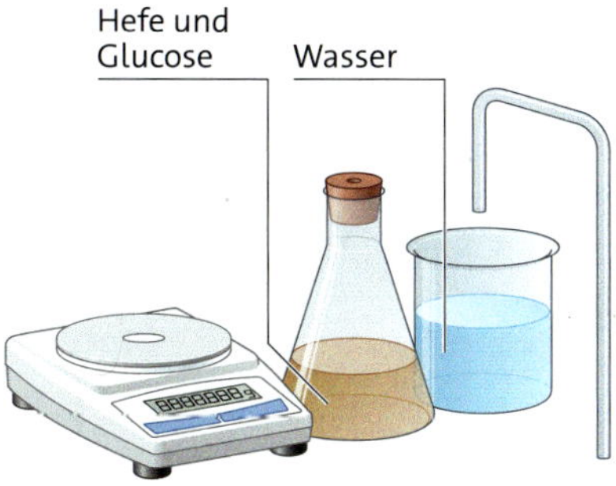

A1 Hier Materialbeispiel 1

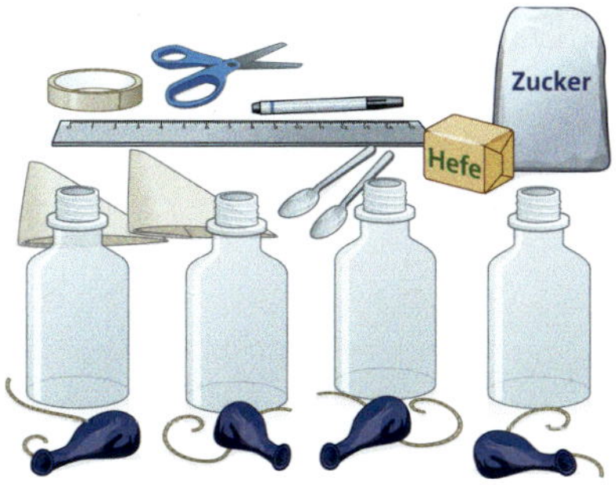

A2 Hier Materialbeispiel 2

Bei der Herstellung von Brot nutzt man die Fähigkeit der Hefen, auch unter anaeroben Bedingungen Stoffwechsel zu betreiben. Die Bäckerhefe wird dazu mit etwas Wasser und Zucker und Mehl zu einem Vorteig verarbeitet und stehen gelassen. Das bei der Gärung entstehende CO_2 lockert den Teig, das Volumen nimmt zu.

In Experimenten soll untersucht werden, welche Temperaturbedingungen für die Teiggärung optimal sind. Mischen Sie eine bestimmte Menge Trockenhefe mit warmem Wasser und geben etwas Zucker und evtl. etwas Mehl hinzu, sodass der Stoffwechsel der Hefe in Gang kommt und ein flüssiger oder festerer Teig entsteht.

In den Versuchen können Indikatoren eingesetzt werden, um die Aktivität der Dehydrogenasen während der aeroben und anaeroben Dissimilation zu bestimmen. Methylenblau oder DCPIP sind Wasserstoffakzeptoren. Sie übernehmen im Experiment statt des NAD+ die Wasserstoffionen und werden reduziert. Dabei wechseln sie die Farbe von blau zu farblos.

1 Erläutern Sie die Bedeutung von Enzymen für die Gärung. Stellen Sie mithilfe Ihres Wissens zu Enzymen Hypothesen zur Abhängigkeit der Gärung von verschiedenen Temperaturen auf.

2 Planen Sie mithilfe der vorgegebenen Geräte und Materialien Experimente zur Temperaturabhängigkeit – zunächst ohne den Einsatz von Indikatoren.

3 Entwickeln Sie Ideen, wie Sie mithilfe der Materialien die Messvariable und die Testvariable bestimmen können. Planen Sie notwendige Kontrollbedingungen.

4 Notieren die Durchführung und erläutern Sie die einzelnen Schritte Ihres methodischen Vorgehen in einer Funktionstabelle (▶).

5 Führen Sie die Experimente durch und protokollieren Sie die Ergebnisse.

6 Werten Sie die Daten mit Bezug zu Ihren Kenntnissen zu enzymatisch katalysierten Reaktionen aus. Reflektieren Sie Ihr Experiment kritisch.

7 Leiten Sie – wenn möglich – eine Empfehlung für eine günstige oder optimale Temperatur der Teiggärung ab.

8 Entwickeln Sie begründete Vermutungen über die Veränderung der Farbe des Indikators während der Gärung in Abhängigkeit von der Temperatur und deuten Sie auf Enzymebene.

9 Ermitteln Sie mithilfe der Experimente die Vergärbarkeit von verschiedenen Kohlenhydraten durch die Hefe. Nutzen Sie zur Hypothesenbildung die Schemazeichnung im QR-Code.

Material B Untersuchung von Gärungsbedingungen

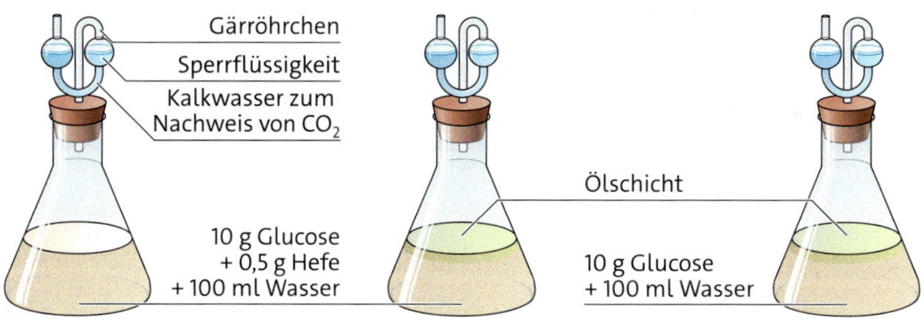

Schülerinnen und Schüler haben mithilfe von drei Erlenmeyerkolben und Gärröhrchen die abgebildete Versuchsanordnung geplant, um aerobe und anaerobe Stoffwechselwege der Hefe zu untersuchen.

1 Beschreiben Sie anhand des ersten Erlenmeyerkolbens den abgebildeten Versuchsaufbau und erläutern Sie die Funktion eines Gärröhrchens.

2 Formulieren Sie mögliche Versuchsfragen und Hypothesen, die die Gruppe überprüfen wollte.

3 Diskutieren Sie den abgebildeten Versuchsaufbau kritisch.

6.9 Überblick Stoffwechselwege

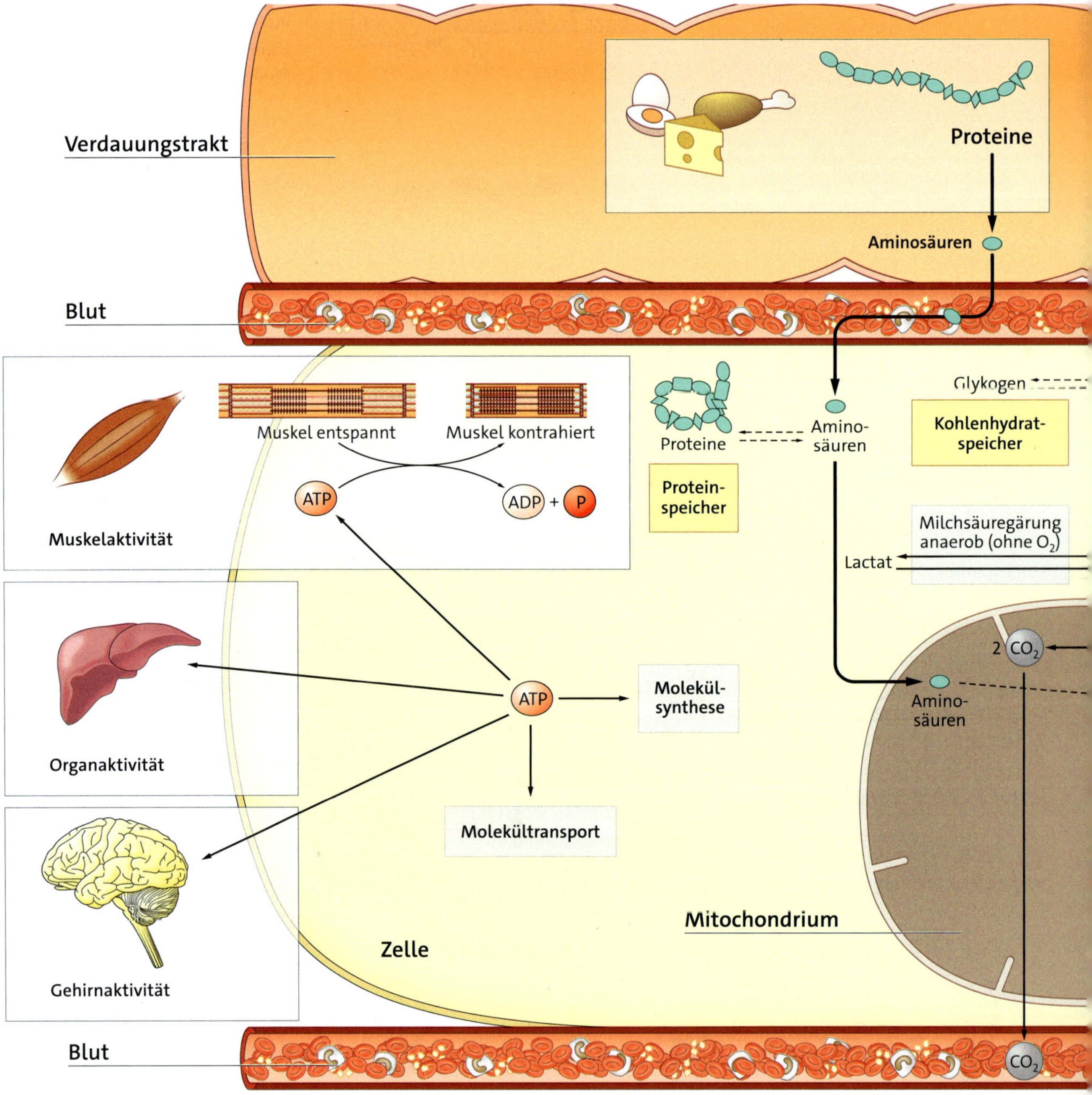

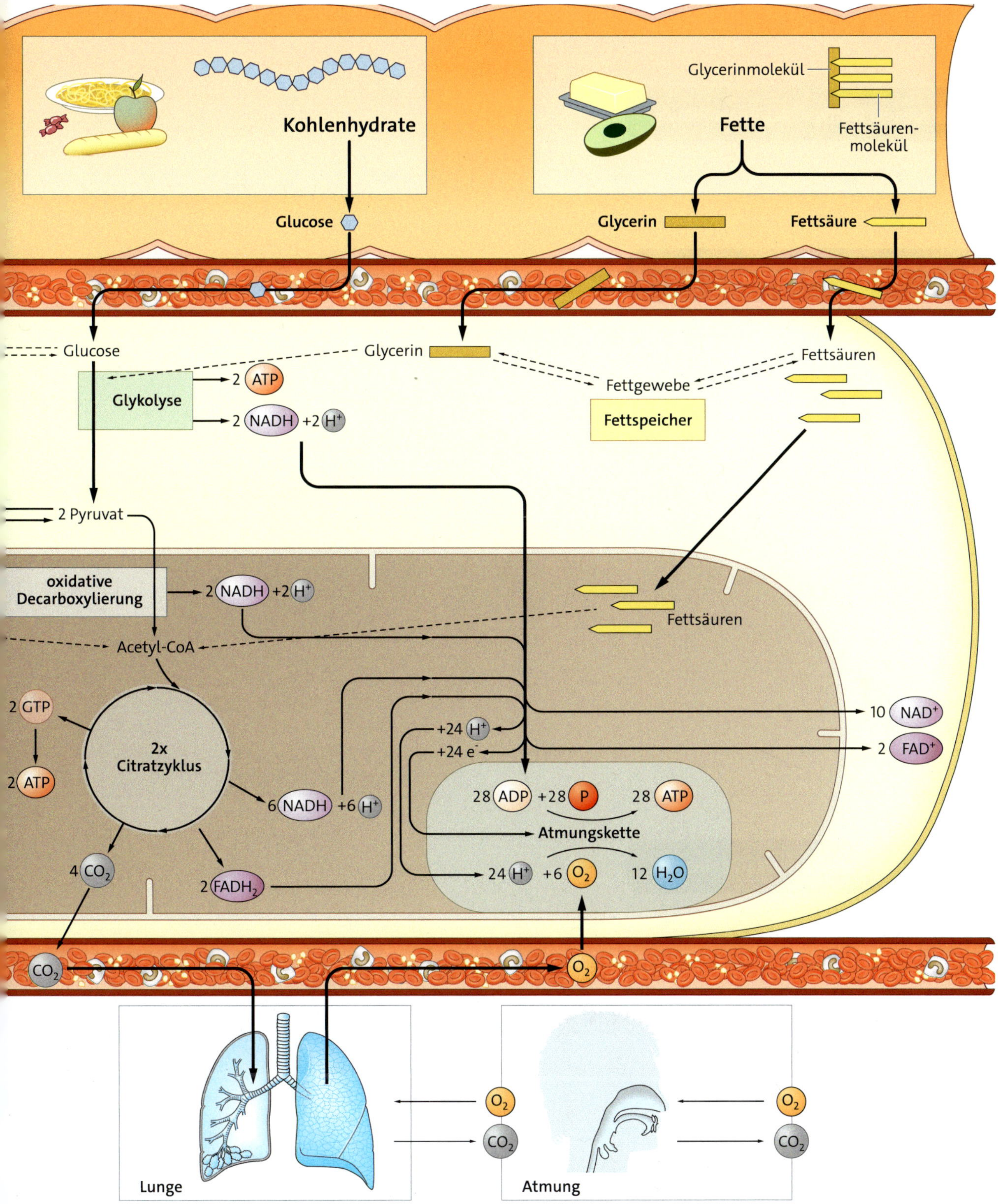
Kohlenhydrate
Glucose
Glycerinmolekül
Fette
Fettsäuren-
molekül
Glycerin
Fettsäure
Glucose
Glycerin
Fettsäuren
Fettgewebe
Fettspeicher
Glykolyse
2 ATP
2 NADH +2 H^+
2 Pyruvat
oxidative
Decarboxylierung
2 NADH +2 H^+
Fettsäuren
Acetyl-CoA
2 GTP
2 ATP
2x
Citratzyklus
6 NADH +6 H^+
4 CO_2
2 $FADH_2$
+24 H^+
+24 e^-
10 NAD^+
2 FAD^+
28 ADP +28 P
28 ATP
Atmungskette
24 H^+ +6 O_2
12 H_2O
CO_2
O_2
O_2
CO_2
Lunge
O_2
CO_2
Atmung

Stoffwechsel

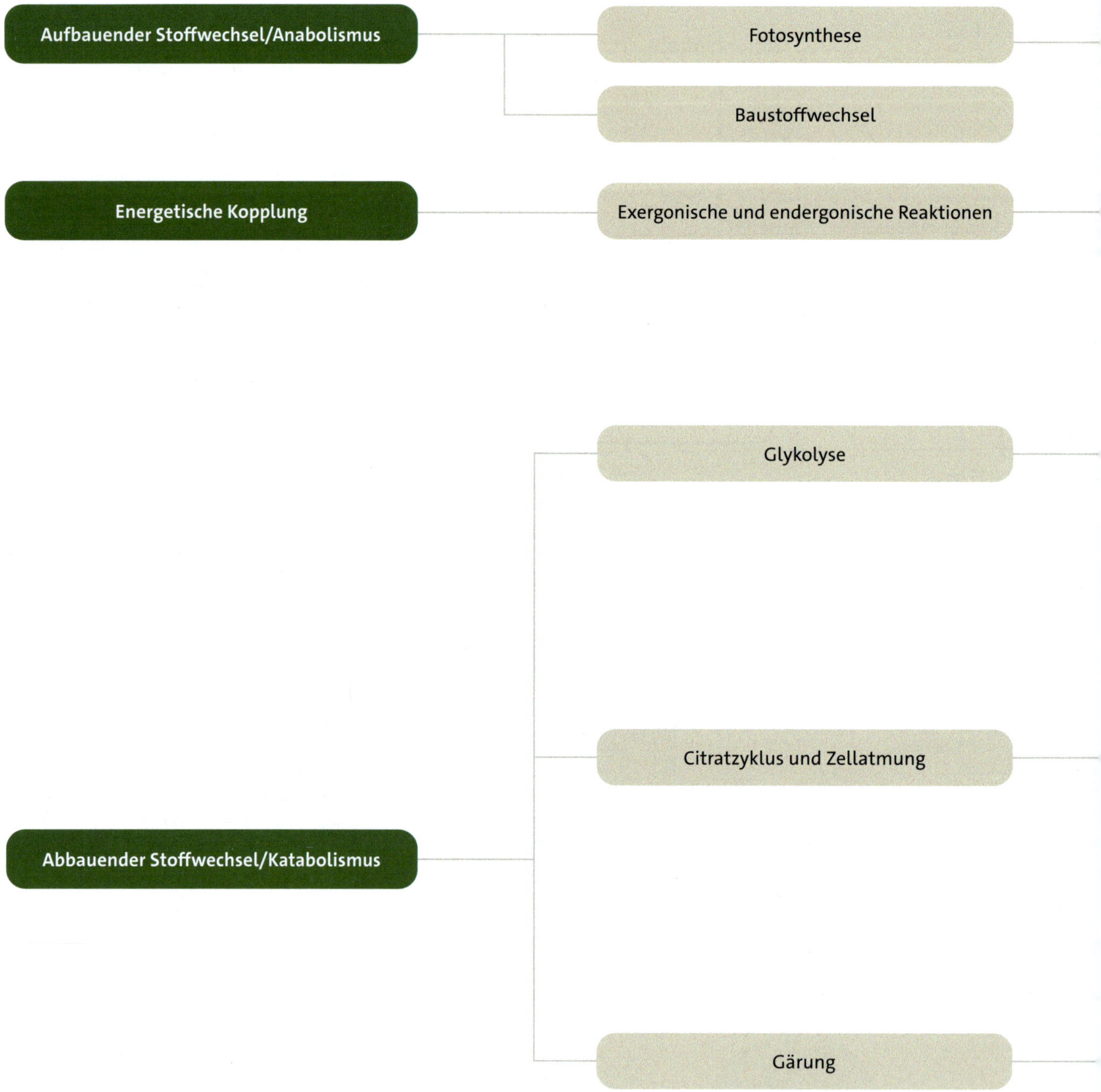

Laubblätter

Pflanzenfarbstoffe

Ablauf

Einflüsse

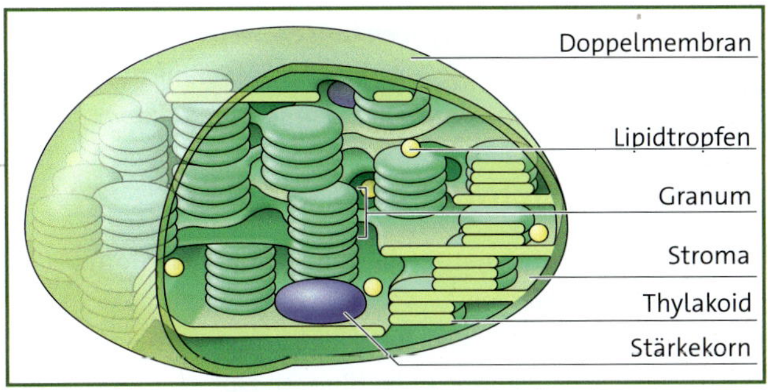

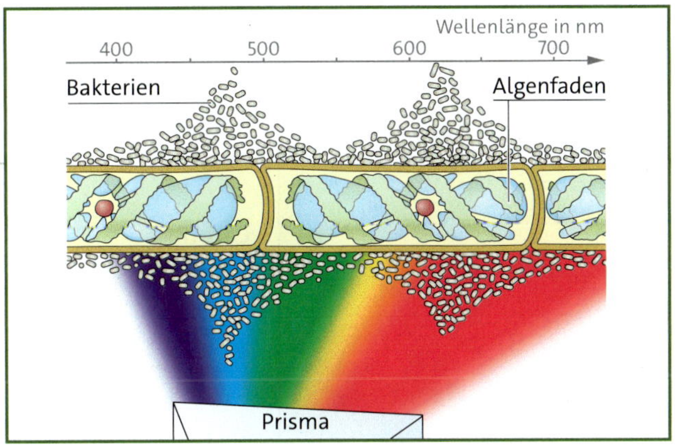

Energiebilanz

Regulation

ATP Produktion

Redoxreaktionen

Bilanz

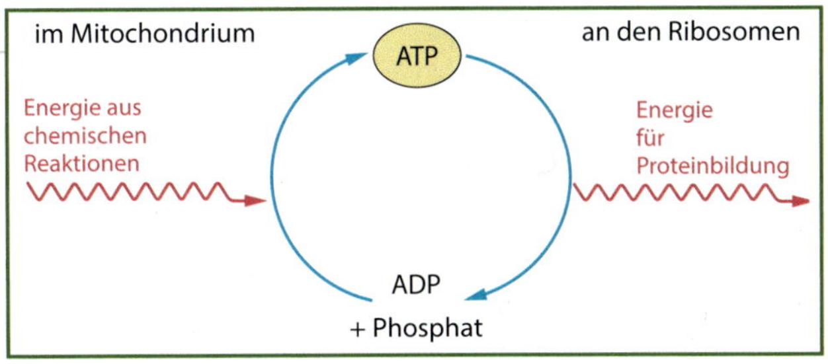

Milchsäuregärung

Alkoholgärung

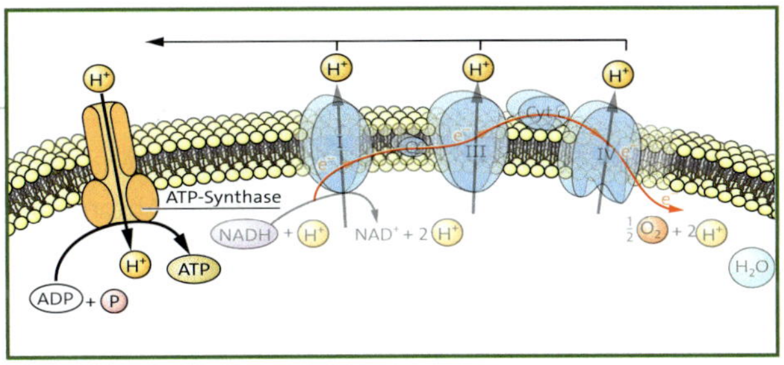

Stoffwechsel

Mit Hilfe der folgenden Aufgaben können Sie überprüfen, ob Sie die Inhalte aus dem Kapitel Stoffwechsel verstanden haben. An den Aufgaben finden Sie Angaben zu den Seiten, auf denen Sie zum jeweiligen Thema noch einmal nachlesen können. Die Lösungen zur Selbstüberprüfung finden sich im Anhang.

Aufbauender Stoffwechsel (S. 486–501)

1 Mithilfe der Chromatografie können Blattfarbstoffe aufgetrennt werden.

a Beschreiben Sie, welche beiden grundsätzlichen Typen von Farbstoffen es in Pflanzen gibt.

b Erläutern Sie die Funktion von Trägermaterial und Laufmittel im Verfahren der Chromatografie.

c Erläutern Sie die Vorteile einer zweidimensionalen Chromatografie und verdeutlichen Sie Ihre Erklärungen mithilfe einer Skizze.

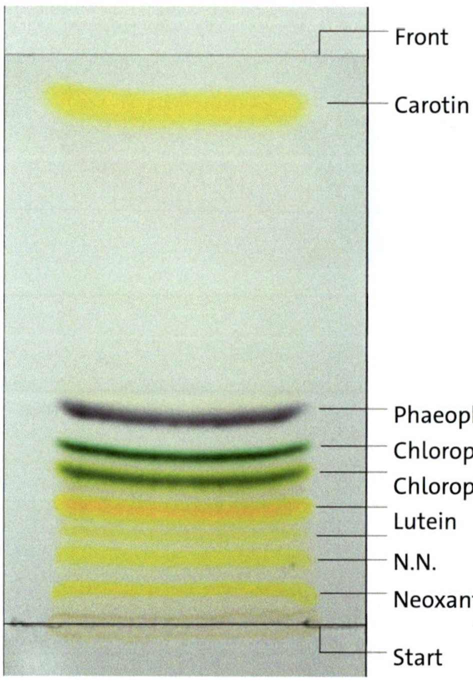

2 Bei der Fotosynthese wird Energie der Sonne umgewandelt.

a Beschreiben Sie die Absorption von Licht durch grüne Blätter.

b Beschreiben Sie die Modellvorstellung zur Änderung der Energiezustände der Elektronen bei der Absorption von Licht.

c Erklären Sie die Funktion der als spezielles Paar beschriebenen Pigmente P700 und P680.

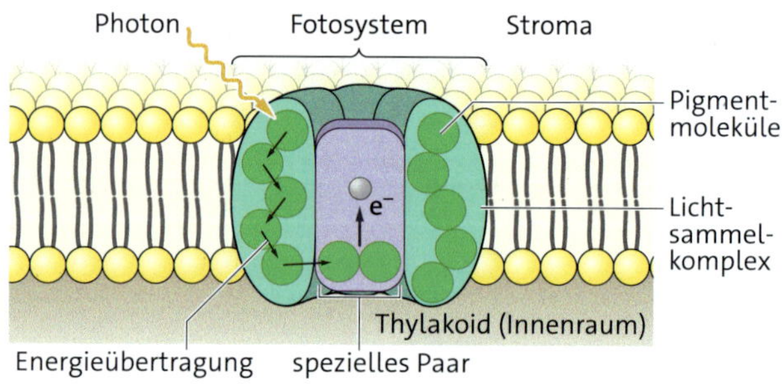

3 Die Fotosynthese ist zweigeteilt.

a Beschreiben Sie die chemiosmotische Hypothese von Peter Mitchell.

b Für die Fotoreaktion und die Synthesereaktion der Fotosynthese sind unterschiedliche Fachbegriffe im Umlauf. Diskutieren Sie Vor- und Nachteile der verschiedenen Begriffe.

c Typische Pflanzen heißer und trockener Standorte zeigen Spezialisierungen bei der Fixierung von Kohlenstoffdioxid. Beschreiben Sie die Unterschiede in der Fixierung von Kohlenstoffdioxid bei C_4-Pflanzen und CAM-Pflanzen.

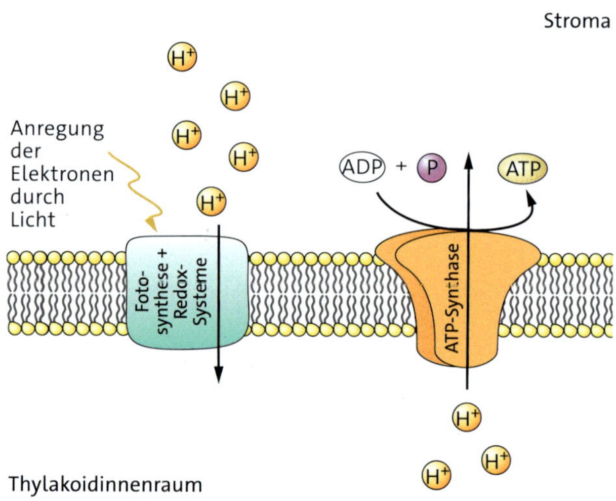

4 Die Fotosynthese ist von verschiedenen Umweltfaktoren abhängig.

a Nennen Sie die Fotosyntheseformel.

b Erklären Sie die Begriffe Lichtkompensationspunkt und Lichtsättigungspunkt.

c Erklären Sie, wieso der Ertrag in Gewächshauskulturen durch CO_2-Begasung gesteigert werden kann.

Abbauender Stoffwechsel (S. 502–527)

5 Unter Energieumsatz versteht man die Übertragung der in der Nahrung enthaltenen Energie auf die vom Körper nutzbaren Energieformen.

a Erklären Sie den Unterschied zwischen Grundumsatz und Leistungsumsatz.

b Beschreiben Sie den Aufbau von ATP.

c Erläutern Sie die Bedeutung von ATP als universeller Energieträger der Zelle.

d Skizzieren Sie die Hydrolyse von ATP und erklären Sie die Bedeutung dieses Vorganges.

e Beschreiben Sie, wie man mit radioaktivem Phosphor als Tracer die Mitochondrien als Ort der Umwandlung von ADP zu ATP nachweisen kann.

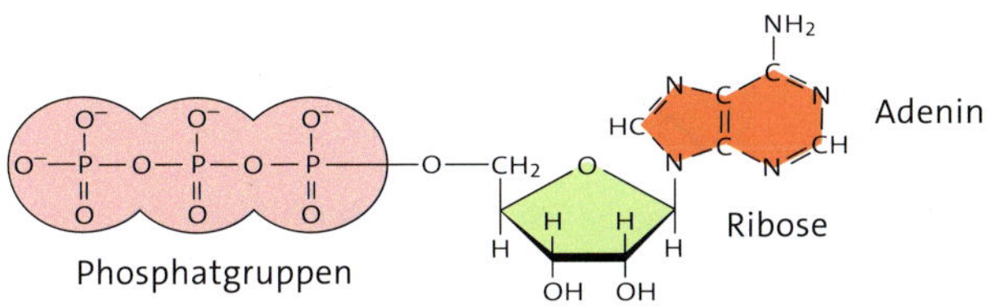

6 Die Glykolyse ist eine Folge von chemischen Reaktionen, bei der Glucose zu Pyruvat abgebaut wird.

a Notieren Sie die Bilanz der Glykolyse.

b Geben Sie die Summenformel für die Zellatmung an und notieren Sie sie auch als Wortgleichung.

c Erklären Sie, wie die Glykolyse reguliert wird.

d Beschreiben Sie, was in den beiden Phasen der Glykolyse abläuft.

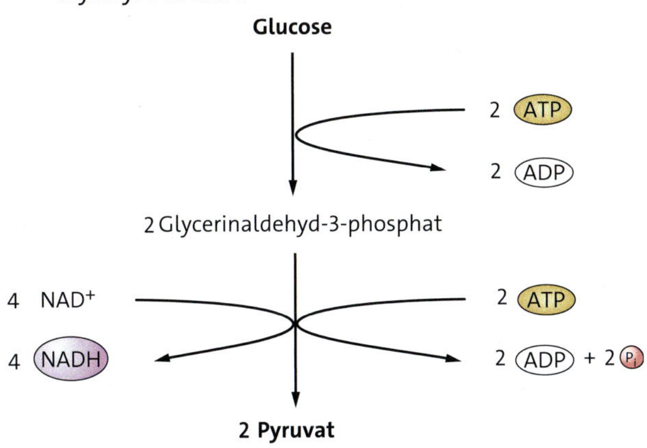

7 In der Atmungskette wird viel ATP gebildet.

a Benennen Sie die Teilprozesse der Zellatmung A–D und die beteiligten Molekule 1–6.

b Ordnen Sie den Teilvorgängen der Zellatmung die entsprechenden Zellkompartimente zu.

c Beschreiben Sie die Vorgänge, die in der inneren Mitochondrienmembran ablaufen.

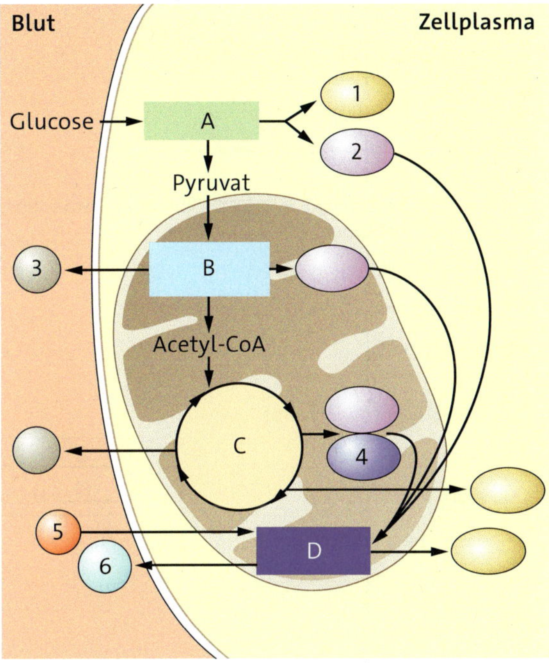

8 In der Gärung wird Glucose enzymatisch zu Ethanol oder Milchsäure abgebaut.

a Erklären Sie, an welchen Stellen oxidative Decarboxylierungen stattfinden.

b Beschreiben Sie die Rolle der Reduktionselemente beim Abbau der Glucose.

c Sowohl bei der alkoholischen Gärung als auch bei der Milchsäuregärung wird $NADH+H^+$ zu NAD^+ oxidiert. Erläutern Sie die Bedeutung der Bildung von NAD^+ für die Glykolyse.

d Mikroorganismen wie Hefen und Bakterien werden in der Lebensmittelproduktion eingesetzt. Erstellen Sie eine Tabelle mit den verschiedenen Organismen und den von Ihnen erzeugten Produkten. Recherchieren Sie drei weitere Beispiele.

Training A Regulierende Faktoren der Glykolyse

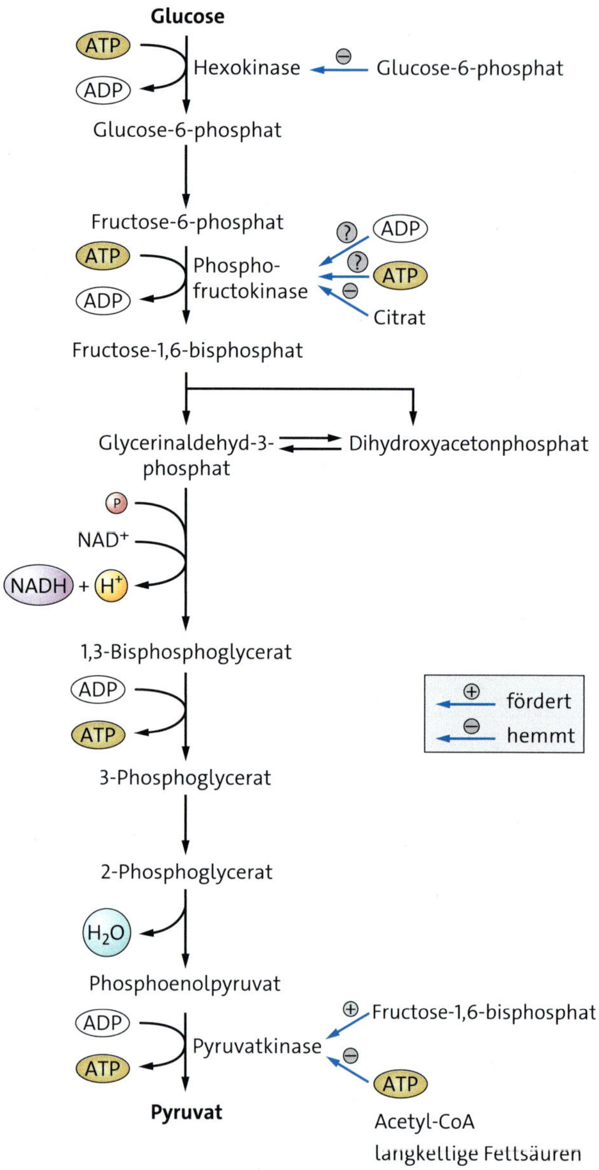

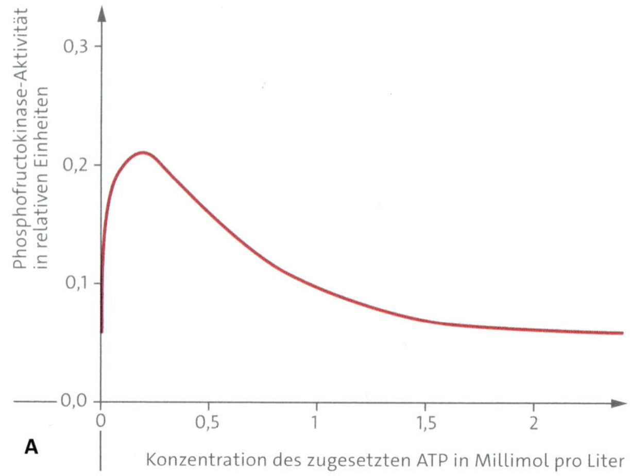

A

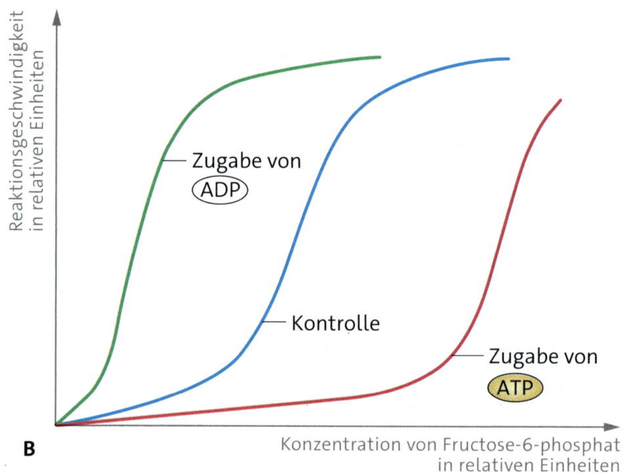

B

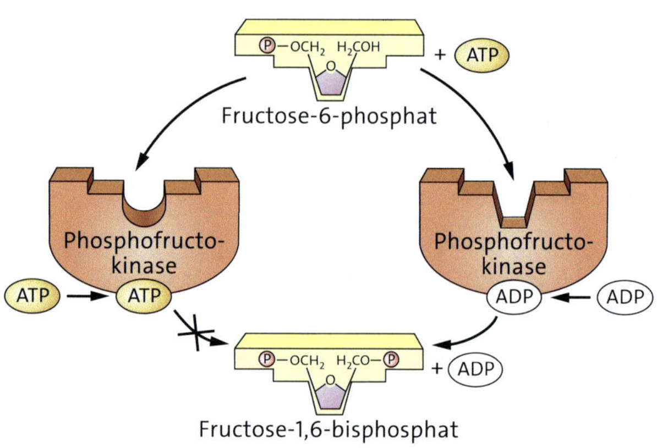

Die Zelle ist in der Lage, die Glykolyse bedarfsgerecht zu regulieren. Als Kontrollstellen für diese Regulation dienen die drei Enzyme Hexokinase, Phosphofructokinase und Pyruvatkinase. Eine besonders wichtige Rolle in der Regulation der Glykolyse spielt das Enzym Phosphofructokinase, das den ersten energieliefernden Schritt der Glykolyse katalysiert.
Die Diagramme zeigen, wie ATP und ADP das Enzym Phosphofructokinase beeinflussen.

1 Nennen Sie die Stoffe, die den Ablauf der Glykolyse beeinflussen, sowie jeweils die Art ihrer Wirkung.

2 Erläutern Sie anhand der Diagramme den Einfluss von ATP und ADP auf die Reaktion von Fructose-6-phosphat zu Fructose-1,6-bisphosphat.

3 Erläutern Sie den Mechanismus zur Regulation der Phosphofructokinase durch ATP und ADP.

4 Erklären Sie den Einfluss von ATP und ADP auf die Glykolyse.

Glossar

A

Absorption: Aufnahme von Strahlungsenergie durch Anregung von Elektronen.

Absorptionsspektrum: grafische Darstellung der Absorption in Abhängigkeit von eingestrahlten Wellenlängen.

Adenosintriphosphat (ATP): ein Nucleotid aus der Base Adenin, dem Zucker Ribose und drei Phosphatgruppen, das als universeller Energieträger der Zelle dient.

Atmungskette: Kette von Redoxreaktionen in der inneren Mitochondrienmembran, in deren Verlauf der Wasserstoff des NADH mit dem Sauerstoff zu Wasser oxidiert wird. Diese Redoxreaktionen liefern die Energie für den Protonentransport und damit für die ATP-Bildung.

ATP-Synthase: spezielles Enzym in der Membran, durch das Protonen entlang des Konzentrationsgefälles durch eine Membran transportiert werden. Dabei wird die Energie des Konzentrationsgefälles für die Bildung von ATP aus ADP und Phosphat genutzt.

C

Calvin-Zyklus: zyklischer Reaktionsablauf der lichtunabhängigen Reaktion der Fotosynthese, in dem CO_2 reduziert und in organische Substanz eingebaut wird.

Chloroplasten: von zwei Membranen umschlossene Zellbestandteile von Pflanzenzellen, die für die Fotosynthese verantwortlich sind.

Chromatografie: Methode zur Trennung eines Stoffgemischs, bei der Stoffe aufgrund unterschiedlicher Löslichkeit in einem Fließmittel und unterschiedlicher Adsorption an einem Träger getrennt werden.

Citratzyklus: Reaktionskreislauf in der Mitochondrienmatrix, durch den das Pyruvat über mehrere Schritte vollständig zu Kohlenstoffdioxid oxidiert wird. Er ist der zentrale Abschnitt der Zellatmung und dient vor allem zur Bildung von NADH + H^+ sowie als Ausgangspunkt verschiedener Biosynthesewege.

D

Dissimilation: abbauender Stoffwechsel, bei dem Kohlenhydrate, Fette, Aminosäuren oder andere Stoffe zur ATP-Bildung genutzt werden.

E

Elektronentransportkette: Reaktionskette von Redoxsystemen, in der Elektronen transportiert werden.

F

Fotolyse des Wassers: fotochemische Spaltung von Wasser, bei der Elektronen, Protonen und elementarer Sauerstoff freigesetzt werden.

Fotophosphorylierung: Aufbau von ATP aus ADP und Phosphat durch Nutzung absorbierter Strahlungsenergie.

Fotosynthese: Umwandlung von Lichtenergie in chemische Energie und Aufbau von organischer Substanz aus anorganischen Stoffen. Sie besteht aus lichtabhängiger Primär- und lichtunabhängiger Sekundärreaktion.

G

Glykogen: in Tier- und Pilzzellen vorliegende Speicherform der Kohlenhydrate, besteht aus Glucosemolekülen.

Glykolyse: Folge von einzelnen chemischen Reaktionen, bei der die Glucose schrittweise zu Pyruvat abgebaut werden.

O

Oxidation: Abgabe von Elektronen.

oxidative Decarboxylierung: chemische Reaktion, bei der Kohlenstoffdioxid aus Verbindungen abgespalten und das restliche Molekül oxidiert wird.

oxidative Phosphorylierung: Prozess, bei dem die Redoxreaktionen in der Atmungskette die Energie für den Protonentransport und damit für die ATP-Bildung liefern.

P

Proton, auch Wasserstoffion oder H^+-Ion: ein stabiler, elektrisch positiv geladener Bestandteil der Atome.

Protonengradient: Konzentrationsgefälle für Protonen an einer Membran. Der Protonengradient ist die Grundlage der Energiegewinnung durch oxidative Phosphorylierung.

R

Reaktionsgeschwindigkeit-Temperatur-Regel (RGT-Regel): Faustregel, die besagt, dass eine Temperaturerhöhung um 10 °C etwa eine Verdopplung der Reaktionsgeschwindigkeit einer chemischen Reaktion zur Folge hat.

Redoxreaktion: Reaktion, bei der ein Reaktionspartner oxidiert wird, also Elektronen abgibt, und ein anderer gleichzeitig reduziert wird, also Elektronen aufnimmt.

Reduktion: Aufnahme von Elektronen.

Z

Zellatmung: aerobe Form des Energiestoffwechsels, bei dem die Glykolyse im Cytoplasma und der Citratzyklus in den Mitochondrien abläuft.

Hinweise zum Umgang mit Gefahrstoffen und Gefahrenhinweise

Auf den Materialseiten werden Experimente vorgeschlagen, die im Rahmen des Biologieunterrichts üblicherweise durchgeführt werden. Dabei wurde darauf geachtet, dass möglichst wenig Gefahrstoffe und diese in möglichst geringen Mengen zum Einsatz kommen. Alle Experimente sind als Versuch im Material gekennzeichnet und mit einer Sicherheitsleiste versehen, die mithilfe von Symbolkästen auf mögliche Gefahren, Sicherheitsvorkehrungen und Entsorgungswege hinweist. Für ein sicheres Experimentieren ist es unerlässlich, dass jede Schülerin und jeder Schüler die in den Versuchsanleitungen verwendeten Kennbuchstaben und die zugehörigen Gefahrensymbole, wie sie auf Chemikalienetiketten zu finden sind, kennt und über entsprechende Sicherheitshinweise unterrichtet ist. Sollten diese Ihnen nicht aus dem Chemieunterricht geläufig sein, machen Sie sich bitte mit den auf der nächsten Seite aufgeführten Hinweisen gründlich vertraut.

Beachten Sie beim Experimentieren die speziellen Sicherheitshinweise Ihrer Lehrkraft genauestens und halten Sie die im Folgenden aufgelisteten allgemeinen Regeln für das praktische/experimentelle Arbeiten in Biologie ein.

Allgemeine Regeln für das praktische/experimentelle Arbeiten

- Informieren Sie sich über die Notfalleinrichtungen (Notausschalter, Feuerlöscher, Erste Hilfe) im Arbeitsraum.
- Halten Sie Ihren Arbeitsplatz sauber und ordnen Sie ihn übersichtlich.
- Essen und trinken Sie niemals während der praktischen/experimentellen Arbeit.
- Schützen Sie Ihre Augen beim Umgang mit Chemikalien grundsätzlich durch eine Schutzbrille.
- Pipettieren Sie niemals mit dem Mund, sondern immer mit einer Pipettierhilfe.
- Achten Sie außer auf Ihre eigene Sicherheit immer auch auf die Ihrer Mitschülerinnen und Mitschüler.
- Sollten Sie sich bei der Arbeit verletzen, informieren Sie bitte sofort Ihre Lehrkraft.
- Für Experimente mit Mikroorganismen gelten besondere Sicherheitshinweise, über die Sie Ihre Lehrkraft informiert.
- Waschen Sie sich nach praktischer/experimenteller Arbeit stets gründlich die Hände.

Einstufung von Gefahrstoffen nach der GHS-Verordnung

Mit dem neuen GHS (*Globally Harmonised System of Classification and Labelling of Chemicals*) werden die Kriterien für die Einstufung der Gefahrstoffe neu festgelegt und mit international einheitlichen Piktogrammen versehen. Neu ist auch die Verwendung der Signalwörter Gefahr und Achtung für das Ausmaß der Gefahr: „Gefahr" bei hoher Gefährdung oder „Achtung" bei geringerer Gefährdung. Das GHS gilt seit 2009. Die Übergangsfristen für die bisherigen Verordnungen sind seit dem 1. Juni 2017 ausgelaufen.

Gefahrenpiktogramm und Piktogrammcode	Mit dem Gefahrenpiktogramm gekennzeichnete Stoffe und Gemische	Signalwort
2 GHS02	entzündbare, selbsterhitzungsfähige und gefährliche selbstzersetzliche Stoffe und Gemische, pyrophore Stoffe sowie Stoffe und Gemische, die bei Berührung mit Wasser entzündbare Gase entwickeln	Gefahr oder Achtung
5 GHS05	Stoffe und Gemische, die schwere Verätzungen der Haut und/oder schwere Augenschäden verursachen	Gefahr
7 GHS07	Stoffe und Gemische, die Haut- und/oder Augenreizungen verursachen und/oder allergische Hautreaktionen, Reizungen der Atemwege und/oder Schläfrigkeit und Benommenheit verursachen können	Achtung
8 GHS08	Stoffe und Gemische, die bei Verschlucken und Eindringen in die Atemwege tödlich sein können und/oder eine Gefahr für die Gesundheit darstellen. Diese Stoffe und Gemische schädigen bestimmte Organe und/oder können Krebs erzeugen, die Fruchtbarkeit beeinträchtigen, das Kind im Mutterleib schädigen und/oder genetische Defekte und/oder beim Einatmen Allergien, asthmaartige Symptome oder Atembeschwerden verursachen.	Gefahr oder Achtung

Hinweise auf Sicherheitsvorkehrungen beim Durchführen von Versuchen

Schutzbrille tragen

Schutzhandschuhe tragen

Hinweise auf die korrekte Entsorgung

Abwasser nicht gefährliche und wasserlösliche Stoffe

Behälter 1 Säuren und Laugen

Lösungen der Check-up-Aufgaben

Zellbiologie (Seite 102–103)

1 **a** Prokaryoten: Darmbakterium (*Escherichia coli*), Cyanobakterien; Eukaryoten: Augentierchen (*Euglena*, Einzeller), Regenwurm
b Links ist eine Pflanzenzelle dargestellt = eukaryotische Zelle, rechts ist eine Bakterienzelle zu sehen = prokaryotische Zelle.
c Im Zellkern ist die Erbinformation eines Organismus enthalten, die DNA. Durch sie werden alle Stoffwechselvorgänge in der Zelle gesteuert. Bei Prokaryoten liegt die Erbinformation frei im Cytoplasma vor. Sie kann dort ebenfalls abgelesen werden und die Vorgänge in der Zelle steuern.
d 1 = Chloroplast, 2 = Vakuole, 3 = Dictyosom, 4 = Cytoplasma, 5 = Ribosomen, 6 = Vakuole, 7 = Zellwand, 8 = Zellmembran, 9 = Zellkern, 10 = Mitochondrium, 11 = Geißel, 12 = Pilus, 13 = Cytoplasma, 14 = Plasmide, 15 = Zellmembran, 16 = Zellwand, 17 = Kapsel
e

Bakterienzelle	Tierzelle
besitzen jeweils Zellmembran, Cytoplasma, Ribosomen, DNA als Erbinformation	
Zellwand und Kapsel vorhanden	keine Zellwand, keine Kapsel vorhanden
Erbinformation frei im Cytoplasma	Erbinformation im Zellkern
Mitochondrien, Golgi-Apparat, ER vorhanden	Mitochondrien, Golgi-Apparat, ER nicht vorhanden

2 **a** 1 = Glykolipid, 2 = Kohlenhydrat, 3 = (peripheres) Glykoprotein, 4 = Phospholipid/Membranlipid, 5 = Schwanzregion, 6 = Kopfregion, 7 = peripheres Membranprotein, 8 = integrales Membranprotein/Transmembranprotein, 9 = (Phospholipid-) Doppelschicht.
b Die Phospholipide und die Membranproteine sind zu allen Seiten hin beweglich. So verändert sich die Anordnung der Membranbestandteile ständig. Das ist die Vorstellung des Fluid-Mosaik-Modells.

3 **a** In A ist die Vakuole groß und enthält viel Wasser. Die Zellmembran mit Cytoplasma liegt direkt der Zellwand an. In B ist die Vakuole verkleinert und enthält nur noch wenig Wasser. Die Zellmembran und das Cytoplasma haben sich von der Zellwand gelöst.
b Ist eine die Zelle umgebende Lösung hypertonisch, hat sie eine höhere Salzkonzentration als das Zellinnere, es wird ein Konzentrationsausgleich angestrebt. Die Vakuole und der Zellinhalt schrumpfen durch austretendes Wasser. Da sich dabei das Cytoplasma von der Zellwand ablöst, nennt man diesen Vorgang Plasmolyse (Bild B).
Überführt man die Zelle in eine hypotonische Lösung, gelangt Wasser vermehrt in die Zelle. Das Cytoplasma und die Vakuole dehnen sich dadurch aus (Bild A). Diesen Vorgang nennt man Deplasmolyse.
c Ist die umgebende Lösung hypertonisch, hat sie also eine höhere Salzkonzentration als das Zellinnere, diffundieren Wasserteilchen verstärkt aus der Vakuole und dem Cytoplasma. Sie können leicht durch die Membranen hindurchgelangen. Die gelösten Salzteilchen dagegen können nur die Zellwand passieren, nicht aber die Zellmembran. Dies hat zur Folge, dass das Volumen des Zellinneren abnimmt.
Überführt man die Zelle in eine hypotonische Lösung, findet der umgekehrte Prozess statt: Die Wasserteilchen diffundieren nun vermehrt zurück ins Cytoplasma und in die Vakuole. Das Cytoplasma und die Vakuole dehnen sich dadurch aus (Bild A).

4 **a** 1: Interphase, 2: G_0-Phase, 3: G_1-Phase, 4: S-Phase, 5: G_2-Phase, 6: Mitosephase, 7: Prophase, 8: Metaphase, 9: Anaphase, 10: Telophase, 11 Cytokinese
Interphase: besteht aus G_1- + S- + G_2-Phase.
G_0-Phase: Zellen verlassen den Zellzyklus und teilen sich nicht weiter
G_1-Phase: Wachstum der Zelle, Ablesen der Erbinformation
S Phase (Synthesephase): Ein-Chromatid-Chromosomen werden zu Zwei-Chromatiden-Chromosomen verdoppelt.
G_2 Phase: Wachstum der Zelle, Ablesen der Erbinformation
Mitose: Aufteilung der Zwei-Chromatiden-Chromosomen in Ein-Chromatid-Chromosomen
Cytokinese: Teilung der Zelle
b In der Mitose wird die Erbinformation und das vorhandene Zellmaterial auf zwei Zellen aufgeteilt. Bevor die Zelle das nächste Mal in die Mitose eintritt, wird die Erbinformation identisch verdoppelt und Zellbestandteile werden ergänzt.
c Es gibt 3 Kontrollpunkte, die sicherstellen, dass der nächste Schritt im Zellzyklus erst dann erfolgt, wenn der vorherige korrekt abgeschlossen ist. Am Ende der Mitose (M-Kontrollpunkt) wird überprüft, ob die Chromosomen richtig verteilt worden sind, bevor die Zelle wächst. Am Ende der G1-Phase wird überprüft, ob DNA-Schäden vorliegen und ob genügend Substrate vorhanden sind, bevor die Ein-Chromatid-Chromosomen verdoppelt werden. Am Ende der G2-Phase wird überprüft, ob die Erbinformation vollständig vorhanden ist, bevor die nächste Mitose erfolgt.

5 **a** Während des Wachstums eines Organismus findet immer ein Wechsel von Zellteilung und Wachstumsprozessen statt. Während der Mitose teilen sich die Zellen und es entstehen aus einer Zelle zwei identische Tochterzellen. Nach der Aufteilung der Chromosomen in der Mitose findet die Zellteilung (Cytokinese) statt. Anschließend kommt es zu Wachstumsvorgängen. Vor der nächsten Mitose wird in der Interphase die Erbinformation identisch verdoppelt. Anschließend kann die Mitose erneut ablaufen. Der Zellzyklus stellt die Abfolge der einzelnen Phasen dar. Interphase und die Mitose folgen aufeinander.
b Zu Beginn der Mitose liegen die Chromosomen als Zwei-Chromatiden-Chromosomen vor. Beide Chromatiden eines Chromosoms enthalten die identischen Erbinformationen. Während der Mitose werden die Zwei-Chromatiden-Chromosomen getrennt und die Ein-Chromatid-Chromosomen werden zu entgegengesetzten Zellpolen gezogen. Die Teilung der Zelle schließt sich an. Nach der Mitose und der anschließenden Zellteilung (Cytokinese) befindet sich jeweils der identische Chromosomensatz mit den Ein-Chromatid-Chromosomen in den beiden Tochterzellen.
c D: Im Zellkern sind vier Zwei-Chromatiden-Chromosomen zu erkennen (Prophase).
C: Zwei-Chromatiden-Chromosomen ordnen sich in der Äquatorialebene der Zelle an (Metaphase).
A: Die Ein-Chromatid-Chromosomen werden zu den gegenüberliegenden Zellpolen gezogen (Anaphase).
B: Die Zelle hat sich eingeschnürt. Es entstehen zwei neue Zellkerne (Telophase).
Die richtige Reihenfolge ist D – C – A – B.

6 **a** A Pflanzenzelle: 1 ER, 2 Golgi-Apparat, 3 Golgi-Vesikel, 4 Zellplatte, 5 Vesikel auf Zellplatte, B Tierzelle: 6 Zellmembran, 7 Zellkern, 8 Chromosomen, 9 Äquatorialplatte, 10 Actinfasern

b Bei Pflanzenzellen wird im Bereich der Äquatorialebene eine Zellplatte angelegt. Mithilfe von Vesikeln wird eine Mittellamelle aufgebaut, auf die von beiden Seiten Zellwandmaterial aufgelagert wird.
Bei Tierzellen werden nach der Mitose die beiden Tochterzellen durch Einschnürung gebildet. Dies erfolgt mit Hilfe kontraktiler Actinfasern.

7 a Die Meiose findet ausschließlich bei der Bildung der Keimzellen statt. Das ist beim Mann in den Hoden und bei der Frau in den Eierstöcken. Allen anderen Vorgängen liegt die Mitose zugrunde. Aus der Zygote entsteht durch einen Wechsel von Mitose und Wachstumsvorgängen der komplette Organismus. Auch die Reparatur von Gewebe nach Verletzungen erfolgt durch Mitose.
b In der Individualentwicklung entsteht aus der Zygote ein Mensch, der in jeder Körperzelle die identischen Erbinformationen enthält. Dies gelingt durch einen Wechsel von exakter Aufteilung der Erbinformation in der Mitose und Verdopplung der Erbinformation in der Synthesephase der Interphase. Bei der Reifung der Geschlechtszellen in der Meiose wird der diploide Chromosomensatz halbiert. Es entstehen die haploiden Keimzellen. Bei der Verschmelzung von Spermienzelle und Eizelle zur Zygote kommen väterliche und mütterliche Erbinformationen zusammen und der doppelte Chromosomensatz wird wiederhergestellt. Dadurch wird gewährleistet, dass die Anzahl der Chromosomen von Generation zu Generation gleich bleibt.
c Kinder entwickeln sich aus der Zygote, die Erbinformationen der Mutter und des Vaters enthält. Interchromosomale und intrachromosomale Rekombination sowie das zufällige Zusammentreffen von Eizelle und Spermienzelle ermöglichen hier viele Variationen. Jedes Elternteil gibt nur ungefähr die Hälfte der eigenen Erbinformationen weiter. Je nachdem wie hoch der Anteil von Mutter und Vater ist, ähneln die Kinder mehr dem einen oder dem anderen Elternteil. Da bei jeder Keimzellbildung und Befruchtung die Erbanlagen der Eltern wieder neu verteilt werden, sind sich Geschwister zwar ähnlich, sie sind aber nicht identisch.

8 a Eine Trisomie ist das dreifache Vorkommen eines Chromosoms in den normalerweise diploiden Körperzellen eines Lebewesens.
b

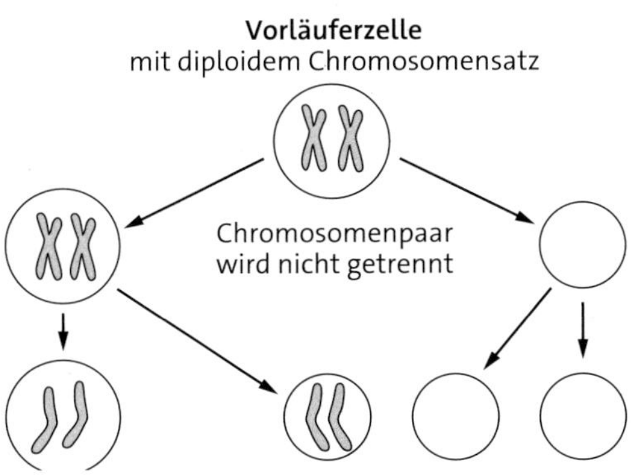

Genetik und Immunbiologie (Seite 220–221)

1 a 1 = Phosphatgruppe; 2 = Desoxyribose; 3 = Wasserstoff
1 = Phosphatgruppe; 2 = Desoxyribose; 3 = Wasserstoffbrücke; 4 = Adenin (Base); 5 = Nucleotid; 6 = Cytosin (Base)
b Ein DNA-Doppelstrang besteht aus zwei miteinander verbundenen Einzelsträngen. Sie sind jeweils aus einer Abfolge von Nucleotiden aufgebaut. Jedes Nucleotid enthält den Zucker Desoxyribose, an den eine Phosphatgruppe und einer der vier Basen Adenin, Thymin, Cytosin und Guanin angeheftet sind. Die Nucleotide sind so angeordnet, dass Zucker und Phosphatgruppen sich abwechseln und die Basen nach innen zeigen. Einer der Einzelstränge verläuft vom 5'- zum 3'-Ende und der andere umgekehrt, sie sind also antiparallel. Wasserstoffbrücken zwischen den komplementären Basen halten die Einzelstränge zusammen.
c Die Hitzedenaturierung von DNA beruht auf einer Zerstörung der Wasserstoffbrücken. Abschnitte mit vielen CG Basenpaaren, verbunden durch drei Wasserstoffbrücken, denaturieren daher erst bei höheren Temperaturen als solche mit vielen AT-Basenpaaren, die durch zwei Wasserstoffbrücken verbunden sind.
d Die Helikase trennt zu Beginn des Vorgangs die Einzelstränge voneinander. Die DNA-Polymerase verknüpft die DNA-Nucleotide, die sich an die freien Nucleotide der Einzelstränge angelagert haben, miteinander. Die Ligase verbindet die Okazaki-Fragmente des Folgestrangs miteinander.
e Nach Trennung der Einzelstränge dient jeder davon als Vorlage für die Synthese eines komplementären Strangs. Die Doppelstränge nach der Replikation bestehen also jeweils aus einem alten und einem neuen Strang. Das bezeichnet man als semikonservativ.
f Vor der Zellteilung muss die DNA durch Replikation verdoppelt werden, damit jede Tochterzelle dieselben Erbinformationen erhält und beide Tochterzellen somit genetisch identisch sind.

2 a Beim Häm-Abbau wird aus dem Häm über die Zwischenprodukte Biliverdin und Bilirubin konjugiertes Bilirubin hergestellt. Jeder dieser voneinander abhängigen Stoffwechselschritte wird von einem Enzym katalysiert (HMOX, BVR und UDP-GT). Jedes der Enzyme wird von einem Gen codiert. So wirken die Gene genauso wie ihre Genprodukte in einer Kette nacheinander.
b Eine Mutation im *UDP-GT*-Gen führt zu einem schlecht oder gar nicht funktionierenden Enzym UDG-GT und so zu einer Störung des Abbaus von Bilirubin. Dieser gelbbraune, schlecht wasserlösliche Stoff reichert sich in der Haut an und färbt sie gelblich.
c Bei der Transkription eines Gens entsteht zunächst eine Prä-mRNA. Sie wird beim Processing zur reifen mRNA umgewandelt. Die reife mRNA dient bei der Translation als Vorlage für die Herstellung eines Polypeptids. Ein Protein besteht aus einem oder mehreren solcher Polypeptide.
d Durch die komplementären Basen wird gewährleistet, dass ein DNA-Einzelstrang immer auf die gleiche Weise zu einem Doppelstrang ergänzt wird. Daraus folgt, dass ein Gen zu mRNA mit immer derselben Basensequenz transkribiert wird. Bei der Translation sorgen die komplementären Basenpaare dafür, dass durch die Bindung des Anticodons der tRNA an das Codon der mRNA eindeutig festgelegt wird, welches Codon den Einbau welcher Aminosäure in das Polypeptid zur Folge hat. Somit wird eine mRNA immer zum gleichen Protein translatiert.
e Eine mögliche mRNA-Sequenz ist 5' GGCAAAGUGUUA 3'. Die entsprechende DNA-Sequenz ist 3' CCGTTTCACAAT 5'.
f Es wird hier jeweils angenommen, das zweite Triplett sei mutiert.
Punktmutation des 3. Nucleotids des Tripletts (DNA: 3' TTG 5', mRNA: 5' AAC 3'): Hier liegt eine Missense-Mutation vor. Das Triplett codiert für Asn statt für Lys. Das Protein enthält eine falsche Aminosäure.
Punktmutation des 1. Nucleotids des Tripletts (DNA: 3' ATT 5', mRNA: 5' UAA 3'): Hier liegt eine Nonsense-Mutation vor. Die mRNA enthält an einer falschen Stelle ein Stoppcodon. Die Translation bricht hier ab, das Protein ist verkürzt.
Insertion eines Nucleotids zwischen zwei Nucleotiden des Tripletts oder Deletion eines Nucleotids: Das Leseraster bei der

Translation verschiebt sich, das Protein enthält viele falsche Aminosäuren.

3 **a**

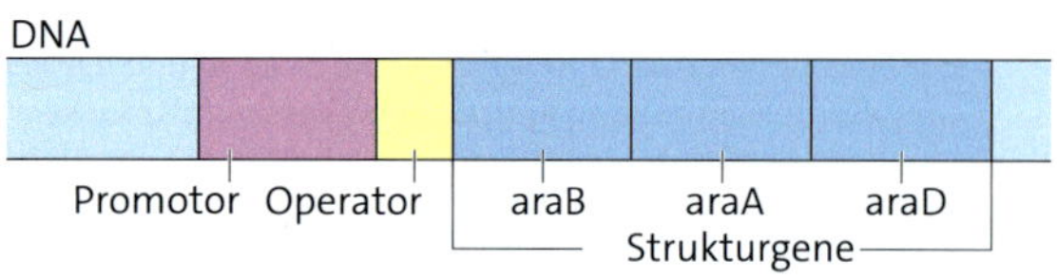

b Das außerhalb des Operons liegende Regulatorgen codiert für einen Repressor. Ohne Arabinose bindet der aktive Repressor an den Operator und verhindert so die Transkription der Strukturgene durch die RNA-Polymerase. Es werden keine Arabinose abbauenden Enzyme hergestellt. Bei Anwesenheit von Arabinose heftet diese sich an den Repressor und inaktiviert ihn. Der Operator bleibt frei, und die RNA-Polymerase kann vom Promotor aus die Strukturgene transkribieren. Die mRNA wird zu drei Enzymen translatiert, die die Arabinose abbauen.
c Mit dem Prinzip der Substratinduktion wird die Aktivität der Strukturgene so reguliert, dass die Arabinose abbauenden Enzyme nur dann hergestellt werden, wenn auch Arabinose vorhanden ist. So wird Energie gespart.
d Durch Methylierung der Histonschwänze wird der Bereich zu Heterochromatin verdichtet. Die DNA kann nicht transkribiert werden, da die RNA-Polymerase sich nicht anheften kann. Die Gene in diesem Abschnitt sind daher inaktiviert. Eine Acetylierung der Histone führt zu lockerem Euchromatin. Die DNA kann transkribiert werden, die Gene in diesem Abschnitt sind aktiviert. Die Histonmodifikation schaltet die Gene sozusagen an und ab.
e Weitere Regulationsmechanismen der Transkription sind der Transport von Chromosomen zum Zentrum des Zellkerns bzw. von ihm weg, die Methylierung bzw. Demethylierung der DNA oder regulatorische Proteine wie Enhancer bzw. Silencer.
f Wird ein Proto-Onkogen verdoppelt, entsteht eine größere Menge des von ihm codierten Proteins. Dieselbe Folge hat der Ortswechsel des Gens hinter einem aktiveren Promotor. Durch eine Punktmutation im Proto-Onkogen kann ein aktiveres Genprodukt entstehen. Da Proto-Onkogene für Wachstumsfaktoren codieren, wird in allen drei Fällen die Zellteilung stärker gefördert als normal. Liegen zusätzlich noch Mutationen in den Tumor-Suppressorgenen vor, kann die übermäßige Zellteilung nicht gehemmt werden und Krebs entstehen.

4 **a** Aus der Spenderzelle wird die DNA mit dem Spendergen und aus dem Bakterium ein Plasmid isoliert. Plasmid und Spendergen werden (durch Einsatz von Restriktionsenzymen und Ligase) rekombiniert und in ein Bakterium transformiert.
b Beispiel Selektion über Antibiotika-Resistenzgene: Es werden Plasmide verwendet, die zwei Resistenzgene gegen Antibiotika enthalten, z. B. gegen Ampicillin (Ap^r) und Tetrazyklin (Tc^r). Im Ap^r-Gen liegt die Erkennungssequenz des Restriktionsenzyms. Nicht transformierte Bakterien besitzen keine Resistenz, Bakterien mit nicht-rekombinantem Plasmid beide Resistenzen. Bakterien mit rekombinantem Plasmid sind durch das Tc^r-Gen gegen Tetrazyklin resistent, nicht aber gegen Ampicillin, weil das Ap^r-Gen durch den Einbau des Spendergens unterbrochen wurde.

Die Bakterien werden auf einen Nährboden mit Tetrazyklin ausplattiert und dann Teile der entstandenen Kolonien mit einem Stempel auf einen Nährboden mit Ampicillin übertragen. Die Position der Kolonien auf den Nährboden wird verglichen. Die rekombinanten Bakterien überleben durch ihr intaktes Tc^r-Gen auf dem ersten, durch das defekte Ap^r-Gen aber nicht auf dem zweiten Nährboden. Man verwendet also Bakterien aus den Kolonien, die nur auf dem ersten Nährboden zu finden sind.
c Die Phytohormon- und Opingene des Ti-Plasmids verursachen in der Pflanze Zellwucherungen. Diese möchte man verhindern. Zudem schafft die Entfernung der Gene Platz für die Fremd-DNA.
d Auswahl: Schädlings- und Herbizidresistenz, höhere Qualität der Früchte, Toleranz schlechter Bedingungen
e Beispiel Schädlingsresistenz: Chancen bestehen z. B. in hohen Erträgen bei Einsatz von weniger Insektenvernichtungsmitteln. Risiken sind z. B. die Übertragung der Resistenzgene auf andere Organismen, Gesundheitsschäden für den Menschen und die Monopolstellung der Firmen, die das transgene Saatgut anbieten.

5 **a** Die DNA wird bei 60–95 °C denaturiert. Nach Senkung der Temperatur auf 50–60 °C binden die Primer an die Einzelstränge. Auch freie DNA-Nucleotide binden sich an ihre komplementären Partner und werden bei 70–75 °C von der Taq-Polymerase miteinander verknüpft. Es entstehen zwei DNA-Doppelstränge. Diese Vorgänge werden mehrfach wiederholt.
b Das Agarosegel ist porös und kurze DNA-Fragmente können es schneller durchqueren als lange. In Taschen an einem Ende des Gels werden DNA-Fragmente eingefüllt, dann wird an das mit Pufferlösung bedeckte Gel Spannung angelegt. Die negativ geladene DNA bewegt sich zur Anode, wobei kurze Fragmente in derselben Zeit eine weitere Strecke zurücklegen als lange. Die DNA-Fragmente werden dadurch ihrer Größe nach aufgetrennt.
c Das Hämoglobin-Gen von Person 1 wurde in zwei Fragmente zerschnitten, da im Gel zwei Banden zu sehen sind. Das Gen von Person 2 blieb unverändert und bildet im Gel eine Bande. Es hat dieselbe Länge wie das mittelgroße Fragment des Größenvergleichsstandards, da beide sich gleich weit bewegt haben. Die Fragmente von Person 1 sind etwas länger als das kleinste Fragment des Standards und daher etwas kürzer gewandert.
d Da das Hämoglobin-Gen von Person 1 durch MstII in zwei Fragmente zerschnitten wurde, muss es genau einmal die Erkennungssequenz von MstII enthalten. Das Gen von Person 2 enthält diese Erkennungssequenz nicht, es wurde nicht von MstII geschnitten. Die Hämoglobin-Gene der beiden Personen unterscheiden sich also in ihrer Basensequenz mindestens an dieser Stelle, sie weisen eine Variabilität auf.
e Beispiel Gentherapie mit Retroviren: Das intakte Hämoglobin-Gen wird kloniert und in Retroviren als Vektoren eingebracht. Dem Patienten werden Blutstammzellen entnommen und diese ex vivo mit den Viren infiziert. Die transfizierten Zellen werden selektiert, vermehrt und in den Patienten zurückgeführt.

6 **a** Die Basensequenz der einzelsträngigen Sonde muss komplementär zur gesuchten DNA-Sequenz sein, damit sich zwischen den komplementären Basen der Moleküle Wasserstoffbrücken ausbilden, die Moleküle also hybridisieren können.
b invasiv: Chorionzotten-, Fruchtwasser-, Nabelschnurpunktion; nichtinvasiv: NIPT, Ultraschall
c Die Verfahren haben gemeinsam, dass DNA, Stoffwechsel und Entwicklung von Embryonen untersucht werden. Bei der PND geschieht dies während der Schwangerschaft durch invasive oder nichtinvasive Methoden. Die PID wird im Zusammenhang mit einer In-vitro-Fertilisation durchgeführt. Die Embryonen werden noch außerhalb des Körpers der Mutter untersucht und nur die ausgewählten anschließend in die Gebärmutter implantiert.
d Mithilfe eines Stammbaums kann bei erblich bedingten monogenen Krankheiten der Genotyp der Familienmitglieder ermittelt werden. So kann man auch ohne genetische

Diagnoseverfahren die Erkrankungswahrscheinlichkeit für deren Kinder abschätzen.

7 **a** 1 = variable Region; 2 = konstante Region; 3 = Antigenbindungsstelle; 4 = leichte Kette; 5 = Gelenkregion; 6 = Kohlenhydratkette; 7 = schwere Kette
b Beim Antikörper bedingen sich Struktur und Funktion gegenseitig. Die variablen Ketten verschiedener Antikörper bilden eine große Vielfalt von Antigenbindungsstellen, die nach dem Schlüssel-Schloss-Prinzip an verschiedene Epitope binden können. Durch die Y-förmige Struktur mit zwei Antigenbindungsstellen und beweglicher Gelenkregion können auch zwei Antigene miteinander verbunden werden. Die konstante Region ist bei Antikörpern einer Klasse gleich und ermöglicht, dass sie unabhängig von ihrer Spezifität an Zelloberflächen beispielsweise von B-Zellen oder Mastzellen gebunden werden können.
c Von allen B-Zellen verschiedener Spezifität reagieren auf ein Antigen nur diejenigen, deren B-Zell-Rezeptor an das Antigen binden kann. Nur sie differenzieren sich zu einem Plasmazellklon, der wiederum Antikörper mit derselben Antigenbindungsstelle produziert. So entstehen nur die Antikörper, die auch an das Antigen binden und es beispielsweise agglutinieren können.
d Ausfällung, Agglutination/Verklumpung, Neutralisierung, Opsonierung, Aktivierung des Komplementsystems.
e Die T-Helferzellen binden an eine antigenpräsentierende dendritische Zelle und werden von dieser aktiviert. Daraufhin vermehren sie sich und treten mit antigenpräsentierenden B-Zellen in Kontakt. Sie aktivieren die B-Zelle, die sich daraufhin zu einem Plasmazellklon differenziert. Dieser stellt die Antikörper her. Ohne die zentrale signalgebende Rolle der T-Helferzellen könnten keine Antikörper entstehen.
f Beim Erstkontakt mit einem Allergen entstehen IgE Antikörper und binden sich mit ihrer Fußregion an Mastzellen. Die Zellen sind nun sensibilisiert. Überbrückt beim Zweitkontakt ein Allergen zwei der IgE-Antikörper, kommt es zur Histaminausschüttung aus der Mastzelle und so zur allergischen Reaktion vom Soforttyp.
g HI-Viren können als Proviren in ihre Wirtszellen integriert werden. In dieser Form sind sie für Antikörper nicht zugänglich, weshalb Antikörper gegen sie nicht wirksam sind.
h Monoklonale Antikörper, die für das nachzuweisende Antigen spezifisch sind, werden an der Innenseite eines Gefäßes fixiert. In dieses Gefäß wird die zu untersuchende Flüssigkeit gegeben. Enthält sie passende Antigene, binden sich diese an die fixierten Antikörper. Nach einem Waschvorgang, der ungebundene Antigene entfernt, werden monoklonale enzymgekoppelte Antikörper zugegeben, die an die Antigene der Antigen-Antikörper-Komplexe binden. Ein weiterer Waschvorgang spült ungebundene Moleküle weg. Nun wird das Substrat des Enzyms zugegeben. Die Enzyme setzen es zu einem Farbstoff um. Die Menge des Farbstoffs, die in einem bestimmten Zeitraum entsteht, ermöglicht einen Rückschluss auf die vorhandene Antigenmenge.

Evolution (Seite 294–295)

1 **a** Kriterium der Lage: Strukturen sind homolog, wenn sie in einem ähnlichen Grundbauplan die gleiche Lage zueinander einnehmen. Kriterium der spezifischen Qualität: Komplexe, aus vielen Einzelelementen bestehende Strukturen sind homolog, wenn sie in zahlreichen Einzelmerkmalen auffallend übereinstimmen. Kriterium der Stetigkeit: Unterschiedlich gestaltete Strukturen sind homolog, wenn sie durch eine Reihe von Zwischenformen in eine Entwicklungsreihe gestellt werden können.
b Beide Zahntypen sind einander homolog, weil sie im Kiefer dieselbe Lage als vorderste Zähne einnehmen (Kriterium der Lage). Außerdem lässt sich von *Moeritherium* zu *Mammuthus* eine Entwicklungsreihe erkennen, innerhalb derer die Schneidezähne immer größer werden (Kriterium der Stetigkeit).
c Das Kriterium der spezifischen Qualität kann nicht angewendet werden, weil Informationen über den Aufbau der Zähne fehlen.
d Homologen Strukturen liegt ein gemeinsamer Grundbauplan durch eine gemeinsame Abstammung zugrunde. Durch unterschiedlichen Selektionsdruck unter verschiedenen Umweltbedingungen kommt es zu voneinander abweichenden Angepasstheiten an die jeweilige Funktion. Der Grundbauplan analoger Strukturen ist nicht gleich, die äußere Ähnlichkeit dieser Strukturen kommt nicht durch nähere Verwandtschaft zustande. Vielmehr findet eine konvergente Entwicklung statt. Ähnlicher Selektionsdruck unter vergleichbaren Umweltbedingungen führt zu der gleichen Angepasstheit an dieselbe Funktion.

2 **a** Bei der DNA-Sequenzierung wird die Basensequenz der DNA bestimmt. Die Gemeinsamkeiten und Abweichungen in der Basensequenz zwischen verschiedenen Lebewesen werden bestimmt. Je mehr Gemeinsamkeiten in der Basensequenz von zwei Lebewesen bestehen, desto näher sind sie miteinander verwandt.
b Je näher zwei Arten miteinander verwandt sind, desto mehr Gemeinsamkeiten bestehen in ihrer DNA und somit auch in ihren Proteinen. Der letzte gemeinsame Vorfahre von Arten mit einem hohen Grad molekularer Ähnlichkeit ist demnach jünger als der von Arten mit großen molekularen Unterschieden. Das Ausmaß der Unterschiede kann also verwendet werden, um die Abstammung verschiedener Arten von einem oder mehreren gemeinsamen Vorfahren in einem Stammbaum dazustellen.
c Die molekulare Uhr geht davon aus, dass die Mutationsrate über lange Zeiträume konstant bleibt. Die Menge an mutationsbedingten Unterschieden in DNA und Proteinen verschiedener Arten lässt somit einen Rückschluss auf den Zeitpunkt zu, an dem sich ihre Entwicklungslinien getrennt haben.
d Nach der Aussage des Stammbaums sind die Arten B und C näher miteinander verwandt als mit der Art A. Die Arten B und C entwickeln sich also schon seit längerer Zeit getrennt von der Art A. Durch Mutationen in der DNA aller Arten in dieser Zeit ergeben sich viele Sequenzunterschiede zwischen den Arten B und C im Vergleich zur Art A. Die Entwicklungslinien der Arten B und C haben sich vor kürzerer Zeit getrennt. In diesem Zeitraum konnte nur eine geringere Anzahl an Mutationen stattfinden, weshalb auch die Anzahl an Sequenzunterschieden zwischen den Arten B und C geringer ist. Die DNA-Sequenzierung sollte also eine größere Anzahl an Sequenzunterschieden beim Vergleich der Arten B und C mit der Art A ergeben als zwischen den Arten B und C untereinander.

3 **a** Mutation und Rekombination erhöhen die Variabilität einer Population, Gendrift verringert sie.
b Die Gesamtheit aller Allele einer Population bezeichnet man als Genpool. Die Allelfrequenz ist die Häufigkeit einzelner Allele im Genpool. Ein Flaschenhalseffekt liegt vor, wenn äußere Faktoren eine Population stark dezimieren und somit zu Gendrift führen.
c Transformierende Selektion kann stattfinden, wenn eine Population nicht gut an ihre Umwelt angepasst ist. Der Selektionsdruck sorgt dafür, dass Individuen mit extremen oder neu auftretenden Merkmalen am besten angepasst sind, also in größerer Zahl überleben und sich häufiger fortpflanzen. Ihre hohe reproduktive Fitness führt zu einer schrittweisen Veränderung des Genpools und somit zu einem Wandel des durchschnittlichen Phänotyps in der Population über

Generationen hinweg. Stabilisierende Selektion hingegen liegt vor, wenn Phänotypen mit mittlerer Merkmalsausprägung die höchste reproduktive Fitness besitzen. Der Selektionsdruck bedingt dann, dass Individuen mit abweichender Merkmalsausprägung und ihre Allele nach und nach seltener werden. Dieser Fall tritt ein, wenn eine Population bereits gut an konstante Umweltbedingungen angepasst ist.
d Koevolution findet statt, wenn sich durch Selektion zwei Arten wechselseitig aneinander anpassen. Jede Art wirkt als Selektionsfaktor auf die andere und übt Selektionsdruck auf sie aus.
e Gendrift wirkt auf eine Population zufällig, unabhängig vom Phänotyp der Individuen. Selektion hingegen beeinflusst als gerichteter Prozess die Individuen entsprechend ihres Phänotyps.

4 a Nach dem morphologischen Artkonzept gehören diejenigen Lebewesen einer Art an, die wesentliche Körpermerkmale gemeinsam haben und sich äußerlich deutlich von anderen Lebewesen unterscheiden. Das biologische Artkonzept betrachtet diejenigen Lebewesen als eine Art, die fortpflanzungsfähige Nachkommen miteinander zeugen können. Nach dem phylogenetischen Artkonzept ist eine Art eine Gemeinschaft von Populationen derselben Abstammung, die sich mit der Zeit weiter aufspalten kann.
b Bei der allopatrischen Artbildung werden Teile einer Population durch eine geografische Barriere voneinander isoliert. In den Teilpopulationen führen das verschiedene Auftreten und Wirken von Rekombination, Mutation, Gendrift und Selektion zu einer unterschiedlichen Veränderung des Genpools. Dadurch sind die Teilpopulationen irgendwann auch genetisch voneinander isoliert, sie können sich nicht mehr miteinander fortpflanzen. Bei der sympatrischen Artbildung entstehen diese Fortpflanzungsbarrieren ohne vorherige geografische Trennung.
c Ohne geografische Trennung stehen die Individuen einer Population durch Fortpflanzung in ständigem genetischen Austausch. Außerdem unterliegen sie denselben Selektionsbedingungen. Das macht eine Artaufspaltung unwahrscheinlicher.

5 a Auswahl: Die Biogeografie zeigt, dass Arten mit analogen Merkmalen in ähnlichen Lebensräumen vorkommen. Mosaikformen, die in der Paläontologie untersucht werden, belegen den evolutionären graduellen Übergang zwischen zwei Organismengruppen. Entwicklungsbiologische Untersuchungen zeigen die Abstammung von Lebewesen mit Organrudimenten von Vorfahren mit funktionsfähigen Versionen dieser Organe auf.
b Die evolutionsbiologische Darstellung zeigt, dass alle Arten miteinander verwandt sind, also von einem gemeinsamen Vorfahren abstammen. Arten, die sich untereinander ähnlich sind, haben denselben letzten gemeinsamen Vorfahren, den sie nicht mit allen anderen Arten teilen.
Die kreationistische Darstellung geht davon aus, dass die Artengruppen (Grundtypen) untereinander nicht verwandt sind, da jeder Stammbaum einen eigenen Ursprung hat. Innerhalb jedes Grundtyps kommt es jedoch auch zu Artaufspaltungen.
c Die Grundannahmen einer wissenschaftlichen Theorie müssen überprüfbar sein. Auf die Hypothese, Gott oder ein anderer übernatürlicher Schöpfer habe die Lebewesen erschaffen, trifft das nicht zu.

6 a Der Schimpanse besitzt einen langen U-förmigen Kiefer mit kleinen Backenzähnen sowie einer Lücke zwischen Eck- und Schneidezähnen. Seine Jochbögen sind mittelweit und sein Hinterhauptsloch liegt weit hinten. Der Kiefer von *Australopithecus afarensis* ist parabelförmig mit großen Backenzähnen und geschlossenem Zahnbogen. Die Jochbögen sind weit und das Hinterhauptsloch liegt weiter vorn als beim Schimpansen. Der Mensch hat einen parabelförmigen Kiefer mit kleinen Backenzähnen und geschlossenem Zahnbogen. Seine Jochbögen sind eng und das Hinterhauptsloch mittig.
b Auswahl: Der Schimpanse hat ein senkrecht stehendes, flaches Becken und Füße mit opponierbarem großen Zeh. *Australopithecus afarensis* und der Mensch besitzen ein waagerecht ausgerichtetes, schüsselförmiges Becken und ihre großen Zehen stehen mit den anderen in einer Reihe.
c Ein mittig liegendes Hinterhauptsloch weist darauf hin, dass der Schädel oben auf der Wirbelsäule sitzt, so wie es beim aufrechten Gang der Fall ist. Ein schüsselförmiges Becken trägt beim zweibeinigen Gang die inneren Organe. Zum ausdauernden und verletzungsfreien Gehen sind Füße mit Fußgewölbe, in einer Reihe stehenden Zehen und einer Ferse vorteilhaft.
d Die multiregionale Hypothese besagt, dass *Homo sapiens* sich auf verschiedenen Kontinenten parallel aus Populationen von *Homo erectus* entwickelte, zwischen denen ein ständiger Genaustausch bestand. Einen möglichen Hinweis auf diesen Genfluss liefern die Untersuchungen von Neandertaler und Denisova-Mensch im Vergleich zum modernen Menschen. Der genetische Vergleich heute lebender Menschen zeigt jedoch eine besonders große genetische Vielfalt in Afrika und deutet auf die Gültigkeit der Out-of-Africa-Hypothese hin, nach der *Homo sapiens* nur in Afrika entstand und von dort aus die anderen Kontinente besiedelte. Auch Fossilfunde stützen diese Hypothese.

7 a Kosten: z. B. Energieaufwand, Zeitaufwand, Gefahr von Verletzung oder Tod
Nutzen: z. B. Verbesserung der körperlichen Konstitution, Erhöhung der Überlebenswahrscheinlichkeit, Erhöhung des Fortpflanzungserfolgs (alles durch Energiezufuhr)
b Allgemein sind Energiezufuhr und somit Nutzen umso höher, je größer die gefressenen Wasserflöhe sind. Die Kosten steigen durch zunehmenden Energieaufwand mit der Strecke, die der Barsch bis zur Beute zurücklegt.
Bei hoher Beutedichte ist der Weg zur Beute kurz, die Kosten sind gering. Kleine Wasserflöhe zu ignorieren und für größere Exemplare etwas weiter zu schwimmen, erhöht die Kosten kaum, maximiert aber den Nutzen. Die Barsche fressen kaum kleine Wasserflöhe.
Bei sehr niedriger Beutedichte übersteigen die Kosten durch eine sehr weite Schwimmstrecke den Nutzen durch das Erreichen größerer Beutetiere. Die Barsche fressen auch kleine Exemplare, wenn sie auf sie treffen.
c Eine proximate Erklärung für Verhalten findet sich in unmittelbaren Ursachen wie den hormonellen, neuronalen oder muskulären Vorgängen und in entwicklungsbedingten Ursachen wie Lernvorgängen. Ultimate Erklärungen liefern die Evolutionsvorgänge, bei denen ein bestimmtes Verhalten die genetische Fitness erhöhen kann.

Neurobiologie (Seite 382–383)

1 a 1 Dendrit, 2 Soma, 3 Zellkern, 4 Axon, 5 Myelinscheide, 6 Ranvier-Schnürring, 7 Synapsenendknöpfchen, 8 Dendrit
b Über die Dendriten werden Informationen aus den Nachbarneuronen aufgenommen. Das Axon dient der Weiterleitung von Aktionspotenzialen vom Axonhügel bis zu den synaptischen Endknöpfchen. Über die Endknöpfchen stehen die Neuronen mit den Dendriten der Nachbarzellen oder den Zellen der Erfolgsorgane in Kontakt. Die Myelinscheide isoliert das Axon und ermöglicht eine saltatorische Erregungsleitung.

c

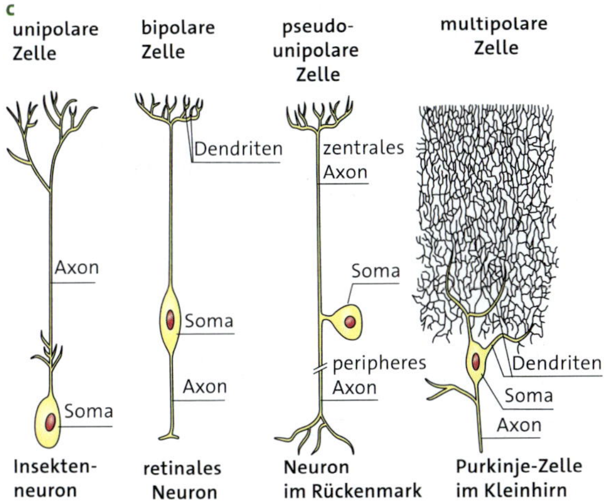

d Im Soma produzierte Stoffe werden in Vesikel verpackt. Im Axon verlaufen in Längsrichtung Mikrotubuli. Ein Motorprotein, das Kinesin, bindet die Vesikel und bewegt sich unter ATP-Verbrauch entlang der Mikrotubuli in Richtung der Synapsenendknöpfchen. Das wird als anterograder Transport bezeichnet.

2 **a** Die Messelektrode wird in das Axon eingestochen. Sie ist mit dem Verstärker und dem Oszilloskop verbunden. Das Membranpotenzial wird gegenüber einer Bezugselektrode, die sich in der physiologischen Lösung außerhalb des Axons befindet, bestimmt.

b Im Inneren des Axons befinden sich mehr organische Anionen und Kaliumionen, im Außenmedium gibt es mehr Natriumionen und Chloridionen.

c Ein Teil der Kaliumionenkanäle am Axon, die Kalium-Hintergrundkanäle, sind ständig geöffnet. Durch diese Kanäle diffundieren Kaliumionen entlang des Konzentrationsgradienten nach außen. Es wäre zu erwarten, dass das Membranpotenzial auf -80 mV eingestellt wird, da hier das Kaliumionen-Gleichgewichtspotenzial liegt. Es wird aber nur ein Wert von -65 mV erreicht, da in geringem Umfang Natriumionen in die Zelle diffundieren und das Membranpotenzial etwas abschwächen.

d Mithilfe der Patch-Clamp-Technik ist es möglich, einen einzelnen Ionenkanal anzusaugen. Dadurch kann man die Ionenströme, die durch einen einzigen Ionenkanal erfolgen, exakt messen.

3 **a** 1 Ruhepotenzial, 2 Depolarisation, 3 Repolarisation, 4 Hyperpolarisation, 5 Ruhepotenzial

b Die Konzentration an Natriumionen ist im extrazellulären Raum um den Faktor 10 höher als im Inneren des Axons. Natriumionen strömen daher entlang des Konzentrationsgradienten ins Axoninnere. Außerdem besteht ein nach innen gerichteter Ladungsgradient. Beide Kräfte führen dazu, dass Natriumionen ins Axon einströmen, sobald die Natriumionenkanäle geöffnet sind.

c In der absoluten Refraktärzeit ist das Axon nicht erregbar, weil alle Natriumionenkanäle bereits geöffnet oder nicht zu öffnen sind, weil Inaktivierungstore den Kanal verschließen. Erst wenn das Ruhepotenzial wieder erreicht wird, verschließen sich die spannungsgesteuerten Natriumionenkanäle und die Inaktivierungstore öffnen sich. In diesem Zustand ist der Natriumionenkanal wieder erregbar. In der relativen Refraktärzeit ist die Axonmembran durch die geöffneten Kaliumionenkanäle noch hyperpolarisiert. Die Natriumionenkanäle sind durch das Aktivierungstor verschlossen und damit aktivierbar. Es ist aber ein stärkerer Stromimpuls notwendig, um den Schwellenwert zu erreichen.

4 **a** Das Axon der Qualle ist nicht myelinisiert. Dadurch ist die Leitungsgeschwindigkeit sehr viel geringer. Die Myelinscheide bei menschlichen Axonen wirkt wie eine Isolierung und verstärkt den Stromfluss im Inneren des Axons. Nur in den Ranvier-Schnürringen befinden sich Natriumionenkanäle und nur hier werden Aktionspotenziale ausgelöst. Die Geschwindigkeit dieser saltatorischen Erregungsleitung ist deutlich höher als die nicht myelinisierter Axone.

b Die Erregungsleitung ist deutlich schneller und außerdem energiesparender, weil sehr viel weniger Ionen von den Natrium-Kalium-Pumpen transportiert werden müssen.

c Das Lokalanästhetikum Lidocain diffundiert durch die Axonmembran und blockiert die schmerzassoziierten Natriumionenkanäle. Die Folge ist, dass keine Aktionspotenziale ausgelöst werden. Die durch den Schmerz ausgelöste Erregung wird nicht an das Gehirn weitergeleitet. Es wird kein Schmerz wahrgenommen.

5

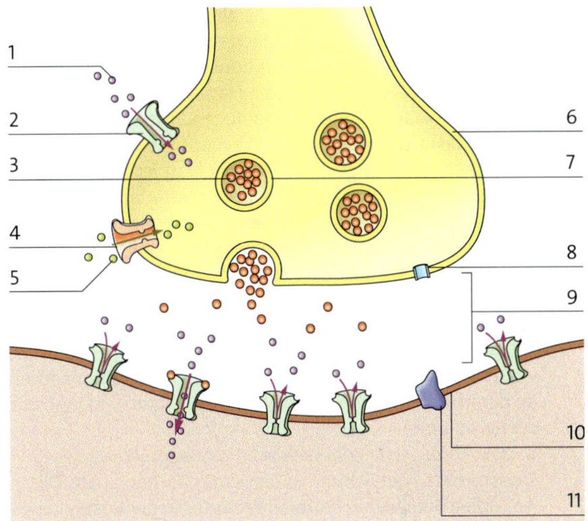

a 1 Natriumionen, 2 Natriumionenkanal, 3 Acetylcholin, 4 Calciumionenkanal, 5 Calciumionen, 6 präsynaptische Membran, 7 Vesikel, 8 Cholin-Transporter, 9 synaptischer Spalt, 10 postsynaptische Membran, 11 Acetylcholinesterase

b Wenn ein Aktionspotenzial das Synapsenendknöpfchen erreicht, wird dessen Membran durch die Öffnung der Natriumionenkanäle depolarisiert. Dies führt zur Öffnung spannungsgesteuerter Calciumionenkanäle. Aufgrund der höheren Calciumionenkonzentration im synaptischen Spalt strömen Calciumionen in die präsynaptische Endigung ein. Die erhöhte Calciumionenkonzentration signalisiert den Vesikeln im Synapsenendknöpfchen, mit der Zellmembran der präsynaptischen Endigung zu verschmelzen. Bei dieser Exozytose werden die in den Vesikeln enthaltenen Neurotransmitter, wie z. B. Acetylcholin, in den synaptischen Spalt freigesetzt. Die Neurotransmitter binden an Rezeptoren auf der postsynaptischen Membran, was zur Öffnung von Ionenkanälen führt. Der Einstrom positiv geladener Natriumionen führt darauf zur Depolarisation der postsynaptischen Membran und möglicherweise zur Auslösung eines neuen Aktionspotenzials.

c Der Abstand zwischen prä- und postsynaptischer Membran ist sehr klein (3,5 nm). Spezielle Proteinkanäle, die Gap junctions, verbinden beide Zellen miteinander. Durch diese Kanäle können die Ionen direkt von einer zur anderen Zelle fließen. Die Erregungsübertragung erfolgt zehnmal so schnell wie an einer chemischen Synapse.

6 a Beim EPSP handelt es sich um ein erregendes postsynaptisches Potenzial. Es entsteht, wenn Transmitter an spezifischen Rezeptoren der postsynaptischen Membran andocken, die das Öffnen von Natriumionenkanälen bewirken. Das Einströmen von Natriumionen führt zu einer Depolarisation der Membran. Beim IPSP handelt es sich um ein hemmendes (inhibitorisches) postsynaptisches Potenzial. Hier binden Rezeptoren an Chloridionenkanäle an der postsynaptischen Membran. Daraufhin öffnen sich diese Kanäle und es strömen negativ geladene Chloridionen in das Neuron ein. Das hat eine Hyperpolarisation zur Folge. Das Potenzial wird negativer.
b Bei einer Summation werden erregende (EPSP) oder inhibitorischen Potenziale (IPSP) an einem Neuron verrechnet. Wenn an einem Dendriten mehrere Synapsen zeitgleich aktiv sind, handelt es sich um eine räumliche Summation. Wenn innerhalb weniger Millisekunden viele Aktionspotenziale von einer einzelnen Synapse an einem Neuron ankommen, werden diese summiert. Man spricht von einer zeitlichen Summation.
c Jedes Aktionspotenzial hat die gleiche Amplitude. Es handelt sich um ein Alles-oder-nichts-Signal. Bei stärkerer Erregung erhöht sich die Frequenz der Aktionspotenziale. Die Information wird digital codiert. Je höher die Frequenz der Aktionspotenziale, die am synaptischen Endknöpfchen ankommen ist, desto mehr Transmitter werden in den synaptischen Spalt freigesetzt. Die Transmittermenge ist analog zur Frequenz der Aktionspotenziale. Je mehr Transmitter an der postsynaptischen Membran ihre Wirkung entfalten, desto höher ist das postsynaptische Potenzial. Am Axonhügel wird das Potenzial wieder digital in Form von Aktionspotenzialen codiert. Die Aussage "Bei der Erregungsleitung im Nervensystem kommt es zur mehrfachen Umcodierung" ist richtig.

7 a Unter elektromechanischer Kopplung versteht man, dass elektrische Impulse durch ein ankommendes Aktionspotenzial an der motorischen Endplatte bewirken, dass der Querbrückenzyklus abläuft.
b Das Aktionspotenzial bewirkt die Ausschüttung des Transmitters Acetylcholin in den synaptischen Spalt. Das Andocken von Acetylcholin an Rezeptoren der Postsynapse öffnet Natriumionenkanäle. Der Einstrom von Natriumionen führt zu einer Depolarisation der Muskelfasermembran. Das Membranpotenzial setzt sich über T-Tubuli tief in die Muskelfaser fort. Dort bewirkt es die Ausschüttung von Calciumionen aus dem Sarkoplasmatischen Reticulum in das Zellplasma. Die stark erhöhte Calciumionenkonzentration im Zellplasma setzt den Querbrückenzyklus in Bewegung.

8 a Das vegetative Nervensystem besteht aus dem Sympathikus, dem Parasympathikus und dem Darmnervensystem. Das Darmnervensystem steuert autonom die Aktivität von Magen und Darm. Sympathikus und Parasympathikus wirken auf die meisten inneren Organe. Dort entfalten sie entgegengesetzte Effekte, sie wirken als Antagonisten. Beispielsweise bewirkt der Sympathikus mit seinem Transmitter Acetylcholin eine Beschleunigung der Herzfrequenz und der Parasympathikus mit seinem Transmitter Noradrenalin verringert die Herzfrequenz.
b Wird ein Reiz im Gehirn als Stress bewertet, wird der Hypothalamus aktiviert. Der Hypothalamus steht über Neurone in Kontakt mit dem vegetativen Nervensystem und über die Hypophyse in hormonellem Kontakt mit dem Hormonsystem des Körpers. Er steuert also das Zusammenspiel von ZNS, vegetativem Nervensystem und Hormonsystem.
c Bei Stress wird im Hypothalamus das Peptidhormon CRH freigesetzt. Dies bewirkt, dass aus der Hypophyse das Peptidhormon ACTH ins Blut abgegeben wird. Über die Blutbahn gelangt ACTH zur Nebennierenrinde und regt dort die Produktion und Freisetzung des Steroidhormons Cortisol an. Cortisol wird als Stresshormon bezeichnet. Es bewirkt eine Steigerung der Leistungsfähigkeit des Körpers. Das Hormon unterstützt die Energiebereitstellung und unterdrückt gleichzeitig die Immunabwehr und Entzündungsreaktionen. Die Widerstandskraft und die Leistungsfähigkeit in belastenden Situationen werden über eine bestimmte Zeit aufrechterhalten.
d Insulin dockt an Insulinrezeptoren der Zielzellen an. Dadurch wird intrazellulär eine Tyrosinkinase aktiviert, die Insulinrezeptorproteine phosphoryliert. Über eine Reaktionskaskade erfolgt eine Verstärkung des Signals. Die Aktivierung der Proteinkinase B führt dazu, dass Glucosetransportproteine in die Zellmembran eingebaut werden. Dies hat zur Folge, dass verstärkt Glucosemoleküle in die Zelle gelangen. Dadurch sinkt der Glucosespiegel im Blut.

9 a Bei jeder Signalübertragung an einer Synapse vergrößert sich die Kontaktfläche der Synapse. Außerdem erhöht sich die Anzahl der Ionenkanäle in der postsynaptischen Membran. Der Fachbegriff für diesen Vorgang ist Langzeitpotenzierung.
b Im Gehirn werden ständig neue Synapsen gebildet und bestehende, wenig Genutzte abgebaut. Wenn innerhalb einer Zeitspanne mehr neue Verbindungen geknüpft als abgebaut werden, wurde etwas gelernt. Diese Fähigkeit unseres Gehirns, neue Verschaltungen anzulegen und nicht mehr verwendete Synapsen abzubauen, bezeichnet man als neuronale Plastizität.
c Nach einem längeren Lernvorgang wird durch G-Proteine das Enzym Adenylatzyklase aktiviert. Dieses bildet cAMP aus ATP. Das cAMP aktiviert Proteinkinasen. Gelangen diese in den Zellkern, aktivieren sie dort die CREB-Proteine. Diese bewirken die Genexpression für verschiedene Proteine. Die dauerhafte Aktivierung der Proteinkinasen führt zum Wachstum und zur Neubildung von Synapsen.

Ökologie (Seite 476–477)

1 a 1 = Toleranzbereich; 2 = (physiologisches) Optimum; 3 = Minimum; 4 = Maximum
b Das Minimum und das Maximum sind die Grenzwerte, die von einem Organismus langfristig ertragen werden. Bei Temperaturen darunter oder darüber verfällt die Echse zunächst in eine Starre, bei noch niedrigeren oder höheren Temperaturen stirbt sie. Die Spanne zwischen Minimum und Maximum ist der Toleranzbereich, innerhalb dessen die Temperaturbedingungen für die Echse günstig sind. Den Punkt oder Bereich, in dem die Intensität der Lebensvorgänge am höchsten ist, nennt man (physiologisches) Optimum.
c Die Körpertemperatur wechselwarmer Tiere folgt der Umgebungstemperatur. Gleichwarme Tiere hingegen sind in der Lage, ihre Körpertemperatur weitgehend unabhängig von der Umgebungstemperatur in einem gewissen Bereich konstant zu halten. Ihre Temperaturtoleranzkurve zeigt also durchschnittlich sowohl einen größeren Toleranz- als auch Optimumsbereich.
d Gleichwarme Tiere einer Art oder nahe verwandter Arten sind in kalten Gebieten oft größer als in warmen (Bergmann'sche Regel) und haben Körperanhänge von relativ geringerer Länge (Allen'sche Regel).
e Kennt man die Toleranzkurve einer Art in Bezug auf einen Umweltfaktor, kann man aus dem Auftreten der Art an einem bestimmten Ort auf die Intensität dieses Umweltfaktors schließen. Vor allem stenöke Arten mit engem Toleranzbereich können deshalb als Zeigerarten für bestimmte Umweltfaktoren verwendet werden. So sind beispielsweise Heidelbeeren Indikatoren für saure Böden oder Eintagsfliegenlarven für wenig verschmutzte Gewässerbereiche.

2 **a** Der grundlegende Aufbau beider Laubblatttypen ist identisch: Sie sind nach außen von einer Epidermis begrenzt, auf der eine Cuticula aufliegt. Unter der oberen Epidermis liegt das Palisadengewebe und darunter das Schwammgewebe, beide enthalten Chloroplasten. In der unteren Epidermis befinden sich Spaltöffnungen.
Bei Lichtblättern, die hohen Lichtintensitäten ausgesetzt sind, ist das Palisadengewebe dichter und auch dicker, häufig ist es mehrschichtig. Auch das Schwammgewebe ist dicker als bei Schattenblättern, die weniger intensiv von Licht bestrahlt werden. Dadurch sind Lichtblätter dicker und satter grün gefärbt als Schattenblätter. Auch die Cuticulae können bei Lichtblättern dicker sein. Außerdem haben Lichtblätter im Durchschnitt eine kleinere Fläche als Schattenblätter.
b Der Lichtsättigungspunkt ist die Lichtintensität, ab der sich die Fotosyntheseleistung einer Pflanze oder eines Laubblatts durch Erhöhung der Lichtintensität nicht weiter steigern lässt. Der Lichtkompensationspunkt bezeichnet die Lichtintensität, bei der die Fotosyntheseaktivität einer Pflanze oder eines Laubblatts der Zellatmungsaktivität entspricht, also genauso viel Kohlenstoffdioxid aufgenommen wie abgegeben wird.
c Durch die dünneren chloroplastenhaltigen Gewebe besitzen Schattenblätter weniger Chloroplasten und erreichen daher schon bei geringerer Lichtintensität ihren Lichtsättigungspunkt. Höheren Lichtintensitäten sind sie selten ausgesetzt. Lichtblätter können auch bei höherer Lichtintensität noch ihre Fotosyntheseleistung steigern. Auch der Lichtkompensationspunkt von Schattenblättern liegt niedriger. Sie können also schon bei weniger Lichteinstrahlung mehr Kohlenstoffdioxid aufnehmen, als sie abgeben, also mehr Fotosynthese betreiben als Zellatmung. Grund dafür ist, dass der Energiebedarf, der durch die Zellatmung gedeckt werden muss, bei den dünnen Schattenblättern geringer ist.
So sind beide Blatttypen an die Lichtverhältnisse, denen sie ausgesetzt sind, angepasst: Schattenblätter haben auch bei geringer Lichtintensität eine positive Energiebilanz. Lichtblätter benötigen dafür höhere Lichtintensitäten, können dann aber auch deutlich mehr Fotosynthese betreiben und ihre Energiebilanz bis hin zu sehr hoher Lichteinstrahlung noch verbessern.
d Beispiele sind Wasser, Temperatur, pH-Wert des Bodens, Salzgehalt des Bodens.

3 **a** A = Parasitismus und Räuber-Beute-Beziehung; B = Symbiose; C = Konkurrenz
b A: Bei Parasitismus lebt eine Art, der Parasit (Lebewesen 2), auf Kosten einer anderen, des Wirts (Lebewesen 1). Der Wirt wird zwar vom Parasiten nicht unbedingt getötet, aber er erleidet Nachteile.
Bei einer Räuber-Beute-Beziehung wird die Beute (Lebewesen 1) vom Räuber (Lebewesen 2) getötet und gefressen. Der Räuber schadet also der Beute und zieht selbst einen Nutzen daraus.
B: Symbiose bezeichnet die Vergesellschaftung von Lebewesen zweier Arten zum beiderseitigen Vorteil.
C: Eine Konkurrenzsituation zwischen zwei Individuen derselben Art (intraspezifische Konkurrenz) oder verschiedener Arten (interspezifische Konkurrenz) ist für beide Lebewesen nachteilig, da jeder der Konkurrenten dem anderen eine Ressource streitig macht.
c Die ökologische Nische einer Art ist die Gesamtheit ihrer Ansprüche an ihre Umwelt. Dabei besitzt die Art für jeden Umweltfaktor eine bestimmte Potenz, das ist der Toleranzbereich für verschiedene Ausprägungen des Umweltfaktors. Mit der physiologischen Potenz wird der theoretisch mögliche Toleranzbereich ohne Konkurrenz bezeichnet. Die physiologischen Potenzen für alle Umweltfaktoren, die die ökologische Nische einer Art definieren, bilden zusammen die Fundamentalnische der Art.
Der reale Toleranzbereich unter Berücksichtigung der Konkurrenz durch andere Arten, also das tatsächliche Vorkommen unter Konkurrenz, kann der physiologischen Potenz entsprechen, muss aber nicht. Er ist die ökologische Potenz einer Art. Die Gesamtheit der ökologischen Potenzen einer Art bezeichnet man daher als realisierte ökologische Nische.
Durch Ausbildung realisierter ökologischer Nischen können Konkurrenten im selben Lebensraum koexistieren. Ist das nicht möglich, weil die Fundamentalnischen zweier Arten identisch sind, wird eine der Arten durch die andere verdrängt. Das nennt man Konkurrenzausschluss.

4 **a**

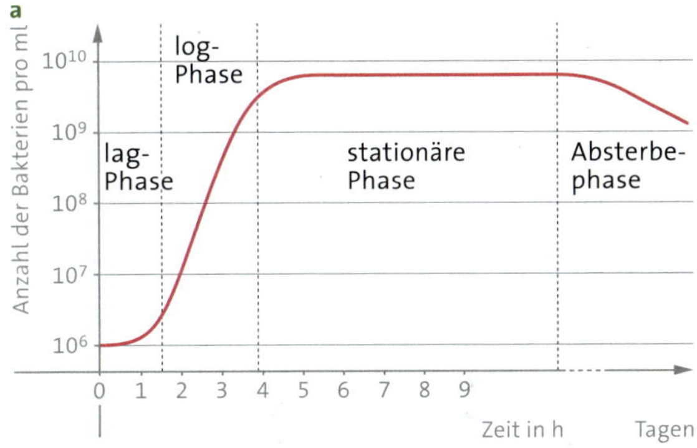

b In der lag-Phase vermehren sich die Bakterien nur langsam. Dann tritt die Population in die log-Phase ein, in der sie exponentiell wächst. Werden die Ressourcen, beispielsweise Nahrung, knapp, gleichen sich Vermehrungs- und Sterberate aus und die stationäre Phase beginnt. Sie dauert an, bis die Ressourcen erschöpft sind und die Bakterien in größerer Zahl absterben als sich teilen. In dieser Absterbephase sinkt die Populationsgröße.

c

	r-Strategen	K-Strategen
Vermehrungsrate, Anzahl und Sterblichkeit der Nachkommen	hoch	gering
Fortpflanzungsabstände, Individualentwicklung und Lebensspanne	kurz	lang
Populationsdichte	stark schwankend	weniger stark schwankend
Umweltbedingungen	konstant oder variabel	konstant
Habitatnutzung	opportunistisch	konsistent

d Am Anfang ist die Zahl der Räuber verhältnismäßig hoch und die der Beutetiere verhältnismäßig niedrig. Die Räuber haben Schwierigkeiten, genügend Beute zu finden. Viele von ihnen sterben, ihre Anzahl sinkt. Dadurch verbessern sich die Bedingungen für die Beutetiere, denn sie werden nicht mehr so stark bejagt. Sie können sich stark vermehren, ihre Anzahl steigt. Somit haben die Räuber nun wieder mehr Nahrung zur

Verfügung. Sie pflanzen sich in großer Zahl fort, ihre Population vergrößert sich. Das wiederum verschlechtert die Bedingungen für die Beutetiere, von denen viele den Räubern zum Opfer fallen. Ihre Anzahl sinkt wieder. Das wiederum beeinflusst die Räuber und ein neuer Zyklus beginnt.
Durch dieses Prinzip der negativen Rückkopplung schwanken die Populationsgrößen von Räuber und Beute periodisch um einen Mittelwert, der langfristig konstant ist. Dabei folgt die insgesamt niedrigere Populationsgröße der Räuber jener der Beutetiere.
e Werden Räuber und Beute gleich stark vermindert, so erholt sich die Population der Beute schneller als die der Räuber.
f Beispiele: Bejagung der Beute durch andere Räuber, größeres Nahrungsspektrum der Räuber, Beeinflussung der Nahrungsmenge für die Beute durch abiotische Umweltfaktoren
g Parasiten und ihre Wirte beeinflussen ihre Populationsgrößen gegenseitig vermutlich durch eine ähnlich negative Rückkopplung wie Räuber und Beutetiere, da Parasiten ihren Wirten schaden und die Wirte den Parasiten nutzen. Allerdings besteht dieser Schaden im Allgemeinen nicht darin, dass der Wirt getötet wird, es wird eher seine Vermehrungsfähigkeit eingeschränkt. Die Anzahl an Wirten wird durch eine hohe Parasitenanzahl also wahrscheinlich nicht so stark vermindert. Außerdem sind die Populationsgrößen von Parasiten im Allgemeinen höher als die ihrer Wirte.

5 a Produzenten sind autotrophe Organismen, z. B. Pflanzen, die Fotosynthese betreiben. Damit stellen sie den heterotrophen Konsumenten energiereiche organische Verbindungen als Nahrung zur Verfügung. Konsumenten nehmen diese Verbindungen durch den Verzehr der Biomasse der Produzenten oder durch den Verzehr anderer Konsumenten auf. Die Rolle der Destruenten besteht darin, organische Stoffe aufzunehmen und zu zersetzen, wobei die Abbauprodukte dann wieder den Produzenten zur Verfügung stehen.
b Am Anfang einer Nahrungskette steht ein Produzent, der von einem Konsumenten 1. Ordnung gefressen wird. Dieser wiederum wird von einem weiteren Konsumenten verzehrt, so wird die Nahrungskette fortgeführt, an deren Ende der Endkonsument steht. Die Konsumenten ernähren sich jedoch nicht nur von Organismen einer Art, sondern haben im Allgemeinen ein größeres Nahrungsspektrum. Dadurch verzweigen sich Nahrungsketten, sodass letztlich alle Nahrungsketten eines Ökosystems zusammen ein Nahrungsnetz bilden.
c Alle Organismen eines Nahrungsnetzes bestehen aus organischen Verbindungen. Destruenten nehmen diese in Form von abgestorbenen Pflanzenteilen sowie in Form von tierischem Kot und Aas auf und zersetzen sie.
d Die Produzenten, Grünalgen und Phytoplankton, dienen den Konsumenten 1. Ordnung, Zooplankton und Weichtieren, als Futter. Dabei können die Konsumenten nur einen geringen Teil der pflanzlichen Biomasse für den Aufbau eigener Biomasse verwenden. Ihre eigene Biomasse ist also geringer als die der Organismen auf der Trophieebene unter ihnen. Dasselbe gilt für die Wattvögel als Konsumenten 2. Ordnung und die Seeadler als Konsumenten 3. Ordnung. Daher nimmt die Biomasse mit jeder Trophieebene ab, es entsteht eine Pyramidenform.
e Die Energie gelangt in Form von Lichtenergie des Sonnenlichts in das Ökosystem. Sie wird von den Produzenten in chemische Energie umgewandelt und von ihnen über das Nahrungsnetz an die Konsumenten verschiedener Ordnungen und schließlich an die Destruenten weitergegeben. Die Energie abgefallener Pflanzenteile oder unverdauter Biomasse in Kot geht direkt an die Destruenten über. So findet ein Energiefluss durch alle Trophieebenen statt. Die Pflanzen nutzen allerdings nur einen Teil der Lichtenergie zum Aufbau von Biomasse. Der Großteil wird für Stoffumwandlungen verwendet und dann als Wärmeenergie abgegeben.
Dasselbe passiert in den Konsumenten, die auch einen großen Anteil der Energie für den eigenen Stoffwechsel nutzen. Die entstehende Wärmeenergie ist biologisch nicht nutzbar. Die Umwandlung nutzbarer in nicht nutzbare Energieformen wird als Energieentwertung bezeichnet. Da ein Großteil der Energie in einem Ökosystem auf diese Weise entwertet wird, muss dem System ständig Energie durch das Sonnenlicht zugeführt werden.

6 a Unter Abundanz versteht man die Zahl an Individuen einer Art in einem Lebensraum. Der Saprobienwert gibt die Zugehörigkeit eines Indikatororganismus zu einer Gewässergüteklasse an. Der Wert 1 steht für Indikatororganismen unbelasteter oder gering belasteter Gewässer und der Wert 4 für Indikatororganismen sehr stark verschmutzter oder übermäßig verschmutzter Gewässer.
b Es gibt Indikatororganismen, deren Vorkommen charakteristisch für eine bestimmte Gewässergüte ist. Organismen mit einem niedrigen Saprobienwert, z. B. von 1,2 zeigen an, dass es sich um ein sauberes Gewässer handelt. Organismen mit einem hohen Saprobienwert, z. B. von 4,0 zeigen an, dass sie in einem Gewässer mit schlechter Gewässergüte vorkommen.
c

$$S = \frac{\sum_{\text{alle Arten}} (\text{Abulanz einer Tierart} \cdot \text{Saprobienwerte der Tierart})}{\sum_{\text{Abundanzen}}}$$

16,1 : 10= 1,6 entspricht der Güteklasse II (mäßig belastet)

7 a Baumschicht, Strauchschicht, Krautschicht, Moosschicht
b Die Rotbuche gehört zur Baumschicht, die Hasel zur Strauchschicht und das Buschwindröschen zur Krautschicht.
c Rotbuche und Hasel sind deutlich größer als das Buschwindröschen. Sobald sie Laubblätter tragen, gelangt kaum mehr Licht in die Krautschicht. Es ist für das Buschwindröschen also von Vorteil, früh im Jahr Laubblätter auszubilden, solange diese noch genügend Licht für die Fotosynthese nutzen können. Wenn im Juni das Blätterdach durch die Pflanzen der Strauch- und Baumschicht praktisch geschlossen ist, erreicht das Buschwindröschen den Lichtkompensationspunkt nicht mehr. Seine überirdischen Teile, darunter auch die Laubblätter, werden abgebaut.

8 a Produzenten nehmen Kohlenstoffdioxid aus der Luft und dem Wasser auf und speichern den Kohlenstoff in ihrer Biomasse. Diese energiereichen Stoffe werden an die Konsumenten und Destruenten weitergegeben. Wenn Sauerstoff im Kreislauf vorhanden ist, nutzen diese die energiereichen Stoffe und setzen Kohlenstoffdioxid frei. Wenn kein Sauerstoff im Kreislauf vorhanden ist, entstehen aus der toten Biomasse der Produzenten und Konsumenten über Millionen von Jahren fossile Brennstoffe. Die fossilen Brennstoffe werden gefördert und in Kraftwerken oder im Verkehr verbrannt. Dabei entsteht Kohlenstoffdioxid, das in die Luft freigesetzt wird. Entsprechend seiner Löslichkeit im Wasser besteht zwischen dem Kohlenstoffdioxid in der Luft und im Wasser ein Austausch.
b Von einem Kurzzeitkreislauf des Kohlenstoffs spricht man bei Prozessen, die innerhalb von Jahrzehnten ablaufen. Hierzu gehört der Kreislauf der Fixierung von Kohlenstoff durch Produzenten, die Weitergabe über die Trophieebenen bis zu den Destruenten und die Freisetzung des fixierten Kohlenstoffs, wodurch dieses dem Kreislauf wieder zur Verfügung steht. Ein Großteil der Kohlenstoffverbindungen ist allerdings langfristig, d. h. über Jahrmillionen festgelegt. In geologischen Prozessen sind abgestorbene Organismen in Torf, Kohle, Erdöl und Erdgas festgelegt worden. 80 % des Kohlenstoffs der Erde sind in Kalkgestein der Meere gebunden. Durch Verbrennen von

Kohlenstoffverbindungen oder Lösen von Kalk wird der Langzeitkreislauf geschlossen.

c Der Mensch greift durch die Nutzung der Ressourcen in den Kohlenstoffkreislauf ein, z. B. durch den Abbau fossiler Brennstoffe wie Kohle, Öl und Gas, durch das Abholzen von Wäldern, die Trockenlegung von Mooren und Sümpfen sowie die Haltung von Nutztieren zur Nahrungsproduktion.

9 a Der ökologische Fußabdruck ist die Fläche, die notwendig wäre, um alle von der Weltbevölkerung genutzten Ressourcen zu liefern und deren Emissionen aufzunehmen. Er kann auch für Personen, Produkte oder Dienstleistungen berechnet werden.

b Beispiele: Verzicht auf den Einsatz giftiger Stoffe (ökologisch nachhaltiges Handeln), Recycling von Wertstoffen (wirtschaftlich nachhaltiges Handeln), Verzicht auf den Einsatz gesundheitsgefährdender Produktionstechniken (sozial nachhaltiges Handeln)

c Biodiversität beruht auf der Vielfalt von Allelen, Arten und Ökosystemen. Die Vielfalt von Allelen kommt durch genetische Variabilität zustande. Eine Ursache dafür sind Mutationen, durch die neue Allele entstehen. Pflanzen sich Individuen sexuell fort, finden Rekombinationsvorgänge bei Meiose und Befruchtung statt. Dadurch entstehen Nachkommen mit neuen Kombinationen von Merkmalsausprägungen. Diese Variabilität innerhalb einer Population ist die erste Ebene von Biodiversität. Verändern sich Teile einer Population durch genetische Variabilität so stark, dass Fortpflanzungsbarrieren zwischen den Individuen entstehen, kommt es zur Artaufspaltung. Die Entstehung neuer Arten führt zu einer größeren Artenvielfalt, der zweiten Ebene von Biodiversität. Sie kann nur dann erhalten bleiben, wenn auch die ökologischen Nischen der Arten fortbestehen. Die dritte Ebene von Biodiversität ist die Vielfalt der Ökosysteme. Sie entstehen durch regionale Unterschiede abiotischer Faktoren. So trägt eine Variabilität an Ökosystemen auch zur Artenvielfalt bei.

d Ackerbau kann in einer Weise in Ökosysteme eingreifen, die deren Artenvielfalt verringert. Die Zerstörung natürlicher Landschaften, die Einrichtung von Monokulturen oder der Einsatz von Pflanzenschutzmitteln beispielsweise schränken die Biodiversität immer mehr ein. Gleichzeitig sind viele Bereiche des Ackerbaus auch auf Biodiversität angewiesen, z. B. auf eine gewisse Vielfalt an Bestäubern für Nutzpflanzen oder auf die genetische Variabilität innerhalb einer Art als Grundlage für die Züchtung. Insofern kann man der Aussage zustimmen.

Andererseits muss der Eingriff des Ackerbaus in die Ökosysteme nicht derart stark sein. Zwischen Äckern können Bäume, Hecken und Blühstreifen erhalten werden, Pflanzen können in Mischkultur angepflanzt und der Pestizideinsatz vermieden werden. An vielen Stellen wird dies bereits verwirklicht. So kann der Ackerbau mehr Raum für Biodiversität schaffen.

e Der Treibhauseffekt beruht allgemein auf der unterschiedlichen Durchlässigkeit der Atmosphäre für verschiedene Formen der Strahlung. Das Sonnenlicht durchdringt fast ungehindert die Erdatmosphäre, ein Teil der Energie wird als Wärmestrahlung von der Erdoberfläche reflektiert. Diese Wärmestrahlung wird von Wasserdampf und verschiedenen Gasen in der Atmosphäre zurückgehalten und erwärmt so die Erde. Durch den natürlichen Treibhauseffekt hält das die globale Durchschnittstemperatur auf der Erde konstant.

Der anthropogene Treibhauseffekt beruht darauf, dass Emissionen des Menschen die Menge der Treibhausgase in der Atmosphäre erhöhen, vor allem Kohlenstoffdioxid, Methan und Lachgas. So wird ein höherer Anteil der Wärmestrahlung zurückgehalten und der Treibhauseffekt verstärkt. Die globale Durchschnittstemperatur steigt. Folgen sind beispielsweise das Schmelzen von Gletschern, der Anstieg des Meeresspiegels und eine höhere Häufigkeit extremer Wetterereignisse wie Dürren oder Überschwemmungen.

Stoffwechsel (Seite 530–531)

1 a Es gibt die wasserlöslichen Farbstoffe, wie z. B. die Anthocyane in Blüten und Früchten von Pflanzen. Sie sind im Cytoplasma oder in der Vakuole lokalisiert. Die mehr oder weniger lipophilen Pigmente, beispielsweise die Chlorophylle und Carotinoide befinden sich in den Membranen der Chloroplasten.

b Das zu trennende Stoffgemisch wird durch das Trägermaterial transportiert. Dabei treten die verschiedenen Stoffe unterschiedlich stark mit dem Trägermaterial in Wechselwirkung und werden dementsprechend unterschiedlich schnell mithilfe des Laufmittels durch das Trägermaterial transportiert. Zudem hat die Polarität des Laufmittels und der zu trennenden Stoffe Einfluss auf die Transportgeschwindigkeit. Je stärker sich die chemischen Eigenschaften von Lösungsmittel und Stoff ähneln, desto besser wird der Stoff vom Lösungsmittel „mitgenommen".

c Bei manchen Stoffgemischen kann man die Auftrennung der Substanzen verbessern, wenn man das Gemisch punktförmig aufträgt und chromatografiert. Nachdem das Chromatogramm getrocknet ist, dreht man die Platte um 90 Grad und chromatografiert ein zweites Mal in der neuen Richtung. Die zweite Chromatografie wird in der Regel mit einem anderen Laufmittel durchgeführt.

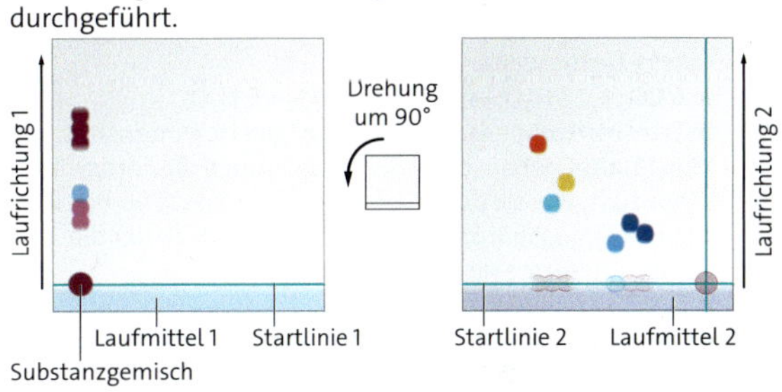

2 a Die Aufnahme von Licht bezeichnet man als Absorption. Wenn weißes Licht auf bestimmte Moleküle fällt, absorbieren diese spezifische Frequenzen. Die nicht absorbierten Wellenlängen werden reflektiert.

b Im Grundzustand haben die Elektronen den niedrigsten Energiezustand an. Durch Aufnahme von Energie können sie in einen sogenannten angeregten Zustand übergehen. Dafür ist aber genau der Energiewert nötig, der dieser Energiedifferenz entspricht. Diese Energie kann durch die Absorption von Licht einer bestimmten Wellenlänge aufgenommen werden. Da diese Energiezustände ungünstig sind, wird die Energie nach kurzer Zeit wieder abgegeben. Dabei fällt das Elektron zurück in den Grundzustand und überträgt dabei die Energie auf eine andere Verbindung.

c Erklären Sie die Funktion der als spezielles Paar beschriebenen Pigmente P700 und P680. Höhere Pflanzen besitzen zwei Fotosysteme, Fotosystem I und II, die in die innere Thylakoidmembran integriert sind. Im Zentrum dieser Fotosysteme befinden sich zwei besondere Moleküle, P680 und P700. Auf diese beiden Moleküle wird die gesamte Energie, die von den anderen lichtabsorbierenden Pigmenten aufgenommen wird, übertragen. Nur diese Moleküle haben die Fähigkeit, Elektronen an andere Nichtpigmentmoleküle weiterzugeben.

3 a Die Hypothese erklärt, wie unter Aufwand von Energie ein Protonengradient über eine Membran aufgebaut wird. Eine ATPase nutzt dann den Rücktransport der Protonen entlang des Konzentrationsgradienten zur Synthese von ATP. In der

Fotosynthese wird die Lichtenergie der Sonne genutzt, um Protonen vom Stroma in den Thylakoidinnenraum zu transportieren.
b Der Begriff Fotoreaktion betont die Bedeutung des Lichts für die Fotosynthese. Hier geht es darum, dass mithilfe der Lichtenergie Elektronen über die Thylakoidmembran transportiert werden. Dabei wird NADP+ reduziert und ATP synthetisiert. In der Synthesereaktion werden NADPH+H+ und ATP dann genutzt, um Glucose zu synthetisieren. Die Fotoreaktion findet im Licht statt, sodass die Benutzung des Begriffs Lichtreaktion akzeptiert werden müsste, würde nicht auch automatisch der Begriff Dunkelreaktion für die Synthesereaktion ergänzt. Die Synthesereaktion findet aber nicht im Dunkeln, sondern auch im Licht statt, weil die für die Synthesereaktion erforderlichen Produkte in der Fotoreaktion entstehen. Aus ähnlichen Gründen müssen die Begriffe Primärreaktion und Sekundärreaktion abgelehnt werden. Die Fotoreaktion und die Synthesereaktion laufen gleichzeitig ab und nicht nacheinander, wie die Begriffe dies suggerieren.
c C_4-Pflanzen fixieren Kohlenstoffdioxid in den Mesophyllzellen. Dabei entsteht Malat, ein C_4-Körper. Das Malat wird in die Leitbündelscheidenzellen transportiert, wo aus ihm Kohlenstoffdioxid freigesetzt wird, welches im Calvin-Zyklus fixiert wird. Auch CAM-Pflanzen fixieren das Kohlenstoffdioxid vorübergehend im Malat. Das Malat wird in den Vakuolen gespeichert. Die Fixierung und Speicherung erfolgt nachts, wenn die Spaltöffnungen ohne größere Wasserverluste geöffnet werden können. Tagsüber verlässt das Malat die Vakuole, das Kohlenstoffdioxid wird freigesetzt und im Calvin-Zyklus weiterverarbeitet.

4 **a** $6\ CO_2 + 12\ H_2O \rightarrow C_6H_{12}O_6 + 6\ O_2 + 6\ H_2O$
b Der Lichtkompensationspunkt ist die Lichtintensität, bei der eine Pflanze genauso viel Sauerstoff durch die Fotosynthese produziert, wie sie durch Zellatmungsprozesse verbraucht. Der Lichtsättigungspunkt ist die Lichtintensität, ab der die Fotosyntheserate nicht weiter zunimmt.
c Die CO_2-fixierenden Enzyme der Fotosynthese sind bei natürlichem CO_2-Gehalt der Luft nicht ausgelastet. Eine Erhöhung der Kohlenstoffdioxidkonzentration kann daher die Fotosyntheserate erhöhen.

5 **a** Die Energiemenge, die zum Erhalt lebenswichtiger Funktionen benötigt wird, ist der Grundumsatz. Die Energiemenge, die man zusätzlich für körperliche Aktivität benötigt, ist der Leistungsumsatz.
b Die organische Base Adenin ist mit dem Zucker Ribose und dieser mit 3 Phosphatgruppen verbunden.
c ATP kann durch Abgabe eines anorganischen Phosphats zu Adenosindiphosphat, kurz ADP, zerfallen. Bei dieser exergonischen Reaktion wird Energie frei, die für verschiedene Formen der Arbeit genutzt werden kann, beispielsweise die Transportarbeit von Carriern oder Enzymreaktionen. Das Phosphat kann andere Moleküle phosphorylieren und dadurch deren Reaktionsfähigkeit erhöhen. So kann ATP die Energie für verschiedene Transport- und Stoffwechselprozesse an allen Orten der Zelle bereitstellen.
d ATP → ADP +P; die endständige Phosphatgruppe kann auf ein anderes Molekül übertragen werden. Dadurch wird das phosphorylierte Molekül für chemische Reaktionen aktiviert.
e Radioaktiver Phosphor kann verwendet werden, um radioaktive ADP-Moleküle herzustellen. Werden sie in eine Zelle aufgenommen, kann ihr Weg in der Zelle verfolgt werden. Dafür müssen die Zellen nach einiger Zeit aufgebrochen werden. Zentrifugiert man schrittweise die verschiedenen Organellen ab, so kann man Radioaktivität in der Fraktion der Mitochondrien nachweisen.

6 **a** $Glucose + 2\ ATP + 2\ NAD^+ + 4\ H^+ + 4\ ADP + 4\ Pi$
$\rightarrow 2\ Pyruvat + 2\ ADP + 2\ P_i + 4\ ATP + 2\ NADH + 2\ H^+ + 4\ H_2O$
b $C_6H_{12}O_6 + 6\ O_2 + 6\ H_2O \rightarrow 6\ CO_2 + 12\ H_2O$
1 mol Glucose+ 6 mol Sauerstoff+ 6 mol Wasser → 6 mol Kohlenstoffdioxid + 12 mol Wasser
c In der Glykolyse wird NADH+H^+ und ATP gebildet. Dafür muss NAD^+ und ADP zur Verfügung stehen. Ist das nicht der Fall, wird die Glykolyse verlangsamt bzw. gestoppt.
d In der ersten Phase des Abbaus der Glucose entstehen unter ATP-Verbrauch 2 Moleküle Glycerinaldehyd-3-phosphat. In der zweiten Phase entstehen beim Abbau zum Pyruvat noch einmal 4 ATP und 2 NADH+H^+.

7 **a** A = Glykolyse; B = Decarboxylierung; C = Citratzyklus; D = Atmungskette; 1 = ATP; 2 = NADH + H^+; 3 = CO_2; 4 = $FADH_2$; 5 = O_2; 6 = H_2O
b Die Glykolyse findet im Cytoplasma statt, die oxidative Decarboxylierung in der Mitochondrienmatrix. Der Citratzyklus läuft in der in Matrix und die Atmungskette im inneren Membransystem der Mitochondrien ab.
c In der inneren Mitochondrienmembran ist die Atmungskette lokalisiert. Die Reduktionsäquivalente NADH+H^+ und $FADH_2$ werden hier oxidiert. Die Elektronen werden über eine Elektronentransportkette bis zum Sauerstoff geleitet. Dabei werden sie zum Teil gemeinsam mit Protonen transportiert. Dadurch baut sich zwischen Intermembranraum und Matrix ein Protonengradient auf. Dieser Protonengradient wird von einer ATPase genutzt, um ATP herzustellen. Insgesamt entsteht der größte Teil an ATP in der Atmungskette.

8 **a** Pyruvat wird zu Acetyl-CoA abgebaut. Dabei wird CO_2 frei und NADH+H^+ gebildet.
b Die Reduktionselemente NADH+H^+ (und FADH+H^+) werden im Verlauf der Glykolyse, der oxidativen Decarboxylierung und des Citratzyklus gebildet. Sie werden in der Atmungskette oxidiert, indem ihre Protonen und Elektronen auf Sauerstoff übertragen werden.
c Wenn kein Sauerstoff vorhanden ist, kann NADH+H^+ die Protonen und Elektronen nicht auf Sauerstoff übertragen. Ein anaerobes Milieu verhindert also die Oxidation des NADH+H^+ und es entsteht kein NAD^+. Für die Glykolyse wird aber NAD^+ benötigt. Sie kommt bei einem NAD^+-Mangel zum Erliegen.
d

Organismus	Lebensmittelproduktion
Saccharomyces cerevisiae	Brot
Saccharomyces cerevisiae *Saccharomyces carlsbergensis*	Bier, obergärig Bier, untergärig
Lactobacillus (*Milchsäurebakterien*)	Joghurt, Kefir, Buttermilch, Käse, Sauerkraut, Salzgurken etc.
Aspergillus niger	Zitronensäure
Saccharomyces ellipsoides	Wein
Acetobacter aceti	Essig
Penicillium camemberti	Weißschimmelkäse
Penicillium roqueforti	Blau- oder Edelschimmel

A

B

C

D

E

F

G

Bildquellenverzeichnis

Cover

Foto: stock.adobe.com/xiaoliangge; Schrift: Sofarobotnik

Illustrationen

Cornelsen/Andrea Thiele: S. 44/2–3, S. 45/B2, S. 103/o.r., S. 105/m., S. 149/6, S. 151/u., S. 195/o.l., S. 232, S. 351, S. 463, S. 467/B, S. 469/u., S. 477/r.; **Cornelsen/Andrea Thiele bearbeitet newVision!GmbH, Bernhard A. Peter:** S. 198; **Cornelsen/Andrea Thiele, Tom Menzel bearbeitet von newVision!GmbH, Bernhard A. Peter:** S. 199/u.; **Cornelsen/Angelika Kramer:** S. 25/A1+A2+B1, S. 42/2, S. 104/o., S. 330/2, S. 331/o., S. 347, S. 347/Graphiken, S. 361/3, S. 372/1, S. 385/o.r., S. 465/u., S. 493/o.r.+u., S. 521/o., S. 530/u.r.; **Cornelsen/Claudia Hild:** S. 501, S. 518, S. 519; **Cornelsen/diGraph Medien-Service Maryse Forget & Robert Fontner-Forget:** S. 92/2; **Cornelsen/Esther Welzel: S. 429/2; Cornelsen/Hannes von Goessel:** S. 11/m., S. 14, S. 18/2, S. 19/5, S. 24/E, S. 28/3, S. 29/A1, S. 50/u., S. 75/m., S. 77, S. 79, S. 81/3, S. 94, S. 95/o., S. 104/u., S. 167, S. 245/2, S. 247/o., S. 395/u.r., S. 490/r., S. 508/1, S. 509/o., S. 514/Material A, S. 516/2, S. 517/4, S. 520/u., S. 531/l.u., S. 532/o.–m.; **Cornelsen/Hannes von Goessel, bearbeitet von Claudia Hild:** S. 80; **Cornelsen/Hannes von Goessel, bearbeitet von Matthias Emde:** S. 523; **Cornelsen/Hannes von Goessel, bearbeitet von newVision! GmbH, Bernhard A. Peter:** S. 157/4; **Cornelsen/Hannes von Goessel, bearbeitet von newVision!GmbH, Bernhard A. Peter:** S. 221/m.l.; **Cornelsen/Jörg Mair: S. 241/3B; Cornelsen/Jörg Mair, bearbeitet von Rainer Götze:** S. 294/l.; **Cornelsen/Karin Mall:** S. 56, S. 60–61/2, S. 64, S. 65, S. 66/2, S. 67, S. 68/2+3, S. 69/o., S. 73, S. 75/u., S. 87/m.–r., S. 101/3.v.o., S. 112/1, S. 113/o., S. 115, S. 118, S. 121/m., S. 122, S. 129/3, S. 131/o., S. 133, S. 134, S. 135, S. 138, S. 143/o.l., S. 143/o.m., S. 145/3, S. 153/4, S. 154/1, S. 155, S. 157/3, S. 159/u., S. 161/r., S. 163, S. 165/o., S. 173, S. 177/r., S. 201/2, S. 204, S. 219/1.–3. Bild, S. 222/o., S. 242/2, S. 247/u., S. 251, S. 261/u.m.–r., S. 273/A, S. 274/l.+m., S. 275/3, S. 276, S. 277, S. 280, S. 285/u.r., S. 293/m.+u., S. 296/l.m.+r.o.+r.m., S. 305/3B, S. 312/1, S. 317/o., S. 321/3, S. 325/2, S. 326, S. 327/o., S. 343/u.m.+u.r., S. 349/4A, S. 360/2, S. 363/u., S. 368/o., S. 371, S. 374, S. 375/o.l., S. 377/2, S. 379, S. 381/o., S. 382/r., S. 383/r.o., S. 406/1+2, S. 407, S. 430/2, S. 431/3, S. 452, S. 493/o.r.+u., S. 503/2, S. 504/A, S. 505/B, S. 506/2, S. 507, S. 509/m.+u., S. 511, S. 512, S. 514/Material B, S. 515/o., S. 531/l.o., S. 541/l.; **Cornelsen/Karin Mall bearbeitet Andrea Thiele:** S. 195/o.m., S. 341; **Cornelsen/Karin Mall bearbeitet von Claudia Hild:** S. 516/1, S. 517/3; **Cornelsen/Karin Mall, bearbeitet von Angelika Kramer:** S. 62/2, S. 117, S. 145/2, S. 342, S. 344, S. 346/1; **Cornelsen/Karin Mall, bearbeitet von Hannes von Goessel:** S. 353/m.; **Cornelsen/Karin Mall, bearbeitet von newVision!GmbH, Bernhard A. Peter:** S. 69/u., S. 72, S. 74/o., S. 129/2, S. 131/u., S. 137, S. 139, S. 141, S. 147/o., S. 178, S. 179, S. 197, S. 221/u.r., S. 253/u., S. 257, S. 272, S. 313/u., S. 317/u.r., S. 320/1, S. 322, S. 323, S. 343/o.m.+o.r., S. 454/2, S. 493/o.l., S. 504/2, S. 505/C, S. 531/r., S. 532/u.; **Cornelsen/Karin Mall, Tom Menzel:** S. 325/3; **Cornelsen/Matthias Emde:** S. 146/1, S. 147/u., S. 149/3–5+7, S. 150, S. 151/o., S. 164/o., S. 193/5, S. 194, S. 195/m., S. 327/u., S. 354/2, S. 444/u., S. 448, S. 487, S. 488/2+3, S. 491, S. 524, S. 525/o., S. 526/–527, S. 530/o.r., S. 545; **Cornelsen/Matthias Pflügner:** S. 175; **Cornelsen/newVISION GmbH, Bernhard A. Peter nach Andrea Thiele:** S. 203/o.; **Cornelsen/newVision!GmbH, Bernhard A. Peter:** S. 26/2, S. 51/B, S. 51/C, S. 58/o.+m.r., S. 71, S. 78/o.l., S. 86/u., S. 170, S. 188/2, S. 193/m.r., S. 201/3, S. 207, S. 208, S. 209/u., S. 212/1, S. 219/u., S. 220/m.+u., S. 235, S. 245/3, S. 260, S. 261/o., S. 262, S. 263, S. 265, S. 274/r., S. 294/r.u., S. 297/m., S. 312/2, S. 331/u., S. 339/o.r., S. 346/2, S. 363/m., S. 363/o., S. 366/2, S. 369/o.+u.l., S. 375/o.r., S. 381/3.v.o., S. 414/3, S. 429/3, S. 433, S. 451, S. 453/3.v.o., S. 459, S. 460, S. 461, S. 465/o., S. 472/1+2, S. 473, S. 493/m., S. 496/2, S. 497/o., S. 499/2+3, S. 500, S. 505/A+u., S. 508/2, S. 520/o., S. 537; Cornelsen/Rainer Götze: S. 125, S. 143/u., S. 162/l., S. 171, S. 189, S. 190, S. 205, S. 211, S. 213, S. 216, S. 217/m., S. 220/o., S. 221/u.l., S. 249, S. 295/l.o., S. 411/m., S. 412/u., S. 455, S. 475/u., S. 476/m., S. 538; **Cornelsen/Tom Menzel:** S. 15, S. 19/3, S. 22/2, S. 23, S. 31/r., S. 32/3B, S. 37/r., S. 43, S. 48/2, S. 49/u., S. 51/A+C, S. 52, S. 53/3, S. 55/C+D+Glas schwarz, S. 61/3, S. 63/o.r., S. 81/4, S. 83/3, S. 85/3, S. 89, S. 90, S. 93, S. 95/u., S. 97, S. 98/2, S. 101/u., S. 102/m.r., S. 103/o.r.+u.r., S. 103/o.r+u.r., S. 105/A1, S. 111, S. 112/2, S. 113/u., S. 119/o., S. 123, S. 126, S. 127/A2, S. 130, S. 136, S. 152/2, S. 156/1B+2, S. 164/u., S. 181, S. 182, S. 183/o., S. 186, S. 203/u., S. 217/o., S. 223/o.+m.l., S. 230, S. 237/2, S. 239/m.l., S. 239/m.r., S. 239/u.l., S. 239/u.r., S. 243, S. 252/o.r., S. 253/o., S. 254, S. 255, S. 256, S. 258/Weltkugel, S. 259/3, S. 266/1, S. 267, S. 269, S. 270/2, S. 270/3 u., S. 287, S. 289/o., S. 291, S. 295/r., S. 306, S. 307/u., S. 308/u., S. 309, S. 311/2, S. 313/o., S. 317/u.l., S. 319/3+4, S. 320–321/u., S. 335/u., S. 353/o., S. 354/1, S. 355, S. 357, S. 359/u., S. 365, S. 369/u.l., S. 372/2, S. 375/u., S. 377/3, S. 378, S. 381/2.v.o., S. 382/l.u., S. 383/r.u., S. 384/l.–r., S. 385/u., S. 395/m., S. 396/2, S. 397/4, S. 398, S. 399/o.l., S. 402/2B+3B, S. 403/o.m., S. 404/2, S. 405/3+4, S. 410/3, S. 411/o., S. 414/1, S. 419/u.r., S. 420/2, S. 421/4, S. 422/3, S. 423/m., S. 425/3B+4B, S. 426/1, S. 427/o.m., S. 430/1, S. 436/o., S. 439, S. 441, S. 442, S. 443, S. 444/o., S. 446, S. 447, S. 450/2, S. 475/2.+3.v.o., S. 476/u.r., S. 478, S. 479/l.u.+o.r., S. 486/2, S. 488/4, S. 490/l., S. 492/o.l., S. 494, S. 495, S. 497/m.+u., S. 513, S. 529/o.+u.; **Cornelsen/Tom Menzel, bearbeitet von Andrea Thiele:** S. 101/o., S. 345/2; **Cornelsen/Tom Menzel, bearbeitet von Angelika Kramer:** S. 12/r., S. 34, S. 35, S. 37/l., S. 393, S. 414/2, S. 434, S. 475/o.; **Cornelsen/Tom Menzel, bearbeitet von Angelika Kramer und newVision! GmbH, Bernhard A. Peter:** S. 345/3; **Cornelsen/Tom Menzel, bearbeitet von Claudia Hild:** S. 53/4, S. 91; **Cornelsen/Tom Menzel, bearbeitet von Hannes von Goessel:** S. 146/2, S. 183/u., S. 233/o., S. 289/u., S. 394, S. 397/3, S. 399/u.+o.r., S. 403/o.r.+u.m., S. 413/5, S. 423/u.; **Cornelsen/Tom Menzel, bearbeitet von Hannes von Goessel und newVision! GmbH, Bernhard A. Peter:** S. 359/o., S. 427/u.; **Cornelsen/Tom Menzel, bearbeitet von Matthias Emde:** S. 12/l., S. 236, S. 467/A, S. 492/m., S. 525/u., S. 529/3.v.o.; **Cornelsen/Tom Menzel, bearbeitet von newVISION GmbH, Bernhard A. Peter:** S. 476/l.–m.u., S. 477/l.,541/r.; **Cornelsen/Tom Menzel, bearbeitet von newVision!GmbH, Bernhard A. Peter:** S. 27/4, S. 41, S. 47, S. 84, S. 98/o., S. 101/2.v.o., S. 102/m.l., S. 102/u., S. 103/u.l., S. 119/u., S. 142, S. 158, S. 159/o., S. 174, S. 183/m., S. 185/1, S. 187, S. 188/3, S. 193/2, S. 202, S. 215, S. 223/m.r., S. 233/u., S. 237/3, S. 239/Krochen, S. 242/1, S. 266/2, S. 271/o., S. 293/o., S. 304/2, S. 305/4, S. 307/o., S. 315, S. 316/1+2, S. 329, S. 333, S. 334, S. 335/o., S. 358, S. 362, S. 367, S. 368/u., S. 373, S. 382/l.m., S. 383/l., S. 401, S. 402/1B, S. 409/2, S. 413/6, S. 415/D, S. 417, S. 418, S. 419/u.l., S. 426/2, S. 427/o.r., S. 435/3, S. 436/u., S. 456/2, S. 488/1, S. 492/o.m., S. 496/1+3, S. 499/4, S. 503/3, S. 529/2.v.o., S. 543; **Cornelsen/Werner Wildermuth:** S. 294/r.o., S. 295/l.u.; dpa: S. 214

Fotos

S. 3/l.: stock.adobe.com/xiaoliangge; **S. 3**/r.: Science Photo Library/Teresa Zgoda/Science Source; **S. 4**: stock.adobe.com/Alexey Seafarer; **S. 5**/l.: stock.adobe.com/kungverylucky; **S. 5**/r.: mauritius images/alamy stock photo/Life on white; **S. 6**: Shutterstock.com/petrdd; **S. 7**: mauritius images/Geert Weggen; **S. 10**/l.: Marius Mihasan, Faculty of Biology, Alexandru Ioan Cuza University of Iasi; **S. 10**/r.: stock.adobe.com/Chamois huntress; **S. 11**/o.: Shutterstock.com/mimohe; **S. 11**/u.2.v.l.: Shutterstock.com/Pasotteo; **S. 11**/u.3.v.l.: © Rolf Vossen; **S. 11**/u.l.: mauritius images/Flowerphotos; **S. 11**/u.r.: Science Photo Library/Mis, Marek; **S. 16–17**: Science Photo Library/Teresa

Zgoda/Science Source; S. 18/1: Cornelsen/Hauptmotiv: mauritius images/Westend61/Zeljko Dangubic, Foto im Bildschirm: Shutterstock.com/Jose Luis Calvo: **S. 18**/1; **S. 19**/4: mauritius images/Science Source/Biophoto Associates; **S. 20**: Cornelsen/Grafiken: Hannes von Goessel, Christrose: mauritius images/alamy stock photo/RBflora , Christrose Querschnitt Blatt: dpa Picture-Alliance/Klett GmbH, Stengel Hahnenfuss: dpa Picture-Alliance/Norbert Lange/OKAPIA KG; **S. 21**/o.l.: Cornelsen/Volker Minkus; **S. 21**/o.m.: Imago Stock & People/blickwinkel; **S. 21**/o.r.: dpa Picture-Alliance/Klett/Klett GmbH; **S. 21**/u.l.: Imago Stock & People GmbH/Science Photo Library; **S. 21**/u.m.: Science Photo Library/VISUALS UNLIMITED, INC./CAROLINA BIOLOGICAL SUPPLY CO; **S. 22**/1: Cornelsen/Volker Minkus; **S. 24**/A–D: Science Photo Library/DENNIS KUNKEL MICROSCOPY; **S. 25**/B2: dpa Picture-Alliance/Norbert Lange/OKAPIA KG; **S. 26**/1: mauritius images/Science Source/M. I. Walker; **S. 27**/3: Science Photo Library/DR. ROBERT CALENTINE/VISUALS UNLIMITED, INC.; **S. 28**/1: Science Photo Library/Fawcett, Don; **S. 28**/2: Science Photo Library/DR GOPAL MURTI; **S. 29**/A2: mauritius images/Science Source; **S. 29**/A3: R. Schmidt, A. Egner, S.W. Hell, Max-Planck-Institut für biophysikalische Chemie; S. 30/1: Science Photo Library/Fawcett, Don; **S. 30**/2: mauritius images/alamy stock photo/Medicshots; **S. 31**/3A+4A: Science Photo Library/Fawcett, Don; **S. 31**/5A: Science Photo Library/Porter, K.R.; **S. 31**/6A: Science Photo Library/BIOPHOTO ASSOCIATES; **S. 32**/1: Science Photo Library; **S. 32**/2: Science Photo Library/R. BICK, B. POINDEXTER, UT MEDICAL SCHOOL; **S. 32**/3A: mauritius images/Science Source/All mauritius images; **S. 33**: Science Photo Library/MEDIMAGE; **S. 33**: Science Photo Library/MICROSCAPE; **S. 36**/l.: mauritius images/Science Source; **S. 36**/r.: mauritius images/Science Source/Kwangshin Kim; **S. 38**/A: Science Photo Library/Cavallini, James; **S. 38**/B o.l.: Science Photo Library/DR JEREMY BURGESS; **S. 38**/B r.: mauritius images/alamy stock photo/Mediscan; **S. 38**/C: mauritius images/Biophoto Associates/Science Source; **S. 38**/D: Science Photo Library/DR. TERRY BEVERIDGE, VISUALS Unlimited; **S. 39**/A1: mauritius images/Science Source/Omikron; **S. 39**/A2: Science Photo Library/DR. TERRY BEVERIDGE, VISUALS Unlimited; **S. 39**/B1: mauritius images/Winton Patnode/Science Source; **S. 40**: mauritius images/Science Source; **S. 42**/1: Shutterstock.com/Lebendkulturen.de; **S. 44**/1: mauritius images/alamy stock photo/blickwinkel; **S. 45**/A1: stock.adobe.com/Ellen; **S. 45**/A2: stock.adobe.com/JosLuis; **S. 45**/B1: Shutterstock.com/Ulmus Media; **S. 46**/1: Science Photo Library/Michael Abbey; **S. 46**/2: Science Photo Library/NIBSC; **S. 48**/1: Science Photo Library/PROF. KENNETH R. MILLER; **S. 49**/o.l.: Division of Biological Sciences, UC San Diego; **S. 49**/o.r.: dpa Picture-Alliance/ASSOCIATED PRESS/Rene Macura; **S. 50**/m.l.: Cornelsen/Volker Minkus; **S. 53**/5: Cornelsen/Grafik: Tom Menzel, Foto: Science Photo Library/NIBSC; **S. 54**: Cornelsen/Volker Minkus; **S. 55**/A+B: Wissenschaftliche Bildagentur Karly; **S. 55**/Glas orange: Cornelsen/Volker Minkus; **S. 57**: mauritius images/Science Source; **S. 58**/m.l.: Cornelsen/Volker Minkus; **S. 59**/o.: mauritius images/Science Source; **S. 59**/u.l.: Imago Stock & People GmbH/imagebroker; **S. 59**/u.m.: stock.adobe.com/linavita; **S. 59**/u.r.: Look/age fotostock; **S. 60**/1: stock.adobe.com/Boris Lehner/Henry Schmitt; **S. 62**/1: Science Photo Library; **S. 63**/o.l.: Shutterstock.com/LFRabanedo; **S. 63**/u.l.: mauritius images/alamy stock photo/robert Harding; **S. 63**/u.r.: dpa Picture-Alliance/Klett GmbH/Aribert Jung; **S. 66**/1: picture alliance/REUTERS; **S. 68**/1: Cornelsen/Volker Minkus; **S. 70**: Shutterstock.com/Busara; **S. 76**: Imago Stock & People GmbH/PhotoAlto; **S. 78**/o.m.: stock.adobe.com/Klaus Eppele; **S. 82**: mauritius images/Science Photo Library; **S. 83**/2: Science Photo Library/MANFRED KAGE; **S. 85**/2: Science Photo Library/Shuler, J.W.; **S. 86**/o.: Science Photo Library/DR GOPAL MURTI; **S. 87**/l.: mauritius images/Jennifer Waters & Adrian Salic/Science Source; **S. 88**: dpa Picture-Alliance/ZB – Fotoreport/Jan-Peter Kasper; **S. 92**/1: Ina Albrecht, Berlin; **S. 96**/l.: Amelie Mesecke, 5p minus Syndrom e.V.; **S. 96**/m.: Science Photo Library/Addenbrookes Hospital/Dept. of Clinical Cytogenetics; **S. 96**/r.: Science Photo Library/Addenbrookes Hospital/Dept. of Clinical Cytogenetics; **S. 98**/1: stock.adobe.com/Tomasz Markowski; **S. 99**: Science Photo Library; **S. 104**/m.: Cornelsen/Volker Minkus; **S. 105**/A2: Panther Media GmbH/Manfred Ruckszio; **S. 108/–109**: stock.adobe.com/Alexey Seafarer; **S. 110**: Science Photo Library/DR GOPAL MURTI; **S. 114**/A: Science Photo Library/BARRINGTON BROWN; **S. 114**/B: Science Photo Library/CUSTOM MEDICAL STOCK PHOTO/RICHARDSON; **S. 116**/2.v.l.: akg-images/IMAGNO/Votava; **S. 116**/3.v.l.: Science Photo Library; **S. 116**/l.: akg-images/WHA/World History Archive; **S. 116**/r.: Science Photo Library/NATIONAL LIBRARY OF MEDICINE; **S. 116**/u.: Science Photo Library/KING'S COLLEGE LONDON ARCHIVES; **S. 120**: mauritius images/Photo Researchers, Inc./Biophoto Associates; **S. 121**/m.r.: Science Photo Library/BIOPHOTO ASSOCIATES; **S. 121**/u.r.: Science Photo Library/Fawcett, Don W.; **S. 124**: interfoto e.k./Danita Delimont/Anthony Asael; **S. 127**/A1: mauritius images/alamy stock photo/Martin Shields; **S. 127**/A1: stock.adobe.com/sinhyu; **S. 128**: Science Photo Library/DR. ELENA KISELEVA; **S. 132**: Science Photo Library/DR. ELENA KISELEVA; **S. 140**/A: Science Photo Library/DENNIS KUNKEL MICROSCOPY; **S. 140**/B: mauritius images/alamy stock photo/Science History Images; **S. 144**/m.: Science Photo Library/CC STUDIO; **S. 144**/o.l.: Science Photo Library/VISUALS UNLIMITED, INC./CAROLINA BIOLOGICAL SUPPLY CO; **S. 144**/o.r.: Science Photo Library/DR. GLADDEN WILLIS, VISUALS UNLIMITED; **S. 144**/u.l.: Science Photo Library/DR. E. WALKER; **S. 144**/u.r.: Shutterstock.com/Jarun Ontakrai; **S. 148**/1: Panther Media GmbH/Birgit Reitz-Hofmann; **S. 148**/2: 2005 National Academy of Sciences, USA, bearbeitet von Cornelsen/Tom Menzel, Fotos: Mario F. Fraga, Esteban Ballestar, Maria F. Paz, Santiago Ropero, Fernando Setien, Maria L. Ballestar, Damia Heine-Suñer, Juan C. Cigudosa, Miguel Urioste, Javier Benitez, Manuel Boix-Chornet, Abel Sanchez-Aguilera, Charlotte Ling, Emma Carlsson, Pernille Poulsen, Allan Vaag, Zarko Stephan, Tim D. Spector, Yue-Zhong Wu, Christoph Plass, and Manel Esteller: Epigenetic differences arise during the lifetime of monozygotic twins. PNAS July 26, 2005 102 (30) 10604-10609; **S. 152**/1: Science Photo Library/PUBLIC HEALTH ENGLAND/PUBLIC HEA/CENTRE FOR INFECTIONS; **S. 153**/3: mauritius images/age fotostock; **S. 154**/2: Science Photo Library/DAVID SCHARF; S. 156/1A: Science Photo Library/DENNIS KUNKEL MICROSCOPY; **S. 156**/1C: Environmental Sciences Division Oak Ridge National Laboratorys/Robert Burlage; **S. 160**: Shutterstock.com/Taiga; **S. 161**/l.: picture-alliance/dpa/Scanpix/Jeppe Wikström; **S. 162**/r.: Science Photo Library/Morgan, Hank; **S. 165**/u.: Science Photo Library/Morgan, Hank; **S. 166**: Shutterstock.com/GeK; **S. 168**/1A: mauritius images/alamy stock photo/Anna Cinaroglu; **S. 168**/1B: Shutterstock.com/SJ Travel Photo and Video; **S. 168**/2: dpa Picture-Alliance/Everett Collection/James Gathany; **S. 172**: Shutterstock.com/Lano Lan; **S. 176**: picture-alliance/dpa/epa PA Curtis; **S. 177**/l.: picture alliance/dpa; **S. 180**: stock.adobe.com/Michela Ravasio/Stocksy; **S. 184**: Science Photo Library/CC STUDIO; **S. 185**/2: stock.adobe.com/Mikael Damkier; **S. 188**/1: mauritius images/Pitopia; **S. 192**: stock.adobe.com/Valerii; **S. 196**: Science Photo Library/DENNIS KUNKEL MICROSCOPY; **S. 199**/o.: Imago Stock & People GmbH/imagebroker\r; **S. 200**: stock.adobe.com/Aleksandr; **S. 206**/1: Shutterstock.com/Kateryna Kon; **S. 206**/2: dpa Picture-Alliance/WHA/United Archives/United Archiv; **S. 209**/o.: mauritius images/Gado Images/Alamy Stock Photos; **S. 210**: stock.adobe.com/Juan Gärtner; **S. 212**/2: mauritius images/imageBroker/ib; **S. 222**/m.: picture alliance/dpa/www.glofish.com; **S. 228–229**: stock.adobe.com/kungverylucky; **S. 231**/2: Bridgeman Images/Michel Viard/Horizon Features; **S. 231**/3: Shutterstock.com/Mark_Kostich; **S. 234**: Bridgeman Images/Luisa Ricciarini; **S. 238**/1: mauritius images/age; **S. 238**/2: Science Photo Library/CLAUDE NURIDSANY & MARIE PERENNOU; **S. 238**/3A: Shutterstock.com/Lindasj22; **S. 238**/3B: picture-alliance/OKAPIA; **S. 240**: stock.adobe.com/Geza Farkas; **S. 241**/2: Shutterstock.com/aleksander hunta; **S. 241**/3A: Science Photo Library/Omikron; **S. 244**/A: stock.adobe.com/michael luckett; **S. 244**/B: Shutterstock.com/Henk Bogaard; **S. 246**/1: Shutterstock.com/Elana Erasmus; **S. 246**/2: mauritius images/alamy stock photo; **S. 248**: dpa Picture-Alliance/Glen Minikin/Solo

Syndication; **S. 252**/o.l.: Shutterstock.com/Rudmer Zwerver; **S. 252**/o.m.: Shutterstock.com/Abi Warner; **S. 252**/u.: stock.adobe.com/Sabrina Umansky; **S. 258**/Eisbär: mauritius images/Masterfile RM; **S. 258**/Pinguin: Panther Media GmbH/Vladimir Seliverstov; **S. 259**/2: mauritius images/Minden Pictures; **S. 261**/u.l.: dpa Picture-Alliance/AP; **S. 264:** Science Photo Library/PAUL D STEWART; **S. 268**/1: Science Photo Library/CHRISTIAN JEGOU PUBLIPHOTO DIFFUSION; **S. 268**/2: mauritius images/alamy stock photo; **S. 270**/3 o.: akg-images/Hess. Landesmuseum; **S. 270**/3 o.: akg-images/Science Photo Library; **S. 271**/u.: akg-images/Hess. Landesmuseum; **S. 273**/B: Neanderthal Museum, Mettmann; **S. 275/4:** Science Photo Library/Equinox Graphics; **S. 278:** Bridgeman Images/Paleolithic; **S. 279**/2: bpk/Vorderasiatisches Museum, SMB/ Gudrun Stenzel; **S. 279**/3: Shutterstock.com/Sean Pavone; **S. 281**/l.: Ausschnitt aus: Breuer T, Ndoundou-Hockemba M, Fishlock V (2005) First Observation of Tool Use in Wild Gorillas. PLoS Biol 3(11): e380. https:// doi.org/10.1371/journal.pbio.0030380.g001 https:// doi.org/10.1371/journal.pbio.0030380.g001 lizenziert unter CC-BY 2005 https:// creativecommons.org/licenses/by/3.0/de/,© 2005 Breuer et al.; **S. 281**/r.: dpa Picture-Alliance/Minden Pictures; **S. 282**/l.: stock.adobe.com/contrastwerkstatt; **S. 282**/r.: Imago Stock & People GmbH/blickwinkel; **S. 283**/2+3: dpa Picture-Alliance/Arco Images; **S. 283**/4: interfoto e.k./ARDEA/Steffen and Alexandra Sailer; **S. 284**/1: interfoto e.k./ARDEA/Jean Paul Ferrero; **S. 284**/2A: stock.adobe.com/gallas; **S. 284**/2B: stock.adobe.com/michaklootwijk; **S. 285**/o.l.: Erwin Schraml; **S. 285**/o.r.: Erwin Schraml; **S. 285**/u.l.: stock.adobe.com/Daniel Hohlfeld; **S. 286:** interfoto e.k./ARDEA/Thomas Marent; **S. 290:** mauritius images/ACE; **S. 296**/l.o.: Shutterstock.com/ Tnet; **S. 297**/o.l.: Shutterstock.com/Andre Goncalves; **S. 297**/o.r.: mauritius images/alamy stock photo/Svintage Archive; **S. 302/–303:** mauritius images/alamy stock photo/Life on white; **S. 304**/1: mauritius images/alamy stock photo/FLPA; **S. 305**/3A: Imago Stock & People GmbH/Science Photo Library; **S. 307**/m.: Grafik: Cornelsen/Tom Menzel, Foto: Science Photo Library/WELLCOME DEPT. OF COGNITIVE NEUROLOGY; **S. 308**/o.: Cornelsen/Foto: mauritius images/Science Source, Grafik: Cornelsen/Tom Menzel bearbeitet von newVision!GmbH, Bernhard A. Peter; **S. 310:** Science Photo Library/DENNIS KUNKEL MICROSCOPY; **S. 311**/3: Grafik: Cornelsen/Tom Menzel, Foto oben Science Photo Library/THOMAS DEERINCK, NCMIR , unten: mauritius images/Photo Researchers; **S. 314:** Universität Bonn, Institut für Zoologie/Abteilung Neuroethologie und Sensorische Ökologie/Tim Ruhl; **S. 316**/3: Prof. Jürg Streit, Universität Bern, Institut für Physiologie; **S. 318:** mauritius images/alamy stock photo/Reinhard Dirscherl; **S. 319**/2: Science Photo Library/LAGUNA DESIGN; **S. 324:** Shutterstock.com/Cathy Keifer; **S. 328:** Science Photo Library/DENNIS KUNKEL MICROSCOPY; **S. 330**/1: Grafik: Cornelsen/Karin Mall, Foto : Josef Spacek, SynapseWeb, Kristen M. Harris, PI, http:// synapseweb.clm.utexas.edu; **S. 332:** Science Photo Library/Omikron; **S. 336:** mauritius images/alamy stock photo/Roberto Cornacchia; **S. 337:** Grafik: Cornelsen/Tom Menzel, Spinne: mauritius images/alamy stock photo/Scott Camazine, (SEM) of Clostridium botulinum: Science Photo Library/DENNIS KUNKEL MICROSCOPY, Schlange: Shutterstock.com/CraigBurrows, Brechnuss: dpa – Fotoreport, Beeren: stock.adobe.com/vainillaychile, Tabak Pflanze: Shutterstock.com/kanusommer; **S. 338**/1: Shutterstock.com/Olena Yakobchuk; **S. 338**/2: Shutterstock.com/THIPPTY; **S. 339**/o.l.: dpa Picture-Alliance/Evolve/Photoshot; **S. 339**/u.l.: Bridgeman Images/David, Jacques Louis (1748–1825), The death of Sokrates, 1787 (oil on canvas); **S. 339**/u.r.: stock.adobe.com/emer; **S. 340:** Shutterstock.com/MikeDotta; **S. 343**/o.l.: IMAGO/blickwinkel; **S. 343**/u.l.: mauritius images/Science Faction; **S. 347**/B.Obama: mauritius images/Science Source; **S. 347**/J.Robers mit Brille: Imago Stock & People GmbH/APress; **S. 347**/J.Robers ohne Brille: imago images/APress; **S. 347**/l. – H.Berry: interfoto e.k./ Hollywood Collection; **S. 347**/m. – H.Berry: interfoto e.k./Hollywood Collection; **S. 348**/1: mauritius images/alamy stock photo/FALKENSTEINFOTO; **S. 348**/2: Imago Stock & People GmbH/Science Photo Library/imago/Science Photo Library; **S. 348**/3: mauritius images/Science Source; **S. 349**/4B: mauritius images/Science Source; **S. 349**/5: Stockfood; **S. 350:** Science Photo Library/Zephyr; **S. 352**/1: dpa Picture-Alliance/Science/Dr. van den Brand/EPFL; **S. 352**/2: Shutterstock.com/Doro Guzenda; **S. 356:** stock.adobe.com/Greg Epperson; **S. 360**/1: Medtronic GmbH, MiniMed 640G Insulinpumpe; **S. 361**/o.: mauritius images/United Archives; **S. 364:** Shutterstock.com/Strahil Dimitrov; **S. 366**/1: stock.adobe.com/vbaleha; **S. 370:** akg-images/Pictures From History; **S. 376:** Shutterstock.com/HQuality; **S. 381**/u.: Grafik: Cornelsen/Tom Menzel, Foto: Science Photo Library/WELLCOME DEPT. OF COGNITIVE NEUROLOGY; **S. 384**/o.r.: Juniors/F.Banfi/Photoshot; **S. 385**/o.l.: stock.adobe.com/Westend61; **S. 390/–391:** Shutterstock.com/petrdd; **S. 392:** Shutterstock.com/Sean Pavone; **S. 395**/u.l.: mauritius images/alamy stock photo/Frank Hecker; **S. 396**/1: mauritius images/age; **S. 400**/l.: Shutterstock.com/Petr Salinger; **S. 400**/r.: Science Photo Library/Cordelia Molloy; **S. 402**/1A: Shutterstock.com/Yuriy Kulik; **S. 402**/2A: Shutterstock.com/Tomas Konopasek; **S. 402**/3A: Shutterstock.com/NOPPHARAT789; **S. 403**/o.l.: stock.adobe.com/Konstanze Gruber; **S. 403**/u.l.: Shutterstock.com/Valentina_S; **S. 404**/1: Shutterstock.com/Rostislav Stefanek; **S. 405**/o.: akg-images/Glasshouse/JT Vintage; **S. 406**/3: mauritius images/alamy stock photo/Alto Vintage Images; **S. 408:** Shutterstock.com/Samantha Crimmin; **S. 409**/3: mauritius images/Science Source; **S. 410**/1: interfoto e.k./FLPA/Neil Bowman; **S. 412**/o.: mauritius images/alamy stock photo/André Gilden; **S. 413**/4: mauritius images/Phototake; **S. 415**/A: mauritius images/United Archives; **S. 415**/B: Shutterstock.com/shihina; **S. 415**/C: mauritius images/alamy stock photo/Colin Roy Owen; **S. 416:** stock.adobe.com/2017 Karel Smilek; **S. 419**/o.: dpa Picture-Alliance/Minden Pictures; **S. 420**/1: stock.adobe.com/alexzappa; **S. 421**/3: Science Photo Library/Leeson, Tom&Pat; **S. 421**/5: mauritius images/alamy stock photo/Krys Bailey; **S. 421**/6: mauritius images/blickwinkel; **S. 422**/1: mauritius images/ Photoshot; **S. 422**/2: mauritius images/alamy stock photo/A&J Visage; **S. 423**/o.: stock.adobe.com/Henrik Larsson; **S. 424:** mauritius images/Guenter Fischer; **S. 425**/2: mauritius images/Alamy/Nigel Cattlin; **S. 425**/3B: dpa Picture-Alliance/imageBROKER; **S. 425**/4A: Science Photo Library/DR JEREMY BURGESS; **S. 427**/o.l.: mauritius images/age; **S. 428:** interfoto e.k./Bjorn Ullhagen/FLPA/Holt; **S. 431**/4: dpa Picture-Alliance/Manfred Danegger/OKAPIA; **S. 432**/1: picture-alliance/dpa/ZB; **S. 432**/2: dpa Picture-Alliance/blickwinkel// P. Espeel; **S. 435**/2A: mauritius images/alamy stock photo/reisezielinfo.de/Achim Schneider; **S. 435**/2B: stock.adobe.com/K I Photography; **S. 437:** Küster, Prof. Dr. Hansjörg; **S. 440:** mauritius images/Ludwig Mallaun; **S. 450**/1: stock.adobe.com/AnnaReinert; **S. 453**/o.+2.v.o.: mauritius images/alamy stock photo; **S. 453**/u.: Dr. Luc Beaufort, CEREGE (Univ. Aix-Marseille/CNRS); **S. 454**/1: NASA/GSFC, Goddard; **S. 456**/1: Copyright: BMZ; **S. 458:** Shutterstock.com/ARTYOORAN; **S. 462:** Shutterstock.com/jimcatlinphotography.com; **S. 464**/1: mauritius images/alamy stock photo/Helmut Corneli; **S. 464**/2: Shutterstock.com/Willyam Bradberry; **S. 466:** stock.adobe.com/saurav005; **S. 468**/l.: stock.adobe.com/DOC RABE Media; **S. 468**/r.: stock.adobe.com/Thomas Bethge; **S. 469**/o.: mauritius images/alamy stock photo/Frank Schultze; **S. 470:** Shutterstock.com/Studio MDF; **S. 471**/Bär: Shutterstock.com/Michal Ninger; **S. 471**/Fisch: Shutterstock.com/Kletr; **S. 471**/Frosch: Shutterstock.com/Ondrej Prosicky; **S. 471**/o.l.: Shutterstock.com/Fotos593; **S. 471**/o.m.: Shutterstock.com/TSN52; **S. 471**/o.r: Shutterstock.com/Borisoff; **S. 471**/Schmetterling: Shutterstock.com/Eileen Kumpf; **S. 471**/Spinne: Shutterstock.com/papkin; **S. 471**/u.: Shutterstock.com/Ole Schoener; **S. 471**/Vogel: Shutterstock.com/Drakuliren; **S. 472**/3: Shutterstock.com/Pawel Uchorczak; **S. 479**/o.l.: Mauritius Images/Alamy; **S. 484/–485:** mauritius images/Geert Weggen; **S. 486**/1: mauritius images/Pixtal; **S. 489:** Cornelsen/Ulrike Austenfeld; **S. 498:** stock.adobe.com/ValentinValkov; **S. 502:** mauritius images/alamy stock photo/Matthew Chattle; **S. 504/1:** stock.adobe.com/WavebreakMediaMicro; **S. 506**/1: mauritius images/alamy stock photo/Vyntage Visuals; **S. 510:** mauritius images/alamy stock photo/Keystone Pictures; **S. 515**/u.: mauritius images/age fotostock; **S. 521**/u.: mauritius images/alamy stock photo/Rob Walls; **S. 522:** Shutterstock.com/Grigoriy Pil; **S. 530**/l.: Cornelsen/Ulrike Austenfeld

Textquellenverzeichnis

S. 169: UNIVERSITÄTSKLINIKUM FREIBURG Institut für Transfusionsmedizin und Gentherapie, Prof. Dr. Toni Cathomen

S. 169: Dabrock, Peter: Vorsitzender des Deutschen Ethikrats und Theologie- Professor an der Universität Erlangen-Nürnberg zit. nach: https://www.zeit.de/wissen/2018-11/crispr-china-geburt-zwillinge- erbanlage- genveraenderung-hiv-resistenz/seite-2; 26. 11. 2018

S. 169: https://www.derstandard.de/story/2000093129040/der-tabubruch-der-ersten-manipulierten-kinder, Juliette Irmer, Tedros Adhanom Ghebreyesus

S. 169: https://www.sueddeutsche.de/wissen/crispr-cas-unheimliche-kinder-1.4227105, Jochen Taupitz

S. 175: Chargaff, Erwin: Wider den Genrausch. Eine Jahrhundertbegegnung. Doris Weber im Gespräch mit Erwin Chargaff. Publik Forum, Oberursel 1999, S. 50 (Textauszug)

S. 175: Kitcher, Philip: Genetik und Ethik. Die Revolution der Humangenetik und ihre Folgen. Aus dem Amerikanischen von Thorsten Schmidt und Barbara Schaden. Luchterhand Literaturverlag, München 1998, S. 134 (Textauszug)

S. 175: Schäuble, Wolfgang: Deutscher Bundestag, Plenarprotokoll 14/214 vom 30. 01. 2002, 21232 B.

S. 264: Darwin, Charles: Entstehung der Arten, zitiert nach der Übersetzung von Julius Victor Carus veröffentlicht bei der Schweitzerbart'schen Verlagsbuchhandlung, Stuttgart, 1876.

S. 290: Artikel 3 des Grundgesetzes der Bundesrepublik Deutschland

S. 290: Ernst Haeckel , Anthropogenie (1874)

S. 290: Nürnberger Gesetze 1935

S. 339: Platon, übersetzt von Friedrich Schleiermacher (1768–1834), Online unter: http://www.philosophie-der-stoa.de/sokrates-tod.php, letzter Zugriff am 25. 06. 2020.